"十二五"普通高等教育本科国家级规划教材

# 制浆造纸机械与设备（下）

（第四版）

Pulp and Paper Machinery and Equipment
(Volume 2) (Fourth Edition)

陈克复　主　编

朱文远　张　辉　冯郁成　李荣刚
侯顺利　孙广卫　侯庆喜　赵传山　参　编
张　宏　张云学　孟彦京

中国轻工业出版社

图书在版编目（CIP）数据

制浆造纸机械与设备=pulp and paper machinery and equipent（volume 2）（Fourth Edition）. 下/陈克复主编；朱文远等参编. —4 版. —北京：中国轻工业出版社，2023.3

"十二五"普通高等教育本科国家级规划教材

ISBN 978-7-5184-0930-3

Ⅰ.①制… Ⅱ.①陈…②朱… Ⅲ.①制浆设备-高等学校-教材②造纸机械-高等学校-教材 Ⅳ.①TS73

中国版本图书馆 CIP 数据核字（2020）第 183043 号

责任编辑：林　媛

策划编辑：林　媛　　责任终审：滕炎福　　封面设计：锋尚设计
版式设计：霸　州　　责任校对：吴大鹏　　责任监印：张　可

出版发行：中国轻工业出版社（北京东长安街 6 号，邮编：100740）
印　　刷：三河市国英印务有限公司
经　　销：各地新华书店
版　　次：2023 年 3 月第 4 版第 2 次印刷
开　　本：787×1092　1/16　印张：32.75
字　　数：838 千字
书　　号：ISBN 978-7-5184-0930-3　定价：98.00 元
邮购电话：010-65241695
发行电话：010-85119835　传真：85113293
网　　址：http://www.chlip.com.cn
Email：club@ chlip.com.cn
如发现图书残缺请与我社邮购联系调换

230343J1C402ZBW

# 第四版前言

制浆造纸机械与设备水平的提高将推动我国制浆造纸业的发展，特别是对产品质量、清洁生产水平、建设规模、经济效益及社会环境效益的影响发挥着关键作用。自《制浆造纸机械与设备》（上、下册）（第三版）于2011年出版以来，我国制浆造纸业与制浆造纸装备制造业继续坚持原始创新、集成创新和引进消化吸收再创新相结合，建设产学研科技研发平台，发展具有自主知识产权的先进适用技术与装备，使我国制浆造纸装备的生产规模与技术水平又进一步提高，我国制浆造纸业正逐步走向对环境友好的造纸强国。为了让《制浆造纸机械与设备》这套教材更好地适应我国造纸工业发展的需要，更好地适应高等学校相关专业教学的需要，在中国轻工业出版社的支持下，我们在第三版的基础上重新编写了《制浆造纸机械与设备》（上、下册）（第四版），以供广大造纸科技工作者和工程技术人员学习参考，并作为高等学校相关专业的教学用书。

本书分上、下两册出版，由华南理工大学、南京林业大学、天津科技大学、陕西科技大学、大连工业大学、广西大学、齐鲁工业大学等高校多年负责教学工作并具有丰富经验的教师编写。各章节编写工作具体分工如下：

上册：陈克复：绪论；骆莲新：第一章、第九章；刘苇：第二章；张峰：第三章；孙广卫：第四章；杨仁党：第五章；杨飞：第六章；徐峻：第七章；曾劲松：第八章；朱文远、张辉：第十章。

下册：朱文远、张辉：第一章、第二章（除第四、五、六节以外）、第十二章、第十三章；冯郁成：第三章；李荣刚：第二章（第四、五、六节）、第四章；侯顺利：第五章；孙广卫：第六章；侯庆喜：第七章、第八章；赵传山：第九章；张宏：第十章（第五节四、五、六部分由张云学编写）、第十一章（第一节一、二部分，第二节四、七部分由孟彦京编写）。

全书由华南理工大学教授陈克复院士担任主编。在编写过程中，得到李金鹏、刘三丰、张毅、郭俊等支持，在此表示感谢。

作者
2020年4月

# 目 录

## 第一章 打浆及疏解机械与设备 ……………………………………………………… 1

### 第一节 打浆设备概述 ………………………………………………………………… 1
一、打浆设备的基本作用 …………………………………………………………… 1
二、打浆设备的基本要求 …………………………………………………………… 2
三、打浆设备的演变及分类 ………………………………………………………… 2
四、打浆设备的能耗分析 …………………………………………………………… 3
五、打浆设备的发展趋势 …………………………………………………………… 5

### 第二节 打浆机 ………………………………………………………………………… 6
一、打浆机类型、特点及用途 ……………………………………………………… 6
二、打浆机结构与原理 ……………………………………………………………… 6
三、打浆机主要技术特征与运行 …………………………………………………… 9

### 第三节 圆柱形磨浆机 ………………………………………………………………… 10
一、圆柱形磨浆机类型 ……………………………………………………………… 10
二、单向流式圆柱形磨浆机 ………………………………………………………… 10
三、双向流式圆柱形磨浆机 ………………………………………………………… 14

### 第四节 锥形磨浆机 …………………………………………………………………… 15
一、锥形磨浆机工作原理与主要类型 ……………………………………………… 15
二、锥形磨浆机基本结构组成 ……………………………………………………… 17
三、双磨腔锥形磨浆机 ……………………………………………………………… 20
四、内循环锥形磨浆机 ……………………………………………………………… 22
五、锥形磨浆机的性能特征 ………………………………………………………… 22

### 第五节 盘磨打浆机 …………………………………………………………………… 24
一、盘磨打浆机的进展 ……………………………………………………………… 24
二、盘磨打浆机的类型与运行特征 ………………………………………………… 25
三、磨盘与磨浆特性 ………………………………………………………………… 28
四、盘磨打浆机的动力消耗 ………………………………………………………… 33
五、盘磨打浆机的选用 ……………………………………………………………… 34
六、盘磨打浆机主要技术特征 ……………………………………………………… 35
七、锥盘式磨浆机 …………………………………………………………………… 36

### 第六节 中高浓打浆设备 ……………………………………………………………… 37
一、概述 ……………………………………………………………………………… 37
二、中高浓盘磨打浆机 ……………………………………………………………… 38
三、圆柱形高浓打浆机 ……………………………………………………………… 40

### 第七节 疏解设备 ……………………………………………………………………… 42
一、概述 ……………………………………………………………………………… 42
二、疏解机类型与结构特征 ………………………………………………………… 42
三、高频疏解机的技术指标与应用 ………………………………………………… 43

参考文献 …………………………………………………………………………………… 45

## 第二章 造纸机概述 ... 46
### 第一节 造纸机的发展 ... 46
### 第二节 造纸机的组成与分类 ... 49
一、造纸机的组成 ... 49
二、造纸机的分类 ... 50
### 第三节 造纸机的规格 ... 51
### 第四节 长网造纸机的配置 ... 52
### 第五节 圆网造纸机的配置 ... 54
一、新月型纸机 ... 54
二、真空圆网纸机 ... 56
### 第六节 夹网造纸机的配置 ... 58
### 第七节 造纸机的专用名词术语 ... 59
一、造纸机幅宽方面的名词术语 ... 59
二、造纸机车速方面的名词术语 ... 61
三、造纸机产量方面的名词术语及生产能力的计算 ... 62
### 第八节 造纸机的设计参数 ... 63
### 第九节 造纸机运行的经济分析 ... 64
一、造纸机应在最高产量的速度范围内运行 ... 64
二、造纸机的时间损失或产量损失 ... 65
### 参考文献 ... 65

## 第三章 纸浆流送设备与流浆箱 ... 66
### 第一节 纸浆流送系统 ... 66
一、概述 ... 66
二、向流浆箱供浆的方式 ... 68
### 第二节 纸浆流送系统的相关操作单元及设备 ... 69
一、配浆设备 ... 69
二、纸浆稀释装置 ... 69
三、纸浆的净化和筛选 ... 73
四、纸浆的除气装置 ... 78
五、脉冲抑制设备 ... 80
六、冲浆泵和流量调节阀 ... 80
### 第三节 流浆箱概述 ... 82
一、纸浆上网对流浆箱的要求 ... 82
二、流浆箱的结构组成及其分类 ... 82
### 第四节 流浆箱的布浆器 ... 84
一、布浆器的作用与要求 ... 84
二、布浆器的组成和形式 ... 84
三、布浆器 ... 85
### 第五节 流浆箱的堰池和匀整装置 ... 91
一、箱体 ... 91
二、匀整装置 ... 92
### 第六节 流浆箱的上浆装置 ... 101

## 目 录

    一、倾斜式（收敛式）上浆装置 …………………………………………………………… 102
    二、垂直式上浆装置 ………………………………………………………………………… 102
    三、结合式上浆装置 ………………………………………………………………………… 102
    四、喷嘴式上浆装置 ………………………………………………………………………… 103
  第七节　典型的流浆箱结构 ………………………………………………………………… 103
    一、气垫式流浆箱 …………………………………………………………………………… 104
    二、水力式流浆箱 …………………………………………………………………………… 105
    三、水力气垫结合式流浆箱 ………………………………………………………………… 106
    四、稀释水型水力式流浆箱 ………………………………………………………………… 107
    五、多层型流浆箱 …………………………………………………………………………… 110
  第八节　流浆箱的主要技术参数和设计计算 ……………………………………………… 111
    一、流浆箱的主要技术参数 ………………………………………………………………… 111
    二、流浆箱的设计计算 ……………………………………………………………………… 112
  第九节　流浆箱的调节与控制 ……………………………………………………………… 115
    一、流浆箱运行中需要调节与控制的参数 ………………………………………………… 115
    二、控制与调节方法概述 …………………………………………………………………… 115
    三、流浆箱智能化控制的发展 ……………………………………………………………… 117
  参考文献 ……………………………………………………………………………………… 117

## 第四章　造纸机成形装置

  第一节　概述 ………………………………………………………………………………… 119
    一、成形装置的作用 ………………………………………………………………………… 119
    二、纸幅成形的机理 ………………………………………………………………………… 119
    三、不同成形装置的比较和技术经济分析 ………………………………………………… 120
  第二节　长网成形装置 ……………………………………………………………………… 121
    一、长网的组成及纸页的成形过程 ………………………………………………………… 121
    二、胸辊 ……………………………………………………………………………………… 122
    三、成形板 …………………………………………………………………………………… 123
    四、案辊和挡水板 …………………………………………………………………………… 124
    五、案板（脱水板） ………………………………………………………………………… 125
    六、湿吸箱 …………………………………………………………………………………… 129
    七、真空吸水箱 ……………………………………………………………………………… 130
    八、伏辊 ……………………………………………………………………………………… 132
    九、饰面辊 …………………………………………………………………………………… 134
    十、网案的摇振装置 ………………………………………………………………………… 136
  第三节　圆网成形装置 ……………………………………………………………………… 137
    一、圆网的纸页成形过程 …………………………………………………………………… 138
    二、网笼 ……………………………………………………………………………………… 138
    三、网槽 ……………………………………………………………………………………… 139
    四、伏辊 ……………………………………………………………………………………… 144
    五、超级圆网成形器及特超级圆网成形器 ………………………………………………… 144
  第四节　夹网成形器 ………………………………………………………………………… 146
    一、概述 ……………………………………………………………………………………… 146
    二、夹网刮板成形器 ………………………………………………………………………… 147

三、夹网辊筒成形器 ............................................................ 149
　　四、夹网辊筒—刮板成形器 .................................................... 151
　　五、夹网成形器的有关性能 .................................................... 152
第五节　顶网成形器 ................................................................ 153
　　一、引言 ........................................................................ 153
　　二、顶网辊筒成形器 ............................................................ 153
　　三、顶网刮板成形器 ............................................................ 153
　　四、顶网"C"成形器 ........................................................... 153
　　五、具有可调特征的顶网成形器 ................................................ 154
　　六、向上脱水和可调节的顶网成形器 ............................................ 154
第六节　叠网成形器 ................................................................ 155
第七节　网部的辅助装置 ............................................................ 156
　　一、造纸成形网 ................................................................ 156
　　二、成形网校正器 .............................................................. 161
　　三、成形网张紧器 .............................................................. 162
　　四、换网装置 .................................................................. 163
　　五、洗网装置 .................................................................. 164
参考文献 ............................................................................ 166

# 第五章　造纸机压榨装置

第一节　概述 ...................................................................... 168
　　一、压榨部的作用 .............................................................. 168
　　二、压榨部的组成 .............................................................. 168
　　三、压榨部常用术语及压榨辊的机械特性 ....................................... 169
第二节　双辊压榨装置 .............................................................. 173
　　一、普通压榨 .................................................................. 174
　　二、真空压榨 .................................................................. 177
　　三、沟纹压榨 .................................................................. 179
　　四、盲孔压榨 .................................................................. 181
　　五、平滑压榨 .................................................................. 182
　　六、大辊径压榨与双毛毯压榨 .................................................. 182
　　七、靴式压榨 .................................................................. 184
　　八、托辊压榨与液压垫式压榨技术（ViscoNip™） ............................... 187
第三节　压榨部的引纸装置 .......................................................... 189
　　一、真空吸移引纸装置 ......................................................... 189
　　二、其他引纸方式 .............................................................. 190
第四节　压榨配置方式及复式压榨 .................................................. 191
　　一、压榨部的配置 .............................................................. 191
　　二、复式压榨（多辊压榨） .................................................... 192
　　三、升温压榨与压榨新技术 .................................................... 195
　　四、压榨部配置举例 ............................................................ 197
第五节　压榨部的辅助装置 .......................................................... 201
　　一、压榨部辅助装置的配置 .................................................... 201
　　二、压辊的加压和提升装置 .................................................... 202

  三、毛毯及其洗涤装置 …………………………………………………………………… 204
  四、导毯辊、舒展辊与导纸辊 …………………………………………………………… 208
  五、毛毯的张紧器与校正器 ……………………………………………………………… 209
 参考文献 ………………………………………………………………………………………… 210

## 第六章　造纸机干燥装置 …………………………………………………………………… 211
 第一节　概述 …………………………………………………………………………………… 211
  一、造纸机干燥装置的主要作用 ………………………………………………………… 211
  二、造纸机干燥装置的基本组成 ………………………………………………………… 211
  三、造纸机干燥部结构的发展 …………………………………………………………… 212
 第二节　烘缸 …………………………………………………………………………………… 217
  一、烘缸的基本结构和发展 ……………………………………………………………… 217
  二、烘缸的强度和传热效率计算 ………………………………………………………… 219
  三、烘缸的凝结水排出装置及其进展 …………………………………………………… 223
  四、其他形式烘缸简介 …………………………………………………………………… 230
  五、冷缸 …………………………………………………………………………………… 232
 第三节　干燥装置的供热系统 ………………………………………………………………… 232
  一、概述 …………………………………………………………………………………… 232
  二、蒸汽供热系统 ………………………………………………………………………… 233
  三、热风供热系统 ………………………………………………………………………… 238
  四、采用其他热源的干燥系统 …………………………………………………………… 242
 第四节　干燥装置的通风装置 ………………………………………………………………… 245
  一、通风的工艺计算 ……………………………………………………………………… 245
  二、纸机干燥装置的通风罩 ……………………………………………………………… 246
  三、袋区通风装置 ………………………………………………………………………… 248
 第五节　干燥装置的辅助设备 ………………………………………………………………… 252
  一、烘缸刮刀 ……………………………………………………………………………… 252
  二、烘缸的传动和机架 …………………………………………………………………… 253
  三、干燥装置的润滑系统 ………………………………………………………………… 254
  四、干燥装置的引纸装置 ………………………………………………………………… 255
  五、网毯校正器和张紧装置 ……………………………………………………………… 258
 第六节　干燥部的节能装备 …………………………………………………………………… 261
  一、热泵系统 ……………………………………………………………………………… 261
  二、干燥部的热能回收系统 ……………………………………………………………… 264
  三、干燥部的发展趋势 …………………………………………………………………… 267
 参考文献 ………………………………………………………………………………………… 268

## 第七章　压光机与卷纸机 …………………………………………………………………… 270
 第一节　概述 …………………………………………………………………………………… 270
  一、压光机的作用 ………………………………………………………………………… 270
  二、压光机工作原理及影响压光效果的主要因素 ……………………………………… 270
  三、压光机的分类 ………………………………………………………………………… 272
 第二节　压光机的主要部件 …………………………………………………………………… 274
  一、压光辊 ………………………………………………………………………………… 274
  二、机架 …………………………………………………………………………………… 276

  三、加压机构及释压机构 · 278
  四、刮刀装置和安全杆 · 278
 第三节 硬辊压光机 · 278
  一、工作原理 · 278
  二、主要类型 · 279
  三、结构组成 · 279
 第四节 光泽压光机 · 279
  一、光泽压光机对纸和纸板的整饰 · 280
  二、光泽压光机的主要结构组成 · 281
 第五节 软辊压光机及超级软辊压光机 · 282
  一、软辊压光机 · 283
  二、软辊的使用维护要求 · 288
  三、超级软辊压光机 · 288
 第六节 超级压光机 · 292
  一、超级压光机的类型 · 293
  二、超级压光机的主要机构组成 · 294
 第七节 宽压区压光机 · 303
  一、金属带式压光机 · 303
  二、靴式压光机 · 305
 第八节 卷纸机 · 305
  一、影响卷取质量的因素 · 305
  二、圆筒式卷纸机 · 306
  三、卷纸机的发展和现代化 · 308
 参考文献 · 310

## 第八章 切纸机及复卷机 · 311
 第一节 切纸机 · 311
  一、切纸机的主要部件及工作原理 · 314
  二、切选机主要结构及工作原理 · 329
 第二节 复卷机 · 334
  一、复卷机的分类及应用 · 334
  二、各种复卷机的适用范围及控制要求 · 336
  三、复卷机的主要结构及工作原理 · 343
  四、现代复卷机及其发展 · 347
 参考文献 · 350

## 第九章 涂布机械与设备 · 351
 第一节 概述 · 351
  一、涂布工艺流程 · 351
  二、涂布设备的发展现状和发展趋势 · 352
  三、技术经济分析 · 353
 第二节 涂料制备设备 · 354
  一、分散与混合设备 · 354
  二、涂料筛选设备 · 356

  三、涂料泵送设备 …………………………………………………………………………… 358
第三节 涂布机 ……………………………………………………………………………………… 361
  一、涂布器 …………………………………………………………………………………… 361
  二、气刀涂布器 ……………………………………………………………………………… 369
  三、刮刀涂布器 ……………………………………………………………………………… 376
  四、帘式涂布器和喷雾涂布器 ……………………………………………………………… 385
  五、涂布器的选用 …………………………………………………………………………… 389
第四节 干燥器 ……………………………………………………………………………………… 390
  一、桥式热风干燥器 ………………………………………………………………………… 392
  二、烘缸干燥器和气罩干燥器 ……………………………………………………………… 392
  三、气垫干燥器 ……………………………………………………………………………… 393
  四、其他干燥器（红外干燥器等） ………………………………………………………… 396
  五、干燥器选型 ……………………………………………………………………………… 397
参考文献 …………………………………………………………………………………………………… 397

# 第十章 常用纸种造纸机配置 …………………………………………………………………… 398

第一节 新闻纸机 …………………………………………………………………………………… 398
  一、广州造纸公司新闻纸机（9号机） ………………………………………………… 398
  二、岳纸8号纸机 …………………………………………………………………………… 399
  三、Lang Paier 的 5 号纸机 ………………………………………………………………… 399
  四、欧洲 Haindl 纸厂的 Schongau9 号纸机 ……………………………………………… 400
  五、Holmen 造纸公司的 Braviken 造纸厂的 53 号纸机 ………………………………… 400
  六、韩国 Bowater Halla 纸业有限公司的新闻纸机 ……………………………………… 401
  七、Gebruder Lang 股份有限公司的新闻纸机 …………………………………………… 401
第二节 文化纸机 …………………………………………………………………………………… 402
  一、维美德西安的高级文化纸机 …………………………………………………………… 402
  二、2362 长网多缸（施胶）造纸机 ……………………………………………………… 403
  三、中国大港的高级文化纸机 ……………………………………………………………… 404
  四、奥地利的 Laakirchen 公司的 11 号纸机 ……………………………………………… 404
  五、武汉晨鸣的高级文化纸机 ……………………………………………………………… 405
  六、无碳复写原纸机（维美德西安） ……………………………………………………… 405
第三节 包装纸及板纸机 …………………………………………………………………………… 406
  一、5600/900 高强瓦楞纸机 ……………………………………………………………… 406
  二、Cadidavid 公司 2 号高强瓦楞纸机 …………………………………………………… 406
  三、西班牙最大的瓦楞新纸厂 SAICA 三厂 9 号纸机 …………………………………… 407
  四、澳大利亚布里斯班（Brisbane）的 Visy Paper 纸板厂的 VP8 纸板机 …………… 407
  五、2040 长网多缸纸袋纸机 ……………………………………………………………… 408
第四节 卫生纸机及生活用纸设备 ………………………………………………………………… 410
  一、高速卫生纸机 …………………………………………………………………………… 410
  二、擦手纸和湿纸巾设备 …………………………………………………………………… 412
  三、湿纸巾设备特征结构 …………………………………………………………………… 412
  四、纸尿裤设备 ……………………………………………………………………………… 413
  五、卫生巾设备 ……………………………………………………………………………… 415
  六、卫生护垫设备 …………………………………………………………………………… 416

## 第五节　涂布加工纸及特殊纸机 ......418
一、太阳纸业18号涂布纸板机 ......418
二、瑞典SCA集团Ortviken厂的4号低定量涂布纸机 ......418
三、涂布纸板机（维美德西安） ......418
四、钢纸的生产设备 ......419
五、毡纸的生产设备 ......419
六、特种纸板机（维美德西安） ......419

参考文献 ......420

# 第十一章　造纸机的传动系统与控制系统 ......421

## 第一节　概述 ......421
一、造纸机传动系统分类 ......421
二、控制系统分类 ......421
三、造纸机传动与控制系统的基本结构与工作简述 ......422

## 第二节　造纸机传动系统 ......423
一、概述 ......423
二、造纸机的传动系统 ......425
三、造纸机传动功率的计算 ......429
四、投资运行效益比较 ......432
五、造纸机的直流及交流传动系统 ......435
六、造纸机电气传动中的特殊问题 ......440
七、复卷机机械电气特性和要求 ......442

## 第三节　造纸机控制系统 ......447
一、产品质量控制系统（QCS） ......447
二、造纸机本体控制系统（MCS） ......451
三、造纸机的集散控制系统（DCS） ......454
四、纸机的过程控制系统（PCS） ......459
五、造纸机其他控制系统的简述 ......464

参考文献 ......465

# 第十二章　造纸机械状态监测与故障诊断基础 ......466

## 第一节　概述 ......466
一、机械状态监测与故障诊断技术起源 ......466
二、造纸机械监诊技术与应用现状 ......466
三、造纸机械监诊技术应用发展趋势 ......468

## 第二节　造纸机结构运行特征 ......469
一、造纸机整体结构组成 ......469
二、造纸机整体运行特征 ......469

## 第三节　造纸机械运行过程监诊原理与方法 ......469
一、造纸机械故障劣化的主要原因与表征 ......469
二、造纸机械关键机台及常见故障类型 ......470
三、造纸机械运行过程监诊主要内容 ......471
四、造纸机械运行过程监诊原理与工作步骤 ......472

## 第四节　造纸机状态监测部位的主要分布 ......474

## 第五节　造纸机监诊系统简介与典型应用 ......476

  一、造纸机监诊系统简介 …………………………………………………………………… 476
  二、评价与诊断方法示例 …………………………………………………………………… 482
  三、造纸机监诊系统的典型应用 …………………………………………………………… 484
 参考文献 ………………………………………………………………………………………… 492

# 第十三章　白水回收设备 ………………………………………………………………… 494
 第一节　概述 …………………………………………………………………………………… 494
 第二节　气浮式白水回收设备 ………………………………………………………………… 495
  一、气浮法白水回收系统的基本原理 ……………………………………………………… 495
  二、高效浅层气浮白水回收装置 …………………………………………………………… 496
 第三节　重力沉降式白水回收设备 …………………………………………………………… 498
  一、斜板（管）沉淀法白水回收设备 ……………………………………………………… 498
  二、脉冲澄清池 ……………………………………………………………………………… 501
  三、超高速凝聚沉淀装置 …………………………………………………………………… 502
 第四节　多圆盘白水回收机 …………………………………………………………………… 503
  一、中心轴式多盘式白水回收机 …………………………………………………………… 503
  二、框架型多盘式白水回收机 ……………………………………………………………… 506
 第五节　其他白水回收设备 …………………………………………………………………… 507
 参考文献 ………………………………………………………………………………………… 508

# 第一章　打浆及疏解机械与设备

## 第一节　打浆设备概述

### 一、打浆设备的基本作用

为了使纸浆纤维能形成所希望的特性的纸或纸板，需要对纤维进行必要的整修——机械处理。这种作用对于抄造高档纸或纸板甚为重要，可以使纤维形成光滑细腻而结合力强的纸页。

"打浆"这个术语起源于古代用棍棒手工处理纸浆纤维手段，但至今一直被用于描述对湿纤维机械处理。以前通常指荷兰式打浆机（Hollander Beater）；当今，磨浆机已经取代了打浆机，故"磨浆"这个术语正广为应用于描述对纸浆纤维的机械处理。事实上，这两个术语有时仍为同义而互用，但"磨浆"较多地用于连续打浆设备的情形。

打浆设备（或磨浆设备——本书考虑习惯还延用打浆设备）是使要处理的纤维原料，在通过相对运动着的纤维初生壁和次生壁产生位移，接着是发生初生壁和次生壁的破裂，然后纤维吸水润胀、切断，最后是细纤维化，即纤维表面的分丝、起毛等。打浆使纤维产生细纤维化，并变得具有良好的柔软性和可塑性，这样不仅在造纸机网上容易相互紧密地交织在一起，而且由于打浆的机械作用增加了纤维的表面和游离出更多的羟基，经过压榨之后，在干燥时由于氢键的作用而大大增强了纤维的结合力，使之结合得更为坚实，提高了纸的强度。

因此，打浆设备的功用就是使纸浆经打浆处理后，纤维具有良好的柔软性和可塑性以及细纤维化，从而大大提高了氢键结合力和纤维间的可交织的表面。此外，打浆设备还可以使各种的原料、辅料、添加剂均匀地混合。

最普遍使用的打浆方法是利用金属齿牙之水力碾压作用。图1-1表明了各种磨浆状态。

首先，纤维束被导向齿牙的边缘。在此纤维导入阶段，浓度一般在3%~5%（有时为2%~6%），纤维束内含有水。

当转子齿牙的边缘接近于定子齿牙时，纤维束受到挤压压缩并获得一个强烈的冲击。其结果是纤维内大部分水被挤压出。同时，对于弱黏结的短纤维，被剥裂、脱水离开纤维束而流入齿沟间；对于仍为纤维束的纸浆，纤维受到磨牙边缘的压力并接受碾磨。

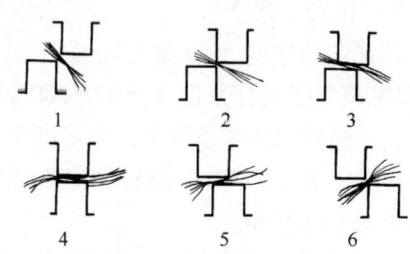

图1-1　磨浆状态图
1—纤维挂入　2,3—边缘对边缘
4,5—表面对表面　6—磨浆结束

紧接着，磨牙边缘既顺着纤维束滑移又对着磨牙平面碾压纤维。低浓磨浆时，平均磨牙间隙为100μm，相当于2~5根粗纤维或10~20根压溃纤维。大多数磨浆在磨牙边缘对磨牙平面阶段完成的，此时磨牙边缘产生机械处理；而纤维之间的磨擦在纤维束的内部产生纤维对纤维的处理。这个阶段延续到主导磨牙的边缘到达被动磨牙的尾端边缘。此后纤维束继续在两磨

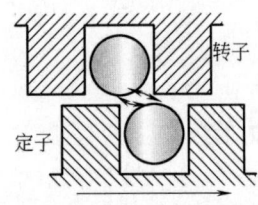

图 1-2 沟槽漩涡纤维易拉入齿牙边缘图

牙表面之间受碾压，直至转子磨牙末端移出定子的边界。当转子磨牙转过定子磨牙时，在牙间沟槽里产生强烈的漩涡；这种漩涡使纤维易拉入边缘，见图 1-2。如果沟槽太窄，纤维或纤维束不能在沟中翻转而不能挂到磨牙表面而得不到磨浆。对于高浓磨浆机具有大沟槽，在高速旋转下，沟间是蒸汽而不是水。

## 二、打浆设备的基本要求

打浆设备在造纸生产中占有十分重要的地位。其基本要求：

① 磨浆作用状态良好，有效发挥纤维强度的潜能，当纤维通过磨区时要增加纤维的撞击几率，纸浆纤维形态经机械整理后符合纸张结合需要；

② 磨齿、齿沟形态随打浆工艺的不同要求而有区别，磨浆间隙（定、动齿面）能调节；

③ 磨浆机构、磨浆腔体耐磨；

④ 磨浆机构、磨浆腔体结构对称，有利于高速运行状态下的受力均匀，确保机构稳定；

⑤ 减少磨浆净能量输入，降低空载能量输入，节能低耗；

⑥ 体积小，结构简单，维修操作性良好，设备维修和保养成本低。

## 三、打浆设备的演变及分类

### （一）打浆设备的演变

自从 18 世纪荷兰第一台机械化打浆机发明和使用以来，已有近 300 年的历史。为满足造纸工艺的发展及设备本身效能提高的需要，打浆设备无论在结构形式上还是材料选用、刀片（磨纹）形状、运行方式和控制上都有了极大的发展。打浆设备主要遵循以下几方面发展。

1. 工作方式由间歇式向连续式方向发展

目前，除了特殊用途外，间歇运行的、占地面积大且效能低的打浆机几乎被连续作业的、占面积小的、效能高的磨浆机（圆柱形、锥形、盘式和组合式）所代替，设备的动力消耗也大大减少。

打浆机在落重刀时，用于打浆的有效功率占总功率的 40%~60%；而在落轻刀时，仅占 20%。锥形、圆柱形、盘式和组合式磨浆机等设备打浆时有效功率的比例就大大地提高，单位动力消耗（每吨浆每提高打浆度 1 度时所需的功率）也随之降低。在同样的打浆条件下，锥形磨浆比打浆机的单位电耗降低 30%~50%，圆柱磨浆机比打浆机的单位电耗降低了近 50%。

2. 定子刀（齿牙）与转子刀（齿牙）在单位设备体积内接触面积的增加

打浆设备的功能核心是靠定子磨齿（牙）与转子磨齿（牙）之间对纤维的综合机械作用。转子每转一周，这种接触机会越多，设备打浆效率就越高；在同样打浆能力下，打浆设备体积越小。因此，打浆设备的转子磨与定子磨的结构演变如图 1-3 所示。

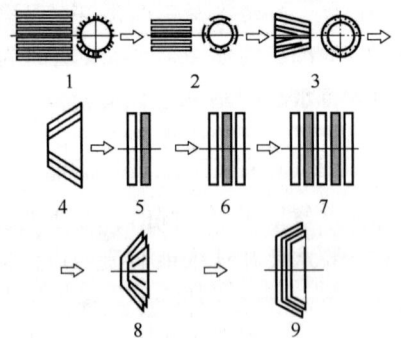

图 1-3 打浆设备的结构演变示意图
1—打浆机 2—圆柱磨浆机 3—锥形磨浆机
4—大锥度磨浆机 5—单盘磨浆机 6—双盘磨浆机 7—多盘磨浆机 8—双磨区锥形磨浆机 9—锥盘式磨浆机

3. 磨齿形态更加适应微观磨浆机理

磨齿形态，直接影响到纸浆纤维碾磨状况。因此，打浆设备的发展不仅从整体结构形式上，而且深入到齿牙的形状结构上，有利于所处理纤维打浆要求，有利于提高效能，有利于减少磨损，有利于节能降耗。

4. 由低浓打浆设备发展到中、高浓打浆设备

近几十年来的研究和生产实践证明，高浓打浆（20%以上浆浓）比之传统的低浓打浆（5%以下浆浓），不但能降低单位电耗、显著地提高纸和纸板的强度与其他一些指标，而且高浓打浆对于处理阔叶材浆和草类浆等短纤维纸浆尤为合适。由于喂料和出料的特殊性，现今用于高浓打浆设备主要是高浓盘磨打浆机。

5. 由单台设备发展到多台设备联合使用，由人工控制发展到集中控制和自动调节

打浆设备进行打浆时，流量、浓度、间隙、比压等因素对纸浆的处理质量影响甚大。对于工业化大生产来说，人工操作单台设备生产效率低，难以达到高产量的水平。因此，当今打浆设备往往把设备的机械设计与电气、液压、气压等自动化技术紧密联系起来，实现了多台设备的集中控制和对各个影响打浆的因素进行自动调节，同时采用电子计算机进行过程控制和自动调节各个参变量之间的关系。另外，根据生产纸浆特征和配比、能力，采用同类设备并联或不同类设备混合使用。从安全角度，许多大型盘式磨浆机不断配置状态监测与故障诊断系统。

（二）打浆设备分类

根据打浆设备的结构原理，主要分类如下：

1. 按是否连续分

① 间歇式打浆机。如：荷兰式打浆机、伏特式打浆机。

② 连续式打浆机。如：圆柱形磨浆机、锥形磨浆机、盘磨打浆机。

2. 按转子结构形式分

① 鼓式打浆机，圆柱磨浆机。

② 圆锥式：a. 按锥度大小分为大锥度锥形磨浆机，锥度 60°~70°；中锥度锥形磨浆机，锥度 20°~30°；小锥度锥形磨浆机，锥度约 10°。b. 按圆锥磨腔数分为单磨腔锥形磨浆机和双磨腔锥形磨浆机。c. 根据转轴支承方式目前又分通轴式锥形磨浆机和悬臂式锥形磨浆机。

③ 盘式：a. 按转动盘片数分为单动盘式磨浆机和双动盘式磨浆机；b. 按总盘片数分为双盘磨浆机、三盘磨浆机和多盘磨浆机。

④ 结合式：a. 锥锥组合，如二锥式双磨腔锥形磨浆机，四锥式双磨腔锥形磨浆机；b. 锥盘结合，是锥盘式磨浆机。

3. 按打浆浓度分

① 低浓打浆机（2%~6%）：各类打浆机。

② 中浓打浆机（8%~20%）：单盘式高浓磨浆机，圆柱形高浓磨浆机。

③ 高浓打浆机（20%~35%）：单盘式高浓磨浆机，圆柱形高浓磨浆机。

## 四、打浆设备的能耗分析

制浆造纸工业能耗较大，主要是热能和电能消耗。一般化学浆机制纸生产线总能耗中制浆部分约占33%，打浆工段约占16%，抄纸机约占41%，其他辅助工段约占10%。如只考虑电能消耗，则打浆工段最高，占总电耗30%以上。因此，对于打浆设备来说，除了满足

打浆质量要求外，节能成为开发和选用设备的十分重要的方面。

打浆设备的电能消耗主要在以下几个方面：一是磨浆耗能（碾磨浆料纤维，如切断、细纤维化等）；二是克服浆液流体黏滞力等，使浆料进入、流动及离开磨浆区的泵送耗能；三是加热浆液（包括气化）耗能；四是机械部件摩擦能耗，包括转子等部件转动时能耗、轴承、密封等摩擦能耗，以及浆料与打浆设备的无磨浆作用即非磨浆工作面间的摩擦能耗。所以，为了有效地研发和选用低能耗型打浆设备，须从上述几方面作为思考基本出发点。

研发低能耗型打浆设备遵循以下的基本原理。

1. 从磨齿形状、尺寸等结构设计上节能

磨齿相对较宽、齿槽较窄的设计，在达到同样打浆质量下单位打浆能耗相对较低。这是因为对浆料纤维的磨浆作用主要依靠齿面的碾磨挤压和齿角的剪切，磨齿相对越宽，这种碾磨挤压的机会越多；而齿槽（沟）部分体积越大，对浆流带来的无为扰流摩擦越多，无用功耗越多。当齿宽和槽宽相对都变窄时，齿数增多而打浆效率高。

对于齿高，在同样打浆度要求时，齿高较低（齿槽较浅）的能耗相对少；如果在高打浆度时，这种能耗的节约更明显。

磨浆定齿和动齿之间的夹角会影响到磨浆效率和能耗。夹角过小，不但影响打浆后浆料纤维质量，而且因影响磨齿寿命，增加单位磨浆能耗。

2. 从打浆设备转子结构上考虑节能

打浆设备转子磨浆面分曲面（打浆机、圆柱磨浆机、圆锥磨浆机）和平面（盘磨打浆机）两类。后者相对易于通过改变不同的齿形设计来适应具体的浆料种类不同和对打浆质量要求不同而获得更加节能、优化质量的打浆。

打浆设备转子的直径与转速越大，转子运行时空载功耗（无效功耗）也越大，不利于节能。

对于盘式磨浆机，双动盘式比单动盘式的单位磨浆能耗高。因为两个动盘对磨时相对转速高，引起发热量大，而且磨片单位磨损大，比能耗高。

3. 从增加打浆设备单位体积内的磨浆面积上考虑节能

一般打浆设备的40%左右输入功率被转子受到的流体黏滞和部件摩擦阻力所消耗，且随着转子直径和转速的增加而上升。所以，在设计时，对具有同样磨浆面积功能下，尽可能采用更小的转子，可降低空载能耗。如多盘式盘磨打浆机、双磨腔锥形磨浆机和锥盘式磨浆机等设计，有利于减少无效能耗，势必在打浆过程的单位磨浆能耗会降低。

4. 从减少浆料在通过打浆设备时流阻的设计

（1）浆料在打浆设备中流动方向与转子驱动方向尽可能一致

传统圆柱磨浆机的浆料从进浆至出浆是沿轴向移动，而转子是产生周向运动，两者相互垂直，即转子运动作用力对浆进出流动无贡献，必须外加进、出口压差或转子轴端推进叶片来实现浆的进出流动。而新型双流式圆柱磨浆机、锥形磨浆机和盘式磨浆机，在它们转子旋转时均对浆料主动进入和流出磨浆机有作用力，所以，这三种磨浆机相对要比传统圆柱磨浆机单位能耗更低；转子旋转作用产生的离心力作用驱动浆从进口往出口移动最直接的是盘式磨浆机。

（2）减少浆料流动中直角流道

传统的通轴式锥形磨浆机进浆口方向与转子轴向垂直，使进浆管与锥形磨浆机的小端面产生一个直角流道；常用的盘式磨浆机，其进浆管口与定盘中心轴向进口呈垂直，即为直角流道。上述两种情况，在进口处均有较大流动阻力。所以，从浆料流动中在流道的能耗角度，悬臂式锥形磨浆机设计优于通轴式锥形磨浆机；螺旋进浆管式盘磨打浆机设计优于传统进浆管式盘式磨浆机。

5. 从提高关键部件加工精度及动态磨浆间隙调节机构上考虑节能

打浆设备在磨浆过程定、动磨齿不断磨损，再加上热变形和装配精度变化等因素，实际磨浆间隙处于变动状态，导致要么间隙偏大而磨浆质量受到影响，要么间隙偏小碰摩而损坏磨齿并增加能耗。所以，如新设计的转轴动盘浮动装配式盘磨打浆机，在磨浆过程，易自动保持两边磨区磨浆间隙动态一致和定、动盘间的自动平行，有利于节能、提高磨浆质量和延长磨片寿命。

6. 从打浆设备的操作、控制上考虑节能

（1）打浆机设备的操作方面

打浆浓度方面，适当提高打浆工作浓度，不但有利于打浆质量的提高，而且有利于节能，因为工作浓度高相对减少了单位浆料的体积，减少了磨浆过程需流体输送能耗；但如果浓度过高（如盘式磨浆浓为10%以上），浆料的流动阻力反而大大增加，因而，单位浆料的综合能耗会转为增加。

打浆设备的磨浆间隙要适当（一般为纤维直径的3~4倍），不同磨浆机有一最佳磨浆间隙范围，间隙偏大而磨浆质量受到影响，间隙偏小碰摩而损坏磨齿并大大增加能耗。

（2）打浆机设备的控制方面

磨浆机主电机及控制方式对能耗的影响。一般打浆的电机功率比较大，启动电流大而对电网有影响。采用电机软启动技术后，对磨浆机空磨或供浆波动时，避免了不必要的耗电。另外，通常主电机耗电负荷在70%~80%范围内运转时效率较高，节能效果较好。

7. 从掌握最佳磨齿使用周期上考虑节能

由于磨浆过程磨齿刃口磨损，槽深变浅，磨齿锋利程度降低，动力消耗明显上升。一般磨齿在磨损后期的单位功耗要增加20%~30%；同时，磨浆质量会明显下降。所以，提高磨齿材料的耐用性和及时更换定磨套（片）和转子，保持磨齿在最佳使用周期，有利于节能和磨浆质量提升。

## 五、打浆设备的发展趋势

现代打浆设备主要发展方向是连续化、大型化、高浓化、多功能化、高效率和集中自动控制。

① 向中、高浓化方向发展。尽管目前已有高浓打浆设备，但较普通使用的仍是低浓打浆设备。随着打浆工序的上游工序配套（如中高浓漂白技术推广）及企业规模的增加、考虑经济质量等因素，中、高浓打浆设备使用必将逐渐发展。

② 打浆设备形式的多样化。现在已经出现了处理废纸浆的打浆设备同时并有除杂功能。随着生产的需要和设备的研究和发展，针对处理不同纤维种类，从功能上将专门设计，专用性能更强。

③ 打浆设备的大型化。由于生产规模迅速发展，势必使单机设备的生产能力增大。尽管为设计制造带来困难和单机动荷增加，但对于提高生产经济效益极为有利。

④ 磨盘齿纹的进一步系列化、专用化。随着现代造纸工艺技术发展，打浆微观的机理研究对于不同原料、不同品种、不同要求，将专门配套磨盘。使齿纹（牙）系列化、专用化。

# 第二节 打浆机

## 一、打浆机类型、特点及用途

自打浆机发明使用后经过不断地改进和完善，一直使用到现在。虽然打浆机与其他打浆设备比较，具有消耗功率大、占地面积大及间歇作业等特点，但由于它能处理各种不同性质的纸浆，并通过运行条件的改变，可获得不同要求的纸浆特性，适应范围广而灵活性大。因此在现今和今后，国内外造纸厂中某些情况下仍有所使用，例如对处理棉、麻、硬布及半化学浆或小工厂专用工艺的生产线。另一方面，打浆机是最先出现的打浆设备，其他类型的打浆设备都是在它的基础上发展演变过来的，对它的结构原理有一个基本的了解，会有助于对其他打浆设备的研究。

打浆机发明至今，虽然经过了很多的改进，但其结构的主要部分仍然保持了原有的构造。图 1-4 为打浆机结构原理示意图。由于飞刀辊 3 不停地旋转以及浆槽 1 本身固有一定的坡度，使受处理的纸浆在槽内沿箭头的方向循环运动。当纸浆经过飞刀辊 3 与底刀 2 之间的间隙时，便受到了飞刀与底刀的机械作用，逐步处理成合乎抄纸要求的纸浆。当纸浆需要洗涤时，可放下洗鼓 4，并开喷水管冲洗。在打浆过程中，飞刀辊与底刀的间隙和压力是可以调节的。

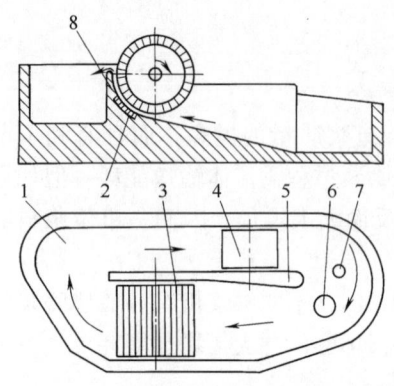

图 1-4 打浆机结构原理示意图
1—浆槽 2—底刀 3—飞刀辊 4—洗鼓
5—隔墙 6—放料口 7—排污口 8—山形部

打浆机的形式很多，它们不同之处主要是：浆辊的形状、隔墙两边循环沟的宽度、浆槽底的坡度、山形部的位置和形状、底刀的位置及飞刀辊的调节机构等。各国生产的打浆机大多从这些方面改进，力图达到纸浆在打浆机中打浆均匀、节省动力以及使质量、产量容易控制等目的。在我国使用的打浆机中，按其用途不同，可分为两类。一类为半浆机，主要用于切断纤维，传统的荷兰式打浆机属于这一类（如图 1-5）；另一类为成浆机，主要用于打浆，使纤维达到帚化、分丝、增加纤维比表面积等目的，传统的伏特式打浆机属于这一类。

在打浆机的结构设计中，应着重考虑以下问题：a. 浆槽；b. 飞刀辊以及飞刀、底刀；c. 打浆机的调节机构。

## 二、打浆机结构与原理

### （一）浆槽

打浆机的浆槽一般采用钢筋混凝土的结构。简单的浆槽可用砖砌、水泥抹面的结构。为使纸浆在槽内循环良好、减少纸浆的摩擦、保持纸浆清洁等，要注意把槽的内壁磨光或衬瓷砖。

目前使用的打浆机，其浆槽的容量规格为 $3\sim12m^3$，浆槽长度一般为飞刀辊直径的 $1.5\sim3.5$ 倍，浆槽的长宽比一般为 $1.5\sim1.8$。

浆槽的形状对纸浆的流动及混合等作用有

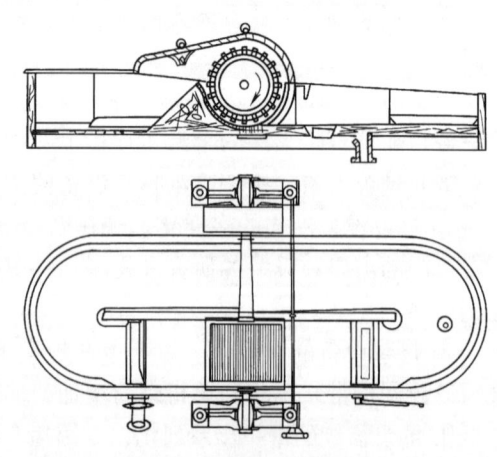

图 1-5 荷兰式打浆机

很大的影响。目前比较完善的打浆机上，飞刀辊为三角形的下斜坡，使得纸浆通过山形部后，槽内侧的纸浆与外侧的纸浆互换，位置有利于均匀打浆；另外，隔墙两端做得特别肥大，促进纸浆在转弯时混合良好与流速一致，减少流动死角，也有利于均匀打浆。

为使纸浆循环流动容易，打浆机浆槽底部均有一定的倾斜度。但斜度不宜过大，否则纸浆在槽的前端和边角等处会产生死浆现象。适宜的倾斜度一般为7%~8%，对浓度较高的纸浆，有时可达13%。

### （二）飞刀辊

**1. 辊体**

飞刀辊也称为打浆辊，其结构形式有鼓式和圆盘式两种。现在，飞刀辊普遍采用圆盘式结构（如图1-6所示）。它由2~4个轮盘、主轴等构成。轮盘的圆盘加工成凹槽后，再嵌入销铁，飞刀片用硬木镶嵌有销铁的间隙内，并在飞刀片两端用环圈固紧。

飞刀辊的圆盘转速直接影响到打浆机的工艺性能，它的大小，取决于工艺条件。一般半浆机的飞刀辊线速为7~8m/s，成浆机为10~12m/s。飞刀辊换上新的飞刀后，通常要在打浆机中放入一部分水，在飞刀辊附近撒上沙子，开动打浆机进行磨刀，使飞刀与底刀接触完全一致，才能投入生产。

**2. 飞刀**

飞刀片安装在刀辊的圆周表面上。飞刀片断面一般为长方形，刀刃平直，两端开有U形缺口；也有某些飞刀片背部做成斜面的（图1-6）。

飞刀片的长度与辊面宽度相同，高度通常为100~120mm。飞刀片的厚度根据打浆的工艺要求来确定，通常为6~12mm。打游离浆宜用薄刀，打黏浆宜用厚刀。若打高游离浆时，为了有效地切断纤维，刀厚可小至1~3mm。但是在决定刀的厚度时，还必须考虑到刀的强度。被两片飞刀及硬木块所包围的空间称为刀槽。刀槽的间距、深度等几何尺寸对打浆作用均有一定的影响。当刀槽深度一定时，刀片的间距较大，则进入刀槽的浆量较多，可加大纸浆的流速；但若刀片的间距大大时，纸浆进入槽内的量超过打浆时间，影响纸浆的质量，也耗费动力。通常，当打浆以切断和分裂纤维为主时，在刀槽宽度一定条件下时，刀槽的深度过小，纸浆会使硬木磨损较快，并增加了动力消耗；若刀槽深度过大，即飞刀片伸出较长的距离，则硬木不易牢固地把飞刀片固定，打浆时易使刀片产生振动，且附着在刀槽深处的纸浆，干后脱落在浆流中会影响纸浆的质量，刀槽深度一般以40~50mm为宜。

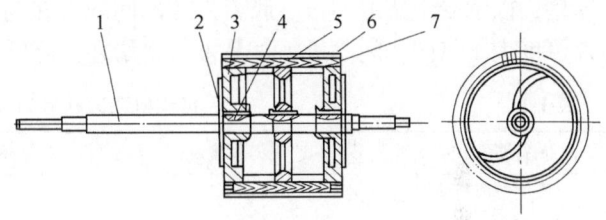

图1-6 圆盘式飞刀辊
1—主轴　2—刮浆叶　3—轮盘　4—键
5—硬木　6—飞刀片　7—环圈

飞刀片的数目与刀片厚度、刀槽宽度和刀辊直径有关。

飞刀片的材料可采用碳素钢、不锈钢、磷青铜及玄武岩等。选用哪一种可按打浆的种类、纸浆用途而定。一般打浆机的飞刀片用钢材制造（布氏硬度230~250度）。当要求纸浆没有铁离子时，需用青铜刀片；为了耐腐蚀与耐磨，可采用不锈钢刀片；在进行高黏状打浆时，则可采用石刀片。石刀片常用的是玄武岩，刀面刻有15~20mm深的沟纹，纹间距离为30~40mm。

玄武岩气孔率大，有粗糙的表面，好像很多微小的刀口，适宜于纤维的纵向撕裂和压溃，多用于生产薄页纸等纸种的打浆设备中；又因为它是非金属材料，故宜用于电容器纸打浆。采用玄武岩的飞刀在打浆时的动力消耗比金属刀片大20%左右，但打浆时间可以缩短。

（三）底刀

早期打浆机的底刀位于飞刀辊的正下方，以获得较大的比压。现在打浆机的底刀大多安装在山形部上。这样，使刀槽内的纸浆不会过早地抛向山形部，有利于充分利用飞刀辊推送纸浆的动能，保证纸浆获得较高的循环速度，防止产生涡流和回浆而降低打浆的动能。

按照刀片数不同，底刀可分成1~3组进行装配。每组有15~20片刀片。每一组底刀片中刀片之间用硬木镶嵌，然后用螺栓夹紧，如图1-7所示。底刀的弧面应与刀片辊的圆周面相吻合。装好的底刀放在铸铁的底刀盒内，再用楔铁固紧。由于底刀较易磨损，须经常更换，故安装在山形部上的底刀盒在检修时可以从浆槽外壁侧面取出。

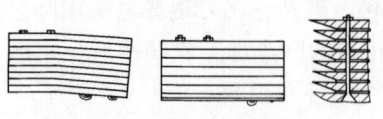

图1-7 底刀组结构示意

底刀刀片的排列方式现多为斜形或人字形，可以防止飞刀可能嵌入底刀间隙内；同时能与飞刀构成剪刀似剪切作用，有利于打浆。斜形底刀的斜角度通常多采用5°~7°。

金属的底刀刀片的厚度约比飞刀厚度小2~3mm（见表1-1）。底刀片比飞刀片薄的原因是为了减少飞刀片的磨损速度，因为底刀比飞刀容易更换。在底刀组中，第一、二片底刀片应厚些，以承受纸浆的冲击。底刀刀片的间隔大多与刀片厚度相等或稍大1~2mm，也有较刀片厚度大1倍的。间隔过小，易被纸浆堵塞，降低打浆效率。

表1-1　　　　　　　　　　　　打浆机飞刀和底刀厚度

| 打浆方式 | 飞刀厚度/mm | 底刀厚度/mm | 纸浆用途 |
| --- | --- | --- | --- |
| 高度游离打浆 | 1~3 | ~3 | 滤纸 |
| 游离打浆 | 6~7 | 3~4 | 吸墨纸 |
| 普通打浆 | 8 | 5~6 | 书写纸 |
| 黏状打浆 | 9~10 | 6~7 | 卷烟纸 |
| 高度黏状打浆 | 11~15 | 8~12 | 牛皮纸 |

（四）调节机构

在打浆过程中，飞刀辊与底刀间隙、形状及大小、飞刀辊作用在纸浆上的比压，都直接影响打浆质量，因此间隙和比压应当能够调节。通常，间隙和比压的调节装置是设计在一起的，成为一套完整的机构，如图1-8所示。

① 间隙调节装置。图中2、3、4、5、8、7构成调节间隙的飞刀辊升降系统。升降装置是通过手轮（或链轮）、蜗杆、螺母，使螺杆升降。螺杆的一端与支承飞刀辊轴承的支臂的一端铰接。这样，转动手轮或链轮时，便可以升降飞刀辊。

② 调压装置。9、6、8、7构成调压系统，两个系统是通过销轴8连接在一起的。当纸浆通过打浆机飞刀辊与底刀座之间的间隙时，浆流要承受来自飞刀辊的压力。打浆时不但要求飞

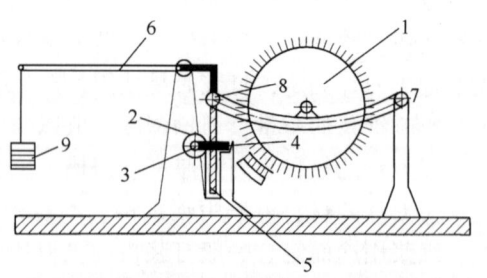

图1-8 打浆机间隙和比压调节装置
1—飞刀辊　2—手轮　3—蜗杆　4—蜗轮　5—螺杆　6—杠杆　7—支点　8—销轴　9—重锤

刀辊与底刀座之间的间隙可以调节，而且还要求浆流通过这个间隙时所承受的压力（也就是飞刀辊作用在底刀上压力）也可以调节，始终适应在不同工艺条件下的打浆要求。

调压装置有利用调节水压力控制底刀与飞刀辊之间的压力，也有利用气压来调节的，但大多数打浆机是采用杠杆原理进行调压的。平衡重锤的重量 $W$ 通过杠杆使刀辊作用在底刀上的力减小。

### 三、打浆机主要技术特征与运行

在我国，一些生产厂在处理棉、麻之类的长纤维原料时还小规模地继续使用打浆机。

另外，打长纤维和绝缘纸浆、一些以玻璃纤维原料生产特种纸等还使用槽式打浆机。因此，国内外仍有少量制造和使用打浆机。

#### （一）打浆机的型号和主要技术特征

目前我国通用的槽式打浆机的型号和主要技术特征见表 1-2。

表 1-2  槽式打浆机的型号和主要技术特征

| 型号 | ZDC$_1$ | ZDC$_2$ | ZDC$_3$ | ZDC$_4$ |
|---|---|---|---|---|
| 生产能力/(kg/池) | 150 | 250 | 350 | 500 |
| 容量/m$^3$ | 3 | 5 | 7 | 10 |
| 刀辊直径/mm | $\phi$1000 | $\phi$1350 | $\phi$1400 | $\phi$1500 |
| 刀辊宽度/mm | 1250 | 1350 | 1000 | 1400 |
| 刀辊转速/(r/min) | 180 | 180 | 136 | 124 |
| 飞刀厚度/mm | 7 | 8 | 8 | 10 |
| 飞刀数量/把 | 90 | 80(钢),20(石) | 78 | 87 |
| 底刀数量/组 | 3(27 把) | 3 | 1(14 把) | 1(20 把) |
| 底刀厚度/mm | 8 | 6 | 6 | 5 |
| 洗鼓尺寸/mm | — | 八角形 1000×800 一个 | $\phi$1000×1000 一个 | $\phi$1200×1100 一个 |
| 功用 | 处理成浆 | 处理成浆 | 处理半浆 | 处理半浆 |
| 外形尺寸（长×宽×高）/mm | 6000×3600×1688 | 5875×4150×2500 | 7150×4250×2500 | 8370×4500×2800 |
| 排列方式 | 左、右手 | 左、右手 | 左、右手 | 左、右手 |
| 功率/kW | 40 | 55 | 60 | 80 |

| 型号 | 伏伊特式系列 | | | | | | PBM 系列 | | PM 系列 | |
|---|---|---|---|---|---|---|---|---|---|---|
|  | 1 | 2 | 3 | 4 | 5 | 6 | 5 | 8 | 6 | 8 |
| 生产能力/(kg/池) | 150 | 225 | 300 | 400 | 600 | 900 | 200 | 400 | 300 | 400 |
| 容量/m$^3$ | 3 | 4.5 | 6 | 8 | 12 | 16 | 5 | 8 | 6 | 8 |
| 槽长/mm | 3590 | 4480 | 4980 | 5320 | 5520 | 5530 | 4500 | 5200 | 5740 | 5500 |
| 槽宽/mm | 2370 | 2620 | 2870 | 3270 | 3640 | 8340 | 2950 | 3500 | 2600 | 3080 |
| 刀辊直径/mm | 1250 | 1350 | 1500 | 1650 | 1800 | 2000 | 1300 | 1500 | 1540 | 1800 |
| 刀辊宽度/mm | 1250 | 1350 | 1500 | 1800 | 2000 | 2000 | 1300 | 1700 | 1250 | 1500 |
| 刀辊转速/(r/min) | 153 | 142 | 128 | 116 | 106 | 96 | 155 | 128 | 120 | 110 |
| 飞刀厚度/mm | 7 | 8 | 8 | 10 | 10 | 10 | 6~8 | 8 | 8~10 | 10 |
| 飞刀数量/把 | 72 | 80 | 88 | 96 | 104 | 116 | 90 | 96 | 81 | 96 |
| 底刀数量/组 | 30 | 30 | 30 | 30 | 30 | 30 | 36 | 36 | 30 | 30 |
| 底刀厚度/mm | 5 | 5 | 5 | 5 | 5 | 5 | 4~6 | 4~6 | 5 | 5 |

#### （二）打浆机的运行

打浆机的启动、运转和停机，必须在浆、水、电供应正常情况下进行。当飞刀辊上换上新的飞刀后，要先进行磨刀，待上下刀片刃口完全密合一致，方能投入生产。

打浆机经空运转正常后，即可投料生产，期间应利用调节机构，调节打浆辊和底刀间的间隙及比压。打浆机的调节机构应定期检查是否灵活；定期检查飞刀、底刀的磨损与松脱情况。

## 第三节　圆柱形磨浆机

### 一、圆柱形磨浆机类型

圆柱形磨浆机也称圆柱磨浆机或圆柱精浆机，是一种连续打浆设备。可以多台串联或并联进行打浆，可用它打高黏状浆、黏状浆或者游离浆。与打浆机相比，圆柱磨浆机的底刀组数量多，包围飞刀辊的总弧长要长得多；总体结构也比打浆机要紧凑得多；它的单位动力消耗（每吨浆提高打浆度 1°SR 所耗用的功率）为普通打浆机的 $1/2 \sim 1/3$。

随着圆柱形磨浆机的发展，根据纸浆在磨浆区流动方向可分为单向流式圆柱形磨浆机和双向流式圆柱形磨浆机两类。

单向流式圆柱形磨浆机也称为传统型圆柱形磨浆机。在这类圆柱形磨浆机中，纸浆从圆柱形磨浆机体的一端进浆进入磨浆区，然后在另一端出浆。

双向流式圆柱形磨浆机也称为帕琵龙型（Papillon）圆柱形磨浆机，是新一代圆柱形磨浆机。在这类圆柱形磨浆机中，纸浆从圆柱形磨浆机体轴向中心进浆进入磨浆区中间，然后分别向相反方向在磨浆机体两端出浆。

### 二、单向流式圆柱形磨浆机

#### （一）单向流式圆柱形磨浆机的结构原理

1. 工作原理与基本结构组成

（1）工作原理

单向流式圆柱磨浆机是由一个圆柱形刀辊（也称转子）和沿刀辊圆柱分布的四组扇形底刀（也称定子）所组成。它的工作原理如图 1-9 所示。由于转子刀辊是圆柱形，在高速旋转时要处理的纸浆受离心力的作用产生周向运动和径向离心运动，不能产生使纸浆轴向移动，对于单向流向式必须依靠纸浆进出口的压差和飞刀辊两端的推浆叶轮来使纸浆进出磨浆区域。

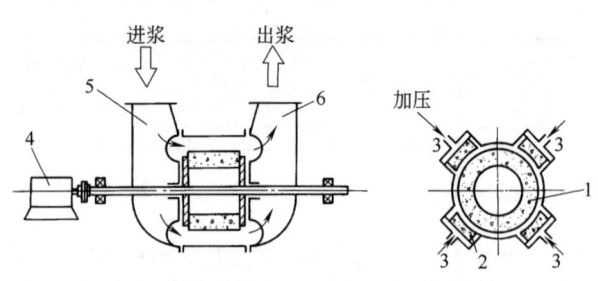

图 1-9　单向流式圆柱磨浆机工作原理示意图
1—刀辊　2—定子　3—加压流体　4—电机
5—纸浆进口　6—纸浆出口

在高速旋转时要处理的纸浆通过进口到达刀辊和定子之间的间隙，然后从出口排出。传动电动机与刀辊直接连接，带动刀辊高速转动。加压流体通过入口对四把定子刀进行加压，使要处理的纸浆在一定的压力下进行磨浆。

（2）结构特征

图 1-10 是单向流式圆柱磨浆机结构视图。它的进口端有导流流道（或称为进口泵壳）

第一章 打浆及疏解机械与设备

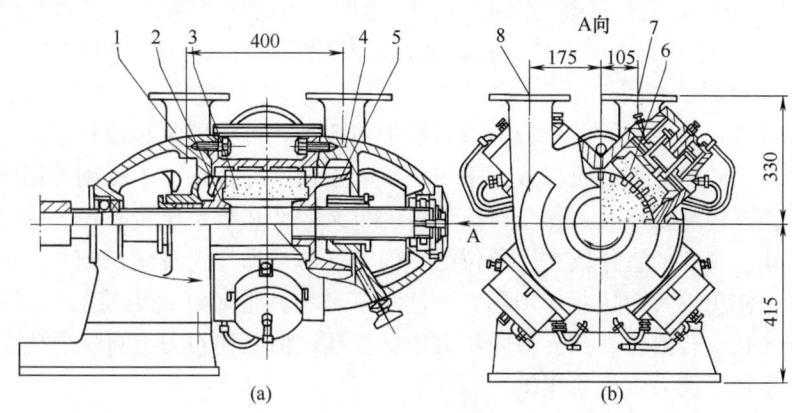

图1-10 单向流式圆柱磨浆机结构视图
(a) 主视图 (b) 侧视图
1—进浆口 2—进浆叶轮 3—刀辊 4—出浆口 5—出浆叶轮 6—底刀 7—进口流道 8—出口流道

及进浆叶轮，把进来的纸浆连续均匀地分布到刀辊四周进行磨浆，出口端有出浆叶轮及排出流道（或称为出口泵壳），把从磨浆区出来的纸浆送到下一台圆柱磨浆机或者直通浆池。磨浆机机体四周分布有四个长方形孔，定子刀装在长方形孔中，并能向刀辊径向移动。排出流道下部有专供停机后进水冲洗出口叶轮背面的进水管及管塞。圆柱磨浆机是借助于外加压力对定子刀进行加压而使纸浆在定子刀与刀辊之间接受磨浆作用的。为避免产生咬刀现象，一般刀辊的刀片与轴线成8°的倾角，定子刀片则与轴线平行。

2. 飞刀辊

（1）刀辊结构

图1-11为单向流式圆柱磨浆机石刀辊的一种刀辊装置结构图。飞刀辊由主轴、刀辊、进出口叶轮、连接盘等组成。主轴两端有滚动轴承分别装在进出口泵壳中的轴承座上。刀辊分石刀辊和钢刀辊两种。

飞刀辊是在整块的天然玄武岩（或优质碳素钢或合金铸钢）上加工成空心的圆柱体，然后凿打出条状的刀片，最后在车床上切断、车削加工而成。圆柱形刀辊通过两端面处的进浆叶轮盘与主轴连接在一起。圆柱形刀辊靠轴套压紧或靠四个双头螺栓拉牢，夹紧在进、出口叶轮盘上。

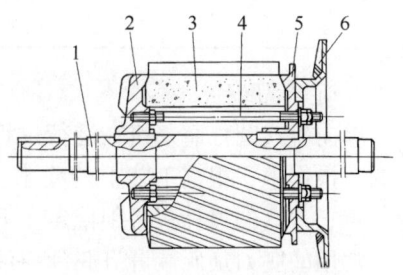

图1-11 单向流式圆柱磨浆机飞刀辊结构图（石刀）
1—主轴 2—进浆叶轮 3—石刀辊
4—螺杆 5—连接盘 6—出口叶轮

刀辊在1000r/min左右或更高的转速下运转。保证其运转平衡安全，必须保证转动部件的加工质量和装配质量：

① 刀辊的内外表面必须车削，以保证必要的同心度。如果刀辊的内孔不经加工，就会对外圆沿着轴线方向有着不同程度的偏心，转动时由于偏心而产生的离心力，有把刀辊拉向一边的趋势，并使刀辊产生振动。

② 装配时，要求主轴轴线与刀辊轴线对中。刀辊必须加工有定位孔，与进浆叶轮盘和出浆叶轮盘背部的凸缘紧密配合。否则，同样会使刀辊转动时产生振动。

11

③ 叶轮盘对刀辊必须有足够的夹紧力。要选择适当的拉紧螺钉和夹紧垫片。有的采用 M22 的螺钉和 5mm 厚的黄牛皮垫片，长期运转未发现松脱现象，安全可靠。

（2）刀片的材料

圆柱磨浆机刀辊和定子的刀片分为石刀和钢刀两类。可按照浆种及打浆工艺的不同采用玄武岩、小麻石、砂轮片等石质刀或者采用优质碳素钢、合金钢、不锈钢等钢质刀。与其他打浆设备一样，圆柱磨浆机刀片材质对该设备的打浆效率和纸浆质量有很大的影响。石刀的表面有许多气孔，气孔的直径较大，单位面积内气孔总长和气孔总面积较大，则对纤维的压溃、分丝、帚化作用较大而切断作用不大。这对草类和其他短纤维纸浆的打浆是很有利的。钢刀本身没有气孔，若要有气孔，只能用人工钻小孔，但不如石刀上自然形成的气孔匀布和细致。为了提高切断能力，可采用钢刀。

天然石刀磨损较快，有的厂运转一天磨损量达 0.5~1mm。为了克服石刀寿命较短的缺点，以提高刀片的耐磨强度，并增加气孔率，故采用人造砂轮石刀。刀辊和定子刀采用砂轮刀，打浆效率较天然石刀提高很多倍，有效地保证对纤维的切断少而分丝、帚化多，改善了纸张的物理强度。

钢刀的寿命较长，优质钢刀使用半年或一年换一次。

我国采用的天然玄武岩材质如表 1-3 所列。

**表 1-3** 我国常用天然玄武岩材质

| 材质指标 | 材　类 | 山东玄武岩 | 铁岭玄武岩 | 材质指标 | 材　类 | 山东玄武岩 | 铁岭玄武岩 |
|---|---|---|---|---|---|---|---|
| 一般孔眼直径/mm | | 0.2~0.5 | 0.8 | 孔隙率/% | | 8.4 | 12.5 |
| 最大孔眼直径/mm | | 4.0~4.5 | — | 吸水性/% | | 1.62 | — |
| 平均孔眼分布/(个/cm$^2$) | | 38 | 25 | 耐磨强度/[g/(min·cm$^2$)] | | 0.074 | 0.044 |
| 绝干重度/(g/cm$^3$) | | 2.52 | 2.54 | 每平方厘米石面上孔眼所占面积/(mm$^2$/cm$^2$) | | 10~12 | 12.5 |
| 绝干密度/(g/cm$^3$) | | 2.75 | 2.7~2.98 | 每平方厘米石面上孔眼周长总和/(mm/cm$^2$) | | 42~67 | 34~100 |

3. 定子刀装置

单向流式圆柱磨浆机在运行过程中，是利用 4 把定子刀向着刀辊表面施加压力而处理纸浆的。操作中，根据工艺上的要求，定子刀可进可退；操作一定的周期后，需要更换。因此，定子刀盒的设计，必须使定子刀可进可退，更换方便，结构既可靠又简单。

常用的底刀加压装置有膜片—活塞式（如图 1-12）、膜片式（如图 1-13）、简单膜片式（如图 1-14）定子刀盒。

在图 1-12 中，定子要进刀时，加压气体或液体通过进刀加压管路接头 5 进入刀盒的一侧，推动弹性的膜片 4，使定子刀 12 向着刀辊 13 的表面移动，从而达到进刀加压的目的。膜片 4 定子、刀壳 11 是通过活塞体 7 连接在一起的。要退刀时，进刀侧的加压介质排走，而通过退刀加压管路接头 9 进入刀盒的另一侧，推动膜片 4 向着相反的方向作弹性运动，使定子刀 12 背着刀辊 13 的表面移动，达到退刀的目的。

活塞式定子刀盒结构复杂，装拆麻烦；膜片式定子刀盒结构简单又能增加受压面积，操作维修都较简单；简单膜片式定子刀盒结构更简单，去掉定子刀壳，用整体的石刀或整体的钢刀制成，更换也方便得多，零部件少而制造成本低。

因加压介质不同，定子加压可分气压、液压和汽-水加压等。

第一章　打浆及疏解机械与设备

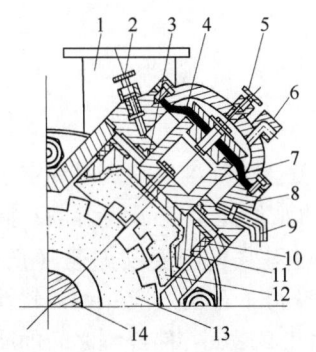

图 1-12　膜片—活塞式定子刀盒

1—出浆口　2—放气阀　3—密封橡胶圈　4—膜片　5—进刀加压管路接头　6—放气阀　7—活塞体　8—缸体　9—退刀加压管路接头　10—油毡盘根　11—定子刀壳　12—定子刀　13—刀辊　14—主轴

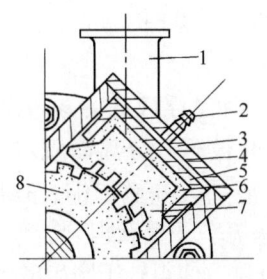

图 1-13　膜片式定子刀盒

1—进浆口　2—加压管路接头　3—刀盒外壳　4—膜片　5—定子刀壳　6—粘结层　7—定子刀　8—刀辊

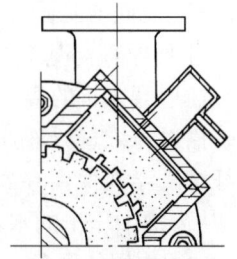

图 1-14　简单膜片式定子刀盒

### （二）单向流式圆柱磨浆机的主要性能特征

可以把圆柱磨浆机视为封闭式打浆机与浆泵的组合体。由于圆柱磨浆机结构上的这些特点，因而在一定程度上综合了打浆机与浆泵结构上的优点，成为精浆设备之一。自20世纪60年代以来，单向流式圆柱磨浆机在我国通过不断地改进和研制，已有多种型号。多数纸厂把它安装在造纸机前作为精浆设备，但也可作为一般的打浆设备使用。由于它单台设备的处理效果尚不很显著而往往需要多台串联使用，致使设备的电动机容量、设备的维修量都比较大。因此，目前使用上有一定的局限性。

目前我国通用的单向流式圆柱磨浆机有 $ZDY_1$、$ZDY_2$ 和 $ZDY_3$ 三种型号。它们的主要技术特征如表1-4所示。

表 1-4　我国通用的单向流式圆柱磨浆机的主要技术特征

| 型　号 | $ZDY_1$ | $ZDY_2$ | $ZDY_3$ |
| --- | --- | --- | --- |
| 生产能力/(t/d) | 2~10 | 10~50 | 50~100 |
| 刀辊尺寸/mm | φ280×210 | φ400×300 | φ560×440 |
| 刀辊转速/(r/min) | 1470 或 970 | 975 | 735 |
| 定子刀数/组 | 4 | 4 | 4 |
| 进、出口直径/mm | 80 | 125 | 180 |
| 进浆压力/kPa | 20~30 | 20~30 | 30~50 |
| 打浆压力/MPa | 0.2~0.4 | 0.2~0.4 | 0.2~0.5 |
| 进浆浓度/% | 3~6 | 3~6 | 3~6 |
| 刀质 | 玄武岩刀、砂轮刀或钢刀 | 玄武岩刀、砂轮刀或钢刀 | 玄武岩刀 |
| 外形尺寸(长×宽×高)/mm | 2050×795×760 | 2520×910×1100 | 3310×1270×1550 |
| 质量/kg | 915 | 1200 | 5700 |
| 电动机功率/kW | 45 | 95 | 210 |
| 配套的空气压缩机 | 压力 1MPa 容量 300L/min 1台 | 压力 1MPa 容量 300L/min 1台 | 压力 1MPa 容量 300L/min 1台 |

## 三、双向流式圆柱形磨浆机

### （一）双向流式圆柱形磨浆机的结构原理

1. 工作原理与基本结构组成

圆柱形磨浆机的离心力作用方向和悬浮液流动方向成直角，就会将纤维悬浮液甩到定子齿上。输送纤维悬浮液通过磨浆区时被离心分离而脱水，脱出的水填充了定子的齿槽；同时，纤维悬浮液保留在磨浆机磨齿表面，并被浓缩；在磨区通过对浆料的连续加速（正/负），从齿槽中压出的水和浆料在高频率下重新混合，使磨后浆获得了正面效应——柔软性提高。浓缩作用使磨盘表面有大量纤维，使得转子磨齿碰撞纤维的几率增大，使纤维之间的摩擦局部增强；较厚的纤维垫可以支撑较大的负荷，也即可以较高的单位边缘负荷运行；在相同工艺条件下磨浆间隙相对盘式和锥形磨浆机较大。这说明了圆柱形磨浆机磨浆质量上的优势。

由于单向流式圆柱磨浆机必须依靠纸浆进出口的压差和飞刀辊两端的推浆叶轮来使纸浆进出磨浆区域，使得轴向受力较大。近年来又发展出了一种新型的双向流式圆柱形磨浆机，其外形和局部剖面图见图1-15；内部结构示意图见图1-16。

如图1-15、图1-16所示，双向流式圆柱式磨浆机是由主轴（一半为空心主轴提供进浆通道，另一半为实心主轴连接传动电机）、进浆口、出浆口、定子、转子、间隙调节装置等构成的。空心圆柱形的定子包络着转子，上部为2个出料口；空心圆柱形的定子和圆柱形转子以孔盘区出浆槽口为界，被分成左右两个区，其两个区的齿纹与母线夹角倾斜方向相反（见图1-17），有利于由中间进入磨浆区的纸浆分别向两侧流动。

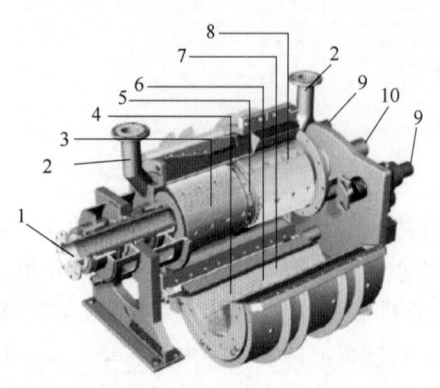

图1-15 双向流式圆柱形磨浆机外形和局部剖面图

1—空心主轴进浆管 2—出浆管 3,8—转子外表齿 4,7—定子内表齿 5,6—转子、定子中间给浆槽 9—磨浆间隙调节装置 10—传动主轴

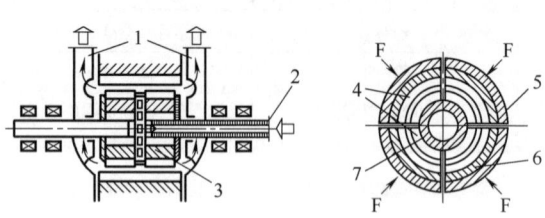

图1-16 双向流式圆柱形磨浆机内部结构示意图

1—出浆口 2—进浆口 3—孔盘区出浆槽口 4—定子、转子磨齿 5—磨浆间隙调节装置 6—定子 7—转子 F—加压受力

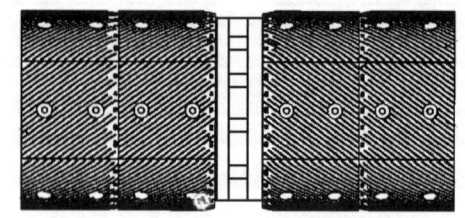

图1-17 双向流式圆柱形磨浆机转子

基本工作原理为：利用纸浆进浆压力从主轴的空心段一侧进浆口供料至圆柱转子中部的孔盘区；利用孔盘区产生的离心力和纸浆进浆压力使纸浆经过孔盘区出浆槽口，均匀地输送到磨浆区的左右两个区域；在圆柱式的两个反向流动的磨浆区进行充分的研磨，最后成浆分别从上部左右2个出料口出浆，进入后续工段。通过小电动机驱动定子、转子磨齿间隙调节装置，从而调节磨浆区中的磨盘间隙。

2. 磨浆间隙调节装置

通过调节动、定磨齿间隙，在转子和定子磨齿间施加一定的正压力，得到了磨浆过程所必需的有效缘角负荷和有效表面负荷。图1-18为双向流式圆柱式磨浆机磨浆间隙调节示意图。

如图1-18所示，磨浆机是通过径向调节定子来控制磨浆间隙的。定子的径向调节是通过两斜面的相互作用来实现的。调节装置的上半部沿轴向运动，利用斜面的相互作用来带动与定子相连的调节装置的下半部沿径向运动，从而调节磨片的间隙。图1-18的（a）图（打开）和（b）（关闭，即达到磨浆位置）分别显示了转子和定子的两个极限位置。

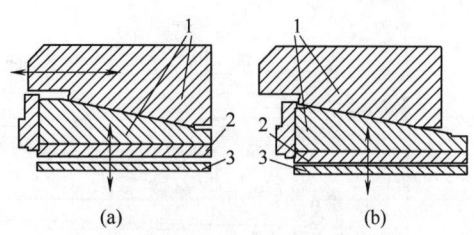

图1-18 双向流式圆柱式磨浆机磨浆间隙调节示意图
1—调节装置 2—定子 3—转子
（a）打开 （b）关闭（即达到磨浆位置）

外部的可调机壳表示了2种轴向最终位置。使用电子机械设备可在两个方向上进行调节。机壳具有垂直滑块，它们具有倾斜的平面，通过螺纹固定在边侧，圆柱磨上支撑滑块的滑杆就在它们里面运行。机壳支撑的滑块连同机壳部件一起在轴向上进行调整。滑杆固定在磨盘支撑滑块上。磨盘支撑的滑块在其两端使用定位环固定，可以防止轴向位移。用螺丝将磨盘拧紧在这些可以进行调节的定盘上，这样就可精确调节磨浆间隙。

径向调整定子位置来实现磨浆间隙的调节，其关系为$\Delta y = \Delta x \cdot \tan\beta$（其中$\Delta y$为磨浆间隙的调节变化，$\Delta x$为调节装置轴向位置变化，$\beta$为斜面角）。这一特点使调节装置的上半部的轴向变化和调节装置的下半部的径向变化存在一定的缩小关系，使磨片间隙易于精确控制。

小型双向流式圆柱磨浆机在周径上有6个调节装置（定子座），而较大的则有8个座。每个调节装置调整一定定子的位置。

**（二）双向流式圆柱磨浆机的主要特点**

双向流式圆柱磨浆机在磨浆区中间进浆，然后分别向相反方向在磨浆机体两端出浆。这种对称式设计，不仅克服了传统单向流式轴向受力较大的缺陷，同时无须在两端加轴向推浆叶轮而节约能耗。该机同单向流式圆柱式磨浆机相比，具有如下特点：

① 浆料输送和磨浆过程的操作彼此独立；
② 由于纤维层数较多，对单根纤维的处理几率增大，较好地发挥纤维强度的潜能。根据纤维原料的不同，磨浆单位负荷可提高10%~20%；
③ 由于在整个磨浆区的磨浆速度不变，不仅降低了磨浆能耗，而且提高了磨浆质量；
④ 空载动力消耗大幅度降低，可降低45%；
⑤ 与锥形磨浆机和双圆盘磨浆机相比，转子无须轴向浮动，易使磨盘间隙均匀一致，提高了磨浆品质；
⑥ 设备易操作性好，且易于维修。

# 第四节　锥形磨浆机

## 一、锥形磨浆机工作原理与主要类型

**（一）锥形磨浆机工作原理**

图1-19为典型锥形磨浆机——通轴式锥形磨浆机结构示意图。锥形磨浆机主要由装有

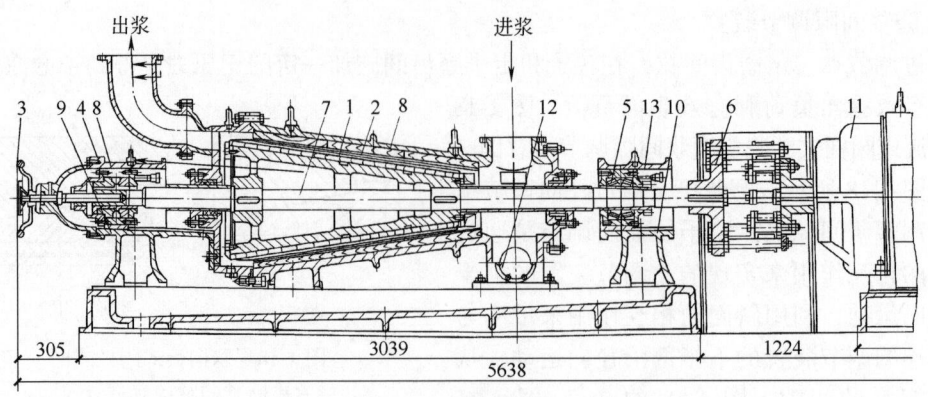

图 1-19 通轴式锥形磨浆机结构示意图

1—转子刀辊 2—底刀 3—间隙调节机构 4—操作侧轴承 5—传动侧轴承 6—联轴器 7—主轴
8—外壳机体 9—前支座 10—后支座 11—电动机 12—盖板 13—前支座盖

刀片的截头圆锥形转子和截头圆锥形的外壳及间隙调节机构所构成。

1. 纸浆在磨腔内移动

低浓度纸浆呈现非牛顿流体特征。进入磨浆区以后，纸浆在高速旋转的转子带动下产生周向线速度和径向离心力。由于圆锥形的转子使得大端的周向线速度和离心力比小端的周向线速度和离心力大。这种差异导致大端区的静压比小端要小；另外在锥形外壳的轴向定齿纹的"束缚"和导引下，进入圆锥形转子与圆锥形外壳之间的纸浆具有由小端往大端移动的趋势。因此，一般纸浆从外壳的小端送入，由大端排出。锥形磨浆机工作时纸浆在磨区内移动的综合动力源是靠进出口浆管的外来压差和上述磨腔内的导向力。

由于锥形磨腔内纸浆在磨区内移动产生的反作用力，使锥形转子旋转时，不断受到轴向力，从机械角度是不利的。

2. 纸浆在磨腔内受到研磨

纸浆一旦进入圆锥形转子与定子构成的磨腔，在纸浆入口压力、转子转动离心力、涡卷力及浆液背压力（见图1-20）的作用下，受转子表面飞刀和固定锥形磨套内表面底刀之间的切刃和顶面复杂的机械作用力，产生打浆作用。齿纹的形态不同，打浆性能也各异。锥形磨浆机具有较好的切断长纤维的能力；另外与盘式磨浆机比打浆过程纤维受到的处理均匀性更好。

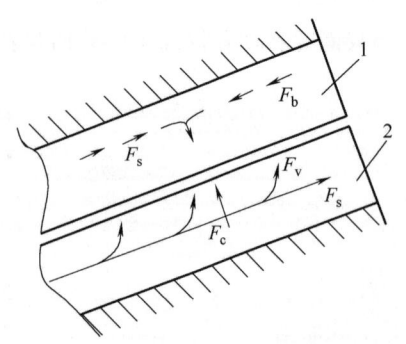

图 1-20 纸浆通过锥形磨腔时的流动模型

1—定子齿纹 2—转子齿刀 $F_v$—涡卷力
$F_s$—浆被输送压力 $F_c$—离心力 $F_b$—背压力

3. 转子和外壳间的间隙调节

锥形磨浆机起刀与落刀是借助于间隙调节机构使具有轴向浮动的转子与外壳作轴向相对移动来实现的。锥形磨浆机可以看作是圆锥角不为0°的圆柱磨浆机，也可以说成是把打浆机飞刀辊封闭起来而底刀重新分布的打浆机。

间隙调节机构不仅可以针对不同浆种调节相应的间隙，而且可以在长期运行后转子与外壳定子刀的磨损后由于间隙变大时进行间隙调节。

（二）锥形磨浆机主要类型

在锥形磨浆机设计开发时，尽可能考虑到同样体积大小的设备具有相对较多的磨浆面积、动件结构尽可能对称以及维修简单等因素。目前，已经发展了许多种锥形磨浆机。

1. 按圆锥磨腔数分为

a. 单磨腔锥形磨浆机；b. 双磨腔锥形磨浆机。

单磨腔锥形磨浆机只有一个磨浆浆流通道，即为一个锥形转子外套一个锥形定子磨套。双磨腔锥形磨浆机具有两个磨浆浆流通道，即为一个具有内外磨齿的空心锥形转子，外套一个锥形磨套定子和内嵌一个外磨齿的锥形定子；或一台锥形磨机具有两对一个定子磨套内嵌一个锥形转子的结构。

2. 按照锥形转子主轴支撑方式分

a. 通轴式锥形磨浆机；b. 悬臂式锥形磨浆机。

通轴式锥形磨浆机的转子两个轴承支撑点分布在转子两侧；悬臂式锥形磨浆机两个轴承支撑点分布在转子的同一侧。

3. 按照锥形转子圆锥度大小分

a. 大锥度锥形磨浆机，锥度 60°～70°；b. 中锥度锥形磨浆机，锥度 20°～30°；c. 小锥度锥形磨浆机，锥度约 10°。

此外，还有一种具有内部固有循环浆道、可任意调节出浆量的内循环锥形磨浆机。

## 二、锥形磨浆机基本结构组成

### （一）典型的单磨腔锥形磨浆机结构形式

1. 通轴式锥形磨浆机

传统的单磨腔锥形磨浆机如图 1-19 所示。其转子轴较长，两端有轴承支撑点。其特点是轴长而结构复杂，维修拆卸麻烦，设备体积大。转子与外壳的锥角大小可设计成不同的，相应的功能、特征也有别。

2. 悬臂式锥形磨浆机

考虑到通轴式锥形磨浆机上述缺点，近些年来发展成一种悬臂式锥形磨浆机，如图 1-21 所示。

悬臂式锥形磨浆机与通轴式锥形磨浆机比，其两轴承支点距离明显缩短，两轴承同轴问题小，相对转速可以更高；纸浆进口方向为中心轴线向，在小端圆周分布均匀、直接；而通轴式锥形磨浆机纸浆进口方向为中心轴的上侧垂直向，浆流需要在腔体内改向，相对在小端圆周分布不均匀、不直接（尤其浓度高的纸浆）。

因此，通轴式锥形磨浆机现已广泛采用，且这类磨浆机设计能力可较大，很适应现代大生产，赋予了锥形磨浆机的新的生命力。

尽管如此，两类磨浆机的本质工作机理是一致的。

### （二）转子

1. 通轴式锥形磨浆机的转子

通轴式锥形磨浆机的转子，又可以称为刀辊。锥体的圆锥角小的为 12°～16°，也有 20°～30°的，大的达 60°～70°。最常见的是铸造结构，锥面上有供装飞刀片用的槽，飞刀片安装成平行于锥体的母线，见图 1-22 所示。长的飞刀片和锥面一样长，短的飞刀片只有长飞刀片的 1/2～2/3。短的飞刀片只装在锥体的大端，使辊面上刀片的分布密度较均匀。

飞刀片的材料一般是钢质，和打浆机一样，也有采用青铜、不锈钢和合金钢的。刀片的

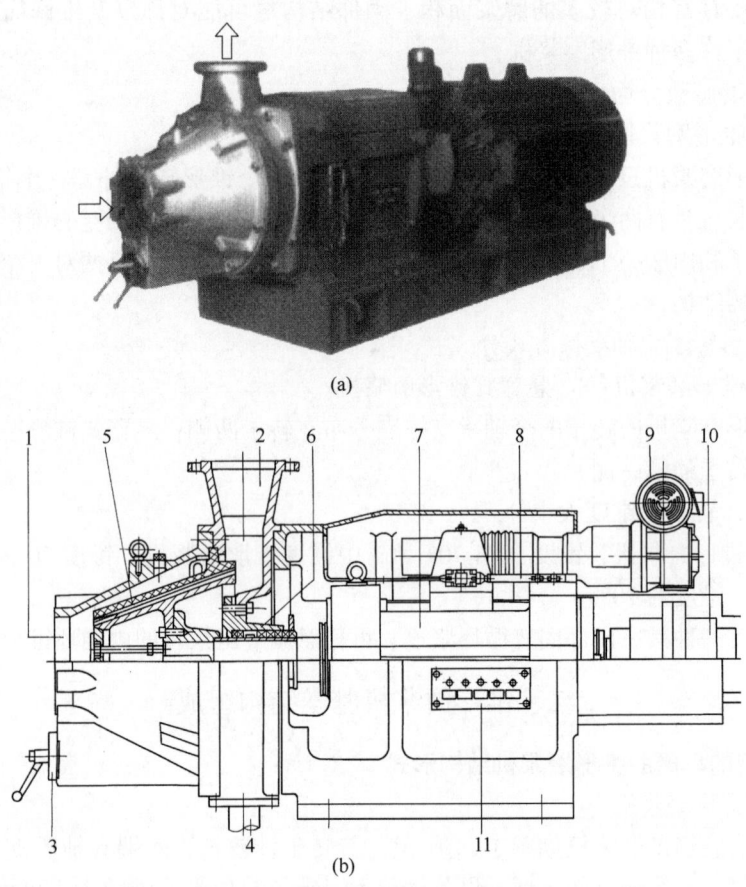

图 1-21 悬臂式锥形磨浆机结构图
(a) 外形图 (b) 结构图

1—纸浆入口 2—纸浆出口 3—异物杂质清理口 4—清洗孔 5—磨浆刀 6—轴封
7—轴承座 8—限位开关 9—进退刀减速器 10—齿轮联轴器 11—润滑机构

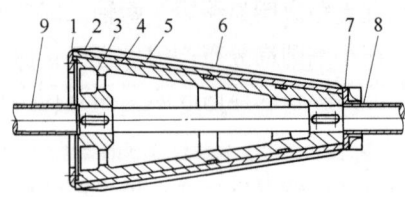

图 1-22 通轴式锥形磨浆机转子示意图
1—盖 2—盖板 3—辊体 4,6—垫木
5—刀片 7—叶盖 8、9—轴套

厚度为 6~10mm。精整游离浆时，选用较薄的刀片；精整黏状浆时，选用较厚的刀片。精整黏状浆时，可用厚至 12mm 的金属刀片。

飞刀片固定在转子上的结构，除了把刀片镶嵌在转子体上并用硬木嵌紧的方法外，还可以采用套在转子的骨架上的整体飞刀环结构。这种转子可以在较高的转速上运转。

**2. 悬臂式锥形磨浆机的转子**

随着加工技术的进步，现代锥形磨浆机的转子刀与底刀都是整体式合金钢磨套，这样更换方便、易于做到转子刀与底刀锥形配合。转子刀与底刀刀纹非平行于母线。图 1-23 为悬臂式锥形磨浆机内外磨套。

无论哪种形式结构的转子，制造时必须校静平衡或动平衡。

**(三) 定子刀与外壳**

锥形磨浆机的外壳也是锥形的，与转子圆锥面相配合。它可以是整体结构，也可以由上下两部组成。为了使外壳有足够的强度,在外表面设有加强筋,外壳的内表面刀纹类似于转子刀纹,为了避免定子刀与飞刀片相互咬牙,定子刀片用人字形排列,倾斜角为3°~5°。

为了便于底刀的装卸,现在锥形磨浆机的定子刀不直接安装在外壳上,而是制造在一个锥形的衬套上,这一衬套与外壳紧密地配合在一起。当因底刀磨损而要换刀或要将刀刨平时,可不需要移动底刀座,只需把衬套取出即可。

（四）**纸浆的进口及出口**

图1-23 悬臂式锥形磨浆机磨套

纸浆的进口通常在小端的上部（通轴式）,或在小端的轴向（通轴式）。为了使纸浆有一定的压力送入设备内,在入口端纸浆要具有30~60mkPa的压头。对于浓度特别高的纸浆,在转子小端前面的轴上,安有螺旋推进叶片,迫使纸浆强行通过。在纸浆进口下部的壳体上设有小沟,作为捕砂及沉降金属异物用。在纸浆进口的上方,一般都安有排气筒,便于排除由于纸浆流动而带入的空气,减免浆流的波动。

排出口一般在锥体的大端,可以设上中下三个排出口,依打浆的要求不同而使用。当使用上面排出口时,纸浆在设备内的停留时间增加,可提高打浆度；使用下部排出口时可增加纸浆的通过量,提高生产能力。排出口的管子安在调节箱内,有截门可控制排出量的多少。调节箱也有溢流口,用以控制一定的浆位。

纸浆的入口部分和出口部分均通过法兰用螺钉和密封垫片固定,与壳体组成一体。

（五）**调节飞刀与底刀距离的机构**

为了处理不同的纸浆,就需要改变飞刀与底刀（定刀）的距离（刀的间隙）及打浆压力（比压）。在打浆过程中,刀片磨损使飞刀与底刀的距离变大,这样也需要通过调节机构来调节刀距。

刀隙的改变可通过轴向移动刀辊或轴向移动底刀座来获得。最普通的方法是通过手轮的旋转,使螺杆前进或后退,而螺杆与可作轴向滑动的主轴轴承壳相联,整个刀辊与外壳之间的距离也即飞刀与底刀的距离因而得到调节。在操作过程中,由于刀片间打浆压力的轴向分力的作用,使刀辊受到很大的轴向推力,因此在正常生产时必须将调节机构锁紧。

现代化的锥形磨浆机,在调整压力和刀距时不通过手轮,而是以电动机通过减速器使用调整螺杆作前或后退的轴向移动（如图1-19中9所示）,也可以通过液压或气压装置来使飞刀辊与底刀壳产生相对移动,以达到调节刀隙的目的。刀隙的调节范围取决于刀辊与底刀座的轴向相对位移的最大值。

（六）**轴承**

轴承在运转过程中,主轴不但受到径向力的作用,而且受到很大的轴向力作用,故主轴不但配有承受径向力的轴承,而且还要配承受轴向力的止推轴承。由于要调整飞刀与底刀的间隙,因此要求轴承壳在机架上设计成能前后滑动而不转动的。而保证轴承的上述动作是通过机架上的导轨和轴承壳上的键来实现的。

### （七）传动

锥形磨浆机动的传动一般多采用电动机通过挠性或齿轮联轴器直接驱动。电动机可以由磨浆机的大端带动转子，也可以由磨浆机的小端带动转子，这一点主要取决于调节机构的安置及转子的装卸与维修的方便。对于悬臂式磨浆机由大端带动转子。

## 三、双磨腔锥形磨浆机

为了发挥锥形结构磨浆机具有较好的切断分丝长纤维能力和结构紧凑等优势，同时进一步提高其单位体积设备内尽可能大的有效磨浆区面积，或克服其磨浆过程产生的转子轴向力等问题，近些年来国内外已经开发并应用了双磨腔锥形磨浆机。双磨腔锥形磨浆机目前有两种形式，简单介绍如下。

### （一）三锥式双磨腔锥形磨浆机

三锥式双磨腔锥形磨浆机是20世纪90年代巴西的Pilao S. A.发明的，其改善了磨浆性能，降低了单位电耗。其外形局部剖面图见图1-24，其工作原理图见图1-25。

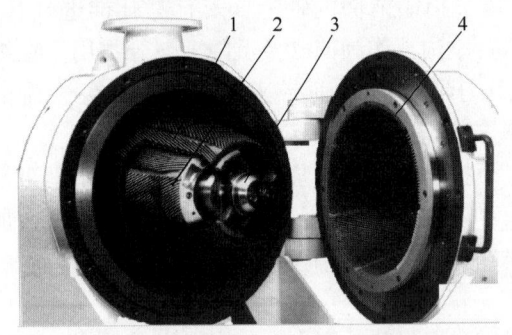
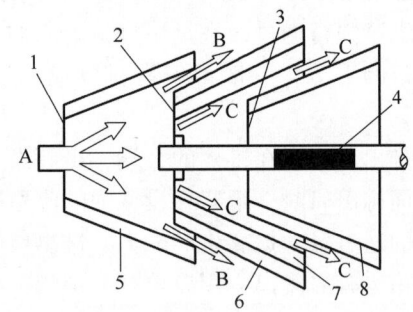

图1-24 三锥式双磨腔锥形磨浆机外形局部剖面图
1—转子 2—内锥头定子 3—与转子装配在一起的轴 4—轴外磨套定子

图1-25 三锥式双磨腔锥形磨浆机工作原理图
1—外磨套定子 2—转子 3—内锥头定子 4—转子轴 5—外磨套定子内表面齿 6—转子外表面齿 7—转子内表面齿 8—内锥头定子外表面齿 A—进浆 B—外磨腔浆流 C—内磨腔浆流

如图1-24、图1-25所示，三锥式双磨腔锥形磨浆机属于悬臂式锥形磨浆机。主要结构由三个互相嵌套在一起的同轴空心锥体构成。其中，中间者为一个双面齿纹的锥形转子；外侧和内侧分别为两个锥形定子，外侧定子为内表面有磨齿的磨套，内侧定子为外表面有磨齿的锥头。外侧定子和内侧定子分别固定在进浆侧端机壳和出浆侧机体上；锥形转子固定在主轴上，为悬臂支撑，与两个定子上的磨齿形成两个相对的磨浆面（磨腔）。磨浆间隙或磨损后磨腔间隙的调节是将外侧定子磨套作轴向移动，并依靠内、外两侧磨腔内的浆流水力来平衡转子作轴向浮动，保证内、外两个磨腔磨浆间隙一致。

浆料从小端轴向进入磨室后，在压力作用下进入两个磨腔磨浆区之间。这相当于两台磨浆机并联，是单锥磨浆机的两倍，故生产能力相应提高，降低了单位电耗和设备费用，占地面积也相应减少。

三锥式双磨腔锥形磨浆机磨齿采用焊接式加工工艺，将冷轧钢磨齿焊接在锥形铸钢表面，齿纹断面的梯度较小，避免了纤维过分切断。由于基体部分的磨齿高度减小，有利于铸造出模。

经理论和实际生产实验证明，一台三锥式双磨腔锥形磨浆机的磨浆效果相当于二台双盘式磨浆机系统，而磨浆能耗却小得多；纤维的分散性更好，有明显的帚化和纵向分裂，纤维柔软而富有润胀，切断作用减少而产生细小纤维少；完全适用于阔叶木浆、废纸浆和非木材纤维等短纤维浆种磨浆。

表 1-5 为一台三锥式双磨腔锥形磨浆机磨浆前后成纸性能比较。

表 1-5　　　　　　三锥式双磨腔锥形磨浆机磨浆前后成纸性能

| 项　　目 | 打浆度/°SR | 撕裂度/mN | 抗张强度/(kN/m) | 耐破度/kPa |
|---|---|---|---|---|
| 磨浆前 | 21 | 1304 | 3.6 | 1963 |
| 磨浆后 | 32 | 1157 | 4.5 | 2707 |
| 改变量/% | +52 | −11 | +25 | +38 |

### （二）四锥式双磨腔锥形磨浆机

**1. 基本结构组成**

四锥式双磨腔锥形磨浆机是本世纪初由日本相川铁工株式会社相川叔彦们发明设计的。主要是为克服锥形磨浆机转子的轴向受力的缺陷，同时提高其单位体积设备内有效磨浆区面积而构思设计出来的。其基本结构示意图见图 1-26。

如图 1-26 所示，四锥式双磨腔锥形磨浆机主要有圆锥形转子、圆锥形定子、机壳（磨室护套）、转子轴、转子轴支撑轴承和支撑座导引筒、转子轴滑动盘和支撑器、驱动联轴器和可移动接头、驱动电机、纸浆进出口等组成。

左、右两个圆锥形转子的大端靠在一起组合装配在轴上，并以悬臂方式支撑在轴承和支撑座导引筒内；左、右两个圆锥

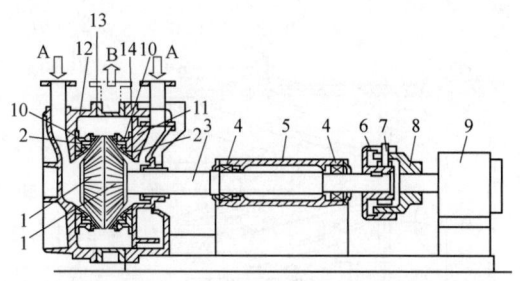

图 1-26　四锥式双磨腔锥形磨浆机基本结构示意图
1—圆锥形转子　2—圆锥形定子　3—转子轴　4—转子轴支撑轴承　5—轴承座　6,7,8—联轴器和可移动接头　9—电机　10—转子轴滑动盘支撑器　11—转子轴滑动盘　12,13,14—机壳（磨室护套）　A—纸浆进口　B—纸浆出口

形定子通过转子轴滑动盘支撑器分别安装在左侧机壳盖和右侧转子轴滑动盘上；左、右两个圆锥形转子分别与对应的两个圆锥形定子构成左、右两个锥形磨腔磨浆区；右侧圆锥形定子可随转子轴滑动盘作左右移动；转子轴本身也可沿轴承座、联轴器和可移动接头做左右轴向移动。

**2. 基本工作原理**

磨浆过程纸浆从上部的左、右两个进浆口分别从两个圆锥形转子小端进入左、右两个锥形磨腔磨浆区，纸浆离开两个磨浆区后在两个圆锥形转子大端周边外圆环区汇合，最后通过上部（或下部切线方向）与圆环区相连接的出浆口出浆。

**3. 磨浆间隙的调节**

如果因左、右两个锥形磨腔磨浆区磨浆间隙不同，或者因磨浆区浆流、浆纤维特征等引起两个磨区间磨浆压力不同使磨浆质量均匀性不一致时，则浆水在两个磨区间存在轴向压力差，这种浆水压力差自动推动转子轴做轴向移动，最终当磨浆间隙压力差调节后消失取得了平衡；如果需要改变整体磨浆间隙时，可通过移动转子轴滑动盘从而带动右侧圆锥形定子做

轴向移动，这样调节了两对锥形磨腔磨浆区整体磨浆间隙。也就是说依靠两个磨区浆水压力差自动平衡和移动转子轴滑动盘两个方面来实现调节磨浆间隙的目的。

4. 主要特点

四锥式双磨腔锥形磨浆机，其一方面，克服了锥形磨浆机的转子的轴向受力的缺陷，这不仅减少了对轴承等机械零件的要求，同时可减少因克服轴向反力而产生的能源流失，从而节约了能耗；另一方面，提高其单位体积设备内有效磨浆区面积；再则，操作、调节容易；该种锥形磨浆机属于悬臂式设计，更换转子、定子和维修简单。

## 四、内循环锥形磨浆机

内循环锥形磨浆机是一种内部固有循环浆道，可任意调节出浆量，并能单台或多台串联使用的连续式打浆设备，也可用作纸浆的精浆设备。这种磨浆机对纤维的切断作用较少，水化性能较好，而且适应的浆种、纸种范围较广，因此被用作连续打浆设备。目前虽然用得不多，却是一类结构独特的锥形磨浆机，这里只作简单介绍。

内循环锥形磨浆机具有特殊构造的空腔刀辊。如图 1-27 所示，在锥形空腔内有 6 条加强筋把空腔分成 6 格，筋延伸到锥体大径端的出口处而构成大径端出口的泵翼叶轮。纸浆用离心泵以大于 170kPa 的压力送入进浆室 1，而后流入刀辊空腔的锥形通道 2。

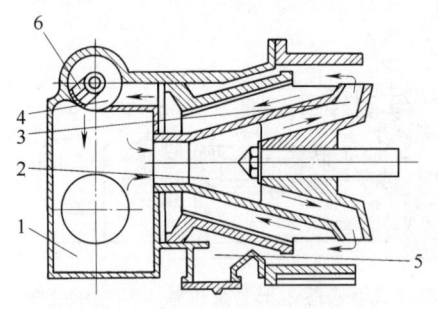

图 1-27 内循环锥形磨浆机基本工作原理示意图
1—进浆室 2—刀辊空腔室 3—刀辊大端叶轮 4—出浆室 5—杂物收集管 6—内循环调节阀

纸浆通过锥形大径端叶轮 3 时，由于叶轮泵翼的作用，浆压升高到 220kPa 左右，使纸浆从刀辊的大径端向小径端反流，纤维经受刀片的疏解。另一方面，在刀辊外表面由于离心力的作用，大约产生 180kPa 的压力，受定子刀内表面锥向反外力作用，由小径端压向大径端。这种反压延长了纸浆在转子刀片间停留时间，即纸浆自大径端流向小径端只是依靠压力差 35kPa 的推力。经过刀片处理的纸浆流入出浆室 4。根据打浆度升高或需对纸浆的处理量的情况，控制出浆室处循环浆量调节阀和出口浆量调节阀。进浆室 1 的底部同时又是大型的沉砂室，较轻的杂质将在转子的出口处被离心力甩出，收集在锥形外壳底部的收集管 5 内。

生产能力和打浆度上升量均可借控制内循环次数和通过量等因素作较大幅度的调节，使其具有较广泛的适应性。

内循环锥形磨浆机适宜于用浆泵直接以较高的压力把纸浆送到进浆口，同时，刀辊大径端兼有叶轮加压作用（与装设螺旋叶片的效果相似），所以能略为提高进浆浓度。

内循环锥形磨浆机采用底刀轴向移动来调整刀的间隙，主轴采用的悬臂结构，刀辊卸装更换方便。

## 五、锥形磨浆机的性能特征

### （一）国产通用锥形磨浆机技术特征

① 国产 ZDZ 通用锥形磨浆机技术特征见表 1-6。

表1-6　　　　　　　　　　国产 ZDZ 通用锥形磨浆机技术特征

| 型号 | ZDZ$_1$ | ZDZ$_2$ | ZDZ$_3$ | ZDZ$_4$ | ZDZ$_5$ |
|---|---|---|---|---|---|
| 生产能力/(t/d) | 10 | 10~30 | 28~50 | 10~30 | 50~100 |
| 刀辊大端直径/mm | 322 | 385 | 600 | 865 | 1000 |
| 刀辊小端直径/mm | 216 | 244 | 284 | — | 500 |
| 刀辊长度/mm | 50 | 665 | 1125 | — | 1750 |
| 刀辊锥角/(°) | 12°8′ | 12°8′ | 16° | — | 16°15′ |
| 刀辊转速/(r/min) | 980 | 1470 | 600 | 490 | 365 |
| 进浆口直径/mm | 100 | 250 | 200 | 200 | 225 |
| 进浆口直径/mm | 100 | 150 | 200 | 250 | 225 |
| 飞刀厚度/mm | 10 | 12 | 10 | 10 | 10 |
| 底刀厚度/mm | 8 | 8.5 | 10 | 6 | 10 |
| 进浆浓度/% | 4~6 | 4~6 | 4~6 | 2.5~4 | 4~6 |
| 电动机功率/kW | 135 | 135 | 95( )115( ) | 280 | 230 |

② 国产内循环 QZ1330 锥形磨浆机技术特征见表1-7。

③ 国产大锥度锥形磨浆机技术特征见表1-8。

表1-7　国产内循环锥形磨浆机技术特征

| 型号 | QZ1330 |
|---|---|
| 生产能力/(t/d) | 150 |
| 刀辊大端直径/mm | 455 |
| 刀辊小端直径/mm | 266.4 |
| 刀辊锥角/(°) | 12°8′ |
| 刀辊转速/(r/min) | 730 |
| 进浆口直径/mm | 150 |
| 进浆口直径/mm | 150 |
| 飞刀厚度/mm | 面10,底12 |
| 底刀厚度/mm | 大端13,小端6.5 |
| 进浆浓度/% | 2~6 |
| 电动机功率/kW | 110 |
| 电动机转速/(r/min) | 730 |

表1-8　国产大锥度锥形磨浆机技术特征

| 型号 | QZ1331 | QZ1333 | ZX78-2 |
|---|---|---|---|
| 生产能力/(t/d) | 5~50 | 15~20 | 20~35 |
| 刀辊大端直径/mm | 790 | 1206 | 245 |
| 刀辊小端直径/mm | 290 | 440 | 140 |
| 刀辊锥角/(°) | 60 | 60 | 60 |
| 刀辊转速/(r/min) | 580&585 | 365 | 1450 |
| 进浆口直径/mm | 150 | 285 | 125 |
| 进浆口直径/mm | 125 | 225 | 80 |
| 飞刀长度/mm | 443 | 660 | 105 |
| 底刀厚度/mm | 0.03 | 0.03 | — |
| 进浆浓度/% | 3~6 | 3~6 | 3~6 |
| 电动机功率/kW | 165 | 250 | 55 |
| 电动机转速/(r/min) | 585 | 365 | 1450 |

**（二）悬臂式锥形磨浆机技术特征**

在锥形磨浆机中，近些年来悬臂式锥形磨浆机进展较大，无论在磨浆质量、生产能力还是从设备体积、维护管理都有显著优点。

1. 悬臂式锥形磨浆机磨浆特性

悬臂式锥形磨浆机磨浆特性见表1-9。

表1-9　　　　　　　　　　悬臂式锥形磨浆机磨浆特性

| 项目 | 针叶材浆 | 阔叶材浆 | 项目 | 针叶材浆 | 阔叶材浆 |
|---|---|---|---|---|---|
| 打浆浓度/% | 3.4~4.5 | 4.0~6.0 | 磨沟深度/mm | 10.0 | 7.0 |
| 打浆线速度/(m/s) | 15~25 | 15~25 | 磨浆强度/(J/m) | 0.9~6.0 | 0.3~1.5 |
| 磨牙宽度/mm | 3.5~5.5 | 2.0~3.0 | 磨浆强度/(J/m$^2$) | 250~1000 | 150~500 |
| 磨沟宽度/mm | 4.5~7.0 | 2.5~3.5 | | | |

## 2. 悬臂式磨浆机主要技术性能

国外对锥形磨浆机研究开发较好，产品性能也较国产优越；产品系列化，处理纸浆能力每天 5~750t/d，配套电机功率 37~1500kW，转子转速 530~1200r/min。我国某机械厂生产的悬臂式锥形磨浆机的主要性能见表 1-10。

表 1-10　我国某机械厂生产的悬臂式锥形磨浆机的主要性能

| 型号 | XZM11 | XZM12 | XZZ21 |
|---|---|---|---|
| 进浆浓度/% | 2~6 | 2~6 | 2~5 |
| 进浆压力/MPa | 0.1~0.2 | 0.1~0.3 | 0.1~0.2 |
| 公称生产能力/(t/d) | 15~250 | 25~350 | 5~45 |
| 进浆管直径/mm | 200 | 200 | 125 |
| 出浆管直径/mm | 150 | 200 | 125 |
| 最大工作压力/MPa | 0.6 | 0.6 | — |
| 动、定齿圈锥度/(°) | 40° | 40° | 45° |
| 动齿圈规格（大端直径×长度）/mm | Φ460×360 | Φ560×400 | Φ350×230 |
| 动齿圈转速/(r/min) | 1480 | 740 | 1480 |
| 配用电机/kW | 132~315 | 150~500 | 75 |
| 质量/kg | 4170 | 6000 | 1700 |
| 外形尺寸（长×宽×高）/mm | 3000×1020×1125 | 4100×1370×1200 | 3260×1260×1350 |

# 第五节　盘磨打浆机

## 一、盘磨打浆机的进展

### （一）发展现状与前景

打浆机、圆柱磨浆机、锥形磨浆机，它们的飞刀和底力均分布在曲面上，刀片的形状和布置从加工上很难有大的突破，因而限制了打浆工艺的发展。1933 年盘磨打浆机问世时，主要是用于磨木粗渣的再磨，设备简单，精度不高。但近 20 多年来，由于对盘磨打浆机的结构和磨盘齿纹作了大量的研究，刀纹的形状、分区布置以及结构更加合理，型号更加系列化、专用化，其用途就越来越广，能适应各种打浆工艺。特别是用它来实现高打浆工艺，显著提高了打浆的质量。

盘式磨浆机自用于造纸工业以来，应用企业和单机生产规模迅速扩大；因其在高得率制浆和打浆过程的双重用途，一直受到业界高度重视；对其在设计制造、微观磨浆机理、运行参数测量、运行控制、设备维护等方面技术研究不断取得进展。盘磨打浆机的发展非常迅速，已发展到连续化、自动化、大能力、高效能、专用化以及工业大生产普遍使用的水平。

### （二）盘磨打浆机主要特点

① 盘磨打浆机是一种连续打浆设备，连续打浆容易做到质量均一性、稳定性，提高劳动生产率，为自动化提供了技术基础，适应于大生产发展的需要。

② 圆柱形转子、定子间的相对运动不产生使纸浆轴向从进口向出口的移动力；而锥形磨浆机转子旋转使浆料获得离心力与磨套锥形斜面的合力将浆产生由小端向大端移动力。盘式磨浆机在动盘旋转实现打浆同时，使浆产生的离心力与浆料在盘间进出口方向完全一致。所以，盘式磨浆机在目前打浆设备中是相对最节电的。因此，盘磨打浆机占地少、效率高和电耗低。

③ 由于盘磨打浆机的结构和磨纹的不断改进和完善，向着专用化发展，使得盘磨打浆机能适应各种浆种（化学木浆、机械浆、废纸浆）和一些特殊纸浆的连续打浆；适宜浆料浓度2%～5%，配有自动控制系统，实现恒能耗或恒功率打浆，保证打效果稳定。

④ 盘磨打浆机有一个突出的优点，就是可以用它来实现高浓连续打浆（20%～30%以上浓度），能有效地提高磨浆的质量。

⑤ 由于半化学浆、化学磨木浆、冷碱法制浆、预热木片磨木浆等制浆工艺的迅速发展，大大地促进了盘磨打浆机的发展。盘磨打浆机不但可以用来作打浆设备，还可用来作制浆设备。

**（三）主要用途**

1. 我国生产盘磨打浆机品种

我国设计、研制和使用过的盘磨打浆机已达20多种，主要盘径规格有 $\phi300$、$\phi330$、$\phi350$、$\phi400$、$\phi450$、$\phi500$、$\phi550$、$\phi600$、$\phi650$、$\phi700$、$\phi750$、$\phi800$、$\phi915$、$\phi1250$ 等。

2. 盘磨打浆机在我国的应用

盘磨打浆机对纸浆的作用较打浆机复杂。纸浆在高速转盘的巨大离心力的作用下，从磨盘中心向圆周方向运动，在这个过程中，纤维受到摩擦力、扭力、剪力和水力等多种作用，因而纸浆经盘磨打浆机之后，纤维的撕裂、分丝、帚化、弯曲、压溃和搓揉显著，而切断较少。这种特点在高浓打浆时更为明显。因此盘磨打浆机对处理短纤维原料（包括阔叶木和草类原料等）的打浆是十分有利的。

现在国内使用盘磨打浆机处理的纸浆已扩展到除了破布浆、麻浆以外的所有各种植物纤维纸浆，生产出各种工业用纸、文化用纸、生活用纸、包装用纸、特种用纸等。

3. 盘磨打浆机的应用趋向

盘磨打浆机可分三类（见盘磨打浆机分类），即单（动）盘磨、双（动）盘磨、多盘磨。从现代化生产使用来看，单盘磨打浆机几乎只用于高浓磨浆情况。因为单盘磨打浆机用于低浓打浆不符合当今效率的需要；多盘磨打浆机具有精良的磨盘形态，对于低浓打浆效率高，也适合现代的机械浆的后处理。

随着盘磨打浆机的研究深入，今后盘磨打浆机的设计、制造和更广泛的使用，必定有较快的进一步发展。

## 二、盘磨打浆机的类型与运行特征

**（一）盘磨打浆机的类型**

1. 按主轴安装形式分类

① 卧式盘磨打浆机。如图1-28（a）所示主轴成水平布置的称卧轴式盘磨打浆机，简称为卧式盘磨打浆机。在现今的造纸厂中，这一类型的盘磨打浆机用得最广泛。

② 立式盘磨打浆机。如图1-28（b）所示主轴直立地布置的称立轴式盘磨打浆机，简称为立式盘磨打浆机。它的特点是纸浆沿重力方向由磨盘中心进入两盘面间隙，容易均匀分布于高速回转的盘面上。

2. 按磨盘的数量分类

较正规的按动盘数分，但实际生产中常常直观地以总盘数去"称呼"。比较确切的按以下分类：

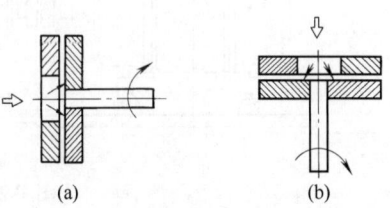

图1-28 盘磨打浆机主轴布置形式
(a) 卧式 (b) 立式

(1) 双盘单动盘磨打浆机

它有一对磨盘，其中一个磨盘由主轴带动回转，是一种单盘回转的双盘磨打浆机，简称为单盘磨打浆机。它是各类盘磨打浆机中应用得最多的一个类型，种类也比较多。卧式单盘磨打浆机的外形似一浆泵，纸浆由盘磨中心进入，被转子上的叶片抛向两盘面间的间隙中，经磨纹处理后沿外壳切线方向进入排料口排出。

(2) 双盘双动盘磨打浆机

它的磨室里有一对磨盘，两个磨盘各由一台电动机通过主轴带动，使两个盘齿面相对而方向相反地回转，简称双盘磨打浆机。可用手轮调节盘间间隙，用油压保持定压、螺旋进料。

这种盘磨打浆机的优点是：两盘以相反方向回转，相对速度是两盘的线速度之和，施加于纸浆纤维上的扭转力也相应加大，而消耗于纸浆旋转的动力减少因而有利于对纸浆的磨碎作用，提高对纤维撕裂和帚化方面的能力。

主要缺点是：纸浆靠设在转盘中心圆周上若干个孔口进入两盘面间的间隙，容易搭桥堵塞，对于草类浆和小型设备将产生加料困难。

(3) 三盘单动盘磨打浆机

这类盘磨打浆机的磨室内一般装有三个圆盘。中间圆盘由主轴带动回转，它的两个端面均装有磨片，与两个固定圆盘上的磨片形成两对磨浆面，好像两个单盘磨打浆机装在一个磨室里一样，因此有时也称它为"双盘磨打浆机"。为了避免与双动盘的盘磨打浆机相混，故把它称为三盘磨打浆机（两对磨片安装在三个圆盘上）。

图 1-29 是用螺旋移动定盘以调节盘间间隙的三盘单动盘磨打浆机结构图。图 1-30 是三盘单动盘磨打浆机示意图。其中（a）：纸浆从左边一个入口进入，由右边一个出口排出，称为单流式。这相当于纸浆受到两台串联着的单盘磨打浆机的作用，但又有其独特之处，即纸浆经过第二对磨面时，是逆着离心力和方向由盘的外缘向心流动的。这一流动过程中所需的压力靠纸浆经第一对磨面后所具有的压头来供给；图（b）中，纸浆从两个入口进入，由一个出口排出，称为双流式。这相当于纸浆通过两台并联着的单盘磨打浆机，因而设备的生产能力相应提高，是单盘磨打浆机的两倍。由于三盘磨打浆机相当于二台单盘磨打浆机合在一起，生产能力大，单位电耗低，设备费用降低结构紧凑、占地少，因而正广泛使用。

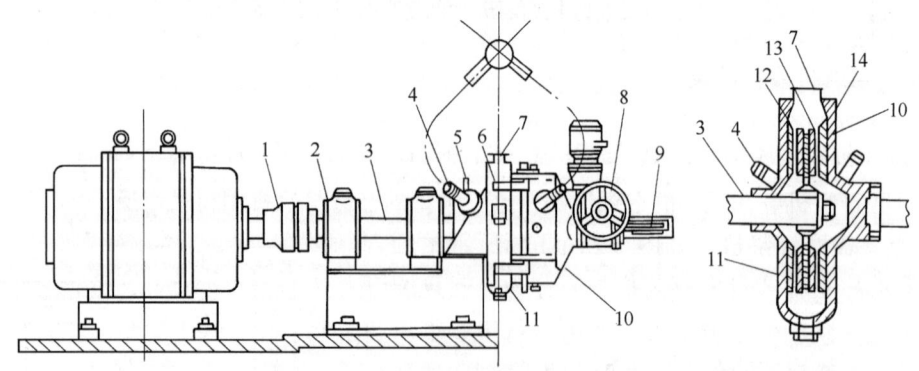

图 1-29 三盘单动盘磨打浆机结构图

1—联轴器 2—滑动轴承 3—转轴 4—进浆管 5—水压密封圈 6—磨盘室 7—出浆口 8—手轮
9—限位装置 10—可移动座 11—机壳 12—机壳固定磨盘 13—转动磨盘 14—机座固定磨盘

三盘磨打浆机盘间间隙的调整多数是通过蜗轮蜗杆螺旋机构或者油压缸移动定盘来实现的。

（4）多盘磨浆机

为了提高低浓（2%~6%）磨浆的效率，已发展出总盘数为5、动盘数为2的多盘磨浆机，即五盘双动盘磨打浆机。

（二）盘磨打浆机的运行特征

1. 打浆过程产生的轴向力

在打浆过程中，转子的高速旋转带动了动盘，动盘、盘间纸浆以及定盘间产生摩擦力。这种摩擦力对动盘轴产生较大的轴向力，这对

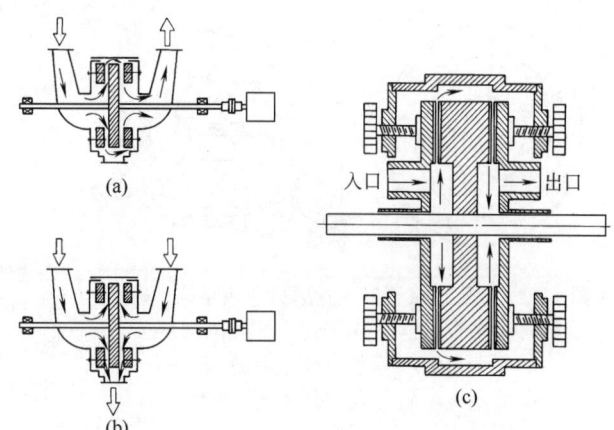

图1-30　三盘单动盘磨打浆机结构示意图
(a) 单流式　(b) 双流式　(c) 单流式磨浆室

于双盘单动盘磨浆机、双盘双动盘磨浆机十分明显，要求转轴支承轴承能承受较大的轴向力；对于三盘单动盘磨打浆机正好动盘两侧轴向方向相反，抵消而转轴不承受轴向力。

通常，盘磨打浆机的动盘固定在转子轴上。当动、定盘面间产生少许不平行时（生产中常出现，大盘径则更是如此）或盘间纸浆瞬间产生不同区域分布不一致时，一方面造成盘面磨损不一致，另一方面造成对轴的不平衡的弯扭曲力，进一步影响到轴承不均衡扭曲受力磨损。

为了克服传统盘磨打浆机动盘固定在转轴上造成的以上运行过程盘面磨损不平衡，或转轴受不平衡弯扭曲力，近年来发明出一种动盘与转轴间采用花键、轮毂配合固定的盘磨打浆机，见图1-31。

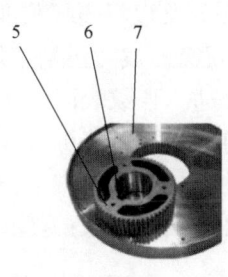

图1-31　转轴动盘浮动装配式盘磨打浆机图
1—动盘片　2—动盘移动臂　3—轴　4—机盖铰链轴
5—轮毂　6—键槽　7—动盘

如图1-31所示。花键、轮毂与转轴配合固定，轮毂外齿与动盘中心孔内圆齿作宽松式配合。当轴旋转时通过花键带动与之固定装配的轮毂旋转，再由轮毂外齿通过传递动力给动盘中心孔内圆齿传递动力给动盘，使动盘转动后与定盘作用发生打浆功能。当定、动盘间发生各种不平行或不平衡力时，依靠轮毂外齿与动盘中心孔内圆齿之间的宽松式啮合得到微调而自动消除。

2. 进浆、磨浆与出浆浆流方向

通常，盘磨打浆机的进浆管结构使进浆由上侧进浆口向下流，再转水平向流进入定盘中心孔后，最后垂直转向盘面的周边方向。也就是说传统的盘磨打浆机进浆管结构会使进浆产生两次垂直转向流，会增加了动力浪费。安德里兹公司近年来发明出一种具有螺旋进浆管口和双切出料口的新的盘磨打浆机，其结构示意图见图1-32。

如图1-32所示，纸浆进入进浆管口后，通过旋涡形通道作用进入螺旋向通道，在切线方向平顺地汇流到盘中心与盘间打浆浆流方向一致，然后在盘周边区外壳切线流方向出浆。

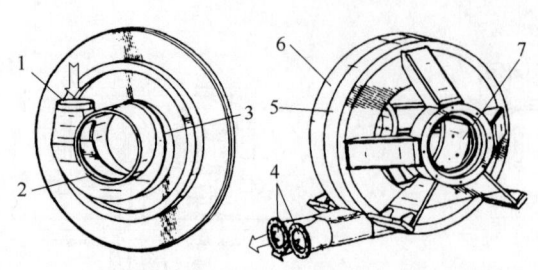

图 1-32　螺旋进浆管口式盘磨打浆机结构示意图
1—进浆管口　2—漩涡形通道　3—螺旋向通道
4—双切出浆管口　5—动盘区外壳　6—定盘区外壳　7—动盘主轴外壳套

这种结构使纸浆流进入磨浆流和出浆流始终保持平顺过渡，无垂直拐弯等造成摩擦能耗，纸浆流也平稳均匀。

## 三、磨盘与磨浆特性

在盘磨打浆机的设计和选用中，磨盘的磨纹形状及其分布，磨纹的材质，磨盘的直径和转速，磨盘的间隙和压力调节机构，盘磨打浆机的动力消耗等是要考虑的主要问题。

### （一）磨纹结构与磨浆特征

**1. 齿形**

（1）基本齿形类型

磨片的基本齿形分疏解型和帚化型两种。通常正锯齿形和斜锯齿形［如图 1-33（a）］的磨纹用来疏解纸浆；平齿形或圆齿形［如图 1-33（b）］的磨纹可用来帚化纸浆纤维。

（2）磨纹选择

盘磨打浆机上磨盘的磨纹选择关系到盘磨打浆机能否正常操作和达到预期打浆效果的问题。例如对于打浆浓度较高的纸浆，磨纹宜采用窄的刀纹和浅的沟槽，以便减少纸浆在沟槽中沉积与堵塞的现象，有助于纸浆的运动。当纸浆已经大多数成为单根纤维的状态时，要进一步打浆以提高打浆度，满足纸张强度的要求，则磨纹的沟槽必须窄而浅。沟槽窄增

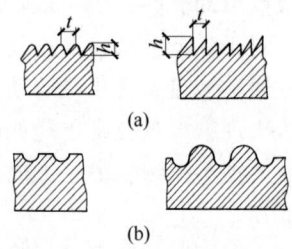

图 1-33　金属齿盘的齿形
（a）锯齿形　（b）平齿形和圆齿形

加磨碎面积，沟槽浅有利于沟槽内的纸浆进入磨纹表面，磨纹表面保持有足够的纸浆，可获得充分的打浆机会。而当较粗的纸浆在通过盘磨打浆机磨盘要获得由粗到细的疏解和精磨过程时，则可在同一个磨盘面上分段设计出不同的磨纹。

用金属的磨纹疏解纸浆时，一般选用锯齿形磨纹；要求帚化时，一般选用平齿形或圆齿形的磨纹。

盘磨打浆机不能像本章第二节所讨论的打浆机那样，可以通过改变落刀顺序和时间处理出不同的纸浆来，而是一次通过，在很短的时间里就得达到预期的效果。根据盘磨浆机微观磨浆机理研究表明，由于盘齿为发散状，在离心力作用下，有一部分纸浆纤维始终在沟槽中向周边区移动，造成整个纤维群中细纤维化打浆不均匀。因此对磨纹的研究，是盘磨打浆机发展中的重要一环。国外对于盘磨打浆机磨纹的研究非常注意，使用的磨纹类型很多，要达上百种，并形成系列标准。

（3）齿形结构

一般齿形凸出的高度（即沟槽的深度）$h$ 在 2~8mm 之间，凸出部分的间隔（即沟槽的宽度）$b$ 与齿的形态，大小有关，可取 4~10mm。根据产量和质量的要求不同，取其合适的数值。考虑到铸造时应有一定的拔模斜度，齿形为梯形。磨盘需要正反转时，可采用等腰梯形；只需要一个方向旋转时，可采用不等腰梯形。

**2. 挡坝（封闭圈）**

（1）挡坝（封闭圈）作用

为使纸浆不致在齿纹之间直通出去，在磨片上设有挡浆坝，称为挡坝或封闭圈。在盘磨打浆机的工作过程中，由于磨盘圆周运动所产生的离心力有使纸浆从沟槽中"泵出"的作用，如图1-34所示。当磨纹的转动方向与磨纹的倾斜方向相同时，磨纹对纸浆起着"拉入"的作用［见图1-34（a）］，导致纸浆在盘面间停留的时间增加；而当磨纹的转向与倾斜方向相反，则起"泵出"作用［见图1-34（b）］，纸浆在盘面上停留时间较短。前者有利于纸浆质量的提高，产量较低；后者有利于产量的增加，质量降低。倾斜角度的大小当然影响着打浆产量和质量的增减。挡坝在一定程度上就起到调节作用。

图1-34　畅通磨纹对纸浆导向作用
(a)"拉入"作用　(b)"泵出"作用

（2）挡坝形式

可在盘面上设置与盘的中心孔圆周成一角度的螺旋线，称为弧形封闭圈［图1-35(a)］，封闭圈有窄圈和宽圈之分。在宽圈上还可布置较细的磨纹，使纸浆在周边环上得到最后的精整作用；也可在盘面上设置周边封闭圈［图1-35（b）］。也可在盘面上形成几个同心圆，称为多层同心圆封闭圈［图1-35（c）］。也可设置成凹袋式挡坝［图1-35（d）］、条状宽边封闭圈［图1-35（e）］及粒状宽边封闭圈［图1-35（f）］等。

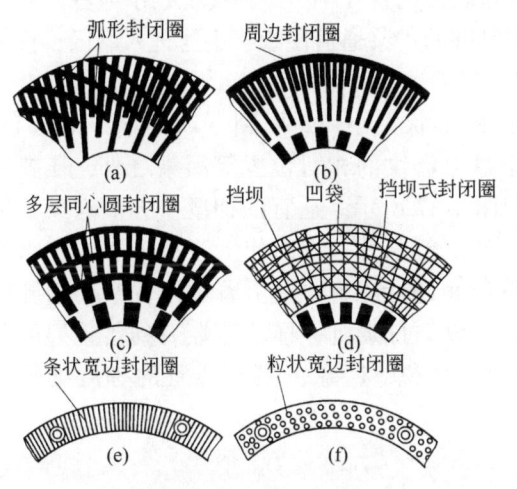

图1-35　磨盘面上挡坝（封闭圈）示意图

研究表明，如果打浆浓度不高，使用无封闭边的开放式磨纹，对纸浆的泵送能力很强，出浆的压头和流量都比较大，打浆不匀。这是由于一部分受处理的纸浆通过高速回转的磨纹面时在沟槽中畅通无阻，未经齿缘和齿面间研磨处理就甩出磨盘之外。在转盘上设有周边封闭圈而定盘仍为开放式时，磨盘的泵送能力仍很强。这是因为此时纸浆虽不能通过转盘的沟槽顺利流出去，但却能通过定盘的沟槽无阻地挤出去，纸浆仍然未能得到充分处理。当转盘和定盘的磨面上都设有周边封闭圈时，出浆质量得到明显改善，但流量很小。典型17种磨纹形式见图1-36。

3. 磨纹倾向

① 对纸浆纤维的影响。当转盘和定盘的磨纹相对装配后，若磨纹互相平行（零度），由于磨纹刀缘齿合时的剪切作用最大，故对纸浆纤维的切断效果较大；而当转盘和定盘磨纹互相垂直（90°），由于没有构成刀缘啮合的剪切作用，主要是纸浆纤维相互摩擦而起着精整作用，故对纤维的撕裂和帚化能力大，生产能力也随之降低。

② 对磨盘的影响。当转盘和定盘的磨纹相对装配后，若磨纹互相平行（0°）时，虽然可能造成卡齿，但这种径向放射状排列可使磨盘正、反转能交错运行而可延长磨片寿命及提高打浆工艺的稳定性。

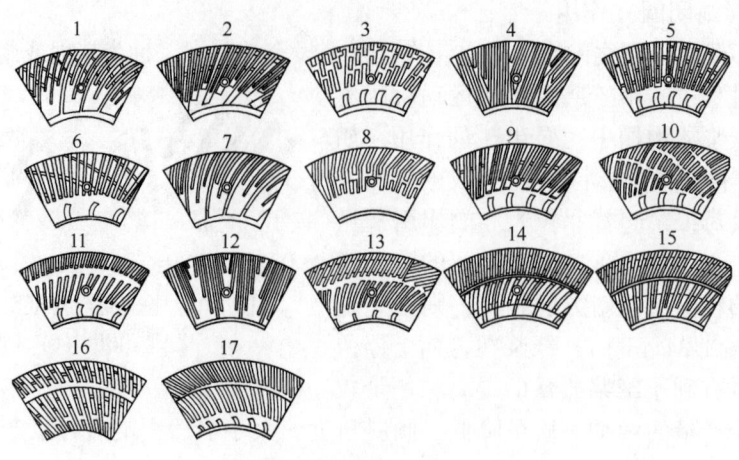

图 1-36 典型磨纹图

**4. 磨盘梯度**

两个磨盘组合安装而构成磨区以后,由于磨盘内区的直径小、线速度低,纸浆在区域内的离心力小。因此必须有一定的配合锥度,形成足够的进浆通道使纸浆迅速进入磨区,使纸浆流动畅通。

所以,在设计磨盘的磨纹时,除了考虑磨纹的形状大小、封闭圈(或挡坝)的分布、磨纹的倾向及倾斜角、转盘与定盘上磨纹的相对位置等因素之外,还要考虑磨盘横切面上磨盘的梯度,如图 1-37 所示。适宜的梯度一方面有助于纸浆畅通地进入磨浆区,防止堵塞的现象,另一方面使纸浆在离心力和纸浆进出口压差的运动动力源作用下迅速进行疏解,并沿着逐渐变小的间隙前进到达精磨区,在很短的时间内完成像打浆机一样从落轻刀到落重刀的打浆过程。对于处理较硬较浓的纸浆来说,磨盘上具有适宜的梯度就更为重要。

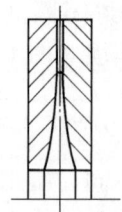

图 1-37 磨盘梯度示意图

**(二)磨纹的材料与加工**

**1. 磨纹材质**

磨纹材质直接影响到磨盘的寿命(开始磨浆至换磨片的周期)。磨纹不耐磨,则寿命短,更换频繁,不但增加维修工时,而且使纸浆质量波动,因而直接影响盘磨打浆机打浆的产量和质量,也直接影响造纸成本。

常使用的有白口铁、堆焊碳化钨、不锈钢、合金钢等磨盘。也有的使用陶瓷烧结磨盘,寿命可达两年。还有少数厂使用砂轮磨盘,寿命 60d 左右。

**2. 磨盘的制备**

① 冷激铸铁。它的制造方法是,首先制成一个金属磨片磨纹面的阴模,磨盘背面用砂模,然后把阴模和砂模对在一起,用一般的铸铁铁水浇铸。由于金属模冷却速度较快,在磨纹面形成一层耐磨的白口层,而磨盘背面仍是易于加工的灰口铁。此法简单易行,一般铸造工场即可生产。

② 碳化钨镶焊磨片齿纹面。其加工程序是:a. 将灰口铸铁磨盘坯件在车床上粗加工;b. 用气焊枪将各片齿纹均匀喷烧预热;c. 在磨纹面上堆填碳化钨层 1~1.5mm;d. 自然冷却;e. 在磨床上磨削平整。

③砂轮磨盘。制造方法是在规格大小合适的碳化硅砂轮盘上刻上齿纹，然后用环氧树脂粘固在砂轮的托盘上，便可使用。用砂轮磨盘处理草类纤维，帚化效果好而切断少。

④合金钢磨片。制造方法：a. 制造石蜡阳模；b. 制造阴模；c. 将炼合金水浇铸面磨片。

3. 磨盘的表面加工

盘磨打浆机装配后，两个磨盘面之间特别是精磨区之间的间隙必须高度均匀。打浆浓度7%左右的精磨区之间的间隙为纤维直径的3~4倍（0.05~0.09mm），因此磨盘表面加工十分重要。磨片的材质坚硬，再加上精度要求高，必须在专用的磨盘面磨床上加工，对于多块式的大磨片须拼合后加工。

（三）**磨盘的直径和转速**

1. 磨盘直径

当磨盘转速一定时，磨盘直径增大，则磨碎面积增加，周边线速度增大，因而生产能力提高，纸浆得到比较充分的处理。

2. 磨盘转速

当磨盘直径相同而提高转速时，则磨盘线速度增大，生产能力提高，但打浆质量会有变化。当线速度约1200m/min时，主要是对纸浆纤维起切断作用，很少帚化；线速度约1500m/min时，切断与帚化相当；线速度约1800m/min时，主要是帚化，很少切断；线速度在2100m/min以上时，则对于纤维或纸片，具有良好的疏解作用。

3. 磨盘直径和转速影响到功率消耗

对于泵送进料的盘磨打浆机来说，整个功率消耗可以分为三部分：a. 磨盘在纸浆这样一种非牛顿型流体中旋转造成的消耗；b. 损失于轴承摩擦，填料函摩擦以及泵送作用等方面的消耗；c. 有效的打浆作业的消耗。

（四）**盘面间隙与调节机构**

盘面间隙的大小与处理后纸浆的质量、产能、安全和动力消耗等关系密切。对于确定的浆料之打浆过程，从理论上工艺要求的磨盘间隙和时间是确定的，这样才能保证工艺质量及其稳定性。一般盘磨打浆机工作时，要求精磨的盘磨打浆机两盘面间的间隙必须保持小纤维的直径。故盘面间隙的调节精度必须达到1/100mm。这不但要求盘磨打浆机有良好的结构精度，而且必须有精确的间隙测量与调节机构来完成间隙的调节。

打浆过程引起间隙的变化有两种。其一，通过调节定盘的进、退盘来使定、动盘间隙发生变化；其二，在打浆过程定、动盘齿表面本身的磨损。正常情况下定、动盘齿表面材质与工况是完全相同的，所以定、动盘齿表面本身的打浆磨损速率是相当的，即因打浆磨损使打浆间隙的增大值应为齿面磨损的两倍。

1. 间隙的测量

（1）外部间接测量法

间隙测量通常采用外部法，即游标间隙测量法。在盘磨打浆机启动前，先利用机械调节机构将动、定盘靠近为零间隙，然后将手轮处的指针在刻度盘上读数作为调零点。再根据启动前退盘，运行后进退、刀等以指针在刻度盘上读数与调零点之差值，作为实际间隙调节量。由于打浆过程磨片的磨损、磨盘间隙的变大的速率和实际大小无法获知以及磨盘间隙校"零"不及时或不准确，造成这种非直接测量间隙值有较大误差。这种调节只能是现场调节，调节的依据是游标间隙测量，精确度是不够的。但易于掌握，并且结构比较简单，容易操作，适用于小型盘磨打浆机。

（2）内部直接测量法

因盘片处于封闭、高温、高压、高湿的研磨室中以及动盘的高速旋转，给生产实际间隙的测量带来了很多困难。采用耐高温、高压和高湿的电涡流传感器直接测量，实时精确测量盘磨打浆机磨浆间隙是近年来发明的技术。其基本的原理为：在盘磨打浆机定盘上离盘周边3~5mm处为界对称安装2个相同的电涡流传感器探头，探头端面有聚氟四乙烯护套并凹进盘齿面一定距离；利用探头端面与定盘相对的动盘齿面间距离的变化引起电涡流传感器的电涡流信号的变化，该信号值大小在该发明技术的条件下与盘间隙变化成线性关系，从而实现在线、实时、精确测量盘间间隙及其变化；利用标度变换仪表能实时显示磨盘间隙数据，并且根据电信号可进一步控制和调节辅助电机来保持磨浆间隙在设定值。该测量方法不受盘磨打浆机的齿形、浆种、浆浓与流量的影响，适用于磨盘为金属导体材料的盘片盘磨打浆机，实时测量精度可达微米级。

2. 间隙的调节

为控制盘磨打浆机操作时磨盘面间保持一定的间隙、盘面间的纸浆保持着一定的压力，必须设置调节机构。

（1）间隙调节的依据

打浆盘间间隙的调节依据目前有盘间间隙值、打浆电流、打浆压力、打浆流量和有关的结合。

① 依据盘间间隙值的调节是根据实际测得间隙值与设定值的偏差进行调节。

② 依据打浆过程主电机实际测得的电流与设定值的偏差进行调节。工作时压力波动、流量波动、浆料性质波动、磨浆机运动机构本身的运动阻力变动、轴承磨损或轴变形等因素都会造成电机电流变化。因此，电流的变化不能完全反映盘间间隙值的变化。

③ 依据打浆过程盘间实际测得的磨浆压力与设定值的偏差进行调节。打浆强度由磨区压力的大小控制。

④ 依据打浆过程设定浆泵的恒量恒压供浆时，依不同浆种设定打浆压力后与实测的偏差进行调节。

（2）间隙调节的手段

生产中使用的有机械调节、电动—机械调节和液压调节三种机构。

① 机械调节。机械调节是用手轮摇动蜗杆蜗轮并通过梯形螺旋传动来使转盘移动达到调节盘间间隙的。它的调节是当转动手轮时，蜗杆跟着转动，并带动蜗轮转动；蜗轮通过梯形螺纹与螺旋推力筒连接，螺旋推力筒在蜗轮转动时就作轴向移动。调节量的大小可通过手轮处的指针和刻度盘表示出来。这种调节机构，虽然精确度是不够的，但易于掌握，并且结构比较简单，容易操作，适用于小型盘磨打浆机。

② 电动—机械调节。电动—机械调节是借助于小型电动机带动蜗杆蜗轮实现的。图1-38所示，是三盘磨盘面间隙电动蜗杆蜗轮调节机构。它由调节电动机

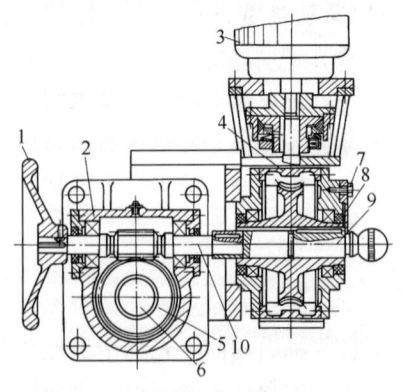

图 1-38 三盘磨盘面间隙电动蜗杆蜗轮调节机构

1—手轮　2—蜗轮箱　3—调节电机
4—电动蜗轮　5—蜗轮　6—螺杆
7—螺钉　8—插板　9—活动轴　10—蜗杆

3传动蜗轮箱4内的蜗轮副,最后使中心孔为螺孔的蜗轮5转动,结果蜗杆6做轴向移动。蜗杆6与磨盘移动座连接在一起,因而蜗杆6的轴向移动也是移动座作进退刀调节,实现调节磨盘间隙的目的。

③ 液压调节。现今国内外新设计的盘磨打浆机大多采用液压控制的调节机构(图1-39)。

### 四、盘磨打浆机的动力消耗

#### (一)盘磨打浆机功率消耗的组成

盘磨打浆机操作时消耗的功率包括:a. 打浆区打浆时消耗的功率 $P_1$;b. 纸浆离开打浆区时的泵送功率 $P_2$;c. 磨室内纸浆与转盘非工作表面摩擦的功率 $P_3$;d. 主轴传动时轴承、密封等摩擦消耗功率 $P_4$。

所以,盘磨打浆机打浆时的功率消耗 $P$ 为:$P = P_1 + P_2 + P_3 + P_4$

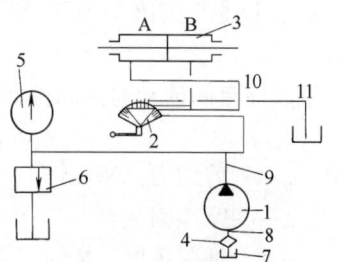

图1-39 油压盘磨打浆机磨盘调节油压系统

1—齿轮油泵 2—转动换向阀 3—油压 4—滤油器 5—压力表 6—低压溢流阀 7—油箱 8—吸油管 9—压油管 10—接油缸A腔油管 11—接油缸B腔油管

#### (二)盘磨打浆机功率消耗与磨浆关联分析

盘磨打浆机是一种连续生产的打浆设备。为了达到一定的产量和质量的要求,打浆时纸浆必须连续地通过打浆区,并均匀地布满整个磨盘面,在两个磨盘之间形成薄薄的浆层(或称浆膜)。纸浆从磨盘的中心进入打浆区,在高速回转的磨盘带动下向着磨盘的周边移动。由于离心力和圆周力联合作用,纸浆质点既有径向运动的趋向,又有做圆周运动的趋向;并由于转盘对定盘高速的相对运动,两个磨面的齿纹和齿槽频繁交错,纸浆质点也就频繁地起落于齿纹与齿槽之间,因而纸浆质点随高速转动的磨盘的旋转而在两个磨盘面之间作近似于螺旋线的运动。在这个运动过程中,纸浆纤维(包括纤维束和单根纤维)经受各种力(如离心力、扭转力、剪切力、弯曲力、拉压力和水力冲击等)的作用,结果引起纸浆纤维的疏解分离、横断纵裂、吸水润胀、分丝起毛、细纤维化等各种变化。显然,在这个过程中纸浆纤维将相互剧烈地摩擦。由于在磨盘间隙间的纸浆薄层中的纤维束或纤维相互交错纠缠,而靠近转盘的纸浆纤维要比靠近定盘的纸浆纤维薄层中的纤维的运动速度高得多,随着这个速度差的增大,会使纸浆纤维之间激烈的摩擦作用加剧。

盘磨打浆机动力消耗的计算有不同的方法。设纸浆在转盘上与定盘所产生的摩擦,是高流速下水力摩擦。根据流体动力学原理,可以认为,在两盘间空隙中,纸浆旋转角速度约为磨盘旋转角速度的一半。随着磨盘转速的提高和浆层厚度的减少,纸浆在盘间运动所绕的圈数也随之增加,速度加大。

在转盘与定盘的间隙内,纸浆所产生摩擦可分为两种。第一种是由于在盘间层流层的纸浆所产生的剪切力所引起。层流层厚度取决于从盘腔中径向排出的纸浆量、盘的转速、纸浆的黏度及雷诺数。当纸浆黏度一定时,在层流的纸浆层中,纸浆各层的剪切力主要决定于在盘间纸浆湍流流动时所产生的阻力。湍流阻力随纸浆磨面间的距离减小及纸浆速度的增加而增大。

在湍流情况下,磨盘间各层纸浆的平均圆周速度变化曲线如图1-40所示。曲线1表示单旋转盘中纸浆的圆周速度;曲线2表示在回转方向相反的双旋转盘中纸浆

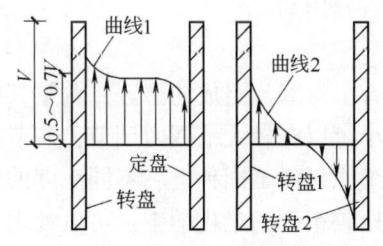

图1-40 磨盘间纸浆圆周速度的变化

的圆周速度。

### (三) 盘磨打浆机功率消耗计算

基于上述的流体动力学条件，并根据摩擦力矩理论便可计算消耗在盘磨打浆机中的动力。

纸浆在盘间流动时因摩擦而产生了剪切力。流动摩擦剪切力方程式是：

$$\tau = \zeta \gamma v^2 / (2g) \tag{1-1}$$

式中　$\tau$——剪切力，$N/m^2$

$\zeta$——摩擦因数

$\gamma$——纸浆重度，$N/m^3$

$v$——磨盘线速度，$m/s$

$g$——重力加速度，$m/s^2$

在半径为 $R$ 处取一宽度为 $dR$ 的环状磨碎面积，如图 1-41 所示。其摩擦力矩为 $dM$

$$dM = \tau \cdot 2\pi R dR \cdot R \tag{1-2}$$

将式 (1-1) 代入上式运算得：

$$dM = (\zeta \gamma \pi R^4 \omega^2 / g) dR \tag{1-3}$$

式中　$\omega$——磨盘转动角速度，$m/s$

$R$——宽度 $dR$ 的环状磨碎面积的摩擦半径，mm

在 $0 \sim R$ 区间积分得　$M = \zeta \gamma \pi R^5 \omega^2 / (5g)$

经计算得功率消耗 $P$ 为：$P = K\rho n^3 (D_1^5 - D_2^5)$ (1-4)

式中　$D_1$，$D_2$——有效磨碎区自 $R_1$ 至 $R_2$ 的环形面积的直径，mm

$\rho = \gamma/g$，密度，$kg/m^3$

$K = \zeta \pi^4 / 2040$

$n$——转速，$r/min$

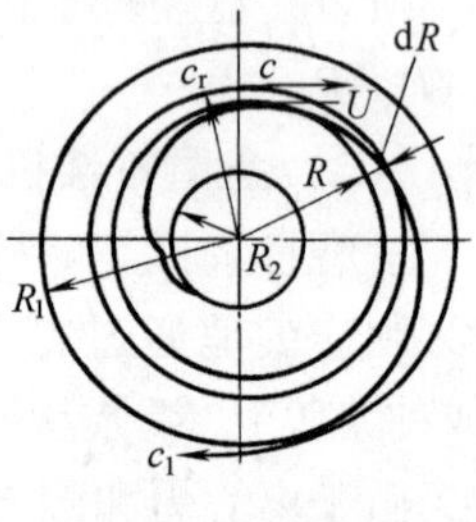

图 1-41　磨盘面上纸浆速度

注：$U = v + dv$，$v$ 对应于 $R$ 处，$dv$ 对应于 $dR$ 处

从公式 (1-4) 看出，盘磨打浆机动力消耗与转速 3 次方及盘磨直径 5 次方成正比。生产量一定时，磨盘直径增大而转速减少则消耗动力会较大。故在满足工艺要求的情况下，选用转速较高而直径较小的磨盘较为经济。

纸浆在转盘与定盘间的摩擦因数，主要与雷诺数 $Re$、磨纹及沟槽的几何形状、磨盘间隙大小和磨面粗糙程度有关。当纸浆的浓度在 2%～5%时，摩擦因数在 0.005～0.015 之间。

按上面公式计算的结果比实际测定的功率小 10%～15%，这说明利用摩擦力矩理论计算出来的理论功率比实际功率偏低，但有一定的参考价值。

## 五、盘磨打浆机的选用

我国目前使用的盘磨打浆机有各种不同的类型和种类。由于结构形式和规格大小的差异，分成许多不同型号的盘磨打浆机，其中有通用的，也有专用的。

1. 单盘磨打浆机（双盘单动盘磨打浆机）

单盘磨打浆机结构较为简单，检修较为方便。由于只有一对磨片组成的磨区，调整其中一个磨盘的位置，即可改变磨区的间隙大小，而且间隙大小可以在较大范围内调节，调节方便，灵敏度较高。单盘磨打浆机这种调节优点，使它对纤维原料的不同种类、不同浓度的适应性较大。它既可以处理比较柔软的化学浆，也可以处理比较粗硬的半化学浆；可以处理一般浓度（3%～5%）的纸浆，也可处理较高浓度（5%～7%）的纸浆。

随着盘磨打浆机进料结构、磨盘结构、磨室结构以及相关结构的改变,还可以用它处理高浓度(10%~13%以上)的化学浆、半化学浆,以及经过一定预处理的各种纤维原料,制取化学机械浆或机械浆。它的用途之广是目前使用的双盘磨打浆机(双磨区的双盘磨打浆机)不能比拟的。

2. 双盘磨打浆机(双盘双动盘磨打浆机)

双盘磨浆机与同样磨盘规格的单盘磨打浆机来说,相对速度增加一倍。因此施加于纸浆纤维上的扭转、弯曲和摩擦力相应加大,有利于纤维的分离和帚化。由于作用于纸浆纤维上的切向速度相互抵消,径向离心速度加大,因而对提高打浆质量和产量均有好处。这是双盘磨打浆机发展的主要依据。

双盘磨打浆机两个磨盘都装配在主轴上,因此纸浆进入磨区不能像单盘磨打浆机一样轴向进入,而必须靠设在其中一个转盘上绕转轴作圆周分布的若干个孔口而进入盘磨打浆机的磨区。对于小型的盘磨打浆机,由于磨盘直径小,不宜开这些进浆孔口,否则进料困难,易于搭桥堵塞。因此,双盘磨打浆机通常都是适用磨盘规格比较大的大型设备。

3. 三盘磨打浆机(双磨区单动盘磨打浆机)

三盘磨打浆机是相对于单盘磨打浆机和双盘磨打浆机的总盘数为2个的盘磨打浆机来说。由于在磨室里装有两对磨片组成两个磨区,相当于两台单盘磨的打浆能力。因此它的生产能力大,作为细浆的精浆设备来说,都是打浆的工作面,不像单盘磨打浆机一样,转盘上有一个侧面是非工作面。而且,由于两对磨片装在一个磨室内打浆,转轴(盘磨打浆机主轴)只有一根,轴承装置和密封装置相应只有一套。但若两对磨片分别装在一台单盘磨打浆机的磨室内操作,变成两台单盘磨时则轴承装置和密封装置就要多出一套。

因此,三盘磨打浆机比较单盘磨打浆机来说,无用功率消耗大幅度降低。这是三盘磨打浆机单位动力消耗较低的主要原因。

另外,由于双磨区打浆,打浆时的轴向压力抵消,使主轴上轴承的负荷大幅减少,因而提高轴承的寿命,减少设备的维修量。

## 六、盘磨打浆机主要技术特征

1. 盘磨打浆机磨浆特性

盘磨打浆机磨浆特性如表 1-11 所示。

表 1-11　　　　　　　　盘磨打浆机磨浆特性

| 指标 | 针叶材浆 | 阔叶材浆 | 指标 | 针叶材浆 | 阔叶材浆 |
|---|---|---|---|---|---|
| 打浆浓度/% | 3.4~4.5 | 4.5~5.5 | 磨沟深度/mm | 7.0 | 5.0 |
| 打浆线速度/(m/s) | 15~25 | 15~25 | 磨浆强度/(J/m) | 1.7~4.5 | 0.5~1.5 |
| 磨牙宽度/mm | 3.5~4.8 | 2.4~3.5 | 磨浆强度/(J/m$^2$) | 370~720 | 180~360 |
| 磨沟宽度/mm | 3.5~5.0 | 1.5~3.0 | | | |

2. 我国生产的盘磨打浆机类型及其主要技术特征

目前,国外已能生产和使用低浓度双盘磨打浆机,单机处理能力达 350t/d 以上,盘面直径为 467~1473mm(18~58in),配置动力 200~850kW。

我国通常使用的盘磨打浆机的型号有 ZDP 系列。其中 $ZDP_1$、$ZDP_2$、$ZDP_3$、$ZDP_4$、$ZDP_8$ 和 $ZDP_9$ 为单动盘磨打浆机;$ZDP_{11}$、$ZDP_{12}$、$ZDP_{13}$、$ZDP_{15}$ 是三盘磨打浆机;$ZDP_{21}$ 是

$\phi$915 的双动盘磨打浆机。

它们中常用的是盘磨打浆机,主要技术特征列于表 1-12 和表 1-13。

表 1-12　　　　　我国通用的典型三盘(单动)磨机主要技术特征

| 型　号 | $ZDP_{11}$ | $ZDP_{12}$ | $ZDP_{13}$ | $ZDP_{15}$ |
|---|---|---|---|---|
| 盘径/mm | 450 | 350 | 500/550/600 | 650/700/750 |
| 磨浆量/(t/d) | 8~60 | 4~20 | 15~130 | 35~350 |
| 磨浆浓度/% | 2~5 | 2.4~4.5 | 3~5 | 2~5 |
| 类别 | 双圆盘磨 | 双圆盘磨 | 双圆盘磨 | 双圆盘磨 |
| 盘转速/(r/min) | 960 | 1470 | 960 | 750 |
| 进浆口尺寸/mm | $\phi$65(2) | $\phi$50(2) | $\phi$90~$\phi$125(2) | $\phi$125(2) |
| 出浆口尺寸/mm | $\phi$70(1) | $\phi$65 | $\phi$110 | $\phi$150 |
| 进浆压力/MPa | 0.10~0.20 | 0.15~0.20 | 0.15~0.20 | 0.15~0.20 |
| 主机功率/kW | 90,110 | 55~75 | 132~280 | 315~630 |

表 1-13　　　　　我国生产的单动、双动盘磨打浆机主要技术特征

| 型　号 | 单动盘磨打浆机 | | | | | 双动盘磨打浆机 |
|---|---|---|---|---|---|---|
| | $ZDP_1$ | $ZDP_2$ | $ZDP_3$ | $ZDP_8$ | $ZDP_9$ | $ZDP_{21}$ |
| 盘径/mm | 400 | 500 | 600 | 330 | 1250 | 915 |
| 磨浆量/(t/d) | 2~12 | 3~15 | 10~30 | 8.4~16.8 | — | 7~10 |
| 磨浆浓度/% | 3~5 | 3~5 | 3~5 | 3~4 | 3~5 | 3~5 |
| 盘转速/(r/min) | 1470 | 1470 | 1470 | 1470 | 1470 | 960 |
| 进浆口尺寸/mm | $\phi$100 | 150×200 | 250×190 | $\phi$100 | 100×100 | 300×185 |
| 出浆口尺寸/mm | $\phi$100 | $\phi$100 | $\phi$100 | $\phi$100 | $\phi$150 | 640×290 |
| 主机功率/kW | 45~55 | 55~75 | 55~110 | 30 | 40 | 2×130 |

## 七、锥盘式磨浆机

由于盘式磨浆机从结构上具有三大优点：一是磨浆齿纹布置在平面上,易于加工,因而可根据打浆浆种以及对打浆要求的不同设计采用许多种齿纹;二是浆料从盘中心区进入,受盘齿旋转作用沿着圆盘面呈螺旋向运动向周边区移动,由于离心力(与浆进出流向一致)作用强,浆料纤维在盘间流动性好而相对节能,三是从进浆(中心区)到出浆(周边区)的浆料纤维在其流动过程的线速度越来越大,也正好是从粗浆到细浆的变化过程,符合磨浆的基本趋向要求。

作为打浆设备,为了提高单机磨浆效能,往往通过加大其磨浆面积的设计来解决。但对于盘式磨浆机来说,通过不断增大其盘径来增加其磨浆面积,也会带来负面作用。主要为：一是,盘径太大,使周边区磨浆纤维的线速度与中间、中心区相差太大,反而不利于最终的磨浆质量;二是,盘径太大,磨盘片间不易取得动态平行,使得磨浆不利或易产生碰磨;三是,盘径太大,在部件同样加工、装配精度下易增加机械系统运行过程本身的振动;四是,一般磨浆机磨浆过程有部分消耗在机构部件本身旋转的运动上,盘径太大时因偏心不平衡度和振动大而无效能耗增加。所以,盘式磨浆机设计时并非盘径越大越好。

为顾及上述因素,近年来,国外开发研制出了一种组合式磨浆机——锥盘式磨浆机,其结构与工作原理示意图见图 1-42。

图 1-42(a)为转子动锥盘和定锥盘工作原理图,其中左侧带剖面线部分为定锥盘,它

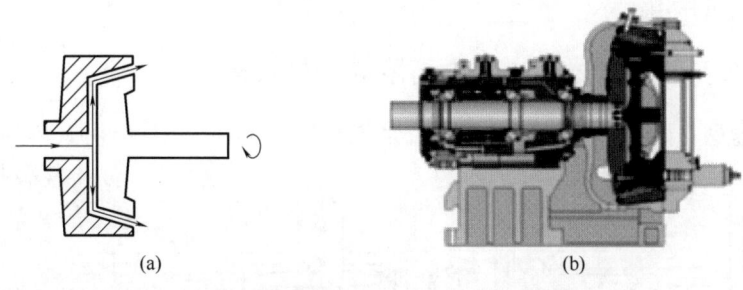

图 1-42 锥盘式磨浆机结构与工作原理示意图
(a) 转子动锥盘和定锥盘工作原理图 (b) 装配结构示意图

的右端垂直面部分为圆盘磨浆面，相当于盘磨打浆机的定盘面；它的右端外圆内表面相当于锥形磨浆机的磨套。右侧无剖面线部分为磨浆机转子，转子左端垂直面部分为圆盘磨浆面，相当于盘磨打浆机的动盘面；转子左端外圆外表面相当于锥形磨浆机的锥形面转子磨面。浆料从左侧定锥盘的中心进入圆盘磨浆面中心区，在动、定盘的作用下，由盘面的中心区呈螺旋线轨迹向盘的周边区运动；当浆料纤维到圆盘周边区后转入动、定盘的锥形面磨浆区，经过锥形磨浆区进一步磨浆后从锥形的最大端周边出浆。图 1-42（b）为锥盘式磨浆机装配结构示意图。

锥盘式磨浆机相比同样直径的盘式磨浆机或锥形磨浆机，磨浆面积大而产能高，机构部件运行相对稳定；而且在锥形面上浆料磨浆线速度变化相对小，对磨浆质量有利。

锥盘式磨浆机一般替代单机产能要求高的盘式磨浆机或锥形磨浆机。

## 第六节 中高浓打浆设备

### 一、概 述

随着打浆设备的不断改进和更新，打浆的技术水平也在不断地提高。而中高浓打浆技术的研究成功及其生产应用，则是打浆技术发展的重大突破。它不但引起了打浆工艺的变化，还促进了制浆工艺的发展。

按照工程上的习惯，打浆浓度在 10% 以下时称为低浓打浆，10%~20% 浓度称为中浓打浆，20% 以上浓度时称为高浓打浆。但在实际生产中，由于大部分生产一直沿用低浓打浆，故常把打浆浓度在 5%~8% 时称为中浓打浆以致高浓打浆。

发展中高浓打浆，最主要效果是明显提高打浆质量和降低能耗。前者主要是由于中高浓打浆时纸浆纤维在齿缘和齿面上形成纤维垫层，从而增加了纤维之间的摩擦作用、减少了齿缘对纤维切断作用，增加了细纤维化；打浆能耗的降低主要是由于中、高浓打浆时纤维之间的摩擦作用增加，减少了磨盘相互之间接触摩擦的可能性，从而使打浆的比能耗（单位打浆电耗）降低。15% 浓度打浆时与 9% 浓度打浆能耗低约 40%。

通常中、高浓打浆工艺不是在传统的槽式打浆机内进行，而是通过中、高浓圆盘磨浆机或其他中、高浓打浆设备来实现的。并且，中高浓打浆设备尤其是中、高浓圆盘磨浆机并不局限用于蒸煮之后的本色浆或者经漂白后的漂白浆的中、高浓打浆，而且还广泛地用它来磨制化学机械浆、热磨机械浆等，它们都是在中、高浓打浆条件下操作的。

显然，中、高浓打浆设备不但能起半料浆或成浆的打浆作用，还能对纤维原料起中高浓磨制和打浆的双重作用。

## 二、中高浓盘磨打浆机

中高浓度盘磨打浆机是由一般的盘磨打浆机发展而来的，主要有卧式单盘磨打浆机和双（动）盘磨打浆机，也有立式有单盘磨打浆机。图1-43是这三种类型的中浓度盘磨打浆机的示意图。使用得广泛的是卧式中浓度盘磨打浆机，其中卧式单盘磨打浆机用得尤为普遍。

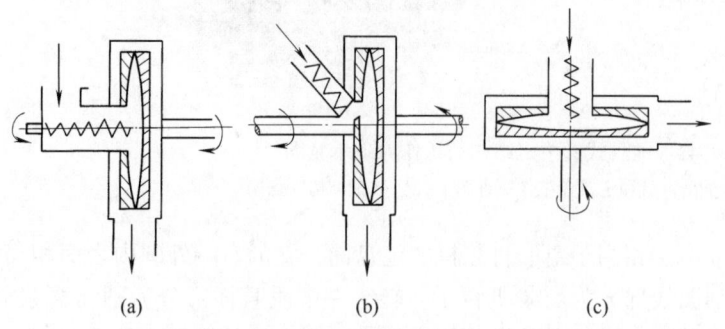

图1-43　中浓度磨机三种类型
（a）卧式单盘磨打浆机　（b）卧式双盘磨打浆机　（c）立式单盘磨打浆机

下面叙述中高浓盘磨打浆机的结构与特点、调节机构和主要类型等问题。

### （一）中高浓盘磨打浆机的结构与特点

**1. 中高浓盘磨打浆机与通常的盘磨打浆机比较，要求整体结构强固，刚性大**

中高浓磨浆时盘磨打浆机的轴向力很大，几吨到几十吨。在这样大的轴向力作用下，要保持磨盘之间良好的平行度，机械结构必须有足够的刚度。为此，主轴的轴承滑座固定在箱式机座上，磨室壳体也直接支撑和固紧在箱式机座上。这样，机座、轴承滑座和磨室壳体便成为一个整体，并通过箱式机座安装在底板或者直接安装在基础上。

**2. 中高浓盘磨打浆机要求几何形状匀称，热影响小**

中高浓盘磨打浆机磨浆时产生大量的热迅速传递到磨室壳体和机座上，且变为蒸汽，具有一定的蒸汽压，必须迅速排出，否则会影响正常操作。为了尽量避免由于壳体和机座受热变形而影响磨盘的平行度，壳体和机座的几何形状必须力求对称。对于大型的高浓盘磨打浆机，机座可通过恒湿装置保持一定的温度。

**3. 中高浓盘磨打浆机要求盘径大**

由于中高浓条件下打浆进浆相对困难，在进料口喂料螺旋的存在使盘中心区域的打浆作用减少，势必增加磨盘直径来保证基本的打浆区域面积以达到打浆效果。一般盘径在$\phi 1000$以上。

**4. 磨盘的齿纹面需有较大的梯度**

用于中高浓磨浆的磨盘齿纹面必须有比低浓磨浆的磨盘齿纹面有较大的梯度；对于不同的纤维原料或不同的纸浆，梯度值也应有所不同。合适的梯度值通常由试验测定。相同的纸浆，浓度不同要求的磨盘梯度也不相同。须通过试验确定合适的梯度值。

图1-44为木浆磨浆时随浓度不同而相应的磨盘磨浆面的梯度参考值。图中梯度值以两个磨盘合拢时磨浆面形成的锥度来表示。

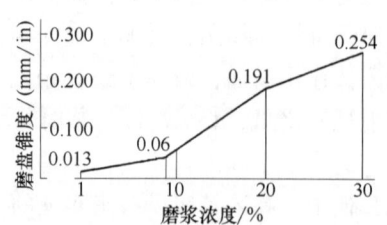

图1-44　木浆中高浓打浆金属磨盘磨浆面的锥度与浓度的关系参考值
（1in＝25.4mm）

**5. 中高浓盘磨打浆机盘齿纹的结构及材质**

由于磨盘的磨浆面的内区、中区和外区的线速度不同,内区和中区的磨损较慢,外区的磨损较快。金属磨面内区和中区的磨损量往往只是外区磨损量的 1/3~1/2。因而可设计和制成三个区域的磨片能够单独更换,便可大大节省费用。

中高浓度打浆的磨盘大多数采用 Ni-Cr 合金钢磨盘。除此之外,也发展了一些非金属磨盘。

6. 转盘轴头的锁紧螺母

转动磨片的底盘（或称托盘）通常与主轴一端以一定的锥度配合,然后用一个螺母锁紧。这个螺母称为转盘轴头锁紧螺母。它一方面是用来把转盘与主轴紧固,另一方面是把纸浆沿磨盘的径向送进磨区。因此这个锁紧螺母上的旋翼与浆泵的泵翼相似,才能起到有效的甩浆作用。否则,中高浓度纸浆就会在这个区域堵塞。

7. 中高浓磨浆的加料器和喂料螺旋

连续均匀定量地加料是中高浓度磨浆的前提,以保证磨区连续均匀定量地进行操作,磨浆负荷始终保持稳定。从浓缩设备（如螺旋压榨机或双辊浓缩机等）来的中、高浓度纸浆在中、高浓度定量加料器里缓冲和贮存,同时又在此连续、均匀、定量地送入盘磨打浆机喂料螺旋,如图 1-45 所示。

来自中高浓度定量加料器的纸浆经螺旋加料器强制送入盘磨打浆机的磨室中。螺旋的

图 1-45　中高浓度盘磨打浆机喂料螺旋及盘腔结构图

直径尽可能大些,以使中高浓纸浆一经到达磨区,就获得较高的离心加速度,顺利导入磨区,螺旋端部伸入磨室内,与转盘轴头锁紧螺母的端部保持一个适当的间距,约 20mm。这样,中高浓度纸浆一到达喂料螺旋的端部,便会紧接着受到转盘轴头锁紧螺母上的翼片的加速作用而很快甩向磨区。

8. 中高浓盘磨打浆机磨室的排料口

低浓打浆的盘磨打浆机,纸浆出口有一定的压头,因而排料不成问题。而中高浓打浆的盘磨打浆机,热磨时可靠蒸汽压力排放;非压力排放的则在磨室下方设有足够大的排料口（对于小型的非压力排放的中高浓度盘磨打浆机则可以在磨室下方设全井式的垂直排料口）,以使纸浆排出时畅通无阻。排放口与磨室弧形连接的地方必须圆滑过渡,以避免任何阻浆的现象发生。

（二）**中高浓度盘磨打浆机的调节机构**

中高浓盘磨打浆机磨盘间隙和压力调节机构也是有手动的蜗杆蜗轮机械调节机构、电动的蜗杆蜗轮电动机械调节机构和油压系统调节机构三类。

用得较多的是油压系统调节机构,因为它调节方便、可靠,能产生巨大的轴向力且大小可以随意调节。我国系列的盘磨打浆机多数是油压系统调节间隙和压力。

中高浓度盘磨打浆机液压系统其调节原理简要说明如下:

1. 磨盘间隙调节原理

在盘磨打浆机起动之前,可将磨盘间隙调至 10mm,定为盘磨打浆机安全起动的最大距离。此时开动油泵电动机,则油泵将油箱中的油通过滤油器而吸入。由油泵排出的压力油经

换热器，使输入系统的油温适当。然后油液经溢流阀调压，具有一定压力的油液通过单向阀，部分压力油由蓄能器储存，以保证在油泵停止操作时系统仍保持着一定的压力。送入系统的压力油的压力由压力表指示。压力油通过油管而进入导向阀。导向阀用以调整送入缸室压力。导向阀的阀芯若处于中心位置，则缸室A和缸室（B+B1）中的压力平衡，盘磨打浆机磨盘的间隙仍为预先调整好的10mm。当盘磨打浆机主电动机启动之后，动盘开始高速转动，这时可以操作调节装置，以控制导向阀阀芯的位置，从而达到调节间隙的目的。一般间隙根据浓度调至0.1~0.5mm为宜。

2. 操作压力的调节原理

如上所述，借助于调整螺旋便可调整固定磨盘和转动磨盘之间有一个合适的间隙，大小在具有0.02mm间距的刻度的光学放大仪上显出。盘间的间隙调好之后，便可着手进行磨浆操作压力的调整。

压力的调节原理是：中高打度盘磨打浆机液压系统中，盘磨打浆机电机侧轴承设计成一个活塞，活塞就是这个轴承壳的滑座。这个缸室称为B1，与操作侧的缸室B相连通。B和B1两个缸室的油压面积之和为1170cm$^2$。操作侧缸室A的油压面积为594cm$^2$。缸室A以及缸室B、缸室B1中的压力由导向阀调整。

当压力油通入液压系统时，操作侧的油缸活塞、调整螺旋和导向阀的阀芯均作轴向移动，直至导向阀阀芯位置；而当磨盘之间出现某一磨浆压力时，活塞即发生移动，导向阀的阀芯位置也随之变化而离开中心位置，使各缸室内的压力改变，直至缸室A和缸室（B+B1）的压力达到新的平衡，也即导向阀的阀芯处于一个新的中心位置为止。

但实际上导向阀阀芯的行程长度在0.01~0.02mm之间，因而使固定磨盘与转动磨盘之间的间隙趋于恒定，与磨浆压力的大小和变化无关。缸室A的压力大小以及缸室（B+B1）内的总压分别由安装在仪表盘上的压力表上读出。这时磨浆压力的大小由缸室（B+B1）内的总压力与缸室A内的压力表来确定。

**（三）中高浓盘磨打浆机的主要类型**

目前国际上使用于生产中的中高浓度盘磨打浆机主要有下列几个类型：

① 瑞典德费布拉托（Defibrator）公司的单盘磨打浆机。它主要的型号有RG36、RG（p）42、RL（p）50s、RL（p）54s、RL（p）58s等，最大盘径1470mm，最高转速1800r/min，最大电机功率9000kW。

② 芬兰依尔哈瓦拉（Jylhavaara）公司的单盘磨打浆机。它主要的型号有SD42、SD48、SD50、SD52、SD54等，最大盘径1370mm，最高转速1800r/min，最大电机功率6000kW。

③ 安德里兹（ANDRITZ）公司的单盘中高浓磨浆机。它主要的型号有36-1CP、42-1CP、45-1CP、50-1CP、54-1CP等，最大盘径1473mm，最高转速1800r/min，最大电机功率6700kW。

还有瑞典森德斯（Sunds）公司的双盘磨打浆机、芬兰和美国协作的恩索—鲍尔（Enso-Bauer）公司的双盘磨打浆机、美国斯普劳特—沃尔德伦（Sprout-Waldron）公司的单盘磨打浆机、美国贝洛依特—约斯（Beloit Jones）公司的立式盘磨打浆机等。

# 三、圆柱形高浓打浆机

**（一）圆柱形高浓打浆机的工作原理**

图1-46表示圆柱形高浓打浆机的工作原理。当水和纤维的悬浮液以2%~6%的浓度

从中心水平方向进入静止不动的分浆圆筒6的进浆口A的时候，由于转动磨环1沿逆时针方向回转时，纤维悬浮液以一定的压头穿过转动磨环上的锥形孔而到达转动磨环与可调的定子压板9之间的圆弧形缝隙，于是圆弧缝隙中的纸浆一边由定子压板的锥形孔脱水，一边受到打浆处理。这时打浆过程是在较高的浓度下进行。处理好了的合格纤维也从定子压板的圆锥形孔出来，合格纤维与水混合在一起恢复了原来进浆时的低浓度状态。因此，圆柱形高浓打浆机的打浆全过程是低浓度进浆、高浓度打浆（一般可达到20%以上的浓度）、低浓度出浆的过程。所以，圆柱形高浓打浆机不需要另外配用高浓进浆装置，使流程简化。

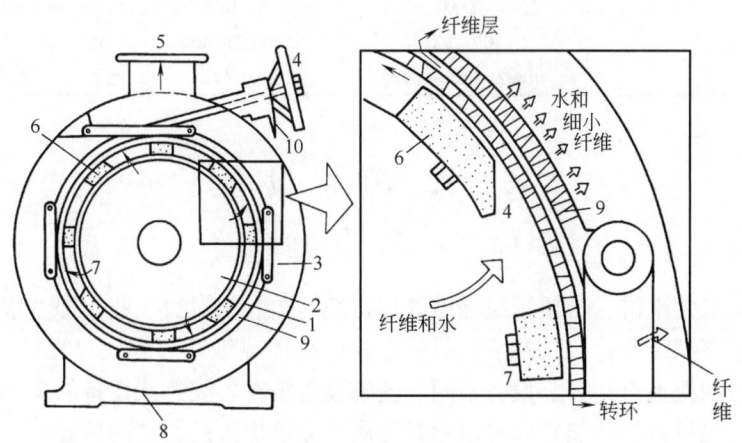

图1-46 圆柱形高浓打浆机

1—转动磨环 2—进浆室 3—拉板 4—操作手轮 5—出浆口 6—分浆圆筒
7—挡板 8—排渣口 9—定子压板 10—定位机构

### （二）圆柱形高浓打浆机的类型和主要技术特征

圆柱形高浓打浆机分机械调节和液压调节两个类型，它们当中又分若干型号。

① 机械调节的圆柱形高浓打浆机。它是通过手轮和螺杆螺母机构调节定子压板，以调整定子压板与转动磨环之间的缝隙的圆柱形高浓打浆机，如图1-46所示就是机械调节的圆柱形高浓打浆机。这种调节机构适用于小型的高浓打浆机。

② 液压调节的圆柱形高浓打浆机。这种圆柱形高浓打浆机的工作原理与机械调节的相同，但它的定子压板是由液压缸来调节的。这种调节机构调节方便，从小型号到大型号的圆柱形高浓磨浆机都适用。

③ 国产ZDY11型圆柱形高浓打浆机技术特征见表1-14。

表1-14 国产ZDY11型圆柱形高浓打浆机技术特征

| 项目 | 指标 | 项目 | 指标 | 项目 | 指标 | 项目 | 指标 |
|---|---|---|---|---|---|---|---|
| 生产能力/(t/d) | 15 | 出浆浓度/% | 4~6 | 转子尺寸/mm | φ450×165 | 电机功率/kW | 135 |
| 进浆浓度/% | 4~6 | 进浆压力/MPa | 0.14 | 进浆口直径/mm | 100 | 电机转速/(r/min) | 1500 |
| 打浆浓度/% | ~20 | 出浆压力/MPa | 0.04 | 出浆口直径/mm | 100 | 定子加压方式 | 机械加压 |

④ 瑞典威尔克圆柱形高浓打浆机（Eur-Control Vargo Refiner）的型号及主要技术特征如表1-15所列。

表 1-15　威尔克圆柱高浓打浆机的型号及主要技术特征

| 型　　号 | 600 | 650 | 1000 |
| --- | --- | --- | --- |
| 生产能力/(t/d) | 20~60 | 40~100 | 80~200 |
| 进浆浓度/% | 2.5~6 | 2.5~6 | 2.5-6 |
| 打浆浓度/% | 8~35 | 8~35 | 8~35 |
| 出浆浓度/% | 2.5~6 | 2.5~6 | 2.5~6 |
| 进浆压力/MPa | 1.58~5.28 | 1.58~5.28 | 1.58~5.28 |
| 出浆压力/MPa | 1.5~5 | 1.5~5 | 1.5~5 |
| 转动磨环转速/(r/min) | 700 | 650 | 450 |
| 设备质量/kg | 1000 | 1500 | 4100 |
| 电动机功率/kW | 100~200 | 150~400 | 300~700 |
| 调节形式 | 机械或电动—机械 | 液压 | 液压 |

## 第七节　疏解设备

### 一、概　　述

从造纸打浆工艺来讲，希望纸浆纤维处理得细、柔、相对长一些，即希望纸浆纤维得到充分解离后再磨浆细纤维化。故疏解的目标是将纤维团或纸片离解成单根的、润湿的纤维。因此，此类设备的侧重点和打浆设备不同。疏解设备是在各类打浆设备的发展的基础上，根据生产需要及打浆设备的功能趋向专门化时分离、完善出来的，它的核心机构原理也与打浆设备有不同之处。

现在在生产中，疏解设备是作为废纸（商品废纸、回抄废纸）碎浆后与打浆之间的功能性中间单元设备；有时，当工厂制浆设备能力受到限制时，采用疏解机来增加制浆机械的碎浆能力。在现代造纸工业生产中，疏解机可以说是一种最普遍配置使用的设备之一。

基本的疏解机型式为高速磨浆机型，只不过齿纹相对粗糙、齿间疏解间隙较宽，不致发生磨浆机那样的磨浆处理；一般疏解间隙为 0.5mm（磨浆间隙约为 100μm）。外周线速度约 40m/s。当纸浆通过疏解机齿间时，受到强烈的水化剪切力、机械冲击力，且不断改变其运动方向和速度多次。

### 二、疏解机类型与结构特征

高频疏解机是一种疏解设备。它是由一个高速回转的转盘和一个固定的定盘组成。通常使用的高频疏解机，分中间咬合型（圆盘式咬合型和锥盘咬合型）、平行板型和圆锥形。

#### （一）中间咬合型

图 1-47 表示圆盘式中间咬合型高频疏解机的转盘和定盘图。

转盘上的齿环套在定盘上齿环的内侧。齿环上的齿数自内向外逐渐增加，并且齿间间隙逐渐变小，使通过转盘与定盘间的浆流被逐次分散成更细的浆流，所受到机械冲击作用也就越来越大。在高频率的机械和水力的作用下，纤维束便分散成单根纤维。

#### （二）平行板型

图 1-48 表示平行板型高频疏解机的转盘和定盘图。工作部件是转盘和定盘，平行板装有的刀片或沟槽彼此相对的；或是转盘和定盘刀中的孔是相对的。除钻孔组件外，与盘磨打浆机的组件相似，但效率低。现较少采用。图 1-48 表示孔盘式高频疏解机转盘和定盘，转

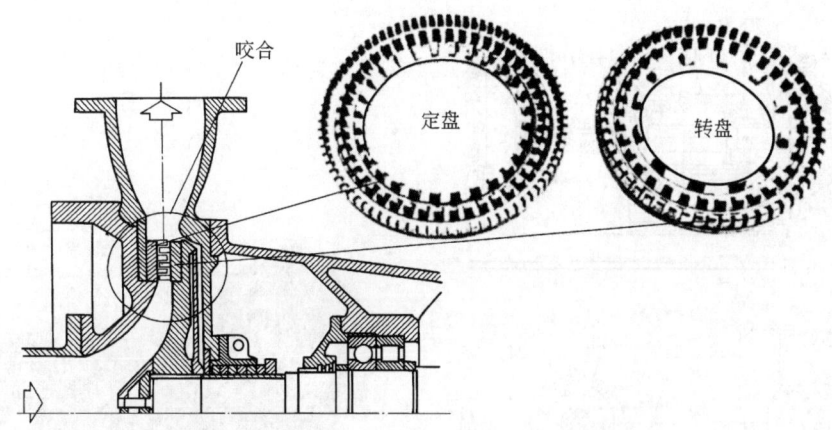

图 1-47 圆盘式中间咬合型高频疏解机及定盘、转盘图

盘和定盘上都匀布着通孔,浆流沿着转盘和定盘上圆孔交替地迂回运动。在这样的运动过程中,同样地,由于机械和水力的作用,对通过的纸浆起疏解作用。

### (三)圆锥形疏解机

此类疏解机具有截锥转盘和定盘,两者间有一定锥度配合的齿盘式高频疏解机,有的称锥齿式高频疏解机。它的转盘和定盘齿槽通道与轴的中心线的夹角为140°。齿盘转速为3000r/min左右,产量20~400t/d,配用电动机功率相应为55~400kW,目前应用较广泛。

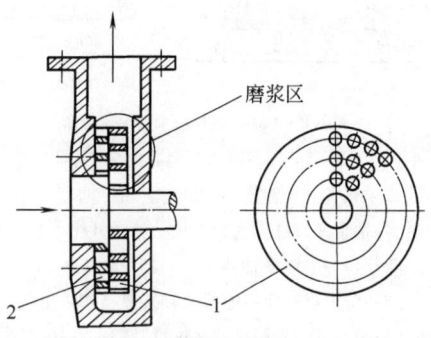

图 1-48 孔盘式高频疏解机转盘和定盘图
1—转动齿盘 2—固定齿盘

图 1-49 为大锥度高频疏解机、图 1-50 为圆锥形疏解机的转齿盘和定齿盘图。

## 三、高频疏解机的技术指标与应用

### (一)主要技术指标

国外生产的高频疏解机生产能力为 5~620t/d,配用电机功率为 55~630kW,转子转速为 1500~1000r/min。国产高频疏解机主要技术指标见表1-16。

表 1-16　　　　　　　　国产高频疏解机主要技术指标

| 项目 | 参数 | | 项目 | 参数 | |
|---|---|---|---|---|---|
| | 普通型 | XZJ31 | | 普通型 | XZJ31 |
| 生产能力/(t/d) | 50(60) | 100(200) | 进浆口直径/mm | 100 | 150 |
| 浆流量/(L/min) | 250~1000 | 500~2000 | 出浆口直径/mm | 100 | 150 |
| 磨浆浓度/% | 3~6 | 3~6 | 电机功率/kW | 75 | 160 |
| 进浆压力/MPa | 0.15~0.2 | 0.15~0.2 | 电机转速/(r/min) | 300 | 1500 |
| 出浆压力/MPa | 0.05 | 0.05 | 毛质量/kg | — | 2900 |

### (二)高频疏解机使用

1. 齿环材料的选择

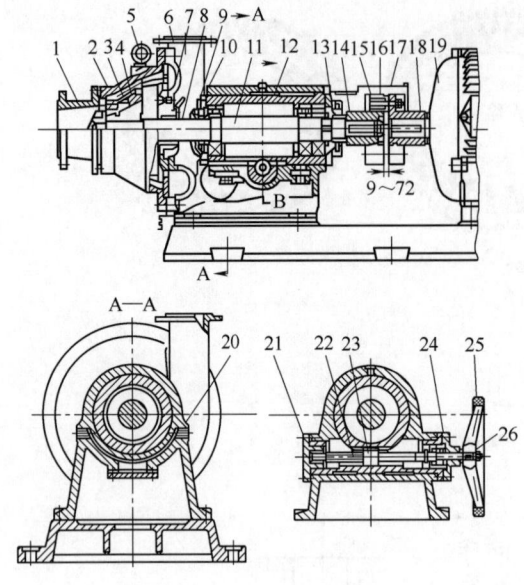

图1-49 齿盘式高频疏解机
1—进浆管 2—定子外壳 3—定子 4—转子 5—定子压环 6—出浆管 7—水封圈 8—轴套 9—迷宫油封 10—轴承盖 11—主轴 12—轴承外壳 13—螺旋油封圈 14—主轴联轴器接盘 15—套筒 16—橡皮垫圈 17—防护罩 18—电机联轴接盘 19—电机 20—封盖 21—盖板 22—螺杆 23—滑块 24—盖 25—手轮 26—手轮指示牌

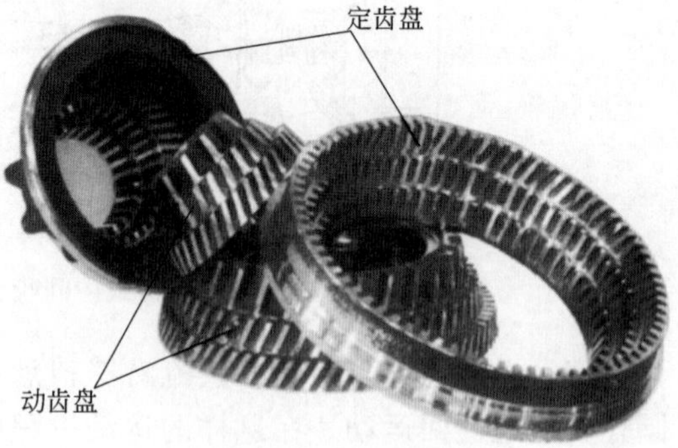

图1-50 圆锥形疏解机的转齿盘和定齿盘图

齿环的材料对于高频疏解机很重要，特别是配用处理废纸时。齿环材料应耐磨且韧性好，以免断齿。理想的材料是优质合金钢，经表面渗碳淬火处理的铬钢，以达到外硬内韧，但考虑到齿环上齿密而单薄，在一般热处理时易产生裂纹，故也有选择不需特殊处理的既耐磨、韧性又大的硅锰钢55$C_2$。它的主要成分为碳0.52%~0.6%，硅1.5%~2.0%，锰0.6%~0.9%。但要经过一次正火处理，使它的硬度达到一定硬度，否则太软不耐磨。

2. 转盘的平衡

在转盘3000r/min的工作条件下，转动件的宽度$b$与直径$D$的比例不大于0.55（即$b/D \leq 0.55$）时可以不考虑校动平衡。但是对于静平衡的要求很高，重心偏移量要求控制在0.013mm之内。通常是采取控制运转部件几何尺寸精度的办法，以保证转动部件转动后静平衡质量。

3. 齿盘间隙

和各类磨浆机一样，高频疏解机在运行过程中，盘齿不断受到磨损，需要通过间隙调节机构调整齿盘间隙，以保证疏解质量。

4. 纸浆杂物分离

为了避免金属、石块等杂物碰坏齿环或齿盘，应在高频疏解机前配置良好的纸浆净化设备。

## 参 考 文 献

[1] 陈克复，主编. 制浆造纸机械与设备（下册）3 版. [M]. 北京：中国轻工业出版社，2011.
[2] 董继先，梁钱华. 三锥双流式磨浆机 [J]. 中国造纸，2008，27（4）：50-52.
[3] 董继先，谷建功. 新型圆柱磨浆机的结构及其性能试验分析 [J]. 中华纸业，2006，27（6）：51-53.
[4] 张辉. 盘式磨浆机技术研究进展与趋势 [J]. 中国造纸，2007，26（10）：40-45.
[5] 张辉，李忠正. 新的盘式磨浆机磨浆间隙在线测量技术 [J]. 中国造纸学报，2008，23（1）：85-89.
[6] 屈云海，张辉. 振动监测与现代造纸机械故障诊断技术的进展 [J]. 中国造纸学报，2013，28（1）：53-61.
[7] 梁钱华. 造纸高浓度锥形磨浆机的研究与设计 [D]. 西安：陕西科技大学，2008.
[8] 蔡千华，编译. 利用新型磨盘降低打浆能耗 [J]. 国际造纸，2009，28（3）：54-56.
[9] 董继先. 高浓磨浆机建模及 APMP 磨浆过程优化研究 [D]. 西安：陕西科技大学，2010.
[10] 王佳辉，王平. 盘磨打浆机磨浆节能技术综述 [J]. 纸和造纸，2014，33（2）：4-8.
[11] 武超伟，李锦，马建荣，等. 盘式磨浆机磨片平面度测量方法 [J]. 计量与测试技术，2019，（12）：69-72.
[12] Hui Cai, Chaoyang Yuan, Guolin Tong, etc. Comparison of Two Bar Edge Lengths of Refining Plates on the Properties of American Old Corrugated Container Pulp during Low Consistency Refining [J]. Bioresources, 2020, 15（1）：347-359.

# 第二章 造纸机概述

## 第一节 造纸机的发展

造纸术是我国古代劳动人民的伟大创造。东汉时期（公元二世纪初）蔡伦在总结整理了前人的经验基础上，发明了一套较完整的手工湿法抄纸术，为全人类文明的进步和发展做出了伟大的贡献。手工湿法抄纸术迄今仍用于抄制某些高级的特种纸。从本质上讲，蔡伦发明的湿法造纸术仍是现代造纸遵循的核心工艺技术。

现代的机械化造纸技术是自18世纪蒸汽机发明应用以后在西方各国发展起来的。1798年，法国的罗贝尔特（Louis-Nicolas Robert）提出了机器连续抄纸的构想，1799年获得了机器连续抄纸的政府授权发明专利。该专利是由一条张紧在两个辊子之间的无端网带及一些附件所组成，如图2-1所示。纸浆上网靠旋转浆叶及挡浆板来完成，挤水辊具有压榨的作用，经脱水、压榨后的湿纸幅由卷纸辊卷起来。从卷纸辊退出的湿纸幅再经过若干压榨辊挤压去水分后，挂起干燥成纸页。罗贝尔特并未将该专利投入商业化用途，而是卖给了他的雇主法国人达都（Leger Didot），达都在法国没有找到应用的条件，通过其英国夫人去英国寻找帮助，注册了英国专利。

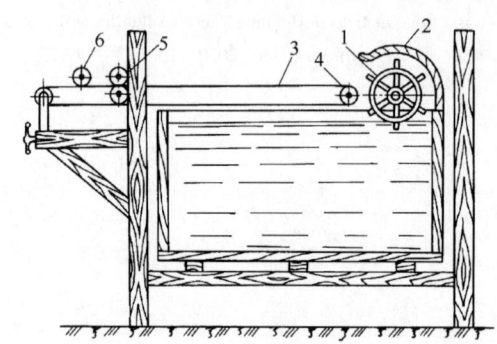

图 2-1 罗贝尔特发明的纸机示意图
1—旋转浆叶 2—挡浆板 3—网
4—胸辊 5—挤水辊 6—卷纸辊

1803年，法国人达都和英国机师唐金（B. Donkin）完成了对罗贝尔特发明技术的改进，制成了世界第一台工业生产用的造纸机，人们称为唐金纸机，如图2-2所示。可以看出，唐金纸机已接近于现代纸机的工作原理。保持搅拌状态的纸浆从浆槽型流浆箱通过斜槽流到无端网布上和定边装置之间。湿纸页如罗贝尔特纸机那样通过挤水辊之间，由于唐金纸机具有移动的上毛毯，结构就更为合理。该毛毯也改善了纸浆的稳定性。湿纸幅又向前行经压榨辊，最后卷绕在纸辊上。

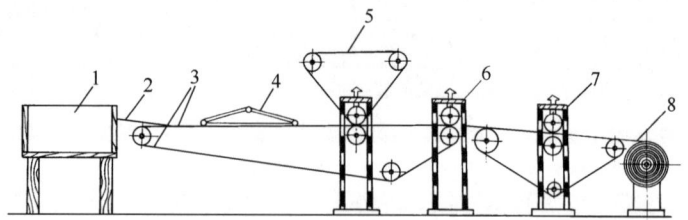

图 2-2 唐金造纸机
1—浆槽 2—斜槽 3—无端网 4—定边装置
5—毛毯 6、7—压榨辊 8—纸卷

1808年，英国伦敦纸商福尔德黎尔（Fourdriniers）兄弟购买了上述所有发明的权益，并进一步完善后安装在Frogmore工厂，成为现存唯一最早真正成功的抄纸机器专利的唯一法人。所以可以说，造纸机是由罗贝尔特发明，达都和唐金改进设计的，而由福尔德黎尔兄弟所投资完善而成功实施的，因而国外均将长网造纸机称为 Fourdriniers 造纸机。

1807 年，英国人 J. 迪克森（John Dickinson）提出了圆筒上脱水成纸、套毯引纸的构想，1808 年获得了圆网造纸机的专利，1817 年第一台圆网造纸机在美国运行投产。

1820 年 T. B. 克兰普顿首先用火加热铁板制成的圆筒烘纸，在造纸机上设置了烘缸，走出了只能湿抄纸的范围而达到在机上烘干制成纸幅成品的目的；1872 年杰克逊发明了用虹吸管排除冷凝水的蒸汽加热烘缸。1828 年寒丁发明了压辊。1826 年，长网纸机应用了真空泵，在网下形成真空，由于真空脱水而在网上形成纸页。1827 年开始采用大直径烘缸。1863 年贺立欧克（Holyoke）纸厂发明了五辊超级压光机。1870 年造纸机已从横轴传动发展到纵轴传动方式。前后用了近百年的时间逐步完善了圆网和长网纸机的机型。

在此以后直到 20 世纪中叶之间的约七八十年间，造纸机的部件基本上没有什么重大改变，只是引用了一些新的技术，例如高压流浆箱、真空辊、移出式网案、引纸绳和压缩空气吹送引纸、圆筒卷纸机和多电机分部传动等。

20 世纪 50 年代以后，造纸机又有了较快的发展，较广泛地采用了流体动力布浆器、真空吸移装置、气垫压力流浆箱等，使造纸机车速不断提高。特别在近 30 年，对流送上浆部分的流体动力学原理、纸幅成形机理、网部脱水原理、压榨脱水理论、干燥理论及压光理论等基本理论有了进一步的研究和发展，从这些理论研究成果中又发展了不少新技术，使造纸机的结构得到了改进，更加完善。

在 20 世纪 90 年代，我国上海电气集团造纸机械有限公司就已制造了幅宽 3950mm，车速 600m/min 的新闻纸机及幅宽 4000mm，车速达 728m/min 的牛皮箱纸板纸机，分别如图 2-3 及图 2-4 所示。

图 2-3　3950/600 文化纸机
（原上海电气集团造纸机械公司）

图 2-4　4000/728 牛皮箱板纸纸机
（原上海电气集团造纸机械公司）

随着科学技术的发展，造纸机越来越先进，科技工作者攻克了现代的长网造纸机的流送部、成形部、压榨部、干燥部、压光卷纸部等各系统的关键技术，使长网造纸机，特别是文化纸造纸机，幅宽和车速不断提高。

目前，在高端造纸设备市场上，跨国造纸装备供应商有维美德（原为美卓）、福伊特等目前仍然是有影响力的全球化公司。当前，我国造纸工业也开始由数量主导型进入上质量、上档次、上水平的新的发展阶段,造纸机械制造行业的组成已从单一的造纸机械制造企业扩展为由造纸机械主辅机制造企业、专用零部件专业化生产企业、造纸机传动设备、在线检控仪表、计算机自控设备制造企业、造纸产品检测仪器制造企业以及造纸机械设备研究设计、经营服务企业等组成的综合体系。

"十一五"期间,河南江河纸业与华南理工大学、轻工业杭州机电设计研究院等联合研发高速文化纸机,如图2-5,净纸幅宽5600mm,运行车速达1200~1500m/min,实现了国产高速纸机零的突破,具有里程碑的意义。这台造纸机均应用了稀释水可控水力式流浆箱、顶网成形器、靴式压榨、纵向定量脉冲衰减器及机内膜转移涂布器等关键技术。

国内造纸机械业也开发成功了700m/min的真空圆网纸机和1500m/min以上的新月型卫生纸机,产能在8000t/a到2万t/a之间,突破了水力型流浆箱、钢制扬克烘缸、夹网等技术;主要用于长纤维或混合纤维超低浓度成形生产特种纸的斜网纸机国产最大幅宽3300mm、车速200m/min,目前单层和双层成形斜网纸机已成功运行投产。

现代的长网造纸机已分别具有高速水力式流浆箱、双层或多层流浆箱、双网成形及复合预成形;新型复合压榨及靴式压榨;单排烘缸及带真空抽吸烘缸;带可控中高辊的软压光机;在线检测控制技术、分部调速传动系统、计算机控制质量自控系统(QCS)及集成管理控制系统(DCS)。并有各种先进、高速的功能性纸机。

目前,生产文化纸及新闻纸的长网造纸机所具有的最高技术水平的配置:紧凑式流送系统,白水稀释可控水力式流浆箱,夹网(双网)成形器,靴式宽压区压榨及DCS、QCS、MCS控制系统,图2-6为镇江金东纸业幅宽9.77m、车速1500m/min的铜版纸机,由Voith公司制造的具有夹网成形器和串联式靴型压榨机的并具有机内涂布的高速造纸机。图2-7为美卓(Miso)公司生产、位于广州有限公司的幅宽10m,车速1800m/min的新闻纸机,应是目前国际上最先进的长网造纸机。

图2-5 国产高速现代化纸机

图2-6 现代高速铜版纸机(镇江金东纸业)

图2-7 现代高速新闻纸机(广州造纸有限公司)

## 第二节 造纸机的组成与分类

### 一、造纸机的组成

造纸机是把经过打浆、调制后符合抄纸要求的纸浆抄制成纸的机器。根据这一定义,造纸机应该从流浆箱的进浆总管或其必需附带配置的进浆系统开始,直到卷出纸卷的卷纸机为止,也就是说,造纸机主体分为由浆抄成湿纸的湿段和把湿纸烘干并成卷的干段,前者包括流送部、成形部、压榨部三个部分,后者包括烘干部、压光部、卷纸(取)部三个部分。此外还有机械传动部分以及为这些主体部分运行所不可缺少的真空系统、气压及液压系统、润滑系统、引纸系统、蒸汽系统、热风系统、汽罩及其排风系统等,也属于造纸机的本体部分。一台完整的长网造纸机,如图2-8所示。

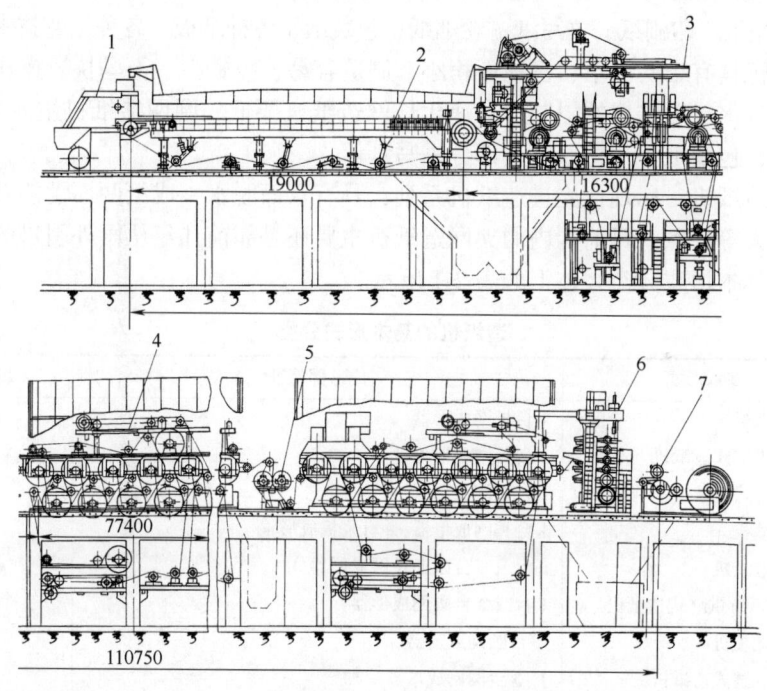

图2-8 长网造纸机
1—流浆箱 2—成形部分 3—压榨部分 4—烘干部分 5—水平施胶压榨 6—压光机 7—卷纸机

另外,对于为了处理造纸机必然产生的白水、湿纸边、湿损纸、干损纸等所需要的白水池、损纸池及水力碎浆机,可视为单台独立的设备,也可视为造纸机的附属设备,但多数视为独立的设备。不少造纸机由于工艺上的要求,还配有施胶压榨、机内涂布、起皱装置、纵切机等设备,对于按特定要求设计的完整的造纸机来说,这些作为机内配置的设备来看待,应该视为造纸机的本体部分。

造纸机所有各部分的电气驱动系统、工艺参数检测系统、自动控制系统、状态监测与故障诊断系统等,已成为现代造纸机不可缺少的部分,也应视为造纸机的本体部分。但由于牵涉到的知识领域不同,将有专门的教材来讨论造纸机的驱动、检测与控制和机械故障诊断等方面的问题。

## 二、造纸机的分类

造纸机本体部分以及其附属和辅助系统均有不同的形式和规格。在工程设计中，主要是以造纸用的纸浆种类、成纸品种、产量要求为依据来确定其各部分的形式和规格，不同的形式具有不同的结构。造纸机的形式分类决定于其主要部分的结构形式，用主要部分的结构形式来表达造纸机总的形式是国际上的通用习惯。目前，为了适应造纸厂按其自身的实际工艺条件来选用造纸机，造纸机的主要部分按其结构原理和技术特征有很多种形式。

在工程实际中，造纸机是一种结构复杂，车速较快，精密程度要求较高的综合大型机械系统。通常是选取对造纸机产品产量和质量起决定性作用的成形部和烘干部的形式结构特征来作为造纸机基本形式分类的基础。这样，造纸机可分为长网造纸机，圆网造纸机和夹网造纸机三大类，长网造纸机和圆网造纸机是目前用得最广泛的两类造纸机。

长网造纸机是目前大、中型纸厂广泛使用的一种造纸机，它可以生产绝大多数品种的纸张和纸板。如新闻纸、印刷纸、书写纸、卷烟纸、包装纸及各种纸板、各种工业技术用纸等。

圆网造纸机具有结构简单、占地面积小、制造容易、投资少、上马快、操作维护简便等优点，但受到脱水成形结构的限制，车速比长网造纸机要低。圆网造纸机主要生产卫生纸、各种单面光纸、包装纸、瓦楞原纸及部分书写纸等。

至于夹网造纸机，属现代先进造纸机系列，具有双面脱水、成纸两面性能差别小，车速快，生产能力大等优点。目前国内的夹网造纸机主要还是靠前几年从国外引进的。

造纸机的基本形式分类大体上如表 2-1 所示。

表 2-1 造纸机的基本形式分类

| 序号 | 基本形式 | 成形部特征 | 烘干部特征 |
| --- | --- | --- | --- |
| 1 | 长网造纸机 | 1 台长网成形器 | 多烘缸 |
| 2 | 长网大烘缸式造纸机 | 1 台长网成形器 | 1 个大直径烘缸 |
| 3 | 长网烘房式造纸机 | 1 台长网成形器 | 热风烘房 |
| 4 | 长网湿抄机 | 1 台长网成形器，并有浆板成形辊 | 无 |
| 5 | 多长网造纸机 | 2 台或 2 台以上长网成形器 | 多烘缸 |
| 6 | 圆网单(双)烘缸式造纸机 | 1 台或 2 台圆网成形器 | 1 个或 2 个烘缸 |
| 7 | 多圆网纸板机 | 多台圆网成形器 | 多烘缸 |
| 8 | 圆网大烘缸式造纸机 | 1~3 台圆网成形器 | 无 |
| 9 | 圆网湿抄机 | 1~2 台普通或真空圆网成形器并有浆板成形辊 | 多烘缸 |
| 10 | 长圆网复合式纸板机 | 1 台长网成形器,1 台或多台圆网成形器 | 多烘缸 |
| 11 | 短网造纸机 | 1 台短网成形器 | 多烘缸 |
| 12 | 多短网纸板机 | 多台短网成形器 | 多烘缸 |
| 13 | 长短网复合式纸板机 | 1 台长网成形器,多台短网成形器 | 多烘缸 |
| 14 | 斜网造纸机 | 1 台斜网成型器 | 多烘缸 |
| 15 | 夹网造纸机 | 1 台夹网成形器 | 多烘缸 |
| 16 | 多夹网造纸机 | 多台夹网成形器 | 多烘缸 |

造纸机的分类还有第二级乃至第三级分类。第二级分类是按照同一基本形式类别的造纸机中按特定产品的要求所配备的特定配置来划分的。例如长网造纸机这一大类中，按特定产品可分为新闻纸机、文化纸机、普通型造纸机、薄纸型造纸机，这些造纸机其长网成形器各有不同的特征。另一方面，属于同一个二级分类的造纸机，由于车速的大小可看出一台造纸

机的技术水平,还可按车速进行第三级分类,例如对文化纸机,随着目前技术的发展,车速不断提高,可分为:

车速≥1800m/min,超高速造纸机

1200m/min≤车速<1800m/min,高速文化纸机

800m/min≤车速<1200m/min,准高速文化纸机

400m/min≤车速<800m/min,中速文化纸机

车速<400m/min,低速文化纸机

对不同类型的造纸机,都可按其车速大小进行适当的三级分类,随着各类造纸机车速的提高,区分各类造纸机高速、中速、低速的车速值也将会提高。

## 第三节 造纸机的规格

国产的造纸机通常是以所产纸经切边后的净纸幅宽度和最大工作车速两个主要参数来表示造纸机的规格。为了更好地供用户选择,更明确地体现一台造纸机的特色,在造纸机的规范说明中,通常除了标明造纸机规格之外,还应标明所适应的纸浆种类、产品品种、纸页定量以及计算产量等。国外制造的造纸机,则多用机宽亦即成形网的宽度和最大工作车速来表示造纸机的规格。

国内对造纸机成形网的网宽系列已制定了标准,按此标准网宽系列同若干主要纸种的净纸幅宽的对应关系如表 2-2 所示。

表 2-2 标准网宽系列对应净纸幅宽 单位:mm

| 纸种<br>网宽 | 新闻纸 | 凸板、凹板、胶版印刷纸、涂布原纸 | | | | 书写纸 | | 瓦楞原纸、纸板 |
|---|---|---|---|---|---|---|---|---|
| 基本幅宽 | 787 | 787 | 880 | 900 | 1000 | 787 | 880 | 800 |
| 1900 | 1575 | 1575 | | | | 1575 | | 1600 |
| 2100 | | | 1760 | | | | 1760 | |
| 2200 | | | | 1800 | | | | |
| 2300 | | | | | 2000 | | | |
| 2800 | 2362 | 2362 | | | | 2362 | | 2400 |
| 3100 | | | 2640 | 2700 | | | 2640 | |
| 3600 | 3150 | 3150 | | | | 3150 | | 3200 |
| 4050 | | | 3520 | 3600 | | | 3520 | |
| 4450 | 3937 | 3937 | | | | | | 4000 |
| 4600 | | | | | 4000 | | | |
| 5250 | 4725 | | | | | 4725 | | 4800 |
| 6000 | 5572 | | 5280 | | | | 5280 | |

造纸机的规格根据上述的定义,在国内通用的表示方法就为净纸幅宽(mm)在前、最大工作车速(m/min)在后的规则。例如净纸幅宽 3150mm、最大工作车速 1000m/min 的长网文化纸机其规格表示为 3150/1000 长网文化纸机。

造纸机的净纸幅宽的大小,受到设计加工水平及性价比的直接影响,机加工能力会限制造纸机的允许幅宽。目前生产的造纸机,多以网宽 3000~5000mm 视为中等机宽,小于 3000mm 者为窄幅造纸机,宽于 5000mm 者为宽幅造纸机。由于机加工能力关系,国内以前大致把幅宽大于 3000mm 的造纸机就称为宽幅造纸机,目前各造纸机制造厂应把制造销售幅

宽大于5000mm的造纸机和纸板机称为宽幅造纸机。

而对车速的区分实质上是相对的，发展的。对同一类造纸机，生产不同的纸种，由于生产工艺要求不同，纸浆滤水性能不同，最高生产车速会有不同的限制，不会因机械配置的改进而能够破其极限。另一方面，同一纸浆并生产同一纸种的造纸机因技术装备的发展，效能的提高，最高生产车速也可以提高，从原来的实践极限值再提到新的最高值。例如对新闻纸机，以前认为高速值的600m/min现在只能属于中速了，目前高速新闻纸机的最大工作车速已达1800m/min。

## 第四节　长网造纸机的配置

不同类别及规格的造纸机，对所配置的部件都有所规定。对国内生产的造纸机，均按标准系列规范设计；但为了适应用户的各种特殊需要，造纸机的设计不断发展，使原按标准系列规范设计的造纸机成为发展变型设计的基本机型。

对同一种规格的造纸机，其基本机型的配置是相同的，下面所列的规格的造纸机基本配置图，均是目前较常用造纸机的基本配置。以前的国产造纸机、纸板机虽然车速较低，考虑到目前仍有不少造纸企业在用，在表2-3中仍列出这些造纸机的配置特征。

长网造纸机的配置一般包括：流浆箱、长网成形器、真空伏辊、真空吸移辊、复式压榨、正压榨、多烘缸干燥部、施胶压榨、压光机及圆筒卷纸机等，如图2-9所示。

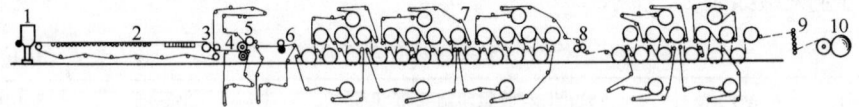

图2-9　2640/300长网造纸机的配置
1—气垫式流浆箱　2—长网成形器　3—真空伏辊　4—真空吸移辊
5—复式压榨　6—正压榨　7—干燥部　8—施胶压榨　9—压光机　10—圆筒卷纸机

根据纸机车速不同，长网造纸机的流浆箱可采用敞开式、气垫式、水力式、稀释型水力式等多种形式。

长网造纸机的网部一般具有近似的配置，网部的成形脱水原件主要包括：胸辊、成形板、案辊和挡水板、案板（刮水板）、真空吸水箱、真空伏辊等，如图2-10所示。

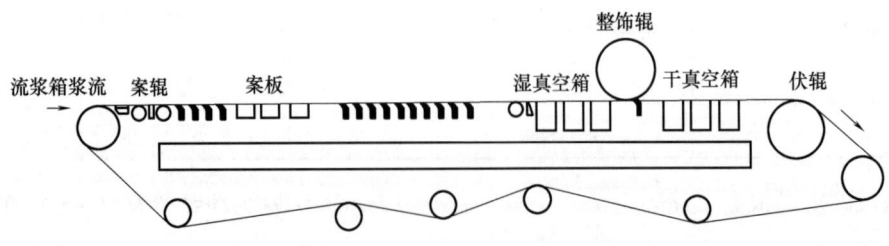

图2-10　长网造纸机网部的配置

低速纸机可采用案辊，中高速纸机均使用案板。有些生产文化用纸的长网纸机配有整饰辊（水印辊），它安装在真空箱区域的成形网上方，并轻压在纸面上。整饰辊上有网布覆盖，用以压实纸页和改进纸页的匀度。有些整饰辊在网面上有花纹，可转移到纸页上，形成水印或其他特定图案。

**表 2-3　目前正在使用的国产纸机、纸板机的配置特征**

| 名称 | 净纸幅宽/mm | 最大工作车速/(m/min) | 流浆箱形式特征 | 成形器形式特征 | 圆网笼具数 | 圆网笼直径/mm | 网案长度/m | 吸水箱个数 | 伏辊特征 | 纸幅移送方式特征 | 压榨道数 | 压区数 | 压榨配置顺序 | 烘缸直径/mm | 烘干个数 | 其他配置形式 | 压光机特征压光辊数 | 卷纸机形式 | 传动方式 | 产品品种定量/(g/m²) |
|---|---|---|---|---|---|---|---|---|---|---|---|---|---|---|---|---|---|---|---|---|
| 长网多缸造纸机 | 1760 | 250 | 开式、匀浆辊 | 长网 | 1 | — | 12 | 9 | 真空、有驱网辊 | 吸移 | 2 | 3 | 复式(2压区)-正 | 1250 | 34 | 施胶压榨 | 6 | — | 分部 | 文化用纸 50~100 |
| 长网多缸造纸机 | 2040 | 150 | 开式、匀浆辊 | 长网 | 1 | — | 10.95 | 8 | 真空 | 开式 | 3 | 3 | 正-正-正 | 1500 | 20 | — | 3 | — | 纵轴或分部 | 纸袋纸 50~110 |
| 长网多缸造纸机 | 2362 | 160 | — | 长网 | 1 | — | 8~9 | 7 | 真空 | 开式 | 4 | 4 | 正-正-反-平滑 | 1500 | 24 | — | 8 | — | 分部 | 一般文化用纸 50~80 |
|  | 2400 | 120 | 气垫 |  |  |  | 9 | 8 |  |  | 3 | 3 | 正-正-正 | 1500 | 28 | — | 5 | 圆筒式 | 纵轴 | 瓦楞原纸 100~180 |
| 长网多缸造纸机 | 2640 | 400 | 气垫 | 长网 | 1 | — | 13 | 7 | 真空、有驱网辊 | 吸移 | 3 | 4 | 复式(2压区)-正 | 1500 | 36 | 施胶压榨 | 6 | — | 分部 | 文化用纸 50~80 |
|  | 2640 | 450 | 开式、匀浆辊 |  |  |  | 14.5 | 7 有饰面辊 |  |  | 3 | 3 | 双辊-反-正 | 1500 | 44 | — | 6 | — | 分部 | 新闻纸 45~52 |
|  | 3150 | 440 |  |  |  |  | — |  |  |  | 2 | 4 | 复式(3压区)-正 | 1500 | 30 | — | 8 | — | 分部 | 纸板 180~300 |
| 有基网夹网纸板机 | 2400 | 180 | 开式、匀浆辊 | 基网、短网上成形器 | 1~2 | — | 17 6 | 8 3 | — | 开式 | 3 | 4 | 复式(2压区)-正 | 1500 | 47 | — | 2 | — | 分部 | 挂面箱纸板 127~360 |
| 有基网夹网纸板机 | 3200 | 250 | 气垫 | 基网、短网上成形器 | 1 | — |  |  | 真空、有驱网辊 | 吸移 | 2 | 3 | 复式(2压区)-正 | 1500 | 52 | 施胶压榨 | — | 圆筒式 | 分部 | 瓦楞芯纸 110~120 |
| 长网多缸造纸机 | 4000 | 370 | — | 长网 | 1 | — | 18 | 8 | 真空、有驱网辊 | 吸移 | 2 | 3 | 复式(2压区)-正 | 1500 | 56 | 压榨 | 4 | — | 分部 | 挂面箱纸板 150~250 |
| 有基网长网多缸纸板机 | 4000 | 280 | 开式、匀浆辊 | 夹网、短网上成形器 | 1 | — | 23 8.5 7 | 7 1 1 | 真空、有驱网辊 | 吸移 | 3 | 4 | 复合压榨辊三压区 | 1500 | — | — | 3 | — | 分部 | — |
| 有顶网的长网多缸造纸机 | 3150 | 1000 | 稀释水可控水力式流浆箱 | 顶网及长网 | 1 | — | — | 8 | — | — | 3 | 3 |  | 1500 | — | — | — | 圆筒式 | 分部 | 文化用纸 |
|  | 3150 | 1200 |  |  | 1 |  |  | 9 |  |  |  |  |  |  |  |  |  |  |  |  |

低速纸机（如车速在 400m/min 以下的）常配置摇振机构，使网子横向摆动以改善纸页匀度。在高速纸机上由于纸页是瞬时形成的，所以不必要安装摇振装置。近期，由于开发了新的网案摇振箱，摇振装置最高可应用于车速 800m/min 的长网造纸机上。

在生产文化纸的长网造纸机上，压榨部主要采用复合压榨的形式。车速在 300~500m/min 范围内，多采用三辊两压区复合压榨及其改进形式四辊两压区复合压榨。车速在 500~800m/min 时，多采用四辊三压区复合压榨及其改进形式五辊三压区复合压榨。在复合压榨上，一般都是纸幅的网面与光滑的中心辊接触挤压，有时会造成网面的平滑度过高。因此根据浆料配比及产品要求，在复合压榨后可布置一道正压榨或光泽压榨。图 2-11 所示为四辊三压区复合压榨的配置。

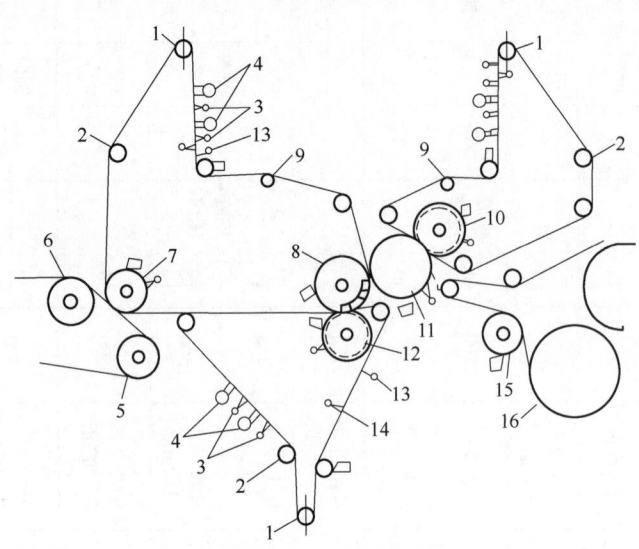

图 2-11 四辊三压区复合压榨的配置
1—张紧辊 2—校正辊 3—润滑喷水管 4—真空吸水箱
5—驱网辊 6—真空伏辊 7—真空吸移辊 8—压榨真空辊
9—弧形辊 10、12—压榨沟纹辊 11—中心辊 13—高压
移动式喷水管 14—浸湿喷水 15—托辊 16—烘缸

在生产高定量的纸和纸板（如瓦楞原纸）的长网造纸机上，压榨部主要采用大辊径宽压区压榨的形式，一般采用两道压榨。车速较高时，也可以采用两道直通靴式压榨。

长网造纸机的干燥一般采用多烘缸干燥，烘缸的排列传统上采用双排形式。根据纸种在干燥部的收缩情况，烘缸采用分组传动。每组烘缸有上下干网各一张。每张干网设置有导网辊、校正辊和张紧辊。使用干网时，干燥部可不使用烘毯缸。车速较高时，为稳定纸幅运行，可采用单排烘缸布置，即上排为烘缸，下排为真空辊，每组烘缸和真空辊使用一条干网。

干燥部后面为压光机和圆筒卷纸机，现在很多长网造纸机采用了软压光机。

## 第五节　圆网造纸机的配置

普通圆网造纸机的配置是常用基本配置，在第四章中会详细叙述，本节只介绍真空圆网纸机和新月型圆网纸机的配置。

### 一、新月型纸机

新月型纸机（Crescent Former，简称 CF 型）常用幅宽为 2850mm 和 3600mm，车速达到了 2000m/min 以上。具有结构简单、运行稳定及操作比较容易，运行成本较低，产品质量优越等特点。

新月型纸机主要由流浆箱、成形部、压榨、干燥部、卷取部、传动部以及配套辅助部分等构成，如图 2-12 所示。

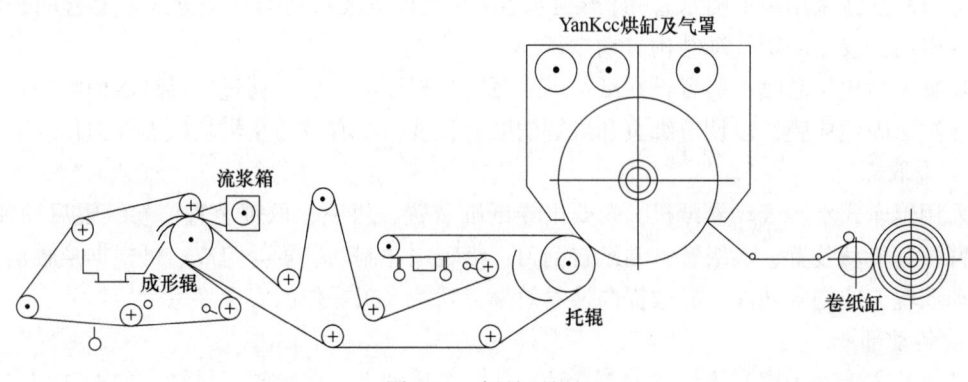

图 2-12 新月型纸机

1. 流浆箱

流浆箱多采用水力式流浆箱，为单层或双层设计，浆料通过锥形总管进浆，经管束匀整后进入楔形流道，于唇口处喷射布浆。上、下唇板开度可调，也可以对流浆箱喷浆着网的位置和角度进行调整。浆网速比可以在较大范围内调整，以满足不同的工艺要求。

2. 成形部

成形部采用新月型成形器，低浓浆料从流浆箱喷出进入毛毯和成形网之间，沿着成型辊运动，在成型辊快速转动产生的离心力和网的张力的作用下大量脱水，脱出的水经白水盘排出。脱水后，纸页黏附于毛毯上，随毛毯带至压榨、干燥部。成形部主要由成形辊、导网辊、喷水管、白水盘、网部机架等组成，如图 2-13 所示。

3. 压榨、干燥部

压榨、干燥部包含了主机架、托辊压榨、烘缸、气

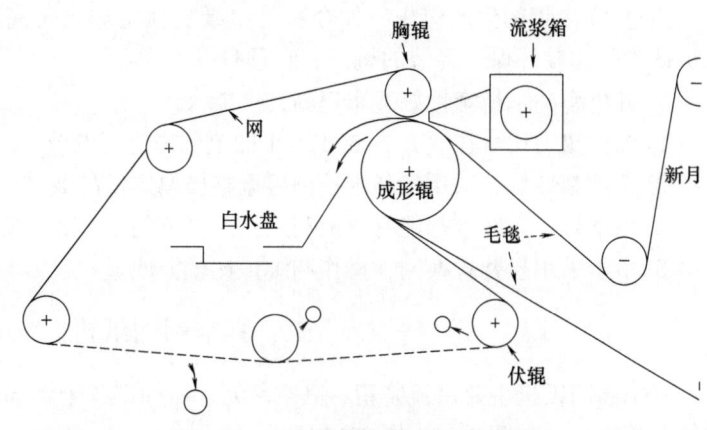

图 2-13 五辊式新月型纸机的成形部

罩、烘缸刮刀、缸面喷涂装置、引纸辊和除成形辊外毛毯所包绕的所有部件，又可分为湿部和干部两部分。

托辊一般采用真空辊，为大吸区单真空室结构，压区的设计线压力约为 100kN/m，经压榨后纸页干度可达 40%以上。使用气动或液压控制托辊加压、卸压以及线压力的调整。扬克烘缸直径 3~6m，内部车制沟槽，热源为饱和蒸汽，最大工作压力可达 0.9MPa。烘缸内壁设置扰流片（棒），冷凝水排除采用旋转虹吸管。

气罩采用高温高速热风罩形式，由湿端和干端两个分部组成。另配有热风循环系统，换热器的热源为高压蒸汽或燃气，产生高温热风。该系统蒸发效率高，并有消毒作用。

烘缸刮刀采用移动式刮刀，一般有两套：一套用于起皱，一套用于清理烘缸表面；有的还设置断纸刀。

与毛毯带纸面接触的导辊配有喷水管和刮刀以清理辊面。

毛毯的洗涤采用扇形喷水管+针形喷水管+毛毯真空吸水箱的清洗方式。毛毯的张紧和放松为电动，校正采用气动结构自动执行。

烘缸表面化学品喷涂装置设在纸页进入真空托辊压区之前，通过向烘缸表面喷涂化学药品，在缸面固化成膜，以调节纸页和烘缸的贴合程度，并有效防止烘缸的表面损伤。

4. 卷取部

采用辊库式水平气动卷纸机，主要由卷纸缸装置、机座、取辊装置、卷纸辊启动装置、初级臂及其传动装置、次级臂、卷纸缸刮刀、纸辊缓冲制动装置等组成。可根据换辊信号实现自动取辊、换辊等功能，有效提高换卷效率，杜绝人工操作的安全隐患。

5. 传动部

纸机的主传动采用交流变频分部传动，共三个传动点：成形辊、烘缸、卷纸缸。按设备运行要求设计负荷分配和速度联锁。

6. 润滑部

纸机的烘缸轴承、烘缸减速箱、托辊轴承采用稀油循环润滑，配套带自检系统的稀油站。

7. 纸机控制系统

纸机的控制系统包括压缩空气控制系统、主传动控制系统、辅助传动控制系统。纸机流送系统中的冲浆泵可以并入主传动控制系统，实现冲浆流量与纸机车速的连锁控制。

经过30多年的生产应用，如今新月型纸机在全球已是高速新型圆网纸机的主导机型，也被认为是比较环保、经济的机型。它具有以下优点：

① 开机率高、稳定性好、车速高，产能大。
② 纵横拉力比可在（1.2~3.0）:1 的范围内进行调节。
③ 可控制性好，采用稀释水控制可调整横幅定量的波动。
④ 由于长、短纤维都能有效地利用，薄页纸的生产成本降低。
⑤ 由于采用悬臂式换网，操作和维护比较方便。

## 二、真空圆网纸机

真空圆网纸机主要由流浆箱、真空网笼、压榨部、干燥部、卷取部、传动部以及配套辅助部分等构成，如图2-14、图2-15所示。

1. 流浆箱

浆料由方锥管均布后经孔板扩散至由箱体构成的混合室，与由计量泵均匀加入此处的分散剂充分混合，再经箱体内部特殊流道整流后以一定的速度由下唇口喷射至真空网笼表面进行脱水成形。

流浆箱唇口开度可实现分区调节和整幅调节。

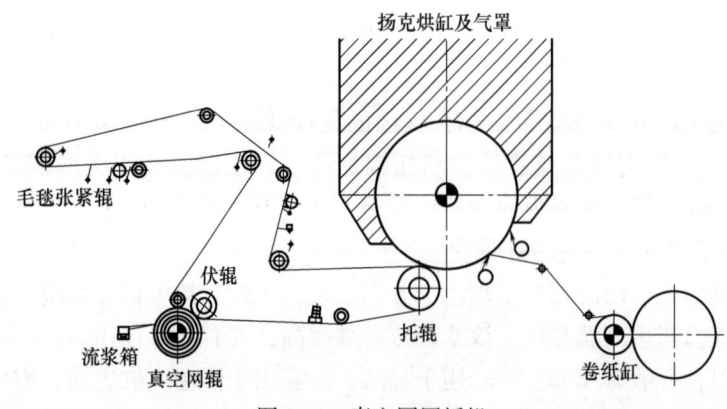

图2-14 真空圆网纸机

方锥管设有回流口，通过调节回流口阀门的开度可使横幅压力一致。

2. 真空网笼

真空网笼主要由网笼壳体、真空箱、密封板、网笼支承架、气水分离器、高压移动喷水管、网笼调节装置、换网装置、装网装置、挡水板等组成。

真空箱分三室，第一室为成形室，第二室为脱水室，第三室为消音保持室。真空吸水室的真空度视实际情况调节，一般是由前向后真空度逐步降低。

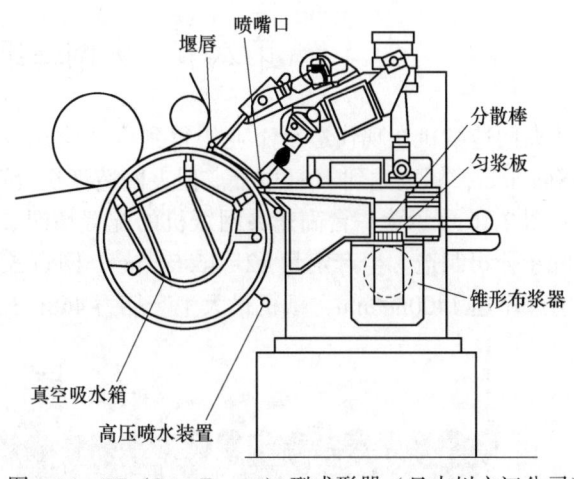

图 2-15　BF（Best Former）型成形器（日本川之江公司）

网笼壳体开有异形孔，由于开孔率较高，通过真空泵在网笼处可进行大量脱水，使得湿纸页离开网笼时干度最高可达 15% 左右。

伏辊的安装必须要与网笼的轴线平行，而且伏辊与网笼的接触点可以前后调节以改变网笼的脱水能力，按规定伏辊与网笼的偏心角为 15°~20°。

3. 压榨部

压榨部为单毛毯托辊压榨形式，可采用单托辊或双托辊。托辊可使用真空辊、沟纹辊、盲孔辊、靴压辊等。如采用双托辊压榨，第一压可为真空压榨，第二压可为盲孔压榨。加压方式为气动加压，备有气动加压控制系统。压榨部还配备各种毛毯导辊、毛毯舒展辊、毛毯校正辊、张紧辊、高低压喷水管、真空吸水箱等。

4. 干燥部

烘缸内蒸汽压力不超过 0.80MPa，采用高速热风罩。高速热风罩利用热风干燥的原理，通过吸入新鲜空气利用高压蒸汽或燃气与之进行热交换，产生温度极高的热风吹到湿纸页表面，同时在气罩排风机的作用下将大部分纸页干燥所产生的湿气抽走，以加快湿纸页水分的蒸发。

高速热风 3D 气罩内骨架采用型钢焊接，顶部及侧面内覆 50mm 保温玻璃棉，内外包覆 304 不锈钢，气罩支架为碳钢焊接。高速热风罩采用分区设计，分三个干燥区，可进行风量分区调整，保证了纸页横幅水分一致；风嘴设计独特，热效率高，风阻低，便于清洗。

5. 卷纸机

卷纸机由卷纸缸、主辅摇臂装置、卷纸辊、助动装置、纸卷缓冲和制动装置及气控系统组成。采用气动控制，换纸卷方便安全，自动化程度高，易操作和维护，并带 6 只卷纸辊。

6. 传动控制系统

采用交流变频传动控制，系统为三级控制。第一级为变频器控制级，第二级为 PLC 控制系统，第三级为操作屏控制系统。

新型真空圆网纸机采用水力式流浆箱，提高了纸页匀度，降低了横幅定量差。高速热风气罩采用分区设计，并可进行风量分区调整，保证了纸页横幅水分一致。采用了新型风嘴设计，使风速、风向更为合理，降低风阻，提高了热效率。

## 第六节 夹网造纸机的配置

夹网造纸机在现代造纸工业中得到广泛应用。目前新型夹网造纸机的工作车速已超过 2000m/min，幅宽达到 10m 以上。但夹网造纸机投资大，使用管理维护要求高。

图 2-16 所示为一台高速夹网纸机的配置情况。该纸机用于生产低定量新闻纸，纸机由 Valmet 公司制造。生产定量 42~46.8g/m²，网宽 5300mm，卷纸机上最大幅宽 4800mm，实际生产车速 1400m/min，纸机最大生产能力 468t/d。

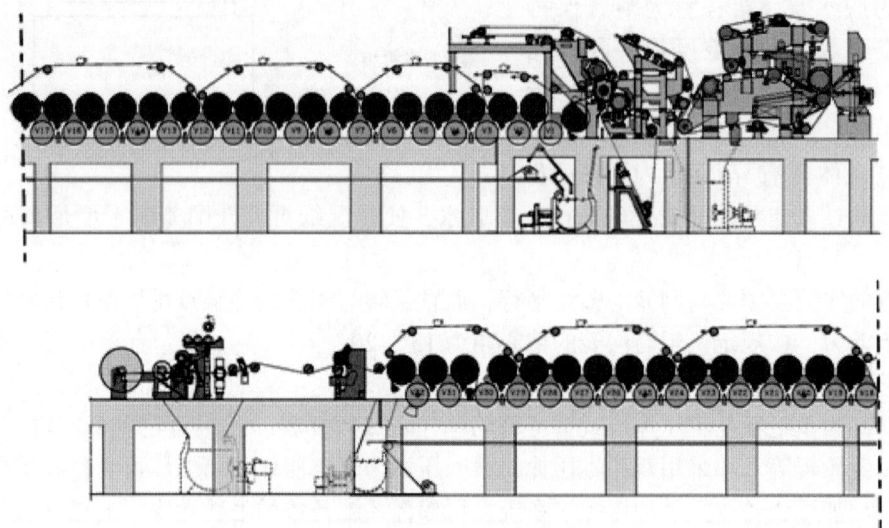

图 2-16　高速夹网纸机的配置

纸机采用 OptiFlo 稀释型水力式流浆箱，OptiFormer 夹网辊筒—刮板成形器。夹网辊筒—刮板成形器的机理是以刮板和辊筒两者联合进行脱水。

从流浆箱出来的浆料在成形部脱去浆料悬浮液中大约 98%的水。流浆箱唇板口的浆流直接进入上下网间，由两面同时脱水。根据操作情况不同，45%~55%的水向上脱出。

在成形网前进方向上，第一个脱水原件是第一成形辊，它配置了一个真空室。下一个脱水元件是装配有加载元件的加载单元，即脱水板箱。加载元件的刮刀把网子压到真空单元第一真空室的表面，对夹在网子中间的纸页产生一个压缩的载荷，使水分从两张网排走。纸页在刮刀上受到的压力要高于在刮刀间的压力。这种微湍动的脱水改善了纸页的匀度。在顶网一侧相对着加载单元的位置安装了真空单元。真空单元有 3 个真空室，第一个真空室的真空度大于 5kPa，中间的真空室最大真空度 20kPa，最后面的真空室最大真空度 25kPa。

接下来的脱水元件是三个平真空吸水箱和一个转移真空吸水箱，经过真空箱后是一个带有两个真空室的真空伏辊进行脱水，第一个真空室最大真空度 45kPa，第二个真空室最大真空度 70kPa。最后一个脱水元件是一个装有陶瓷面板的高真空吸水箱（最大 65kPa）。

压榨部采用四辊三压区的复合压榨，由下向上，四个辊子分别是可控中高的沟纹辊、真空辊、中心辊和靴压辊。第一压区线压力为 80kN/m，第二压区线压力为 90kN/m。第三压区为靴式压榨，即三压上辊为 SymBelt 靴压辊，最大线压力为 800kN/m。中心辊为空心铸钢辊，表面喷涂陶瓷材料，提高纸页剥离性能。图 2-17 为高速夹网纸机的压榨部。

现在很多高速夹网纸机的压榨部采用了二道直通靴式压榨，提高压榨部脱水效率，从而提高纸机车速或降低干燥部蒸汽消耗。

干燥部采用 SymRun 干燥装置，全部为单排烘缸布置，共有 7 组 32 个烘缸，下排为 32 个真空辊，每组烘缸和真空辊使用一条干网。上排烘缸和下排真空辊之间的袋区安装 SymRun HS 风箱，该通风箱既加强了袋区的通风，又能稳定纸幅的运行，减少纸页的抖动和断头。

干燥部后面采用了软压光机和圆筒卷纸机。完成部包括复卷机和自动卷纸输送包装贴标签系统，并包括将纸卷输送到成品库的自动输送设备。

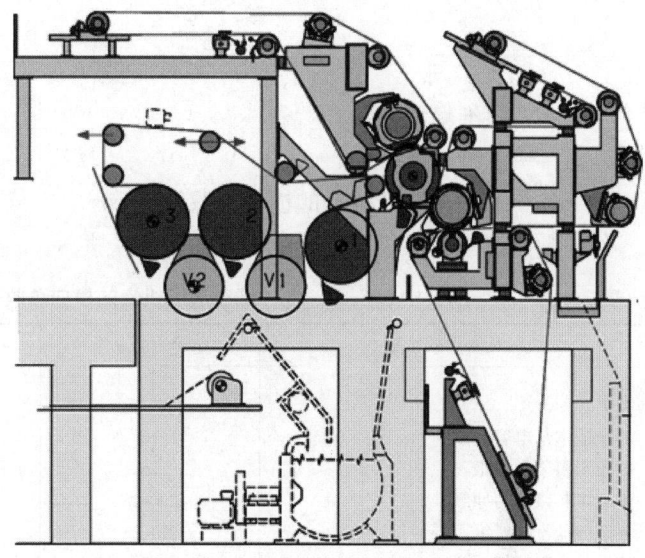

图 2-17　高速夹网纸机的压榨部

## 第七节　造纸机的专用名词术语

造纸机的专用名词术语很多，这节只叙述造纸机总体方面的名词术语，对于各部分的名词术语分别放在后面各章节中叙述。

### 一、造纸机幅宽方面的名词术语

**（一）纸的幅宽**

通过造纸机抄造后经卷纸机及复卷机卷成纸卷的纸或纸板称为纸幅，纸幅的宽度尺寸就是纸的幅宽。有关国家标准及部标准均规定了各种纸和纸板的幅宽，它是设计造纸机时决定其中幅宽方向上各个尺寸的基础数据。

**（二）造纸机的净纸幅宽**

造纸机卷纸机上卷成的纸卷幅宽切去合理的纸边后的纸幅宽度就是造纸机的净纸幅宽。净纸幅宽通常是成品纸种的标准幅宽的整数倍数。

**（三）造纸机的毛纸幅宽**

毛纸幅宽是造纸机的圆筒卷纸机上的纸卷幅宽，即纵切前的纸幅宽度。毛纸幅度为净纸幅宽与所有干纸切边宽度之和，即：

$$b = b_J + 2b_t \tag{2-1}$$

式中　$b$——毛纸幅宽，mm

　　　$b_J$——净纸幅宽，mm

　　　$b_t$——各项纸切边之和分摊到两侧的每侧当量切边宽度，mm

**（四）湿纸幅宽**

湿纸幅宽是指成形部分经过冲边后引入压榨部分的湿纸幅的宽度，可由式（2-2）

计算：

$$b_S = \frac{b}{1-\varepsilon} \tag{2-2}$$

式中　$b_S$——湿纸幅宽，mm

　　　$b$——毛纸幅宽，mm

　　　$\varepsilon$——纸幅在造纸机上的横向总收缩率，%

各种纸在造纸机上的横向总收缩率由表 2-4 所示。

表 2-4　　各种纸在造纸机上的横向总收缩率

| 纸种及所用的纸浆 | 定量/(g/m²) | 纸浆的打浆度/°SR | 横向总收缩率/% |
|---|---|---|---|
| 薄纸类 | 8~15 | 94~98 | 8~12 |
| 　硫酸盐木浆电容器纸 | 16 | 85~90 | 4.5~6 |
| 　破布半料浆卷烟纸 | 16 | 85~90 | 4.5~6 |
| 　破布半料浆复写原纸 | 22~28 | 75~78 | 5~6 |
| 　亚硫酸盐木浆蜡纸原纸 | 22~28 | 75~78 | 7~8 |
| 　硫酸盐木浆蜡纸原纸 | 20 | 32~35 | 3.5~4.5 |
| 　薄型浸渍纸 |  |  |  |
| 耐油纸类 | 40 | 65~70 | 5.5~6.5 |
| 　描图纸 | 55 | 70~75 | 6.0~8.0 |
| 　仿羊皮纸 | 50 | 90~93 | 8.0~10 |
| 　透明绘图纸 |  |  |  |
| 破布半料浆吸水纸类 | 70 | 24~28 | 1.5~2.0 |
| 　滤纸 | 70 | 35~40 | 2.0~2.5 |
| 　钢纸原纸 | 57 | 26~32 | 3.0~3.5 |
| 　羊皮纸原纸 |  |  |  |
| 电气绝缘纸类 |  |  |  |
| 　电话纸 |  |  |  |
| 　0.12mm 电缆纸 | 40 | 50~55 | 7.0~8.0 |
| 　0.12mm 浸渍绝缘纸 | 100 | 35~40 | 5.5~6.5 |
|  |  | 18~20 | 2.5~3.0 |
| 含磨木浆的纸类 |  |  |  |
| 　新闻纸 | 50 | 60~65 | 1.5~3 |
| 　2号、3号书写纸和印刷纸 | 60~65 | 50~55 | 2~3.5 |
| 　糊墙纸 | 80 | 45~50 | 2.5~3.5 |
| 　烟嘴纸 | 100 | 40~45 | 2.5~3.5 |
| 　纱管纸 | 160~300 | 35~40 | 2.5~3.5 |
| 亚硫酸盐木浆纸类 |  |  |  |
| 　1号书写纸和印刷纸 | 70 | 35~40 | 3.5~5 |
| 　石印纸 | 120~180 | 32~40 | 3.5~4.5 |
| 　胶版纸 | 120 | 32~35 | 3.5~4.5 |
| 　凹板纸 | 120 | 40 | 3.5~4.5 |
| 　绘画纸 | 130 | 32~35 | 3.5~4.5 |
| 　绘图纸 | 160~200 | 35~40 | 4~5 |
| 　照相原纸 | 130 | 35~40 | 4~5 |
| 　打孔卡片纸 | 175 | 22~25 | 3~3.5 |

续表

| 纸种及所用的纸浆 | 定量/(g/m²) | 纸浆的打浆度/°SR | 横向总收缩率/% |
|---|---|---|---|
| 硫酸盐浆包装纸类 | | | |
| 　薄型硫酸盐浆包装纸 | 40 | 35 | 5~6 |
| 　袋纸 | 70~80 | 25~27 | 3~6 |
| 　瓦楞原纸 | 160 | 18 | 2.5~3 |
| 破布半料浆高级纸类 | | | |
| 　高级绘图纸 | 200 | 65~70 | 5~6 |
| 　地图纸 | 90~110 | 40~45 | 4~5 |
| 　高级书写纸 | 80 | 50~55 | 4~7.5 |
| 单面光纸类 | | | |
| 　含磨木浆和化学木浆的薄纸: | | | |
| 　招贴纸、票证纸、商标标签纸、餐巾纸等 | 20~25 | 24~28 | 2~2.5 |
| 　包装纸 | 40~70 | | 2~2.5 |
| 纸板类 | | | |
| 　粗纸板 | | | 3.4~4.5 |
| 　箱纸板 | | | 4.5~5.5 |

注：本表摘引自马伯龙编著：《造纸机—原理结构与设计》，第一分册，P15，轻工业出版社，1983年1月版。编者认为仍有参考价值，特摘于此。

### （五）造纸机的成形网宽

造纸机的成形网宽，简称网宽，是造纸机的主要结构参数之一，它决定了造纸机许多机构的幅宽尺寸。通常取网宽等于湿纸幅宽加上150mm。

### （六）造纸机的轨距

造纸机的轨距是指造纸机两侧底轨中心线间的距离。

## 二、造纸机车速方面的名词术语

### （一）工作车速

造纸机的车速是指造纸机的卷取部车速，即圆筒卷纸机卷纸缸的表面线速度或轴式卷纸机上的纸幅速度，那么，造纸机的工作车速就是造纸机在正常运行时的车速。对一台特定的造纸机，若适应若干种纸浆、纸品和生产工艺条件，就相应地有若干个不同的工作车速。因此，作为造纸机技术特征提出的工作车速往往是对于其中某种纸浆、纸品和生产工艺条件而言的。

造纸机的工作车速是一个车速范围，车速范围的上下限值之比，就称为调速比。

### （二）设计车速

造纸机的设计车速是造纸机设计时的一个主要参数，一般等于或略高于造纸机工作车速范围的最大工作车速。造纸机中的各个部分的设计车速不一定全都是相同的值，考虑到今后的发展或可能的技术改造，造纸机个别部分可能会取较高设计车速。

### （三）引纸车速或爬行车速

造纸机在引纸时和检查成形网、毛毯、干毯时都用很低的车速，在烘缸通汽加热、烘缸空运转、清洗毛毯和成形网时，通常用很低的车速，这种特殊的低车速就被称为引纸车速或称爬行车速。

## （四）结构车速

结构车速是造纸机的某些主要部件或机件在设计计算、技术质量检验等工作中的车速。一般情况下，结构车速都高于设计车速。在造纸机的技术说明文件中常列述了造纸机主要部件的结构车速。表明在结构车速以下运行时，该部件在该项受校核的具体性能上是安全可靠的。各个不同部件的结构车速都不尽相同。

## （五）速差

由于纸幅由网部至压榨部并通过各道压榨时被伸长，而在烘干部中，纸幅在被干燥时存在被收缩的现象。因此，为了保证正常的工艺操作，造纸机湿段的各个分部都是后面的分部较前面的分部有稍高的车速，在烘干部，要把烘缸分成若干个传动组，后面的传动组较前面的传动组有较慢的速度。可以看出造纸机的各个部件在工作中存在速度差异，由于造纸机的车速是以卷取部的车速为准的，因此造纸机各部分的车速与卷取部的车速比较所存在的速度差异就是速差。

速差常以百分率表示。例如，造纸机卷取部的车速为 500m/min，其伏辊的车速为 480m/min，第一压榨的车速为 485m/min，第一组烘干的车速为 504m/min，则其速差就分别为 4%，3% 及 0.8%。

## 三、造纸机产量方面的名词术语及生产能力的计算

### （一）日生产时数

日生产时数为扣掉各种辅助时间之后造纸机平均每日可以运行生产的小时数，一般为 22.5~23h/d。造纸机的辅助时间主要用于计划维修、换网、换毛毯等所用的时间。辅助时间的多少也反映了造纸机结构及管理的先进程度，对于结构和管理都较先进的造纸机，辅助时间很少。

### （二）抄造率

抄造率是在日生产时数内扣去由于断纸而损失的生产时间后生产运行时数所占的百分率。抄造率的大小反映了造纸机工艺生产条件及生产稳定性的优劣和操作水平的高低。对于各种纸类，造纸机的抄造率一般都在 95% 以上。

### （三）成品率

造纸机生产的纸中的合格品所占的百分率就是成品率。成品率反映了造纸机在配备、操作等方面达到产品质量要求所表现的性能和水平，并显示造纸机工艺生产条件的状况。

### （四）理论产量

理论产量是指在同样速度、幅宽和定量下每小时可生产的最大公斤数，或每天可生产的最大吨数

造纸机的理论产量 $q_{m1}$ 为：

$$q_{m1} = \frac{qv_{\max}b_J}{10^6} \quad (\text{kg/min}) \tag{2-3}$$

$$= \frac{60qv_{\max}b_J}{10^6} \quad (\text{kg/h}) \tag{2-4}$$

式中　$q$——产品的定量，$g/m^2$

　　　$v_{\max}$——最大工作车速，m/min

　　　$b_J$——净纸幅宽，mm

## （五）实际产量

造纸机的计算实际产量 $q_{m2}$ 为：

$$q_{m2} = 60qvb_1 tK_1 K_2 \times 10^{-9} \quad (\text{t/d}) \tag{2-5}$$

式中　$v$——工作车速，m/min

　　　$t$——平均每日有效生产时数，h

　　　$K_1$——抄造率，以小数表示

　　　$K_2$——成品率，以小数表示

## （六）圆网造纸机产量的计算

### 1. 实际车速

圆网造纸机实际车速可通过测定烘缸（或卷纸缸）转数计算，即

$$v = \pi Dn \quad \text{m/min} \tag{2-6}$$

式中　$v$——圆网造纸机实际车速，m/min

　　　$D$——烘缸（或卷纸缸）的直径，m

　　　$n$——烘缸（或卷纸缸）的转数，r/min

### 2. 理论产量

圆网造纸机的抄造量同长网造纸机一样，同样是指从烘缸或卷纸缸上实际取下纸卷的质量。其计算公式是：

$$q_{m1} = \frac{60 v_{\max} bq}{10^6} \quad (\text{kg/h}) \tag{2-7}$$

式中　$q_{m1}$——圆网造纸机理论产量，kg/h

　　　$b$——烘缸（或卷纸缸）上毛纸宽度，mm

　　　$q$——产品的定量，g/m²

　　　$v_{\max}$——纸机最大抄造速度，m/min

### 3. 实际产量

圆网机的实际产量同长网造纸机的实际产量计算方法，可用式（2-5）进行计算

## （七）造纸机效率

造纸机效率计算如下：

$$\text{效率} = \frac{\text{成品产量}}{\text{理论产量}} \times 100 \quad (\%) \tag{2-8}$$

可以看出，一台造纸机的效率越高，性能越好。

# 第八节　造纸机的设计参数

设计造纸机时要用许多设计参数，这些设计参数主要由下列几方面的基础数据来决定。

### 1. 表达造纸机生产能力和适应范围的基础数据

表达造纸机生产能力和适应范围的数据有净纸幅宽、最大工作车速、调整范围、成形部、压榨部及烘干部的主要技术特征。

### 2. 表达造纸机各部分的性能结构的基本数据

为了提高造纸机设计制造中的标准化、系列化、通用化程度，也要把造纸机各部分的主要结构数据列入造纸机的设计参数，这些结构数据包括各种辊筒的尺寸与表面层技术特征，

面板的尺寸及数量，烘缸的尺寸及个数，各部分的轨距、轴承距等。

3. 表示造纸机概貌的数据

表示造纸机概貌的数据，如全机长度、总质量、自轨面算起的最大高度、底层高度、传动系统总装机功率等，显示了造纸机的占地面积、空间体积、单位生产能力机体质量和动力消耗等技术经济指标，因此也是不可忽视的数据。

4. 与工艺技术指标有关的基本数据

与造纸机设计计算有关的工艺技术指标有纸浆打浆度、所生产的纸品定量、造纸机各处的纸浆浓度和纸幅干度等。

在决定造纸机设计参数时，还必须考虑所设计造纸机保持较先进的总体技术水平，以适应日益提高的产品质量要求。目前国产造纸机最明显的技术发展或急待发展的技术是机电仪表的一体化。因此不断增设生产参数和质量参数的在机在线检测仪表以及控制系统是当前国内造纸机设计中首要考虑的问题。例如 DCS、QCS、MCS 等检测系统。

在造纸机的设计中，降低生产消耗、延长其机件与器材的使用寿命、提高运行效率、降低生产成本等仍然是设计人员所追求的目标。

## 第九节　造纸机运行的经济分析

### 一、造纸机应在最高产量的速度范围内运行

假设一台设计良好的造纸机，产品又有很好的市场，则影响生产率与利润率的主要因素是：抄造率、造纸机速度、成品率。事实上，这三个术语表示了一台造纸机运行的特征。

造纸机的速度效应是很明显的，如果所有其他因素不变，造纸机速度与产量成正比，而运行效率受多因素的影响，常被看做是运行状况和维护方法的反映。有时造纸机的运行效率很高，但如不愿意提高车速，总的生产率还是不高。一般说，虽然生产故障、维修和网毯磨损均随车速而增加，但因为这些因素对生产率和利润率的影响相比车速是次要的，因此，造纸机应在最高产量的速度范围内运行。

G. A. 斯穆克在他所著的《制浆造纸工程大全》中引用的各纸种最高生产率下的车速值，如表 2-5。

表 2-5　　　　　　　各纸品种的最高生产率下的车速值

| 纸品种 | 定量 /(g/m²) | 速度 /(m/min) | 产量 /(t/d) | 纸品种 | 定量 /(g/m²) | 速度 /(m/min) | 产量 /(t/d) |
| --- | --- | --- | --- | --- | --- | --- | --- |
| 新闻纸 | 48.8 | 1370 | 106.2 | 瓦楞原纸 | 127 | 764 | 153.5 |
| 涂布原纸 | 40 | 1220 | 77.1 | 壁纸板 | 148 | 523 | 121.6 |
|  | 50 | 999 | 79.5 |  |  |  |  |
| 印刷/书写纸 | 88 | 1113 | 101.5 | 圆网纸板 | 288 | 232 | 106.3 |
|  | 60.2 | 1022 | 97.6 | 起皱卫生纸 | 12 | 2100 | 40.2 |
|  | 75.5 | 930 | 114.9 |  | 19 | 1616 | 41.7 |
| 未漂牛皮纸 | 81.4 | 870 | 112.2 | 起皱餐巾纸 | 13 | 2000 | 41.6 |
| 牛皮挂面纸 | 68.3 | 698 | 227.2 |  |  |  |  |
|  | 112.3 | 518 | 285.4 | 湿起皱餐巾纸 | 38.4 | 1402 | 85.4 |
| 液体包装纸板 | 212 | 317 | 106.3 |  | 41 | 915 | 58.7 |
|  | 465 | 100 | 122.0 |  | 44 | 854 | 59.8 |

## 二、造纸机的时间损失或产量损失

造纸机生产或作业的时间损失的因素很多,从而直接影响了造纸机产量损失,这些因素如下所述:

生产中断:断纸、卷纸和压光机问题,开机,换品种;

检修停机:机械检修、电气检修、仪表检修;

网、毯修补或更换:成形网、压榨毛毯、干毯、引纸绳;

服务部门影响:电、蒸汽、空气、浆等暂停供应或不足;

机外损失:纸卷切下纸边,复卷机损纸等;

等外品产量。

一般来说,把生产中断的时间损失称为作业时间损失,而检修停机造成的时间损失就为维修时间损失,毯网时间损失就是网毯修补或更换造成的,服务部门的影响造成的时间损失就不是纸机本身的问题。

对一台造纸机,一定要尽量减少时间损失,也才能减少产量损失,才能获得好的经济效益。

## 参 考 文 献

[1] 陈克复,主编. 制浆造纸机械与设备(下)[M]. 3版. 北京:中国轻工业出版社,2011.
[2] G. A. 斯穆克,著. 制浆造纸工程大全[M]. 曹邦威,译. 北京:中国轻工业出版社,2001.
[3] Article for Louis-Nicolas Robert[OL]. https://en.wikipedia.org/wiki/Louis-Nicolas_Robert.
[4] Frogmore papermill-John Dickinson[OL]. http://frogmoremill.com/explore-2/history/people/the-dickinson-family/john-dickinson/.
[5] 国产高速造纸机实现零的突破[J]. 造纸信息,2013,(5):14-18.
[6] 杨旭. 现代造纸机稀释水流浆箱关键技术与结构研究[D]. 广州:华南理工大学,2016.
[7] 冯郁成. 现代造纸机稀释水流浆箱的智能化质量控制技术的研究[D]. 广州:华南理工大学,2018.

# 第三章 纸浆流送设备与流浆箱

## 第一节 纸浆流送系统

### 一、概 述

流送系统的范围是从纸机贮浆槽到流浆箱堰板。流送系统的术语中专指冲浆泵循环回路,在这循环回路中对纸浆进行计量、稀释,必需的抄纸助剂混入及在纸浆最后上成形网前进行的筛选与净化。如图 3-1 所示。有时,也把浆槽和精磨机认为是流送系统的组成部分。尽管造纸机贮浆槽的纸浆已应是十分干净的,但大多数造纸机流送系统还是用筛浆机和除渣器进一步清除纸浆中杂质,尽管在这里的筛浆机只需排出极少量筛渣。图 3-1 的流送系统简图是一个单冲浆泵系统,冲浆泵是整个流送系统循环圈内纸浆流送动力的唯一来源。

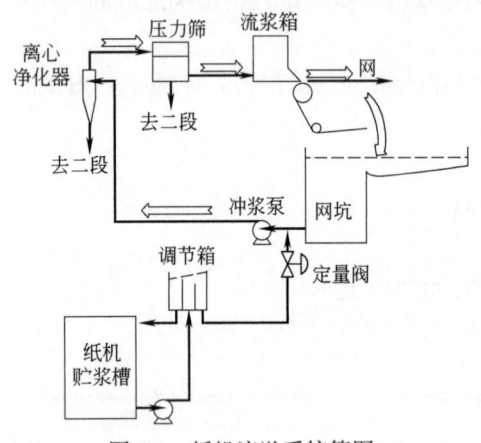

图 3-1 纸机流送系统简图

流浆箱是造纸机的心脏。它的独特用途是将圆管内的浆流转变为薄而均一的布满造纸机全宽的浆流,而且要求这些纤维悬浮液不产生絮聚和浆道(条痕)。流浆箱虽然不形成纸页,但对纸页匀度的影响很大。如果从流浆箱出来的浆流不正常或不十分正常,到网案上再来改正就要付出大量的精力,如果来自流浆箱的浆流很正确,那么网案就只用于纸页的成形和脱水即可。流浆箱能否很好地达到此目的,关键在于流送系统和流浆箱的设计。

造纸机前纸浆流送系统的流程和设备的选择对造纸机的产品质量和造纸机运行的连续性、稳定性有很大影响。流送系统应该满足下述要求:

① 在一定的造纸机车速下,送上造纸机的纤维量(按重量计)应保持稳定,其偏差应不超过造纸机产品的定量的允许偏差值;

② 保证纸浆中各种组成的配比稳定;

③ 保证送上造纸机的纸浆的浓度、温度、酸碱度等工艺条件稳定;

④ 供浆纤维量可按造纸机车速的变动或产品纸种定量要求进行调节;

⑤ 保证纸浆的精选质量。

流送系统可分为:开启式、半封式和封闭式三种。前两种流送系统只用于低速造纸机(已不提倡使用)。封闭式流送系统自成浆池的输浆泵起直到把纸浆送上造纸机成形网,全系统都是不与空气接触的密闭流程。这种系统采用密闭型式的设备进行配浆、精选和除气。在中、高速造纸机上,大都采用密闭式流浆箱,为了避免带入空气,在纸浆中引起泡沫,这些造纸机都要求配用封闭式供浆系统。

流送系统因造纸机的规格、车速、产量等不同和成品纸种的要求而有多种流程,但其基本流程（或基本环节）都是相同的，其基本流程如图 3-2 所示。

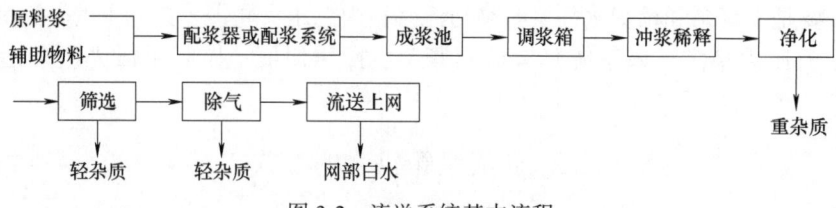

图 3-2　流送系统基本流程

图 3-3 为较典型的一段和两段稀释的密闭式供浆系统流程。图中虚线所示为一段稀释时的流程，而方括号内的装备则可能不采用。

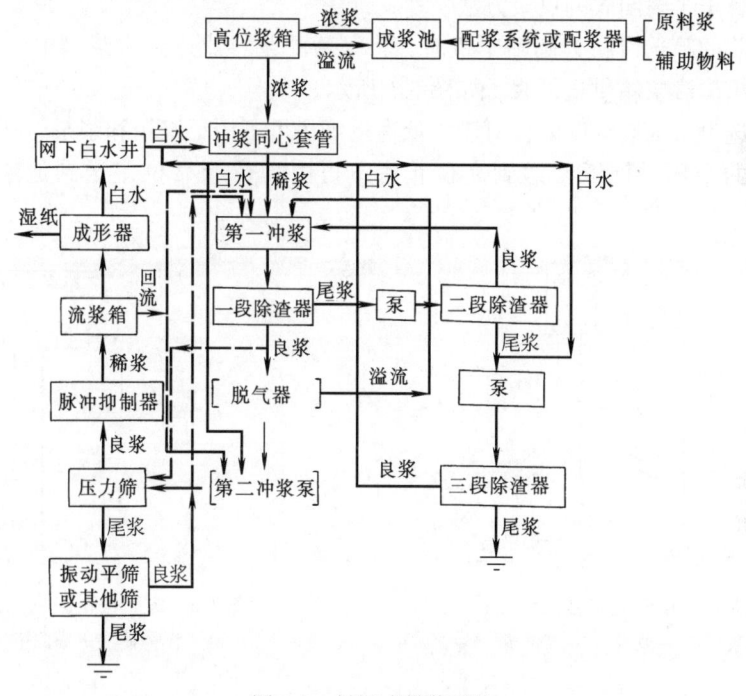

图 3-3　封闭式供浆系统

现代化高速造纸机是采用白水稀释可控水力式流浆箱和夹网成形器，因而对造纸机的上浆系统功能提出了严格的要求：a. 浆料浓度和送到流浆箱的压头要求稳定，脉冲要低，浆内含气量低。b. 纸机夹网成形时间短，脱水快，为提高留着率，需在上浆系统加入化学助剂。c. 白水稀释可控水力式流浆箱使用的稀释白水，需经除气和筛选。d. 浆料需净化筛选，含杂质量要少。图 3-4 表示了用于高速文化造纸机的全封闭上浆流送系统的工艺流程。流送系统除浆料短循环系统外，还有稀释控制流浆箱纸浆浓度的白水短循环系统。整个系统由浆料的稀释和混合、除砂和除气系统、

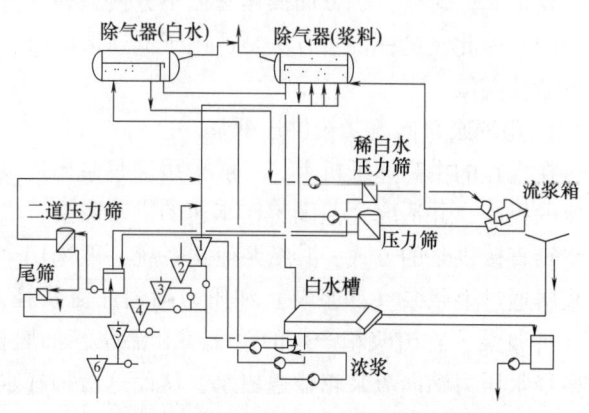

图 3-4　用于高速文化造纸机的全封闭流送系统

筛选和化学品添加等组成。冲浆泵（上浆泵）、稀释水泵和稀释水筛泵选用低脉冲、变频电机控制，主要是上浆泵和稀释水筛泵必须与流浆箱内总压头联锁，控制泵的转速和流量，以保证流浆箱内压力稳定。该系统具有流程紧凑、操作便捷、控制手段先进和运行经济等特点。

## 二、向流浆箱供浆的方式

向流浆箱供浆的方式，取决于造纸机的车速，流浆箱匀整装置的形式，纸浆通过流浆箱的全部压力损失等。下面介绍两种向流浆箱供浆的方式。

1. 由高位箱向流浆箱供送纸浆

这种供浆属于半封闭式的供浆方法。

当造纸机前的筛选设备为圆筛浆机时，将筛后的浆料流送到集浆箱中，用泵送到高位箱，再由高位箱向流浆箱供送纸浆，如图3-5所示。

当机前筛选设备为旋翼筛时，对于中低速造纸机可不用集浆箱和浆泵。利用纸浆由旋翼筛出来所具有的余压，把纸浆送到高位箱去，再由高位箱靠位差送到流浆箱，如图3-6所示。

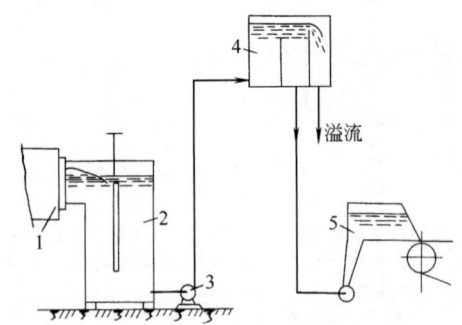
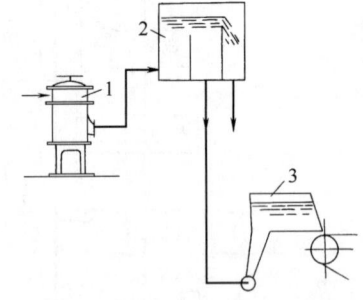

图 3-5 由高位箱向流浆箱供浆方式一　　　　图 3-6 由高位箱向流浆箱供浆方式二
1—圆筛　2—集浆箱　3—浆泵　4—高位箱　5—流浆箱　　　1—旋翼筛　2—高位箱　3—流浆箱

选用高位箱供浆的优点是，静压头稳定，供浆量稳定，并且可在一定的范围内调节静压头的大小。目前，我国许多中低速造纸机采用这种供浆方式。

由于当造纸机车速较高时，如采用高位箱向流浆箱供送纸浆的方法，与流浆箱的液位差就需要很大。这样，一方面操作管理不方便，另一方面，由于高位箱而提高厂房高度也是不妥当的。因此，这种供浆方法是适用于低速造纸机，随着纸机车速的提高，这种供浆办法将会逐渐被淘汰。

2. 用冲浆泵向流浆箱供送纸浆

在现在的中高速纸机上，一般采用冲浆泵向流浆箱直接供浆。由泵直接供浆可满足纸机车速的提高，并适应大范围工作车速的供浆需要，供浆的调节和操作都很方便。由冲浆泵向流浆箱直接供浆的方式，其纸浆流送系统一般采用全封闭流送系统。图3-4中，来自除气器的浆料通过上浆泵（冲浆泵）和压力筛送往流浆箱，流浆箱的纸浆上网速度就由这台上浆泵（冲浆泵）在流浆箱产生的总压头和流浆箱的唇板开口大小决定的，另一台稀释水泵通过稀释水压力筛向流浆箱输送白水，从而这台稀释水泵的出口压头也决定了白水稀释控制系统进入流浆箱的白水速度。

## 第二节 纸浆流送系统的相关操作单元及设备

### 一、配浆设备

在现代中、高速纸机上都采用连续配浆系统，它是若干组并联的带有仪表控制的管路系统。每组管路的控制仪表包括：流量检测元件，流量调节器和流量控制执行元件等。流量检测元件可采用电磁流量计或造纸专用的浮子流量计等。控制执行元件可用电动、气动或液动阀。对于流量较小的辅助物料也可用各种形式的计量泵，如齿轮泵、柱塞泵等。全系统可用计算机控制，具有很高的自动化程度。

下面对连续配浆系统的工作过程作一些简要的说明。

图 3-7 所示是连续式配浆系统的调节方案。A、B、C 三种纸浆和 X、Y 两种添加物料的浓度在送到配料系统前已调节稳定，配比的问题主要是流量调节问题。这个调节系统可分为纸浆配比和添加物料配比二段。每种物料都设有由电磁流量计、调节器、比值器和调节阀等仪表组成的比值调节系统。在纸浆配比中，以混合池液位调节器（H1-T）的输出信号作为主信号，主信号经比值器后，作为流量调节器（G1、G2、G3-JT）的给定值。当纸机用浆量变化时，混合池的液位将变化，即主信号变化。主信号的变化引起各种纸浆调节器给定值变化，流量调节阀发出的控制信号也随之变化，因而纸机用多少浆，系统就补充多少浆，而各浆种之间的比例是不变的。

混合浆池中已配好的纸浆送到纸机浆池。由于各种添加物料对纸浆的比例很小，固此添加物料比值调节系统的主信号采用混合浆池输出的总纸浆流量调节器（G4-T）的输出信号。主信号通过各种添加物流量调节系统中的比值

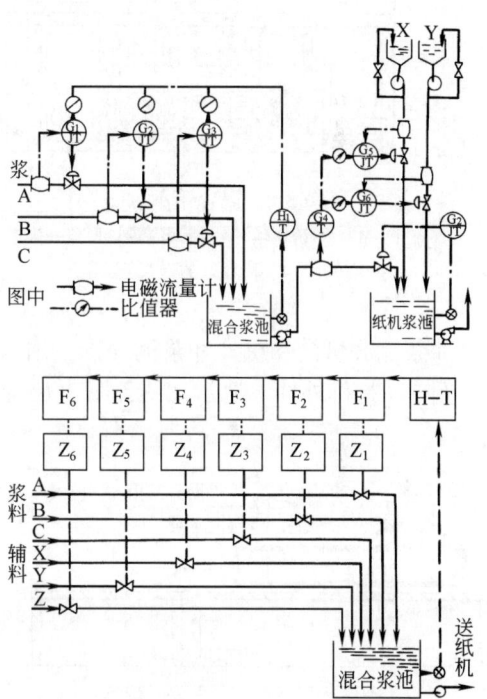

图 3-7 连续配浆系统自动调节方案
H-T—液位调节系统 F—分流器 Z—执行机构

器，作为各调节器（G5，G6-JT）的给定值。因此，总纸浆量变化时，各添加物调节系统中的给定值也相应变化，即添加物料的流量相应变化，保持添加物料流量与总浆流量的固定比例。从混合浆池到纸机浆池的纸浆总量受纸机浆池液位（H2-T）控制。

### 二、纸浆稀释装置

纸机前成浆池中，纸浆的浓度通常为 3% 左右，而流浆箱中纸浆的浓度则因纸种、定量、纤维的分散性质和纸浆滤水性的不同而不同。同一纸种也因纸机滤水条件和打浆程度的不同而异，甚至差别很大。这一点在《造纸原理与工程》课程中应已详细的论述。所以，为了纸浆的精选和有利于纸浆的上网成形，在纸浆输送到流浆箱之前，基本操作之一是利用纸机网部释放出来的白水稀释纸浆。这种稀释纸浆的操作一般称为冲浆。

1. 纸浆稀释装置

因纸机有单层和双层布置之分和所产纸种以及纸机生产规模及车速的不同,稀释方法大致上可分为混合箱型和冲浆池型两种。

(1) 混合箱

图 3-8 所示是传统形式的混合箱示意图。尽管混合箱多用于圆网造纸机和低速窄幅的长网纸机,但由于目前还在应用,这里仍要简述。

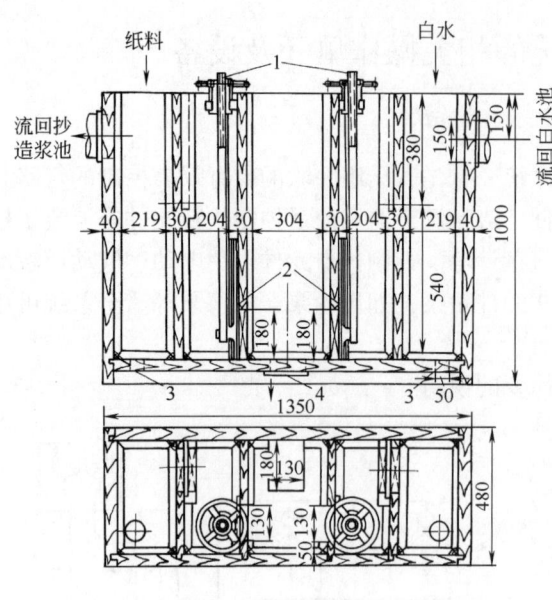

图 3-8 混合箱示意图
1—M24 不锈钢丝杆　2—可调闸门　3—排污孔　4—稀释好的纸浆流出孔

混合箱工作的一般原理是:纸浆和白水分别被泵送到混合箱的相应格内,通过调节各自闸门的开口面积,从而控制来料量和白水量,以调节稀释后纸浆的浓度。混合箱一般放在造纸机前较高的位置(高出上网浆液位 2~5m),容积不宜过大。

(2) 冲浆池

冲浆池分机内和机外冲浆池(网下白水池)。

图 3-9 是机外冲浆池示意图,图 3-10 是机内冲浆池的示意图

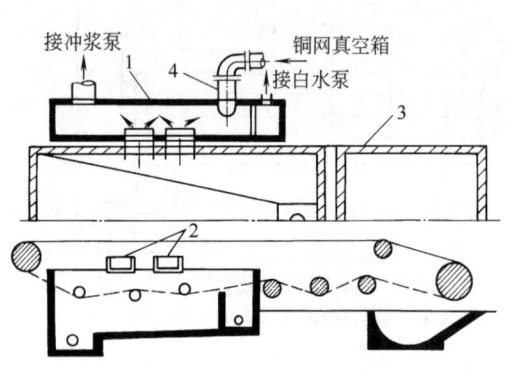

图 3-9 机外冲浆池示意图
1—机外冲浆池　2—连接冲浆池和接水盘的流槽　3—伏辊损纸池　4—真空箱真空泵出口总管

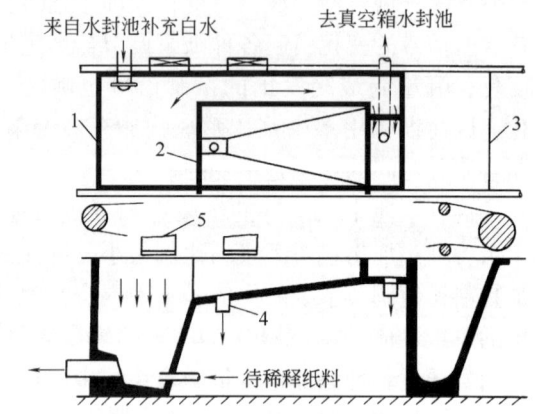

图 3-10 机内冲浆池示意图
1—机内冲浆池　2—洗网水收集池　3—伏辊损纸池　4—清水排出管　5—使接水盘的水流入冲浆池的矩形短管

机外冲浆池可置于纸机车间的地板上,从而适用于单层布置的中小型长网造纸机和圆网造纸机。如图 3-11 所示,调浆箱 1 送来的定量纸浆 2,进入冲浆池的第一格中,与纸机来的白水 3 混合,混合后的稀释纸浆用泵 4 送去净化筛选。稀释用白水量的多少,可通过闸板 5 调节开口 6 的面积来控制,多余的白水溢流到第三格,送往白水回收系统。

机内冲浆池(亦即网下白水坑)适用于产量较高,白水循环量大的双层布置(纸机及

附属设备布置在两层楼内）的中、大型纸机。

如图 3-12 所示，是网下白水池和混合泵结合的稀释纸浆的形式。调浆箱送来的纸浆，受阀门的控制，定量地流入混合泵的吸入口，与网下白水池来的白水混合，并由混合泵送往净化筛选。机内冲浆池的结构不复杂，关键是从调浆箱来的纸浆流量应保持稳定，在混合泵流量一定的条件下，纸浆的稀释浓度及流量就一定保持稳定。

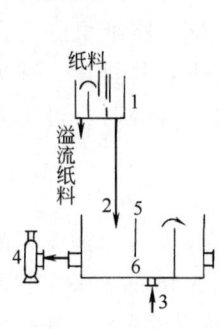

图 3-11 机外冲浆池

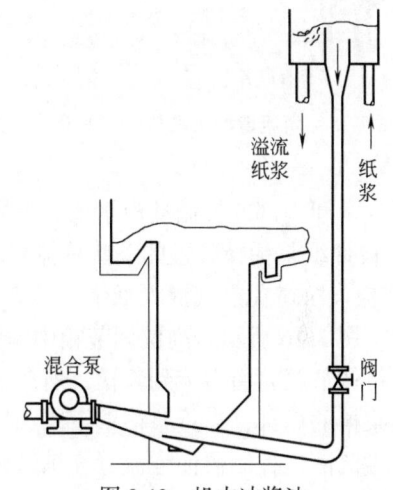

图 3-12 机内冲浆池

2. 纸浆稀释上常采用的流程

图 3-13、图 3-14 是我国纸厂常用的纸浆稀释流程图。

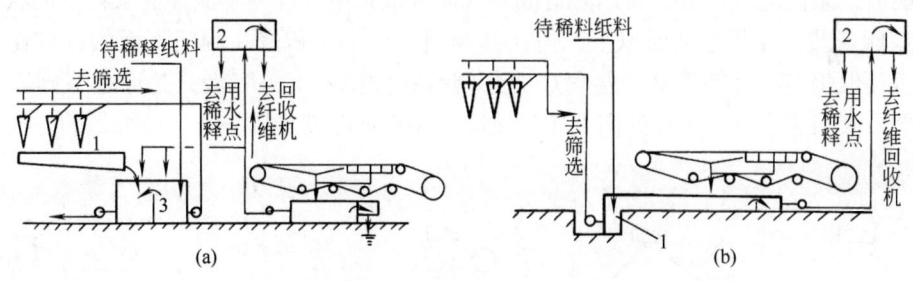

图 3-13 机外冲浆池的稀释流程
（a）稀释流程（一）：1—冲浆池 2—白水箱 （b）稀释流程（二）：
1—锥形除渣器第一段的渣浆流槽 2—白水箱 3—冲浆地

图 3-13 中机外冲浆池稀释流程（二）不同于流程（一），流程（二）是把白水收集池的白水直接泵送白水箱，在泵送管路中设立支管，在控制流量条件下送到冲浆池稀释纸浆。机内冲浆池的稀释流程如图 3-14 所示，是把成形网前部脱出的白水与成形网后部吸水箱或真空吸水箱及压榨脱出白水分开，冲浆池只用前部的低浓白水，而成形网后部的白水送去稀释用水点和纤维回收机。

现代高速造纸机采用叠网或夹网形式时，

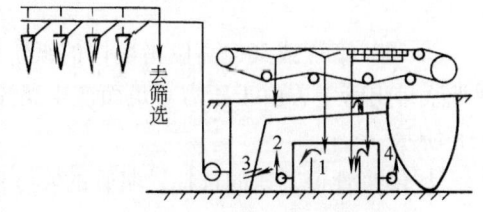

图 3-14 机内冲浆池的稀释流程
1—水封池 2—送稀释用水点和纤维回收机 3—浆管 4—送稀释用水点

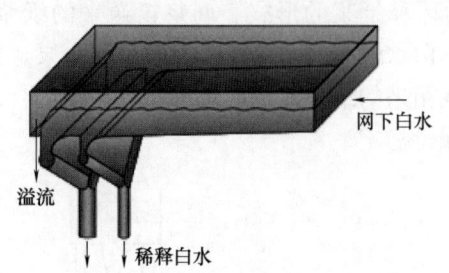

一般采用如图3-4所示全封闭流送系统的机外白水槽形式。由于高速造纸机网部脱水快，时间短，如果采用图3-13和图3-14这种形式，大量白水居高而下形成瀑布效应，使白水混入大量的游离空气，形成泡沫。为了避免这种情况，机外白水池采用一个长方形的宽而长的流道，如图3-15所示的全封闭流送系统的白水槽，该流道是一个长度为10m、宽度为5m、高为2m的钢筋水泥结构的短循环白水贮存槽，将纸机网下白水引出，可以使白水中的空气更容易排出，减少白水的空气含量。当机外白水池满溢时，可将多余的白水引入车间内部的长循环白水池，经多盘回收机回收纤维。

图3-15 高速造纸机的机外白水槽

3. 设计纸浆稀释装置的一些具体要求

① 应设法避免空气混入纸浆中，影响或干扰短循环。注意从高位调节箱溢流浆流引入的方式。图3-16所示是高位调节箱中溢流至浆槽的几种方案。在图3-16的方案中，A是纸浆从高位调节箱自由溢流到浆槽，所产生的气泡去到泵的入口，干扰泵的操作。B是浆溢流管引至浆槽的后部，靠近浆槽壁下来，这就很少有空气混入纸浆。C是将溢流管引至纸浆液面下。溢流液位控制器使溢流管充满纸浆，所以空气无法进入冲浆池。

② 注意从高位调节箱至冲浆池管道中，定量阀的安装位置应位于冲浆池正常液面以下，避免定量阀下游可能积聚的空气混入纸浆中。图3-17列出了定量阀安装位置的三个方案。在方案A中，定量阀安装在冲浆池液面以上。阀门下的静压头很低，容易积聚气泡，而且气泡不能通过浆阀逆流上升，所以易造成空气混入纸浆中，改变了流往流浆箱浆流状况。方案B的浆阀安装在冲浆池液面以下，但在其倾斜管以上，积聚在阀门下面的空气比方案A要少得多，但仍然可能积聚。方案C的浆阀装在倾斜管上，气泡只是经过浆阀而不能在阀上积聚。倾斜管应有4/100的向上倾的坡度，并在顶部设置排气孔，使聚积的空气从这里排出。

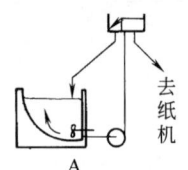 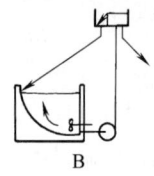 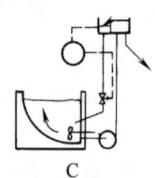 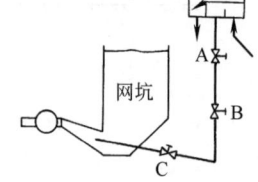

图3-16 从高位箱回流到浆槽的几种方案
（气泡问题按 A→B→C 而依次减少）

图3-17 定量阀的布置方案
A—不合理　B—尚可　C—最佳

③ 调节箱（或其他高位箱）内的纸浆深度值 $H$ 应大于排出管的纸浆流速值，否则，将在纸浆排出管上方由于压力不足而产生涡流，使纸浆排出量不稳定，流动状态不正常。如图3-18所示。

④ 供浆管道浆速的选择。浆管的实际流速多在 2.2m/s～4.4m/s 之间，以维持纤维与水的混合均一和避免纸浆挟带的空气释出。

⑤ 如集水槽位于传动侧，将长网纸机的集水盘延伸到集水槽。这样从集水盘到集水槽就不会有急流。应该使用水位控制装置，使集水槽始终充满，消除产生急流的可能性。如图3-19。

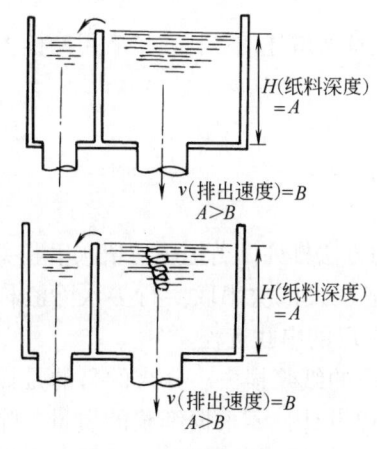

图 3-18 调节箱内纸浆深度、排出速度对产生涡流的影响

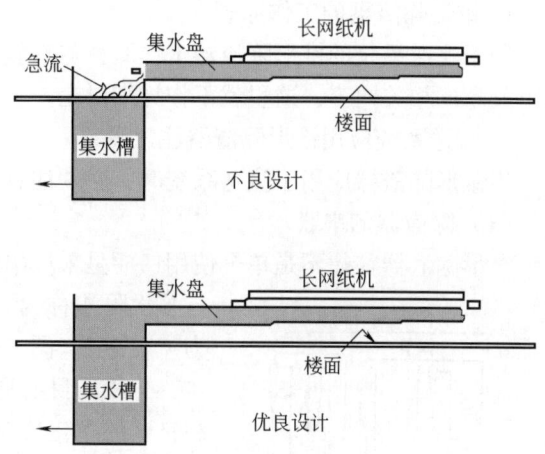

图 3-19 外置集水槽设计

集水槽的大小应使白水下流的垂直速度低于 0.15m/s，以便使其挟带的任何空气都能释放出来。

⑥ 设计好从定量控制阀来的浓浆与白水的混合部位。图 3-20 所示是控制阀来的浓浆与白水混合后送入冲浆泵入口的设计例子。

传统的观点一般认为进口管应该进入到冲浆泵入口连接管。如果这样，存在着开机时冲浆泵发生"气阻"的危险。因为在开机前浓浆和补充水管都是空的，突然向下的流体冲力，将迫使空气跟着一起进到泵入口而造成"气阻"。这两根管应与连管有一定距离，以便空气在进入冲浆泵连管前可向上逸出。

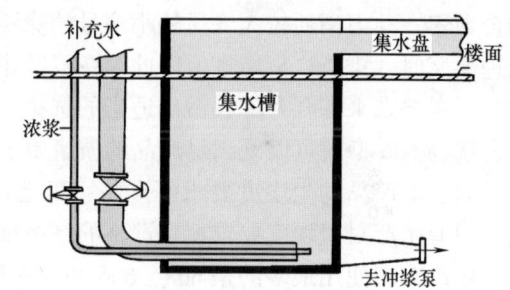

图 3-20 集水槽设计一例

## 三、纸浆的净化和筛选

造纸机前纸浆的精选主要包括纸浆的净化和纸浆的筛选两种基本操作。

纸浆净化的目的在于除掉纸浆中相对密度大的杂质，如砂粒、金属屑、煤渣等。因此净化设备的原理，都是利用重度差来选分杂质的。筛选的目的在于除掉纸浆中相对密度小而体积大的杂质，如浆团、纤维束、草屑等。因此筛选设备的原理，都是利用几何尺寸及形状的差异来选分杂质的。

一般都将净化与筛选组合成同一个系统，并且大都是把净化放在筛送之前，以延长筛板的寿命。

### （一）净化设备

净化设备常用的涡旋除渣器已在上册第五章第五节中作了详细讨论，这里只讨论常用于流送系统的锥形除渣器。

锥形除渣器是一种高效率的涡旋式除渣净化设备。其生产能力大，占地面积小，所以是纸机前净化操作中应用最为广泛，也是最重要的设备。

1. 锥形除渣器的工作原理

用于流送系统的锥形除渣器工作原料与本教材上册第五章所叙述的一样，读者可阅读上册第五章的相关内容，这里就不作详细讨论。

2. 流送系统应用锥形除渣器注意事项

当锥形除渣器应用于流送系统时，必须注意如下一些问题。

(1) 除渣器的串联

锥形除渣器往往不是单个使用，而是采取串联联循环的方法排列。若把尾渣依次串联实行多次除渣称为"分段"；把良浆依次串联实行多次除渣称为"分级"。图3-21为二级三段的串联流程。

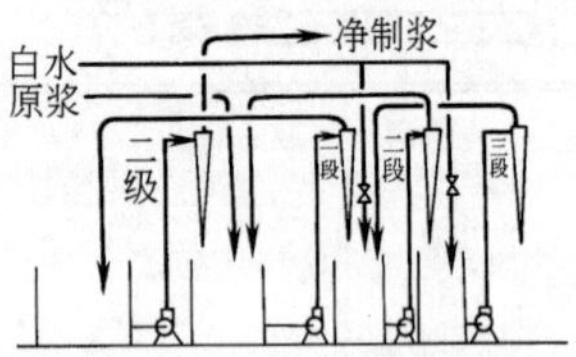

分段的目的是减少尾渣中的纸浆损失。分级的目的是提高良浆的净化质量。具体流程设计，要根据纸浆的质量、除渣器的型号、产品的质量要求等具体条件而决定。由于多一级处理动力消耗成倍地增大，只有在一级合理使用而质量还达不到要求的情况下，才可以考虑二级，绝大多数的情况都是采用一级净化流程。

图3-21　二级三段的净化流程

(2) 锥形除渣器型号的选择

一般来说，小型号的锥形除渣器净化效果好，但生产能力低，要满足同样的产量，需要的台数多，动力消耗较大。另外小型号的除渣器，排渣率较大，使浆渣处理的负荷增大。在处理粗浆时，排渣口易堵塞。因此存在着净化质量与经济性及操作性之间的矛盾，必须根据产品质量要求来综合考虑，做出适当的选择。当生产一般纸种，不要求纸浆有很高的净化程度，选择606型就可以既满足产品的质量要求，又获得较好的经济性。而生产纸板和较低级的纸时，对产品的尘埃度要求不严格，可选用622以上的大型号除渣器，以除去较大的杂质。只有生产对尘埃度要求特别严格的高级纸时，才有必要选择600型除渣器。

造纸车间使用最多的是608、606和600型锥形除渣器。

使用除渣器的一项基本原则是要保证它能要满负荷情况下运转，才能取得较高的除渣效率。例如，今需要通过一级除渣的纸浆量为900L/min，为了节省动力，应当尽量少用除渣器的个数，因此可考虑采用每台生产能力为550L/min的606A型除渣器两台，但这样的结果是每台除渣器的负荷只有81.8%。也就是说不能满负荷运转。如果改用一台606A型和另一台606型（生产能力为350L/min）除渣器并联，虽然情况有好转，但是由于两台除渣器尺寸规格不一样，给管线安装带来困难。

解决的办法是可采用2台606A型除渣器并联，并采取"循环法"来解决，如图3-22所示。

现代化大型造纸机选择上网浆净化的除渣器，是偏向于选用小容量、高除渣效率、低压力降的型号。

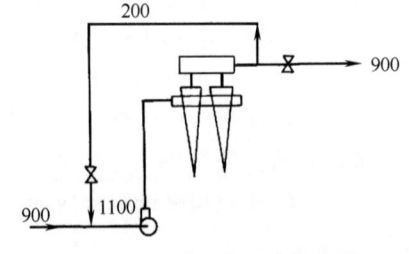

图3-22　"循环法"净化流程

从除渣器的机理上来看，同样比例尺寸的除渣器，顶端小直径的要比大直径的分选效率高，可以除去较小的杂质粒子。如图3-3用于高速文化造纸机的全封闭流送系统，共采用六段除渣器系统，由于单个除渣器的处理浆料容量小，第一和第二段除渣器都需要配备较多数量的除渣器。

(3) 制定合理的工艺技术条件

① 纸浆浓度：进入除渣器的纸浆浓度越大，除渣效率越小，一般进料浓度为 0.3%~1.0%，除渣效率为 50%~70%；

② 纸浆进出口压力：除渣器进出口的压力差是影响产量和分离能力的决定因素。因为纸浆是借压力通过除渣器，旋转运动的离心力也是由于压力所产生的。由此可见，对除渣器的进浆压力必须给予足够的重视，才能发挥除渣器的分离效果。提高进浆压力，产量及分离能力增加，但是过高的压力又增大了动力的消耗。通常进料口压力 $p_1 = 0.18~0.35\text{MPa}$，出料口压力 $p_2 = 0.01~0.03\text{MPa}$，压力降 $\Delta p$ 为 $0.1~0.3\text{MPa}$，新型的锥形除渣器压力降有所减少，在 $0.1~0.15\text{MPa}$。

③ 排渣口：锥形除渣器粗渣均由器底的喷嘴喷出。喷嘴的喷孔直径按除渣器的规格、纸浆品种及对精选的要求不同而可为 3~25mm。粗渣嘴易于磨损，故都采用耐磨材料如渗钨铸铁或"尼龙"工程塑料制成，并设计成便于拆换的结构。

在除渣器排出的尾渣中，不可避免地会夹带一些好浆。为了降低纤维流失，可在排渣口设置节浆器。它是在除渣器的下部锥管装设有切线方向注水管的接头，以一定的压力注入清水，使该处的浓度稀释，并提高其旋转速度，促使纤维与杂质分离，从而减少纤维流失。

**（二）纸浆筛选设备**

目前，在造纸机前使用的纸浆筛选设备有外流式振鼓圆筛及压力筛（也称旋翼筛）。这里就简要介绍外流振鼓圆筛和压力筛的应用。

1. 外流型振鼓圆筛

外流型振鼓圆筛如图 3-23 所示。筛鼓以 1~3r/min 的转速旋转，其鼓颈支撑在铰接横臂上。使筛鼓产生振动的机构有偏心轮连杆式和棘轮式两种。图 3-24 是两种振动机构的示意图。国产外流振鼓圆筛的型号、规格可参见表 3-1。

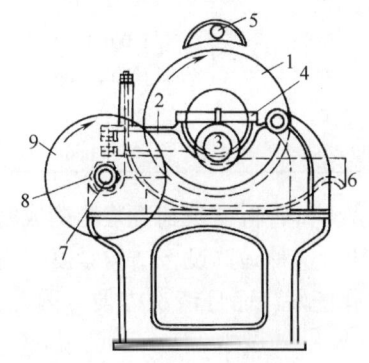

图 3-23 外流型振鼓圆筛
1—筛鼓 2—横臂 3—进浆管 4—承渣槽 5—喷水管 6—出浆槽 7—转轴 8—凸轮 9—皮带轮

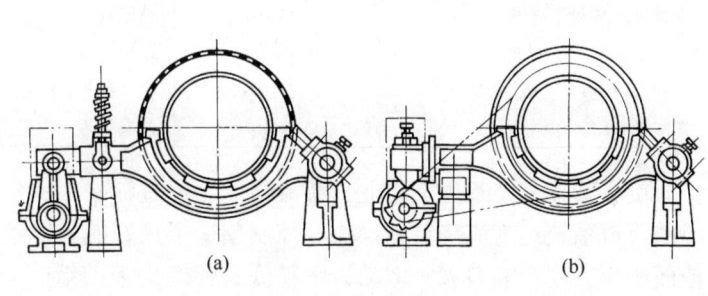

图 3-24 低频振鼓式外流圆筛的振动机构
(a) 偏心轮连杆 (b) 棘轮

表 3-1　　　　　　　　国产外流振鼓圆筛的型号、规格

| 型　号 | ZSG1 | ZSG2 | 型　号 | ZSG1 | ZSG2 |
| --- | --- | --- | --- | --- | --- |
| 筛选面积/m² | 2 | 4.5 | 筛鼓转数/(r/min) | 0~3 | ~1.5 |
| 筛鼓尺寸/mm | φ700×1000 | φ930×1720 | 筛鼓频率/(次/min) | 572 | 630 |

外流型振鼓圆筛的筛鼓面积利用率低，仅为筛鼓侧面积的 1/4~1/3，故生产能力低，在

制浆过程中很少应用，在流送系统中，用于中小型纸厂优质薄页纸机前的筛选。最适于抄制长纤维浆配比高的字典纸、卷烟纸、书写纸、证券纸等高级纸张。

外流振鼓圆筛筛缝宽度和纸种的关系见表3-2。

表3-2　　　　　　　　　外流振鼓圆筛筛逢宽度和纸种的关系

| 纸种 | 卷烟纸及薄页纸 | 中、高纸印刷纸 | 新闻纸及与其类似的纸 | 包装纸、卡纸 |
|---|---|---|---|---|
| 筛缝宽/mm | 0.25~0.35 | 0.45~0.55 | 0.6~0.7 | 0.9 |

2. 压力筛

压力筛中的旋翼筛是现在用得最广泛和最为成功的纸机前纸浆的筛选设备。

由于用于造纸机前流送系统的旋翼筛进浆浓度和处理量对净化效率影响不大，但通过量只随进浆浓度的提高而降低，因此用于造纸机前时进浆浓度随纸种和定量而异，一般为 0.7%~1.0%。

旋翼筛的筛孔直径或筛缝宽度（现在处理长纤维纸浆的旋翼筛，筛孔多改为筛缝）随生产纸张品种不同而异，分别如表3-3和表3-4所示，作为选择旋翼筛时参考。

表3-3　　　　　　　　　压力筛筛孔直径与生产纸种的关系

| 纸种 | 薄型纸(卷烟纸、打字纸) | 普通文化纸 | 新闻纸 | 包装纸(纸袋纸、牛皮纸) | 纸板(黄纸板) |
|---|---|---|---|---|---|
| 孔径/mm | 1.0~1.2 | 1.2~1.6 | 1.4~1.6 | 2.0~2.8 | 2.8~3.2 |

表3-4　　　　　　　　　旋翼筛筛缝与生产纸种的关系

| 纸的名称 | 缝宽/mm | 纸的名称 | 缝宽/mm |
|---|---|---|---|
| 特薄纸 | 0.2~0.3 | 中级包装纸、纸袋纸 | 0.7~0.8 |
| 卷烟纸、高级书写纸、蜡纸原纸 | 0.25~0.35 | 低级包装纸、一般包装纸 | 0.9~1.00 |
| 高级书写纸和印刷纸 | 0.35~0.4 | 黄纸板 | 1.00~1.30 |
| 中级书写纸和印刷纸 | 0.4~0.45 | 厚纸板和板纸 | 1.30~2.00 |
| 招贴纸、薄型包装纸、电缆纸 | 0.5~0.6 | 中层纸板（多圆网机生产） | 0.9~1.00 |
| 新闻纸和轮转印刷纸 | 0.6~0.7 | 外层纸板 | 0.5~0.6 |

旋翼筛在密闭条件下作业，浆流借压力通过筛鼓，良浆从出口管再输送到流浆箱构成密闭的管道系统，为流浆箱的操作和控制创造了良好的前提条件。这种筛选设备结构紧凑，占地面积小，生产能力大，但动力消耗低，筛选出来的纸浆质量良好，而且清洗方便。因此，旋翼筛现已成为机前的首选筛选设备。

但是，旋翼筛也并不是完美无缺的。因为筛内转子每转一圈，筛鼓眼孔压力便产生正负压力波动。正因为旋翼筛有这种周期性的压力波动，致使流浆箱产生脉动现象，引起流浆箱喷嘴纸浆流动速度变化，因而造成纸的纵向定量波动。为了找出消除旋翼筛脉动的措施，研究引起旋翼筛纸浆脉动的因素及其影响是必要的。

实践证明，旋翼筛转子的转速、旋翼与筛鼓之间的距离、旋翼的数目和旋翼形状等是影响脉动的主要因素。操作中，改变转子的转速是减小脉动最实际的方法，但是要较彻底地减小脉动，改变旋翼的形式，则是行之有效的方法。图3-25所示是旋翼的三种形式。

试验结果表明，旋翼的形式对脉动的大小有非常明显的影响，倾斜旋翼转子的脉动比直立旋翼小得多，至于螺旋式旋翼的脉动，那就更小了。

3. 无脉冲旋翼筛

造纸机前最靠近的旋翼筛从其基本原理出发是总会产生浆流的脉动或压力脉冲的。因此，开发无脉冲的旋翼筛是很受重视的发展方向。以下介绍一种无脉冲旋翼筛。

图 3-26 所示是美国贝洛伊特（Beloit）公司的无脉冲旋翼筛。这是一种外流立式筛。纸浆切向进入环形进浆槽并溢流入筛鼓内部，在压力下通过筛鼓朝外进入环形的出浆区，在该区下部

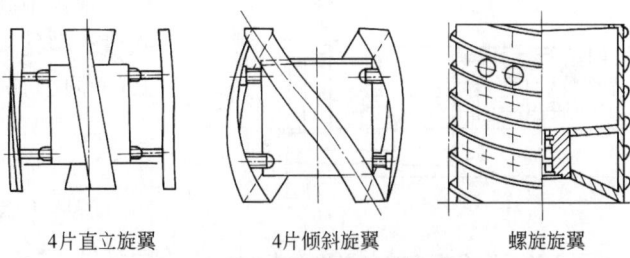

图 3-25 直立、倾斜和螺旋旋翼

沿全圆周开有 5 处出浆接管口。这样的配置同鼓内两个旋翼所引起的压力脉冲相联系，可借相位角的错列而对脉冲进行整流，抑平出浆总管中压力脉冲曲线的峰谷值。另外在筛顶部有充满压缩空气的腔，借橡胶膜片对筛中充满的纸浆施加压力并起缓冲和抑制压力脉冲的作用。

图 3-27 所示是维美德公司（Valmet）为高速造纸机配置的卧式压力筛，够确保上网浆的洁净与具有较低的脉冲。该压力筛采用缝式筛板和波纹结构，筛缝宽度 0.25mm，开孔率 9.09%。采用缝筛能更好地除去纤维束、腐浆类等杂质及脱墨浆中的胶黏物。为了减少浆料脉冲，采用锥形结构的转子，转子上有两排共 24 片旋翼片，按上下左右交错排

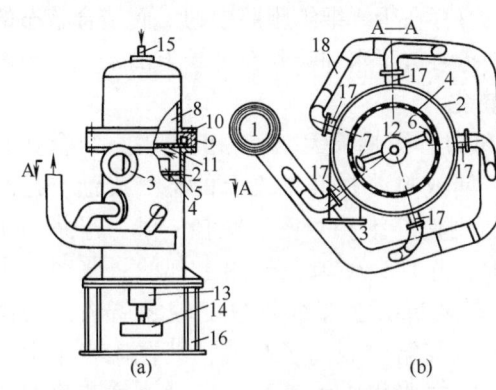

图 3-26 贝洛伊特无脉冲旋翼筛
(a) 立面图 (b) A—A 截面图
1—出浆管口 2—筛壳 3—进浆口 4—筛鼓
5—环形进浆槽 6,7—旋翼 8—压缩空气腔
9—带密封圈的压环 10—上盖 11—胶膜片
12—主轴 13—轴承壳 14—带轮 15—压缩空气
进口 16—支架 17—出浆接管口 18—出浆总管

列。这种多翼片匀称均衡的设计结构，在整个筛选区能产生许多均匀的局部小脉冲，能够降低在筛选区的压力和速度，使筛选能在非常温和的条件下进行，减少脉冲的产生。

现代造纸机的流浆箱一般都配备稀释水系统，流浆箱所使用的稀释水通常为系统的网下白水，其中含有大量的细小纤维、填料等物质，这部分稀释白水也需要净化处理。稀释水筛一般选用旋翼筛，其筛缝宽度为 0.25mm，开孔率为 7.0%左右。

### 4. 造纸机前的净化和筛选流程

造纸机前的净化和筛选流程因生产规模、纤维原料、所抄纸种和采用净化和筛选设备的不同而异。图 3-28 是其中较为典型的一例，是一级三段的净化流程与旋翼筛结合的系统，可用于中速以上的造纸机。另一典型的净化和筛选流程可参看图 3-4，

图 3-27 维美德的 MS-1200HT 卧式压力筛

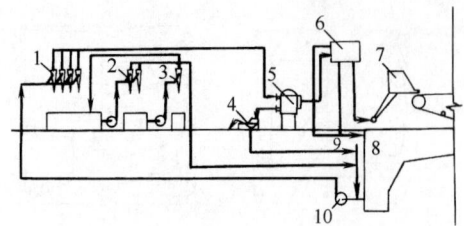

图 3-28 造纸机前的净化和筛选系统
1——段606型除渣器 2—二段606型除渣器
3—三段606型除渣器 4—高频振框平筛
5—旋翼筛 6—稳浆箱 7—流浆箱 8—网
下白水池 9—由高位箱来浆 10—混合泵

用于现代中高速造纸机,这一流程中的净化属于六段的净化系统,并与压力筛结合,实现了对纸浆的净化与筛选。

## 四、纸浆的除气装置

纸浆中常常带有空气,空气存在于纸浆中会使抄纸过程产生许多问题。

纸浆中的空气以两种状态存在,一种是游离状态的空气,另一种则是结合状态的空气。游离状态的空气,存在于纤维与纤维之间或附在纤维上,也有存在于纤维细胞腔中的,而结合状态的空气则指溶解于水和吸附在纤维上的空气。游离和结合两种状态的空气,在一定条件下可以相互转化。

两种状态的空气中又以游离状态的空气对抄纸过程影响最大。而一般来说,结合状态的空气对纸浆性质的影响不大。在纤维与纤维之间或附着在纤维之上的空气气泡,是产生泡沫的主要原因,而存在于细胞腔内的空气,则使纤维相对密度减轻,成为浮浆的主要原因。浮浆致使流浆箱堰池浆液表面浓度增大,并且会使流浆箱内上部的纸浆浓度大于下部。有人在一台新闻纸机上做过试验,在流浆箱中上部纸浆浓度较之离浆液表面150mm内的浓度约高4%,可是一旦纸浆在进入流浆箱前脱离了空气,则在流浆箱中的上、下层纸浆浓度变得均匀一致。在生产实际中常在流浆箱中设置高压喷水管消除泡沫并稀释上部纸浆的浓度,另一方面,通过溢流的方法,将堰池表面浓度较大的纸浆流出,达到浓度一致。若流浆箱设计不好,使上部纸浆停滞,则上部纸浆浓度剧增,当这部分纸浆上网后,在网上立即出现料块,浆团,使成纸有云彩花(表明纤维分散不匀)和纸页定量不均匀的纸病。

纸浆中存在空气,增加了它的可压缩性,因此在设计全封闭流送系统时,必须考虑到纸浆可能产生的大小脉动。纸浆中的空气会堵塞毛细管眼孔,阻碍纸浆脱水,减低网部脱水部件的抽吸作用,降低脱水能力。当流浆箱使用喷水管消沫和稀释上部纸浆时,由于增加了温度低的清水,降低了纸浆的温度,提高了其黏性,也使脱水困难。

在使用脱气纸浆而又不提高纸机车速的情况下,烘缸部干燥纸页可节省蒸汽用量(据报道,可节约蒸汽用量7%),这可能是由于进入烘缸部的湿纸干度较大,或者是由于纸较紧密、传热较好的缘故。此外,脱了气的纸浆压榨脱水和纸的压光都比较容易,纸的平滑度好,透气度低,这可能是由于湿纸成形较好、纸较紧密所致。

纸浆如有泡沫,常使网部成形的湿纸产生泡沫点和成纸质量不佳,如为多层纸板,则容易分层。泡沫点是纸浆中的泡沫在湿纸成形时破裂所致,产生圆形小点,比周围的纸页透明一些,如纸浆中加有填料,泡沫点常带有较多填料,这是由于泡沫上挂有较多填料,泡沫破裂时沉积在纸上的结果,所以当填料为白色,生成的是白色泡沫点,如为有颜色的填料则生成该种颜色的泡沫点。另外,生产透明纸(例如防油透明纸)这类高密度的纸张,特别要求纸浆脱气。

综上所述,纸浆中虽然空气含量很少(一般含有0.4%~6%的空气量,以体积计),但对抄纸过程的各个环节影响很大。为了改善纸浆性质和纸的质量,最好使用脱气设备脱除纸浆中的空气。因此，许多造纸机，特别是高速造纸机前的纸浆流送部分和流浆箱，都设有脱气消沫装置。

少量的空气一般是在搅拌与浆流跌落时混入浆中的。但主要的空气来源在于使用了网下白水。从纸机成形部来的自由排水，落入集水盘中，再汇集到成形网下面或纸机后部的白水池中，这些白水不可避免地吸取了大量游离空气，相当长时间的敞口沟流，目的就是希望在网下白水与浆流重新混合前能释出空气和消除湍动。虽然在设计和操作上做了最大努力以控制空气的进入，但在有些情况下，由于产品质量要求或为了弥补设计缺陷，纸浆脱气可能仍是必需的。脱气作用是借将纸浆（一般为离心净化器良浆）喷入真空装置中驱去空气而完成的。

生产能力不大的造纸厂，可以用涡旋除渣脱气管作为纸浆的脱气设备，如图 3-29 所示。涡旋除渣脱气管的作用原理与涡旋除渣器相同，不同之处是在脱气管的底部装有一根直通管子中央气柱的抽气管，将气柱中的空气抽出。

图 3-30 和图 3-31 分别介绍了两种用于中高速造纸机的纸浆除气器系统的简图。在图 3-30 中，真空室设在除渣净化器的顶部，良浆从良浆管喷入贮气罐时，也由于压差的作用，纸浆中空气被释出。由于保持净化器的上下压力稳定，其尾浆收集联管也具有一定真空度。这样，尾浆也能释出所包含的空气，并保持净化器稳定运行。

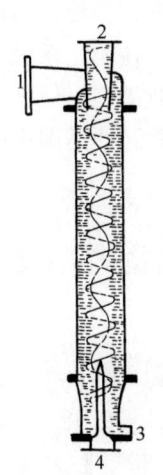

图 3-29　涡旋除渣脱气管
1—纸浆进口　2—纸浆出口
3—粗渣出口　4—接真空泵

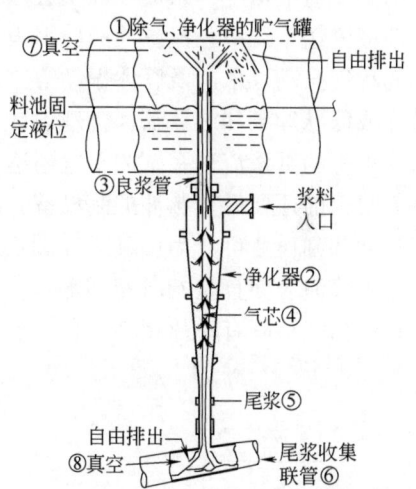

图 3-30　纸浆喷入除气器真空室的
详细结构（Clark&Vicario 公司）

图 3-31 为安德里茨公司为稀释水流浆箱设计的双重除气器，其一端可以处理一段来自除渣器的良浆、纸机浆渣筛的良浆和流浆箱的回流浆，另一端可以处理来自机外白水池的白水和流浆箱稀释水系统的回流白水。除气器工作原理是将经过净化的纸浆和白水送入多支进浆管，通过高旋转速率的喷嘴，强烈地喷射到除气器的顶部，使纸浆分散成许多小液滴，并形成一层沿着除气器的圆柱形表面运动的液膜，在沿器壁向下滑动的过程中，在除气器内高真空的作用下，产生射流撞击和沸腾等物理作用，纸浆中的气泡迅速膨胀，并在真空作用下快速消除，达到除气的目的。经过这一工艺流程之后，浆料的空气含量一般在 1%~1.5%，要达到更低的空气含量，尚有一定的难度。

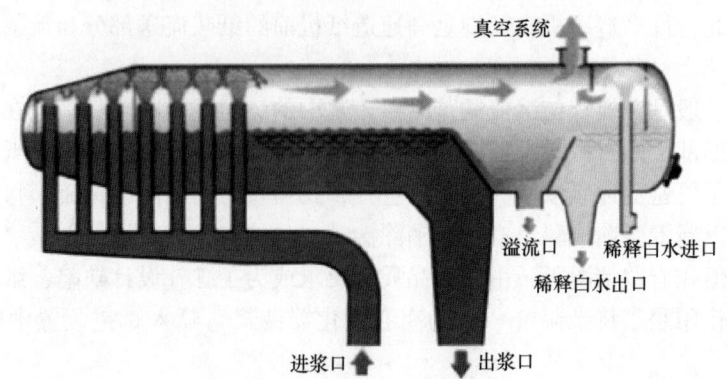

图 3-31 双重除气器（Andritz 公司）

### 五、脉冲抑制设备

为了防止进入流浆箱的浆流带有压力或速度脉冲，在高速造纸机的流送系统必须考虑消除浆流中的脉冲。浆流脉冲对配用开启式或气垫式流浆箱的低速或中速造纸机的工作影响不明显，因流浆箱内浆面上的空气层有抑制脉冲的作用。但在配备全封闭的满流式或水力式流浆箱的高速造纸机上，浆流脉冲则会导致纸幅定量的波动。

造成流送系统中浆流脉冲的原因很多。其中泵和旋翼筛产生的脉冲最大，设计不良的管道中的积气振动、水击及管体振动等，也是造成浆流中脉冲的重要原因。在流送系统中采用无脉冲或低脉冲泵和旋翼筛，合理设计管道等，都是减少浆流脉冲的有效措施。但是，目前很多造纸机的纸浆流送系统的布置还达不到这种要求，因此，要完全消除脉冲是困难的，为此在流浆箱前还要设置脉冲抑制设备，以进一步减少浆流中的脉冲。

脉冲抑制设备可分为接触式（图 3-32）和非接触式（图 3-33）两类。在接触式脉冲抑制设备中浆流表面直接与气垫接触，利用气垫的弹性抑制脉冲，在非接触式脉冲抑制设备中，浆流和气垫间有膜片相隔，利用膜片及气垫的弹性来抑制脉冲。

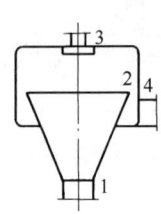

图 3-32 接触式脉冲抑制设备
1—浆流入口  2—密闭仓
3—压缩空气进口  4—浆流出口

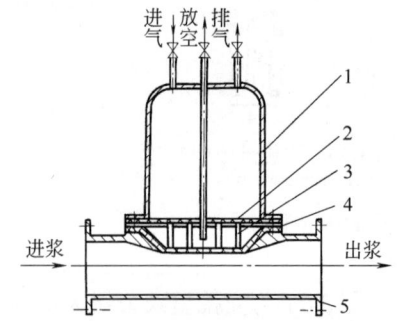

图 3-33 非接触式脉冲抑制设备
1—气罩  2—多孔隔层  3—泡沫胶棒  4—胶膜片  5—抑制设备本体

### 六、冲浆泵和流量调节阀

#### （一）冲浆泵

冲浆泵是专用于向造纸机流浆箱输送浓度很低（一般浓度 $w \leqslant 1\%$）的纸浆的离心式浆

泵。一般是双吸式离心泵，如图 3-34 所示。由离心式泵的特性可知，这种离心式冲浆泵的扬量有一定的脉动性。这对高速造纸机上的抄造有一定的有时甚至是显著的影响，送浆的脉动性会反映为抄造出来的纸幅定量沿纵向的分布有周期性的变化。为了减少冲浆泵输浆的脉动性，冲浆泵的叶轮都设计成双吸封闭式，中间有隔板，其两边的叶片相互错开半

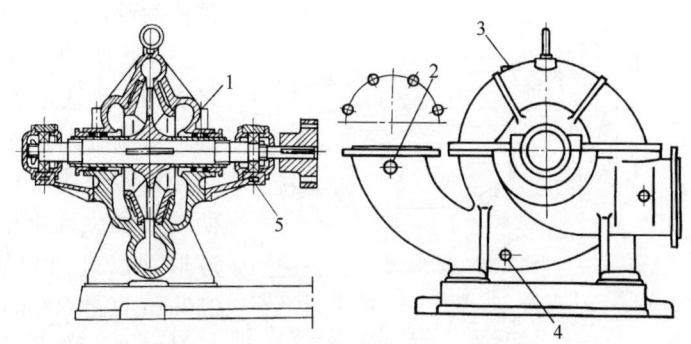

图 3-34 双吸型离心式浆泵（冲浆泵）
1—水封口（1/2″） 2—压力表接口（1/2″） 3—引水口（1/2″）
4—放空口（M30×2） 5—冷却水进出口（1/2″）

个叶距，且叶片的出口边与叶轮中心线形成一斜角；叶轮叶片数比较多，根据叶轮大小每侧有 6~12 片，叶轮要采用精密铸造成形，并经过精细的动平衡。

冲浆泵泵体的特点是：在泵体蜗室同出浆管相接处形成的隔舌，同叶轮外径之间的距离相对地取得大些，为叶轮半径的 7%~10%；其次是将隔舌设计成 V 形。这样可使隔舌相对叶轮逐渐切入，隔舌对产生压力脉动的影响可进一步减少。

冲浆泵有使纸浆均匀搅拌的任务。它的吸入口接在冲浆回水池液面的下方，而从回水管的旁管引入配合好的纸浆，为达到均匀混合之目的，应使纸浆的流速高于回水的流速，纸浆的流速一般不低于 3~4.5m/s。

为了实现冲浆泵扬量调节的自动化，通常可采用改变与冲浆泵相连的电动机的转数的方法，而电动机的转数是借有关的造纸机运行参数变化时发生的脉冲信号来调节的，直接传动冲浆泵的密闭式电动机与冲浆泵安装在同一块底板上。

冲浆泵需用功率的计算与其他离心浆一样，即用式（3-1）计算：

$$P = \frac{q_V \cdot H \cdot \gamma}{102\eta} \quad (\text{kW}) \tag{3-1}$$

式中 $q_V$——扬量，$m^3/s$

$H$——扬程，m

$\gamma$——纸浆的重度，$N/m^3$，通常取 $\gamma = 10000 N/m^3$

$\eta$——泵的效率。$\eta$ 值与纸浆的扬量、浓度和泵的结构与尺寸有关，应用时可参考同类型水泵选取

**（二）浆量调节阀**

浆量调节阀是装设在造纸机流浆箱进浆总管前的主要阀门，它控制和调节送上造纸机的浆量，而这供浆量决定了造纸机抄造成的纸的定量。

在冲浆泵之前，调节经过配浆、筛选、除气的纸浆流量的阀门和在冲浆泵之后调节经过白水稀释到上浆浓度，直接送到造纸机流浆箱去的纸浆流量的阀门，都叫作浆量调节阀。因流量大小不同，前者的规格较后者小得多。前者往往采用电控或液动或气动的闸门，并与流量指示和记录仪表配合使用。后者多采用被称为球形阀或葱头阀的特殊阀门。下面简要介绍这种阀门。

球形阀如图 3-35 所示。它的阀芯形似一个球或葱头。有时它也因阀芯像水滴或珍珠而

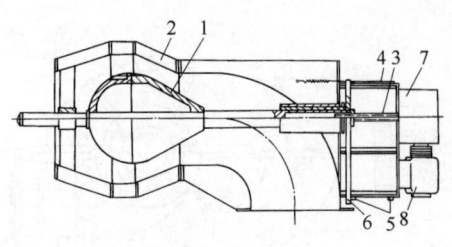

图 3-35 球形阀
1—阀芯 2—阀壳 3—螺杆 4—标尺 5—限位开关 6—限位开关拨叉 7—减速器 8—电动机

被称为珍珠阀。

球形阀的工作原理如图可见，它应用丝杆螺母机构实现阀芯的轴向移动而达到调节阀壳与阀芯环形流道面积大小之目的。螺杆是由电动机通过减速器带动作只旋转而不移动的运动。阀芯的两端极限位置由位置可调节的限位开关来控制。球形阀以进出口管经为规格，其规格系列可自 250mm 直至 600mm。阀壳、阀芯及阀杆等与纸浆接触的部位均采用不锈钢或其他抗蚀材料制成或精密地包覆，阀内各过渡点均用匀滑的圆角以防止挂浆。

球形阀被安装在向流浆箱供浆的并联输浆管路系统的主输浆管上。它的安装位置要考虑便于进行清洗。

## 第三节　流浆箱概述

### 一、纸浆上网对流浆箱的要求

流浆箱是造纸机上纸浆上网的装置。它与纸机前的纸浆流送系统相衔接，并通过其中的布浆装置、整流元件（如匀浆辊等）、堰池、堰板喷嘴等部件的作用，均匀一致、稳定地沿造纸机横幅全宽流送上网，为在造纸机网部纸页的成形创造良好的前期条件。

因此，纸浆上网对流浆箱提出如下要求：

① 沿着纸机的横幅全宽均匀地分布纸浆。要求上网的纸浆沿着纸机的横幅全宽形成一个横截面形状为矩形的纸浆流，并且沿着矩形横截面的全宽和全高各点的速度和湍动的分布是均匀一致的。上网的纸浆流必须是稳定的，没有扰动、横流和大的涡流。

② 有效的分散纤维，防止絮聚。要求上网的纸浆必须是均匀分散的纤维悬浮液，并且尽可能地保持纸浆流中的纤维无定向排列的现象。

③ 按照工艺要求，保证浆速与网速相适应的协调关系，并且要便于控制和调节。

④ 各流道要平滑，避免在流送过程中，纸浆可能发生的挂浆现象，并且便于清洗。

⑤ 在结构上，应有足够的刚度，并在充分满足工艺要求的情况下，尽量做到结构简单、制作容易、操作、维修方便。

### 二、流浆箱的结构组成及其分类

#### （一）流浆箱的基本组成

流浆箱由布浆器（纸浆的分布装置）、堰池（纸浆的整流装置）和堰板（上网装置）等三个主要部分组成。图 3-36 所表示的是一台气垫式匀浆辊流浆箱，它由锥管布浆器作为纸浆分布装置，匀浆辊作为整流元件，并由气垫室的气压来调节纸浆的上网流速。

图 3-37 所表示的是一台适合于高速造纸机的白水稀释可控水力式流浆箱，同样由锥管布浆器作为纸浆分布器，但整流元件是管束及扩散管，并配有白水稀释浓度调控系统。

布浆器把从一根浆管送来的纸浆均匀稳定地布到流浆箱全横幅方向上，匀整元件把浆流中可能有的流态缺陷和分散不匀的纤维进行匀整，使之成为呈适当湍动状态的均匀浆流。箱

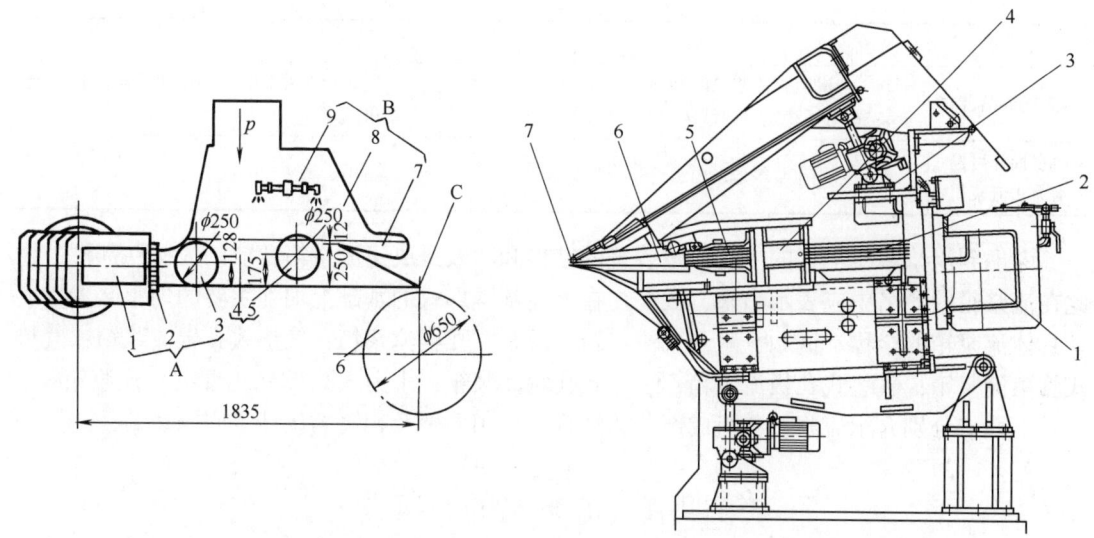

图 3-36 流浆箱基本组成
A—布浆器　B—堰池　C—堰板
1—方锥形总管　2—孔板（均布元件）　3—匀浆辊（布浆器的整流消能装置）　4—堰池
5—匀浆辊（整流元件）　6—胸辊
7—溢流槽　8—箱体　9—旋转喷水管

图 3-37 高速造纸机的流浆箱
1—方锥形总管　2—管束　3—稀释水系统　4—稳浆室　5—湍流发生器　6—唇板通道　7—上唇板

体是各元件的支承与组合体，也发挥溢流、除沫作用。上网装置最后加速浆流使其达到上网要求的速度，并控制上网浆束的截面面积及控制浆束在网上的落浆点。

（二）流浆箱的分类与命名

目前用于各种类型造纸机的流浆箱有多种型式，但是，迄今为止，造纸机流浆箱还没有一套较完善而确切地表达其结构特征和功能特征的分类和命名。但从它的三个组成部件来看，按流浆箱箱体内配置的主要匀整装置的形式与箱体基本形式相结合的分类方法是比较合适的。

按流浆箱箱体结构形式可把流浆箱归纳为敞开式、封闭式、满流式和满流气垫结合式等四种基本类型。四种基本类型流浆箱的特点及适用范围见表 3-5。

表 3-5　各种流浆箱的形式、特点及适用范围

| 形 式 | 特 点 | 适 用 范 围 |
|---|---|---|
| 敞开式 | 用箱内浆位来控制上网纸浆的速度（浆速），通常通过调节箱内堰板的高度来控制 | 一般用于低速造纸机 |
| 气垫式 | 以压缩空气调节箱内纸浆面上方的空气压力（或抽真空减压）来调节上网纸浆的速度（即浆位不变，而变更空气垫压头，可以得到适当的纸浆压头） | 1. 比较广泛的用于车速较高的造纸机<br>2. 也有用于一些中速的造纸机 |
| 水力式（或称满流式） | 1. 纸浆流送过程中充满流浆箱<br>2. 用冲浆泵的输浆压力，高位箱的浆位或气垫稳浆箱的空气压力来调节上网纸浆的速度<br>3. 不能吸收浆流的脉动，需要在进浆系统中设脉冲衰减装置（如气垫稳浆箱）<br>4. 特殊结构的满流式流浆箱可作为多层流浆箱 | 应用于夹网造纸机或车速较高的新型长网造纸机或圆网造纸机 |

续表

| 形式 | 特　　点 | 适用范围 |
|---|---|---|
| 满流气垫结合式 | 在一般满流式流浆箱的基础上，增设气垫稳定室和溢流装置，可以稳定箱内纸浆压力，消除脉动和排除泡沫 | 应用于夹网造纸机和车速较高的长网造纸机 |
| 白水稀释可控水力式流浆箱 | 在水力式流浆箱增设白水稀释浓度控制 | 适用于高速造纸机 |

考虑到流浆箱所配置的主要匀整装置的结构和功效是决定流浆箱功能的关键性部件，因此在流浆箱的命名中应表示出来，故往往在上述基本形式的基础上加上主要的匀整装置构成了具体流浆箱的全称。例如，敞开式流浆箱；敞开式孔辊流浆箱；气垫式孔辊流浆箱；气垫式管束流浆箱；气垫式孔板流浆箱；水力式孔辊流浆箱；水力式孔板（或管束）流浆箱等。

下面将分别介绍流浆箱各组成部分的结构、作用原理及相关的设计等问题。

## 第四节　流浆箱的布浆器

进浆总管和布浆器是流浆箱的第一个装置，是流浆箱的进入口，它与流浆箱前的辅助设备相衔接。

### 一、布浆器的作用与要求

流浆箱的布浆有二层含义，其一是展开浆流；其二是匀布浆流。据此可以理解布浆器的作用是将上网纸浆沿网全宽均匀地分布至流浆箱的堰池中。一个好的流浆箱必须有一个高效率的布浆器，使纸浆一进入纸机就能获得均匀的分布。为达到赋予布浆器的作用，可提出下列具体要求：

① 进浆总管应是等压管，保证纸浆沿纸机全幅宽能形成稳定的等压分布。

② 纸浆由总管转向经布浆元件各孔眼流至流浆箱堰池的过程中，各流股必须具有相同的压力损失，以确保纸浆均匀分布，且各流股对总管浆流的不稳定性不敏感。

③ 不变形、不锈蚀、尺寸精确、内壁光滑不挂浆，易清洗；防止纤维束、尘埃、泡沫、空气聚集。

④ 应设有压力调节与控制的装置。

### 二、布浆器的组成和形式

布浆器一般由总管和分布元件（包括相应的整流消能装置）所组成。

布浆器由初始的纵向进浆发展到横向进浆，现已趋于定型。图 3-38 至图 3-42 示意出布

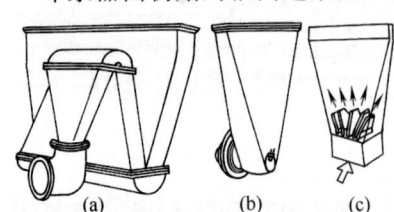

图 3-38　扩展流道布浆器
(a) 有折叠形流道的　(b) 直升单流道的　(c) 带导流片的

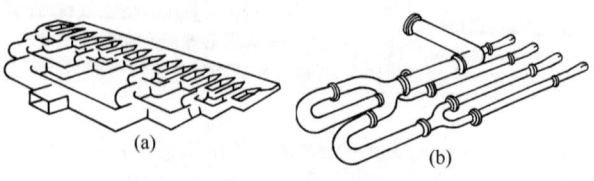

图 3-39　多重对分布浆器
(a) 短管　(b) 长管式

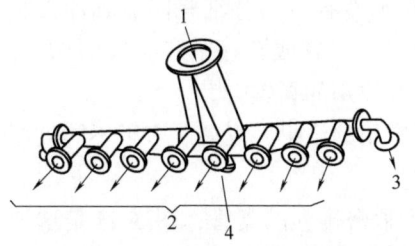

图 3-40 中间进浆的支管布浆器
1—进浆 2—至流浆箱 3—至网下白水井或冲浆泵前 4—排放阀供清洗用

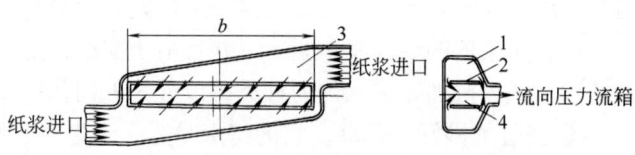

图 3-41 错流布浆器
1—两侧方向交错的流道 2—隔板 3—两侧流道的收敛锥形截面 4—中间混合室

浆器发展的各种形式。表 3-6 列出了各种布浆器的结构、特征及应用情况。必须指出，矩形锥管布浆器已成为现今的定型装置。

表 3-6　　　　　　　　　布浆器结构、特征及应用情况

| 名　称 | 结　构 | 特　征 | 应用情况 |
| --- | --- | --- | --- |
| 扩展流道布浆器 | 垂直于浆流方向的流道截面积逐渐扩大，从进浆口处相同于浆管直径的圆孔扩大到相等于接进浆箱处的矩形面积；在形状上的规律性是下小上大，有的沿流向的长度很长并形成折叠状。参见图3-38(a) | 流道扩展过快(指流道的扩展角大于 15°～30°时会使浆流发生分离，在侧壁处发生涡漩。加长流道并不得不使之折叠是为了减小扩展角度，但增大了流阻与流向转折处的分离作用)。在扩展角较大时可增设导流片，如图 3-38(b) | 在一些尚未改造的低速老式造纸机的开式流浆箱上仍有应用的实例，在圆网成形器的网槽进浆流道中也有应用 |
| 多重对分布浆器 | 用适当的三通管使进浆管被对半地剖分流量并适当扩大流道面积，对分管又被对分，如此多重对分后达到与流浆箱宽度相接所需的截面积，结构较复杂，不易清洗 | 理论上的对分流量不易实现，结果形成沿流浆箱横幅方向上流量、流速不均匀 | 现已基本淘汰 |
| 多支管布浆器 | 进浆管接到总管中央部位而由总管上接出许多支管到流浆箱去。支管有中、小直径和长、短管等多种配置方案 | 沿横幅得到均匀的流量和流速不很容易，支管设计要经过试验改进以适应实际的流量 | 在少数中窄幅门的造纸机流浆箱上仍有应用 |
| 错流布浆器 | 进浆总管有两侧来浆的收敛流道，浆流以过中间隔板的上下缝隙进入中间混合室混合后，在压力下向上流入流浆箱。参见图3-41，侧流道在小端有回流口可以互通 | 布浆的均匀程度较上述各种布浆器稍有改善，但也须经过实际流量的试验实测来修正流道尺寸才能取得较好效果。适应范围较窄 | 曾在一些中高速、中宽幅的造纸机流浆箱上应用，但现已很少见到 |
| 锥管布浆器 | 进浆管以变形变积接管接在横置的锥形进浆管的大端，锥管另一头有回流口，锥管的一侧经孔板、管束等与流浆箱相接，参见图3-42。锥管截面形状以矩形者较多，也有弓形、圆形的 | 已有较多从研究实验而来的计算公式与方法，流浆箱内沿横向的流量流速分布均匀效果较好。流量适应范围相对较宽一些。可调控的参数或可修正的部件改动较为方便 | 现在矩形锥管布浆器已渐成为通用的定型的布浆器形式 |

## 三、布　浆　器

### (一) 锥管布浆器的主要类型

锥管布浆器是目前被采用得最广泛的布浆器。锥管的截面形状可以是圆形、矩形或弓形

(见图3-42)。纸浆从锥管的大端进入，绝大多数情况下在小端有一部分纸浆回流到冲浆泵前，所以它往往被称为"单侧进浆布浆器"。锥管与它所附的支管或孔板都起布浆的作用，但对于展开浆流并使其沿造纸机横向尽可能均匀分布起主要作用的是锥管。

锥管布浆器的结构简单紧凑，并且由于在纸机上广泛应用的结果，发展了多种不同类型的结构形式。按其布浆元件的种类可以分为下列几种类型：

① 支管式锥管布浆器。它的特点是有一列直径较小而紧密排列的支管，图3-43是这种类型布浆器的外形。

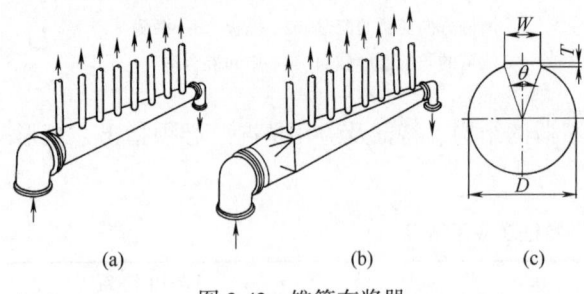 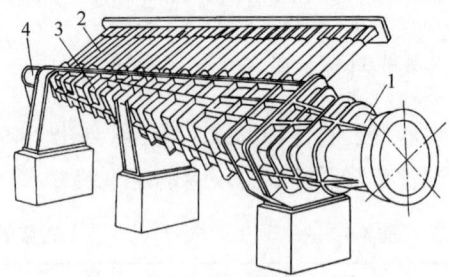

图3-42 锥管布浆器
(a) 形锥管 (b) 矩形锥管 (c) 弓形锥管的截面

图3-43 支管式锥形布浆器外形
1—过渡管 2—支管 3—锥管 4—回流装置

② 孔板式锥管布浆器。这种布浆器的结构见图3-44和图3-45，它的布浆元件通常是一个精确制造的有机玻璃的孔板。孔板具有更换方便，占用位置很小，加工制造较容易，清洗简便等优点。所以，孔板式锥管布浆器应用日益增多。

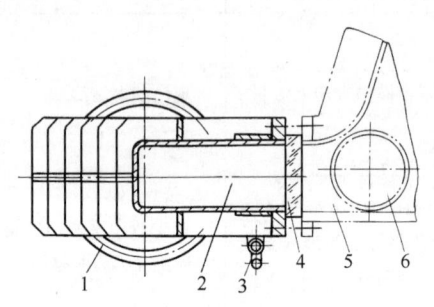 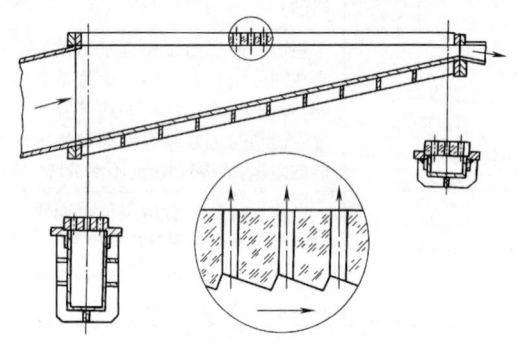

图3-44 孔板式锥形布浆器
1—进浆管 2—锥管 3—铰链支点（便于清洗后的复装） 4—孔板 5—流浆箱的箱体 6—孔辊

图3-45 锥管和孔板的结构

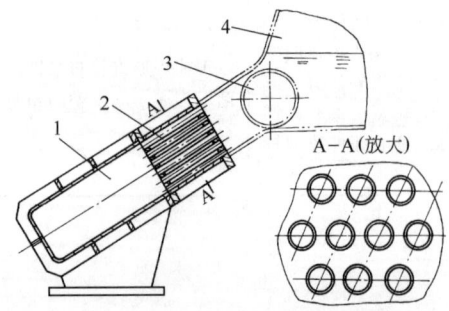

图3-46 管束式锥形布浆器
1—布浆锥管 2—管束 3—孔辊 4—流浆箱的箱体

③ 管束式锥管布浆器。管束式布浆器有很高的布浆效能，多使用在满流式流浆箱上。其结构可参看图3-46。这种管束可以看成是一种多列的支管或很厚的孔板。布浆管束具有很大的流阻，有利于浆流的均匀分布。通常的布浆管束具有较低的开孔面积。管径通常为14~30mm。

布浆管束的进一步改进和发展，是采用阶梯扩散管束（图3-47）和变截面的扩散管束（图3-48）。这些管束不但有完成布浆的作用，而且也

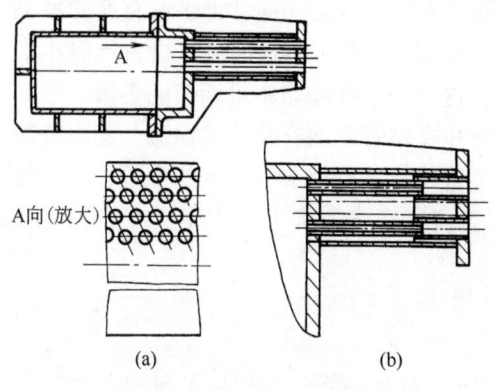
图3-47 用阶梯扩散管束的锥形布浆器
(a) 简单的管束 (b) 阶梯扩散管束

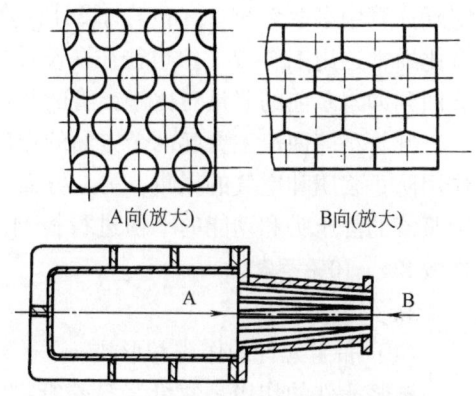
图3-48 有变截面扩散管束的锥形布浆器

具有一定的整流功能。

（二）锥管布浆器的组成

图 3-49 示出了一个典型的锥管布浆器。由图可见，锥管布浆器通常是由过渡管、锥形母管，布浆元件（支管、孔板、束管）和回流装置等主要部件所组成。下面分别叙述这些组件。

1. 过渡管

锥管布浆器是侧向进浆的，锥管进口端附近需使用弯头，有时候还需装设闸门。浆流通过急剧的弯头或闸门等部件时，会产生不稳定的二次流或发生流体与管壁分离的现象。如果这种不稳定的流态尚未消失之前就进入了布浆器的锥形母管，势必影响浆流的分布效果。为了避免这种现象，除了较远地装设闸门和采用缓和弯头以外，可采用专门设计的较长的和变化缓和的由圆变方的过渡管段，使浆流在进入锥形总管之前是处于稳定的流动状态。此外，在设计矩形总管与进浆主管之间的过渡管段构形时，要严格遵守浆流要平行于总管后壁进入的原则，如图3-50所示。

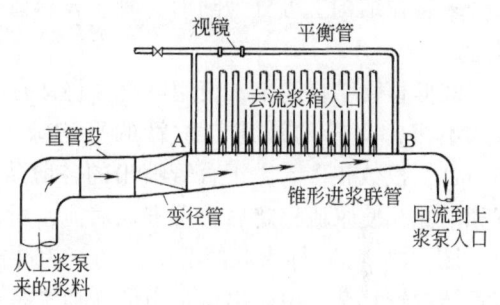
图3-49 带小支管的锥形布浆器

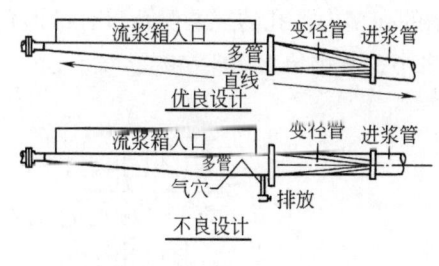
图3-50 锥形布浆器的构形

2. 锥管（母管）

现在最常用的锥管，是一个等宽单斜薄壁的锥形管（参看图3-45）。也就是说，锥管的截面为等宽的矩形，截面高度的变化是线性的，而锥管的底面管壁是一个倾斜的平面。锥管的管体是用2~5mm厚的不锈钢板制成，管表面焊有加强刚度防止变形的框架（参看图3-43）。

锥管布浆器有几个主要的设计参数：锥管流速、矩形锥管进口端截面的高宽比或圆形锥管进口端直径、锥管小端回流率以及决定支管或孔板流出面积总和的加速成比。

锥管布浆器的锥管内流速指锥管进口截面上的平均流速，通常在1.3~4.5m/s范围内，实际计算中多取2.6~3.1m/s的设计计算值。矩形锥管进口端截面（通常都是恒宽度）的高宽比通常选用1.5~2（但也往往在设计中视具体情况而异）。锥管小端回流率指自锥管小端流回到冲浆泵前的浆量对比于锥管的浆量的百分率，这是一个在操作中可调节的参数。

锥管小端回流主要起两个方面的作用。一方面防止在锥管末端有死区或涡流，起自清洗作用防止浆团和空气的聚集，另一方面，提供了对锥管浆流进行调节和控制的手段，对锥管中浆流的静压头和动能的平衡进行控制。锥管小端溢流率通常取为15%以下，在设计时通常按8%~10%考虑。

3. 布浆元件

(1) 布浆元件的作用和形式

布浆元件的作用是使纸浆沿着纸机的横向均匀地分布。布浆元件的种类很多，常用的有：多管、孔板、阶梯扩散管和管束等类型。在使用多管或孔板时，必须配备整流消能装置，以克服多管（或孔板）的多股浆流的不稳定性。而阶梯扩散管或管束等布浆元件，因同时具有整流和消能的功能，不需另配置整流和消能装置，并且能产生高强微端动。在这里仅介绍多管和孔板，而阶梯扩散管留在匀整元件中再作介绍。

(2) 多管

多管在结构上可分为圆形直管、异形管（进浆断面为圆形、出浆断面为矩形）和文丘里管。

圆形直管结构简单，使用广泛，它又有两种基本形式，一种直径较大（$\phi$150mm左右），根数不多，支管的流速与总管的平均流速相差不大。另一种是支管直径较小（$\phi$25~65mm），根数较多。由于直管喷出的各股浆流的动能较大，在进入堰池以前，要求纸浆整流和消能，使浆流稳定后，再进入堰池，所使用的整流消能装置都比较复杂。如图3-51所示 [图中之(a)称为双冲击式，(b)为冲击与旋涡结合式，(c)为旋涡式等几种]。异形多管结构较复杂，由于出口是矩形（通常是正方形），截面积较大，对浆流有减速作用，因而布浆较均匀，对整流消能装置的要求也比直管低，异形管可用于某些中高速纸机的流浆箱。现代造纸机的稀释水型水力式流浆箱其布浆元件一般采用多管束，管束为阶梯扩散圆形管形式。

4. 孔板

实际使用中的孔板如图3-52所示。图中(a)所示的孔型中，孔的上游侧孔口有锥形扩口段，此段长度$l_1$约为孔径之一倍半或接近孔板厚度之半，其锥角为20°~40°。

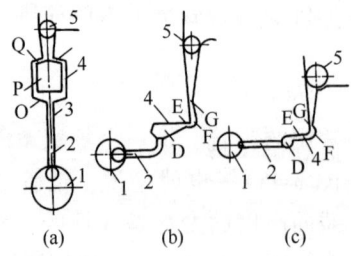

图3-51 多管布浆元件配置的各种消能装置示意图
(a) 双冲击式 (b) 冲击与旋涡结合式 (c) 旋涡式
1—总管 2—支管 3—孔板 4—整流消能装置 5—匀浆辊 O—扩散部分 P—塞子 Q—节流缝 D—节一扩散室 E—节一节流缝 F—节二扩散室 G—第二节流缝

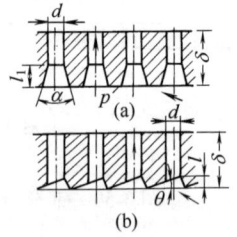

图3-52 孔板
(a) 孔有锥形入口
(b) 上游侧自齿形斜面

孔板上的开孔面积决定于浆流流量和孔中的流速。孔板孔中的流速 $v_2$，通常取为 3.5~5.0m/s。决定孔的直径时要考虑：a. 为防止孔板下游浆流不易混合，往往取孔径较小而使排孔较密些；b. 不至于发生堵塞。通常在设计中取孔径 $d$ 为 7~20mm，多数情况下采用 10~18mm。孔板的厚度 $\delta$ 通常取 $\delta \geq 3d$，厚度一般都不小于 50mm，也有达到 100mm 的。孔板上的排孔形式多采用棋盘形排孔，也排成阵列形的。孔板材料多用有机玻璃制成。

由于孔板比较容易使纸浆减速。与多管相比，孔板的整流消能装置也比较简单，图 3-53 所示：(a) 为用匀浆辊整流消能；(b) 为采用导流片和消能棒整流与消能。

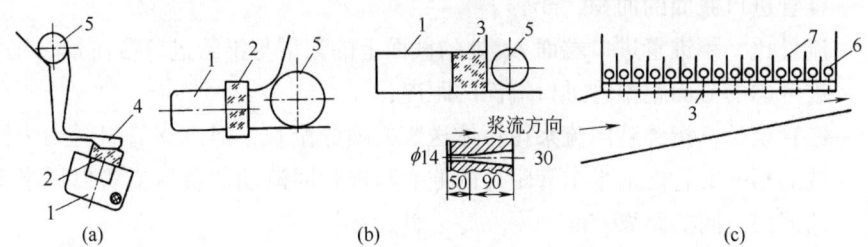

图 3-53 孔板布浆元件使用的几种整流消能装置示意图
(a) 孔板+接受室 (b) 孔板+孔辊 (c) 孔板+导流片和消能棒
1—方锥形总管 2—孔板 3—两段开孔孔板 4—接受室 5—匀浆辊（孔辊） 6—消能棒 7—导流片

### （三）锥管布浆器的锥管尺寸计算

锥管布浆器的基本要求是自每个支管或孔板中的孔中流向流浆箱的流量相等。这就要求：a. 沿锥管长度方向均匀分布的支管或孔都具有严格一致的尺寸和几何形状，压力损失相同；b. 锥管沿长度方向上的压力分布保持均匀相等。第一方面的要求可通过严格加工制造技术较易达到，这里我们将不予讨论。第二方面，则要应用完善的流体动力学原理，正确地设计锥管截面尺寸来满足。

浆流在锥管中的压力分布受到三个主要因素的影响：压力恢复，摩擦损失和由孔口效应导致的压头损失。

当浆流在总管中有一部分流入支管时，如果总管的截面尺寸不变，按伯努利定理，在总管中，就会因速度头的降低而导致静压头的升高。这就是所谓的压力恢复。很容易理解到，为达到总管中浆流静压头不变，总管应制成截面积渐渐缩小的锥管。但是，锥管截面积缩小的程度在理论上还应同时考虑摩擦损失和孔口效应（即流体自总管转向转入支管而分岔时所产生的特殊形式的摩擦损失）两项因素的影响。截面渐缩的收缩本身还有压头损失，但通常可略去不计。

由于所有主要影响因素的影响而推导得出的锥管截面尺寸的计算公式比较复杂，比较难于计算，也不便于实际制造，故目前在生产上使用的锥管布浆器，特别是用孔板的矩形锥管布浆器的锥管截面尺寸是按拜纳斯（Baines）方程计算后再圆整成线性的截面变化率来制造的。

拜纳斯方程是仅考虑摩擦损失，而不考虑分岔压头损失和收缩压头损失的基础导出的等压锥管设计公式。图 3-54 是锥管截面计算图。

拜纳斯公式形式如下：

$$\frac{A}{A_0} = k \cdot e^{\gamma} \qquad (3-2)$$

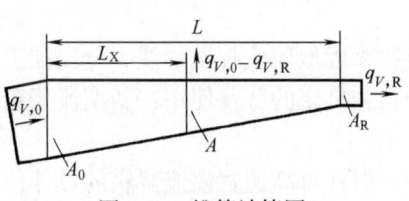

图 3-54 锥管计算图

其中
$$\gamma = \frac{f \cdot L_X}{8 \cdot R_S} \tag{3-3}$$

$$K = 1 - \frac{L_X}{L}(1-\omega) \tag{3-4}$$

或
$$K = \omega + (1-\omega)\frac{l-L_X}{L} \tag{3-5}$$

式中　$A$——在距离管进口端面 $L_X$ 处的截面上的锥管截面积，$m^2$

$A_0$——锥管进口截面的面积，$m^2$

$K$——流量比，距锥管进口端面 $L_X$ 处的截面上的流量与锥管进口端流量之比

$L_X$——被考虑的截面距锥管进口端面的距离，m

$L$——锥管全长，指锥管向流浆箱箱体送浆的喷缝全长，对有支管组时则为锥管进口端的第一支管之前半个管距处的截面与锥管回流端的最后支管以后半个管距处的截面之间的距离，m

$\omega$——锥管小端的回流率，以小数表示

$$\omega = \frac{锥管小端回流流量\ q_{V,R}}{进入锥管的流量\ q_{V,0}} \tag{3-6}$$

$e$——自然对数的底

$f$——摩擦因数，通常可取 $f = 0.015$

$R_S$——水力半径，m，$R_S = \dfrac{湿润面积}{湿润周长}$

对于圆形截面，
$$R_S = \frac{D}{4} \tag{3-7}$$

$D$——圆形截面的直径，m

对于矩形截面，
$$R_S = \frac{b \cdot h}{2(b+h)} \tag{3-8}$$

式中，$b$ 和 $h$ 分别为矩形截面的宽和高，m。

必须指出，按拜纳斯公式设计的矩形锥管后壁是抛物线形，如图 3-55 曲线 $a$—$b$—$d$—$e$。

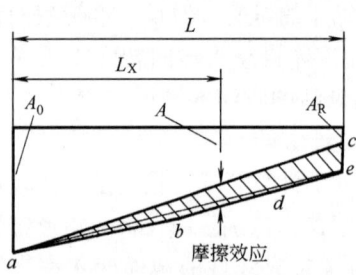

图 3-55　进浆总管的断面变化

在实际工程制造应用中，基于矩形直锥管加工制造容易，内部镜面抛光简单，所以中低速流浆箱的布浆器普遍采用矩形直锥管方式。

抛物线形后壁不容易加工，故一般都是按拜纳斯公式计算出最后一点，（如图 $e$ 点）然后用直线代替抛物线，如图 3-55 中用直线 $a$-$e$ 代替抛物线 $a$—$b$—$d$—$e$，以便于加工制造。这就是所谓的直线代替法。直线代替法会造成沿管长的浆流压头的变化，对于宽幅造纸机，这一变化幅度会更大。为了弥补这个不足，可以采用多段折线来近似地代替抛物线，分段加工锥管的后壁，这样就能更好地趋近设计的要求。随着大型数控机床的普及使用，新型流浆箱矩形锥管的后壁也采用数控龙门铣床按拜纳斯方程进行加工。

但针对高速宽幅流浆箱的设计，拜纳斯方程式在幅宽较大的方锥总管设计上存在计算误差。产生计算误差最主要的因素是假设水力半径为常数的前提条件，但对于宽幅流浆箱方锥

总管的前后水力半径相差很大，其计算误差就很大。如果将方锥总管分成多段，在每一小段内其水力半径基本一样，相当于常数。这样每段按拜纳斯方程式计算，产生的计算误差就很小。对于宽幅的高速流浆箱的方锥总管制造，为了避免方锥总管的进出口截面的长宽比过大，也会采用两面锥形的总管形式。按照总管拜纳斯方程的截面积设计原理，通常的做法是先将总管的底面设计为斜直线（面），总管的背面按分段计算的方法设计为多段曲面，通过调整底面的斜率，直到满足截面的长宽比例。

## 第五节　流浆箱的堰池和匀整装置

流浆箱的堰池是指流浆箱箱体（提供容纳上网纸浆空间）及其在其中形成的由布浆器到上浆装置之间的浆流通道（箱体流道）。这是进浆后，上浆前浆流被匀整、混合、稳定流态的流道。堰池的作用是根据造纸机车速的要求，提供与网速相适应的静压头，不同形式的流浆箱提供纸浆静压头的方式不同。借助安置在其中的匀整元件（如隔板、匀浆辊、孔板、阶梯扩散器、管束、导流片等）对纸浆进行匀整并产生适当的湍动，以分散纸浆中的纤维絮聚物，稳定浆流，保证上网纸浆均匀分布。对于气垫式流浆箱，堰池流道内浆流的深度应保持不变，避免浆流不稳定或产生二次流动。为了更好地稳定浆位，排除泡沫，气垫式流浆箱的堰池内常设有溢流装置，溢流量约5%。溢流浆一般送到网下白水池。为了消除泡沫和清洗箱壁，堰池内都装有喷水管。为了提高喷水效果，最好采用水平旋转式或摇动式的喷水管。气垫式流浆箱通常还装有视孔和照明装置。

### 一、箱　　体

流浆箱箱体是使布浆、匀整、上浆三部分组件形成前后协调连接成一个体系的连接主体，也是流浆箱的主流道。

箱体本体由两侧壁、前后墙及底与盖的六面构成。布浆器及与其相连的匀整元件大都铰接地固定在后墙上，可以掀开清洗。而前墙基本上是上浆装置的组成部件之一；有些流浆箱在前墙上有溢流堰以保持上浆浆位和消除泡沫，堰底位于前墙中部，用侧管引出溢流纸浆。上浆装置都装设在前墙下部，而其喷缝调节机构等都装设在前墙上。箱的侧壁上装有匀浆辊轴承壳或其他匀整元件框架以及视孔、液位标记孔等，而箱的顶盖上则装有照明灯、清洗装置等。围绕箱体都设有走台，以便观察与检视，走台支架都固定在箱体支座上。为了调节喷浆上网的落浆着网点和喷射角度，除了利用上浆装置的调节机构外，有的流浆箱有可伸缩性的下唇板装在箱底的控制机构上（如图3-56所示）。

气垫式、水力式流浆箱以及大型造纸机的开启式流浆箱都采用金属结构，箱壁一般用不锈钢或钢板内衬不锈钢制作，外加筋板以增强其刚度。有部分流浆箱也采用以玻璃纤维加强的工程塑料板材（玻纤塑料）制成的流浆箱壁，或甚至全箱体均以玻纤塑料制成。

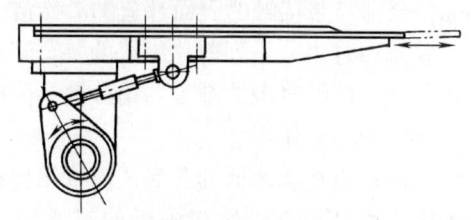

图3-56　可调节的下唇板结构

箱体要有尽可能大的刚度，特别是底板与侧壁应防止变形和挠曲。上浆装置的下唇板往往与箱体底板形成密接的整体，箱底的挠曲变形将使下唇板不平直，这就破坏了上网浆流的均匀的理想断面，导致流速不匀和纸的定量分布不匀。箱底的挠曲变形也会使箱内孔辊与箱底的缝隙不匀而使匀整效果变坏。两侧箱壁的变形也会影响浆流边部的流态。为此，在采用包覆抗蚀层的结构时往往也采用铸铁箱底与侧壁以增强其刚度。

箱底的挠曲变形对于高速和宽幅的造纸机的影响问题更为突出。为此，在宽幅造纸机的流浆箱上除了在机械结构上设法加强箱底刚度之外，还要防止箱底由温度变化而引起的变形。有些宽幅造纸机把下唇板处的箱底设计成夹套的形式，通入与纸浆温度相同的水，进行同温补偿。

## 二、匀整装置

### （一）概述

匀整装置是配置在流浆箱本体中的主要部件。它的作用是把来自布浆器的浆流中的缺陷尽可能地消除掉：使不均匀的流速分布得到匀布；使动能过大，流速过高的流股得到抑制；消除或抑制尺度过大的湍动和涡流，产生有利于防止纤维絮聚和促进纤维絮聚团束的解散的高强微湍动流型；消除送往上浆装置去的浆流中的横流等。为了达到上述的匀整要求而配置的匀整装置，根据其作用原理的不同，可粗略地分为下列几类。a. 改变流道的几何形状和尺寸，使浆流在减速、加速与转向过程中均匀混合并达到匀整要求；b. 匀整装置作为增加浆流流阻的组件，浆流通过这些组件过程中，其能量重新分布，转换，并在这一过程中完成对浆流的匀整要求；c. 给浆流引入合适的附加流动，以加强其匀整作用。

### （二）各种匀整装置简介

#### 1. 排栅、导流片

排栅是沿造纸机横向排成一排的、竖立在浆流中的立柱，它的剖面形状可以是圆形、花瓣形或水滴形，如图3-57所示。花瓣形或水滴形的排栅还制成为可以在原位置上转动的，以便调节流过它的浆流的流速和方向。

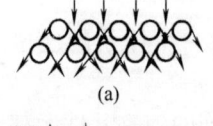

图3-57 排栅
（a）圆柱形排栅
（b）花瓣形排栅

在较新型的流浆箱中，排栅被装设在孔板之后用作为抑制过高的动能。排栅通常可使浆流流道截面缩小一半左右。排栅立柱的尺寸不宜过小，其直径通常至少为20mm或以上。立柱表面要十分光滑。立柱通常采用耐蚀材料如有机玻璃、工程塑料或不锈钢等制成。

导流片组是用许多平行薄片组成的一种格架，可视为一种片状的排栅（图3-58）。通常是先用与浆道轮廓形状相适应的薄片铆合成不太长的组件，然后并装到流浆箱所需的宽度。导流片的厚度通常为1~2mm，全部与浆接触的表面都应平滑光洁，所有转角都应是圆滑过渡的，以防止挂浆现象。

浆流通过由一系列薄片组成的狭窄浆道时，由于流体受到大面积摩擦，产生很强的剪切作用，足以使纸浆中的纤维均匀分散，同时也抑制了浆流中的横流和无规则的流动，从而完成对浆流的匀整作用。

导流片组在流速低的开启式流浆箱中往往仅作为抑制横流的一种措施而装设在喷浆口附近的流道中，它可以单独装设［图3-59（a）］，但容易在成形网上的浆流中形成条纹（浆道）。导流片也可以和孔辊配合使用［图3-59（b）］。在速度较高的孔板式锥形布浆器流浆箱中，往往把导流片组与排栅结合使用。

装设在高速造纸机流浆箱中的挠性导流片组（整流"飘片"组）（见图3-60），按其功能，也可视为导流片组。它由一组柔

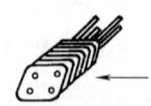

图3-58 导流片组

性的塑料的膜片组成，装置在一块孔板之后，镶在各排孔之间的位置上。这种导流片组在全幅宽上把浆流分割成若干很薄的浆层，只是在离喷浆口不远的地方才汇合，然后上网。这种导流片组具有所谓同时收敛的性质，即导流片本身的截面是楔形的，且导流片间的流道也是楔形的，每片导流片悬臂地固定在孔板上，使薄端相对于厚而硬的上端是可挠的（浮动的），有利于保持浆流的稳

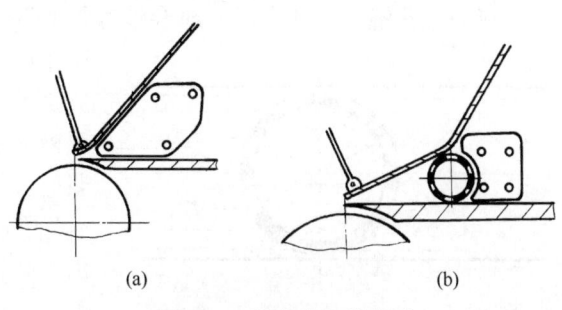

图3-59　导流片组的应用
(a) 单独地使用　(b) 配合孔辊使用

定。楔形流道的进口端高度约25.4mm，末端的高度（即膜片间的距离）只约3.2mm。浆流通过这种狭小的收敛流道，会受到强烈的流体剪力的作用，可以得到均匀分散的纤维悬浮液。

### 2. 孔板

孔板作为锥管布浆器的布浆元件，在前面已介绍过。作为浆流的匀整装置，孔板很早就被采用。在浆流流速高的近代流浆箱中，孔板显得甚至比孔辊更为优越些。在加工制造、运行操纵和适应性等各个方面都比较灵活方便。如果流速及纸浆特性等条件适合，在匀整效果上，甚至比孔辊更为显著。所以，一些高速纸机的流浆箱中，仅采用一块孔板配以适当的导流片组和排栅，就构成了流浆箱全套匀整装置。

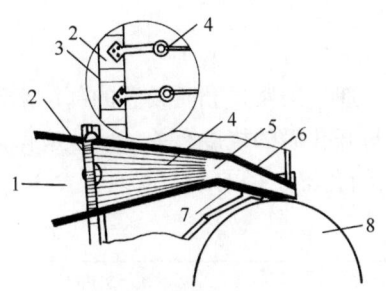

图3-60　敛流式挠性导流片示意图
1—扩散区　2—多孔板　3—孔眼
4—飘片（塑料薄片）　5—层流
区　6—上唇板　7—下唇板　8—胸辊

置于流道中的孔板是一种产生流阻的元件。把孔板置于速度分布不均匀的流道中，当浆流流经孔板时，由于受到阻力，流速减低，动压头转为静压头，同时，出现横向的压力坡度，使浆流束沿孔板散流。浆流速度越大，受到的阻力越大，生成的静压头也越大；相反，流速小，阻力也相应减小，产生的静压头也相应地小，因此，流速较大的浆流流过孔板后压力增加较大，浆流扩大而流速降低；流速小的浆流流过孔板后，压力相应较小，浆流被压缩而流速增加。如图3-61所示。

这样，在孔板前速度较大的流束，通过孔板后，流速降低，而这个流束的断面有了扩大；相反，速度较小的流束通过孔板后，流束被压缩，断

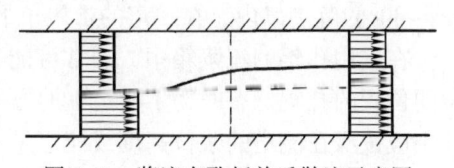

图3-61　浆流在孔板前后散流示意图

面变窄，流速增大。从而，在整个浆流通道断面上出现了流速的均匀分布，即达到速度均匀化。

### 3. 孔辊（匀浆辊）

孔辊是早先使用的匀整用孔板的发展。迄今它还是最广泛采用的匀整装置。

孔辊是中空的薄壁辊筒，辊面上有按一定规律排列的孔。辊面有孔部分的长度相当于流浆箱本体或喉部的内净宽度。孔辊大都不用贯穿全辊的通轴，仅在两端以短轴段支承辊体。

(1) 孔辊匀整浆流的水力学原理

浆流通过孔辊的流动可近似地看作为通过两个孔板的流动。浆流在通过孔辊时首先是向辊中心流入，然后由中心沿半径方向流动，如图3-62所示。浆流通过孔辊后，在两孔之间形成了强烈的小漩涡，使浆流处于微湍流状态，从而使浆流中纤维分散，避免了纤维的絮聚。

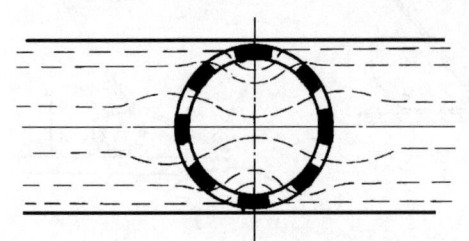

图3-62 浆流通过孔辊的流线图

孔辊匀整浆流的水力学原理与孔板相同，但由于孔辊对浆流形成了上游侧的半个辊面和下游侧半个辊面的两个"筛"，对浆流的解絮作用更强。设计得当时，在孔辊下游侧两辊孔之间能形成强烈的微湍动，可使孔辊更符合匀整浆流的要求。但是，孔辊的转动会在浆流中产生波动的流型，这种流型要持续一段距离才会消失，这被称为孔辊的"波迹效应"（wake effect）。如孔辊的位置不适当，这种波会在消失之前随浆流上网，在成形网上的浆层自由表面上呈现出波迹，有波峰和波谷。应当使这种波动流型在浆流喷出闸口前消失。

(2) 影响孔辊匀整性能的因素

1) 孔辊的辊径

孔辊的辊径，根据造纸机的幅宽、造纸机的生产能力、通过纸浆量和所设置的部位来确定，同时，也要适当地考虑孔辊的阻力损失。孔辊的辊径与开孔后的挠度有关，一般应保证挠度不超过0.5mm为好。对于幅宽不同的造纸机，常选用的孔辊直径的最小值列于表3-7。

表3-7　　　　　　　　　　　孔辊最小直径的参考值

| 网宽/mm | <3600 | 3600~4600 | 4600~5100 |
|---|---|---|---|
| 孔辊最小直径/mm | 200 | 250 | 300 |
| 网宽/mm | 5100~6100 | 6100~7300 | |
| 孔辊最小直径/mm | 350 | 400 | |

在其他条件相同时，辊径增大可使上述的孔辊下游浆面波迹消失所必需的距离缩短，有利于孔辊位置的布置，特别对靠近流浆箱闸口处的孔辊（通常称之为"闸辊"）是有利的。用于喉辊的孔辊直径与喉部流道扩展角有关。通常希望喉部流道的扩展角不要过大，多在12°~30°的范围以内，在一定的扩展角下，孔辊直径大，会使流道长度变长。

在采用孔辊的流浆箱中，通常可能有2~3个孔辊，即除了闸辊和喉辊外还可能有一个中间位置的孔辊。有时为了制造上的方便，使这些孔辊都取用相同的直径。孔辊的直径在设计中应按所在流道的浆位高度或流道尺寸来选定。所以，选定孔辊之前，必须先计算流道尺寸或其中浆位高度。

可用式（3-9）计算流道尺寸或其中浆位高度。

$$H_i = \frac{q_{V,i}}{v_i \cdot b_i} \times 10^6 (\text{mm}) \tag{3-9}$$

式中　$H_i$——流道高度或浆位高度，mm

　　　$q_{V,i}$——该流道中最大浆流流量，$m^3/s$

　　　$v_i$——该流道中的计算流速，m/s

　　　$b_i$——该流道的内净宽度，mm

在用上式计算时，可取$b_i$等于流浆箱上浆装置的喷浆闸口幅宽$b_z$。上式中之最大流量

$q_{V,i}$ 要考虑到造纸机在最高车速下的上网浆量或在不同生产条件中上网浆量最大的情况，还要考虑到流浆箱结构中已给定的溢流浆量。上式中之流速 $v_i$，对于流浆箱箱体内的浆位高度计算可取为 0.3m/s 左右，对于孔板之后的流道的或敛展流道的装设孔辊的部位通常多取 $v_i = 0.45 \sim 0.6$ m/s。按式（3-9）算出流道高度或浆位高度后，为设置在该处的孔辊所选取的直径应略小于计算所得之值。

2) 孔辊的孔径

孔辊上孔径的选定与孔辊的开孔率、所用的纸浆、浆流速度以及制造条件等有关。通常孔径在 14~25mm 的范围内选用，纸浆中含有长纤维时，应取上述的最大孔径，个别情况下甚至采用 30~38mm 的孔径。

3) 开孔率

孔辊开孔率的定义是在辊面上开孔段的范围内，开孔面积总和占辊面全面积的百分率。孔辊的开孔率通常在 30%~55% 范围之内，视其作用及位置的不同而异。

开孔率是决定孔辊作用的一个重要参数。开孔率低时，浆通过孔的流速较高，浆流被搅得很细，对浆流起的流阻作用就大，产生的湍动强度也大。同时因其流阻大而有效地抑制了大的涡流。开孔率低时，孔辊的自清洗效应不良，但挂浆少，解絮作用较强而且保持下游的不再发生絮聚的区段也较长。因此，开孔率低的孔辊由这些特性而都采用于喉辊的位置。开孔率低时，孔辊在浆流表面产生的波迹尺寸大而且波迹持续得较久、延伸得较长。

开孔率大的孔辊具有较好的匀布流速的作用（在开孔率为 50%或以上时），流速适当，可使波迹迅速消失。因而对浆流的扰动较小，下游浆流较平稳。但开孔率大，则挂浆的倾向有所增加，适当地提高浆流速度，选用较大孔径并按照所用的纸浆特性通过实验来调节孔辊的转速可望有助于克服这种挂浆倾向。开孔率大的孔辊都用于闸辊位置处。

4) 孔辊的壁厚

孔辊都采用薄壁结构，壁厚应尽可能地厚些。虽然壁厚较薄时解絮作用稍好，但孔辊壁厚较大有利于减小挠度，保持孔辊有正确的圆形。通常采用不小于 3mm 的壁厚，对于辊径大于 200mm 的孔辊，视辊径大小采用 4~10mm 的壁厚。

5) 孔辊与箱壁或流道壁的间隙

孔辊两端与箱侧壁或流道侧壁的间隙越小越好，通常不应大于 3mm，甚至有些结构使孔辊的辊面伸入侧壁上的圆孔之中。孔辊与流道壁的间隙以 3mm 左右为宜，不应超过 5~6mm；闸辊与箱体前墙的间隙应不大于 3mm。

孔辊圆周与箱壁或流道壁的间隙对孔辊中的浆流流型和流速分布有显著影响。如果间隙过大，使大部分浆流因孔辊之流阻大而自间隙中通过，则因流过孔辊的浆流更会因流量小些而流速较低，形成浆流的分离和流速分布的不匀，而且，在这种情况下，由布浆器来的纸浆中的无规则流动或其他流动状态上的缺陷也会通过这过大的间隙越过孔辊，使孔辊的匀整作用失效。

文献介绍了计算孔辊所导致的浆面波迹的延伸距离（或称为孔辊的波迹效应距离）$l_w$ 的计算公式，其含义是：孔辊所导致的浆面波迹在距孔辊下游侧辊面 $l_w$ 距离处才能完全消失。

$$l_w = \frac{K \cdot v^{4/3} \cdot d^{1/2}}{D^{1/3}} (\text{mm}) \tag{3-10}$$

式中　$v$——浆流流过辊孔时的流速，mm/s

$d$——孔径，mm

$D$——辊径，mm

$K$——系数，与孔径和开孔率有关

6) 孔辊的位置尺寸

孔辊位置尺寸中最关键的一个参数是闸辊下游侧圆周距闸口唇板前缘的距离 $l$。这个距离 $l$ 是关系到孔辊的波迹效应所导致的浆面波纹是否会在喷浆闸口以外的自由浆面上出现的一个重要参数。

据文献介绍，当 $l_w/l$ 之值在 1.6 以下时，闸口处浆面的波迹还不太显著。如 $l_w/l>1.6$ 时，则波迹将显著出现。当然，$l_w/l<1$ 是理想的情况。

有些资料也介绍了选用 $l$ 值的经验数据如下：

$$l = 20d \tag{3-11}$$

式中　$d$——闸辊上的孔径

7) 孔辊的转速和转向

孔辊转速高时，辊内易形成涡流，但对无规则流动的混合效果却加强了。使浆流发生较大扰动，流速分布的均匀性也受影响，另一方面，孔辊转速较高使解絮作用加强，但由舀浆机理导致的挂浆现象变得显著。对于闸辊，希望不要转得太快，以免过大的扰动浆流，这样也可减少舀浆现象，减少由此而致的纤维束随浆流上网。最好为孔辊配设可正反转并可调速的传动，以便按具体情况进行调节。一般情况下，可取孔辊能具有 0.15~0.2m/s 的圆周速度作为传动设计参数，并使其转速能在此值上下调节。

孔辊的转向通常是使辊的近箱底的一侧（对闸辊而言）对浆流方向作逆向运动，这种转向比顺浆流方向转动时较好。当孔辊底部顺浆流方向转动时，舀浆所致的纤维团束会不断地释放入浆流底层中。当配用两个闸辊时，可按上述原则确定在下方的孔辊的转向，而在上方的孔辊的转向则应与下辊相反。当中间位置处用两个孔辊时亦同。

8) 实际应用中孔辊的有关参数

如图 3-63 所示为一个有 5 个孔辊的气垫式孔辊流浆箱的示意图。按图中所示的孔辊代号，把它们的有关参数列在表 3-8 中供参考。

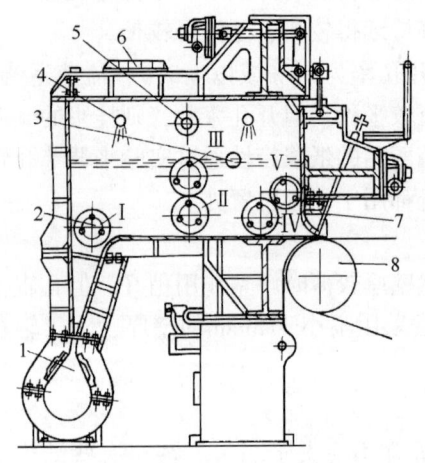

图 3-63　气垫式孔辊流浆箱示意图
1—浆流分布装置　2—孔辊（Ⅰ～Ⅴ共 5 个）　3—排气孔　4—喷雾器
5—压缩空气入口　6—人孔
7—上浆装置　8—胸辊

表 3-8　　　　　　　　孔辊的有关参数（参见图 3-63）

| 孔辊在图 3-63 中的代号 | Ⅰ | Ⅱ | Ⅲ | Ⅳ | Ⅴ |
|---|---|---|---|---|---|
| 开孔率/% | 30~35 | 40~45 | | 42~55 | |
| 孔径/mm | 16~30 | 20~25 | | 16~25 | |
| 孔辊速/(r/min) | 15~20 | 10~15 | | 6~15 | |
| 孔辊转向，以图中 1 号孔辊的转向为正向 | 正 | 正 | 反 | 正 | 反 |

(3) 孔辊的结构和计算

1) 孔辊的结构

孔辊的结构是简单的,但对制造的精度要求甚高。孔辊可以用管材直接加工、钻孔来制成,也可以用板材经钻或冲孔并孔缘倒角后弯卷焊接而成。用管材制造时对于内壁孔缘的倒角比较麻烦,用板材弯卷时则一般地径向振摆较大。孔辊的材料应具有抗蚀性能,材质为不锈钢或铜。不锈钢具有较高强度,使孔辊在相同的辊径和壁厚下的挠度可以小些,或可以采用较薄的壁厚而得到较轻的辊重,故通常多采用不锈钢。孔辊的内外壁面都要求十分平滑,有很高的光洁度,以减少挂浆的机会。辊面上的孔在内外壁面处的棱边都要倒成圆角,倒角半径取为 0.5~0.75mm。倒角半径过大会使孔间辊面实体段的宽度相对减小,在开孔率较高时更增加了搭浆的机会。辊孔棱边倒圆要用特制的成形铰刀来进行精加工使孔壁和孔缘达到上述光洁度的要求。

孔辊结构中一个必须考虑的问题是两端轴头的结构。如图 3-64 的结构,孔辊两端的轴段各由箱体以外的两个轴支撑,则伸入辊筒内的轴段大为缩短,其边上的浆流的流态就好得多。图 3-65 所示的则为辊面延伸到箱壁以外的孔辊,这样就完全避免了边流扰动问题。它的主要要求是密封要保持好,否则辊端处就有积浆问题。

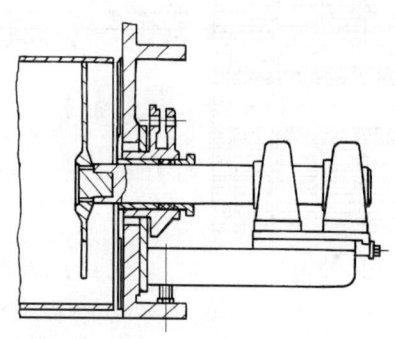

图 3-64 改进的孔辊端部结构

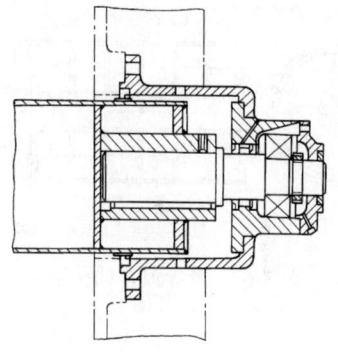

图 3-65 伸出箱壁的孔辊辊面

2) 辊面排孔

孔辊辊面上的孔数 $n$ 为:

$$n = \frac{\lambda \cdot \pi D \cdot b}{\frac{\pi d^2}{4}} = 4 \cdot \lambda \cdot D \cdot b/d^2 \tag{3-12}$$

式中 $\lambda$——开孔率,%

$D$——孔辊辊径(外径),mm

$b$——孔辊辊面钻孔段宽度,mm

$d$——孔径,mm

选定开孔率和孔径后,就要确定在辊面上的排孔形式。辊面上排孔形式通常有三种:a. 棋盘形排孔,如图 3-66 所示;b. 单螺旋线排孔,如图 3-67 所示;c. 双螺旋线排孔,如图 3-68 所示。

3) 孔辊的传动需用功率

传动孔辊所需用的功率可按每平方米辊面面积 0.1~0.3kW 来大致地计算。浆流浓度较高,孔辊壁厚较大,直径较小,开孔率较小时可取较大值。

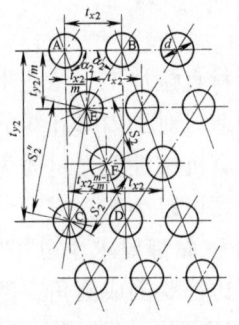 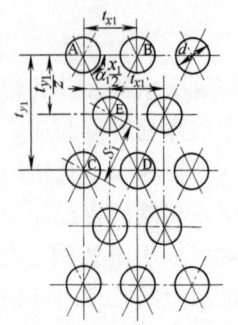 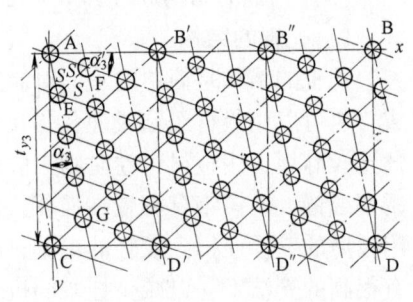

图 3-66 棋盘形排孔　　　　图 3-67 单螺旋线排孔　　　　图 3-68 双螺旋线排孔

(4) 带导流片的孔辊、棒辊

有时在孔辊中设置导流片，借以抑制过大的湍动和横流。孔辊中的导流片随辊转动，且处于孔辊中收敛与扩散浆流的作用之下，所以它在保持清洗方面比静止的导流片好得多。图 3-69 表示的就为一个有通轴的带导流片的孔辊。由孔辊发展而成的还有棒辊、片棍等匀整元件，如图 3-70 和图 3-71 所示。

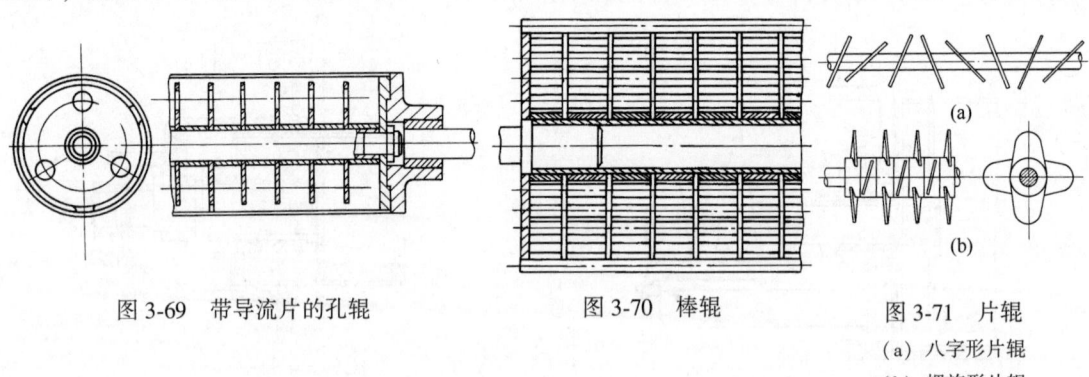

图 3-69 带导流片的孔辊　　　　图 3-70 棒辊　　　　图 3-71 片辊
(a) 八字形片辊
(b) 螺旋形片辊

4. 管束

管束（图 3-72）可视作为特殊的孔板，亦即以成组的管子排列成有规律的管束来连接上下游的元件。

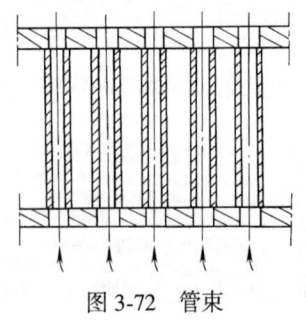

图 3-72 管束

管束的使用有两种方式。一种是设置在布浆器之后，它就是锥管布浆器的多排支管组。另一种方式是设置在上浆装置闸口收敛流道之前，使浆流上网前具有较佳的湍流状态。立式夹网造纸机的流浆箱内的整流管束（图 3-73）是应用这种整流装置的一个例子。管束的进口端常有孔辊配合使用，主要目的是保持管束端部的清洁，不挂浆和堵塞。其次，孔辊可以在箱体内造成适度的扰动，避免纤维的严重絮聚现象。图 3-73 所示的整流管束用在一台抄宽 4.3m，抄速 600m/min 的立式夹网造纸机上。孔辊外径是 380mm，开孔率为 45%。整流管束是由 1904 条内径为 14mm 的小管子组成。管子长度约 254mm，开孔率为 44.4%。

管束的匀整机理是使浆流通过较小的管径和较大的管壁摩擦面积、较长的摩擦时间而产生小尺度的湍动和较大的摩阻来起匀整浆流的作用。而且，由于浆流被分为细小而平行的小股流，就消除了浆流中的错流、偏流、横流和大涡流。

控制好管束中管子内的浆流速度，使浆流处于完全湍流的状态是使用好管束，使它更好地发挥匀整浆流作用的关键。在目前的计算中，一般都把流浆箱中的浆流作为水流来考虑，用雷诺数判据的方法来判断浆流在管内是否处于湍流状态。为了使管束中小管的浆流处于湍流状态，应使雷诺数 $Re>3000$，如 $Re$ 在 $10^5$ 以上，管内浆流就完全处于湍流状态了。如用于敛唇式上浆装置之前的整流管束，管子内径为 14mm，管长为管径的 20~30 倍，管内计算流速为 1.2~1.5m/s，管的截面积之和为上游流道的 40%~50%。

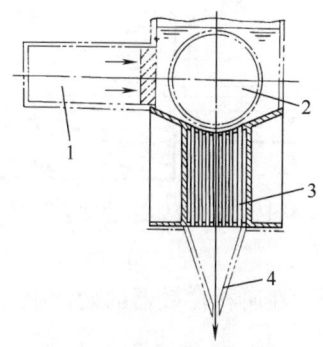

图 3-73　整流管束的应用
1—锥形布浆器　2—孔辊
3—整流管束　4—上浆装置

蜂窝形管束是普通整流管束发展的结果。它是由一束截面由圆形逐渐变为六角形（或五角形）的管子所组成（见图 3-74）。每根管子都以 3°的扩展角沿浆流方向扩展，到距离出口端约为 10 倍管径的距离处开始转变过渡成为如图中之（a）所示的六角形（或五角形）

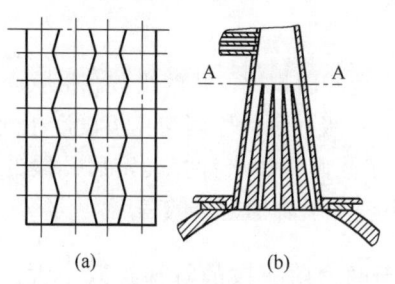

图 3-74　蜂窝管束系统
（a）管束出口端截面　（b）管束剖面

的形状并相互拼拢，使出口端处管束的管口截面积之和几乎等于该处之流道截面积。浆流由这种管束匀整装置中经过一次不大的扩展之后流出来在流道中受到收敛加速。浆流在扩展管束中产生的小尺度湍动被收敛流道所保持并匀布。

扩展管管束型的匀整装置还在继续发展之中。它们的共同特点是：a. 取代了孔辊，消除了流送部分中要传动的匀整元件，使结构简化；b. 流道短，质量较轻，清洗较方便；c. 适应性好，据称其流速变化范围可达 1∶5 甚至 1∶10；d. 浆流的状态比较理想，具有高强度的微湍动，而大尺度湍动则被较好地抑制掉；e. 流速分布情况良好，全幅宽上以及沿高度方向上的流速分布都较均匀；f. 使流浆箱体形减小。

5. 阶梯扩散器

阶梯扩散器（见图 3-75）也是一种特殊的孔板，沿其轴线方向孔径成台阶状递增，孔中每一段流道末都为窄扩截面。

用于造纸机流浆箱中的阶梯扩散器是一种性能优良的匀整元件，它具有下列特征：

① 比其他匀整元件更能使浆流沿纸机幅宽均匀分布；

② 产生微湍流以分散纤维的网络和絮聚团，为纸幅成形提供有利条件；

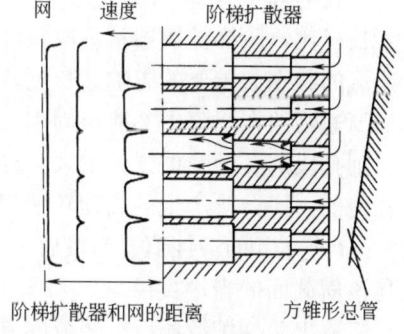

图 3-75　阶梯扩散器工作原理

③ 可不用再设置其他的匀整元件，并省去其他不必要的部件，使流浆箱结构简单。

浆流每经一次截面突扩处都要引起一次剧烈的湍动混合交换并产生与该处台阶尺寸相应的涡流，如图 3-76 所示，由于台阶尺寸比较小，所产生的涡流也将是小尺度的涡流，小涡流和管中主浆流的激烈混合，就产生湍动强度高和湍动度小的湍动。直到阶梯扩散器的最后

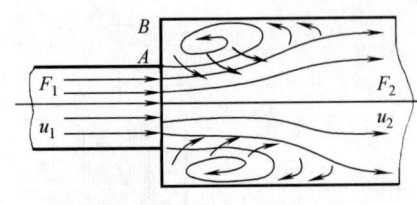

图 3-76 流体通过突扩管形成涡流

一段孔之后，浆流已具有充分强而尺度符合设计结构的微湍动，并在距孔口某一距离处达到沿流道全高和沿流浆箱横向全幅流速均匀分布的状态。

现代高速造纸机的布浆器一般采用管束阶梯扩散器，除了具有上述特点外，采用管束阶梯扩散器结构可以更容易在阶梯扩散器的入口增加稀释水添加装置。

在阶梯扩散器的设计中应注意以下几点：

(1) 浆流速度要控制好

只有适当高的流速才能为产生高强微湍动提供足够的能量。要使阶梯扩散器更好地发挥匀整浆流作用，关键控制好阶梯扩散器里的浆流速度，使浆流处于完全湍流的状态。为了使阶梯扩散器每一管段的浆流处于湍流状态，凡是能使浆流的 $Re$ 值在 $10^5$ 数值左右的流速就是理想的流速。据一些设计实例中所采用的数据，阶梯扩散器第一段孔中的计算流速多取为 3.5~4.5m/s 左右，这也就是相当于计算流量的流速。对于设计中所考虑的最大流量，第一段孔中的最大流速一般都不超过 5.5~5.8m/s。

(2) 严格的几何尺寸

影响阶梯扩散器性能的主要几何参数是：孔的直径、孔的面积比、孔的级数和形状、孔的长径比等。孔径多在 10~20mm 之间，常取 12~15mm。一级孔设计原则与孔板设计相同。

一级孔经确定后，可按选定的合适的相邻两段管的横截面积比来计算确定后几段的管径。以 $N$ 表示相邻两段管的横截面积比，则 $N$ 值的大小表示了阶梯管扩散程度。设第一段管的横截面积为 $A_1$，第 $n$ 段为 $A_n$，则 $N = \dfrac{A_n}{A_{n-1}}$。如对于两台阶三段的阶梯扩散小管，则 $N_{(2)} = \dfrac{A_3}{A_2}$ 及 $N_{(1)} = \dfrac{A_2}{A_1}$。推荐 $N = 2~4$，级数为 2~3。

孔的形状：前面几级孔都采用圆形断面。圆孔便于加工不易变形。最后一级孔的断面形状可以采用圆形、正方形和正六边形等。对多层排孔可采用正六边形，对单排和双排孔以正方形孔较为理想。

长径比：阶梯扩散器每一段长度与这一段的直径之比称之为长径比。各段小孔的长径比对浆流的状态有重要的影响。长度若过短，则流速分布不均匀，由前一段孔中喷出的主浆流成为高速浆股在浆流中不能与周围的浆流混合。这对于最后一段孔更为重要。若孔段长度过长，则孔段的孔壁摩擦损失增大，这使临近孔口的孔壁处流速降低，也影响了浆流的均匀分布和使前一段台阶产生的湍动较快地衰减。资料介绍实验的结果是孔段长径比应在 3~7 之间，$l/d$ 有 4.5 的最佳值。当最后一段孔横截面用正方形或其他正多边形，长径比中的直径就是该横截面的当量直径。

浆流出阶梯扩散器后，浆流的流速达到匀布时与阶梯扩散器出口端面的距离应经过实验来测取。通常就在这一距离处设置敛唇式上浆装置。一般可取这一距离等于 $20d_k$，此处 $d_k$ 为阶梯扩散器最后一段孔的孔径。

(3) 材料的性能和加工精度

为确保设计数据的实现，阶梯扩散器材料的选择和加工精度要求十分严格。材料应具有足够的刚性，防止变形。据国内的经验，用有机玻璃制造阶梯扩散器效果良好，它具有加工精度高，内壁光滑不锈蚀、不易挂浆、强度好、尺寸稳定、耐磨性和防水性好等特点。对于高速造纸机，阶梯扩散器采用316L不锈钢管材制作，其内壁进行电抛光处理，防止挂浆。

6. 白水稀释浓度控制系统

白水稀释浓度控制系统，放在本章第七节中四与稀释水型水力式流浆箱结合起来讨论。

## 第六节 流浆箱的上浆装置

上浆装置主要作用，是把在流送部分经过匀整的浆流，按照造纸机的纸幅成形所需的流速和方向，并在正确的位置上，均匀而稳定地喷布到成形网面上，以期获得良好组织的纸幅。同时保持浆流在上浆装置的流道里产生微湍动，使纸浆在流道中不易挂浆，并在纸浆上网前受到一次较强的收缩，提高湍动强度，从而将微湍流状态保持到网上，有利于分散纤维防止纤维絮聚。

随着现代造纸机车速的提高，纸浆在成形网上的停留时间越来越短，上网浆流中的缺陷就越来越敏感地反映到纸幅组织中。在现代化的高速纸机上，尤其是使用夹网成形器的造纸机上，对上网浆流均布的要求就更加严格。对浆流上网装置的要求，概括起来有下列几点：

① 为了使上网浆流具有造纸机所需要的流速并保持稳定，应设置浆流压头（如流浆箱内浆位的高度，气垫的压力）的调节和控制系统。

② 唇板的开口高度在全幅宽上应能作整体调节，用以控制上网的流量；同时，开口高度应有局部细微调节机构，用以补偿浆流的某些小的差异，使上网浆流在幅宽上趋一致；对于稀释水流浆箱，局部细微调节机构用来调整唇口上下刀口的初始平行度和保证唇口开度一致。

③ 控制和调节唇板喷出浆流的方向和着网时的位置（喷射角和着网点）。为此目的，某些结构流浆箱的箱体是装设在可调的支撑和铰链式的连接上，可以使箱体作整体的前后平移，并能作适当的倾斜移动；某些流浆箱则是依靠唇板的结构本身来完成这种调节作用；有时候是综合使用箱体和唇板来实现这种调节。

④ 由于浆流在喷嘴区有很大的加速度甚至发生陡缩的情况，唇板的结构形式应有利于形成合理的形状和强度的流体剪力场，用以促进浆中纤维的分散，并使纤维不发生定向排列的现象。

⑤ 唇板的缘口应光滑平直。锐利的刀口有助于控制喷出浆流的轨迹，刀口有圆角时，会使浆流"飘动"，呈现不稳定的状态。唇板上有微小的凹凸不平、机械损伤或附着物时，都会敏锐地反映到喷出的浆流上，使浆流中呈现不正常的流动状态。

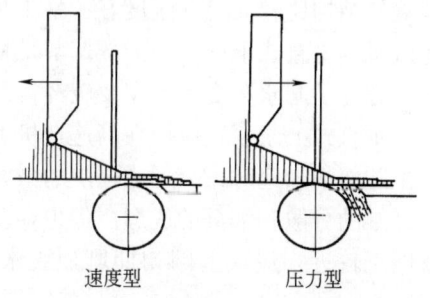

图 3-77 速度成形与压力成形比较

上浆装置的作业方式可区分为压力成形和速度成形两种，见图3-77。所谓压力成形方式是指使输出的浆流所具有的动能立即在成形网上泄水时会转化成为泄水压力，而上浆装置输出的浆流的动能只是使它能到达网上或与成形网形成一定的速差，则称为速度成形。实际的生产上不存在全压力成形或全速度成形方式，都是介于两种成形方式之间，但由于上浆装置的结构特征而接近于压力成形或接近于速度成形。

无基网夹网成形器，传统的和改进的网槽式圆网成形器和大多数网辊式圆网成形器所用的都是压力成形方式，长网成形器和有基网夹网成形器的成形方式可按要求以调节上浆装置来实现。

## 一、倾斜式（收敛式）上浆装置

倾斜式上浆装置是最常见的一种上浆装置。

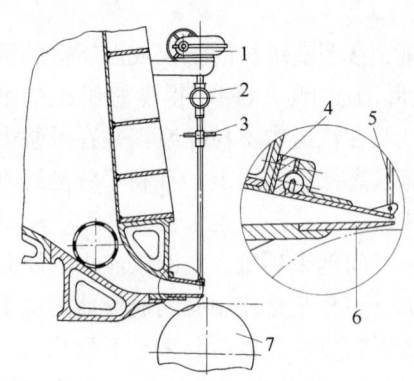

图 3-78 倾斜式上浆装置
1—上唇板整体提升机构 2—横杆 3—上唇板局部调节手轮 4—垫板 5—微细调节螺杆 6—下唇板 7—胸辊

图 3-78 是一台新闻纸机流浆箱的上浆装置结构的示意图。上唇板由铰链固定，通过相应的提升机构，可以使上唇板沿铰链中心转动，由此实现唇板开口高度的整体调节。唇板的局部调节机构通常是一排相距 100~125mm 的调节螺杆。适当地调节螺杆的高低位置时，可以使螺杆末端上唇板处发生局部的弹性变形，从而实现唇口开口高度的局部微调。

上唇板和下唇板的前后相对位置，通常也可作一定的调整。一般是固定下唇板而调节上唇板的前后位置（图 3-78 所示结构是采用在上唇板后端加入适当厚度垫板的方法），只是在个别情况下，下唇板才具有可以作前后平移的机构（参见图 3-56）。

倾斜式上浆装置的特点是：浆流在平滑的浆道中逐渐收缩，稳定地加速到所需流速；喷出浆流比较稳定，较易控制其轨迹。但是在上唇板和流浆箱前墙的连接处有流道的陡变，造成浆流的陡折和不连续性，易于形成涡旋和絮聚。

图 3-79 所示是带驼峰的敛唇式上浆装置。其倾斜的前墙结构具有一段延伸出来的挠性的曲线形唇板，使前墙与上唇板基本上成为连续的整体。其箱底驼峰也与下唇板连成一体，下唇板并可调位。这种上浆装置具有较为平滑的过渡流道，能抑制上述涡流的产生。

## 二、垂直式上浆装置

图 3-80 是一种垂直式上浆装置的示意图。这种类型上浆装置的结构比较简单，刚度好，易于制造，适用于各种抄速的造纸机。垂直式上唇板的局部调节是在唇板的刚度最大的方向上，容易引起永久变形，需要较经常的更换。

垂直式上浆装置应用在高速造纸机上时，发现浆流通过唇口发生陡然的加速时，会形成强烈的微湍动，有利于浆流中絮聚的纤维的分散和纸页的成形。但也存在容易挂浆，喷出的浆流着网点较近，造成上网初期剧烈脱水，从而影响纸页匀度等问题。

## 三、结合式上浆装置

结合式上浆装置是在倾斜式上浆装置的上唇板末端加上一

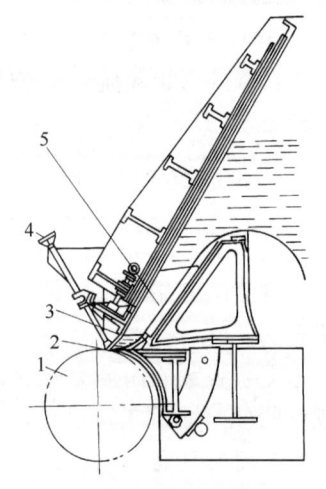

图 3-79 带驼峰的敛唇式上浆装置
1—胸辊 2—下唇板 3—上唇板 4—局部调节机构 5—导流板

条小的直立小唇板而形成的上浆装置（如图 3-81）。如果直立小唇板凸出部位不大（通常为 5~7mm），不会产生挂浆现象。

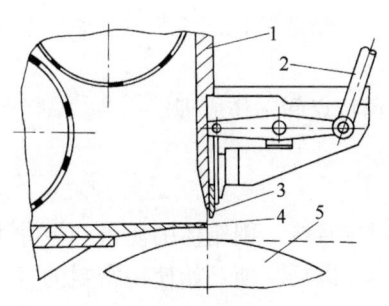

图 3-80 垂直式上浆装置示意图
1—流浆箱前墙 2—调节螺杆 3—上唇板 4—下唇板 5—胸辊

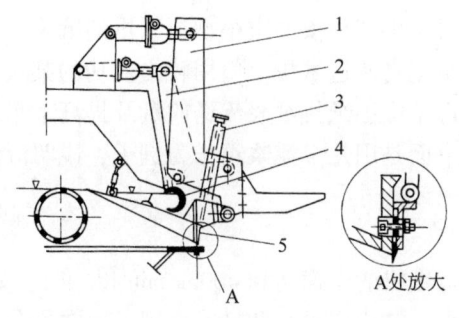

图 3-81 结合式上浆装置
1—上唇板水平移动调节杠杆 2—上唇板垂直移动调节杠杆 3—唇板微调机构 4—橡胶软件 5—上唇板

图 3-81 所示结构的结合式上浆装置，可以在进行开口高度调节的同时，还能相对下唇板作前后的平移调节，从而有可能适度地控制上网浆流的方向和位置，得到所谓压力成形或速度成形的上浆情况。

现代中高速造纸机流浆箱的上浆装置大部分采用结合式，其具体结构见本章第七节中稀释水型水力式流浆箱的结合式唇板结构。

### 四、喷嘴式上浆装置

喷嘴式上浆装置多使用在水力式流浆箱上。图 3-82 表示其中一种结构的原理图。由上唇板和下唇板构成的收敛流道，是整个流浆箱的较狭的箱体的自然延伸，浆流没有陡然的变化，浆流上网稳定。图中所示的上唇板具有调节位移的机构，可以简化箱体支撑的结构。

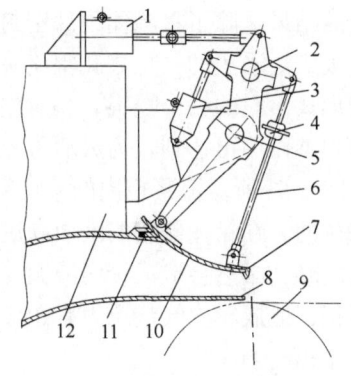

图 3-82 喷嘴式上浆装置
1—上唇板前后调位机构 2—铰链连接 3—唇板开口整体调节机构 4—唇板微调手轮 5—固定支点 6—拉杆 7—直立唇缘 8—下唇板 9—胸辊 10—上唇板 11—密封条 12—箱体

## 第七节　典型的流浆箱结构

在造纸机的发展过程中，在相当长的一个时期内，主要是凭实践积累的经验来设计和选用流浆箱的结构形式。所以现存流浆箱的结构形式是极其多种多样的，各有自己的特点和用途，不易简单地概括或归纳为几种典型的结构。

约在 20 世纪 60 年代，由于造纸机抄速的增加和对纸的质量要求的提高，才开始认真注意和研究高速造纸机的纸浆流送理论，结果很快地推动了流浆箱结构的发展和改进。一般来说，流浆箱发展中的大体趋向是采用单侧进浆的锥管布浆器，采用静止的匀整元件，如各种形式的孔板、管束与导流片组；采用带有直立唇缘的倾斜式（收敛式）上浆装置，并在高速造纸机上采用水力式流浆箱；在箱体结构方面，则趋于采用轻型的刚性好的抗蚀工程塑料和调节喷浆着网点方便的箱架结构。但是，传统的成熟的浆流匀整元件，例如孔辊，仍被广泛地使用，只是对它工作机理认识的不断加深，其结构也日益改进。

对小生产规模的中小型造纸机的纸浆流送设备的研究和改进较少，发展较为缓慢。目前往往是把高速造纸机上使用较为成功的某些元件，移植到中小型造纸机的流浆箱上来，从而也改进了中小纸机纸浆流送质量及提高了车速。

下面是用几个流浆箱作为例子，说明流浆箱的一些结构特点和工作原理。

## 一、气垫式流浆箱

造纸机的车速达到 400m/min 以上时，如果沿用开启式流浆箱，则箱体的质量和尺寸十分庞大，结构变得复杂且不合理。通常是车速超过 400m/min 以后，便开始使用密封的气垫式流浆箱。

在气垫式的流浆箱内，纸浆的液面保持在一个适当的高度上，改变液面上方空气垫的压力时，可以使上网的浆速在广泛的范围内变动。由于箱内的浆位有固定不变的高度，可以在浆坑内有效地使用孔辊等浆流匀整元件，来改善纸浆的流动状态。因此，开启式流浆箱自然发展的结果，除了将箱体顶部密封起来，而且增加了使用孔辊的数量。图 3-63 是 20 世纪 60 年代被广泛采用的气垫式孔辊流浆箱，常被称为"五辊流浆箱"，它甚至成为孔辊流浆箱的代表形式。它的一个喉辊、一对中间孔辊和一对闸辊形成浆流途径上的三道匀整关口，对浆流的匀整作用可达到较为灵活可控而又满意的要求。

图 3-63 所示流浆箱内的浆位高度约 800mm，箱内空气垫的压力是用一台专用空气压缩机保持的。在箱体侧壁的液面高度上开一个用来稳定上浆量的小排气孔。当需要调节唇板开口高度时，必然会造成箱内液面高度的波动，但液面的波动会自动地改变排气小孔的实际开口面积，造成箱内气垫压力有相应变动，从而保持流浆箱内的浆位高度基本不变，使纸浆的流量作相应的变化。

要使孔辊式流浆箱具有良好的纸浆流送性能，箱内各孔辊的布置和选用是十分重要的。

20 世纪 90 年代，我国自行设计、制造、分别装设在 3150mm 长网多缸新闻纸机和凸版纸机上的气垫式孔板流浆箱，设计车速为 440m/min。

该流浆箱的结构特点为：

① 采用方锥管和多孔板作为布浆器，平底堰池，堰池浆位低，流速快；

② 使用两根匀浆辊作为整流元件，孔板出口的匀浆辊主要起孔板喷射浆流的消能整流作用；而堰板收敛区前的匀浆辊主要起整流作用；

③ 设有前墙溢流装置，便于稳定浆位和排除泡沫；

④ 采用结合式唇板。

这种流浆箱结构紧凑，体积小。但在使用过程中发现当车速较低时，上唇板有挂浆现象，且由于车速较低，导致堰池流速较低而影响到纤维的分散，从而对成纸匀度有影响。由于使用孔板作为布浆元件，孔板出口射流速度高，从而对消能整流有较高的要求，如处理不当会导致纸页横幅定量差较大。因此，新设计的这种流浆箱已改用管束或阶梯扩散器作为布浆整流元件，以改进其布浆整流性能。图 3-83 所示为气垫式管束流浆箱示意图。

这种流浆箱与孔板流浆箱的主要区别在于这种流浆箱使用管束作为布浆元件，由于管束本身有一定的消能整流作用，加之在管束出口有整流区，因而有较好的布浆整流效果。

## 二、水力式流浆箱

水力式流浆箱是20世纪70年代发展起来的一种新型流浆箱。这类流浆箱的基本特点是：a. 在流送过程中流浆箱充满纸浆；b. 按照造纸机车速要求，流浆箱的压头由可调节速度的冲浆泵提供；c. 这类流浆箱均配有能够产生规模和强度均合适的微湍流的布浆元件和整流元件（如阶梯扩散器、管束、飘片等），布浆整流效果好；d. 流浆箱没有转动部件，体积小，效率较高；e. 没有溢流装置，因而在进入流浆箱之前必须通过消除空气和泡沫以及消除压力脉冲的装置。

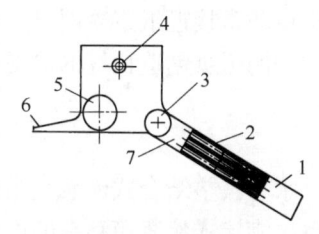

图 3-83　气垫式管束流浆箱示意图
1—方锥形布浆总管　2—管束（3排）
3—开孔率40%匀浆辊　4—旋转消泡喷水管　5—开孔率50%的匀浆辊
6—结合式堰板　7—整流区

实例一　水力式阶梯扩散器流浆箱（也称为 Escher wyss 阶梯扩散器流浆箱），图 3-84 为 Escher wyss 阶梯扩散器流浆箱示意图。

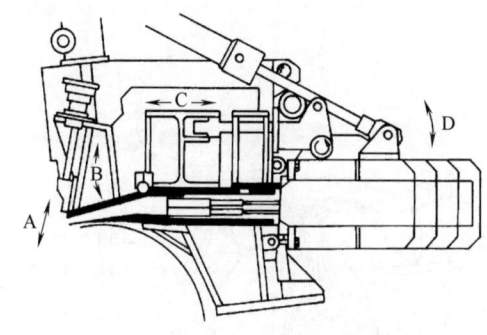

图 3-84　水力式阶梯扩散器流浆箱（Escher—wyss 公司）
A—堰板的设定和精调　B—跟流量和纸机车速有关的上唇板调节　C—上唇板水平位移，影响喷浆的着网点，从而影响纸页匀度
D—为了清洁或检查，布浆器可作摆动清扫

这种流浆箱的结构特点为：

① 采用方锥形总管布浆，以阶梯扩散器作为流浆箱的核心，起到主要的布浆作用，整流作用和产生微湍流分散纤维絮聚的作用。由阶梯扩散器出口到堰板收敛区只有200mm左右的短整流区，然后进入堰板收敛区，堰板收敛也不长（大约在380mm），由于流道很窄（约120mm），因此纸浆以很高的速度通过这一区段，只需要很短的时间，从而使得纸浆通过阶梯扩散器时所产生的微湍流在上网前不致消失，从而保证了上网纸浆纤维的均匀分散，并减少了再絮聚的现象。

② 结构紧凑、体积小、质量轻；

③ 流速控制范围较大，运行参数调节范围大，控制简单，可以生产 80~140g/m² 厚纸，也可以生产 13~18g/m² 的薄纸。

实例二　水力式管束—导流片组流浆箱

图 3-85 所示结构的水力式管束—导流片组流浆箱，有时被称为敛流式流浆箱，属于新型流浆箱之一。它配置于曲面夹网造纸机投入使用，抄制定量 23~270g/m² 的多种纸种，如新闻纸、涂布原纸、证卷纸等，车速可达1200m/min 以上。这类流浆箱的结构特点为：

① 由方锥总管、管束和稳流区构成流浆箱的布浆整流系统，有高效的布浆整流性能；

② 在收敛区前设有多孔板，在每排孔眼之间镶有用聚碳酸酯薄片制成的飘片。

飘片厚度在收敛区进口端为3mm，出口端为1mm。由于收敛区为飘片所间隔开而分成为许多互相平行的沿纸机横幅全宽的收敛流，有效地分散纤维絮聚，保证纸浆均匀分布，纸页横幅定量均匀稳定。收敛流的厚度在间隔开的夹隙进口为 30~40mm，然后逐渐缩小，到出口处约为3mm。通过这样窄小的间隙出口，纸浆形成剧烈的剪切力，将纤维的网状物分散，又防止大涡流和大湍流的产生。出口的间隙越小，纤维分散的程度就越大。由于收敛区出口非常接近纸浆着网点,且浆速很高,从而使上网浆流能够保持很好的分散状态,为形成均匀的纸页创造良好的前提条件。

## 三、水力气垫结合式流浆箱

水力气垫结合式流浆箱是在满流式流浆箱的基础上发展起来的一类新型流浆箱。目的在于解决满流式流浆箱存在的由于没有压力缓冲装置和溢流装置而导致泡沫难于排除和对供浆系统压力脉动敏感的问题。这类流浆箱的特点是:配有满流式流浆箱使用的,能够发生规模和强度合适的湍流的整流元件,而流浆箱的压力、流量控制又采用一般封闭(气垫)流浆箱所采用的气垫调压和溢流控制的方法,使得这一类型的流浆箱既具有满流式流浆箱效果好,没有转动部分,体积小等优点,又有可能排除泡沫和消除脉冲。

图3-86所示结构的水力气垫结合式流浆箱是最近发展起来的流浆箱,它常在文献中被称为W形流浆箱。它的主要元件是两段集流扩展的管束。浆流在这种管束中,从整体上看是收敛的,但对于单个的管子来说,浆流在其中是扩展的。

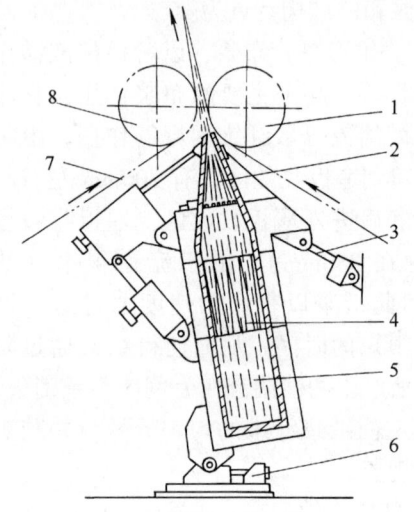

图3-85 水力式管束—导流片组流浆箱
1—胸辊 2—整流片组(飘片) 3—底网
4—布浆管束 5—锥形布浆管 6—喷浆口角度调节装置 7—顶网 8—成形辊

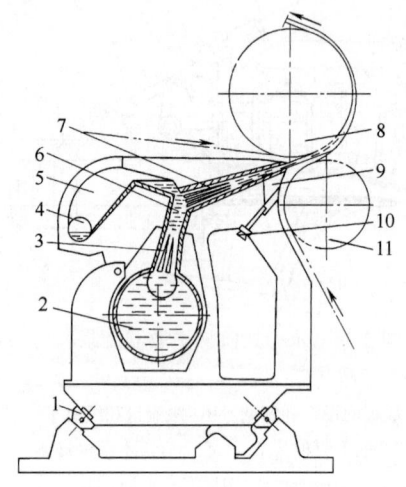

图3-86 水力气垫结合式流浆箱示例
1—喷浆口角度调节装置 2—锥形布浆总管 3—布浆管束
4—溢流管 5—气垫室 6—混合室 7—整流管束
8—成形辊 9—可调下唇板 10—唇板微调 11—胸辊

如图3-86所示,第一级管束(分配管束)直接位于锥管布浆器之后,第二级管束(湍动管束)则在收敛式上浆装置之前。经第一级管束分布开来的浆流在一个不大的流道中混合和消能。在该流道的末端,小部分浆流溢流入气垫室(气垫室可以抑制浆流中的压力波动,并可以排除纸浆中的空气与泡沫),大部分浆流经转折后进入第二级管束。通常认为,这种转折流道的设计可具有更好地"抹匀"横向流速分布和防止第二级管束入口处孔缘积浆的现象。流浆箱的设计应保证浆流的湍动衰减之后而纤维尚未重新絮聚之前,把浆流喷布到成形网上。

据报道,W形高湍动流浆箱能适应于150~1200m/min的大范围内车速变动的造纸机使用。

图3-87为配备稀释水调节装置的水力气垫结合式流浆箱,普遍用于现代中速造纸机上。

气垫式流浆箱的总压头和气垫室的液位是相互影响的，总压头的变化影响气垫室的液位高度，同时液位的高度也影响总压头，实际应用中需要将总压头和液位进行解耦控制。

### 四、稀释水型水力式流浆箱

稀释水型水力式流浆箱是现代高速造纸机是关键设备之一，其性能直接影响纸张质量和生产效率。稀释水型水力式流浆箱是随着高速的夹网纸机发展起来的，其特点是采用高效水力布浆整流元件，重视平衡混合室的

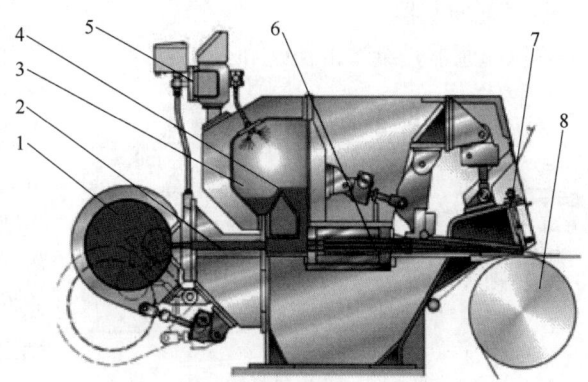

图 3-87 水力气垫结合式稀释水流浆箱
1—锥形布浆总管 2—布浆管束 3—气垫室 4—溢流坝
5—稀释水装置 6—湍流发生器 7—结合式上浆装置 8—胸辊

作用，采用狭长流道以产生可控的微细湍流，一次布浆整流，并采用稀释水浓度控制技术的新型流浆箱，适应于现代中速、高速造纸机。

新型稀释水调浓流浆箱的出现，创造性地提出了浓度调节的新概念。这是流浆箱发展史上一次比较大的飞跃，突破了传统的通过调节唇口弯曲变形来调节纸机横幅定量偏差的方法。它以一种全新的概念实现了良好的纸机横幅定量调节，消除了传统调节方法的缺点。

稀释水型水力式流浆箱主要由进浆方锥总管、管束、平衡混合室、微湍流发生器、唇板通道、上唇板、热平衡装置、上唇板垂直调节机构、唇板开度微调机构、唇板条、倾斜机构、稀释水调浓装置、稀释水方锥总管等组成，如图 3-88 所示。

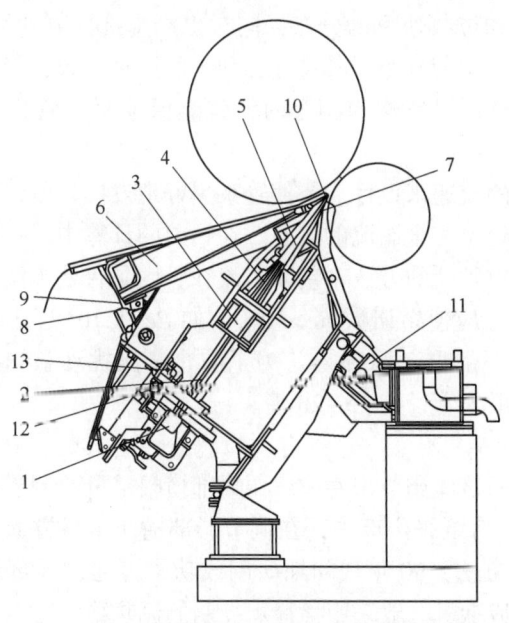

图 3-88 稀释水型水力式流浆箱
1—进浆方锥总管 2—管束 3—平衡混合室 4—微湍流发生器 5—唇板通道 6—上唇板 7—热平衡装置 8—上唇板垂直调节机构 9—唇板开度微调机构 10—唇板条 11—倾斜机构 12—稀释水调浓装置 13—稀释水方锥总管

没有气泡的纸浆从进浆方锥总管进入流浆箱，通过管束使纸浆均匀分布和流送到平衡混合室。在管束的上方安装有稀释水调浓装置，稀释用的白水由稀释水方锥总管经过稀释水阀门分配，通过流道注入到布浆管束中。经过浓度调节的纸浆从管束进入平衡混合室、微湍流发生器，微湍流发生器的流道截面由圆形渐变为方形，得到纸浆的理想的高强微湍流状态，然后在唇板通道把流体压力转化为流体动能进而把纸浆输送到成形网上。流浆箱的主要作用主要是将上网的浆流沿纸机的横幅方面均匀分布，其次是使上网浆流中纤维均匀的分布，不产生絮聚，这样可以保证生产出来的纸张匀度好，纸张横幅方向的定量分布均匀。在造纸过程中，纸页成形过程中的布浆、整流、喷浆上网都在水力式流浆箱中完成。

1. 等压布浆器

等压布浆器是纸浆的流送和分布装置，它的作用是将纸浆均衡分配到整个纸机横幅上。

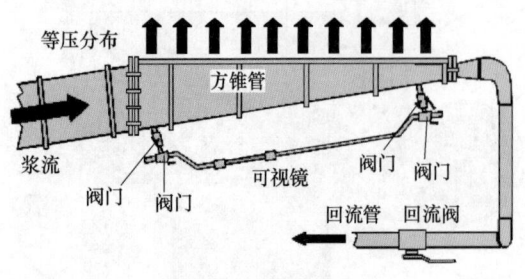

图 3-89 等压布浆器

图 3-89 为等压布浆器的示意图，等压布浆器通常由过渡管、进浆方锥总管、布浆元件、纸浆回流系统等组成。纸浆从进口法兰进入进浆方锥总管，然后沿横幅方向布置的管束流出。纸张的均匀度是建立在流浆箱进浆总管将浆流沿纸机横向分布的基础上。为了使纸浆达到湍流状态，要用比较高的流速。由于流浆箱的入口是截面较大的锥形总管，在通过布浆元件时，相对于总管流速必须有 2 倍以上的加速比。为了使纸浆沿纸机横向均匀分布，横向排列的布浆元件进口处的纸浆静压头必须大小一致，即把进浆方锥总管设计成等压管。

通常进浆总管被制成为截面积渐缩的方锥管，其结构尺寸按照拜纳斯公式（3-2）计算圆整后制造。

在进浆总管的末端配有纸浆回流系统，包括回流阀及回流管。回流阀通常是自动阀，用于调节回流量，通过调节回流的流量来平衡总管前后的压力。回流量一般取 10% 的流浆箱唇板流量。进浆总管安装有压力传感器、观察窗和玻璃视镜。通过视镜观察纸浆的流动情况来判断进浆总管内的前后压力是否平衡。

2. 管束

管束主要是将来自进浆方锥总管的浆流由沿纸机横向转为纵向进入流浆箱，其主要是依靠压力损失来平滑流浆箱横幅上的进浆压力和进浆速率的分布，同时也产生抗絮凝的湍动。管束的设计必须能使得沿方锥总管长度方向上均匀分布，其尺寸几何形状严格一致，保证压头损失相同，在锥管沿长度方向上的压力分布保持均匀相等时，就能保证每支管束流量相等。

管束的数量和直径根据唇板流量及纸浆的流速来设计。要使管束更好地发挥匀整浆流作用，关键控制好管束里的浆流速度，使浆流处于完全湍流的状态。在目前的计算中，一般都把流浆箱中的浆流作为水流来考虑，用雷诺数判断的方法来判断浆流在管内是否处于湍流状态。为了使管束中小管的浆流处于湍流状态，应使雷诺数 $Re>3000$，如 $Re$ 在 $10^5$ 以上，管内浆流就完全处于湍流状态了。管束的流速一般取 $3\sim10m/s$。为了防止浆流扰动影响到纸张的匀度，管束保证有足够的长度，管长一般为管径的 $15\sim20$ 倍。

3. 稀释水系统

纸页定量的整体改变一般是通过上唇板的整体调节来完成，而局部横幅定量的调节则有着不同的方式。20 世纪 90 年代以前，世界所有纸张生产中，在调节局部横向定量方面，都采用传统的机械式调节流浆箱唇口弯曲变形方法，90 年代初期研制成功了可通过局部调节纸浆浓度控制局部横向定量的新方法。高速造纸机一般采用稀释水控制的流浆箱。

稀释水局部调节纸浆浓度，控制局部横幅定量的工作原理，如图 3-90 所示：在布浆管束之间，沿横向选择适当的间隔距离分成若干个分区，在每个分区的布浆管束之前注入稀释水，稀释水在管束里与纸浆混合。进入进浆总管的纸浆浓度和流量是恒定的，在不加稀释水时，进入各个布浆管束的纸浆浓度和流量也是均匀一致的。当纸张横向某分区的定量偏离了标准定量时，向与该分区相对应管束的上游注入稀释水，就降低了该分区纸浆浓度，结果绝干量也就降低了。调节该分区的纸浆流量与稀释白水流量的比率，即调节该分区的纸浆浓度，从而实现调节控制纸张全幅横向定量的均匀一致。通常稀释水采用网下白水。

稀释水系统主要由稀释水总管、稀释水阀、稀释水阀执行器、稀释水混合模块、稀释水横幅定量控制系统等组成。在布浆管束之前，稀释水在混合模块与主浆流混合。稀释水的加入量是由稀释水阀执行器控制稀释水阀的开度来调节，稀释水阀执行器由稀释水横幅定量控制系统来控制。控制系统调节各个分区纸浆浓度，从而调节横幅

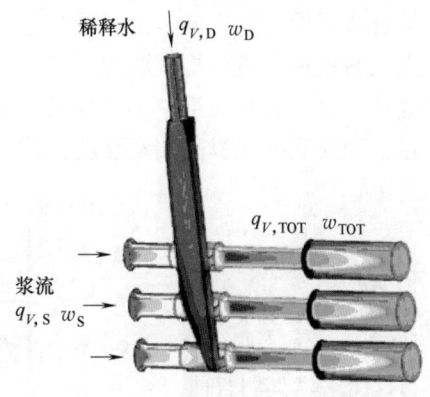

图3-90 稀释白水调浓原理

$q_{V,S}$，$w_S$—浆流流量、浓度  $q_{V,D}$，$w_D$—稀释水流量、浓度  $q_{V,TOT}$，$w_{TOT}$—稀释后浆流流量、浓度

定量差。稀释水的加入量通常为5%～25%的唇板流量，根据稀释水阀及执行器的尺寸，稀释水的横向分区间距通常为60～120mm。

4. 平衡混合室

平衡混合室也叫稳浆室，是一个空室，两端分别连接布浆管束和微湍流发生器。浆流从布浆管束进到平衡混合室，在平衡混合室，单独管束的小股浆流混合成一个均匀的浆流，同时减小压力波动，流速降低，从而使浆的流速趋向均匀一致，消除不必要的涡流和横流，平衡压力波动，从而使浆流均匀而稳定地送到湍流发生器中。

5. 微湍流发生器

高速造纸机的稀释水型水力式流浆箱通常采用管束截面由圆形向方形过渡的湍流发生器，如图3-91所示。该湍流发生器是一种高效的布浆整流元件，能产生可控的高强度微湍流，有效地破坏纤维网络，防止絮聚。湍流发生器由多孔板和管束组成。管束的进口端连接一块多孔板，管束在进口端是圆形，逐步扩大到矩形，目的是在湍流发生器的出

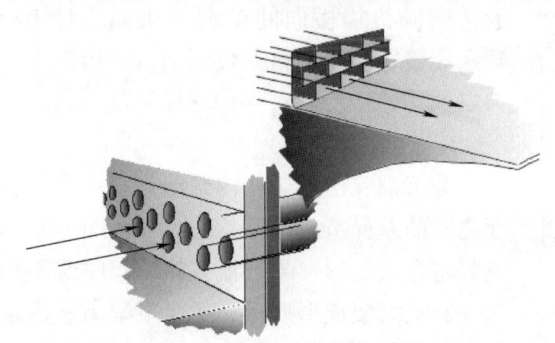

图3-91 截面由圆变方的湍流发生器

口有最大的开口面积，以最大化的流量截面输送纸浆到唇板通道。在多孔板上管的排列行数和孔直径取决于设计的流量。

6. 边缘浆流控制

高速造纸机流浆箱通常配有用于控制纤维定向横幅分布的边缘浆流控制。边流通道通常安装在湍流发生器的两侧，是两个独立的辅助进浆管道，如图3-92所示。边流通道从进浆方锥总管的前后两端直接进入湍流发生器的出口端，边流通道安装有流量计和控制阀，控制流浆箱边区的流量，使唇板流量在整个纸机横幅上尽可能一致，提高纸页质量。同时边缘浆流控制由阀门调节流量，用于调节上网纸浆中的纤维排列方向，使纤维在纸页取向发生改变，提高纸页的抗张强度。

7. 结合式唇板

结合式唇板由唇板条、上唇板、下唇板、上唇板垂直调节机构、唇板开度微调机构等组成，由上唇板和下唇板构成收敛的唇板流道，如图3-93所示。由于流道的收敛而使浆流保持微湍动，使纸浆在流道中不易挂浆，又由于唇板条唇缘的作用，使纸浆受到一次强烈的收缩，在上网前又一次提高湍动强度，从而使纤维更好地分散。

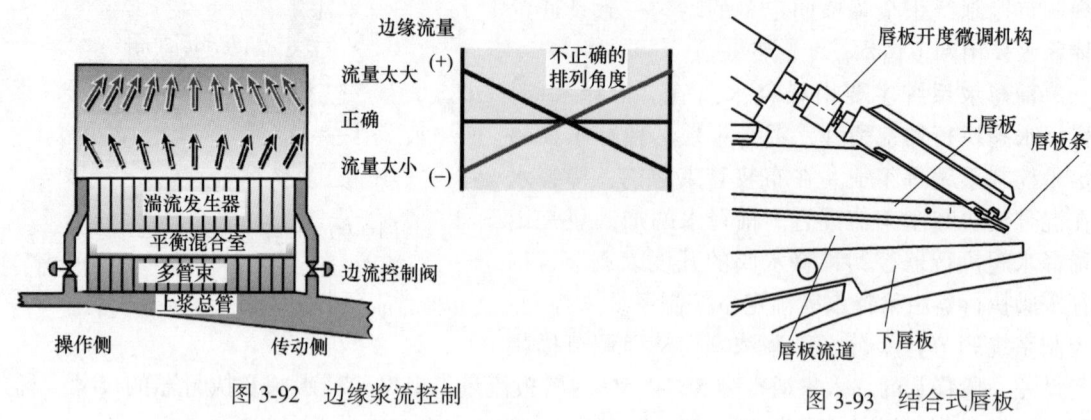

图3-92 边缘浆流控制　　　　　　图3-93 结合式唇板

上唇板垂直调节机构可整体调节唇板开度，在抄造时根据纸页定量调节唇口开度，调节量一般为5~18mm，在维护时唇口开度调节量为5~70mm。

在喷浆出口处安装有唇板条，其作用是使浆流在上网前增加流速，从而将微湍流状态保持到网上，有利于分散纤维防止纤维絮聚。在唇板条的上部安装有唇板开度微调机构，转动微调机构，唇板条将产生局部的微小变形。通常微调机构横向间距约110mm。对于稀释水流浆箱，微调机构仅用来调整唇口上下刃口的初始平行度，保证唇板开度一致。

**8. 热平衡装置**

为了消除由流浆箱内浆温与工作环境温度之间的差异造成的不均匀热膨胀而导致的流浆箱弯曲变形，导致流浆箱唇口喷浆不均匀，影响纸幅成形质量，对于宽幅高速流浆箱配置了热平衡装置。图3-94为维美德公司OptiFlo流浆箱配备的热平衡装置流程，通常在流浆箱箱座下部、上下唇板支架固定梁中设有热水腔，配有热水进出口，在流浆箱外部配有热水罐，水温度与开机时进入流浆箱的浆温一致或高10℃。

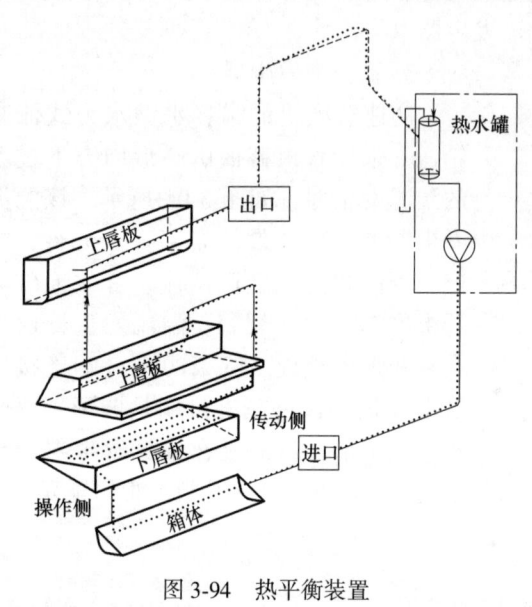

图3-94 热平衡装置

**9. 流浆箱控制系统**

稀释水型水力式流浆箱的控制系统见本章第九节的控制与调节方法概述。

## 五、多层型流浆箱

多层型流浆箱是在满流式流浆箱的基础上发展起来的一类新型流浆箱。多层型流浆箱结构特点是沿着流浆箱的Z向（竖向），将流浆箱的布浆器和整流系统分割成若干独立的单元

(一般为2~3个单元),每个单元都有各自的进浆系统。因此各个不同单元可以各自通过不同种类的纸浆,从而形成几股独立的纸浆流层,一直到堰板口附近才汇合成一股上网浆流。由于这时纸浆流动的速度很高,各层纸浆互相混合的距离和时间都很短,因而上网纸浆流沿着 Z 向(竖向)的各层纸浆基本上保持原来的组成,使得形成的纸页沿着 Z 向(竖向)的各层的纸浆组成与流浆箱各层的纸浆组成大致相同。这样使用一台多层流浆箱就能够为形成由几层不同的纸浆组成的纸页提供上网纸浆,这对于提高纸张质量、节约优质纸浆、简化流送与成形设备均有重要的作用。目前多层流浆箱的技术已成为流浆箱技术发展的一个重要方面。已开发了几种多层流浆箱,现简介如下:

图 3-95 是双层流浆箱(也称 Escher wyss 多层流浆箱)简图。该流浆箱结构的特点为沿着流浆箱的 Z 向有两个连接在一起的阶梯扩散器流浆箱单元。各单元流浆箱的浆流只在堰板口附近才合成为上网浆流。

图 3-96 为 Beloit 三层敛流式流浆箱示意图。这种流浆箱结构的特点为沿着流浆箱的 Z 向(竖向)有三个接在一起的敛流式飘片流浆箱单元,各个单元的纸浆在进入飘片收敛区前是分开的,在进入飘片收敛区后由飘片将各自纸浆层分离,一直到飘片出口处的堰板口附近才合成为上网浆流。目前这种流浆箱已用于制造薄页纸、餐巾纸和纸版。

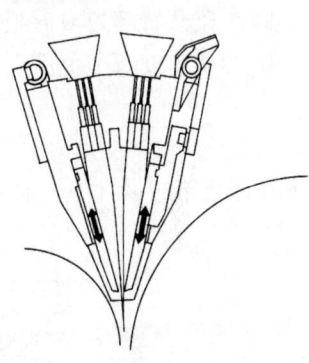

图 3-95 双层式流浆箱简图

图 3-97 为 KMW 多层流浆箱示意图。这种流浆箱的结构特点是用两片空心的分离叶片把三个连结在一起的流浆箱隔开,分离叶片从堰板口一端的孔隙喷出空气,并在堰板口至成形区之间的区间形成把相邻两层上网喷浆浆流分开的空气楔,从而防止在纸页成形之前各层纸浆的混合。目前这种流浆箱只用于夹网造纸机。

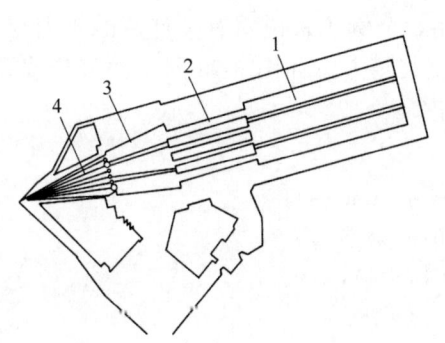

图 3-96 Beloit 三层敛流式流浆箱示意图
1—方锥形总管 2—管束 3—扩散室 4—飘片收敛区

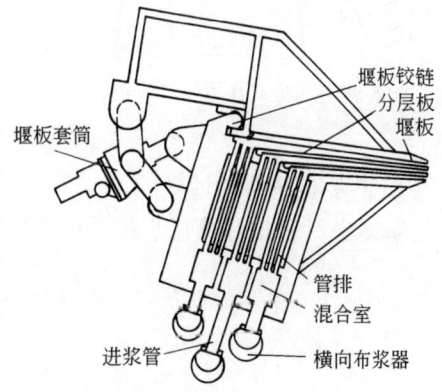

图 3-97 多层流浆箱示意图(KMW)

## 第八节 流浆箱的主要技术参数和设计计算

### 一、流浆箱的主要技术参数

流浆箱的技术参数是指据以设计流浆箱和表示其性能的那些参数,这包括:
① 造纸机的产量,t/d;

② 从造纸机的净纸幅宽提出的上网浆流宽度或流浆箱内壁净间距，m；
③ 造纸机的工作车速范围，m/min；
④ 成品定量范围，g/m²；
⑤ 上网纸浆浓度，%；
⑥ 成形网上总漏浆率或网上纤维保留率，%；
⑦ 浆网速比系数，%；
⑧ 流浆箱的流量范围，m³/min；
⑨ 流浆箱各部分的平均流速，m/s；
⑩ 上浆装置喷口或唇板的位置调节范围，cm；
⑪ 喷浆角度调节范围（°）。

## 二、流浆箱的设计计算

在流浆箱的设计中，通常是按纸浆流向的顺序来选定各部的元件，再顺序地进行这些元件的主要尺寸参数的计算。它是在对流浆箱元件的性能和运行参数已掌握了成熟可靠的经验后进行的。在设计计算中，通常是以流浆箱的流量为基础数据再按各个部位的经验推荐计算流速来确定各处相应的尺寸参数。

对于大多数流浆箱箱体内的浆池中以及流道中计算流速推荐采用以下数据：

浆池坑中 0.15~0.45m/s；布浆器进口 1.5~3m/s；孔板或支管的进口 3~10m/s 或更高一些；孔板后或管束后 0.45~0.6m/s。

以下用一个例子来说明有关计算的步骤与方法。设选定的流浆箱方案如图 3-98 所示的气垫式孔板—孔辊流浆箱。

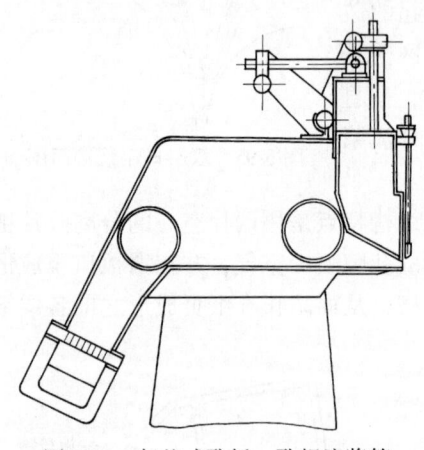

图 3-98 气垫式孔板—孔辊流浆箱

1. 锥管布浆器的计算

根据生产产量计算流浆箱唇口的计算喷浆流量 $q_V$（m³/s）：

$$q_V = \frac{q_m \times 10^4}{\rho(100-M)w_0} \tag{3-13}$$

$$q_m = \frac{b \cdot v_{\max} \cdot q \cdot w}{10^8} \tag{3-14}$$

式中　$q_m$——造纸机的理论绝干毛纸产量，t/s
　　　$b$——毛纸幅宽，m
　　　$v_{\max}$——造纸机最大工作车速，m/s
　　　$q$——纸的定量，g/m²
　　　$w$——成纸的绝干干度，%
　　　$M$——造纸机上纸浆固相离出率，%
　　　$\rho$——纸浆密度，t/m³，可取 $\rho=1$ t/m³
　　　$w_0$——上成形网的纸浆绝干浓度，%

锥管布浆器进口端的流量 $q_{V,0}$ 为

$$q_{V,0} = \frac{q_V(1+\omega_1)}{(1-\omega)} \, (\text{m}^3/\text{s}) \tag{3-15}$$

式中 $q_{V,0}$——同前为唇口计算喷浆流量，$\text{m}^3/\text{s}$

$\omega_1$——流浆箱内（前墙或后墙）溢流率

$$\omega_1 = \frac{q_{V,R1}}{q_V} \tag{3-16}$$

$q_{V,R1}$——由流浆箱前墙或后墙溢出的浆量，$\text{m}^3/\text{s}$

$\omega$——锥管小端溢流率，$\omega = \dfrac{q_{V,R}}{q_{V,0}}$，见前述式（3-6）

锥管布浆器进口截面面积 $A_0$ 为：

$$A_0 = \frac{q_{V,0}}{v}, (\text{m}^2)$$

式中 $v$——锥管布浆器进口截面上的计算流速，m/s，可取为 2.5~3m/s，锥管布浆器截面宽度 $b$。对于等宽的矩形截面锥管布浆器，其截面宽度要与其相配的孔板宽度相等，这一宽度与其后流道的高度是相等的，于是 $b$ 的值可按式（3-17）来计算：

$$b = \frac{q_V(1+\omega_1)}{b_2 \cdot v_3} \, (\text{m}) \tag{3-17}$$

式中 $b_2$——闸口幅宽，m

$v_3$——孔板下游流道的计算流速，m/s

锥管布浆器的计算在确定了 $v$、$b$、$A_0$ 以及 $\omega$ 的值之后，可按前述第四节方法进行。

2. 孔板的计算

在确定了孔板的孔中计算流速 $v_2$ 之后，即可算出孔板中孔的总面积 $\sum A_{\text{孔}}$

$$\sum A_{\text{孔}} = \frac{q_V(1+\omega_1)}{v_2} \, (\text{m}^2) \tag{3-18}$$

再由选定的孔径 $d$（m）来算出总孔数 $n$

$$n = \frac{4 \sum A_{\text{孔}}}{\pi d^2} \tag{3-19}$$

孔的排列形式多采用棋盘形排孔，也可排成阵列形。

3. 孔辊的计算

孔辊的直径 $D$ 通常都是按流道高度或浆池中的浆位高度来决定的。

对于位于孔板下游流道中的喉辊，已算出了流道高度 $h_B$，一般地可初定喉辊直径比 $h_B$ 小 10mm 左右。但往往为了在设计取喉辊与闸辊有相同的直径而要放大喉辊直径，此时可把喉辊附近的流道高度相应地放大到比喉辊直径大 6~10mm。这样，孔板下游流道就会成为略有扩展的流道。

闸辊的直径按流浆箱体内浆池中的浆位计算，也按比浆位高度小 10mm 左右并圆整成适当的整数，以防止闸辊露出液面带入空气。

流浆箱箱体内浆池中浆位高度 $H_1$（气垫式流浆箱）在前墙溢流时为：

$$H_1 = \frac{q_V(1+\omega_1)}{b_2 \cdot v_4} \, (\text{m}) \tag{3-20}$$

而在后墙溢流时为：

$$H_2 = \frac{q_V}{b_2 \cdot v_4} \quad (\text{m}) \tag{3-21}$$

上两式中 $v_4$——浆池中的计算流速，m/s

孔辊辊面上的钻孔数 $n$ 利用式（3-12）计算：

$$n = 4 \cdot \lambda \cdot D \cdot b / d^2 \tag{3-22}$$

式中　$\lambda$——辊面上小孔的开孔率，%

　　　$D$——孔辊外径，m

　　　$b$——孔辊辊面钻孔段宽度，m

　　　$d$——孔辊辊面上小孔的直径，m

对于螺旋线排孔的孔距尺寸可按制造厂商的排钻钻距和一般几何计算公式来算出。

孔辊下游波迹长度的计算公式通常用式（3-10）计算：

$$l_w = \frac{K \cdot v^{4/3} \cdot d^{1/2}}{138 \cdot D^{1/3}} \quad (\text{mm})$$

式中　$l_w$——下游无波迹处距孔辊下游侧辊面的距离，mm

　　　$K$——波迹系数，当孔径为 25mm 时，开孔率为 35%、45% 及 50% 时分别取 50、30 及 25

　　　$v$——通过辊孔时的纸浆流速，mm/s

　　　$D$——孔辊外径，mm

　　　$d$——孔辊辊面上的孔径，mm，通常取为 25mm

4. 流浆箱中浆流流道的长度

按设定的设计方案的流浆箱，其浆流流道包括喉辊中心距孔板面的距离 $S_1$ 以及喉辊与闸辊的中心距 $S_2$。它们的长度可按经验分别计算。

喉辊中心距孔板面的距离 $S_1$ 可按式（3-23）计算：

$$S_1 = 20 d_{板} = \frac{D_1}{2} \tag{3-23}$$

式中　$d_{板}$——孔板中小孔的直径，mm

　　　$D_1$——喉辊直径，mm。

喉辊与闸辊中心间的距离 $S_2$ 决定了流浆箱内浆池的长度。这个长度尺寸与三个方面的因素有关。第一，$S_2$ 距离应尽可能地使上游侧孔辊的波迹效应所导致的扰动消除在下游侧孔辊之前，或者上游无孔辊时使孔板的孔中喷出的流股在下游孔辊之前成为全幅全深均匀的浆流。第二，以浆池中的计算流速 $v_4$ 流动着的浆流在 $S_2$ 距离内不致发生沉降或絮聚的现象。第三，按照 $b_z \cdot S_2$ 来计算的流浆箱内浆池面积不能太小。因为这个浆池面积越大，在供浆量或压力有脉动的情况时，气垫式流浆箱吸收和抑制脉动的能力越强，使由闸口喷到成形网上去的浆量脉动越小。这对于高速长网造纸机更显得重要。从第一、第三这两个因素考虑，希望 $S_2$ 长度尺寸大些，而从第二个因素考虑，希望 $S_2$ 小些。一般情况下，$S_2$ 可按式（3-24）计算：

$$S_2 = K d_1 + \frac{D_1 + D_2}{2} \tag{3-24}$$

式中　$K$——系数，$K = 16 \sim 20$

　　　$D_1$ 及 $d_1$——喉辊的直径及孔径，mm

$D_2$——闸辊直径，mm

当设有中间孔辊时，则浆池长度分为两段。这两段均可用式（3-24）计算，此时 $D_1$ 及 $D_2$ 将分别地相应于上、下游的孔辊辊径，$d_1$ 为上游孔辊的孔径；$K$ 在计算前一段时可用10~12，而在计算后一段时可用12~16。

5. 敛唇式上浆装置的流道

通常把敛唇式上浆装置的流道的上游端（大端）高度取为 $h_1 = (0.6~0.8)D$，$D$ 为闸辊直径。设敛唇的流道的收敛角为 $\alpha$，则沿收敛角中线并自闸辊辊面算起的流道长度 $L$ 为

$$L = \frac{1}{2}(h_1 - h)\frac{1}{\tan(\alpha/2)} \tag{3-25}$$

式中　$h$——喷缝开度。

通常取 $\alpha = 30°$。按上式计算的 $L$ 值应该大于或等于式（3-10）或式（3-11）算出的值。

## 第九节　流浆箱的调节与控制

### 一、流浆箱运行中需要调节与控制的参数

在流浆箱运行作业中，需要进行控制的主要参数有：浆料和稀释水的流量及压力、气垫流浆箱的箱内液位和气垫压力、上浆装置的喷口开度及喷浆角、着网点等。

### 二、控制与调节方法概述

1. 开式流浆箱有关参数的调控

在开式流浆箱中，通常用溢流（例如，通过调节箱内溢流板高度对箱内液位进行调节）及人工调节方式（例如，手动控制阀门以进行流量调节；又如，手动控制锥管末端的回流控制阀门，以对锥管横向压力进行有限的调节）对上述有关参数进行调控。

2. 气垫流浆箱液位和总压头的调节

造纸工艺对流浆箱性能提出的一个重要要求是，从流浆箱上浆装置喷浆口喷出的浆流速度必须保持稳定一致，从而确保浆速和网速有一定的比例（即浆网速比较稳定）。

喷浆速度 $v$ 与流浆箱总压头压力有关：

$$v = k\sqrt{2gp} \tag{3-26}$$

$k$ 为与纸浆性质和流浆箱上浆装置唇口形式有关的系数。总压头 $p$ 是气垫压力（$p_\text{气}$）和浆位静压（$H_\text{浆} \cdot \gamma$）之和，即 $p = p_\text{气} + H_\text{浆} \cdot \gamma$。因此，调节浆位与气垫压力或调节总压头，都可以调节喷浆速度。在总压头和浆位两个参数的调节中，关键是稳定总压头，以稳定喷浆速度。浆位控制的目的仅仅是为了纸浆在流浆箱输送纸浆过程中保持所需要的流动特性，在总压头不变的前提下，小范围的浆位波动是允许的。如图3-99所示，为流浆箱液位和总压头三种调节方案。

方案（a）中，压力调节系统 P-JT 是通过调节气垫压力去稳定总压头，液位调节系统 H-JT 则是通过调节进浆量去稳定液位。方案（b）中，压力调节系统 P-JT 是通过调节进浆量去稳定总压

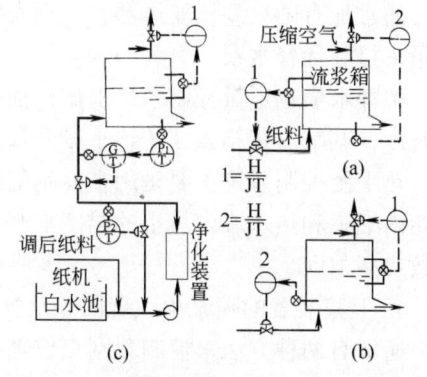

图3-99　流浆箱液位和总压头的调节方案

头，液位调节系统 H-JT 是通过调节气垫压力去稳定液位，这是普遍采用的方案。方案（c）中，总压头与进浆量组成了串级调节系统，并在净化装置（除渣器或筛浆机）后设置了压力调节系统 $P_2$-T，以稳定进浆压力。这将使流浆箱中的总压头和液位更为稳定。

更为完善的方案是，把流浆箱自成体系的控制系统同全造纸机控制系统相结合、连锁、统一起来，也即是向流浆箱供浆的浆量调节阀和供浆泵的控制都是同造纸机车速控制系统连锁的并同造纸机的定量水分监测仪表经过控制系统相连接的，使流量能随造纸机主控制系统的要求来调节。具体的控制原理、方式及所采用的仪表、元件则因各供应厂商或设计者之不同而异。

3. 稀释水型水力式流浆箱的控制

中高速造纸机的稀释水型水力式流浆箱通常配备主控制系统、稀释水压力控制系统、稀释水横幅定量控制系统、热平衡控制系统等组成。如图 3-100 所示。

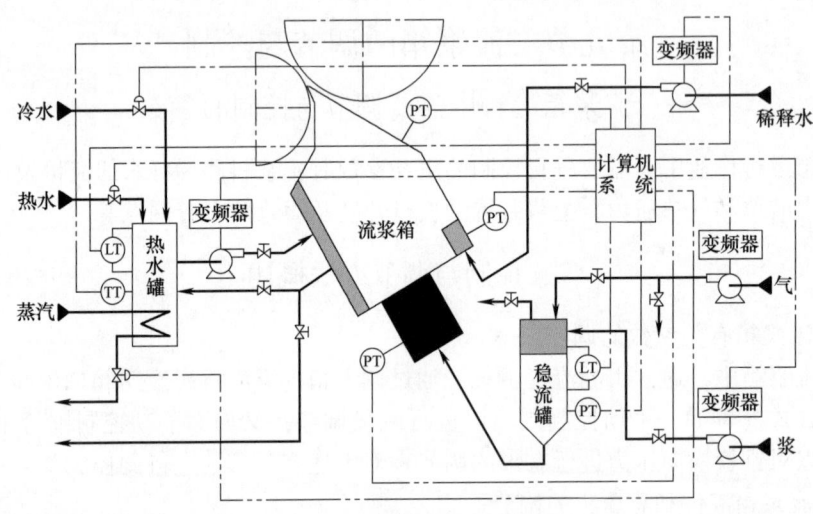

图 3-100 稀释水型水力式流浆箱控制系统

主控制系统用于控制流浆箱内纸浆的总压头，保持上浆系统的稳流罐或除气器液位稳定。稳流罐或除气器液位稳定是通过调节混合泵的转速来实现；总压头的控制是通过比较压力传感器和设定压力值，在稳流罐或除气器的液位稳定情况下，通过调节上浆泵的转速来实现。流浆箱总压头是通过安装在堰板通道中的压力传感器来监测。

稀释水压力控制系统用于控制稀释水方锥管与进浆方锥管之间的压差，并使其保持稳定。通常配有两只差压变送器，分别安装于稀释水方锥管与进浆方锥管的入口处。通过压力测量来控制稀释水泵。

稀释水横幅定量控制系统根据扫描架测量的纸页横幅定量数据，控制相应分区的稀释水阀开度，调节流浆箱该区的绝干量分布，修正横幅定量分布偏差。

热平衡控制系统主要是用来控制配备热平衡装置流浆箱的热水罐内热水的液位，控制流浆箱内纸浆和热水罐中热水的温度平衡，保证进入流浆箱热平衡装置的热水与流浆箱的浆温一致或高 10℃。

4. 上浆装置的喷浆角、着网点及唇口开度的调节

通常有两种方法来控制着网点位置和喷射角。一是上浆装置整体亦即是箱体有上下方向和前后方向的位移，前者可以控制喷射角（同时也变动了着网点），后者可以控制着网点位

置。这往往借流浆箱箱架结构设计来实现。（箱架结构见前所述）。图3-101为一台现代高速造纸机流浆箱的倾角调整机构，流浆箱喷射的着网点由倾角调整机构微调，通过电机、减速箱调整，倾角的位置可在现场或控制室操作站显示，用于计算唇板喷射速度及着网点。

二是借上浆装置的闸口元件的上下唇板有相互位置调节来实现，（这也可见前所述）。上浆装置的喷浆角和着网点通常只在开机调试期间进行人工调节。少数专门设计的单一产品高速造纸机已有借软件进行自动控制的。已如前所述，唇口的开度应能全幅宽整体调节和局部微调，具体见第六节三、四。对于纸页的横幅定量的控制，在20世纪90年代以前，世界上几乎所有的造纸机调节纸页横幅定量差的方法

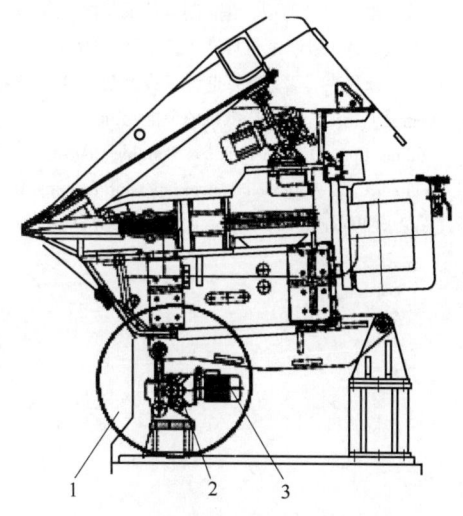

图3-101　高速造纸机流浆箱的倾角调整机构
1—倾角调整机构　2—减速箱　3—电机

是采用在唇板的上部安装唇板开度微调机构，转动微调机构，唇板将产生局部的微小变形，实现纸页横幅定量的局部调节，这种方法存在着调节精度差、灵敏度较低、相邻调节点相互影响较大的缺点。近十多年来，推出了稀释水流浆箱，采取了稀释水调节横向局部浓度的方法来达到减少横幅定量差的目的，极大地克服了老式唇口机械微调装置的缺点。对于稀释水流浆箱，唇口的微调机构仅用来调整唇口上下刃口的初始平行度，保证唇板开度一致。

## 三、流浆箱智能化控制的发展

现代造纸机流浆箱的发展主要包括水力式流浆箱（满流式流浆箱）、稀释水调浓水力式流浆箱和智能型白水稀释调浓水力式流浆箱。随着国家重点推进实施工业4.0和社会对纸制品质量要求的提高，对纸张的质量智能化控制水平提出更高要求。

智能型白水稀释调浓水力式流浆箱是现代造纸机智能化质量控制的关键技术与装备，是目前最先进、最节能的流浆箱，是流浆箱智能化发展方向，它具有完备的稀释水智能化质量控制系统，对纸页的质量起着决定性作用，可满足车速达1200~1800m/min的高速纸造纸机。它具有以下特点：

① 具备了稀释水调浓水力式流浆箱的所有优点和特点，并使用白水作为稀释水。
② 具有完备的稀释水系统，即具有稀释水总管、稀释水阀、水阀执行器、稀释水混合模块、稀释水横幅定量控制系统。
③ 通过计算机软件实现了稀释水横幅定量的全自动性控制，成为智能型水力式流浆箱。

## 参 考 文 献

[1] 胡楠，主编. 轻工业技术装备手册 [M]. 第1卷. 北京：机械工业出版社，1995.
[2] 陈克复，主编. 制浆造纸机械与设备（下）[M].（3版）北京：中国轻工业出版社，2011.6.
[3] 陈克复，编著. 造纸机湿部纸浆流体动力学 [M]. 北京：中国轻工业出版社，1984.
[4] 卢谦和，主编. 造纸原理与工程 [M]. 2版. 北京：中国轻工业出版社，2004.9.
[5] 钱承茂，等编. 制浆造纸过程测量与控制 [M]. 北京：中国轻工业出版社，1991.

[6] 制浆造纸手册编写组,编. 制浆造纸手册. 第九分册 [M]. 北京:中国轻工业出版社,1998.
[7] 曹邦威,译. 最新纸机抄造工艺. [M] 北京:中国轻工业出版社,1999.
[8] G. A. 斯穆克,著. 制浆造纸工程大全 [M]. 曹邦威,译. 北京:中国轻工业出版社,2001.5.
[9] 陈克复,杨旭. 现代造纸机的节能与降耗 [J]. 中国工程科学,2012,14(07):4-8+19.
[10] Valmet Corp. OptiFlo Headbox Training Course.
[11] Valmet Corp. Approach System Operator Training Material.
[12] Andrizt Paper/Board Machine,Approach Systems.

# 第四章 造纸机成形装置

## 第一节 概 述

### 一、成形装置的作用

成形装置又称为网部,是造纸机上最重要的一部分,纸料悬浮液在其上面形成纸页,成纸质量和纸机的正常生产都与成形装置的操作有密切关系。湿纸幅一旦在成形装置成形后,纸张中的纤维交织状态便基本定形,纸张的基本物理性质也随之确定下来,随后的造纸机的压榨、干燥和压光等过程只能有限地改善已成形的纸幅的性质。成形装置通常也是纸机上最复杂的一部分;在运转中,成形装置的动力消耗和维修费用在整个造纸机中占有相当大的比重。

成形装置的主要作用是:

① 获得组织良好的湿纸幅。纸幅的成形是一个复杂的过程,通常可简单地看成是纤维逐渐沉积到成形网网面上,相互错综交织成一个薄层的结果。要获得组织均匀的纸幅,除了需要性能良好的流送设备外,还需要使纸料在成形网面上进行合理的脱水过程。一般可通过控制网速和上网浆速的差值、网案的摇振及选用适当的脱水元件等方法,使纤维悬浮液在纸幅成形过程中,既相对平静又具有一定的湍动,从而使沉积的纤维分散均匀,无絮团;同时又避免不适当地过急的脱水,使纸料中的胶料、填料和细小纤维流失过多,造成纸幅的两面性质的差别。

② 把已形成的纸幅脱水到一定的干度。湿纸幅初步成形后,一般需要通过强制脱水的方法(真空抽吸、压榨等)来达到一定的干度或湿强度,从而能从成形网面剥离下来。

现在常用的纸幅成形装置有长网成形器、圆网成形器、夹网成形器、复合型成形器和高浓成形装置等。

### 二、纸幅成形的机理

纸幅的成形过程即是纤维悬浮液在成形网面上脱水和沉积的过程,其主要是一个流休力学的过桯;化学力和胶体化学作用力也有一定的影响,尤其是对纸料中微细物质的影响是比较显著的。其流体动力过程主要包括三个过程:泄水、定向剪切和湍动。

泄水即是水通过成形网的流动,水流的方向基本是、但不完全是垂直于网平面,其特征是流速随时间而变化。泄水所起的主要作用是纤维悬浮体脱水而使纸浆中的纤维沉积到成形网上成为积层。

泄水按两种机理来进行:过滤和浓缩。当悬浮体中的纤维是易动的或可以互相无干涉地自由运动时,就发生过滤。在过滤的机理下泄水时,沉积的纤维积层与接近积层的稀薄的悬浮体之间有着清楚的边界,积层上的未泄水的悬浮体的浓度基本上是常值。过滤机理的泄水对纸的成形有两种作用:匀布作用和逐层沉积作用。因为泄水流动总是在阻力最小的途径上有最大的流量,从而把较多的易动的纤维带到这阻力最小、也就是纤维积层较薄的地方去,这就使积层有均匀增长的趋势，这就是匀布作用。由于过滤机理的泄水把主要是呈单体状态的纤维一层层地沉积在成形网上，故积层的结构中纤维的交织、穿插相对地较少，层次性比较明显。这就是逐层沉积作用。当悬浮体中的纤维成为互相交缠连绵的网络状态、纤维不易动时，就发生浓缩。此时积层与悬浮体之间没有清楚的界限，悬浮体的浓度在越靠近积层之处越大。悬浮体中的纤维网络与积层一样，随着浓缩的过程而被逐渐地压紧。悬浮体泄水的主要机理是过滤。但过滤与浓缩这两种泄水机理实际上也是同时存在的，只是按浓缩机理进行的泄水带局部性和暂时性。

在泄水中纤维受到成形网的机械阻拦而积留在网上，由此产生了积层，并使积层随着泄水的进程增长并受到压紧。在积层中的纤维之间和纤维与成形网之间的摩擦在泄水过程中逐渐增大，从而使积层的纤维结构稳定下来，能够抵抗积层上方未泄水的悬浮体中的流动扰动和来自成形网下方的水的反冲。积层的增长和压紧使纤维和细微物质的积留增加。

定向剪切是在尚未泄水的纤维悬浮体中的剪切流，它的特征是有清楚可见的流动方向和平均流速的梯度。定向剪切具有分散作用、定向作用和浓集作用。定向剪切的分散作用即是由于其流速梯度的存在，使悬浮体中的纤维网络受到剪切力的作用而发生变形，以致最后被分散。定向剪切的定向作用即是由于定向剪切表现出明显的流动方向性，使积层中沉积的纤维多沿着该优势的剪切方向排列。在泄水范围内包含有非匀布的强剪切流型时，纤维表现出相应于剪切场模式的浓集趋势，这就是定向剪切的浓集作用。这种作用是成形中不希望有的，所以要用高强度小尺度的湍动来抑制它。

在成形中，湍动从理论上说就是在未泄水的自由悬浮体中的流速的无定向波动。但实际上自由悬浮体中湍动的流型并不是真正的无定向的，但它还不足以产生显著的定向剪切，它对纸的结构的影响与真正的流速无定向波动所起的效应很近似。这是一种拟湍动的流型。它也是流动方向性很高的流动缓和时的自然结果。湍动在成形过程中的主要作用是分散纤维网络，在有限的程度上使纤维在悬浮体中易动从而降低其絮聚程度，以及作为使定向剪切衰减的手段。

定向剪切和湍动都是剪切的过程，其区别仅在于：在给定的尺度（与单体纤维的长度尺寸相比足够大的尺度）范围内方向性的程度不同。在任何成形器中，上述三种流体动力过程都是同时发生和存在的，而且它们在时间上和空间上都不是均匀分布的，彼此也都不是完全独立的。

## 三、不同成形装置的比较和技术经济分析

造纸机的分类决定于其主要部分的结构形式，通常是根据成形部和干燥部的结构特征进行分类。根据成形部的构造与造纸的方法可将纸机成形装置分为长网成形装置、圆网成形装置、夹网成形装置、复合成形装置等。

长网成形装置使用最广泛，一般车速不超过800m/min，可以生产绝大多数纸种，是成形装置的主流。但由于单面脱水造成纸的两面差，脱水慢车速受到限制。

普通圆网成形装置是一种传统成形装置，适应性广，可以抄造从薄页纸到纸板等多种产品，并具有结构简单、占地面积小、动力消耗低、制造容易、投资少、上马快、操作维护简便等优点，但由于其结构原理导致脱水慢的限制，车速较低，生产规模小，产品质量受限。主要用于生产产量小的卫生纸、包装纸、瓦楞原纸等。新型圆网成形装置主要有两大类型：一类是指在传统圆网成形装置的基础上，对圆网部进行某种形式改造的机型，如压力式网

槽、真空网笼、超成形圆网等；另一类是指保留圆网作为成形部件，而对其他部分进行重新设计得到的机型，如埃斯圆网成形装置和新月型成形装置等。

近几年来，在普通圆网成形装置基础上发展起来的真空圆网成形装置和新月型成形装置可用来抄造薄页纸，其车速有较大提高，其中真空圆网成形装置车速达到 300~1500m/min，新月型成形装置车速达到了 2000m/min 以上。

夹网成形装置是 20 世纪 60 年代后发展起来的新型成形装置。其具有两面脱水、成纸两面性差别小、车速快、运行效率高、生产能力大等优点，在现代造纸工业中得到广泛应用。目前新型夹网成形装置的工作车速已超过 2000m/min，幅宽达到 10m 以上。但夹网成形装置投资大，使用管理维护要求高，对其性价比要进行深入分析。

复合成形装置主要包括在长网成形装置基础上发展起来的顶网成形器和叠网成形器。其中顶网成形器车速可达到 1100m/min，近年来国际上的顶网成形器发展很快，我国也从国外引进了大量顶网成形器，现在国内已有近百台顶网成形器在运行。此外，我国很多企业在原有长网成形装置的基础上加装顶网成形器，提升了纸机的装备水平。

叠网成形器是在长网成形装置的网案上安装若干台单独的成形装置，可用于生产多层纸板，车速可达到 1100m/min。由于各层湿纸页的流浆箱、浆网速比、横幅定量差以及脱水速率等均可分别控制、调节，可方便地生产出满意的纸板，因此叠网成形器是目前最流行的纸板成形器。

## 第二节　长网成形装置

### 一、长网的组成及纸页的成形过程

#### （一）长网的组成

长网造纸机的网部简称为长网或网案。如图 4-1 所示为一个典型的长网部。网案的主要部件是一个无端的细编织网（金属编织网，一般为磷青铜材质；或塑料网）。该成形网套在两个大辊子中间运行，其中胸辊靠近流浆箱，而伏辊则在另一端。胸辊通常用于支撑网，在一些抄纸系统中，胸辊还起到脱水元件或真空成形器的作用。伏辊则起支撑网和脱除纸页水分的作用。转动网部的大部分动力都是施加在伏辊和驱网辊（转向辊）上。

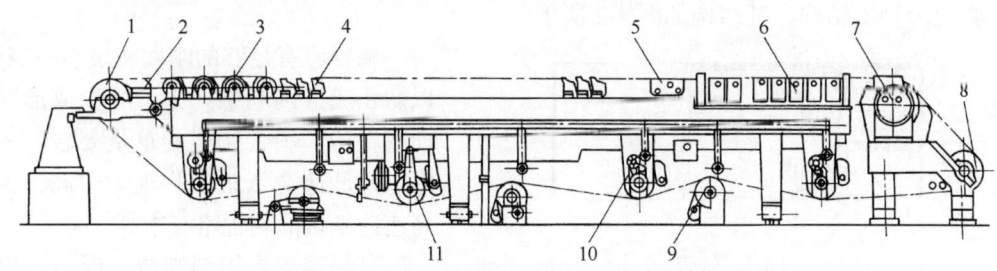

图 4-1　一种长网造纸机网案结构示意图

1—胸辊　2—成形板　3—沟纹案辊　4—案板　5—湿吸箱　6—真空吸水箱　7—真空伏辊
8—驱网辊　9—导网辊　10—成形网张紧器　11—成形网校正器

在胸辊和伏辊之间的各类元件都具有支撑网子和脱水的双重功能。根据特定需要，可使用多种不同的脱水装置。旧式纸机网案上的成形基本上是由成形板、案辊、脱水板、真空吸水箱和伏辊等组成。目前大多数纸机在紧接着胸辊之后使用一个成形板，接着是脱水板组件，然后网子经过一系列真空度逐渐递增的脱水装置：从低真空度的湿吸箱到高真空度的干式真空箱，最后是高真空度的伏辊。

回网辊装置将网子带回到胸辊。张紧辊和校正辊用以自动维持正确的张力和消除横向位移。一组喷水管保持网的清洁和去除积垢。

低速纸机（如400m/min以下的）常配以摇振机构，使网子横向摆动以改善纸页匀度。这些低速纸机还沿网边配以橡胶定边板以便在最初成形阶段挡住浆料。在高速纸机上由于纸页是瞬时形成，所以不必要用摇振和定边装置。

有些长网纸机配有饰面辊（水印辊），它安装在真空箱区域的网的上方，并轻压在纸面上。饰面辊上有网毯覆盖，用以压实纸页和改进纸页的匀度。有些饰面辊在网面上有花纹，可转移到纸页上，形成水印或其他特定图案。

通常将随即离开伏辊的纸幅两边切去一个窄条。该纸幅两边由于定量低且匀度不稳定，一般强度较差，很可能是传递纸幅时断头的原因。切边工作由称为水针的高压水射流完成，该水针恰好位于伏辊前的网子上方。切下的纸边沿驱网辊（转向辊）带走并冲洗入伏辊坑中，在坑中被重新碎浆，随后进入损纸浆流系统。

（二）纸页的形成过程

浓度约0.3%~1%的纸浆，从流浆箱的唇口以接近网子的速度，均匀地喷到网上。随着无端的长网向前移动，靠重力或真空抽吸力，纸浆中的水分就从网孔中排出。随着纸浆在网上脱水的同时，纸浆中的纤维及填料等都沉积在网上而形成湿纸页。纸页在网部的脱水量占整台造纸机的总脱水量的95%以上，纸页离开网部时干度为18%~23%；高速造纸机可达到27%。

## 二、胸　辊

（一）作用

胸辊是造纸机上的第一个辊筒，是网案的开始部分，它的一个作用是承托成形网。成形网在胸辊上改换方向，经过胸辊以后，成形网的非工作面变为工作面。在很多情况下，胸辊也是网案上的一个脱水元件，上网的纸浆可在胸辊上脱去一部分或大部分水。

（二）结构

胸辊为管辊结构。其结构如图4-2所示。

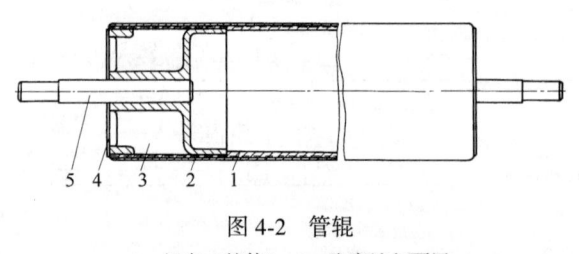

图4-2 管辊
1—辊壳（筒体） 2—防腐蚀包覆层
3—铸铁封头 4—盖板 5—轴头

胸辊应有足够的刚度和最小的挠度，以防止成形网起皱。为了减少成形网带动胸辊的负荷，胸辊的重量要轻。一般中小型低速造纸机的胸辊无中高，大型高速造纸机的胸辊略有中高。

过去胸辊多用铜制造，现一般用钢制薄壁管，外包3~4mm厚的铜皮或8mm厚的橡胶（布氏硬度12~17度），也有采用玻璃钢包覆面的胸辊。胸辊要经过静平衡和动平衡检验。

为了防止纤维块进入胸辊和铜网之间，辊面装有塑料或木制刮刀清洁辊面，在胸辊与下唇板间还装有喷水管清洗辊面。通常，在刮刀背面配有一块延伸板，将该处通过网子脱除的白水导入第一个白水盘。

胸辊也有脱水作用，其脱水量可以用纸浆流的着网点控制。如果纸浆流直接落到胸辊上，可以排除大量的水，有部分定形作用。如果纸浆流喷在成形板上，则胸辊上的脱水作用很小，纸页的成形由案辊或脱水板控制。

用游离浆生产薄纸的现代高速造纸机，采用吸水胸辊进行强烈地脱水。在此情况下，大部分的水都由胸辊脱除。胸辊的脱水机理和案辊相似。

## 三、成 形 板

成形板（又称组织板）是长网造纸机胸辊后面网下的第一个元件，它起到支撑网子和控制上网段的脱水量的作用。

随着造纸机幅宽的增大，胸辊直径增大，如果浆流上网仍在胸辊中心线后的附近，则从着网点至第一案辊间有相当大距离。如果造纸机车速较高，就会在胸辊处发生大量脱水，这对于某些薄质纸类是适合的，但对于其他一些纸机，初始成形时的剧烈脱水是极不利于纸幅成形的。它会使纤维竖起来，影响成纸的强度；会造成大量细小纤维漏失，引起纸张较大两面性能差；促使初期沉积的纤维层过紧，影响纸浆进一步的顺利成形和脱水；甚至会在胸辊处造成铜网下陷，发生网面上的跳浆现象，影响纸幅成形。因此在胸辊后设置成形板减缓网上纸浆层的脱水，使最初的纸页成形能在没有剧烈地抽吸作用下进行。

最常见的成形板是几个木质的长条形平板。第一条面宽100~200mm，其余的较窄，通常是65~100mm宽度，间距40~50mm。

在现代化的高速长网造纸机上，成形板通常是由一个较宽的平面梁板和数个小倾角案板组成的箱体（见图4-3）。浆流的着网点是在梁板前缘附近的平面上。浆流上网后，由于平面梁板的脱水缓慢，可以稳定浆流。接着是约1°倾角的案板叶片，用以造成低强度的湍动和适当的脱水量，防止纤维重新絮聚。

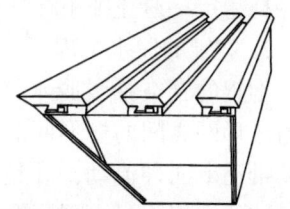

图4-3 典型的成形板结构

成形板的设计和使用十分重要。要使纸浆在上网段保持纵向流速稳定、不产生冲击，首先要有经过研磨或刨平的成形板；其次是严格地保证其平行于唇板；调节它们之间的距离达到消除成形板前缘处回流反冲的效应；另外，成形板前缘应稍向下倾斜以克服纸浆在喷到成形板上网面时的冲击，否则，纸浆将在成形板上产生波脊。如果成形板比网子低得太多，又会使网下水反冲网上而破坏纸浆的稳定性。典型的成形板倾斜状态如图4-4所示。成形板的倾斜程度要视具体情况而定。

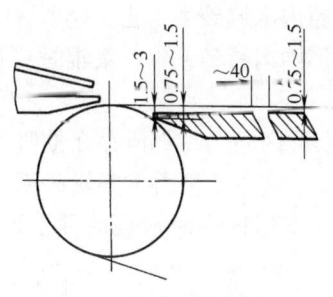

图4-4 成形板的倾斜情况

成形板面层必须用抗磨损材料制成，以减少对成形网的磨损和损坏。一般可用硬木、聚乙烯、酚醛层压板、含二硫化钼橡胶板、聚四氟乙烯、高密度聚乙烯、陶瓷、微晶陶瓷等不易变形的耐磨材料。前四种多用于车速为300m/min左右的纸机，后四种可用于更高速纸机上。

用氧化铝烧结陶瓷面板制成的成形板（图4-5）具有良好的使用性能，它非常耐磨，表面光滑，并可以制成平直而锐利的前缘，避免将水逼回网上而破坏初期沉积的纤维层。烧结

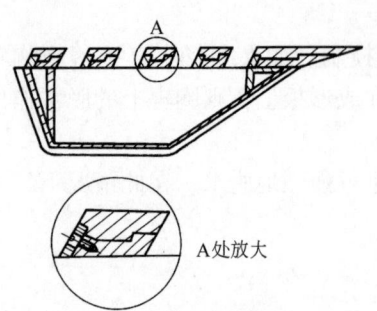

图 4-5 用氧化铝烧结陶瓷面板制成的成形板

陶瓷和大多数的树脂无亲和力,可以长期保持清洁,无挂浆或堵塞现象,维修工作很少。但制造加工较难,价格较昂贵。

## 四、案辊和挡水板

### (一) 案辊

#### 1. 案辊的结构和要求

案辊是网部传统的脱水元件,同时起到支撑网子的作用。案辊是一种薄壁管辊(如图 4-2 所示),用无缝钢管、铜管或铝管制作,也有在其表面挂胶以提高其耐磨、抗腐蚀性能及有利于纸浆的脱水并减少对成形网的磨损。玻璃钢也是最流行的一种案辊包覆材料,因为它可以增加辊子的刚度,而且损坏时也容易修补。在结构上,要求案辊的质量轻、转动灵活、有足够的刚度。辊子直径主要决定于所要求的脱水能力,一般为 80~325mm。车速越高、抄宽越大,辊子的直径也越大。

案辊的表面要平直,运转要平稳。弯曲的案辊会在纸幅中留下月牙形的浆块或纵向的浆道子。案辊变形或不平衡会使成形网抖动,引起球状浆块的纸病。

成形网对案辊只有很小的包角,牵引力很小,所以案辊的转速常常略低于网速。

在车速很低的造纸机上,尤其是使用脱水缓慢的黏状纸浆时,案辊的排列是先密后疏,以期纸浆上网后立即较多地脱水,使纸幅迅速地初步成形,避免再絮聚的发生。在车速较高的造纸机上,案辊的排列通常是先疏后密或先疏中密后疏的方式,主要是为了使纸浆上网初期保持稳定,避免细小纤维和填料等的过大流失。

#### 2. 案辊的脱水机理

案辊的真空抽吸脱水原理如图 4-6 所示:在案辊与成形网之间的楔形间隙内,水流在案辊和成形网的带动下向外流动,并且截面逐渐变大。由于水有足够的内聚力,水层不会轻易分离,在案辊的楔形区间上形成了真空抽吸的排水区间。这种抽吸作用类似于在楔形区间内有一个向下运动着活塞,把

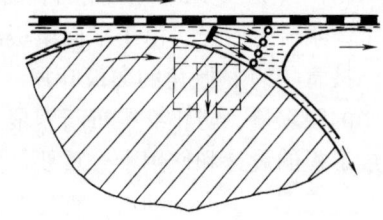

图 4-6 案辊的抽吸作用示意图

水分从网上抽吸排出。案辊的这种抽吸作用会延续到楔形间隙内水层破裂为止。楔形区间内的水层破裂后,纸浆的脱水过程就暂告一段落。到纸浆随成形网运行到下一个案辊时,脱水过程又重新开始。

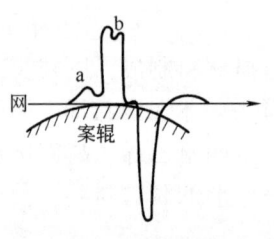

图 4-7 案辊与网接触点前后压力的变化情况

在案辊和成形网构成的楔形区间上,不但存在抽吸的负压区,还存在正压作用的区段。这主要是由于案辊表面和网底的水层被案辊和成形网带入楔形区间时造成的冲击形成。如图 4-7 所示。

在中高速造纸机上,案辊过大的压力脉冲对纸幅的成形是有害的。在车速 300m/min 以上的中高速纸机,采用案辊脱水存在着脱水速率大而集中、网上有跳浆现象及案辊的脱水作用不能按纸的质量要求进行调节等问题。因此,案辊一般应用于车速在 300m/min 以下的造纸机上。

124

## （二）挡水板

当造纸机的车速较高时，自案辊脱出的水流，在离心力作用下，会抛向下一个案辊的表面，影响后一案辊的脱水效果。同时还会反抛到网的下面，影响纸幅的成形质量。因此，在较高车速的网案上，案辊之间均装设有挡水板（图4-8）。

挡水板一般制成箱形结构，以增加其刚挺度，使用时就不会产生凹陷、偏斜或振动等缺陷，避免由此使纸页产生诸如条痕和浆道等匀度的问题。

在幅宽较大的造纸机上，挡水板是精确设计和制造的。它的上缘与铜网接触，可以刮去附着在网下的水层，并可减少成形网在案辊之间的下垂。在必要的时候，可以把挡水板的上缘制作成案板，因而可以同时作为脱水元件使用，从而增加网案的脱水能力（图4-8b）。

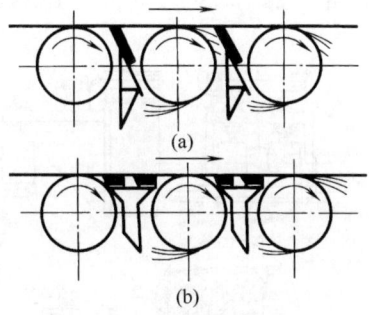

图4-8 案辊间的挡水板
(a) 刮刀式挡水板 (b) 案板式挡水板

## （三）沟纹案辊

沟纹案辊的结构和普通案辊相似，只是辊面车有沟纹。一般说来，沟越宽越多，脱水能力就越低。沟纹案辊的脱水能力只有普通案辊的 1/2~1/10，因而沟纹案辊可应用于中高速造纸机。

## 五、案板（脱水板）

### （一）案板的结构

案板也称脱水板、刮水板，可分为单件的、双件的和组装的几种结构形式。通常靠胸辊端多用单件型，靠伏辊端用组合型。

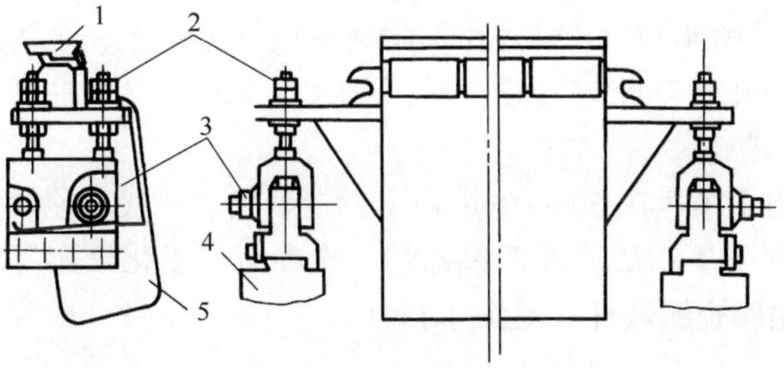

单件案板（见图4-9）的优点是使用方便灵活，案板之间的距离和案板叶片的倾角都便于调节。但单件的案板造价高，且由于尺寸限制，单件案板的框架较单薄，容易发生振动。

多件组装案板（图4-10）的框架刚度大、造价低；但是在网案湿端使用较小间距的组装案板时，容易发生跳浆现象。所以在网案湿端常常采用叶片间隙较大的双件（或三件）组合案板（图4-11），并在案板上采用可以调节倾角结构的叶片。

图4-9 单叶片案板的结构
1—案板叶片 2—案板升降调节螺母 3—叶片倾角调节装置 4—网案纵梁 5—案板框架

案板叶片常用的一种结构形式如图4-12所示。它主要是由一个锐利的前缘，一个支撑成形网的水平面和一个倾斜的平面组成。叶片的宽度通常为 50~100mm（最常用的宽度是50mm），其中水平支撑平面的宽度为12mm。叶片的前角通常是 30°~45°，倾斜面的倾角为

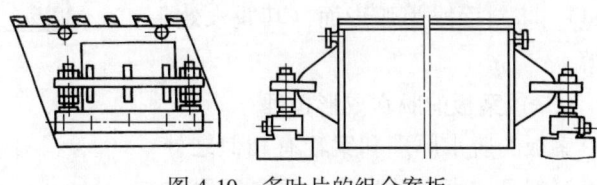

图4-10 多叶片的组合案板

1°~5°。网速快时,要求前缘平面A(图4-12中2)及斜面B(图4-12中3)较短,前缘角(β)较小。靠近胸辊端的案板斜面角(α)小些,靠近伏辊端的案板斜面角大些。案板排列的间距,靠胸辊端较大,为130~350mm;靠伏辊端较小,为90~180mm。

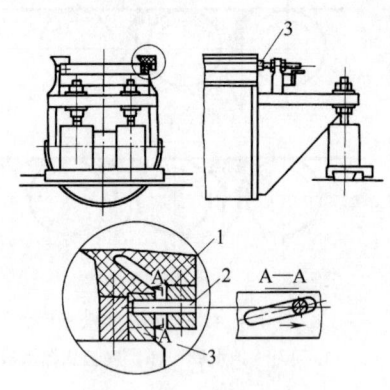

图4-11 双叶片案板
1—容许较大变形的叶片　2—销子
3—平面凸轮

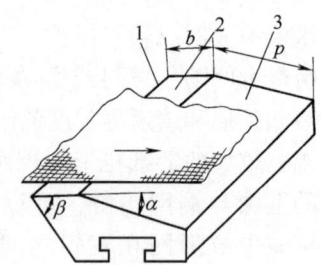

图4-12 案板叶片的主要结构参数
1—前缘(β角称前缘角)　2—水平的支撑
平面　3—倾斜平面(α角称斜面角)

高速纸机上案板的结构大体有下述4种,如图4-13所示。

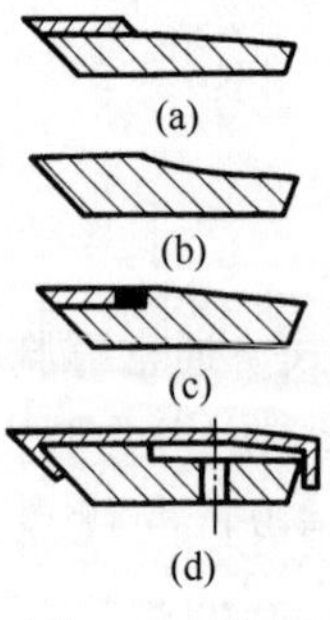

① 案板表面镀碳化钨[图4-13(a)]。在前缘平面上用碳化钨喷镀0.05~0.25mm厚。

② 案板整体用陶瓷等耐磨材料制成[图4-13(b)],斜面作成弧形。

③ 镶嵌式案板[图4-13(c)]。在前缘面的后部,即磨损最严重处镶嵌一条陶瓷或碳化硅或氧化铝材质的梯形条,或整个前缘面镶嵌一条梯形条。

④ 可调式的案板[图4-13(d)]。在不耐磨的底块上罩上一个耐磨的塑料套,底块上的小孔使空腔与气源连通,可通入压缩空气或抽真空以调节脱水量的大小。

图4-13 案板的四种结构

上述4种案板多用于车速在500m/min以上的造纸机。一般车速较低的造纸机,可使用高密度聚乙烯或聚四氟乙烯、聚酚氧、氯化聚醚等塑料制品。目前案板在最大磨损点普遍使用陶瓷镶嵌件[见图4-13(c)],案板组件一般含有3~6块案板。

一般结构的案板,倾角是固定的,通常是按每隔0.5°的倾角制成系列。

新型案板的角度一般为0.5°~3.0°,角度越大,真空抽吸力越大。案板有不少设计形式,如可调节角度型、阶梯式角度型、弧面型或渐扩区斜面型(见图4-14)。将斜面改为弧形面,其脱水效果更好。

**(二) 案板的脱水成形机理**

案板的脱水原理和案辊有相似之处,即两者都是在真空抽吸作用下进行脱水。

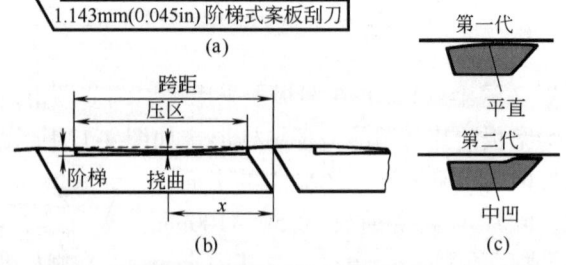

图4-14 案板设计型式举例
(a) 阶梯式案板刮刀　(b) 利用阶梯代替渐扩角的所谓"Unfoil"案板装置　(c) 平直和弧形案板刮刀的举例

如图4-15所示，当成形网运行到与案板锐利的前缘接触时，首先是将悬附在网下的水层刮去。接着，成形网和网上的浆料进入水平的支撑平面。在这个区间上，由于叶片的不完全水平、成形网的张力不足、叶片的前缘不够锐利或前角较大等因素，总会有一部分水层随成形网进入到成形网和叶片之间，造成在案板上发生的正压脉冲。当成形网移动至倾斜平面上时，在初始的阶段，成形网会下垂而沿斜面运动，但成形网的张力会很快使成形网与倾斜面脱离，并与倾斜面组成一个楔形空间。案板的脱水作用就主要是发生在这一区间内。

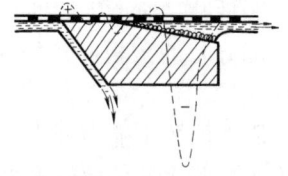

图4-15 案板的脱水原理示意图

在成形网和叶片的倾斜面所组成的楔形区间内，黏附在网下的水层是以网速沿水平方向运动，而贴在叶片表面的水层则是静止的。这两个速差很大的水层之间会产生强烈的涡流或涡漩。当成形网和叶片之间的距离还很小，涡流占有间隙内流体的大部分空间时，案板的抽吸作用是很弱的。随着成形网向前运动，楔形区内的水层厚度增加，涡流水层开始只占有间隙的一部分空间，由于楔形间隙内水流的截面是逐渐增大的，就开始在叶片的倾斜区内产生真空抽吸作用，案板的脱水速度逐渐增加，直到某一最大值。

由于案板间隙内水层相对是静止的并有涡流底层的存在，案板产生的真空度较低，脱水过程也较缓和，楔形间隙末端水层的形状也比较稳定。成形网离开案板时，案板脱出的水层附着在成形网的底面上，被推向下一个案板，被下一案板的前缘刮落入白水盆。

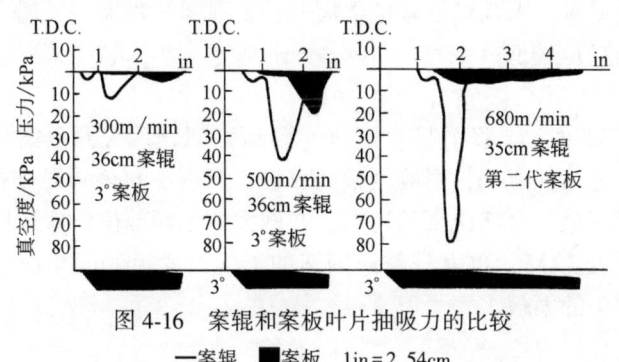

和案辊比较，案板上的压力—真空脉冲比较缓和，其脱水过程的压力波动和最高压力都比案辊脱水时小，因而对网上纸浆的扰乱较小和有利于提高保留率（见图4-16）。

图4-16 案辊和案板叶片抽吸力的比较
——案辊 ■案板 1in=2.54cm

（三）案板脱水特性

当车速超过200m/min时，网下水先被案板前缘尖角（$\beta$）刮去绝大部分。当网运行到前缘平面时，网下带着一层水膜，网与案板之间的摩擦阻力有所降低。网再继续向前，则依靠网与案板的斜面形成的一个楔形真空区域抽吸脱水。此时，影响案板脱水性能的主要结构参数是叶片倾斜面的宽度和倾斜角，叶片倾斜面的倾斜角度越大则脱水能力越大；其次是叶片的前角；叶片之间的距离对案板的脱水量也有明显的影响。

车速在330m/min以上时，案板的最大脱水量实际上与叶片的宽度无关，只是对较宽的叶片需要选用较小的倾斜角。例如，在600m/min车速的新闻纸机上观察到：倾斜面宽度为25~100mm的案板叶片的最大脱水量基本上都是相同的，只是要达到最大的脱水量，100mm宽的叶片的倾斜角应为2°，而25mm宽的叶片的倾斜角应为5°。类似的情况在其他高速造纸机上也观察到。当然，对于一定倾斜角的叶片，倾斜面的宽度对其脱水量是有明显影响的。

随着案板角度和案板叶片长度的增加，案板叶片所产生的最大抽吸力增加。但一般说来，案板的脱水量是随叶片倾角的增加而增大到某一最大值，继续增大倾角时，案板的脱水量很快下降。与案辊一样，案板形成的抽吸力随车速平方而成正比地增加，与案辊不同的是，案板叶片所产生的抽吸力随浆层滤水阻力的增加而增加。通常位于网案干端（即水线以后部分）的案板叶片所形成的最大抽吸力可比紧接成形板后的同样叶片的抽吸力要大两倍。

网案的脱水能力大小、效果好坏，在纸浆品种、网目不变时主要与脱水元件产生的真空度大小和脱水元件数量多少有关。单个案板的脱水量比案辊少。但案板所占的地方要比案辊小得多，一个案辊所占的位置可装好几个案板。此外，案板叶片的角度可以增大或减小以改变脉冲抽吸力，从而改变网上的扰动作用和脱水量。因此，使用案板可提高网案脱水率。在车速较高时，案板可以大大提高网案的脱水能力，所以，一般改造长网部只将案辊改成案板，而不增加网案长度，就可以提高纸张的产量和质量。

使用案板的缺点是对网子产生较大的摩擦力，功率消耗也较高。

为了满足纸机车速不断提高的要求，高速造纸机已逐步用案板（又称脱水板）代替案辊脱水。

（四）案板设计和使用中的几个问题

1. 案板宽度的选用

对于 400m/min 以上车速的造纸机，因为只要倾角选用恰当，各种宽度的案板都能达到同样的脱水量，选择案板宽度的依据就不应是脱水效率，而主要应从控制案板对网上浆料扰动的程度来考虑。狭窄的案板灵活性较大，对纸浆的扰动也较大；宽度大的案板脱水缓和，有利提高纸幅中细微物质的保留率，但电耗较大。权衡考虑利弊，最好选择中等宽度的案板，即叶片倾斜平面的宽度约 50mm 的案板，则既可以满足结构上必要刚度的要求，又能有足够的脱水量和纸浆扰动性能，动力消耗也较低。

2. 案板倾角的选用

选用案板倾斜角时应该考虑到案板对网上纸浆引起的扰动（湍动）问题。大倾角案板的过分强烈的脱水，可能在纸浆中引起过大的扰动，影响纸幅的成形；但过小倾角的案板对纸浆的扰动太弱，可能造成纤维再絮聚现象，影响成纸的匀度。在网案的不同部位，应选用不同倾角的案板。一般说来，纸浆的浓度越高，也就是越向网案的干端，案板的倾角应增大。相反，在网案的湿端应使用较小倾角的案板。

3. 案板叶片之间距离的选用

案板叶片之间的距离影响到案板的脱水效率。对于任何一台造纸机，要选用适宜的案板叶片间距，才能获得最大的脱水效果。在纸浆浓度为 0.5%~1.2% 的网案湿端，采用小的案板间距时，由于浆料接受到的压力脉冲能量很大，容易发生跳浆现象，在网面上形成塔形液柱或液滴。减少案板的倾角并不能有效地防止这种现象；但增大案板间的距离，则浆液跳动的倾向减弱。增大叶片间的间距时，每个叶片刮去的水层较厚，单个叶片的脱水会增加，但要求单位网案长度上有最大脱水量时，就需要一个适当的间距。在纸浆浓度为 1.7%~2.5% 的网案干端，同样需要一个适宜的叶片间距，以防止脱下的网下水层重新被吸回纸幅中，影响案板的脱水效果。

对于不同的车速，不同的叶片倾角和纸浆浓度，避免跳浆现象的最小间距值是不同的。

4. 案板前角的选用

案板的前角为 30° 左右时，具有良好的刮水性能。前角过小时，不易保持叶片前缘锐直，容易发生缺陷并造成积浆。叶片前角增大至 45° 左右时，大约有 85% 的网下水层被叶片的前缘刮除，余下的水分经过网孔重新进入到浆液中，造成一些有利于防止纤维絮聚的扰动，有益于纸幅的成形。

叶片前角的选用与造纸机车速有关。低速纸机上可以使用较大的前角。车速高于 400m/min 的时，一般是选用 30°左右的前角。

5. 案板的几何形状精度要高

案板叶片的几何形状，精度要求较高。例如，在叶片倾斜平面的一端高度相差 1mm 时，大约会造成 1/4°的倾角误差，它可以引起 8%的脱水量的变化。案板叶片脱水量变化最敏感的区间是在 1.5°~2.5°，是在常用的倾角范围内，这就要求案板的维修和安装都应有较高的准确度。

## 六、湿 吸 箱

湿吸箱是一种真空度为 0.2~1kPa 的低真空脱水元件。其箱面为多条案板组成，也有用开孔型的面板，开孔率为 50%以上，材质与案板相同，具有较大的脱水能力，可以用来代替或配合案辊（案板），应用在网案的各个部位上。在高速造纸机上，用在网案湿端代替案辊或案板的湿吸箱有较宽的箱面，箱面有排列紧凑的窄缝。通常认为：箱面的开口率较大，窄缝间的间隙很小，在迎着纸浆的方向有锐利的前缘时，可以在增大脱水量的同时，保持网上纸浆的稳定，并能在纸浆内造成适度的湍动，有利于纸幅的成形。

湿吸箱的工作原理如图 4-17 所示。它把压差脱水和刮水两种作用结合起来，使它的脱水量较案辊和案板大许多。用它代替案板时，网案的电耗增加不会超过 20%。湿吸箱的脱水稳定，操作上有一定的灵活性，小纤维和填料的保留率较高。使用在抄黏状浆的低速造纸机上时，可以缩短网案长度或降低流浆箱内纸浆的浓度，有利于改进纸页的匀度。

案板技术的自然延伸是将案板封闭在一个箱中，将两端密封并抽真空，形成所谓的真空案板组（见图 4-18），按其性能也可属于湿吸箱的一种类型。其脱水能力很大，常应用在浆板机和抄造以黏状浆制造高定量防油原纸的造纸机上。真空案板组所用的真空度相当低，约为 0.25~0.5kPa，脉冲抽吸的强度并不增加，而脱水量却显著增大。

还有另一种形式是等流型真空案板装置（见图 4-19）。该装置是在案板叶片的短距离后有一个低于网面的叶片组。成形网在接触案板叶片后处于拉下状态，脱除的水分与较低的刮刀组之间形成水封，削弱了压力脉冲和排水，使脉冲作用更为缓和。

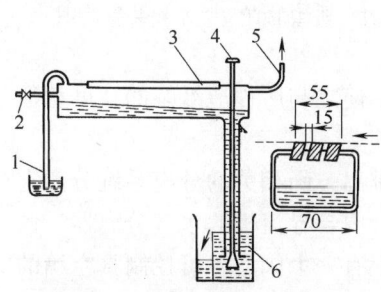

图 4-17 湿吸箱工作原理示意图
1—真空度指示 2—真空调节阀 3—有锐利前缘的面板 4—针形底阀调节 5—去真空系统 6—带溢流的水封槽

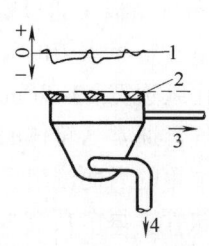

图 4-18 真空案板组简图
1—箱面上的真空—压力分布曲线示意图 2—案板叶片 3—去真空系统 4—排水

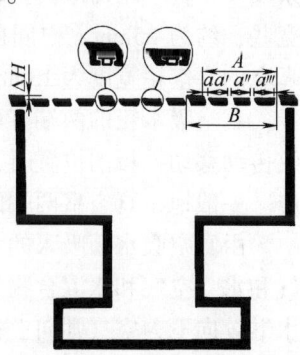

图 4-19 等流型真空案板

## 七、真空吸水箱

真空吸水箱是传统的真空脱水元件。纸浆到达真空吸水箱时，浓度已达到2%~3%。一般地，在低速造纸机上，纸浆通过真空吸水箱后浓度可达到11%左右；在高速造纸机上，真空吸水箱后纸浆浓度可高达15%以上。在不同造纸机上，真空吸水箱的装配数量为2~10个不等，装配数量的多寡，主要取决于纸张的品种。高级纸或高速造纸机的真空吸水箱数量相对地多一些。其真空范围为10~33kPa。真空吸水箱总管上的真空度一般小于40kPa，在高速造纸机上也有高达80kPa的。

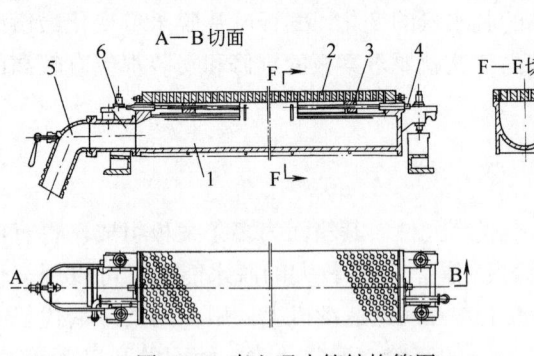

图4-20 真空吸水箱结构简图
1—箱体 2—吸水箱面板 3—调节吸水宽度的挡板 4—调节螺杆 5—水气排出管 6—调节吸水箱高度的螺柱

### (一) 真空吸水箱的结构

真空吸水箱由箱体和面板两部分组成，如图4-20所示。

真空吸水箱箱体一般用木材、铸铁、钢板或铸铝制成。小型造纸机上的真空吸水箱是木质的。较大型的造纸机上采用型钢焊接或铸铁的结构。现代化造纸机上多使用硅铝合金或不锈钢焊接的箱体。一种铸造结构箱体的真空吸水箱如图4-21所示。

真空吸水箱面板的材质与成形板相同。低速纸机，覆盖真空箱面的材质，一般为高密度聚乙烯。高速纸机使用诸如碳化硅或氧化铝陶瓷、微晶陶瓷等硬质材料。面板要求加工平整、孔口圆滑、箱内流水通畅。开孔形状有圆孔、长孔和条缝三种。一般湿真空箱是缝形开口，干真空箱可以是缝形或孔形，视生产品种而定。在生产细（高级）纸和涂布纸时，最好都用缝形面，因孔形面使纸页产生浆道，并在纸中形成条纹。干真空箱与湿真空箱的缝宽不同，湿真空箱稍宽些，约为25mm。中间的真空箱缝宽为16mm，高真空的真空箱宽度为13mm。

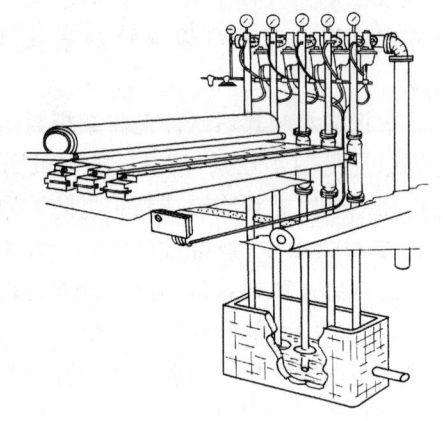

图4-21 典型的真空吸水箱装置简图

真空吸水箱的两端有可移动的密封挡板，通过螺纹传动移动挡板的位置时，可以调节真空吸水箱的吸水宽度，使之与所抄造纸幅的宽度相适应。一般地，真空室两端的封边要比纸边宽10~20mm。

由真空吸水箱吸入的水分和空气，通常从箱体的传动端排出，经相关的分离系统分离空气和水。空气和水混合物从真空吸水箱的后面流出，进到一个内含导流板的水气分离器。白水继续向下，空气则向上去到真空联管。每个真空腿的顶上有一个阀门，可控制真空箱的真空度。从每个分离器出来的气压水腿管进入水封槽，使空气无法从该系统逸出。气压水腿管的长度必须大于系统使用的最高真空度的水柱长度。

为了稳定和调节真空吸水箱内的真空度，可以在真空吸水箱的排气管道上配用膜片式的真空调节器（见图4-22）。这种调节器的传感元件是一个橡胶薄膜。膜片的上方和大气相通，下腔接真空箱的排气管道，膜片和真空阀的阀体连成一体。膜片的位置随吸水箱内真空度的波动而升降，从而启闭真空阀门，自动地保持箱内真空度的稳定。真空度的调节是通过转动调节手轮改变调节器弹簧对膜片的压力来实现的。

（二）真空吸水箱的脱水过程

在真空吸水箱上，湿纸幅已基本定形，其主要的目的是脱水。

对于在低车速、低真空度的真空吸水箱，湿纸幅在一个真空吸水箱上的脱水过程大致可分为三个阶段。最初，湿纸幅的含水量很高，水分是在真空造成的压差作用下过滤而排出的，常称为自由脱水阶段。继之，湿纸幅在压差作用下被压缩，发生压缩脱水。最后，空气开始穿透纸幅，将纤维间的一部分水分随气流带入吸水箱内，形成所谓空气动力脱水。

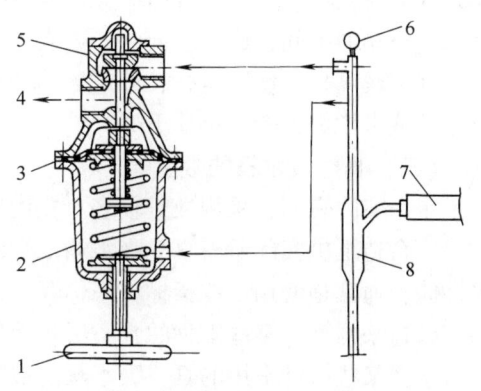

图 4-22 真空调节装置
1—调节手轮 2—弹簧 3—橡胶薄膜
4—接真空系统 5—阀体 6—真空表
7—真空吸水箱 8—水气分离器

空气穿透浆层的这一点，即是"干线"，也称为"水线"的位置。在"水线"之前的纸浆中的一部分纤维悬浮在剩余的水中，网子上湿纸幅之上的悬浮液表面是平整的液面，对光反射，形成光亮的镜面。当纸浆在真空吸水箱上进一步脱水时，悬浮液的自由水分全被脱去，纤维露出浆液表面，对光散射，镜面随即消失。这两种明暗表面之间的界线即所称的"水线"。水线的位置一般是在第二和第三真空吸水箱之间或者稍后一些，其浆浓一般约为7%，确切的浆浓度随定量和品种而异。观察水线的位置和形状可以直观地初步了解纸幅在网案上的成形质量和干度的情况。正常的水线应该是平直的或大致平直的形状。如果水线上出现局部凸出的舌状，说明上网浆流可能有流量或浓度不均匀的情况；如果水线上有窜动的舌形，一般是证明流浆箱内浆流不稳定，在喷布的浆流中有窜流的现象。

在真空箱的自由脱水和压缩脱水阶段，其脱水量与脱水的时间（或脱水箱宽度）以及真空度的平方根有关；吸水箱宽度增大两倍时，可以达到提高真空度为4倍的同样效果，但提高真空度对成形网的磨损和动力消耗极为不利。在空气动力脱水阶段，其脱水效率很低，同一真空度下不适当的增加脱水箱的宽度，会增加成形网的磨损和动力消耗却又不能明显地提高湿纸干度。因此，合理的方法是逐渐提高脱水的真空度，使脱水过程主要是处于自由脱水和压缩脱水的阶段上。

实际上，在一个真空吸水箱上的自由脱水和压缩脱水的时间非常短促，理论上真空吸水箱的有效宽度是很小的，而从结构上考虑和维修方便，真空箱不能制作得过窄或宽窄不一。此外，空气动力脱水阶段的排出水量固然不大，但它可以借助空气流吹掉网下和网眼中的水分，有利于下一真空吸水箱的脱水，这在真空吸水箱的实际脱水过程中是必要的，为此目前造纸机上采用的真空吸水箱常应用数量不多而宽度较大的结构形式。

在高速造纸机上，湿纸幅在真空吸水箱上停留的时间非常短促，在它上面发生的脱水过程是更类似于压榨的脱水过程，脱水在非常短的压力脉冲下完成。

常规操作的真空箱系统使用5~6个宽度为15~40cm的真空度逐步升高的真空箱。湿端真空箱在相当低的真空度（6.7~10kPa）下运行。后面真空箱的真空度逐步升高到20~

26.7kPa。控制真空吸水箱的真空度，还应该结合"水线"位置，一般要求"水线"出现在全部真空箱的中间，或中间向前一个真空吸水箱。有一种日趋普遍的做法是，只用4个真空箱，并在较高真空度下运行，即起始真空度为 10~13.3kPa，逐步升高到 26.7~40kPa 脱水量相等或有增加，牵引负荷下降。

### （三）真空吸水箱的数量

生产实践表明：采用数量较多、宽度较窄并且排列紧密的真空吸水箱，有利于脱水。

一台造纸机实际所需真空吸水箱的数量和所生产的纸的品种有关，主要取决于浆料的脱水性能，通常是使用单位指标法来估算，即使用相类似造纸机其真空吸水箱的单位吸水面积的产纸量来推算。某些纸种的真空吸水箱的产纸量列于表4-1。

生产某些纸种常用的真空吸水箱的数量见表4-2。

表 4-1  真空吸水箱的单位产量指标

| 纸的种类 | 单位产量指标/[kg纸/(m²·h)] |
|---|---|
| 新闻纸 | 750~1200 |
| 3号书写纸和印刷纸 | 600~800 |
| 1号书写纸和印刷纸 | 250~400 |
| 纸袋纸 | 800~1300 |
| 电容器纸 | 10~40 |

表 4-2  真空吸水箱的常用数量

| 生产纸的种类 | 真空吸水箱数量/个 |
|---|---|
| 用易脱水浆料生产薄型纸 | 2 |
| 粗浆生产包装纸 | 3~4 |
| 高速纸机生产新闻纸 | 6~8 |
| 电容器纸 | 7~8 |
| 防油纸 | 9~14 |

目前还使用一种多隔层真空箱，即在同一个真空箱设几个真空度，使得各段之间真空度不致损失，因而白水不会通过各真空段之间的纸页重新分布，使脱水量增加。

## 八、伏　辊

伏辊是长网部的最后一个脱水装置。湿纸幅经过真空吸水箱后，在伏辊上进一步脱水，达到一定干度，具有足够的湿强度，从而顺利地从成形网表面剥离传递到压榨部。纸幅到达伏辊的干度一般为12%~18%，伏辊可将其干度提高到18%~25%。

伏辊也是长网部的一个主要驱动点。在没有驱网辊的纸机中，这是唯一的驱动点。有驱网辊时，驱动就分配到伏辊和驱网辊两部分，伏辊为辅助驱动，驱网辊则为主驱动。

伏辊在结构上主要分为普通伏辊和真空伏辊两大类。旧式的低速造纸机上装设普通伏辊，用机械压榨的方法使湿纸幅达到15%~18%的干度。在新设计的造纸机上，普遍都使用真空伏辊。近年来，国外出现了双面脱水的伏辊压榨。

真空伏辊在结构上分为小室式和蜂巢式两种。蜂巢式结构较为简单，但精度不高，占地面积大，换网操作不便，目前已不使用。小室真空伏辊又可以分为单室、双室、三室等几种，一般造纸机多用单室式，高速造纸机和薄纸造纸机（如电容器纸机）多用双室式，三室式多用于高速薄纸纸机。

### （一）真空伏辊

真空伏辊主要是靠真空抽吸力来脱水的。其优点是操作方便、脱水率高、网的磨损小、引纸方便等。在造纸机使用真空伏辊，可使湿纸页的干度提高到20%以上，高速造纸机可以达到27%。

真空伏辊的结构见图4-23。真空伏辊由真空室和辊壳两大部件组成。辊壳可用锡青铜离心浇铸制成。当使用塑料网时，为防止静电腐蚀，采用铜壳包胶或不锈钢制辊壳。壳体与成形网接触部分孔眼全部为沉头圆孔。圆孔为内小外大以便于白水的吸入与甩出。为充分发挥

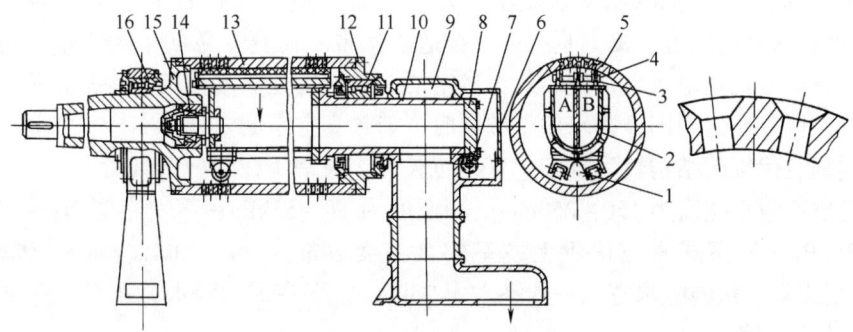

图 4-23 真空伏辊结构示意图

1—推入真空箱用的滚轮 2—真空箱 3—密封加压软管 4—密封基板 5—密封条 6—封板
7—真空箱回转调节机构 8—封盖 9—支架 10—真空箱出口管道 11—轴承
12—操作侧端盖 13—辊壳 14—轴承 15—传动侧轴头 16—传动侧机架

真空伏辊的作用，必须经常保持辊壳上的孔眼的清洁。真空室材料为青铜、铸铁或不锈钢。为适应换网工作的需要，真空伏辊可设计成悬臂式，当正常生产时，它的两端仍是支在轴承座上。

真空室和辊壳内壁之间用石墨条密封，在石墨条下面装有一条橡皮软管，橡皮软管内通入压缩空气或水，将石墨密封条推向内壁。伏辊表面孔径为 7~9mm，内壁开孔率为 20%~25%。小孔经扩孔后直径为 12~14mm，开孔率为 52%~70%。小孔排列应成双螺旋线排列，可使辊内的密封条与辊体的磨损均匀，并可以减弱伏辊的噪声。

真空伏辊的脱水原理和真空吸水箱类似。真空伏辊是通过其内部的真空室进行脱水的，其脱水强度主要取决于真空室内的真空度，脱水时间和穿过湿纸的空气量只是次要的因素。真空度的提高，对伏辊脱水能力有显著的影响，如真空度提高 5.3kPa，干度可提高 1%~1.5%。伏辊上的脱水时间很短促。在车速低时，水和空气进到伏辊，并进入伏辊真空室。在这种情况下，必须使用水气分离器系统来分离空气和水，使白水不致进入真空发生系统。在较高车速时，从湿纸脱出的水分，大部分来不及进入辊内的真空室内。通常有 70%~80% 的水分留在辊面的小孔内或成形网的网眼中。车速越高，进入真空室的水分越少。留在辊孔中的水分，在辊孔通过真空箱后的瞬间，被高速冲入小孔中的空气流甩出。因此必须装设伏辊白水盘和挡水板，使甩出的水不致返回到伏辊与成形网啮合区的入口侧或带过白水盘喷溅到驱网辊上，如图 4-24 所示。

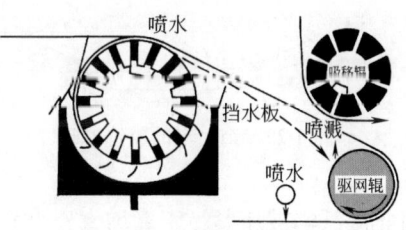

图 4-24 伏辊通过其内部真空室脱水的情况

常用的真空伏辊是单真空室的，但也有使用双室和三室的。

真空伏辊真空度的使用范围约为 46~74kPa。在真空伏辊上装设包覆软胶层的上伏辊时，可以增加湿纸幅的紧度，当车速高于 200m/min 时，应安装钢管包胶（硬度为肖氏 30~35 度）的上伏辊，以提高伏辊真空度和脱水能力。伏辊间的线压力为 981~1960N/m。上伏辊的入口侧上方应有喷淋水装置。

造纸机的车速高于 400m/min 后，应进一步加强伏辊脱水，使伏辊后纸幅的干度达到

20%~22%，才能顺利地把纸幅从伏辊引至压榨。为此最好将伏辊的真空度提高到约 60~75kPa。在单室式真空伏辊上提高真空度，会造成伏辊所需真空泵的电耗剧增。用多室式真空伏辊来代替单室式真空伏辊，即用几个较窄的、真空度逐渐增高的真空室来代替一个较宽的高真空室，可以在达到同样脱水效果的同时，节约真空泵的电耗。

多室式真空伏辊的结构较为复杂，直径也较大，通常用在大型造纸机上。双室式真空伏辊的第一真空室吸水宽度为 150~250mm，真空度为 50~55kPa；第二室宽 100~150mm，真空度 70~75kPa。三室式真空伏辊上各室的真空度通常为 20~30kPa、40~50kPa 和 70~80kPa。单室式真空伏辊吸水宽度一般不大于 230mm。多室式的吸水总宽不大于 400mm。

（二）**伏辊压榨**

有些不带真空引纸的造纸机装设伏辊压榨以改善脱水和增加在伏辊处的纸页密度。这种装置的特点是，在真空伏辊上面的压辊包绕有能从湿纸中接受大量水的特殊毛毯，这些水在毛毯重新进入压区前由高效率的真空箱除去；或者是包覆很柔软的橡胶。为防止纤维黏附，可在辊上喷少量雾状喷淋水，以保持湿润和干净。

压区的线压力可为 26~35kN/m。使用伏辊压榨后，可提高纸页干度，例如可使牛皮衬垫纸提高干度 3%~4%，使证券纸提高干度 7%。在车速较高的浆板机上也使用伏辊压榨，可提高浆板干度 3.5%。但将一般伏辊改造为伏辊压榨时，必须加固辊体，同时辊面应有中高，以弥补加压后的挠曲变形。

## 九、饰 面 辊

饰面辊（又称整饰辊）是一个轻型的包覆铜网的空心辊筒，通常是装设在最初的两三个真空吸水箱之后的成形网面上。

使用整饰辊的目的：一是整饰纸面，赋予纸所需要的水印，即是如果饰面辊的铜网上具有图案，就会在纸上留下迎光可见的印痕（光印），这是整饰辊在生产某些特殊用纸时的用途，如钞票纸等；二是改善纸张的匀度，将湿纸层的表面"封闭"起来，使纤维的交织显得均匀细腻。使用整饰辊，还可以破坏纤维的再絮聚，特别是抄造黏状浆或定量大的纸时，纸料悬浮体在成形的过程中容易发生再絮聚，通过使用整饰辊破坏纤维的絮聚，对改进匀度，效果更加明显．此外，整饰辊还可以起到破坏、消除纸幅中气泡的作用。

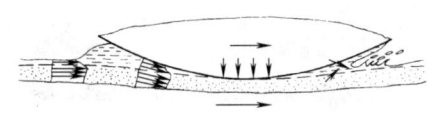

图 4-25 饰面辊的整饰原理

饰面辊的作用类似一个擀面杖，把湿纸幅的厚薄抹匀，使成纸匀度增加。其作用机理示于图 4-25。

首先，成形网在饰面辊周围会有弯曲变形。其曲率半径在很大程度上取决于饰面辊的半径和网的张力。在入口侧，饰面辊与成形网之间的纸页受压，因此湿纸幅被压紧，密度增大，并在纸面留下适当的网痕。水从纸页排出，向上进入整饰辊和向下穿过成形网。在成形过程中，这一点的纸页的水分分布不均匀。由于所有脱水都发生在下面，从上到下有一个水分梯降，纸页上部的浓度要比下部低得多，因此多数的水是向上流的，浆料上的水层会产生的较大的速度差异，由此形成剪力场，有助于使纤维积层上表面的纤维排列均匀平直。过中线后，饰面辊与成形网分离。在压区出口侧的楔形区间里存在一定的负压，并产生微小的脉冲抽力。该真空抽力把整饰辊内的若干水抽出来。饰面辊网内的水分慢慢回落，浆层内的一部分也会被吸起来，并可见到在出口侧形成喷雾状。这就是水的再分布过程，它对纤维产生剪切力并改善匀度。饰面辊除了对纤维分布的效应外，也存在对填料分布的效应。因为饰面辊在压区入口的作用机理是穿过纸页向上挤水，大致上任何有一定游离性的微粒物质都将随水一起移动。具体分析纸页的剖面，显示在使用饰面辊时纸页上层的填料含量增加。

整饰辊一般为平直正圆的空心网辊，非通轴式。辊体两端轮辐固定。

图 4-26 为常用的无轴式饰面辊的组成和外形。辊体是一个套有铜网的螺旋形铜丝架，两端设有端环和小托轮。饰面辊对湿纸幅的压力可借杠杆重锤机构调节。在低速纸机上，饰面辊被纸页和网子所带动。随着纸机变得更宽、速度更快，饰面辊的直径和挺度增加，必须自带驱动装置以使辊速能与网速一致。在有些新型纸机上，饰面辊速度超过网速达 5%，从而改善了纸页匀度和表面特性。为冲洗网面，饰面辊上装设有喷水管和喷气管。

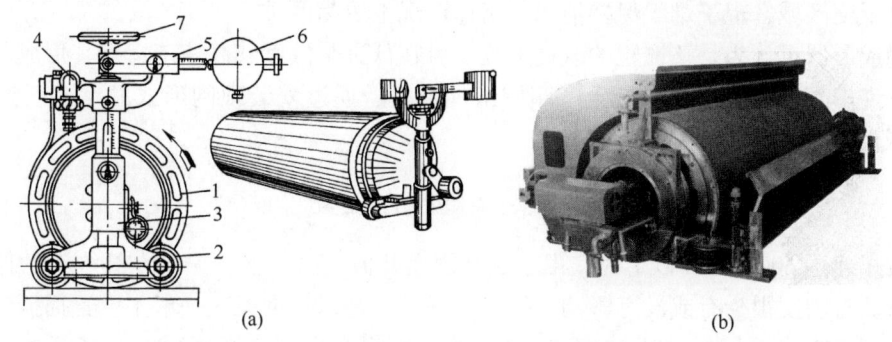

图 4-26 饰面辊的结构和外形
（a）无轴式饰面辊 （b）带传动饰面辊
1—饰面辊 2—托轮 3—支架 4—喷管 5—悬称机构 6—重锤 7—升降饰面辊的手轮

饰面辊的选择合理与否对产品的质量有很大影响。其面网通常都是平织网，要求有良好的透水性，网线比线形网线要适当细一些。根据所生产的纸种、纸机的车速、成形网网宽及网目数来选择合适直径、面宽及面网目数。一般车速快、定量大的纸种，面网目数选用适当小些以易于脱水，同时与成形网网目差距也不要太大。如书写纸、双胶纸一般使用 50 目左右的面网，薄页纸使用 80 目左右的面网。如果面网目数选择过高，饰面辊脱水困难，在与成形网接触间隙的出口处，浆水易被辊面带起。带到面网上的浆水经辊子回转后甩到整饰辊后的浆面上使纸产生透明点，并可能在纸上形成纵向"浆道子"及大量气泡形成的孔眼。饰面辊的直径大小与纸的定量、车速有关。一般车速快、定量大的选用直径大的为好，避免因直径小，整饰辊回转速度过快，在出口处形成负压区，产生抽吸力，造成脱水困难，易带起浆水或鼓泡，影响纸张匀度及造成纸病。根据经验，转数以 100r/min 为宜，以此来确定整饰辊的直径。

饰面辊面宽的选择计算，一般按式（4-1）的经验公式：
$$b = b_B + (50 \sim 100) \tag{4-1}$$

式中　$b$——整饰辊面宽，mm

　　　$b_B$——胸辊面宽，mm

饰面辊的安装位置非常重要，一般将其放置在"水线"上。饰面辊在网面上运行后，会造成水线伸长，同时饰面辊本身清刷辊面的喷淋水会增加湿纸水分，故饰面辊一般放在两组真空箱之间，并且后面真空箱数量要多于前面的数量，并适当提高真空伏辊的真空度或采取加强脱水措施，降低伏辊出口处湿纸水分。

对于新型大径整饰辊，其下面的自由网面应与整饰辊直径相等。整饰辊的安装应使辊前有 1/3 的自由网面和辊后有 2/3 的自由网面。整饰辊位于第一吸水箱后，有时在最后一个真空案板箱后。为了使效果更好，整饰辊下的水分含量应为 2%~3%。

为了使整饰辊内具有容纳多余水的体积，已设计了新的双层网整饰辊。即先包一层极粗的网，然后包一层 35~40 目网，包网为螺旋形接缝，几乎都用不锈钢材质制成。存于整饰辊网缝间的多余水必须除去，一般是利用内部喷淋水。集水盘位于整饰辊的上游侧。盘底部有密封装置以防止漏水。脱除的水要及时排走。大幅宽纸机上前后都有排水口。

整饰辊很难用于高速纸机，原因在于：

如果辊子置于长网部的位置过前，甩向干部的水滴会在湿纸幅上产生印痕。而如果辊子位于更高干度区域，辊子难于保持洁净，高速情况下更为严重。

双网成形器可认为是整饰辊的改良形式，可在低进浆浓度和高速下运行，形成匀度改善的纸幅。许多长网纸机，特别是生产印刷纸的纸机，通过安装顶网形式的"延长脱水整饰辊"将成形器改造成复合型成形器。

## 十、网案的摇振装置

纸机车速达 600m/min 以上时，由于在纤维离开振动区以前，振动在纤维上的作用时间很短，振动对匀度很少有或没有影响，因此较高车速造纸机网案上一般不设置摇振装置。但在车速低于 600m/min 时，特别在低于 300m/min（生产高定量纸页）时，高频振动可对匀度产生明显影响。在低速造纸机上，尤其是抄速低于 100m/min 时，如果不振荡网案，一般不易得到均匀的纸幅。通常认为网案摇振时，沉积在网面的浆层随同一起振动，而浆层上面的浆液或多或少是静止的，由此产生剪切作用，削平浆层上的突出点，并填补浆层中低洼的地方。这种作用在离胸辊 1~2mm 的地方最有效。也有人认为：网案的摇振可以减少纸幅中纤维的纵向排列，促使纤维的排列方向与成形网运行方向间有一定的角度。此外，摇振的定向剪切可衰减为纸浆的微湍动，有利于减少网案上纤维絮聚的过程。总之，摇振网案可使纸幅的厚度和定量较均匀一致，强度也有改善，纸幅横向强度和纵向强度的比值提高。

振动对改善匀度的效果基本上跟振幅和频率平方成正比，而跟车速成反比，但振动频率比振幅更为重要。频率越高，对匀度越有利。有人提出了振动指数的概念，所谓振动指数就是振幅与振动频率平方的乘积再除以车速。振动指数达到 250 及以上时，几乎都是对改善匀度有利。例如低速造纸机，采用网案振动的振幅选定为 10mm，振次为 200 次/min，振动指数为 250 时，计算纸机的车速为 160m/min，与实际经验基本吻合。生产中，甚至可以用调节振动预测匀度的改善。

一般在使用高黏状浆时，选用较大的振幅和较小的振次；而使用较游离的、纤维较短的纸浆抄造较厚的纸张时，则选用较小的振幅和较高的振次。一般变动网案振动的频率和振幅，主要取决于机械状况而不是进一步改善匀度的愿望。

网案的摇振方式通常有三种（图4-27）：

第一种［图4-27（a）］：摇振胸辊，成形网只是随着胸辊振动。与振动的长度和成形网本身的刚度和张紧程度有关。这种摇振网案的结构简单，只有胸辊是安装在垂直的弹簧片上，但摇振效果较小。

第二种［图4-27（b）］：将案辊装置在一条小纵梁上，纵梁的前端和胸辊支撑连接并安装在弹簧片上，纵梁的末端铰接在网案大梁上。摇振胸辊时，案辊部分也随之振动。

第三种 [图 4-27（c）]：使用两个摇振箱，使胸辊和大约 1/3 的案辊有相同的或逐渐增大的振幅。这两个摇振箱通常是共用一个传动以同步作用。

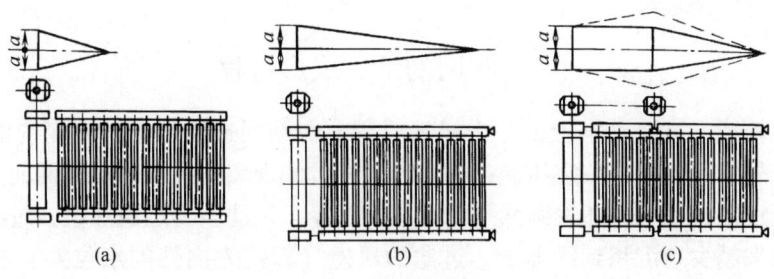

图 4-27 网案的摇振方式
（a）摇振胸辊 （b）胸辊和案辊纵梁同时摇振 （c）具有两个摇振箱的摇振方式

振动胸辊和其他所有长网机的固定部件，对长网机机械变形最小。

图 4-28 所示为国内常用的摇振箱的结构。它是一种偏心式的摇振器。振幅调节范围为 0~20mm。

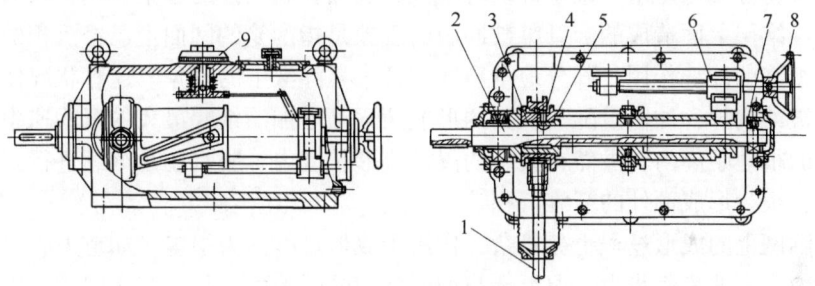

图 4-28 偏心式摇振箱
1—连杆（摇振输出） 2—主轴 3—偏心轴套 4—轴承套 5—偏心回转圆筒 6—振幅调节机构 7—轴承 8—手轮 9—振幅指示

## 第三节 圆网成形装置

圆网造纸机的网部常简称圆网，主要由网笼、网槽和伏辊组成（见图 4-29）。网笼浸放在网槽中，随着网笼的回转，由于网内外液位的差，浆料中的纤维等物料因过滤作用不断沉积到网笼的网面上。当纤维层通过网笼上方的伏辊时，就自网面转移到包住伏辊的无端毛毯上，从而形成连续的湿纸幅。

长网与圆网相比，各

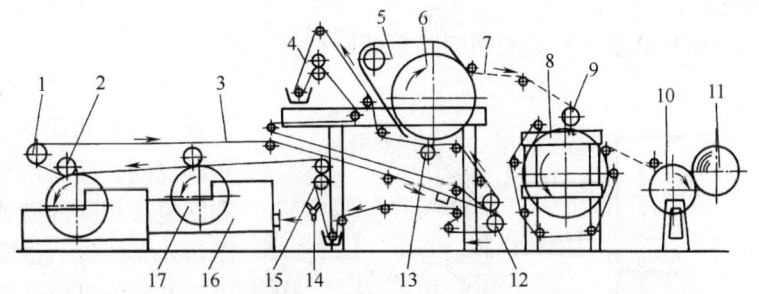

图 4-29 双网双缸造纸机简图
1—回头辊 2—伏辊 3—下毛毯 4—上毛毯 5—通风罩 6—第一烘缸 7—纸幅
8—第二烘缸 9—光压榨 10—卷纸机 11—纸卷 12—压榨辊 13—托辊
14—打毯器 15—毛毯洗涤压榨辊 16—圆网槽 17—圆网笼

有其优缺点。长网可以高速抄造多种类别的纸张。圆网结构简单，占地面积小，投资少，多用于抄造要求较低的薄纸。多圆网的网部可以使用几个不同浆料的网槽，抄造面层和里层的不同质量的卡片纸及板纸。

## 一、圆网的纸页成形过程

圆网的纸幅成形过程基本上是一个过滤过程。在圆网造纸机上，网笼内的白水不断排出，并与网笼外的浆位形成一定压差，由此产生的过滤现象使纤维附到网面上，随着网笼的回转而不断地形成纸幅。随着圆网上纤维层的增厚，过滤阻力迅速加大，过滤速度逐渐变慢，纤维也越来越少地沉积到网面上。过滤的压差（即网笼内外的水位差）在抄造薄型纸张时影响是明显的。而抄造较厚的纸张或纸板时，增加水位差对过滤速度几乎不起作用，通常只能用多个圆网，即用增加过滤面积的方法来达到所需的纤维层厚度。

在圆网上的纸幅成形过程中，无论是在何种形式的网槽上，都不同程度地发生纤维的定向、选分和洗脱的现象。

纤维的定向主要是由于纸浆与网笼之间的速度差异，纤维受到网笼回转时的牵引作用而造成的。纤维选分现象是由于细小纤维有较大的表面积和较强的吸附作用，较易于沉积和附着在网面的纤维层上面造成的。纤维被冲脱的现象是指网笼的网面上已经沉积的纤维，由于受到网槽内纸浆的冲洗作用，部分地重新回到纤维悬浮液中的现象。这种状况使部分已沉积纤维的外层被冲刷掉，冲刷量随着纸页的形成而逐渐增加。纸幅最大的沉积速率发生在成形过程刚开始的很短距离内，虽然在其余的浸没成形长度内，脱水还是继续进行，但由于频繁的冲刷效应，很少形成额外的纤维沉积。

纸幅在圆网上的成形过程十分复杂，作用于成形过程的力很多，如重力、离心力、水位差引起的压力、水的表面张力、湿纸幅与铜网之间的附着力、与浆液之间的摩擦力，以及白水和浆流的冲击力，等等；影响纸幅成形的因素也很多，其中主要的有：浆料的打浆度、浓度、网槽的形式、上浆压力（白水的水位）、形成弧长、抄速等。

## 二、网　　笼

网笼是圆网造纸机中纸幅在其上成形的主要部件。要求它滤水均匀，转动时不在网槽中产生过大的搅动。网笼应具有足够的刚度和准确的几何尺寸，应该水平安装。

圆网笼按结构分为普通、片式、抽气、真空网笼；按材质分为普通、全铜、不锈钢网笼。

图 4-30 是一种典型的圆网笼结构示意图。

在铸铁转轴上装有称为辐条的黄铜支撑筋装置，辐条间距为 100～150mm。辐条支撑着中心轮圈，其周边刻有槽沟，槽沟内装置长度和网笼长相同的横条。横条直径约 1cm，中心距约 4cm，与中心轴平行。横条用钢或黄铜制成，其断面可以是圆形或长方形。最外两侧的轮圈上铸有凸出的轮环，用以和网槽相应的部位形成密封，使网笼的内外隔离。在横条上按螺旋线铣出锯齿形小槽，以一根连续的直径为

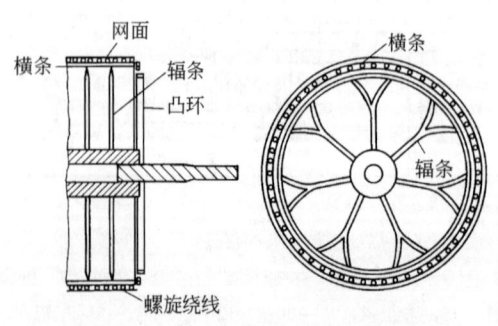

图 4-30　典型的圆网笼结构示意图

3mm 左右的金属线螺旋形地缠绕在圆网笼上,便形成笼状的网笼架。相邻金属线的间隙约 1cm。最后,在铜线上先蒙上一层较粗的黄铜或不锈钢里网,再蒙上一层造纸用的较细的面网。里网和面网都是有端的网,是用专用工具绷紧在网笼架上,用银焊或电焊对接起来的。最后的总装必须十分圆整,并与中心轴同心,其刚度要足以经得住伏辊的压力而不变形。标准网笼的直径范围为 1~1.5m,常用规格是 1.2m。

网笼轴承装置在网槽外。网笼的两端与网槽的边箱相通。浆料上网后,通过铜网滤入网笼的白水,从网笼两端进入边箱,再被白水泵抽出循环使用。

此外,有些造纸厂使用优质木材(耐浸泡、少变形者)制成网笼骨架。也有些网笼结构取消了辐条支撑,是一个完全中空的网笼。

网笼的里网一般用 8~16 目,主要是用来分散伏辊的压力,保持面网平整。面网比较致密,用来过滤纤维形成纸幅,一般为 40~100 目。网目的选用主要决定于所生产纸张的品种,生产一般文化用纸最常用的网目是 65 目。

图 4-31 所示是片式网笼的一种结构形式。片式网笼即是将普通网笼的外圆盘绕 $\phi$3mm 截面铜线改为矩形截面不锈钢板。其主要特点是:a. 增加滤水面积和速度、提高产量;b. 改善成纸质量,包括匀度、定量、纵横拉力比,降低铜网、毛毯等消耗和维修费用;c. 加强装备的整体性和防腐性能,强度高,刚性好,经久耐用。片式网笼已开发生产的有穿片、绕片和斜片式三种片网。

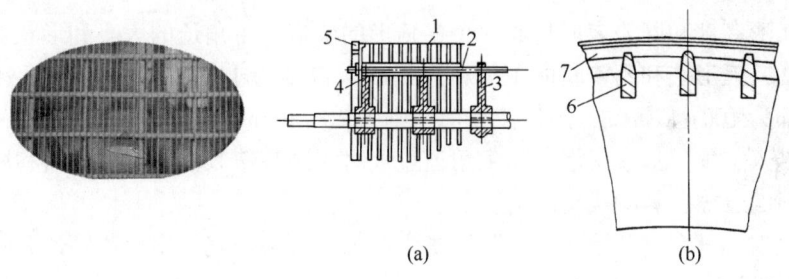

图 4-31 片式网笼
(a)轴向剖面 (b)圆周处的局部剖面
1—青铜环片 2—螺杆 3—辐盘 4—套管 5—端环 6—片条 7—缠绕丝

## 三、网　　槽

网槽结构常用木材制成,网槽圆环的主要部分有时衬以金属(常为不锈钢),有时也用塑料材质。所谓网槽圆环是指网笼面与半圆体之间的环隙。网槽圆环必须仔细构筑,其外形必须匀称和光滑。

网槽的形式较多。沿用最久的形式是顺流式网槽和逆流式网槽。目前我国使用比较广泛的是活动弧形板式网槽,还有干式网槽、旋转式成形器和鼓式真空成形器等,在更高级些的纸机上则使用抽气式圆网等。

网槽的结构形式对纸的产量和质量的影响很大。各种网槽都有一定的特性。这些特性对某一纸种的生产可能是优点,而对另一纸种却可能并不重要。应该根据具体的生产要求来设计或选用网槽。对网槽结构设计的一般要求有:a. 网槽中纸浆的纤维均匀分散,不结块;b. 网槽中纸浆在幅宽上有均匀的流速;c. 网槽的各浆道光滑平直,转角处要圆滑过渡,防止挂浆和沉浆现象；d. 便于清洗和检修。

### （一）普通顺流式网槽

图 4-32（a）所示为一个普通顺流式网槽结构。其网槽圆环内的纤维流动方向与网笼旋转方向相同。浆流通过支管布浆器或锥形布浆器等布浆装置进入网槽，先在流送部分（翻浆箱）充分地混合，促使纤维均匀分散，并除去泡沫，然后溢过喷板流入网笼槽内。喷板和网笼的网面之间的距离是可以调节的，用以控制进入网槽浆料的流速。唇布（又称裙布）是一块 1~2mm 厚的胶皮，可以防止浆流直接冲到成形网表面，并使浆流改变方向，沿网槽弧形底往下流动。唇布位置的高低是可调的，以控制纸幅开始形成的位置。

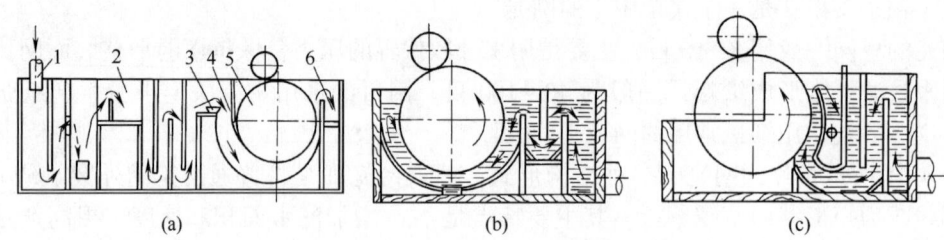

图 4-32 几种主要结构形式的网槽示意图
(a) 顺流式 (b) 逆流式 (c) 活动弧形板式
1—进浆 2—翻浆箱 3—喷板 4—唇布 5—网笼 6—溢流箱

网槽的弧形底部和网笼表面构成一个牛角形的浆道。牛角道的大小和形状对纸的质量影响很大。通常，弧形底和网笼间的距离在进浆的入口处为 130~140mm；然后逐渐缩小，在网槽的最底部为 100~110mm；到溢流箱前沿则为 70~80mm。如果牛角道过小，则浆流速度太快，容易带入空气，形成气泡；而牛角道过大时，则浆速太慢，增加浆料和网笼上已经形成的湿纸幅间的摩擦，影响成纸的匀度。

在牛角道末端设有溢流箱，以消除网槽中纤维的沉降，避免出现浓度过高的浆团。溢流箱的宽度为 100~200mm，深 200~300mm。

顺流式网槽的特点是有很大的脱水弧长，可以使用浓度较低的纸浆，成纸的匀度较好，紧度较大，也较平滑。其结构比较简单，可通过喷板和唇布进行适度的调节，清洗方便。适用于各种文化用纸、一般薄纸、原纸、纸绳纸、油封纸等的抄造。

### （二）逆流式网槽

逆流式网槽基本部件跟顺流网槽相同，但浆流与网笼旋转方向相反。如图 4-32（b）所示。在纸幅开始成形的地方，浆料浓度最大。网笼的转动对纸浆有一些搅拌作用，使纤维有一些交缠，所以成纸的纵横拉力强度的比值较小；其形成的湿纸较疏松，表面有竖起的纤维，使纸层与纸层之间易于结合，因此逆流式网槽常用于多圆网抄造厚纸、浆板或纸板。

逆流式网槽的特点是对纸浆要求不严格，对性质相差悬殊的纸浆均可用同一结构的网槽，易于操作和控制。网槽结构简单，没有溢流和唇布，清洗方便。缺点是成纸匀度低，车速不能太高。

顺流网槽比逆流网槽有更好的匀度，而逆流网槽则能抄取更高的定量。因此实践上常用顺流网槽生产外层纸幅，而用逆流网槽生产中间层纸幅。

### （三）活动弧形板式网槽

如图 4-32（c）所示，活动弧形板式网槽的翻浆箱部分中，在靠近弧形板处设有气泡格

(或称排气格），以排出浆料之中的空气。纸浆自翻浆箱首先进入浆流的定向浆道。定向浆道由网槽底部的固定弧形槽底、唇布和活动弧形板的下部弧形组成，用来控制纸浆上网的方向和稳定浆流。随后，纸浆进入网槽的定速浆道，即活动弧形板和网笼组成的浆道。活动弧形板的曲面是以网笼中心下移 20～40mm 为圆心，比网笼半径大 40～60mm 为半径作出的圆弧。活动弧形板的中部有活动枢轴，可用螺钉顶推作水平的平移，用以调节活动弧形板和网笼表面之间的距离，借以控制纸浆的流速，适应车速和纸幅定量的要求。同时，活动弧形板还可以用网槽上沿的螺杆绕活动枢轴转动，借以改变浆道的形状，即改变浆道入口端和流出端截面的大小，以适应纸浆的性质和溢流量的大小。纸浆的溢流槽设置在活动弧形板的上端。

活动弧形板式网槽的特点是可调节性较大，适用于生产品种多变的情况；纸浆上浆压头较大，相应地有较大的脱水能力；但白水浓度大，纤维流失较多，纸张靠网的一面较粗糙。活动弧形板式网槽可以用在印刷纸、凸板纸、书写纸、一般薄纸、卫生纸、包装纸等多种产品的生产上。

**（四）抽气式圆网和压力式网槽**

**1. 抽气式圆网**

以上所述各种网槽一般只能适应较低车速。提高车速时，就容易发生甩浆和溜浆的现象，难以保证成纸的质量。采用抽气式的圆网，有利于提高圆网的车速。

抽气式网槽的结构如图 4-33 所示：将顺流式网槽的两边箱（即耳箱）封闭起来，把网笼的两端挡住（网内白水通过水腿排除），网笼露出浆面的部分用胶皮布封住，使网笼的内外基本隔离开来；用抽风机在网笼内造成 0.8～1kPa 的低真空。

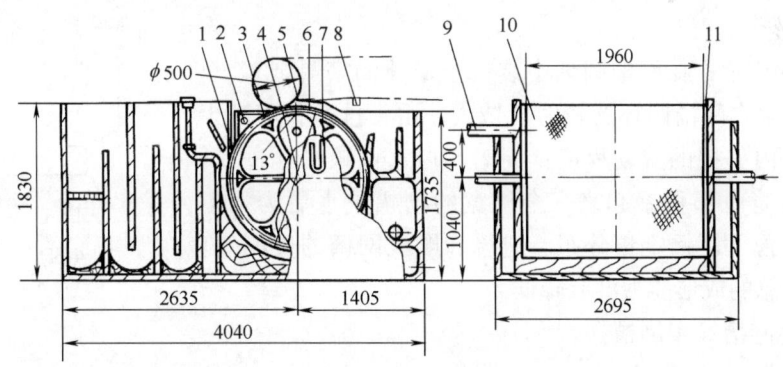

图 4-33 抽气式网槽
1—唇布 2—喷水管 3—胶皮布 4—伏辊 5—真空吸水管 6—胶皮布
7—水位式真空计 8—毛毯辊 9—抽风管 10—网笼 11—毛毯垫

采用这种网槽增强网笼的滤水能力，增加纸浆在网面上的附着力，减少离心力的影响，从而为提高圆网车速创造了有利条件。此外，抽气式网槽可以提高成纸的匀度，降低湿纸幅进入伏辊时的水分；减少伏辊甩水和甩浆的现象。圆网抄造的纸上常有的透明点，主要是湿纸幅离开浆面时造成，抽气式网槽可及消除这种纸病。

**2. 压力式网槽**

压力式网槽的结构如图 4-34 所示。其机理是在普通的顺流式网槽的基础上，将网槽的成形部分加盖封闭，并用鼓风机送入 400～500Pa 最高可达 1kPa 的空气，进行加压。这种成形器的主要目的是改进纸幅的成形以改善纸的匀度，同时提高车速，增加产量，此外还可以清除高速度所产生的甩浆现象。

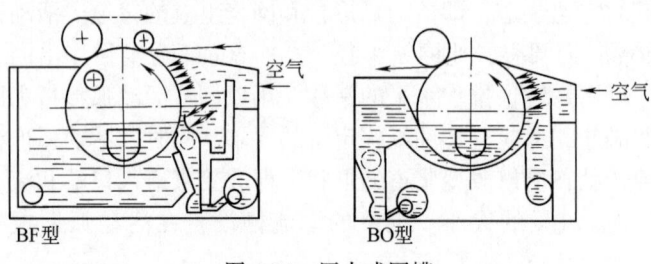

图 4-34 压力式网槽

加压式圆网共有两种形式：BF 型和 BO 型。见图 4-34。

BF 型系类似我国活动弧形板形式的网槽，采用多管进浆，然后进入一扩散混合室，再通过一匀浆辊上网。成形部分加盖封闭通入空气加压。用于抄造薄页纸，设计车速为 300m/min，抄造定量为 30g/m² 以下。车速超过 200m/min 时，网笼内需要抽气。

BO 型系顺流式网槽，也采用多管进浆，然后进入一扩散混合室，再通过一匀浆辊进入弧形道上网。成形部分加盖封闭通入空气加压。用手抄造多层纸板，生产高级白纸板时车速 122m/min 分，一般纸板可达 160m/min，每个网的抄造定量在 30g/m² 以上，生产纸板时底网为 8~12 目不锈钢网，面网为 55 目铜网或不锈钢网。上浆浓度约 0.2%。

加压式圆网的特点是脱水能力大；所抄出纸的层间结合好，不易剥离；由于成形部分有较小的正压，因此纸幅成形是过滤性质，与真空圆网比较，其纸幅网面的细小纤维流失少，纸页的两面性小；成纸的匀度比普通圆网好；纸幅的横向定量差比普通圆网抄出的纸幅有所改善；车速可提高。

（五）干式网槽和限制性网槽

1. 干式网槽

如图 4-35 所示，在网槽圆环中装一个简单的密封装置，将浆料悬浮液局限在网槽圆环的较短区域内。由于抄造长度减少，降低了成形区内失控的湍动程度；同时，白水可顺畅地进入网笼，避免在网笼内部积聚起来。全机宽的槽幅脱水更为均匀，从而相应地改善了横幅定量分布。逆流和顺流网槽的冲刷效应大为减少，而总的成形能力没有降低。

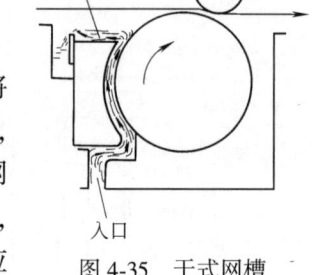

图 4-35 干式网槽

2. 限制性网槽（半网槽）

如图 4-36 所示。其实际上是一个带有"空着的"半脱水的干式网槽。

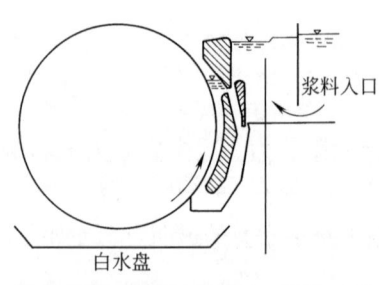

图 4-36 限制性网槽（半网槽）

（六）旋转式成形器

旋转式成形器（见图 4-37）最初的成形是在液压下产生的，其借助于堰池调节器调节浆的液位，在初成形区调节纸浆的上网速度和压力，将浆速控制到与网速一样，从而使纸页成形时的方向性大幅减少。它包括一个开口的带孔眼真空圆网，外面包覆一层粗的背网和一层细的面网。圆网内是逐渐增加真空度的可调式真空箱，使纤维进一步沉积和脱水。

有大量的旋转式成形器在使用中，一般生产的层厚在 0.254mm 以上。当用真空引纸辊取代橡胶伏辊时速度可达到 300m/min。

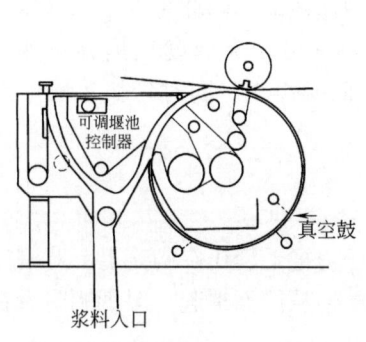

图 4-37 旋转式成形器（Sandy Hill 公司）

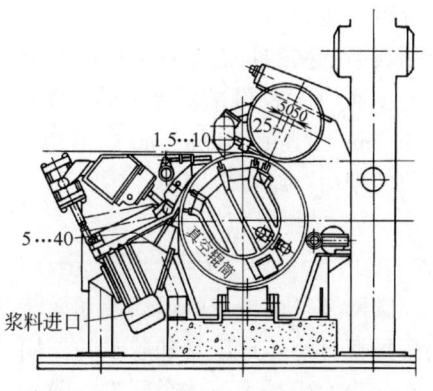

图 4-38 鼓式真空成形器典型结构

### （七）鼓式真空成形器

典型结构如图 4-38 所示：浆料由方锥总管经多管后转 90°，通过狭长流道进入成形区，成形区由可在运行时进行调节的"上盖"和圆网表面组成，借浆流压力和真空抽吸成形。成形区的弧形堰唇进口处为 10~40mm，出口处为 1~10mm，均可调节。圆网结构为铸铜外壳，其结构与真空伏辊相似，内装两个以上独立真空格仓的吸水箱。一般共分 4 个真空室，第 1、4 室为低真空室，其最大真空度 5kPa，第 2、3 室为高真空室，真空度最大为 16kPa。吸水箱的位置可在运行中进行调节。

真空网笼的面网采用无端不锈钢网，套入网笼后网眼要拉斜，据称可减少真空抽吸的噪声。真空网笼没有传动，真空吸口都在传动侧。网笼是由传动侧移入移出，所用的真空泵为透平式鼓风机。

抄纸板面层的真空圆网，其上伏辊为真空上伏辊。抄中间层及底层的真空圆网，则采用普通上伏辊加吸水刮刀。

真空圆网的设计车速为 50~350m/min。上浆浓度如废纸浆时为 0.4%~0.6%，硫酸盐木浆时为 0.2%~0.3%。打浆度范围为 20~70°SR。

真空圆网的特点是：脱水量大，可采用低浓上浆，因此受游离度变化的影响小，同时纤维分布较均匀，抄出纸板的匀度好、破裂强度较大，可以实现轻定量化以节省资源；纸板的横幅定量差较小，一般可以达到±1.5%；纵横向强度比为 1∶1.8，比普通圆网好；在同样条件下，真空圆网比一般超成形圆网车速高，其力比再现率高 5%~10%（力比再现率为制品强度与原料强度之比，真空圆网可达 95%）。但由于真空圆网使用真空泵多，动力消耗大，因此只用于高速纸板机。

### （八）埃斯薄纸成形器

埃斯薄纸成形器简称埃斯圆网（见图 4-39）。埃斯圆网有圆网笼和外网，其外网除上浆成形部分外与圆网笼脱开。采用多管进浆，再经扩散混合及节流后通过一匀浆辊上网。有可调整成形间隙的弧形堰唇；有内循环溢流和搅拌器，搅拌器可调速。毛毯在伏辊前与铜网汇合，然后通过 1~2 块脱水板到接触辊和回头辊。这种埃斯圆网的脱水过程是使成形的纸幅夹在铜网和毛毯之间，经过 1~2 块脱水板进行脱水，再经接触辊和回头辊之间的压区，使出回头辊后的纸幅

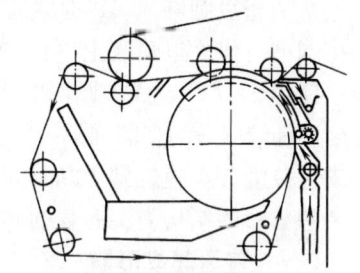

图 4-39 埃斯薄纸成形器
（Ace Tissue Former）

水分可低至68％。

埃斯圆网的特点是：可精确调节堰唇距离，使浆速与网速适应。因此可以得到纵横向强度差小而匀度较好的纸幅；成形湿纸幅不受离心力的影响，可较大幅度地提高车速，从200m/min提高到300m/min以上；不用或少用真空泵，因而噪声小，同时延长了成形网和毛毯的寿命；结构较简单，运转费用较低。

## 四、伏　　辊

圆网笼是由毛毯的运动带动而转动的。伏辊以一定的压力把毛毯压在网笼上，对网笼上的湿纸幅有初步地压紧和脱水的作用，并使毛毯把湿纸完整地从网面揭起。湿纸幅附着在毛毯上运行，或是去下一个网笼，或是去压榨进一步脱水。

普通伏辊有包胶的和包毛毯条的两种结构。包胶伏辊是一条空心铸铁辊，其包胶层的厚度为20~40mm，硬度为肖氏"A"40度左右。伏辊直径40~50cm，视纸机宽度而定。包胶伏辊较毛毯条打制的伏辊耐用，但不如后者松软。毛毯条伏辊通常由造纸厂自己加工制造。作法是先将毛毯剪成一块块宽度约200mm的矩形毛毯条，然后把毛毯条的中心线与伏辊的木质辊芯中心线倾斜10°左右，把毛毯条一块紧贴一块地用铁钉紧钉在木质辊芯上。这种毛毯伏辊能使毛毯均匀地与网笼挤压，不致造成压溃和压花的现象，特别适宜于抄送定量20g/m²以下的薄纸。但是，毛毯伏辊使用一段时间后，因浆料中细小纤维、填料、胶料等渗入，逐渐硬化，通常只能使用3~6个月。

伏辊在网笼上的加压装置可采用机械杠杆或气动系统，有时也用真空伏辊。伏辊加在湿纸幅上的线压力是很低的，为1.96~7.64kN/m。

伏辊的安装位置影响到湿纸幅的脱水效果。通常伏辊相对网笼中心的铅垂线有一定的偏移，伏辊朝毛毯移动方向偏离中心，并压到约网笼直径的1/4处，这样使毛毯能够首先与网面接触，依靠毛毯的张力形成对湿纸的预压作用，有利于防止压溃纸幅。伏辊的偏移一般为15°~20°。为了使伏辊挤出的水分顺利排除，防止倒流，在毛毯进入伏辊的部位设置挡水帘，把水分从毛毯两侧引出。排除伏辊压区积水的装置称为鼓堰。

伏辊要注意保持和网笼平行，否则容易使铜网或毛毯跑偏，加速它们的磨损。

## 五、超级圆网成形器及特超级圆网成形器

所谓超级圆网成形即是在保持圆网结构简单特点的同时，利用长网造纸机的上浆原理，去掉网槽，代之以喷浆上网的成形方式。在国外，超成形圆网多用来代替普通圆网生产纸板。使用6~7个超成形圆网的纸板机车速达150m/min左右，而且纸板的均匀度、拉力比、挺度比都较一般的多圆网纸板机生产的纸板为好。在国内，超成形圆网曾试用来生产40g/m²牛皮包装纸，车速达到100m/min以上。

超成形的结构类型有普通超成形、超级超成形、超成C形和超成T形。

### （一）普通超成形器

如图4-40所示。超级成形器实际上就是一个带附属流浆箱的圆网纸机。超成形圆网主要是由流浆箱和真空网笼组成，流浆箱的结构和长网纸机的流浆箱基本是相同的。真空网笼和抽气式圆网的结构类似，真空度为1~2.5kPa。利用流浆箱将纤维悬浮液送上圆网顶部的成形网上，在很短的网面上快速脱水和成形，然后进入网笼和毛毯之间的压力楔形体，受到逐渐增加的压力，进行挤压脱水。在最大脱水点会产生细小的湍动，这对层间结合与匀度均

是有利的。最后,形成的湿纸幅随毛毯进入下一圆网或是去压榨部。

普通超成形结构简单,操作维护方便,成纸匀度质量很好,但由于离心力和甩水效应,使速度受到限制。普通超成形用于中、低速纸板机上。其最高工作车速为 200m/min 左右。

（二）超级超成形器

如图 4-41 所示。它在是普通超成形的基础上,以一张小网代替了旋转的成形区,采用多管气垫流浆箱喷浆在短长网上成形。它保留了圆网成形部优点,同时吸取了长网抄造和夹网成形的特点。

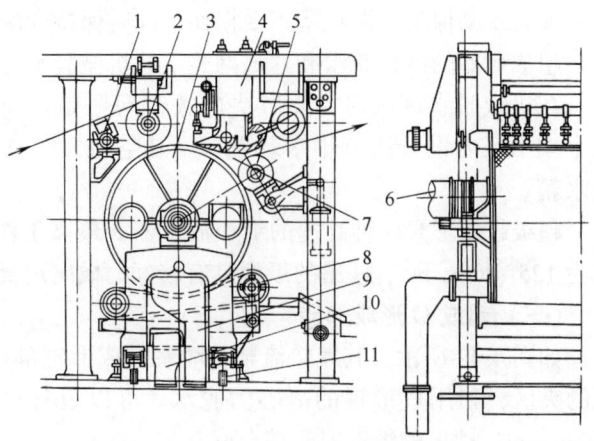

图 4-40　超成形圆网
1—吸水箱　2—成形辊　3—抽气网箱　4—流浆箱
5—伏辊　6—抽气管　7—冲水管　8—支撑带
9—排水管　10—白水盘　11—移出装置

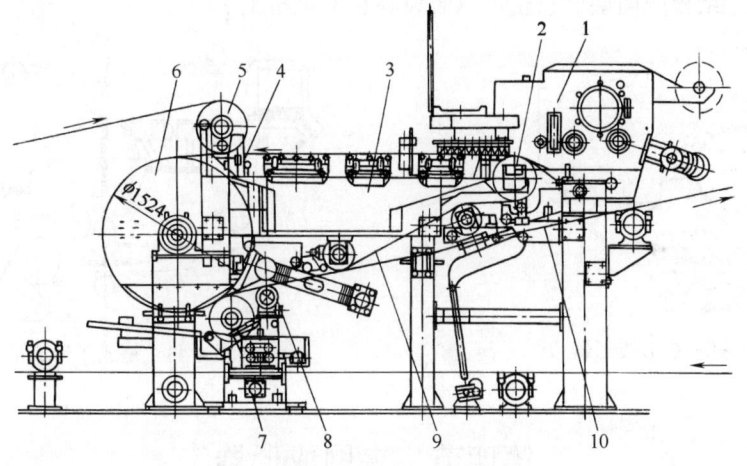

图 4-41　超级超成形器
1—流浆箱　2—胸辊　3—脱水板箱　4—真空吸水箱　5—回头辊　6—片式网笼
7—伏辊　8—真空堰刀　9—短网　10—带纸毛毯

超级超成形器的短长网区段为成形初段,其长度根据工艺要求来确定。真空吸水箱、片式网笼为真空脱水和压力脱水区段,在真空吸水箱区段中,不会有长网纸机那样很明显的水线,随后干度为 3%～4% 的湿纸幅进入一个网和毛毯的夹区内进行复合、脱水,边脱水边复合,此时湿纸幅脱水的动能来自于毛毯的原始张力。这一机理和夹网成形很相似,湿纸幅在脱水时不会因为湍动而产生纤维移动。

当湿纸幅进入到片式网笼区段时,实行的是过滤脱水。在湿纸幅的脱水方向有着二层滤水网,片式网笼的表面是 8 目的衬网,在衬网的外面是 60 目的短长网,这种双层网的过滤脱水对保留短小纤维是有利的。

而当湿纸幅脱离片式网笼区段时,实行的是机械脱水。这是集脱水和增加层间结合力的一个重要过程。在这个压区中,尽管施加的"线压"不是很高,一般不超过 5kN/m,但由于伏辊包覆的橡胶硬度很低,使伏辊与片式网笼形成了面接触而非线接触,从而既能够保证有效地脱水又保护了湿纸幅不受损伤，同时保持了湿纸幅相对短长网的剥离性。

超成形器的网面脱水和片式网笼下的机械脱水是该成形器的两个重要的脱水区域。

在机械脱水区域内首要解决的关键问题是：经过压区的湿纸幅不被回湿。所以，在这个楔形区内设置快速排水装置——真空堰刀。真空堰刀装置相当于带环形吸口的真空吸水箱。

超级超成形是一种高速的纸板成形器，最高工作车速达 600m/min，适应的抄造定量范围为 125~800g/m²。抄出的纸板具有较好的横向定量和水分分布，层间结合力好。

### （三）超成 C 形成形器

如图 4-42 所示。其气垫流浆箱喷浆在成形辊部位的毛毯上，并立即进入外网和毛毯形成的夹区，利用成形辊的离心力脱水。可以节省动力，适应高速运转，最高工作车速为 500m/min。抄出的纸形层间结合好。

### （四）超成 T 形成形器

如图 4-43 所示。其又称为超级双网成形器，是在超级超成形的基础上再加一外网，夹着湿纸幅在伏辊处利用离心力脱水，是一种夹网形式的高速成形器，最高工作车速为 500m/min，适用于抄造多层纸板的面层。它也可以装设在长网纸机上。

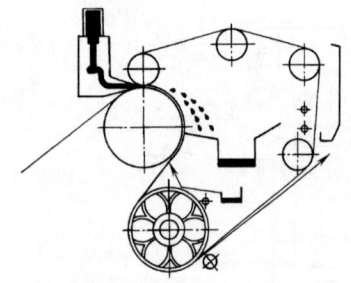 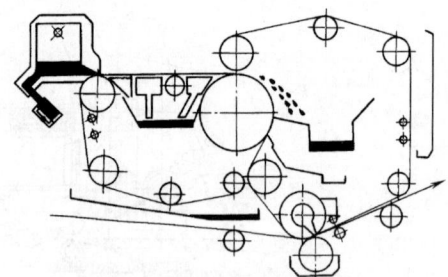

图 4-42 超成 C 形成形器　　　　　图 4-43 超成 T 形成形器

## 第四节　夹网成形器

### 一、概　　述

夹网成形器代表流浆箱射流喷入两张汇聚网子之间的一类成形器。在普通长网或圆网上成形的纸幅，纸幅沿厚度方向上不是均匀一致的，纸幅的网面和毯面的纤维组分和交织状态都不相同，由此造成纸幅的两面有不同性能（如印刷性能方面，纸的毯面较容易掉毛）。由于夹网成形器是两面脱水，在不同程度上克服了上述缺点，使成纸的两面具有接近相同的性能，纸幅的外表面具有较好的纤维交织状态，纸幅的物理性能和定量都更均匀；同时与传统的单面脱水相比，可以使脱水速率增加 4 倍左右。成形器的另外一个优点是封闭成形，悬浮体在成形器内不存在暴露在空气中的自由表面。由于夹网成形器的脱水能力满足了高速纸机的要求，而且其成纸性能优异，因此它渐渐在高速纸机上占据了统治地位。

夹网成形器的结构形式很多，从其安装的位置分为立式、水平式和倾斜式；按其在最初所使用的成形脱水元件分为三种主要的夹网成形器为：夹网刮板成形器（Gap blade former）、夹网辊筒成形器（Gap roll former）和夹网辊筒—刮板成形器（Gap roll/blade former），见图 4-44。

## 二、夹网刮板成形器

夹网刮板成形器的机理是以刮板进行最初的脱水。其结构简图见图 4-44（c）所示。

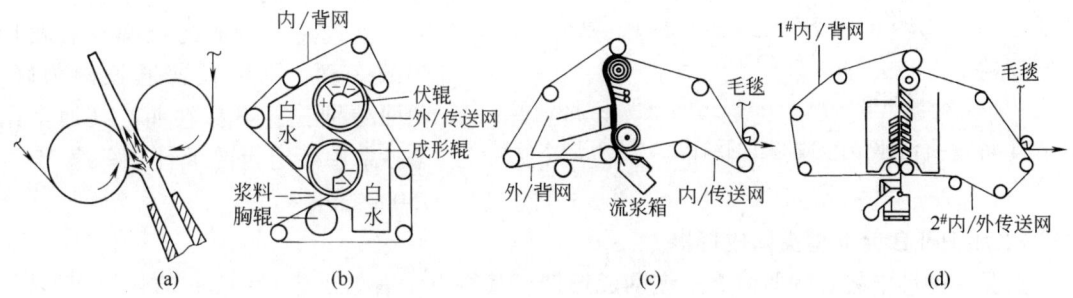

图 4-44　夹网成形器的几种结构类型简图
(a) 夹网成形器　(b) 夹网辊筒成形器（Dominion 工程公司）　(c) 夹网刮板成形器
（BlackClawson 公司）　(d) 夹网辊筒—刮板成形器（Valmet 公司）

夹网刮板成形器的纸幅成形和脱水过程可以分为三个区段：楔形区、压力区和真空区，其中楔形区和压力区是主要的成形区段。

如图 4-45（a）所示楔形区是两张成形网逐渐收敛的区段，纸幅最外层的表面主要是在这一区段成形的，它直接影响到纸的表面性能。一般认为，离开流浆箱唇口浆流中的微湍动流型可以保持到形成纸幅的表层，它赋予纸张表面纤维层充分交织和细致的结构，从而获得良好的印刷性能。可以通过移动胸辊和刮板（标准刮板或真空刮板或弧形刮板）来调节楔形区的几何形状（主要是收敛角），从而使浆料保持适宜的脱水率。该楔形区一般较短，在浆料浓度达到 1.4%～1.5% 后便进入压力区。

如图 4-45（b）所示压力区内浆料的脱水是靠刮板把成形网压弯来实现的。刮板兼具压网成形和脱水作用。在标准刮板和真空刮板上存在脉冲情况（跟在带案板的长网机上相同）。在刮板尖端

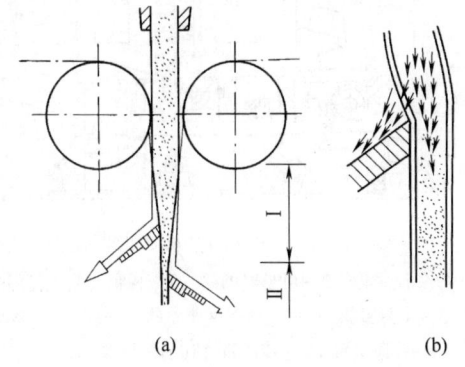

图 4-45　夹网刮板成形器上纸幅的成形
(a) 楔形区的脱水　(b) 刮板的脱水
Ⅰ—楔形区　Ⅱ—压力区

附近有较大的脱水压力，可以稳定和压实已经成形的纸层，同时刮板又可在浆料中引起适度的微湍动，对絮凝块形成剪切作用，有利于获得均匀成形的纸幅，但对留着率则产生负面效应。

当浆层的阻力增加，如果继续使用脱水剧烈的刮板时，会造成过多的细小纤维和填料流失。因此，继刮板之后使用脱水较缓的真空吸水箱。

真空区段包括垂直区段和水平区段上的真空吸水箱和真空伏辊，用较缓和脱水的方法使纸幅达到 14%～16% 的干度。

图 4-46 为一台夹网刮板成形器的结构简图及其脱水分配图。

下面介绍一些夹网刮板成形器的应用实例。

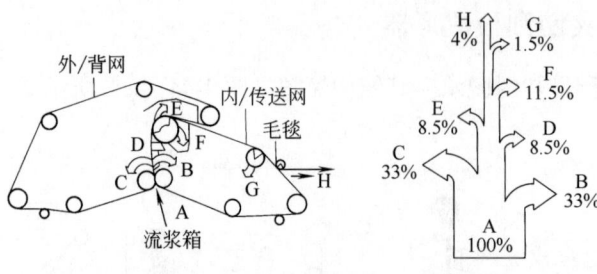

图 4-46 一台夹网刮板成形器的结构简图及其脱水分配图

### (一) 立式夹网刮板成形器

图 4-47 是一台抄宽 4200mm、抄速 610m/min 的立式夹网刮板成形器结构简图。

立式夹网抄成的纸幅具有较均匀的表面，网痕较普通长网为轻，两面差别少，不易卷曲。其通常用来抄造中等定量的纸种，车速 250~750m/min。

### (二) Bel Baie Ⅱ 型夹网成形器

这是一种性能较好的曲面立式夹网成形器。其特点是有一个半径约 5m 的弧形成形区。如图 4-48 所示。二号网内装有弧形的成形板（成形板面是由多条相距约 150mm 的刮水板组成）和弧形的低真空度湿吸箱，一号网则是在一定张力下自由浮动。浆料在弧形的成形区内可借助离心力进行脱水。

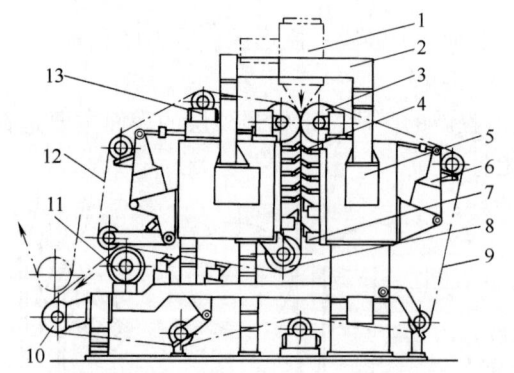

图 4-47 立式夹网刮板成形器简图
1—流浆箱 2—可悬臂的梁 3—胸辊 4—导向板
5—主悬臂梁 6—气动铜网张紧器 7—真空脱水箱
8—普通伏辊 9—传送带 10—驱网辊 11—真空
伏辊 12—背网 13—气动铜网校正器

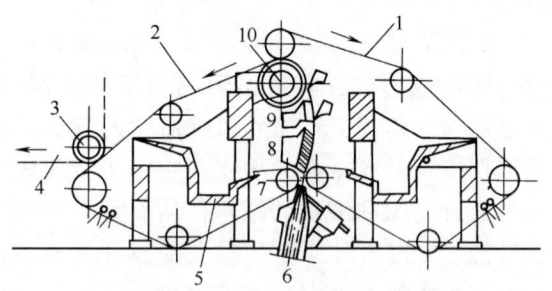

图 4-48 Bel Baie Ⅱ 型夹网示意图
1——号网 2—二号网 3—真空吸移辊
4—毛毯和纸幅 5—白水槽 6—集流式
流浆箱 7—成形辊 8—成形板
9—湿吸箱 10—真空伏辊

集流式流浆箱位于夹网的下部，纸浆自下而上喷到两网的汇合处。集流式流浆箱的整流飘片几乎是延伸到唇板的开口处，使纸浆在开始脱水之前具有充分的微湍动，促进纸幅均匀成形。纸浆进入成形区后，最初是受到两网的挤压脱水。成形辊起着支承网和控制网间距离的作用，并且把最初脱水的水分排除。随后，纸浆贴在一号网的一面借助离心力脱水，而在二号网的一面则由弧形成形板、湿吸箱和真空伏辊进行脱水。两个网的脱水量大致相同，并且脱水强度是逐渐增大的。形成的纸幅在真空伏辊上吸引到二号网上，然后用真空吸移辊吸引移到引纸毛毯上并送到压榨部。

Bel Baie Ⅱ 型夹网成形器生产的纸幅有良好的成形和匀度；由于脱水时间较长，有利于降低薄型纸的针眼和气孔；网和刮水元件之间的接触压力较小，可以减少其磨损和降低网部动力消耗。它可以用于生产新闻纸、低定量电话簿纸、涂布原纸、无磨木浆印刷纸和书写纸、瓦楞原纸等，抄速为 400~1200m/min。

## 三、夹网辊筒成形器

### (一) 夹网辊筒成形器的结构及优点

夹网辊筒成形器的结构如图 4-44（b）所示。夹网辊筒成形器的机理是以辊筒进行最初的脱水。在这类夹网成形器上，浆料是在相对平静和没有扰动的情况下脱水。纸幅是在浆料和成形网间基本没有相对运动的条件下成形。

夹网辊筒成形器有两张成形网，纸幅是在胸辊、成形辊和真空伏辊组成的区间上成形和脱水的。成形辊的结构类似于真空伏辊，表面有较大的储水沟槽。纸浆自喷浆口喷出后，在胸辊和成形辊之间的两网所夹的网段上形成一个浆液楔子。浆料与网接触之后立即开始脱水，并在网面形成纸层。由于两个网在成形辊上是作高速的圆弧运动，水分在离心力作用下甩出网外。在成形辊内有约 1kPa 的真空度，水分又部分地被吸入到成形辊面的沟槽内。纸浆两面快速脱水的结果，在经过成形辊上 150°左右的弧长后，纸浆度从上浆时的 0.7%~0.8%提高到离开成形辊时的 7%~8%。如果成形辊直径为 1200mm，成形弧度为 90°，车速为 600m/min 时，纸幅的成形时间约 0.09s。由于纸浆两面的脱水量接近于均等，保证了成形纸幅的两面一致性。

湿纸幅在两个网夹持下进入伏辊后，先经过一段具有 7~20kPa 压力的正压区，目的是促进水分在离心力作用下经上网侧排出。接着进入一个较窄的无压平衡区，进入真空区继续脱水。第一真空室较宽，真空度约 3kPa；第二真空室较窄，真空度约 5kPa。湿纸幅离开伏辊的干度达 20%以上，足以用真空吸移辊传递至造纸机的压榨部。

图 4-49 为一台夹网辊筒成形器的结构简图及其脱水分配图。

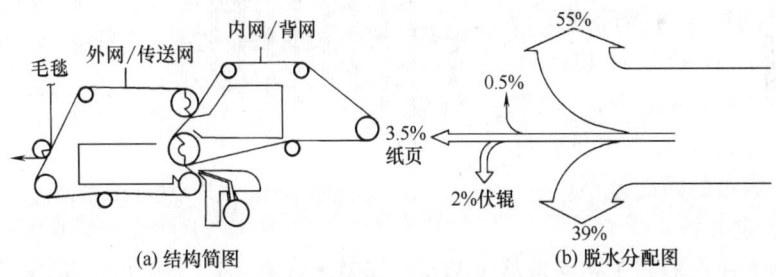

图 4-49 夹网辊筒成形器的结构简图及其脱水分配图（voith 公司）

辊筒成形器抄出的纸页正面（上）和网面（下）的灰分（和细小物质）含量基本相等。因纸幅在辊筒成形器的中心部分灰分（和细小物质）含量很高，Z 向张力可能会减少。

改善匀度的主要手段是流浆箱选择、稀释度和剪切力。夹网辊筒成形器由于没有脉冲装置，以及浆料的快速再絮凝，有可能产生软絮凝物及使纸页有粒状匀度问题。此外，分散均匀的流浆箱来浆对夹网成形器来说是至关重要的，因为射流（喷浆）几乎立刻被定位和形成纸页，所以喷射角的控制也比长网纸机更为重要。

夹网辊筒成形器的优点是：传动功率低；网子寿命长；可靠性好；有提高车速潜力；纸幅两面差较小、印刷性能好。其缺点是：流浆箱浓度较高；纸张针眼较多，内结合力较差，存在粒状匀度问题。

夹网辊筒成形器现在用于抄造采用高度稀释纸浆的高速、低定量纸页，如薄型纸等。

### (二) 夹网辊筒成形器的应用实例

1. 巴白列成形器（Papri-former）

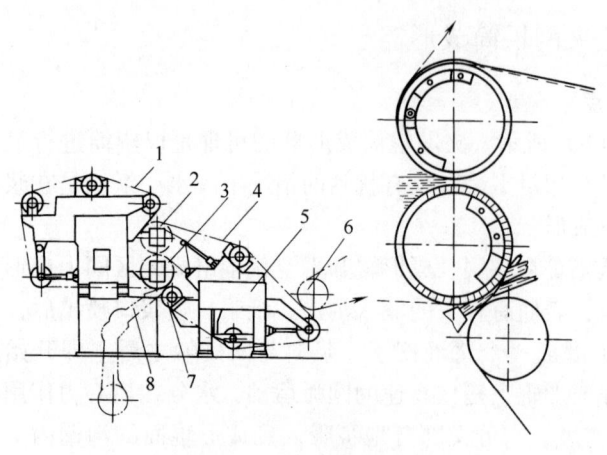

巴白列成形器是属于无静止脱水元件（如案板、吸水箱等）类型的夹网辊筒成形器。其结构如图4-50所示。

巴白列成形器的关键部件之一是成形辊。成形辊的外径和造纸机的幅宽有关，通常为760~1220mm。辊壳用不锈钢制造，外面覆盖有20mm厚的胶层。成形辊表面胶层上铣有U形沟槽并钻孔（图4-51），沟槽的容积应大于纸浆在成形辊这一面脱出水量的体积。成形辊包胶层外套有12目的不锈钢网。网的经纬是斜织的，套入辊面后，向两端拉伸并用对开的箍环固定后，便紧紧地固定在辊筒上。成形辊可以被成形网拖动，也可单独地传动。成形辊对纸浆喷入角度、落网点不像刮板式成形器那么敏感，更便于操作和掌握。

图4-50 巴白列成形器
1—上网 2—真空伏辊 3—成形辊 4—下网 5—换网时可悬臂梁 6—真空吸移辊 7—胸辊 8—流浆箱

巴白列成形器上没有与成形网发生滑动摩擦的固定脱水元件，成形网的使用时间很长（聚酯网运行200d以上），消耗的传动功率小（为普通长网的1/4或更少），操作方便。此外，短纤维流失率低，纤维保留率高，成纸的两面差小。

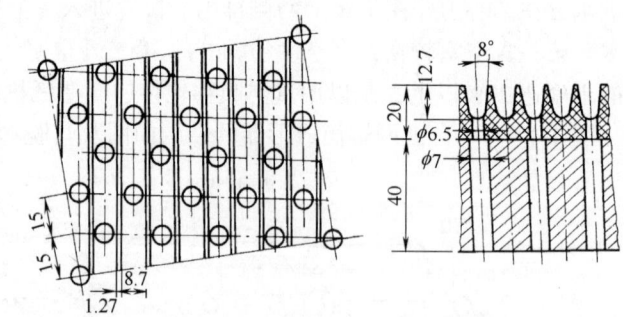

图4-51 成形辊包胶层的结构

2. 薄型纸成形器

现代薄型纸成形器属于夹网辊筒成形器，其脱水区有"C"或"S"形结构。因此常称之为"C"成形器或"S"成形器。

（1）"C"成形器

图4-52为一台带"C"形脱水区的夹网辊筒成形器及其脱水分配图。成形辊可为单面脱水的实心辊或抽真空进行双面脱水的真空成形辊。因此，与巴白列成形器一样，"C"成

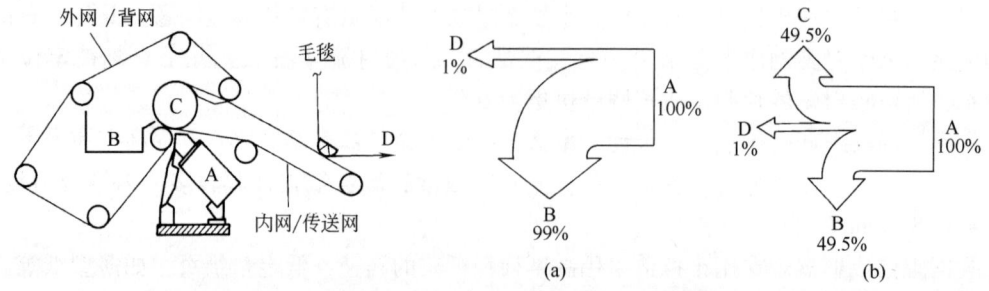

图4-52 "C"形结构的夹网辊筒成形器及其脱水分配图（Beloit公司）
(a) 采用实心成形辊的脱水分配图 (b) 采用真空成形辊的脱水分配图

形器的关键部件是成形辊。

在使用二次纤维或含损纸的纤维时，要考虑杂质的问题（特别是"黏状物"）。在许多系统中，或许是由于接触时间长和滤水率较低，杂质常与成形网粘在一起。虽然不会产生很多针眼，但也要注意到某些纸浆流送系统的杂质有跟着外网/背网走的倾向。使用真空成形辊会影响杂质的去向。所有使用回收损纸的薄型纸机都对其纸浆中杂质较敏感。

许多薄型纸机配有分层式流浆箱以处理不同纤维成分的纸浆。在图 4-52 中，如果使短纤维纸浆靠近成形辊，而长纤维纸浆则在另一面，这样短纤维就得穿过长纤维脱水，这样有利于提高留着率。

图 4-53 为一种新月形成形器及其脱水分配图。该成形器是"C"形成形器的发展。由于使用特殊设计的流浆箱及网和毛毯的应用，增加了生产能力。

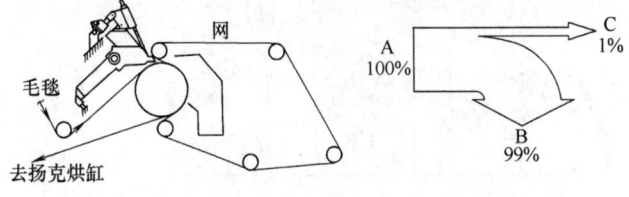

图 4-53 新月形成形器及其脱水分配图（Beloit 公司）

（2）"S"成形器

图 4-54 为一台带 S 形脱水区的夹网辊筒成形器及其脱水分配图。

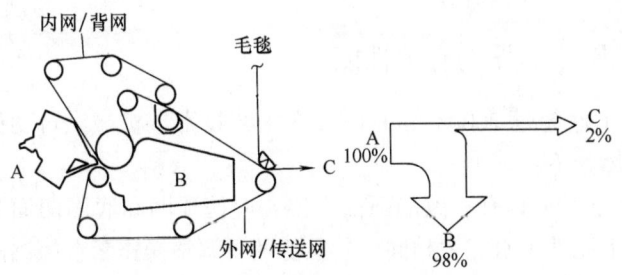

图 4-54 "S"包绕的夹网辊筒成形器及其脱水分配图（Valmet 公司）

这种结构基本上与巴白列成形器类似。与"C"成形器比较，其外网/传送网也是主滤水网，在排列上外网与内网调换了位置，流浆箱也从右侧调换到左侧位置，整个结构形状就从"C"形变为"S"形了。

由于薄型纸成形器对成形网和毛毯的质量很敏感。清洗及调整处理成形网和毛毯就极为重要，必须使其保持最佳使用状态，因此，内喷水管、外喷水管、液压区（flooded nip）喷水管和清洗刷子等都是基本的设备。

## 四、夹网辊筒—刮板成形器

夹网辊筒 刮板成形器又称为成形辊脱水板成形器，可用于绝大多数纸种的生产。这种成形器使造纸机车速提高到 2000m/min 以上。

夹网辊筒—刮板成形器的机理是以刮板和辊筒两者联合进行脱水。现代新式高速夹网纸机成形器的开头，都是成形辊（带真空）大量脱水后，进入带低真空的弧形多片脱水板箱，有时并配以相向的可调脱水板若干片，最后经过多室真空吸移箱，使纸页牢固地吸着在底网或内网上。在初步成形以后，通过上、下两面的脱水板，特别是可以通过底座有压缩空气压力调节的可调脱水板的作用，能通过上、下交错的脉冲，使夹在两网中间的浆流受到水力脉冲的作用，一方面双向脱水，一方面保持一定的湍动而防止絮聚，从而得到较好的中间纸层的匀度。这种成形器可明显提高纸张产品质量。对于提高纸张均匀性、两面一致性，改善纤维定向、Z 向结构、表面性能，提高细小纤维和填料留着率，提高纸张内结合强度、抗张强度，消除各类纸病等方面，都是目前最佳的成形器之一。

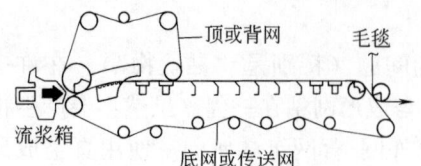

图 4-55 水平式夹网辊筒—刮板成形器（Valmet 公司）

夹网辊筒—刮板成形器有立式和水平式两类，图 4-44（d）所表示的是立式的，图 4-55 为水平式夹网辊筒—刮板成形器简图。

另外，valmet 公司的 Qpti 成形器，Voith Sulzer 公司的 TQ 成形器也可属于夹网"辊筒—刮板"成形器类型。分别如图 4-56，图 4-57 所示。

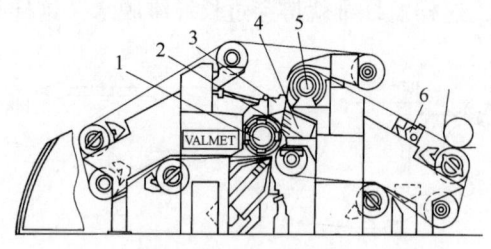

图 4-56　Opti 成形器

1—成形辊　2—气液分离装置　3—多叶饰靴型构件　4—可承载脱水板　5—双室真空伏辊　6—高真空平面吸水箱

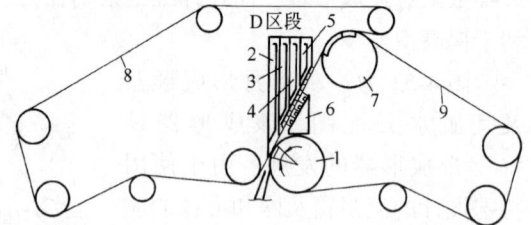

图 4-57　Duoformer TQ 成形器（Voith-sulzer 公司）

## 五、夹网成形器的有关性能

高速运行下的成形器，特别是当车速超过 2000m/min 时，在工艺技术、机械、自动控制等方面都出现了许多新课题。其具体如下：

① 必须合理配置脱水元件。为保证纸页具有一致的两面性质，应使顶网和底网两面的脱水量相等。这样就要做到两面的脱水元件脱水能力相同，并且能随意调整操作参数控制两面的脱水比例达到最佳要求。

② 成形过程中湿纸页在各脱水构件后的干度必须分配得合理。成形辊后的湿纸页干度为 2%，多叶饰靴型构件后或 D 区段后的干度为 6%~8%，离开成形器送入压榨部的湿纸页干度应达到 17% 以上。离开成形器的湿纸页干度，取决于湿纸页通过最后一个脱水构件之后所发生的再湿程度。

③ 由于车速的提高，必须对带入纸浆中的空气予以足够的关注。混入纸浆中的空气主要有两个来源，一是白水中的空气，通过用白水混合稀释纸浆时带入；二是在纸浆喷射上网的成形缝隙处被抽入的空气混入纸浆中，并且随车速的提高被抽入的空气量增多。其解决方法有：一是对混合稀释纸浆用的白水进行气液分离；二是在成形辊后设置除泡沫或气液分离装置；三是把成形器设计成直立式，最大限度地减少带入的空气量。

④ 在真空成形辊成形区段中，由于车速的提高，离心力也随之增大。为降低离心力对纸页成形的影响，应采取如下一些措施：一是要适当提高上网纸浆浓度，减小流浆箱唇板开度，降低成形缝隙中的湿纸页厚度；二是要选用具有足够强度的成形网。

流浆箱堰板的射流喷入两张网之间的聚敛形隙缝中，其最初脱水可以在一个或两个方向发生。脱水作用是借两网张力与网外脱水元件所引起的压力而造成。随着在两网面上的浆层的积聚，脱水阻力增加，纤维悬浮液中的压力也随之增加。成形区域的长度除两网张力与脱水元件配置外，还与纸机速度、定量和浆料游离度有关。分散均匀的流浆箱来浆对夹网成形器来说是至关重要的，因为射流（喷浆）几乎立刻被定位和形成纸页，所以喷射角也比长网机的更为重要。

## 第五节 顶网成形器

### 一、引言

顶网成形器又称上网成形器。其特征是以长网纸机为基础，在网部加装顶网，使长网纸机有一段双网复合成形区，其主要目标是减少纸页的两面差，抄造出 Z 向对称的纸页。和夹网纸机相比，顶网成形器在进入双网成形前有一段"敞网"抄造的预成形区。在双网成形区段中，纸浆悬浮液经受到脱水的压力，该脱水压力是来自辊筒上的网张力、弧形表面、刮板等脱水器件。

长网机上的成形过程是一个阶梯过滤过程。纸浆在靠网面部分的浓度很高，而其表面的浓度接近流浆箱的浓度。如果没有网案的高度扰动，纸浆层表面会出现严重的再絮凝。大多数顶网成形器借在引入第二张网的交接处所产生的高剪切力来改善这种状况，从而改善了纸页的匀度，改进两面性、减少掉毛。

顶网成形器可消除或减少流浆箱的浆道，这是由于纸浆在成形网案上有更多的机会去拉平和"处理"这些浆道。由于有一段"开放网面"抄纸，其车速可能受到限制。它们也有可能预防高速分层的现象。

与夹网成形器比较，顶网成形器的优点有：浆道很少，在改进单程留着率的基础上有相等或更好的匀度，网子和部件的清洁问题较少，大幅度提高脱水能力，价格上可以承受。

双网抄纸现在主要用于低定量、高速纸种，大多数双网成形器都不在低于 457m/min 的车速下运行。

常见顶网成形器有顶网辊筒成形器、顶网刮板成形器、顶网"C"成形器，具有可调特征的顶网成形器及向上脱水和可调节的顶网成形器等。

### 二、顶网辊筒成形器

图 4-58 为一类顶网辊筒成形器及其脱水分配图。

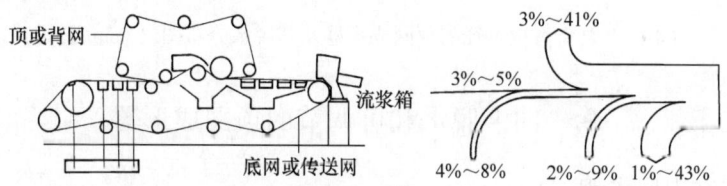

图 4-58 顶网辊筒成形器及其脱水分配图（Sulzer Escher Wyss 公司）

### 三、顶网刮板成形器

图 4-59 为一类顶网刮板成形器及其脱水分配图。

### 四、顶网"C"成形器

顶网"C"成形器（见图 4-60）在两面都带有刮板成形，并有适度的辊筒成形。进入两网间压区的经过预成形的纸页，用下刮板、空心辊筒脱水，并进一步用上刮板和下刮板脱水和消除絮凝。上刮板有一个延伸部分，它沿着空心辊筒弯曲，允许成形器很慢地运行，速度

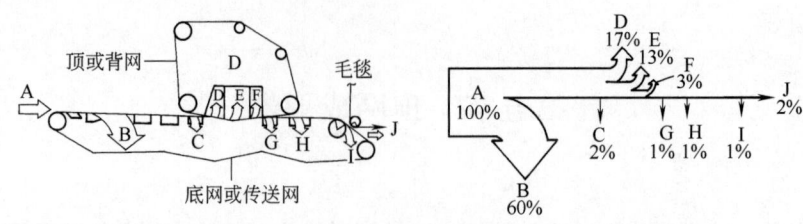

图 4-59 顶网刮板成形器及其脱水分配图（Beloit 公司）

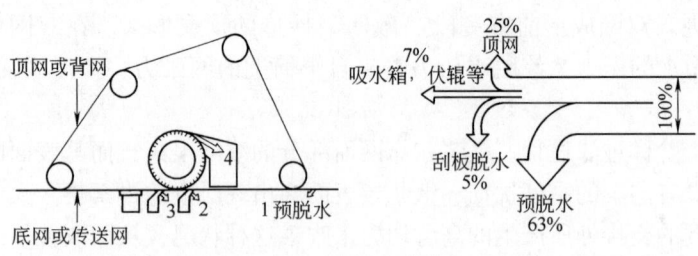

图 4-60 顶网"C"成形器及其脱水分配图（Black Clawson 公司）

可慢到 122m/min。在低车速下，空心辊筒和挡水板的作用很像一个"桨叶轮"，把脱除的水转圈送到白水盘。该装置需要传动，但因它紧凑轻巧，稍做结构改变，就可装在大多数长网机的上面。最重要的是它具有更多的灵活性。刮板和辊筒可在运行中调整，如果需用长网机生产某些纸种时，可将整个装置吊升起来。这种成形器还有其他各种结构，可以满足多种需要。

## 五、具有可调特征的顶网成形器

图 4-61 是一台具有可调特征的顶网成形器及其脱水分布图。

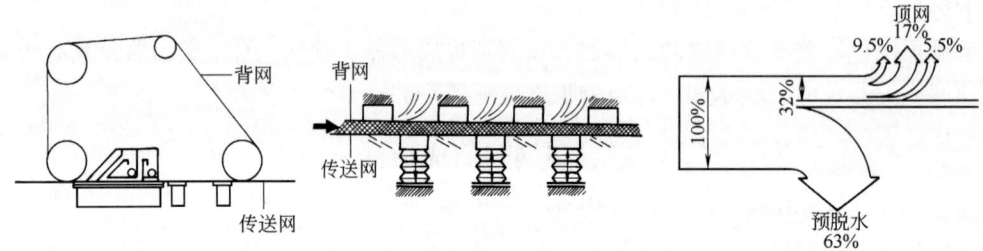

图 4-61 具有可调特征的顶网成形器及其脱水分布图（Voith 公司）

## 六、向上脱水和可调节的顶网成形器

图 4-62 所示为向上脱水和可调节的顶网成形器。其顶网运行含有安装自动堰板的多格仓倒装真空刮板箱。该刮板箱与下刮板箱的刮板"相啮合"，并可垂直调节（底网下含有多个可独立控制的横向加压装置）。这些啮合面产生压力脉冲，且只是向上脱水，

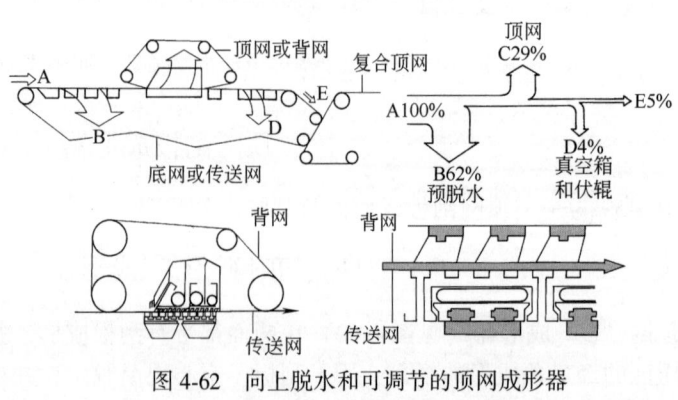

图 4-62 向上脱水和可调节的顶网成形器及其脱水分配图（Valmet 公司）

由此改善了纸幅的匀度和两面差，因为之前大多数装置都是向下脱水。

此类装置在北欧广泛应用于不易成形的高质量纸板生产。

## 第六节　叠网成形器

叠网成形器是在长网网案上再装若干台单独的成形装置。先在长网网案上以正常方法形成纸幅，然后将在其余成形装置上形成的纸幅加在其上面。由于各层湿纸页的流浆箱、浆网速比、横幅定量差以及脱水速率等均可分别控制、调节，可方便地生产出满意的纸板，叠网成形器是目前最流行的纸板成形器。

叠网纸板成形器可根据产品品种的不同，有二叠网、三叠网及四叠网等形式，如图4-63所示，可分别抄造二层、三层及四层的多层纸板。

层数越多，所使用的流浆箱、供浆系统及网案等越多，整机的造价越高。但层数多，可允许各层使用不同的浆料，有利于使用廉价的二次纤维作芯层，既能获得较好的经济效益，又能保证纸板的内在质量；另外，还可降低每层纸的定量，有利于提高成形质量。可根据产品的定量范围及可能的品种变化来确定叠网的层数。

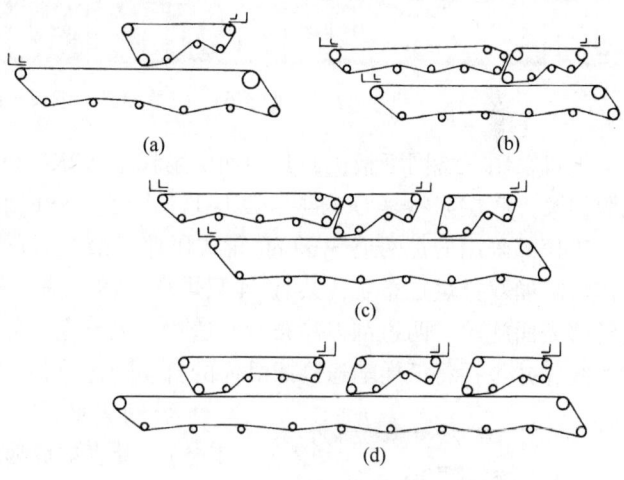

图4-63　叠网成形器示意图
(a) 二叠网　(b) 三叠网　(c) (d) 四叠网

叠网的布置形式主要有两种［见图4-63 (c)，图4-63 (d)］。这两种形式没有本质的差别。图4-63 (c) 所示结构更紧凑，结构稍复杂，其芯层的网案长度可根据纸张质量要求来确定，但底网长度可大大缩短。图4-63 (d) 所示结构简洁，但芯层的网案长度越长，则底网网案所需长度也越长；芯层的定量通常是最高的，其网案需要足够的长度以获得良好的成形质量，从而增加了底网网案的无效长度，增加造价，占用空间也增大。

层间结合是叠网纸机的一个重要的问题。一般来说，纸的结合干度越低，层间结合强度越高。但干度太低时，会由于速度波动等因素易使各纸层在结合时受到损害，严重时甚至会破坏成形。这是一对矛盾。实际生产中，纸层结合干度在10%～14%之间。提高结合强度的另一个办法是控制纸层（尤其细小纤维含量较少的一面与细小纤维含量较多的那一面）结合时的压力。但结合时压力太高易在表面留下网印痕。有时也可在纸层结合处喷洒淀粉胶提高结合强度。

叠网成形器使用上另一个重要的问题是传动问题。叠网成形器能否正常运行的关键是各个纸层结合点的速差能否控制在所要求的范围内且运行平稳。传动上通常将这些传动点都配置负荷分配器以达到上述要求。如果速差一旦超出所要求的范围，网部与压榨部应立即脱开，并将复合辊抬起。

叠网成形器的特点主要包括：a. 成形质量好（尤其是面层质量），印刷适应性好。

b. 可根据所用的不同原料分别进行控制各层纸的质量，以使其横幅定量差小、纵横拉力比小。c. 产品适应性广，可抄造的定量和车速的变化范围大。可使用较高的工作车速。d. 结构简单紧凑，维修操作方便，造价适中。e. 芯层的定量可以较高，可大量使用二次纤维。f. 可控制和调节纸层结合点的干度，保证最佳的结合湿度。

图 4-64 所示为三叠网高速纸板机的配置情况。该纸机用于生产涂布白面牛卡纸，纸机由 Valmet 公司制造。生产定量 200~300g/m²；网宽 7250mm，卷纸机上最大幅宽 6730mm；实际车速 1100m/min；纸机最大生产能力 1500t/d，年产 50 万 t。

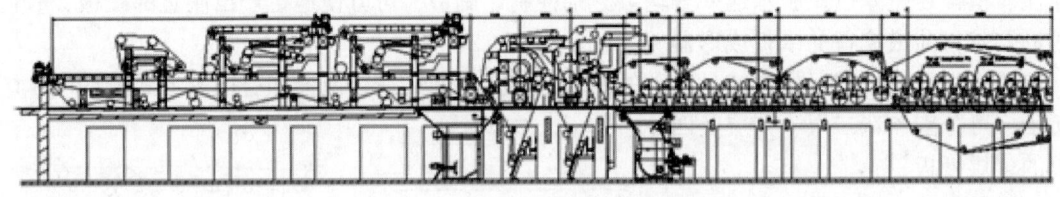

图 4-64　三叠网高速纸板机的配置

纸机采用三叠网纸板机，其中面层浆料是 NBKP 和 LBKP 商品浆板，衬层浆料是 DIP 废纸脱墨浆，底层浆料是 OCC 浆，底层是长网加顶网成形器。

压榨部采用的是两道 SymBelt 靴式压榨，最大线压力达到 1000kN/m。干燥部采用的是单排烘缸加双排烘缸布置，共有 74 只烘缸，18 只真空辊，干燥部还设有一道硬压光、一道膜转移表面施胶、两道刮刀涂布、一道软压光。完成部包括复卷机和自动卷纸输送包装贴标签系统，并包括将纸卷输送到成品库的自动输送设备。

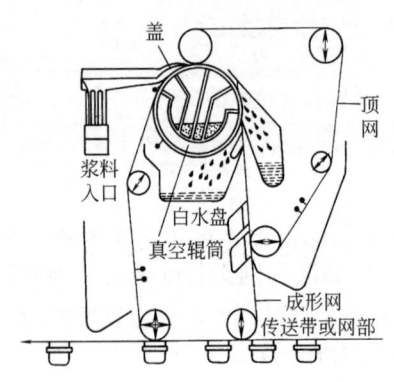

图 4-65　Aucu 成形器（Tampella 公司）

叠网成形的另一类型是使用 Aucu 成形器（见图 4-65）。其真空成形辊筒没有固定面网，而为一条运行着的短成形网所替代。在运转中，纸幅在网上成形。头一半成形区保持常压，而其余则处于高真空中。随着纸幅和网子绕真空辊筒移动，它们与一条短的顶网相接触，纸幅就被夹在两个网子中间，并受到不断增加的压力的作用。将真空辊筒内的真空调整到与离心力互相抵消，这样，纸幅两面的脱水量就大致相等。该装置可增加填料留着率。纸幅和网子一起经过真空吸水箱后，顶网又返回到成形辊。此时在成形网上的纸幅继续前进，贴合到已形成的纸幅上。

超级超成形器也是叠网成形器的一种形式，因为它的各层湿纸页也是先分别在短长网上预成形后，再逐层复合而成。但超级超成形器的预成形短网太短，其所能抄造的定量就不能高，而且车速越高，定量越低，高速超成形就显得所用短网个数较多，其造价也势必增高。

## 第七节　网部的辅助装置

### 一、造纸成形网

成形网是一种无端编织物，是成形装置的一个重要组成部分。在纸、纸板或浆板机上，纤维悬浮液或纸料通过成形网脱水。成形网除用于脱水之外，还担负着纸页成形和将纸料从流浆箱平稳地运送到压榨部的任务。其由伏辊或其他传动辊（如驱网辊）带动运行，使纸浆在网上连续地过滤脱水形成湿纸层，并将湿纸层运送到伏辊处。此外，造纸网还有牵引网部的各种辊筒回转的作用。因此，造纸网的滤水性必须适合抄纸的要求；能够承受较大的张力；具有反复曲伸的韧性及耐磨性等。

成形网要在各种条件下使用，纸机网速可从 100m/min 变化到超过 2000m/min。纸和纸板的定量则从每平方米不到 10g 变化到每平方米数百克。成形网的类型取决于所生产的纸种和成形部的设计。从应用角度来讲，成形网最重要的性质是其脱水和留着特性、机械稳定性、耐磨性和无痕结构。成形网质量的一致性对于维持成形部的成形条件稳定非常重要。成形网有金属网（主要是铜网，也有不锈钢网）和塑料网两种类型。

（一）铜网

1. 铜网的规格和线材

铜网的规格是指网目（即网号）和纬密。网目是指平行于纬线每英寸（25.4mm）宽度内经线（贯通铜网纵向全长的铜线）的根数或网孔的个数。也有用每厘米宽度内经线的根数来表示的。纬密，是指平行于经线每英寸宽度内纬线（贯通铜网横向全宽的铜线）的根数。在一般情况下，纬密为网目的 60%~70%。车速较高的造纸机，使用纬密较大的网子。

铜网是用铜丝按经纬线排列织成的。纵的方向称为经线，横的方向称为纬线。在铜网运行过程中，经线与纬线所受的力和运行状态都不同，所以经线和纬线的材料成分也不同。长网造纸机上对铜网经线要求具有较大的抗张力、弯曲力、耐磨性、不易伸长及耐酸碱性。

磷青铜（铜 89%~96%，锡 4%~10%，磷 0.1%~0.5%）适于经线所要求的性能，故通常用作经线的材料。对纬线要求具有适当的弯曲性及挺直性。这是由于铜网在运转中，经线受到相当的张力，使纬线弯曲，铜网的宽度呈收缩的倾向。若经线的张力不均一，就会发生皱纹，因此必须使用较经线粗的铜丝作纬线。黄铜（铜 65%，锌 35%）具有纬线所要求的机械性能，故纬线一般以黄铜制成。

2. 铜网种类

铜网一般可以分为单织网、复线网、捻织网等三种类型（见图 4-66）。

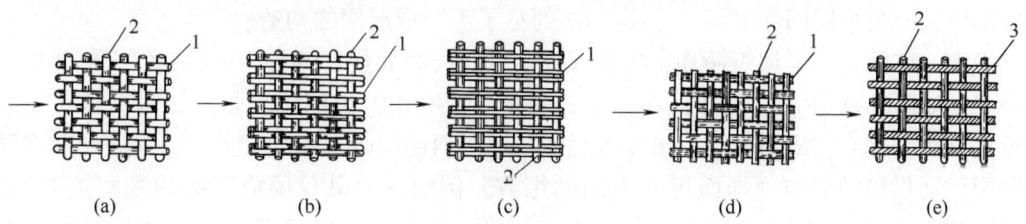

图 4-66 铜网的种类

(a) 单织网 (b) 双织网 (c) 三织网 (d) 半斜纹网 (e) 捻织网

1—经线 2—纬线 3—捻织经线

① 单织网（单丝网）。单织网有平纹网和斜纹网之分。单织平纹网用单根经线和单根纬线交叉编织而成，即相邻的两根经线交错地通过同一根纬线的上部和下部，经线的间距是一致的。与平纹网不同之处在于，斜纹网的经线与纬线都各自通过两根纬线或经线的同一面而交叉编织而成，这种网有明显的对角线斜纹。半斜纹网（也称三线斜纹网）的特点是，经线交替地从两根纬线的下部和一根纬线的上部通过。由于斜纹网和半斜纹网与造纸机各辊子的接触面大于单织网，因此其寿命较长。

② 复线网有双线网及三线网，一般采用较细的铜丝编织而成。双线网，是以两根经线和一根纬线编织而成，两根经线通过纬线的方向上下交错。三线网（也称三经网、三织网、纹织网）是由三根一组的经线和一根纬线交叉编织而成。每组经线中间的一根与两侧的两根经线相互交错地通过纬线。复线网多用于抄制细致光滑的纸张。

③ 捻织网可分为单捻织网和复捻织网。单捻织网是指仅在经线采用捻线的网。复捻织网则经线和纬线都采用捻线。捻线是在金属芯线周围绕上 5~7 根铜丝，捻绞而成的。捻线有较大的弯曲性，因此复捻织网比单捻织网的寿命长。捻织网多用于浆板及纸板机上。

铜网两端焊接成为无端的网环，在经线的焊接上有对丝网和错丝网的区别。错丝网指铜网在两端对焊成无端同环时，经线错开若干根焊成的。例如经线错开三根焊成的称为错三丝网。从滤水性能来看，单织平纹网较好，单织半斜纹网次之，单织斜纹网更次之，三经网最差。从成纸的网痕来看，三经网和斜纹网较轻，单织网次之，捻织网最差。

（二）塑料网

成形塑料网为单丝网，其条干均匀、取向度一致、物理性能稳定。成形塑料网以网子出厂时的形式不同分类，有环形网和插接网两种。环形网又称无端网，是在织机上直接织出无端的环形网。它的特点是运行时网子的伸长和网幅的缩减程度都很小，适用于大型高速纸机，缺点是网长固定，不能适应各种网长的造纸机。插接网的织法和铜网完全相同，可利用铜网织机生产，先织成一个单片，然后把网的两端在一定宽度上插接起来而成为有接头的插接网。它的优点是能适应复杂多变的长度，缺点是运行时易变形。

塑料网的材料种类很多，有聚酯、聚乙烯、聚丙烯、聚酰胺等，其中以聚酯塑料网的性能最好。

与铜网相比，聚酯成形网的优点有：密度小，纸机负荷小，生产效率高；材质柔软，易操作，不易碰伤；耐腐蚀、耐磨损，使用寿命一般比铜网长 3~5 倍，甚至更长；能改善成纸匀度，减轻网痕和两面差，提高平滑度及减少纤维和填料的流失，可以减少换网次数以及因换网带来的各种损失；聚酯成形网编织方法更灵活多样，可以采用不同的编织方法和改变成形网的层数，来满足不同造纸机、不同纸种和不同抄纸条件，以提高纸机的运行效率。聚酯成形网又分为单层网和多层网。图 4-67 列举了不同成形网的构造。

织物的综数是一个编织循环中单根纬线穿越经线的数量，综数确定后，编织模式也就随之确定，如图 4-68 所示。例如，在一个 3-综单层织物中，编织模式是纬线每穿越三根经纱后重复一次。在双层成形网中，纸张接触面与磨损面的综数普遍相同。在一些三层和多层成形网中，纸张接触面与磨损面可有不同的综数。例如，如果双层成形网的纸面是 8-综的，磨损面是 16-综的，就标记为 8/16-综。在三层和 SSB 成形网中，经常在纸张接触面和磨损面使用不同的综数。

1. 单层网

聚酯成形网最初是按铜网的编织工艺进行编织的单层网，只是线材由铜丝改为聚酯单丝，使其质量变轻，从而减轻了纸机的传动负荷，节约造纸成本。

单层网是由单个纬线系统和单个经线系统相互交织而成，单层网编织相对简单，如四综单层网是弯曲的纬线在 3 根经线下面和 1 根经线的上面通过，而经线则在 3 根纬线上面和 1 根纬线下面通过，保护了承受张力负荷的经线处于网子的结构内部，而让纬线与造纸机各个摩擦部件接触。

细的聚酯单丝可以织造高密度经纬结构的单层网，纤维和填料的留着率较高，适合生产

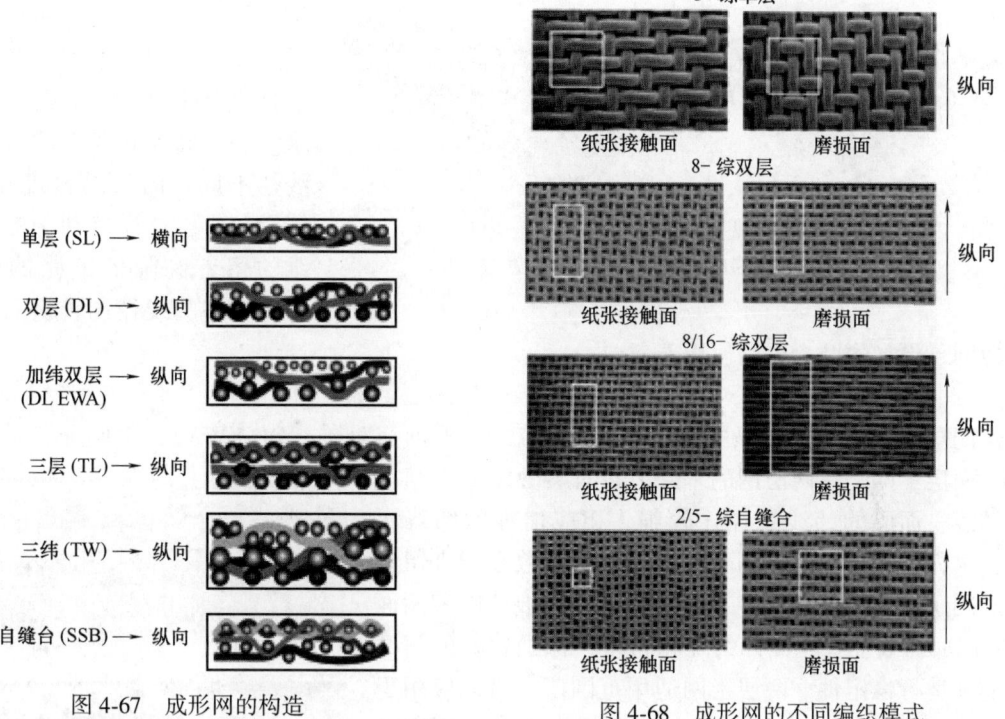

图 4-67　成形网的构造

图 4-68　成形网的不同编织模式

纸页表面性能好的纸种，但这类网的纬线比较细，不耐磨，使用寿命短。粗的聚酯单丝织造的低密度经纬结构的单层网，可以提高成形网的耐磨性和使用寿命，但是其纤维、填料留着率低，成纸性能差。

单层成形网及其加强型可用于车速 200m/min 以下、幅宽较窄的造纸机上。对于中高速造纸机，单层成形网不能满足要求。单层网和加强单层网如图 4-69 所示。

现代化的高速宽幅造纸机要求成形网有良好的脱水效果和较高的纤维、填料留着率，单层成形网（包括加强型）不能满足需求。为满足高速、宽幅的现代化造纸机要求，多层聚酯成形网应运而生。多层网的优

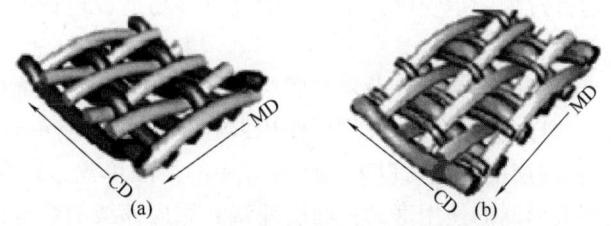

图 4-69　(a) 单层网 (b) 加强的单层网

点是可以通过面层和底层的单独设计编织结构来改善成形网面层（纸面）和底层（机面）的性能，更好地适应各种造纸机的需求。其思路是面层在保证脱水的情况下有更高的纤维支撑指数，而底层则是在保证脱水通道畅通的前提下增强底层纬线抗磨损的能力。目前，已经成熟应用的有两层、两层半、三层和三层半系列，并且通过不同的综数编织达到所需性能。

2. 两层网

两层网是在单层成形网的基础上，根据面层和底层功能的不同，通过在横向引入多个纬线系统进行相对独立的设计编织（图 4-70）。从两层网的横向（CD）结构看，有两个独立分开的纬线系统——面纬和底纬，分别实现各自不同的功能，经线也是两层的。编织过程是同一根经线穿过上层的纬线后向下再穿过下层的纬线，使面层、底层编织在一起。与单层网

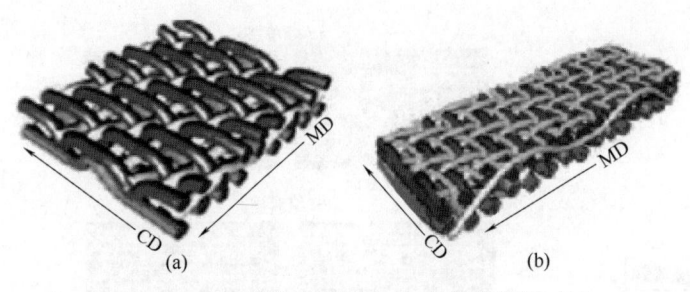

图 4-70 两层聚酯成形网（a）及其改进型（b）

相比，这种两层网结构更加致密、尺寸更加稳定，而且可以通过改变不同的编织工艺来适应抄造不同纸种造纸机的要求。一般面纬和底纬的密度和线径不同。面纬的密度略大，线径较小，这样有利于提高纤维的留着和降低纸张的两面差；底纬的线径比较粗，为的是使网子更加耐磨，提高使用寿命。

3. 两层半网

两层半网也就是加强的两层网（图 4-71），即加纬双层（DL EWA），本质上属于两层网。两层半网是在两层网的基础上在面层增加了 1 组填充纬线。面层的纬线线径比较细，相应增加的纬线更细，这样的结构提高了网子的纤维支撑指数和纤维留着率。网子整体层更加紧凑、细腻，改善成纸性能和两面差；而底纬线径要比面纬线径粗得多，保证较好的耐磨性能和运行稳定性。两层半网适用范围广，可以应用于 300m/min 以上生产各种纸种的中高速造纸机，特别是中速造纸机上。

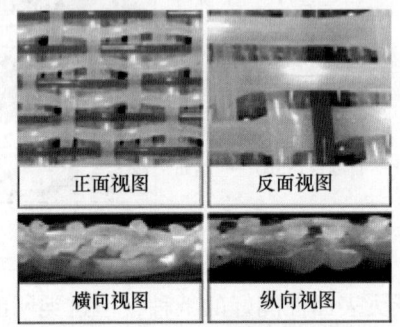

图 4-71 两层半聚酯成形网

两层半网和两层网存在的问题都是它们的纵向单经线系统没有改变，经线贯穿上下两层的纬线。这一方面限制了它需要同时满足纸面和机面不同要求的潜力，另一方面，经线上下穿梭的编织形式，在运行过程中承受巨大张力的情况下容易造成过快磨损，影响成形网的使用寿命。

4. 三层网

三层网的特点是面层和底层可以完全分开，使面层成为成纸面，底层成为支撑面和耐磨面。这样面层的经纬线均可使用线径更细的聚酯单丝，织造更加适合纸张性能的面层（纸面）；底层的纬线可以采用线径更粗的聚酯单丝，配合一定比例的尼龙代替聚酯单丝，从而提高成形网的使用寿命；面层纬线和底层纬线的数量比例采用 2∶1 或者 3∶2。两层网的结合是通过中间层缝合起来，可以采用纬线缝合，如传统三层网和自支撑绑定缝合技术（Self Supporting Binding, SSB）三层网。

传统三层网的面层和底层经、纬线各自交织，形成独立的网层；两层网通过中间横向的单纬纱线缝合在一起，单纬的唯一作用就是将上下两层网缝合在一起，一般采用的是尼龙纱线。这种结构的网子在造纸机运行过程中，内部磨损比较严重，容易断裂造成上下两层网分离而下机。

三纬成形网（TW）中含有一个纸机方向的经线系统和三层横向的纬线，即在顶层有一股额外的纬线。这类成形网经常称为多层网。

SSB 三层网采用的是横向双纬线缝合系统，两条相邻的缝合线轮换着在面层和底层交织，从表面上看双缝合线近似一条线，这样面层编织结构达到理想的平织，使面层平整性达到最优化。与传统的三层网相比，SSB 网的这种相邻缝合纬线的交换轮转限制了面层和底层的相对运动，在一定程度上缓和了其磨损程度，提高了使用寿命；另外这种缝合不仅起到缝合面层和底层的作用，还在面层起到支撑纤维的作用，使网子整体更紧密。SSB 成形网根据其对支撑缝合绑定作用连接线方向的不同分为纬向 SSB 网和经向 SSB 网两种。SSB 三层网的面纬和底纬线数还可以根据实际需要设计成不同排列比例。图 4-72 为三层网横向结构传统型和 SSB 型。

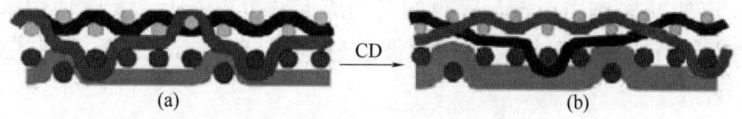

图 4-72　三层网横向结构
(a) 传统型　(b) SSB 型

SSB 网是目前三层网的主导产品，每个品种有不同的系列。目前常用的有 16 综、20 综和 24 综等。所谓综数就是用来描述织机上一个织造循环的不同顺序安排，对于多层网来说，是将上下两层看成整体来计算的。综数越多，织造循环的变化种类越多。根据目前的使用看，16 综 SSB 网的耐磨性好，但容易翘边；24 综 SSB 网不易翘边，使用寿命却短于 16 综 SSB 网。使用中要根据纸种和造纸机进行相应选择。

传统三层网和 SSB 网均是采用横向纬线缝合技术，纸机运行过程中，面层和底层产生相对移动引起磨损，长期运行会破坏缝合纱线及面层和底层的内部结构。近年来又出现了经线缝合技术的三层网，有代表性的是经线集成绑定（Integrated Warp Binders，IWB）。传统三层网和 SSB 网不同的是，IWB 网采用的是经线缝合技术。在造纸机运行过程中，经线缝合也受到纵向张力作用，但由于经线缝合是沿着造纸机纵向的、上下两层不产生相对运动，因此内部磨损小。这种经线缝合的 IWB 网在运行过程中受到纵向张力的情况下，结构更加紧密，增加了其强度。这种强度的增加可以采用更优质的细纱线，提高经纬密度，增加纤维支撑度，改善脱水性能和成纸质量。

目前，三层以下聚酯成形网已被先进造纸企业淘汰，国内中高速造纸机也基本采用的

图 4-73　IWB 成形网纵向切面结构

是三层网，特别是 SSB 网，而 IWB 网正在逐渐推广。IWB 成形网纵向切面结构见图 4-73。

## 二、成形网校正器

成形网在运行中，总会或多或少地向纸机一侧窜动，即所谓跑偏，故设置有成形网校正器。成形网校正器有手动和自动（气动式或液压式）两种类型。

手动的成形网校正器的结构如图 4-74 所示。装设在校正器上的导网辊常称为校正辊。它的传动端轴承座是通过铰链或球面安装在支承座上，操作端轴承座有 100~50mm 的平移距离。转动调节手轮可以使校正辊发生一定倾斜。跑偏的成形网经过此辊筒时，由于成形网趋向于沿辊筒旋转轴线的垂直方向运行，促使成形网恢复正常的运行位置。校正器的灵敏度和成形网的张力、在校正辊上的包角以及和相邻导网辊的距离有关。通常使用的包角为 10°~15°，校正辊和相邻导网辊的间距应大于 600~800mm。

自动校正器有传感器与执行机构两部分。传感器有接触式与非接触式两大类，其作用是

把网子的运动方向偏移转换成信号送到执行机构去。执行机构有液压缸、气动膜片、气动波纹管、气压缸等多种,它在接到信号后通过机械结构使校正辊的一端移动。

气动膜片式自动成形网校正器的结构如图4-75所示。校正器的传感元件是一个与成形网边缘接触的小挡板。成形网跑偏时会使小挡板位置变动,从而把排气阀启闭,改变薄膜执行机构内空气的压力,使校正辊作相应的位移,完成成形网的自动校正动作。挡板式的传感器对成形网有一定的磨损作用。较为完善的自动成形网校正器上,常常使用水力的或光电的传感元件。现在新设计的纸机多采用气动波纹管式、气压缸式或液压缸式自动成形网校正器。

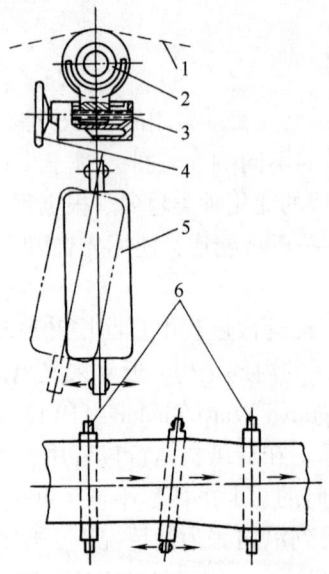

图4-74 手动成形网校正器
1—成形网 2—球面支承 3—螺纹传动 4—调节手轮 5—校正辊 6—相邻导网辊

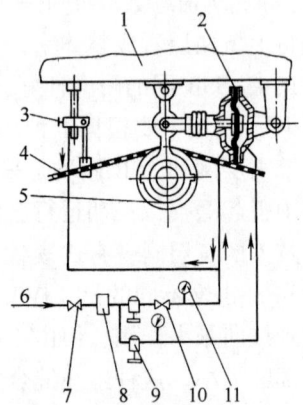

图4-75 气动式成形网自动校正器
1—网案大梁 2—薄膜执行机构 3—传感器 4—成形网 5—校正辊 6—压缩空气源 7—截止阀 8—空气过滤器 9—压力调节阀 10—针阀 11—压力表

成形网校正器(包括手动的和自动的)一般装设在网案下成形网的非工作段上。

成形网张紧器也能起到一种校正成形网运行的作用。小心地移动(即张紧或放松)紧网辊的一端,成形网便会向张得较紧的一边窜动。这种办法一般是在成形网校正器失灵或不够用的时候才使用。

## 三、成形网张紧器

成形网兼有传动的作用,必须保证其在运行中有适当的张力。低速纸机网的张力在 2.7~3.0kN/m,中速机在 3.5~4.5kN/m,高速机可达 5.0~6.5kN/m。但网子在运行中由于各种原因会有伸长,为保持其张力能随着网子伸长而一直保持稳定,在网子的回程应装设张紧器。老式造纸机用手动螺杆式张紧器,调整导网辊上下移动。但这种手动张紧器的张力数值很难确定,网子张力也无法稳定。因此新式造纸机上普遍装设自动张紧装置。

自动张紧装置的结构形式很多,如图4-76所示为薄膜式的气动成形网张紧器。

## 四、换网装置

成形网需要经常更换，其换网方式有拆除式、移出式、套入式、综合式及悬臂式等方式。

拆除式多为老式低速造纸机采用，换网时，拆除网子行程内部的所有部件，然后把新网套进下伏辊轴颈的套筒上、再套到伏辊上，进而展开，最后将被拆除的部件装回原位。移出式即是换网时，将网子行程内部的部件，由外力牵引移到操作侧或传动侧预先安置好的大梁上。然后新网由网车送进并套在已悬臂的伏辊上，继而将网子展开。然后将网案移回原位，再将被拆下的部件复原而完成换网工作。套入式是在换网时将新网在操作侧预先展开在换网车上，然后套入已悬臂的网案（网子行程内部

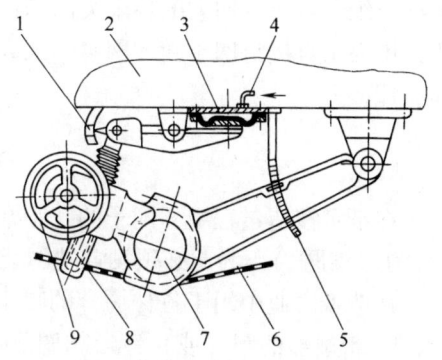

图 4-76 气动成形网张紧器
1—膜片位置指示　2—网部大梁　3—橡胶膜片
4—压缩空气入口　5—限位装置　6—成形网
7—张紧辊　8—螺杆　9—手轮

的结构），最后将被拆下的部件复原而完成换网工作。综合式即是移出式和套入式相结合的一种换网方式，换网时，将新网在操作侧预先展开在换网车上，然后将网案移出并穿入新网，最后将网案连同新网一并移回原位。

现代化的造纸机上（包括各种夹网成形器），广泛采用悬臂式的套网装置来更换成形网。悬臂式网案的结构如图 4-77 所示。网案的横梁在传动侧延伸 1.5~2m，在延伸部分末端设置第三支座。横梁的操作侧支柱中有一段是可以拆下取出的，其下部装有液压缸。换网时，先向液压缸送油，活塞杆便可将横梁顶起 2~3mm，因操作侧支架的拆卸段上有供活塞杆通过的开口槽，该段便能取下。收回活塞杆后，网案便形成悬臂状态（真空伏辊和驱网辊也能借助本身延伸的传动侧轴头和加压机构处于悬臂状态）。使用铜网时，新成形网事先展开在造纸机操作侧的专用的小车上。借助手动卷扬机把成形网和小车拉入悬臂了的网案上。待铜网套上以后，小车随即轮流退出。

对于采用聚酯网的纸机，悬臂式换网时，只需将操作侧所有棱角、易划伤网子的部件包

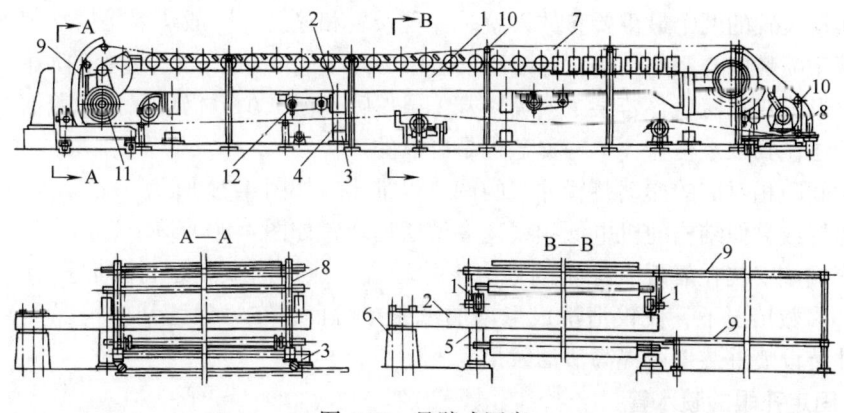

图 4-77 悬臂式网案
1—纵梁　2—横梁　3—操作侧支架内的液压缸　4—支架的可卸落段　5—传动侧支架
6—传动侧第三支架　7—成形网　8—伏辊处换网小车　9—胸辊处换网小车　10—展开成形网用杆　11—胸辊下落位置　12—导网辊换网时的悬挂位置

上毯或纸，对应于网案的各个突出部位用专用夹子夹住网子，将夹子上的绳索拉到网案传动侧，用人工直接将网子套入网案，大大缩短换网时间。悬臂式换网装置现已用于各式成形器和压榨部上。

## 五、洗网装置

在纸页抄造过程中，网子的孔眼常有被纤维、胶料、树脂或黏度较高的油脂堵塞的现象（称为"糊网"）。为此必须设置洗网装置。

在造纸工业中用于各种场合的喷水管，一般有三种形式：a. 带扇形喷嘴的固定式喷水管；b. 带扇形的和（或）针形阀调节喷嘴的摆动式喷水管；c. 在纸机上横向移动的单喷嘴式喷水管。这三种喷水管又可归纳为两大类：设计成带固定孔眼喷嘴的喷水管和设计成带可清洁并可冲洗喷嘴的喷水管。

### （一）固定式喷水管

固定式喷水管是固定在纸机一定位置上而不是前后摆动的喷水管。这类喷水管设计制造成扇形喷嘴。喷嘴孔眼大小根据所用水量选定，扇形的角度则根据喷水管的喷嘴中心线与喷嘴至喷洒面的距离选定，以使喷水均一分布。图 4-78 展示了这种关系。

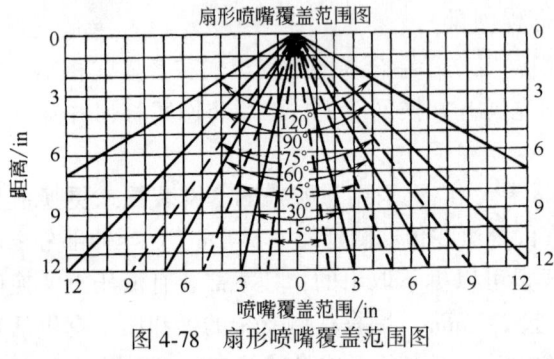

图 4-78 扇形喷嘴覆盖范围图
注：1in = 2.54cm

### （二）摆动式喷水管

摆动式喷水管的设计原理是使喷水管在纸机上以固定速度前后移动一定距离（通常称为冲程长度）。摆动式喷水管供水是以针形喷嘴或针形与扇形喷嘴并用。喷水管摆动装置的主要作用，是保证所加入的水能均匀地覆盖。从横幅水分分布角度，该作用十分重要。摆动装置可有电动机/由臂组合体、液压或气动操纵的可逆式活塞缸或线速度与低速机电装置等几种形式。带由臂的电机齿轮减速箱是非线速度装置，因而在纸机毛毯上产生正弦形状的磨损。所以这种装置只用于不考虑表面压印的不重要场合。

任何摆动装置的两个最重要参数，就是冲程长度和速度。一般建议将摆动装置设计成其冲程距离等于喷嘴中心距的两倍，即喷嘴安装中心距为 150mm，摆动装置的冲程为 300mm。这样布置可形成双重覆盖，若某个喷嘴堵塞，虽然喷嘴量减少，仍可保证覆盖面。如果摆动装置冲程无法做到双重覆盖，单一覆盖也是可以的。

与喷嘴间距相对应的摆动装置冲程的调节很重要。如图 4-79 所示。

球形螺杆或类似结构的机电低频线速度型摆动装置如图 4-80 所示。

喷水管应该安装在靠近支撑辊的地方，并垂直于成形网或朝运行方向稍有倾斜，如图 4-81 所示。多数情况下，仅仅清洗成形网的纸张接触面，在难以清洁的情况下，在成形网的内侧另外装喷淋装置可提高清洁效果。

### （三）固定孔眼的喷水管

采用固定或摆动装置的各类固定孔眼的喷水管，设计制造成带有钻孔的喷嘴。一旦钻好孔后，孔眼的规格就固定不变了，不能为了清洗目的而任意改变孔径。如果喷嘴堵塞，唯一的清洗办法是冲洗喷水总管、转动总管内的刷子或刮管器或用针形工具清除脏物。固定孔喷

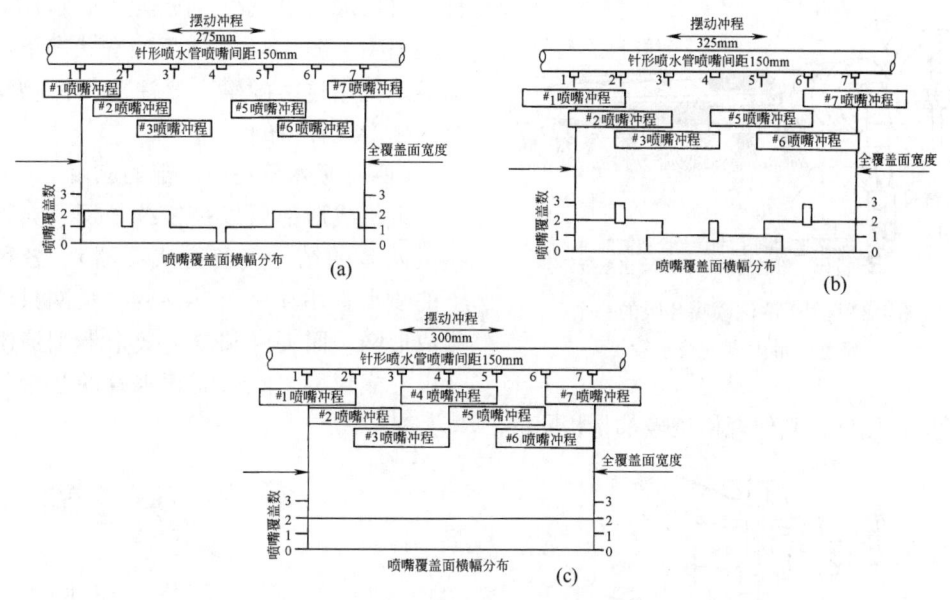

图 4-79 摆动装置冲程的调节
(a) 短冲程摆动装置 (b) 长冲程摆动装置 (c) 正确冲程的摆动装置

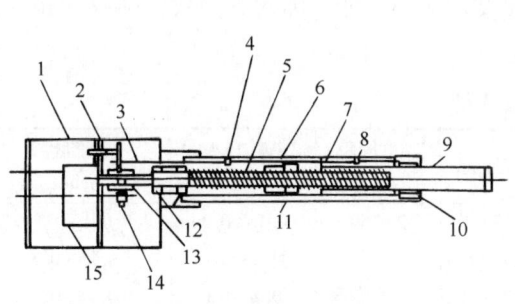

图 4-80 一个典型的低频机电摆动装置
1—外壳 2—方向转换器 3,7—换向杆
4,8—止推垫圈 5—球形螺杆 6—球形
螺母 9—轴 10—前轴承、密封圈和刮油环
11—抗转栓 12—轴承 13—联轴器
14—旋转传感器 15—电机

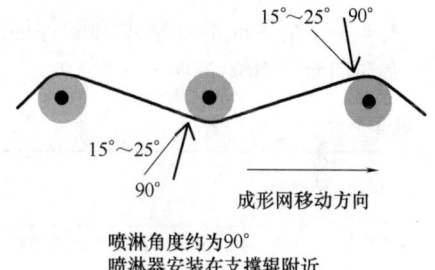

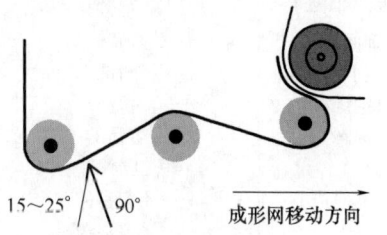

图 4-81 高压喷淋装置的安装位置

水管的局限性使它们只能使用很干净的水。

为了克服与固定孔喷水管有关的喷嘴堵塞问题，图 4-82 展示了一种带刷子的喷水管装置。这种装置在喷水总管内安装连续刷子，用人工转动，扫除喷水管和喷孔面上的污垢。然后通过冲洗阀，将这些污垢冲走。

刷子型喷水管不适用于污杂物负荷很高的场合，那些场合最好用自净式可清洗喷嘴。这种形式的喷嘴作业状态设计成能加倍固定孔眼。当喷嘴内有污物时，为冲洗孔眼和相关喷洒

165

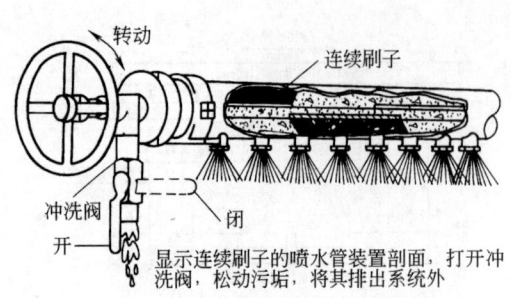

图 4-82 用于清洗喷嘴孔眼的一个典型的带内刷的喷水管

件,可增加孔眼大小,图 4-83 展示作业状态下的喷嘴,图 4-84 是处于冲洗状态下的相同喷嘴。使用这类喷嘴,要注意其污物是直接排入生产过程中的。

### (四) 喷水管在成形部的应用

纸机成形部可以是传统长网、夹网成形器或两者的结合（复合成形器）。各种情况下的喷水管用途是有共性的。长网只清洗一张成形网,而夹网和复合成形器则清洗两张及以上成形网。除所需喷水管的数量与成形网数量成正比外,其他规格型号都是相同的。

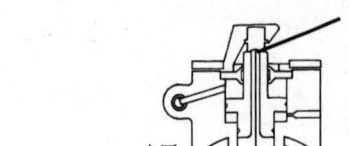

图 4-83 在正常操作状态的可清洗型喷嘴

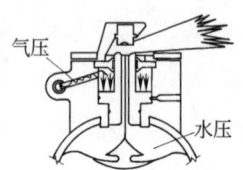

图 4-84 在冲洗状态的可清洗型喷嘴

表 4-3 介绍了成形部喷水管的各种用途,以及用途跟功能、喷水管形式、喷嘴间距、操作压力和用水量的关系。

表 4-3 成形部喷水管

| 用途 | 功能 | 喷水管形式 | 喷嘴间距 /mm | 操作压力 /MPa | 流量 /[L/(min·cm)] |
|---|---|---|---|---|---|
| 流浆箱 | 除去泡沫以及防止纸浆堆积 | 旋转 | 25~50 | 0.15~0.3 | 0.1~0.3 |
| 胸辊(本体处) | 充填空隙容积 | 摆动 | | 0.2~0.3 | 0.25~0.3 |
| 胸辊(本体处) | 清洗 | 固定 | | 0.2~0.3 | 0.18~0.2 |
| 饰面辊 | 清洗 | 固定 | 38 | 0.7~1.0 | 0.36 |
| 真空辊上小压辊 | 清洗 | 摆动 | 25~30 | 0.15~0.2 | 0.04~0.065 |
| 真空伏辊 | 清洗 | 固定 | 75 | 2.5~5.0 | 0.30~0.46 |
| 冲网 | 容易的 | 摆动 | 75 | 0.7~1.0 | 0.33~0.48 |
| | 正常的 | 固定 | 75 | 0.7~1.4 | 1.2~1.5 |
| | 不容易的 | 固定 | 75 | 1.0~1.8 | 1.5~2.7 |
| | 溢流夹缝 | 固定 | 75 | | |
| 高压水清洗成形 | 单层长网 | 摆动 | 150 | 1.4~3.2 | 0.125~0.165 |
| 编织物 | 多层长网 | 摆动 | 75 | 1.4~3.2 | 0.25~0.33 |
| 转向辊 | 润滑 | 固定 | 75 | 0.2~0.3 | 0.23~0.25 |

## 参 考 文 献

[1] 陈克复,主编. 制浆造纸机械与设备（下）[M]. 3 版. 北京：中国轻工业出版社,2011.

[2] Hannu Paulapuro,著. 造纸及其装备科学技术丛书（第九卷）：纸料制备与湿部 [M]. 刘温霞,于得海,李国栋,王慧丽译. 北京：中国轻工业出版社,2016.

[3] G.A. 斯穆克,著. 制浆造纸工程大全（加拿大）[M]. 曹邦威,译. 北京：中国轻工业出版社,2008.

[4] 夏吉瑞, 张凤玉. 高速新月型卫生纸机与 BF 真空圆网卫生纸机的性能对比 [J]. 中华纸业, 2014, 35 (10): 52-54.

[5] 谢舒煜, 洪红琴. 雷光友. BF-12 高速卫生纸机工艺流程 [J]. 造纸科学与技术, 2008, 27 (5): 51-54.

[6] 程丽梅. 创新型真空圆网卫生纸机的设计 [J]. 中华纸业, 2013, 34 (2): 81-82.

[7] 王成. 高速新闻纸机 OptiFormer 水平夹网成形器的性能与应用 [J]. 中华纸业, 2010, 31 (10): 61-64.

[8] Bengt Nordstrom, Sundsvall. Twin-wire blade forming versus roll form of a linerboard furnish-effects on tensile strength and formation [J] Nordic Pulp and Paper Research Journal, 2003, 18 (3): 245.

[9] 谭凤昌. 夹网成形技术及其在箱板纸和瓦楞原纸生产中的应用 [J]. 纸和造纸, 2017, 36 (3): 12-14.

[10] 游祥路, 朱平, 王军清, 等. 水平式夹网成形器的研发 [J]. 中华纸业, 2012, 33 (18): 70-72.

[11] Bengt Nordstrom. Effect of headbox tube design and flow rate on formation and other sheet properties in twin-wire roll forming [J]. Nordic Pulp a Paper Research Journal, 2003, 18 (3): 296.

[12] 朱文远, 张辉, 吴波. 造纸成形网技术进展及发展趋势 [J]. 中国造纸, 2012, 31 (8): 61-65.

# 第五章 造纸机压榨装置

## 第一节 概　　述

### 一、压榨部的作用

压榨部的主要作用是用机械挤压的方法，尽可能多地、均匀地、稳定地脱除湿纸页中的水分。来自成形部的湿纸页干度通常为18%~20%，经过压榨部脱水后湿纸页干度可提高至40%~50%，主要视纸种和压榨形式的不同而不同。

要求在压榨部尽可能多地脱水，是因为机械挤压脱水所需费用比用蒸汽烘干的方法低得多。提高压榨脱水的效率，对于增加造纸机的产量和降低生产成本，都有着重要的作用。为此，不断开发出了一些新的压榨技术，包括新型压榨辊、新的压榨辊组合、新的压榨辊结构和材料以及新型毛毯等。

压榨部的脱水沿纸页的幅宽上应该是均匀的，并且瞬时脱水量应该是稳定的，因为纸页有局部的过干或过湿的现象时，就可能产生次品或给后道工序带来操作障碍。例如，如果纸页进入干燥部时水分不均，干燥时就会引起不均匀的收缩，由此可能导致纸页起褶或断头。

另外，通过压榨可以改善纸页的表面质量，增大成纸的紧度，对纸的强度也有一定的提高。在压榨过程中，湿纸页的表面和平滑的压辊表面，或是和平整的毛毯表面接触，可以减轻纸页表面的网痕，增加纸的平滑度。经过压榨的湿纸页内纤维的相互接触面积增大，结合点增多，成纸的紧度和强度就会增加，但纸的透气度和吸收性能下降。适当地使用反压榨和平滑压榨时，能比较有效地控制纸页两面性能的差异。

此外，压榨部还承担着从成形网上剥离纸页，并将经过压榨脱水后的纸页输送到干燥部的任务。

### 二、压榨部的组成

不同造纸机压榨部的结构组成是不同的，但是其基本组成大致相似。图5-1所示的是一台现代高速文化造纸机的封闭直通式压榨部的结构组成。

压榨部所包含的各种装置和部件可以分为如下的一些部分：a. 由各型压榨辊按照不同匹配组合形成的各式压榨；b. 压榨的各种配件如加压杠杆系统、刮刀、喷气刮刀、喷水管、接水盘等；c. 毛毯的各种辅件如校正器、张紧器、舒展辊、导辊及其刮刀、洗涤调态装置（毛毯吸水箱、毛毯挤水压榨、喷水管）等；d. 纸页的各种吸移、移送装置如吸移辊、吸移箱、引纸绳、引纸喷气等；e. 纸页线路上的辊筒如引纸辊以及损纸的输送装置；f. 气动加压系统和液压加压系统；g. 机架和走台等。

压榨部的这些组成，有许多部件是标准件或通用件。这是由于压榨部有几道压榨，有许多配件可以通用互换。各制造商多把各型压榨辊等按幅宽、车速等参数分成系列做成标准设计，这使压榨部分的设计制造周期大为加快。运用这些标准的部件可以在稍加布置，变动或增添不多专用零部件的情况下设计出适用于不同造纸机的压榨部。近年来，压榨部的组成进

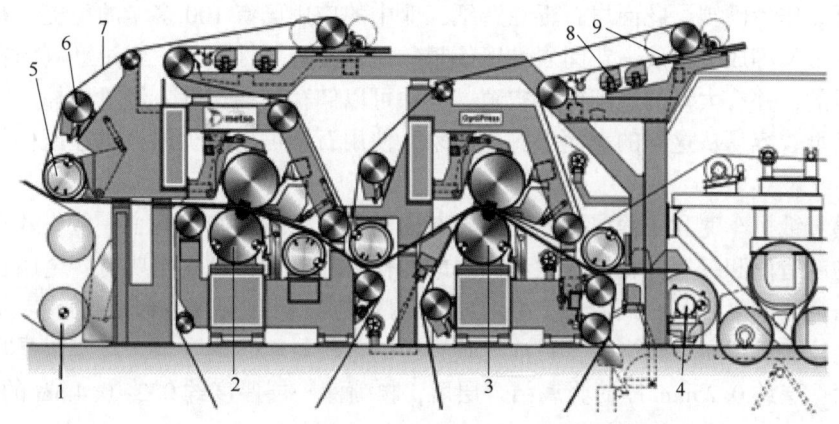

图 5-1　现代高速文化造纸机封闭直通式压榨部
1—网部驱网辊　2—第一压榨　3—第二压榨　4—烘缸　5—真空吸移辊　6—毛毯校正器
7—毛毯　8—毛毯真空吸水箱　9—毛毯张紧器

一步向标准化、模块化的方向发展。

不同的压榨形式，其压榨部机架的形式也不同。不过机架也在向积木化方向发展，甚至双辊和复式压榨已成为积木式标准部件，可以拼配组成各种不同的压榨部。

## 三、压榨部常用术语及压榨辊的机械特性

### （一）压区的线压力与比压力

压区是指纸页和毛毯在两个回转的压辊之间接触的区域。从湿纸页和毛毯进压缝开始的地方算起，到出压缝两者分开时为止的直线距离为压区宽度。压区的线压力是机械加压和垂直压榨中上辊重力的总和，除以压区的长度。线压力的单位为 kN/m。压榨上辊自重产生的线压力非常有限，线压力主要是由加压机构产生的。

压区单位面积上所受的压力即比压力，或称压区压力，见图 5-2。压区压力的最大值取决于几个因素：线压力、压辊直径、压辊硬度、压辊类型和毛毯的品质。由于压辊之间挤压时的接触变形是比较复杂的，不太容易准确地确定压区上的实际压力分布。因此在实际生产中通常使用线压力来表示压辊间挤压的强度。

线压力的大小对压榨脱水有很大影响。提高线压力时，压榨脱水效能明显提高。但是，提高线压力会受到纸页本身强度的限制。过高的线压力会造成纸页的压花，甚至压溃。

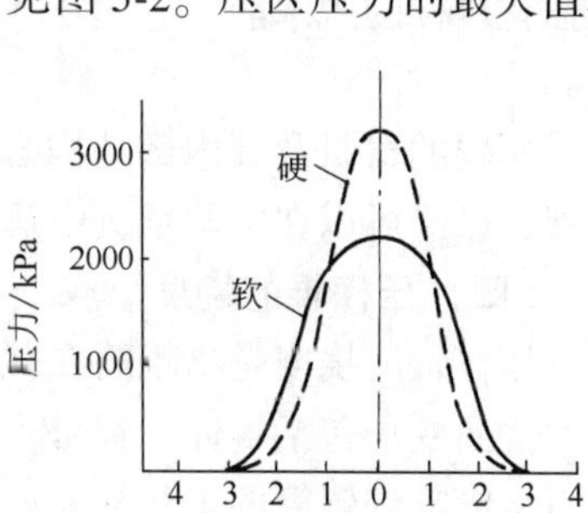

图 5-2　压区比压力的分布状态

### （二）压榨时间

压榨时间是指纸页和毛毯通过压区的时间，是影响脱水量的主要因素。提高压榨时间，可以显著提高通过压区后纸页的干度。压榨时间受车速和压区宽度的影响。提高车速，压榨时间会随着减少。压区宽度受压辊类型、直径、表面硬度以及毛毯和纸页性质的影响。

### （三）压榨辊的辊面特性

在单毛毯压区中，纸页的一面通常与光滑的硬辊相接触。硬辊要求表面光滑，而且容易

剥离湿纸页。作为硬辊，花岗岩石辊在造纸工业中的应用已有100多年的历史。花岗岩由石英、长石、云母等成分组成，花岗岩性能优越，尤其是透气性更佳。经过磨制的花岗石表面是非常平滑的，并有大量的极细微的空隙，其中可以储存一些空气。经过压榨后贴附在石辊表面的湿纸页较容易从这样的表面上剥离下来。使用石辊可以减少湿纸页在压榨部受到的张力和断头。

但是随着纸机车速和压榨温度的提高，花岗岩石辊在运转中出现了一些失效和事故，这促使辊子的制造商和纸厂寻找和开发花岗岩的替代材料。替代材料主要有：金属、陶瓷、塑料、陶瓷与金属的复合、金属与塑料的复合、陶瓷与塑料的复合、合成树脂与金属的复合等。当辊径较大、线压力较高时，目前比较理想的替代材料是陶瓷辊。陶瓷辊是在金属辊的表面热喷涂一层约0.25mm厚的金属结合层后，再喷涂一层厚度约0.2~0.4mm的陶瓷面层，最后磨削加工而成。

在一对压辊中一般至少应有一个是软辊。通常与毛毯接触的辊子表面包有一层略有弹性的胶层，以使在压区单位面积上的压力更加和缓（见图5-2），不致压馈纸页。

一般压榨辊的胶层多用橡胶。橡胶辊的缺点是变形大，耐磨性差和抗张强度低，使用胶辊压榨，很难大幅度提高线压力。

受压时的"热积累"现象导致橡胶辊越来越多的被聚酯辊所替代。胶辊的"热积累"指的是当胶辊某一面积微分单元进入压区时，软胶层的厚度将会减少。由于弹性的橡胶基本上是不可压缩的，因此在压力作用下会产生横向位移，转过压区再复原。胶辊每转一周，就有一次这样的位移和复原的周期运动。运动频率随胶辊的转速而定。振幅则是线压力、胶层动态模数、胶层厚度和胶辊直径的函数。高速运转导致的热积累，使胶辊辊芯温度上升，加速老化，造成胶辊损伤。

20世纪60年代后期，国外开始应用聚氨酯代替橡胶制造压榨胶辊。聚氨酯的学名为聚氨基甲酸酯，是一种高分子材料。聚氨酯比硬度相同的橡胶变形小，断裂伸长大5倍，耐磨性大6倍，抗张强度大3倍。使用聚氨酯挂面的胶辊，可以大幅度地提高压榨的线压力，大大强化压榨的脱水能力。由于聚氨酯辊子更加耐磨，也不像橡胶辊那样要经常磨削辊面的中高。

压辊的材料及其内部结构必须保证压辊承受渐增的负荷和温度的变化。由于压辊技术的发展，已经可以在宽幅纸机中运用宽压区和高线压力。

（四）**压榨辊的挠度**

压榨辊的挠度是指辊筒在载荷作用下弯曲变形的程度，用中央截面位移的大小表示。辊筒的挠曲变形包括辊体（筒体）和轴头两部分的变形。在造纸机上，只有辊体部分的挠曲才直接影响到辊筒的工艺性能，会导致线压力不一致，纸页横幅脱水不均匀。因此对于压榨辊，在一般情况下可以不考虑轴头部分的挠度。

（五）**压榨辊的中高**

压榨辊发生挠曲变形前，其辊体圆柱面的母线是一直线，变形后靠近压区的一侧便会有中凹的情况。为了在压榨辊的幅宽上有均匀的脱水，就需要使辊筒的表面有中凸的形状来补偿受压后的变形。这种具有中凸形状的辊筒称为有中高的辊筒，如图5-3所示。压榨辊的中高量即使有微小的误差，都可能显著影响压区线压力的正确分布，如图5-4所示。

压辊的中高量 $K$ 定义为辊体中央截面上的直径 $D$ 与其端面的直径 $D_0$ 之差值：

$$K = D - D_0 \tag{5-1}$$

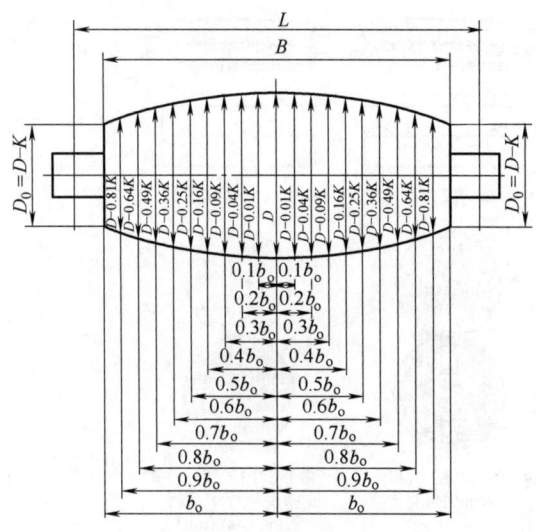

图 5-3 辊筒的中高轮廓是大圆弧时各截面的直径

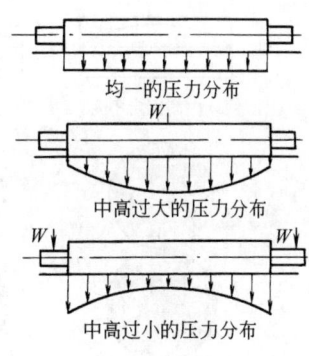

图 5-4 辊筒中高偏差对线压力分布的影响

辊筒表面的中高轮廓是在中高磨床上用磨削方法得到的,所得到的中高轮廓线是一大圆弧。辊筒任意截面上的磨削量 $K_x$ 可用式 (5-2) 计算:

$$K_x = K\left(\frac{b_x}{b_o}\right)^2 \tag{5-2}$$

式中　$b_x$——所取截面与辊体中央截面的距离

　　　$b_o$——辊面宽度之一半

辊筒任意截面上的直径 $D_x$ 为:

$$D_x = D - K\left(\frac{b_x}{b_o}\right)^2 \tag{5-3}$$

如果把 $b_o$ 分为 10 等分,则辊筒各截面上的直径 $D_x$ 为 $D$ 减去 1 至 10 的平方的 1/100 乘以 $K$。图 5-3 标示出这种情况,可以用来检测辊筒的中高轮廓。

辊筒的中高量 $K$ 是根据辊筒挠度确定的。对于不同结构的压榨辊及不同形式的压榨装置,其挠度及其中高量的计算也不同。双辊压榨的挠度和中高量计算见本章第二节,复式压榨的挠度和中高量计算见第四节。

**(六) 可控中高辊**

随着造纸机的不断发展,压辊的挠度补偿方式由固定中高辊向可控中高辊、分区可控中高辊以及高精度精细可控中高辊发展,如图 5-5 所示。目的是在不同的压榨负荷下获得更加均一的压区线压力,并满足不同的车速、幅宽、安装部位、纸种、工艺要求等。

1. 游泳辊

图 5-6 所示的结构称作游泳辊或浮动辊,属于较早引入造纸压榨的一种可控中高辊。辊面并不磨出中高来。芯轴与辊壳之间的间隙被轴向的和端面的密封条分割成两个腔,一个正对着压区的密封腔和一个与之相对的回油腔。辊壳两端是借调心滚动轴承支撑在芯轴上的。由压区传递来的均布载荷经辊壳传递到密封腔内的压力油中,被油压所平衡,而油压施加于芯轴上使芯轴产生弯曲。调节密封腔中的油压就可以适应于不同的载荷,而保持压区的线压力均匀一致。维美德公司的 SymRoll 辊 (图 5-7) 就属于这类可控中高辊。

171

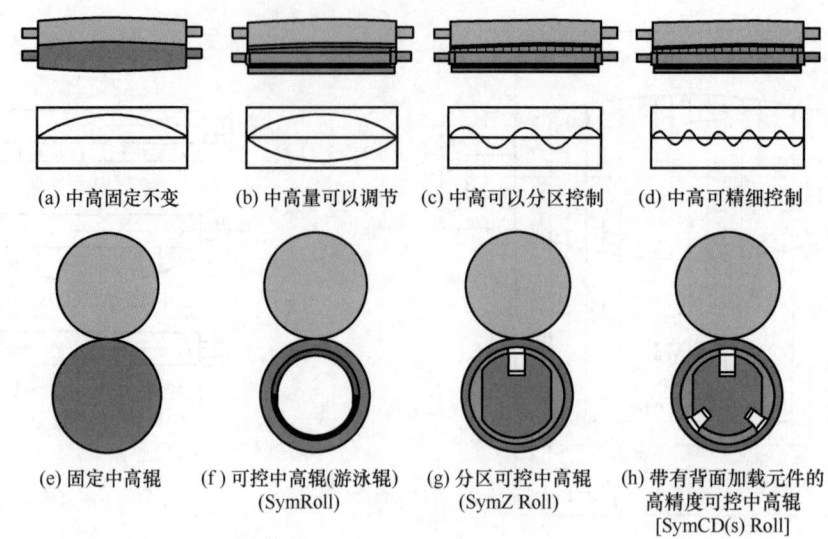

图 5-5 压辊挠度补偿方式

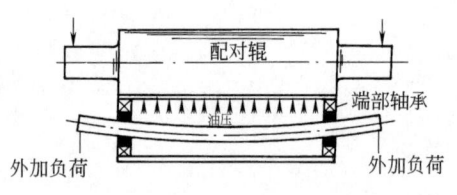

图 5-6 游泳辊结构原理

## 2. 分区可控中高辊

通常要求整个辊子要均匀受压，以使进入干燥部的横幅水分均匀一致。但有时由于成形部的脱水不均，或由于其他问题，希望用不均匀的压榨线压力来加以补偿。在这种情况下，可使用分区可控的可控中高辊。分区可控中高辊采用静压支撑结构，所以也称静压支承可控中高辊，其结构原理如图 5-8 所示。顶压活塞呈台阶状或称为蘑菇状，其直径较大的一端朝着压区方向，此端面具有与辊壳内径相适应的圆弧表面并有略为凹下的形成压力油腔的四个凹坑。四个凹坑内都有小孔（节流孔）与顶压活塞下方的高压油腔相通。高压油通过节流孔进入活塞顶部凹坑，因此顶部凹坑中的油压低于活塞下方的油压。这一压力差使顶压活塞上升而压向压区的方向。活塞顶部凹坑中油压承托着受载荷的辊壳，并随着辊壳的旋转在辊壳与活塞之间形成一层润滑油膜，构成典型的液压静压轴承系统。顶压活塞将压区的载荷传递给固定轴，固定轴产生挠度变形。沿整个幅宽将活塞缸分成几个组，每组活塞缸共用一根供油管路，通过各供油管内油压的调节，压区的线压力可以实现分段控制。福伊特的 Nipco 辊和维美德的 SymZ 辊都属于这种可控中高辊。

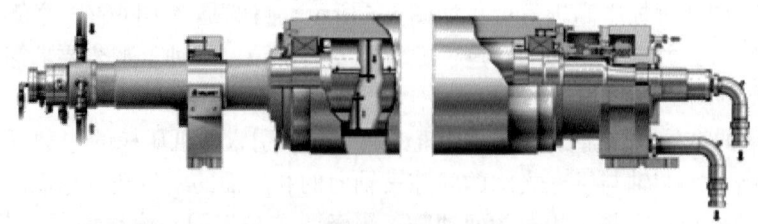

图 5-7 维美德公司的 SymRoll 辊

维美德公司的分区可控中高辊的结构如图 5-9 所示，图 [5-9（a）] 所示为传统结构（SymZ Roll），其辊壳两端与固定轴之间装有滚动轴承，适用于速度较低的情况。图 [5-9

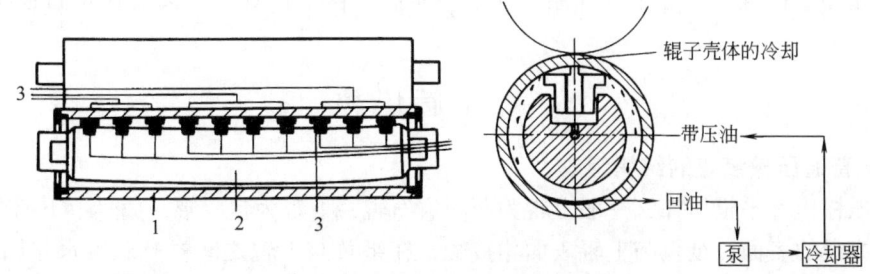

图 5-8 分区可控中高辊结构原理
1—转动壳体　2—固定轴（横梁）　3—顶压活塞（加压元件）

（b）] 所示为高精度的分区可控中高辊（SymZS Roll），其辊壳两端与固定轴之间改为液压静压支承轴承，适用于高速造纸机。图 [5-9（c）] 为另外一种分区可控中高辊称作 SymZL Roll，固定轴为工字形状，活塞结构与前者不同，且紧密排列。SymZL Roll 用于高速时其辊壳两端采用滑动轴承，用于低速时可采用滚动轴承。SymZL Roll 的辊壳与固定轴同心。

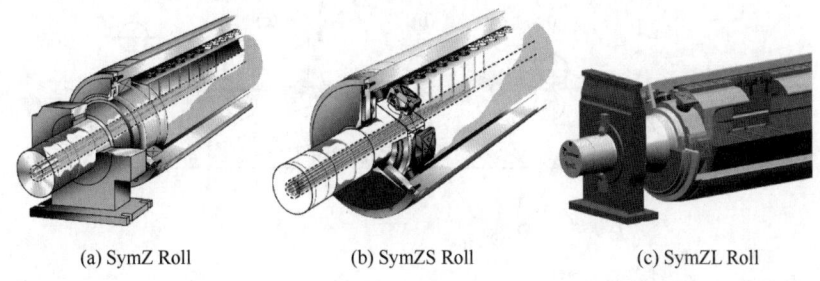

(a) SymZ Roll　　(b) SymZS Roll　　(c) SymZL Roll

图 5-9　维美德公司的分区可控中高辊

**3. 高精度横幅控制可控中高辊**

维美德公司称作 SymCD Roll 的高精度横幅控制可控中高辊如图 5-10 所示，这种辊子可以瞬间纠正局部横幅厚度偏差。辊壳内除了压区顶压活塞之外还设有两排平衡活塞，可以平衡压区传递给固定轴的部分弯曲载荷，且辊壳与固定轴保持同轴。辊壳较薄，面向压区的靴型件较窄，保证了很窄的区域反应。由于平衡活塞加载元件的设置，液压调节时可提供瞬时响应。在低车速的情况，这种辊子的辊壳内两端也可以改成滚动轴承。

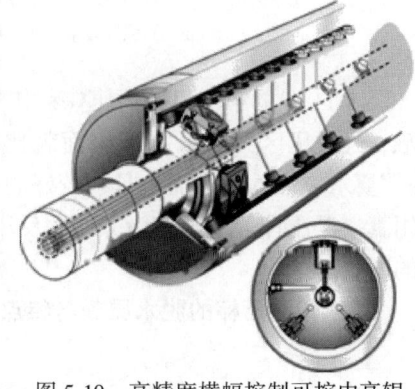

图 5-10　高精度横幅控制可控中高辊

## 第二节　双辊压榨装置

由上、下两根压榨辊组成一个压区的压榨形式称为双辊压榨。双辊压榨是最基本的压榨形式，不仅广泛应用于低速造纸机的压榨部，同时也应用于现代化高速造纸机的压榨部，由多辊组成的复式压榨也是在它的基础上发展而来的。因压榨辊的结构不同，双辊压榨又有多种形式，下面就常用的普通压榨、真空压榨、沟纹压榨、盲孔压榨、平滑压榨、大辊径压榨、靴式压榨、托辊压榨等予以介绍。对于不常用的网毯压榨、分离压榨及高强压榨不再论述。

## 一、普通压榨

### (一) 普通压榨装置的结构组成

普通压榨也称平辊压榨，一般上辊为花岗岩石辊，下辊为包胶辊，而且上下两个压辊均具有平整光滑的表面，纸页与上辊表面相接触，在纸页与下辊之间衬有起脱水作用的毛毯。普通压榨常用在低速造纸机，尤其是抄造高级纸和电容器纸等特种用纸的低速造纸机上。一般情况下普通压榨的线压力为 25~55kN/m。

在图 5-11 中的第一组和第二组普通压榨称作正压榨。在正压榨中，纸页正常走向的上表面与光滑的石辊接触，经过压区后的纸页上表面就比较平滑。而纸页下表面与毛毯接触，相对比较粗糙一些，还可能产生毯痕。

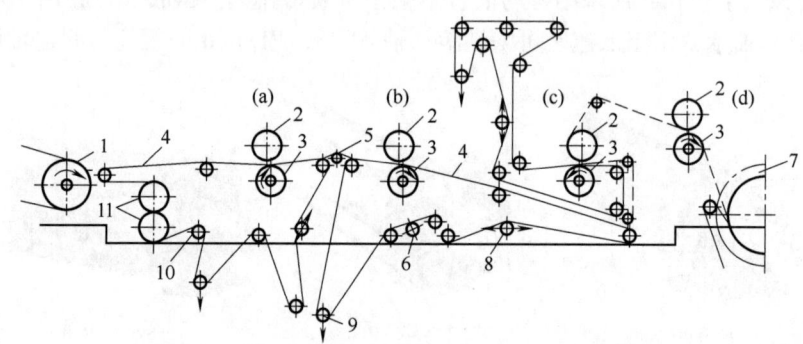

图 5-11 低速长网文化造纸机最典型的压榨部配置方案
(a)(b) 正压榨 (c) 反压榨 (d) 平滑压榨
1—伏辊 2—上压榨辊 3—下压榨辊 4—毛毯 5—引纸辊 6—毛毯吸水箱 7—烘缸
8—毛毯校正器 9—毛毯张紧器 10—导毯辊 11—毛毯挤水辊

图 5-11 中的第三组普通压榨称作反压榨。在反压榨中，纸页正常走向的下表面与石辊接触，经过压区后的纸页下表面就比较平滑。反压榨通常是设置在车速低于 220~250m/min、要求成纸的下表面也具有较好的平滑度的造纸机上。在车速更高一些的造纸机上，除使用真空反压榨等引纸较为方便的反压榨外，采用引纸绳的装置也可以基本上克服反压榨引纸的困难。

### (二) 普通压榨的脱水原理与特点

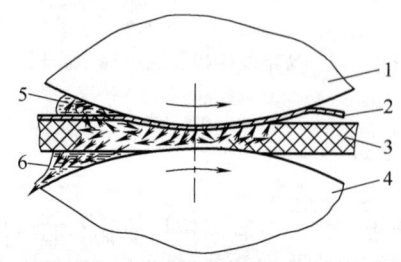

图 5-12 普通压榨上的脱水过程
1—压榨上辊 2—湿纸页 3—压榨毛毯
4—压榨下辊 5—水坑 6—压出的水分

普通压榨的工作过程如图 5-12 所示。压榨中的脱水是由毛毯带着纸页通过压区时纸页受到挤压而产生的。毛毯既起到承托纸页的作用，更重要的是排出或带走压区的水分。当纸页和毛毯到达压区中央的过程中，纸页和毛毯逐渐受到压缩，水从饱和的纸页中排出并进入毛毯。如果毛毯中的水分也饱和了，纸页及毛毯内的水压就迅速升高，水分将以纸页运行的相反方向穿过毛毯往回流出压区。也就是说，从纸页中压出的水分，一部分被毛毯带走，另一部分直接穿过毛毯流出了压区。

普通压榨上辊并非垂直的压在下辊的中心线上，而是上辊稍微偏向进纸一侧。上下两个压辊中垂线之间有一定距离，该距离称为偏心距。一般认为设置偏心距有两个作用：一是保证湿纸页首先接触上石辊，赶走纸页与毛毯之间的空气。二是保证逐渐增加上压辊对湿纸页的压力，不至于一开始就大量脱水，引起压花断头。其实设置偏心距还有一个关键的作用，那就是使毛毯和纸页包绕着上辊，为沿下辊表面回流的水分留出空间，尽量缩短水分流出的距离，以保护湿纸页不被水流所破坏，同时可减少毛毯在此处对水分的吸收量。因此在设计压榨装置时，还应使纸页和毛毯向下倾斜地进入压区。偏心距一般为 50~120mm。偏心距的大小主要取决于压区流出的水量。一压脱水量最大，所以要求偏心距最大。二压次之，三压的偏心距最小。当压辊直径增大和车速提高时，偏心距也应随之增大。

压榨时，压区的压力主要由机械压力和流体压力两部分组成，水分从压区流出的动力来源于流体压力差。压出水分流出的速度在很大程度上还取决于水分从压区内流到压区外的流动阻力。如果流动阻力过大，就会限制压区的脱水量。这时如果还采用较高的压力，就会使湿纸页内部的流体压力迅速升高。当该流体压力超过湿纸页纤维组织所能承受的压力时，纤维组织就可能发生变形或滑移，引起纸页所谓的"压花"现象，严重时会造成纸页的压溃。

在压区中央以后的区间上，由于纸页较毛毯的毛细管小很多，在毛细管的作用下，毛毯中的一部分水分又重新转移到纸页当中，产生所谓的回湿作用。显然，当车速较高、压区较窄、浆料较粗时，回湿作用就应轻一些。在设计压榨装置时，应使压区出口处的纸页尽早地与毛毯分离，以减轻回湿作用。必要时设置导纸辊，引导纸页朝偏上的方向运行，而让毛毯朝偏下的方向运行。也就是说，毛毯进出压区时应该是高进低出。

通常普通压榨的下辊为主动辊，且位置固定不动。上辊为被动辊，且可以上下起落，以满足抬辊或加压的要求。

普通压榨的设备费用低，维护费用少，不会对纸面造成印痕，但是主要的缺点是脱水量小。这是由于压出的水分需要在毛毯中逆向流经很长的距离，导致压区内的流体压力较高，容易引起湿纸的压花，从而限制了压榨时线压力的提高。为此发展了多种压榨技术，其目标就是降低水流的阻力或尽量缩短水流的距离。

（三）压榨石辊的结构

由于花岗石的受拉和受压的极限强度有很大的差别，石辊通常采用图 5-13 所示的预应力结构。花岗石辊体用分别是左右螺纹的螺母和垫圈紧压在钢制的芯轴上（在某些结构中，石辊体和芯轴之间还浇注优质水泥）。这种结构可以减少花岗石辊体中的拉应力，如果预压应力足够大时，可以使辊体只受压应力的作用。

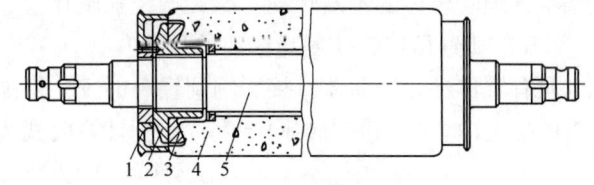

图 5-13 石辊的结构
1—平衡端盖 2—压紧螺母 3—垫圈 4—花岗石辊体 5—芯轴

（四）普通包胶压榨辊的结构

普通压榨的下辊采用的是具有平滑面的铸铁包胶辊，或称平胶辊。平胶辊的辊面是一层具有适当厚度和硬度的胶层，辊面经过磨削而具有适当的中高度。普通压榨所用的平胶辊一般采用如图 5-14 所示的空心铸造辊结构，由铸铁辊体、钢轴头、平衡盖及辊面包胶层组成。这种铸造的空心辊大多为铸铁材质，壁厚 35~150mm，有较大的自重和刚性，适用于中低速造纸机的压榨装置。

压榨辊轴承所受的荷载较大，同时为了补偿安装误差，一般都采用双列调心滚柱轴承，如图5-15所示。由于压辊轴承较大，对于中低速造纸机的压榨辊，为了便于拆卸一般轴承是装在退卸套上的。由于压榨辊的温差变形较大，辊筒的传动侧轴承通常在轴承壳中的轴向是

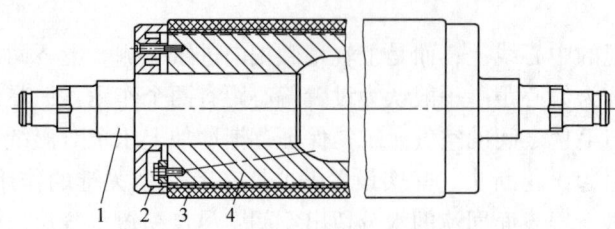

图 5-14 普通空心铸造压榨胶辊的结构
1—钢轴头 2—平衡盖 3—辊面包胶层 4—铸铁辊体

固定的，而在操作侧的轴承壳中留有轴向移动的间隙。为了防止水分和灰尘进入轴承壳，同时也防止轴承壳内的润滑油外泄，压辊的轴承壳与辊轴之间一般采用迷宫式密封。

通过调整压辊橡胶覆面的硬度，能够控制两压榨辊所形成压区的压榨强度和宽度。生产一般纸种时胶辊的橡胶硬度通常为肖氏硬度80~90度。压榨部各道压榨所用胶辊的硬度，随着各道压榨线压力的提高，胶辊硬度也要相应加大。

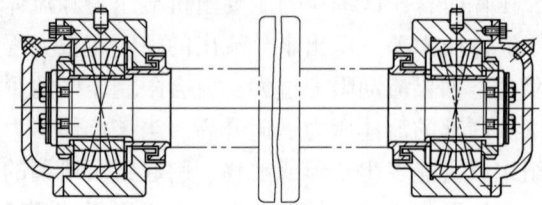

图 5-15 压榨辊轴承的一种形式

胶层厚度一般为25mm左右，分为面层和底层。前者是为了达到使用上的要求而用的主要部分。后者是为了加强辊面胶层与金属辊体间的结合强度而用的结合用胶层。

结合用胶层是一种厚度不超过10mm的硬胶层。为了使这层硬橡胶与辊体表面结合得更好，一般在铸铁辊体圆柱表面上车出螺纹。螺纹自辊体中间向两端分左右旋车出。传统的胶层包覆方法是用厚度2~3mm的薄胶片一层一层的包覆上去，同时用辊筒不断挤压使其黏合，直到要求的厚度（应加上加工余量）。然后进行硫化使胶层结合起来。为了使硫化时辊面受热均匀在金属辊体两端或轴头上要开有通入蒸汽的孔。

为了改进包胶质量，并能适应高速及高线压的要求，越来越多的厂商采用挤压缠绕的包胶方法。采用这种方法，一般在铸铁辊面上不用车螺纹，而是在靠近辊面两端处分别车出一道矩形沟槽。在辊面涂覆一层特制的粘接物质，然后进行包胶。包胶时将配置好的橡胶挤压成条状，随着辊体的不断转动，螺旋缠绕在辊体上，并被挤压辊压紧。

**（五）普通压榨辊挠度与中高的计算**

只有辊体部分挠曲才直接影响到辊筒的工艺性能，一般不考虑轴头部分的挠曲变形。压榨辊的挠度由弯矩和剪力共同产生，挠度计算公式为：

$$f=\frac{\gamma b(b^2+D^2+d^2)}{384EI}(12l-7b) \tag{5-4}$$

式中　$f$——压榨辊的挠度，m

　　　$b$——辊面宽度（压区长度），m

　　　$\gamma$——辊筒所受到的均匀线载荷，N/m

　　　$l$——压榨辊的轨距（轴承中心距），m

　　　$I$——辊体截面的惯性矩，$m^4$

　　　$E$——辊体材料的弹性模数，Pa

$D$——空心铸铁辊体的外部直径，m

$d$——空心铸铁辊体的内部直径，m

均匀线载荷 $\gamma$ 包括两辊之间的线压力、毛毯产生的线张力和压辊自重在两辊中心连线方向产生的分力。相对于压榨辊的线压力来说，毛毯的线张力很小，一般可以省略。

弹性模数与材质有关，可以查阅相关设计手册。灰铸铁的弹性模数为 $113 \sim 157 \times 10^9 \text{Pa}$，花岗岩的弹性模数为 $48 \times 10^9 \text{Pa}$。

辊体截面的惯性矩：

$$I = \frac{\pi}{64}(D^4 - d^4) \tag{5-5}$$

当辊径与面宽之比小于 0.135 时，由剪力引起挠度不到弯矩引起挠度的 3%，为了简化计算可忽略不计由剪力引起的挠度变形量。则普通压榨辊的挠度计算公式可简化为：

$$f = \frac{\gamma b^3}{384EI}(12l - 7b) \tag{5-6}$$

按照式（5-6）计算的压榨辊挠度与实际可能会有一定差距，误差范围在 8%~12% 以内。这主要是由于辊筒材料的弹性模数和截面惯性矩不容易准确地确定，有时辊体的内部直径也会有较大的误差。为了获得准确的挠度，往往还需要通过实验的方法对实际挠度进行校核。

双辊压榨总的中高量 $K$ 可用式（5-7）计算：

$$K = 2(f_1 + f_2) \tag{5-7}$$

式中　$f_1$——上辊挠度

　　　$f_2$——下辊挠度

在设计中高时，按式（5-7）计算所出中高量 $K$ 后，往往还需要再根据经验给予适当的修正，然后分配到两个辊筒上。对于低速纸机来说，一般把所有的中高量都分配给压榨下辊，而上面的石辊则没有中高。对于中高速纸机，为了减轻压辊间的滑动现象，需要把中高量分配给两个辊。分配时可以按两个辊的直径比例来分配，也可以按照各自计算挠度分配，还有按照经验分配的。

## 二、真空压榨

真空压榨的下辊是真空压榨辊，上辊通常也是花岗岩石辊。湿纸页与上石辊接触，毛毯与下真空辊相接触。

### （一）真空压榨辊的结构

真空压榨辊的结构和真空伏辊类似，但是有几点不同。真空压榨辊的真空室宽度要窄一些，通常为 100~125mm。真空压榨辊辊面小孔的直径较小，为 4.5mm 左右。辊面开孔率较低，一般为 15%~25%。真空压榨辊辊筒表面需要包胶，胶层厚度 20~25mm。辊壳和真空室材料目前普遍采用不锈钢材料，重量减轻了，抗腐蚀性能增加了。真空辊的壳体采用离心铸造而成，辊面钻孔加工一般使用普通钻头，孔面粗糙度较差易堵孔，如果采用枪钻来加工可以提高孔面粗糙度，在使用中可以减少小孔的堵塞。

目前国内采用的真空压辊的结构形式仍是传统的形式，即抽气口设在操作侧。这种结构使得机架结构复杂，真空管路弯头多路线长，动力消耗大。为此，美卓公司新开发了一种传动侧抽气的真空辊，如图 5-16 所示。

新型真空辊内置真空箱与辊壳内壁之间的密封结构如图 5-17 所示，在密封条的下方设

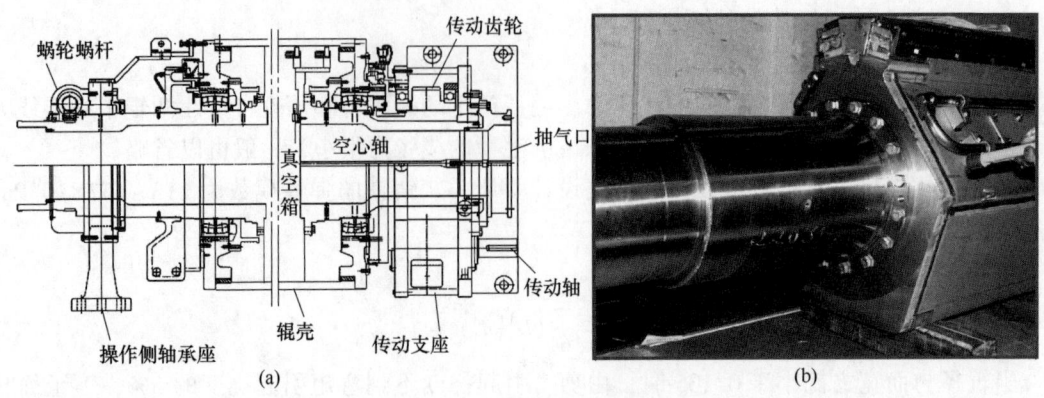

图 5-16 传动侧抽气的真空辊
(a) 真空辊的主要结构组成 (b) 真空箱结构

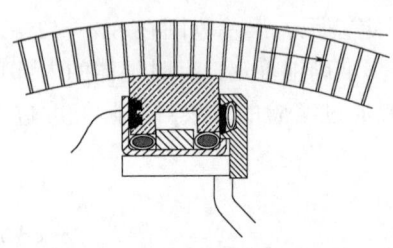

图 5-17 真空辊的新型密封结构

有两个气囊，可以调节密封条两侧的压力，以便密封面具有更均匀的接触压力。在密封条的一侧设有固定导向条，在另一侧设有气囊控制的活动导向条，保证了密封条能够被灵活地调节。

### (二) 真空压榨的脱水原理与特点

湿纸页在真空压榨中的脱水过程如图 5-18 所示。当湿纸页通过真空压榨的压区时，由于纸页被上辊紧紧压住，真空抽吸力并不对纸页直接发生作用，湿纸页仍是在压力作用下脱水的。所以真空压榨的脱水动力和普通压榨是相同的。真空抽吸力的作用主要是把聚集在压区前侧的水吸走，并使毛毯保持良好的滤水性能。真空压榨脱水的特点在于压区内水分的排出方式。压区内被挤压出的水分，可以经过短距离的水平移动后，便垂直地进入辊面上的小孔中。真空的作用在于保持进入辊孔中的水分在适当的时间被释出。当真空消失后水分被离心力甩到接水盘里；在低速下也可能有一部分水分被吸入真空箱而从真空泵排出。真空还可以排出纸页、毛毯及其两者之间可能带入的空气。这两个作用都对提高效率有用。因而真空压榨有较高的脱水效能。

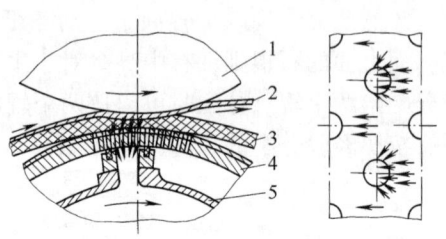

图 5-18 真空压榨的脱水原理示意图
1—压榨上辊 2—纸幅 3—毛毯
4—真空压榨辊 5—真空箱

既然辊面上的小孔主要是一种排水渠道，所以在具有相同开孔率的条件下，采用较小开孔直径的真空压辊，具有较好的脱水性能。如果小孔直径较大时，位于小孔处的纸页受到的压力较小，纸页该处湿度较高，容易在纸页上引起真空压榨特有的孔痕（迎光看时，纸页内有与小孔位置相对应的斑痕）。

真空压榨的线压力大小根据湿纸水分、纸的定量和种类、辊壳强度等而有所不同。一般为 20~50kN/m。中速造纸机真空辊的真空度一般为 39.2~49kPa，高速造纸机可达 58.6~63.6kPa。

真空压榨可以从湿纸中脱去更多的水，与普通压榨相比可提高出纸干度；纸页也较少被压溃；沿横幅宽度上脱水比较均匀；毛毯较能保持稳定的良好状态。但是真空压榨也有其缺点，如辊体强度被减弱，结构变得复杂，由于需要抽真空致使动力消耗增大，产生噪声污染，对某些纸种的纸面上可能出现孔痕。

一般真空压榨的布置及其附属设备和普通压榨相似。但是，真空压榨的偏心方向与普通压榨相反，即压榨上辊相对下辊向出纸方向偏移 50~60mm（参看图 5-18）。为了排出压区的水分，内置真空箱的吸口必须朝着压区的进纸侧。也只有这样，使毛毯和湿纸页首先和真空辊接触，实现对真空箱吸口的密封作用，以免外界的空气进入真空系统。为此，毛毯一般是由水平偏下的方向进入压区的，再由水平偏下的方向离开压区，即所谓的低进低出。

真空压榨被广泛地使用在各种中高速造纸机上，也是复式压榨不可缺少组成部分。

### （三）真空压榨辊挠度的计算

真空压榨辊的结构特殊。对造纸机的纵轴线具有不对称性。辊面钻有大量的小孔，不易准确计算其截面的惯性矩。另外还有真空箱产生的吸力和密封条产生的压力，这两个力方向相反，相互抵消后可以忽略不计。

从挠度计算的角度考虑，真空压辊的结构和受力情况可以用图 5-19 来表示。

不考虑剪力作用时，真空压辊的挠度可用下列简化公式（5-8）来计算挠度：

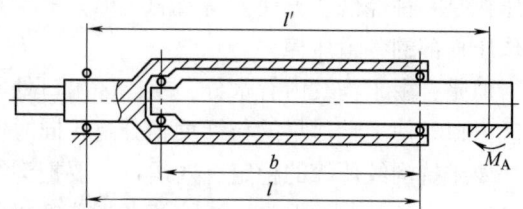

图 5-19 真空压榨辊挠度计算

$$f = \frac{\gamma b^3}{384EI}(6l' - b) \tag{5-8}$$

式中，$l'$ 为造纸机的轨距，m，其余代号同前。

也可以用一般压辊的挠度公式来计算，此时需要令 $l = \frac{l' + b}{2}$，则式（5-8）转化为：

$$f = \frac{\gamma b^3}{384EI}(12l - 7b) \tag{5-9}$$

但是要清楚，式（5-9）中的 $l$ 不是轨距。

设真空辊辊体的开孔率为 $k$，则其截面的平均惯性矩为：

$$I = \frac{\pi}{64}(D^4 - d^4) - \frac{\pi k}{48}D(D^3 - d^3) \tag{5-10}$$

真空辊中高的计算方法同普通压榨辊。

## 三、沟纹压榨

沟纹压榨的上辊一般也是花岗石辊，只是下辊采用的是沟纹压榨辊。沟纹压榨装置的布置形式与普通压榨相似，包括毛毯的运行方向、上辊的偏心方向都是一样的。

沟纹压榨辊的结构除了辊面加工有沟纹外，其余均和普通压榨辊相同。沟纹压榨辊表面的沟纹如图 5-20 所示。一般高速造纸机上比较良好的沟纹规格是：沟宽约 0.5mm，深 2.5mm，沟纹节距约 3.2mm，其开口面积大约是 16%。适用于具体生产条件所需沟纹的规格，仍需通过实验和逐步地改进来确定。

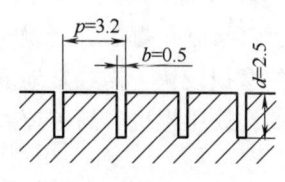

图 5-20 沟纹压榨辊的最佳沟纹尺寸

沟纹压榨的脱水原理如图 5-21 所示。下压辊的辊面有很细密的、环形或螺旋形的沟槽。这些沟槽为压区内的水分提供了排

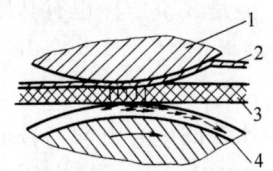

图 5-21 沟纹压榨的脱水原理示意图
1—压榨上辊 2—纸页 3—毛毯 4—沟纹压辊的辊面沟纹

出的渠道。沟槽使压区的下方与大气相通，压区内的水分可以沿着垂直的或接近于垂直的方向穿过毛毯进入沟槽。水分在毛毯内所需横向（水平）移动的距离不大于沟纹间距离的一半，流阻较小，使压区的排水有比较理想的条件，这是沟纹压榨具有较高脱水效能的主要原因。

在沟纹压榨的压区内，水从纸页挤进毛毯，又从毛毯就近挤进沟纹，纸页内液压的上升幅度就小，从而造成压溃的可能性就减小了。与普通压榨相比，使用沟纹压榨，在无压溃和压花的前提下，可以提高压榨的线压力以脱除更多的水分；而且设备投资及运行费用几乎没有增加。与真空压榨相比，使用沟纹压榨没有产生孔痕的危险；纸页脱水均匀；更重要的是设备投资和运行费用可以大幅度降低。所以沟纹压榨是一种经济、方便、高效的压榨方式，在各种造纸机上的应用都非常广泛，并且可以用作压榨部的各道压榨。

但是，由于沟纹内有水分，在压区出口处回湿的可能性较普通压榨要大。一定要注意在压区出口处使毛毯尽早的与纸页相分离，同时使毛毯与压辊也迅速分离。

要维持沟纹压榨的稳定有效运行，要把沟纹内的水分尽可能地清除干净，在辊面上的水和可能残留的某些污垢也要清除掉。当造纸机的抄速高于 600m/min 时，压辊沟纹内的水分会被离心力抛出，沟纹压榨上的水分消除装置很简单，只需在压区前装一个普通刮刀。在较低车速时，需要借喷气、喷水、负压抽吸等方法排出沟纹内的水分。如采用特制的刮水板、真空除水器或强力的变形水束来清除沟纹内的水分，保持沟纹压榨的效能。如图 5-22 和图 5-23 所示。

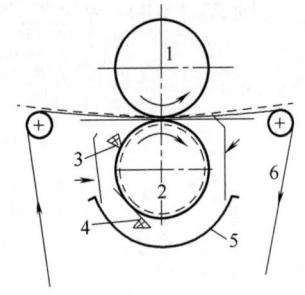

图 5-22 沟纹压榨及其除水装置示意图
1—上压榨辊 2—沟纹压榨辊 3—刮刀 4—金属箔擦拭器 5—接水槽 6—毛毯

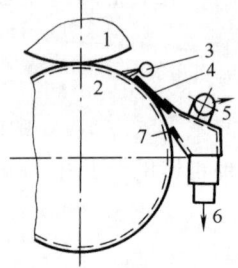

图 5-23 真空除水器
1—上压榨辊 2—沟纹压榨辊 3—喷水管 4—抹水器 5—真空接口 6—排至水封池 7—刮刀

目前常用的沟纹压辊是包胶辊。为了避免压区中沟纹发生过大变形而闭塞和对毛毯造成的损伤，包胶层的硬度较平胶辊稍高一些，一般需在肖氏硬度 90° 以上。胶层厚度也小一些。由于沟纹压辊的包胶层在压区内的变形较剧烈，容易发热升温，甚至软化爆裂，所以对包胶质量要求较高。必要时，沟纹压辊内部应通水冷却。沟纹压辊的磨损较快，需经常地复磨和车纹。沟纹压榨辊的使用周期往往只有 1 年或更短一些。包胶的沟纹压辊也容易被掉入压榨的纸团等杂物损坏。

普通橡胶包覆的沟纹辊在使用时易变形、堵塞、不易清洁。采用聚氨酯包覆效果会好一些。

为了改进沟纹压辊在高线压力下的使用性能，可以采用金属沟纹压辊。最初的金属沟纹压辊是一种套有沟纹不锈钢套筒的辊筒。辊面的沟纹宽 1mm，节间 3mm，经过仔细的加工和抛光，以防止被纤维堵塞。这种沟纹压辊加工困难，在使用中因沟纹内应力集中，容易断裂。新的金属沟纹压辊是绕制而成的（图 5-24），并可以制成更细和更深的各种形状沟纹。金属沟纹压辊的结构通常都是采用可控中高辊，所以具有较小的外径。但目前国内还没有能力加工钢带缠绕式沟纹压辊。

沟纹压辊的表面较硬且有沟槽，沟纹压榨上的线压力也较高，会影响压榨毛毯的使用寿命。

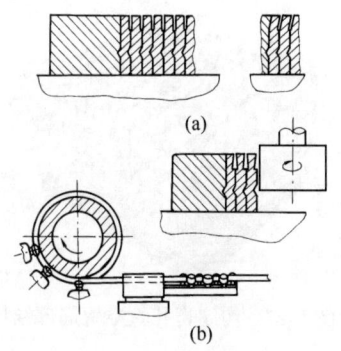

图 5-24　绕制的金属沟纹辊
（a）两种常用的沟纹形式
（b）沟纹的绕制示意图

## 四、盲孔压榨

盲孔压榨一般是由上面的石辊和下面的盲孔辊组成。盲孔压榨装置的布置形式与普通压榨相似，包括毛毯的运行方向、上压榨辊的偏心方向都是一样的，如图 5-25 所示。

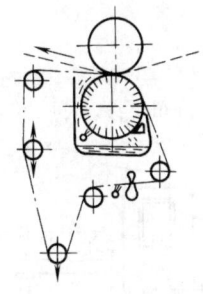

图 5-25　盲孔压榨示意图

盲孔压榨是从真空压榨派生出来的一种压榨形式，就像一个关掉真空泵的真空压榨。在辊面的胶层上有许许多多的盲孔，用以容纳压出的水分。在出压区时盲孔中的部分水分会回到毛毯中去，因此脱水效率不及真空压榨，回湿问题也相对比较严重。但因能容纳被压出的水分而可以采用较高的线压力以加强脱水，所以脱水效率比普通压榨要高。

盲孔压榨辊的橡胶层不像沟纹辊那样容易损坏，因此可以采用较软的胶层，为 70~90 度肖氏硬度。较软的胶层可以增加压区的宽度，以便提高线压力。盲孔压榨辊的表面钻有很密的小盲孔，如图 5-26 所示。通常使用的孔径为 2.5mm，孔深 10~15mm，开孔率约 29%。

要保证盲孔压榨的效率，运转时小孔内不应当充水。在每转一圈时，孔内的水分都应排空。在高速造纸机上，盲孔内的水分大部分被离心力用到辊面，用一般的刮刀即可清除。另一部分水分被毛毯吸收，再借吸水箱从毛毯中吸走。在车速低于 250m/min 时，可以采用气刀，借助高速喷向辊面的空气，把水分从盲孔内吹出。

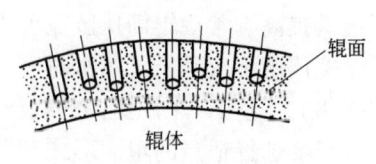

图 5-26　盲孔结构

鉴于盲孔压榨适合采用高线压的特点，它往往被应用于后面将要介绍的大辊径压榨，以充分发挥其效能。实践证明盲孔压榨可以使用比沟纹压榨更高的线压力，脱水效果更好，制造费用较沟纹辊略高。盲孔压榨与真空压榨相比，投资和运行费用要低很多。目前，盲孔压榨在高速纸机特别是大辊径压榨中的使用已经非常普遍。

另外，近几年有一些公司为了进一步提高脱水效率，有的压榨辊面采用盲孔与沟纹相结合的方式，还有在真空辊的基础上附加盲孔的做法。图 5-27 所示的是沟纹盲孔真空辊的局部结构。

## 五、平滑压榨

平滑压榨往往又被称为光泽压榨，简称光压。平滑压榨的作用是提高纸页的平滑度，不配备压榨毛毯，因而没有脱水作用。

图 5-27　沟纹盲孔真空辊局部结构

平滑压榨通常由包胶辊与石辊组成。湿纸页通过平滑压榨时，较粗糙的网面与平滑的辊面接触，可以减少纸页两面平滑度的差别，同时使纸页紧度提高。据称平滑压榨可以改善纸页与烘缸表面之间的热传导，能够减少需用烘缸数量的 3%~5%。

纸页通常是成直线地通过平滑压榨。用压缩空气或引纸绳递纸时，没有引纸的困难，可以在各种车速的造纸机上应用。平滑压榨要求浆料的清洁度高。如果浆料中的砂粒和树脂等杂质的含量较高时，平滑压榨的包胶辊很快便被这些杂质黏住，失去平滑的表面，从而被迫停用平滑压榨。

## 六、大辊径压榨与双毛毯压榨

### （一）大辊径压榨装置

大辊径压榨属于高冲量压榨，也称长压区压榨装置（简称 LNP），其特征是大辊径及高线压。多数大辊径压榨采用双毯压榨，也可以是单毯压榨。

大辊径压榨装置如图 5-28 所示。大辊径压榨由 $\phi1250$~1900mm 的大直径上、下压辊组成。作为单毯压榨时上辊为硬面辊；作为双毯压榨时上下辊均为包胶辊。包胶辊可以是平胶辊、沟纹辊、盲孔辊或盲孔沟纹辊。大多数大辊径压榨辊的辊面采用盲孔形式，为了加强脱水也可以同时采用盲孔和沟纹相结合的形式。

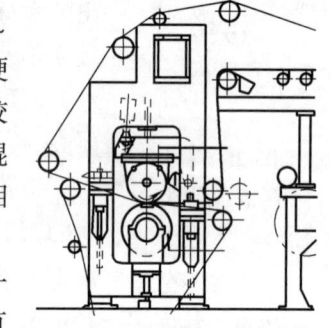

图 5-28　大辊径压榨装置

大辊径压榨是一种最廉价的宽压区压榨。由于辊经大，一般可形成 80~120mm 宽的压区。这已经比常规辊筒压区宽度有了显著提高。常规辊筒压区宽度为 20~60mm。

宽压区不仅延长了脱水时间（压区通过时间是普通压榨的 2~4 倍），还可以采用更高的线压力（可达 200~350kN/m），因此可从纸页中压出更多的水分，只要选择适当的辊面形式和脱水性能好的毛毯，可使出压榨部的纸板干度由 40% 左右提高到 45% 左右。

一般来说，大辊径压榨的上下辊均配有传动。传动侧机架立柱采用整体结构，操作侧机架立柱备有供更换毛毯用的抽块。在机架上半部设有加压臂，通过两个液压缸施力于加压臂，为压区提供所需的压力。

大辊径压榨的显著优点是脱水量大，由于不需要真空系统，比真空压榨运行费用低。另外还能提高纸的耐破度、撕裂度等物理性能和改善纸机的运行性能。目前已被广泛用于国内外的各种纸板机特别是中高速纸板机上。

### （二）大辊径压榨辊的结构

大辊径压榨胶辊的结构与普通压榨辊有一定区别，辊子轴头不再采用普通压榨的钢质烘装轴头，而是采用法兰式钢轴头结构，如图 5-29 所示。这样不仅简化了辊子的整体结构，降低加工成本，而且还可以使冷却水在辊体内整幅均匀分布，有利于保护胶层。

大辊径压榨在运转过程中，由于线压力大，胶层的变形也大，导致胶层温度较高。辊面最高温度随辊面包胶层厚度的增加而上升。例如，在相同条件下，胶层厚度由 13mm 增加到 23mm 时，辊面包胶层的最高温度由 53℃ 提高到 63℃。因此需要给压榨胶辊配备冷却装置，以防温度过高时对橡胶层带来的损害。为此，辊子操作侧为空心轴头，轴头端部设有进水头，在辊体内通循环水进行冷却。畚水斗随辊体一起旋转，以排出循环水。

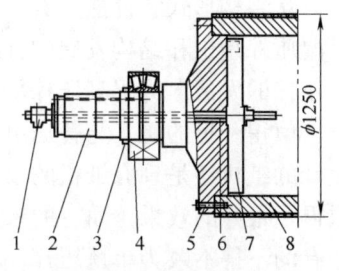

图 5-29　大辊径压榨辊的辊体结构

1—进水头　2—轴头　3—圆螺母、止退垫圈　4—轴承　5—螺栓　6—进水管　7—畚水斗　8—辊体

由于辊间线压力大、轴承负荷大，轴承应该采用稀油循环润滑。轴承的安装也不再采用退卸套，而是在辊子轴头上直接加工出锥度，用圆螺母直接把轴承固定在锥面上。为了提高安装精度，确保轴承的锥形内孔与锥形轴的适当配合，也可以用专门的液压工具来安装轴承。轴承的退卸采用油压装置。在轴头的锥面上车一个环形沟槽，在轴头端部钻一长孔与之相通，长孔端部有一锥管螺纹，轴承需拆卸时，通过长孔用高压油泵向锥面环形槽内注入高压油，使轴承内圈膨胀并沿锥面退下。这种结构要求轴头锥面一定要精确加工，与轴承锥孔配合紧密，不可有任何渗漏部位，否则轴承很难退下。

### （三）双毛毯压榨

由于大辊径压榨经常采用双毛毯压榨的形式，所以把双毛毯压榨放在这里来介绍。但这并不是说双毛毯压榨只适用于大辊径压榨。

纸页夹在两条毛毯之间通过压区，从两面进行脱水，这就是双面脱水的双毛毯压区的特点。这种概念和方法并不是最新的发展。早在传统的老式多圆网纸板机和一些长网自接纸机上就已经被用于回头辊压榨、预压榨和主压榨上。近些年来，由于压榨技术与压榨毛毯的迅速发展而使得这种古老的方法获得了新的力量而得到迅速的推广。特别是在真空吸移、大辊径压榨、靴式压榨和复式压榨这些新技术日益取得进展之时，双毛毯压榨更进一步受到重视，进而被引用到开式引纸长网成形器上与真空伏辊结合组成双面脱水的真空伏辊压榨。过去对于双毛毯压榨的主要顾虑是纸页的再湿问题。纸页两面同时受到毛毯中水分的再湿使脱水效率降低。但这通过压榨毛毯的革新和分离压榨原理的应用等已可以克服，至少在一定条件下或一定范围内双毛毯压榨已表现出脱水量大于常规的单毛毯压榨。

由于压区中有两层毛毯，压区宽度显然会比只有一层毛毯时要大些，因此要有较高的线压力才能保持在单毛毯时压区中的压力。为了减少必然存在的两面回湿，要求毛毯与纸页接触的一面应该有较细的毛细管结构，即平滑而密致的表面。在两面脱水的情况下，总会有一条毛毯处于压区排水条件相对较差的情况下（如上毯）。为了改善这种情况，除了采用有较大容水能力的真空压榨、沟纹压榨、盲孔压榨或网毯压榨外，也要求毛毯本身能具有把压区中压出的水带走的能力。所以，把根据压区脱水理论而发展出来的新型压榨和毛毯及其原理适当地应用于双毛毯压榨，就使双毛毯压榨具备了强大的脱水能力。双毛毯压榨的双面脱水特征不仅符合于减少两面差以提高纸的印刷性能的要求，而且还特别适合于纸浆特性不易脱水的纸种和定量大的厚纸，可以在较少的压榨次数内以较高的脱水效率来完成压榨的任务。

从结构形式和性能上看，双毛毯压榨是高效率压榨和新型高效率毛毯的结合。所以，它是湿压榨理论和结构发展的合乎逻辑的综合成果。而它的发展和应用又促进了各种形式的复式压榨的发展，为提高压榨部分的综合效率开创了更广阔的前景。

值得一提的是，与普通单毯压榨相比，双毯压榨具有脱水能力强的特点，因此不管是新设计的纸机还是现有纸机的改造，特别是纸板机，其压榨部越来越多地采用双毯压榨。有的取得了很好的效果，而有的未达到预期目的，甚至不能正常运转，反而阻碍了车速的提高，还有的不得不改为单毯压榨。其主要问题在于忽略了压区排水问题，主要体现在三个方面。一是采用了类似于普通单毯压榨的偏心距，影响了上毯的排水从而造成纸页压花或粘上毯的现象；二是没有选用载水能力强而且耐压的毛毯；三是在纸页含水量还较大的压榨位置上采用排水能力差的平辊双毯压榨。

## 七、靴式压榨

### （一）靴式压榨的结构原理

20世纪80年代初推出了宽压区压榨或延时压榨（简称ENP），也称为靴型压榨、靴形压榨或靴式压榨。这种压榨有很宽的压区，纸页在高压力下有较长停留时间。该压榨更有利于纸页的固化，使去干燥部的纸页更干更强韧。

最初的开式靴式压榨示于图5-30。关键性部件是固定的靴形板和不透水的合成胶带，它们组成双毛毯压区的底面部分。靴形板用润滑油连续润滑，其作用好似胶带的"滑动支承面"。压区的压力分布曲线也是固定的，不可调节的。

后来各供应商都开发了封闭式靴式压榨，如图5-31。把靴形压板安装在旋转的有良好柔韧性的压榨套内（靴套），形成一个具有特殊结构的压榨辊—靴压辊。其特点是简单、可靠，并且压区的压力分布曲线也是可调节的，从而得到了广泛的应用。

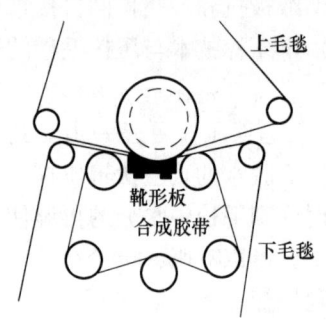

图5-30 开式靴式压榨示示意图

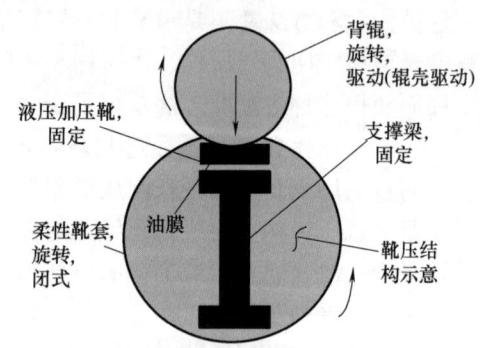

图5-31 封闭式靴式压榨示意图

福伊特公司开发的NipcoFlex压榨和美卓公司开发的SymBelt压榨都属于这种封闭式靴式压榨，它们有相似的结构。由下面的靴压辊（NipcoFlex辊或SymBelt辊）与上面的可控中高硬面辊（Nipco-P辊或SymZL辊）组成。也可以采用靴压辊在上面，而对压辊在下面的结构。靴式压榨一般采用双毛毯。按脱水量不同，辊面可以加工成平滑型、沟纹型、盲孔型、沟纹盲孔结合型，以便排出压区的水分。两辊之间的加压装置与普通压榨也不同，它采用加压铰接把上辊和下辊之间的轴承座连接在一起，并且传递压区反作用力，所以靴式压榨可以具有很高的线压力。

图5-32所示的为典型的靴式压榨的压区。由于靴压辊内的靴形板的长度一般在200~

310mm（典型长度 254mm）之间，与配对辊所形成的压区宽度是传统压榨宽度（20~60mm）的 6~10 倍。也就是说当车速相同时，靴式压榨的脱水时间大约为传统压榨的 8 倍。由于压区面积增大，相对比压力较低，减少了纸页被压溃的可能性，就可以采用高达 1500kN/m 的线压力，这就实现了脱水方面的一个重大飞跃。靴式压榨与传统压榨的压区压力分布比较如图 5-33 所示。

靴式压榨的另一个特征是可以保证压区最佳的线压分布，如图 5-34 所示。靴的压力曲线分成三个特性区域，在脱水前的第一区压力急剧上升，在脱水期间的第二区压力逐渐上升以保证均匀加压，在出压区时的第三区压力急剧下降以防止回湿。这种压力特性对平缓的脱水和具有高松厚度的均匀纸页结构是不可缺少的。

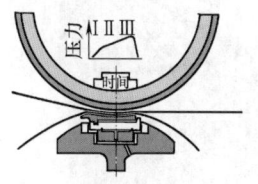

图 5-32　靴式压榨压区

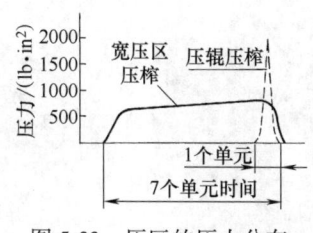

图 5-33　压区的压力分布
（1lb/in² = 6.9kPa）

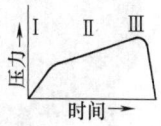

图 5-34　理想的压力曲线
Ⅰ区：脱水前压力急剧上升
Ⅱ区：脱水期间压力上升平缓
Ⅲ区：防止回湿压力急剧下降

## （二）靴压辊

靴压辊如图 5-35 和图 5-36（a）所示，由支撑梁、靴套、靴压板、加压组件及靴套支撑杆等组成。

支撑梁简称靴梁，是静止的承重构件，形似工字钢结构，固定安装。

靴套是在经过加强处理的合成纤维编织基网上，经过单侧或双侧聚亚胺脂浸润涂布而成。靴套的内表面是光滑的，外表面加工成平滑面、沟纹或盲孔。两侧末端加工安装舌易于安装。安装到位的靴套的两端分别被各自的旋转头卡住，如图 5-36（b）所示。给靴套内充

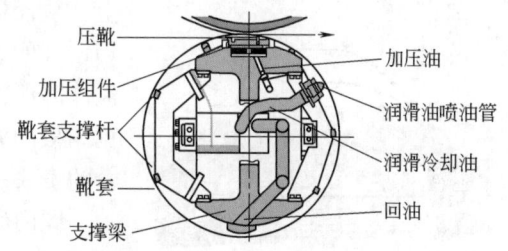

图 5-35　NipcoFlex 辊的结构

气使其胀圆。靴套靠近两端处由于受力及变形较大而容易受损。为了延长靴套的寿命，新设计的旋转头还可以横向移动，以改变靴套横向磨损部位。

加压组件主要是指靴压板下面的液压缸及其附件。有单排液压缸［图 5-36（c）］和双排液压缸［图 5-36（d）］两种结构。如果采用双排液压缸，靴压板的角度可以在运转过程中随时进行调节。如果采用单排液压缸，靴压板的角度只能在停机时由人工进行微量调整。近几年意大利的 PMT 公司也开发了一种双排液压缸结构的靴压辊，两排缸的直径不一样大，直径大的一排液压缸作为主要加载元件，而直径小的一排液压缸的作用是调节靴压板斜度。

靴压板是靴压辊的关键部件，它的表面形状决定着压区的压力分布。靴压板就相当于滑动轴承的下轴瓦，与靴套内表面进行着滑动摩擦运动。因此其表面要求平滑而且耐磨。靴压板在压力方向是不对称的，偏向进压区一侧。同样靴套在压力方向也是不对称的，这样可以

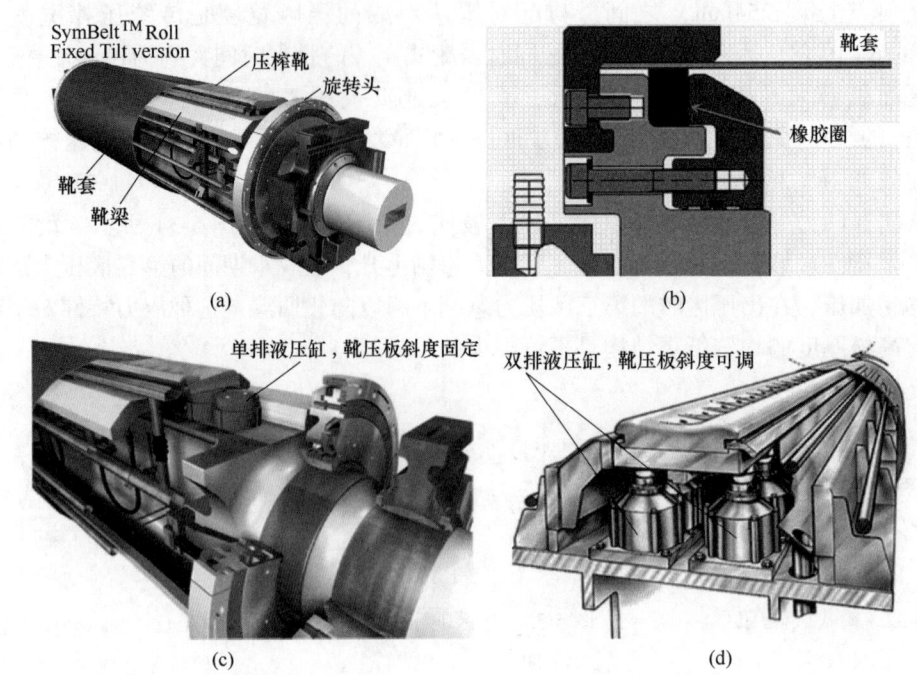

图 5-36 SymBelt 辊的结构
(a) SymBelt 辊的结构组成  (b) 靴套在旋转头上的固定  (c) 单排液压缸结构  (d) 双排液压缸结构

使靴套在进入压区处形成更合适的几何形状。压榨靴和靴套之间的润滑是纯粹液压的，为此润滑油分布管将冷却油均匀地喷到刚刚离开压区的辊套上，从而避免了辊套的磨损。普通压榨靴是按动压润滑原理设计的动压力靴，新型的流体静压力靴如图 5-37 所示。流体静压力靴可以优化压区的压力分布曲线，降低能耗及靴压板的温度，对表面轻微的损害也不敏感，可以延长靴套的寿命。

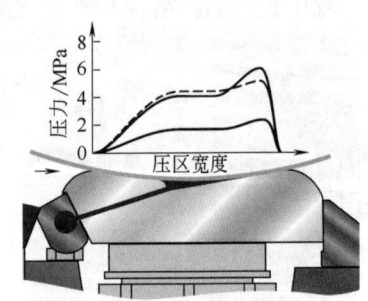

图 5-37 流体静压力靴对压力分布的影响

国内研发的第一套靴辊于 2012 年 6 月份安装到一台设计车速 1500m/min、幅宽 5740mm 的文化纸机上，纸机运行车速可以稳定在 1450m/min，靴压辊线压力 850kN/m。

### (三) 靴压辊的配对辊

靴压辊的配对辊一般为静压支承可控中高辊。压榨辊的轴装在穿过轴承座和球面平行轴承的柜架上，外壳被球面滚柱轴承枕在固定的辊轴上。辊的外壳可用带可调的液压加压元件调节轮廓，分布在整个外壳上的加压元件分成若干区。压区的作用力通过外壳传给加压元件后，再传到轴承座上，压区加压的分布情况可通过调节影响各区加压元件的油压来改变。维美德公司一般采用 SymZL 辊作为配对辊，在本章前面已经介绍过该辊。而福伊特公司一般采用 Nipco-P 辊。

Nipco-P 辊如图 5-38 和图 5-39 所示，它将传统 Nipco 辊的优点和压辊稳定的轴承定位相结合。实际上 Nipco-P 符号就象征着"位置—稳定"。该辊的轴承与主辊的轴承位置相同，不受横梁变形的影响，这给压榨运行带来一些重要的优点。在两根辊子相同的支撑表面，用同一油管提供的液压油的支持下运行。这使得控制非常简单和可靠，只需一个阀门，而且在任何情况下无论是辊的轴承还是辊壳都不会被损坏。当纸幅宽度变化的情况下只需在边缘用小的补偿元件就可以进行压力释放。

意大利的 PMT 公司近几年采用真空压榨辊作为配对辊，与靴压辊组成迷你靴压（Smarnip），如图 5-40 所示。采用较低的线压力（160kN/m），利用真空辊较强的脱水能力加强脱水，上下对称脱水，加长压区温和脱水，不会使纸页被压溃，并且没有回湿。最大的优点是可较好地保持纸页的松厚度。

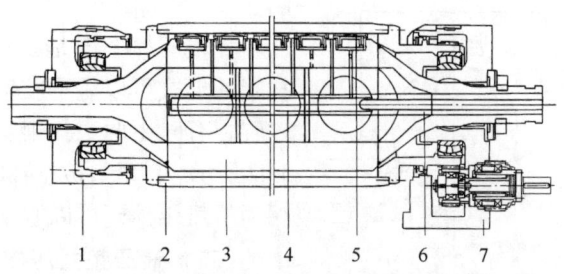

图 5-38 Nipco-P 辊的纵向剖面
1—轴承箱 2—辊套 3—支撑结构 4—压力油
5—压榨组件 6—回油管 7—传动

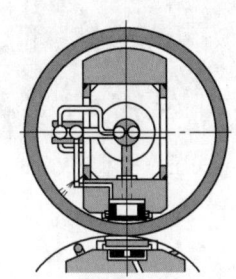

图 5-39 Nipco-P 辊的横向结构剖面

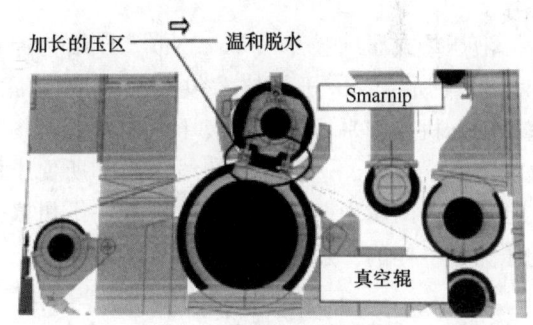

图 5-40 迷你靴压（Smarnip）

### （四）靴式压榨的应用及特点

靴式压榨首先被用在纸板和包装纸的纸机上，现在它们适用于几乎所有纸种的造纸机，包括各种纸板、文化用纸及生活用纸的生产。

适合当今最高车速造纸机的压榨部通常采用两道封闭引纸的直通式靴式压榨，出纸干度超过 50%。车速稍低一些的话可以只采用一道大辊径压榨和一道靴式压榨，也可以直接采用一道直通式靴式压榨，以降低投资和生产成本。靴式压辊也可以作为复式压榨的一个压辊使用。

靴式压榨由于压区宽，脱水时间长，脱水能力强，出纸干度可大幅度高，可节约干燥用蒸汽。靴式压榨还可以提高纸页松厚度及纸板的挺度。靴式压榨允许压榨部使用较少的压区数量，甚至一个压区，特别适合高速纸机。但是也存在着设备结构复杂，投资大，靴套更换费用较高的缺点。

## 八、托辊压榨与液压垫式压榨技术（ViscoNip™）

### （一）托辊压榨

托辊压榨如图 5-41 所示，是指由烘缸和托辊组成的压榨。托辊压榨广泛用于圆网大缸纸机以及各种薄页纸机上。其作用是使湿纸页在托辊和毛毯的顶托下紧贴在烘缸外表面上，在脱水的同时，使烘干后可得到表面很光滑的单面光纸张。要求毛毯平整、透气、

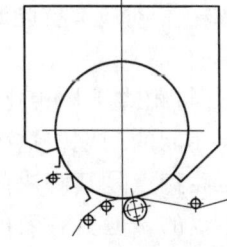

图 5-41 单托辊压榨

耐热。

托辊压榨一般是由一根托辊与烘缸组成一个压区（图5-41）。托辊的形式可以是平胶辊、沟纹胶辊、盲孔胶辊、真空辊或靴式压榨辊。有时由两根托辊与烘缸组成两个压区，即双托辊压榨，如图5-42所示。湿纸页被烘缸加热后又受到较大的线压力（80~100kN/m），相当于热压榨，可以脱出更多的水分，使纸页干度达到40%~45%。

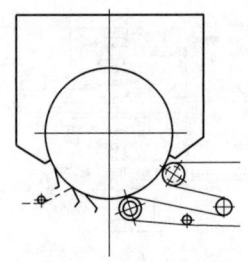

图5-42 双托辊压榨

（二）液压垫式压榨技术（ViscoNip™）

液压垫式压榨技术（ViscoNip™）是美卓公司为高速薄页纸机开发的一项全新的压榨技术，如图5-43所示。该技术旨在更高的干度或松厚度。与扬克缸之间构成的线压力由几个液压垫有效地精确控制。可以节约能源，获得较高地出压榨干度，提高松厚度，具有更好地运行性能，更平稳地操作。

液压垫式压榨技术（ViscoNip™）结构原理如图5-44所示。该压榨技术包括几个液压加载室，沿纸机方向平行放置。液压室加压后与扬克缸面产生线压力，达到预定的线压力和所要求的在纸机方向的压力曲线。每个液压室在纸机横向的压力是一样的，加压范围在70~160kN/m。

图5-43 液压垫式压榨技术（ViscoNip™）

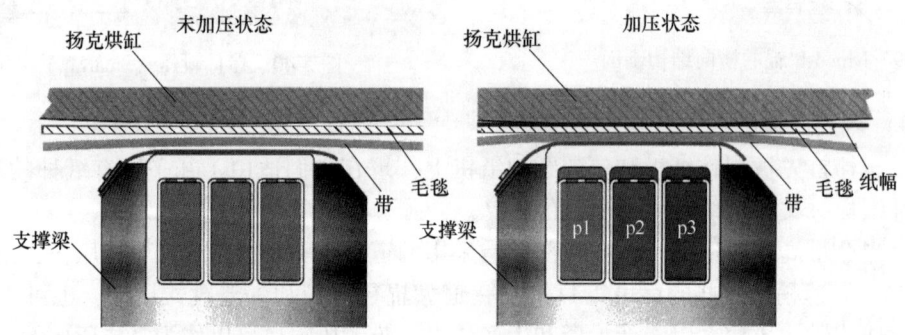

图5-44 液压垫式压榨（ViscoNip™）的工作原理

压力曲线可以在线调节。在纸机运行中，需要优化纸页出压榨的松厚度或干度时，可以很容易地调整每个液压室的压力，以改变压力负荷。

节能是液压垫式压榨技术（ViscoNip™）最大的优点。与靴式压榨相比，在较低的线压力下，可使纸张取得至少同样的松厚度；在高线压力的情况下，出压榨的干度提升幅度很大，当峰值线压力从1.5MPa提高至4.3MPa时，干度从39%提高到47%，相对应节省能源25%以上。

较好的松厚度是液压垫式压榨技术（ViscoNip™）另外一个优点。与靴式压榨相比，可以获得相同的或更高的干度，但不会有靴压所产生的损害毛毯运行性能的问题，这个问题源于硬靴板将毛毯不均衡地压到扬克缸表面。而液压垫的均衡柔性特点是其解决问题的关键，在保持松厚度的前提下，提供柔性的、纸机横向线压力一致的、但更有效的压榨作用。

## 第三节　压榨部的引纸装置

压榨部的引纸就是把纸页从上一个器械表面转移到下一个器械表面，这些器械可能是网、毯或压辊的表面。这些转移部位包含从成形网到一压毛毯，从一压辊面到二压毛毯，依此类推，最后从最后一道压榨的辊面到干燥部的第一只烘缸。本节主要讲述从成形网到一压的引纸，因为从成形网到压榨部的这第一次引纸，对压榨部配置的关系很大。

### 一、真空吸移引纸装置

高速长网造纸机和夹网造纸机上广泛使用真空吸移装置来完成湿纸页自成形网的剥离，并传送到压榨部，如图 5-45（a）所示。典型的真空吸移装置如图 5-45（b）所示。首先，在网部的伏辊后设置驱网辊，使伏辊后成形网有一个直线段。在这里，湿纸页被真空吸移辊全幅吸起，并附着在引纸毛毯下面运行到传递压榨。在传递压榨上湿纸页在真空作用下转移到第一压榨的毛毯上，然后进入第一压榨。至此，湿纸页从伏辊网面的剥离问题便转化为湿纸页从一压上辊表面剥离的问题了。湿纸页经过传递压榨和第一压榨的脱水后，干度和湿强度大为提高，纸页的断头就自然少了。

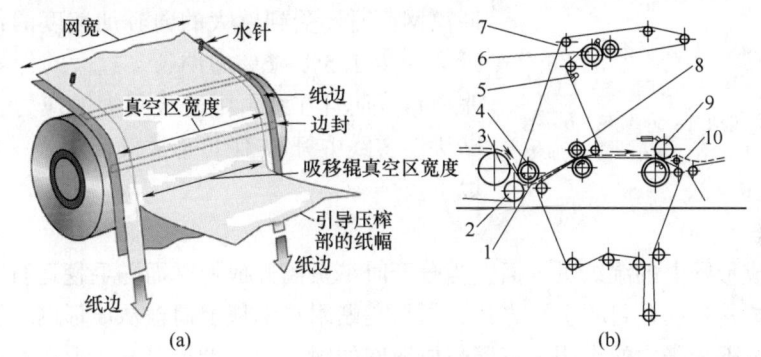

图 5-45　真空吸移引纸示意图
（a）从网部向压榨部的引纸原理　（b）真空吸移引纸装置
1—被剥离的纸页（附着在毛毯下）　2—驱网辊　3—伏辊　4—真空吸移辊　5—喷水管
6—真空毯压榨　7—引纸毛毯　8—传递压榨　9—第一压榨　10—引向第二压榨的纸页

真空吸移辊与真空压榨辊的结构基本相同，通常有两个真空室。第一真空室的宽度为 70~90mm，真空度 60~70kPa，用来使湿纸页与成形网分离。第二真空室宽度为 140~200mm，真空度为 40~50kPa，用来使湿纸页附着在毛毯上而不致被离心力抛离。真空吸移辊没有压区负荷，故其辊壁可以较薄一些。真空吸移辊可以升降，用万向联轴节和传动系统连接，被抽出的水气通过空心的轴承臂进入真空系统。

引纸毛毯应有较高的透气度，定量约 800~850g/m²。它在工作中应保持较高的含水量，才能使湿纸页可靠地附着其上进入传递压榨。引纸毛毯（尤其是两侧部分）容易被细小纤维和填料等堵塞弄脏，必须使用高效的毛毯洗涤设备。引纸毛毯的使用周期通常只有 2~3 星期。

传递压榨的结构和真空压榨相似，它和第一压榨共用一条下毛毯，常用的线压力为 15~20kN/m，真空度为 30~40kPa。由于引纸毛毯湿含量较高，传递压榨的脱水效能一般都不高。由于传递压榨有类似一种预压的作用,其后的第一真空压榨上可以采用较高的线压力,通常达 30~40kN/m。

在现代化的纸机上,真空吸移装置还被用于从第一道压榨向第二道压榨的引纸过程中,如图 5-1 所示,该纸机的压榨部共用了 4 根真空吸移辊。

真空吸移装置比较复杂,对传动要求有较高的同步性。单位成纸的电耗和毛毯耗量都有所增加。

## 二、其他引纸方式

### (一) 开式引纸

低速长网造纸机上普遍使用开式引纸(图 5-46),湿纸页自成形网的剥离和传递至压榨部是依靠第一压榨的速度和网部速度之间有一定的速差和由此使湿纸页产生的张力来完成的。湿纸页在网部和压榨部之间有一段是没有承托的纸段。

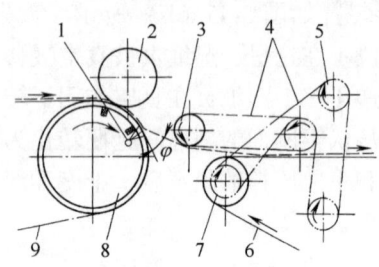

图 5-46 开式引纸
1—引纸时用的压缩空气喷嘴 2—上伏辊
3—导纸辊 4—传动绳 5—绳轮 6—毛毯 7—导毯辊 8—真空伏辊 9—成形网

湿纸页在开式引纸中,在湿纸页自网面剥离的过程中,在克服湿纸页在成形网表面的附着力的同时,还伴随着纸页的弯曲、伸长等塑性变形。此外,纸页脱离网面时还受到巨大的向心加速度的作用。因此湿纸会产生 1.5%~6% 的伸长。过大的伸长不仅影响纸张质量,而且在纸页中造成很大的应力,引起纸页的断头。实践中开式引纸通常仅使用在 200m/min 车速以下。

### (二) 舔移

毛毯压在成形网上的湿纸页上面,当分开时纸页离开成形网而随毛毯运行的这种引纸方式叫作舔移。舔移是一种封闭引纸方式,纸页是贴附在毛毯上而被从成形网上剥离的。在舔移过程中,纸页不受张力的作用去克服与成形网的附着力,纸页离开成形网后也不受到张力即牵引的作用。舔移借带纸毛毯与纸页间的附着力大于纸页与成形网之间的附着力而实现。由于带纸毛毯与纸页接触的表面比成形网平滑得多,它与湿纸页接触面中的实际面积也比成形网大得多,在一定的水分条件和压力条件下,使得湿纸页对毛毯的附着力可以大于对成形网的附着力。带纸毛毯在与湿纸页接触处的实际接触面积和表面水分含量是得到较大的附着力的关键因素,通常希望纸页干度为 10%~16% 或以下。这是由于较干的纸页会使毛毯表面有效水分减少,因而削弱了产生附着力的表面张力。同样,成形网目过密或带纸毛毯表面粗糙不平滑也会影响舔移的实现。

在合适的条件下,把湿纸页从较粗糙的接触面上剥移到较平滑的接触面上是没有困难的。但舔移过程除了"移"即由成形网上把纸页移到毛毯上之外,还包括"送",往往在把纸页"送出"时会遇到困难。这主要是存在着两方面的问题。第一是由于带纸毛毯行进线路的安排在大多数情况下使得湿纸页附着在毛毯的下面随毛毯行进,这就要求湿纸页对毛毯的附着力必须克服其重力。第二是带纸毛毯把湿纸页移过来之后必然要包绕舔移辊,不可避免地会受到离心力的影响。这就要求湿纸页对毛毯的附着力还要克服离心力的作用。这两个因素与湿纸页的定量、水分和车速有关。由此可知,舔移方式只能适用于一定的定量和车速范围。一般只能用于车速在 200m/min 以下的低速长网纸机和圆网纸机上。在长网薄页纸机上则在 400~500m/min 的车速下仍可采用舔移方式。

了解舔移的原理对于理解纸页在压榨部的运行原理是有意的,也就是说纸页离开压区后会跟随与其附着力较大的表面运行。例如,一般在单毯压榨出口纸页会跟随石辊表面走,在双毯压榨出口纸页会跟随厚度大、密度大或脏污的毛毯走。

### (三) 吸移箱

在车速不高、纸张定量较低时也可用单缝吸移箱作为吸移装置。这种装置就是一个普通的管式毛毯吸水箱,它被装设在通常吸移辊所在的位置处。吸缝宽度约 10mm,箱内真空度为 20~60kPa(2~6m$H_2O$)。吸移箱具有比真空吸移辊结构简单、体型小巧的优点。其缺点是用于定量较大的纸页时可靠性较差,特别是当纸页跟随毛毯经过圆弧路线时容易掉纸。所以吸移箱目前还主要是用于一些车速不高的低定量纸机上。

## 第四节 压榨配置方式及复式压榨

### 一、压榨部的配置

在新设计一台造纸机或改造现有造纸机时,都会遇到对造纸机的压榨部进行配置的问题。压榨部配置也就是对压榨部的总体方案设计,主要是选择压榨部的引纸方式、压榨道数、各道压榨的形式以及辅助装置的确定。

#### (一) 压榨部配置的原则

压榨部的配置主要取决于纸张种类与质量、浆料种类与配比、车速三大因素。考虑压榨部的配置时,可从它的作用与任务出发,结合一般的技术和经济上的要求,归纳为以下几项原则:

① 在脱水过程符合抄造浆料的脱水特性的前提下应尽可能地提高脱水效率和脱水量,在经济合理的范围内达到尽可能高的纸页干度。

② 满足为纸的特性所需要的各种加工或处理过程的要求。

③ 纸页移送方式及线路符合操作安全方便和不对纸的质量发生影响的要求,并适应于造纸机的设计车速范围。

④ 毛毯的结构形式、定量、材质符合脱水或带纸等要求并能有较长的使用寿命,相同结构形式和定量的毛毯有相同长度以减少贵重物料的贮备数量。

⑤ 毛毯辅件能高效地保持毛毯清洁和具有适当的状态,而且辅件的形式种类尽可能地简单统一,以减少维护工作。

⑥ 损纸输出处理方便,无损纸积存之虞。

⑦ 机架结构及布置设计便于更换毛毯及进行观察、检查及维护。

⑧ 操作控制系统简单,操作方便,并尽可能地做到分点集中或全部集中操作。

⑨ 尽可能地采用标准化部件,提高互换可能性,减少备品数量。

⑩ 优化辊筒包胶层和压榨部的运行条件配置可以对造纸机的能耗有显著的影响。通过正确运用理想的包胶材料、良好的通风方案以及适当的硬度水平,整体的包胶策略可以帮助造纸厂实现减少能源成本的目的。

此外,在配置的机械化自动化水平上还应考虑与成形部、烘干部等的一致性。

#### (二) 压榨形式、压榨道数的选定

压榨的形式和道数是按照纸的原料配比所决定的脱水特性和纸的某些质量要求并参考已

有造纸机的压榨部配置情况或中间试验的结果来选定的。

① 一般文化纸机的压榨部采用三道脱水压榨，有时为了加强脱水或改善纸页的两面性增加第四道压榨，如果采用靴式压榨两道就足够。对于较易脱水的浆料采用高效率高线压的压榨形式和较少的压榨道数，对于用黏状浆则采用在较低的线压下用较多道压榨进行脱水的办法。前者在较老式的造纸机上多用真空压榨一至两道，而在新式的压榨部中则用由真空压榨辊和沟纹压榨辊组成的复式压榨。后者以前多用三至五道的真空压榨、普通正压榨及反压榨来组成压榨部，也可以采用真空压榨、沟纹压榨、分离压榨或热压榨等三至四道来进行脱水。

② 当要求纸张有较好的松厚度（紧度低）时，需要采用较低的线压力、较大的压辊直径、较少的压区。如卫生纸机大多只有一道托辊压榨，有时再多配用一道压榨，有时需要配置两道托辊压榨。随着车速由低到高，托辊的形式依次可以选择平胶辊、沟纹辊、真空压辊、靴压辊或液压垫压榨。

③ 第一道压榨脱水量最大，而且毛毯也最容易脏污。在第一压榨上容易出现压花，并且往往是限制车速提高的关键部位。因此，应优先考虑选用脱水效率高的压榨形式如真空压榨，并配置高效的毛毯洗涤装置。由于真空压榨动力消耗高，一般最多使用一道。

④ 纸页两面都要求有较好的平滑度时，为了减少由压榨的挤压脱水而导致的纸页两面差或为了消除减少由成形器所形成的纸页两面差，往往在压榨部配置反压榨。对一些要求两面光滑度都较高的纸种还要配置平滑压榨。

⑤ 对于定量大的厚纸或纸板，往往采用双毛毯压榨或是双毛毯的垂直流高效脱水压榨作为第一道的压榨。对于定量低的薄纸，在双毛毯压榨中的两面再湿现象相对地比较突出，故一般不用双毛毯压榨。

⑥ 生产湿强度较低、车速较高的造纸机，多采用复式压榨。对于文化纸机和瓦楞纸机来说，复式压榨已经是中高速纸机的标准配置。因为复式压榨使纸页的第一次开式牵引移到第三或第四压区之后，这样使纸页有充分大的湿强度来承受高速下的开式牵引所产生的张力。复式压榨的形式及其选用将在后面进行详细的叙述。

⑦ 对于大型高速造纸机或纸板机应尽量配置封闭引纸直通式压榨部，压榨形式可以是大辊径压榨或靴式压榨。

（三）**引纸方式及引纸装置的选择**

把纸页自成形网移送到压榨部的移送装置的形式选择与纸页的定量及车速有关。生产湿强度较高的纸种的低速长网造纸机可采用普通的开式牵引纸，以简化结构和减少运行及维护费用。

对于圆网造纸机及纸板机一般采用传统的舔移形式，车速稍高时需要设置真空回头辊以保证在毛毯转向时纸页不致甩落。低定量的薄页纸在低速纸机上也多采用舔移方式。

目前新设计的长网造纸机，当车速超过 200m/min 时一般都配有真空吸移引纸装置。对于生产低定量纸种的造纸机如长网卫生纸机则可以采用结构简单紧凑的吸移箱。

在反压榨和平滑压榨上往往需要配用引纸绳装置。

压榨部辅助装置的具体配置将在第五节压榨部的辅助装置中详细介绍。

## 二、复式压榨（多辊压榨）

复式压榨也称复合压榨或多辊压榨，实际上它是把多道双毯压榨、正压榨和反压榨组合在了一起。

采用复式压榨的主要特点是：在复式压榨内部完全是无牵引的自动引纸，把湿纸页的第一次开式引纸尽量地向后推延，可显著减少压榨部的断头次数；不必要再采用操作困难的双辊反压榨，使操作更安全方便；甚至可以实现压榨部的全封闭引纸，消除湿纸页在压榨的无承托的行程，使湿强度很低的纸页亦能在较高速度下安全地通过压榨部；使压榨部的布局变得更加灵活；可以大幅度缩短压榨部的长度；各压辊要求同步运转，对控制要求较高。

复式压榨具有多种形式，下面就比较常见的几种形式予以介绍。

（一）带真空吸移辊的复式压榨

带吸移辊的复式压辊系列可以按下述方法划分各种形式：用"0"代表不带毛毯的压辊，用"6"代表毛毯向上布置的压辊，用"9"代表毛毯向下方布置的压辊，几种常见的形式如图5-47所示。

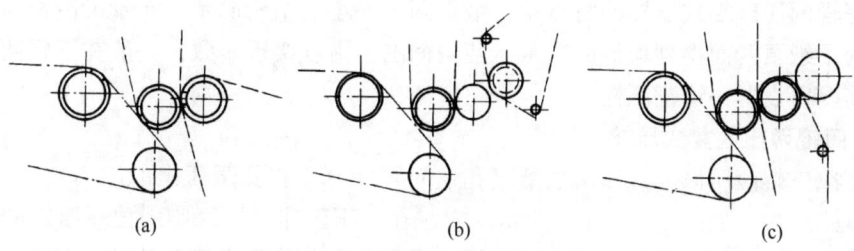

图5-47 带吸移辊的复式压榨
（a）69型 （b）606型 （c）690型

606型的中间辊是花岗石辊，第三压辊可以是真空压辊或沟纹压辊，适用于一般文化用纸。69型只有一个双毛毯压区，690型是在69型的基础上增加一个石辊而成，这两种形式适用于生产纸板和浆板。

在带吸移辊的复式压榨中，真空吸移辊和真空压辊合二为一，省去了传递压榨，并可实现自动引纸。但是一般压区较少，如若再增加压辊，结构上会过于复杂。在真空吸移辊的部位上装置复式压榨时，设备过于集中。传动布置比较困难（要在一个窄小的空间内布置伏辊、驱网辊、真空吸移辊和复式压榨等诸多辊筒的传动装置）。新设计的纸机已较少使用带吸移辊的复式压榨。

（二）三辊两压区复式压榨

早在20世纪30年代就曾使用过水平排列的三辊复式压榨。后来，在20世纪50年代初采用过直立式、三角式和堆垒式等三辊压榨，但这几种复式压榨一般都只是用在旧纸机的改造中，它可以缩短压榨部占地的总长度，从而有可能增设烘缸并提高纸机生产能力。

应用较广的是折角式复式压榨，如图5-48（a）所示。这种压榨在一般文化用纸和瓦楞原纸的造纸机上应用比较广泛。真空压辊为复式压榨的中心辊，其位置固定不动。沟纹辊和石辊配有加压和提升装置。一般真空压辊和沟纹辊配有传动，当车速较高时石辊也可以配传动。

复式压榨的第一压区是由真空压辊和沟纹压辊组成的双毛毯压区。如果毛毯质量高并设置有良好的毛毯洗涤装置，它比单毛毯压榨有更高的脱水效能。同时，双毛毯压榨可以减少纸页的两面性能差异，避免纸页的断头。

由于第一压区真空辊的吸力，湿纸页贴在上毯的下表面自动进入第二压区。第二压区是

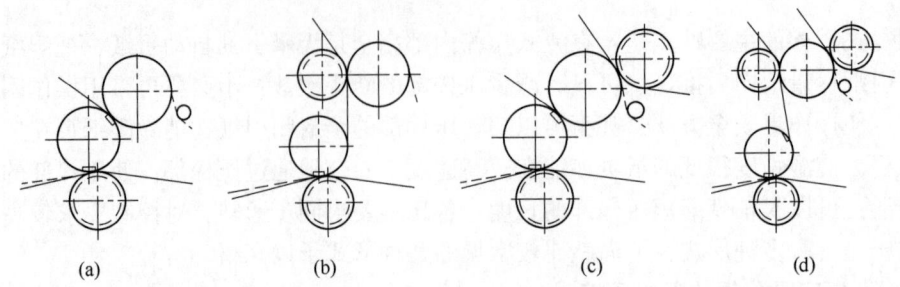

图 5-48　常见复式压榨的类型
(a) 三辊两压区　(b) 四辊两压区　(c) 四辊三压区　(d) 五辊三压区

由真空压辊和石辊组成的单毛毯压区，相当于真空反压榨。为此，需要采用双室的真空辊。

这种三辊两压区复式压榨的特点是：纸页两面差小；结构简单、布置灵活；但是纸页孔痕较重。为了纸页两面得到均等的脱水，使两面的平滑度接近一致，一般在三辊两压区复式压榨之后需要再设置一道正压榨。

### （三）四辊两压区复式压榨

为了解决三辊两压区复式压榨的纸页孔痕问题（真空辊孔眼压出的印痕），又开发了四辊两压区复式压榨，如图 5-48 (b) 所示。它是在一压区和二压区使用独立压辊的无牵引引纸结构，由于第一压区真空辊的吸力，湿纸页紧贴在上毯的下表面自动进入第二压区。在该复式压榨中，真空辊用作一压压区的上压辊，只需要单室的真空压辊。

这种四辊两压区复式压榨既可自动引纸，又可解决三辊两压区的孔痕问题。目前在国内中小纸机上的应用非常广泛。

### （四）四辊三压区复式压榨

三辊复式压榨仅有的两个压区常常是不够用的。在某些造纸机的压榨部上，使用四辊三压区复式压榨，有利于操作和管理，并为压榨部的封闭式或半封闭式引纸创造条件。

四辊式复式压榨多为折角式，如图 5-48 (c) 所示。该复式压榨的中心辊（即安装在机架上的固定辊）为裸硬辊，硬辊的左方是真空压辊，其余两辊是可控中高沟纹压辊。在这种复式压榨上，除中心辊外，其余各辊均有同步的独立传动。

这种四辊三压区复式压榨的特点是：后面不用再配脱水压榨，操作方便、可实现全封闭引纸；但是结构布置比较复杂；同样也存在纸页孔痕较重的问题。另外，在该复式压榨上，第二压区和第三压区都相当于反压榨，由此会造成网面的平滑度过高。如果在其后设一道平滑压榨或普通正压榨可减少纸页两面平滑度的差别。

### （五）五辊三压区复式压榨

为了解决四辊三压区复式压榨纸页孔印问题，又开发了五辊三压区复式压榨。与四辊两压区类似，它也是在一压区和二压区使用独立压辊的无牵引引纸结构，如图 5-48 (d)。

在第三压区中，大部分的水都是从纸页正面脱去的，这对需要双面印刷的涂布原纸和高级纸可能有很大的影响，可能造成印刷时掉毛掉粉。为此，有时需要再加装一个单独的第四压榨，即在三压之后带一段开放引纸的正压榨，以减少纸页两面差，同时可以增加去干燥部的纸页干度。

### （六）复式压榨中压榨辊挠度与中高量的确定

有两个以上的压辊组成的复式压榨，首先可以应用挠度分量这一概念计算出各个压区所需中高值，然后给定一个压辊以适当的中高量（通常是中间位置的压辊），便可得出其余压辊应有的中高量。

为计算方便起见，计算应从最上（或最外）的一个压区开始。具体计算方法用图5-49所示三压辊组成的复合压榨为例来说明。

首先计算压辊1和压辊2所形成的压区。该压区所需的中高值 $K_{1\text{-}2}$ 决定于该二压辊在中心连线 $O_1O_2$ 方向上的挠度分量 $f_1$ 和 $f_2$。很明显，

$$K_{1\text{-}2}=2(f_1+f_2) \tag{5-11}$$

压辊1在 $O_1O_2$ 方向上的挠度分量 $f_1$ 为：

$$f_1=\frac{(Q_{1\text{-}2}-G_1\cos\alpha_1)b^2}{384E_1I_1}(12l-7b) \tag{5-12}$$

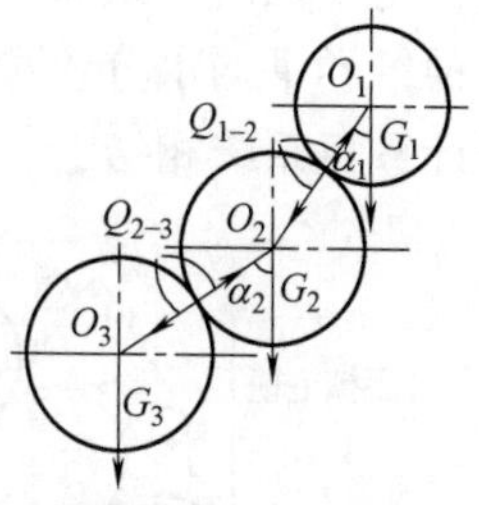

图5-49 三辊两压区压辊受力示意图

式中 $Q_{1\text{-}2}$——上压区压辊间的载荷（线压力 $\gamma$ 和辊面宽度 $b$ 之积）
　　　$G_1$——压辊1的重力

压辊2在 $O_1O_2$ 方向上的挠度分量 $f_2$ 决定于作用在压辊2上的全部载荷在 $O_1O_2$ 方向上的分量，其中包括下压区上的载荷 $Q_{2\text{-}3}$ 在 $O_1O_2$ 方向上的分量。

$$f=\frac{Q_{1\text{-}2}+G_2\cos\alpha_1-Q_{2\text{-}3}\cos(\alpha_2-\alpha_1)}{384E_2I_3}b^2(12l-7b) \tag{5-13}$$

式中 $Q_{2\text{-}3}$——下压区压辊间的载荷（线压力 $\gamma$ 和辊面宽度 $b$ 之积）
　　　$G_2$——压辊2的重力

压辊2和压辊3组成的下压区所需的中高量 $K_{2\text{-}3}$ 的计算方法和 $K_{1\text{-}2}$ 相似，

$$K_{2\text{-}3}=2(f_2+f_3) \tag{5-14}$$

$$f_2=\frac{Q_{2\text{-}3}-G_2\cos\alpha_2-Q_{1\text{-}2}\cos(\alpha_2-\alpha_1)}{384E_2I_3}b^2(12l-7b) \tag{5-15}$$

$$f_3=\frac{(Q_{2\text{-}3}+G_3\cos\alpha_2)b^2}{384E_3I_3}(12l-7b) \tag{5-16}$$

分别求得 $K_{1\text{-}2}$ 和 $K_{2\text{-}3}$ 后，可以先给定中间辊2的中高量 $K_2$（也可以为零），则可求出其余两辊的中高。辊1的中高量 $K_1=K_{1\text{-}2}-K_2$，辊3的中高量 $K_3=K_{2\text{-}3}-K_2$。

## 三、升温压榨与压榨新技术

升温压榨指的是在压榨部提高湿纸温度以强化压榨脱水的一项措施。提高湿纸温度可以从三个方面提高脱水效率，即减小流体流动阻力、减小纤维压缩阻力和减少回湿作用。流动阻力随着水的黏度下降而降低，因此升温有利于促进脱水效率。湿纸温度升高到 60~65℃，半纤维素和木素开始软化，湿纸纤维层的压缩阻力也随之减小。有利于更多的水从压区中压榨脱除；另外，温度上升，水表面张力减小，出压区后纸页的回湿也会减小。

用于加热压榨部湿纸页的方法包括喷汽箱、红外线和热缸。

**（一）采用蒸汽箱加热的升温压榨**

压榨部蒸汽箱是增加纸页脱水的有效途径。纸页温度每升高10℃，出最后一道压榨的纸页干度约增加1%。其应用如图5-50所示。

喷汽箱的主要作用：一是提高出压榨部纸页干度，节约

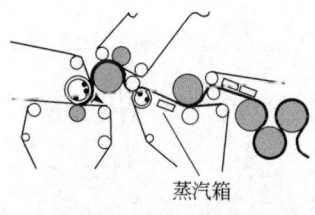

图5-50 在第四压区前配有蒸汽箱的文化纸机压榨部

干燥部的汽耗；二是可以调节横幅干度。

许多新型蒸汽箱间距 150~300mm，均布于纸机全宽，可校正纸页的横向水分分布。在湿纸区用的蒸汽多时脱水量也多，这样使横幅水分达到均一。在特定纸机上所能校正的程度，主要取决于纸张定量、水分含量、纸页透气度和其他变数。横幅水分均一，可提高某些纸种纸卷平均水分含量，从而降低干燥能耗，并改进压光状况。有些横幅蒸汽箱已与工艺控制计算机系统相结合，以达到自动控制水分的目的。

蒸汽箱安装的最佳位置应该是最后一道压榨之前，因为此处纸页含水量最低所需要加热的蒸汽也最少，有最好的经济效益。但是有很多情况是把蒸汽箱设在第二或第一压区之前，这主要是从方便和安全性考虑的，如图 5-51 所示。

压榨部蒸汽箱还可影响纸页的质量。纸页温度每提高 10℃，可软化纤维素纤维 15% 左右，从而增加了纸页的压缩性。结果是离开压榨压区的纸页紧度更大。当纸页是在一压压区前增加温度时，如果增加车速，则纸页密度和松厚度改变很小。由于提高纸页温度所获得的较好的压榨效果，可弥补纸页在压区停留时间较短的不足之处。

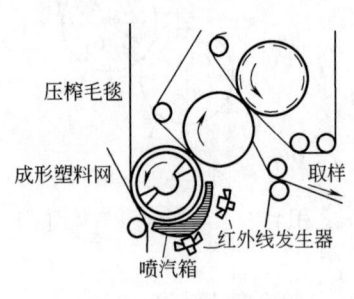

图 5-51 红外线或蒸汽箱加热升温压榨

（二）采用红外线加热的升温压榨

常用的红外线装置有气体如煤气或天然气燃烧发生器或电红外发生器两种，以天然气燃烧红外线发生器使用的较为普遍。

图 5-51 为加拿大制浆造纸研究所实验纸机使用的天然气燃烧产生红外线和用蒸汽箱进行升温压榨的工作示意图。红外线发生器和喷汽箱安装在实验纸机的三辊双压区复合压榨中真空引纸辊真空室的外缘位置，加热升温后的湿纸进入第一压区进行升温压榨。

对比试验证明红外线升温压榨的效果不如蒸汽箱升温压榨。原因是红外线发生器所提供的热量不如蒸汽箱多，而且红外辐射时从纸面蒸发出来的水蒸气可能重新在湿纸上凝结，所以红外线发生器的升温脱水效果不及蒸汽箱。普通长网纸机的红外线加热器多装在第三道反压的部位。

（三）采用热缸加热的升温压榨

采用热缸加热的升温压榨，其特征是一方面通过加大压辊的直径来增加压区宽度，另一方面通过提高纸页温度以降低水的黏度，从而提高脱水效率。

经过热压榨还可以提高纸页的抗拉强度，改善耐破度、撕裂度及挺度，改善纸张性质并可减少压光的工作。

这种新型压榨设计，是用一个大型钢辊，内通蒸汽加热，以改善纸页的脱水。纸页在 2~3m 直径的大辊上被加热，辊面是用特种合金制成以加强热量的传递。大直径钢辊可与各种不同的压榨装置结合使用。热压榨大多有两个压区，如图 5-52 所示。

这类压榨已在生产低、高定量纸种的纸机上使用。典型的热压榨线压力为 140~175kN/m。出口纸页干度达 52%~56%。这样高的纸页干度主要是由于纸页加热的结果。

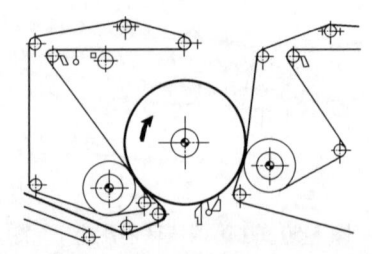

图 5-52 采用热缸加热的升温压榨

### （四）压榨与干燥相结合的新技术

近30年以来，在压榨和干燥技术的革新方面取得了显著的成果，特别是压榨干燥、脉冲干燥及冷凝带干燥。这些技术结合了压榨和干燥的部分特征。

压榨干燥是指在干燥的整个或局部过程中，纸页处于Z向受压状态。它综合应用压榨和干燥作业。它所包含的压缩压力和表面高温，足以使纸页内温度超过100℃。纸页在受制约情况下干燥，限制了平面收缩。已经推荐了几种压榨干燥设备，但尚未见有在工业上正式使用。

脉冲干燥是目前正在开发的压榨技术。这种压榨压区的上辊加热到十分高的温度，以便在压区产生蒸汽，将水分逐出纸页。所用的压区温度150~480℃，压力275~690kPa，停留时间100~150ms。实验室研究表明，固形物含量50%的新闻纸，在254~460mm长的压区可脱水到90%固形物。压榨加压、长时间停留以及高温的综合利用，使其脱除的水量要比传统压榨多得多。能耗要比传统的少一半，但这要使用电代替蒸汽，目前正在研究解决纸页黏附到加热压辊和纸页分层的问题。

## 四、压榨部配置举例

### （一）圆网造纸机的压榨部

普通圆网纸机一般只配置一道主压榨和一道托辊压榨。主压榨可以是单毯压榨，也可以是双毯压榨。

老式的多圆网多缸纸板机在主压榨前一般设有4~5道辊径较小的预压，线压力由小逐渐增大。新一些的设计一般用一道真空预压来代替4~5道预压。在主压后一般设2~3道正压及反压。一般预压采用双毯压榨，其他压榨采用单毯压榨。压榨辊的形式以沟纹辊为主，最后一道可以采用平辊以减少回湿。

### （二）低速长网造纸机的压榨部

一般由2~5道各种形式的正压榨、反压榨和光泽压榨等组成。前几道起主要脱水和压紧作用，最后一道或两道是反压榨和光泽压榨，用以改善纸页的表面平滑度和减少两面差异。这种形式的压榨部也称为开放式直通压榨，如图5-11所示。

纸页从成形部到压榨部，在压榨部各道压榨之间的转移以及从压榨部到干燥部均采用开放式人工引纸。典型的配置是由两组正压榨、一组反压榨和一组光泽压榨组成，习惯分别简称为一压、二压、反压和光压。每组压榨都由上、下压辊组成，一般下辊为主动辊，上辊为被动辊并配有加压提升机构。前三组压榨属于脱水压榨，每组压榨都配有毛毯。每条毛毯都配有校正器、张紧器、毛毯洗涤装置以及若干导辊。为了引导纸页按确定的路线运行，还配有引纸辊。

### （三）中速长网造纸机的压榨部

新型中速造纸机的前几个压区通常由一组复式压榨所替代，以适应车速较高时的封闭式自动引纸。图5-53所示的含有三辊两压区复式压榨加一道沟纹正压榨的压榨部配置就是一种典型的配置，适合生产普通文化用纸和瓦楞原纸的中速造纸机。

图5-54所示的是一台250m/min的生产高档文化用纸的压榨部配置方案。该压榨部包含四辊两压区复式压榨、一道沟纹正压榨及一道光泽压榨，是目前中小型文化造纸机非常流行的一种配置。如果对纸页的平滑度要求不是特别高的话，也可以取消光泽压榨。

图5-55所示的是一台生产高档文化用纸的纸机压榨部的配置方案，也是目前中速造纸

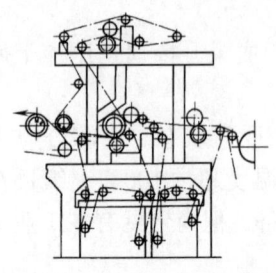

图 5-53 由三辊两压区复式压榨及一道正压组成的压榨部

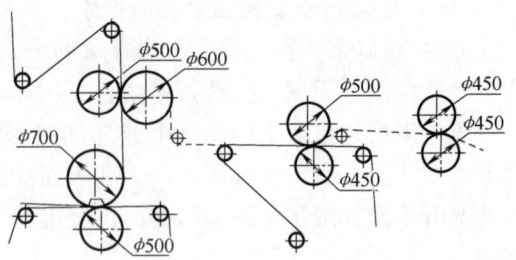

图 5-54 含有四辊两压区复式压榨的高级文化纸机的压榨部示意图

机常用的一种配置。该压榨部共包含了四个压区，前三个压区为复式压榨，最后一组为双辊压榨。第一个压区配了上下两条毛毯，还配置了真空吸移辊，从网部一直到第三个压区为封闭式自动引纸。从第三压区至第四压区为开式引纸，因此在此处的楼下设置了损纸处理设备。如果是生产低定量涂布纸的话，可以取消最后一组双辊压榨。这时如果为了改善纸页的两面平滑度的差别，有时还可以采用四条毛毯，即给复式压榨的四根压辊都配置一条毛毯，但是这样三压区的回湿量较大。

对于中高速长网纸机也可以采用图 5-56 所示的配置。整个压榨部是由三根沟纹辊、真空辊和中心光辊组成的五辊三压区压榨。中心辊上配有传送带，压榨部为全封闭引纸。

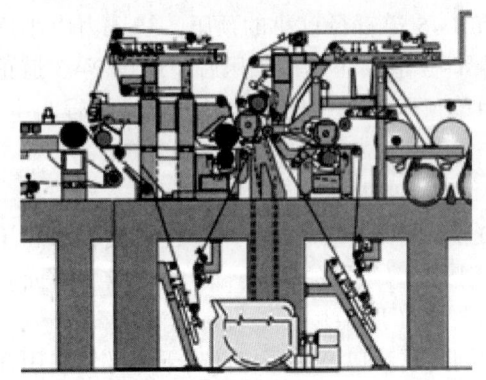

图 5-55 由四辊三压区复式压榨及一道正压组成的压榨部

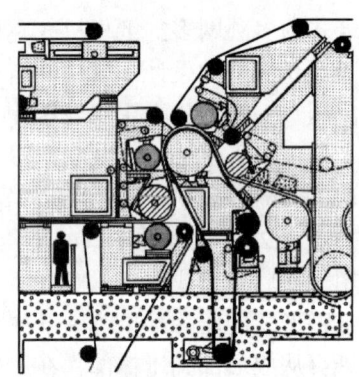

图 5-56 有传送带的五辊三压区压榨部

### （四）高速夹网造纸机的压榨部

高速夹网造纸机一般采用其中包含靴压辊的复式压榨或封闭直通式压榨。适用于文化纸机的靴式压榨有多种。是不是最适合的压榨方式，取决于很多因素，例如新的设备还是改造的设备、纸的种类、车速要求、质量要求，等等。常用的含有靴压的典型配置有以下几类。

第一类是整个压榨部由四辊三压区靴式压榨组成，如图 5-57 所示。美卓的 SymPress B 和福伊特的 DuoCentri-NipcoFlex 都属于这一类。在第一个开式引纸前的第三压区设置了带有靴压辊的四辊三压区复式压榨，并配有蒸汽箱。在金东纸业的 1 号纸机上就配置了这样的压榨部，生产定量 60~84g/m$^2$，车速达 1500m/min 以上，出压榨后纸张的干度达到 52%。为了优化这一系统，在第一道压榨的底辊也采用了一个小型的靴式压榨。但是真空压榨辊的机械性能对其效率有一定的影响。该压榨部的优点有：适用于新的或改造的纸机；第一个开式引纸前纸张干度较高；适应高车速运行；显著降低蒸汽用量。其缺点有：更高的车速时受限于开式引纸；没有第四道压榨的情况下纸张粗糙度两面差较大；与独立压榨相比一次性投资较高。

第二类应用于高速造纸机上的典型配置是采用两道封闭直通式靴式压榨，美卓的Opti-Press和福伊特公司的Tandem-NipcoFlex都属于这一类，如图5-58所示。

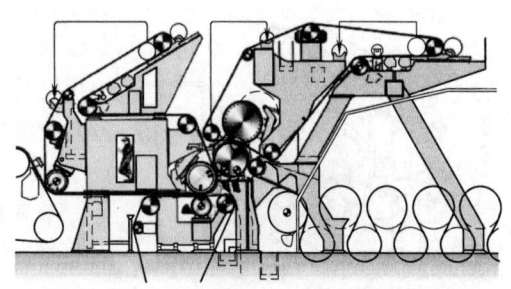

图5-57 含有两个靴压辊的复式压榨的压榨部（DuoCentri-NipcoFlex）

这种配置的实例越来越多，封闭直通式压榨由两组靴式压榨组成，并且均为双毯压榨。典型的参数为第一压区宽度150mm，设计线压力500kN/m，第二压区宽度250mm，设计线压力1000kN/m。纸页以直行的运行路线通过整个压榨部，可以避免离心力对纸页运行的影响。从网部到第一压榨，从第一压榨到第二压榨，以及从第二压榨到干燥部的第一个烘缸都是通过真空吸移辊实现自动引纸的，实现了压榨部的全封闭引纸。车速可以达2000m/min以上。

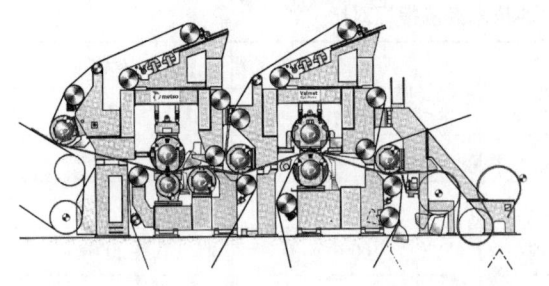

图5-58 现代化高速夹网造纸机的封闭直通式压榨部

如果是生产低定量纸张，为了减少第二压区的回湿，还可以把图5-58所示的封闭直通式压榨的二压下毯改成传送带。传送带是不透水的聚氨酯材料制成的，不起脱水作用，可防止纸页回湿，能够提高纸张平滑度，还具有传输纸页的作用。这样相当于改成了单毯压榨，在既保证纸页的运行性能的前提下，在压区出口处上毛毯可以立即与纸页分开，使得回湿量最小，有利于提高出压榨部纸页的干度。

如果车速不是特别高，第一道压榨可以采用沟纹或盲孔双毯压榨，以降低成本。如南平纸业公司的5号新闻纸机，一压采用上辊直径为1100mm、下辊直径为935mm的沟纹辊组成的沟纹压榨；二压采用上辊直径为1430mm的靴压辊，下辊直径为1100mm的沟纹辊，线压力1000kN/m；实际车速已运行到1650m/min，出压榨干度在48%~50%。

福伊特公司1999年开发的Tandem-NipcoFlex的直通式双靴压压榨在新闻纸生产线上应用。用100%脱墨浆生产45g/m²的新闻纸，一压的线压为950kN/m，二压的线压为1100kN/m。在配有蒸汽箱的情况下，压榨部纸页干度达到53%，车速超过1900m/min。

与第一类典型方案相比，第二类方案的出压榨干度极佳；无开式引纸，运行性能好；不需要真空压榨辊和光辊；压区少，设计简单，压榨部不需要纸尾处理装置；适应更高的纸机运行车速。其缺点有：占用的空间场地较多，更适合新建项目；与前面的四辊三压区靴式压榨概念相比，若对原有压榨部进行改造，则成本更高。总之串联双靴压压榨部，纸页干度最高，纸机车速最高。

第三类含有靴压的典型配置是仅仅有一个压区的单靴压压榨部，如图5-59所示。美卓的OptiPress I和福伊特的单靴压NipcoFlex压榨部都属于这一类。单靴压压榨部采用双毛

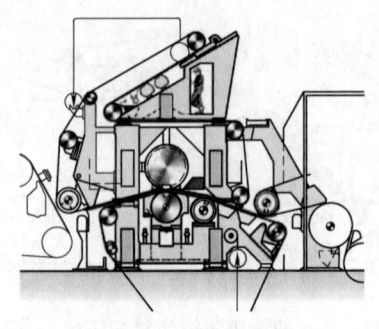

图 5-59 单靴压压榨部

毯，纸页通过引纸毛毯从网部进入第一个蒸汽箱，经过双毯靴式压区，再通过吸移辊转到下毛毯上。从 2003 年福伊特生产的第一台单靴压 NipcoFlex 压榨开始，已有多台生产复印纸的纸机上应用了单靴压 NipcoFlex 压榨技术。

单靴压 NipcoFlex 压榨的典型运行数据：不含磨木浆未涂布的纸张（复印纸）$60\sim120g/m^2$，最高运行车速 1400m/min，靴辊直径 1600mm，靴压配辊直径 1400mm，最大线压 1250kN/m，压区宽度 330mm。蒸汽箱作为可选项，可以有 69 个分区，用于改善纸页横向水分分布和提高纸页干度。纸页干度可以轻易地达到 53%，实际能达到 57%~58%。

表 5-1 列出了几种压榨部配置的技术经济指标对比情况。

表 5-1　　几种压榨部配置的技术经济指标对比

|  | 单靴压 | 四辊三压 | 双靴压 |
| --- | --- | --- | --- |
| 真空需求/(m³/h) | 100% | 126% | 159% |
| 传动装机容量/kW·h | 100% | 155% | 148% |
| 停机更换毛毯(时间) | 100% | 115% | 130% |
| 压榨靴套(成本) | 100% | 100% | 200% |
| 压榨毛毯(成本) | 100% | 78% | 114% |
| 投资成本 | 100% | 120% | 160% |

单靴压压榨部虽然简洁，但是毛毯的使用寿命被缩短。为此意大利的 PMT 公司为静电复印纸机的压榨部配置了迷你靴压（采用真空辊作为配对辊）作为第一压榨，第二压榨仍然采用标准靴压，如图 5-60 所示。由于第一压区的压力小，脱水能力强，从而较好地满足了复印纸对松厚度的要求。

（五）叠网纸板机的压榨部

对于中等速度的纸板机采用一道真空压榨和两道盲孔大辊径压榨是一种非常稳妥可靠的配置，如图 5-61 所示。第一道采用真空压榨对防止压花很有效，两道盲孔大辊径压榨的采用可以保证纸页的进缸干度在 45% 以上。

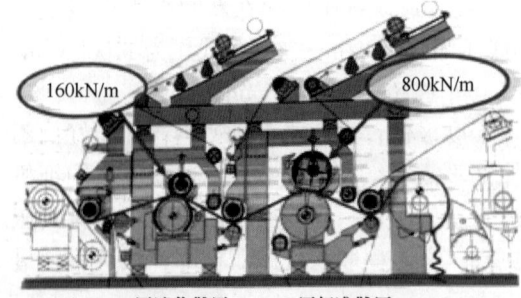

图 5-60　迷你靴压+标准靴压的复印纸机压榨部

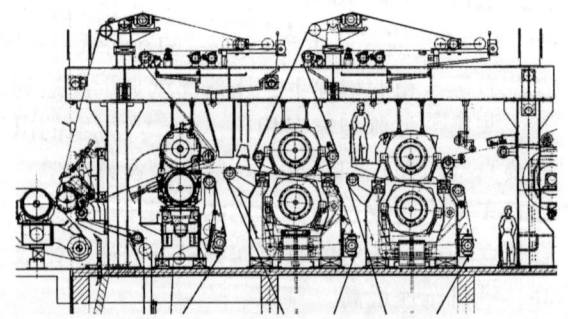

图 5-61　采用一道真空压榨和两道大辊径压榨的纸板机压榨部

随着对大辊径压榨使用经验的不断积累，现在新设计的纸板机越来越多地倾向于取消真空压榨。即整个压榨部由两道大辊径压榨组成，以降低压榨部的功率消耗。如图5-62所示。

对于高速纸板机越来越多的采用类似于图5-58所示的两道封闭直通式压榨。第一道压榨可以是大辊径压榨或靴式压榨，第二道压榨为靴式压榨。

图5-63所示的是用于折叠纸板和液体包装纸板的压榨部，它由一道大辊径压榨、一道靴压和一道光泽压榨组成。

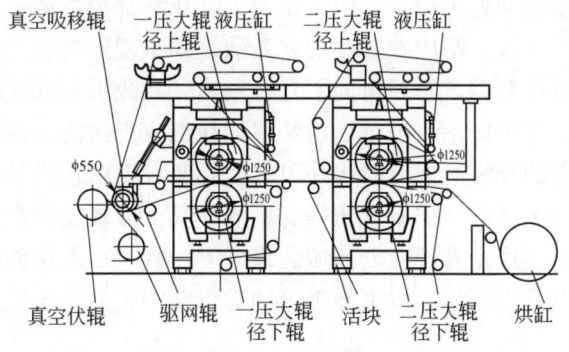

图5-62 仅采用两道大辊径压榨的纸板机压榨部

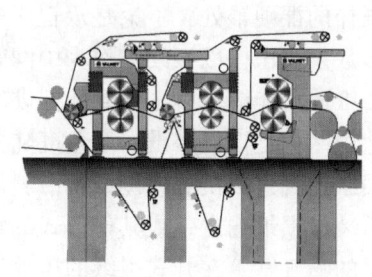

图5-63 由大辊径压榨，靴压和光泽压榨组成的压榨部

国产压榨技术虽有很大进步，完全能满足中小型纸机的需要，形式和布置也逐渐趋向于规范一致。但高速高效的压榨技术和压榨辊发展缓慢，高速纸机普遍使用的可适用高压力脉冲的靴压辊技术、可控中高辊技术、钢带缠绕沟纹辊技术，甚至新型真空辊技术国内开发都严重滞后，还有蒸汽箱技术，几乎是空白。从这一点上看国产压榨技术的进步并没有取得突破性进展。

## 第五节 压榨部的辅助装置

### 一、压榨部辅助装置的配置

压榨部辅助装置主要包括压榨辅件、毛毯辅件、纸页移送辅件、损纸处理装置、加压装置、机架和走台等。

压榨辅件也可以称为压榨辊的辅件，因为它和压榨辊的结构形式、作用、位置等是分不开的。压榨辅件的一般配置规律是：a. 各道压榨的加压装置应基本相同或大致相同；b. 与纸页接触的裸辊配有刮刀以铲除黏附在辊面上的纸屑，有时同一辊上还配有两把刮刀；c. 位于毛毯内的压榨辊应配有接水盘以承接沿辊面流下的、自辊内甩出的及冲洗辊面的水；d. 沟纹压榨辊和盲孔压榨辊应配有专用的喷气或喷水管以冲走沟纹或盲孔内的残留水分。

毛毯辅件的配置随毛毯的种类、用途和车速而有所不同。但校正、张紧、舒展、洗涤调态这几项都是不可缺少的。老式低速造纸机的压榨毛毯配用手动张紧器和校正器，以及手动加压的毛毯压榨；新设计的造纸机则多采用自动校正器、电动或气动的张紧器、气动加压的真空挤水压榨、弧形舒展辊等较先进的装置。近年来，对于合成纤维制成的新型结构的毛毯多采用高压移动喷水管、低压喷水管和吸水箱组合作为洗涤调态装置，有的还配有化学洗涤剂喷洗管。毛毯辅件配置的规律是全部采用标准化的部件和保证对毛毯有充分的洗涤调态能力。

大多数新型造纸机上压榨的加压抬辊装置采用波纹气胎、气缸或液压缸。一般地说用压缩空气的较多一些。但随着液压控制的各种可控中高压榨辊的使用以及高线压的使用，用液压系统的也越来越多了。这些气、液加压抬辊机构过去是分别装设在各自的压榨机架上的，有时往往与气动、电动的毛毯辅件控制装置装在一起形成在机架上的控制屏。现今在中、低速造纸机上采用这种分点集中的控制屏还是很多的。但在大型高速造纸机上，则往往采用全压榨部的控制点集中在一起的机外控制台。

除移送装置和引纸绳装置外，还要有损纸的处理设备、引纸辊等。在压榨部分的第一道压榨的裸硬辊处，不论是双辊压榨还是复式压榨，都应在其刮刀之后装设损纸输送装置。大多数复式压榨以裸硬辊作为中间辊而使纸页被刮刀铲下后可向下自行落出。当成形部的伏辊损纸池口能够一直延伸到此裸硬辊下方时，也可以不设损纸输送装置而让纸页直接落入损纸池中。或是仅仅装设一个角度陡立不会积纸的导板。但有时也还可能需要装设损纸输送带把损纸送到造纸机的一侧或再沿斜溜糟送到损纸池中。用双辊压榨时则多在其上方裸硬辊刮刀后装设损纸输送带或其他形式的输送器。上述这个裸硬辊处还应装设吹剥、吹送引纸用的纸尾的喷气管。在开式引纸的压榨出口一般设有引纸辊，以引导纸页的运行路线，并稳定纸页的运行。

压榨部的机架结构和配置是服从于其他组成部分的配置的。双辊压榨大都是具有各自的轴承座和装设加压抬辊机构和加压杠杆的立架。压榨部的机架也就以各道压榨的立架和轴承座为中心、配合各道压榨毛毯的线路而组成。为此，布置在单层厂房内的一般的低速窄幅造纸机的压榨部利用纵梁和矮支座把压榨立架和轴承座抬到适当的高度，把纵梁以下的空间用来布置压榨毛毯的线路，装设其辅件。在此情况下，本身具有立架和轴承座的普通或真空毛毯挤水压榨就只能安排在纵梁以外的湿段（因为第一压榨毛毯大都配用这个洗涤调态装置），成为压榨部最靠近成形器的装置。也有时利用这个毛毯挤水压榨的立架作为走板架或纵梁的支座。绝大多数的较新式的低速造纸机以及全部中、高速造纸机都采用两层楼布置，把所有各道压榨下毯的线路都布置在底层，使压榨立架与轴承座可坐落在楼面的底轨上。配有双辊反压榨和配有真空吸移装置的压榨部分要为上毯的线路配设高立柱和纵梁来装设其毛毯辅件。许多复式压榨也同样要配有高立柱和纵梁来安排上毛毯的线路。往往在这些高位的纵梁上装设横向工字梁和吊车或是吊钩等装备以利拆装吊卸辊筒。新式的压榨部机架还被设计成悬臂或带外立柱的形式以便于更换毛毯。

## 二、压辊的加压和提升装置

在一般情况下，压榨上辊的自重可以产生大约 100~150N/m 的线压力。为了能够控制和调节压辊之间的压力，并在换毛毯和停机时使压辊相互脱离开 40~60mm，在压榨上应设置压辊的加压和提升机构。

对加压机构的要求是压力稳定、高效和具有柔性。加压和提升装置分为杠杆重锤式、气动式和液压式三种。其中气动式又分为气缸式和气胎式两种。

杠杆重锤式加压和提升装置的加压是用重锤和一系列杠杆来实现的。压辊提升机构和加压机构是合在一起的，转动提升手轮会首先使重锤及其杠杆下降。当杠杆下降到限位的小凸台后，继续转动手轮时就会将压辊的杠杆压下而将压辊提起。使用这种加压和提升机构的已经越来越少，不再详述。

图 5-64 为一种气缸加压和提升装置示意图。它可以无级地调节线压力并容易保持稳定，

杠杆系统简单、机械效率高。

目前造纸机上广泛使用的波纹气胎式气动加压提升装置如图 5-65。它具有结构简单，没有滑动密封件，机械效率高，惯性小，柔性好等优点。波纹气胎又称气弹簧，其结构如图 5-66 所示，工作部分直径为 80~600mm。

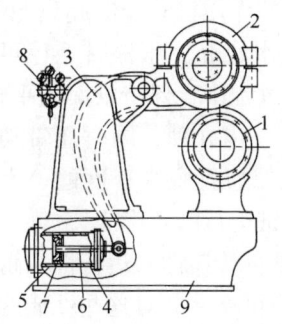 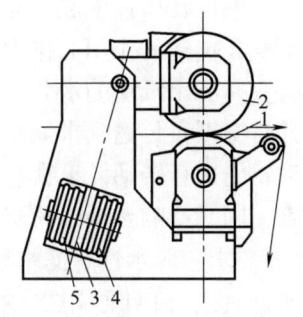 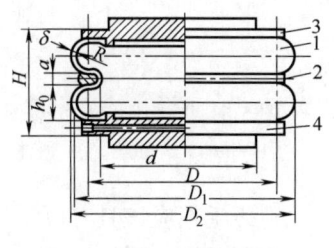

图 5-64 气缸式气动加压机构
1—压榨下辊 2—压榨上辊 3—杠杆 4—气缸 5—活塞 6—活塞杆 7—密封 8—气动压力调节器 9—机架

图 5-65 波纹气胎式气动加压提升装置
1—压榨下辊 2—压榨上辊 3—上辊轴承臂 4—加压用气胎 5—抬辊用气胎

图 5-66 波纹气胎（气弹簧）
1—橡胶波纹管 2—腰箍 3—座盖 4—带进气口的座盖

波纹气胎传递的压力可以用式（5-17）计算：

$$F = \frac{\pi}{4}D^2 p = \frac{\pi}{16}(D+d)^2 p \quad (N) \tag{5-17}$$

式中　$p$——压缩空气表压，Pa
　　　$d$——气胎内凹波谷的内直径，m
　　　$D_1$——气胎外凸波峰内直径，m
　　　$D$——$D_1$ 和 $d$ 的平均值，m

每节波纹的行程约为 0.06~0.09$D$。波纹的数量越多，其行程也越大。

波纹气胎加压装置的缺点是不能传递过大的压力，使用的压缩空气压力一般不超过 500~600kPa。加压提升机构的调节原理和压缩空气线路如图 5-67 所示。压缩空气经截止阀、过滤器和单向阀后进入一个四位控制阀。

控制阀的结构示意地表示在图 5-68 中。当控制阀的手柄位于"加压"位置时，压缩空气就会通过控制阀进至压力调节器，然后进入加压气胎。与此同时，提升气胎内的空气经过控制阀排入大气。当转动控制阀手柄至"关气"位置时，加压气胎和提升气胎均经过控制阀与大气相通，上辊便自由地靠置在下辊上。"减压"的动作和加压类似。"提升"时，压缩空气经过控制阀全压进入提升气胎，使压辊快速提升。

液压式加压提升装置的结构类似于气缸式气动加压机构，但其介质为液压油，可以施加较高的压力。因此结构紧凑，有较大的刚性。其调节控制系统要复杂一些。主要适用于线压力较大和车速较高的情况。如大辊径压榨、靴

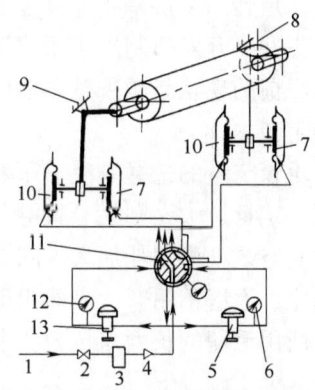

图 5-67 气动加压提升原理图
1—压缩空气源 2—截止阀 3—过滤器 4—单向阀 5—传动侧的压力调节器 6—压力表 7—加压气胎 8—上压辊的传动侧 9—操作侧 10—提升气胎 11—控制阀 12—压力表 13—操作侧的压力调节器

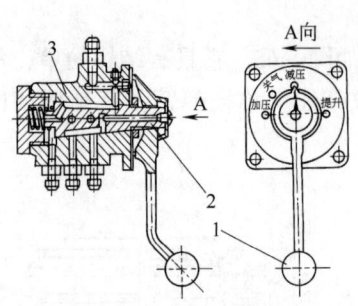

图 5-68 控制阀结构示意图
1—手柄　2—阀芯　3—阀体

式压榨都是采用液压式加压提升装置的。

## 三、毛毯及其洗涤装置

### （一）压榨毛毯

毛毯在压榨中起着非常重要的作用，它能够起到滤水、平整、传送的作用。作为一种脱水媒介，压榨时毛毯可以吸收并滤出纸中的水分，在脱水过程中，保持纸面的平整，并将湿纸页传送到干燥部进行下一步处理，同时还带动被动辊筒进行转动。毛毯是影响压榨装置脱水速度的一大因素，同时影响着纸张的质量与设备运行的效率。

造纸毛毯应该具有以下具体性能要求：脱水性、滤水性、湿纸页传递性、运行性、耐磨性、耐脱毛性、耐压缩性、纸张的表面性、初期适应性、均一性、更换性。对这些性能的要求，因纸种、抄造设备、使用部位不同会有细微的差别。所以毛毯的品质也多种多样，即对应每个部位都有不同的品质要求。

1. 压榨毛毯的选择

压榨毛毯的选择取决于所生产纸的品种和定量、纸机类型、环境条件、毛毯洗涤装置情况等。在设计和选择毛毯时，必须以造纸机的有关生产技术参数和压榨部高效节能为基础，只有根据造纸机的实际使用条件，适当地调整毛毯的相关工艺和技术参数，才能使造纸毛毯更有效地满足造纸机的实际需求，从而达到提高压榨部脱水效率、提高湿纸页出压干度、减少压榨部湿纸页断头、确保压榨部高速高效运行。脱水性好的毛毯可以提高压榨出口处纸页的干度，从而实现在纸机压榨部节能降耗的目的。

造纸毛毯品种的选择主要考虑压榨形式、使用部位、纸种、洗涤条件等因素。最早使用的是编制毛毯，1955 年下半年发明了针刺技术，制造多种多样的针刺毛毯成为可能。随后主要是从 BOB 毛毯（butt on base felt）发展到 BOM 毛毯（butt on mesh felt）。BOM 毛毯也从一、二层转向多层基布即复合毛毯方向发展。随着纸机的高速化、高压区化及靴式压榨的发展，近些年开发研制出了很多耐压缩性和表面平滑性都很优秀的复合毛毯，且正被广泛使用。目前的现状是越来越多地使用复合毛毯。国外正在发展带接口毛毯、涂布树脂的毛毯等新型毛毯。

毛毯定量的选择取决于压榨形式、使用部位、所生产的纸种、洗涤条件、真空度大小等因素。定量过大，则易导致毛毯含水量大、造纸机车速上不去、流体阻力加大、毛毯容易脏污、真空泵动力损耗加大等问题。如果定量过小，则易导致毛毯透气度过大、真空系统真空不稳定、毛毯不耐磨、表面粗糙、底网痕加重等缺点。

所用毛毯的长度与拉力要求呈正比关系。毛毯越长，要求其拉力也应越大。一般我们在造纸机上量取压榨毛毯的长度时，将张紧器置于其张紧范围的 $\frac{2}{5} \sim \frac{1}{2}$ 的位置，使用不伸缩线顺毛毯运行的圈路量取其实际尺寸，此即为所需毛毯的订货长度。订货长度过大或过小均会降低安装效率和使用效果。

毛毯宽度以压榨辊的辊面宽度为准。毛毯过宽或过窄均会影响造纸机的正常运行。如果所订的造纸毛毯过宽，则容易出现毛毯边部被磨烂现象，毛毯的边部被磨烂以后，露出的底网（基布）丝线容易被甩进湿纸页中，造成纸页断头频繁，另外，也容易造成撕裂毛毯。

如果所订的造纸毛毯过窄，则会导致毛毯在运行中不稳定，容易跑偏漏气，标准线稍微偏斜以后，毛毯则很容易变窄，以至于不能承载整个纸页。

2. 压榨毛毯的便捷更换

更换压榨毛毯是一项费工、费力的工作，更换一条毛毯所需要的时间要根据压榨部的机体状态、工作环境、毛毯的品种、长短和配置、人员的熟练程度等因素来确定，通常状态下，快则要近2h、慢则8h甚至更长时间。为了节省更换压榨毛毯的时间，应从以下方面着手：

① 压榨部机架、压辊、箱体等部件的设计应该科学合理，应具有足够的距离和空间，平台、机架、各辊筒箱体等应便于拆卸、吊装；

② 增加毛毯运行外圈的导毯辊、减少毛毯运行内圈的导毯辊，同时在满足压榨毛毯运行需求的前提下尽量减少导毯辊的数量；

③ 更换使用BOM压榨毛毯，特别是更换使用多层底网结构、大定量、宽幅的BOM压榨毛毯，此类毛毯比较硬、挺、厚实，更换难度较大，应当配置专用的熊爪大力钳或者在毛毯的传动侧缝制专用的牵引带，以便于操作人员在更换毛毯时牵引毛毯进入传动侧一边；

④ 使用有端、接缝压榨毛毯。目前采用的压榨毛毯大都是无端毛毯，采用有端接缝毛毯可以大大节省更换时间，但是，有端接缝毛毯用于压榨部还很罕见，世界一流水平造纸毛毯厂对此已经研究多年，但是只有极少的有端接缝毛毯用于压榨部，而且仅能作为生产浆板等厚定量品种使用，因此还需要造纸毛毯厂的工程技术人员加大研制的力度、加快研制的步伐。

⑤ 合理安排更换毛毯的时间，建议采用定期更换压榨毛毯和将更换压榨毛毯和停机检修有机地结合在一起，将时间效能发挥得最大化。

3. 压榨毛毯与压榨部高效节能运行

毛毯的滤水透气性能对压榨部高效节能运行有着重要的影响。压榨毛毯透气度的选择应根据造纸机综合的技术参数来确定，这是一个比较经验的数值。在实际生产中，新毛毯的透气度、毛毯使用最佳状态时的透气度和毛毯失效下机时的透气度均不一样，透气度将会越来越差。我们在选择造纸毛毯的订货透气度时应略大于毛毯使用最佳状态时的透气度，如果选择透气度过大会造成真空系统的真空度上不去、毛毯的含水量过大、纸页的水分脱不出去、毛毯透浆、压榨部脱水效率下降等问题；如果选择的造纸毛毯透气度过小，又会导致毛毯在真空吸水箱处跳动、真空系统负荷过太、毛毯磨损加重、纸页脱水困难、车速上不去等症状。

压榨毛毯的洗涤对压榨部高效节能运行同样有着重要的影响。现代造纸由于大量使用低级别的纤维原料或再生纤维，各种填料用量日益增加．化学品的大量使用以及迫于环境保护的压力而实行白水封闭循环等诸多方面的原因，这种状态加速了造纸毛毯的污染，污脏的毛毯使压榨部脱水效率大大降低，缩短了毛毯的使用寿命，给纸机的运行带来不利影响，并且还造成烘干部蒸汽消耗量增加，所以加强毛毯的洗涤尤为重要。据调查分析，在毛毯下机的原因中，95%是由于孔隙被污垢堵塞，磨损及其他原因仅占5%，所以必须加强毛毯的洗涤。洗涤的目的是洗掉黏附于毛毯表面及积存在毛毯内的污垢，恢复毛毯的弹性和松厚度，保持毛毯良好的滤水性、含水率和透气度，从而延长毛毯的使用时间，确保纸机高效节能运行，提高产量和质量，降低毛毯耗用等。

在造纸生产过程中，需要对毛毯进行合理科学的管理与维护，才能保持较佳的使用性能。在检查中,要对毛毯的位置进行不断审核,避免跑偏。如果毛毯发生跑偏的情况,将会对本身起到机械损伤的可能,被迫导致毛毯下机;保持一定的压紧力,及时对毛毯进行洗涤,如果压力太小,容易导致打滑,从而影响到纸张的质量,如果压力太大,就会对脱水造成影响,从而影响到了毛毯的使用寿命;将粘在毛毯上的污垢及时进行清除,保持弹性与松厚度,从而保证滤水性、含水性与透气度,延长使用时间。

在开始换上新的毛毯时,平整度、含水率与透气度都不一定能够满足设备的高效运行需求,需要通过一定时间的空运转或低速运转达到最佳的配合,才能达到理想的运行状态,这一过程一般需要五至七天的时间,这一阶段需要保持较低的运行状态。经过一定的适应期后,在容水空间方面达到理想规格,表面平整结实,脱水顺畅,让造纸机设备能够达到正常的生产速度,从而保证了生产质量与效率。

(二) 毛毯洗涤装置

在毛毯的使用过程中,毛毯逐渐被细小纤维、填料、树脂等堵塞、弄脏;一些化学反应生成的沉淀和细菌活动的结果,也会弄脏毛毯。如果毛毯中的沉积物超过 10%,将会严重影响毛毯的脱水。因此,在压榨部上设置性能良好的毛毯洗涤设备,对于保持压榨的脱水效率,延长毛毯的使用期限是十分重要的。

在现代造纸机上,毛毯的调质与清洗系统主要包括全幅喷淋与真空抽吸,全幅喷淋由常规喷淋与化学喷淋组成,一些低压喷淋用于润滑吸水箱陶瓷面板或刮刀等。某现代造纸机压榨部的相关喷淋管的布置见图 5-69。

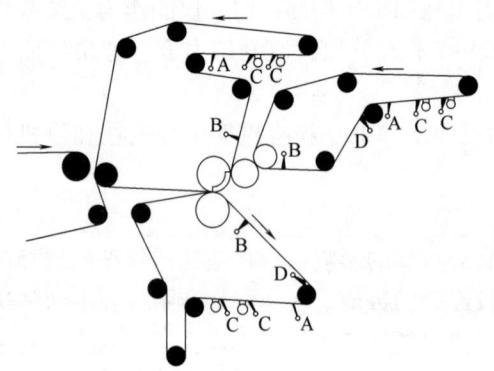

图 5-69 压榨部洗涤装置的典型布置
A—高压针形喷淋管 B—化学品喷淋管 C—吸水箱及润滑喷淋管 D—大水量冲洗喷淋管

高压针形移动喷淋管 A 主要用于冲击固着于毛毯间隙中的污物,恢复毛毯纤维层的松厚度和弹性,以保证毛毯的容水率。一般安装在吸水箱之前的纸页侧,选用直径为 1.0mm 的针形喷嘴,一般喷嘴的间距 75~200mm。工作压力为 1.5~2.5MPa,喷淋介质为温度相当于浆温或比浆温稍高的清水。毛毯较新时使用较低水压,污脏后可以升高水的压力。对于新上机的毛毯,要注意在上机 12h 内不用高压水清洗,毛毯含水量接近饱和时再逐步增加喷淋水压力,但最大不宜超过 2MPa,因为毛毯表面植绒比成形网更容易受到损坏。高压针形移动喷水管的优点是耗水量低,可以延长毛毯使用时间。如果水压选用恰当,不会影响到毛毯的强度。

化学品喷淋管 B 的主要作用是将化学清洗剂均匀地喷在毛毯表面,清除毛毯中的污物。一般选用 60°角的扇形喷嘴,流量相对较低,工作压力约 0.3MPa,化学药液温度相当于浆温或比浆温稍高。

润滑喷淋管 C 的作用是在毛毯与吸水箱陶瓷面板接触之前形成微薄水膜,降低毛毯与吸水箱的摩擦、减少毛毯及吸水箱面板的磨损以及在毛毯与吸水箱之间形成密封,提高吸水箱的抽吸效率。一般选用 60°角的扇形喷嘴,流量相对较低,工作压力约 0.3MPa,喷淋介质为温度相当于浆温或比浆温稍高的清水或超清白水。

大水量冲洗喷淋管 D 的作用是冲刷毛毯中的非固着类物质,使毛毯的保水量均匀。一般安装在高压针形喷淋管之前。一般选用0°角的扇形喷嘴，工作压力约为0.3MPa，喷淋介质为温度相当于浆温或比浆温稍高的清水或超清白水。

几种喷水管的结构如图5-70所示。高压移动喷水管需要使用摆动装置，其作用在于提供所要求的推力和实现线性往复运动，要求运行速度平稳，并且可以瞬间换向（换向时间≤10ms）。所谓瞬间换向，是指在单个行程结束时，摆动装置必须没有延迟立即换向。

摆动装置的摆动速度是由纸机车速、喷嘴孔径和毛毯长度所决定的，见公式（5-18），

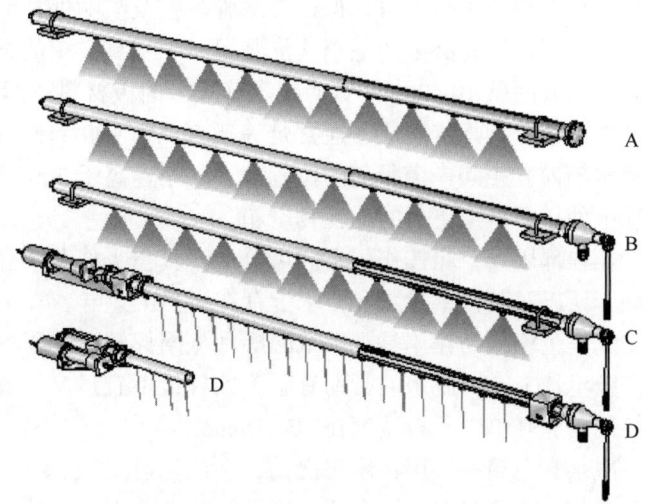

图5-70 几种毛毯清洗用的喷水管
A—不带自身清洁刷的扇形喷水管 B—带有冲洗阀的扇形喷水管
C—带有清洁刷和冲洗阀的扇形喷水管 D—高压移动针形喷水管及其电动机械型摆动机构

$$v_{osc} = \frac{v_P \cdot D_J}{L \cdot 60} \tag{5-18}$$

式中 $v_{OSC}$——摆动速度，mm/s
$v_P$——纸机车速，m/min
$D_J$——喷嘴孔径，mm
$L$——毛毯长度，m。

摆动速度随纸机车速的变化而变化。当纸机车速变化比较大时，有必要调整摆动速度，使之与车速匹配。一般来说，如果车速变化范围超过20%，就必须调整摆动速度。摆动行程通常是喷嘴间距的整数倍，大多设定为喷嘴间距的2倍，这样可以形成双重覆盖，如其中一个喷嘴堵塞，仍可保证完全覆盖。

摆动装置历经气动、液压和电动等发展阶段，现已发展到电动液压和电动机械等模式，在运行速度恒定和快速返程方面已日臻完善，但在使用寿命和适用高温环境等方面还有很大的发展空间。对于现代化的高速纸机的压榨部都配有高压摆动的喷淋管，装机时配套的摆动装置除考虑性能和维护之外，还要考虑成本核算。目前，纸机上使用最多的摆动装置主要是电动液压和电动机械两种。电动液压型摆动器主要用于诸如真空辊和沟纹辊等设备的清洗，电动机械型主要用于网毯的清洗。

某现代化造纸机上使用的带有清洁刷和冲洗阀的扇形常压喷水管如图5-71所示。喷嘴堵塞时，操作工通过棘轮转动清洗刷并控制冲洗阀的开启，

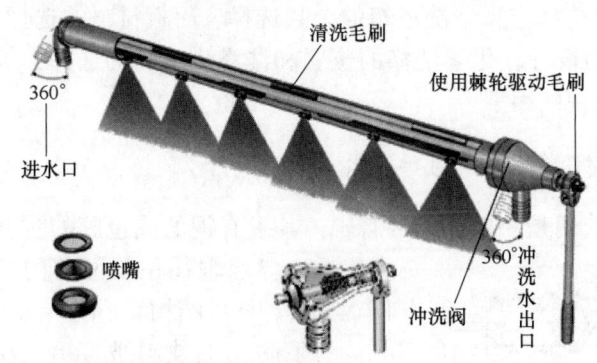

图5-71 扇形常压喷水管

进行喷嘴的清洁工作,可以保证喷水管内壁及喷嘴保持清洁无堵塞。

毛毯真空箱是必配的毛毯洗涤装置。毛毯真空箱的结构和普通吸水箱相似,只是面板上只有一条或两条10~20mm宽的吸水缝隙,面板材料一般为高分子聚乙烯或陶瓷。箱体一般用铸铝或不锈钢焊接而成,通常是一条直径为100~150mm的管状结构。喷水管应该设在毛毯吸水箱前方相隔一定距离的位置上。在车速高于300~400m/min的造纸机上,有时在一条毛毯上使用两对或更多的毛毯真空箱。

压榨部用真空箱按作用不同可分为:真空吸移箱、真空脱水箱和真空洗涤箱,因其作用不同,所以对其技术参数和要求上存在必然的差异。

真空吸移箱的作用是帮助纸幅顺利从网部转移到压榨部,或将纸页从一条毛毯上转移到另一条毛毯上,对脱水的帮助有限。抽气量不宜过高,真空度维持在30~50kPa,真空吸移箱使用单缝开口,开口宽度在10~15mm。

脱水真空箱一般用在压区之前,造纸毛毯的反面,个数为1~2只,开口一般为双缝条形。其作用除了吸取毛毯中从湿纸页转移来的水分之外,还有将湿纸页平整均匀地吸附在毛毯的表面,防止其进入压区时出现鼓泡折皱现象。出毛毯吸水真空箱后毛毯中水分含量一般是毛毯自身质量的1/3左右,过大的真空配置对毛毯中水分的减少帮助不大,反而会加剧毛毯的磨损。真空度一般为30~40kPa。脱水真空箱缝宽最小应控制在12mm左右,以免纤维搭桥、堵塞吸缝,最大不宜超过20mm,以免毛毯被吸入缝内加剧毛毯磨损。

毛毯洗涤真空箱为毛毯回程中专门用于其洗涤和控制含水量的真空箱,装在毛毯的正面。毛毯洗涤真空箱分为低压真空箱和高压真空箱两种。造纸机车速较低时,一般采用单箱双缝洗涤真空箱就足够了。当车速大于600m/min,生产较高档的纸时,为强化毛毯清洗,可同时使用低压真空箱和高压真空箱,低压真空箱为双缝开口,开口宽度在12~18mm,真空度在20~30kPa;高压真空箱为单缝开口,开口宽度在10~16mm,真空度在20~40kPa。由于旧毛毯的透气度仅为新毛毯的20%,要达到相应的脱水效果,真空度要相应提高,但此时的抽气量也相应降低。参考福伊特纸机的设计参数,在500m/min左右的车速下,选用2个单缝吸水箱,单个吸水箱抽气量为7.3m³/min,效果较佳。

压榨毛毯的洗涤必须关注以下两个方面:

① 科学合理的配置洗涤装置和程序是使压榨毛毯保持良好滤水通透性能的基础。高压移动式水针、扇形喷水、真空洗涤箱以及化学洗涤装置的组合配套使用,连续洗涤和间断洗涤相结合,这样既可以达到高标准洗涤效果,同时又可起到节约水资源的目的。

② 科学合理的选择洗涤工艺技术参数是使压榨毛毯保持良好滤水通透性能的关键。高压移动式水针和扇形喷水的工艺技术参数选择,真空洗涤箱的个数选择、面板材料的选择、开口形状和开口面积的选择,真空管路的设计,化学洗涤的位置和洗涤化学品的选择,等等,均是确保压榨部高效节能运行不可忽视的因素。

## 四、导毯辊、舒展辊与导纸辊

每条毛毯大约有6~8个导毯辊。导毯辊是一般结构的管辊,其上有铜的或包胶的防腐覆盖层。导毯辊往往与网部的导网辊具有相同的结构。

为了防止毛毯起皱打褶,在导毯辊中使用一条或两条毛毯舒

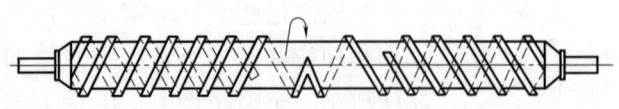

图5-72 毛毯舒展辊

展辊（图 5-72）。舒展辊辊体的结构和导毯辊没有什么区别，其辊面以胶条粘成一些螺线。螺线一半是左旋，一半是右旋，螺距由中央向两端逐渐变大（例如从 200mm 变至 350mm）。当使用两个舒展辊时，其中一条通常只在两端 600~1000mm 的长度上才有螺线。毛毯在舒展辊上的包角，通常取 90°~180°。

为了减少舒展辊对毛毯的磨损，特别是当使用 BOM 毯或复合毯时舒展辊容易伤害到毛毯，因此现代化的造纸机上，越来越广泛地采用弧形辊（图 5-73）舒展毛毯。弧形辊的结构比较复杂，典型的结构主要由固定不旋转的弧形轴和多节辊壳及其内装轴承组成。

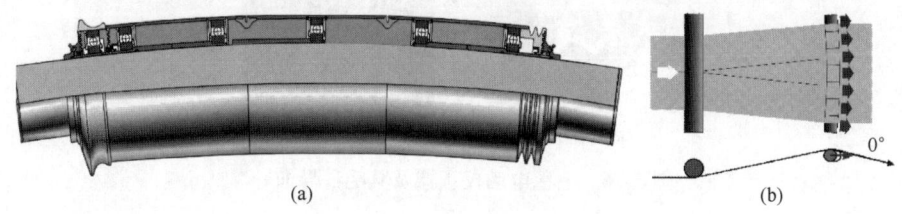

图 5-73 弧形辊
(a) 弧形辊结构　(b) 弧形辊展毯原理

导纸辊是用来稳定纸页的运行和控制纸页的走向的。它通常设置在开式引纸时的伏辊和第一压榨之间、各道压榨之间、烘干部之前和反压榨上。在伏辊和压榨之间的导纸辊通常可借气动机构做垂直升降，以便于引纸操作。导纸辊也属普通结构的管辊。通常用铜管或铝合金管来制造，质量轻，转动灵活。低速造纸机上的导纸辊是没有传动的。高速造纸机的导纸辊通常有相邻的导毯辊通过小平皮带来带动。为了避免湿纸页黏辊和减少纸页的颤动，导纸辊的转速略低于纸页的运行速度。

## 五、毛毯的张紧器与校正器

毛毯在运转过程中，有 8%~12% 的纵向伸长，需要设置移动距离较大的毛毯张紧装置。老式低速造纸机上一般使用手动毛毯张紧器。新设计的造纸机上大多使用电动毛毯张紧器，在手动张紧器的基础上增加电动机及蜗轮蜗杆减速机构，在导向管的两端设有限位器。现代高速造纸机上大多采用电动或液压张紧器。图 5-74 所示为液压张紧器。液压马达安装在传动侧，通过联轴器带动驱动轴旋转，在驱动轴的两侧齿轮和固定齿条的作用下，张紧器两侧轴承座沿光滑轨道同步移动。需要分别调整毛毯两侧张力时，可以通过安装在操作侧的手动调节张力平衡装置进行单侧微量调节来实现。

图 5-74 毛毯液压张紧器

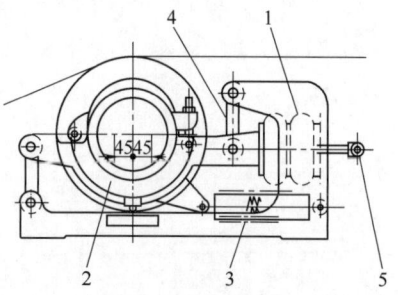

图 5-75 毛毯自动校正器的导辊导向装置
1—空气弹簧　2—导辊　3—复位弹簧
4—吊杆　5—气信号输入管

毛毯校正装置的工作原理和结构与铜网校正器类似。只因毛毯的刚性小且张力也较小，在校正装置的布置上，毛毯对校正辊要有较大的包角，通常是采用20°～30°。图5-75为用于毛毯的自动校正器的导辊导向装置。图5-76为现代造纸机上使用的电动毛毯矫正器及其毛毯导向叶。

图5-76 毛毯电动校正器及其毛毯导向叶

## 参 考 文 献

［1］ 陈克复，主编. 制浆造纸机械与设备（下）［M］. 3版. 北京：中国轻工业出版社，2011.
［2］ 李长国，王法同，姜丰伟，等. 高速宽幅纸机靴式压榨的研发［J］. 中华纸业，2013，34（11）：51-52.
［3］ 扬旭. 国产纸机压榨技术现状及发展方向探讨［J］. 中华纸业，2010，31（4）：6-10.
［4］ 冯铭杰. 减少纸机能耗的几个有效途径［J］. 造纸科学与技术，2012，31（6）：139-142.
［5］ 张灵敏. 浅谈造纸机压榨部的结构及发展现状［J］. 中国造纸，2014，33（5）：6-10.
［6］ 田恩吉. 日本近10年造纸技术与造纸毛布的技术发展［J］. 天津造纸，2012，(3)：39-43.
［7］ 孙来鸿. 现代化高速纸机的在线清洁［J］. 中国造纸（特种纸技术增刊），2010：53-57.
［8］ Johan Gullichsen. Papermaking Science and Technology (Book8)［M］. Finnish Paper Engineers' Association and TAPPI, 2000.
［9］ 韩邦春. 造纸机高效节能运行与压榨毛毯［C］. 江苏省造纸学会第十一届学术年会论文集，2011：535-549.
［10］ 美卓（Metso）造纸机械技术培训资料.
［11］ PMT公司2014年上海技术讲座.

# 第六章 造纸机干燥装置

## 第一节 概　　述

### 一、造纸机干燥装置的主要作用

造纸机干燥装置的主要作用是脱去纸页中多余的水分，由于湿纸页经压榨部压榨后一般仍然含有 50%～60% 的水分，即使是用最新式的复合压榨、靴式压榨后，湿纸页也含有 45%～50% 的水分，而这些水分用机械压榨的办法已不易脱除，必须用加热干燥的办法进一步脱水，使成纸水分含量降为 5%～8%。干燥同时还有一个辅助作用：提高成纸质量。在干燥过程中，湿纸页中水分蒸发的同时，在表面张力作用下，使纤维逐渐靠拢，纸页收缩，纤维之间形成更多的氢键结合，从而提高了成纸的物理强度，并通过干燥使纸页具有一定的平滑度和完成施胶过程。若干燥工艺条件控制不当也会降低纸页质量，如干燥温度过高或升温过急，会因纸页内水分急剧蒸发，妨碍纸页表面胶膜的形成和破坏纤维间氢键结合，从而降低施胶效果和纸页物理强度，产生纸页发毛、龟裂、发脆等纸病。

### 二、造纸机干燥装置的基本组成

在科学技术高度发展的今天，对于生产一般的纸和纸板的最终干燥仍然是用烘缸加热干燥的办法来完成的，这是因为烘缸干燥除了有上述作用外，还具有熨平作用，以提高成纸质量。尽管近些年来发展了热空气冲击干燥、穿透干燥、带筋烘缸、沟纹烘缸、扰流棒、红外线调节横幅水分、真空接触干燥、压榨干燥、过热蒸汽干燥等新技术，但这些新技术都是作为烘缸干燥的强化或改善干燥效率的辅助措施。

烘缸干燥部主要由烘缸、烘毯缸、冷缸、导毯辊、刮刀、引纸绳、网毯校正器和张紧器、汽罩或热风罩，以及机架和传动装置等组成的。对于生产薄页纸的低速纸机的干燥部可由一个或两个烘缸组成，单烘缸的直径为 3m 以上的大烘缸，在双缸干燥中，第一个烘缸配有热风罩和托辊，无帆布，第二个烘缸用压辊和网毯促进纸页的另一面与缸面贴紧以提高平滑度。对于生产一般纸和纸板的纸机都采用多烘缸干燥部，烘缸的排列形式灵活多样，根据生产纸种不同可采用单列排列、双列排列，以及单双混合排列形式，传统上的双列排列形式，如图 6-1 所示。上下两层烘缸均配置有网毯（或干网），网毯领引着纸幅绕烘缸运行，并将纸幅紧压向烘缸表面。

根据不同纸种在干燥过程中的收缩，烘干部的烘缸对一般的纸种可分 2～4 组，并据此配用网毯的数量。每组烘缸有上下网毯各一张。每张网毯设有相应的导毯辊，校正辊和张紧辊。为降低网毯的水分含量，设有烘毯缸。中、低速造纸机上，通常是每张网毯配置一个烘毯缸；高速造纸机上则每张网毯配置两个，其中一个安装得使网毯绕过本组半数烘缸之后能受到干燥。

现代纸机由于网毯透气性较弱且含有水分较高，在生产新闻纸、胶印书刊纸、纸袋纸和纸板等产品的造纸机干燥装置中多采用透气性更好的干网代替网毯。用干网不仅可提高干燥

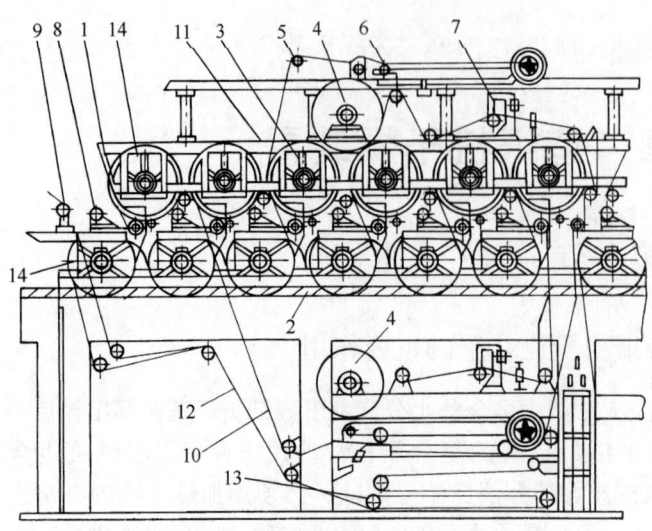

图6-1 传统多缸纸机双排烘缸的干燥装置

1—机架 2—下排烘缸 3—上排烘缸 4—烘毯辊 5—导毯辊 6—自动张紧器 7—自动校正器 8—刮刀 9—引纸辊 10—下网毯 11—上网毯 12—引纸绳 13—引纸绳自动张紧器 14—裸露（不包毯）烘缸

效率，且不用干网烘缸，可节省蒸汽用量。

在干燥装置的末端通常设置1~2个冷缸。冷缸内通入流动的冷却水，用来冷却进入压光机之前的纸幅，使水蒸气在纸幅表面冷凝，提高含水量和塑性，以提高压光的效果。在干燥部的最后一个烘缸和压光机之间，一般装置一弹簧辊（轴承壳四周是用弹簧支承的辊）。它能适应纸幅张力的变化而产生相应的位移以降低纸幅的张力波动，减少纸幅的断头。近年来，造纸机的抄速已高达1800m/min，对于这样一些高速纸机，若采用传统的双层烘缸排列、上下网毯配置时，纸页在干燥部会发生颤动和由此引发断纸，影响纸机正常抄造，为解决这个问题发展了单层烘缸带真空辊排列、单网毯配置的干燥装置组成形式，如下文中图6-3所示。

### 三、造纸机干燥部结构的发展

#### （一）单网毯干燥装置

以往的多缸纸机干燥部都是上下两层烘缸，双网毯配置。为了有效地排出干燥部内的湿空气，获得良好的通风效果，要使用高透气度的网毯。但这种高透气度的网毯在有效排出湿空气的同时也把强气流带入由上下烘缸和干网组成的类似口袋的区域，简称袋区，从而在生产低定量纸的高速纸机上产生了纸页抖动问题，即在上下缸无支撑段的纸页产生波动和拍打，在纸页边缘产生起皱和断纸，在干燥部的湿端湿纸页十分脆弱，非常易断头，且车速越高抖动越严重，越易断头。解决这个问题比较有效的办法是采用单网毯配置。如图6-2所示，取消了下网毯，上网毯带着纸页包绕上下烘缸。

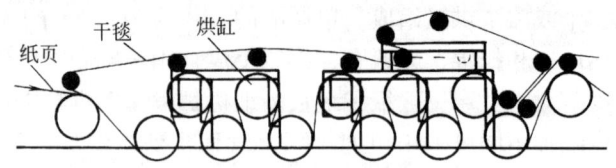

图6-2 双排烘缸单网毯配置干燥装置

因此在上下烘缸之间的牵引部分，网毯也托着纸页，纸页不受牵引力作用，从而减轻纸页抖动、起皱和断头。同时还消除了气袋，纸页横向水分均匀了，省掉网毯辊，烘缸可以靠近，增大对网毯的包角，提高了干燥能力；纸页是在无牵引下干燥，避免了因受牵引干燥时的纵向被过分拉长和横向过收缩现象，可以提高成纸质量。

#### （二）单排烘缸干燥装置（SymRun干燥）

上述的单网毯干燥装置对于车速在500m/min以下的中低速纸机，能够有效地控制纸页抖动，减少断头。但当车速进一步提高时其作用就大大减弱，而且下排烘缸对干燥作用不大，从而就产生了单排烘缸、单网毯配置的 SymRun 干燥装置，如图 6-3 所示。

在 SymRun 干燥装置中所有通蒸汽加热的烘缸均在上部，而下部所有的辊子均为真空辊（VacRoll），真空辊的结构如图 6-4（a）（b）所示。图（a）为带沟纹而无内部真空箱的真空辊，其与吹风箱配合使用，可以使沟纹中保持一定的负压，使纸页紧贴在干网上包覆辊筒而不受离心力及气流影响，从而

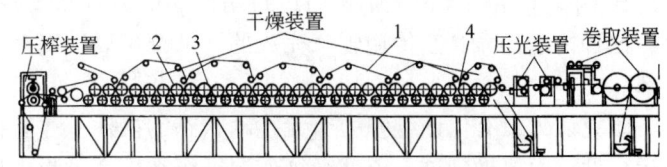

图 6-3　新式单排烘缸的干燥装置
1—上网毯　2—烘缸　3—真空辊　4—SymRun HS 型吹风箱

进一步提高操作的适应性，另外为了将纸页蒸发出来的高含湿量空气吸入，排到气罩顶部，在其辊的端部有与风机相连的接管，以便形成负压。真空辊表面加工有深 4mm，宽 5mm 的沟槽，每隔一条沟槽在沟底钻出小孔同辊内真空相通，而在两端部位处则每个沟槽均钻孔，且孔数较多，使纸页边缘部位更为紧密贴在干网且便于引纸。通孔开孔率约 0.1%~0.4%，表面沟槽有效开孔率 20%~35%。真空辊的真空度为 2kPa。

图 6-4（b）为表面钻有阶梯通孔和内置真空箱的真空辊，外表面开孔率达 50% 以上，内表面为 3%~8%。内置真空箱形成的真空区超过被纸幅包围的区域，被纸幅包围的区域支撑纸幅，而未被包围的区域吸入被真空辊和纸幅带入到袋区的空气。

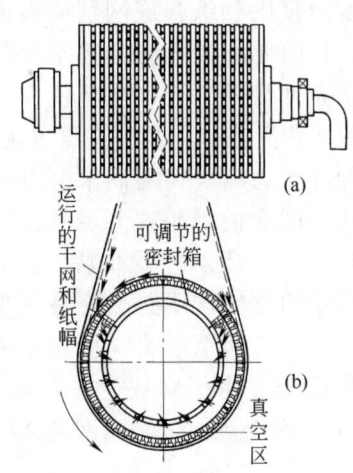

图 6-4　真空辊的结构
（a）沟纹真空辊　（b）内置真空箱的真空辊

纸页在这种密闭空间和全承托下稳定通过整个干燥部，运行性能更加稳定，又由于纸页与干网包绕烘缸的接触面更长，纸页沿下辊运行有更大的蒸发距离，能充分利用烘干的热量，故干燥效率更高。也有全单排烘缸干燥装置采用上下交错单排烘缸的布置方式，其作用是使纸页两面都得到干燥，因为有些纸种对单面干燥较为敏感，容易产生皱纹和卷曲等现象，而采用烘缸和真空辊上下交错布置可以克服这些现象。

### （三）Opti 干燥装置

单排烘缸干燥装置的主要缺点是干燥装置较长，为了克服这一缺点，必须提高干燥部单位长度的干燥效率。Opti 干燥装置正是集极佳的运行稳定性、最大的干燥能力以及最佳的纸页质量于一体的新型干燥装置，同时干燥部的长度也比单排烘缸干燥装置缩短 25% 左右，如图 6-5 所示。

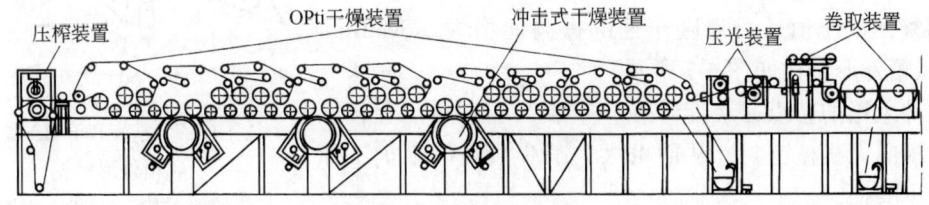

图 6-5　Opti 干燥装置

在Opti干燥装置中纸幅是通过封闭传递的方式从压榨毛毯上传递到第一个烘缸的干网上，这种传递是靠真空传递辊来完成的，纸幅可以在高速、稳定的状态下封闭地通过整个干燥部。

研究认为只有保证纸幅处于无扰动状态的操作，才能提高纸幅在高速纸机上的稳定性及可运行性。而要做到这一点就必须使湿纸幅在生产过程中处于支撑状态，以减小其张力从而减小断头。对于低速纸机，空气的黏度对有支撑纸幅的干燥部的干燥操作影响很小，而对高速纸机则影响很大，即在高速纸机上的干燥部，快速运行着的纸幅拖曳着其表面的空气一同运行，其中距离纸幅表面最近的空气的运动速度几乎与纸幅本身的运动速度一样快。这些处于边界层的空气因其具有足够的黏度而吸附到纸幅或网毯的表面上，从而导致袋区内湿热空气的大量充塞现象。充塞现象使得袋区内压力升高以致发生过压力化，这种过压力以及伴随而来的空气扰动可能会使纸幅离开网毯，如图6-6（a）所示。湿纸幅一旦离开网毯的支撑作用必然容易发生抖动、伸长乃至断头，从而影响正常操作。为了解决这个问题，在Opti干燥装置中使用SymRun-HS风箱，风箱位于真空辊之上，两个烘缸之间的网毯袋区之内。

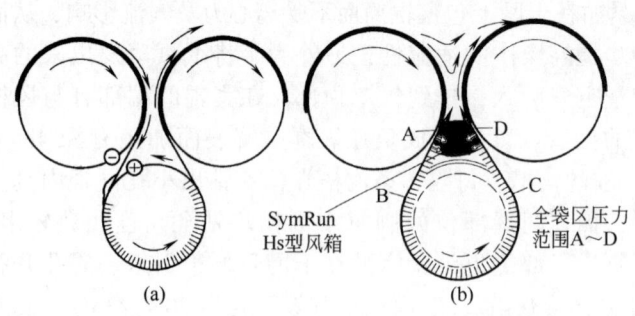

图6-6 SymRun HS型风箱的工作原理
(a) 空气扰动对纸幅运行的影响 (b) SymRun-HS型风箱的工作原理

SymRun-HS风箱的工作原理如图6-6（b）所示。风箱的作用是由喷嘴和袋区两侧同时通风而除去湿热空气来实现的。风箱边缘的固定喷嘴位于网毯与烘缸切线的上方，送风的方向与网毯和烘缸运行方向相反，从而可以有效地防止网毯将其表面的湿热空气拖曳到袋区里。与此同时，由于喷嘴喷出热空气的流动，产生足够的负压将纸幅牢牢地吸附在网毯表面上，使网毯能有效的支撑纸幅，防止抖动等现象产生。

在网毯与烘缸的下行方向一侧，可通过喷嘴来调节最高负压值所出现的准确位置；在网毯与烘缸的上行方向一侧，除了送风以外，随网毯表面一起运动的空气边界层也能起到"通风"作用，即网毯本身也能将部分空气带出袋区。

通风箱的通风系统对高低速纸机都适宜，当纸机车速提高时，网毯的运行速度也随之加快，而网毯将湿热空气移出袋区的速度也加快，这样即使是在车速提高的情况下，负压值也能容易保持在一定的水平上。而且，根据风箱的适度调整，负压值还可以随车速的提高而增大。SymRun-HS型风箱外形结构如图6-7所示。

这种风箱的特点是，能够在整个袋区实现负压化，在纸机的横向无机械密封，从而可大大减少设备的维护工作量，减少磨损。

在Opti干燥装置中，是单排烘缸干燥与热风冲击式干

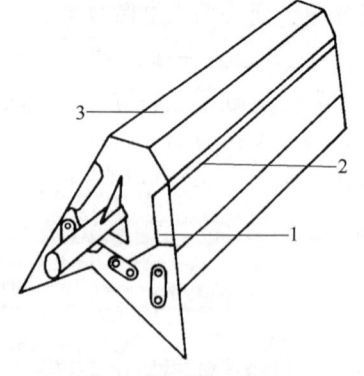

图6-7 Sym Run HS型
风箱外形结构
1—箱边喷嘴 2—活动式喷射嘴 3—纸横向无机械密封

燥交替结合而成的，一般含有 3 个热风冲击式干燥装置。纸机是在网毯的支撑下运行的，断纸的可能性很小，即便出现断纸现象，也很容易排除。

**（四）带预干燥装置的 Opti 干燥装置**

在 Opticoncept 整个技术中，带预干燥装置的 Opti 干燥装置是一种比较理想的干燥形式，其结构形式如图 6-8 所示。

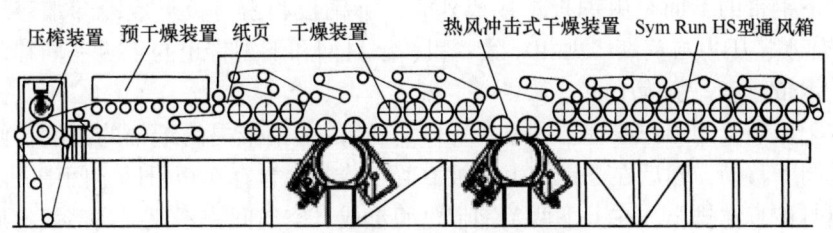

图 6-8 带预干燥的 Opti 干燥装置

带预干燥的 Opti 干燥的目标就是在纸页的控制和运行性能等方面有重大提高，尤其是在干燥部的开始部位。带预干燥的 Opti 干燥装置是紧随在 OptiPress 后面的高效干燥方式，纸幅从压榨部传递到预干燥部是通过网毯全封闭式传递，因此，当纸页进入干燥部第一个烘缸前，就已经获得了较高的温度和干度，这样就大大提高了纸幅在干燥部第一个烘缸这一关键部位的运行性能，同时也获得较高的干燥能力。在预干燥之后就是单排烘缸干燥和冲击干燥交替排列。在带预干燥的 Opti 干燥装置中，有效地利用三个干燥阶段对纸幅进行干燥。在预干燥阶段，纸幅被有效地加热和干燥，使得纸幅进入干燥部前就获得了较高的温度和干度，从而为纸幅提供极好的运行性能；在热风冲击干燥阶段，纸幅获得极高的蒸发效率，最大化的蒸发水分，从而缩短了干燥部长度；在单排烘缸干燥阶段，虽然干燥效率降低了，但可以通过不同的方法对纸页质量进行控制。

**（五）双钢带（Condebelt）干燥装置**

双钢带干燥装置目前主要适于纸板的干燥，车速可达到 850m/min，抄宽可达 4.6m，据介绍双钢带干燥技术不仅干燥效率高，节约原材料，热能回收潜力大，而且可显著提高纸板的质量。这主要是其可使纸板紧度提高 10%~40%，从而极大增加纤维间结合力，提高强度；若在保持强度不变下可降低定量 20%~30%，节约大量纤维原料，也可用废纸浆料生产出与原生纤维纸浆相当的箱纸板和牛皮箱纸板。双钢带干燥装置的结构和干燥过程原理如图 6-9 所示。

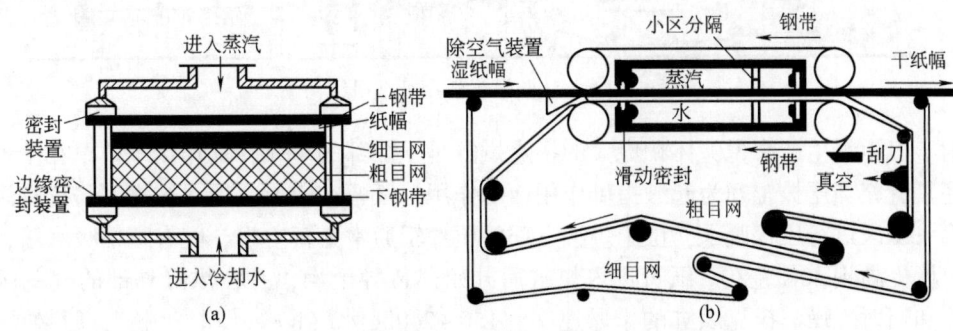

图 6-9 双钢带干燥装置的结构和干燥过程原理
(a) 双钢带干燥装置的结构　(b) 双钢带干燥装置的干燥过程原理

由图6-9（a）可知，上部为蒸汽加热室，由钢板焊成的外壳、上钢带和上密封条组成，其中通入过热蒸汽，压力0.05~0.70MPa，温度110~170℃，上钢带与湿纸页接触，并随纸页一起移动，以便对纸页加热蒸发水分，在纸页的下面有细、粗目网和下钢带，细目网是为了降低纸面的网痕，粗目网是用于收集从纸页中蒸发出来蒸汽冷凝后所形成的冷凝水。为了在纸页的下面形成一个真空区空间，以提高纸页中水分的蒸发，在上下钢带的两侧设有边缘密封板，在下钢带的下面是由钢板焊接成外壳，下钢板和密封板形成冷却水室，其中通入60~90℃冷却水，压力与蒸汽压力相一致。粗、细目网和下钢带也与纸页一同移动，以便除水和清洁。钢带厚度一般为1mm。

双钢带干燥装置的工作原理［图6-9（b）］：热的上钢带提高纸幅的温度，使纸幅中的水分蒸发并向下移动，然后在下钢带上面被冷凝，冷凝水蓄存在粗目网空间中，随粗目网移出冷凝区间时被真空排出。在上下两条钢带之间形成真空空间，不仅提高蒸发速度，而且也提高纸幅的$Z$向压力，一般可达0.2~1.0MPa，提高纸幅紧度和平滑度。

在相同的蒸汽压力下，双钢带干燥工艺的干燥速度高于烘缸的干燥速度。原因是：a. 由于钢带一般为1mm厚，远远低于烘缸壁厚，所以热钢带的传热性优于烘缸；b. 由于在双钢带干燥工艺中$Z$向压力很高，使纸幅与钢带间热接触充分；c. 在双钢带干燥工艺中纸幅在上下两条钢带的真空区间干燥时无空气存在，纸幅与钢带接触传热和扩散阻力小，其传热阻力比烘缸干燥小1/2~1/3。这是由于冷热钢带间较大温度差引起的热管现象。热管现象的特点是在一小温差下就可实现大量热量的传递，其热传递率是普通烘缸热传递率的10倍，这主要是因为在双钢带干燥中从纸幅蒸发出的蒸汽向冷的钢带表面移动中不受空气分子的阻力影响，因为发生热管现象的前提是纸幅温度必须超过水的沸点，这样纸幅表面就不存在空气。

### （六）生活用纸干燥装置

目前的生活用纸纸机最常见是新月型纸机，采用以大直径扬克烘缸为主的干燥形式。如图6-10所示。我国吸收消化国外同类纸机的设计和使用经验也已经能够生产出车速在800m左右，使用性能良好的国产类新月型纸机。

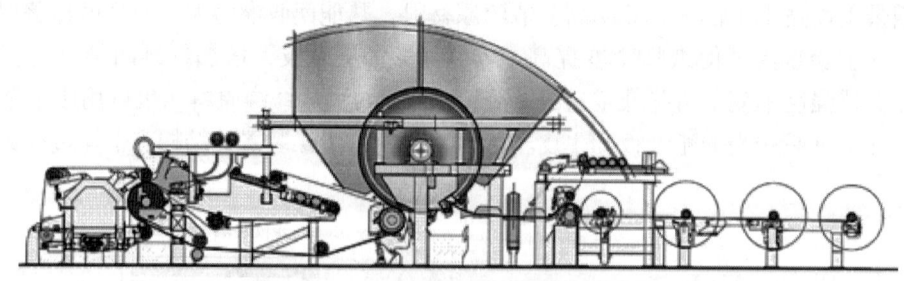

图6-10 干法起皱生活用纸纸机结构图

对于卫生纸生产来说，体积庞大的扬克烘缸是干燥部的主体，其作用不单单在于干燥纸幅，还具有充当压榨辊和为起皱提供作用面的作用。纸幅在成形之后，被送到与扬克烘缸接触的第一压区进行压榨脱水，位于烘缸下部的压榨辊通常为真空辊，配有宽幅吸水箱，能将纸幅干度提高到40%左右。纸页进入烘缸后开始热传导干燥，并在烘缸外部的气罩区内辅以对流和辐射干燥。扬克烘缸的干燥速率［150~240kg水/(h·m²)］远超普通烘缸［20~30kg水/(h·m²)］，纸幅在整个干燥过程中都贴紧烘缸表面，几乎不受边缘收缩影响，直至起皱离开烘缸表面。

扬克烘缸也可以配合最新的热风干燥和靴式压榨使用。比如，先在烘缸表面进行干燥并湿法起皱，其纸页干度约在50%左右，然后配以穿透式热风干燥，能够获得高质量的起皱效果，擦拭效果好。另外，一种较为先进的卫生纸机生产理念认为，可以通过在扬克烘缸前设置独立的靴式压榨来控制进入烘缸的纸页水分，再配合一条含有不同压花模式的特殊皮带，可以实现卫生纸"质感模式"（可生产高质量、高松厚度、具有质感的产品）和"传统模式"的生产操作切换。如图6-11所示。

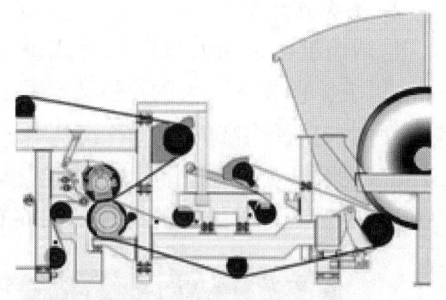

图6-11 带预压的卫生纸纸机结构图

纸幅成形之后压毯将纸幅从成形区输送到预压榨部，真空转向辊用以配合纸幅进行预压区。由于压榨脱去了一部分水分，进入烘缸的纸幅水分在44%～47%之间，烘干部能源使用也会降低。

## 第二节 烘 缸

### 一、烘缸的基本结构和发展

#### （一）烘缸的基本结构

**1. 普通烘缸**

现今纸幅的最终干燥仍然是以烘缸干燥的方法为主。烘缸的基本结构无大的变化，烘缸和烘毯缸的结构基本上是相同的，只是烘毯缸通常无传动，而是由网毯拖动。

烘缸结构如图6-12所示，它由缸壳、缸盖、蒸汽接头、冷凝水排除装置、轴承等零部件组成。

烘缸内一般通入0.3～0.5MPa的蒸汽，属于压力容器。烘缸现在一般都是用HT250号铸铁浇铸制成，并经一定的处理后加工，使其变形极微，具有良好的使用性能。但随着纸机车速和干燥通汽压力的不断提高，为了提高烘缸的强度，降低烘缸的厚度，建议采用HT350号铸铁来铸造烘缸。烘缸的铸铁件不能有穿透的砂眼。在缸壁上有直径小于8mm，

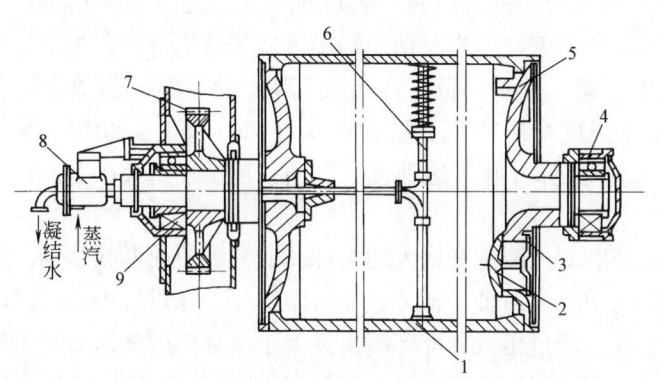

图6-12 普通烘缸的结构
1—缸壳 2—人孔盖 3—人孔盖压条 4—操作侧轴承
5—操作侧缸盖 6—凝结水排出装置（旋转虹吸管）
7—传动齿轮 8—蒸汽接头 9—传动侧轴承

深度小于10mm的砂眼时，可用与烘缸相同材质的销子填补。烘缸的缸体内、外圆均要加工，烘缸缸面外径公差是±0.5mm，粗糙度在$Ra0.4\mu m$以下。烘缸的筒体也可使用含铬和镍的变性铸铁来制造，使烘缸表面具有较高硬度，加工后得到较低粗糙度，以利于提高纸幅的干燥效率。烘缸装配后要求形位公差精度等级如下：缸面圆度8～9级，缸面对两端轴承档的径向跳动8级。

烘缸两侧缸盖有铸成一体的轴头，装在烘缸轴承及轴承座上，操作侧轴承留有轴向游动

的间隙。蒸汽接头有一蒸汽入口管和冷凝水排出管。

2. 扬克式烘缸

生活用纸常采用大直径扬克式烘缸进行干燥，烘缸直径较大，国产扬克式烘缸通常为3.6m以上，世界上较大的烘缸直径可达7m以上。

使用大直径烘缸的纸机多数只用一、二个烘缸，为了提高干燥能力，一般要通入0.5~1.2MPa的高压蒸汽配用高效的高速热风罩，现代扬克烘缸配以热风冲击，其表面温度可达500℃以上。一种大烘缸的结构如图6-13所示。

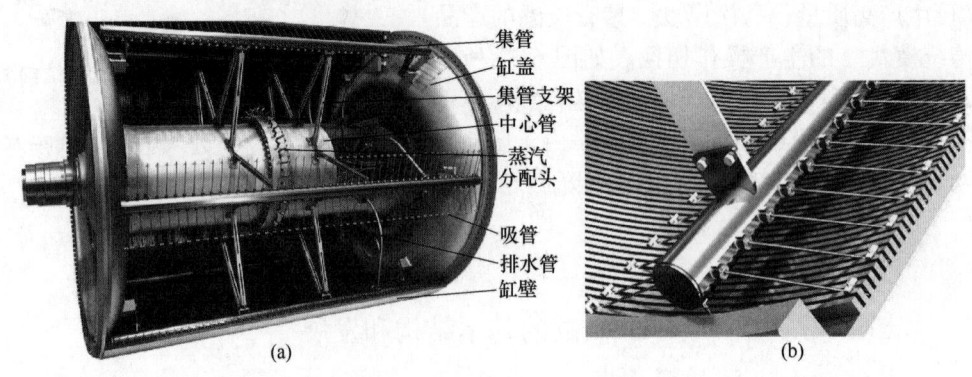

图6-13 大直径烘缸的结构
(a) 烘缸内部结构 (b) 缸壁沟纹结构

为满足强度和刚度上的要求，大直径烘缸不仅壁厚达50~70mm，比一般烘缸厚一倍左右，质量达50~70t，最重可达180t，而且所用的缸体材料强度也要高，通常需采用HT350及以上的高强度合金灰铸铁，美国等发达国家甚至推荐使用蠕墨铸铁和球墨铸铁，为了达到高导热性、耐蚀性和耐磨性，铸铁中含碳、硅量要低，并应含有镍、铬、铜、钼等金属元素。缸面材料强度达60级铸铁，抗张强度≥331MPa，缸面硬度(220~260)±20HB，弹性模量145MPa，导热系数45W/(m·K)。缸体外圆应达到镜面磨削，粗糙度应≤0.2μm，应满足高速动平衡要求。

缸盖为带大法兰和轴颈，厚度由外圈向内圈逐渐增大的内球体或其他曲面形状结构，材料同缸体。在缸盖的中心设有带轴颈的中心全通轴。轴分成左右两部分，在烘缸中心通过法兰连接。蒸汽可由这两部分轴的中心处，通过蒸汽分配环喷出。由于烘缸内蒸汽压力产生的轴向载荷有50%由中心轴承载，因此，除了中心轴之外，一些设计中还会在两个轴头之间设置轴梁来承载轴向载荷以防止轴头过度变形。

蒸汽一般从操作侧通入蒸汽，从传动侧排出凝结水。蒸汽由进入侧经过蒸汽接头后，再经过绝缘的轴头，最后进入轴的内部，再由轴中部环绕的蒸汽分配头向烘缸内部两边喷出。如此可以防止轴头受热速度过快，从而减少到达轴承的热流量，轴承内圈破裂的风险减少，轴承使用寿命延长。送入大烘缸的蒸汽量比一般的直径1.5m烘缸多14~19倍，经传热后形成大量冷凝水，低速纸机可以通过戽斗形式的设计排除冷凝水，高速纸机则采用虹吸管设计。

为了促进热量传递，绝大多数高速生活纸机都配备沟纹壳壁，沟纹深度范围在25~60mm之间，螺距一般为30mm。为了排除这些深入沟纹底部的冷凝水，烘缸内必须具有深入沟纹中的吸管，管子尾部距离沟纹的底部4~5mm处，吸管的长度可以为50~500mm。这些吸管都连接到一根集管上，集管由中心轴辐射伸出的支架支撑，并在轴向上紧贴壳壁，用以吸收各个吸管中收集的冷凝水。根据不同的车速和烘缸尺寸，集管的数量可以是4~12根。考虑到集管受热膨胀比管壁更加迅速，设计上要注意保证吸管不会碰到壳壁。

扬克烘缸可以根据需要进行磨削。由于沟纹的存在，会导致沟纹根部壁厚较薄，可供磨损的材料减少，会影响烘缸的使用寿命。为了减少磨削量，可在烘缸表面进行金属热喷涂。

### （二）烘缸结构的发展

烘缸在生产中是把蒸汽等加热介质的热量传递到湿纸页中使其水分蒸发而获得干燥的，所以其外部结构不会有变化，其结构的发展只能从烘缸内部做起，目的是降低热阻和增加传热面积，从而达到增加传热量。同时也应便于加工。

对于一般的烘缸可在内表面均布螺旋齿，在烘缸内表面两端开回水环形槽，各间隔齿槽底面分别向两端倾斜，如图6-14所示。

采用这种烘缸的内部结构可以增大传热面积一倍左右，齿槽对凝结水层起搅散作用，水花在缸内持续飞溅，将蒸汽带到缸壁，增加对流传热，离心力使凝结水被甩到齿槽底部，并沿斜面迅速流向烘缸两端的回水槽，使

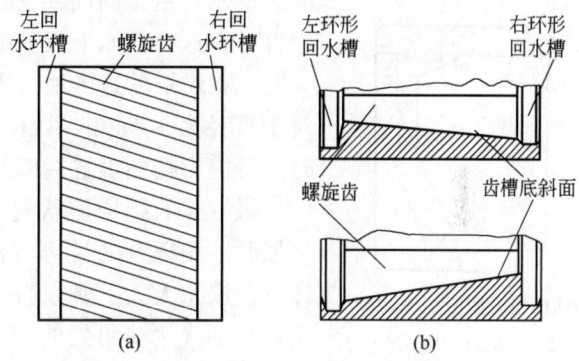

图6-14 带有内表面均布螺旋齿的烘缸内部结构
(a) 烘缸内壁展开图 (b) 两相邻齿剖面图

烘缸中的大部分金属表面裸露出来与蒸汽直接对流加热，其结果是极大降低传热阻力，回水槽是开在烘缸的非工作段，此处凝结水层厚而热阻大，减少热量的无效消耗。据介绍采用这种烘缸可以显著提高干燥能力，减少干燥部缸数，提高热能利用率，降低生产成本，而且也便于加工。对于大直径烘缸目前世界上的普遍做法是在烘缸内壁车出周向沟纹，用虹吸集束来排出缸内凝结水，目的同上。

## 二、烘缸的强度和传热效率计算

### （一）烘缸的强度计算

烘缸是一个受压容器。因其壁厚远小于直径，缸体中的应力可按内压薄壁容器进行核算。其强度条件为：

$$\sigma_1 = \frac{pD}{2d} \leq [\sigma] \tag{6-1}$$

式中 $\sigma_1$——烘缸轴向应力，MPa

$p$——烘缸的工作压力，MPa

$D$——缸体内径，cm

$d$——缸壁厚度，cm

$[\sigma]$——缸体材料许用应力，MPa

由此得到烘缸的壁厚应为：

$$d \geq pD/2[\sigma] \tag{6-2}$$

选用铸铁的许用应力$[\sigma]$时，应考虑到铸铁的抗拉和抗压强度不同，浇铸的质量很难

控制，铸件中微小的砂眼、夹灰和气孔等缺陷难于检查，所以取用较低的数值，对于采用材料为 HT250 的铸铁烘缸，用 $[\sigma]_{250} = 20 \sim 25$ MPa。采用材料为 HT350 的铸铁烘缸，用 $[\sigma]_{350} = 30 \sim 34$ MPa，而在水压试验时产生的应力，可允许在 30~40MPa 范围内。

对于车速在 500m/min 左右的纸机中，烘缸内通汽压力在 0.5MPa 以下，烘缸的弯曲应力、扭转应力和离心力产生的应力均不超过 1.5~2.0MPa 可以忽略不计。但当纸机车速在 1000m/min 左右及以上时，烘缸内通汽压力达 0.8MPa 以上时，必须充分考虑离心力荷载和温度荷载的影响。

根据烘缸的应力实际测定表明，烘缸强度的薄弱点常常是缸体两端法兰的转角处，如图 6-15 所示。由于断面 Ac 和 Bc 受到一些法兰连接引起的弯曲负荷，较容易在这些端面上发生破坏。此外，在转角处有应力集中现象。为此，在烘缸的这个地方需要适当加强。通常是取 ac：ab = 1：3。对于直径为 1.5m 的烘缸，一般取 ab = 60~80mm。ab 的长度过大时，可能影响到烘缸端部的传热效率和烘缸浇铸的工艺性。

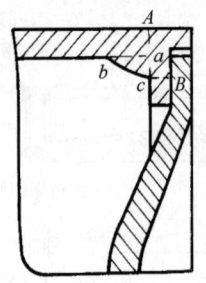

图 6-15 烘缸端部法兰转角处的加强方法

烘缸盖的结构形状复杂，在不同截面上有不同的厚度，并有加强肋。用现有的计算方法，即把缸盖视作边缘有支撑的薄板来计算，误差太大。所以缸盖的设计中主要是依靠已有的制造经验来避免容易出现裂纹的现象。通常缸盖的厚度比缸体的壁厚大 0.5~1 倍。

烘缸轴头的内径取决于烘缸的用汽量。蒸汽进入烘缸的轴头内的流速不应超过 20m/s。轴头的外径可以由强度条件来设计。对于铸铁轴头，许用应力 $[\sigma] = 20$ MPa；对于压配入缸盖内的钢质轴头 $[\sigma] = 60$ MPa。计算各危险界面上的弯矩时，除了考虑烘缸的自重及网毯的张力外，还应计算充满半缸的凝结水后的质量。因为在凝结水排出装置发生故障时可能出现这种情况。如果在机架支撑上做烘缸的水压试验时，烘缸被水完全充满，轴头的负载增加很多，轴头的尺寸不大时，产生的弯曲应力可能超过许用应力。在这种情况下应该使用临时性的木垫作为烘缸的附加支撑，以减小轴头上的负荷。

（二）烘缸的传热效率计算

干燥部是整个纸机最耗能的部位，其能源消耗占总纸机能源消耗的 60% 以上，因此，如何更加有效地利用干燥部热能对于整台纸机的节能来说显得尤为重要。

现代烘缸主要还是利用蒸汽加热，通过热传递将蒸汽热量传递到纸页来蒸发纸页中的水分，在热量传递的过程中，热传递效率的高低直接影响烘缸的干燥性能。烘缸内蒸汽的热量要传递到纸上依次须经过几种物质，见图 6-16，首先是烘缸内壁的冷凝水环，其次是烘缸内壁上的水垢，然后是烘缸壁，接着才到纸页，有时候纸页与烘缸外壁之间还有一薄层空气层，这些物质都会给热量传递带来一定的阻力。在充分考虑到上述这些传热阻力的基础上，可以通过一定的计算，确定整个烘缸总的的传热系数，从而计算出每个烘缸的热量传递速

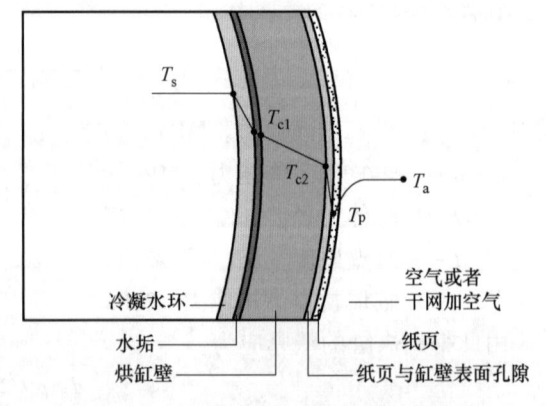

图 6-16 从烘缸内部到纸页的热量传递

度和热量损失,为干燥部烘缸蒸汽热量的分配使用提供理论依据。

在热量计算过程中,导热系数是一个非常重要的参数,虽然烘缸导热系数受到上面所述几种物质导热系数的影响,但通过计算可以较为精确的给出烘缸综合导热系数。

其中：

$\lambda_s$——冷凝水导热系数,取决于冷凝水环厚度、车速以及烘缸内壁是否平滑及是否有扰流棒等。

$\lambda_c/\delta_c$——烘缸壁导热系数,$\lambda_c$ 为烘缸表面的热导率,$\delta_c$ 为烘缸厚度,烘缸壁导热系数取决于烘缸壁厚以及烘缸所用材料。

$\lambda_k$——接触导热系数,主要取决于烘缸壁平滑程度,纸页表面粗糙度以及纸页与烘缸的贴紧程度。

$\lambda_p/\delta_p$——纸页导热系数,对于低定量纸来说可忽略,对于高定量纸来说很重要,取决于纸页厚度及纸的紧度等。

$\lambda_a$——热量从烘缸表面到空气的对流导热系数。

$t_a$,$t_{C1}$,$t_{C2}$,$t_P$,$t_S$——分别为周围空气温度、烘缸内壁温度、烘缸外壁温度、纸页温度和冷凝蒸汽温度。

$\phi_P$——烘缸表面被纸页包裹的百分比。

$\alpha$——冷凝蒸汽中的热量传到空气中的比率($\alpha = q_{air}/q_{out} \approx 0.05$)。

$A_{CY}$——烘缸内壁面积。

对于正常工况下的烘缸来说,冷凝蒸汽释放的热量 $Q_{in}$ 应该等于穿过烘缸壁的热量 $Q_{shell}$,也应该等于释放到烘缸壁外部的热量 $Q_{out}$,而 $Q_{out}$ 应该等于纸页吸收的热量 $Q_P$ 与传递到空气中的热量 $Q_{air}$ 之和,即有如下关系：

$$Q_{in} = Q_{shell} = Q_{out} = Q_P + Q_{air} \tag{6-3}$$

对 $Q_{in}$ 来说,

$$Q_{in} = \lambda_s(t_S - t_{C1})A_{cy} \tag{6-4}$$

如果忽略烘缸内外壁表面积之差,则

$$Q_{shell} = \frac{\lambda_C}{\delta_C}(t_{C1} - t_{C2})A_{cy} \tag{6-5}$$

根据公式（6-3）,

$$Q_{out} = Q_p + Q_{air} = \lambda_k(t_{C2} - t_p)A_{cy}\phi_p + \lambda_a(t_{C2} - t_a)A_{cy}(1 - \phi_p) = \frac{\lambda_k(t_{C1} - t_p)A_{cy}\phi_p}{1 - \alpha} \tag{6-6}$$

将这些公式带入公式（6-3）中,会得到：

$$Q_{out} = \frac{1}{\frac{1}{\lambda_s} + \frac{\delta_c}{\lambda_c} + \frac{1-\alpha}{\lambda_k\phi_p}}(T_S - T_p)A_{cy} \tag{6-7}$$

烘缸表面被纸页包裹的面积：

$$A_k = A_{cy}\phi_P \tag{6-8}$$

$$Q_P = (1 - \alpha)Q_{out} \tag{6-9}$$

$$Q_P = \frac{1-\alpha}{\phi_p} \frac{1}{\frac{1}{\lambda_s} + \frac{\delta_c}{\lambda_C} + \frac{1-\alpha}{\lambda_k\phi_P}}(t_S - t_P)A_k = \lambda_{s-P}(t_S - T_P)A_k \tag{6-10}$$

这里 $\lambda_{s-P}$ 即为热量从蒸汽传递到纸页的烘缸总的传热系数。

公式（6-10）中，烘缸综合导热系数受到 $\lambda_S$ 和 $\lambda_k$ 这两个变量的影响，这两个变量本身也受到很多参数的影响，下面进行深入的讨论。

1. 接触导热系数

对于 $\lambda_k$ 来说，受很多因素影响，这其中比较重要的因素包括：

① 纸页水分含量；
② 干网或帆布张紧力；
③ 干网或帆布与纸张接触区域大小或接触点多少；
④ 烘缸表面和纸页表面之间气/汽膜积累情况；
⑤ 烘缸表面粗糙程度和结垢情况；
⑥ 纸页的导热率；
⑦ 压辊的使用。

纸页水分含量会对接触导热系数产生明显的影响。研究表明，随着纸页中水分含量的增加，导热系数会明显增加，这种增加趋势在纸页含水量超过 0.4kg/kg（绝干浆）时，呈现出良好的线性关系。国外研究者在几种不同烘缸温度下都发现了这种明显的规律。一种对这种现象的解释是，水分在烘缸表面和纸页表面接触区域存在，能够更好地将热量在纸页厚度和平面方向上传递，从而提高传热效率，而当纸页中水分降低后，这种热传递效果就逐渐降低。

对于目前使用的干网来说，其张紧力越大，越能提高接触导热系数，因为大的张紧力能够使纸页获得更大的与烘缸接触面积，从而减少纸页与烘缸表面之间的空气。但是，依靠提高张紧力来提高接触导热系数的做法有一定的适用范围，研究者提出，在纸机车速730m/min 时，干网张紧力在小于1kN/m 时，提高张紧力会显著增加接触导热系数，超过这个范围，导热系数增加有限。就目前一般的造纸机干网来说，其张紧力已经超过 1kN/m 这个限度，因此通过这种方法提高导热系数只在部分纸机上适用。

高速纸机运行时，烘缸表面空气会与烘缸一起运动进入纸页和烘缸表面的空间，并形成一层很薄的空气层，这层空气层会严重影响导热系数，但可以通过一定的方法消除这种不利影响。Riddiford 推导出一个公式用于计算空气层的厚度 $\delta$，

$$\delta = 1.5108 r_{cyl} \left( \frac{\eta v}{F} \frac{3\pi\sqrt{2}}{4} \right)^{2/3} \tag{6-11}$$

式中　$r_{cyl}$——烘缸直径
　　　$v$——纸页速度
　　　$F$——干网有效张力
　　　$\eta$——空气黏度

从公式（6-11）中看出，烘缸直径越大，转速越高，空气黏度越大，烘缸表面产生的空气层厚度就越厚，可以通过提高干网或帆布的张紧力来减少空气层厚度。另一方面，高速旋转的烘缸也给空气层提供了一定的离心力，如果纸页具有良好的透气性，也会减轻空气层对导热系数的影响。

烘缸表面温度也会影响接触导热系数。在一定范围内，烘缸温度上升，导热系数会有一定的提高，比如 Redfen 研究发现，当烘缸表面温度从 70℃提高到 90℃或 100℃，接触导热系数会提高 20%。这种提高有一定的限制性，当烘缸温度太高，从纸页中蒸发出来的水分不能够及时排出，水汽就会在烘缸表面和纸页贴缸表面间积累，这种积累类似于形成空气

层,会对纸页产生一个的"抬升"作用,导致纸页与烘缸表面接触面积降低,反而降低了导热系数,同时也会降低纸机的运行稳定性。这种现象在纸页含水量高的烘干段尤其值得注意。

扬克式烘缸一般都采用压辊将纸页紧压在烘缸表面,由于纸页烘缸接触表面有水的存在,容易形成氢键,氢键会紧紧把纸页吸附在烘缸表面,此时会获得很高的接触导热系数。当纸页水分含量降低,纸页和烘缸表面间无法形成氢键后,接触导热系数迅速下降。

此外,提高烘缸外表面洁净程度(去除纸屑或水垢),提高表面平滑度也都有助于增加接触导热系数。

2. 冷凝水传热系数

现代烘缸内壁都设有扰流棒或沟槽以破坏冷凝水环的形成,更好排出冷凝水,这些措施也提高了冷凝水的传热系数。举例来说,带有扰流棒的烘缸其冷凝水传热系数远高于不设扰流棒的烘缸,见图6-17。

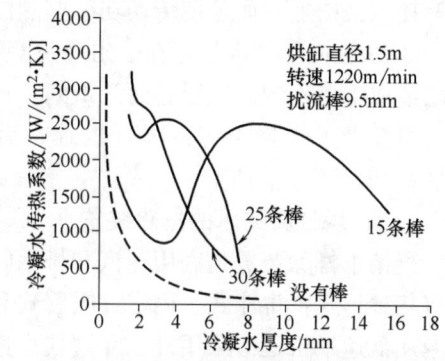

图6-17 扰流棒存在下的冷凝水导热系数变化

烘缸扰流棒设置条数不同,冷凝水传热系数也有很大变化。对于正常工况下烘缸冷凝水厚度来说,虽然扰流棒能大大增加冷凝水的传热系数,但对于应该设置多少条扰流棒才能最大程度的提高冷凝水导热系数,目前还没有非常好的理论指导。有研究者根据理论和实际实验数据提出一个最佳扰流棒间距 $L$ 计算公式(6-12),供读者参考:

$$L = \pi (r\delta_C)^{0.5} \tag{6-12}$$

式中　$r$——烘缸半径

　　　$\delta_C$——冷凝水膜厚度

## 三、烘缸的凝结水排出装置及其进展

### (一)凝结水在烘缸内的运动状态

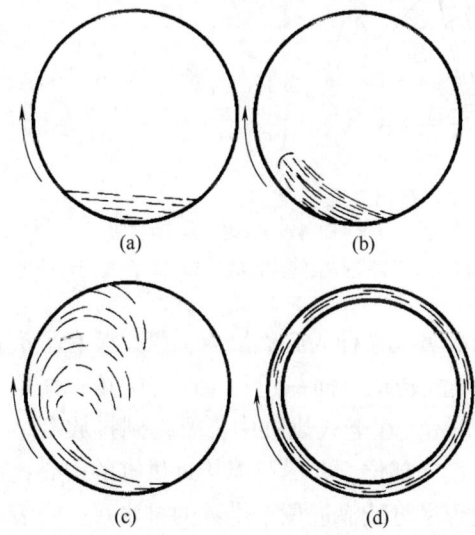

图6-18 凝结水的运动状态

凝结水在烘缸内的运动状态如图6-18所示。对于烘缸直径为1.5m的纸机,当车速在200m/min以下时,凝结水受重力作用而集聚于缸的底部,略偏向于旋转一侧,如图6-18中(a)所示;当车速在200~300m/min时,随着车速的提高,由于凝结水和缸壁之间的摩擦力增大,使聚集于下方的凝结水被带起,呈图6-18中(b)所示的月牙状翻动;当车速接近于300m/min时,

摩擦力进一步增大,使凝结水被扬起,但这时还不能形成足够的离心力,所以其被提升到45°~90°角时又降落下来,如图6-18(c)所示;当车速达到300m/min以上时,凝结水会受到足够大的离心力作用,而在缸内壁形成一

完整的水环，并随烘缸一起旋转，但转速略低于缸速，如图6-18（d）所示。

（二）烘缸内凝结水的危害

① 凝结水的导热系数是 2.6kJ/($m^2 \cdot h \cdot ℃$)，只有铸铁的导热系数的 1/88，如果烘缸内有凝结水积累，则会大大增加烘缸的热阻，极大地降低干燥效率；

② 凝结水在烘缸内因随烘缸旋转而呈游动状态，车速高时会形成瀑布状态，这就极大增加纸机的功率消耗。如果达到形成水环的车速时，随着凝结水量的增加，水环的厚度会逐渐加厚，当水环厚度增加到某一临界值时，烘缸内凝结水环的形成和破坏，不仅导致纸机功率消耗大大增加，而且使传动功率剧烈波动，极大影响纸机的正常运行。

③ 烘缸内凝结水的存在会出现不规则的温差，这种温差可达几度甚至几十度，从而使产品造成干燥不匀，纸层卷面等纸病。这类干燥不匀等问题最常见于干燥部湿端。如果湿纸在这里发生了干燥不匀，则就很难在后工序予以校正。烘缸表面温差应控制在3℃以内为佳。

（三）烘缸凝结水的排除装置

凝结水排除装置是利用蒸汽和排水管端的压差排走凝结水的机械装置。凝结水的排除装置有三种形式：戽斗式、固定虹吸管式和旋转虹吸管式排水装置。而戽斗式排水装置只在一些老式低速纸机还有采用外，在现代高速纸机中已没有采用，故不再介绍。

1. 固定虹吸管式排水装置

固定虹吸管式排水装置如图6-19所示。

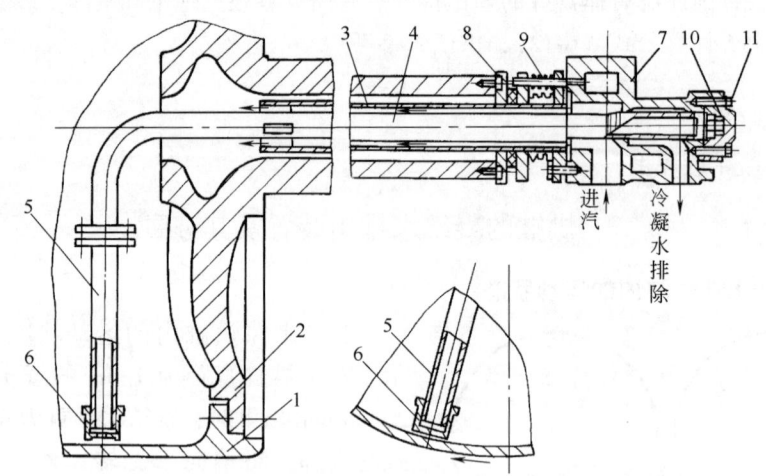

图6-19 固定虹吸管式凝结水排出装置

1—烘缸 2—传动侧缸盖 3—进汽管 4—虹吸管 5—虹吸管垂直部 6—管帽 7—填料函
8—石墨圈 9—弹簧 10—固定虹吸管的螺帽 11—调节虹吸管位置的方头

虹吸管的一端固定在蒸汽接头的壳体上，吸管的吸入端伸入到烘缸内，管口装有平头管帽，管帽与缸壁距离为 2~3mm。虹吸管位置偏向烘缸转动方向一边约15°~20°角，偏角大小决定于缸内凝结水的数量。虹吸管直径为 35~60mm。在老式烘缸中，要得到排放凝结水的最好效能，必须把虹吸管的汲入端放置在凝结水最深部位，并尽可能接近烘缸的中心；在现代烘缸中，由于烘缸内扰流棒的存在，固定虹吸管尽可能靠近位于烘缸的排水端。安装时应使同一传动组内所有烘缸中的虹吸管都处于同一位置，以便停机时使其处于6点钟位置，有效排出烘缸中凝结水，减少残留凝结水量。

由于固定虹吸管的悬臂较长，容易挠曲变形，或是由于缸内凝结水环破坏时产生的冲击作用，可能引起汲水管头与缸壁发生碰撞，导致固定吸管的损坏，需经常检查维修。

固定虹吸管排水压差一般为 19.6~29.4kPa。当车速较高、凝结水在缸内已形成水环时，凝结水的线速（$v_k$）接近于烘缸线速，因而凝结水产生速度压头，通过固定虹吸管压出到烘缸之外，所以车速越高，需要的排水压差越小。

固定虹吸管一般认为在车速小于 300m/min 时使用比较理想，但后来也有的工厂在 550m/min 的车速下使用，发现排水也比较正常，与旋转式虹吸管无明显差别。现在可以说固定虹吸管几乎可以在所有车速下使用。

2. 旋转虹吸管式排水装置

当纸机车速超过 300m/min 时，烘缸内凝结水液已形成水环，则一般需使用旋转虹吸管排水。旋转虹吸管式排水装置如图 6-20 所示。它是固定在烘缸内传动侧缸盖上，虹吸管是成单支或对称双支或三等分三支蜗管状排布，与烘缸一起旋转。按照烘缸尺寸采用机械锁紧：可用弹性连接或者螺丝固定。这种设计可以把烘缸壁与汲入管端的间隙做得很小，一般在 1.25~2mm 之间。

烘缸内凝结水无论是呈水环式或聚积在下部，旋转虹吸管都可以把它排出来。当形成水环时利用虹吸和喷射原理排水；当聚积在下部时排水与戽斗相同。应用旋转虹吸管可使缸内凝结水层厚度不超过 0.8mm。

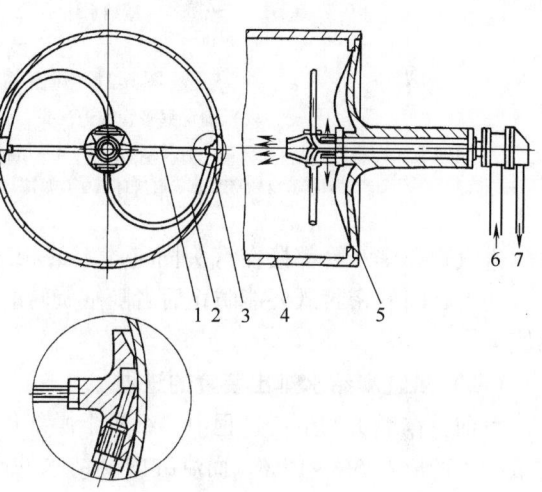

图 6-20 旋转虹吸管式凝结水排出装置
1—支杆 2—旋转虹吸管 3—吸头 4—缸体 5—传动侧缸盖 6—蒸汽进入管 7—凝结水排出管

为了排除缸内凝结水，烘缸和凝结水排出管之间必须有一定压差，压差大小是由排水装置形式、纸机车速、缸内凝结水状态决定的。可按式（6-13）计算：

$$\Delta p = \rho(h_R + h_M) \times 9.18 + p_1 \tag{6-13}$$

式中　$\rho$——凝结水和夹带蒸汽混合体的密度，kg/m³

$h_R$——凝结水由缸壁升到烘缸中轴线的高度，约等于烘缸半径，m

$h_M$——缸内凝结水所产生的提升高度，m。当采用固定虹吸管、车速低、凝结水不能形成水环时，$h_M=0$；当采用固定虹吸管、车速高、凝结水可形成水环时，$h_M = -v_k^2/2g$，因为这时凝结水柱是不旋转的，而旋转的凝结水产生离心力会将其压入虹吸管中所致；当采用旋转虹吸管、车速高、凝结水已形成水环时，$h_M = v_k^2/2g$，此时凝结水柱是旋转的，其自身产生离心力阻止凝结水进入虹吸管所致。

其中　$v_k$——缸内凝结水的线速度，m/s

$g$——重力加速度，$g=9.81$m/s²

$p_1$——汽水混合体流过虹吸管的阻力，一般为 10~30kPa

由上式计算可以看出，旋转虹吸管排液时除了克服提升凝结水重力所产生的阻力外，还必须克服凝结水由于旋转而产生的离心力的阻力，所以车速越高，所需压差越大。所以旋转虹吸管只能在车速小于1000m/min 的纸机中使用，最好在750m/min 以下使用，否则将影响凝结水排出。

在旋转的烘缸传动侧轴头上与进汽管、凝结水排出管相衔接的装置称为进汽头。它是由一节固定段与一节回转段借有效的密封机构组合而成，如图6-21（a）、（b）所示。

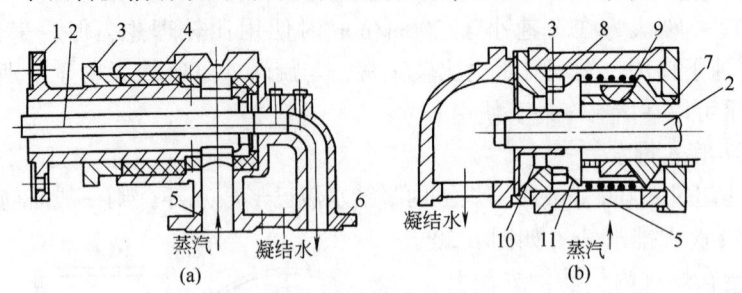

图 6-21 烘缸的进汽头结构
（a）固定虹吸管的进汽头 （b）旋转虹吸管的进汽头
1—烘缸头法兰 2—虹吸管 3—填料压盖 4—填料密封 5—进汽头接管 6—凝结水排出管接头
7—进汽管 8—密封环 9—弹簧 10—锁紧螺帽 11—球面动环

进汽管和排水管都接在汽头固定段上的相应接口上，而回转段则接在烘缸的中空轴头上，两者之间的密封既要能防止后者随缸旋转时发生泄漏，又要能补偿蒸汽通过后发生的热膨胀。

### （四）烘缸凝结水排出装置的进展

目前，在纸页的生产过程中，纸机干燥部仍然是整个纸厂能耗最大的部位，其蒸汽消耗占纸的生产成本 5%~15%。而烘缸内凝结水的有效排除是提高纸机的干燥能力和降低蒸汽消耗的重要因素之一。上面介绍了两种凝结水排除装置，它们可以在不同车速下有效地排出凝结水，为提高纸机干燥能力创造了必要条件。但是，随着能源价格的提高，人们迫切希望进一步降低能耗和生产成本，近十几年来对凝结水的排出装置和方法进行了一些改进，主要表现在以下几个方面。

1. 对固定式虹吸管式排水装置的改进

一般固定式虹吸管常采用一根带圆弧的钢管，从烘缸一端侧端盖插入体内，一端与汽头相连，另一端悬在缸体内。运转时由于缸体与虹吸管有相对运动，往往因虹吸管圆弧尺寸加工精度不够或因重力作用而与烘缸内壁接触发生磨擦，时间长后把虹吸管磨破、磨断、破坏虹吸作用，使凝结水排不出去，影响传热和增加动耗。为了解决这一问题可采用下列几种方法：

① 在虹吸管拐弯处采用钢丝软管结构，当虹吸管伸进缸体内后即靠自身重力自动向下弯曲。不仅解决了虹吸管磨损问题，且拆装方便，如图6-22（a）所示。

② 研究发现能否有坚固的支撑结构和控制振动对固定虹吸管的排水有很大影响，为此可将虹吸管的弯管弯曲成60°角，在水平管和弯管之间增设一个垂直加强肋，如图6-22（b）所示。这种加强肋可使垂直虹吸管的吸水端得到固定和稳定，使其挠曲和振动减小到最低值，使虹吸管与缸壁的间隙可以精确调节，从而增加纸机的干燥能力。

③ 在虹吸管弯管处采用新型活节连接，如图6-22（c）所示。

其结构是：a. 分别固定在竖管和横管上的两个半活节 1、2 是通过销轴相连，两个活节间通过球面密封，竖管与垂直方向有 10°左右的角，以便对密封面有一定压力保证密封；b. 固定于横管上的半活节 2 分为螺纹内套和销轴支座外套两部分，两部分为小间隙配合，其结构

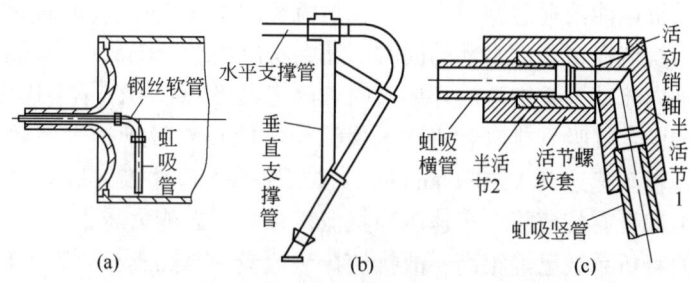

图 6-22 固定虹吸管式排水装置的改进结构图
(a) 钢丝软管结构 (b) 垂直加强筋结构 (c) 新型活节构

尺寸既要能通过烘缸空心轴，又要满足强度要求；c. 为保证竖管能以横管轴线为中心进行旋转，活节 2 的密封面应与其轴线垂直，活节 1 的密封面应与其轴线成 10°左右的角；d. 材质可用耐热、耐磨材料，如铜合金 QSn4-3，不锈钢 1Cr13。据介绍采用这种结构由于竖管可以旋转，安装维修省事，当竖管受到凝结水环破坏的水力冲击时可旋转一定角度，直到其受到的冲击力与其重力达平衡止，车速越高偏角越大，从而大大减小活节处销轴及销轴座受到的扭矩。

2. 用固定虹吸管和破坏凝结水环形成装置排水代替旋转虹吸管排水装置

车速超过 400m/min 以上纸机的烘缸中可以采用典型的旋转虹吸式排水装置排出凝结水。尽管经过仔细调整虹吸管与缸壁间隙，使其达到很小程度，能够有效地排出凝结水，但缸壁上仍有一层很薄的滞留层水环，产生相当大的热阻。另外，由于虹吸管随烘缸一起旋转，车速越高，凝结水受的离心力越大，从而造成排凝结水的压差迅速增加，如图 6-23 所示，当车速由 600m/min 提高到 1200m/min 时，排液需压差则由 45kPa 提高到 70kPa，不仅会造成大量的能量浪费，影响纸机的运行性能，甚至无法正常操作。

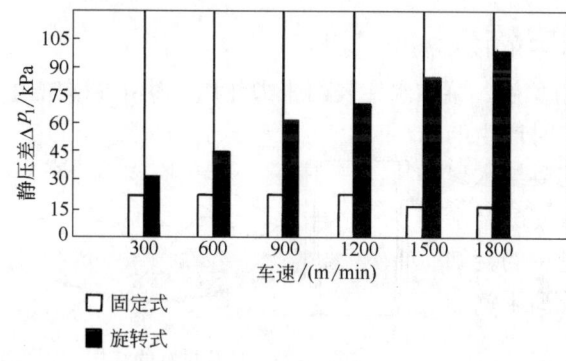

图 6-23 虹吸管在不同车速下排凝结水所需的最小压差

所以近些年来，高速纸机上都采用了固定虹吸管排水装置。

为克服高速纸机凝结水在烘缸内形成水环而影响固定式虹吸管排水效果采取下列措施：

（1）在烘缸内设置扰流棒

如图 6-24 所示，扰流棒可使凝结水环产生振荡和湍流扰动。扰流棒的间距合适可以产生共振，从而可获得很强的湍流。有资料显示扰流棒最佳间距与扰流水环厚度的开方成正比。扰流棒的实际使用效果表明，如果间距设置过小，则最佳水环厚度很小，传统的冷凝水排出装置达不到这种要求；如果扰流棒间距过大，最佳的冷凝水环厚度增大，传

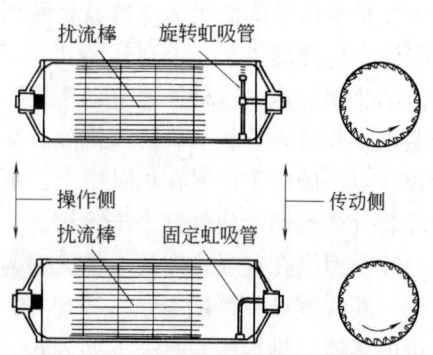

图 6-24 烘缸内设扰流棒的结构

动烘缸电能消耗急剧增大。一般扰流棒间距在 150~300mm 之间。

扰流棒在破坏水环的同时，还会将缸内壁分隔成许多开敞的格仓，凝结水被扰流棒导向成轴向流动进入缸端的环形槽内被固定虹吸管排出，不会连接成随缸旋转的水环。使用扰流棒和固定虹吸管排水装置比无扰流棒的旋转虹吸管排水装置相比，干燥能力可提高 30%左右，在车速达到 1270m/min 时，排水压差不超过 27.6kPa。所以目前国内外在高速纸机的烘缸中都设有扰流棒，车速越高扰流棒提高干燥能力越大，另外，在低速下，光滑的烘缸内表面的凝析系数已经很高，故扰流棒一般应在 500m/min 以上车速下使用。

扰流棒需要用轴向均匀分布的支撑环和环上的张紧螺栓紧紧地压到烘缸内壁上，不得转动。支撑环一般用扁钢制成，两端可以采用翻边并钻孔，以便螺栓连接，并通过螺母调节其张紧程度，把扰流棒压紧到烘缸内壁上；支撑环上间隔钻有若干个螺孔，插入插销固定扰流棒，支撑环间距 800~1200mm，扰流棒与支撑环间的连接如图 6-25 所示。

图 6-25 扰流棒与支撑环间的连接

扰流棒的规格各厂不一，一般可用 30mm×20mm×2.5mm 的矩形不锈钢管制成，以防腐耐磨，每根扰流棒上与支撑环连接处钻有孔，以便插入插销固定。一般在圆周上每隔 15°~30°角设置一根扰流棒，即其间距约为 250mm 左右，扰流棒的长度由于受固定虹吸管的限制，可比干燥部纸页宽度小 150mm 左右。

（2）在烘缸内壁上沿圆周加工出轴向的三角形沟槽

如图 6-26 所示，沟槽与轴向有一定倾斜角度，凝结水在表面张力作用下集中到沟槽里，沟槽的顶部便成为干燥传热面。当烘缸旋转时产生的离心力在沟槽与轴向斜面上产生分力，会使凝结水聚集在沟槽里。由于沿锥度斜面的轴向分力有使凝结水排出速度增大的效果。流到烘缸中间的沟槽中的凝结水可用固定虹吸管顺利排出。据介绍，可提高干燥能力 15%左右。

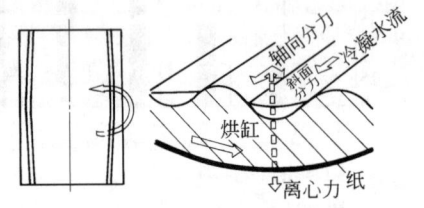

图 6-26 沟纹烘缸的结构

3. 用喷吹蒸汽和热泵配合使用提高排水效率

使用旋转虹吸管式排水装置在车速比较高时，由于离心力的作用使排水的压差很大，造成排水困难。但是，如果允许蒸汽夹带凝结水从虹吸管中排出，就会大大降低排水的有效密度，使排水压差降低很多。这就是所谓的"喷吹蒸汽"。喷吹蒸汽还具有抽吸作用，对于排除凝结水仿佛提供了一个"运输机"。这是因为喷吹蒸汽在进入汲入端时有一个从零到很大数值的急剧加速，这种加速有助于把凝结水粉碎成小微粒，以雾状完全混合排出。另外，由于蒸汽不断地以雾状从烘缸内排除，会将烘缸中的不凝结气体、空气混同蒸汽以稀释状态被除掉，空气倾向于集聚在烘缸壁上，那正是虹吸管汲嘴的位置，当喷吹蒸汽通入虹吸管时，它随着气体迅速地从烘缸中排除掉。

喷吹蒸汽在虹吸管内的最佳流速为 23~46m/s，流速过高，会对虹吸管和轴颈产生汽蚀作用。喷吹蒸汽率（随凝结水排出未冷凝的蒸汽与进入烘缸蒸汽总流量的质量百分比）与纸机的车速、排水压差有关，如表 6-1 所示。车速越高，排水压差越高，需喷吹蒸汽率就越高，以保证凝结水适当排出。

表 6-1　　　　　　　　　　　　喷吹蒸汽率与车速、压差关系

| 车速/(m/min) | 压力差/MPa | 喷吹蒸汽率/% | 车速/(m/min) | 压力差/MPa | 喷吹蒸汽率/% |
|---|---|---|---|---|---|
| 0~500 | 0.020~0.030 | 16 | 750~1000 | 0.045~0.055 | 25 |
| 500~600 | 0.030~0.035 | 20 | >1000 | 0.055~0.085 | 27 |
| 600~750 | 0.035~0.045 | 22 | | | |

为了使喷吹蒸汽顺利通入虹吸管中，在虹吸管设计时可采用下述两种方法：

① 在虹吸管上开一个直径为 6mm 左右的汽孔，如图 6-27 所示。使一部分蒸汽自该孔进入，蒸汽在虹吸管内加速流动，形成降压，吸引并带动管内凝结水迅速排出。

② 把虹吸管的吸水头的形状设计成喇叭状，使吸水口表面积大于水平管截面积的 3.5 倍左右，吸水口与缸壁间隙控制在 2mm 左右，吸口部流体通过量略小于水平管通过量，以增强吸水口蒸汽进入量和使凝结水雾化能力，降低混合物密度，从而达到提高排水能力。

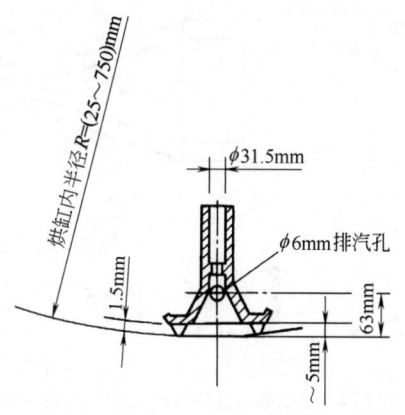

图 6-27　烘缸旋转虹吸管吸口示意图

采用喷吹蒸汽法中有 16%~27% 的未凝结蒸汽进入汽水分离器中。这部分蒸汽必须充分利用，目前利用方法有两种：一是将从凝结水中分离出来的蒸汽用于低压区烘缸作为加热蒸汽，这就是国内广泛采用的多段通汽。这种方法的主要缺点是各烘缸段相互依赖性大，不利于调节。第二种方法是目前在高速纸机上广泛使用的方法—热泵法。热泵的结构如图 6-28（a）所示，这是一种蒸汽流量可调式热泵，当纸机运行工况和工作蒸汽参数发生变化时，通过热泵自身调节机构调节和改变喷嘴通过蒸汽的有效面积，以改变工作蒸汽流量来满足生产要求，这种调节装置只改变蒸汽流量而不改变压力，故调节性能好，效率高。其工作原理：高压蒸汽通过热泵内的喷嘴时，通过射流产生负压作用，把汽水分离器内的闪蒸蒸汽抽吸上来，与高压蒸汽混合而"增压"后进入同一烘缸区，分离器的凝结水则通过管道排走，如图 6-28（b）所示。为了使热泵系统正常工作，要求高压蒸汽的压力要高于正常操作的最大干燥压力，至少应为 345~520kPa。由于热泵对汽水分离器的负压作用，使烘缸排水压差增大，减少了烘缸排水阻力。由于烘缸排水较畅，提高了传热效率，降低汽耗 25% 左右，降低纸机动耗 20% 左右。另外，采用热泵后各段闪蒸蒸汽各自回用，各段烘缸的进出汽压力可以完全独立控制，并可自由分配烘缸数，操作管理方便。

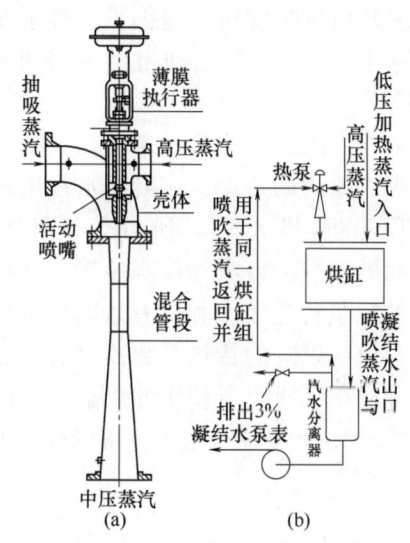

图 6-28　热泵的结构和工作原理
（a）热泵的结构　（b）热泵的工作原理

国内外众多学者对热泵的结构进行了研究，发现喷嘴结构对蒸汽喷射式热泵的操作

性能有很大影响，于是研制出了双喷嘴结构和整流喷嘴结构的喷射式热泵，其结构如图 6-29 所示。据介绍这两种结构的热泵与普通热泵相比，可有效提高热泵的工作效率，相同操作条件下其整体性能优于普通热泵，平均喷射系数（即引射流体和工作流体质量流量之比）较普通喷嘴提高 20%~30%，并且在较低的工作蒸汽压力下仍能维持较高的喷射效率，对于实现节能及克服实际操作中由于工作蒸汽压力不足而带来的操作失稳等工况有意义。

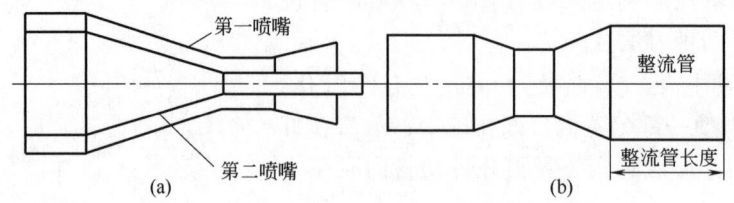

图 6-29 热泵的双喷嘴结构和整流喷嘴结构
(a) 双喷嘴结构 (b) 整流喷嘴结构

### 四、其他形式烘缸简介

#### （一）多开口烘缸

在普通烘缸干燥中热量传递的最大阻力来自于烘缸内凝结水所形成的水环。尽管采用虹吸管、挠流棒等排水和破坏水环的形成装置，使水环变得很薄，对传热的影响大大降低，但仍然对传热有一定影响。多开口烘缸的概念提供了一种全新的提高纸页干燥速率的方法。这种烘缸的结构如图 6-30 所示。

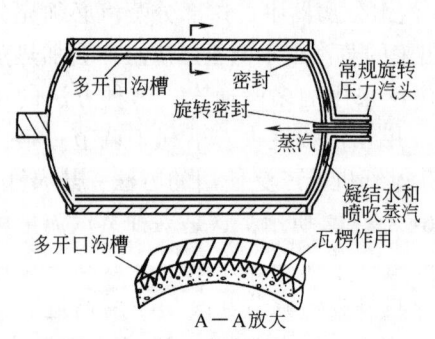

图 6-30 新式多开口沟纹烘缸的结构

这种设计是使进入烘缸内的蒸汽通过在烘缸内表面上纵向开的小沟槽内的流动，将凝结水排出缸外，而使凝结水形成的隔热水环降到最小值。因此，有可能取消伸延到烘缸壁的虹吸管排水装置。这种烘缸还具有更高的热量传递范围和更有效的热量传递结构（对流和热传导）等优点。试验结果证明，这种多开口烘缸的传热系数比具有挠流棒的烘缸高 20% 以上，比无挠流棒的烘缸高 90% 以上。目前在纸机上所使用的烘缸也可以改造成多开口烘缸，如果纸机的干燥部使用这种多开口烘缸，在同样的产量下，可以减少烘缸数量，或在同样烘缸数量下，提高产量。

#### （二）夹层烘缸和带槽烘缸

夹层烘缸和带槽烘缸多用不锈钢板焊接制成，一般用于扬克烘缸等大烘缸中，其内部结构如图 6-31 所示。在夹层烘缸中，蒸汽是通入到接近烘缸圆周的环壁中去，而不是采用一个大的受压容器。这样做可以减少烘缸的质量，并可以减少大型烘缸中容易引起蒸汽引进和凝结水排出难的问题，而且传热性能等非常好，但制造成本比较高。

带槽烘缸是在烘缸内壁径向加工出沟纹，凝结水在表面张力作用下聚积在沟槽中，用虹吸集束组以保证每个小虹吸管位于沟槽的正确位置，将凝结水有效地排出，从而保证良好的传热效率，用这种烘缸的扬克纸机生产卫生纸车速可达 2000m/min。

## 第六章 造纸机干燥装置

### (三) 电磁感应加热烘缸

用蒸汽加热烘缸的干燥装置有许多缺点：a. 结构复杂，造价高。因蒸汽通入缸内，使烘缸为一压力容器，必须有严格的密封和足够耐压机械强度。为了排除缸内凝结水还要有复杂的排水和连接部件；b. 部分蒸汽热能还传递给烘缸中无须加热的部件，造成热能浪费。烘缸内热量传递主要靠传导，因受凝结水膜的阻碍，传热系数比较低，缸面温度分布不均匀；c. 调整温度难，且调整速度很慢；d. 设备维修费工费时。

而电磁感应加热烘缸则无上述这些缺点，而且还具有制造要求低，生产成本低，能耗低，便于精确控制干燥温度等优点。其主要由烘缸壳体、磁通发生器、夹持机构、传动机构自动控制装置组成。缸体材料为金属。按其磁通发生器安装位置的不同可分为内置式、外置式和结合式，其中内置式占地面积小，适于多缸纸机，而其他两种形式则占地大，磁辐射防护难度大，只适于单缸纸机。其结构如图 6-32 所示。

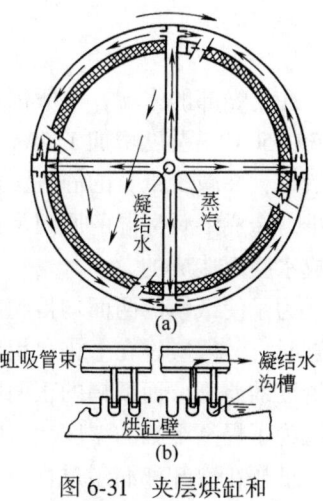

图 6-31 夹层烘缸和带槽烘缸的结构
(a) 夹层烘缸 (b) 带槽烘缸

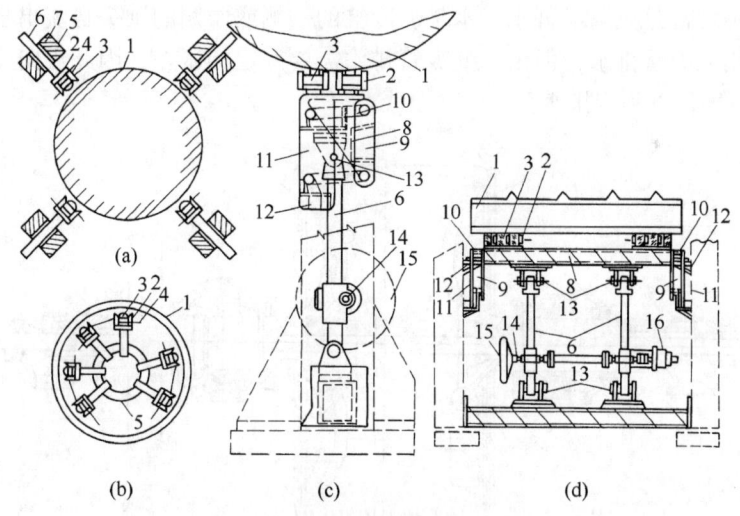

图 6-32 电磁感应加热烘缸的结构
(a) 外置式电磁感应加热烘缸 (b) 内置式电磁感应加热烘缸 (c) (d) 外置式夹持器的结构
1—缸壁 2—磁通发生器 3—电磁铁 4—接电源导线 5—夹持机构 6—支臂 7—导向元件 8—横梁
9—三角形板件 10—连杆 11—板件 12—托梁 13—圆柱销 14—操纵轴 15—手轮 16—电机

烘缸壁的加热原理：电机驱动烘缸按一定速度转动，夹持机构使电磁铁靠近缸壁，在励磁绕组中通入电流后，在烘缸壁内就有磁力线通过，磁通量密度在一定范围内取决于电磁铁的励磁电流强度。当烘缸转动时，缸壁各点单位时间内的磁通 $\Phi$ 不断发生变化，从而产生和此变化成比例的电动力，而使缸壁内产生流通的电流，根据焦耳定律，缸壁就被加热。可以通过调节烘缸壁与电磁铁的间距或调节电磁铁的励磁绕组电流强度就可以调节缸壁的温度。

## 五、冷　缸

在干燥部的末端，一般都设置有通水冷却的冷缸。纸幅经过冷缸面，温度由 90~70℃ 降到 55~50℃，湿度增加 1.5%~2.5%，增加纸页的可塑性，有利于压光后提高纸页的紧度和平滑度，并减少纸页的静电，从而减少由于静电吸引现象在纸的进一步加工和印刷中引起的困难。造成纸页回湿的原因是由于冷缸表面温度低，使干燥部的水蒸气在冷缸表面上冷凝，形成水膜而造成的。

为了使纸幅的两面均得到冷却，通常是设置两个冷缸，上、下排各一个。如果只设一个冷缸时，一般应设在上排，用以回湿纸幅的网面，有利于提高网面的平滑度，从而降低两面平滑度的差别。而纸幅的正面则用装置在干燥部和压光机之间通有冷却水的弹簧辊来冷却。有时为了提高纸幅的湿度，冷缸还装有润湿毛毯。

纸幅在冷却和润湿过程中会发生变形，长度的变化尤为显著。因此冷缸最好有单独的传动和独立的网毯，但为了简化纸机的结构，在生产一般纸种的纸机上，冷缸都包含在烘缸的传动组内，并和烘缸共用一条网毯。

在大多数纸机上，冷缸和烘缸的缸体是一样的，仅进出冷却水的装置是冷缸特有的。冷缸的结构如图 6-33 所示。冷却水送入缸内一根直径为 35~40mm 的喷水管中，喷水管的表面有许多喷水小孔，将冷却水均匀地喷在整个冷缸的宽度上，使冷缸受到均匀而有效的冷却。普通冷缸运转中常常是充满半缸水，水是从冷缸的一侧或两侧的轴头自流出缸外的。在高速纸机上，多采用虹吸管排水，但由于虹吸管排水需要一定的压差，因此可向冷缸中输入 30~51kPa 的压缩空气，以利于排水。

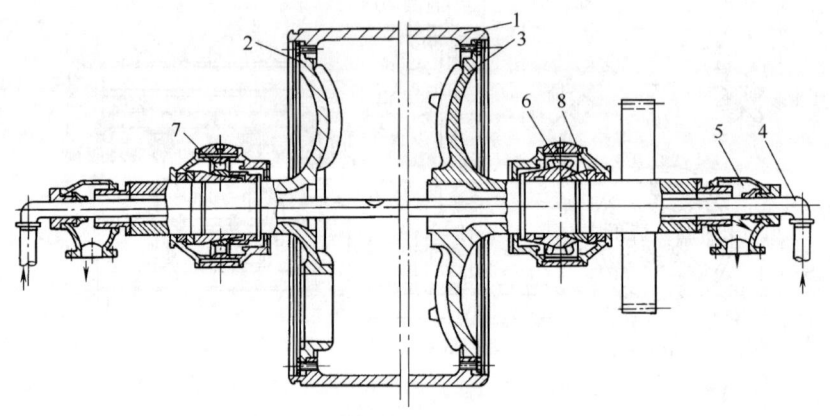

图 6-33　冷缸的结构

1—缸体　2,3—缸盖　4—冷却水进水管　5—进水头　6—双列球面滚珠轴承　7—轴承　8—固定轴承螺母

## 第三节　干燥装置的供热系统

### 一、概　述

目前，纸机干燥装置的供热方法主要有：饱和蒸汽供热、热风供热、热油供热、红外线供热、电磁供热等。饱和蒸汽供热是最先用于纸机干燥纸页的方法，现在仍然被广泛采用。

其操作简单、安全,可以满足纸页的质量要求,但由于缸内的蒸汽压力一般为 0.1~0.3MPa,属于压力容器,因此制造和使用要求比较严格,设备庞大,热效率低,排除缸内凝结水困难。热油供热是以导热油作为加热介质,加热烘缸干燥纸页的。这种方法运行系统简单、投资少、节省能源、升温快。红外线干燥多只限于作为辅导干燥用,如在二、三压榨前用于提高纸页温度,以提高压榨脱水效果;用于涂布后干燥或用于纸机干燥部的适当部位,以调节纸幅水分的均匀性等。红外线是一种具有 0.76~400μm 波长的光波,其辐射能可以促使物料游离水分蒸发,并能穿透物料内部,促进内部水分向外扩散。红外线干燥速度快,且纸幅水分均匀,但日常操作费用大,使用不当会伤人损物。电磁供热是当导体通过磁场切割磁力线就在导体内产生电流,感应电流在金属体内形成回路,并产生热量,使烘缸表面获得要求的温度。这种供热方法可以进行精确的自动控制,其余特性与红外线相似。

## 二、蒸汽供热系统

尽管现在纸机干燥装置的供热方法有多种,但以饱和蒸汽作为热源的干燥方法仍然占有绝大部分,为此在此只讨论蒸汽供热系统的类型,主要有以下几种。

### (一) 单缸调压并联直通供汽系统

这种供汽系统多用于老式的多缸或单、双缸造纸机中,由锅炉房送来的高压蒸汽经减压阀减压到 0.35MPa 以下,由蒸汽总管直接通到每个烘缸内,每个烘缸的管线上均设有压力调节阀和流量计,以调节进入烘缸内蒸汽的压力,从而调节烘缸表面干燥温度,满足纸的干燥温度曲线的要求。

烘缸内的凝结水是通过缸内蒸汽压力和排水装置排出的。凝结水管线上装有疏水器以防止蒸汽逸出,凝结水送回锅炉房。这种系统调节烘缸温度比较方便,系统简单,对纸种适应性强,但由于无蒸汽循环,不凝气体无法排出,热效率低,且疏水器大多不能正常工作,使缸内积水严重,能耗高,维修工作量大,为解决这个问题可在原系统中增设热泵和闪蒸罐,可节汽约 30%,如图 6-34 所示。

### (二) 大直径烘缸的供汽系统

大直径烘缸主要用于高速单面光薄页纸机上,由于其耗汽量大,一般采用如图 6-35 所示的循环供汽系统。该系统允许一部分蒸汽随凝结水排出,以便将烘缸内不凝性气体带出来

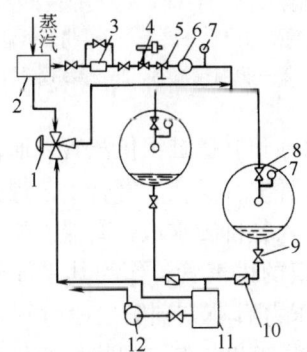

图 6-34 带热泵的单缸调压并联直通供汽系统
1—热泵 2—分气缸 3—供汽总管减压阀 4—安全阀 5—总汽阀 6—流量计 7—压力表 8—进缸汽压调节阀 9—凝结水阀 10—疏水器 11—闪蒸罐 12—凝结水泵

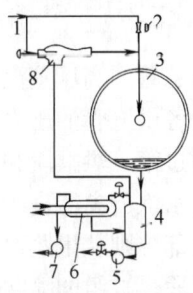

图 6-35 大烘缸循环供汽排水系统
1—高压新蒸汽 2—调压阀 3—大直径烘缸 4—汽水分离器 5—凝结水泵 6—冷凝器 7—真空泵 8—热泵

和有利于凝结水的排出,提高传热效率。进入汽水分离器的蒸汽和闪蒸汽一起经热泵提高压力后再送入烘缸内。这种系统要求来的新蒸汽压力应为 0.6~0.8MPa。一部分闪蒸汽经压力控制后进入冷凝器,再经真空泵排出。汽水分离器下部的凝结水送回锅炉房。这种系统充分利用了蒸汽的热量,热效率高,在新型配用大直径烘缸中得到广泛应用。

### (三) 分组调压串联循环供汽系统

为了排除烘缸内的不凝性气体,提高传热效率和充分利用热能,满足纸页质量要求及降低凝结水排除故障和维修量,现代多缸纸机一般都采用分组调压串联循环供汽系统。在这个系统中把干燥部的全部烘缸分为 3~5 个通汽段,第一段烘缸为靠近压光机处,是整个干燥部烘缸缸面温度最高的那些烘缸,也是干燥率曲线上处于恒干燥率和降干燥率曲线段下的那些烘缸,其供汽压力为最高。最后一段烘缸为靠压榨部处的几个烘缸,即纸幅升温阶段,缸面温度在较低范围内递升的那些烘缸。烘毯缸通常被连成为一个供汽组,用与第一段烘缸同样压力的蒸汽供热,全组共用凝结水管和水汽分离器。图 6-36 为这种系统的传统供汽的一例。

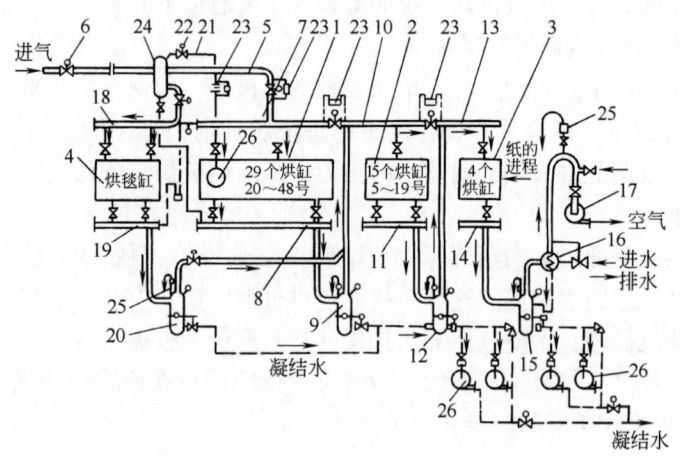

图 6-36 传统分组调压串联循环供汽排水系统

1~3—分别为第一、二、三段烘缸 4—烘毯缸组 5—进汽总管 6—总截止阀 7,8—第一段供汽和凝水管
9,12,15—分别为第一、二、三段汽水分离器 10,11—第二段供汽和凝水管 13,14—第三段供汽和排水管
16—冷凝器 17—真空泵 18、19—网毯缸组供汽管和凝水管 20—烘毯缸组汽水分离器 21—指示烘缸供汽管
22—压力调节阀 23—压差变送器 24—进汽总管汽水分离器 25—恒温排汽器 26—凝结水泵

进汽总管的高压蒸汽经压力调节阀后分别进入一段烘缸和烘毯缸组供汽管。通常压力调节阀是受各供汽管的压力变送器来控制,借以保证各供汽管中有稳定、符合工艺规程要求的压力。通过第一烘缸段和烘毯缸段的喷吹蒸汽和凝结水进入各自的水汽分离器。喷吹蒸汽和闪蒸汽由水汽分离器进入第二段即供汽压力稍低的烘缸组的供汽管,作为其一部分加热汽源,不足部分则从生蒸汽管来的蒸汽经压力变送器控制压力后补充到第二段烘缸的供汽管中。第二段烘缸组的喷吹蒸汽和水汽分离器中的闪蒸汽同样地进入第三段烘缸组供汽管。第三段烘缸的供汽压力通常都较低,其水汽分离器接真空冷凝器,在真空下进行乏气的冷凝。各水汽分离器中的凝结水则送回热电站。

在分组调压串联循环供汽系统中,往往在烘缸干燥部的最后处,即第一段烘缸的起始处,设有一个指示烘缸(图 6-36 中的 46 号缸)来按该处的纸幅湿度自动调节烘干部的进汽

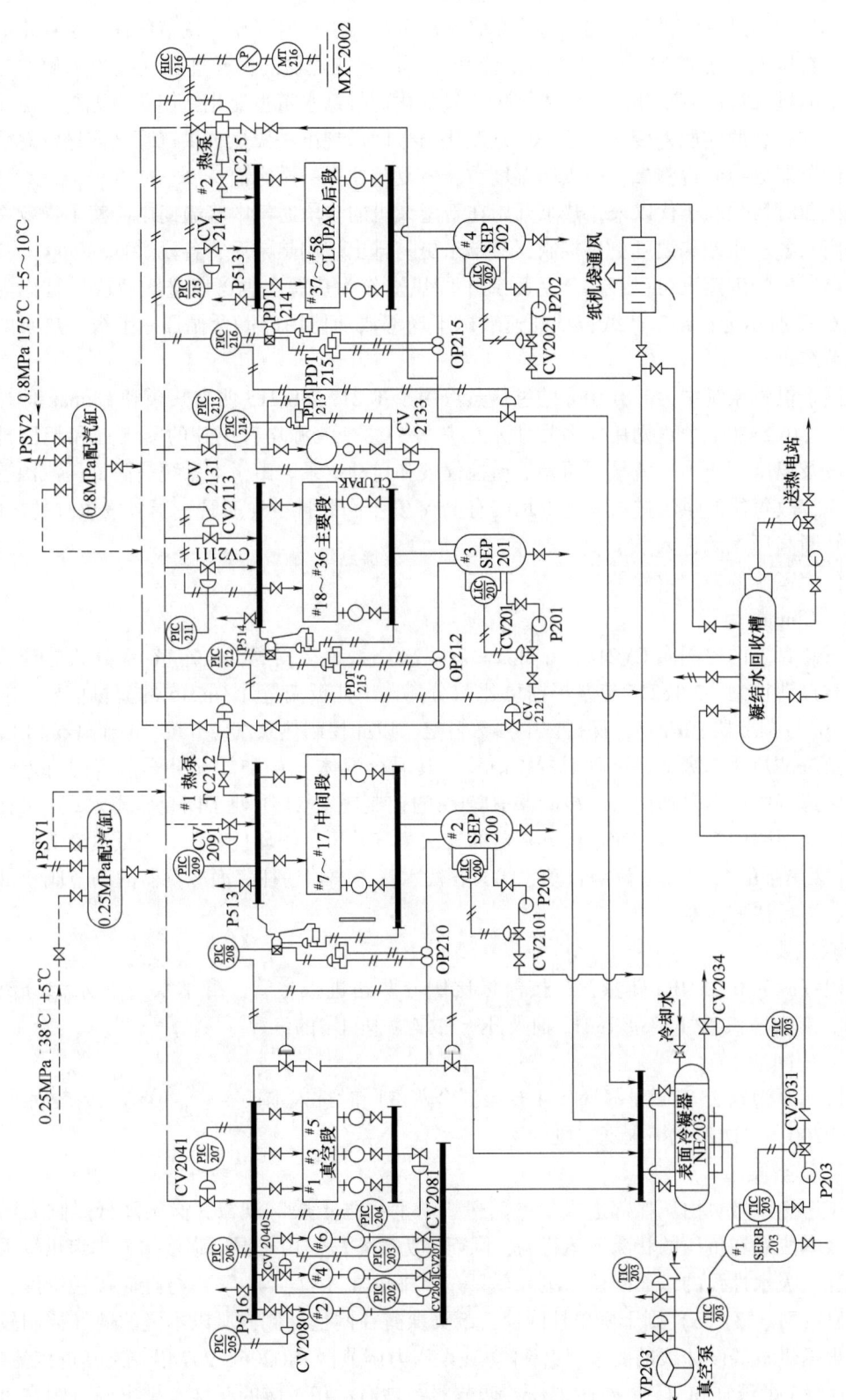

图 6-37 高速纸机混合循环—串级—热泵供汽系统

量亦即进入第一段烘缸供汽管的汽量。如图 6-36 中的序号 21 管上有序号 23 压差变送器,该管即单独向指示烘缸供汽,它从进汽总管水汽分离器引出时经压力调节阀保持了稳定的供汽压力,在压差变送器 23 的管段上有节流孔板,压差变送器的两头即接在孔板两侧。当指示烘缸上的纸幅湿度有变化时,缸内因传热量变化而凝结水量也变化,使孔板近缸一侧压力变化,导致孔板两侧压差变化。这一压差变化信号即送到第一段烘缸供汽管之前进汽总管上的压力调节器去控制进汽量,使纸幅湿度重新恢复到原来的调定值。

进入 20 世纪 80 年代以来,热泵开始在新型纸机的多段通气中普遍使用,使干燥效率进一步提高,各段压差和温度更易控制,凝结水更易排出。用热泵后,各段烘缸的喷吹蒸汽和水汽分离器中的闪蒸汽可以经增压后回到本段烘缸作为热源,也可以进入后段烘缸作为热源。图 6-37 所示为在某生产纸袋纸高速纸机干燥部成功使用的混合循环—串级—热泵的复式供汽系统。

在这个供汽系统中,0.81MPa 的过热蒸汽用于 Tc212、Tc215 两台热泵和 Clupak 伸性装置烘缸中。0.25MPa 蒸汽则用于各段烘缸的热源。两个汽源均有单独的配汽缸和超压排放安全装置及温度、压力、流量、压差等遥控仪表和自动记录。由于本系统是高低压汽源混合循环使用,故每段的烘缸进汽总管上均安有 PSV 安全阀和排空连通管,当各段烘缸超压时,可自动切断高压汽源进入系统。

该供汽系统的控制过程是:

(1) Clupak 后段

蒸汽总管上的控制阀 CV2141 由 Measurex—2002 系统,按照纸页定量/水分微处理机的指令信号自动控制。[#]2 Tc215 热泵根据[#]4 水汽分离器出孔板流量计 Op215 的流量信号,或本段压差 $\Delta p$ 与调节器 PIC215,保持以上参数恒定,以此控制热泵汽门开度。[#]4 分离器 SEP202 的二次蒸汽被热泵抽吸,通过喷射器扩散管,其混合汽体与 0.25MPa 补充蒸汽同时进入本段。正常运行中,本段通向表面冷凝器 HE203 的控制阀 Cv2151 处于闭合状态。[#]2 热泵在本段是在闭合回路中工作,它使水汽分离器的二次蒸汽升压、循环且利用。当纸页断头时,信号使[#]1、[#]2 热泵的 0.81MPa 汽源自动关闭,各段水汽分离器通往表面冷凝器的调节阀全部自动开启,进行快速冷凝。

(2) 主要段

本段汽源为 0.25MPa 新蒸汽,按流量比例分两路进入主管,凝结水入[#]3 水汽分离器 SEP201,二次蒸汽被[#]1 热泵 Tc212 抽吸升压后作为中间段的汽源。

(3) 中间段

本段汽源为 0.25MPa 新蒸汽和[#]1 热泵混合蒸汽同时进入本段主管,凝结水入[#]2 水汽分离器 SEP200,二次蒸汽串入真空段主管。

(4) 真空段

为了避免湿纸页由压榨部进入干燥部骤然产生"强干燥"现象,必须降低烘缸表面的温度,故本段是在负压的状况下运行的,因而称为真空段。由于湿纸强度差,本组烘缸采用蛇形单挂式吸水性强的双面网毯,湿纸页只在上排烘缸([#]2、[#]4、[#]6)与缸面接触干燥,而下排烘缸([#]1、[#]3、[#]5)则干燥单挂网毯,纸页裸露在网毯外侧,所以本段的通气控制较为特殊。根据烘缸温度曲线的要求,[#]2、[#]4 单独设压力调节器 PIC206、207 以控制其进汽流量。而[#]1、[#]3、[#]5 烘毯缸和[#]4、[#]6 烘缸的压差调节器,是通过相对应的凝结水排出调节阀来执行的,本段各缸凝结水直接汇入表面冷凝器。

### (5) 不冷凝气体的排除

循环系统中出现的不凝气体先经管式表面冷凝器 NE203 冷凝，其热交换量为 12.6kJ/h，此容量要能适应系统出现故障或纸页断头时，各段进汽流量短时不变；此时，各段水汽分离器的二次蒸汽则同时排入表面冷凝器冷凝，以保持系统的真空状态。冷凝液进入#1 真空分离器 SERB203，不凝气体则由真空泵 VP203 抽吸排空。

图 6-38 是国外在新式单层纸机的干燥装置中所采用的典型的串联—热泵供热系统，在这个系统中烘缸共分四组，三组高温烘缸加一组低温湿端烘缸，高温烘缸组使用蒸汽为两部分，一为低压蒸汽（0.5MPa）经压力控制阀直接进入各组烘缸作为其主要蒸汽来源；二为三组高温烘缸排出的喷吹蒸汽及凝结水进入其对应的汽水分离器，分离出来的喷吹蒸汽及闪蒸蒸汽经热泵增压后供该组烘缸加热用汽，热泵用的高压蒸汽（0.8~1.2MPa）由锅炉房直接提供。各汽水分离器的凝结水泵送至总汽水分离器中，产生的二次蒸汽供低温湿端烘缸组用。各烘缸组设有排汽通道，含有不凝性气体的蒸汽经冷凝后再由真空泵排出，以减少对传热的影响。各烘缸段的通汽压力可以完全独立控制，以满足工艺要求。

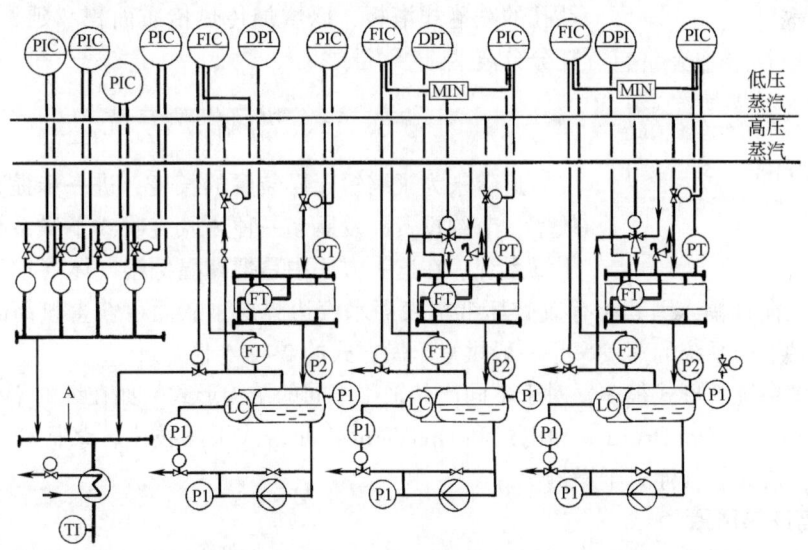

图 6-38 国外单层纸机干燥装置典型的串联—热泵供热系统

### （四）供汽系统的管路

造纸机干燥部所用的蒸汽，一般是用热电厂发电后蒸汽，用于烘缸干燥的蒸汽压力在 0.3MPa 左右，用于热泵的高压蒸汽在 0.6~0.8MPa。

蒸汽管路由无缝钢管组成。各段管子用法兰连接。在双层布置的纸机中，蒸汽总管和凝结水总管布置在传动侧的楼板下。由总管分出直立的蒸汽管和凝结水管到每个烘缸及网毯缸。在总管和分管上都装有膨胀补偿接头，如波形膨胀节、波纹管、填料函式的连接、瓦楞形弹簧等。

蒸汽管的设计应留有富余能力，以满足纸机生产能力提高时的要求。计算蒸汽管的直径时一般按下列原则进行：在用羊毛网毯时，烘毯缸耗用蒸汽占总用汽量的 20%；而用网毯时，则约为 10%~15%。现在在纸机干燥部多用干网，理论上因其不吸水而不用干燥，即不消耗蒸汽，但要求烘缸罩要有充分的通风能力，能迅速排出湿热空气，否则应设干网缸，耗用蒸汽约 5% 左右。烘缸最大的耗汽量可能超过平均耗汽量的 40%。此外，在用蒸汽循环系统时，还必须考虑喷吹蒸汽量，其占总供汽量的16%~27%。为便于制造和维护，所有烘缸的蒸汽管和凝结水管都采用按最大流量计算得出的管径。蒸汽总管中的蒸汽流速不应超过30~40m/s，而至烘缸的蒸汽管内的流速则应小于20~25m/s。由此可以确定蒸汽管径。蒸汽总管的直径通常为150~400mm（幅宽4200mm以内的纸机）。烘缸的蒸汽管直径通常为35~50mm，宽幅纸机可能达到60mm以上。凝结水管的直径决定于供汽的形式。在有蒸汽循环的供热系统中，凝结水管内是凝结水和蒸汽的混合物，其管径可取为其相应蒸汽管径的50%~60%。

水汽分离器通常是一个直径800~1000mm，高1.5~2.0m的圆柱形容器。其结构如图6-39所示。凝结水与蒸汽的混合物由管体上部进入，并撞击在挡板上。水汽分离器中的压力小于水汽混合物的进入压力，所以产生二次蒸汽。蒸汽由上方引出，凝结水则积聚在筒底。保持一定液位后多余的凝结水送回热电站。也有的工厂在水汽分离器内设置多层钻孔的跌落式塔板，以增加传热传质面积和延长闪蒸时间，充分分离蒸汽。

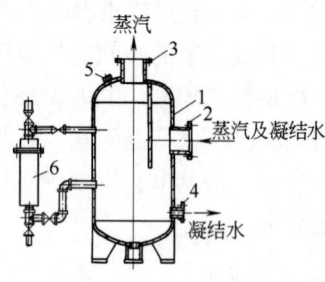

图6-39 水汽分离器结构图
1—筒体 2—凝结水与蒸汽混合物进入的接管 3—蒸汽排出接管
4—凝结水排出接管 5—压力计接管 6—液位指示调节器

### 三、热风供热系统

近年来为了缩短干燥装置的长度，进一步提高干燥蒸发效率，节约投资，发展起一种热风直吹式干燥系统，即热风干燥系统。在这一方法中是把高温低湿气体（空气或过热蒸汽）以高速吹向纸幅，因其能有效破坏纸幅表面水汽边界层，从而可获得较高的传热和传质速率。热风干燥系统的蒸发率是一般烘缸干燥方式的2~2.5倍。

热风干燥系统的形式很多，对于不同产品采用不同的结构形式，如在纸的干燥中采用的有OptiDry冲击式、OptiDryTwin冲击式和OptiVertical冲击式干燥技术，浆板和纸板的生产中采用的有：桥式、气浮式干燥器等。

#### （一）高速热风罩

高温高速热风罩是一种综合的运用了接触干燥和对流干燥的原理，来强化传质和传热效果的高效干燥装置。

在多烘缸纸机干燥部上使用的高速热风罩如图6-40所示。这种热风罩一般装在干燥部的前段，在这里纸幅内部水分向表面扩散充分，高速热风的喷吹不会影响到成纸的质量。热风罩对烘缸的包角110°~120°，利用高压鼓风机将150~400℃高温热风，通过0.4~0.6mm宽度的喷嘴以50~100m/s的高速垂直吹到烘缸表面湿纸上，喷嘴间距为18~25mm，喷嘴与纸之间的距离，根据需要可在3~13mm范围内调整。需要热风温度在180℃以下时，可用高压蒸汽在加热器中加热空气，如果超过180℃，则多用石油气或煤气燃烧炉产生热空气，经过滤后使用。从烘缸罩喷嘴间抽回的废气10%排空，再补充10%的新鲜空气循环使用。

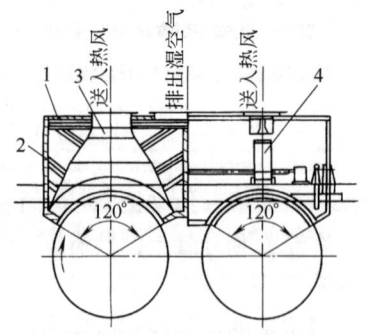

图6-40 多缸纸机的高速热风罩结构
1—框架 2—隔热材料制成的罩板
3—进风压力室 4—断纸及引纸时自动升降热风罩的气动装置

由于高速的热风吹喷,破坏了纸幅蒸发过程中形成的边界层,伴随着高速的热传递,纸幅中水分的蒸发强度剧烈地增加。其干燥纸幅的速度,比普通干燥部提高4~6倍。干燥的热效率达85%~92%,极大的降低了干燥的总汽耗。

用于大烘缸的高速热风罩如图6-41所示。它沿纸幅行程和大缸圆周方向分成三段分别喷送热风,各段风温随纸幅的湿度减少而降低。如向纸幅湿度为60%~65%的第一区吹送300~400℃的热风,而向第二、三段吹送的热风温度分别为220℃和150℃左右。热风喷缝的宽度0.6~0.7mm。加热热风的热源和废气循环情况同多缸纸机上的高速热风罩。

热风罩由管件或型钢构成骨架,用铝板和其间的隔热材料制成外壳。内部装设鼓风机,如图6-42所示。在必要时亦可装入分段加热器。

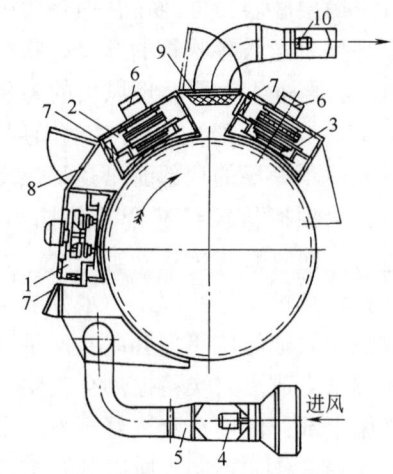

图6-41 大烘缸用分段热风罩
1,2,3—分别为第一、二、三段热风
4—进风机 5—新空气加热器 6—轴式鼓风机 7—循环热风加热器 8—观察孔 9—网式过滤器 10—排风机

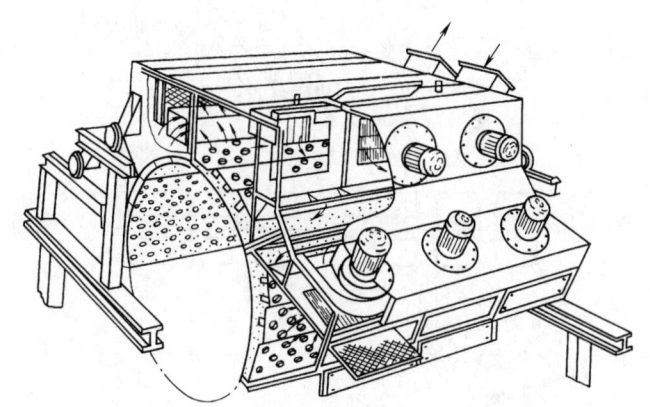

图6-42 高速热风罩的结构

### (二) 气浮干燥

#### 1. 气浮干燥系统的结构

其主要由循环风机、加热蛇管、吹箱、传动及引绳系统、真空清洗系统、热回收系统等组成的塔架结构,见图6-43。

塔架上安装有若干台循环风机,纵向间隔1.5m,整个塔架包在干燥器罩里,其间有一层厚100mm的非吸湿性隔热层。风机是用硅铝合金铸造而成,风机安装在干燥部两侧的垂直塔架

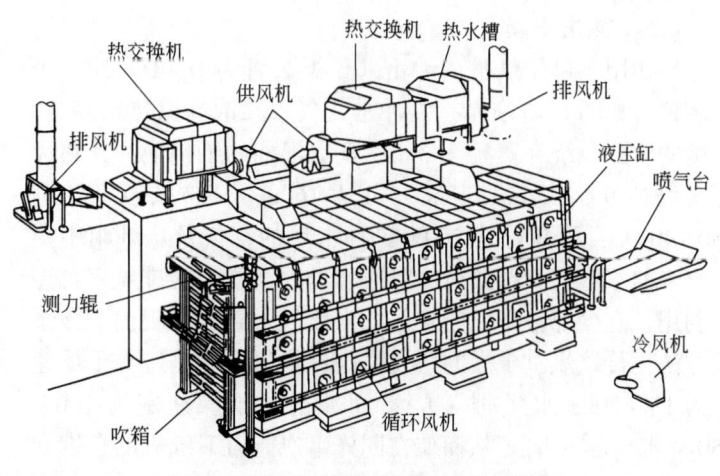

图6-43 气浮干燥装置和热回收系统图

上，在干燥部隔热墙外由电机直接耦合，每台风机设计成一个独立体，以便于拆卸和维修。钢制加热蛇管、铝制翅片、钢制蒸汽箱、不锈钢冷凝水箱用以传热和散热。蛇管沿干燥部两侧垂向放置于每组风机的两侧，每台加热蛇管前有一个过滤网，以滤去空气中的纸毛、灰尘等杂质。吹箱是干燥室内热气分布通道，一般用镀锌板制造，下吹箱面上有开孔，纸幅能在下吹箱上方定位，上吹箱位于下吹箱上方，用于清扫上下吹箱形成的"气垫悬浮区"，上吹箱的一端可由气压缸提升一定高度，以便于清洁和检查、维修。整个干燥器可有 20~30 个干燥层，每层均由上下吹箱组成。此外系统还设有蒸汽冷凝水系统、热回收系统和张力控制系统等。

2. 气浮干燥器的工作原理

如图 6-44 所示，新鲜空气经换热器预热后由风机送入干燥层底层，再经蛇管加热后由循环风机送入各吹箱的开口处吹向纸幅，再进入上层循环风机的各压力室，依次逐级向上通过干燥层。其到达干燥层的顶部时已是湿热空气，由顶棚排风机从开孔处抽出，进入热回收系统预热新鲜空气。下吹箱将纸幅吹悬浮起来，水分蒸发靠热空气通过吹箱面孔眼吹向纸幅底部来完成。上吹箱把热空气吹向纸幅上部，促使水分更好蒸发。上下吹箱的作用不同，所以开孔方式也不一样，上吹箱面上的穿孔方式是圆形，下吹箱面上的开孔方式是

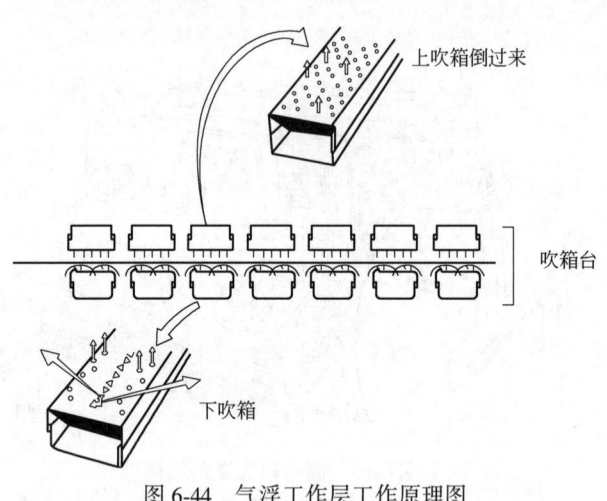

图 6-44 气浮工作层工作原理图

中间一线为三角形，而其两侧则是圆形。循环空气干燥纸幅消耗了部分热能后，由蛇管加热器再次加热后，继而由循环风机吸入后转向吹箱。这样不断确保空气温度达到工艺要求。纸幅通过干燥室时，吹进的热空气使之干燥，空气流把纸幅保留在下吹箱上的几毫米处，即纸幅通过干燥器时是悬在气垫层之上，纸幅由上而下运行，牵引纸幅的拉力由拽拉辊及夹持辊提供。

（三）冲击干燥

最初用于单层烘缸的冲击式干燥装置为 OptiDry 冲击干燥装置，如图 6-45 所示。从冲击式气罩来的高温热风高速、直接的吹到包绕在直径为 3.6m 真空辊外的纸幅上，其热风速度可达 90~130m/s，最大可达 160m/s，热风温度约为 350~400℃，最高可达 700℃，冲击后的空气及从纸幅中蒸发出来的水蒸气大部分被反射回来进入气罩内的排风室再循环利用，有少部分空气会穿透纸张而进入到真空辊内。该干燥方法比传统烘缸干燥的蒸发率高许多倍。如热传导干燥速率为 15~30kg 水/($m^2·h$)，而冲击式干燥速率为 100~150kg 水/($m^2·h$)。从而使在同样生产能力下纸机的长度和厂房的长度都比其他干燥形式要短。

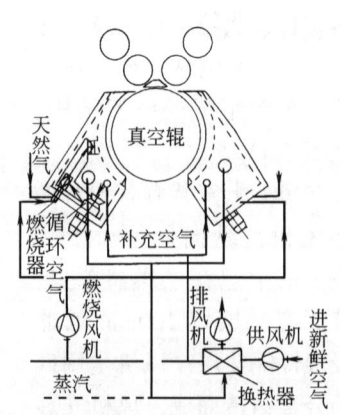

图 6-45 热风冲击式干燥装置

后来美卓公司又推出 OptiDry 垂直式热风冲击干燥装置，如图 6-46（a）所示。这种干燥装置实际上就是把图 6-45 中的大直径真空辊换成由许多小直径的导辊形成弧形面，以供干网携带湿纸幅运行并支撑干网和湿纸幅。这种干燥装置的优点是：减少了对原有纸机的改造，即可用于单排纸机中，也可以安装到双排烘缸区；可以采用无绳引纸，因为吹风箱使纸尾与干网保持接触；此外，由于纸幅的干度在冲击干燥区提高很快，在烘缸干燥的前段可采用高于常规的蒸汽压力，在干燥部的起始部位由于纸幅干度的快速提高从而提高了运行性能，可以快速调节干燥能力。

还有 OptiDry Twin 冲击式干燥装置，如图 6-46（b）所示，其实际上是由水平和垂直冲击干燥装置组成的，非常适于安装在干燥部的起始部位，水平运行方式的纸幅在顶面加热和干燥，然后进入到垂直式干燥区，对纸幅的底面进行干燥，这样纸幅进入到第一个烘缸时干度已提高了几个百分点，温度超过 70℃，不仅可降低对烘缸的黏着，且具有最好的干燥效率，良好的运行性能，较高的纸页松厚度，较低的投资成本。

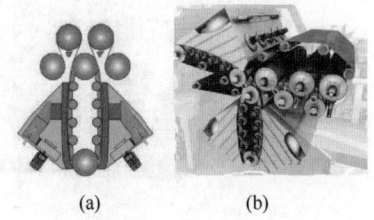

图 6-46 新式热风冲击干燥装置
(a) OptiDry 垂直式热风冲击干燥装置
(b) OptiDry Twin 冲击式干燥装置

在这些称为集成热风冲击式干燥汽罩中，几乎所有的设备，包括循环、冲击的热风、天然气燃烧等装置都位于汽罩内，而一些大的风机、空气加热器等布置在干燥部的外面，这部分空气系统相对于汽罩内的要简单得多。这些装置的供排风系统如图 6-45 所示，从室内补充的空气经供风机抽取后送入热交换器，与从汽罩内抽出的湿热空气进行热交换和部分混合后，再向汽罩内补充热风和部分与天然气在燃烧器中燃烧升温后由循环风机以高速从喷嘴喷出冲击到纸幅上，部分换热后的湿气排出室外。

在这种冲击式干燥装置中，吹风表面的几何结构是经过精心设计的，以便优化蒸发率和降低能耗。且整个区域的蒸发是均匀的；其次，由于空气在一体化的空气系统、风机和燃气炉间循环，大大节约了能量。只有少量空气被排出以带走蒸发掉的水分；再次，热风冲击式干燥的反应时间比一般的烘缸干燥要快得多，随之而来的是产量的提高，控制干燥的参数是吹风温度和速度。热风冲击汽罩在纸幅横向可分成几个较小的区域，有助于调节横幅水分。

### （四）穿透干燥装置

穿透干燥技术（Through Air Drying，TAD）是近 20 年来发展起来的一种新型干燥技术，它是指在正压或负压下，热风穿透整个湿纸幅使纸中的水分被热空气带走，热空气是通过消耗了自身的显热来实现此干燥的，纸幅的两面温差为 ±1℃。

在传统的烘缸干燥过程中，主要以对流和接触干燥形式为主，而对流干燥过程中，纸页内部的湿度大于其表面的湿度，而温度则是表面大于内部，即纸页中湿度梯度方向与温度梯度方向相反，温度梯度阻碍水分向纸页表面运动，从而限制了对流干燥效果。而穿透干燥是高温不饱和热空气在一定压差下持续不断地穿过湿纸页，水分的蒸发是在纸页表面和整个厚度内，蒸发的水汽持续不断地被高速气流强制带走，从而大大提高纸页水分的蒸发量，干燥效率极大提高。

穿透干燥可分为外向式干燥和内向式干燥，如图 6-47 所示。外向式穿透干燥装置的结构如图 6-47（b）所示，纸幅被干网压覆在表面多孔的穿透缸上，缸内通入热风温度最高可达 250℃，风压 8.5kPa，以一定速度穿过纸幅和干网，将纸幅中的水分带走，干燥效率为

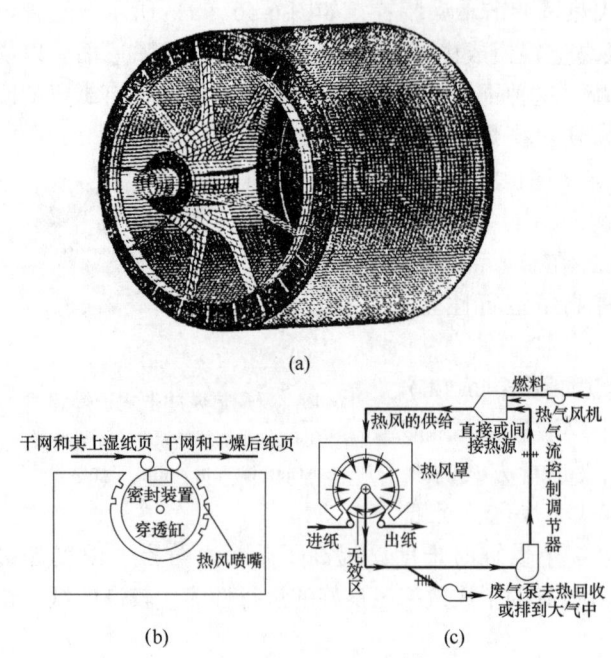

图 6-47 穿透缸和穿透干燥装置的结构
(a) 穿透烘缸的结构 (b) 外向式穿透干燥装置 (c) 内向式穿透干燥装置

$80\sim100kg$ 水$/(m^2 \cdot h)$。内向式穿透干燥装置及其热风循环系统如图 6-47 (c) 所示,在这种干燥装置中,纸幅是受穿透缸内的真空抽吸作用,吸附在穿透缸表面上,因此不用干网压覆纸幅也可平稳运行,在穿透缸外设有高速风罩,高温热风经喷嘴高速喷出,并在穿透缸内的真空作用的抽吸下,穿透纸幅进行干燥,干燥效率比外向式还高,可达 $145\sim170kg$ 水$/(m^2 \cdot h)$,是普通烘缸的 5~10 倍。干燥的热风温度最高达 370℃,缸内的真空度通常为 7.5kPa,特殊设计可达 25kPa。

穿透干燥需要把湿纸页包覆在一个直径很大(约为 $\phi 5\sim 8m$)的烘缸上,穿透缸的结构如图 6-47 (a) 所示,烘缸表面布满了蜂窝形的孔,开口的面积是整个穿透缸面的 85%~90%。蜂窝形孔的大小和形状是根据干燥条件如:温度、真空度、网的拉力等来设计的,以便使穿透缸的强度满足生产的要求和使热空气均匀穿过纸页,减少气流的阻力。

穿透干燥与烘缸干燥相比:

① 穿透干燥过程中,过程热空气穿过纸幅与每根纤维表面的水接触传热,传热面积大,传热效率高;

② 穿透干燥时,纸幅被压紧和拉伸的程度最小,产品柔软性、松厚度和吸收性能高,由穿透干燥生产的卫生纸其松厚度可比传统扬克式烘缸提高 75%;

③ 由于没有前面的压榨,穿透干燥时纸张水分含量更高,约在 52%左右,因此从干燥能耗说,穿透干燥能耗更高;

④ 高松厚度带来纸页强度降低,但有资料显示,穿透干燥后成品中纤维的质量比传统干燥后的少 20%~30%。

过去一般以为穿透干燥只适于卫生纸、毛巾纸、滤纸等薄页纸的生产,现在国外开始在新闻纸、超压纸及轻涂布原纸生产中试用穿透干燥技术,发现其对印刷纸质量无不利影响。

### 四、采用其他热源的干燥系统

#### (一) 热油加热烘缸的供热干燥系统

热油加热烘缸是以被加热的热油作为热载体,将其热量传递给烘缸表面来干燥纸页的。其供热系统如图 6-48 所示,即可用于单缸纸机,也可用于多缸纸机。

导热油由加热炉加热到要求的温度后,从加热炉上部流出经过滤后由热油泵输送到进油总管中,然后再由进入各烘缸的进油支管的控制阀控制流量后进入烘缸内,与烘缸壁热交换后的低温油由回油管道再进入加热炉中加热后循环使用。可以通过调节进出烘缸热油的温度来调节烘缸表面温度,满足干燥工艺要求。即若来油的温度超过要求的温度时,则减少热油的供应量,增加回油的供应量,以降低供油温度,而系统的多余热油则进入冷却水箱中冷却后回用,加热的热水供锅炉房用,这样保证系统油流量稳定、充足。据介绍,这种供热系统

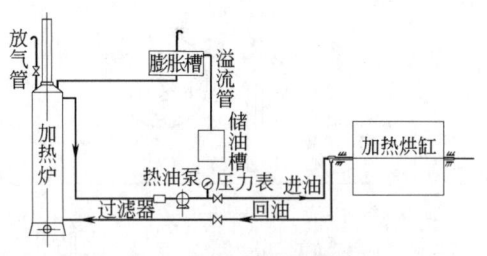

图 6-48　热油供热系统图

与蒸汽供热系统相比有如下优点：a. 运行系统简单,不需要水处理设备、凝结水排出和回收装置；b. 安全性好,导热油在 300℃时基本不汽化。如要获得 250℃的温度,油缸内只有 0.1MPa 的压力,而用蒸汽则要达到 4MPa 压力。c. 投资少,由于热油系统简单,且在低压下运行,所以比蒸汽供热系统造价低,投资少,可比蒸汽系统节约投资 1/3 左右。热油供热系统 10~15 年不需大修,10 年内不用更换导热油；d. 节约能源,热油供热系统进出烘缸油温差一般为 5~15℃,回油只需在油炉内升温 5~15℃又可循环使用,每次补充热量很少。而蒸汽供热系统需要把凝结水重新加热成蒸汽,且要不断补充冷水,就需要大量的热能将凝结水和冷水加热为饱和蒸汽。能耗大,效率低。

热油供热的加热炉有燃煤、燃油、燃气三种。目前以燃煤加热炉为最经济式,其又可分为固定炉排链条往复式、螺旋式、顶升式等。导热油以矿物油为佳,要求为石蜡基油,最高使用温度为 280℃即可,闪点>180℃,燃点>230℃,黏度 20~35mm$^2$/s,通常使用 6 个月后抽样一次进行分析,若酸值>0.5mgKOH/g,残碳>1.5%,黏度、闪点变化在 20%左右时应换油。

（二）红外线供热干燥系统

红外线供热干燥具有蒸发速度快、非接触式、成纸横幅水分均匀易控制等优点。但受设备结构的限制,主要是对流干燥,纸页不能像在烘缸干燥中受网毯的挤压作用而紧贴烘缸表面,所以其干燥的纸页必然有平滑度、紧度低,平整性差,松厚度大,成纸稳定性差等缺点,所以,无法使纸页全部用红外线干燥,只能做为辅助干燥系统。由于厚水膜对短波长的红外线有较强的吸收性,而薄水膜则对长波长的红外线吸收性强,所以在压榨部或干燥的初期用红外线干燥时,一般应选用镍铬合金石英管辐射器,它的辐射源温度为 760~980℃,有效波长范围 2.6~2.8μm,能量分布辐射占 55%~45%,对流占 45%~55%。干燥末期,纸页中水分含量低,水膜薄,应选用辐射温度低,波长长的远红外线,可选用埋入镍铬合金丝碳化硅板辐射器,电阻丝板面温度 540℃,辐射源温度 200℃,有效波长 6μm,能量分布辐射占 50%~20%,对流占 50%~80%。红外辐射的最大穿透深度约 0.6mm,所以对于高定量和厚纸板应采用双面辐射。

红外干燥加热器可分为燃气红外和电红外,燃气红外成本低,但干燥效率也低,并且需要较长时间的加热才能达到预定工作温度,维修费用高,并要有严格的安保措施。而电红外干燥器则操作简单,安全可靠,占空间小,易控制,被广泛使用。红外供热干燥若用在压榨部,则是横向与纸页同宽,纵向间隔一定的距离布置若干条红外加热干燥器,接通电源即可。若安在干燥部的末端调节纸页的水分,一般为成片安装。图 6-49 是某厂在生产纸板的干燥末端安置红外干燥器一例,本例的红外线辐射器选用 BYDⅢ型碳化硅板,其规格为 320mm×140mm×30mm,1.0kW,200mm×150mm×30mm,0.6kW。按照纸幅宽度及需要的辐

射面积和有效功率，排列布置形式如图6-49（b）所示。排布的原则是两边功率密度低、中间高，因为进入辐射器的纸页水分是两边低、中间高。其次要能满足局部调整纸页水分的要求。碳化硅板结构如图6-49（c）所示。为了提高红外线干燥器的热效率，应采用强制通风系统，把干燥区的散射和投射所产生的热湿空气用风机抽出，送去其他干燥的袋区通风或去预热热风干燥的新鲜空气，这样不仅可充分利用热能，而且还可降低电红外干燥器的钨丝卤灯的温度，提高其使用寿命，并有利于调整纸幅温度，提高脱水效率。

（三）**电磁供热干燥系统**

电磁供热干燥系统是在烘缸内或外沿烘缸宽度方向上靠近烘缸壁排列若干排电磁铁，烘缸旋转时切割磁力线而产生电流，使缸体发热而干燥纸页。在烘缸内安装电磁铁的烘缸见上面的电磁感应烘缸一节。在烘缸外部安放电磁铁的加热烘缸主要用于纸页水分调整用。这时每个电磁铁的感应宽度为150mm，与缸面的距离13mm，电磁铁应交错排列，如图6-50所示。每个磁铁的励磁线圈要求的输入功率很

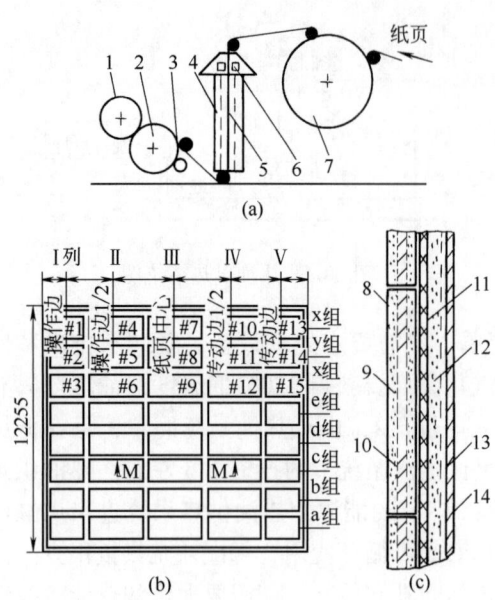

图6-49 红外线辐射干燥图
（a）红外线辐射干燥流程图 （b）红外线辐射干燥装置图 （c）碳化硅壁板结构
1—纸卷 2—卷纸机 3—冷风机 4—远红外线辐射器（2片） 5—温度计 6—抽风机风孔 7—烘缸 8—远红外线涂料 9—碳化硅基体 10—电热丝 11—石棉板 12—硅酸铝纤维毡 13—角钢框架 14—镀锌板

小，通常为100W，但可以在150mm宽的缸面内感应产生10kW的涡流加热缸面。能量是由纸机传动供给的，每个线圈分别励磁，可由人工或计算机控制调节。用成纸的湿度作为反馈信号，可以准确地控制横幅水分分布。这种供热系统主要是搞好电器线路的正确连接。

（四）**燃气烘缸供热干燥系统**

最近由美国气体技术协会与其合作伙伴将低排放带状燃烧器和先进的传热增强技术相结合开发出一种先进高效燃气烘缸干燥系统，如图6-51所示。据介绍采用这种供热系统可使烘缸表面温度明显提高，最高可达315℃，热量效率由蒸

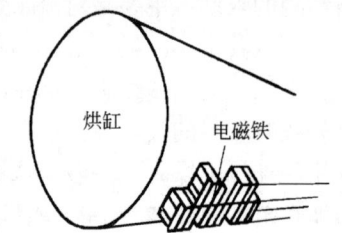

图6-50 电磁烘缸干燥装置

汽供热的60%~65%增长到75%~80%，干燥效率为传统蒸汽加热干燥的4~5倍。

（五）**蒸汽干燥**

这种干燥想法由来已久，与热风干燥相似，原则上任何直接空气式干燥器都可以采用水蒸气进行干燥。与空气干燥相比，蒸汽作为干燥介质具有很多优点，最令人关注的是其节约能源的潜能，如果剩余的蒸汽在生产过程被完全利用的话，那么生产过程的总能耗会非常低。另外蒸汽干燥操作过程比较安全，没有失火和爆炸的危险。

和空气冲击干燥相比较，蒸汽干燥对纸页特性的改变是温和的，干燥装置也不需要进行大的改进。而且，高温的蒸汽可以软化纸页中的木素和半纤维素，提高纤维之间的交织力，获得更多的氢键，从而提高纸页的强度。

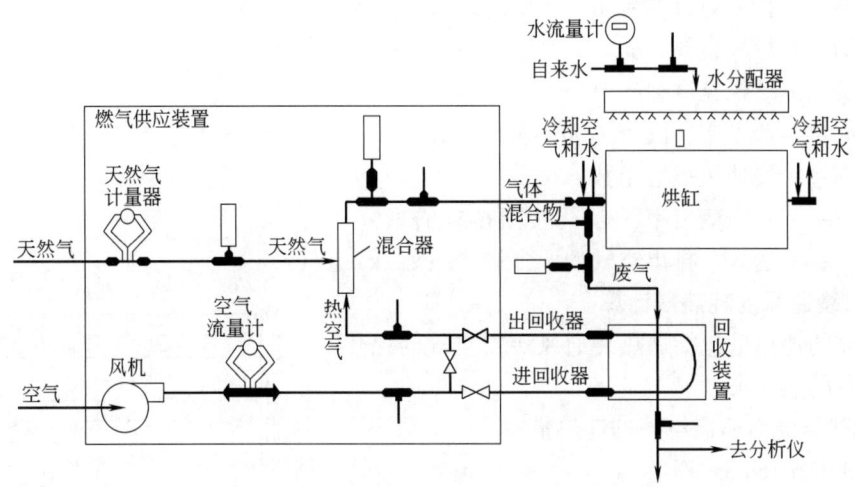

图 6-51 燃气烘缸干燥系统

## 第四节 干燥装置的通风装置

一般来说，每抄造 1t 纸，纸页在干燥装置处要蒸发大约 1.5t 水，而要排除这些水汽，干燥装置所需的通风换气量为 50~100t 的新鲜空气。现代纸机中任何额外的东西都会导致对纸机的干扰，在这种环境下处理如此大量的空气是一项要求极高的工作。为了经济而有效地通风换气，保证纸机正常生产，必须对纸机的通风装置有深入了解。

### 一、通风的工艺计算

#### （一）干燥装置的总通风量的计算

通风装置所需的空气量是由纸机的生产能力、生产每公斤纸所需蒸发的水量、空气的性质等决定的。可按式（6-14）计算：

$$q_{m,\text{气}} = \frac{q_m(w_{\text{纸}2} - w_{\text{纸}1})}{w_{\text{纸}1}(w_{\text{气}1} - w_{\text{气}0})} \tag{6-14}$$

式中　$q_{m,\text{气}}$——纸机每小时需要的通风量，kg 空气/h

　　　$q_m$——纸机每小时产纸量，kg 纸/h

　　$w_{\text{纸}1}$、$w_{\text{纸}2}$——分别为进、出干燥装置的纸页干度，%

　　$w_{\text{气}0}$、$w_{\text{气}1}$——分别为进、出干燥装置的湿空气的含水量，kg 水/kg 空气

进、出干燥装置的空气含水量与空气的温度和相对湿度有关，可根据空气的温度和相对湿度从有关手册中查得，一般用半敞开通风罩排风温度为 40~60℃，相对湿度为 50%~70%；用全封闭通风罩排风温度为 70~82℃，相对湿度为 60%~80%，夏季排气的相对湿度可取高值。

#### （二）袋通风的通风量的计算

$$q_{m,\text{气}} = \frac{\alpha \pi D b_{\text{纸}} E_v n w}{360(w_{\text{气}1} - w_{\text{气}2})} \tag{6-15}$$

式中　$q_{m,\text{气}}$——袋通风所需的空气量，kg 空气/h

$\alpha$——纸与烘缸的包角,多烘缸纸机一般为 230°~240°

$D$——烘缸直径,m

$b_\text{纸}$——纸幅宽度,m

$E_v$——蒸发率,kg 水/(m²·h)

$n$——袋通风烘缸个数

$w$——自由蒸发率,%,可按图 6-52 查取

$w_{\text{气}2}$、$w_{\text{气}1}$——送入、排出空气的湿含量,kg 水/kg 空气

### (三)袋通风的耗热量计算

袋通风的耗热量包括加热袋通风所需空气的耗热量和换热器的热损失。

① 加热袋通风所需空气的耗热量 $Q_1$

可按式(6-16)计算:

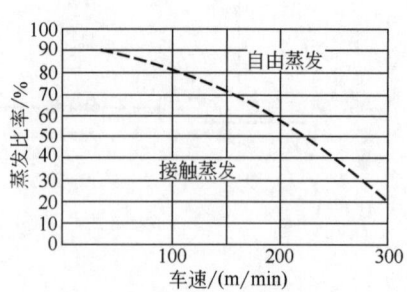

图 6-52 对流干燥与接触干燥的速率与车速的关系

$$Q_1 = q_{m,\text{气}} c(t_2 - t_1) \tag{6-16}$$

式中 $Q_1$——加热袋通风所需空气的耗热量,kJ/h

$q_{m,\text{气}}$——袋通风需要的空气量,kg 空气/h

$c$——空气比热容 $c = 1.0048$,kJ/(kg·℃)

$t_1$、$t_2$——加热前后空气的温度,℃

② 空气换热器的热损失 $Q_2$

可按式(6-17)计算:

$$Q_2 = K_T A_w (t_w - t) \tag{6-17}$$

式中 $A_w$——换热器外壁面积,m²

$t_w$——换热器外壁温度,℃

$t$——换热器周围环境温度,℃

$K_T$——对流和辐射联合传热系数,kJ/(m²·h·℃)

$K_T$ 可用下列公式估算:

① 空气作自然对流时:

在平壁保温层外: $K_T = 3.6[9.8 + 0.07(t_w - t)]$ (6-18)

在管道或圆筒壁保温层外: $K_T = 3.6[9.4 + 0.052(t_w - t)]$ (6-19)

② 空气沿粗糙壁面作强制对流:

当空气流速 $u < 5\text{m/s}$, $K_T = 3.6[6.2 + 4.2u]$ (6-20)

当空气流速 $u > 5\text{m/s}$, $K_T = 3.6 \times 7.8 u^{0.78}$ (6-21)

## 二、纸机干燥装置的通风罩

通风罩是干燥装置的重要组成部分。因为通风和热回收装置的组织设计和经济效果,均取决于通风罩的形式及其热工性能。多缸纸机的通风罩主要有两种形式,开敞式和全封闭式。

### (一)开敞式通风罩

开敞式通风罩的结构如图 6-53 所示,它主要适用于低中速、窄幅造纸机中,但目前在我国的造纸机中仍然占有很高的比例。该罩的下缘离纸机操作的地面通常为 2m 左右。从气罩中排出的空气较多是来自车间。也有的带有热风吹毯系统,该系统利用排出的湿热废气中

的热量经热交换器加热从车间外部引入的新鲜空气，加热后的新空气用风机吹送到造纸车间底层的烘缸网毯上和天棚中，一方面使网毯干燥且温度升高，另一方面补充车间内空气，防止天棚结露，使较多的较干燥的热空气进入烘干部以便带走较多水汽；也有将此部分空气进一步加热后作为袋区通风用之，一般车间内干燥部补充热风，对开敞罩的最佳温度为48℃，袋区通风温度为90~130℃。气罩结构由气罩壁、气罩顶层、风道和排风口等组成。气罩壁和顶层是由外覆铝板、中间有保温层的钢框架组成，在传动侧气罩的上方

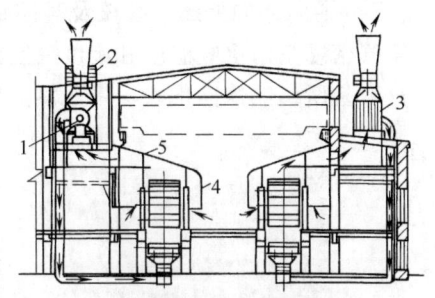

图 6-53　有热风吹毯的开式汽罩
1—进风机　2—排风机　3—热交换汽
4—开式汽罩　5—汽罩顶壁

有几个矩形截面的风道和排风口，在风道两侧设有活动隔板，用于调节干燥部各段的排气量，具体结构可见全封闭通风罩。

**（二）全封闭式通风罩**

全封闭式通风罩的基本结构如图 6-54 所示，这种通风罩作为现代纸机纸幅干燥的新型节能装置已被国内外新纸机广泛应用。

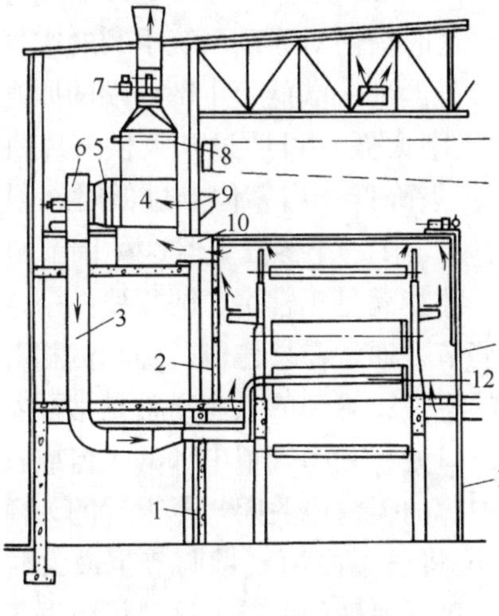

据介绍，这种全封闭式通风罩可以比开敞式通风节约蒸汽 15%~20%，干燥部提高干燥能力 15%~20%，且可以改善操作条件，降低设备腐蚀。在设计全封闭通风罩时要注意必须具有灵活的调节性能，保证纸机横幅方向操作侧、传动侧的空气流量和流动状态相等和平衡，保证在纸机干燥部的纵向各部位的排风量和该部位的蒸发强度相适应，因为在干燥过程中各部位的蒸发水量是不同的，所以要求排风可调余量在排风总量的 10%~25% 之间；防止通风罩上开口处结露，除了尽量减少通过开口处渗入通风罩内空气，尤其是高露点全封闭式通风罩更应减少开口数量外，还可在开口外纸幅上方安设吹风箱向纸幅上吹热风，以形成风幕阻挡纸幅上部气罩内外空气对流，在纸幅下部安活动提升门，进一步减少空气对流；还要有坚固的结构和良好的保温性及气密性，密闭通风罩排气温度82℃左右，含湿量 0.14kg 水/

图 6-54　全封闭式通风罩
1—底层壁板　2—传动侧罩壁滑动门　3—进风总管　4—热交换器　5—空气加热装置　6—离心式风机　7—轴流式风机　8—水冷装置　9—车间顶部空气入口　10—热湿空气排出风道　11—操作侧升降门　12—袋区通风装置　13—底层罩壁滑动门

kg 左右，露点温度 58~62℃，所以气罩的顶板、端板、侧板采用三明治结构，内、外板为防锈铝板，中间为硬质离心玻璃棉板，板与板之间采用"迷宫式"连接方式，面板可选用正弦波纹板或梯形波纹板；要有良好的防火设施，由于全封闭式通风罩内温度较高，为了防止引起火灾保证纸机安全生产，罩内应设有消防水系统和测温、测烟雾装置，当罩内温度或烟雾超出规定值时，应通过自控系统打开水阀向干燥部均匀喷水，以达到灭火的目的。

### (三) 通风罩内外压力零位及其控制调节

空气密度是由空气温度和湿度决定的，温度和湿度越高或其中的一个越高，则空气就越轻，这就是所谓的烟囱现象。由于烘缸加热升温的原因，在气罩外部低处存在正压，在气罩

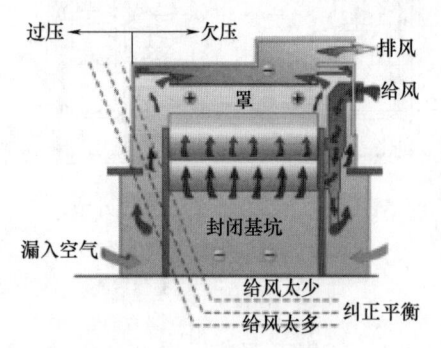

图 6-55 造纸车间通风罩
内外压力示意图

内部高处也产生正压。当空气从气罩底部向上部移动将达到一个位置，这时气罩内外压力差逐渐减少直至压力变为零，这个位置称为压力零位。在这一位置上气罩内外的空气是不流动的。造纸车间通风罩内外压力示意图见图 6-55。

造纸机干燥部烘缸气罩零位过高会引起车间内大量冷风渗入而引起纸幅抖动甚至断纸；零位过低会导致大量热气进入车间，造成能源浪费并破坏车间工作环境。合理的气罩零位下，高排风露点有助于节约能源。但排风露点越高，湿空气冷凝倾向越大，产生的冷凝水不仅会造成纸病，更严重的是还能腐蚀车间设备继而造成车间安全隐患。

在实际生产中零位调节的高度一般离纸机二楼地面大约 2m 为佳，也就是和纸幅进出干燥部的高度相当，通常零位的变化在 1.7~2.3m 之间，这时任何对通风系统不利的空气从气罩中渗入或渗出都会减少到最低限度。零位的设定通常是湿部一端低于干部一端的原则。

压力零位的控制过程是：当零位点过高时（即供气率太低）可通过开大供气风机风门加大供风量或关小排气风机的风门来降低排风量使零位点降低；当零位点过低时（供气率太高）可通过关小供气风机的风门或开大排气风机的风门来提升零位。但这种调节范围是有限的，必须通过气罩的设计及调节好各通风设备后，才能满足正常生产的需要。

气罩内空气的排除是通过假天花板上的天窗进行调节，通常在操作侧、传动侧相对应的天窗同一位置进行调节，以确保维护纸机横向水平位的零位，湿部的天窗通常是常开着，而干部的天窗通常是部分关闭的。如果零位低于纸幅的出口处，关闭气罩中部的天窗或打开气罩末端的天窗。如果零位高于纸幅出口处，打开气罩中部的天窗或关闭气罩末端的天窗。调节气罩内减少用气量时的空气平衡，一般先按上述方法将气罩内用气量调节至最大时的平衡，然后为了节约加热供气所消耗的能量，有必要进行排气速度的调节，这时可根据正常的生产速度，适当降低排气速度，但必须确保能有效排除干燥部蒸发出来的水分。为了避免干燥蒸发出水分时有冷凝水产生，排气的温度要求在 75~85℃，含水量在 0.16kg 水/kg 干空气。气罩供气温度不得低于排气温度，一般控制在 95℃ 左右。

决定排气的含水量和排气速度的调节应根据含水量按如下确定：进行手动调节，通过排气管道上的温度计测量排气的干球、湿球温度，通过控制室中的程序可计算读出排气的含水量，如果含水量的值低了，则排气流动速度需要减少，反之需要增大。还可通过调节气罩的供气速度来维持零位在一个正确的高度。

## 三、袋区通风装置

在双排烘缸双网毯组成的干燥装置中，由烘缸、网毯和纸幅所组成的一个相对封闭的区域称为"袋区"。如图 6-56 所示。袋区内气流与外界交换很慢，通风的空气必须从两边进入同时再从两边排出，才能与湿汽进行交换，并将袋区内蒸发出来的水汽带走。这样必然造成

两边气流大中间小,从而使中间部位的空气相对湿度较高,纸机越宽越严重。不仅影响纸幅干燥速度,且造成纸幅两边水分少,中间水分多。为了避免中间水分过大,常常是被迫使纸边过干燥,从而使干燥装置的干燥能力下降约20%,汽耗增加约10%,且纸边的弹性差,发生卷曲、表面纤维发脆和呈颗粒状等现象。为了解决这个问题,世界上通行的办法是在袋区设置通风装置。袋区通风装置有以下几种。

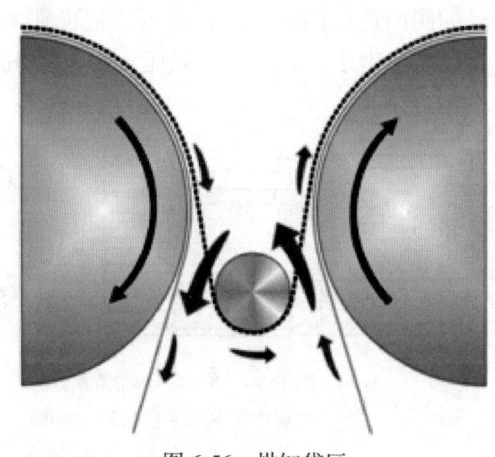

图6-56 烘缸袋区

（一）横吹风装置

横吹风装置的结构如图6-57所示。在这种装置里,热风通过间隔交错排列布置于纸机两侧的风口,横向吹过气袋。经验表明,横吹风装置只适于网宽3.8m以下的低速窄幅纸机,且应与网毯等透气性小的网毯配合使用,才能发挥作用。要求喷嘴直径9~12mm,热风温度70℃以上,喷速为100~120m/s。这种吹风装置的吹风口后部呈现负压会将车间内的低温空气带入气袋内,使袋区温度降低。

（二）干网热风导辊装置

干网热风导辊是安装在烘缸之间的导网辊位置上,既起导网辊作用,又起通风辊作用。从热风辊吹出的热风直接穿透干网而进入气袋内。由于干网的透气度大,穿透的热风所遇阻力小,因而热风压力较大,使气袋得以较好的通风。这种热风辊在国外被广泛使用,作为袋区通风装置,向接触的干网吹出热风。它有单室和双室两种类型,如图6-58所示。

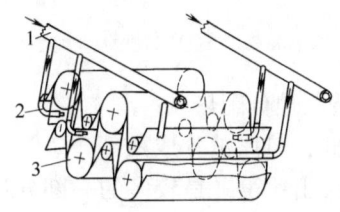

图6-57 纸机袋区横向吹风装置
1—热风总管 2—热风喷嘴 3—烘缸

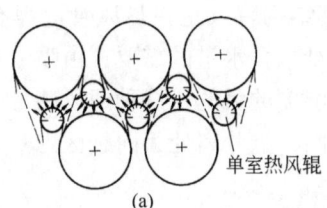
单室热风辊
(a)

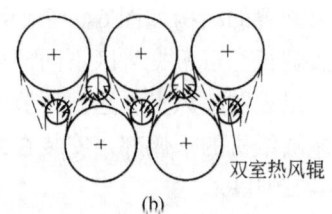
双室热风辊
(b)

图6-58 烘缸袋区吹风辊通风装置
(a) 单室热风辊 (b) 双室热风辊

单室的又称压力袋区热风辊,如图6-58（a）所示,其缺点是袋区两端的空气溢流量无法控制和调节。最新改进的是一种双室热风辊,又称压力/真空热风辊,如图6-58（b）。第一室是提供可调节的压力热风;第二室产生真空,以便从袋区吸走湿空气。使用这种热风辊,既可调节所需的热空气量,又可分别调节排出的气流,使在袋区的气流达到平衡,消除了两端进出口处的流量变化。不仅使全幅纸页水分均匀,而且减少两侧纸边的抖动,改善了干燥部的运行性能。

单室热风辊的结构如图6-59所示。它由轴头、带纵向筋片的辊体、分配头、轴壳等组成。热风由两端的进风口通入,经分配头向被干网包围的区域吹热风,风量可在进风管的软管处的阀门进行调节。也有的热风辊可在其横幅宽度上根据纸幅水分横向分布来调节通风量。热风温度 100~110℃，风压 0.98~1.96kPa，双室热风辊的真空室真空度约 2.45kPa。

（三）安装在气袋外面的通风装置

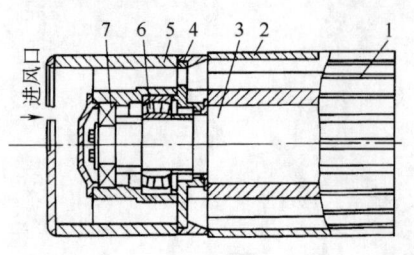 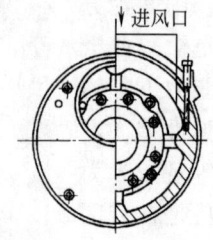

图 6-59 单室热风辊的结构
1—带筋片辊体 2—限幅环 3—轴头
4—分配头 5—轴壳 6、7—轴承

由于大透气度的干网的应用，便产生了安装在气袋外面的气袋通风装置。这样设置的袋通风装置被广泛采用，其主要特点是可以使袋区宽敞。对于双干网的干燥部，通过通风装置向袋区的负压楔形区送入热风，使纸幅贴缸而加强蒸发和传质；对于单挂和单层干燥部，可以通过一特殊设计的吹风箱喷嘴喷出两股热风，其中一股在上方贴箱面诱导网后负压以平衡扩展楔形区负压，使纸幅贴网运行，另一股在下方由收敛楔形区吹入袋区。安装在气袋外面的通风装置主要是通风箱，它是利用诱导原理进行通风的。通风箱一般应满足下列要求：

① 足以使干网以均匀的干度和温度抵达下一烘缸；

② 具有可调节的横向风量分配装置，而不是在全幅宽上均匀地分配热风；

③ 喷嘴的结构要能满足使用条件下的吹风方向要求。为此，热风被分成两部分。第一是较少的一部分热风，在整个吹风箱宽度上以均匀的低风速吹出；第二是较多的一部分热风，在吹风箱宽度上以短距离的分格加以调节。干网的透气度不能低于 $60m^3/(m^2 \cdot min)$，所需的风量一般不大于 $550m^3/(m^2 \cdot h)$。

通风箱的生产厂家很多，但其基本结构相似，下面举几个在不同纸机上应用的实例。

1. 同时具有纸边湿度控制和横向湿度校正的低压袋区通风装置

这种袋区通风装置的结构如图 6-60 所示。其结构特点是在热风管上焊有一排喷嘴，每个热风喷嘴都设有盖板，可根据袋区不同部位湿纸幅含水量的需要，由喷嘴盖板的起落机构打开或关闭喷嘴，以控制喷风量，达到调节纸幅湿度的目的。这种通风装置主要用于各种双层烘缸双干网的多缸纸机的干燥部。安装在纸、网、缸分离处，向袋区内吹热风，风温 90~95℃，风压 0.98~2.94kPa。

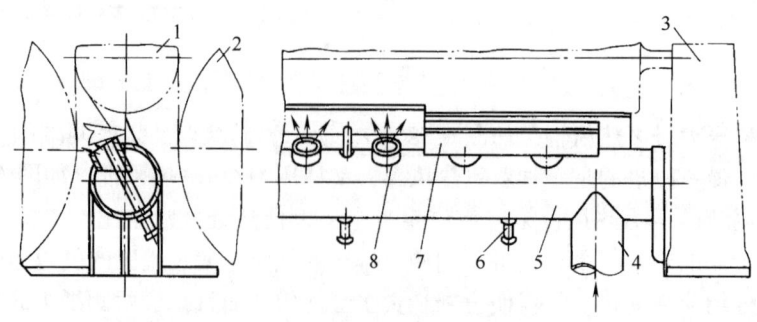

图 6-60 袋区通风装置例一
1—导毯辊 2—下烘缸 3—操作侧机架 4—热风进口管 5—热风管
6—热风喷嘴盖的起落机构 7—热风喷嘴盖板 8—热风喷嘴

## 2. 适于国产 2362~3150mm 纸机的低压通风箱

结构如图 6-61 所示。其截面呈矩形，一般用 2~3mm 厚的铝板或铁板折角焊制。出风口略凸出，分长缝和多孔型两种。缝宽 5mm 左右，长度与纸宽相同。孔型的孔径 15~20mm。沿箱体长度方向上分成若干格进风道，每格可分别调节进风量，以保证均匀送风，使纸幅在横向上均匀干燥。风温 90~100℃，风压 0.49~0.98kPa。安装位置同上。

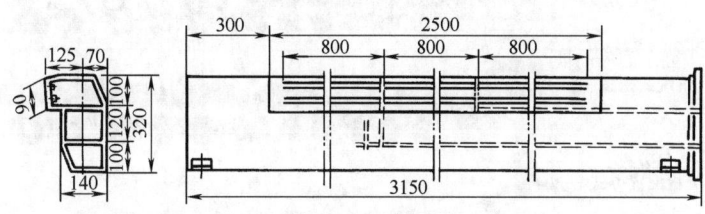

图 6-61 袋区通风装置例二

## 3. 适用于纸板的袋区通风箱

这种通风箱的结构如图 6-62 所示。其喷风口采用缝式结构，缝的内侧制成圆角过渡式以减小阻力损失，缝口宽度可根据纸种和所需风压有关，一般为 2~3.5mm，喷口风速在 30~45m/s。在通风箱沿纸幅横向分成几个独立的通风室，在每个风室入口设有风量调节风门，风门采用机械或气动控制。通风箱在袋区内的精确位置要根据纸机车速等因素而定，一般高车速喷风方向应垂直于干网网面，低车速喷风方向可向干网运

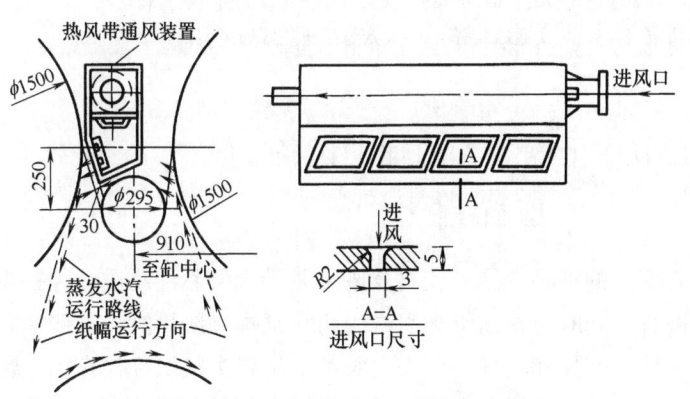

图 6-62 热风袋通风装置的位置与结构

行方向倾斜一些，其倾角一般不大于 10°。可根据纸机干燥部具体情况，通风箱可设计成单面或双面喷风等结构形式。一般采用单面喷风结构，但在纸幅预热阶段采用双面喷风结构；对于高速纸机也应采用双面喷风结构。

## 4. 适于单排或单挂式干燥部的通风箱

这种通风箱是芬兰维美德公司设计的最新式适于单排烘缸干燥的通风箱。从这种通风箱喷出的热风由于气流的诱导作用，便在吹风箱和干网之间形成一个负压区，这种负压将纸幅紧紧地吸附在干网上，从而避免了纸幅的抖动、起皱和断纸，且可降低纸幅的纵、横向伸长和收缩，解决了高速纸机在运行中的难题。风箱的空气流量一般控制在 2~4m³/s，静态风压为 1.8kPa，如果空气流量太低则风箱与干网之间的负压会急剧减少，而较大的空气流量使纸页的运行性能更好，空气温度应在 70℃以上。风箱与干网的距离为 15~20mm。据介绍这种通风箱国内也可生产，其结构原理可见本章第一节三对"Opti 干燥装置"的论述。

## 5. 常见的现代纸机袋区吹风配置形式

纸和纸板机的某些吹风箱配置形式见图6-63。

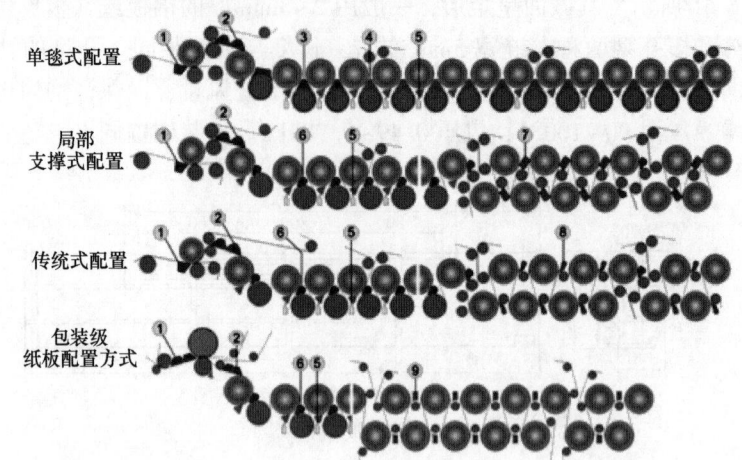

图6-63 纸和纸板机的某些吹风箱配置形式
1—分离压榨纸幅稳定器 2—压榨和干燥部转移纸幅稳定器 3—高真空度纸幅稳定器
4—真空辊纸幅稳定器 5—单毯通风装置 6—纸幅稳定器 7—复式袋式通风装置和局
部支撑双毯纸幅稳定器 8—袋式通风装置 9—高定量纸页袋式通风装置

## 第五节 干燥装置的辅助设备

### 一、烘缸刮刀

为了及时清除黏附在烘缸表面上的细小纤维、胶料及废纸浆带入的黏性物质，保持烘缸表面的清洁，以确保抄造正常进行，同时也在断纸和引纸时防止纸幅缠绕烘缸，一般在每个烘缸上都附设刮刀装置，但为了减少磨损和功耗，对于含胶料、填料少的纸种仅在第一烘缸组和施胶后的最初三个烘缸上，其余各组的第一和最后一个烘缸上装设刮刀。刮刀装置的结构如图6-64所示。

刮刀装置由刮刀和刮刀架组成，刮刀可用软钢（厚度3mm，布氏硬度120~130度）或

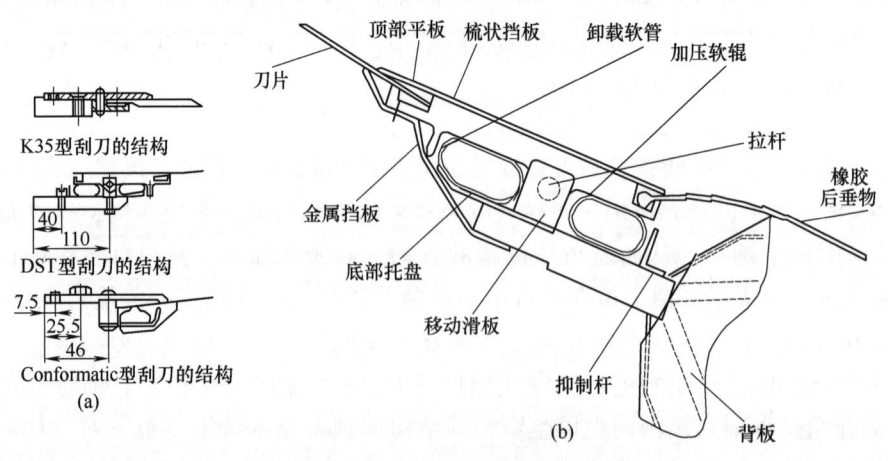

图6-64 纸机烘缸用刮刀的结构
(a) 纸机烘缸常用刮刀的结构 (b) 国外单层高速纸机烘缸用刮刀的结构

聚氯乙烯板制成；刮刀架由刮刀片夹具、加压装置和摆动装置组成，刀片夹具应有可调整性、足够的刚度和自身的密封性，应能满足快速方便地装卸刀片的要求。加压装置的作用是满足刮刀对烘缸表面施以合理的线压力，线压力的 1/3~1/2 是由刮刀体自重施加的，其余部分则是靠加压装置来产生的，加压方式有活塞式汽油缸、加压气囊和机械加压等形式，加压装置应具有可调性和可控性，且卸压灵活快速。刮刀在烘缸上的线压力 0.015~0.03MPa，刮刀平面与烘缸接触点切线角为 20°~25°。刮刀装置可分为固定式和摆动式，固定式刮刀在使用时间过长后刮刀刃的前端和背面会积聚脏物，会造成对烘缸面的磨损和划伤，摆动式刮刀可以克服这种缺陷，因刮刀沿烘缸表面做横向往复运动，刮刀与缸面之间产生横向剪切力，可防止脏物积聚，保证缸面清洁，并消除局部过度磨损。移动幅度 20mm 左右，移动次数 12 次/min。

## 二、烘缸的传动和机架

多缸纸机干燥装置的传动形式有单缸传动和分组传动两种。在分组传动的纸机中，每一条网毯包绕若干个烘缸，上、下各一条网毯包含的烘缸便成一个传动组，但在一些高速纸机单层烘缸干燥部中和单挂式纸机中，每个传动组只有一条网毯。

纸幅在干燥过程中会发生收缩，且收缩速度存在变化，这会影响到纸幅的纵横向长度，进而影响到干燥部各部分运行速度。使用黏状打浆的化学浆或破布浆时，纸幅收缩较大，可达 8%~12%；采用含大量磨木浆等浆料时，纸幅的干燥收缩较小，一般为 1.5%~3%。在实际生产中，由于网毯紧压住纸幅，妨碍其收缩，并且纸幅受到一定的张力，所以纸幅纵向的实际收缩率较小，甚至有的纸种反而被拉长。

采用单烘缸传动形式时，每个烘缸的转速是可调的，相应地逐渐减慢各缸的转速时，可使纸幅在各烘缸之间均有收缩的可能性，能够得到优质的纸张。但这种单缸传动使纸机的结构大为复杂化，造价增加，只有在生产特种薄页纸和某些高级纸种的纸机上（如电容器纸、仿羊皮纸、照相纸等的纸机上）才采用。在这种传动形式中，传动的电机和减速箱是直接安装在烘缸的传动侧轴颈上。

在大部分造纸机上都采用分组传动，每组烘缸的个数是按所生产的纸种的特性来决定的。如电容器纸、卷烟纸、复写纸、吸油纸等一条网毯包绕 1~2 个烘缸，防油纸为 2~3 个烘缸，1 号书写纸及印刷纸为 4~5 个，2、3 号书写纸及印刷纸为 5~6 个，纸袋纸干燥的前中部为 6~8 个，后部为 3~4 个烘缸，新闻纸为 6~9 个烘缸。

分组传动可分为棋盘式和惰轮式两种结构形式。棋盘式的传动多用于旧式低速纸机上。这里不再介绍。图 6-65 所示为采用惰轮式封闭齿轮传动形式，在烘缸的轴颈上套有一个直径较小的传动齿轮，一般为 950mm 直径。下列烘缸的传动齿轮是通过惰轮相互啮接的。上列烘缸的传动齿轮是再通过惰轮与下列的齿轮啮接。

位于传动组中部的一个惰轮是传动轮，它通过中间轴和减速箱连接。显然，此传动轮以及靠近它的各齿轮需要传递较大的功率。在车速小于 400m/min 的纸机上，此传动齿轮是钢制的，其余的齿轮则为铸铁的。在车速高于 400m/min 时，全部下排的齿轮都是钢制的，但上列烘缸的齿轮及其惰轮仍用铸铁制造。如果一个传动组内的烘缸数目在 8 个以内，下排齿轮中负荷较轻者也可以是铸铁的。惰轮传动的齿轮均装置在封闭的齿轮箱中，使用循环润滑。较旧式的惰轮传动上，齿轮箱和机架是分开的 [图 6-65 (a)]，较新的结构是把机架和齿轮箱合为一体 [图 6-65 (b)]。这样可以缩小纸机的宽度，并便于烘缸传动侧轴承的

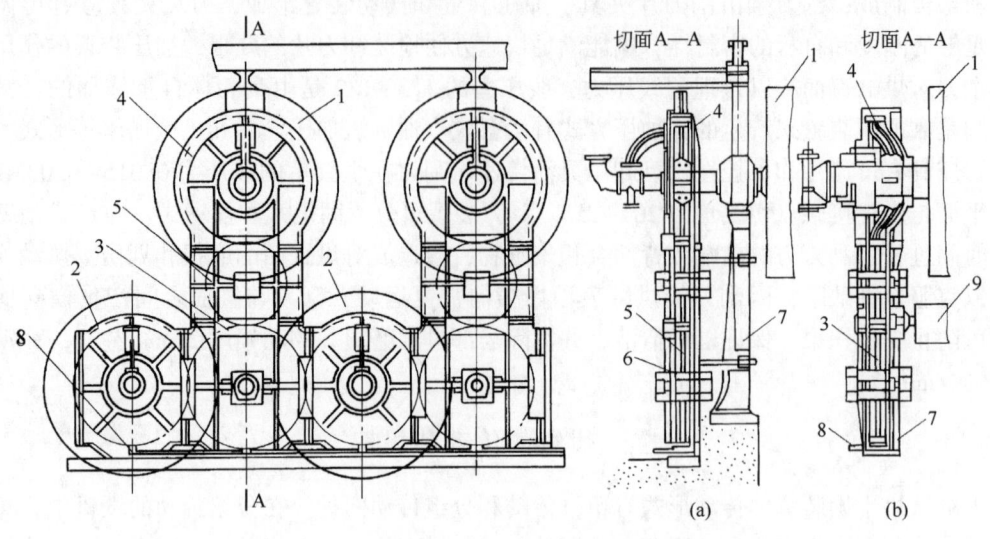

图 6-65 烘缸的惰轮传动
（a）普通的 （b）装在烘干部机架内的
1—烘缸 2—下烘缸齿轮 3—下排惰轮 4—上烘缸齿轮 5—中间齿轮
6—齿轮箱 7—烘干部传动侧机架 8—循环润滑系统 9—导布辊

更换。

在新式纸机中也采用斜列式惰轮传动，如图 6-66 所示，它具有较小直径的传动齿轮，

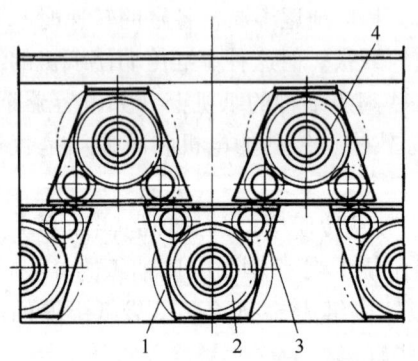

图 6-66 斜列式惰轮传动
1—烘缸 2—下烘缸齿轮
3—惰轮 4—上烘缸齿轮

惰轮增多，并作倾斜排列。这种传动形式的主要优点是缩小了机架箱体的面积，使干燥装置的传动侧有较宽敞的空气通路，有利于通风。此外，机架箱体没有直立的分界连接面，从而改进了箱体的密封性能，降低了对箱体加工精度的要求。

干燥装置操作侧机架，从外形看有对称和非对称两种形式。下列烘缸装在底轨上，上列烘缸装在距底轨高 1.7~1.8m 的主机架上。在主机架上装有铸造的上机架，其上装设烘毯缸及导毯辊。下烘缸及导毯辊是装在底层的型钢或焊接的横梁上。旧式纸机的机架截面多呈槽形。新式的干燥装置机架截面是箱形的。

另外作为概念性的无齿轮传动形式 voith drive 已经面世，据介绍，这种传动形式省却了所有烘缸间的传动齿轮，直接安装在需要传动的烘缸传动侧轴头上，每台设备配有单独的控制系统和冷却水系统，无须基建费用，节约能源，省油，噪声小，且可以安装在造纸机任何需要传动的辊上，如真空伏辊、压榨辊及高级压光机上使用。目前这一传动形式还未见到实际工厂应用。

## 三、干燥装置的润滑系统

在新式纸机中，烘缸全部使用滚动轴承。由于烘缸升温时径向和轴向均会产生热膨胀，烘缸轴承要选用较大的间隙，并在操作侧预留轴承移动的位置。为了保证轴承的可靠工作条件和必要的冷却，当纸机车速达到 250m/min 以上时，干燥装置均采用循环润滑系统。在高速纸机上，循环润滑系统也供油给惰轮传动的齿轮及轴承、压光辊及卷纸缸轴承、导网辊轴承等。其余辊筒一般都用间歇润滑。

随着造纸机向大型、宽幅、高速、自动化方向发展，造纸机的工况变得十分苛刻，其干燥装置用油部位的温度高达 110~132℃。为了纸机干燥装置良好运行，在选择润滑油时绝不能再选内燃机油、液压油、齿轮油，而应选用造纸机专用循环油，车速小于 1000m/min、幅宽小于 6m 的纸机可选无灰矿物油型，黏度 220mm²/s，而车速大于 1000m/min 的纸机应选用无灰合成型润滑油，黏度 220mm²/s。因为这些润滑油具有良好的氧化安定性和很少的沉淀，良好的水分散性、极压抗磨性和过滤性。

纸机干燥装置的循环润滑系统的组成如图 6-67 所示。通常装设 2~3 台输油泵，其中一台是备用泵。用安全阀保持输油管中的压力为 0.2~0.3MPa。

为了净化和冷却润滑油，在输油泵和送油总管之间装有滤油器、分油器和冷却器。油的流量少时可用金属网滤油器；油的流量较大时多用离心式滤油器。有时也采用盘式自净滤油器。由送油总管送去各润滑点的油量，通常是用装在润滑点附近的可调注油器的针形阀来调节的，同时可直观地观察

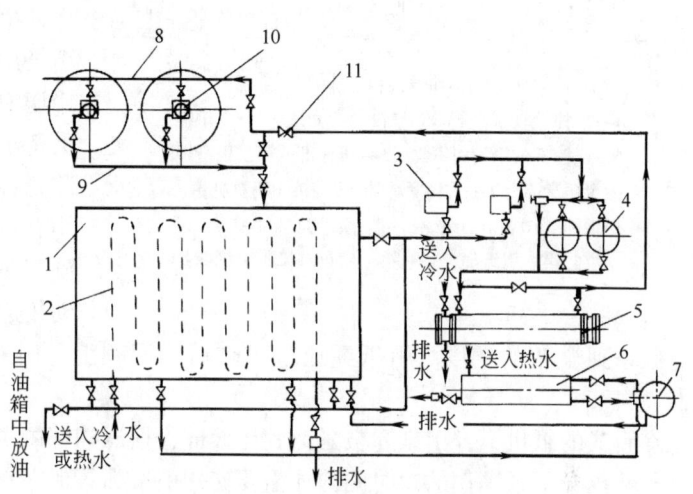

图 6-67 干燥装置的循环润滑系统
1—油箱 2—加热及冷却油箱内储油的蛇管 3—输油泵 4—盘式自净滤油器 5—油冷却器 6—油加热器 7—分油器 8—总送油管 9—总回油管 10—轴承 11—阀门

各润滑点的油滴大小。油从轴承及减速器流出时，应在轴承壳及减速器内保持一定的油位，使它们在关闭循环润滑系统时，还能工作一段时间。回油管的装设要有一定坡度使油靠重力流回油箱。

为了正常运转，循环润滑系统中的总油量应是送入各润滑点每分钟油量的 30~50 倍。幅宽 4m 左右造纸机的循环润滑系统的油量通常为 10~15t。循环润滑系统应配备相应的控制仪表，首先是油温的测定和控制仪表。当润滑油的温度超过规定温度，备用油泵就自动启动，如果油温还是不降低，则先是发出灯光信号，继之是声响信号，而在 10~15min 后纸机的主电机便自动关停。

## 四、干燥装置的引纸装置

干燥装置的引纸装置包括从压榨部将湿纸幅引到干燥部和干燥装置之间的引纸。随着纸机车速的不断提高，引纸的方法或装置也在不断改进。在车速低于 200m/min 的低速纸机中，一般采用人工引纸的方法。即由操作工人将湿纸条从一道压榨送递到另一道压榨，然后

送递到干燥部的第一个烘缸上，最后借助于压缩空气喷嘴将纸条逐个送递到各个烘缸上通过干燥部，这种引纸方式烦琐，工人劳动强度大，且危险。人工引纸时，干燥部的第一个烘缸必须是下缸，以便于自压榨部向干燥部引纸。

在纸机车速较高时，人工引纸十分困难。比较普遍采用引纸绳引纸。用引纸绳引纸时，要在烘缸操作侧距缸边约50mm处设一沟槽。两条直径6~12mm的棉织或尼龙的无端绳索，沿沟槽依次包绕一组烘缸，如图6-68所示。

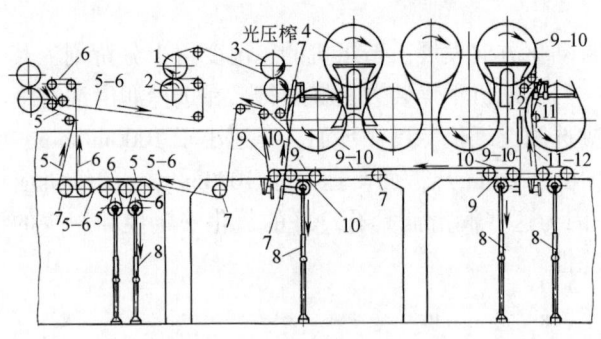

图6-68 绳索自动引纸装置
1—压榨上辊 2—压榨下辊 3—光压榨 4—烘缸
5—压榨部的第一引纸绳 6—压榨部的第二引纸绳
7—铝直绳轮 8—重锤紧绳器 9—第一组烘缸第一引纸绳 10—第一组烘缸第二引纸绳 11—第二组烘缸第一引纸绳 12—第二组烘缸第二引纸绳

由网部切取的宽100mm左右的引纸用纸条，在压榨后用手工拨到或用压缩空气吹到两引纸绳之间，便被夹持于两引纸绳之间引上烘缸。干燥装置各传动组的速度不同，所以每组均有一套引纸绳装置。从一组引纸绳到下一组引纸绳时，引纸的纸条是自动传递的。引纸成功后，用网部水针展宽纸条到全幅的宽度。引纸绳通过烘缸后的回程上，用绳轮导向，并设置重锤式的紧绳器。

在新式的纸机上，引纸绳被延伸到压榨部，使压榨部的引纸与干燥部联系起来。

虽然仅在引纸操作的短时间内才需要使用引纸绳，但在一般的绳索引纸装置上，引纸绳总是随烘缸运行，一直受到磨损。不仅会使引纸绳寿命下降，且会时常因断绳致使纸机停机。在新式纸机中，使用特殊结构的绳轮，其结构如图6-69所示，使引纸绳仅仅在引纸操作时才运行。这种绳轮是通过滚动轴承装置在烘缸操作侧的轴头上。

纸机正常运行时，绳轮不随烘缸转动，引纸绳也不动。当发生断纸时，装置在一个或几个绳轮上的气动膜片机构自动启动，使绳轮被紧压在烘缸端面上而开始随烘缸转动，从而带动引纸绳运行。引纸完成后，引纸绳也自动停止运行。使用这样的结构时，由于引纸绳工作时间短不需要按传动组来设置，引纸绳可以贯通整个干燥部或仅分成两组，便于引纸操作，并使引纸绳使用寿命显著延长。

自20世纪90年代以后，纸机的最高车速已达1900m/min，为了防止湿纸幅在上、下烘缸袋区的无承托引纸，因纸页运行不稳定而造成断纸，影响正常抄造，国外在高速纸机上广泛采用单层烘缸布置，使纸幅在全部承托状态下通过整个干燥部，如图6-70所

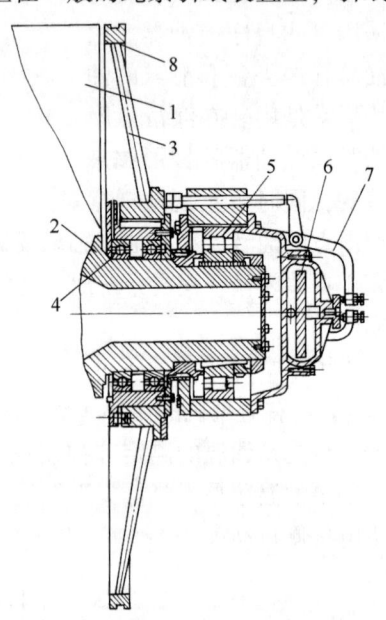

图6-69 绳轮的气动启动装置
1—烘缸 2—烘缸轴头 3—绳轮 4—绳轮轴承 5—烘缸轴承 6—膜片 7—使绳轮压向烘缸的杠杆 8—夹铁丝的帆布垫圈

示。由于无须靠纸幅自身张力来维持纸幅的稳定性，完全避免了气流引起的抖动，从而消灭了断纸；可以实现无引纸绳引纸，大大简化了设备。这种全单网毯配置的多缸干燥装置的无绳自动引纸过程如下：

在压榨部和干燥部间湿纸幅的传递：由于压榨部和烘缸的几何结构，在压榨部和干燥部之间通常有一段较长的无承托的纸页运行区。在这个位置，纸页水分高，相对比较脆弱，最容易因高牵引力而引起断纸。为此，可将第一组网毯的转向辊尽量靠近最后一个压榨辊，使纸页只经过一个极短距离的无承托段，就到达网毯的底面，而且用特制的吹风箱在网毯底面造成一个抽吸力，使纸页紧紧平贴到网毯上，如图6-71（a）所示。采用这种方法可使纸页开式引纸降到最小，断纸小，生产效率高。

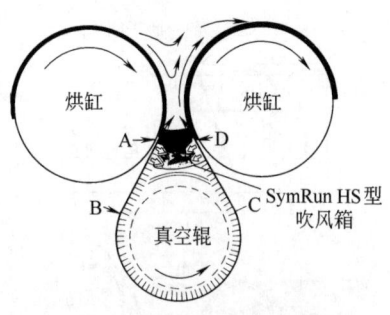

图6-70  在烘缸之间纸幅的传递

采用图6-71（a）的引纸方法因仍有一小段的开放引纸而极大影响纸机的运行性能，同时现在在高速纸机上都采用双辊靴式压榨，压榨部的结构大大简化，在这种高速纸机上纸幅从压榨到干燥之间都广泛采用图6-71（b）所示的全封闭真空引纸，在第二压区中，上压辊为靴辊，由压榨部的真空引纸辊将纸页吸引到毛毯上转移到靴压区进行压榨，下压辊有传送带，其表面光滑不吸水，纸页贴着传送带表面移出压区后，再由真空引纸辊吸到网毯上送进烘缸部，实现由压榨部向干燥部的全封闭引纸。在干燥装置之间纸页的传递：在烘缸之间纸页的传递是通过SymRun HS型风箱和真空辊所产生的负压，使纸幅紧紧平贴在网毯上而得以传递，如图6-70所示。

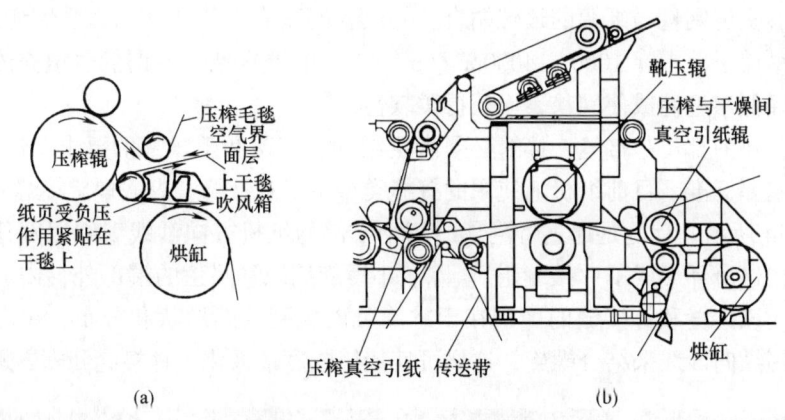

图6-71  湿纸页在压榨部与干燥部之间的传递装置
(a) 低牵引力压榨部与干燥部纸幅的传递装置　(b) 具有靴压压榨部与干燥部纸幅的传递装置

在两段之间纸页的传递可以采用以下几种方法：

① 网毯要采用顶部运行，使用具有"黏舔"传递器的方法在两段之间传递纸页，如图6-72所示。

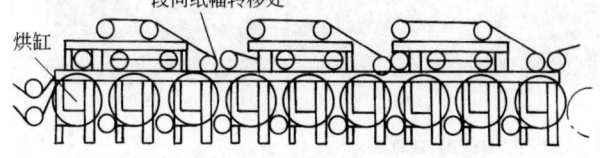

图6-72  纸幅在两段烘缸之间的传递

由于纸页是无牵引传递，抄速达1340m/min时仍能正常运行。

② 在单层上运行和下运行干燥组之间及单层和普通双层烘缸干燥组

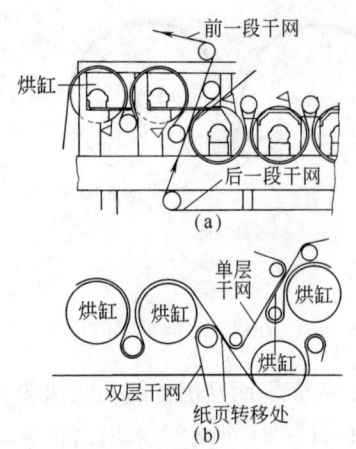

图 6-73 纸幅双网毯的传递
(a) 纸幅在上下单层烘缸间的传递
(b) 纸幅在单层与双层烘缸间的传递

之间纸页的传递是用双网毯来完成的，纸页在离开前一段最后一个真空辊时，是被夹持在两网毯之间，以便达到传递到下一网毯上，再引入到下一段真空辊上，如图 6-73 所示。

## 五、网毯校正器和张紧装置

### （一）干燥网毯

干燥网毯通常是由合成单纤丝和纤维制成的开放、透气结构。编织后，根据所用的原料在 160~200℃ 的张力下受热定形。热定型期间，网毯织物达到其最终的通过率。热定形消除了网毯中的应力，并赋予网毯结构一定的稳定性，这种稳定性对于网毯在纸机上的有效引导和持续运行是非常必要的。对于新要求的极窄的长度伸长公差，特别是对于仅有内侧导辊和在网毯运行张力在 3kN/m 以上的干燥部，热定形工序成为网毯制造过程中极为关键的部分。接缝制造是热定形后的最后阶段的必不可少的工序。

现代干燥网毯 100% 的单丝结构占主导地位。主要由棉制成的厚帆布网毯、短纤维的针刺网毯和聚酯纤维等材料的使用逐渐被淘汰，现代单丝结构几乎完全取代了多纤丝织物。单丝网毯的基本编织结构是 1、1½ 或 2 层网毯，其余的结构目前较为罕见。在纸机横向改变纱线密度可导致不同的通透率。现代干燥网毯设计中，纸机运行方向上的纱线主要是扁平单丝，这样能够实现网毯与纸幅的最佳贴合，并改善网毯表面的空气动力学性能。目前 100% 的单丝网毯覆盖了范围在 1000~14000m³/(m²·h) 的透气性。所谓的软填充纱线，有时在网毯中用于降低渗透性或使网毯表面获得柔软性。

网毯最重要的部位是接缝，接缝必须满足纸种、车速和干燥部的要求，运行性、无痕、易安装是其主要标准。目前纸机上使用的接缝类型主要有针缝、内嵌螺旋接缝和折回螺旋接缝，如图 6-74 所示。针缝是通过将网毯的每个端部的纸机方向纱线编织回网毯中，并使该纱线形成环，这个环形成了"接缝眼"。除了小螺旋编织到网毯的端部外，内嵌螺旋接缝类似于针接缝。该接缝和针接缝的区别在于螺旋可以控制环的形状和分布。在内嵌螺旋接缝中，可以使用纵向纱线来结合螺旋，这样可使接缝强度最大化。针接缝和内嵌螺旋接缝不易

 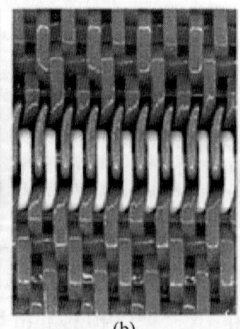  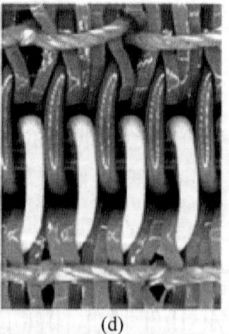

图 6-74 四种网毯接缝示意图
(a) 针接缝 (b) 内嵌螺旋接缝 (c) 细内嵌螺旋接缝 (d) 折回接缝

出现印痕，通常用于单毯配置，在生产特种纸的高级纸机上和许多现代单层纸机上，需要使用无痕性更好的细内嵌螺旋接缝。折回螺旋缝是通过从网毯的较小长度上挑取横向纱线，插入螺旋，再将网毯折叠到其自身上形成的，然后将折叠区和网毯缝合在一起以固定螺旋。

当纸机采用了冲击干燥时，高达400℃的气体温度使网毯的材料成为关键参数。尤其是当断纸时，网毯温度可能升高，温度有时可达到200℃。根据材料显示，聚苯硫醚（PPS）和阻燃隔热材料（TN）可以采用，在接缝和边缘处，聚醚醚酮树脂（PEEK）是首选。螺旋材料通常是聚酯PET或PEEK，这取决于纸机的温度要求。另外还要考虑纸机洗涤时使用的强碱性化学物质对网毯的影响。

（二）干网校正器

在多缸纸机干燥装置中，为了防止纸幅被拉断、飘动和产生皱褶以及传递纸页、改善传热等作用，一般均需用织物把纸页包在烘缸上，最早所用的织物是羊毛制成的毛毯，后又改为帆布，由于其透气性差，寿命短等原因，毛毯已被淘汰，而帆布一般只在要求纸幅两面平滑度均较高的文化用纸等纸种的纸机中，在干燥的初始段时有采用外，基本上都是用透气性好的干网。所以本节主要介绍干网校正装置，包括帆布校正装置。

干网校正装置的工作原理与纸机网部的校正器完全一样。干网校正装置有手动和自动两种，手动主要作为备用和辅助校正器用，自动又有机械式和气动式两种。

1. 机械式自动干网校正装置

① 挡轮式干网自动校正器。挡轮式干网自动校正器在国内的中小型纸机上被广泛采用。在校正器两侧各有角尺形的水平支杆，支杆可在水平平面内绕直立轴回转，其一端装有校正辊的轴承，另一端装有挡轮，干网在挡轮中通过，当干网跑偏时，一侧挡轮即被推动而使校正辊亦相应地有一端移动，从而产生校正作用。

② 悬臂式自动干网校正装置。这种校正器有时也称为摆式、重锤式校正器等。其结构形式如图6-75所示。校正辊的一端悬挂在操作侧或传动侧的一根垂直拉杆上，在距校正辊1.2~1.5m处设有另一根干网辊，干网辊的一端（与校正辊悬挂着的一端对应）的轴头上安装一个活动锥轮，其直径与校正辊直径相同。

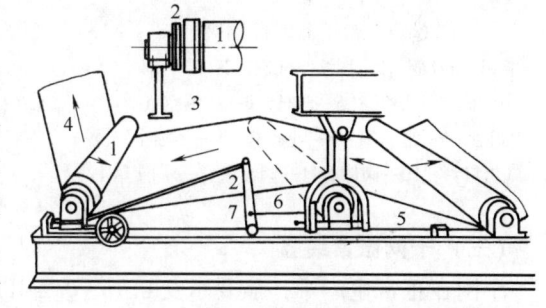

图6-75 悬臂式自动干网校正装置
1—干毯辊 2—钢丝绳 3—锥轮 4—干毯
5—弹簧 6—校正辊 7—杠杆

锥轮上卷有钢丝绳，并通过杠杆系统与校正辊相连。正常运行时干网位于干网辊上，锥轮不动。如干网一跑偏，则锥轮将由干网带动而回转，将钢丝绳卷起，通过杠杆系统使校正辊的轴承向前移动，于是校正辊不再与其他辊子平行，产生校正作用，使干网被迫回到正常运行位置。干网立即离开锥轮，平衡弹簧又将校正辊拉回到原来的位置。这种校正装置只能作一边校正，为了防止干网跑过另一边，必须在同一组干网上装设另一组相反的校正器。另外人工拉动杠杆左右移动导网辊一端，也可以起到人工校正作用。

2. 气动自动干网校正装置

气动自动干网校正装置是目前纸机中干网校正普遍采用的一种校正装置，其结构形式有多种，图6-76所示为其中一种常用的结构形式。传感器是一个装设在干网操作侧的一个小

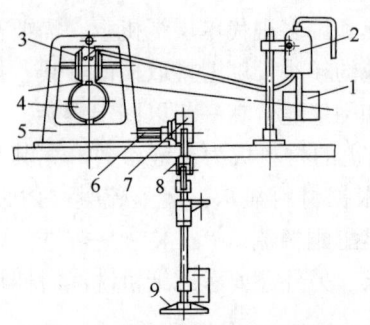

图 6-76　气动干网自动校正装置
1—挡板　2—控制阀　3—膜片式执行机构　4—校正辊轴承座　5—支架　6—螺杆　7—齿轮箱　8—万向连轴节　9—校正器手动调节手轮

挡板。挡板始终与干网边缘相接触。当干网跑偏时，挡板被推向往里或往外的一侧，从而带动压缩空气控制阀的阀杆，如图 6-77 所示，使阀杆某一侧的圆锥部分与阀套之间的空隙变大或变小，改变通往执行机构的空气量。

执行机构装有气动膜片，如图 6-78 所示，通往空气腔的空气量发生变化时，两个空气室的压力平衡被破坏，使校正辊轴承水平移动位置，达到校正作用。

采用气动自动干网校正器要注意压缩空气的压力不能太大，一般需减压到 0.2~0.3MPa，再经干燥器和过滤器，使压缩空气不含水分，以保证进调节阀的压缩空气干净，避免阀门被杂质卡住或被水锈蚀，影响阀门正常工作。

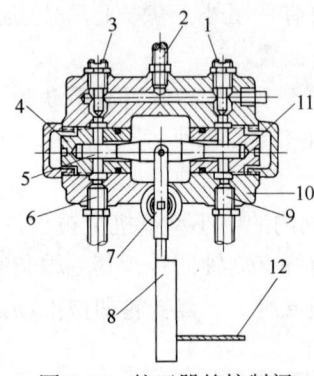

图 6-77　校正器的控制阀
1—调节针阀　2—压缩空气进口管　3—调节针阀　4—阀套　5—阀杆　6—压缩空气出口管　7—卷弹簧　8—小挡板　9—压缩空气出口管　10—阀体　11—阀套　12—干网

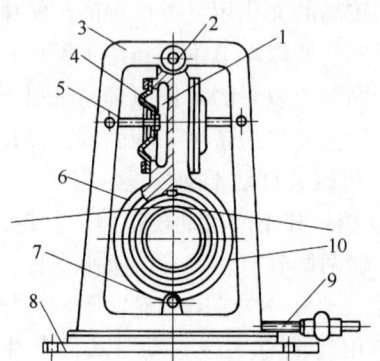

图 6-78　校正辊的气动装置
1—空气腔　2—销轴　3—支架　4—橡皮膜片　5—支承杆　6—轴承壳　7—插销（仅运用手动校正时使用）　8—导轨　9—螺杆　10—校正辊

### （三）干网张紧装置

干网在正常生产中，需要承受 0.15~0.2MPa 的张力，使其产生伸长，为了维持张力稳定需要张紧，而在停机和安装时又需要放松，所以在干燥装置中需要设置干网张紧装置。目前，纸机上的干网张紧装置多用自动干网张紧装置。有重锤式和液压式两种。

重锤式干网自动张紧装置的结构如图 6-79 所示。张紧辊是水平装设在可沿导轨移动的滑车上，为了便于在换干网时使张紧辊回复原来位置，重锤应能轻便地被提升起来，同时也应使张紧装置

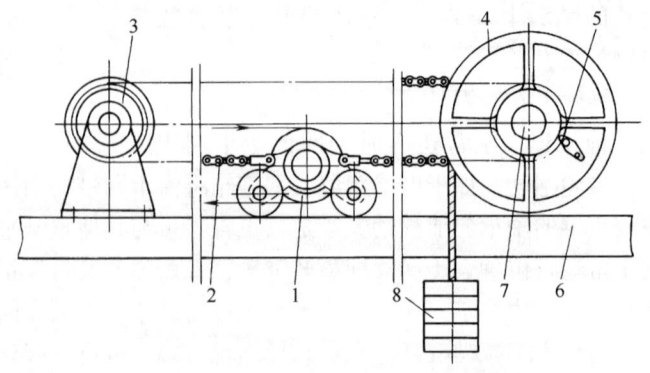

图 6-79　重锤式干网自动张紧装置
1—张紧辊　2—链条　3—链轮　4—传动侧手轮　5—棘轮制子　6—导轨　7—通向操作侧的轴　8—重锤

在必要时有可能单边移动。干网的张力是用重锤通过链条传动而产生的,如图6-80所示,其工作过程是:转鼓8受到重锤的作用力,通过内齿轮7、摇杆5传递到轴1上。经过齿轮的适当传动和放大后的重锤的作用力由固定在轴上的链轮9传递到张紧辊上。与此同时,轴1受到的作用力通过另一侧的摇杆16、齿轮15和内齿轮14传递到转鼓13上。链轮12和转鼓13是焊接在一起的,所以链轮12和链轮9是同时受到重锤的作用,使干网的两侧同时张紧。

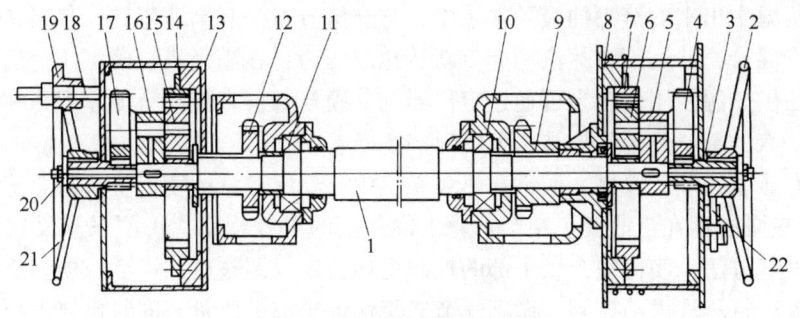

图6-80 张紧器的传动机构
1—通轴 2,19—手轮 3—套筒齿轮 4,17—齿轮轴 5,16—摇杆 6,15—小齿轮
7,14—内齿轮 8,13—转鼓 9,12—链轮 10,11—轴承 18—销子
20—齿轮套筒 21—键 22—棘轮制子

如果把销子18拉离转鼓13,则由轴1传递来的作用力,因通过齿轮17和20传递到可以转动的手轮19上,而不能通过摇杆16同上述一样地传递到转鼓13上。所以转动手轮19时,通过齿轮20、17(摇杆16和轴1不动)、15和转鼓13,便能转动链轮12,从而可以单边张紧或放松干网。

手轮2上有棘轮机构22,只能单向旋转。转动手轮2时,通过套筒齿轮3、齿轮4、6和内齿轮7,便可以使转鼓8转动。

在新式纸机上也有采用液压传动干网自动张紧装置的,其结构如图6-81所示。这种张紧装置工作过程比较简单,通过液压缸活塞的移动带动齿条移动,通过中间齿轮使链轮转动,从而通过滚子链使张紧辊移动而起张紧作用。为了缩短压力缸活塞杆的行程,设置有适当传动比的中间齿轮传动。

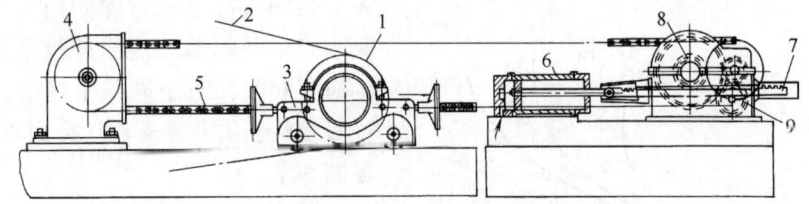

图6-81 液压传动干网自动张紧装置
1—张紧辊 2—干网 3—滑车 4—链轮 5—滚子链 6—液压缸 7—齿条 8—齿轮 9—中间齿轮传动

## 第六节 干燥部的节能装备
### 一、热泵系统

**(一)热泵的工作特点和工艺参数设计**

热泵最主要的特点是能够将本段烘缸排出的冷凝水闪蒸蒸汽和随冷凝水排出的喷吹蒸汽

回收重新用于本段烘缸使用。通常随冷凝水一起排出的喷吹蒸汽会占到新鲜蒸汽量的1%左右，而闪蒸蒸汽的量则取决于冷凝水温度。

热泵工作需要使用高压蒸汽。高压的新鲜蒸汽（大于345kPa）在通过热泵狭小的喉节处时将能量转换成速度，形成高速运动的蒸汽流（速度可达457~762m/s），高速运动的蒸汽流对热泵抽吸开口区产生抽吸力，抽吸力的大小主要由蒸汽流动速度决定，利用这种抽吸力可将从闪蒸罐中出来的蒸汽抽吸到热泵中，与新鲜蒸汽一起高速流动。热泵扩散管的作用是将两种蒸汽混合，并逐渐将蒸汽动能重新转化成压力，在满足烘缸蒸汽压力后混合蒸汽重新作为烘缸的供热源使用。热泵可通过定位器和薄膜执行器来控制节流装置与喷嘴的距离从而控制新鲜蒸汽的量。热泵具体结构见图6-27。

热泵具有显著的节能效果，通常在热泵系统中，新鲜蒸汽的使用量只占总蒸汽消耗量的25%~30%。热泵的存在也改变了整个干燥工段蒸汽的供气管路，将原来三段式供气方法改变为单缸的供气方法，使得整个烘干部的控制更加稳定，调整更加灵活，能够更好地根据纸页干燥曲线来进行蒸汽供给控制，做到既节能又保证了成纸质量，同时也使得冷凝水排出更加顺畅。

热泵工作性能好坏与其参数设计有很大关系，热泵设计中关键的两个部位是喷嘴和喉节。喷嘴的尺寸应根据最大新鲜蒸汽操作压力点来设计，因为喷嘴处必须产生足够大速度和流量，才能对闪蒸蒸汽产生足够的抽吸力。而喉节的尺寸应根据最低的操作压力点来设计。因为喉节处的速度必须足够大来获得再压缩，且在低压力时蒸汽的比体积会更高。

热泵的设计必须要满足其所在工艺过程参数的要求，这些工艺参数包括：a.新鲜蒸汽的压力、温度、流量；b.闪蒸蒸汽的压力；c.排放蒸汽的压力；d.喷吹蒸汽的流量；e.冷凝水的负荷。热泵的结构尺寸设计也要根据以上这些参数服务。

热泵的一个最重要的作用是把闪蒸罐的蒸汽重新用作本段烘缸热源，在稳定运行工况下，闪蒸罐内的所有蒸汽都会回用，但不同的新鲜蒸汽压力下和不同的热泵结构尺寸下，抽吸蒸汽的量会有很大的不同，当抽吸力不足时，闪蒸罐内液面上升，控制系统会加大冷凝水排除阀门，部分高温冷凝水来不及闪蒸出蒸汽即被泵送走。现有的研究表明，对于同一个热泵，抽吸区的抽吸量与新鲜蒸汽蒸汽压力有很强的关系。见图6-82。

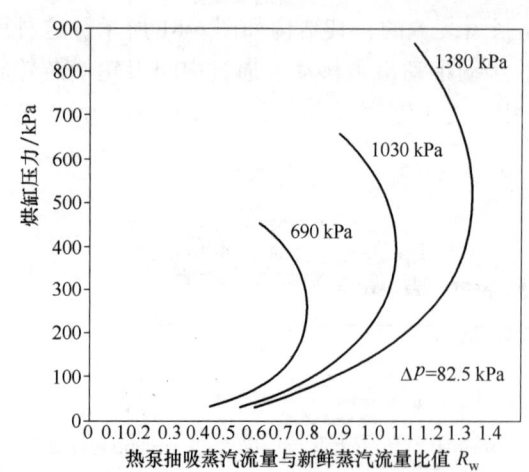

图6-82 热泵抽吸蒸汽量与烘缸压力和新鲜蒸汽压力关系

图中，$R_w$是热泵抽吸蒸汽流量与新鲜蒸汽流量的比值。$\Delta p$是热泵排放口蒸汽压力与抽吸口蒸汽压力差。

从热泵的三条工作性能曲线看，在相同的$\Delta p$下，随着烘缸蒸汽压力的增加，不论采用多大压力的新鲜蒸汽，热泵抽吸蒸汽量存在一个最大值，热泵在此点工作时会最大程度地发挥其作用。这个最大值会随着新鲜蒸汽压力的增加而逐渐增加，意味着如果要增大热泵的抽吸力，新鲜蒸汽压力必须增大。

在实际干燥阶段中，烘缸蒸汽压力是随着纸页干燥过程而确定的，因此，对于一定位置的烘缸来说，要提高其所用热泵的抽吸力，必须提高新鲜蒸汽的压力。如果所用的新鲜蒸汽压力过小，势必会限制热泵的工作性能，因此，采用热泵的系统必须使用较高的新鲜蒸汽压力来满足热泵抽吸流量的要求。但同时也要注意，太高的蒸汽压力也会造成蒸汽在热泵喉结处排汽不畅，甚至部分蒸汽从负压区经过使热泵完全失去抽吸作用，还会发生强烈的颤动，给生产安全带来威胁。

### （二）热泵的使用

#### 1. 普通烘缸

蒸汽喷射式热泵供热系统的汽源一般有单汽源和双汽源两种，由于单汽源对供热系统的总体压力要求较高，难以实现控制；而双汽源使用高压蒸汽驱动热泵，低压蒸汽加热烘缸，不仅控制容易，还能节省能源。以双汽源为例的热泵控制方式有：压力控制及压差控制。压力控制[如图6-83（a）]是较早用于纸机热泵供热系统的一种方式，主要利用压力控制阀来控制烘缸的压力，而缺少对烘缸压差的控制。当热泵系统不能维持所需烘缸压差时，只能通过打开通向大气或真空系统的排空阀的方式来增大压差，

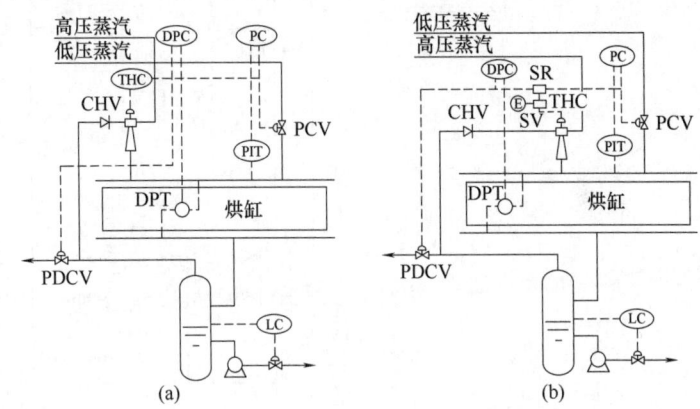

图6-83 热泵两种控制方法
（a）压力控制 （b）压差控制

同时将不凝性气体排出。压差控制[如图6-83（b）]目前应用比较普遍，该控制方式是在压力控制的基础上增加压差控制阀来实现对烘缸压差的控制。当纸机出现断纸时，由于热传递的减少而使蒸汽冷凝率下降，造成烘缸内压力增大，此时用压力控制阀使烘缸内的压力下降，同时用压差控制阀使烘缸的压差趋于稳定。

同时要注意的是，在热泵控制系统中通常需要添加逆止阀[如上图（a）(b)中的CHV]来确保特殊工况下热泵的工作。

#### 2. 扬克式烘缸

热泵系统的典型应用是在扬克式烘缸中，如图6-84。

来自锅炉的高压蒸汽以烘缸最高压力的1.5倍或者更高的压力进行供给，热泵将高压蒸汽、低压蒸汽和来自冷凝罐的闪蒸蒸汽混合，供给烘缸使用。供给烘缸的蒸汽中，50%会冷凝，另外50%会随着喷吹蒸汽离开烘缸。冷凝水和喷吹蒸汽进入冷凝罐V1并分离，形成的闪蒸蒸汽回到热泵并与低压蒸汽和高压蒸汽混合，重新作为热源供给扬克烘缸。冷凝罐中的冷凝水受液位控制器作用维持液位在一定范围，多余的冷凝水泵送到冷凝罐V2进行闪蒸，闪蒸蒸汽会送到热交换器进行热量交换，V2中的冷凝水和热交换器来的冷凝水会被送回锅炉使用。

在图6-84所示控制系统下，烘缸内压力是由热泵和高压蒸汽共同控制。高压蒸汽首先满足热泵抽吸压力的需要，同时设置旁路与热泵出口管路相通以满足烘缸蒸汽压力需要。对于热泵的抽吸区，首先确保所有由冷凝罐V1来的蒸汽全部回用，如果不能满足蒸汽量的要

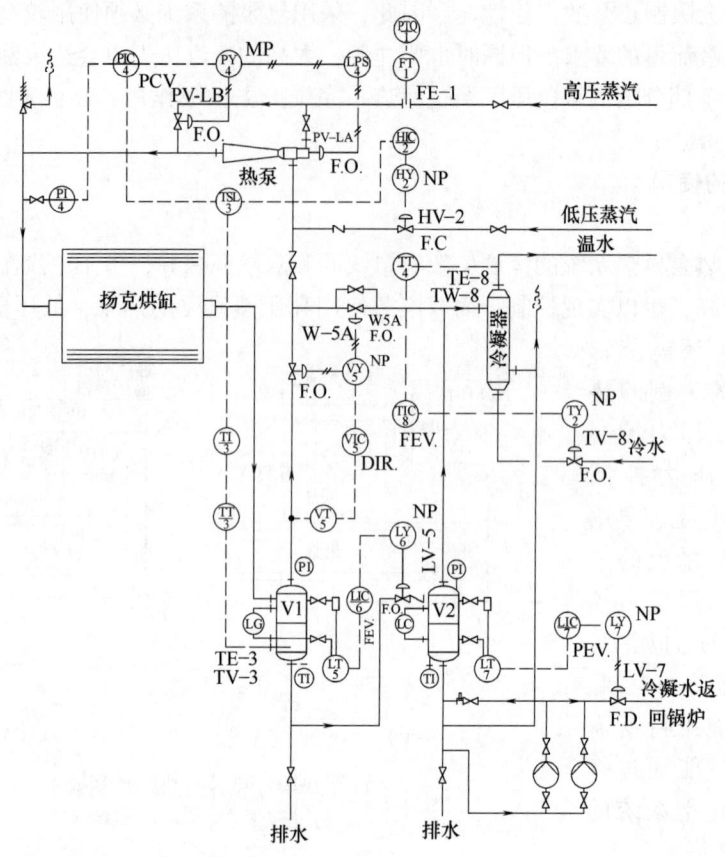

图 6-84 热泵在扬克式烘缸上的应用

求,还会通过低压蒸汽管路直通低压蒸汽。整个系统并没有真空管路来排出烘缸空气和不凝性气体。

目前国内纸厂已普遍开始使用热泵,但在热泵选型上没有很好的理论依据,选用的热泵在工作时往往起不到良好的作用,无法发挥热泵正常节能效果,给控制系统带来困难,加重冷凝负荷。同时,热泵制造厂商在制作热泵时也没有完善的理论指导,无法提供有效、合适的热泵。这些都需要通过加大科研力度来解决。

## 二、干燥部的热能回收系统

纸机干燥部耗能巨大,据统计数据,进入干燥部的这些能量中,大概有 9%～10% 会因为各种原因损失掉,有接近 50% 的能量通过各种形式在干燥系统内循环,还有 30%～33% 的能量存在于干燥部排出的空气中。随着新的干燥形式不断发展和被应用,如热风冲击干燥、红外干燥等,干燥部气罩外排空气温度和湿度越来越大,如果采用直接被风机外排,会造成很大的资源和能量浪费,必须考虑将这部分热量回收再用,如与纸机过程用水、干燥部供给空气等进行热交换。高速纸机的干燥部热风交换系统通常由密闭气罩、热交换器系统、吹风箱、电磁阀等组成,并设有排风露点控制系统、气罩零位控制系统和送风温度控制系统。

常用的干燥排风热回收设备是捕热器,有平板式、管式和洗涤式三种,前两种为气—气热交换，后一种为气—液热交换。气与气的热交换主要作用在于，把从空气中抽来的空气通过气气热交换器加热，吸收气罩外排气的热量，升温后可直接用于干燥部供气，或经再加热后用于干燥部供气。通常干燥部供气温度要达到50℃以上，通过气气热交换器能否达到这样高的温度取决于气罩排气的温度。气与液的热交换主要作用在于加热造纸机过程用水，如喷淋用水、冲洗用水、稀释用水甚至白水等，都可以通过气液热交换器吸收气罩排气的热量，气液交换一般可采用淋洗的方法。

由于生产不同纸种和不同纸机干燥部气罩排气温度和湿度有很大不同，纸厂在设计热量回收系统时，需要根据具体不同情况区别对待。

（一）捕热器的结构

1. 平板式捕热器

平板式捕热器由多个捕热器的单体组合而成，工作时，干燥部排出的湿热空气经垂直通道，冷的新鲜空气走水平通道。通道材料由厚度0.7~0.8mm铝板制成，宽度一般为16~20mm，板与板之间用拉紧螺栓连接组装。为了保证铝板之间间距固定，在螺栓上串上管头，然后从外面用螺栓紧固。新的平板式捕热器利用顺气流方向安装特质小型槽形铝条来保障板间距。如图6-85所示。

2. 管式捕热器

管式捕热器热交换部件为壁厚0.5~0.7mm，内径为25~32mm，间距60mm×60mm的铝管单元组组成。其结构如图6-86。纸机干燥部排出的湿热气体自下而上走过，管内被加热空气在管间水平流动，湿热气体在内壁上冷凝，冷凝水下流有清洁纸毛的作用。

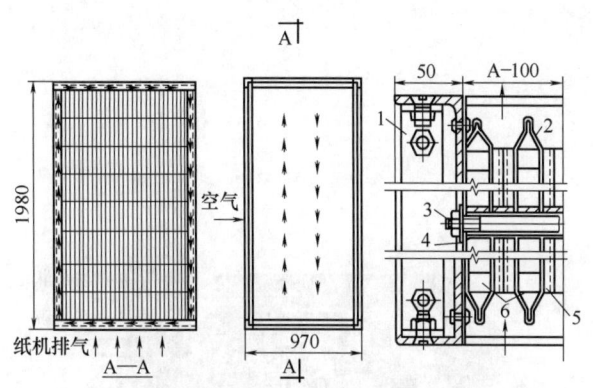

图6-85 平板式捕热器单体详图
1—外板 2—铝板 3—拉紧螺栓 4—φ20mm×3 管头（长18mm） 5—废气通道 6—冷风通道

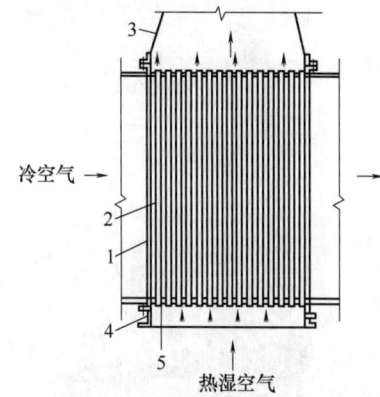

图6-86 管式捕热器结构图
1—外壳体 2—换热管 3—接管 4—底座 5—管板

在管式捕热器基础上，我国与芬兰合作研发了带喷淋的壳管式气—水捕热器和壳管式气—气捕热器，换热效果良好。见图6-87和图6-88。

（二）热能回收系统

1. 普通纸种纸机干燥部热能回收系统

图6-89所示为一老式热能回收系统。从纸机干燥部来的高温气罩排气由整个回收系统底部进入，先后经过气—气交换和气—液交换，最后从交换系统顶部排出。气—气交换分两部分进行，高温气罩排气首先用于加热干燥部的供给空气，加热后的供给空气由气罩供气风机送入纸机干燥部各个用气部件，一次热交换后气罩排气再与造纸车间通风供气进行热交

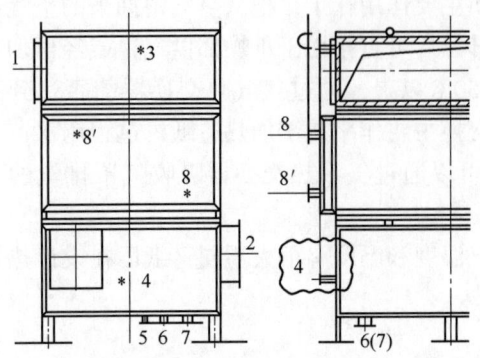
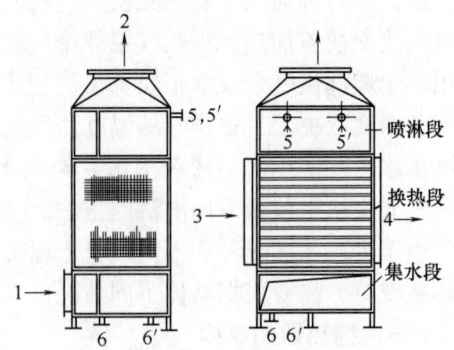

图 6-87 带喷淋的壳管式气—水捕热器
1—纸机排气入口 2—纸机排气出口 3—喷淋水入口 4—补充水入口 5—循环水入口 6—溢流口 7—排污口 8,8'—工艺水进出口

图 6-88 带喷洗的壳管式气—气捕热器
1—纸机排气入口 2—纸机排气出口 3—新风入口 4—加热新风出口 5,5'—喷淋水入口 6,6'—排污水口

换,之后进行的气—液交换主要用于加热造纸工段过程用水。这种形式的热回收系统能够很好地加热过程用水,但气—气热交换效果一般,原因在于过程用水加热后会沿着气—气热交换器表面流动,从而降低气—气交换器的表面温度。一种改善方法是将气—气加热装置与气—液加热装置分开。如图 6-90 所示。热交换系统中的热交换器外表面会积累气罩排气中的杂质或纤维而降低传热效率,需要定期用喷淋水冲洗。

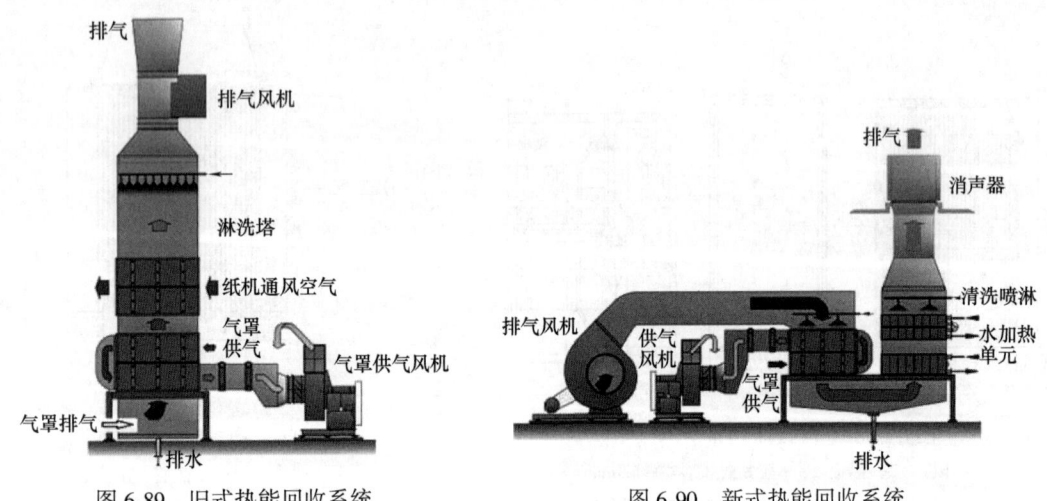

图 6-89 旧式热能回收系统    图 6-90 新式热能回收系统

以上两种形式的热能回收系统,每个工厂可以根据自己实际情况进行相应改变,如专门用于加热干燥部供气而去除过程水加热系统等。其改造的目的是为了能够更好地节约能源,节约成本。

图 6-91 为某纸厂纸机干燥部三级热回收装置的实例。其排气罩蒸发量 20.4kg/s,干燥部排气量 167kg/s;排气露点温度 58℃;排气水气比 1∶8.2(kg 水∶kg 空气)。热回收分为三级:Ⅰ级用于罩内补充空气,即袋式通风(相当于排气的 75%);Ⅱ级使循环水由 18℃ 加热至 38℃,该循环使 80kg/s 的空气由 -15℃ 加热到 18℃;Ⅲ级将 5℃ 的水温提高到 25~30℃,水量 200t/h 左右,热回收系统排气阻力损失 980~1470Pa(图中数据为估算,仅供

参考）。

第Ⅰ级用来预热纸机干燥部袋区送风，捕热器为气—气交换，预热吸自车间的空气再经蒸汽加热器补充加热到90℃送入袋区，此风量相当于纸机排风量的75%。

第Ⅱ级用来加热车间送风，为气—水壳管式热交换加热循环水，供热水给新风机组，组内的加热器可将室外空气加热至18℃左右，送往天棚的空气还要补充加热，热源采用蒸汽或高温热水。

第Ⅲ级采用加热工艺水，5℃的新鲜水加热至25~30℃，此级采用洗涤式气—水捕热器。热水或经过过滤补充再加热供工艺用。

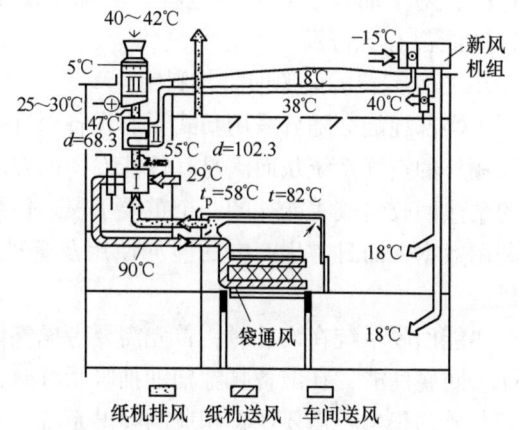

图 6-91 瑞典某厂日产100t挂面纸板的纸机热回收装置及车间送风示意图

按图6-90给出的参数，该热回收系统第Ⅰ级热回收率为25.7%，第Ⅱ级热回收率为22.7%，第Ⅲ级热回收率为12.6%，冬季热回收率高达61%。

2. 高温热回收系统

现在纸机干燥部新干燥形式，如热风冲击干燥，气罩排气温度会高达250℃以上，且湿度达0.25kg水/kg绝干空气，甚至更高。这样高的排气温度足以将气气交换内的气罩供气温度升到100℃以上，被加热的气体体积会快速膨胀，这对高温热回收系统整体设备安全性提出更高的要求。

在高温热回收系统中，气罩排气经一次气气热交换后其温度仍然保持在100℃以上，可考虑设置多道气气交换系统，气液交换系统应安排在气气交换系统之后进行，但必须经过周密计算，以保证过程水不会产生沸腾。整个系统也需要根据一些可能发生的特殊工况来增加安全保障措施，比如自动控制系统的快速响应等。

## 三、干燥部的发展趋势

随着纸机车速的不断提高，回收纤维的使用比重的增加，能源成本的快速增长，对纸机干燥部要求越来越高，重压之下不同纸种的纸机都将采取措施，如利用新的干燥理念，采用新的干燥设备，更加完善干燥部能源的使用与回收，采用更加有效的控制手段等，进一步节约成本，提高纸机产量和产品质量。

1. 发展以烘缸为主的组合式干燥模式

由于未来纸机车速还会继续增加以提高纸机生产能力，目前占有造纸机体积最大部分的干燥部必须提高干燥效率，最先进的干燥技术——如冲击干燥等，会逐渐与传统烘缸干燥进行组合成为新的干燥部形式，目前为止还没有出现能够完全替代烘缸干燥的新干燥形式，尤其是在中低速纸机上。冲击干燥的主要特征是纸页干燥过程中受到完全的支撑和干燥介质为热空气，这使得干燥部的干燥效率增加，同时纸机运行性能得到改善，干燥部长度也得到缩短，因为每个冲击干燥单元等同于2.5~3个烘缸，但冲击干燥不能用来干燥水分低于临界水分含量的产品。冲击干燥可将热直接传递给纸页，与目前烘缸干燥过程相比，热传递和作用时间都将缩短。目前来看，将冲击干燥用于干燥前的预干燥阶段是可行的,对于加快纸页升温过程,增加干燥部干燥效率,缩短干燥部长度和提升干燥部运行性能都有所帮助。

2. 更加完善的能源回收与利用

干燥部耗能会随着采用新式干燥设备而进一步加大,比如冲击干燥,采用时必须考虑到添加额外的空气系统从而满足其性能发挥的要求,大量的余热会随着干燥部通气排出。干燥部的余热回收是改善能耗的一个重要手段。传统的热能回收利用形式需要进行改良以加强余热利用效率,而日常生产中的能耗使用及管理方法的重要性会在今后纸机的设计阶段得到突显。

热能回收系统在设计时,首先需要考虑整体系统性价比,其次要考虑热交换材料的导热性能、防腐性能,在配备真空辅助抽吸系统时,还要进一步注意交换器表面的粉尘及细小纤维等杂质的积累,需要设置相应的喷淋系统。对于高温的热交换系统来说,喷淋系统的设置还要详细考虑温度变化对热交换系统各个部分带来的尺寸变化等情况,防止漏气、漏水情况发生。

除了蒸汽、热风之外,冷凝水的回收也需要考虑在内。

3. 干燥部的建模与控制研究亟待加强

在纸机干燥部能源用量日渐增多的情况下,干燥部的参数测量和控制显得尤为重要。然而这方面的发展却没有及时跟进。很明显,干燥部需要获得大量的温度、风压、湿度和干度等参数的实时采集,通过有效的控制系统来得到最为经济合理的干燥曲线,并保障纸幅运行的稳定性,然而鉴于目前在线监测的困难,尤其是对纸幅表面温度的在线监测,很多现有测量技术不能满足灵敏度和精确度的要求,导致干燥部能耗存在不合理使用的情况。热回收系统也需要配置最为合理的控制方法,但其建模和控制的研究也存在落后情况。

由于建模工作需要大量的在线数据进行支撑,这项工作不但枯燥也需要大量时间进行,工艺的改变,设备的更新和改造也给这项工作带来了很多的困难,使得这部分的研究开展规模和深度都不能跟上所需,亟待加强。

4. 越来越复杂的干燥部也需要进行简化

基于袋区通风的考虑,干燥部增加了许多真空辊和纸幅稳定器的部件,改善了纸幅的运行。但是有时候这些组件的增加会让整个干燥部结构复杂,不同形式和作用特点的纸幅稳定部件在以后可能需要进行模块化整合,减少组件数量降低投入和维护运行成本。

干燥部的驱动已经在向着减少驱动辊数量使干燥部驱动更加简单的方向发展,中小型纸机中,将会有更少的集成专业齿轮和更多的具有竞争力的外齿轮和直接驱动,另外新的传动控制手段也会进一步减少传动部机械的能耗。

另外,干燥部的运行以后还需要考虑的问题包括原材料带来的挑战,如回收纤维的使用量会逐渐增加,以减少原生纤维的使用量,填料和其他非木材材料的添加也会对干燥部运行提出挑战。同时干燥部的工艺维护和清洁保养也将成为保障优化运行的重要关键因素。

## 参 考 文 献

[1] 陈克复,主编. 制浆造纸机械与设备(下)[M]. 3版. 北京:中国轻工业出版社,2011.
[2] 胡楠主编. 轻工业技术装备手册(第一卷第二篇)[M]. 北京:机械工业出版社,1995.
[3] G. A. 斯穆克,著. 制浆造纸工程大全[M]. 曹邦威,译. 北京:中国轻工业出版社,2001.

［4］ 张辉，等编译. 造纸Ⅱ 干燥——造纸及其装备科学技术丛书（中文版）第十卷［M］. 北京：中国轻工业出版社，2018.
［5］ 何北海，主编. 造纸原理与工程［M］. 3版. 北京：中国轻工业出版社，2014.
［6］ Markku Karlsson, et al. Papermaking Science and Technology［M］. Published by Paper Engineers' Association, 2010.
［7］ 张秀文. 纸机干燥部余热回收技术与设备［J］. 中国造纸，2012，31（5）：54-62.
［8］ 尹勇军. 纸页干燥通风系统建模与优化研究［D］. 广州：华南理工大学博士学位论文，2016.

# 第七章 压光机与卷纸机

## 第一节 概　述

### 一、压光机的作用

压光机是纸或纸板的整饰设备，其作用是降低纸或纸板的表面粗糙度，提高纸幅的平滑度、光泽度和厚度的均匀性及纸幅的平整性，为后续的加工操作提供好的条件。

压光机分为机（造纸机）内和机外两种，机内压光机位于纸机干燥部与卷纸机之间，通常是由冷激铸铁或淬硬钢或纸粕辊等材质制造的若干个辊子组成，垂直或者以一定角度重叠安装在机架上。干燥后的纸或纸板经过辊压后，送至卷纸部。一般中低速造纸机的压光机由3~6根压光辊组成，高速造纸机的压光机多数由8~10根辊组成，也有达到10根辊以上的。压光机可以是硬压光机，也可以是软压光机。双胶纸、新闻纸、铜版纸和工业用纸或纸板等都配有压光机，而单面光纸、吸收性要求大的纸种一般无须压光。

在压光机的发展进程中，经历了传统压光机、超级压光机、软辊压光机的过程。近几年还出现了金属带式压光机和靴式压光机等宽压区压光技术。国内大多数造纸机或者纸板机配有硬辊压光机，也有配置软辊压光机或超级压光机的。软辊压光机的使用，能够使纸幅在获得较低的表面粗糙度和较高的平滑度同时，减少纸幅松厚度的损失，这对松厚度（或挺度）有一定要求的包装纸和纸板而言是十分重要的。对于生产涂布纸或纸板的造纸机来说，在进入涂布头之前配有压光机，主要是对涂布原纸进行整饰，以保证涂布头的运行性能和涂布效果。在超级压光纸（SC）生产中，需要配用先进的超级压光机，有些先进的低定量涂布纸（LWC）纸机也有配置多辊超级压光机的。不过，超级压光机位置的设置一般都不是在线的，而是独立于纸机之外专门对纸页进行超级压光。

### 二、压光机工作原理及影响压光效果的主要因素

压光机是通过转动的辊子在压区中对纸幅进行碾压，其压光质量是否达到了整饰效果，除与压光前纸幅本身性质如浆料配比、打浆度和纸幅水分等有关外，还与压光机的结构性能和操作参数有关，如辊面性能、压区选择、线压力、热辊温度、工作车速等。具体讨论如下。

#### （一）压光前的纸幅性质

压光前的纸幅性质影响压光效果主要是由纸幅的可压缩性所决定的。

浆料配比与纤维原料有关。一般来说，化学机械浆、机械浆纤维相对化学浆纤维硬挺，纸幅的松厚度高，可压缩性较大，但压光后难于获得低的表面粗糙度和高的平滑度。同样，如果浆料趋向于低打浆度控制，则打浆后的纸浆纤维仍然比较粗大硬挺，这对提高纸幅的平滑度和降低纸幅的表面粗糙度也是不利的。采用表面施胶会增加纸幅表面的细腻程度，有利于改善压光效果。在一定条件下，压光效果随着纸幅水分含量的增加而增加。这是因为水分高时，纤维的可塑性较大。与低水分条件下硬辊压光的纸幅相比，在高水分条件下硬辊压光

的纸幅通常具有较高的强度、紧度和光泽度，但其亮度和不透明度较低。水分含量过高的纸或纸板不可过分压光，因为过分压光会使纸面发黑。纸或纸板在进入压光机时通常含 6.0%~8.0% 的水分。水分低于这个范围会引起卷曲。由于纸幅水分分布的不均匀性，即使纸幅整体水分不超过 8%，但纸幅局部水分过大的地方仍有可能出现表面发黑的现象。所以，实际的纸幅平均水分一般低于上述范围。为了增加纸幅在压光时的水分含量，在进入压光机前，纸幅通常要经过冷缸，使大气中的水分凝结在纸幅的表面上。

### （二）压区数量

压光机的压区数主要与压光机的辊数有关。辊数越多，压区越多，相应地对纸幅的整饰作用越强，压光后纸幅的平滑度和光泽度越高，纸幅的表面粗糙度越低。但是，辊数的增多也意味着增加纸幅被压出褶子的可能性，增加了压光机引纸的难度。对于多压区的压光机，可以有许多种组合形式来达到预期的整饰效果。压区的选择一般是根据成纸质量指标的要求来加以选择的。例如在双压区软压光机中，可以分别单独选择一个压区，也可以两个压区。我国泰格林纸集团 20 万 t LWC 生产线配置的芬兰 Metso 公司 OptiLoad 8 辊 7 压区的超级软压光机（其中 1#、8# 辊为覆面分区可控的 SymCD 辊；2#、5#、7# 辊为热辊；3#、4#、6# 辊为聚合物覆面辊），可以适合新闻纸和 LWC 的生产。按照纸种及纸张平滑度、表面粗糙度和光泽度的要求，有 5 种压区模式可供选择：a. 全压区模式；b. 1#、6#、7# 压区模式；c. 6#、7# 压区模式；d. 1#、7# 压区模式；e. 7# 压区模式。生产 LWC 纸时采用全压区模式，生产新闻纸可以采用单压区或双压区模式，生产高平滑度和低表面粗糙度的文化用纸可采用 1#、6#、7# 压区模式。

### （三）线压力

线压力能够反映压光机对纸幅所施加压力的大小，是决定纸幅紧度、平滑度和光泽度的主要因素，常用单位 kN/m 表示。线压力的大小与压光辊辊径或压区宽度、压光辊材质和工作速度等参数有关。对于一般的压光辊材料而言，辊径越大，意味着压区宽度相应增大，纸幅在压光区内停留的时间变长，在不改变线压力大小的情况下，可实现更好的压光效果，或在保持相同压光效果的前提下，可适度提高生产能力。压光时的线压力过高，对纸幅会产生不利的影响，如压黑和光斑等纸病，尤其是在硬压光的情况下。黑斑纸病的出现，限制了线压力的提高。然而软压光及靴式压光由于其压光区较宽，碾压范围大，尽管线压力高，但是压区压力（$kN/m^2$）并不高，且压力作用点分散，因此不会出现上述黑斑纸病的现象。有资料介绍，软压区允许达到较大的线压（600kN/m），也不会出现黑斑纸病。相比较而言，软压光可以采用比硬压光更低的线压力而获得同样的整饰效果。

### （四）热辊温度

热辊温度范围一般在 100~250℃，瞬时间内将热能传递到纸幅，使未涂布纸表面温度达到或接近玻璃化转变温度，纸幅中的纤维软化，或使涂布纸表面涂层加热后软化，增加其可塑性，从而实现纸幅表面压光整饰的效果。在一定条件下，提高硬辊压光机热辊的温度，纸页的紧度、平滑度和光泽度等指标会提高。与传统压光机相比，热辊温度为 210℃ 的硬辊压光机，压区压力 50~100kN/m，在使得纸板获得相同光泽度的情况下，纸页的纵向和横向抗张强度均提高约 3%，抗张模量提高 10%，挺度提高 20%。

### （五）工作车速

工作车速影响纸幅受压光的作用时间。车速越高，纸幅所受压力作用的时间越短，压光机对纸幅的整饰程度将会降低。此外，纸幅压光时间还受压区宽度、压区数量等因素的影响。软辊压光机和靴式压光机的压区宽度通常是硬辊压光机压区宽度的 5~8 倍，所以前者纸幅的压光整饰效果优于后者。

**（六）压光辊辊面性能**

纸幅的压光过程也就是纸幅在压力作用下被整饰的过程，因而压光辊辊面性能直接影响着压光后纸幅的质量。辊面性能包括辊面材质、硬度、粗糙度和压光辊的中高等，不同辊面性能的压光辊对纸幅的整饰效果不同。一般来说，辊面粗糙度低，即表面细腻光亮，对纸页平滑度和光泽度提高的程度大。辊面硬度高的压光辊，对纸页强度性能有不利影响，并使松厚度有较大程度的降低，影响纸或纸板的挺度指标。具有中高的压光辊将会使纸幅横向的均一性得到改善。可调中高的压光辊有利于纸幅紧度的有效调整，保证生产效率和稳定纸页质量。

要实现压光机整饰和校正纸幅的厚度的作用，可以采用不同的压光方法，也就是不同的线压力、不同的辊数和不同的热辊温度的组合。然而，在任何一种特定的设备条件下，可以采用的压光方法是有限的。要求压光机起整饰作用时，过去通常用多压区来实现，而现在则可用单压区或双压区、加热压光辊的方法来实现。采用单压区或者较少压区、加热压光辊的压光方法可以减少压光辊辊数，节省压光费用，并且有可能减少化学浆的配比。当要求压光机发挥校正纸幅厚度的作用时，可以利用局部加热或冷却热辊的方法，效果较为显著。采用软压光的方法，可以较好保持纸幅原有的松厚度。

## 三、压光机的分类

各种压光机有不同的特点，在实际选用和使用中需要有所针对性，压光机主要有三种分类方式。

**（一）按照压光辊辊面的硬度分类**

① 硬压区压光机——如双辊硬压光机和多辊硬压光机。

② 软压区压光机——如光泽压光机、超级压光机、软辊压光机、超级软辊压光机等。

**（二）按照压光机装设的部位分类**

① 预压光机——用于在线涂布生产线中第一道涂布站之前。

② 半干压光机——装设于造纸机或纸板机的干燥部中后部。

③ 纸机压光机——装设于造纸机和纸板机的干燥部之后。

④ 光泽压光机——装设于涂布的纸和纸板的干燥部后。

⑤ 软辊压光机——若是在线安装，则装设于造纸机和纸板机的干燥部之后，其功能与纸机压光机相同，软辊压光机也可以机外安装。

⑥ 超级压光机——较早时期开发的一种具有较多辊数（一般 10 辊或以上）的压光机，超级压光机装设于造纸机或板纸机外，常用于高平滑度的纸种生产，如铜版纸和 SC 纸等。

⑦ 超级软压光机——装设于造纸机或涂布机内涂布站的干燥部后，其软辊较超级压光机的压光辊更柔软，形成的压区更宽。

⑧ 靴式压光机——装设于造纸机或涂布机的干燥部后，也可装设于涂布机之前。

⑨ 金属带式压光机（ValZone）——目前投入运行的机台装设于板纸机的干燥部后、涂布机之前。

**（三）按照使用用途分类**

① 半干压光机——通常安装在多烘缸造纸机干燥部靠近干端 1/3 的位置，由两个钢辊

或镀铬钢辊垂直安装,纸幅干度大约为 70%,对纸幅起到平滑整饰、增加紧度、消除毯痕的作用,使纸幅与烘缸表面贴得更紧密,进一步改善烘缸的传热效率和纸面的平滑度。半干压光机可用于抄造新闻纸、牛皮纸、高级文化用纸或纸板等的造纸机上。

② 硬辊压光机——主要对纸或纸板的厚度、平滑度和平整性进行较低层次的整饰。由于采用的是硬压光,可获得较均匀的厚度,但它们的紧度并不均匀,易导致油墨在紧度不同的区域产生不同的吸墨性,从而影响纸或纸板的印刷性能。

③ 光泽压光机——分为单压区和双压区形式,是提高涂布后纸板的平滑度和光泽度的重要设备,同时又能保证纸板所需要的挺度,主要用于涂布纸板、涂布卡纸的生产。

④ 超级压光机——对纸幅的光泽度、平滑度和表面粗糙度能达到很高的整饰程度,多用于铜版纸、低定量涂布纸(LWC)、超级压光纸(SC)等的整饰,也可用于电容器纸、半透明纸,以提高其紧度和透明度。超级压光机通常机外(off-line)配置。

⑤ 软辊压光机——主要用于原来需要用硬压光机整饰的纸或纸板,如轻涂纸和未涂布纸及纸板等,通常在线配置(on-line),对平滑度、光泽度和表面粗糙度的整饰程度要比纸机压光机高,但比超级压光机略差一些。

⑥ 超级软压光机——用途和超级压光机相同,配置有可加热的热辊和软辊,具有可控中高,调整灵活,对纸幅的整饰效果非常好。超级软压光机大多情况下机外配置。

⑦ 靴式压光机——用途与软辊压光机和超级压光机在改善纸幅的表面粗糙度、平滑度和光泽度等方面基本上是相同的,最大的不同之处在于其能够很好地保持纸幅原有的松厚度。这一特点对于松厚度(或挺度)有一定要求的纸或纸板,如牛卡纸、白卡纸、LWC、SC 等纸种而言,是非常重要的。

硬压区压光和软压区压光对纸幅性能影响有所不同,压光的选型需要结合造纸机或纸板机压榨部的配置形式来综合考虑。表 7-1 和表 7-2 分别列出了造纸机压榨形式和压光组合对纸页性能的影响以及硬、软压区对纸张压光效果的影响。

表 7-1　　　　　　　　　　压光形式对纸页性能的影响

| 压光形式 | | 静电复印纸 | | 双胶纸 | | 压光光斑产生率 |
| --- | --- | --- | --- | --- | --- | --- |
| | | 本特生平滑度 ≤220mL/min | 两面差 | 本特生平滑度 ≤220mL/min | 两面差 | |
| 双靴压 | 双压区软压光 | √ | √ | √ | √ | 低 |
| | 单压区软压光 | √ | √ | √ | √ | 低 |
| | 单压区硬压光 | √ | 差,20% | √ | 差,20% | 高 |
| 单靴压 | 双压区软压光 | √ | √ | √ | √ | 低 |
| | 单压区软压光 | √ | 较差,15% | √ | √ | 低 |
| | 单压区硬压光 | √ | 差,20% | √ | 差,20% | 高 |

表 7-2　　　　　　　　　　硬、软压区对纸张压光效果的影响

| 纸张的物理性能和光学性能 | 硬压区压光 | 软压区压光 |
| --- | --- | --- |
| 平滑度 | 较低 | 很高 |
| 光泽度 | 较低 | 很高 |
| 印刷光泽度 | 较低 | 很高 |
| 纸的紧度/松厚度 | 均匀性较差 | 均匀性良好 |

续表

| 纸张的物理性能和光学性能 | 硬压区压光 | 软压区压光 |
|---|---|---|
| 花斑 | 较多 | 很少 |
| 不透明度 | 相同 | 好 |
| 亮度 | 相同 | 好 |
| 掉毛 | 较重 | 较轻 |
| 抗张强度/撕裂度 | 有所降低 | 变化很小 |
| 在印刷车间的运行性能 | 很差 | 很好 |
| 印刷适印性 | 合格 | 很好 |
| 两面性 | 不影响 | 可以影响 |
| 允许水分含量 | 低 | 高 |
| 黑道的产生率 | 高 | 非常低 |
| 比压力 | 较高 | 较低 |

## 第二节　压光机的主要部件

压光机主要由压光辊、机架、提升机构、加压装置、加热系统、刮刀和防护装置等组成。机架分双侧机架和单侧机架；压光辊根据其所处位置可分为底辊、顶辊和中间辊；根据压光辊的特性可分为热辊、软辊、靴辊和可控中高辊等；加热系统有电磁加热、油加热和空气加热等几种形式；刮刀主要用于清洁辊面；防护装置主要是保护操作人员的安全。下面对压光机的主要部件作相应介绍。

### 一、压光辊

不同类型的压光机辊数差别较大，单压区压光机只有2根压光辊。在硬压光机中，所有的压光辊都是冷铸辊，也可以是具有中高的冷铸辊。在软辊压光机中，一般具有一根热辊和一根软辊，或者2根热辊和2根软辊。靴式压光机是由一根靴辊和一根热辊组成。在超级压光机和超级软压光机中，辊子类型和数量均有较多增加。压光辊辊面要求非常平整、光滑，抗拉和抗压强度大，耐摩擦，抗腐蚀性好，两相接触的辊面之间应保持紧密均匀的接触，不能有任何细微缝隙存在。

压光辊的硬辊为冷铸辊，是在金属铸模中铸造的。铸造时熔融的铁水热量被铸模迅速吸收，而在辊面形成碳和铁元素结合成的碳化铁，厚度约为10~20mm，表面具有一层很高耐磨性的冷硬层。冷铸辊主要以铁-碳合金为主，还可能含有镁、磷、硫、硅等元素。根据需要可以添加铬和镍等，以提高材质性能。压光辊在其使用期间，根据辊面的磨损情况可以对辊面进行研磨。一般地说，辊面的冷硬层越厚，可研磨的次数越多，理论上的使用寿命越长。由于碳化铁的机械强度和韧性不佳，冷硬层并不是越厚越好，需要控制在某一合适范围内，以兼顾辊面的性能和使用寿命。冷铸辊的硬度一般不低于80~85度肖氏硬度。辊径的大小除与其在压光机中所处的位置有关外，还与压光机的车速和幅宽有关。辊径适当增大，则压区宽度增加，压光效果提高。

软压光机的热辊外壳是冷铸辊，热辊辊体为冷铸铁制造，辊颈为特殊材料，用螺栓将其固定在辊体两端。

靴式压光机的热辊与软辊压光机的热辊一样，可以使用水、导热油、蒸汽等加热介质加热。靴辊由一条软包胶层的聚合物靴套和刚性凹面压力靴板、加压装置、导辊及润滑系统组成。靴辊中的靴板及其支撑的钢梁、加压装置、导辊等固定不动，只是靴套相对旋转。靴式压光机工作时，靴套内表面紧贴着靴板表面做相对滑动。

在超级压光机、软辊压光机和超级软压光机中，通常采用热辊对纸或纸板进行整饰。热辊采用的主要加热方式为水、蒸汽或油。用水加热（图7-1所示）可将热辊表面温度最高达到105℃左右；蒸汽加热可以达到150℃；用油或电磁感应加热，辊面表面温度可以达到200～230℃，NipcoFlex 靴式压光机甚至达到250℃。

图7-1 用水加热的压光辊结构示意图

用油加热的压光机热辊辊体外缘接近辊面处钻有纵向油路孔，辊颈的另一端和热油旋转接头（又称双向接头）相连。热油将热能高效地传导到辊面，热辊温度通过循环热油进行调节，热油通过旋转接头进入热辊的油道，之后又从旋转接头的另一通道中流出。通过控制进入热辊的油温可以用来满足不同纸种的不同要求。由于通过旋转接头的热油温度非常高，而接头的高速旋转又会产生大量的热量，所以配有单独的循环冷却油单元。

传统的压光辊组的辊筒承受自重产生的均布载荷和施加在顶辊轴承壳上的外加载荷，因而其底辊和顶辊产生挠曲变形，在底辊和顶辊的中部产生最大挠度。

底辊中部截面上的最大挠度为

$$f = \frac{Fb^2(12L-7b)}{384EJ} \tag{7-1}$$

式中　$f$——压光辊底辊中部挠度，cm

　　　$L$——压光辊底辊轴承中心距，cm

　　　$b$——压光辊底辊辊面宽度，cm

　　　$F$——作用在底辊辊面全宽上的力，kN，当顶辊上无外加压力时，$F$ 为压光辊组全部辊筒包括底辊在内的自重；当有外加压力时，$F$ 为压光辊组全部辊筒包括底辊在内的自重与外加压力之和

　　　$E$——底辊弹性模量，$E = E_1 + E_2$

　　　$E_1$——冷硬层的弹性模量，通常取 $1.4 \times 10^5 \text{MPa}$

　　　$E_2$——冷硬层内辊体材料的弹性模量，通常按灰铸铁取为 $1.05 \times 10^5 \text{MPa}$

　　　$J$——底辊的惯性矩，$J = J_1 + J_2$

　　　$J_1$——冷硬层惯性矩，$J_1 = \frac{\pi}{64}[D^2 - (D-2\delta)^4]$，$\text{cm}^4$

　　　$J_2$——冷硬层内辊体的惯性矩，$J_2 = \frac{\pi}{64}(D-2\delta)^4$，$\text{cm}^4$

　　　$D$——底辊外径，cm

　　　$\delta$——冷硬层厚度，cm

在计算顶辊挠度时，式（7-1）中的 $F$ 用附加外压力及顶辊本身自重取代，而 $E$ 及 $J$ 均

用顶辊的相应数据代入。

为了使压光辊组在受压力后仍能使各辊面间紧密接触，并具有均匀分布的辊间线压力，必须将底辊及顶辊按变形情况使其中部直径比两端大些，其中间增大部分的直径增量，称为辊子的中高。在压光辊组没有外加压力时，辊组中只有底辊有中高；而当顶辊轴承壳受到外加压力时，则顶辊也应有中高。底辊和顶辊的中高量 $K$ 各为其最大挠度 $f$ 的一倍，即

$$K = 2f \tag{7-2}$$

式中　$K$——中高量，cm

　　　$f$——最大挠度，cm

有时制造厂商把底辊或顶辊中高量的 10%~15% 分配给与它相接触的压光辊或辊组中全部辊筒。硬压区压光辊的中高正确与否，对纸张全幅宽度整饰的均匀性有着很重要的关系。但由于计算时与实际情况的误差，加之工作线压力的变化，计算出的中高值与实际情况有误差，应进行修正。

传统中高辊的中高量是固定的，而现代压光机已采用了分区可控的中高辊，如图 7-2 所示。辊子由中心钢轴、外壳、加压元件和滑动轴承等组成。辊的中心钢轴是固定不动的，在中心钢轴和外壳中间均匀分布着加压元件和起滑动作用的滑动轴承。分区可控中高辊中真正旋转的是它的外壳。滑动轴承可在它的外表面和外壳内表面之间产生一层油膜，该油膜具有很好的滑动和防震功能。所以辊子外壳在滑动轴承上高速旋转不会有丝毫的磨损。

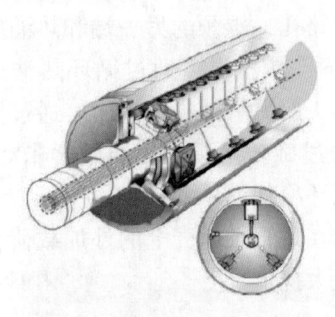
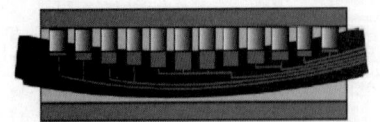

图 7-2　分区可控中高辊的结构示意图

加压元件在液压的作用下伸缩以改变与其接触外壳的形变，用此形变来获得理想的线压力分布。通过调节压力油和回流油的压差来改变辊壳的挠度，用以精确抵消两辊间的线压力和辊筒自重造成的辊壳的挠曲变形。

压光辊中的软辊其覆面材料有多种，如纸粕材料、聚合材料或合成材料，后者为一种更经久耐用的软辊覆面材料，抗水印性、抗磨损性以及耐高温性更好。软辊压区一个突出优点是产生更柔软更宽的压区，使纸页获得更好的印刷适印性，并且纸页在弹性面层的压光辊中受压时，由于软辊辊面材料的回弹，硬辊压入覆面的下凹深度可大到足以使纸页厚度不会有多大的变化，使得纸页中较厚和较薄的区域都可改善其平滑度和光泽度，而且不会产生色斑，松厚度变化很小，紧度均匀一致。这是软辊压光效果与硬辊压光效果的不同之处。

## 二、机　架

压光机的机架应具有足够的刚度，尤其是超级压光机，超级软压光机由于其辊数较多，其高度达 6~12m 的机架更是如此。传统压光机有双侧机架（闭式机架）[图 7-3（a）] 和单侧机架 [图 7-3（b）] 两种形式。在双侧机架上，各中间辊与顶辊的轴承壳装在机架的导轨之间，这种机架的刚度大。单侧机架是在传动侧和操作侧各有一个，各中间辊和顶辊的轴承安装在轴承臂上，轴承臂与机架铰接，或者各中间辊和顶辊的轴承壳有滑槽与机架上的滑轨间可作上下滑动。双侧机架压光机在更换或拆装压光辊时，要从机架的"门框"中抽出，

而且通常要自顶辊起往下逐一抽出，而单侧机架的则可以从辊组沿出纸方向吊出任意一个压光辊，对维护工作比较方便。这也是较多采用单侧机架的原因。

箱形的压光机机架具有中空的矩形截面，因而有较高的刚度，除了采用较广泛的铸铁机架外，也有使用焊接的钢机架的，这种机架尽管质量较小，但是刚度较大。

除上述两种机架结构形式外，随着压光技术的不断发展，新型的Voith公司斜列式超级压光机（图7-4所示）和Metso公司直立式超级压光机（图7-5所示）已经投入使用。这两种不同结构形式的超级压光机各有其优点。Voith公司斜列式超级压光机其压光辊与地面呈大约45°布置，因而压光机的整体高度大大降低，机架刚度和稳定性都有所增强，压光机操作方便，压光辊的更换便捷；Metso公司直立式超级压光机其两列

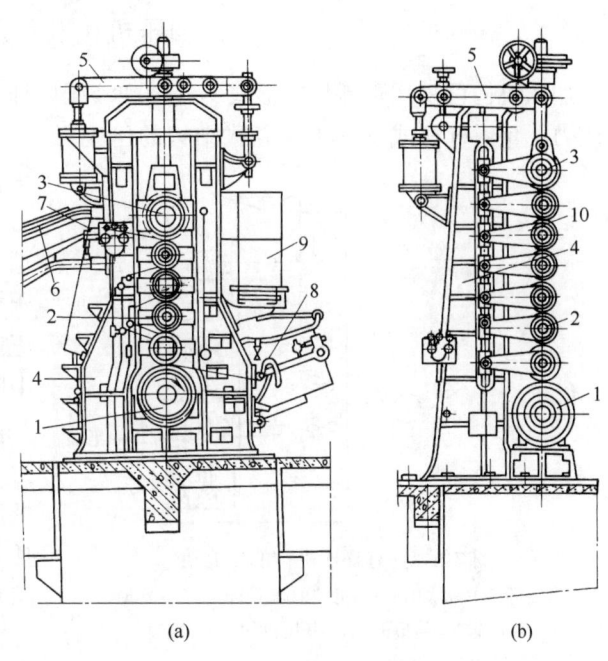

图7-3 压光机
（a）双侧机架 （b）单侧机架
1—底辊 2—中间辊 3—顶辊 4—机架 5—加压及提升机构 6—压缩空气引纸装置 7、8—弧形舒展杆 9—走台 10—中间辊轴承臂

压光辊均匀布置在机架两侧，整体高度较传统压光机降低，机架两侧载荷均匀稳定，压光辊更换也较为方便、快捷。

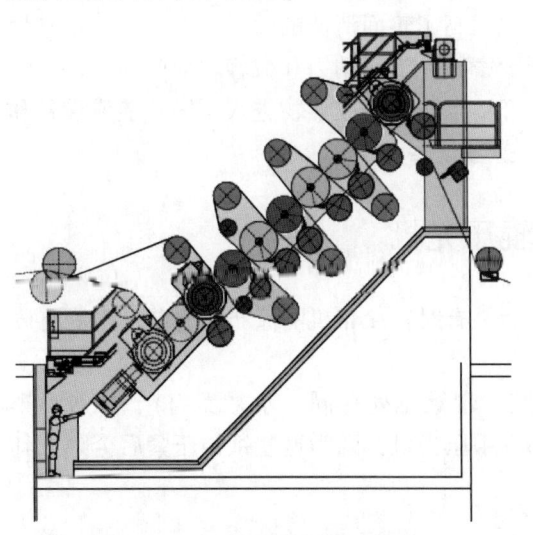

图7-4 压光机单侧斜列式机架

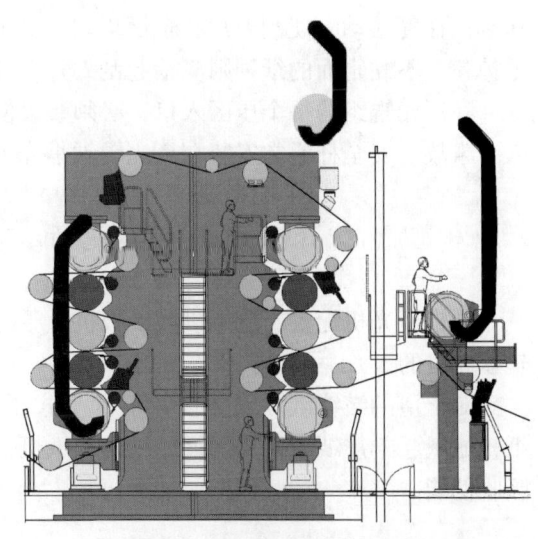

图7-5 压光机单侧对称式机架

在设计压光机机架时，应当力求在最大工作载荷和最高工作车速时机架也不会产生振动。为此，有的钢结构机架内还充入混凝土，不过这种结构形式目前已经很少见了。

## 三、加压机构及释压机构

加压机构可采用重锤杠杆形式、气动和液压杠杆形式，以产生底辊以上各辊自重不足的线压力。重锤杠杆式仅采用于老式结构的压光机，气动杠杆式用于窄幅或低线压力的压光机，而液压杠杆式多用于宽幅或高线压力的压光机。为了消除由于中间辊的轴承、轴承座和刮刀等而引起的不均匀线压力，或者为了平衡中间辊的质量使各压区之间具有相同的线压力，一种设有中间辊的压区释压机构应运而生，如图7-6所示。由于前者所产生的不均匀线压力并不能因底辊采用了可控中高辊而被抵消，所以在高档纸的整饰压光机（包括超级压光机、超级软压光机）中，中间辊的释压机构和可控中高底辊是同时被采用的。

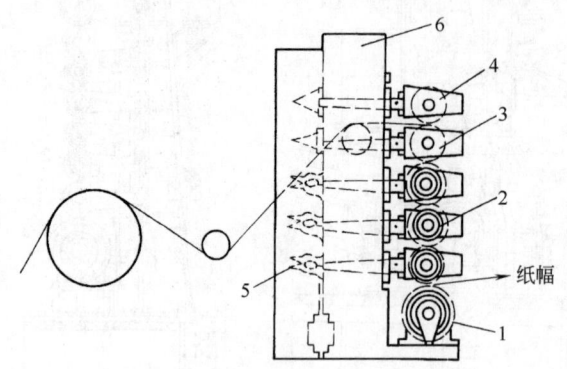

图7-6 具有释压机构的压光机
1—可控中高底辊 2—可控中高中间辊 3—普通中间辊 4—顶辊 5—释压机构 6—机架

## 四、刮刀装置和安全杆

为了防止黏辊、断头而缠辊，便于引纸和清洁辊面，每个纸机压光辊在压区出口处都设有刮刀装置。刮刀片要紧密地贴合在辊面上，刮刀装置应有足够的刚性，确保刀刃在压光辊上有均匀的线压。刮刀片对辊面的线压 $\gamma = 0.1 \sim 0.3 kN/m$。线压由刮刀架质量或气缸加压产生。刮刀片在同压光辊面接触点处与切线形成适当的夹角，亦即刮刀角度，一般为 $25° \sim 30°$。

在中高速的纸机压光机或其他压光机上，通常刮刀片都借液压、气动或机械方式沿辊面作轴向往复摆动，使刮刀片和辊面均匀地磨损，也提高了辊面清洁的效果。对于某些不易掉毛掉粉、不黏辊面的纸种则应抬起刮刀片，以减少摩擦，节省动力和减轻辊面磨损。

在压光辊组的每个压区入口，必须装设安全杆，以防人手或异物进入压区，造成设备和人身事故。安全杆通常安装在压光辊轴承壳上。

## 第三节 硬辊压光机

硬辊压光机配置于造纸机或纸板机烘干部之后。有时在涂布机的涂布器之前，也配有硬辊压光机的。

对于薄的皱纹纸一般装设双辊水平式压光机（辊筒排列在同一水平面内）。抄造吸墨纸、滤纸、羊皮纸原纸及钢纸原纸的造纸机，都不用压光机，因为这些纸被压紧后会降低其吸收性能。

### 一、工作原理

硬辊压光机对纸幅的压光作用，是通过热辊对纸幅瞬间加热后凭借压光辊对纸幅施加的碾压和辊间纸幅与压光辊之间的相对滑移来实现的。因为在相对高的压光温度下，纸幅中的纤维得以软化。此时，在硬压光辊的压力作用下，压区内纸幅局部厚度相对较大或凸起相对较多（因纤维絮聚严重而引起）的区域中的纤维受到剧烈的碾压，碾压之处纸幅的紧度大幅度提高，厚度降低。但是，压区中纸幅表面较为凹陷或纸幅厚度相对较小的区域，由于硬辊的弹性变形极小，难以甚至不能与硬辊接触而得不到整饰。

随着硬辊压光次数的增加，纸或纸板的平滑度、光泽度和紧度得到改善，但是紧度或松厚度的均匀性下降；纸或纸板的厚度有所降低，但更趋于均匀一致；裂断长、撕裂度、耐折度和耐破度均有所下降，不透明度变化不大，油墨吸收性下降。

## 二、主要类型

硬辊压光机通常配置于机内，其主传动辊的机械与电气传动的设计和配套应与装设的主机——造纸机或纸板机相匹配。硬辊压光机在结构上可以有多种配置，但基本上可按其机架结构分为如图7-3所示的两类。具有双侧机架的普通压光机也称为闭式机架硬辊压光机，具有单侧机架的硬辊压光机也称为开式机架硬辊压光机，且采用较多。

## 三、结构组成

硬辊压光机由压光辊及其轴承和轴承座、机架、刮刀、辊筒的提升及加压、释压机构等组成。在现代硬辊压光机中还采用有加热的冷铸辊，其加热能源多采用温度在120℃以下的热水，采用加热/冷却循环系统供热。

压光辊通常为2~10个，底辊一般为主动辊，其他各辊借助相互摩擦而转动。如底辊为可控中高辊，则第二辊（从下往上数，下同）往往为主动辊，因为这可以降低底辊结构的复杂程度和制造成本。在普通压光机上，纸幅自压光辊组的上方引入，依次地通过各辊间线压力逐渐增大的各个压区。压光辊的数目按所生产的纸种及其对光泽度等性能指标的要求来决定。压光辊的数目亦取决于压光机的引纸方法。用压缩空气吹送或用引纸绳引纸时，由于纸幅可送至顶辊及其下的辊筒之间的压区，此时应采用成偶数的辊组。人工引纸时，为了安全起见，纸幅必须绕过顶辊。在这种情况下，辊数应采用奇数。2~3个压光辊组成的压光机其最大线压力约为40~50kN/m，4~6个压光辊时可达60~80kN/m，8~10个压光辊时可达70~100kN/m。近年来，普通压光机也多采用热辊和可控中高辊，其辊数可减少到只有一对，纸幅只通过一个压区，热辊为主动辊，其线压力可达120kN/m。

硬辊压光机各压区中对纸幅作用的压力，除来自各个压区上方的辊筒及其安装在辊筒上所有零部件的质量（包括轴承座、轴承和刮刀的质量）外，还有施加于顶辊轴承座上的附加压力。以底辊上压区的总工作压力（kN）除以压光辊的工作面宽（m）称为压光机总的工作线压力（kN/m）。而在设有中间辊的释压机构中，中间辊质量得到完全平衡时，各个压区的线压力可以是相等的。不同的浆种和纸种所要求的工作线压力存在一定的差异。加压和提升机构可使各辊按顺序逐一被提升，使辊筒之间有3~5mm或以上的缝隙，这样可以保证在检修时取出任一个辊筒而不必移动其他辊筒。

## 第四节 光泽压光机

光泽压光机是当今的软压光机在其发展过程中最早期的产物，也是涂布纸板、涂布卡纸等高定量纸种的重要整饰装置。对于许多高定量纸种而言，由于其成形装置的配置限制了硬辊压光机的使用，为了减少硬压光带来的纸幅表面明显的色斑和较差的印刷适印性，软压光机应运而生。

光泽压光机分为单压区和双压区两种形式。根据软压光辊所在的位置，有直通式引纸（纸板的涂布层在底面）和反向式引纸（纸板的涂布层在顶面）排列之分。光泽压光机由光泽烘缸或热辊、软压光辊或可控中高的软压光辊、引纸辊、缸面刮刀装置或刷光装置、加压装置、机械和电气传动装置、机架及控制仪表等组成，如图7-7所示。

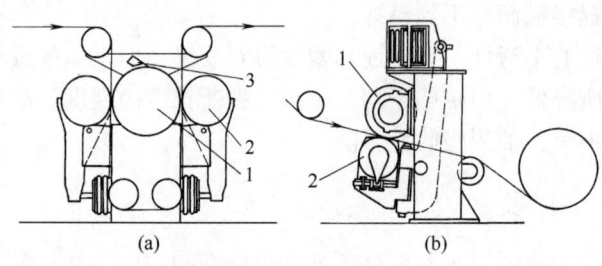

图7-7 光泽压光机
(a) 双压区光泽压光机 (b) 单压区光泽压光机
1—光泽烘缸 2—软压光辊 3—缸面刮刀

由于采用了软压区压光，其压光效果与硬压区（即无软压光辊）压光有了明显不同。硬压区压光倾向于使纸幅的厚度变得均匀一致，导致纸幅局部范围紧度上的波动；而软压区压光倾向于纸幅的紧度或松厚度变得均匀一致，因此纸幅厚度上仅出现微小的变化，软辊表面的变形可以减少对纸幅局部区域上的最大压力，避免纸幅表面产生黑斑。软压区压光与硬压区压光对纸幅厚度和紧度的影响如图7-8所示。紧度均匀一致的软压光效果，可使纸幅获得更好的吸收性能和印刷性能，这对于许多用于印刷包装的纸或纸板产品而言，无疑是十分重要的。因此，软压区压光越来越备受重视。

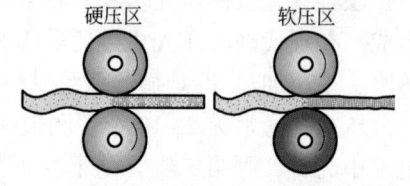

图7-8 硬压区压光与软压区压光的比较

需要指出的是，不要对"软辊"这一称谓产生误解。所谓软辊或软压光辊，是采用相对于压辊表面材料为冷硬铸铁或钢材较软的天然或合成聚合物材料，作为压辊外层包覆的材料，如纸粕辊、聚合物辊、尼龙辊等。冷硬铸铁的弹性模量为140~210GPa，而聚合物辊的外层材料的弹性模量大约为27GPa。弹性模量为27GPa的聚合物辊，其表面的硬度可达到邵氏D85~91度，手感还是相当硬的。

## 一、光泽压光机对纸和纸板的整饰

光泽压光机紧接在涂布纸板机的涂布站之后，有1个或2个软压区，并具有线压力（90~110kN/m），光泽烘缸的缸面温度或热辊温度在120~170℃。金属光泽烘缸的弹性模数值要比软压光辊包覆面层材料的弹性模数值大得多。在压区内软压光辊产生较大的径向变形，而金属光泽烘缸或热辊的径向变形与软压辊的相比，完全可以略去不计。对多台光泽压光机的压区印痕测定显示，变形面的宽度在22~30mm。这样，在压区内软压光辊有不同的旋转半径，在光泽烘缸或热辊为主动辊而软压光辊为被动辊时（此时仅光泽烘缸或热辊有传动，而软压光辊无传动），软压光辊靠光泽烘缸或热辊的摩擦带动，压区内其平均半径处与光泽烘缸或热辊的线速度是相同的，而软压光辊在变形区内的最大半径处与最小半径处的线速度是不相同的。因此，在该处会产生与光泽烘缸或热辊的相对滑动。如果光泽烘缸和软压光辊均有传动（一般光泽烘缸或热辊是主传动，软压光辊是助动），那么软压光辊在变形压区内的最大半径与最小半径处均和其平均半径处的线速度是不相同的。此时，光泽烘缸或热辊与软压光辊形成的压区内必然存在速度差和相对滑动，并且随着光泽烘缸或热辊与软压光辊之间线压力的增大（即软辊变形大）而增加。

在相对滑动、光泽烘缸或热辊与软压光辊之间线压力和压区较高温度的作用下，纸板涂布层会产生塑性变形，引起涂料中的颜料微粒的重新排列，使纸板产生更平滑和更光泽的涂层表面。由于是软压区，其压区宽度较硬压区宽度大，能够在改善纸幅表面平滑度、光泽度和印刷适印性的同时，保持较好的松厚度，使纸板的挺度指标得到可靠的保证。

光泽压光机的压光的效果除受原纸质量和涂料配方影响之外，主要取决于其线压力、运行速度、光泽烘缸或热辊表面所使用的材料及其表面温度、纸幅表面水分、软压光辊所在位置（涂布层底面还是顶面）等因素。

## 二、光泽压光机的主要结构组成

### （一）光泽烘缸

光泽烘缸，在压区用以加热纸板，并赋予纸板以平滑和光泽的表面。纸板的涂层紧贴缸面。光泽烘缸由高强度铸铁（HT300）铸造，表面镀硬铬，并经精细磨削，表面粗糙度在 0.10~0.02μm。优质光泽烘缸，采用高镍铬铸铁铸造，也有采用压力容器钢板（16MnR）等焊接的代用光泽烘缸，其直径在 $\phi1000 \sim \phi1500$ mm。因加热的缸面温度达 120~170℃，缸内的饱和蒸汽压力为 0.4~0.8MPa，缸体和带轴颈的缸盖，除承受蒸汽压力外，还承受温差载荷、离心力、自重和冷凝水重、软压光辊线压力以及传递较大的传动扭矩等。按照《QB/T 2551—2008 造纸机械用铸铁烘缸技术条件》和《QB/T 2556—2008 造纸机械用铸铁烘缸设计规定》，除按规定进行强度计算外，还应采用有限元分析法进行应力校核。

### （二）软压光辊

软压光辊由铸钢或铸铁的辊体、红套钢质轴颈、冷却水旋转接头和辊体的外包覆层等组成。包覆层材料有聚氨酯、丁腈胶或其他聚合材料等，包覆层硬度一般为邵氏 A95~98。不与纸幅接触的软压光辊两侧的辊面，其直径应逐渐减小（圆锥形）以避免与热辊直接接触，软压光辊两侧端面可加工成圆锥体散热，用以降低辊面两端与纸幅非接触部位的温度。软压光辊辊内必须通冷却水，将其内部的内聚热带出辊外。在辊两端面的宽度上，还需吹以冷风，以防止辊端包覆层受热老化而龟裂，从而延长包覆层的使用寿命。

一般光泽压光机的软压光辊，不配备可控中高装置。由于多种原因，按中高计算公式计算得出的中高值，与实际情况有误差。应根据常用的工作线压力，用复写纸对压区进行印痕测定，然后按式（7-3）计算出修正的中高值，重磨中高。

$$K=\frac{(b_2^2-b_1^2)(D_1+D_2)}{2D_1D_2} \tag{7-3}$$

式中　$K$——所需附加的中高，即软压光辊中部和离辊端 50mm 之处的直径差值，mm
　　　$b_1$——印痕中间的宽度，mm
　　　$b_2$——印痕两端的宽度，mm
　　　$D_1$——软压光辊的直径，mm
　　　$D_2$——光泽烘缸的直径，mm

若 $b_1>b_2$，说明软压光辊的中高太大，应将原中高值减去附加的中高 $K$；若 $b_1<b_2$，则说明软压光辊的中高太小，应将原中高值加上附加的中高 $K$；当 $b_1=b_2$ 成矩形印痕时，中高值正确。正确的中高能够保证全宽度上纸板整饰的均匀性，并延长包覆层的寿命。

### (三) 缸面刮刀或毛刷辊装置

缸面刮刀或毛刷辊装置主要用以保持光泽烘缸缸面的光洁。缸面刮刀必须配备往复移动装置，刮刀片的材料以环氧树脂（EP）的为好。带旋转的毛刷辊装置，对保持缸面光洁和保护缸面比刮刀装置更为有效。

国内使用的光泽压光机的设备特征，见表7-3。

表7-3　　　　　　　　　　　光泽压光机设备特征

| 纸　厂 | | A | B | C | D | E | F |
|---|---|---|---|---|---|---|---|
| 设备制造厂商 | | 日本小林铁工厂 | 意大利Over公司 | 日本长谷川 | 美国BC公司 | 日本长谷川 | 国内制造厂家 |
| 净纸宽度/mm | | 2400 | 2400 | 3300 | 1880 | 3050 | 1092～4800 |
| 车速/(m/min) | 设计车速 | 150 | 110 | 180 | 150 | 150 | 150～250 |
| | 工作车速 | 127 | 65 | 150 | | | |
| 光泽烘缸 | 直径×面宽/mm | φ1524×2600 | φ915×2790 | φ1220 | φ920 | φ1220 | φ1000～1500 |
| | 材料 | 高强铸铁镀铬 | 高强铸铁镀铬 | | | | |
| | 工作气压/MPa | 0.7 | | 0.7 | 缸温93～177℃ | | 0.7 |
| | 试验压力，水压/MPa | 1.4 | 1.1 | | | | 1.4 |
| | 缸面粗糙度/μm | | | | | | 0.16～0.04 |
| 软压辊 | 直径×面宽/mm | φ660×2600 | φ550×2790 | φ620 | | φ610 | φ560～660 |
| | 线压/(kN/m) | 100 | 90 | 90～110 | 107 | | 100～110 |
| | 包覆层材料 | 聚氨酯 | | | 聚氨酯 | | 聚氨酯等 |
| | 硬度/邵尔A | 95±2 | | | | | 95±2 |

注：A、B、D、E、F为双压辊反向引纸；C为单压辊直通引纸。

## 第五节　软辊压光机及超级软辊压光机

软辊压光机是20世纪80年代发展起来的一种新型压光设备，是一种可用于绝大多数纸种的压光整饰设备，其压光整饰效果显著。从20世纪80年代起，已经成功并广泛地应用在造纸行业。作为造纸机和涂布机的机内或机外的整饰设备，由于其性能优越、操作简单、压光断头少、压光质量好、设备运行作业率高，对纸种的适应性好等特点，因而得到迅速的发展。

压光整饰分为硬压区压光和软压区压光两大类，前者使纸幅厚度趋于一致（如常见的普通压光机），而后者使纸幅紧度趋于一致。硬压区的普通压光机对于单位面积上纤维大量絮聚的较厚区域，由于纤维不能横向扩散，经压光后纤维紧压在一起而造成纸幅的紧度不均匀，导致印刷油墨在紧度不同区域产生不同的吸墨性，从而影响了印刷性能。另外硬压区压光压区数量较多、压区宽度窄，其压光过程中对纸幅的强度、松厚度、挺度、不透明度及环压强度等影响较大，从而影响了纸或纸板的质量及档次。

软辊压光机属于软压区压光，压光后的纸或纸板的松厚度大且均匀，不会出现因过压现象而产生斑点、发黑等纸病，特别适于生产书写印刷用纸。软辊压光一般是在线安装在纸机上以代替传统的硬压区压光机，或安装在涂布干燥之后、卷纸之前。这种设备操作容易，损纸率低，另外由于软辊压光机通常配置两个压区，具有单独传动控制系统并且软辊交错布置，可使纸或纸板的平滑度两面差降低至很小的程度，适应于生产两面差要求较高的纸种。若配置一台单压区的软辊压光机时，采用软辊面向纸页正面的布置方式，可以减小纸页的两面差。

表 7-1 和表 7-2 分别列出了压光形式和软、硬压区压光对纸页性能的影响。

软辊压光机应用特点如下：a. 适用于绝大多数纸张及纸板，对纸种的适应性广；b. 可达到高的平滑度、光泽度、不透明度和低的表面粗糙度；c. 同样的平滑度印刷性能好；d. 纸及纸板的强度、松厚度和挺度好，高水分下断头少，不会产生黑斑；e. 紧度均匀一致、吸墨均匀、图文清晰，可减少印刷过程中的掉毛、掉粉及糊版现象；f. 可改善纸幅的两面差；g. 提高纸机的运行性，操作维护方便；h. 可降低化学浆配比；i. 适合于硬压区压光机的技术改造用；j. 软辊压光机可在线使用，避免了二道工序、降低生产成本，减少停机时间和损纸量。

## 一、软辊压光机

### （一）软辊压光机的工作原理

软辊压光机是采用高温热辊（硬辊）及外层包覆聚合物材料的软辊所组成的压区，用少量压区（1~4个）在高线压力下整饰纸或纸板，其压光过程是一个向纸幅传递热能和机械能的过程。在压光过程中，弹性软辊把纸页的高和低的部分均压贴在平滑的金属热辊表面上，由于软辊在压区中变形导致软辊直径出现偏差（直径变小），进而造成压区内软辊线速度与其对应位置上的金属热辊的线速度产生微小差异，纸或纸板表面与热辊表面因此产生了微滑动。通过金属热辊施加于纸或纸板表面的剪切和碾压作用，高温区域中的纸幅受热而接近或达到玻璃化温度从而产生塑化并"流动"的纸浆组分发生局部位移，从而使纸幅的紧度趋于一致，并使得接触金属热辊的纸面具有非常精致的平滑表面。图 7-9 给出了挂面纸板在单压区软压光时表面粗糙度与松厚度的关系。从图 7-9 中可以看出，当压区温度由 150℃ 提高到 205℃ 时，由于在压光区域内纸幅内部产生的塑性流动的结果，导致在相同的松厚度下，纸板的表面粗糙度显著降低。

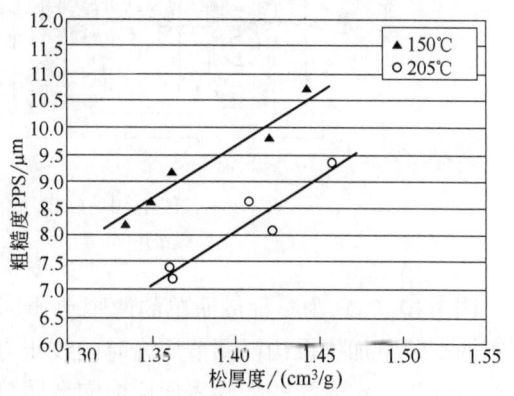

图 7-9 挂面纸板在单压区软压光时表面粗糙度与松厚度的关系

软辊压光机能使纸或纸板在较宽的压区内与金属热辊接触，并受到温和的表面整饰处理，在减少松厚度的降低的前提下得到一个更均匀的纸面。对于某一特定的线压力，由于软辊压光的压区较宽，其压区荷载比普通压光机的硬压区低得多，压区宽度一般在 5~15mm 的范围内，是硬压区压光机的十倍左右，而单位压区压力根据不同的压光条件一般在 20~80MPa。即使软辊压光使用很高的线压力，单位压力也仅是硬压区压光的 1/4 或 1/3。

单位压区压力是纸幅所承受压力的决定因素，其单位为 MPa，是由辊子直径、线压力和弹性模量以及所用软辊辊面厚度所决定的。由于软质辊面具有弹性，因此辊面能够适应于任何凹凸不平或定量波动的纸页，并生产比传统的硬压区压光机平滑度更均匀的纸或纸板。使用软辊压光机，纸页中厚度较低的地方也能较好地与金属热辊辊面接触；而较厚的地方不会过多地被压薄，由此在整幅纸页上产生一个非常均一的"微细平滑面"，纸幅表面粗糙度很低。这说明软压光的纸或纸板有非常均一的紧度，而硬压光的纸或纸板有非常均一的厚度。软压光的另一优点是大大减少或避免了纸页的黑斑，因此可以提高纸页的含水量，这不仅有助于压光操作，而且提高了成纸的水分。但是也必须避免水分过高，这是因为水分太高会使纸页的可压缩性提高，从而降低松厚度。

前已述及，软压区压光机的压区是由一根金属热辊（硬辊）和一根外层包覆聚合物材料的软辊组成的，热辊表面不能与软辊表面直接接触，因此软压区压光机的引纸与硬压区压光机有所不同。为了保护软辊辊面不受损伤并延长软辊的使用寿命，在软压区压光机的引纸过程中，压区不能是封闭状态，应待引纸条宽度扩展到纸幅全幅宽后，再将压区封闭。

软辊压光机的压区数较少，流程简便。根据不同纸种的要求，压区有多种不同的排列形式，较为常见的压区结构形式如图7-10所示。

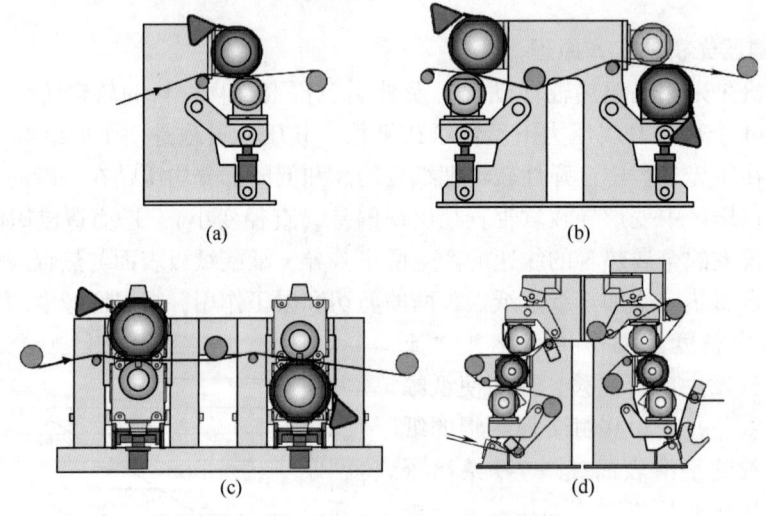

图7-10 软辊压光机的压区结构形式
(a) 两辊单压区 (b) (c) 四辊两压区 (d) 六辊四压区

图7-10（a）为一种最简单的两辊单压区的结构形式，顶辊为金属热辊，底辊为软辊，底辊两端装有加压机构以调节压光时的线压力。在这种压区结构布置下的压光操作时，需要压光后变为非常光泽的纸幅表面应面向金属热辊，不需要光泽的表面面向软辊。当单压区的两根压辊均为软辊时，压光后的纸幅表面是无光泽的，这种无光泽的压光机可用于生产无光泽的涂布纸种。根据所生产纸种的质量要求，为了减少纸幅的两面差，全面提高纸幅的质量，图7-10（b）、图7-10（c）甚至图7-10（d）的压区结构形式也是较为常见的。其中，前一列压辊排列顺序与后一列压辊呈对称反向排列。在四辊两压区压光机［图7-10（b）和图7-10（c）］中，纸幅的正、反面分别被压光一次；在六辊四压区压光机［图7-10（d）］中，纸幅的正、反面分别被压光两次。

在近几年国内新投产的造纸机中，软压区压光机基本上是压光整饰的首选设备。造纸企业可根据生产的纸种质量指标和投资状况，选择四辊两压区软压光机或者两辊单压区软压光机。一般来说，对于静电复印纸和双胶纸等纸种，两辊单压区软压光机即可满足需要，但是它要求进入压光机前纸页的两面差尽可能小。山东太阳纸业股份有限公司21#机、湖南泰格林纸集团3#机及年产40万t的文化纸机都配有单压区软压光机。表7-4列出了21世纪初国外的一些软辊压光机主要技术参数。

表7-4　　　　　　　　　　国外一些软辊压光机的主要技术参数

| 纸　　种 | 机内或机外 | 压区数目 | 生产车速/(m/min) | 线压力/(kN/m) | 热辊温度/℃ |
|---|---|---|---|---|---|
| 标准新闻纸 | 机内 | 2×1 | 1400 | 70~200 | 70~110 |
| 高级新闻纸 | 机内 | 2×1 | 1200 | 220~350 | 100~130 |
| 高级新闻纸 | 机外 | 2×2 | 1000 | 220~350 | 80~100 |
| MFC(机内整饰涂布纸) | 机内 | 2×1 | 1200 | 150~250 | 70~120 |
| 多层涂布纸,无光泽 | 机内 | 2×1 | 1200 | 30~150 | 纸温 |
| 多层涂布纸,无光泽 | 机外 | 3 | 400~800 | 150~250 | 30~50 |
| 多层涂布纸,有光泽 | 机内 | 2×1 | 1200 | 250~350 | 100~150 |
| 多层涂布纸,有光泽 | 机外 | 2×2 | 1500 | 250~400 | 100~150 |
| 食品纸盒纸板 | 机内 | 1×1 | 500 | 50~150 | 100~150 |

### (二) 软辊压光机的主要部件

软辊压光机主要由软辊、热辊、液压系统、加热系统、辊边冷却装置、刮刀装置、张力辊、机架以及温度监控装置，张力检测装置及自动控制系统等组成。

#### 1. 软辊

软辊压光机的主要特点是采用了包覆特殊包覆层的软辊。软辊一般是由可控中高的浮游辊（宽幅时为分区可控中高辊）外面包覆特殊的包覆层，厚度大约13mm，有效厚度约为8.5mm，每次研磨量为0.3~0.5mm，研磨期一般为半年。因软辊在高线压力、高温和高速的复合条件下运行，所以对包覆层材料有特殊要求，主要是耐压、耐磨，发热少，适度的弹性，抗斑痕，使用寿命长等要求。为了防止软辊辊面的损坏，除了采用可控中高辊调节压区局部压力避免过热并用其辊内的压力油起循环冷却作用外，软辊内部还可以通水进行冷却。此外，还应安装温度监控装置、张力检测装置等，避免软辊辊面温度过高或不均衡而引起的变形。例如覆面是Dura聚合物的软辊，当温度达到100℃时或者在10cm距离的范围内温差超过5℃，就很容易发生变形。生产中热辊温度一般超过100℃，甚至高达200℃或以上。在正常的生产中，压区内中高速运行的纸页能够迅速带走热辊的热量，使软辊的辊面温度控制在60℃或以下。因此，可以采用使通过软压光机压区的纸页宽度大于软辊覆面宽度的方法，以此来解决软辊覆面因温度高于100℃而导致昂贵的软辊变形下机的问题。Metso公司OptiLoad软辊温度平衡系统采取低温的软水不停地在中空的软辊中循环的方式，来防止软辊局部温度差过大（高于5℃）的现象。

包覆层又分底层和可磨层。可磨层厚度一般为3~5mm，生产涂布纸时约3个月磨一次；生产印刷书写纸时约半年磨一次，每次磨去0.12~0.2mm，磨到不能再磨的时候就需要重新包覆了。包覆层为人工合成的弹性材料，目前主要由奥地利、法国、美国、日本等塑料厂供货。根据纸种和压光要求的不同来选择合适的材料及硬度。如Valmet用Dura材料，可承受350kN/m的线压力及280℃的温度；Beloit用90顶尖级XCC系列材料，硬度为邵氏88~95D，可承受350kN/m的线压力和230℃的温度；Voith用Elaplast及Top Tec等材料，可承受160℃的温度和400kN/m的线压力，硬度为邵氏86~91 D；德国Stowe Woodward的Jalon

Yellow #9607，表面胶层耐温为 105℃，而 Jalon Orange 表面瞬时耐温 180℃，长时间耐温可达 160℃。Kusters 公司采用 KR2 材料，国内西贝厂也用 KR2，国内其他厂还有用 MC 尼龙的，但其厚度较厚。

2. 热辊

热辊已在第一节作了介绍，采用高温的金属热辊是软辊压光机的一大特点。热辊用在软压光机时，如热辊表面温度要求小于 120℃，一般采用热水或蒸气加热，如温度要求大于 120℃，一般采用电热油来循环加热，目前软辊压光机的热辊表面温度可高达 250℃，压区线压可高达 500kN/m。通过加热辊操作侧的辊轴端的旋转接头的进口，通入流态热介质，传到压区的纸幅，热能在整个压区宽度内均匀分布，冷却后的热介质又通过旋转接头的出口返回加热/冷却系统。这对旋转接头，特别是在导热油温达 200~250℃，转速很高时，保证热油不泄漏并且安全的运行，是非常重要的。

不论何种形式的加热辊，在软压光机上使用，均必须满足最基本的条件：a. 相对应软辊压光机的车速、幅宽和被压光纸种加热的供热要求；b. 保证加热辊面有最均匀的辊面横向温度分布，温差不超过 1~2℃；c. 在车速较高时，有良好的动平衡性能。

为了确保软辊的安全运行，需用辊边上的吹风装置对软辊辊面冷却；软辊辊面任何部位都不能直接与热辊辊面接触，辊边一般都需倒出一定的斜角，保证纸页宽度大于软辊接触面的宽度；软辊辊面全幅吹冷风并可调节，确保辊面温度最高不能超过软辊包覆层材料所允许的最高温度。热辊在加热和冷却过程中，温度的剧烈变化会使辊体处于热应力状态，导致辊体变形断裂。因此，严禁使用冷水冷却辊面。另外，停机时间较长时，热辊温度应缓慢降低至 60℃左右才能停止运转。否则，热辊因温度过高，在重力作用下会发生形变。

3. 冷风系统

冷风系统主要为了保护软辊，一般是对软辊辊边（尤其是无纸部位的辊边）进行吹冷风冷却。辊子的两端设有吹风装置，以保护没有纸幅覆盖的辊边，冷风温度一般控制在 20℃左右，以免过低时使空气中的水蒸气在辊面形成水珠。

冷风系统由风机、过滤器、冷却器、空气喷嘴等组成，风机一般布置在隔音的地方以降低噪音。

4. 软辊表面温度控制系统

在软辊的两端及中间近辊面处，分别装有红外（IR）传感器，用以监测软辊辊面的温度。监测到的辊面温度信号会自动传送至计算机控制系统，当出现软辊辊面温度过高或横幅方向相邻位置温差太大时，压区自动快速脱开以保护软辊辊面。当辊面温度差≥5℃时，软辊两端的吹风嘴打开吹冷风，直至温度差降为零；当辊面温度差≥20℃时，则先降低线压力，若温度不能迅速降下来，底辊将会自动分离，当辊面温度差≥30℃时底辊立即分离。

除上述外，当通过压光辊的液压油流量不足、断纸、按紧急按钮、压区内相配合的压光辊转速不同步、液压油泵或冷却风机或润滑油泵及加热油泵等未开启、油路系统出现故障时，压光机都会发出报警，以便操作人员及时处理。

5. 热油及热水系统

对供给软辊压光机上热辊的导热油和热水是有一定要求的。

① 导热油。用于热辊温度在 100~250℃时的加热介质。加热器（油锅炉）是靠电阻棒来加热导热油，电阻棒要有足够的热功率。加热后的导热油，以循环泵输送，流经冷却器，导热油温度控制合适后，再送入热辊，冷却后的导热油再回流至加热器，不断循环运行。加

热后的导热油系在常压下循环运行。为此需有膨胀槽补偿导热油热胀冷缩体积的变化，一般采用高位膨胀槽。

② 热水。用于热辊温度在 80~120℃ 时的加热介质。加热器是靠通入一定压力的蒸汽来加热热水的热交换器，由循环泵输送流经冷却器（靠冷却水冷却热水），热水温度控制合适后，再送入热辊。为防止热水的沸腾，循环水系统中设有膨胀罐，该罐内装有耐温胶囊，囊内充入一定压力的氮气。使系统中的热水有热胀冷缩的余地，封闭的热水循环系统是在有压力的状况下工作的。要求热水是经软化处理后的水质。以防热交换器和系统的结垢。

6. 液压及气压加压系统

软辊压光机的加压系统可分为液压和气压加压。当软辊压光机线压力要求不高、且幅宽不大时，一般使用气压加压即可；当软辊压光机线压力较高、且幅宽较大时，通常采用液压的加压方式。液压加压系统中，压力作用点一般包括两个方面：一方面是软辊两端的活塞缸控制软辊和硬辊的闭合，另一方面是软辊内充满压力油用以平衡硬辊作用在软辊上的压力。软辊的动作包括软辊打开、软辊加载、软辊保持压力等，通过由双溢流阀—单向节流阀等所组成的同步回路和快排回路来实现。

软辊压光机的液压系统，由加压液压缸、润滑站、操作台、液压泵、液压站等组成。底辊支座安装在液压缸上，液压缸包括单作用的柱塞缸或双作用的活塞缸。加压时，液压缸带动底辊上升，紧压在顶辊上，根据控制系统设定的液压，产生所需的线压力并可加以调节。底辊上升和下降的时间约为 20s，顶辊与底辊的分离距离为 12~100mm，在引纸状态时分离距离为 12~15mm。底辊两侧的液压缸要求精度很高的同步行程，为此两液压缸均装有位移传感器，通过 PLC 和液压控制系统的精密控制，实现液压缸内活塞的精确位移。

软辊压光机正常工作时，由于热辊辊体的温度较高，支撑热辊的两端轴承的充分润滑是十分重要的。润滑油站专门为热辊的球面辊子轴承提供润滑油，装配有主供油泵和备用油泵，保持恒温供油的冷却器，带报警开关的流量控制器，以及保证润滑油清洁的压力过滤器。

7. 张力检测装置

张力检测装置的主要部件是张力传感器，它包括安装在机架上的控制装置和安装在压光机前导纸辊的传动控制系统。软辊压光机的两压区之间可能设有张力辊，在其轴承座下装有张力传感器，通过 PLC 来控制两压区主传动辊的速差，以保持两压区运行速度的同步。

8. 机架

用于软辊压光机的机架同样要求强度及刚性好、稳定性好、抗震性好，一般采用型钢焊接式箱形机架，具有定距梁。

9. 刮刀

冷硬铸铁热辊均装有往复移动的柔性刮刀。刮刀角度约为 30°，刮刀线压力为 0.175~0.30kN/m，采用电动或气动摆动结构，摆动振次为 15~20 次/min，摆动行程为 15~20mm。刮刀线压力的 1/3~1/2 是由刮刀系统自重产生，其余线压力来自气缸加压。刮刀片材料一般采用厚度 1.4~2.8mm 的玻璃纤维及碳纤维的环氧树脂层压板或者 T8 钢。

软辊配有刮刀，但只在清理辊面时短时间断续使用。

10. 传动装置

热辊和软辊均由单独的电机及其电气控制系统传动，并纳入整个造纸机 DCS/MCS 系统。活动弧形辊和张力辊一般也由单独的电机传动。在压区闭合前，要求两根压辊辊面的线速度差小于0.3%，否则液压系统将拒绝闭合。

## 二、软辊的使用维护要求

① 当软辊辊面温度不超过规定的范围或者相邻温差大于5℃时，要求使压区快速自动脱开。

② 当纸或纸板干度过高时，应设有消除静电的装置。

③ 严防外来物品进入压区损坏辊面。

④ 必要时，要用清洗剂洗净辊面。

⑤ 即使软辊辊面没有损坏，作为预防措施每3个月应研磨一次。

⑥ 应注意监测软辊的表面温度，特别是两辊边温度。因为两边辊子之间没有纸页作为隔离层，温度容易升高。每根软辊可配有三只红外线摄像机随时显示两端和中间的温度情况，便于操作监控。

⑦ 严格控制软辊表面温度不超过所规定的最高极限温度。如高于极限温度，且在5 s内降不下来，辊子应自动分离。

⑧ 上、下辊的速度一定要同步，误差一般不超过1/1000。

⑨ 备用的软辊要使用专门的支架将其固定好，并且每天都应转动软辊至不同的位置，以防止辊子始终静止在同一个部位而变形损坏。冬季软辊存放时，环境温度不能低于10℃。

⑩ 当水作为热辊的加热媒介时，冷却水夏季最高温度不得超过25℃。如水温高于25℃时，则要考虑对水的冷却问题。

除上述外，由于软辊是包胶辊，包胶部分通常分为两层。在使用过程中，软辊如有损伤，首先应当弄清楚损伤的原因及其损伤程度。损伤处直径必须小于30mm，深度不能达到底层，否则不能现场维修。

## 三、超级软辊压光机

纸机车速的不断提高，更好的纸品质量，更高的运行效率与降低投资成本等因素产生了对在线多压区软压光机的需求，从而诞生了超级软辊压光机，如Voith公司的Janus超级软辊压光机和Metso公司的OptiLoad超级软压光机。这两种超级软辊压光机在我国造纸企业都有使用。

超级软辊压光机是1996年在德国诞生的一种新型压光整饰设备，它属于弹性压区压光，具有软辊压光机及超级压光机的综合特点，可以在线进行高质量的压光整饰，如用来对铜版纸和超级压光纸等的压光。原有的超级压光机采用的是纸粕辊，由于纸粕辊需要定期跑合复苏，所以只能用于机外，不能连续作业，因而生产效率相对较低，生产成本提高，并且纸粕辊昂贵，又易损坏、维护较为复杂。虽然后来开发成功的软辊压光机有许多优点，并能在线高速运行，但是相比超级压光机而言，对于整饰某些纸种如高级铜版纸、超级压光纸等，其压光效果相对差些。为了取代机外超级压光工序以减少工序产生的断纸损失及其投资并能在线、高速、高质量的压光整饰，在综合了超级压光机及软辊压光机的优点并解决了相应的高速引纸等技术难点后，开发研制成功了超级软辊压光机。

超级软辊压光机的压区数一般为4~11个，线压力可高达400kN/m，在线运行车速可达到1500m/min或以上，压光效果可达到机外超级压光机的性能指标。

超级软辊压光机除了可以机内或机外完成对高级铜版纸及其他轻涂纸的超级压光整饰外，还可用来在线压光超级压光纸。超级压光纸简称 SC 纸，在欧洲也称杂志纸，是一种以机械浆（或高得率浆）为主、化学浆为辅的非涂布印刷纸，定量 $40\sim65g/m^2$，质量介于新闻纸和轻量涂布纸（LWC）之间。SC 纸的特点是填料含量高，一般为 20%~30%，纸页经过超级软辊压光机压光整饰后，具有高的平滑度和光泽度，SC 纸和 LWC 纸的区别是 SC 纸的填料分布在浆料中，而 LWC 纸的涂料集中在纸页表面。

目前超级软辊压光机已经能够实现在线压光，适应车速高、幅宽大的造纸机的发展需要，并且具有压光质量好、操作简便以及维护方便的优点。

### （一）工作原理

超级软辊压光机是软辊压光机类型中的一种特殊形式，属于弹性压区压光。超级软辊压光机的压区是由高温热辊及特殊软辊组成的，一般有 4~11 个压区。在压光过程中，弹性软辊把纸页压贴在平滑的金属热辊辊面上，因软辊在压区中有微小的压缩变形，因而其半径有微小的变化（即半径减小）。在保持压辊角速度一致的情况下，一旦压辊半径有变化，则压辊表面的线速度将高于与其接触的纸页线速度，于是压辊表面与纸页之间产生了相对滑动。此时受高温压区加热变软的纸页，经过压光过程中的剪切和碾压，纸页的紧度或松厚度趋于一致，接触金属热辊的纸面具有非常精致的平滑表面，纸幅的表面粗糙度显著降低，消除了色斑和纸张压黑等纸病，纸张的印刷性能明显改善。

超级软辊压光机不但具备软辊压光机的特点和在线运行的优点，而且具有压区相对较多、压光效果与超级压光机相同的压光效果，它综合了软辊压光机及超级压光机的许多优势。采用超级软辊压光机压光，是提高纸成品质量及档次的一种非常有效的措施。

### （二）主要类型

图 7-11 为压光机的演变示意图，图 7-12 所示为首台超级软辊压光机，图 7-13 为用于生产涂布纸的直立式双排布置的 Janus 超级软辊压光机。

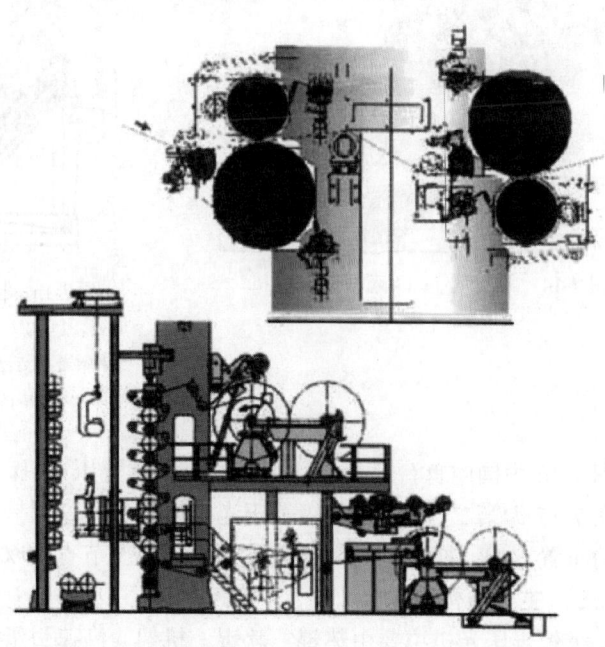

图 7-11 压光机的演变

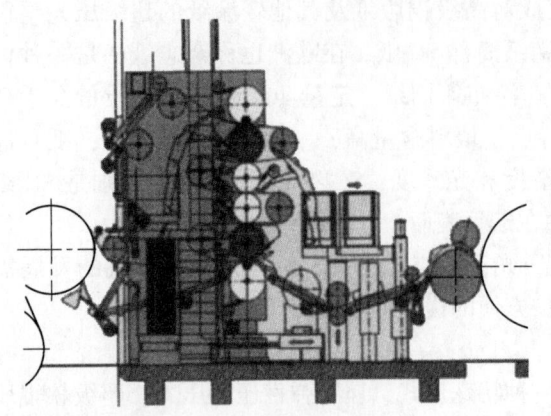

图 7-12 首台超级软辊压光机

车速 1450m/min　　　线压力 350kN/m
热辊表面温度 170℃　形式 1×6
生产新闻纸和超级压光纸　定量 45~55g/m²
表面粗糙度 1.6μm　　光泽度 36%

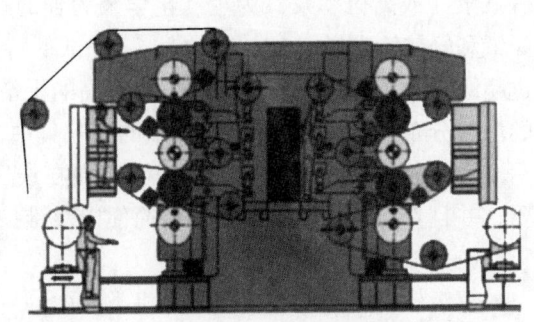

图 7-13 双排布置的 Janus 超级软压光机

排列形式 2×5　　　　线压力 450kN/m
车速 1600m/min　　　幅度 7430mm
热辊温度 140℃

为了达到平稳的纸幅运行、安全快速的引纸、极好的压光效果、快速安全的换辊，并且操作维护简便，Voith 公司开发出了图 7-14 所示的第二代 Janus 超级软压光机。图 7-15 为国内某纸业公司早期引进的 Janus 超级软压光机，用于生产铜版纸及轻涂纸。

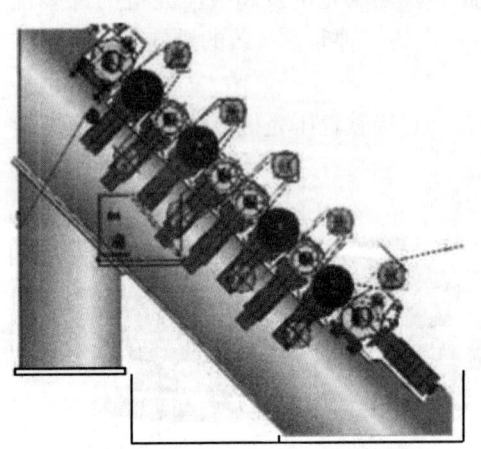

图 7-14 第二代 Janus 超级软压光机

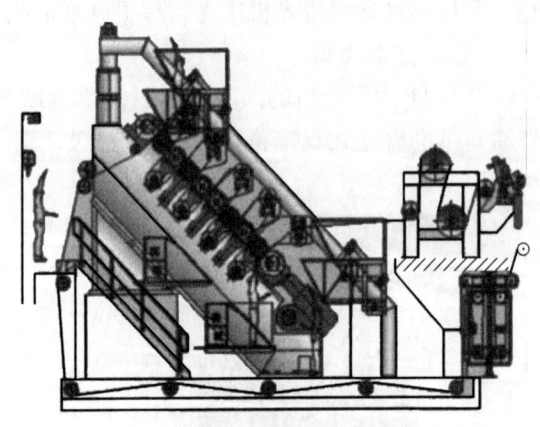

图 7-15 国内某纸业公司引进的超级软压光机

形式：1×10　　　　　机外整饰
纸种：铜版纸及轻涂纸　线压：300kN/m
幅度：4550mm　　　　热辊温度：140℃

图 7-16 为国内首台自行设计生产的超级软辊压光机。

图 7-17 为第二代 Janus 超级软压光机换辊的示意图。从图中可见，由于压光辊采取了倾斜式的布置方式，换辊时间与直立式的相比至少节省 20% 以上。

（三）主要结构组成

超级软辊压光机主要由热辊、软辊、机架、高速引纸装置、液压系统、供热系统、冷风系统、润滑系统、舒展辊、张力辊、导辊、释压装置、压辊助动装置等组成，并安装有温度

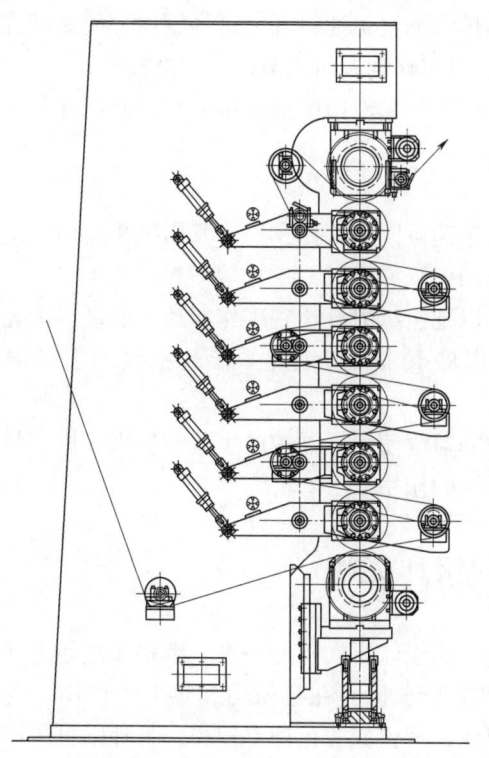

图 7-16 国内首台自行设计生产的超级软辊压光机
形式：1×8　　机外整饰　　轻涂纸
幅宽：2730mm　　线压力：350kN/m
车速：800m/min　　热辊温度：140℃

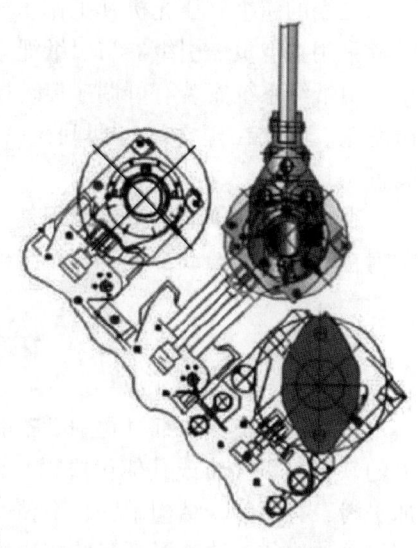

图 7-17 第二代 Janus 超级软压光机换辊示意图

监控系统、刮刀装置、底辊加压装置、快速脱辊装置等。

热辊、软辊、液压系统、冷风系统、传热系统等均在前面章节中作了介绍。下面主要对用于超级软压光机的辊组、机架、加压系统、引纸系统等作简要说明。

1. 辊组

超级软辊压光机的辊组一般由 4~11 个压区组成，有顶辊、底辊（宽幅时一般为可控中高辊）、热辊、软辊、引纸辊、舒展辊、弧形辊、张力辊等组成，并配有助动装置、安全杆装置等。

除了顶辊和底辊，其余中辊一般都固定在与机架相联的杠杆上，加压一般采用底辊向上加压的形式。各中辊采用释压装置以平衡自重，并且配有压辊助动装置。

2. 机架

压光机机架采用型钢焊接结构，与定距梁一起形成一个刚性机架。整个机架的设计和刚性结构都是为了达到最佳的强度和固有振动频率，并便于操作和维护，使机架震动最小。

3. 加压系统

压光机的加压由底辊通过液压缸来完成。为了保持同步，两侧液压缸均装有位移传感器。实际的压区载荷是由辊组底部的加压油缸产生的。在正常的超级压光中，每个压区都有均匀一致的线压力。所有中间辊均具有相同的挠度，顶辊和底辊也可以控制到和中间辊相同的挠曲曲线。因此，压区载荷可平均分布在每一个压区中。

当纸页断头时,液压系统中的排油阀门和排泄油缸迅速打开,这样辊组分离系统在收到断纸信号后0.5s内,就可以迅速分离辊组,从而使软辊表面免遭过热和磨损。

底辊在任何运行条件下都保持在水平位置,有一个专门的液压单元来控制压光机的压区载荷。

4. 引纸系统

在线的超级软压光机其工作车速高,引纸车速等同于工作车速,其引纸采用引纸绳装置或者采用真空负压引纸器与引纸绳系统相结合的引纸方式。

引纸绳系统安装有可调速传动系统,它可以把引纸绳升速到工作车速,引纸绳滑轮是自由滑轮。因此在正常运行期间,引纸系统可以停下来。引纸绳系统包括气动引纸绳张紧装置。

真空负压引纸器的工作原理是,高速流动的空气使引纸器内产生真空抽吸作用,将纸幅贴附在引纸器的传动带上,从而起到传递和引纸的作用。

## 第六节 超级压光机

超级压光机是造纸过程中纸幅的整饰设备,属于软压光机的一种。纸幅通过超级压光机上的软辊(纸粕辊或其他包覆辊)与金属辊的若干压区,在机械力和热力的作用下变得更加平滑、有光泽、结构紧密、平整或获得透明性,减少或防止掉毛掉粉,另外纸页的厚度也变得更加均匀,改善了纸张的印刷适印性。

超级压光机的有效利用时间一般是其运转时间的50%~70%,这与纸幅的质量和超级压光机的装备水平,特别是与软辊的质量有关。一台造纸机或涂布机配用一台超级压光机。当后者幅宽与前者相等时,后者的车速应为前者的二倍,以保证生产能力的平衡。近代超级压光机幅宽已达到9.8m,车速为1800~2000m/min。尽管近年来开发了软辊压光机和超级软压光机,并且它们的出现已部分替代了超级压光机的功能,但是超级压光机在技术上的进步和结构上的改进,使它仍然成为生产高档纸的不可替代的重要整饰设备。超级压光机的技术进步主要表现为:

① 采用寿命长、满足使用工艺要求的新型纸粕辊和MC尼龙辊或其他包覆辊;

② 采用可以补偿或控制中高的浮动可控中高辊或分区可控中高辊;

③ 冷硬铸铁辊采用辊体四周有通孔或夹套的热辊结构和温度控制技术;

④ 采用快速脱辊和软着陆机构,辊组中的辊筒在断纸时能快速相互脱开,使软辊免受损伤;

⑤ 配备纸幅张力、平滑度、光泽度、厚度的在线检测仪和计算机控制系统;

⑥ 能平稳地调节工作车速,加速或减速时速度稳定。加压时,主传动的动态速差小,动态响应好,静态稳速精度高。退纸机构和卷纸机跟随主传动的性能好。断纸时,能快速制动退、卷纸辊和辊筒的电气传动系统;

⑦ 采用轴式卷纸,可对卷纸的卷径进行检测。为防止卷取的纸卷的松紧不一,起拱或起折,采用了液压水平可调的压纸辊(Rider roll)和敏感层探测器(Sensemat)的光电跟踪检测装置,保持压纸辊与纸卷之间有不变的距离的新型卷纸技术。当压纸辊与纸卷保持恒定间隙时,纸卷为"软卷";当压纸辊与纸卷保持稳定压紧时,纸卷为"硬卷",也就是保持恒定的表面卷取压力;

⑧ 采用自动更换退纸纸卷和自动更换卷纸纸卷的退纸及卷纸装置，改善操作条件并大大提高作业效率；

⑨ 中间辊设有辊重平衡装置，使各压区之间有相同的或不相同的线压力，改善纸幅两面的整饰效果。适当调整现代超级压光机的生产能力，即使为一台时，它与一台造纸机或一台涂布机的生产能力相匹配也是完全有可能的。

## 一、超级压光机的类型

超级压光机的结构特性如图 7-18 所示。超级压光机的主要技术参数是：幅宽、车速、辊数、辊筒直径、底辊与第二底辊之间的最大线压力，软辊的材料、热辊的加热温度等。上述参数取决于级压光的纸种、规格与产量。超级压光机通常可分为两类：

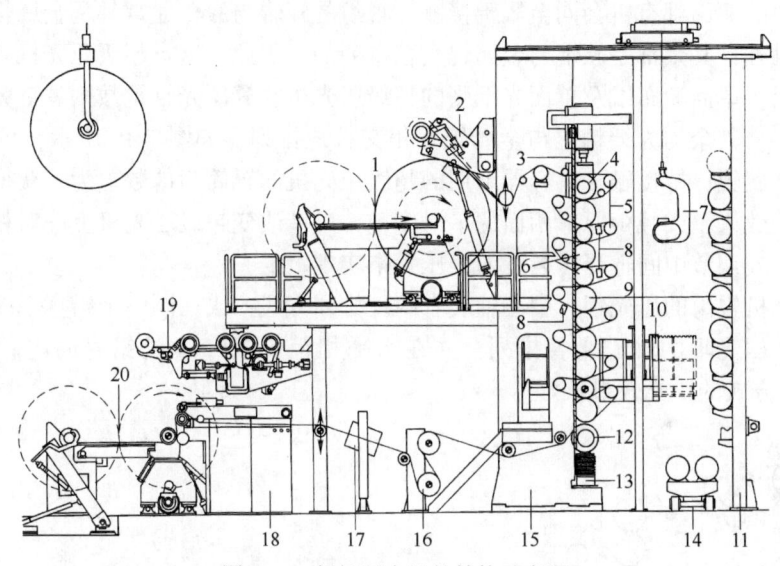

图 7-18 超级压光机的结构示意图

1—自动退纸装置 2—自动纸卷更换器 3—螺杆悬挂杆 4—带有负荷控制器（Load ContRol）系统的分区可控中高或游动可控中高顶辊 5—带有舒展辊的校正装置 6—带有加热/冷却系统的热辊 7—带辊筒吊车的吊装工具 8—改善整饰质量的蒸汽喷淋器 9—纸粕辊 10—升降台 11—带传动备用纸粕辊搁架 12—带有负荷控制器（Load ContRol）系统的分区可控中高或游动可控中高底辊 13—加压和快速分离液压缸 14—辊筒输送小车 15—超级压光机机架 16—纸幅冷却辊 17—带有横向扫描测量装置的机架 18—SENSOMAT 附件 19—带有自动换卷的卷纸辊输送系统 20—自动卷纸装置

① 供书写纸、印刷纸、涂布纸等文化用纸及铜版纸使用的，其特点是对光泽度和平滑度要求较高；幅宽较大、车速较高时，线压力相对较低，热辊温度较低。

② 供工业用纸如电容器纸、卷烟纸、仿羊皮纸等使用的，其特点是幅宽较窄、车速较低、线压力较高。表 7-5 列出了生产不同纸种的超级压光机特征示例。

表 7-5　　　　　　　　生产不同纸种的超级压光机特征

| 纸　种 | 辊数 | 压区线压力/(kN/m) | 车速/(m/min) | 纸粕辊材料 |
|---|---|---|---|---|
| 新闻纸 | 8~10 | 180 | 1000 | 羊毛纸 |
| 书写纸和非涂布印刷纸 | 10~12 | 210~320 | 800 | 羊毛纸、蓝斜纹粗棉布 |
| 气刀涂布的印刷纸 | 10~12 | 180~270 | 650 | 原棉和羊毛纸 |

续表

| 纸　种 | 辊数 | 压区线压力/(kN/m) | 车速/(m/min) | 纸粕辊材料 |
|---|---|---|---|---|
| 刮刀涂布的印刷纸 | 10~14 | 250~390 | 800 | 棉纸、羊毛纸、菲尔玛特(Filmat) |
| 电容器纸和高紧度纸 | 9~12 | 360~540 | 100~300 | 斜纹粗棉布、石棉 |
| 玻璃纸和高光泽仿羊皮纸 | 15~20 | 360~710 | 150~500 | 石棉、斜纹粗棉布 |
| 光泽仿羊皮纸 | 10 | 210 | 800 | 羊毛纸 |
| 涂布和非涂布的纸板 | 5~10 | 210 | 300 | 羊毛纸、原棉 |

　　超级压光机中的金属辊和软辊根据纸幅要求的两面光和单面光来排列。纸幅与金属辊接触的一面其平滑度与光泽度均比与软辊接触的一面高。两面压光纸幅的超级压光机中，软辊辊数应使纸幅的两面都有机会同金属辊接触，辊组的顶辊与底辊通常都是金属辊，除有两根软辊相互接触外，其余都是软辊与金属辊交替排列的。因此，这类超级压光机辊组的辊数都是偶数。而用于单面涂布纸及单面光纸张的超级压光机，其压光辊辊数则是奇数。除金属的顶辊和底辊外，其余均为纸粕辊与金属辊互相交替地排列，如图7-19所示，可使纸幅的同一面始终与金属辊保持接触，电容器纸用的超级压光机的辊筒为偶数。为了获得纸幅两面稍有差别的压光效果，或减少原来两面的平滑度差，可借改变超级压光机上一对相接软辊安装位置的高低，或调节中间辊释压装置的线压力来实现。

　　超级压光机辊组的压光辊，中心轴线有两种排列方式：或在同一个铅直平面内，或是上下相邻的二个压光辊的轴心交替排列，并在水平相距5~10mm的铅直面内。第二种排列（如图7-20）方式的压光效果较好。

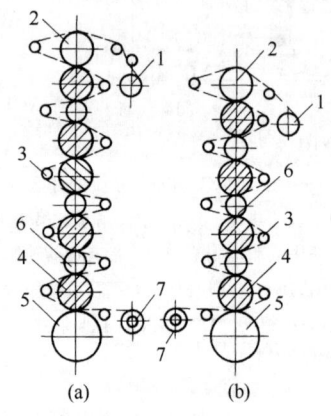 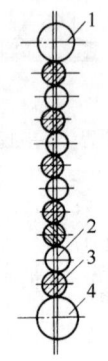

图7-19　超级压光机辊组的排列方式
（a）两面压光用　（b）单面压光用
1—退纸卷　2—顶辊　3—引纸辊　4—软辊　5—底辊　6—金属辊　7—卷纸辊

图7-20　相邻压光辊错开排列的超级压光机
1—顶辊　2—金属辊　3—软辊　4—底辊

　　目前国内使用的几种主要型号的超级压光机的设备特征参数见表7-6。

## 二、超级压光机的主要机构组成

　　超级压光机由退纸架、卷纸机及带有辊组的主体机架等组成。本章节将主要叙述主体机架部分的机件。

表 7-6 国内使用的几种主要型号的超级压光机的设备特征参数

| 国别公司名称或型号 | | 德国 Keinewefers 公司 | 德国 Bru-lerhaus 公司 | 美国 Appleten 公司 | 国产 1092 | 国产 H1210 H1253 H1209 H1263 | 国产 H1243 | 芬兰 Valmet 公司 | 德国 Bruderhaus 公司 | 德国 Voith Sulzer 公司 | 芬兰 Valmet 公司 |
|---|---|---|---|---|---|---|---|---|---|---|---|
| 纸幅宽度/mm | | 1800 | 1800 | 1930 | 1092 | 1760~1880 | 1760~1880 | 3700 | 3800 | 2700 | 9800 |
| 工作车速/(m/min) | | 600 | 500 | 700 | 50~350 | 50~350 | 50~600 | 800 | 600 | 600 | 1800 |
| 引纸车速/(m/min) | | 8~15 | 10~15 | | 10 | 10 | 10 | | | | |
| 压光纸种 | | 70~170g/m² 涂布纸 | 65~200g/m² 涂布纸 | 60~65g/m² 涂布纸 | 电容器纸 半透明 | 胶版纸、涂布纸等 | 胶版纸、涂布纸等 | 40~160g/m² 铜版纸、涂布纸等 | 涂布纸等 | 涂布纸等 | 高级铜版纸等 |
| 辊 数 | | 12 | 12 | 12 | 12 | 12 | 12 | 12 | 12 | 12 | 12 |
| 最大线压/(kN/m) | | 300 | 250  300 | 350 | 250 | 250 | 250 | 350 | 250 | 300 | |
| 金属辊直径/mm | 顶辊 | φ370(浮动辊) | φ500 | φ432(浮动辊) | φ450 | φ450 | φ450 | | φ600(浮动辊) | | |
| | 中辊 | φ280(热辊) | φ250 | | φ250 | φ250(热辊) | φ250(热辊) | (热辊) | φ350(热辊) | (热辊) | |
| | | 含加热/冷却系统 | φ280(主动辊) | φ280 | | φ300(热辊主动辊) 含加热/冷却系统 | φ300(热辊主动辊) 含加热/冷却系统 | (热辊主动辊)含加热/冷却系统 | | (热辊)含加热/冷却系统 | 含加热/冷却系统 |
| | 底辊 | φ400(浮动辊) | φ380 φ400 (浮动辊)(浮动辊) | φ432(浮动辊) | φ280(主动) | φ400(进口浮动辊) | φ500 | φ520 | φ600(浮动辊) | | |
| 纸粕辊 | 直径/mm | φ450 | φ430 | φ460 | φ400 | φ400 | φ410 | φ520 | | | |
| | 材料 | 羊毛、棉混合 | 羊毛、棉混合 | 全棉 | 全棉、半毛、棉混合 | 羊毛、棉混合 | 羊毛、棉混合、全棉 | 羊毛、棉混合、全棉 | 全棉 | | |
| 主动辊位置 | | 第三底辊 | 第三底辊 | 第三底辊 | 第三底辊 | 第三底辊 | 第三底辊 | 第三底辊 | 第三底辊 | 第三底辊 | |
| 放纸制动形式和功率/kW | | 发电机制动 22 | 气动摩擦轮制动水冷却摩擦轮 | 发电机制动 54 | 气动摩擦轮制动水冷却摩擦片 | 发电机制动 15 | 发电机制动 40.5 | 发电机制动 110 | 发电机制动 78 | | |
| 卷纸形式和功率/kW | | 轴式卷纸 22 | 轴式卷纸 20  22 | 圆筒卷纸 54 | 圆筒卷纸 11 | 圆筒卷纸 15 | 圆筒卷纸 27 | 轴式卷纸 110 | 轴式卷纸 78 | | |
| 快速脱辊和加压方式 | | 底缸快速脱辊顶缸加压 | 底缸快速脱辊顶缸加压 | 液压缸扇形齿轮 QCD 系统快速脱辊顶缸加压 | 无快速脱辊顶缸加压 | 顶缸加压底缸快速脱辊提升辊筒 | 底缸快速脱辊顶缸加压 | 底缸快速脱辊顶缸加压 | 底缸快速脱辊顶缸加压 | 底缸快速脱辊顶缸加压 | |
| 主传动功率/kW | | 312 | 265  275 | 258 | 99 | 160 | 284 | 515 | 364 | 300 | |

## （一）辊组

超级压光机的辊组由三类压光辊组成：软辊（纸粕辊或其他包覆辊）、通常作为顶辊和底辊的可控中高辊和可加热或冷却的金属辊，其中软辊的直径相对最大，可控中高辊一般情况下稍大于中间金属辊。压光辊的直径同超级压光机的幅宽有直接的关系。通常超级压光机的幅宽多在净纸幅宽 4200mm 或以下，此时中间金属辊的直径通常为 $\phi250\sim400$mm。由于压光辊在工作时要产生较大的接触应力和表面摩擦力，因此辊面采用具有耐磨损、硬度较高的冷硬铸铁材料，辊面冷硬层的硬度应 $\geq 70\sim75$HS，而轴颈处硬度应 $\leq 48$HS。

纸幅温度是使纸幅塑性化而取得较好压光效果的重要因素。除了软辊变形产生的摩擦热量外，多种超级压光机的金属中辊作为热辊，在其辊筒中间通入热水、蒸汽或热油来提高纸幅温度。一般上两根中辊的热水最高温度约为 90℃，下两根中辊的热水最高温度约为 75℃。有时也在金属中辊中通入冷水以防止软纸（如纸粕辊）由于长时间运行而发生过量的热积累使辊面受损伤。金属热辊的加热冷却系统如图 7-21 所示。

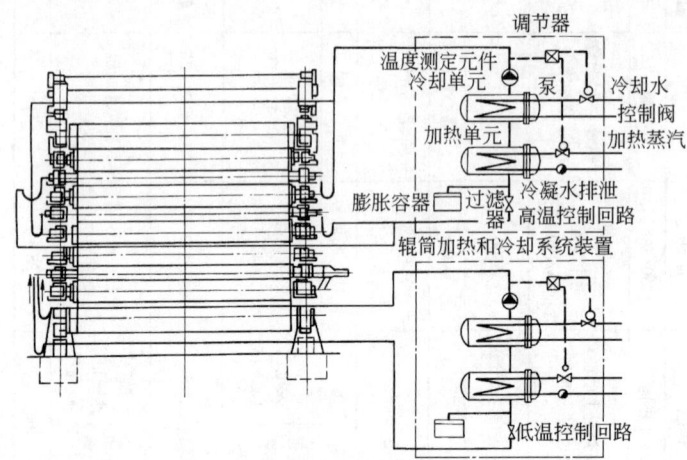

图 7-21　金属辊的加热冷却系统

对于涂布纸进行超级压光时，金属辊有采用不锈钢或镀铬冷硬铸铁的，也有些超级压光机采用钢辊表面淬硬的。金属辊的辊面宽度必须大于纸粕辊的宽度。

## （二）软辊

软辊不仅是软压光机和超级软辊压光机的重要部件，同样也是超级压光机的重要部件。传统超级压光机中的软辊主要采用的是纸粕辊，它是由一种或多种纤维（棉、麻、人造或合成纤维、木浆、羊毛、石棉、玻璃纤维等）制成纸或织物后层层叠置填装在轴上经过压紧而制成的。除纸粕辊之外，近年来超级压光机中的软辊还采用了包胶辊，如 Metso 公司 OptiLoad10 超级压光机。

作为超级压光机中的软辊，纸粕辊辊体要有一定的硬度，又要富有弹性。纸粕辊的硬度决定于制造纸粕辊的纸或织物的性质以及制辊时的工艺条件。

### 1. 纸粕辊的结构与制造

纸粕辊采用优质钢材做芯轴，把纸粕辊原纸或织物装在芯轴上经过压紧而制成，如图 7-22 所示。

纸或织物成沓地叠套在芯轴上并被压紧时，要求纸或织物面对面、底对底，而且每次都被错开 15°~30°，成沓的纸或织物应分批地套到轴上，每次不能加纸过多。纸或织物要切成八角形或多边形，其中中心部位要冲出能套紧在

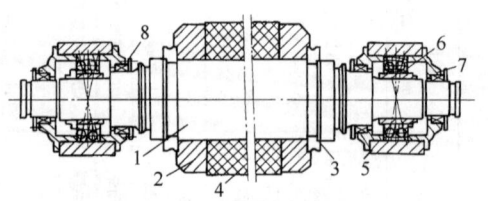

图 7-22　纸粕辊的结构示意图
1—铜芯轴　2—压环　3—扇形压环　4—纸粕辊体
5—轴承壳　6—轴承　7—轴承盖　8—密封环

轴上的圆孔，最新结构的芯轴上还配用平键而冲孔时也要冲出键槽。冲孔后的纸或织物要在45~70℃的烘房内烘干到含水分1%~2%或以下，然后才能套到芯轴上去。纸粕辊体的纸或织物层的加压要在专用的油压机上进行。芯轴在油压机上矗立后，即分批套装纸或织物并分批地加压，每次加压后要保压一段时间后再加纸，全部加纸后要保压较长时间才能锁定释压。加压的压力要根据纸或织物材质要求的纸粕辊体硬度等来决定，通常压力为70~100MPa。

把纸粕辊辊体这一层压体压紧在芯轴上并锁定的机械结构如图7-23所示。在芯轴的两端压紧纸粕辊体的压环。由于锁定件的不同，环的形状也不同。压环的一面是平的，直径略小于要求的辊体直径，用于扇形压环另一面有圆形凹窝，使分成3片的扇形压环成配合地座入，而扇形压环的厚度又同芯轴上的凹槽配合定位，这样使压环在加压的辊体释压后被回弹锁定，实现对辊体压紧的功能。而用锥形压套时，芯轴的两端有如相同于锥形压套内孔的锥形段，而压环的内孔也有相同于锥形压套外形的锥

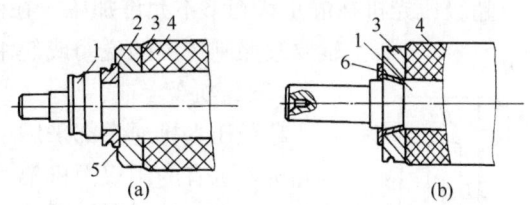

图7-23 纸粕辊压紧部分的结构示意图
(a) 用扇形压环的结构 (b) 用锥形压环的结构
1—扇形压环 2—压环 3—纸帕辊体 4—扇形压环补锁定的凹窝 5—锥形压环 6—挡盖

形段。在辊体被加压状态下，整体制出并被铣切为几块或瓦片状的锥形压套被置入压环内孔与轴之间，释压后压环即被锁定。

压成的纸粕辊辊面要经过车床车削，这是为进一步磨削做基础的。通常在纸粕辊的端面有表示转向的箭头，这一转向是车削和磨光时的转向，也表示纸粕辊在工作中应有的转向。纸粕辊的辊面磨光在合同交货时或使用前不久进行，磨好的成套纸粕辊要在超级压光机上经过滚合才能正式使用。

构成纸粕辊辊体的纸或织物被称为纸粕辊填料，纸粕辊的硬度通常以邵氏D硬度来测量，其符号表示为HSD。主要的填料材质有：羊毛纸、斜纹粗棉布、石棉纸（石棉含量45%），棉纤维等。

2. 纸粕辊使用前的检查与滚合

新压制的或已使用过重新磨光或是要"回苏"的纸粕辊，都要进行空运转，称之为纸粕辊的滚合（或转磨）。新纸粕辊上机后一般需空运转滚合48~96h。经过车、磨削后的旧辊，根据磨去的深度不同，所需滚合时间为16~24h。有些纸厂的超级压光机，靠近顶辊的几根压光辊不穿引纸幅，也可把新的纸粕辊放在这个位置上，让其空转滚合，以备使用。滚合的目的是为了提高工作面的硬度和降低表面粗糙度。

滚合时的压力与车速必须均匀提高，直至超级压光机所要求的车速和压力。约在整个滚合时间的1/6时间内，在不加压下运转，滚合从引纸速度开始逐步提高到滚合最高车速的一半。此时用的海绵或绒布把30~35℃的温水或再加10%中性肥皂（或10%酒精水、或高质量的洗洁精5%加约3kg的温水搅匀或清水）在滚合时揩擦纸粕辊。此阶段完成后，降低速度进行检查，然后均匀地将车速升高到最高车速的80%。在5/12的滚合时间内，按该机最大设计压力以每次大约10%分7次均匀地加压到最大线压力的70%左右，然后降速或停机检查。待一切正常时，再把车速升高到最高车速，并分三次加压到最大线压力。

3. 纸粕辊的使用和维护

纸粕辊在使用前应按照制造厂的说明书进行空运转或滚合，并用如前所述的软布或海绵擦洗旋转着的纸粕辊。揩擦纸粕辊是逐个进行的，要注意不使洗液漏到下辊上，最后用清水揩抹。之后，再接着擦洗下一个纸粕辊，一般到第三个纸粕辊擦洗完成时，第一个纸粕辊已基本干燥。揩擦纸粕辊期间不可停机。如此湿揩擦纸粕辊直至辊面光滑为止。待纸粕辊全干燥后方可进行全压力空运转。

空运转时，纸粕辊的表面温度通常对棉纤维填料纸粕辊不超过90℃，对羊毛纸粕辊不高于60℃。发现温度过高时要在金属辊中通入冷水进行冷却，同时可停机使之自然冷却。

超级压光机在静止状态下不允许加压，在停转前必须先把压光辊抬起使彼此分离。纸粕辊要按照制造厂的说明或使用厂的工艺规程定期重磨更换。

### （三）机架

超级压光机通常都采用单面机架，对于线压力高、幅宽大的高速超级压光机，也有的用双面机架。超级压光机采用人工低速引纸时，机架、辊筒和轴承在引纸时所承受的冲击载荷较小，但是在高速快速脱辊时会有冲击载荷。如有减震元件，这种冲击载荷可以减少。

通常的超级压光机单面机架如图7-24所示。

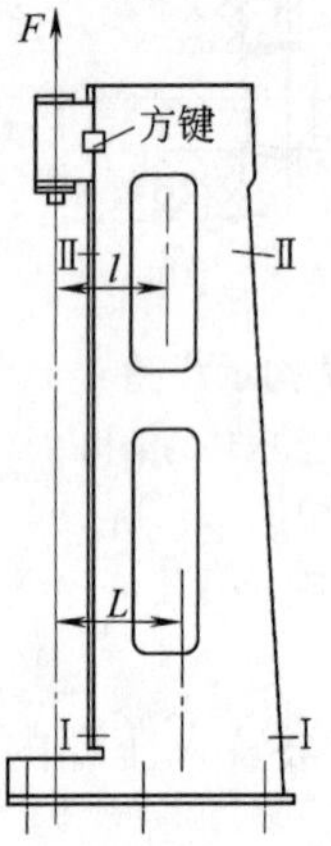

机架可以用高强度铸铁或用型钢焊接组成箱形的断面，"L"形的机架顶部，装有加压的液压顶缸或顶辊的轴承座，借大断面的方键和螺栓，与机架紧紧地固定，形成"C"形架。图7-24中Ⅰ-Ⅰ和Ⅱ-Ⅱ为机架的危险断面。在机架中，最大应力一般是由最大线压力所引起的。如果辊筒数目超过16个而最大线压力不高时，在悬吊除底辊之外的所有辊筒和轴承重量时，将在Ⅱ-Ⅱ断面出现最大应力。在弯矩作用下的弯曲应力：

图7-24 机架

$$\sigma_{\mathrm{I}} = \frac{FLL_{\mathrm{I}}}{J_{\mathrm{I}}} + \frac{F}{A_{\mathrm{I}}} \leq [\sigma] \tag{7-4}$$

$$\sigma_{\mathrm{II}} = \frac{FlL_{\mathrm{II}}}{J_{\mathrm{II}}} + \frac{F}{A_{\mathrm{II}}} \leq [\sigma] \tag{7-5}$$

作用力 $F$（单位为N）可用下式表示：

$$F = \frac{(\gamma_1 - \gamma_2)b}{2} \times 10^3 \tag{7-6}$$

式中　　$\gamma_1$——最大工作线压力，KN/m

　　　　$\gamma_2$——底辊上辊组自重产生的线压力，KN/m

　　　　$b$——压光辊宽度，mm

　　　　$L,l$——作用力 F 分别与危险断面Ⅰ-Ⅰ和Ⅱ-Ⅱ中性轴的距离，mm

　　　　$L_{\mathrm{I}},L_{\mathrm{II}}$——Ⅰ-Ⅰ、Ⅱ-Ⅱ断面中任意一点至中性轴的距离，mm

　　　　$J_{\mathrm{I}},J_{\mathrm{II}}$——危险截面对中性轴的抗弯惯性矩，$mm^4$

　　　　$A_{\mathrm{I}},A_{\mathrm{II}}$——危险截面Ⅰ-Ⅰ和Ⅱ-Ⅱ处的截面积，$mm^2$

　　　　$\sigma_{\mathrm{I}},\sigma_{\mathrm{II}}$——危险截面处出现的最大应力，MPa

　　　　$[\sigma]$——机架材料的许用弯曲应力，MPa

当最大线压力不高，而辊重大时，应将除底辊之外的所有辊筒和轴承重量之和（单位N）代替 F 代入式（7-5）中，以求得 $\sigma_{\mathrm{II}}$。

### （四）升降台

在超级压光机辊组的前、后方各装有与压光辊等宽度的外、内升降台。通常升降台的最大载重约 200～300kg，升降速度约为 10～12m/min，升降台都配有安全制动装置。升降台的底部下方装有朝下的浮动假底，内设限位开关，在碰到障碍物或人时能使升降台自动停止。升降台行程的上下两端装有限位开关控制其行程。

升降台的传动有多种方式：

① 底部有由电动机带动旋转的螺母或小齿轮可使升降台沿螺杆或齿条升降；

② 在地坑下装有电动卷扬机或链轮，钢绳或链条通过定滑轮或链轮来使升降台升起；

③ 升降台以链条或钢绳与液压柱塞缸相接，借液压缸活塞的移动使升降台升降。这种驱动方式运转平稳，噪声较小。

升降台液压系统如图 7-25 所示。

该系统的特点是其上升阀为液动控制的常开阀，而下降阀是电-液控制的。当踏下"提升"按钮，要求升降台上升时，电动机即带动液压泵把压力油送出并经溢流阀调压，通过常开的上升阀流回油箱，但其中两小股压力油则由上升阀中的节流孔推动其阀杆慢慢地使阀锁闭。此时，因下降阀处于常闭状态，压力油便经过逆止阀进入液压缸使升降台无冲击地起动和上升。当抬起"提升"按钮时，油泵即停止供油，而逆止阀保持了油缸中的油压，使升降台停动。若踏下"下降"按钮时，电-液控制的下降阀中的电动先导阀通电，使油缸油路中的压力油经节流阀将下降阀慢慢打开，油缸中的液压油无冲击地经节流孔回流至油箱，使升降台下降。抬起"下降"按钮时，下降阀断电，阀又慢慢地恢复锁闭状态，升降台即停止下降。系统中的上升阀和下降阀都有缓冲作用，可以防止"提升""停止"和"下降"时产生的冲击。

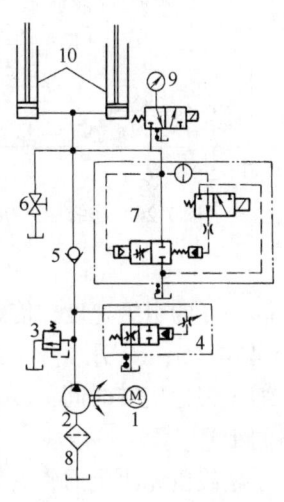

图 7-25 升降台液压系统
1—电动机 2—容程式液压泵 3—溢流阀 4—上升阀 5—逆止阀 6—截止阀 7—下降阀 8—滤油器 9—二位三通电磁阀 10—液压缸

（五）压光辊的加压、提升和快速脱辊机构

超级压光机上都装有液压或气动的加压、提升和快速脱辊机构。液压机构的特点是能产生高压力，压光辊能快速脱开和快速卸荷；气动机构虽然能快速卸荷，但不能产生高压，压光辊脱开相对较慢，一般仅用于中速和窄幅整饰的非涂布纸种的超级压光机上。

液压的加压提升快速脱辊机构中，提辊螺杆与顶辊轴承壳直接连接，活塞将顶辊提升时，螺杆上的螺母依次将各辊脱离接触和逐步提升，并在达到调定的最高位置后能被锁定。

快速脱辊机构在断纸时能使压光辊在 0.5～0.6s 内卸压并将压光辊快速分离，使软辊免受损伤。该机构有两种形式：

① 底辊轴承座安装在下液压缸的柱塞上（图 7-18）。在正常运转中，底辊位于最高点，而在断纸时，下液压缸迅速卸压，底辊借自重降落到有减震元件的支座上，而中间各压光辊借自重降落到装于顶辊轴承座上的悬吊螺杆的螺母上，从而使各辊分离；

② 由液压缸驱动一对啮合扇形齿轮旋转一定角度，通过连杆使底辊轴承座迅速升降。

（六）液压系统

液压系统是超级压光机的重要部分，液压系统的设计有多种形式，图 7-26 所示的为其中一种较典型的系统。

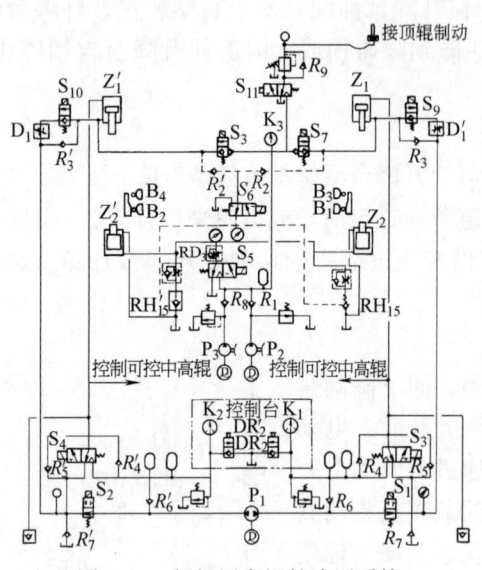

图 7-26 超级压光机的液压系统

该机左右两侧的机架分别安装有顶辊液压缸、底辊液压缸、油路和单独装设的液压站。系统由一台双向泵 $P_1$、连续运转且流量较小的高压泵 $P_3$ 以及间歇运转且流量较大的低压泵 $P_2$ 供油，利用电磁阀与电气程控或可编程控制器（PLC）完成压光辊的"加压""脱开""降压"和紧急停机等动作。为缓和各辊间的跳动，保持一定的压力并避免油泵过分频繁工作，装备了若干个蓄能器。顶辊液压缸的工作压力由装在控制台上的可调定压力的电接点压力表 $K_1$、$K_2$ 来调速，运动速度由节流阀 $D_1$、$D_1'$ 来调整。整个系统的控制过程应参照超级压光机的操作说明书来进行。

（七）传动与控制系统

1. 对传动和控制的要求

超级压光机对传动的要求为：a. 有 10～17m/min 的引纸速度，能延续 2～5min；b. 能平缓地调节工作车速，工作车速的调节范围是 1∶4～1∶5；c. 升、降车速时加速或减速度稳定；d. 配备有效的制动装置，以利于在停机时缩短惯性旋转时间；e. 工作过程中能自动保持张力恒定；f. 卷纸机工作良好，能卷出合格的纸卷。

超级压光机上通常有 2～3 个传动点，即辊组的底辊或一个中间辊以及卷纸机，有时还有退纸架。当有 10～12 个辊时，往往底辊为辊组的主动辊，在采用可控中高辊或快速脱辊机构时，主传动辊可能是第三辊或第五辊。用底辊作为主动辊时，辊间的总滑动大而压光效果较好，但纸幅经压光后的伸长率会增大。

超级压光机对电气传动控制系统的主要要求，除满足以上对传动系统所要求的之外，还应保证或实现：

① 超级压光机的机械、液压、气动、供热、冷却、润滑等全部系统的运行联锁，并确保运行安全、操作安全的控制；

② 停车状态或低速运行时，不能加压；加压时，主传动的动态响应要好，动态速降<3%，恢复时间<0.3s，退纸机构和卷纸机跟随主传动的性能好；加压后的压力自动保持稳定；

③ 按预定工艺参数指标和产品质量指标配置在线仪表和适当的控制系统进行检测、监控超级压光过程和产品质量；

④ 自动控制系统与人工控制系统的配置适当，切换便捷。

2. 张力控制与退纸架电气传动

低速超级压光机的退纸机构多用气动或液压制动器，也有用磁粉离合器以电气控制方式实现张力自动控制。

高速超级压光机的退纸机构常用可逆直流电动机驱动。当引纸和升速时，作电动状态运行，以产生加速力矩；当达到额定速度时，自动转换为发电状态运行，以产生制动力矩，同时把机械能转变为电能，转入电网；断纸时，退卷机构迅速制动。为了保持张力不变，常有以下几种调节方式：

① 恒磁调节。其原理框图如图 7-27 所示。

② 电流电势调节。退卷机构在基速以上工作时，由励磁调节器控制退卷电动机的电势 $E$ 为恒定值，只要再调节电枢电流为恒定，就能实现系统的张力恒定，故称电流电势调节，其原理框图如图 7-28 所示。

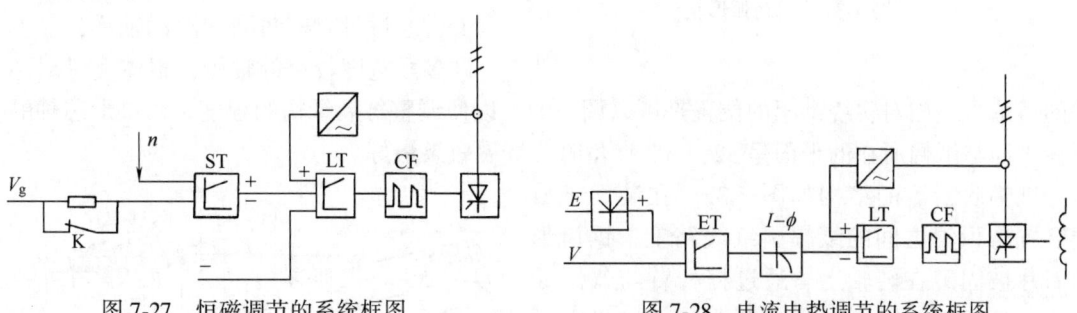

图 7-27 恒磁调节的系统框图　　　　图 7-28 电流电势调节的系统框图

③ 最大力矩调节　实际应用时是将上述两种调节方式结合起来，称为最大力矩控制方式，其原理如图 7-29 所示。

④ 压光辊组和卷纸机的电气传动控制系统。

超级压光机的压光辊组主动辊筒和卷纸机是超级压光机的两个传动点，有的超级压光机还配有湿润机或其他传动点，连同上述对退纸机构的传动控制，使超级压光机的传动控制系统构成如同造纸机一样有多传动点调速稳速控制系统。这种系统多采用数字模拟和数字控制以及可编程逻辑控制器、微型计算机等新技术，采用晶闸管直流电动机系统或变频交流电动机系统。在压光辊组的直流电动机控制系统中，需使电流调节器由 PI 调节器自动切换到小时间常数的 I 调节器，因而电流调节器要用电流自适应调节器。电流自适应调节器的形式很多，图 7-30 所示的为其中的一种。芯轴卷取形式的卷纸机的直流电动机传动采用减速状态的惯量补偿和预给定张力控制。

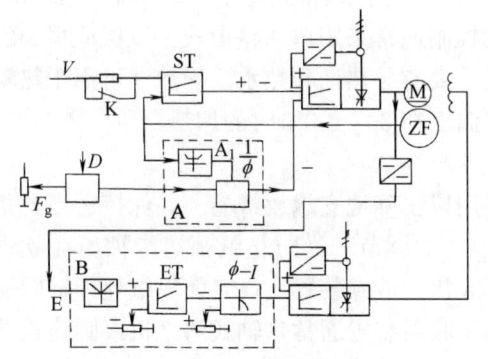 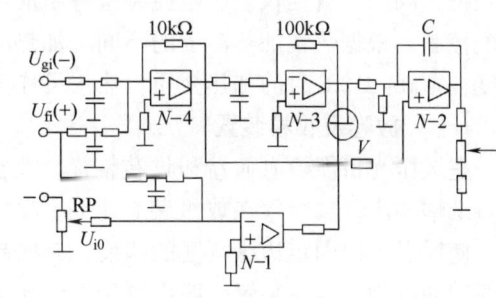

图 7-29 最大力矩调节系统框图　　　　图 7-30 电流自适应调节器

**（八）引纸辊、活动弧形辊、纸幅砍断器、纸粕辊搁架**

纸幅从放卷装置进入辊组、辊组前后和纸幅从辊组进入收卷装置时，均设有引纸辊。这些引纸辊除与造纸机、整饰设备上的引纸辊有相同的结构外，辊面中央向两端面还有左右旋向的凹槽螺纹条，用以舒展纸幅。在辊组前后的引纸辊的轴承座上，还有相对于压光辊中心可作水平方向和垂直方向调节的手动校正机构，用来进一步舒展纸幅并消除纸幅的起折。

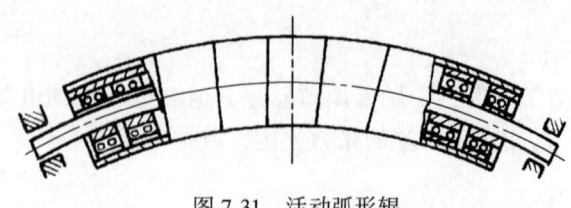

图 7-31 活动弧形辊

当纸幅从放卷装置进入辊组的顶辊、顶部的第二压区，然后从辊组引出并进入收卷装置时，均通过活动弧形辊，进一步消除纸幅的皱折。活动弧形辊的结构图见图 7-31。在弓形的芯轴上，通过带有密封圈的滚动轴承，套上许多段宽度较窄的辊体，辊体绕弓形芯轴的弓形平面相对包绕纸幅的位置是可以调节的，以便调整舒展纸幅的程度。当弓形芯轴的所在平面与纸幅所在的平面呈 32°~35°夹角时，舒展效果最好。

纸幅砍断器的结构如图 7-32。在装设于放卷装置与顶辊之间的纸幅引纸线路上，锯齿形的刀片被固定在转轴上，通过杠杆臂与气缸铰接，一旦纸幅在辊组中产生断头，通过光电开关与控制气路，纸幅砍断器快速将进入顶辊的纸幅砍断。防止断了头的纸幅缠绕在软辊上而导致软辊受损。

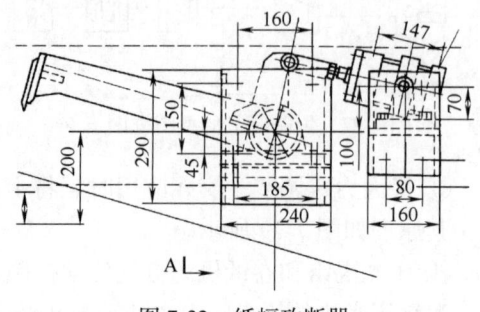

图 7-32 纸幅砍断器

如使用纸粕辊作为超级压光机的软辊时，在超级压光机辊组前的纸粕辊搁架可以储存一台超级压光机的数根纸粕辊，该搁架装有传动装置，使存放的纸粕辊保持缓慢速度回转，可防止辊筒弯曲或辊轴变形以及因纸粕辊面的表面水分积聚在辊面下侧而引起变形的问题。带动纸粕辊缓慢旋转的机构一般有两种形式：一是带齿轮减速箱的电动机，通过减速箱输出轴上的皮带传动，带动各纸粕辊旋转；二是带齿轮减速箱的电动机，通过减速箱输出轴上的链轮、链条及各纸粕辊上的链轮，使纸粕辊旋转。

（九）加热/冷却系统

加热/冷却系统主要是供给热辊以必要的热量。该系统主要由加热器、冷却器、循环泵、膨胀槽、阀门、自控仪表、电控装置等组成。温度控制通常采用单回路形式，以保证精确的温度控制。根据热辊加热温度的不同，加热的介质主要有导热油和热水。导热油可用于热辊温度在 100~250℃时的加热介质。热水可作为热辊温度在 80~120℃时的加热介质。

（十）放卷及收卷装置

超级压光机需要有放卷和收卷装置。放卷装置用以正确地支承放纸卷，并保持适当的张力将纸幅输出。放纸卷在放纸装置上可作轴向和锥度的调节。为防止纸幅边缘被压在软辊上，使后者压出固定边缘宽度的印痕，有些超级压光机的放卷装置还设有使放纸卷作轴向返复摆动的机构。放卷装置一般设置于近辊组的顶部。收卷装置通常是轴式卷纸机或圆筒式卷纸机。

为了使纸幅具有所需的张力，放纸卷的卷纸辊要联接制动器，其另一个作用是当纸幅断头时能在短时间内制动放纸卷，以尽量减少损纸量。现代超级压光机的放卷装置，一般都采用纸幅张力自动控制系统。

制动器通常分为机械和电力两种形式，前者如带式、盘式、片式以及手动、气动和液压的制动器等，后者如发电机再生制动等。磁粉制动器可以归入电力驱动的机械类型的制动器。在机械制动器中因利用摩擦力进行制动，必然存在热损失，因此必须充分注意散热的问题。在选用制动器时，应考虑到纸幅强度能否承受启动加速时所引起的启动张力。

超级压光机上采用的圆筒式卷纸机与造纸机上采用的并没有什么两样，都具有纸幅张力易于控制、纸卷紧度适合要求的特点。因此，不必采用在造纸机上因连续运行而设的换卷纸辊引纸摇臂及其回转机构，结构可以简化。

## 第七节　宽压区压光机

从硬辊压光机到软辊压光机，压区宽度有一定程度的加大。受材料和设备结构形式的限制，采用软压光技术进一步加大压区宽度是有一定困难的。为了适应纸张质量要求和纸机车速不断提高的发展趋势，诞生了压区宽度显著提高的宽压区压光新技术。其中比较有代表性的是 Vioth 公司的靴式压光机和维美德的 ValZone 金属带式压光机。

### 一、金属带式压光机

ValZone 金属带式压光机是维美德公司开发的新一代宽区压光机。2006 年，第一台 Val-Zone 带式压光机在涂布纸板厂成功投入运行。我国的恒塔仁恒纸业和太阳纸业两家造纸企业先后采用该技术用于纸板和文化纸的生产。与传统的短停留时间的压光方式相比，金属带式压光能获得更好的表面外形和印刷适印性；另一方面，这种压光方式在达到纸张表面性能的条件下，还能提供更好的松厚度和挺度，因而能节约纸和纸板生产的原材料成本。

#### （一）金属带式压光机基本结构和主要部件

金属带式压光机的整个设计结构紧凑，在纸机方向上仅需要几米的空间。它由 1 个可加热的大压辊（加热辊），一条将纸幅包覆于压辊上的金属带，3 根用以引导和加热金属带的导辊，以及将金属带压紧于大压辊以达到纸幅压光目的的小压辊（挠度补偿辊）组成。纸幅进入金属带与大压辊形成的包覆区内时，在金属带张力所提供的压力挤压下被单侧或双侧加热。当纸幅经包覆区近一半时进入由大小压辊形成的压区，在高线压力下完成压光操作。在其后的另一半包覆区内，纸幅继续被轻微挤压加热直至离开包覆区。金属带式压光机的构造及主要部件见图 7-33。

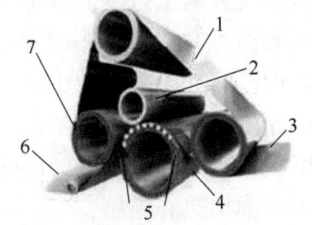

图 7-33　金属带式压光机
1—平滑和热的钢带　2—倾斜补偿加压辊　3—纸幅出口
4—热辊　5—压光区　6—纸幅进口　7—热钢带导辊

金属带式压光机上的热辊与传统压光机加热辊具有相同的结构。该辊子周围钻孔通过循环热油加热。热辊的直径很大，以适应辊筒高负荷加热能力的要求。可加热的钢带厚度约 0.8mm；采用强度很高的材料，钢带的表面特性与热辊的一致。中高补偿加压辊采用自加压方式，不需要独立的加压缸，仍可产生良好的横幅特性，与常规的压光机相比，金属带式压光机的线压力较低些。

#### （二）工作原理

金属带式压光机具有压区长、线压力低、压光时间长的特点。其长度可达到 1000mm，是软压光机压区长度的 100 倍，是靴式压区可获得最大长度的 3 倍。由于压区非常长，在塑形阶段只需要很轻的压力，约是软压光机压力的 10%~20%，预处理和后处理阶段的压力比靴式压光的要低很多。相对延长了的停留时间和压光区的高热能使纸幅表面有效塑化，被塑化的纸幅只需要轻微的压力即可达到压光要求。带挠度补偿的加压辊向热辊加压，可以对纸幅施加额外的压力,并使被压纸幅横向受力均匀。这种压光方式可用于改善纸张厚度,降低压光后纸张的物理性能在横向上的差异,如松厚度、平滑度、光泽度等。

金属带式压光是唯一的同时对纸幅两面对称压光的工艺,因为热量能同时作用在纸幅的两面,热是最有效的压光因素。在硬压光、软压光和靴式压光中,每个压区只有一面能被加热,因此在传统的压光技术中,要实现对称压光,需要 2 个或更多压区。金属带式压光机热辊和金属带表面的温度可以进行单独调节,压光后的纸幅粗糙度两面差可被降到很小。

如图 7-34 所示,金属带式压光机压区可以分为 3 个明显的组成阶段:a. 预处理阶段;b. 塑形阶段;c. 后处理阶段。

在预处理阶段,只有轻微的压力（0.2MPa）通过金属带的张力作用在纸幅上。预处理阶段的主要目的是加热纸幅并使之塑化,此过程中纸幅的厚度略有减少。压光的主要作用产生在塑形阶段,压力补偿辊施以额外的压力以获得需要的纸幅厚度和平滑度,在这个阶段也可以控制横向厚度分布。由于纸幅在预处理阶段已经被塑化,塑形阶段只需要轻微的压力作用。这实现了最小的厚度损失和最大的平滑度增加程度。后处理阶段的作用是稳定压光结果。通过金属带张力（0.2MPa）减少压光压力,热处理以受控的方式连续进行。与传统压光机相比,纸幅的弹性回复行为减少了。

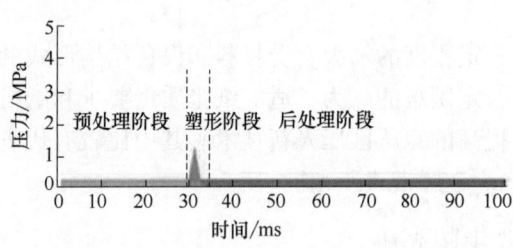

图 7-34　金属带式压光机的压区压力分布

（三）影响压光质量的主要因素

金属带式压光机的加热温度不宜太高。因为高的加热温度不但消耗大量热能,而且使得纸张厚度方向上过多的纤维处于软化温度以上,从而造成压光后过多的松厚度损失。对于纸板压光而言,单面加热配置要优于双面加热。但是单面加热会造成压光后纸板表面出现严重的两面差。如果为了减少两面差而采用双面加热配置,此时应降低压光机进纸温度以达到最佳压光效果,这样可以使纸板芯层温度在带压区内保持低于纤维的软化温度,从而可以在提升纸板两面的表面性能的同时,极大地保护其松厚度。由于延长了纸张的加热和施压时间并且是对称加热和施压,可以防止纸张的卷曲倾向。在实际操作中,大压辊通常并不加热或只加热到较低的温度,而金属带则通常会被包覆区前后的导辊加热到较高的温度。

由于 ValZone 金属带式压光机有很长的压区停留时间,传热效率高,因而可以提高进入压光机的纸幅的水分。压光期间的高水分含量对于纸张的塑化起着重要的作用。有效塑化的表面可以降低表面粗糙度、改善印刷质量并降低压光后回变粗糙的倾向,同时还达到了非常高的松厚度和挺度,并且降低了对外部润湿设备的需求。提高压光的纸幅水分可以节省纸机干燥设备的配置或提高纸机的运行速度。

ValZone 带式压光机有一个关键特点,它可以用一个控制参数,即横幅调节区的压力进行控制。其他参数如加热、钢带的张紧力、压区滞留时间和纸张水分含量都可以保持不变。该设备对过程变化不敏感并且容易做到可重复。另外,该压光机只拥有极少数量的元件和较少的磨损部件,需要的维护非常少,使用寿命长。

金属带式压光机最初应用于纸板的热压光并取得了很好的压光效果。其在提升纸板表面性能的同时,能够很大程度地减少纸板松厚度损失。这样,在保持纸板厚度不变的情况下,可减少纤维原料用量,从而相应地降低整个造纸过程的能量消耗和对木材资源的需求。由于提高了松厚度，在同等挺度指标下，产品可降低 2%~3%的定量。金属带式压光机应用在文化纸生产领域可提高纸机车速，生产出的产品表面细腻、手感好。

## 二、靴式压光机

20 世纪 90 年代，Vioth 公司在靴式压榨和软压光技术的基础上，开发了靴形压光技术。其原理是基于水分梯度效应和温度梯度效应。试验中压光辊的表面温度最高可达 200℃。由于压区宽度越宽，压光的效果越好，升高压区温度会进一步增强压光效果。因此可在较低的线压力下，获得较高的松厚度。

硬压光压区宽度非常小（5~10mm），因而纸幅在压区内的停留时间非常短，而压区压力非常高。软压光压区较宽，因其辊筒表面包覆了一层柔软的聚合物（7~20mm）。与硬压光相比，纸幅在软压光压区停留时间较长，且压区压力较低。但尽管如此，纸幅在压区内的停留时间依然较短。软压光的压区宽度取决于压光辊的直径、辊表面包覆的聚合物的硬度以及纸幅的厚度，靴式压光机的压区宽度明显大于硬辊压光机和软辊压光机。靴式压光机的压区宽度取决于靴的宽度。中试和生产规模的靴式压光机，压区的宽度范围在 40~280mm，纸幅在压区的停留时间大概是软辊压光机的 5~30 倍，如此长的停留时间足以使纸幅温度明显升高。因此，靴式压光机仅需要轻微的压力（通常为 0.5~5MPa）即可达到压光的要求。

# 第八节 卷 纸 机

卷纸机位于造纸机的末端，用来将纸幅卷成纸卷。卷纸机的性能好坏，直接影响着纸或纸板的卷取紧度和质量以及造纸机的生产效率，并影响贮存和后续的加工性能。

卷纸机按照其卷取原理，可分为轴式卷纸机及圆筒式卷纸机两大类。大多数纸机上采用的是圆筒式卷纸机，它操作方便、能卷取较大直径的纸卷。在较低车速或者涂布机上也采用轴式卷纸机的。轴式卷纸机可借改变纸幅张力来调整卷取的紧度，卷取纸卷直径相对较小，所以在低速的、对调整纸卷紧度要求较高的、特别是需要纸卷较松的造纸机上，或者需要在造纸机上把纸幅纵切成两个或多个纸卷时，仍多采用轴式卷纸机。

在轴式卷纸机卷取纸幅时，每幅纸至少要配用两套卷纸机构和两个卷纸轴，以便轮流使用。

## 一、影响卷取质量的因素

卷纸质量的要求主要是纸卷达到均匀的紧度，太松的纸卷在保存时容易变形，容易在卷纸轴上产生位移，然后在复卷机上复卷时，由于回转不均匀、有震动，纸幅所受拉力不一致，会增加纸幅断头的机会。如纸卷卷得过紧，容易在纸幅中产生很大的应力，退纸时会使纸幅弹性变形小，也同样会增加断头的机会。

以缠卷成纸卷的纸层之间的比压（单位 MPa）来表示卷纸紧度是较正确的，其紧度可分为内紧度和表面紧度。内紧度是以在较厚的纸卷中纸层之间形成的径向压力来表示的；而表面紧度则是以在缠卷时上层纸作用于下一层纸的径向压力来表示。卷取质量的指标应该选择内紧度。表面紧度在数值上等于纸幅张力与卷绕半径之比。如要保证表面紧度沿纸卷半径方向均匀一致，则纸幅张力应随纸卷半径的增加而增加。

由于表面紧度与内紧度之间的数学关系很复杂，内紧度通常是按照试验方法来决定的。

为此在卷取过程中从纸卷端面把一些薄钢片（厚 0.01~0.03mm）插至 80~100mm 的深度。在卷取完毕后用测力计测出这些薄钢片而得出所需用的力 $F$（单位为 N）。则内紧度等于：

$$p = \frac{F}{2fbl} \tag{7-7}$$

式中　$p$——内紧度，MPa

　　　$f$——纸片薄片间的摩擦因数（通常 $f$ = 0.1~0.15）

　　　$b$——薄片宽度，mm

　　　$l$——薄片插入部分的长度，mm

试验结果表明：在纸卷中任一层的内紧度，仅与其后缠卷的为数不多（10~60）的纸层有关。

在轴式卷纸机上，卷纸紧度决定于卷纸机前的纸幅张力。在一定范围内，张力越大，卷纸紧度越大。在圆筒式卷纸机上，卷纸紧度主要决定于纸卷与卷纸缸之间的线压力，其次在较小的程度上决定于卷纸机前的纸幅张力和纸卷压在卷纸缸上引起的径向变形量。纸卷径向变形量除与线压力有关外，还与纸卷的弹性模数以及纸卷和卷纸缸的直径有关。

卷纸机必须满足的运转过程可用两个独立的方程式表示：

卷取所需的力矩 $M$（N·m）：

$$M = Fr \tag{7-8}$$

式中　$F$——纸幅的张力，N

　　　$r$——纸卷半径，m

卷纸轴运动的转速 $n$（r/min）：

$$n = \frac{v}{2\pi r} \tag{7-9}$$

式中　$v$——纸幅速度，m/min

卷纸机一般要满足两个要求：一是卷取过程中从始到终必须保持纸幅的张力稳定，这是最重要的，亦即卷取所需的力矩随纸卷半径增大而成比例地增大；另一个是卷取线速度保持稳定，亦即卷纸轴转速随着纸卷半径增大而降低。此外，还必须满足作用力等于反作用力这个平衡条件，也就是卷取电动机的强制拉力等于压光机或退纸卷的制动拉力。

由于纸幅的张力 $F$ 和纸幅速度 $v$ 等于常数，因此卷纸的有效功率 $P$ 可表示为

$$P = M\omega = Fv = 常数 \tag{7-10}$$

式中　$\omega$——卷纸轴的角速度，rad/s

## 二、圆筒式卷纸机

圆筒式卷纸机属于表面卷取的方式，缠卷的纸卷被压靠在被驱动的卷纸缸上，借助摩擦力带动来卷纸，卷纸缸面的线速恒定，使纸卷有均匀的卷取紧度。

传统的圆筒式卷纸机结构如图 7-35 所示。

### （一）工作原理

圆筒式卷纸机借助纸卷与卷纸缸压区中的摩擦力而使纸幅产生张力，纸卷的质量是半径和纸幅特性的函数，当纸幅张力不变时，则所需力矩 $M$（N·m）。

$$M_0 = Fr_0 = 常数$$

由于这种卷纸方式唯一依靠表面摩擦力来维持运行，所以可以按照卷纸的实际需要，立即产生最大的可以达到的张力。

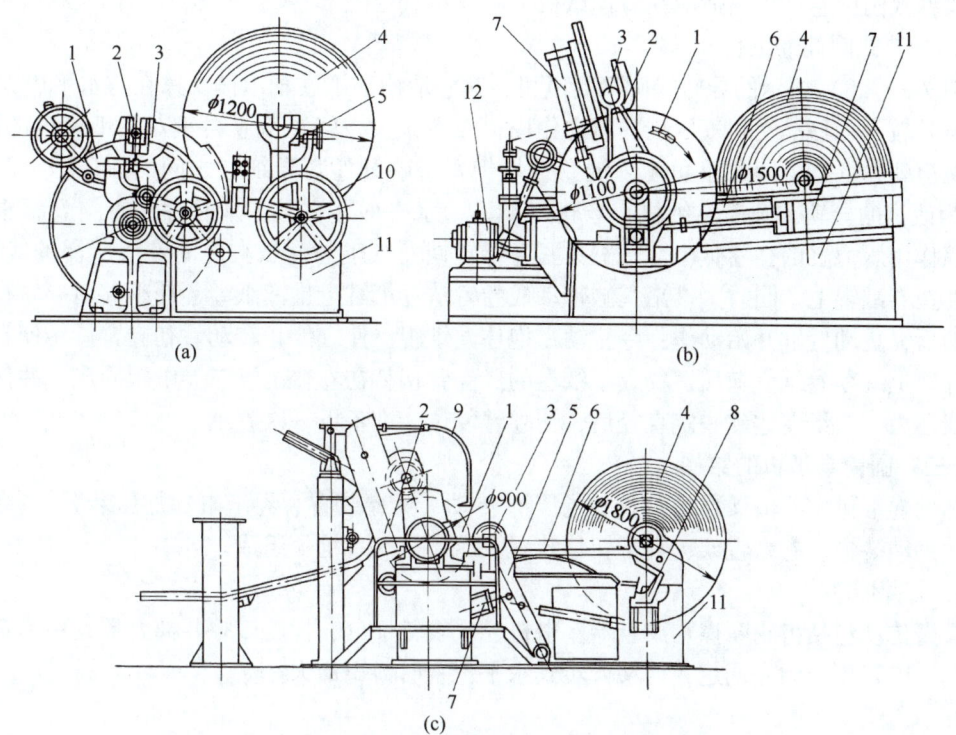

图 7-35 传统的圆筒式卷纸机结构
(a) 摇臂式 (b) 导轨式 (c) 改进的导轨式
1—卷纸缸 2—初卷臂 3—卷纸辊 4—纸卷 5—成卷臂 6—卷取轨道 7—液压缸
8—制动装置 9—吹风管 10—移送纸卷装置 11—机架 12—手轮

## （二）主要类别

圆筒卷纸机可分为摆臂式［如图 7-35（a）］、导轨式圆筒卷纸机［如图 7-35（b）］以及改进的导轨式圆筒卷纸机［图 7-35（c）］。

### 1. 摆臂式圆筒卷纸机

摆臂式圆筒卷纸机如图 7-35（a）所示，由卷纸缸、初卷臂、成卷臂、摆臂摆动装置和机架等组成。其卷纸缸的驱动都包括在所在的机组，如造纸机、涂布机等的传动系统之内。更换纸卷时，初卷臂被摆动装置的手轮摆到规定位置，使初卷臂内的卷纸辊压在卷纸缸上，纸幅被引到辊上并开始卷纸。同时，快速将纸卷调走，并用手轮摆动成卷臂，将叉口压到卷纸辊上。当纸卷达到一定的直径时，将初卷臂复位，并吊装新的空纸辊准备下一次卷纸。在这种卷纸机上，纸卷同卷纸缸间的线压随被卷纸质量的增大和摆臂位置的变化而改变，压区压力为：

$$p_n = \frac{\cos(m_p + m_r)}{\sin(\alpha + \beta)} \tag{7-11}$$

式中 $\alpha, \beta$——摇臂位置所决定的夹角，随时间而变化，(°)

$m_p$——纸卷的质量，为时间的函数

$m_r$——卷纸辊的质量

$p_n$——压区压力，随时间变化的变量，它将使纸卷内外松紧不一，且无法调节摆臂式圆筒卷纸机只适应在低速纸机上卷取小直径的纸卷。

2. 导轨式圆筒卷纸机

图 7-35（b）所示的导轨式圆筒卷纸机，其卷取中的纸卷轴承被支撑在与水平成大约 4°的倾斜导轨上，移动受到气压缸的压力作用，因而大大减轻了纸卷自重对卷纸紧度的影响。由于轨道朝卷纸缸下倾的小角度，纸卷重量仍要影响纸卷与卷纸缸之间的线压力。图 7-35（c）为改进的导轨式圆筒卷纸机，导轨工作段为水平面。在其作业程序中，空卷纸辊放入设有双作用压力缸的初卷臂中，气缸夹紧卷纸辊使卷纸辊与卷纸缸之间产生所需的线压力，将纸卷在卷纸辊上。同时，推出气缸带动成卷臂从卷纸缸上推离纸卷，使纸卷沿导轨行至端处。随后，止动气缸开始动作，令止动瓦抱住卷纸辊，使之停止转动。初卷臂旋转使卷纸辊移到导轨上继续卷纸。随后，释放了纸卷的成卷臂接替初卷臂继续对卷纸辊施压，并保持恒定的线压力。当纸卷达到一定直径后，初卷臂复位，准备下一次卷纸。

### （三）圆筒卷纸机的结构

圆筒卷纸机主要由叉臂（亦称初卷臂）传动、叉臂装置、卷纸缸、加压装置、卷纸辊、机架、助动装置、卷纸辊架、辊子转移装置及压缩空气系统等组成。

1. 叉臂传动

叉臂传动包括齿轮摩擦片离合器、电机及底轨三部分，齿轮摩擦片离合器是由弹簧压在一起的，弹簧压力预先调定，当叉臂转到水平位置时力矩最大。

2. 叉臂

叉臂及扇形齿轮组合安装在轴承座上，叉臂与铅垂面夹角 10°左右时，卷纸辊被加速，再转约 21°左右，卷纸辊与卷纸缸接触后才开始卷纸。叉臂上装有带开关型的气缸，通过气缸控制压块压紧或松开卷纸辊轴承，叉臂旋转的各位置均由接近开关控制。

3. 卷纸缸

卷纸缸两侧轴的材料通常为 45#钢，采用双列向心球面滚子轴承支撑。卷纸缸的冷却水由管接头及气水进入管上的孔进入，循环水的排放由气管通入压缩空气从与缸同步旋转的排水斗排出。

4. 加压装置

主加压动作是由加压气缸完成的。它带着摇臂来回摆动，摇臂带动压轮压紧卷纸辊轴承，使卷有纸幅的卷纸辊与卷纸缸之间产生压力，其值由气缸进气压力决定。

5. 卷纸辊

卷纸辊筒由无缝钢管制成，两边闷头与轴采用过盈配合，传动侧装有钢制花键联接盘，可与复卷机、切纸机等设备的联轴器联接。

6. 机架装置

机架两侧的箱座一般为铸件，加压气缸固定在横穿箱座的轴上，横梁为钢焊接结构，其与箱座等用螺栓连接，止动气缸用支座安装在横梁上。在卷纸过程中，卷纸辊轴承外壳在导轨上滑动，导轨与横梁用螺栓固定并用圆锥销定位。导轨上安有缓冲器。横梁、立柱均采用矩型钢与钢板焊接。

在卷纸缸的底部设有刮刀装置，以清理缸面，防止纸幅缠绕在卷纸缸上。

## 三、卷纸机的发展和现代化

为了适应现代高速、宽幅纸机的要求，现代先进的卷纸机的结构和控制系统也出现了较大改进，纸卷的更换过程实现了自动化。

（1）卷纸缸的表面处理

高车速纸机容易在纸幅和卷纸缸之间产生气袋，继而造成纸页褶皱甚至破损。为了控制气袋干扰，现代纸机的卷纸缸上开有沟槽，为气流的扩散提供通道。沟槽一般从卷纸缸的中心开起，以螺旋线的形式向两端延伸。

另外，卷纸缸的表面还涂覆了提高摩擦力的涂层，有利于增加压区压力。

（2）纸卷自动更换

现代卷纸机实现了纸卷的自动更换，使纸卷更换时带来的废纸损失更少，减轻了操作工的劳动强度。通常在卷纸缸前上方设有空卷纸辊的储存架，卷纸辊被吊在龙门机架上，待需要时由气缸推动机械手往上接辊。机械手接到辊后，接卷纸辊的气缸慢慢收回活塞杆，把卷纸辊放入叉臂内，完成接辊动作。更换纸卷时，采用程序控制系统按引纸、上卷、卷纸及移动纸卷等顺序实行纸卷自动更换。图7-36演示了一种现代卷纸机纸卷的更换过程（见图7-36中1~4步骤）。

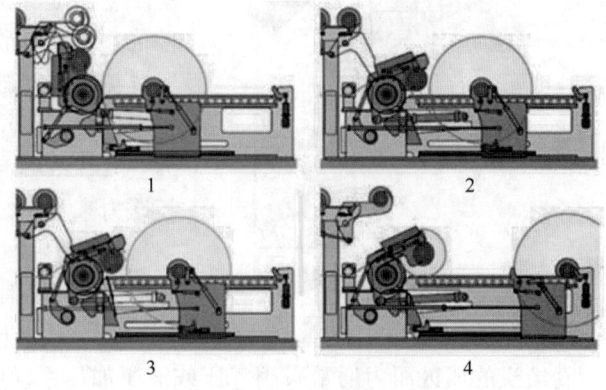

图7-36　纸卷更换过程

目前，现代卷纸机的次卷臂的结构有两种：一种是摇臂式，如图7-35所示。摇臂式次卷臂受摆动幅度的制约，难以卷出大直径的纸卷；另一种是滑动座式次卷臂，如图7-36所示。从图7-36中可以看出，卷纸的直径已不再受次卷臂的结构影响。

（1）拾纸装置

拾纸装置是为了实现纸卷自动更换而采用的纸幅切断和转移到空卷纸辊上的装置。在幅宽较小的纸机上常采用压缩空气喷嘴从纸幅的一侧吹向另一侧，吹断的纸幅缠绕在新更换的空卷纸辊上。另一种拾纸的方法是，先将卷成的纸卷离开卷纸缸一定距离，然后降低纸卷的转速，松动的纸幅会在压缩空气的辅助吹动下缠绕在已经压在卷纸缸上的空卷纸辊上。一种更新式的拾纸装置为鹅颈拾纸器（gooseneckdevice），如图7-37所示。该装置包括一套龙门式的钢构机架，在中间有一根圆弧形气管，其端部有畚斗型风嘴。此弧形气管依靠气缸可作回转。在需要更换纸卷时，切纸刀向运行中的纸幅切一个口，弧形气管头上风嘴对准切口吹气，使纸幅离开缸面并飘移到旋转着的空的卷纸辊上，换卷过程结束。倘若遇到坚韧的纸或板纸，在设计中考虑到在切纸刀后方，配置两把有绳索气缸向左右两边移动的划刀，使切纸刀切开飘起的纸幅形成倒V字形，便于纸幅飘到卷纸辊上。

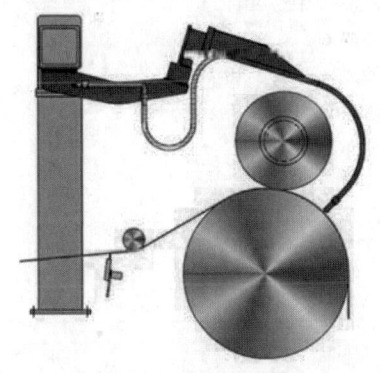

图7-37　鹅颈拾纸装置

（2）卷纸辊及其中心辅助传动

现代卷纸机倾向于选用大直径卷纸辊，辊面涂覆高分子聚合物或橡胶。大直径的卷纸辊有利于纸卷的初卷,并且减轻成品纸卷中作用在纸棍底部纸层上的压力。

除了卷纸缸的驱动系统外,现代卷纸机还配有驱动卷纸辊的中心驱动装置。初卷臂上的卷纸辊在压向纸面以前,要在初卷中心驱动下先加速到与纸幅相同的速度。随后由次卷中心驱动在卷纸的全过程中对卷纸辊施加适当的扭矩,以满足大直径纸卷在高车速下的动力需求。对于刚离开卷纸缸仍在高速转动的纸卷,次卷中心驱动还可用于纸卷的辅助制动。中心驱动减少了纸卷更换引起的纸幅张力控制波动,并在卷纸全过程中提供辅助动力,实现表面和中心卷纸相结合的卷纸方式,有利于形成良好的纸卷内部结构。

(1) 气膜张力检测装置。

采用称重元件的张力检测装置在信号转换时易受温度、振动和机械力的干扰,影响检测值的精度。一种称之为空气膜张力检测器(图 7-38)的张力检测装置避免了上述缺点。这种张力检测器是在纸幅下设置一根横梁,横梁与纸幅的接触面上有气孔,从中吹出的空气在纸幅与横梁之间形成一层气膜,通过检测气膜压力来测量纸幅张力的大小。这种张力传感器直接测量纸幅的张力值,实现了设定值与测量值的直接比较,提高了控制精度。

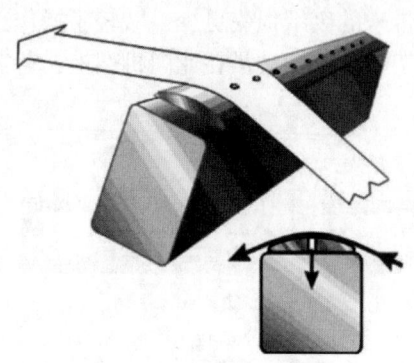

图 7-38 空气膜张力检测装置

(2) 压区压力的控制

卷纸机的压区压力通常采用气压或液压加压系统控制。随着纸卷直径的要求越来越大,现代卷纸机更多地采用了液压形式。液压系统可以产生更大的压力并且控制精度更高。

另一种形式的卷纸机取消了初卷臂,而将卷纸辊固定,通过移动卷纸缸来实现卷纸。这种设计消除了卷纸辊自重及不断增加的纸卷重量对压区压力的影响。

压区压力控制通常通过调节加压缸的压力来实现。加压缸和卷纸辊支撑装置的摩擦力等因素经常影响压区压力的控制精度。现代卷纸机配有直接检测压区压力的装置,提高了控制精度。

## 参 考 文 献

[1] 陈克复,主编. 制浆造纸机械与设备(下)[M]. 3 版. 北京:中国轻工业出版社,2011.
[2] 徐建忠,罗强. 软压光机的使用及维护 [J]. 中华纸业,2010,31 (8):65-66.
[3] 刘超峰,等. 压光辊辊面的保护措施及其修复技术 [J]. 纸和造纸,2009,28 (11):18-21.
[4] 罗俊,黄百文. OptiLoad 8-6840 多辊软压光机的工艺控制 [J]. 中华纸业,2005,26 (1):37-40.
[5] 刘俊杰. SC 纸的在线和机外压光技术 [J]. 国际造纸,2006,25 (5):1-5.
[6] 蒋伟. 软辊压光机在低定量涂布纸生产中的应用 [J]. 中华纸业,2000 (4):33-34.
[7] Jorg Rheims,Rudiger Kurtz. NipcoFlex. 靴式压光机的开发 [J]. 中华纸业,2006,27 (3):33-35.

# 第八章 切纸机及复卷机

## 第一节 切 纸 机

最初的纸是以单张形式手工生产的,机械化生产将之变成了无端的连续纸页。在市场上,一直有相当一部分的纸,如书写纸、高级印刷纸、包装纸等是以平板纸的形式销售的。在印刷领域中,采用平板纸的印刷生产具有设备简单、投资低、经营灵活的特点;此外,个别纸种采用平板纸印刷更有优势,比如定量较高的纸板;小型化的喷墨和激光印刷设备使得办公室或家庭中的印刷量增加,其采用的纸张主要是平板纸形式,这些因素使平板纸张占据着一定的市场份额。

切纸机一般布置在造纸机之后,将卷筒形式的纸卷切成平板纸。从造纸机上卷取的纸卷可在幅宽对应的切纸机上直接切成平板纸,而高速宽幅造纸机的下机纸卷的幅宽和直径往往过大,需要先经过复卷机分切成尺寸合适的小纸卷,再送入切纸机分切。有时市场上对平板纸的规格数量等需求存在不确定性,可能要先将复卷完成的纸卷存入中间库,再待机调出切成平板纸也是一种生产调节的常用方式。

分切卷筒纸的切纸机,按其工作原理可分为两种形式:闸刀式和回转式(刀辊式)。当前造纸厂的完成工段多配备回转式切纸机。回转式切纸机按横切机构的不同有两种基本形式:

① 单辊刀切纸机,又称甩刀切纸机。它的横切装置有一把转动的辊刀,对着一个固定的底刀来剪切纸幅。

② 双辊刀切纸机,又称同步辊刀切纸机。它的横切装置用两把同步旋转的辊刀剪切纸幅。切纸机按所配的横切机构的数目又分为单组、双组和三组切纸机等。每组横切装置可同时各切一种规格的纸张,这样双组横切装置可同时切出两种规格的纸张,以此类推。一般配备单组及双组横切装置的回转式切纸机最为常见。分别见图 8-1、图 8-2。

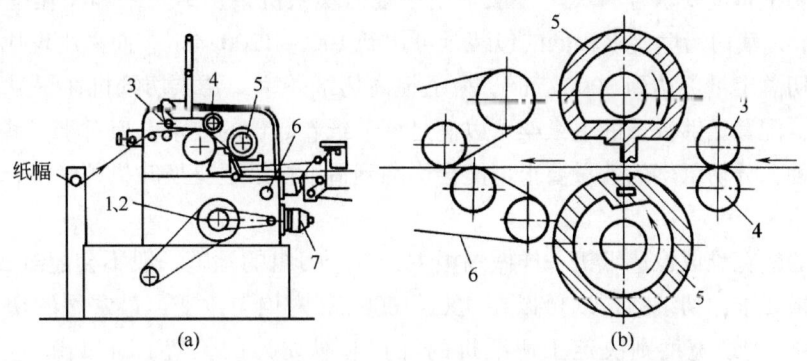

图 8-1 单组单辊刀(a)和单组双辊刀(b)的横切装置
1、2—主传动及无级变速箱 3—纵切装置 4—送纸辊 5—横切装置 6—送纸带 7—主送纸带传动

切纸机的前部是放置纸卷的退纸架,退纸架上有精确调整纸卷位置的机构。高速切纸机的退纸架上还配有纸张张力调节装置和纸卷制动装置。有的退纸架直接承载从纸机上卷取的

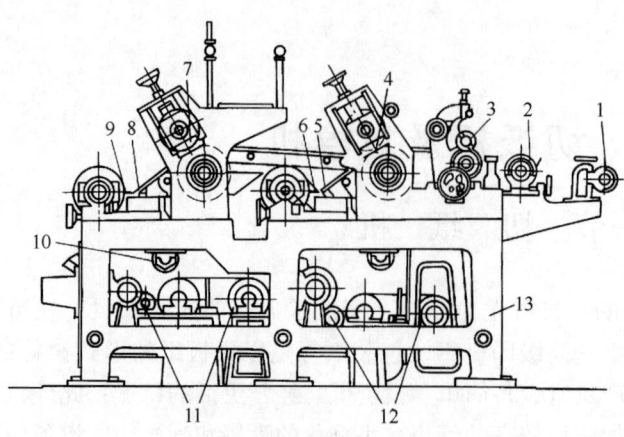

图 8-2　双组单辊刀的横切装置

1,2—1#、2#引纸辊　3—纵切装置　4,7—1#、2#送纸辊
5,8—横切底刀　6,9—辊刀　10—出纸传动辊
11,12—2#、1#变速系统　13—机架

纸卷,而经过复卷分切的纸卷需要先从纸芯管中穿入涨轴,再吊装到退纸架上,配有纸卷卡盘的退纸架可以直接支撑无轴的纸卷。

从纸卷上退出的纸幅经过送纸辊后输送到横切装置。运行时纸幅的牵引力来自送纸辊,送纸下辊的线速度决定了切纸机的速度。切下的纸张经送纸带快速传递到接纸台,由人工理齐纸垛,纸垛达到一定高度后移出接纸台转入下道工序。在高速切纸机上,送纸带分高速带和低速带两部分。高速带的速度比切纸速度快一些,纸张在高速带上是以间隔一定距离平铺的,而在低速带上是以搭接的方式堆累起来的,即后切下来的纸张以其一部分长度盖在先切下来的纸张之上。低速带的速度随切纸机可在一定比例内调节,以改变纸张的搭接长度。高速切纸机配备了静电消除装置、纸张计数、插签、接纸插板和自动理纸装置,集切纸与选纸功能于一体的切选机还配备纸张缺陷检测和不合格纸张剔除装置,以减轻下道工序的劳动强度。

切纸机的车速可调,以满足引纸和停机的需要及适应纸种的特殊要求。引纸的车速一般为 10~20m/min,正常停机时需先逐渐降低车速,以减小纸卷惯性。按照工作车速的不同,切纸机可分为低速和高速切纸机。低速切纸机车速一般不超过 100m/min,结构简单,造价低,在一些低产量的纸种上有一定应用。高速切纸机的车速一般大于 120m/min,现代自动化程度较高的切纸机车速能达到 300m/min 或以上。

一次性分切的各卷纸的定量构成了切纸的总定量。切纸总定量的大小与切纸机的结构性能、纸种、切纸精度要求等有关。一般采用单辊刀切纸机裁切书写纸和文化纸的总定量为 500~600g/m$^2$,裁切精度要求较低的包装纸可达到 1000~1200g/m$^2$,而采用现代先进的双辊刀切纸机裁切总定量可达到 3000g/m$^2$。为了提高切纸效率,要求切纸机在尽量高的切纸总定量下运行,配置足够数量的退纸架可以满足调节纸卷数量的要求。但对于一些低速纸机或低定量的纸种,分切纸辊的数量要求可能会影响到造纸机纸辊更换时机的经济合理性,需统筹安排。

切纸机的幅宽难以像造纸机一样做到很大,单个刀组的幅宽一般不会超过 3000mm。根据成纸的规格要求,切纸的长度可以在 400~1600mm 内均匀改变,最常用的切纸长度规格 550~1300mm。切纸宽度则决定于切纸机的幅宽和纵切刀的位置,可以由最小值(200~300mm)变换到最大值,即纸幅的全宽。切纸机应保证成纸规格的高度精确,成纸切长和方正误差一般不大于公称尺寸的 0.2%。

表 8-1 及表 8-2 为国产单组单辊刀切纸机(单刀切纸机)和双组单辊刀切纸机(双刀切纸机)的主要技术特征,表 8-3 为自动化程度较高的高速切纸机主要技术特征。

表 8-1　部分国产单组单辊刀切纸机（单刀切纸机）的主要技术特征

| 项目＼型号 | ZWQ4 | ZWQ5 | ZWQ7 | H1760/150 | H2640/150 |
|---|---|---|---|---|---|
| 公称切宽/mm | 1092 | 1575 | 2362 | 1760 | 2640 |
| 最大切宽/mm | 1230 | 1700 | 2460 | 1800 | 2700 |
| 切纸长度/mm | 554~1350 | 515~1230 | 530~1380 | 550~1500 | 550~1500 |
| 工作车速/(m/min) | 60 | 60 | 60 | 150~200 | 150~200 |
| 纵切刀套数/对 | 2 | 3 | 4 | 3 | 4 |
| 最大退纸直径/mm | 1000 | 1000 | 1000 | 1800 | 2000 |
| 退纸架数/对 | / | 5 | 5 | 6 | 6 |
| 接纸高度/mm | / | 1200 | 1200 | 1350 | 1350 |
| 传动形式 | P型无级变速 | P型无级变速 | P型无级变速 | P型无级变速 | P型无级变速 |
| 电机功率/kW | 5.5 | 7.5 | 11 | 18.5 | 27 |
| 轨距/mm | 1470 | 2050 | 2840 | 2200 | 3600 |

表 8-2　部分国产双组单辊刀切纸机（双刀切纸机）的主要技术特征

| 项目＼型号 | ZWQl5 | ZWQl7 | ZWQl3 | H1760/150 | H2640/150 |
|---|---|---|---|---|---|
| 公称切宽/mm | 1760 | 1880 | 2362 | 1760 | 2640 |
| 最大切宽/mm | 1820 | 2100 | 2460 | 1800 | 2700 |
| 切纸长度/mm | 515~1230 | 530~1360 | 530~1360 | 550~1500 | 550~1500 |
| 工作车速/(m/rain) | 60 | 60 | 60 | 150 | 150 |
| 纵切刀套数/对 | 3 | 3 | 4 | 3 | 4 |
| 最大退纸直径/mm | 1000 | 1000 | 1000 | 1800 | 1800 |
| 退纸架数/对 | 5 | 5 | 5 | 6 | 6 |
| 接纸高度/mm | 1200 | 1200 | 1200 | 1350 | 1350 |
| 传动形式 | P型无级变速 | P型无级变速 | P型无级变速 | P型无级变速 | P型无级变速 |
| 电机功率/kW | 11 | 11 | 10/3.3 | 30 | 35 |
| 轨距/mm | 2170 | 2600 | 2810 | 2700 | 3600 |

表 8-3　典型的现代高速切纸机主要技术特征

| 基本形式 | 单组双辊刀 | 基本形式 | 单组双辊刀 |
|---|---|---|---|
| 公称切宽/mm | 1900 | 方正度/% | 0.05 |
| 切宽/mm | 400~1900 | 最大横切刀操作荷载/(g/m$^2$) | 850 |
| 切纸长度/mm | 400~1450 | 最大纵切刀操作荷载/(g/m$^2$) | 650 |
| 纵切刀数量/套 | 4 | 原纸卷数/个 | 8 |
| 工作车速/(m/min) | 350 | 接纸高度/mm | 1800 |
| 最大退纸直径/mm | 1600 | 电机功率/kW | 牵引辊传动:58.3　横切传动:94×2 |
| 长度精度/mm | ±0.3 | 最大接纸质量/kg | 3500 |

切纸机的车速、切纸总定量、幅宽是决定切纸机生产能力的主要因素。由于要吊装纸卷及移出纸垛，切纸机的工作经常被打断。通常切纸机的有效时间系数 $\eta=0.4\sim0.6$，随纸的质量、纸卷中的断头数量以及吊装纸卷移出纸垛的自动化程度等因素有关。

直接安装在浆板机或纸板机后的切纸机，通常为单刀式而且没有退纸架，因为浆板或纸板是由纸机的烘干部以连续的纸幅送入切纸机。这些切纸机的接纸台均设有可移出的插纸板机构或"备用接纸台"。当更换纸垛小车时，切好的纸在小车上堆成纸垛，浆板或纸板就堆放在这个备用接纸台上，待空车放置好后，"备用接纸台"就把其上切好的纸板放落在小车上，完成换垛工作。

随着造纸生产向下游产业链延伸，一些造纸生产线中，如复印纸的生产，常配有令纸分切和包装生产线，用卷筒纸直接生产 A3、A4 等规格的纸包供应市场，如图 8-3 所示。

还有一种闸刀式的切纸机，也称为小裁切纸机，其功能是将成沓的平板纸切成更小尺寸的纸张，或者是切边以获得更高的尺寸精度要求，这种切纸机多用于印刷领域。在造纸企业中，小裁纸机常用于完成小批量订单的生产。另外，一些不适宜分切的纸卷或其一部分会被剖开剥离下来裁成小规格的平板纸。因纸面少量缺陷而剔除的平板废纸，可以裁成较小的规格，再从中挑选出合格品以减少浪费。图 8-4 展示了小裁纸主要生产设备。

图 8-3　令纸分切包装线

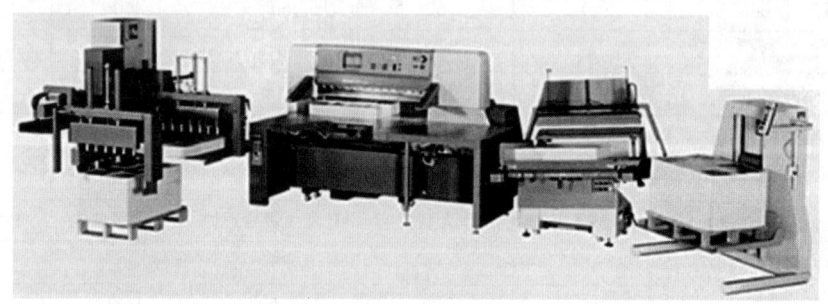

图 8-4　小裁纸生产设备

近年来，随着电子信息和自动化技术的发展和应用，切纸机的装备水平和生产效率有了进一步提高。现代先进的切纸机进一步改进了切刀技术，切纸能耗进一步降低。切刀可在机器上研磨，减少了维护时间。飞接技术可以使切纸机在不停机甚至不减速的情况下更换纸卷，使得时间效率大大提高。配置的 PC 控制方案和人机界面更便于操作使用，并能提供屏幕诊断和远程诊断。配有先进检测仪器的切选机更是进一步减轻了工人的劳动强度，提高了生产效率。

## 一、切纸机的主要部件及工作原理

一般来说，切纸机由相互关联的四大部分组成（图 8-5）。

退纸部分——由退纸座及张力控制装置组成。

# 第八章 切纸机及复卷机

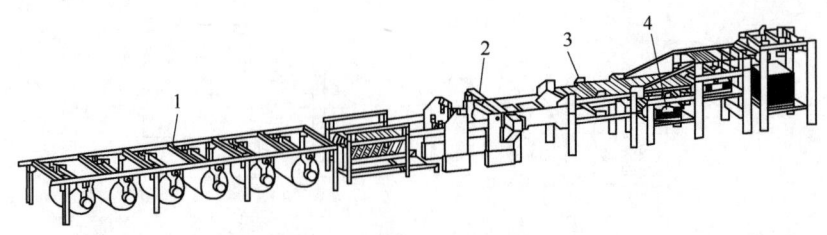

图 8-5 现代高速切纸系统
1—退纸部分 2—切纸部分 3—输纸部分 4—接纸部分

切纸部分——由导辊、纵切、送纸、横切、传动等组成。

输纸部分——由高速带、低速带、压纸带及其附件等组成。

接纸部分——由液压或其他控制升降的机械组成。

图 8-6 为几种典型辊刀切纸机的示意图。

**（一）退纸系统**

退纸架是一对支撑和定位纸卷的机架。每台切纸机一般设有数对退纸架，每对退纸架上可以放置一个或几个纸卷。退纸架和纸卷支架的数量取决于纸的定量、切纸机的能力和纸卷的直径。一般切纸机有 4～6 对退纸架，分切低定量纸种的纸卷支架甚至多达 20 个；而分切高定量的纸板可能只需配备 1～2 组退纸架即可。为满足生产调节和提高更换纸卷效率的要求，一定量的备用退纸架是必需的。直径 $\phi$1000～1200mm 的纸卷常常两层排列（图 8-7），当退纸纸卷的直径达到 1500～2000mm 时，退纸架就要呈一层放置或呈两层 L 形排列（图 8-8）。

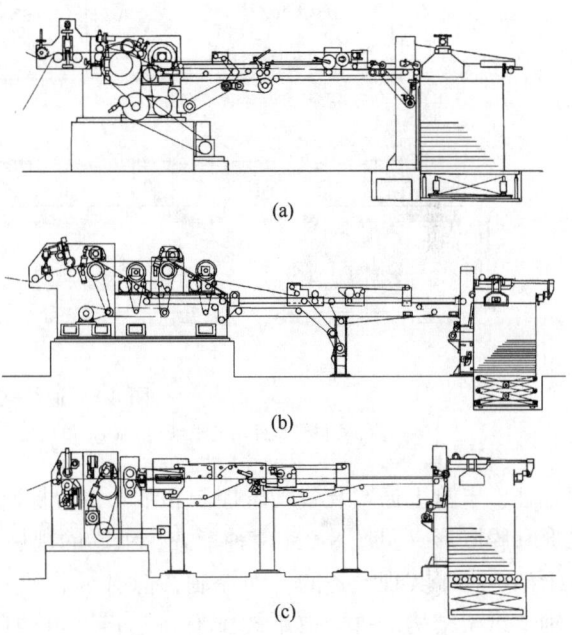

图 8-6 几种典型辊刀切纸机的示意图
(a) 单组单辊刀切纸机 (b) 双组单辊刀切纸机 (c) 双辊刀切纸机

退纸架按支撑纸卷的方式可分为有轴和无轴两种形式。从纸机上卷取的纸辊可直接放置在有轴退纸架上。对于复卷后的小纸卷，要先在纸芯中穿入一根胀轴，再吊装到有轴退纸架上。有轴退纸架是较早使用的一种退纸架形式，迄今为止，特别是在一些直径较小纸卷上仍有应用。无轴退纸架配有纸卷卡盘。纸卷就位后，卡盘穿入纸卷的纸芯中，将纸芯从内胀紧

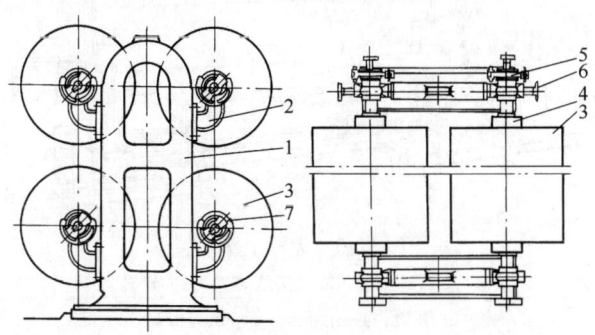

图 8-7 退纸架
1—机架 2—支架 3—退纸纸卷 4—卷纸辊 5—纸卷制动 6—轴向移动纸卷的手轮 7—可与复卷机上的制动器相连接的半联轴器

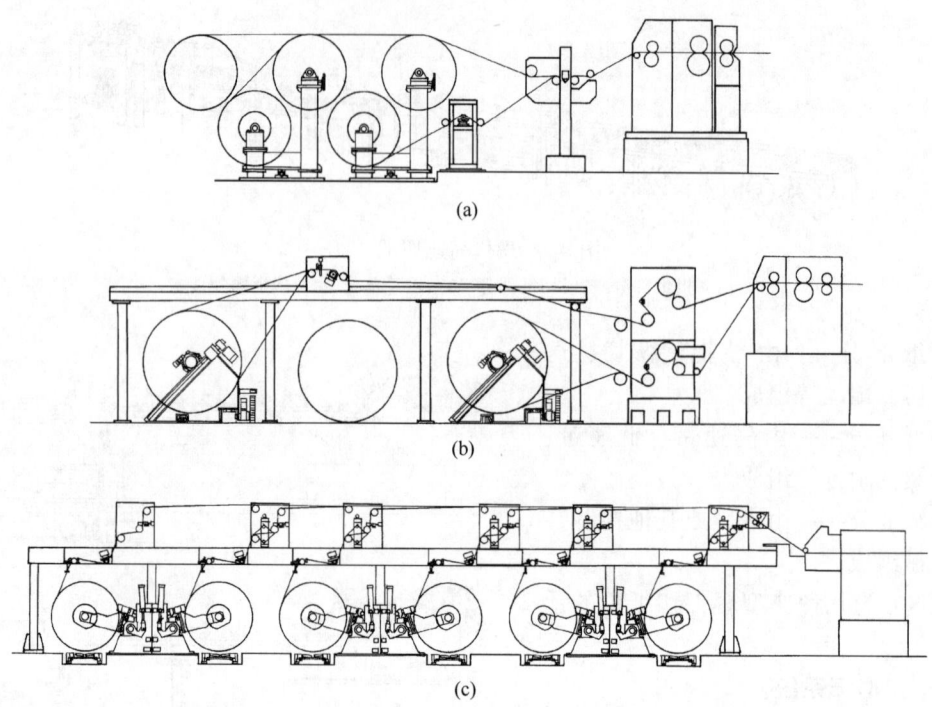

图 8-8 退纸架形式

(a) 棋盘型排列的退纸架 (b) 单层放置的退纸架 (c) 摆臂式退纸架

固定住，卡盘上通常装置气压控制和纸卷位置探测器以保证设备运行安全。无轴退纸卡盘有锥形和膨胀形（见图 8-9）两种形式，纸卷的规格和质量是选择卡盘的重要因素。采用无轴退纸架更易于实现设备的自动控制，但对纸芯的质量提出了更高的要求。图 8-10 为典型的无轴退纸架结构。每个放纸架配有输送链，可两侧同时前进、后退，也可以进行单侧的调节，有利于卡头对不同直径的纸卷能够准确卡入纸芯。

图 8-9 膨胀式纸卷卡盘

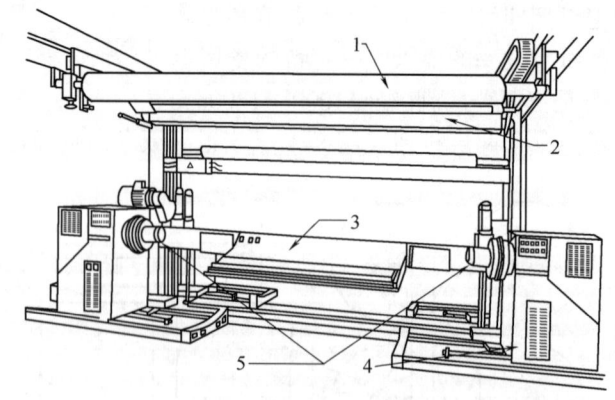

图 8-10 无轴退纸装置

1—导辊 2—零速接纸装置 3—提升装置 4—退纸架 5—纸卷卡盘

纸卷在退纸架上的精确定位可减少切边损失，也影响到成纸尺寸精度。退纸架要能够使纸卷沿其轴向和纵向移动，以使多层纸幅相互对齐，且两侧紧度一致，防止纸页褶皱，并从根本上确定了纸幅传入切纸部的位置。运行过程中发生纸幅位置偏移应及时纠正，为此通常配备感光元件探测纸幅的边缘位置。纠正偏移的纸幅常采用两种方式：一种是移动纸卷的支撑架，这种方式响应速度较慢，并容易引起纸张褶皱；另一种是纠偏响应速度较快的导辊式纸幅导引系统，以适应一些高速切纸机配备。

高速切纸机的退纸架上有制动装置，以消除停机或调速时纸卷惯性的影响。制动器有鼓式和盘式两种形式，也可以采用电机制动。风冷是最常用的制动器冷却方式，也有采用水冷或油冷的方式。制动装置安装在切纸机传动侧的退纸座架上，并根据纸页张力控制系统传来的信号调节纸幅的张力。

恰当的纸幅张力控制可减少纸张褶皱和切长尺寸的误差。除简单的人工调节外，检测张力还可采用能直接读取张力的称重传感器，以及超声定位系统和浮动辊张力控制系统。张力测控装置与气动制动器一起可组成张力自控系统，对退纸张力进行有效控制。图8-11为一种退纸张力控制原理图。

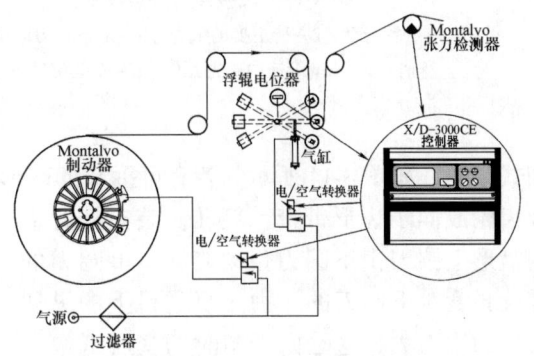

纸页的卷取补偿装置用于舒展被卷取纸页，特别是靠近纸芯附近纸卷直径较小的部分容易出现纸页卷取问题。纸页卷取补偿装置可分为旋转式和固定式两种，消卷棒分为尖锐和圆滑两种形式。纸页卷取补偿装置的选择与纸的质量和表面特性有关。文化用纸

图 8-11　退纸张力控制原理图

多选用固定式，涂布纸多选用旋转式，并且为了防止纸面裂纹和褶皱，还可选用两段纸页卷取补偿装置。典型的纸页卷取补偿装置见图8-12。

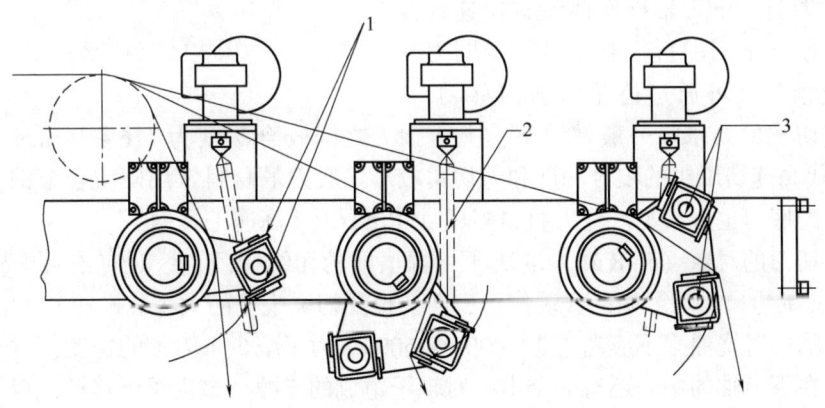

图 8-12　纸页卷取补偿装置
1—消卷棒　2—定位杆　3—双消卷棒

纸卷的更换除了停机人工操作外，自动化程度较高的切纸机还配有自动换纸卷和纸页续接系统。纸幅的续接可分为零速续接和飞接两种形式。在纸幅零速续接系统中，需要为每个纸辊配备一组备用退纸架。在切纸机正常运行时，先将待更换纸卷置于备用退纸架上，然后将纸幅引入零速纸页续接装置。一旦切纸机停机，新旧纸幅在续接装置中被连接，并将多余的纸幅割断，切纸机即可逐渐恢复正常速度。纸页零速续接系统常用于多个纸卷的切纸系

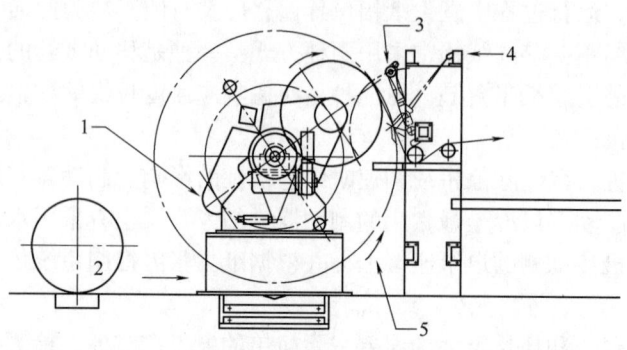

图 8-13　飞接纸卷更换系统
1—纸卷卡盘　2—待更换的纸卷　3—配备切刀的拼接卷轴　4—测量纸速的感光元件　5—支架旋转方向

中，并要求换辊的时间尽量一致。纸幅的飞接系统可以实现在不停机的状态下完成纸卷的更换。待更换纸卷先用连接胶带处理后，置于退纸架上，退纸电机将其加速到与即将切完的纸卷相同的速度，再旋转支架进行拼接。配有纸幅飞接系统的切纸机比常规机型的时间效率大约高 10%~25%。图 8-13 是飞接纸卷更换系统。

**（二）纵切装置**

纵切装置由带传动的底刀和顶刀组成。纵切装置的结构通常是剪切式结构，如图 8-14 所示。装有可拆卸的碗形圆刀的下刀轴借送纸辊的下辊，通过链传动或齿轮或同步齿形带带动旋转。装在杆臂上的盘形上圆刀由下圆刀带动旋转。上圆刀的螺旋弹簧对下圆刀的压力比复卷机上的纵切机构的压力大，这是由于同时切多层纸幅的缘故，当然上圆刀也有采用气动加压和抬刀的，此时上下刀之间的压力靠气压来调节。下圆刀的周速一般比纸幅速度快 10%~15%，以取得光齐的切口，同时考虑到每 4~6 个月要更换一次刀具，下刀轴操作侧设有快速连接机构，以便于下刀的拆换和安装。上圆刀采用气动起落，且可通过齿轮沿横向移动，

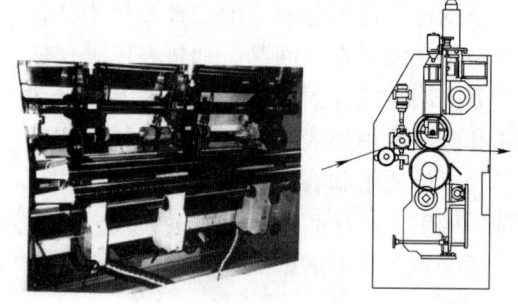

图 8-14　纵切装置

以适应不同切宽的要求。一般情况下，上下圆刀之间咬合深度为 1.6~2.4mm，剪切角为 1°~2°。现代高速切纸机的咬合深度和剪切角较小。底刀的材料常用硬质合金钢，有陶瓷和金刚石涂层的底刀也很常见。飞刀材料多用 ASP 或 CPM 高速工具钢。

装设纵切刀的对数（5~8 对）取决于纸幅横向的切纸幅门，这时应该考虑到两侧要切去 25~35mm 纸边。纵切刀幅的安装位置，需要按照切宽规格的大小装设。

下刀轴的相对挠曲率不应超过 1/6000~1/5000。为了减少下刀轴的挠度，对于幅宽较宽的切纸机，在下刀轴的中间还有一个由一对辊子组成的支撑。该支撑可移动，以使纵切刀可固定在纸幅宽度范围内的任何位置。现代高速切纸机的每个下刀都有独立的传动系统，以及自动定位系统。

**（三）送纸装置**

导纸辊是用来校正纸幅的，它的操作侧可在垂直及水平平面内移动，常安装于横切机架上或退纸部。送纸辊克服纸卷制动器的摩擦力，牵引着纸幅通过引纸辊和纵切装置，并将纸幅送入横切装置。送纸辊装置由送纸下辊、包胶上辊和加压机构组成，如图 8-15 所示。根据切纸机的宽度，下辊直径为 $\phi 300 \sim \phi 500$mm，上辊直径为 $\phi 150 \sim \phi 400$mm。采用大直径的送纸下辊将会减小辊筒的挠度和由此引起的纸幅皱褶及切长误差。送纸下辊为无缝钢管配以

两端闷头及钢轴；上辊为实心钢辊，表面包覆橡胶，橡胶硬度大约 93A。上辊相对下辊沿纸幅前进方向偏移 15°~20°。为了导出上辊与纸幅之间的空气，上辊辊面车有左右螺纹形沟槽（对于无碳复写纸的切纸机则为光辊）或凸起的螺旋带，且车有适当的中高。送纸上、下辊的相对挠曲率不应超过 1/10000~1/8000。辊间线压力在 2.9~4.9kN/m 范围内，老式切纸机借杠杆重锤机构或弹簧加压，新式的则采用气动加压，且每侧能够单独调节压力的大小。

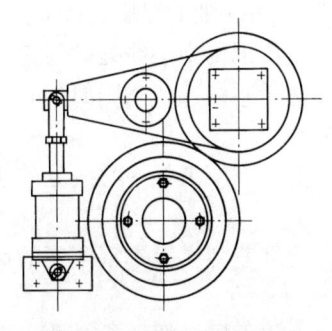

图 8-15　气动式送纸装置

送纸下辊的线速度决定了切纸机的车速。仅当纸幅与送纸辊间没有相对滑动时，才能保证切纸长度的必要精准性。为此，应使纸幅摩擦力等于送纸装置前的纸幅张力的 1.5~2 倍。纸幅与下辊及纸幅相互间的摩擦因数 $f$ 根据纸幅的平滑度而定，一般可取为 0.10~0.15。下辊可以包覆橡胶表层，或有适度粗糙的碳化钨涂层。磨损的送纸辊必须定期修复，以免引起切长的变化。

为了把纸幅顺利送入第二道横切装置，在双刀式切纸机上装有第二道送纸装置。第二道送纸装置的下辊直径可以与第一道送纸下辊的直径相同，也可以与上辊相同均为 $\phi 225$~$\phi 275$mm。为了避免纸幅在送纸辊之间垂弛或延长，第二道送纸辊通常是弹性送纸的（图 8-16），弹性送纸借特殊的辊筒来保证，即在上辊辊面交错地钉着宽 40mm 的易于压下的皮质或毛毡带圈。上辊与下辊之间的距离可调节，由此控制两组送纸辊之间的纸幅张力，第二送纸下辊的线速度比纸速快 60%~70%，这就保证了足够的纸幅张力以把纸幅送入第二道横切装置。在新型切纸机上，第二道送纸辊也有不采用弹性送纸的，而与第一道送纸辊结构相同；因为现代控制技术完全可以保证两道送纸之间的速差，使纸幅以恒定的张力运行。

送纸装置均采用下辊为主动辊，上辊由下辊通过纸幅借摩擦力带动而旋转，此时纸幅被倾斜地送入横切装置，纸幅在送纸下辊上的包角为 35°~40°（图 8-17）。

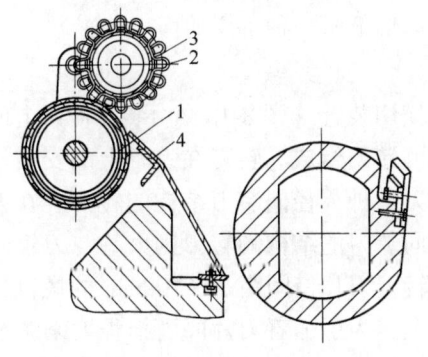

图 8-16　第二道送纸辊
1—下辊　2—胶带圈　3—上辊　4—引纸板

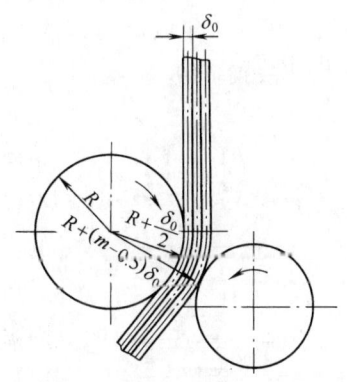

图 8-17　送纸辊送纸示意图

送纸装置的结构应尽量满足减小切纸长度差的要求。

下层纸幅中心线的速度 $v_1$（m/s）：

$$v_1 = v(R+\delta/2)/R \qquad (8-1)$$

式中　$v$——送纸下辊线速度，m/s

　　　$R$——送纸下辊半径，mm

$\delta$——纸的厚度，mm

上层纸幅中心线处的线速 $v_m$ 将大于线速 $v_1$，因为上层纸幅在半径方向上距离送纸下辊的回转中心较远，当同时切 $m$ 层纸幅时：

$$v_m = v[R+(m-0.5)\delta]/R \quad (8\text{-}2)$$

上、下层纸幅中心线处的速度差为：

$$\Delta v = v_m - v_1 = v(m-1)\delta/R \quad (8\text{-}3)$$

这一速度差与送纸下辊速度的比值为：

$$\Delta v/v = (m-1)\delta/R \quad (8\text{-}4)$$

上、下层纸幅送纸速度不同时，其横向切纸长度也不同。当正常的切纸长度为 $L$ 时，上、下层纸幅的切纸长度差为：

$$\Delta L = L(m-1)\delta/R$$

或

$$\Delta L/L = (m-1)\delta/R \quad (8\text{-}5)$$

由公式（8-5）可见，当同时切纸的纸幅层数及纸幅的厚度增大时，上、下层纸幅的切纸长度差也增大。送纸下辊的半径越大则该长度差越小，所以送纸下辊的直径一般不小于 $\phi 400$mm，此时应尽量使纸幅在送纸下辊上的包角减小至为 $0°\sim 20°$，同步切纸机基本上采用水平送纸。

根据公式（8-5），当切纸长度减小时，切纸长度差的绝对值也降低，但在其他条件相同时，切纸长度差的相对比值仍不变，因为在送纸辊之间的纸幅厚度比纸幅原有厚度小，实际上的切纸长度差也小于该式的计算结果。考虑使上层纸幅比下层纸幅有较大的张力以增加其弹性变形，可以减少一些切纸长度差。

### （四）横切装置

回转式切纸机的横切装置有单辊刀和双辊刀两种形式，无论哪种形式的辊刀，切纸都是以剪切方式从纸幅的一端开始切向另一端。单辊刀横切结构简单，在低速或高速切纸机上均有应用。双辊刀横切装置结构复杂，控制精度要求高，但切纸定量大、动力消耗低、刀的使用寿命长（可达1年以上）、切纸精度高，是现代高速切纸机一种重要的横切装置。

1. 横切装置结构

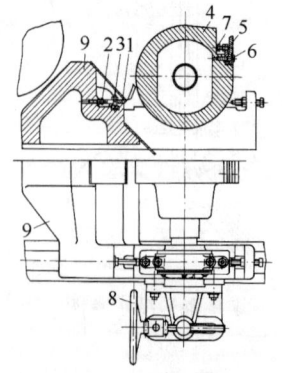

图 8-18 横切装置
1—底刀 2—底刀调节螺钉 3—底刀固定螺钉 4—刀辊 5—转刀 6—转刀固定螺钉 7—转刀调节螺钉 8—移动横切装置工作侧的手轮 9—横梁，横切装置即装在其上

单辊刀切纸机的横切装置（图 8-18）由装在横梁上的固定底刀及装在刀辊上的转刀组成。转刀在刀辊上的安装形式有径向装刀和切向装刀两种。径向装刀结构的转刀装在刀辊的半径方向上，而切向装刀的结构的转刀则大约与刀辊外圆成切线方向。底刀和转刀刀片借间距 $75\sim 100$mm 的螺钉分别固定在底刀梁和刀辊上，为了随着刀片的磨损程度来调节其位置，从而满足最佳切纸状态，这些螺钉孔均应为长孔。

底刀与转刀间的间隙应小于切纸厚度以保证切口光洁平滑，它可借间距 $75\sim 100$mm 顶压螺钉来调节。在切向装刀的结构中，转刀沿刀辊的切向方向移动来改变刀隙，刀隙变动值比转刀的移动量小 $1\sim 2$ 倍，同时还可沿径向调节刀片，这就比径向装刀的结构较容易调节刀隙。在后者的情况下刀隙的变动值等于转刀的移动量。在切向装刀的结构中，切纸时的切削力在刀片平面的方向上；在径向装刀的结构中切削力与刀片方向垂直,从而使刀片中的应力增大。目前,切向装刀的方式较广泛采用。

横切刀片为厚 14~20mm、宽 70~120mm、长度比纸幅宽度长 100~150mm 的钢板,现在横切刀片常采用复合结构,刀体为普通碳素钢,而刀刃用耐磨性好、且硬度高(洛氏 58~62 度)的优质工具钢制造。这种刀的优点是刀刃很耐磨、且刀体韧性好,能承受冲击负荷。

旋转刀与底刀啮合的相对角度有三种情况(图 8-19):(1) $\alpha_1$ 大于零;(2) $\alpha_2$ 等于零;(3) $\alpha_2$ 小于零。实用中以第一种居多。

纸幅进入横切装置时与水平线的夹角称为纸的进入角。一般进入角在 10°~35° 的范围

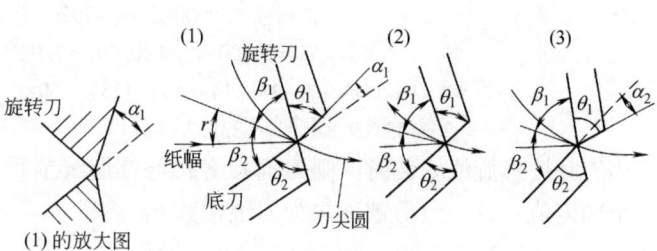

图 8-19 旋转刀与底刀的相对角度

内,以 0°、10° 和 20° 较为多见。切低定量纸时,进入角宜小些;切高定量纸时,进入角宜大些。在切总定量低于 200g/m² 的 1~2 层纸幅时,进入角一般为 10°~15°;切多层中等定量的纸幅或 1~2 层高定量纸幅时,进入角一般为 35°。

切纸机的刀片根据车速、切纸层数和纸的种类(主要是纸中填料含量),每 3~6 个月应磨刀一次。刀片在报废前可磨 8~10 次以上,磨刀角度为 15°~18°。

当纸幅速度为 $v$(m/min)、刀辊转速为 $n$(r/min)时,切纸长度 $L$ 等于:

$$L = v/n = \pi D v / v_H \tag{8-6}$$

式中 $D$——刀刃转动时所构成的外圆的直径,m

$v_H$——刀刃的圆周速度,m/min

为了取得光滑的切口,最好能保持 $v_H > v$,然而这个条件仅能在中等或以下的规格(其切纸长度 $L$ 小于数值 $\pi D$)时保持。

按照公式(8-6),要改变切纸长度,必须在纸速不变时改变刀辊的转速,或是在刀辊转速不变时改变纸速。通常认为改变刀辊转速的方法较好,因为这时切纸机的车速,亦即其生产能力大约还保持相同,而与切纸长度无关。为了延长剪切时间并由此减少剪切时的功率消耗及应力,被紧固在刀辊上的刀片并不平行于导辊的轴线,而是呈现螺旋状。这是因为自身呈平面形状的刀片,借助螺钉的紧固作用而发生变形,最终被固定在刀辊上,呈现出螺旋状。

2. 剪切力及剪切功率的计算

如果刀片平行于刀辊的轴线,则剪切力为:

$$F = \gamma_p b \ (\text{N}) \tag{8-7}$$

式中 $\gamma_p$——单位剪切力(取决于纸中浆料的配比与纸的紧度,$\gamma_p = 20000 \sim 30000 \text{N/m}$),N/m

$b$——切纸宽度,m

剪切功 $W$ 等于:

$$W = \gamma_p b \delta \ (\text{N} \cdot \text{m}) \tag{8-8}$$

式中 $\delta$——同时切纸的多层纸幅的总厚度,m

在剪切时间为 $t = \delta / v_H$(s)时,需用功率为:

$$P = W/t = W v_H / \delta = A \pi D n / 60 \delta \ (\text{N} \cdot \text{m/s}) \tag{8-9}$$

当平行导辊轴线安装刀片时，剪切时间仅为千分之几秒，所以剪切时的功率及应力很大。例如，当 $b=2640\text{mm}$，$\delta=1\text{mm}$，$\gamma_P=30000\text{N/m}$，$D=0.45\text{m}$，$n=125\text{r/min}$（这相当于切纸机车速为 $v=100\text{m/min}$ 的切纸长度 $L=0.8\text{m}$）时，可得：

$$t=\delta/v_H=(60\delta)/(\pi Dn)=1/2950\text{ (s)};$$
$$F=\gamma_p b=30000\times 2.64=79200\text{ (N)};$$
$$W=\gamma_p b\delta=30000\times 2.64\times 0.001=7.92\text{ (N·m)};$$
$$P=W\pi Dn/60\delta=(7.92\times 3.14\times 0.45\times 125)/(60\times 0.001)=233145\text{ (N·m/s)}$$
$$=233145/(9.8\times 102)=233.2\text{ (kW)}$$

当刀片按螺旋线安装时，则刀辊长度 $L_0$ 与螺旋线节距 $S$ 的比值，相对于每个刀辊而言，是一个固定值，这一数值被称之为刀辊常数 $k$：

$$k=L_0/S \tag{8-10}$$

由图 8-20 中的三角形 $ABC$，可得：

$$S=\pi D_0/\tan\alpha \tag{8-11}$$

式中　$\alpha$——螺旋线升角，通常为 $0°45'\sim 1°$（螺旋线导角的余角）

$D_0$——刀辊直径，m

于是，

$$k=L_0\tan\alpha/\pi D_0 \tag{8-12}$$

可以用在刀辊端面上螺旋线起点处的半径及螺旋线终点投影处的半径之间的圆心角 $\gamma$，或是相应于角 $\gamma$ 的弧点 $\theta_0$ 来代替螺旋线升角。

此时，
$$k=\gamma/360 \text{ 或 } k=\theta_0/\pi D_0 \tag{8-13}$$
$$k=0.03\sim 0.07$$

当刀辊转速为 $n$（r/min）时，每转的时间为：

$$t_1=60/n\text{(s)}$$

剪切时间 $t_2$ 由关系式 $t_2/t_1=L_0/S$ 求得，为此

$$t_2=t_1L_0/S=t_1k=60k/n \tag{8-14}$$

在平行于轴线或按螺旋线安装刀片时的剪切功，可采用相同的数值。于是，剪切时间内的功率可写成：

$$P_{jq}=W/t_2=Wn/60k \tag{8-15}$$

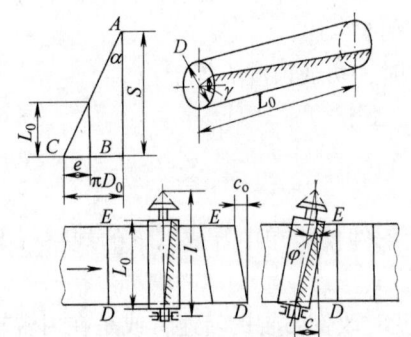

图 8-20　刀片沿螺旋线装刀及横切机构的偏移

而相应的剪切力为：

$$F_{jq}=P_{jq}v_q=(Wn/60k)/(\pi D_0/60) \tag{8-16}$$

由上述两式可知，当刀片按螺旋线安装时，剪切功率取决于切纸规格（长度与刀辊转数成正比），剪切时的剪切力（扭矩）则与切纸规格无关；切纸时的力 $F_{jq}$ 也与切纸机的车速及切纸长度无关，而取决于剪切功、刀辊直径及刀辊常数 $k$。

平行于轴线安装刀片时的剪切功率与剪切力，与按螺旋线安装刀片时的剪切功率与剪切力的比例相应地为：

$$P/P_{jq}=(W\pi Dn/60\delta)/(Wn/60k)=k\pi D/\delta \tag{8-17}$$

及

$$F/F_{jq}=(W/\delta)/(W/k\pi D)=k\pi D/\delta \tag{8-18}$$

由此可见，剪切功率及剪切力在刀片按螺旋线装置时，由于剪切时间的延长而大大的减小了。

例如：当 $b_0=2640\text{mm}$，$D_0=4300\text{mm}$ 时，

$\alpha=1°$，则 $\tan\alpha=0.01745$，$k=b_0\tan\alpha/\pi D_0=0.034$

而 $P/P_{jq} = F/F_{jq} = k\pi D/\delta = 0.034 \times 3.14 \times 0.45/0.001 = 48$

于是，$P_{jq} = P/48 = 233.2/48 = 4.86$ （kW）

或 $F_{jq} = F/48 = 79200/48 = 1650$ （N）

横切装置及其传动的零部件也应该用力 $F_{jq}$ 的数值来计算。

切纸机电机的功率，应按切纸机的平均需用功率计算。这是因为横切装置、传动及电机的转动部件的飞轮力矩很大，每分钟切纸次数很多（由 50 次至 300 次），由于剪切功率所占的部分很小（仅占切纸机全部功率的 2%~3%）。

平均需用功率按照转数为：

$$P_{jq} = W/t_1 = P_{jq}k = Wn/60(\mathrm{N \cdot m/s}) = Wn/(9.8 \times 60 \times 102)(\mathrm{kW}) \tag{8-19}$$

在相当于最小切纸规格的 $n_{max}$ 时

$$P_{jp\,max} = Wn_{max}/(60 \times 9.8 \times 102) = (79.2 \times 300)/(60 \times 9.8 \times 102) = 0.4(\mathrm{kW})$$

在相当于最大切纸规格的 $n_{min}$ 时

$$P_{jq\,min} = Wn_{min}/(60 \times 9.8 \times 102) = (79.2 \times 50)/(60 \times 9.8 \times 102) = 0.07(\mathrm{kW})$$

分析上式可知，随着切纸长度的减小，切纸次数增加，因而剪切时需用的功率及平均功率都增加。当刀辊常数 $k$ 增大时，横切装置传动机构零件中的力和应力以及剪切时需用的功率都减小。但是，此时由于调节纸张方正度的原因将增大横切装置的偏移，会使结构复杂化。

**3. 横切偏移值**

按螺旋线安装刀片时的切纸时间 $t_2 = 60k/n(\mathrm{s}) = k/n$ （min）

在切纸时连续地送入的纸幅与旋转刀片相遇于 $D$ 点（图 8-20），切纸在 $E$ 点处结束。假设纸幅宽度等于刀辊长度，纸幅上的点 $D$ 在切纸时间内通过的行程等于：

$$c_0 = vt_2 = vk/n \text{ （m）}$$

而 $v/n = L$，故

$$c_0 = kL \text{ （m）} \tag{8-20}$$

在纸幅运动中，剪切线 $DE$ 与纸幅行进方向不相垂直，所得的纸张将成平行四边形而不是矩形。由上式可见，当纸幅宽度等于刀辊长度时，纸的斜度取决于刀辊常数 $k$ 及切纸长度 $L$，而与切纸机的车速无关。当纸幅宽度小于刀辊长度并等于 $b_1$ 时，纸的斜度 $c_1$ 等于：

$$c_1 = c_0 b_1/b_0 = kL(b_1/b_0) \tag{8-21}$$

如果横切装置（底刀及甩刀）装设的与切纸机送纸辊及其他辊筒不相平行，而是使它在刀片开始切纸的一侧相反于纸幅行进方向移动距离 $c_0$，则切出的纸张将变成矩形。

刀辊上的切纸刀的螺旋线方向（左旋或右旋），最好是使切纸始于操作侧，这样刀辊的角度变形，可降低开始切纸时在横切装置上产生的冲击负荷。

横切装置的偏移指示器安装在操作侧的轴承上。当横切装置回转中心（在传动侧的铰接点）与其操作侧轴承间的距离为 $l$ 时，偏移值 $c$ 为：

$$c = c_0 l/b_0 = kL(l/b_0) \tag{8-22}$$

这个必需的偏移值与切纸宽度无关。当纸宽为 $b_1$ 时，

$$c_1 = kL(b_1/b_0)$$

而

$$c = c_1(l/b_1) = kL(b_1/b_0) \times (l/b_1) = kL(l/b_0) \tag{8-23}$$

这与纸宽等于 $b_0$ 时的必需偏移值相符。

按照图 8-21，刀辊平行装设时的轴线与偏移时轴线间的夹角 $\varphi$（横切装置的回转角）为：

而
$$\tan\varphi = c_1/b_1 = (kL/b_1) \times (b_1/b_0) = k(L/b_0)$$
$$k = b_0/S$$

因此
$$\tan\varphi = (b_0/S) \times (L/b_0) = L/S \tag{8-24}$$

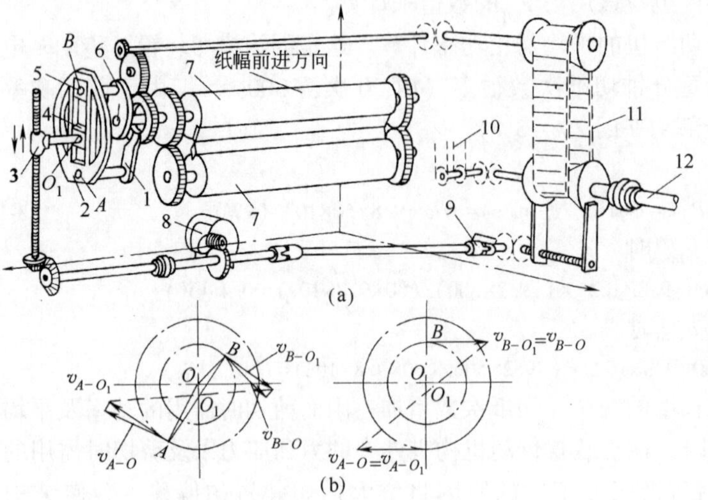

由此看来，回转角 $\varphi$ 取决于切纸长度及螺旋线节距而与切纸宽度无关。

一般来说，横切甩刀固定在底刀座上，其操作侧利用螺杆传动来往复移动，切纸长度改变时，必须改变横切装置的偏移值。切纸长度变长时，偏移值要增大；切纸长度变短时，偏移值要减小。实际上，该操作就是方正度的调节，其操作侧设有方正度调节指示器来显示其偏移值的大小。

横切装置可保证切纸长度的精确度达到切纸长度 $\pm 0.1\%$；在切纸长度为 550~1000mm 时，纸张的方正度偏差不大于 $\pm 0.5$mm（标准为切纸长度 $\pm 0.2\%$）。应该指出，切纸后由于周围空气湿度的变化而引起的纸张变形比在切纸机切纸的偏差对纸张尺寸的影响更大。

图 8-21 双偏心转杆机构
（a）双偏心转杆机械传动图 （b）月牙板的速度分析
1—曲臂齿轮 2—月牙板（双偏心转杆） 3—调节偏心的螺杆机构
4、5—滑块 6—曲臂 7—刀辊 8—电动机 9—万向联轴节
10—传动链 11—齿链无级变速器 12—动力输入轴
O—刀辊的轴心 $O_1$—月牙板的旋转中心
A—曲臂齿轮的曲拐轴心 B—曲臂的曲拐轴心

### 4. 双刀辊横切装置

对于定量大的纸及纸板有时采用双刀辊横切装置（图 8-22），即刀片按螺旋线装在两个旋转刀辊上，且在一个刀辊上的螺旋线是左旋的，而在另一个刀辊上的螺旋线则是右旋的。在这种情况下，公式（8-16）及式（8-17）仍可应用，但剪切功率则平均地分配在两个刀辊上，使横切装置的零件的承受力减小了一半。所以，同时切纸的总定量可达 3000~4000g/m²。

在双刀辊横切装置中，刀片沿螺旋线安装在两个刀辊上，一个呈左螺旋线，另一个呈右螺旋线。在切纸的瞬间，两把切刀啮合形成剪切作用。该装置的另一个作用是在切纸的瞬间，两把切刀都以与纸幅相同的速度运转，以获得优良的剪切效果。为此，

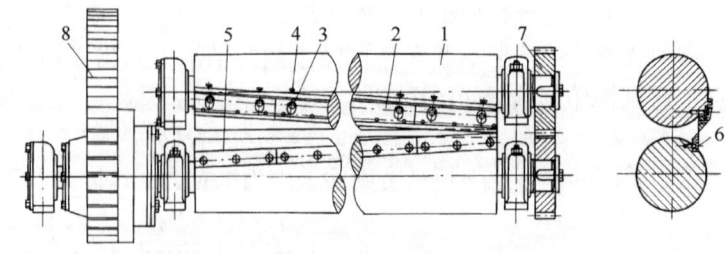

图 8-22 双刀辊横切装置
1—刀辊 2—上横切刀 3—上横切刀固定螺栓 4—上横切刀调位螺钉 5—下横切刀 6—下横切刀固定螺栓 7—上刀辊传动齿轮 8—下刀辊传动齿轮及离合器

要求一个周期性的变速系统来传动，这种变速系统简称为"同步机构"。它能够使刀辊在旋转一周的过程中具有加速和减速的过程，以达到两把切刀按照切纸长度要求在正确的时间下相切，并使得在切纸的瞬间刀速与纸速同步。常用的同步机构有双铰接四连杆机构、曲拐—月牙板机构和带旋转月牙板的刷双曲拐—月牙板机构，后者又叫双偏心转杆机构。图 8-21 为双偏心转杆机构的示意图，从图中可以看出，切纸机的主传动电机通过动力输入轴 12 经无级变速器的齿链、齿轮、曲臂齿轮 1 而带动了月牙板绕滑块 4 的轴心 $O_1$ 旋转，转动的月牙板经滑块 5 再带动曲臂 6 从而带动刀辊切纸。根据切纸长度的不同，借助电动机及调节偏心的螺杆机构可调整滑块 4 的轴心（即月牙板的旋转中心）的位置。

最新的电机直接驱动方式越来越多地用于双辊刀同步调速。

双刀辊与单刀辊横切装置的特点见表 8-4。

表 8-4　　　　　　　　　　双刀辊与单刀辊横切装置的特点

| | 双刀辊横切装置 | 单刀辊横切装置 |
|---|---|---|
| 1 | 纸张的切口光洁平直 | 纸张的切口较差 |
| 2 | 切纸定量（厚度）比单刀辊大 1~2 倍 | 切纸定量（厚度）较小 |
| 3 | 纸尘及纸毛可消除或非常轻微 | 纸尘及纸毛较多 |
| 4 | 刀片寿命长，最长可用两年 | 刀片寿命短，仅数天或数周 |
| 5 | 变更切长时，不用调整偏移角即可切得方正 | 变更切长时，必须调整刀辊及底刀座的偏移角，方可保证方正度的要求 |
| 6 | 对于各种纸来说纸的进入角均为 0° | 切纸厚度很小时采用 0°进入角 |
| 7 | 操作维护较复杂 | 操作维护简单 |
| 8 | 受同步要求的限制，切纸长度短时困难 | 受切纸长度长短的限制较少 |
| 9 | 车速高 | 车速有一定限制 |
| 10 | 投资费用高 | 投资费用较低 |

对于纸板或浆板有时还采用带有两个间歇旋转的刀辊（仅在切纸时旋转）的切纸机，刀在旋转时的圆周速度等于切纸机的车速，但与切纸规格无关。装有刀片的刀辊借特殊的离合器来连接，运行的纸板或浆板提供闭合离合器的脉冲，当纸幅达到定位器时就对闭合离合器的杠杆系统发生作用。

（五）输送装置

切下的纸张由输送装置传递到接纸台。低速切纸机配备一组送纸皮带，直接将纸张送到接纸台，然后由人工理纸即完成切纸操作。对于车速高于 80m/min 的切纸机来说，输送装置一般由延伸到横切底刀座下的高速带、低速带、压纸带、可移动的减慢轮、后送纸轴及其他辅件组成。图 8-23 为送纸带的几种布置形式。

1. 高速带及压纸带

高速带及压纸带均由适当数量的尼龙带组成。高速带尼龙带的宽度在 80~300mm 之间，而压纸尼龙带宽度为 18mm。在其各自回路中均套有鼓形主动辊、从动辊、导辊和张紧装置等。

在压纸带靠近横切装置一端的主动轴，可借助调节两端轴承偏心套的偏心量来控制压纸带与高速带之间的压紧程度，在高速带的从动轴上方装有压轮装置和固定在叉口支座上的犁式导板，使纸张能够顺利地传递到低速带上。

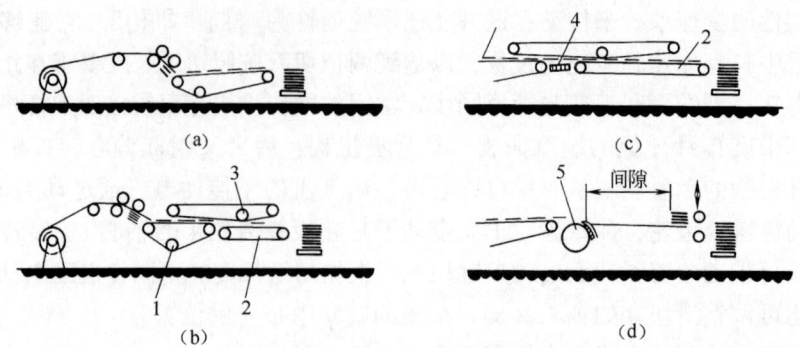

图 8-23 送纸带形式
(a) 普通送纸带 (b) 重力式搭接装置 (c) 后缘制动搭接装置 (d) 带汇集筒的送纸装置
1—高速送纸带 2—低速送纸带 3—撞停辊 4—吸引箱 5—汇集筒

高速带线速度比一般切纸机送纸辊速度快 20% 左右。底刀与高速带和压纸带入口的距离应小于最小切纸长度，而纸张则是在高速带和压纸带的夹紧下运行，这样可以保证纸张是在拉紧状态下切断，确保切口光洁、尺寸准确。高速带和压纸带由送纸辊借助同步齿形带或链条传动，有些情况下也有采用无级变速器对带速进行适当调整，其目的是为了改变纸张与纸张之间的间隔长度，以保证纸张顺利进入低速带。

当然，纸张在进入送纸带之前也可设置真空辊或真空箱（见图 8-24）来保证纸张是在拉紧状态下被切断，同时还可吸除纸尘和纸毛。

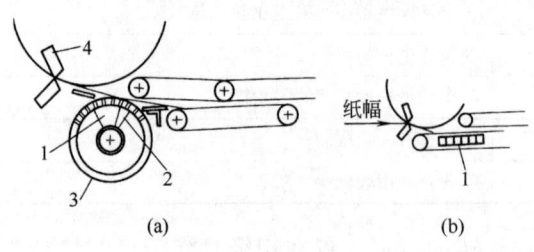

图 8-24 真空吸移器
(a) 蜂巢辊式 (b) 箱式
1—抽吸箱 2—吹风箱 3—蜂巢式辊 4—旋转刀

2. 低速带

为了降低纸张在接纸台前的速度，一般在高速带后设有低速带（也称第二送纸带）。低速带上均套有鼓形主动辊、从动辊带张紧导辊及张紧装置等。低速带由多根尼龙带组成，由一台直流（或交流）电机通过皮带带动。低速带的线速度一般控制在比高速带线速度低 20%~40% 的范围内，以完成纸张在其上的搭叠。纸张在低速带上的搭接尺寸要从纸张最易堆垛来选择，大多数都采取相当于 40%~90% 切纸长度的搭接尺寸，即相当于 2~3 层搭接。

搭接装置有重力式、后缘制动式和汇集筒式多种。

图 8-25（a）为典型的重力式的搭接装置示意图。当离开第一送纸带的纸张碰到撞停辊而降速时，撞停作用发生在纸张的前缘，纸张的其余部分仍有向前行进的惯性，所以该搭接装置不适合于定量低于 80g/m² 或更薄的纸。对于定量

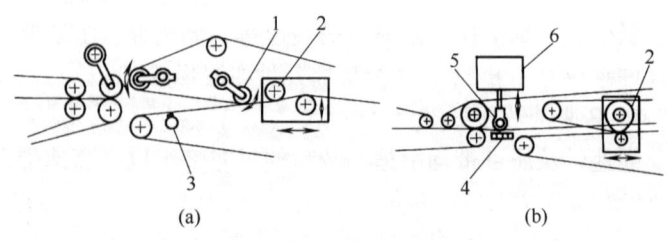

图 8-25 搭接装置
(a) 重力式 (b) 后缘制动式
1—辅助撞停辊 2—撞停辊 3—吸气管
4—吸气箱 5—压轮 6—压轮往复装置

高的纸或在多层切纸作业时,由于纸的自然刚度致使惯性对纸的影响甚小可不予考虑。但对于定量较低的纸,且在单、双层切纸作业时,纸在停辊时有起拱的趋势,这就限制了运行的车速。据介绍,这种装置仅适于车速低于 150m/min 时使用。高、低速带的位置高度差一般为 16mm 左右。

由于上述存在的缺点,后研发出"抓住"纸张后缘来使纸张降速的后缘制动式搭接装置。这种搭接装置也有多种设计,图 8-25 (b) 为压叠式后缘制动式搭接装置的示意图,它利用压轮往复机构在纸张长度的 3/4 处的位置上把纸张压向吸气箱,使吸气箱拖住纸张后部的 1/4 段长度而降速。

上述装置难于处理定量低于 $60g/m^2$ 的薄纸。为此,又开发出汇集筒式搭接装置(图 8-26)。这种装置传动结构要求严格,其动作程序如下:纸张以 300m/min 的速度进入汇集筒,此时汇集闸门打开,纸张随汇集筒运动并由包绕在其上的压纸带压住,纸张前缘与下一张纸的前缘正好对准重合在一起(误差为 ±0.5mm)。汇集筒可为匀速运动或变速运动。汇集闸门开放至汇集成 5、10、15、20 等数目纸张后闭合,汇集好的纸张被送出汇集筒,这样纸张获得以后的降速装置所必需的间隙,经往复压轮拖住纸张后缘而降至 50m/min,然后送至接纸台。

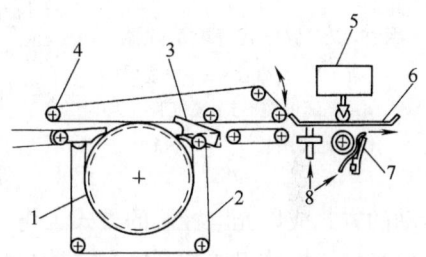

图 8-26 汇集筒式搭接装置
1—汇集筒 2—筒上压纸带 3—汇集闸门 4—升降支点 5—往复压轮装置
6—铁丝 7—前颚板 8—喷气嘴

在低速带的中部设有压轮及其移动装置。根据切纸长度转动手轮,借助齿轮和齿条系统使压轮置于所需的位置上,该位置由操作侧墙板上标尺的刻度显示。调整完毕后用螺杆锁紧。

在低速带主动轴之后还设有托架和通过多楔带传动的送纸辊,并在其上装有压轮和固定在叉口支座上的犁式导板,使纸张能顺利地送到接纸台上。压轮装置和犁式导板根据纸张厚度可分别沿着各自固定轴作横向移动,定位后由手柄螺杆锁紧,扳动手柄螺杆可抬起滚轮,并锁紧之。送纸辊的速度比第二输送带的速度大约快 30%。

对于设在低速带和送纸辊上的压轮装置,扳动手柄螺杆,通过轴套上扁钢提升拉簧,以减轻压轮施加于纸张上的压力,并借此调整纸张在输送过程中的跑偏问题。在高速带和低速带之间,还设有静电消除器和表面附有绒布的垫板。在尼龙带回程段均设有尼龙带隔离销,用以分隔尼龙带。

有些切纸机在纸页重叠部安装有抽吸箱和吹风箱,在纸面尾部到达时抽吸打开,而后吹风将紧接而来的下一个纸页前端吹起。这些动作与平板纸完成设备的车速和切纸规格连锁并通过 PLC 来控制。PLC 控制电动阀准确调整开关以配合车速和切纸规格。在切纸部、排纸部、叠纸部和码纸部都设有防塞纸系统。

有些切纸机还配有排纸装置。在切纸部后有一个下压辊装置,用于排出废纸到切纸下方的废纸收集柜。排纸的动作与接头检测的信号连锁自动执行,也可由操作人员进行手动控制,还可以人为设定每次通过接头检测或手动执行排底纸运输的数量。

输纸部分的机架是由两侧墙板借助定距梁连接成一个水平框架,前端通过支座与切纸部分的墙板连接,后端通过定位块与接纸台相关的立柱连接。移动走台主要是为了方便处理输纸部分出现非正常情况而设置,可根据切纸长度的大小移至相应便于操作的位置,然后锁紧。

**（六）静电消除装置**

切选机的送纸速度一般都比较高，容易使纸张产生摩擦而导致静电现象，造成后部的纸张码垛困难。因此，在横切之前有必要装设静电消除装置。图 8-27 为放电式静电消除器的示意图，先把交流电转换为 9000~10000V 的直流电，然后通过电极针在离纸面 100~200mm 处放电而使纸呈中性。交流电的频率最好调为 500Hz。当纸速在 100m/min 以上时，推荐在放电区喷出约为 100kPa 的压缩空气，喷气管内径为 6~13mm，喷孔直径为 1mm，孔距为 50~60mm，风量为 0.49~066L/(min·cm 幅宽)，以不断驱散电离的空气，提高消除静电的效果。电极针用 $\phi0.9~1mm$ 的不锈钢针，伸出管面 10mm 左右。

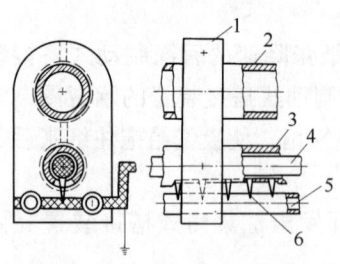

图 8-27 放电式静电消除器
1—支架 2—支撑管 3—电缆保护管 4—高压电缆 5—喷气管（兼作接地棒用） 6—电极针

**（七）计数器和插纸装置**

使用纸张计数器可以免除人工数纸。纸张计数器以机械传动的方式或以光电控制的方式工作，且以后者较为完善。光电控制式的纸张计数器实际上是由光敏三极管组成的光电开关计数装置，计数可进行到百位数直至 999，可由选择开关来选择额定的纸张数。当达到预定的张数后，计数器会自动置零（复位到零）。此外，计数器还可以累计纸令的数目。

插签器的作用是当正品纸满令时自动将纸条塞入纸令，作为分令的标记。插签器包括有一套控制电路。当数纸满令时，塞纸条的可控硅电路被触发接通，卷成盘纸的纸条被塞进正品纸垛，随后由继电器使切纸剪刀的电磁铁被吸动，将纸条切断，完成插签的全部动作。插签经瞬时动作后电路迅速地切断，而各机件迅速地恢复原位。

**（八）接纸装置**

在第二送纸带后有接纸台。纸张放于地面或是升降台的垛板上堆成垛。接纸台由横向拍纸装置、侧向拍纸装置、挡纸装置、升降台、立柱、定距梁等组成。

为了方便堆垛，接纸前设有接纸辊，接纸辊的速度比低速带快 30%左右，由低速带通过链条或齿形带带动旋转。堆垛的纸张受阻于直立的挡纸装置，挡纸装置的位置则根据切长来设置。在纵向方向设有隔纸板。为了保证纸张堆垛整齐，接纸台还设有横向拍纸和侧向拍纸装置。升降台则根据堆垛情况自动或由人工控制其升降。

1. 拍纸装置

横向拍纸装置主要由型钢支架、偏心连杆机构和拍纸板等组成。拍纸动作由一台分马力电动机通过多楔带带动偏心轴和连杆，使拍纸板绕着支点摆动，以拍打纸边，使之整齐，通常拍纸振幅为 12~15mm。

2. 侧向拍纸装置

该装置由两侧的拍纸板和中间隔板构成，每块拍纸板借支座夹紧在轴上，两侧拍纸板配有气动振荡器，使两侧拍纸板振动而拍打纸边，使之整齐。

根据纸张规格，两侧拍纸板可沿其支撑轴做横向调节，同时整个侧边拍纸装置借助其支撑座可沿侧板导轨做前后的调节。

3. 挡纸板及其移动装置

挡纸板可根据切纸长度，转动手轮，借助齿轮齿条使挡板置于所需的位置，其切长尺寸的大小在操作侧的侧板标尺上有刻度表示,调整完毕可用手柄螺杆锁紧。

4. 接纸台

接纸器一般可分为卷扬筒式和液压升降式。卷扬筒式由气动或电动形式使接纸台升降,而液压升降式则是利用油泵和液压油缸使接纸台升降。

对于双刀切纸机,接纸台则为两组,上述部件也相应增加。

在有些切纸机上,还装有数纸器。纸张的张数由横切装置刀辊的切纸次数及同时退纸的纸卷数来规定;每1000张或者500张纸就向纸垛端部自动插入彩色纸条。

5. 插纸装置

插纸装置是用来实现不停机切纸和接纸操作的。当切好的纸在接纸台或纸垛小车上堆成一定高度的纸垛时,插纸装置开始动作,浆板或纸板就临时堆放在该装置上。待新的垛板或空的小车准备好以后,插杆就缩回去而放在其上的切好的纸板由不大高的地方落在垛板或小车上,完成换垛工作。插纸装置主要由插杆、支撑架、移动架、链轮链条和传动电机等组成。插杆为多根型钢组成的指形结构,它一端与移动架相连,另一端则支撑在支撑架的尼龙托轮上。于是,传动电机即可通过链轮链条带动移动架和插杆实现插纸的动作。图8-28所示为在线的纸垛移出系统。

图 8-28 纸垛移出系统

（九）传动装置

单刀切纸机的驱动点为下送纸辊、纵切下刀辊、横切刀辊、高速带、低速带、接纸辊等,另有辅助电机带动吸边风机和拍纸装置。大多数低速切纸机采用单个电机通过齿轮或齿形带以及变速机构来传动,而对于新型切纸机则由主电机带动前四者,而由另一台电机来传动低速带和接纸辊。

切纸机的传动要求如下：a. 纵切下刀的线速比纸幅速度快5%～15%；b. 高速带的线速比送纸下辊的线速快10%～30%；c. 横切刀辊的线速可在1∶4.5至1∶6的范围内单独调节,以保证得到规定的切长；d. 低速带的线速度应按上述搭接的要求作相应的调节。

现代切纸机是集光、机、电、气、液于一体,配合先进的计算机控制系统,在管理器界面上可设定和显示速度、切纸规格、接纸板上的纸页数量和总数、高度、自动换板等参数,设定机器工作参数（张力、传送皮带的动作、吹风、纸令插入等以及报警故障显示）。保持切纸机传动的连续工作,无间断作业减少了损耗,同时也避免了停机、开机过程的剪切误差。在设备的安全防护上,除了常规的安全栏杆、平台、安全门等外,在机台的输送两侧有射线保护、纵切刀移动保护、横切刀移动上端保护、横切刀移动侧端保护。

## 二、切选机主要结构及工作原理

切选机可以将精切、选纸和数纸等工序联合在一台设备上自动地进行。它取消了人工选纸和数纸,减少了损纸,免除了中间搬运和中间堆存,免除了人工选纸时要由闸刀切纸机精切纸边,有利于实现自动作业生产线。图8-29是一种切选机的示意图。

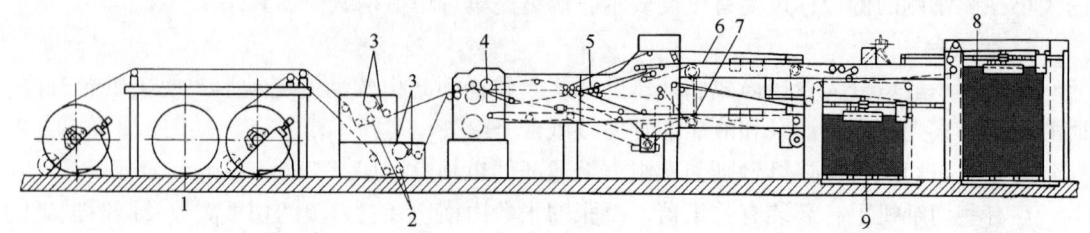

图 8-29 切选机
1—退纸架 2—纸幅张力控制器 3—检选装置 4—横切机构 5—分选门 6—正品纸搭接送纸带 7—次品纸搭接送纸带 8—正品纸接纸台 9—次品纸接纸台

切选机除了要配置检选装置、分选门、次品送纸系统和控制系统中的记忆电路之外，其余部分与切纸机大同小异。从图 8-29 中可以看出，退纸架上装有两个或多个纸卷，通过良好的张力控制器和纸幅校正器，使各纸幅既不起皱又不颤动地通过检选装置。检选装置的检测头安装在机架上，维修时可以抬起。检选装置可采用电子或机械接触式的。通常设有两个检选系统，一个用来检测光学性能方面的纸病，另一个则检测浆团或纸张厚度的突变。机架上还配置有弧形辊、引纸辊和真空吸尘管等。

(一) 退纸架

切选机配备有两个退纸架，同时切选 1~2 层纸。不配用较多的退纸架是为了避免选纸次品率和再次选纸的工作量随着切纸层数的增加而增大。一般地说，单层纸的次品率可能在 2%~10%。当同时裁切 6 层时，因为一层纸有纸病就有 6 张纸被选剔除去，也就是再选率可能达到 12%~60%，而实际上允许的再选率是 20%。因此，只有当次品率低于 5% 时，切多层纸才有经济上的实用意义。

(二) 检选装置

纸幅经过裁切后，还须进行外观检视，对纸张上的尘埃、褶子、皱纹、油污点、砂眼、缺口和浆疙瘩等疵病进行检查，把不合格的纸张剔除来分成正品、次品和损纸，然后把合格的正品纸张按 500 张为一令进行数纸、插签、分令等。有些纸病是在抄纸过程中检测出的，并进行了喷码标记，在切纸机上可以识别这些标记并剔除切下的有缺陷的纸张。

大量的选纸、数纸工作是在切成平张纸之后人工进行的。这个方法会耗用大量劳动力，生产效率较低（选纸有效的时间只占整个工作时间的一半），费用高（高级纸花在选纸、数纸和包装的费用占成本的 1/4~1/2）。因此，用单台的选纸机或切选机选纸和数纸，可以减轻劳动强度、稳定成品质量、提高生产率。目前，自动检选装置已广泛地用于造纸机和完成工段设备上。

自动检选装置可分为光电检选与接触检选两大类。前者又分为光电元件组合法、飞光点扫描法和飞像扫描法等；后者又分为电接触法和机械接触法等，如表 8-5 所示。

1. 光电元件组合法

如图 8-30 所示，由反射用的光源 1、2（或透过用的光源 3）在检选部位将纸面照亮，在沿纸面横向上排满了光电池（或光敏二极管），对纵向宽 1mm 的纸面进行检选。如果行进的纸幅出现光学性的疵病，那么反射的光（或透过的光）的光量将会有变化，光电池及检测电路的光电流随之也变化，借此把纸病检选出来。

## 第八章 切纸机及复卷机

表 8-5 　　　　　　　　　　常见的检选设备

| 类别 | 名称 | 基本工作原理 | 检查的纸病 | 适应的纸速 |
|---|---|---|---|---|
| 无接触式 | 飞光点扫描检查装置 | 借横越纸幅的光点反射强度变化来分辨纸病 | 尘埃、条纹、斑点、空洞等 | 100～350m/min 以上 |
|  | 飞像扫描检选装置 | 借光在纸面上扫描成像的反射强度变化反映出纸上的斑点 | 除上述外,还可检测出 0.55mm 直径的全斑点 | 100～120m/min |
|  | 飞光点/飞像扫描检查装置 | 借光点的像在纸面上扫描反射强度的变化来分辨纸病 | 黑点、尘埃、条斑、孔洞等 | 120～480m/min 或以上 |
|  | 光电池(光敏元件)组检查装置 | 借纸面放射光或透过光的光量变化来分辨纸病 | 黑点、尘埃、条斑、孔洞等 | 400～1500m/min 或以上 |
| 接触式 | 金属丝刷检查装置 | 借金属丝同被纸幅所包绕隔开的衬辊接触来检查 | 主要是孔洞 | 大于 400m/min |
|  | 压电反应检查装置 | 借纸幅厚度变化在压电片上产生信号来检查 | 条纹凸起、浆疙瘩和凹坑 | 400～1500m/min |

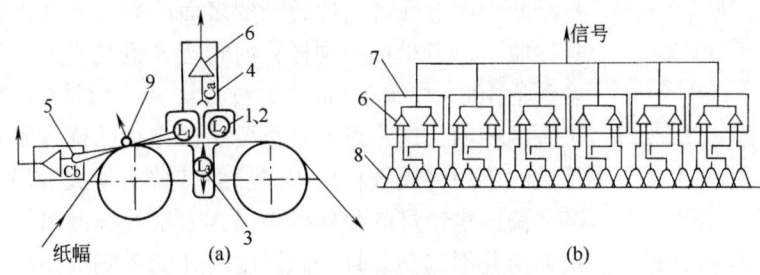

图 8-30　光电元件组合检选装置
(a) 组合总装示意图　(b) 横向示意图
1、2—反射用光源　3—透过用光源　4—光电检测头　5—光电管　6—放大器
7—放大器支架　8—光电池　9—接触式检选器

当纸幅纵向运动时,每一光电池只负责监视一行,观测区域约为 (10×1) mm$^2$。两元件管辖的交接处不能留有空白。为了避免漏选,一般常用两排交错排列。该方法的优点是元件均为静止的,不用扫描,尽管每一个光电池各自需要一套检选电路,电路较多,然而其结构依然是简单的。检选速度取决于纸幅运行速度,约为 60～400m/min。另一优点是讯号噪声比的数值较大。缺点是每一光电池都要一套放大器,调节其一致性比较困难。此外,光源易招引小虫飞入检选区而引起误选。

2. 飞光点扫描法

如图 8-31 所示,从高强度点光源而来的光经透镜和反射鼓加以集光,使其在纸面上成点光源的像,然后从纸面上反射影像按原路径经棱镜折射到光电倍增管接收。然后如前所述,利用因纸病而引起光电流的变化,从而将纸病检选出来。

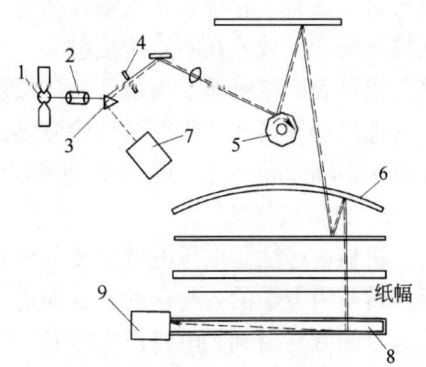

图 8-31　飞光点扫描检选装置
1—光源　2—透镜　3—棱镜　4—光栏　5—反射镜鼓　6—弧面镜　7—光电倍增管　8—集光器　9—光电管

假如集光系统中的镜鼓是静止的,行进中的纸幅只有沿某一纵向线上的光点能够反射进入光电倍增管,而这纵向线外的所有点均不能反射进去。为此,必须使用高速旋转的最高可达 9000~12000r/min 的多面棱镜（多达 20 面的镜鼓）。这样转动的镜鼓在一瞬间就能横向扫描全幅纸面。随着纸幅不断的行进,即可将纸幅均匀扫描。该方法的检选速度可达 120~480m/min。

为了免于受到光点以外的周围光源的影响,必须将光点扫描部分和光电变换部分加以屏蔽,以尽量减少误选。

上述方法由于使用光电倍增管,使光电流放大,因此可提高检选的灵敏度。但对反转镜鼓的精确度要求非常高,成本较昂贵,维护要求高。

近年来,光源已发展为采用激光的形式。激光光源具有发光能量集中的特点,发散角仅 1~2mrad（毫弧度）,不经任何光学措施,从光源射到距离 2500mm 的纸面上的光斑只有 5~6mm 直径,因而就为飞光点扫描法创造了有利条件。

3. 飞像扫描法

如图 8-32 所示,它是用功率达数千瓦的两支高压水银灯将检选部位的纸幅全面照亮,把纸幅上的像通过高速转动的多面反射镜鼓和光栏到光电倍增管接收,进行检选。同样,回转镜鼓也是横向扫描的,检选速度可达 100~1200m/min。这种方法要求光源对被检纸幅有均匀一致的照明,这一点非常重要。该方法的优点是精度较高,在检选时不用将周围特别弄暗。但其缺点是成本昂贵,维护要求高,高压水银灯的紫外线很强,若紫外线漏出箱外将会招来小虫而引起误选。并且,高强度的光能影响成品质量,停机时应注意防止纸幅被烤焦。

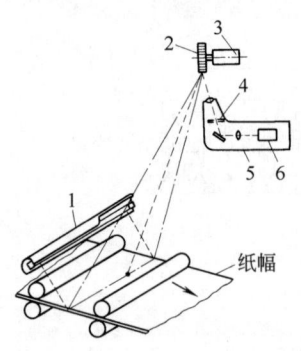

图 8-32　飞像扫描检选装置

1—棒状光源　2—反射镜鼓
3—同步电动机　4—光栏
5—暗箱　6—光电倍增管

上述三种方法均可以用于检选纸张的光学性能方面的疵病和破洞等纸病。

4. 电触法

用于检选纸张孔洞的电触法,其检选器的结构主要由一个表面磨光的衬辊和一排用刚硬的青铜细线做成的刷子组成,刷子与衬辊表面互相接触,纸幅在两者之间通过。在正常情况下,刷子的金属线与衬辊表面由纸幅隔离着,彼此互不直接接触。一旦纸幅上出现砂眼或裂缝时,刷子上的某些金属线即直接与辊筒表面接触而发出信号。该纸病信号经放大器而按顺序传递到存储器和分选门,并指示分选门动作检选纸张。这种检测器的灵敏度很高,可以测出直径 1.6mm 的孔洞,检选速度可达 100m/min。但是过高的速度会降低检选效率。

5. 机械接触法

机械接触法是借压电效应或其他效应将凹凸形的纸病,如浆疙瘩等,转化为微位移,然后再转变为电学的或光学的参数而进行检测。当出现凹凸不平的纸病时,接触检选器就迅速抬起,光就能射到光电管产生信号。压电式检选器的结构主要由一个表面磨光的辊筒和一排压电式位移传感器组成。传感器的接触片与辊筒表面紧密接触,纸幅在其间通过。利用压电陶瓷（铌镁酸铝）片的压电效应——当陶瓷薄片的表面压力发生变化时,薄片的两面就会带电,内部出现极化,即把机械能转换为电能。应力去掉之后,压片重新回到不带电的状态。在测量过程中,能够将被选纸张上的凸起的纸病通过传感触臂和杠杆变成位移,并由压电片转换为电压信号,然后放大器给存储器和分选门发出信号,指示分选门动作而剔除纸张。该检选器的灵敏度可以在较大的范围内进行调整,以适应所要检选的不同的凸出高度。灵敏度一般能测出大于 20μm 的差异,最高灵敏度能测出 6μm 的差异;检选速度可达 300~600m/min。因其成本较低,所检选的又是占纸病 80% 的引起印刷机停机的疵病,故使用得较为普遍。此法存在需要恰当处理讯噪比的问题,否则不易取出信号。为解决讯噪比的问题,有时用正常情况下非接触的检选原理,即传感器调节成不与纸面接触,当给定的凸出纸病通过才触发传感器产生压电信号。此时要求有精密的调节位移装置。

**(三) 分选门**

对分选门的动作要求是快速准确,即使连续出现次品纸也不至于堵塞。为此,分选门必须在高速送纸带上两张纸之间的间隙时间内完成一个周期的动作。对于切选机车速超过 150m/min 时,分选门的快速准确的动作更是关键问题。根据实测一台车速 150m/min 的切选机,开启分选门需要 0.06s,闭合需要时间 0.1s,一个周期总时间为 0.16s。目前切纸机极限车速为 300m/min,其原因主要受分选门的限制。分选门动作的控制可由电磁铁、旋转的磁力线圈和气动阀等三种形式来实现。分选门的材料一般选用铝合金,以减轻质量、减小动作惯量、缩短动作时间和减小驱动力矩。图 8-33 为选用电磁铁控制的分选门示意图。图中 17 与 18 为特制的电磁铁,它在动作过程中能迅速消除剩磁。12、13、14、15、16 为限位开关。据称该部件的动作时间达 1/100s,可以适合于 300m/min 左右的车速。如高速送纸带速度为 350m/min,切长为 600mm 的纸张,纸张间距为 200mm,则每次分选门动作的周期极限时间是 0.2×60/350 = 0.034s。采用这种分选门时,即使电磁铁留有 50% 的裕量,也只要求 0.015s 的动作时间,也少于上述的周期极限时间。

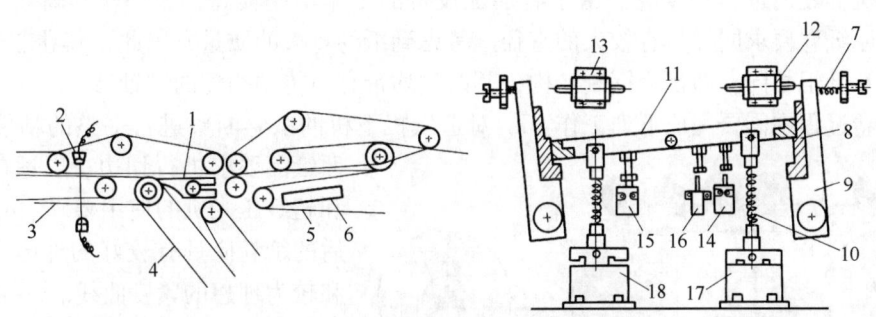

图 8-33 电磁铁控制的分选门

1—分选门  2—光接收器  3—高速传送带  4—次品纸高速传送带  5—正品纸搭接传送带
6—抽气箱  7—小弹簧  8—镶片  9—制动品  10—大弹簧  11—分选门控制杠杆
12~16—限位开关  17、18—特制电磁铁

**(四) 记忆电路 (分选控制电路)**

记忆电路用以正确操纵分选门的开或关,故又称分选控制电路。它的控制过程是:

① 对于检选了纸病的纸幅必须在它从检选装置到横切机构的行程中进行追踪,以确定纸病落在哪一张纸上;

② 在纸幅被切断后应对带纸病的纸前缘进行追踪,并在该次品纸前缘抵达分选门的瞬间将分选门打开。这两个控制都是借助于半导体管组成的自动控制电路来实现的。

## 第二节 复卷机

纸卷从造纸机、涂布机或超级压光机后的卷纸机下机后，尚有较多的缺陷，例如内部破损、断头、两侧边缘不平整、直径较大（大型纸机通常大于 $\phi 2500mm$），纸幅宽度与纸加工设备或印刷设备不相适应，有些纸种还需要切成平板，然后进入打包生产线。因此，要生产出合格的产品，为下道工序做好准备，还需要设置复卷设备。

通常复卷机安装在紧接造纸机的后面，纸机上卸下的纸卷用吊车转移到复卷工序。复卷机的主要功能是清除质量不好的纸张及粘接断头，分切至所需的宽度，卷取所需纸卷的尺寸，保持纸卷内外紧度基本均匀，端面平整。

复卷机是造纸机械中运行车速最快的机器，其车速可达 1500~3000m/min。复卷的基本过程是把造纸机上取下的纸辊安置在退纸架上，退纸架上的制动装置使纸幅保持有一定的张力，并在断纸时使纸卷快速制动以减少损失。纸幅通过引纸辊和纵切机构切成所需要的宽度，然后按所需紧度和直径卷成成品纸卷。复卷机的主要结构参数是能处理的纸幅的宽度和最高车速，其次是退纸和成品卷纸的最大直径、切纸方法和传动形式。

### 一、复卷机的分类及应用

复卷机按照其不同的应用可分为预复卷机、精复卷机和专用复卷机。

#### （一）预复卷机

预复卷机主要应用于较宽纸幅和较高车速造纸生产线的完成工段，布置于卷纸机的后部或完成设备的前面，为后续工段的高效率、高质量的生产做好准备，如进入高速涂布设备或超级压光机等之前进行预复卷。由于后加工设备的工作车速较高，为保证其高效率和低损耗，就对原纸卷要求同样具有较大的直径。考虑到纸卷较大的质量，因此，其卷芯的结构与造纸机的卷纸辊相同，即都为钢制结构，其两侧均带有与传动相配的联轴器。

预复卷过程中需要完成下列工作：a. 对造纸机下机的纸卷断头进行平整的粘接。b. 按照纸品要求进行切边，以适应涂布机和超级压光机的使用要求。c. 预复卷后的纸卷应具有较好的外形几何尺寸和较为理想的紧度曲线。

典型的预复卷机如图 8-34 所示。

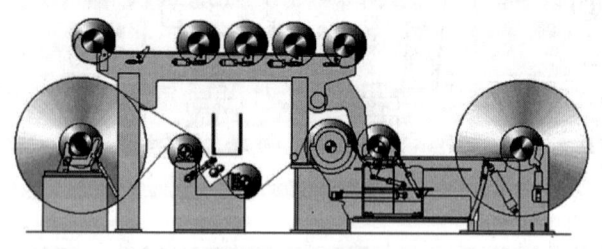

图 8-34 预复卷机

#### （二）精复卷机（成品复卷机）

精复卷机应用于生产成品纸卷，设备布置在造纸机或超级压光机后，其复卷完成的纸卷进入完成工段进行打包、封头及贴标等后续工作，或转入平板纸的分切工序。由于有些复卷后的成品纸卷经过包装后将直接进入印刷机印刷，因此对纸卷具有较高的要求。通常所称的复卷机一般是指精复卷机。

由于造纸企业的生产规模在不断扩大，对复卷机的生产能力提出了更高的要求。现代复卷机随着机械加工精度的提高和计算机控制水平与造纸设备的完美结合，其工作车速和控制水平有了较大的提升。先进水平的复卷机最高工作车速目前已达到 3000m/min，最大工作幅宽达到 10m 以上。

复卷后的纸卷用纸芯,其规格主要有 $\phi 76mm$ (3in) 和 $\phi 152mm$ (6in) 两种。

1. 引纸方式

成品复卷机根据引纸方式的不同,可分为上引纸和下引纸两种类型。

(1) 上引纸复卷机

在典型的上引纸复卷机中(图 8-35),纸幅通过纵切机构,绕过压纸辊而卷在纸芯上。纸卷由两根卷纸底辊支撑着,纸卷中心随着纸卷直径的增加而升高,压纸辊和纵切机构也随之上移。这种形式的复卷机其优点是引纸方便,结构简单,操作方便,维修简单。但也有不足之处:由于压纸辊和纵切机构压在纸卷上方,容易造成纸卷与支撑底辊间压区的压力增大,卷出的纸卷较硬(压区压力越大,则纸卷越硬);其次纸幅在压纸辊后直接就卷到纸卷上,纸层在相邻纸卷中容易发生交织,导致成品纸卷难以分开,故此类型复卷机一般车速较低。

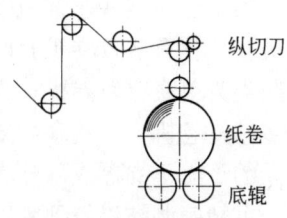

图 8-35 上引纸复卷机

(2) 下引纸复卷机

在典型的下引纸复卷机中(图 8-36),纸幅从复卷机下部绕过底辊进行卷取。

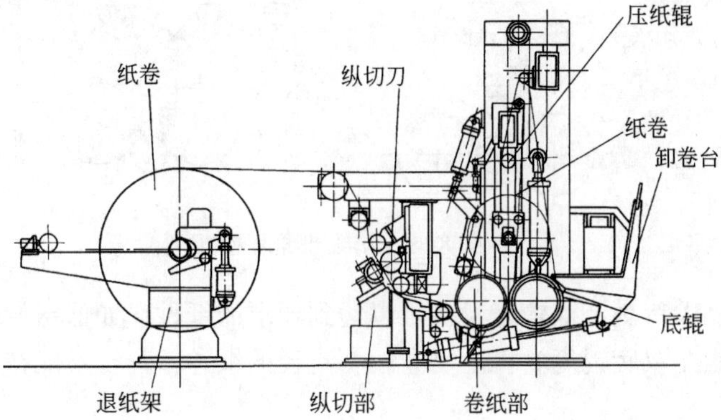

退纸架上的母卷纸幅经过导纸辊后进入纵切装置,然后绕过底辊卷在纸芯上。在复卷过程中,纸幅张力把纸卷拉向底辊使逐渐增大的纸卷得以稳定,并在高速运行时保证卷纸质量。这类复卷机的纵切机构安装在固定位置上,避免了轴向窜动,使切纸精度得到保证,易于分卷;并且大部分转动部件靠近地面,重心低,在高速运行中仍然保持稳定。因此,该类型复卷机使用较广泛,能处理从低定量纸直到纸板等品种。它的缺点是操作人员不易接近机器底部,不便于引纸。为此,常常在机台下方设一地坑,方便操作人员引纸。先进的复卷机会设置自动引纸机构。

图 8-36 下引纸复卷机

下引纸复卷机除上面的典型引纸线路外,还有其他几种可供选择,如图 8-37 所示。

2. 卷纸部结构

根据卷纸部结构的不同,复卷机还可以分为双辊复卷机和多站复卷机。

(1) 双辊复卷机

双辊复卷机是较早使用的一种复卷机,至今一些低速且复卷直径要求较小的复卷机普遍采用这种形式。随着技术的发展,双辊复卷机的结构发生了一些改进,出现了气垫双辊复卷机、辊带式复卷机、活动底鼓复卷机和底鼓涂覆软涂层的复卷机。这些复卷机一定程度上改善了纸卷重量带来的不利影响。与多站复卷机相比,双辊复卷

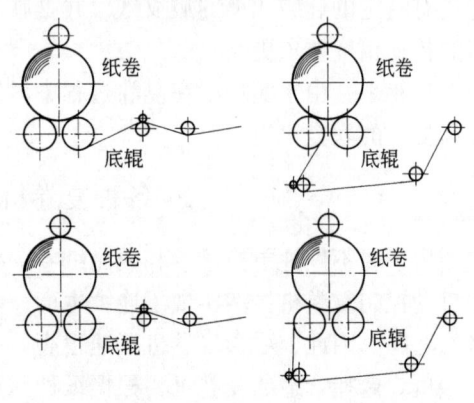

图 8-37 下引纸复卷机其他引纸线路

机结构简单，容易维护，也可以达到较高的产量，在箱纸板、新闻纸等一些纸种的复卷中仍然在广泛使用。

(2) 多站复卷机

为了适应这些非常敏感的纸种，提高成品纸卷的直径，相继开发出各种类型的单底辊复卷机。尽管有些复卷机有两根卷纸底辊，但卷纸的作用方式与只有一根底辊的复卷机相同，也归类为单底辊复卷机。当前，宽幅的单辊复卷机都有数个复卷站，更普遍的称这类复卷机为多站复卷机。一些多站复卷机卷纸部常见结构见图 8-38 和图 8-39。多站复卷机的特点是纸卷的重力不支撑或部分支撑在卷纸底辊上，纸卷与底辊之间的压力靠纸卷支臂上的气缸控制，可精确调整以得到紧度合适的纸卷。每个分切出的纸卷交错地卷在底辊两侧，这样就较好地解决了分卷问题，并且能够卷出更大直径的纸卷。这类复卷机另一个优点是，由于每个纸卷是单独控制的，任何横向波动（如厚度变化或松边）都能较容易地被补偿，但缺点是要求复杂的多重控制，设备造价较高。

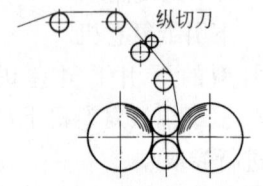

图 8-38 双辊双面复卷机

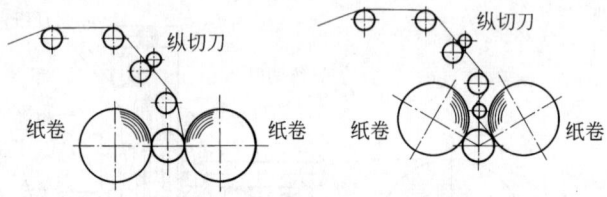

图 8-39 单辊双面复卷机

多站复卷机常应用于复卷条件要求苛刻、双辊复卷机难以达到要求的纸种，如低定量印刷纸、超级压光纸等。这些纸种仅能在双底辊复卷机上复卷较小直径的纸卷，甚至不能在双辊复卷机上复卷。

多站复卷机一般有三种方式来支撑纸卷：纸芯支撑、底辊支撑和压纸辊支撑。根据这三种不同支撑方式的组合，多站复卷机可进一步细分三种类型：纸芯支撑型、纸芯-底辊支撑型、纸芯-底辊-压纸辊支撑型。

(三) 专用复卷机

盘纸分切机是一种专用的复卷机，设计有各种不同的纸幅运行线路，专供纵切和卷取 15~200mm 窄幅的盘纸，如电容器纸、卷烟纸和电缆纸等，设计车速可达到 600m/min。

薄纸复卷机用于复卷薄皱纹纸，最多可同时卷取四层薄纸。这种复卷机靠调节速差来复卷具有既定的起皱比率的皱纹纸，并且在复卷周期中保持恒定。因此，它比普通的复卷机所需的传动精度要求更高。

近年来，由于实现了在复卷过程中对纸幅进行压光，所以复卷机演变成为包括退卷、压光和复卷的联合机组。

## 二、各种复卷机的适用范围及控制要求

由于要不停地更换母卷和成品纸卷，技术水平较低的复卷机是间歇操作的。当前先进的全自动控制复卷机虽然实现了连续生产，但纸卷的更换和运行时的提速和加速阶段也占用较多的时间。因此，尽管复卷机车速很高，一些生产线迫于生产能力的限制，不得不配备两台复卷机。选择合适的复卷机要根据纸种和成品纸卷尺寸和质量，还要考虑与印刷对接的质量要求，如纸卷内接头的质量。

（一）影响复卷机选型的因素

1. 复卷机的生产能力

选择复卷机的生产能力时，要考虑到复卷机生产中的两个特点：

① 复卷机的生产能力应与造纸机的生产能力相适应，否则将影响造纸车间生产的连续性。

② 除了幅宽和车速外，纸卷的直径、纸卷更换所消耗的时间、母卷内断头的数量以及设备的自动化水平，均对复卷机的生产能力产生重要的影响。

复卷机的幅宽因受到造纸机幅宽的限制，几乎没有选择的余地。

复卷机的车速和辅助工序所需时间（决定于复卷机的机械化程度）对其生产能力的影响，在不同条件下是不相同的。对于低速的复卷机，提高车速能够明显地增加生产能力。但对于高速复卷机，仅仅进一步提高其车速，对生产能力的提高往往没有较明显的影响。现代化的复卷机车速已经很高，达 2500m/min 以上，但真正在最高车速下运转的时间很短；相反，用在辅助工序上的时间所占的比重越来越大。大致来说，工作时间与辅助工作时间基本上是相等的。因此将辅助工序实现机械化，减少辅助工序所需的时间，对提高复卷机的生产能力是很有意义的。

为了提高复卷机的生产能力，应尽可能增大造纸机上卷出纸卷的直径，减少换卷时间。同时，成品纸卷的大小会影响复卷中辅助工序所需时间的比例，因而也能影响到复卷机的生产能力。

与印刷对接的纸卷质量要求也影响复卷机的选择。包括纸卷的规格尺寸、内部结构以及接头质量等。

2. 生产纸张品种、规格和质量的影响

预复卷机及专用复卷机的使用场合比较固定，所以其形式变化不大，而成品复卷机则根据不同的应用对选型产生一定的影响。根据不同的纸卷直径可选择不同的复卷形式，通常卷取较大的纸卷会选用多站复卷机，但也可以根据情况选择特殊底辊形式的双底辊复卷机。对于定量较低、纸张表面质量较高，同时印刷对卷纸的结构质量要求高的纸种，如铜版纸、超级压光纸等，多选用多站复卷机；而箱纸板、牛皮纸等纸种仍然多采用双辊复卷机。

（二）双辊复卷机的类型和适用范围

传统的双辊复卷机有两根直径相同平行排列的底辊用以支撑纸卷。它是空心铸铁辊或普通管辊，辊体是铸铁管或钢管，其直径按复卷机幅宽通常在 $\phi 400 \sim 700mm$ 或以上。为了使辊筒达到动平衡，辊筒内壁应进行机械加工。铸铁闷头用红套压入辊筒内，钢轴颈则压入闷头中。底辊工作部分的相对挠度不应超过 $\frac{1}{12000} \sim \frac{1}{1000}$。为了补偿挠度，有些底辊还带有中高。两底辊之间的中心距应比辊径大 10~15mm，以便在这样的近距离下，置于底辊上的纸卷芯在开始卷取时，不致被卡在两辊间，不随底辊旋转。

底辊的表面一般是有螺旋线槽或沟纹，借以使辊面与纸卷间的摩擦系数增大和排出空气，减小噪声。在很多情况下，底辊除开有沟纹外还要进行表面处理以增加耐磨性，如喷砂和镀钼或碳化钨等。

底辊必须设计成在支撑纸卷时挠度最小，且在高速运行时无振动。辊径是复卷机车速和幅宽的函数，由允许的临界速度和挠度来决定，因为大直径底辊比小直径底辊产生"纸卷硬度缺陷"（指纸卷中心卷得过松而外边卷得过紧）的机会少。在卷取涂布纸或很薄的非涂布纸时，应考虑使用大直径底辊。因此，即便在幅宽小的复卷机上，也较普遍地采用 $\phi$600mm 的辊径。

在双辊复卷机中，纸卷的重量是落在两根底辊上的。随着纸卷重量的逐渐增加，纸卷和底辊之间的线压力也逐渐增大。当超过允许的线压力（一般 3~5kN/m）后，很容易产生褶皱、破损等问题。一般有四种方法可以减小纸卷和底辊之间的线压力：a. 在底辊与纸卷之间设置一个气垫，通过控制气垫的压力来抵消逐渐增大的纸卷重量，从而保持卷纸的线压力稳定；b. 使用皮带床替换前底辊，增加压区的接触面积；c. 在底辊上涂覆软质的材料，利用其弹性变形增加压区的接触面积；d. 改变纸卷的支撑位置使得压力分布更加均衡，达到降低最大线压力的目的。

根据上述原理，研发出一些双辊复卷机的改进机型。

1. 气垫双辊复卷机

该复卷机适用于新闻纸和高透气度纸种的复卷。气垫复卷机（图 8-40）是将两底辊之间的空间密封起来，通入压缩空气，形成一个气垫，应用气垫支撑纸卷，降低复卷压区压力进行复卷的复卷机。应用气垫减压的原理是，通过向气垫通入压缩空气，使气垫压力不断增加，支撑纸卷的力也因此逐渐加大，这样就可以抵消在复卷过程中因纸卷直径增大和质量增大而导致的复卷压区压力的增加，以维持恒定的压区压力，确保纸卷的紧密度均匀一致，实现既能复卷大直径的纸卷，又有利于消除复卷过程中的纸病，提高复卷的质量。

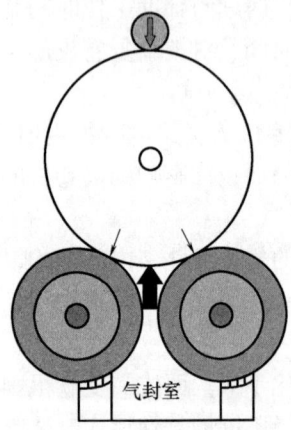

图 8-40 气垫双辊复卷机

由于气垫卸荷系统比较容易实现，且投资少、见效快，是改造老式双鼓复卷机的最佳技术选择，使双鼓复卷机可以复卷大直径纸卷，并改善复卷的质量。但是，目前这种复卷机应用的并不多。

2. 软辊双辊复卷机

通常在复卷机的前底辊表面涂一层柔软的高分子聚合物材料，这层软材料（亦即软胶层）的弹性模量等于或小于纸卷的弹性模量，并且有良好的韧性。由于表层软材料的弹性变形使得纸卷与底辊的接触面变宽，减小了底辊作用在纸卷上的压力负荷。同时，软胶层的受压下陷使得纸卷的重心向前底辊移动，稍微减轻了承受压力过多的后底辊的负担，使得压力的分布更加均衡。

这种底辊的涂胶方式在其他种类的复卷机中也有应用。

3. 变形复卷机（variable geometry winder）

复卷机的压纸辊和前底辊都有铰链连接结构，可以适应纸卷直径的变化而改变位置。当纸卷直径增大时，前底辊向外移动，底辊之间的间隙会增大，使得纸卷在底辊上的压力分配更加均衡。可调的底辊间隙使复卷机能够适用于纸芯规格的变化，便于纸芯规格的选择。当两根底辊的直径不同时，这种不对称的设计可以减少卷纸时引起的振动。变形复卷机适合较大直径纸卷的复卷，其基本结构如图 8-41 所示。

4. 辊带复卷机

辊带复卷机是将典型的双辊复卷机保留后底辊，用在两只小直径辊上包绕的特殊橡胶皮带所形成的皮带床来替代前底辊，然后用皮带床支撑纸卷进行复卷操作（图 8-42）。皮带床上的皮带带有沟纹以增加摩擦力，后底辊表面有钻孔，通过风机产生真空吸力，这样有利于引纸以及自动换纸卷时将纸幅保持在后底辊上。开始卷取时，纸芯被托在支撑辊和第一皮带辊之间进行紧硬卷纸。随着纸卷直径的增大，纸卷重量逐渐向皮带床方向移动，以减轻后底辊上的线压力，同时也减少了后底辊线压力过高而带来的不利影响。由于皮带床比较柔软，并且与纸卷之间有很大的接触面积，因而

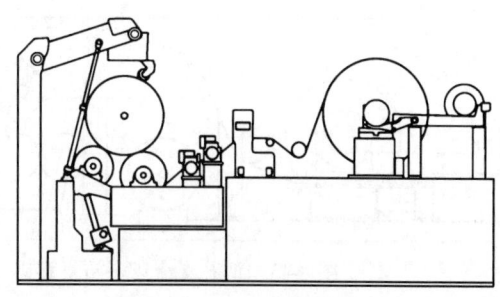

图 8-41　变形双辊复卷机

作用在纸卷上的压力负荷也比较小，纸卷紧度受线压力影响很小。同时，较大的接触面积也增加了纸卷与辊间的摩擦力，可以在整个卷取过程中有效地控制扭矩差，有利于调整复卷力的大小，以保持纸卷自始至终紧度一致，防止由于紧度不一致和纸卷外层紧度过大而出现诸多纸病。辊带复卷机是进行初卷时硬卷、终卷时软卷的理想卷纸设备，它既可复卷大直径卷筒纸，又可以提高复卷质量。

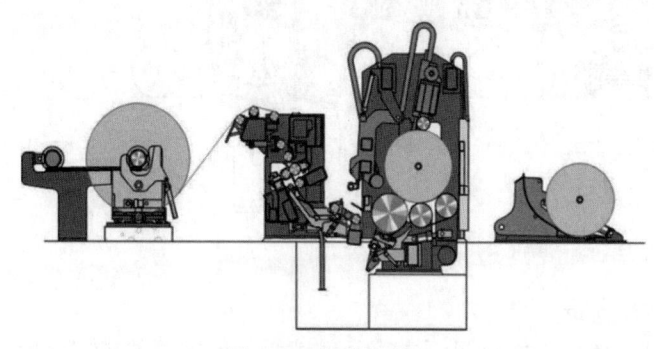

图 8-42　辊带复卷机

辊带复卷机可适用于许多纸种的复卷。卷取大直径纸卷时，也能取得和单底辊复卷机相当的卷取质量。有些设备厂家的双辊复卷机采用模块化设计，可以容易地将传统双辊复卷机改造成辊带式复卷机。

**（三）多站复卷机的类型和适应范围**

为了卷取大直径、高紧度、低定量的纸种，常用多站复卷机。大直径的低定量涂布纸、超级压光纸等凹版印刷的纸种，大多数需要在多站复卷机上卷取，在新闻纸的复卷中也有一定的应用。

**1. 纸芯支撑式多站复卷机**

最简单的纸芯支撑式多站复卷机只有一根中心辊，纸卷驱动电机安装在支撑臂的一侧，或两侧均有驱动电机。压纸辊安装在纸卷上方，当纸卷直径达到 $\phi 300 \sim 400 \mathrm{mm}$ 时开始与纸卷接触。卷纸的动力完全来自纸芯上方所施加的中心扭矩。因为扭矩的大小与纸卷直径成反比，所以卷纸初期可提供强大的卷纸力，用以提高纸卷底部（纸卷靠近纸芯的部分）的硬度，纸卷与中心辊的压力也由纸卷支撑臂控制，可以按需要调节纸卷与中心辊之间的线压力。由于支撑纸卷的重量和加载卷纸线压的作用力全部落在纸芯的两端，在卷纸过程中纸卷芯部要经受相当大的脉动载荷，这对纸芯的质量提出了较高的要求。这种复卷机卷纸直径相对较小，且不适宜高速运行。纸芯支撑式多站复卷机的基本结构如图 8-43 所示。

该类复卷机的另外一种形式是由两根垂直排列的卷纸辊组成的中心辊组，恰似将双辊复卷机翻转 90°。不过这种形式很少应用。

**2. 纸芯—底辊支撑多站复卷机**

图 8-44 为纸芯—底辊支撑多站复卷机的结构示意图。这类复卷机的纸卷支撑方式包括

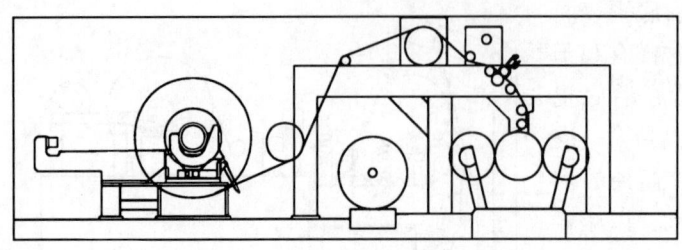

纸芯支撑和底辊支撑两部分，底辊辅助支撑有效地减轻了纸芯的负担。底辊支撑就是纸卷在底辊上的排列方向置为钟表的 10 点和 2 点或 11 点和 1 点的时针方向，底辊承载了部分纸卷的重量，且又不会使底辊上的线压力超过合理的水平，从而减轻了纸芯负荷。

图 8-43　纸芯支撑式多站复卷机

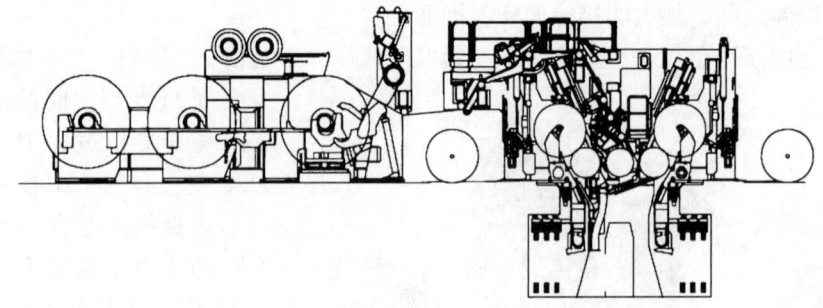

图 8-44　纸芯—底辊支撑多站复卷机

3. 纸芯-底辊-压纸辊支撑式多站复卷机

尽管有底辊支撑的多站式复卷机，依然不能满足纸卷直径继续增大的客观要求。除此之外，纸芯的性能也难以承受更大的纸卷重量，在卷取大直径纸卷时会出现破损、纸卷内弯曲、凸出等问题。一种综合运用纸芯支撑、底辊支撑并配合辊带式驱动压纸辊支撑的多站复卷机应运而生，如图 8-45 所示。它可进一步卷取更大直径的纸卷。辊带式驱动压纸辊可以提供辅助的扭矩，在卷纸初期施加较大的压力形成一个紧

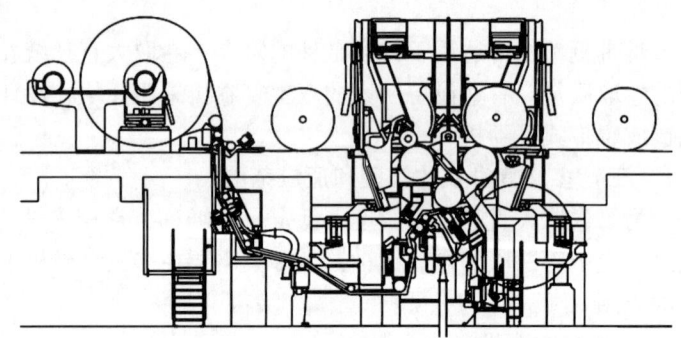

图 8-45　纸芯-底辊-压纸辊支撑式多站复卷机

度较高的纸卷底部，从而保护纸芯以卷出更大直径的纸卷。在复卷过程中，压纸辊还辅助提供卷纸支撑力。当纸卷自身重量在底辊上超过了合理的线压力时，压纸辊会在纸卷的下方托起纸卷，减轻纸芯的负荷。纸芯的驱动力也可以完全被压纸辊代替，并且可以生产紧度更高的纸卷。这种复卷机生产的卷纸直径可以达到 $\phi 1800mm$，幅宽 $4400mm$，质量达 $10t$ 左右。

（四）复卷机的控制系统

要复卷出合格的成品纸卷，可结合复卷机所卷取的纸种、工作车速、卷纸直径等因素确定控制要求和控制精度。

复卷机上纸卷的质量主要指标之一是均匀的紧度。合适的紧度是保证纸卷在运输和储存过程中不发生裂口、断裂和变形的必要条件。纸卷的紧度主要决定于：a. 卷纸时有适当的线压力，并能随着纸卷直径增大而适当调整；b. 前后底辊有适当的扭矩差或速度差；c. 纸

幅张力对纸卷质量也有较大影响，因此要保持纸幅张力稳定。

复卷机的重要控制参数有卷纸压区压力和复卷力以及纸幅张力。要复卷出理想紧度的纸卷，应在下列方面给予注意：

1. 压纸辊压力的调整机构

压纸辊的作用力对卷纸紧度有较大的影响。压力调整机构的作用是保持纸卷与底辊间压区的压力稳定，大约为 $1\sim1.2\mathrm{kN/m}$，防止在初卷时因卷纸轴太轻而打滑以及在复卷后期因压力太大而卷得太紧。一般压纸辊应带有传动，以便对纸幅施加附加的作用力。

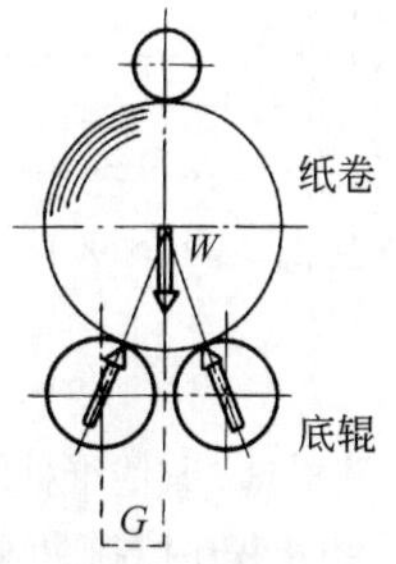

底辊上的总垂直负荷 $W$ 由纸卷的重量 $W_1$、卷纸轴的重量 $W_2$ 和压纸辊的重量 $W_3$ 所组成（见图8-46）。

图8-46 底辊上的总垂直负荷示意图

$$W = W_1 + W_2 + W_3 \tag{8-25}$$

纸卷和底辊之间的线压力等于：

$$\gamma = F_{总}/b = W/2b\cos\alpha \tag{8-26}$$

式中 $\alpha$——垂直线与纸卷和底辊的联心线之间的夹角，（°）

$b$——纸卷宽度，mm

$F_{总}$——纸卷和底辊之间的总压力，也就是纸卷在一根底辊上的分压力，N

$$\sin\alpha = a/2(r_1+r) \tag{8-27}$$

式中 $a$——两支撑底辊间的中心距，mm

$r_1$——纸卷半径，mm

$r$——底辊半径，mm

在没有调整压纸辊压力的平衡机构时，纸卷和底辊之间的线压力的增加速度稍慢于纸卷质量的增加速度（因为当直径增大时，$\alpha$ 角减小，而 $\cos\alpha$ 却增大），但它总是随着纸卷直径的增大而增加的。

在旧式复卷机上，压力调整机构是采用机械的平衡装置。为了增加平衡力，而将重物挂在固定于横轴上的凸轮或偏心的链轮上，在该轴上装有链轮，用链条与压纸辊或纸卷轴联接。纸卷直径增大时，横轴就转动，使重物固定端的凸轮臂增长，这就能使平衡力增加。

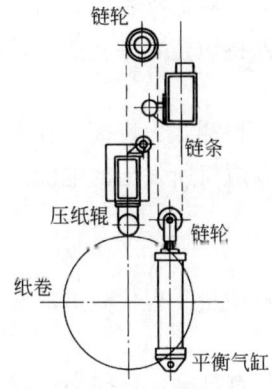

图8-47 气压式平衡机构的示意图

在新式的复卷机上，调整压力是自动程序控制的，它们采用气压式或液压式的平衡机构。图8-47 为一个气压式平衡机构的示意图。

上部链轮带有位移检测机构，检测机构检测到纸卷中心的位移量可采用机械或电控的方式通过电气比例阀控制平衡气缸的压力。当纸卷较小时，压辊及压辊梁的重量较大地压在纸卷上以保证纸卷的初始紧度。随着纸卷直径的增大而提高平衡气缸的压力，从而减少压辊对纸卷的压力，以保证压区的压力稳定。

2. 底辊扭矩程序控制

为了获得优质的纸卷，底辊扭矩或速度控制必须满足适当的条件。如使用速度控制，底辊间速差幅度应小于 ±0.2%，且当纸卷直径增大时，两根底辊的速度必须接近1∶1。对于许多纸种来说，在启动时要用正速差，使在卷芯处卷得紧，而在直径卷大以后又希望有负速差，使纸卷外层卷得相对松些。

扭矩的程序控制通常是用来控制前底辊的扭矩的，其大小随着纸的品种而异，并需要在现场实验来选定。图8-48为某些纸种的扭矩程序控制曲线。从图8-48中可以看出，在启动时差不多全部扭矩都施加于前底辊上，使纸卷绷紧。随着纸卷直径的增大，前底辊的扭矩逐渐变小，后底辊的扭矩大于前底辊，直到两底辊的扭矩相匹配为止。应该强调，扭矩的程序控制，最重要的还是控制启动时的扭矩。

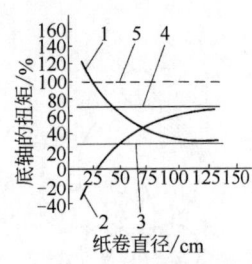

图8-48 某些纸种的扭矩程序控制曲线
1—取得初卷时最大硬度而设计的前底辊扭矩 2—取得初卷时最大硬度而设计的后底辊扭矩 3—取得最软卷取而设计的前底辊扭矩 4—取得最软纸卷而设计的后底辊扭矩 5—达到100%纸幅张力所需的总扭矩

采用单电动机驱动时，可用精加工的可调节三角皮带轮，由负荷继电器接受信号来胀开或缩拢皮带轮，使前底辊超前或滞后。在现代复卷机中，往往配置两个直流电动机各自单独传动两个底辊，由电气调节进行程序控制扭矩。在控制台上有两个电位计，用以在开始卷纸及终止卷纸时调节纸卷紧度，运行时由第三个电位计随纸卷直径增大而调节两辊间的速度和扭矩。

对于许多种纸而言，仅仅有适当的压纸辊压力的程序控制，还不能生产出质量良好的纸卷。同样，适当的底辊扭矩的程序控制，也不能单独地完全达到目标。只有压纸辊压力程序控制和底辊扭矩程序控制的适当配合，才能卷成从卷纸芯到外层硬度均匀一致的纸卷。

3. 张力调整机构

在复卷过程中，纸的张力大小主要由纸种来决定，通常为 $0.3\sim2.0kN/m$。正确地选用纸的张力能在一定程度上改善纸卷的质量，减少断头，保持复卷机工作稳定。因此，复卷机的传动应自动地保持张力稳定，并能根据生产需要进行调节。张力最大的波动值不应超过 $\pm10\%$，最小张力为 $0.3kN/m$。

张力调整机构有多种形式。原始的张力机构是用手操纵制动器来获得张力控制的，因其操作复杂且张力大小难以调节一致，所以仅适用于老式的低速复卷机上。

现代的高速复卷机多采用带有制动发电机的电气控制系统与张力传感器来控制张力。在运行时，制动的直流电动机实际上处于发电状态，调节制动发电机保持恒定功率就能自动控制纸幅张力恒定。

为适应高速和大的卷径变化范围，新型复卷机张力控制系统直接检测张力反馈，在大卷径时控制制动发电机的端电压、在小卷径时控制其磁场，并将制动发电机所发出的电能馈入电网。这种方法可使复卷机获得良好的性能。

4. 现代复卷机的自动化控制

配备先进自动控制系统的复卷机能够进一步提高产量，改进纸卷质量。现代先进的全自动复卷机已经实现了只用一人操作的不停机连续生产。

当前，高速复卷机车速已经超过3000m/min。进一步提高车速既有难度，且提高产量意义并不大，因为复卷机在最高车速下运行的时间并不长。因此，采用自动控制节约其他操作过程的时间是提高产量的有效途径。

自动控制的主要内容有：分切幅宽自动调整、车速自动调节、成品纸卷自动更换、自动换纸芯、自动接纸、纸卷初始末端自动黏接、母卷自动更换和接纸等。

自动控制系统采用的设备通常包括可编程的PLC控制器和一两台工业用计算机。用户界面可以显示复卷的实时过程，也可以用于故障查找和诊断、编制程序文件。

每次复卷过程需要控制的参数有很多，当每次生产条件改变时靠人工修改仍然费时费力。配方管理系统将某一特定的生产要求下所采用的控制参数形成一个配方。配方库储存了大量的配方以满足不同生产条件的要求。配方由操作人员根据生产情况选择使用，与厂级计算机联网的系统也可以直接接受指令，确定使用的配方。配方一般由有经验的专业人员创建，先进的自控系统通常也具有配方自动创建的功能，可提供配方修改建议。

## 三、复卷机的主要结构及工作原理

### （一）退纸部

母卷放置在退纸架上，为了使纸幅两侧切下的纸边宽度一致，母卷应能沿轴向移动调位，而在新式的结构中纸卷可连同退纸架整体移动。除了用手动装置移动纸卷外，还可采用气动、电动或光电装置自动调节其轴向位移，这就可使复卷机上的切边较窄，仅为 5~10mm，而在手动调节的情况下切边约为 20~25mm。

退纸部备有空卷纸轴的卸出装置。它由一对铰接装设的液压操纵的杠杆和放置空卷纸轴的附属托架组成。借助液压缸将空卷纸轴从退纸架的轴承座上抬起，然后沿着一对与铰接的杠杆搭接的水平导轨滚出，让出了空轴承座使下一个准备放到架上去的母卷可直接吊入，因而加快了母卷的调换。母卷的卷纸轴上装设有联轴节，在工作位置时通过气动装置使之与制动器和传动电机相连接。近来也有采用无轴退纸架的，显然与其相配的原纸卷也是无轴的，大大简化了退纸操作。它可以适应多种纸卷芯直径和纸卷幅宽，退纸时比传统的带卷纸轴的纸卷稳定性好，尤其是在小直径和窄幅纸卷上更是如此。无轴退纸架上装备了压缩空气操纵的纸芯卡头。当纸卷借升降台送上退纸架时，两边的机架即向中间推移以适应纸卷宽度。然后借压缩空气操纵，卡头从两端插入纸芯孔中以支撑纸卷。纸芯卡紧后，纸卷即与机架上的轴承及制动器连接在一起。

现代化高速复卷机在启动时，从零升速到 2000m/min 的加速时间大约是 50~60s，而制动时减速时间为 40s 甚至更短。复卷机上退纸制动器要考虑纸卷在最大直径和最高车速时的制动要求，以减少断纸时的损失。制动器常用的有气动刹车器、磁粉制动器及机械刹车装置等。在通常情况下，制动发电机与其他刹车装置配合使用：在引纸时，直流电机启动纸卷，进入加速和工作状态后由直流电机进行张力控制；在紧急制动时，直流电机与其他刹车装置同时动作将纸卷尽快停住。

退纸架上的母卷可人工用吊车更换。现代先进的复卷机多配有母卷自动更换系统，它包括轨道纸卷运输车、存贮纸卷和接受空卷纸轴的轨道运输车的等待站。有些复卷机可配有自动纸幅续接装置，见图 8-49。

### （二）纵切部

纵切机构是复卷机中最重要的机构之一。平直而光滑的切边能保证分卷容易和减少印刷时的起毛。纵切机构应当尽可能靠近纸卷安装，使切开的纸幅在卷

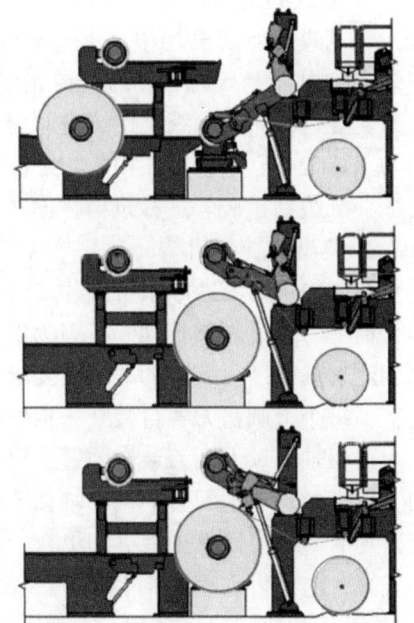

图 8-49 纸幅自动续接装置及接纸过程

纸前的行程中减少或不产生横向的位移。

纵切机构按切纸原理可分为两大类，即压切机构与剪切机构。前者又可进一步分为装在纸卷上方的顶切机构与压切机构两种。顶切机构是在纸幅正绕上纸卷时进行划切的一种机构。顶切机构通常是若干刀片串装在一根轴上，刀片压在纸卷上并可随纸卷直径的增大而上升。刀轴具有传动机构。这种纵切机构的优点是易于将纸卷分开，但其纸尘较多，纸边易发毛，而且还需要另外配用一套剪切机构专作两端切边之用。由于顶切机构对狭窄纸边不太实用，所以它的用途仅限于某些低级纸种的分切。

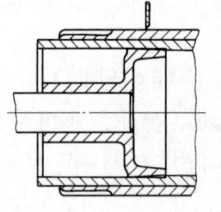

图 8-50　压切机构

压切机构（图 8-50）是利用刀片把纸幅划开的一种切纸方法。纸幅包绕在一个外套有硬度很高的淬火钢环的刀辊上，旋转的圆刀在一定的压力下把纸幅划开。刀辊具有传动，其线速度和圆刀的线速度均与纸速相同。圆刀靠弹簧或气压与刀辊压紧，借助相互间的摩擦力被带动旋转。圆刀刀刃断面呈 V 形，尖部略为倒圆。在有些上引纸复卷机中，刀辊同时又是压纸辊，放置在带动它转动的纸卷上。

压切机构与剪切机构相比，其优点是结构简单且易于调节纵切宽度。此外，对于薄皱纹纸，压切对多层纸幅有切边封口作用，切边光滑。但压切的主要困难是不容易选定刀辊上的钢环以及圆刀的硬度。钢环比圆刀的硬度大时，刀片很快变钝；反之，钢环上会形成刀痕。

随着复卷机变得更宽和更高速，压切机构的应用不太普遍了，因为所需用的刀辊太大，不太现实，而且圆刀的维修量也太大。

剪切机构（图 8-51）具有一对剪切圆刀，分别装在两根轴上，成对地互相咬合，把纸幅用剪开的方式分切开。剪切能保证纸的切边光而平滑，刀片的耐磨性高，甚至在高速度下，从低定量的纸到高定量的纸板，剪切都能获得很高的纵切质量，故用得非常普遍。剪切机构又有如下的几种类型：

**1. 老式的剪切机构**

较老式的剪切机构中，上、下两组圆刀都是盘形刀。上刀和下刀各自串装在一根轴上，上下刀的直径相同，要仔细地调节咬合度（咬合度是上下刀交叠处沿中心联线上的交叠尺寸）及轴向压力才能获得良好的剪切效果。咬合度一般约为 1.5~2mm 左右。如果咬合度太小，则易断纸或产生切边发毛；咬合度过大，则纸幅易切坏，纸边易拉破。这种机构在旧式机器上仍有采用。

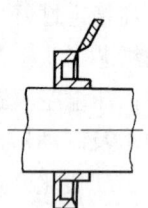

图 8-51　剪切机构

**2. 典型的剪切机构**

图 8-51 所示的为典型的剪切机构示意图，应用最为广泛。在这种结构中，上刀为圆盘形，借下刀通过摩擦传动。下刀为碗状刀，刀轴有传动机构。上、下刀可沿刀轴横向调整，以调定切纸宽度。装刀的准确度要求为 ±0.5mm，刀的数量按所切的纸幅数来确定。在该结构上，每个上圆盘刀各自装在一根偏心轴上，偏心轴装在刀架上，若干个刀架共同固定于一根上刀架轴上。上圆刀装有弹簧，以便给下刀以必要的轴向压力。由于上圆刀的刀架是分开的，可借各自单独配置的偏心轴调节咬合度，咬合度的调节与刀的直径大小无关，并且在个别刀片磨钝后可以单独地拆卸更换，简化了维修工作。还有些装置在每个上刀架上装了一个小气缸，这样可在引纸时借各气压缸的同时作用使上下刀迅速脱开（两个切边的刀组除外），然后再借一个回转的上刀架轴的主气缸把上刀抬起。纵切时，上刀则按上述相反的程序先同时落下，再轴向移动与下刀咬合。

在宽幅的复卷机上,为了减小下刀轴的弯曲变形,在轴的中部还装有中间轴承。旧式的下刀轴是由主电动机通过皮带、链条或齿轮来传动的。而在宽幅、高速复卷机上,高速运转的下刀轴容易引起振动,常常为增加刚度而加大刀轴直径。这在结构上也较为难处理。现代复卷机多采用下刀单独由电动机传动,传动电动机可采用交流变速或直流变速,通常使刀速比纸速高 3%~5%,以便获得比较光而平滑的切边。刀速过高容易影响纸面质量。

3. 第三种剪切机构

第三种剪切机构如图 8-52 所示,它具有一根多刀槽的下刀辊。其上圆刀仍为盘形刀,而下圆刀改成为套在轴上的带刀槽的环,上圆刀与刀槽的刃口接触。带刀环的下刀辊与盘形刀的轴都有传动,盘形刀的线速较快。具有刀槽的刀环可为整体的或剖分的。它们与表面光滑的钢环互相以圆锥面配合,套在刀辊上形成整个辊面,然后在刀辊的两端用螺母将其固定。剖分的刀环在装卸或调整时,均较整体的刀环方便,但在制造和磨削时比较困难。总的说来,这种配备多刀槽下刀辊的剪切机构,既具有剪切法的优点,又可利用下刀辊作为压纸辊。但在使用上还是较为满意的,只是在维修和调整纵切宽度时较为麻烦。

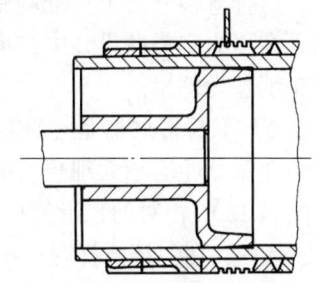

图 8-52 多刀槽剪切机构

为了提高耐磨性,多刀槽剪切机构的上、下刀可用镍铬钢制造。通常下刀比上刀的硬度高些,下刀的硬度为洛氏 C58~60 度,上刀的硬度相应为 53~55 度。上、下刀均须经常研磨至合适的角度。磨利刀片的使用期限,在纸无填料时为 4~8 个月;纸中有填料时,其使用期限就会相应减少。

为了提高工作效率和提高复卷质量,现代复卷机配备了自动分切幅宽的控制系统,它包括纵切刀自动定位和纸芯卡盘移动装置。在多站复卷机中,各个复卷站和压纸辊也随之移动。这样可以准确快速地调整纵切纸幅的宽度,节省辅助工作时间。同时,纵切部带有吸尘系统,使纵切后的微小颗粒不被带入纸卷中。

高速复卷机的纸边输送系统也非常关键,老式复卷机的纸边基本靠人工进行处理。当复卷机工作车速超过 1000m/min 时,人工处理纸边已无法操作。高速复卷机的纸边输送系统通常采用两种方式,即风机直抽式和文丘里吸送式。

风机直抽式使用离心风机输送,风机放置于楼面下(高速复卷机一般放置在二层),风机进口与放置在纵切边刀附近的风管相连,风机叶片上带有刀片,纸边吸入风机被带有刀片的叶片打碎后送向水力碎浆机。由于纸边经过风机内部,刀的磨损非常严重,需要经常更换刀片。

文丘里吸送式采用高压离心风机,纸边不经过风机,纵切边刀附近的风管接至文丘里管,风机在文丘里处产生负压,将纸边吸入文丘里管后送至水力碎浆机,输送出的纸边为连续的,此种输送方式的缺点是当复卷机车速较高时,选用的风机功率较大,增加了运行成本。

(三)舒展部

舒展装置通常是为了使纸幅在纵切后保持切缝分开而设的。某些纸种在纵切之刀前也使用舒展器,以消除纸幅的皱纹和松弛区段,保证纵切效果良好。常用的舒展器有三种形式:D 形舒展杆、弧形辊以及 Z 形双杆舒展器等。

D 形舒展杆是配有间隔约 250mm 的一些所谓螺杆的可挠钢杆。螺杆的支架装在位于纵切机构和底辊之间的支撑架上。这是一种最通用的舒展器，适用于除涂布纸和薄皱纹纸外的大多数纸种。

首先将舒展杆调整到与纸幅平行，然后朝纸幅内顶入弯成弯拱状。弯拱的曲线应是平滑的，顶入纸幅的深度和弯曲的程度取决于舒展的纸种。D形舒展杆对纸幅有良好的操纵特性，防止纸幅在纵切后飘移错乱。此外，D形舒展杆的弯弧形状应是可以调节的，以便适应纸幅的局部缺陷。

弧形辊舒展器有一根固定的弯轴，在轴上装有挠性的合成材料套管，构成一个弯曲的转辊。这种弯辊分为带传动的和不带传动的。带传动的弯辊比静止的弯辊能产生更好的舒展作用。在更为完美的设计中，可用液压操纵远距离控制弯辊的弯度。这种舒展器对于高级纸和涂布纸甚为理想。

Z形双杆舒展器是一种新型结构。对于分开数目众多的窄幅纸卷，上述的前两种舒展器单独使用分卷均不太理想，而Z形双杆舒展器却能有效地分卷。该装置有两个装在杆臂两端的呈180°相对的弧形管杆，压缩空气由管内沿全杆上的孔吹出。纸幅先后绕过两杆形成Z形行程，在包绕弧杆时被压缩空气托住。每个杆的吹气方向和弧度均可回转调节。它对于数目较多的窄纸卷也能很好的分卷。

现代宽幅高速切纸机分离纸幅的舒展装置常常成对使用，称之为合拢分离器或双分离器。使用的舒展装置是舒展杆或弧形辊。这种分离器使分开纸幅的运行方向恢复到与纸卷轴向垂直的方向上，即纸幅运行方向经历了一个偏离—回正的过程，这有利于纸卷的卷取。见图8-53。

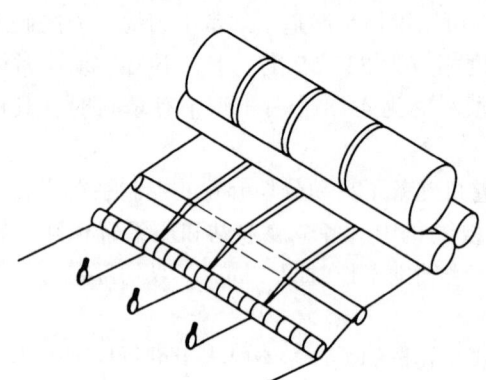

图 8-53 成对使用的纸幅舒展分离装置

（四）卷纸部

在上一节中已经分析了各种复卷机卷纸部的主要结构，现代复卷机中一些附属装置对提高产量、稳定纸卷纸质量也发挥了重要作用。

压纸辊位于纸卷的上方。在纸卷初卷时，纸卷自身还不能在底辊上形成足够的压力，依靠所产生的摩擦力带动纸卷转动。因此，纸卷初卷时主要依靠压纸辊的压力形成高硬度的纸卷。压纸辊施加的压力随着纸卷直径的增大而减少。传统的压纸辊是刚直的滚筒结构，这会使纸面较高的部分承受更大的压力，引起纸卷横幅方向上的松紧程度不一致。在先进的多站复卷机中，压纸辊可以分段控制每个纸卷上的压力，压纸辊也可以设计成辊带的形式，并且有独立的传动系统，压纸辊的拖动也成为卷纸力的重要部分。

纸卷的更换装置包括纸幅的切断装置、纸卷推出装置和卸卷器。纸卷复卷完成后，纸幅被切断，纸芯顶针被松开，纸卷推出装置将已卷好的纸卷从两底辊间推出去，经卸卷器卸到地面上。卸卷器有多种形式，最普遍的是卸卷台和卸卷摆架。它们均采用气压或液压操纵。卸卷器的形式可根据操作人数、卷芯轴尺寸、质量以及允许的停机时间等因素来选择。

先进的复卷机则将芯轴放置、芯轴定位及纸切断的操作全部实现自动化控制，喷胶接纸的操作也可自动完成，以节省辅助操作时间，提高效率。一次纸卷更换所需时间大约30s。图8-54展示了双辊复卷机的自动纸卷更换装置和换卷过程。

当复卷过程中母卷出现断纸时，除人工接纸外，自动接纸装置（图8-55）可以搭接出高质量的接头,以直接满足印刷机的需要。但接纸时还是需要停机进行。

(五) 传动机构

复卷机的引纸车速通常是 15~40m/min。从引纸车速升高到工作车速的过程要求等加速上升,以免动态张力波动太大造成纸卷松紧不一致。在断头或停机时要求均匀减速。在加速过程中,其平均加速度通常为 0.23~0.37m/s²,加速时间常为 50~60s;而在制动过程中,加速度为 -0.42~-0.75m/s²,制动时间为 40s。

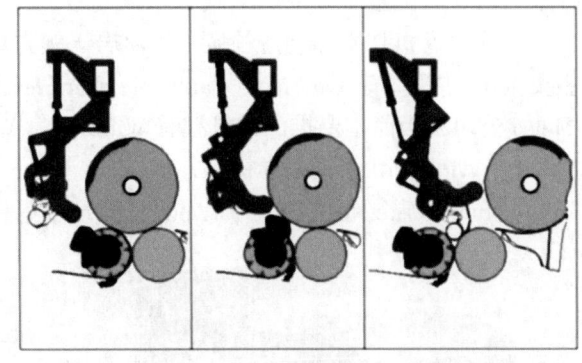

图 8-54  双辊复卷机的自动纸卷更换装置和换卷过程

为了满足变速要求,大部分复卷机使用直流电动机传动,由电动机—发电机组或可控硅整流供给电源。

在普通的复卷机上,两个底辊由一个直流电动机经齿轮副来传动。在近代的复卷机中,则往往配置两个直流电动机,各带动一个底辊,以便于控制两底辊的速度差,以利于卷取紧度适宜的纸卷。

图 8-55  自动接纸装置

复卷机所需的功率 $P$ 主要决定于幅宽、纸的张力和车速。通常采用单位指标法计算其功率,计算式如下:

$$P = 0.025 \times 10^{-3} \gamma b v \text{ (kW)} \tag{8-28}$$

式中　$\gamma$——纸的张力,N/m

　　　$b$——纸的宽度,cm

　　　$v$——车速,m/min

## 四、现代复卷机及其发展

现代复卷机发展的主要技术成就如下:

① 大大提高了复卷机的车速。设计车速已达 3000m/min,工作车速已达 2500m/min。复卷机幅宽达 10m 之多,与造纸机同步发展。

② 开发出适用不同纸和纸板复卷的现代复卷机。

③ 满足了市场对大直径卷筒纸的需求,由原来只能复卷直径为 800~980mm 的卷筒纸,逐步发展到复卷至直径为 1100~1800mm 的卷筒纸。

④ 复卷机的控制水平、自动化程度大幅度提高。复卷中的许多人工操作实现了自动化,手工操作大幅度减少。现代复卷机已实现了连续 340h 不停机复卷的记录。

当前,复卷机仍然面临着很大的挑战。现代复卷机要适应大型、高速、高效造纸机和印刷机的需要,满足市场对大型和超大型卷筒纸的复卷需求。需要进一步提高车速,缩短加、减速时间,提高复卷的效率。现代复卷机应该与现代造纸机实现 1 对 1 配置,尽量不采用 1

对 2 或 2 对 3 的配置。

在现代复卷机技术和制造领域，当前居于领先地位的有两家公司，一是 Voith 公司，当前主要推出的机型有 VariStep、VariSteel、VariFlex、VariSprint、VariPlus、VariTop；另一家是 Metso 公司，当前主要推出的机型有 WinDrum、WinBelt、JR1000E、WinRoll。

（一）WinDrum 双辊复卷机

WinDrum 双辊复卷机是一种最常见的传统复卷机，如图 8-56 所示。

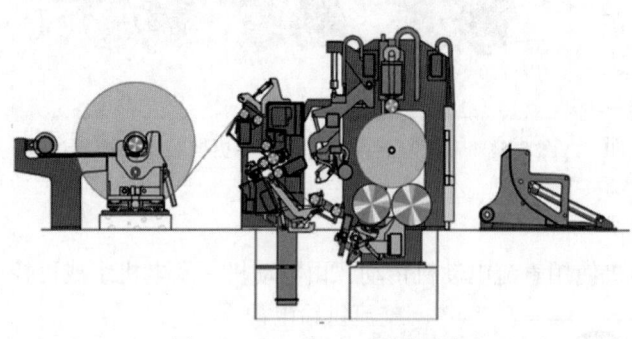

图 8-56 WinDrum 双辊复卷机

WinDrum 主要技术特点如下：a. 纸幅运行平稳。b. 因为采用了纸惯量分段导辊，传送纸幅顺畅平和。c. 具有高效、可调和易于操作的纸幅分离机构。d. 复卷控制与电气传动控制集成在一起，从而获得极佳的纸幅张力控制。复卷中可施加最大的加速度，方便操作。e. 退纸、纵切和卷纸互相分离，取得了最佳的避振效果，各部振动的相互影响可减小到最低限度。f. 压纸辊卸荷系统不会因振动而减小其减荷的作用，从而保证成品纸卷具有均匀一致的松紧程度。g. 整机结构坚固，稳定性好。

WinDrum 双辊复卷机对于复卷小直径的卷筒纸、紧度小的未涂布高级文化纸和纸板以及要求复卷质量不太高的纸种，还算是理想的复卷机。

然而 WinDrum 双辊复卷机也存在着双辊复卷机的共同缺点，即不适合复卷质量要求高、特别是大直径的成品纸卷。

（二）WinBelt 辊带复卷机

WinBelt 复卷机（图 8-42）是一款辊带式复卷机。该复卷机适用于复卷新闻纸、SC、MFC、FCO、LWC、涂布 WF 和特种涂布纸板等，适合复卷大直径的成品纸卷。

WinBelt 复卷机采用了高度集成的 WindControl 系统。WindControl 的优点是复杂精密的复卷过程质量控制、高效易用的人机界面、集成化的安全功能及易维护。WindControl 主要包括了速度、纸幅张力、皮带床的皮带张力、直径设定、压力控制、切刀定位、自动换套功能、除尘功能控制、复卷配方选择、过程曲线记录、历史数据保存等功能。WinBelt 复卷机还采用了 WinComm 功能。WinComm 的作用是使复卷机本体控制系统与 MES（制造执行系统）通讯，复卷机读取母卷信息，复卷完后把分切纸的信息传送给 MES，方便打包机更好地工作。WinBelt 复卷机也采用了 WinHelp 功能。WinHelp 提供了快速解决故障的途径，通过 WinHelp 的报警信息，操作工可以发现一般故障所在、快速解决简单故障。

类似的自动控制系统也普遍应用于其他形式的现代复卷机。

（三）JR1000E 复卷机

JR1000E 复卷机适用于复卷新闻纸、SC、MFC、FCO、LWC 和涂布 WF。

JR1000E 复卷机（图 8-44）是多站复卷机的一种，其主要特点如下：a. 复卷原理是基于均匀的压区压力分布。b. 可正确地分配卷纸臂、压纸辊和纸卷质量三者的负荷，以获得紧度均匀一致的纸卷。c. 采用双中心驱动和膨胀式纸芯顶针，从复卷一开始就能使纸卷的紧度达到要求，不会出现纸卷内松外紧或星形等复卷缺陷。d. JR1000E 配置了三个转辊，采用了对称排列结构。纸卷与中心底辊倾斜排列，减轻了纸芯承受的负荷。e. 中心辊直径为 $\phi 850mm$，压区负荷较低，可改善纸卷结构，并减少了空气卷入。f. 压纸辊采用两小辊包绕挠性皮带，由皮带环路侧压向纸卷。由于有了这种挠性皮带加压的全新结构，不但可使压区压力分布最佳化，而且还可以施加更高的压力负荷。

## （四）WinRoll 复卷机

WinRoll 复卷机（图 8-45）是目前 Metso 公司开发的最先进的多站复卷机，拥有较多创新点。与传统设备相比，它能更好地控制整个复卷过程，同时能将复卷效率和生产能力提高到一个新的水平。该机采用纸芯、底辊和压纸辊联合的纸卷支撑方式，卷纸直径可以达到 1800mm。同时，大部分纸幅从楼下穿过，有利于控制纸幅水分和设备噪声。

该机的自动化特点包括：全自动全幅引纸，与印刷机质量对接的纸卷加工调整处理，纵切机的定位，卷取站和压纸辊，卷芯加工和涂胶，卷筒尾部涂胶，快速的安装变化，准确的反馈复卷控制系统 WinControl 和 WinHelp 智能复卷诊断系统。该复卷机能够生产从超大直径的凹版印刷纸卷到小直径的胶版印刷纸卷的所有型号的纸卷。

## （五）VariSprint 复卷机

VariSprint 是福伊特（Voith）公司推出的一种高车速的双辊全自动复卷机。该机有多处独特的改进，见图 8-57。VariSprint 复卷机的底辊的支架呈 Y 形悬臂结构，端部有液压减震器，主传动齿轮箱输出轴配有橡胶柔性联轴器，这些改进有效地减轻了设备在高速运行时的振动和纸卷跳动问题，提高了车速。配备的全幅宽引纸系统减少了损纸的产生，

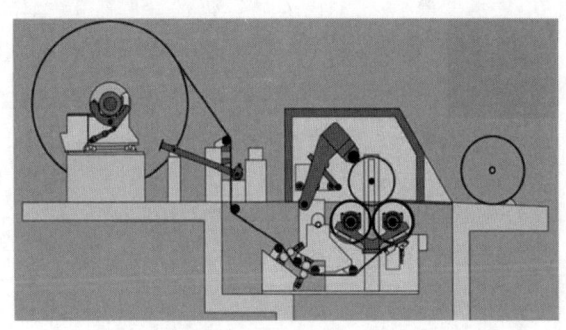

图 8-57　VariSprint 复卷机

节约了引纸时间。该机的主传动布置在楼下，楼上卷纸部有全覆盖的机罩，有效地控制了设备运行时的噪声。

## （六）VariPlus 和 VariTop 复卷机

VariPlus 和 VariTop 是福伊特（Voith）公司推出的两款单中心辊多站复卷机。VariPlus 复卷机纸（图 8-58）有中心辊驱动、中心辊与成品纸卷，采用水平排列方式，最大卷纸直径可达 1800mm，运行车速 2500m/min。

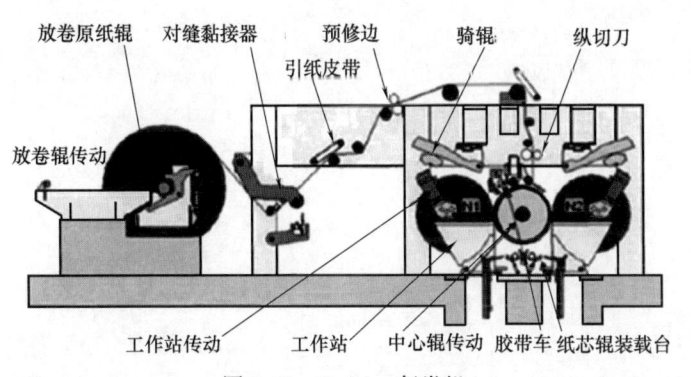

图 8-58　Variplus 复卷机

VariTop 复卷机纸主要是为大直径的 LWC 和 SC 凹版印刷卷筒纸设计的。它与 VariPlus 的主要区别是纸卷与中心辊倾斜排列；引纸方式为下引纸；纸卷质量大，单个成品纸卷最大质量可达 10t，生产能力略高，但设备造价也较高。

## 参 考 文 献

［1］ 陈克复，主编. 制浆造纸机械与设备（下）［M］. 3版. 北京：中国轻工业出版社，2011.
［2］ 胡楠，主编. 轻工业技术装备手册［M］. 北京：机械工业出版社，1995.
［3］ Johan Gullichsen. Papermaking Part 3, Finishing［A］. In：Johan Gullichsen, Hannu Paulapuro. Papermaking Science and Technology［M］. Helsinki：Finnish Paper Engineers' Association and TAPPI, 1999：107-260.
［4］ 翁迎丰. Winbelt-M复卷机及其运行［J］. 中华纸业，2002，9：20.
［5］ 杨福成，杨娟. 现代复卷机的现状与发展趋势［J］. 国际造纸，2001，20（4）：9.
［6］ 王艳杰，张力，池明. WinDrum—M复卷机在生产中的应用［J］. 西南造纸，2004，1：42.
［7］ 刘栋. 高速单辊复卷机传动控制系统的设计与应用［J］. 西南造纸，2013，8：51.
［8］ 冯勇. 回转式切纸机及应用［J］. 设备与自动化，2013，4：36.
［9］ 侯翎剑. 高速双螺旋辊刀式切纸机的引进及其特点［J］. 华东造纸，2012，6：32.

# 第九章　涂布机械与设备

## 第一节　概　　述

涂布是纸加工的一种手段，它是指涂料用涂布机均匀地涂覆在纸幅上的加工方法。涂布加工，大大地改善了纸的印刷适性和装饰性能。纸和纸板的涂布应用范围很广，由此配套研制和生产出了适用于不同目的、不同结构的涂布设备。

最近一些年来，纸和纸板的涂布技术发展迅速，其中尤以铜版纸和低定量涂布纸更是得到了飞速发展。发达国家铜版纸的增长已进入稳定期，我国铜版纸近几年稳步发展，目前产量在 700 万 t 左右，但集中度较高，几家大企业约占总量的 80%。

当前设备厂家也更加注重新产品和新技术开发。21 世纪的涂布机：a. 纸机幅门更宽、车速更高。b. 把机外设备移入机内，使纸机更为紧凑、操作更加方便。c. 优化生产工艺，降低操作费用、能耗、原材料消耗，从而降低成本。d. 采用新材料、新技术，改进生产设备，进一步提高产品质量。e. 进一步提高自动化水平。f. 涂布机参数与工艺的信息化技术。

目前的新技术包括：a. 低定量涂布技术的改进。b. 新型聚合物包胶辊的开发，使超压机进入纸机内成为可能。c. 软压光技术的出现，又使低定量涂布纸实现了机内全过程生产。d. 计量薄膜表面施胶技术的发明，能对纸进行一次性两面涂布，加上两辊加热软压光技术，使低定量涂布实现全面化机内生产。

涂布纸机自动化程度越高，操作费用越低，生产出纸的质量越好。纸机劳动强度最高，也是自动化最薄弱的地方往往是在卷取、复卷或切纸包装等生产线上。自动化可以大幅度降低停车时间、减少操作工人、提高生产效率、降低安全隐患、提高产品质量、降低生产费用，提高经济效益。

### 一、涂布工艺流程

涂布机由退纸机、涂布器、干燥器和卷纸机组成。也有在造纸机两道干燥器之间设置涂布器，将抄造与涂布合为一道工序，称机内涂布；或者将涂布与抄纸分开，使原纸置于专设的涂布机上涂布，称为机外涂布。

涂布器可对纸和纸板单面涂布，也可组合使用两只涂布器对纸页两面进行涂布。重涂布纸可以采用多只涂布器对纸页进行多层涂布。

涂布器有多种形式，涂布器也可进行多种组合，以满足产品质量要求、原纸性能要求和具体生产情况的要求。

目前，机外涂布机最高车速已超过 2000m/min，而机内涂布机车速也已达到近 2000m/min。涂布纸幅宽度达 10m。

图 9-1 示出了两面二次涂布的刮刀涂布机流程。原纸装于双轴回转式退纸机的回转臂一端，纸幅经导纸辊、恒张力自动调节系统送至

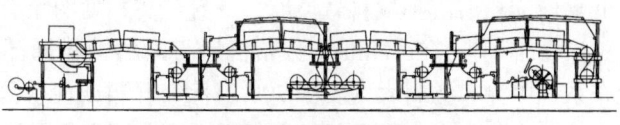

图 9-1　两面二次涂布的刮刀涂布机

刮刀涂布器，由其将定量的涂料均匀地涂布于通过的纸页正面上，经热风干燥，再将其反面送入刮刀涂布器涂布，经热风干燥，完成了正、反面的底涂。然后再分别通过两个刮刀涂布器进行正、反面的面涂，由自动换辊的卷纸机卷成卷筒。

## 二、涂布设备的发展现状和发展趋势

### （一）涂布设备的发展现状

涂布机多以涂布器名字命名。涂布器有辊式、气刀式、刮刀式涂布器等，涂布机也有相应的型式。近年来应用较广的先进涂布设备有：刮刀涂布机、膜式涂布机、帘式涂布机等。

1. 刮刀涂布机

刮刀涂布机分辊式上料和喷嘴喷射上料等形式。

辊式刮刀涂布机是通过上料辊将过量涂料涂布于原纸面上，再通过刮刀将过量涂料刮下，而将定量涂料保留在纸面上，从而得到所要求的涂布量。影响涂布量的因素主要有：刮刀的结构及位置、涂料黏度、固相含量、纸幅张力等。溢流式刮刀涂布机由喷嘴喷射上料。它是通过喷嘴喷射出较细的薄而均匀的雾状料膜至辊子表面上，再通过刮刀将过量涂料刮下，保证颜料都能获得较好的横向分布。喷嘴在颜料的施涂过程中不与辊子发生直接的物理性接触，因而纸幅受到的冲击作用很小，不会发生纸幅断裂现象，因而车速可以提高，生产效率比辊式刮刀涂布机高。边界的调整可以通过边部射流的偏转来实现。适用于超低量涂布纸及纸板，单层到三层涂布。车速 200~2500m/min；涂布量 5~20g/$m^2$；黏度 100~2500mPa·s。

2. 膜式涂布机

膜式涂布机又称膜式施胶装置或薄膜施胶机，是一种最普通的机上涂布设备，最初主要用于纸张的非涂料性表面处理，即表面施胶以改变纸张的印刷及其他方面的性能。随着造纸工业的发展，应用范围扩展到轻定量涂布纸的生产中，可用于涂布量为每面 3~15g/$m^2$ 范围内的颜料涂布，涂料固含量为 30%~65%，黏度小于 1600mPa·s。还可用于表面施胶和涂布量在每面 0.7~4.0g/$m^2$，涂料固含量为 5%~18%，黏度大于 50mPa.s 的表面施胶或预涂布。压榨类型有：垂直式、水平式和倾斜式三种。

垂直式施胶压榨由于辊筒的重心和不同的供料方式给纸幅两面的涂层外观和质量会带来差异性，而水平式施胶压榨是为了解决由垂直式施胶压榨所引起的纸幅差异性问题产生和发展起来的，倾斜式施胶压榨由于在设备布置上的优越以及兼有水平施胶压榨的特点，因此目前在纸机生产线配备中被广泛大量采用。该设备在淀粉涂布中可有效改善强度特性，在颜料涂料施涂中可改善白度和平滑度，在涂布中覆盖性较好，可提高平滑度和光泽度。

由德国 Voith 公司开发了新一代膜式施胶涂布设备 SpeedFlow 涂布机。通过几个特殊的 MultiJet 喷嘴进行预先计量，再将料膜送到辊子上，匀料过程是采用可靠的计量装置实现的。计量采用了新的复合材料，实现了全新的设计，能最好地满足使用要求。由于采用计量装置进行的预先计量和用计量元件的最终计量不再受到热效应的影响，而且在机械上是独立的，这样就保证了稳定的使用条件，从一开始至整个使用过程都获得了良好的施涂效果，同时可以避免更换辊子及计量装置时进行复杂的调整工作。它可以包括薄膜施涂的整个应用范围，从低黏度淀粉溶液到颜料悬浮液，一直到高黏度的涂料，各种最新的涂料配方都可以经过计量施涂在辊子上。SpeedFlow 涂布机运行时的颜料循环量比标准系统大约要少 40%，同时，涂布系统中涂布颜料大约要少 70%。涂布颜料或淀粉只通过一个安有 MultiJet 喷嘴的颜料分配小管送入，它在布置及尺寸上保证了高黏度和低黏度颜料都能获得最佳的横向分布，流送系统清洁且简单。对于纸机的不同工作宽度，SpeedFlow 和 Multi-Jet 喷嘴可通过边部的导板进行调整，这样保证了不接触不磨损的调整方式，同时再现性好。

3. 帘式涂布机

帘式涂布是近年发展起来的一种相对较新的涂布工艺，具有效率高、涂布质量好，易于操作、生产清洁等优点。由德国 Voith 公司研制开发的新型帘式涂布机解决了在控制纸幅空气界面层、涂料除气和幕帘稳定性方面的问题。工作原理为：除气涂料供给到涂料分配器（幕帘头），平稳地向下流到喷嘴，喷嘴将除气涂料均匀地喷注到运动的纸幅上。由于重力作用，喷出喷嘴口的幕帘涂层速度被加快，当它喷注到纸幅上的时候，幕帘涂层被进一步加速和展开，从而获得理想的涂布质量。

这种涂布方法不需要后面的计量装置，所以涂布横向分布很均匀，而且涂布量均匀一致，调节非常稳定。工作宽度 3～4m，涂布速度 1000～1200m/min，最高设计速度 1500m/min。

帘式涂布涂料的不断改善将使高固含量颜料涂料用于未来文化用纸的涂布，尤其是在具有很低湿强度的含磨木浆的低定量涂布纸的情况下。由于污染和噪声方面的原因，对于未来纸板生产中的涂布处理，使用帘式涂布代替现有的气刀涂布将变得越来越有必要，有可能使用两台串联帘式涂布或使用一个双涂料分配器的双幕帘头的双涂布技术（湿涂+湿涂）。

### (二) 涂布设备的发展趋势

过去几年涂布设备要迎合涂布工艺的发展而发展。降低施加在纸幅上的压力，达到好的涂层匀度，得到较宽的涂布量范围。

纸和纸板涂布的理论趋势将是控制流速，既可以通过压差也可以通过靠在辊上的计量设备来控制，并施用较轻应力的方法把涂料施涂至纸幅上，同时仍能提供均匀的涂布层。近来在这些方面的进展已经显现希望，但还需继续努力开发。

## 三、技术经济分析

气刀涂布器出现于 20 世纪 30 年代，它是一种适应性较广，应用较普遍的涂布器。它具有通用性、操作维护方便、涂布中不易产生刮痕和料斑、涂层较富有弹性、不与涂料接触，适于压敏性涂料的涂布。但适用于涂料固含量较低的场合，一般 35%～42%，最高不超过 45%，涂料黏度 100～400mPa·s。气刀涂布器多用于小的机外涂布机、板纸机内涂布及无碳复写纸（CB 面）涂布中。气刀涂布能在车速每分钟几米以至 600m 的情况下操作，但正常的涂布速度范围是在 120～320m/min 之间。涂布量可高至 $25g/m^2$，低到 $3g/m^2$ 都毫无问题。

门辊涂布器的纸机运行车速大多超过 600m/min 甚至高达 900m/min 以上。门辊涂布机涂料浓度可高达 60%左右，因此在高速条件下比起双辊式表面施胶压榨产生的涌动或抛溅现象大为减弱，可完全保证高速条件下正常运行。价廉物美和用途广泛的轻涂纸，势必完全取代不涂布的胶版印刷纸，同时轻涂纸还将占领着涂布纸中相当大份额的市场。作为生产轻涂纸的涂布设备，辊式涂布器已是世界造纸发展的主流。门辊涂布器除了用于新建的轻涂纸生产线外，同时对我国小型纸厂的产品升级换代，及用作铜版原纸的预涂布等技术改造都是十分可取的。门辊涂布器还具有结构简单、运行可靠、操作方便、维护容易等特点，将可能成为适合我国国情，生产轻涂纸的一种成熟、可靠、实用、先进的辊式涂布器。

辊式刮刀涂布机适用于低定量涂布纸及纸板，单层到三层涂布。车速最高可达 1000m/min，涂布量 $5～20g/m^2$，黏度 500～2000mPa·s。

溢流式刮刀涂布器适宜于低定量涂布纸、美术印刷纸、折叠箱板纸以及特种纸的涂布。涂布量 0.3~30g/m², 车速 200~1300m/min, 上料辊速度为 70%~90% 的纸页速度。

喷雾涂布设备与刮刀涂布对比, 生产效率提高 5%~6%, 与膜式施胶压榨对比, 生产效率可提高 2% 以上。喷雾涂布设备可以生产较高价值的产品, 投资少, 颜料成本低, 及更高的生产效率。而干燥、维修、人工费用基本相同。

本章将重点讨论涂料制备设备、涂布器及干燥器三部分内容。

## 第二节　涂料制备设备

涂料制备是涂布纸生产的重要环节。涂料的质量直接影响涂布过程及涂布纸的质量, 因此, 务必严格掌握涂料制备的各个环节, 确保涂料质量。现代涂料制备系统在设计上对可靠性、再现性、精确性、适应性方面都有很高的要求, 并且要求有较低的污染负荷和较少的设备维修。

涂料制备过程包括颜料分散液的制备, 胶黏剂溶液的制备, 添加剂溶液的制备和涂料的配制。涂料制备过程要根据生产规模大小、产品品种是否经常变更情况来决定。一般水性涂料的流程如图 9-2 所示。颜料经高速分散机制成颜料分散液, 与胶黏剂和辅料在混合槽内混合, 再经筛选和过滤, 用涂料泵送到涂布器进行涂布。

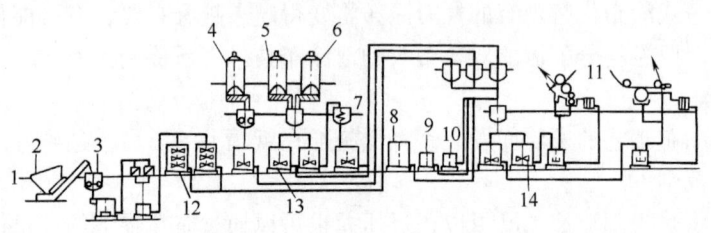

图 9-2　涂料制备流程图
1—颜料　2—料斗　3—分散机　4、5、6—胶黏剂及辅料储槽　7—熬胶机　8、9、10、14—储罐　11—涂布器　12—颜料分散体储罐　13—混合罐

### 一、分散与混合设备

颜料分散是涂料制备过程的重要步骤。颜料分散的好坏对涂料的许多性能都有很大的影响。它不仅影响涂料的贮存稳定性而且还影响涂层颜色、光泽及印刷性能等。如果颜料分散得不好, 在涂料的贮存过程中颜料就会重新凝集, 涂布后涂层中就会呈现颜色偏离和发花等色泽不均的弊病。如果颜料分散得好, 而且每次都能得到分散程度较一致的颜料分散体, 那么涂料在生产时, 颜色的重复性就好。

(一) 颜料的分散过程

颜料在基料中的分散是由几个过程组成的, 这些过程虽然在下面的叙述中有先后之分, 但实际上是同时发生的。

颜料在基料中分散时, 首先是其表面要受到基料的润湿。其次, 在分散过程中, 颜料的聚集体要分散成单独颗粒, 只有这样才能充分发挥颜料的固有性能 (如着色力、遮盖力等)。最后是要使这些已分离开的单个颜料粒子处于一种稳定的分散状态, 以致它们在贮存过程中也不会重新聚集 (絮凝) 起来。使颜料分散体处于稳定的分散状态有两种方法: 一种是颜料质点的表面带有电荷, 依靠同种电荷相排斥的原理使质点之间保持一定的距离而获得稳定。另一种是在颜料质点表面上吸附一层聚合物之类的物质, 这层聚合物吸附层的存在也能使质点保持稳定的分散。在水性涂料系统中, 这两种兼而有之。

## (二) 颜料分散与混合设备

颜料分散与混合设备根据工作方式分为间歇式和连续式两大类。几种常见的间歇分散设备如图9-3至图9-7所示。连续式分散设备如图9-8、图9-9所示。

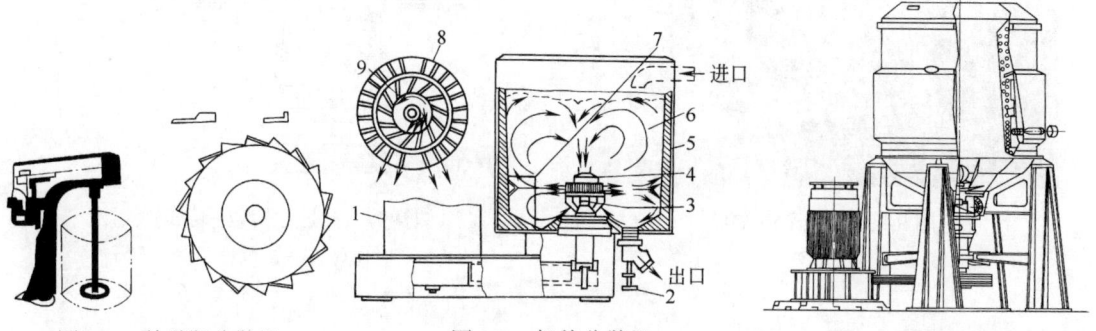

图9-3　科雷斯分散机　　　　图9-4　凯德分散机　　　　图9-5　赛勒分散机

1—电机　2—出料管　3—主轴系统　4—分散元件　5—冷却水夹套　6—平均流动形态　7—挡板　8—定子　9—转子

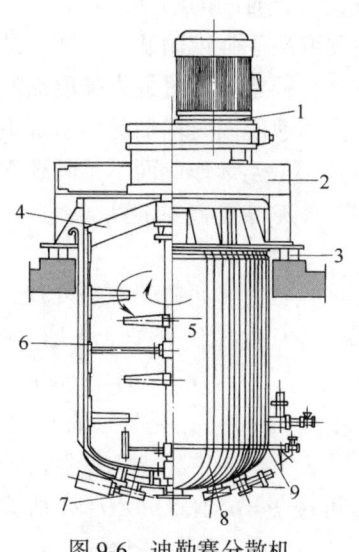

图9-6　迪勒赛分散机

1—减速电动机　2—减速电动机机座　3—减振缓冲器　4—慢速搅拌　5—快速搅拌　6—刮刀（板）　7—出料阀门　8—清洗出料阀门　9—蒸汽进口管

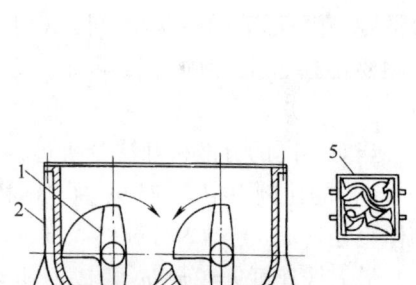

图9-7　高浓捏合机

1—Z形轴　2—W形捏合槽　3—出料口　4—板式阀　5—Z形双轴捏合机俯视图

颜料的分散与混合是涂料制备过程中最重要的环节，有几种设备可供选择时要考虑设备结构和材料、皮带传动还是齿轮传动、动力消耗、密封和润滑、噪声和振动，还要考虑有较低的维修费用。

分散机的主要部件是各种形式的搅拌器，包括涡轮叶式、桨叶式和边缘呈齿形切口能使分散体液面向上翻的实体圆盘等，某些情况下也使用它们的复合形式。分散作用来自旋转搅拌器与它接触的小量流体之间的剪切力，以及由旋翼急速转动引起涡流中粒子间的相互作用来获得的。这些力是搅拌器边缘的线速度函数。与搅拌器边缘接触的分散区是剪切力强度最高的区域。

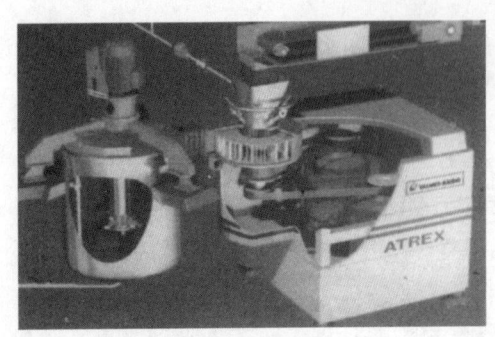
图9-8 连续式分散机

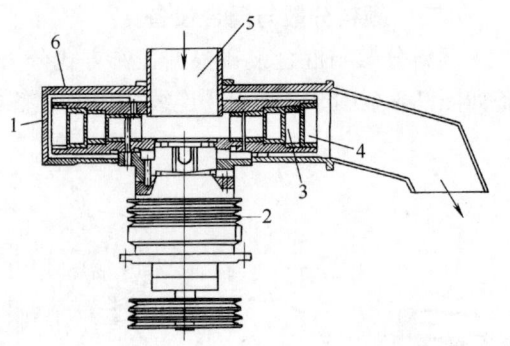
图9-9 连续式分散机局部放大图
1—混合室 2—皮带轮 3—下转子
4—上转子 5—喂料室 6—外壳

不论是哪种形式的分散体系，控制分散的主要因素是混合强度，混合时间是次要条件，但必须保证全部物料有充分的时间流经高混合强度的分散区。由于分散作用贯串整个混合体系，为获得最佳颜料细度的分散体，应使全部粒子通过剪切强度最大的小区间。对于任何给定的混合强度，短时间能完成的分散，在同样强度下，延长时间的额外混合收效很小。混合强度不足不能靠延长时间来弥补。因此，分散程度主要取决于强度因素，它随聚结体的缩小而增大。高速搅拌意味着增加输入能，意味着分散粒子更频繁地通过最大强度点。混合物固含量越高，流动阻抗越大，能量转移率也越高。增加剪切速度同时增加剪切阻抗不仅能提高分散度，而且能缩短分散时间，对于一定的混合器，当它是连续作业而不是间歇作业时，混合物要在接近最佳固含量条件下充分地混合，这样可获得更高的能量转移率，使产量更高。

当对不同的分散机和混合机进行选择时，要考虑一些参数。如转子直径（$D$）与槽体直径（$d$）的比例$D/d$、轴功率（$P$）和槽内分散体的量（$V$）的比例$P/V$、最大线速度$v$以及槽体直径（$d$）与槽内分散体高度（$H$）的比例$d/H$。

最大线速度$v=2\pi d_r n$ 其中，$v$是转子的最大线速度（m/s），$d_r$是转子直径（m），$n$是转子的转数（1/s）。

当设备参数选定后，分散体混合及分散所需动力可按$P=\rho\times Ne\times n^3\times D^5\times f$估算，其中$P$是混合及分散所需动力（kW），$\rho$是分散体的密度（kg/dm$^3$），Ne是常数，$n$是转子转数（1/s），$D$是转子的最大直径（mm），$f$是校正系数。

建议$P/V$按$10\sim40$kW/m$^3$，$D/d$按$20\%\sim40\%$，转子的最大线速度按$20\sim40$m/s，$d/H$按1进行设计。

## 二、涂料筛选设备

颜料分散和胶黏剂熬制时不管怎样小心，总会有少量杂物留在涂料混合物中。假如这些杂物涂到纸上就会以疵点形式出现在表面，在印刷过程中引起掉毛掉粉。

刮刀涂布机的刮刀压区可控制涂布量，也有分级的作用，当它捕集到过大的杂物时，便会在涂布表面产生条纹并引起刀片的磨损。因此，无论采用什么涂布方法涂料混合物都应过筛，以除去各种大颗粒的杂物。

筛选设备常用的有振动筛和过滤器。

## 第九章 涂布机械与设备

### （一）振动筛

振动筛是涂料制备过程中常用的一种筛选设备。涂料依靠筛网的振动，穿越筛网的孔隙。根据振动筛网的结构形式与振动方式，可分为下列几种类型。

#### 1. 简易框式振动筛

如图 9-10 所示，这种筛的振动是由固定在筛框上的偏重振动器产生的强迫振动而使筛网振动。

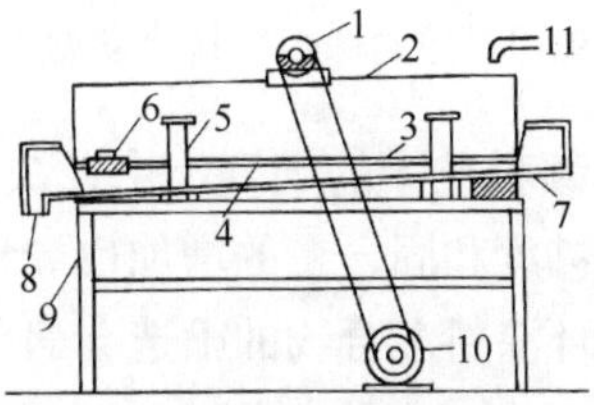

#### 2. 槽形振动筛

这种筛以 Universal 筛为代表，其结构如图 9-11 所示。其主要结构为一滑车轮，该车轮被一根强力弹簧所悬挂，在滑车轮下端有一槽形的筛网，并在轭头处装置一只电机，此电机所产生的环动，促使滑车轮与筛网产生振动。槽形振动筛适合于低黏度涂料和中黏度涂料的筛选。

#### 3. 斜式振动筛

此种振动筛以 Hummer 为代表，其结构如图 9-12 所示。其构造为筛网铺在一个倾斜的底网上，此倾斜角度可以随意调整，以使粗大粒子顺利地被除去。斜式振动筛工作时，涂料被喷洒在整个筛网上，使得筛选效率提高。筛网的底部装置有集料漏斗，将干净的涂料收集并送至贮存桶，粗颗粒杂质则流落至斜筛网底端的一侧被除去。这种筛的振动系采用一只振动器连同支架一起振动的原理，振幅与频率可以任意调整，振动器由一台热离子动力装置进行控制。斜式振动筛适用于低黏度涂料和颜料的筛选，但不适用于高黏度涂料。

#### 4. 圆形振动筛

这种振动筛以 Sweco 筛、Kason 筛和 Celco 筛为代表。此类筛的结构与工作原理如图9-13所示，振动是通过电机转轴上下端的偏心块来完成的。上部偏心块的转动产生筛网水平方向的振动。底部偏心块使筛子摇动，在垂直和倾斜方向产生振动。物料在筛网上移动的方向可由导向块进行调节，角度范围从 0°到 90°，如图 9-14 所示。对于涂料筛选，一般采用 50°～60°之间。目前，圆形振动筛应用较多。

图 9-10　简易框式振动筛
1—偏重轮（固定在筛框上，前后计二只）
2—筛框　3—尼龙筛网（二层，底层 20 目，上层 150～260 目）　4—筛网空白托板
5—弹簧　6—洗框出渣孔　7—受料盘　8—筛料出口　9—筛架　10—电簧　11—放料管

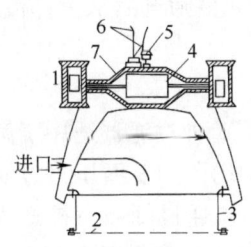

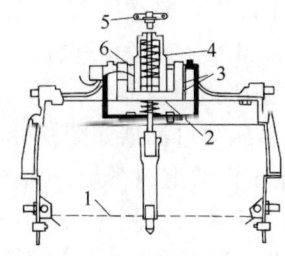

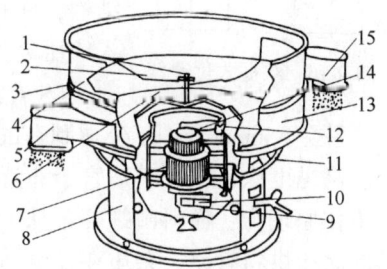

图 9-11　槽形振动筛
1—偏心块　2—筛网　3—筒体
4—双轴电机　5—悬挂弹簧
6—电机导线　7—电机和偏心罩

图 9-12　斜式振动筛
1—筛网　2—电枢　3—振动滑块　4—加压弹簧　5—手轮
6—线圈和交流磁铁

图 9-13　圆形振动筛
1—连接螺栓　2—上层筛网　3—筛筐紧箍　4—筛筐　5—筛出口　6—受料盘　7—电机　8—筛座　9—偏心摆锤角度调节器　10—下偏心摆锤　11—弹簧　12—振动筛平台　13—受料筛筐　14—上偏心摆锤　15—粗料出口

图 9-14 导向块与物料流动的关系

一般圆形振动筛配置的筛网孔径为 150μm，筛网细一些效果较好，实际筛选效率受下列因素影响：a. 物料的流变性；b. 筛网的孔径；c. 筛网上的静压头；d. 筛渣量；e. 振动的幅度。

筛选设备的选型要考虑许多因素。首先是考虑所希望的颜料粒子的细度，由此决定选用多大网目的筛网。筛孔越大，筛选速率越快。涂料混合物的黏度和固含量的增加也导致筛选速率缓慢。考虑筛选容量时要有余量，以应付意外的排污。循环涂料混合物的筛选会遇到与新鲜涂料混合物筛选不同的问题，因此通常需要分开筛。

对于大多数涂料混合物，筛选的能力和筛选的好坏是难以预测的。涂料混合物一般是非牛顿型流体，它们的流动形式和触变程度影响筛选的效果。以类似的涂料混合物进行实验或在筛选设备厂的实验室做实验，是对筛选设备进行选型的最基本方法。应确定涂料固含量的使用范围和涂料混合物的流变特性；并确定选择最难的综合条件进行实验比较。实践中可能遇到的各种各样的情况：诸如分散体的分散好坏，夹带空气的量和涂料混合物的温度等都应考虑进去。

### （二）过滤器

#### 1. 框式过滤器

框式过滤器直接安装在涂料输送的管路上，它的结构如图 9-15 所示。

涂料被泵送，从过滤器的上部进入，然后穿过滤框后，干净的涂料进入贮存桶，而杂质则截留在滤框内。

框式过滤器可根据实际使用情况选用单框式、双框式或多框式。在一般间歇式生产中可采用单框式，如考虑连续生产与清洗的需要，则可选用双框式，因为可在清洗一只框式过滤器的同时，通过切换阀门保持另一只框式过滤器工作，如图 9-16 所示。

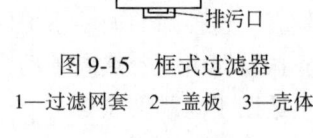

图 9-15 框式过滤器
1—过滤网套 2—盖板 3—壳体

#### 2. 管式过滤器

管式过滤器以罗宁根（Ronningen）过滤器为代表。这种过滤器适用于处理高浓度、高黏度涂料的筛选。图 9-17 为罗宁根过滤器的结构，涂料由下面进口泵送压入，经过过滤元件筛选后从上部流出，入口压力为 0.35MPa，一般由螺杆泵输送。

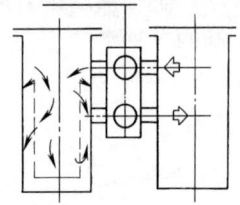

图 9-16 双框式过滤器

#### LS 自清洗型压力过滤器

芬兰 Valmet-Raisio 公司制造的 LS 型压力过滤器如图 9-18 所示。此种过滤器适用于筛选中、高黏度涂料，尤其适宜于布置在涂布机的上料系统，如图 9-19 所示。LS 型压力过滤器的工作原理为：涂料由螺杆泵从 LS 型筛筒体的上侧送入，在筒体内侧通过筛鼓后被送入底部的涂布供料管路，杂质在筛鼓外侧表面装有清洗刮板，而筛鼓内侧表面装有混合刮刀，由上端的电机驱动旋转，由于同步清洗的结果，可有效地克服纤维与毛毯絮状物所带来的涂布条痕问题。另外 LS 型压力筛的顶部装有一根除气管，可有效地将涂料中的气泡除去。

## 三、涂料泵送设备

### （一）离心泵

图 9-20 所示为离心泵的结构图，这种泵靠泵壳叶轮的离心力作用，达到输送液体的功

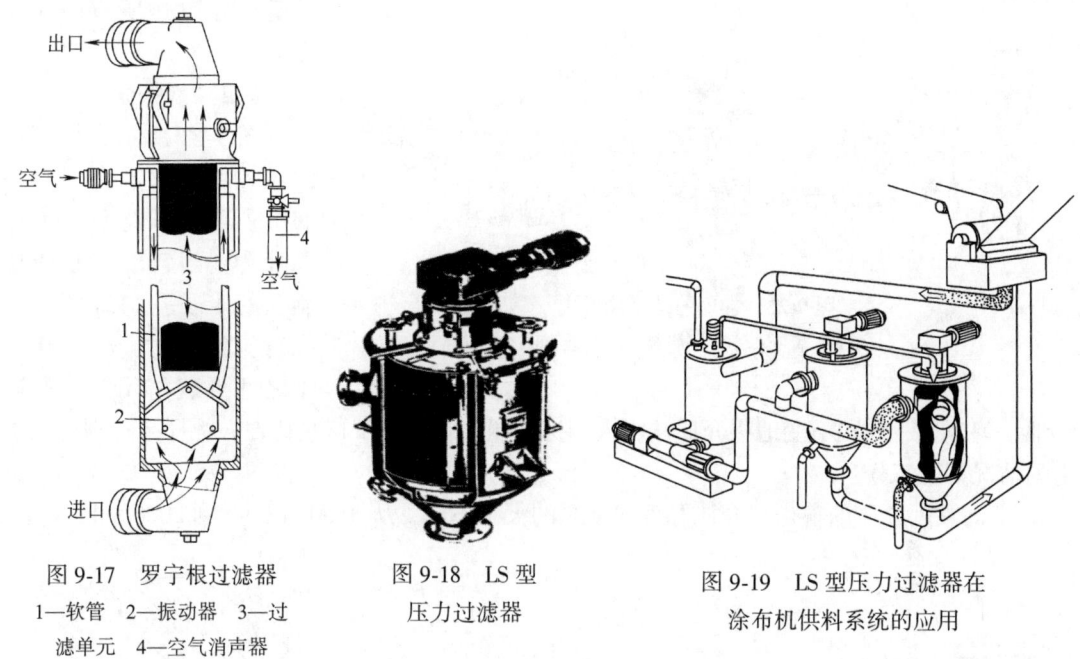

图 9-17 罗宁根过滤器
1—软管 2—振动器 3—过滤单元 4—空气消声器

图 9-18 LS 型压力过滤器

图 9-19 LS 型压力过滤器在涂布机供料系统的应用

能，而离心力的大小与叶轮的转速、叶轮的直径以及流体的密度有关。离心泵适宜于低固含量与低黏度涂料的输送，但当固含量和黏度提高时，离心泵的功率增加量相当大，并且压力损失也较大，故很难确定整个离心泵的适宜功率数。

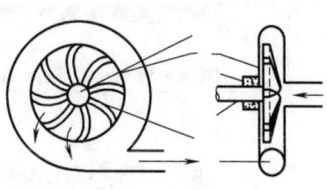

图 9-20 离心泵结构图

（二）齿轮泵

图 9-21 所示为齿轮泵的结构图。泵壳内有两个齿轮，其中一个为主动轮，系固定在与电动机直接相连的泵轴上；另一个为从动轮，安装在另一轴上，当主动轮启动后，它被啮合着以相反的方向旋转。齿轮与齿轮之间均有很好的啮合。当泵启动后，左侧进口处由于两轮的啮合齿相互拨开，于是形成低压吸入液体。进入泵体的液体分成两路在齿与泵壳的缝隙中被齿轮推着前进，压送到排出口，形成高压而排出。

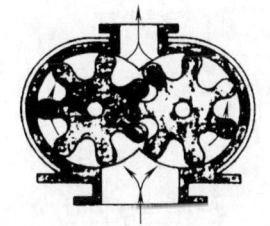

图 9-21 齿轮泵结构图

齿轮泵的压头大而流量小，可用于输送黏稠液体或膏状物体，一般用于涂布助剂的输送。齿轮泵的进口端管径必须在 5cm 以上，出口管路需设置循环回路或加设减压阀，以防止出口管路阀门关闭时引起的压力不断升高所产生的管路损坏。

（三）计量泵

计量泵有柱塞式、隔膜式和皮碗式三种，如图 9-22 结构图所示。此种泵可以把液体精确地输送到流体输送管内或混合槽内。计量泵的流量和压头可以调节，主要通过活塞冲程的无级可调，由 0 至最大值。活塞冲程也可以在泵运行时进行调整，不仅可以用手进行调整，也可以用电机和气动装置进行调整。超出泵本身的输送量时，可以通过改变活塞频率以达到改变输送量的目的。

计量泵可以由多种金属材料制成，也可以用陶瓷、塑料和其他材料制成。因此计量泵几

359

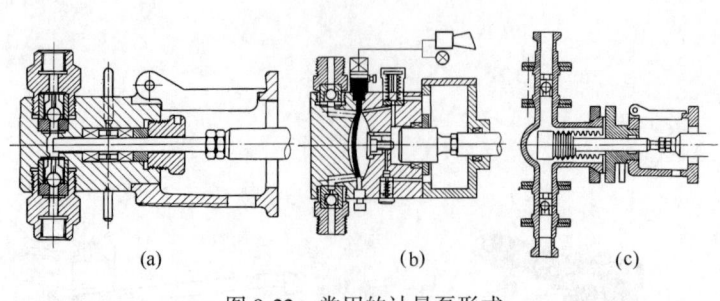

图 9-22　常用的计量泵形式
(a) 柱塞泵　(b) 隔膜泵　(c) 皮碗泵

乎适合于输送所有的流体介质。

**（四）螺杆泵**

图 9-23 所示为螺杆泵的结构图，由泵壳与一根螺杆所组成。此泵的工作原理为：当转子在双线螺旋孔的定子孔内绕定子轴线行星回转时，转子与定子之间形成密闭腔，就连续地、匀速地、体积不变地将介质从吸入端送到压出端。由于这些特性，螺杆泵特别适合于下列情况下的工作：

① 高黏度介质的输送，介质黏度根据泵的大小不同，从 3500mPa·s 到 20000mPa·s。

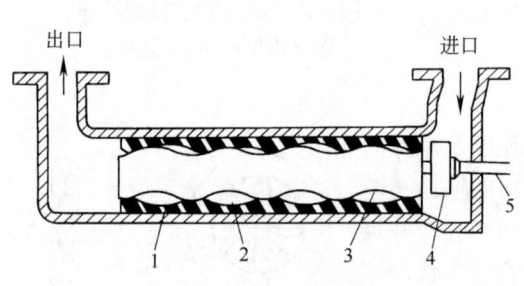

图 9-23　螺杆泵结构图
1—定子　2—间隙　3—转子　4—万向节　5—传动轴

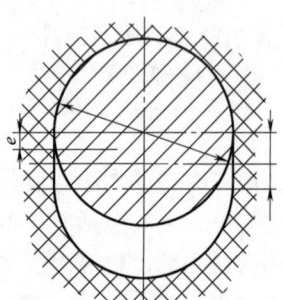

图 9-24　螺杆泵转子与定子横截面示意图

② 含有固体颗粒或纤维的介质，颗粒粒径最大可以到 30mm（不超过转子偏心），纤维长度可以长到 350mm（相当于 0.4 倍转子螺距），纤维介质固含量可达到 40%，粉状固体颗粒介质固含量可达到 60% 或更高。

图 9-24 为螺杆泵转子与定子横截面示意图。理论上单螺杆泵流量 $q_V$ 由转子直径 $d$，偏心 $e$，螺距 $T=2e$，转速 $n$ 所决定，关系式为：$q_V=4edTn$。螺杆泵的转速高（3000r/min），出口压强很高（约 17.5MPa），流量可在 1.5～500m³/h 的范围内变化，生产上常用变频调速电机来控制流量大小。

**（五）皮管泵**

皮管泵适宜于输送涂布胶乳及其相应的助剂，其结构如图 9-25 所示。泵壳内有一根 U 形强力胶管，其两端与泵体的吸入口与排出口用法兰连接。泵体中心由传动轴和转轮构成，转轮对侧装有两块靴形压块，当转轮旋转时，靴形压块以脉动方式对胶管加压，使输送的物料不断地吸入和排出。该泵在运行时，还须在泵壳内加入硅基润滑油以减少靴形压块对

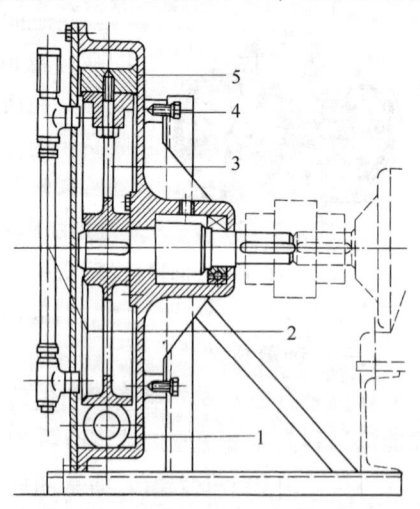

图 9-25　皮管泵结构图
1—泵皮管　2—润滑剂液位　3—转子
4—垫片　5—靴形压块

胶管的摩擦力，同时起到冷却作用。

## 第三节　涂　布　机

涂布机是由涂布器、干燥器、退纸架、卷纸机和张力装置等组成的。通常根据涂布器的类型进行命名，如毛刷涂布机、气刀涂布机、刮刀涂布机和辊式涂布机等。一种涂布器可以配备不同形式的干燥设备。常是将涂布器和干燥器结合起来命名，如气刀单面桥式涂布机、二段气刀双面桥式涂布机等。它是由两台气刀涂布器，配以桥式热风干燥器所组成的双面涂布机。

### 一、涂　布　器

各种不同的涂布器均有其特定的使用范围。选定与设计合理的涂布器须依据产品质量要求、原纸性质、涂料性质、涂布量大小、涂布速度等因素综合加以考虑。

**（一）辊式涂布器**

辊式涂布器的形式主要有辊式涂布器和膜式压榨两大类。辊式涂布器常用的有表面施胶压榨和门辊涂布器。膜式压榨常用的有 BTG 的 Twin-HSM、Valmet 的 Sym-Sizer、Jagenburg 的 Film Press 和 Voith 的 Speed Sizer 等。

作为辊式涂布，其涂布质量是基本相近的，其共有特性是当膜分离时都存在有两种不稳定性，特别是涂布量增大到一定程度时容易产生所谓橘皮花纹的问题。尽管辊式涂布质量不如刮刀涂布，但它能满足彩色胶印要求，生产出价廉物美的轻涂纸或微涂纸，特别是其计量装置不直接接触纸页，对原纸强度要求相对降低，从而更加适合于机内涂布和以草类浆为主要原料条件下生产轻涂纸的场合。

辊式涂布形式的主要区别在于计量方法的不同。门辊涂布机主要是依靠内外门辊进行计量，Twin-HSM 主要是依靠大直径计量辊绕丝直径（变化范围 0.2~0.5mm）进行计量，Sym-Sizer 的计量方法有沟纹刮棒、刮刀和大直径计量棒等三种形式。沟纹棒计量最适宜于低固含量（15%~20%）、低涂布量（每面约 2.5g/m²）的涂布，棒的寿命约 10 余天；刮刀计量则更适合于涂料固含量达 50%，每面涂布量小于 5g/m² 的涂布；大直径计量棒则适合于高涂料固含量（≥50%）和高速纸机的涂布。

1. 辊式涂布的流体力学理论

辊式涂布器自 20 世纪 30 年代问世以来，经过了 60 年代的门辊和 80 年代的凹印辊两次大的技术革命之后，90 年代又被造纸工作者重新重视起来。在 1996 年 5 月的 Tappi 加工纸年会上专门组织了有关施胶压榨的理论与实践研讨会。经过多年的发展，辊式涂布的应用范围发生了很大的变化，但是对其理论的研究多注重其稳定性方面，对于该涂布方式对成纸性能影响缺乏研究。

气刀涂布方式的成纸表面为等厚度涂布，刮刀涂布为平面涂布，而辊式涂布是介于两者之间的一种表面较平整的、厚度差别不太大的涂布方式，向两者偏移的程度取决于辊子的几何尺寸和操作条件。对辊式涂布的流体力学方面的研究指出，在涂施过程中存在着两种涂布的不稳定性，这两种不稳定性都与膜分离有关。第一种不稳定性是涂布条纹，见图 9-26。

当涂布机的车速提高，达到一定程度时（这里所说的高速度与辊子的直径有关），由于流体（涂料）所受的离心力和膜分离作用使得涂层产生横向条纹，这种条纹沿纸机运行方

图 9-26 辊式涂布的条纹不稳定性

向连续出现。在涂布应用中是应当避免的。Greener 等人的研究还指出，是否产生条纹还与涂料的流变性有关，对于黏弹性流体，产生条纹的机会更大。另一种运行不稳定性的产生是在涂层表面上形成麻点，形成的机理与涂料和原纸的性能有较大的关系。当涂层从辊子上分离下来后，由于膜分离时涂层表面的流体受到从表面向外垂直于纸面的拉力。这个拉力将在涂层的表面形成一些麻点。涂料从涂布头出来后，会向原纸失水，同时表面上的麻点也会产生应力松弛，即流平作用。如果涂料的流平性能好，涂层表面是平整的，但是如果涂料的流平性能差或在流平之前已经固化，那涂层表面的麻点不能流平，会严重影响涂布质量。

人们对在此过程中的速度分布情况和在压区中压力的分布情况等研究得较少。值得注意的是压区中的压力分布，是根据润滑理论假设而求出的，速度场的分布情况，是通过有限差分求解偏微分方程得到的。

图 9-27（b）中的横坐标是标准化了的位置坐标，$x=0$ 时为压区的正中，即在 $x=0$ 时两辊之间的间隙最小。将这一最小间隙计为 $2H_0$［见图 9-27（a）］，$v_2/v_1$ 是两辊的速比。$x<0$ 一侧是入口侧，$x>1$ 为出口侧。压力的正值极值点总是位于入口侧，负值的极值点总是位于出口侧。

要求的辊式涂布的流场分布情况，采用有差分或有限元的方程，用计算机数值模拟来实现。图 9-28 所示的是一组计算结果，结果是以流线形式表达出来的。图中所假设的流动条件是两辊的直径相等，并且假设半径 $R$ 是辊间距

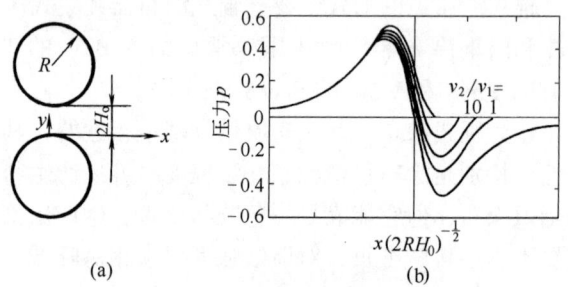

图 9-27 辊间参数定义及压力发布
(a) 等直径辊间参数的定义 (b) 两涂布辊之间的压力分布曲线

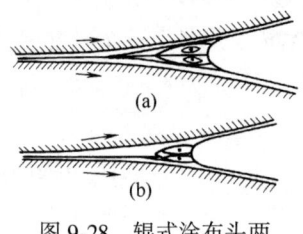

图 9-28 辊式涂布头两辊下游的流线分布

$2H_0$ 的 100 倍。图 9-29（a）所描述的是当两辊转速相同时的流场情况，可以发现在两辊的下游，膜发生分离的地方存在着多达 6 个驻点（驻点是流场中速度为零的点）。在三维方向上，每个驻点代表着一条静止的流线。在驻点处，涂料所受的剪切速率接近于零，对于剪切变化黏度的涂料而言，驻点处的黏度相对较高，加上在这个分离区域中存在着一对小漩涡，这对漩涡同样会对涂层的均一性产生影响。当两辊速比增大到 2∶1 时［见图 9-28（b）］，流场没有发生大的变化，只是漩涡的大小和位置发生了变化，驻点的数目并无变化。

另一个不同是膜分离后的厚度不同，速度高的辊面上有较厚的涂层。

国内有的学者对涂布过程中所存在的漩涡的影响进行过分析，对于辊式涂布，存在于辊式涂布机下游的漩涡因受到涂料性能的影响，并不一定会出现。当涂布过程的毛细管常数较大时，根据计算，下游的漩涡就会消失。毛细管常数的定义是：$C_a=\mu v/\delta$，这里 $\mu$ 表示涂料的黏度，$v$ 是辊子的线速度，$\delta$ 是涂料的表面张力。漩涡是否存在取决于辊子的大小、两辊间距、涂料性能和车速等几个主要参数。

## 2. 表面施胶压榨

表面施胶是使纸页具有抗液体渗透性，给予纸页更好的表面性能和改善纸的表面强度和内结合力。自20世纪80年代以来，表面施胶有很大的发展，主要因为：a. 表面施胶是提高涂布原纸质量的关键一环。b. 特种纸需要纸页有新的、独特的性能。c. 施胶压榨可使添加的化学品留着率接近100%。留着率提高又使湿部沉积问题减少，纸机织物寿命延长，降低成本和节约原料。d. 对比湿部加入，表面施胶能减少或去除白水中的化学品以有助于环境改善。e. 表面施胶经适当改造可用于低浓涂料微量涂布。近年来，许多纸厂将AKD胶也在表面施胶中添加，提高了施胶效率，降低了生产成本。

（1）表面施胶压榨的结构形式

常用的表面施胶压榨主要由两个辊子组成。在两个辊子之间形成胶槽，施胶溶液注入进口压区，通过压区的纸页先吸收部分溶液，经过压区挤压除去剩余溶液。溢流的溶液集中于压区下面的胶液盘中，经处理再循环回到压区。

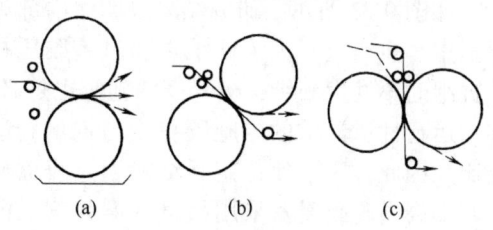

图9-29 表面施胶压榨形式
(a) 垂直 (b) 倾斜 (c) 水平

如图9-29所示，表面施胶压榨通常分为竖式、水平式和倾斜式三种。竖式结构的纸页行程最简捷，但压区溶液槽的深度不一。水平式表面施胶压榨由于其在纸页两面的料槽式样相同，因而解决了吸收不匀等毛病。倾斜式表面施胶压榨是一种折中的办法，以减少水平式纸页的垂直行程。

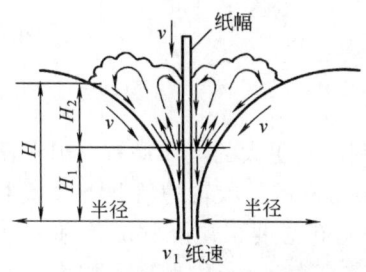

图9-30 表面施胶压榨中的流体动力

（2）表面施胶压榨存在的问题

当胶液被送到表面施胶压榨的辊子之间的料池时，由于辊子及纸幅高速运行，料池往往会从运动着的纸幅和辊子上吸收动能。如图9-30所示，过量液体流向压区，但辊间压力限制了通过压区的胶料量，引起剩余胶液向上回流。如果流体运动过大，上行速度加快，足以使胶液冲破料池表面，溅出压区。这种料池湍流和"压区呕出"（nip rejection）使纸幅横向吸胶量不均匀。

施胶液黏度有利于辊压区的流体动力，因此能用表面施胶方法来涂膨胀性原纸。随着车速的提高，可能有必要稀释淀粉溶液，或换用降解程度较高的淀粉以避免"压区呕出"。这些方法反过来有可能提高对后部烘缸组的要求，同时也对纸页性能产生不利影响。

与表面施胶有关的另一个问题是胶膜分裂。虽然大部分胶液在压区已被吸入纸页，但是过量胶液存留在纸与辊间的纸页表面。如图9-31所示，胶膜在压区出口处分裂为两层，一层随纸幅而去，其余留在辊子表面。

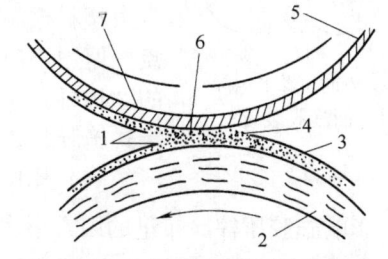

图9-31 胶膜分裂花纹发展
1—涂层 2—包胶层 3—送料 4—涂料槽
5—纸幅 6—连续胶膜 7—胶膜分裂

此花纹在沿辊面横向表现为粗线条流体环，花纹

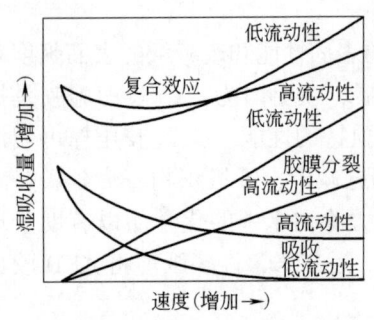

图 9-32 影响胶膜分裂效应的因素

的程度取决于胶料的流变性、纸页的吸收性以及辊速和分裂的胶料体积。如图 9-32 所示,在车速较快,黏度较高及胶膜较厚的情况下,该毛病更为严重。

纸页进入表面施胶装置时的水分含量对吸取量有着重大影响。含水量较高助长吸收,从而,纸幅横向不同的含水量引起吸胶量差异,并使表面施胶对纸页性能产生不利影响。因此进入施胶压榨的纸页一般干燥至水分 1%~2% 或更低,以确保横向水分均匀,使施胶剂留着于近表面处。从能源观点看,这种纸页的"过渡干燥"属低效率,可能对车速有所限制。

如图 9-33 所示,研究结果表明,内部施胶所产生的施胶度是控制表面施胶吸胶量的重要因素。事实上,为了使纸页通过施胶压榨并进入后部烘缸组时不发生断纸,极轻度的施胶也是必需的。

运行性所要求的内施胶程度与定量和湿抗张强度成反比。因此,为了使低定量纸能通过表面施胶,可能有必要提高内施胶度及采用昂贵的湿强剂。即使加了这些添加剂对那些生产低定量纸或低强度纸的纸机来说,通常问题还是主要发生在表面施胶处。

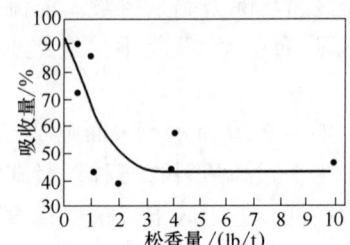

图 9-33 表面施胶吸取量与内施胶度的关系
注:1lb=0.453kg。

由于一般所用的反应性中性/碱性内施胶料熟化较慢,所以在碱性抄纸中,会经常出现施胶压榨断纸问题。

表面施胶的另一困难是两根辊子速度的匹配。如辊子速度不能精确协调,则"纸页起毛"会使纸张表面出现条痕,并使断纸增多。车速提高,匹配的难度越大。

(3) 表面施胶压榨的改进

由于车速提高,纸机设计者已将施胶辊直径增大,以利平衡更大的流体动力。辊直径增大,作用于胶液的相应加速力减弱。虽然一些配备直径 1500mm 的施胶辊的新型不含磨木浆未涂布纸机成功地以约 1000m/min 的速度运行,但实践证明有必要采用降解淀粉和浓度为 2%~3% 的胶液以调控料池湍流。

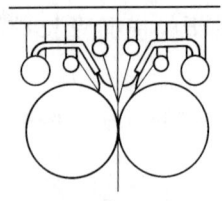

图 9-34 裙板式表面施胶装置

图 9-34 为"高速表面施胶装置"的裙板式表面施胶。它的设计能使料池脱离辊和纸张的高速表面,来防止料池内胶液的飞溅。由于胶液吸收的动能少,因此循环速度下降,胶液不再溅出料池。挡板通常由塑料板制成。表面施胶压榨的这一改进,有效地减轻了料池湍流。但用户抱怨挡板难以保持干净及其干侧磨损严重。堆积在挡板上的"冰柱"会产生严重条纹和划痕,造成断纸。极少数厂家能用裙板式施胶装置进行日常生产。

(4) 影响施胶压榨涂布量的因素

影响施胶压榨涂布量的因素很多,有纸厚的影响,也有胶液的影响。设备方面的影响主要是车速、料槽深度、压区压力和压区宽度。

表面施胶压榨涂布量的计算可按式 (9-1) 计算:

$$q_{涂布} = 17.51 + \frac{6.136 \times 10^4}{(\eta \times v)N} + 1.228 \times 10^{-6} \frac{R}{\gamma} \eta v \qquad (9-1)$$

式中　$q_{涂布}$——涂布量，$g/m^2$
　　　$\eta$——胶料的黏度，$mPa \cdot s$
　　　$v$——纸幅通过压榨的速度，$m/min$
　　　$N$——指数，取 1.0~1.5
　　　$\gamma$——辊间线压力，$N/m$
　　　$R$——辊的半径，$m$

（5）施胶压榨微涂的成纸特点

利用表面施胶压榨实现微量涂布，可以将颜料加入胶液中制成低浓涂料，根据纸张的不同要求，使用不同配方和不同固含量的涂料，固含量可达到 6%~25%。一般情况下，固含量在 15% 以下，借助于施胶机离烘缸间较大的距离预干燥，不会黏缸。但车速高或该距离较短，应考虑加干燥器辅助干燥，以适应更高固含量时不黏缸和辊子。涂布量通常可达 2~10 $g/m^2$。涂布量越大，成纸表面更细腻。通过微量涂布，可以提高纸张的平滑细腻程度，改善施胶性能，增大表面强度，明显改进纸张的印刷适印性能。

3. 门辊涂布器

门辊涂布器在国外曾用于高速造纸机的机内表面施胶，20 世纪 80 年代初才由日本首先开发用于机内生产每面涂布量约 6 $g/m^2$ 的涂布纸，当时称之为门辊纸（gate roll paper），之后被正式定名为微涂布纸（slight coated paper），从而发展成为涂布纸类中的一个独立分支。由于其价廉物美，在日本以至世界上已被广泛用于中小学生课本、书籍、杂志、画报、商品目录、商标、广告、说明书、小册子以及报刊插页等。

微涂布纸在我国习惯称为轻量涂布纸，它是介于铜版纸与胶版纸之间，或者说是 LWC 纸（低定量涂布纸）与 SC 纸（超级压光纸）之间的一种用途广泛和高附加值的新品种。用门辊涂布器等辊式涂布取代机内双辊表面施胶，以生产轻量涂布纸等高档文化用纸，是纸机技术发展的一种必然趋势。

图 9-35 所示的门辊式施胶压榨带有一个不与纸页接触的偏置料池。该偏置料池向计量压区输送胶料，此计量压区控制进入第二压区的胶料量。第二压区控制胶膜均匀度。为了将胶膜花纹减轻到最低程度，门辊组中的各辊子的速差在运行中是非常重要的。

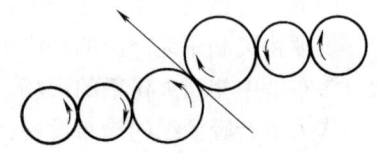

图 9-35　门辊式表面施胶

在门辊涂布器中，胶液固含量和吸液率为独立变量，这就有可能提高淀粉胶液浓度来减轻后部烘缸组的负荷，而且这种"转印"上涂方式使淀粉牢牢黏附于纸页表面。但是与胶膜分裂和出口侧黏辊有关的问题依然存在，并有可能随淀粉胶液浓度的提高而加剧。由纸页离开压区时而产生的 Z 向高剪切力引起纸页变粗糙和掉毛，是纸页表面产生条痕等纸病的原因。

以门辊式涂布器取代传统的表面施胶压榨牵涉到以 6 辊代替 2 辊，从而引起投资费用增加、维修费用大幅度上升和换辊所需停机时间等潜在问题。同时还需对 6 台，而不是 2 台传动装置进行安装和保养。多年前当门辊式表面施胶推广应用时，它被认为是表面施胶技术方法的一个突破。然而维修和纸张质量方面的问题已使大多数北美和欧洲的门辊式涂布器或改成传统的表面施胶装置或是由其他表面施胶装置所取代。门辊式涂布器在日本仍被广泛使用，我国轻涂纸机上用的也非常广泛，在加拿大大型不含磨木浆纸机上也有应用。

门辊式涂布器的辊子维修和胶膜分裂花纹问题促使了计量刮刀/刮棒表面施胶压榨的研

制开发。

门辊涂布器具有以下突出的特点：

① 涂布辊和内外门辊直径大。由于刚性好，使得4根涂布辊和外门辊都无须中高，从而简化了制造厂的加工和造纸厂的维修。同时，直径大也有利于在相对较高的车速下运行。

② 6根辊之间即各个压区之间均设有机械差动微调限位装置。可通过各压区气动加压系统的减压阀来改变压区压力和压区变形宽度（在已定的包胶硬度与辊径条件下），也可以在压区压力调节不变的情况下，通过机械差动微调装置，来改变压区变形宽度，实现对涂布作业更方便、更有效的调节。

③ 两侧主机架为箱形结构。所有加压臂与波纹气胎等均封闭于机架之内，使造型美观，并有利于在生产中保持设备整洁。

国产带有门辊涂布器的纸机已开发出1760mm和2640mm等幅宽系列，最高工作车速可达到350m/min和500m/min；国内门辊涂布器的开发还要适应国内大量现存的1575、1760和2362纸机产品升级换代的技术改造需要。

门辊涂布器每面涂布量通常约为$3\sim8g/m^2$。美国BC公司涂布专家曾介绍过，门辊涂布器每面涂布量在$6g/m^2$以内是不会出现橘皮花纹的，只有达到$8g/m^2$以上才担心出现问题。山东一造纸厂对其使用的门辊涂布器的涂料配方进行了改进，门辊涂布器每面涂布量甚至高达$12.5g/m^2$，并未出现橘皮花纹。由此可见，尽管门辊涂布器主要适用于轻量涂布范畴，但在涂料配方更为合理和优良的情况下，可以突破每面涂布量$8g/m^2$的界限，在允许尽可能增大每面涂布量的情况下，不仅可以提高轻涂纸的平滑度和光泽度，也能降低轻涂纸生产的原料成本。

国际上目前带有门辊涂布器的纸机运行车速大多超过600m/min，甚至高达900m/min以上。日本正在推广与高速化相适应的门辊涂布设备。门辊涂布机的料坑是处于水平布置的内外门辊夹区上，涂料浓度可高达60%左右，因此在高速条件下比起双辊式表面施胶压榨产生的涌动或抛溅现象大为减弱，可完全保证高速条件下正常运行。

价廉物美和用途广泛的轻涂纸，势必完全取代不涂布的胶版印刷纸，同时轻涂纸还将占领着涂布纸中相当大份额的市场。

作为生产轻涂纸的涂布设备，辊式涂布器已是世界造纸发展的主流。门辊涂布器除了用于新建的轻涂纸生产线外，同时对我国小型纸厂的产品升级换代，及用作铜版原纸的预涂布等技术改造都是十分可取的。总之门辊涂布器具有结构简单、运行可靠、操作方便、维护容易等特点，将可能成为适合我国国情，生产轻涂纸的一种成熟、可靠、实用、先进的辊式涂布器。

**（二）膜转移辊式涂布器**

膜转移辊式涂布器大都是由施胶压榨改进而来，又称为膜式压榨，主要有Valmet的Sym-sizer、Voith的Speed-sizer、Jagenburg的Film Press等。

1. Sym涂布器

对纸页进行表面施胶所采用倾斜式双辊施胶压榨易发生辊间液槽的胶液骚动，同时由于施胶后纸页水分增高，因而容易出现断纸或皱折等问题，不适合高速运转。

另外，近年抄纸机惊人地高速化，对于需要进行表面施胶的纸种，也迎来了抄速达1000m/min以上的时代。可以说，施胶压榨即将成为抄纸机高速化的一个关卡。

Sym施胶机从根本上克服了这种缺点，不仅使高速运转成为可能，还有提高纸张质量及节约能源等许多优点。到目前为止，该涂布器已使用了多台。下面将介绍这种涂布器的特点及结构。

Sym 涂布器是采用在辊面上形成胶液膜再将其转移到纸上的胶膜转移式施胶装置，它没有胶液槽就能进行施胶（参照图 9-36）。胶膜的形成应用了短停留式涂布技术的上涂装置，由刮刀或沟纹刮棒进行。因此，即使与现有的膜转移式双面辊式涂布器相比，也具有胶膜质量非常高，可调整全纸幅均一性等许多优点。

图 9-36　Sym 涂布器

Sym 施胶机的主要特点如下：a. 能高速运转。b. 不强化干燥能力也能提高产量。c. 减少了断纸及起皱折等问题，提高了生产效率。d. 进 Sym 施胶机之前的纸页水分可较高，出 Sym 施胶机之后的纸页水分可降低。e. 胶液和水分在整个纸幅中的分布变得均匀。f. 通过纸页表面、内部施胶量的调整，可控制纸页的翘曲。g. 蒸汽单位消耗降低。h. 也可进行颜料涂布。

Sym 涂布器的关键部分是上涂装置，它能够均匀分散纸页横幅方向的胶液，并在辊面上形成质量良好的胶膜。它的独特部件——密封刮刀在运转中前端与辊间的接触角设计成几乎等于"0"。在这个刮刀的前端附近开了许多孔，胶液穿过这些孔到达密封刮刀和辊之间，其中一部分循环，另一部分被加速至辊速，再次进入上涂室。这种密封刮刀的结构使下述重要特点得以实现。

① 由于胶液于密封刮刀处已被加速至辊速，因而可以在辊面上形成坚固而优质的胶膜。
② 由于能完全防止空气的侵入，就不会发生跳涂（涂布不匀）等问题。

图 9-37　刮刀位置和胶膜厚度

③ 胶液可对密封刮刀和辊间进行润滑，不产生摩擦等问题（密封刮刀的前端是在胶液的液压作用下浮起在辊表面上）。

④ 能使胶液的再循环量少，把泡沫抑制在最低限度。

最后的胶膜的形成是由上涂刮刀或沟纹刮棒完成的，用刮刀涂布时，胶膜的厚度能用刮刀的位置及刮刀压力来调整，图 9-37 示出了刮刀的位置和胶膜厚度之间的关系。

幅向胶膜厚度的均一性的控制可以由在横幅方向设置的多个微调蜗杆升降器进行局部刮刀压力的调整来完成。使用刮棒涂布时，可通过改变刮棒沟槽的大小来调整胶膜的厚度。用刮刀涂布变换为刮棒涂布或进行相反的变换，相当简单，只变换刮刀和刮棒的托座即可。

图 9-38 示出了刮刀压力和胶膜厚度之间的关系。

可以说刮刀涂布要做极细微的全幅厚度调整，而刮棒涂布调整的项目少且运转容易。通过 Sym 涂布器的实际操作经验得知，刮棒涂布也可以得到十分良好的施胶及全幅水分含量均一性。因此，现在大部分生产厂家多采用刮棒涂布。

上涂装置的倾斜转动是采用油压缸转动，设计上不仅紧凑而且能使操作侧和传动侧的动作同步。上涂装置的运转位置由可作微调的定程器来调整，采用刮刀涂布时，就可用这个装置调整刮刀位置和调整胶膜

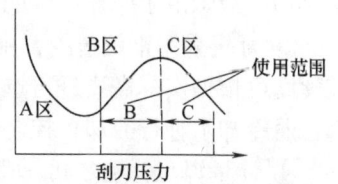

图 9-38　刮刀压力和胶膜厚度

厚度。胶液通过联管箱供给，胶液通过内部折流板或狭窄的通路均匀地供给全幅方向，并设计成可从其一端进行再循环。刮刀机架本体装备有温水夹套，通入与施胶液温度相近的温水，因而可避免刮刀机架的热变形（见图9-39）。上涂装置的两侧是用软质材料密封起来的，可沿幅宽方向变动密封的位置，从而能够调整涂布幅宽。在辊的两端设有喷淋器和擦拭器，可保持涂布幅宽之外的辊面洁净。

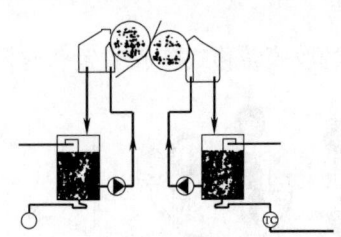

图9-39 刮刀机架温水循环

Sym涂布器可适用于高、中档纸的施胶、涂布和$6g/m^2$单面轻涂；适用于新闻纸、商标纸（单面施胶，另一面涂布）；适用于涂布纸的预涂；还适用于纸板的涂布。并且车速能满足高速化要求。

Sym涂布器是以能高速而稳定地进行表面施胶而开发的设备，这个目的已充分达到，同时由于它还具备有其他许多特点，对于将中、低速运转的抄纸机的表面施胶压榨改造成Sym涂布器有很大意义。在下述情况下Sym涂布器将是解决这些问题的良好装置：a. 由于干燥能力的原因使生产能力不能再提高时。b. 在施胶压榨的前、后产生断纸，生产效率不能提高时。c. 想要降低蒸汽单位消耗时。d. 产品的表面施胶及水分含量在纸页横幅方向的分布有问题时。e. 不能有效地控制纸幅翘曲的时候。

2. 高速计量涂布器

BTG发明的HSM高速计量涂布器，广泛用于机内的表面施胶（施胶量每面$0.5\sim1.5g/m^2$，施胶固含量5%~15%），轻定量涂布（涂布量每面$2.5\sim6g/m^2$，轻涂固含量30%~45%）和机外涂布（涂布量每面$5\sim11g/m^2$，涂布固含量45%~65%）。

图9-40为高速计量涂布器的结构图，它由2个包胶背辊、2个表面绕有直径为$\phi0.25\sim\phi0.6mm$钢丝的计量辊、2套有冷却夹套的上料装置、2套装有计量辊的计量装置、2套用于收集多余涂料的涂料槽及用于给压区加压的气胎、保证压区间隙的微调限止和机架等零部件组成。

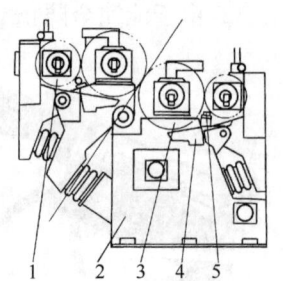

图9-40 高速计量涂布器
1—计量辊 2—机架 3—背辊 4—料槽 5—上料管

主要结构特点是：

① 涂料通过每侧一根上料管喷到背辊上，由背辊带涂料到计量区，通过计量辊计量，再转移到纸幅上，上料管外层带有夹套，外管采用冷却水冷却，以防止上料管堵塞及涂料在上料管外淤集。

② 计量辊采用钢辊，表面缠绕$\phi0.25\sim0.6mm$直径的钢丝，其涂布量是由背辊和计量辊上所缠绕的钢丝间的空隙决定的，从而保证计量准确且与整机车速无关。计量辊车速一般在$20\sim50m/min$运行。辊内通冷却水进行冷却，消除由于摩擦产生的热量，避免辊面淤集涂料，以利于清洗。

③ 背辊采用钢辊包胶，由于橡胶的硬度会影响压区宽度，进而影响涂布量，因此，包胶硬度可根据实际需要进行选择，对轻定量涂布来说，一般可选择稍软一些的橡胶。背辊内部也通冷却水进行冷却，控制辊面温度在某一范围内，从而保证涂布质量。

④ 计量辊与背辊之间、背辊与背辊之间均装有微调限止器，用来调节它们之间的压力，保证运行过程中压力是恒定的，从而保证涂面的质量。

⑤ 计量辊安装在一导轨上，可用手轮来调节计量辊与背辊的偏斜，最终克服因压力而产生的辊子挠度对涂布横幅均匀性的影响。

由于该涂布器没有形成直接和纸页接触的料池，计量工具没有接触原纸，因此对原纸的强度要求不高，非常适合我国国情。由于此计量辊的优越性，故能正确计量，涂布均匀，且不受车速波动或变化的影响。

3. 其他形式辊式涂布器

图9-41显示的是辊式涂布器的另一种改进结构，即高固含量计量辊涂布器，它结合了容积计量和低循环流速的某些优点。湿胶膜通过外绕大直径钢丝的计量辊上涂到涂布辊。

计量采取容积法，类似计量钢丝刮棒涂布。高固含量计量辊产生的剪切力不如计量刮刀或刮棒上料装置那么大，因而对涂料的流变性能要求也就不那么苛刻。

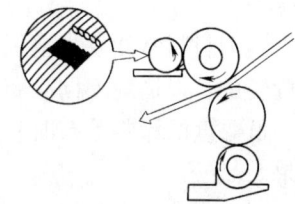

图9-41 高固含计量辊表面施胶

## 二、气刀涂布器

气刀涂布器出现于20世纪30年代，它是一种适应性较广，应用较普遍的涂布器。其工作原理是由涂布辊将过量的涂料涂布于原纸或纸板表面上，而后在纸幅穿过背辊与气刀之间时，由气刀喷缝喷射出与纸幅成一定角度的气流将过量的涂料吹除，从而达到所要求的涂布量，同时将涂层吹匀。

### （一）气刀涂布器的主要特点

a. 它具有通用性；b. 操作维护方便；c. 涂布中不易产生刮痕、料斑；d. 涂层较富有弹性；e. 不与涂料接触，适于压敏性涂料的涂布；f. 涂料固含量较低，一般35%~42%，最高不超过45%，涂料黏度100~400mPa·s；g. 结构不紧凑，除纸板外，一般不用于机内涂布；h. 气刀易于受干涂料影响，局部堵塞。气刀涂布器近些年多用于小的机外涂布机、板压机内涂布及无碳复写纸（CB面）涂布中；i. 气刀涂布能在车速每分钟几米以至600m的情况下操作，但正常的涂布速度范围是在120~320m/min之间。涂布量高至25g/m²，低到3g/m²都毫无问题。

气刀涂布器是一种随形涂布器，这是指涂层只附着于原纸的表面，而对纸的平整度无改善作用。刮刀涂布与气刀涂布不同，刮刀将涂料嵌入纸面的凹坑并刮去多余的涂料。为此可以先进行计量棒或刮刀涂布，填平纸面后，再由气刀作表面涂布。

### （二）气刀涂布器的基本结构

图9-42示出的是气刀涂布器的基本结构。原纸由退纸机经校正辊、引纸辊通过压纸辊下面，使纸幅与涂布辊以一定的包角相接触。涂布辊由变速电机拖动，其转向与纸前进方向相同，回转线速度可在纸速的20%~50%范围内调节，一般为纸速的30%上下，这与涂料性质、涂布量与气刀风速有关。当纸幅与涂布辊相接触时，回转于涂料槽中的涂布辊将辊面上黏附的涂料涂布于纸面上。带有过量涂料的纸幅穿过背辊与气刀之间的间隙，此间隙一般为4~8mm，最小可达2~3mm。气刀喷缝的喷出角与水平线倾角为40°~45°。纸幅通过此间隙时，由背辊支承，气刀喷缝喷出的气流遂将过量的涂料吹下来，吹落下来的涂料随气流进入过量涂料收集槽内，与空气

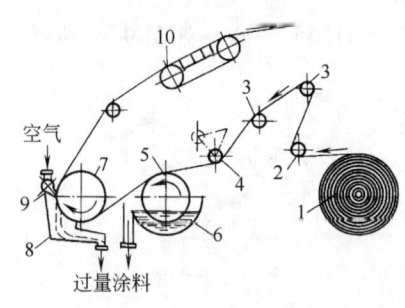

图9-42 气刀涂布器

1—纸机 2—校正辊 3—引纸辊 4—压纸辊 5—涂布辊 6—涂料槽 7—背辊 8—过量涂料收集槽 9—气刀 10—履带真空箱

分离后又送回循环槽，经处理后再循环使用。纸幅继续前进，由履带真空箱吸引，而后送往干燥器干燥。履带真空箱的履带运行速度常稍高于纸速，从而使通过涂布器的纸幅具有适当的张力。

气刀材料常用磷青铜板、酚醛塑料板。大多气刀涂布器的涂布辊均设计成可作正向与反向旋转的，以适应不同涂布机要求。

低黏度的涂料涂布时，有时采用反转涂布辊气刀涂布器（图9-43）可获得更好的涂布效果。

对于高速涂布，以及涂布层较厚或浓度及黏度较高的涂料涂布，可采用图9-44所示的双辊（或三辊）气刀涂布器。此时，由部分浸入涂料槽中的挂料辊供料。挂料辊同涂布辊相对转动，通过两辊压区时将大部涂料转移至涂布辊辊面上。涂布辊转向与纸幅行进方向相同。

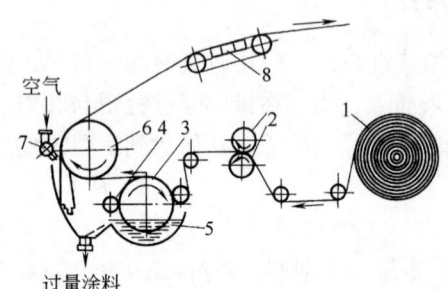

图9-43 用反转涂布辊的气刀涂布器
1—退纸器 2—送纸辊 3—涂布辊 4—包胶调量辊
5—涂料槽 6—衬辊 7—气刀 8—履带真空箱

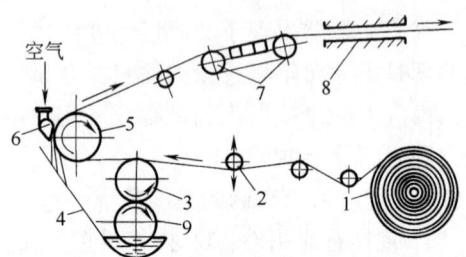

图9-44 双辊气刀涂布器
1—退纸机 2—弹簧辊 3—涂布辊 4—涂料槽 5—衬辊 6—气刀 7—履带真空箱
8—红外线干燥器 9—挂料辊

气刀涂布的涂布量取决于气刀风压及其相对于纸幅的位置、纸幅速度及涂料黏度。由涂布辊涂布到纸幅上的涂料应保持到最低限度，一般为所要求涂布量的1.5倍以下，这样可得到最佳的效果。

（三）**气刀涂布器的主要部件**

气刀涂布器主要部件包括上料计量系统、气刀、供气系统、涂料槽、排气和回收系统、涂料循环系统等。

1. 气刀涂布器的上料计量系统

气刀涂布器的上料计量系统常用的有三种形式：单辊、双辊和三辊，如图9-45所示。

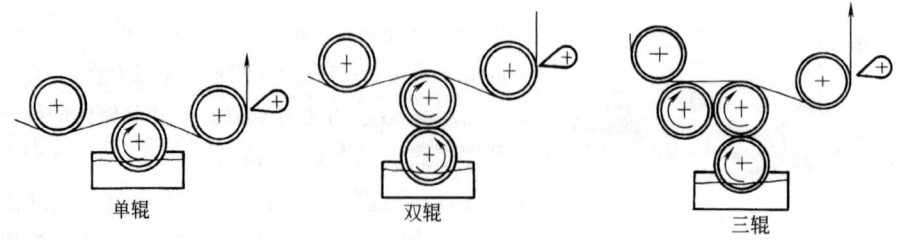

图9-45 气刀涂布机上料计量系统

单辊上料系统用的较多，上料辊以纸幅的10%～40%的速度沿纸幅运行方向旋转，辊表面的涂料厚度为8～10mm，用于车速在250m/min以下的涂布机上。双辊上料系统也有较多地使用，由于添加了一只附加的计量辊，使得纸幅上需吹下的涂料量减少，适宜于涂布机车速在 200m/min 以上，纸幅宽度大于 3.8m 的涂布。三辊上料系统使用的较少，多用于高速涂布机（600m/min 以上），由于气刀的压力局限于 62.1kPa 以下，因此三辊上料系统能达到低上料量和平整涂层的效果，但由于横幅偏差较难控制的原因，只适用于纸幅宽度小于 3.8m 的涂布。上述三种计量系统应用于纸张涂布的实际情况见表 9-1 所示。

表 9-1　　　　　　　　　与气刀上料计量单位有关的涂布纸品种

|   | 印刷纸 | 折叠纸板 | 漂白纸板 | 热敏纸 | 照相纸 | 无碳复写纸 |
|---|---|---|---|---|---|---|
| 单辊 |  | × | × | × | × |  |
| 双辊 |  |  |  |  |  |  |
| 联式 |  |  |  |  | × |  |
| 反式 | × |  |  |  | × |  |
| 垂直式 | × | × | × | × |  |  |
| 倾斜式 | × |  |  |  |  |  |
| 水平式 |  |  |  | × |  |  |
| 三辊 |  |  |  |  |  |  |
| L 倒置式 |  |  |  |  |  | × |
| V 倒置式 |  |  |  | × |  | × |

（1）压纸辊

压纸辊为一表面镀铬并经抛光的钢质管辊，靠纸幅摩擦力而旋转。其作用是压紧纸幅，使纸幅通过涂布辊时与辊面有一定包角。此一包角大小由涂料性质、涂布量、纸速以及涂布辊旋转方向而定。因此，压纸辊的铅垂位置应能适当调节。当引纸时或涂布作业中止时，须将压纸辊升起，引纸后开始涂布时，将其放下。通常压纸辊安装在能用螺栓调节其前后位置的轴承座上，以调节其与背辊的平行度。两轴承座装在两条适当长度的摆臂上，摆臂另一端则用键固定在一根通轴上，而通轴轴承座则固定于机架上。通轴的一端固定有端部叉形的杆臂，其叉口装有一个铰接的螺母。固定在机架上的摆动式差动气缸的活塞杆穿入与螺母相啮合的中空螺杆中。这样，压纸辊的上升和下降可由摆动式差动气缸来实现，而压纸辊上下位置可由转动螺杆进行微调。

（2）涂布辊

涂布辊为直径 200~250mm 的管辊。辊筒材料根据涂料腐蚀性来选定，常用的有不锈钢、普通钢表面镀铬或冷硬铸铁表面镀铬等。辊面须经研磨抛光至粗糙度 $Ra<0.32~0.63\mu m$。涂布辊单独传动，根据生产需要可调节其转速，且能对纸幅作顺向或逆向旋转，因此多用直流电机经减速箱拖动。

涂布辊两端装有刮边器。刮边器用硬度为肖氏 50~60 度的橡胶板制成，宽约 35~50mm。刮边器装在固定于两侧轴承盖上的支承架上，使橡胶板前缘与辊面相接触。刮边器的作用是将涂布辊两端端部的一段涂料刮下，使纸幅两侧约有 5mm 左右的宽度不为涂料涂布。如果纸幅整个宽度上均涂布涂料，当气刀气流喷射于涂层时，将会把少量涂料吹到纸幅背面，这可能造成纸幅两边干燥不良，而使纸卷两端粘结住，且可能损伤超级压光机辊筒。

（3）背辊

背辊结构材料及加工要求与涂布辊相同,但背辊没有传动装置,直径要大些。背辊靠纸幅摩擦力作用而转动,故与纸幅同速。背辊的作用是支承住纸幅。

2. 气刀

(1) 气刀的结构

气刀的作用在于以薄层气流均匀地沿纸幅整个纸面宽度喷冲纸幅上的涂料层,将过量的涂料冲刷下来,并将纸面上的涂层匀化。因此,气刀喷缝应设计得使气流通过喷缝时呈层流状态。

气刀结构形式有多种,常用的结构示于图9-46(a)。气刀体为心脏型截面的铸铝结构,其开口下侧用螺钉固定在不锈钢下唇板上,上侧用调整螺钉将不锈钢上唇板固定于紧固板上。上、下唇板间的缝隙(即喷缝)可在0.4~0.8mm范围内用调整螺钉调节。进风管由两端通过端盖穿入气刀体内,其在气刀体内的风管在背向喷缝一侧开有两排开孔,两排开孔沿轴向是交错的,而在周向则相错90°,这样使得空气进入气刀体内时分布均匀。进风管两端伸出气刀体的部分支承于支承座的球面上,两端用橡胶软管与送风管连接,同时从两端送入压缩空气。由于压缩空气内含有水分,因而进风管常用不锈钢或铜管制造。气刀体背面固定有平衡块,用以使气刀整体稳定。凸台上装有水平仪用于检查和调整气刀的水平位置。为使气流由喷缝喷出后呈层流状态,气刀体内腔须尽可能圆滑。固气刀体内腔表面须进行喷沙处理,上、下唇板与气流接触的表面粗糙度在0.6~32.5μm以下,且保证喷唇两侧表面平行。

气刀腔夹角大小直接影响湍流系数变化,随着夹角增大而增大,高压气流在气刀腔内二股气流会合,因湍流系数关系产生不同涡流区,气刀阻力变化造成出口风速局部不均匀,气流散射直接影响气刀效果。

气刀唇口长短、喷口缝隙、宽窄,直接影响高速气流(200m/s)的摩擦损耗,唇口越长损耗越大,气体流出喷口散射越严重,剩余有效压力越小。涂料在这部分飞溅影响

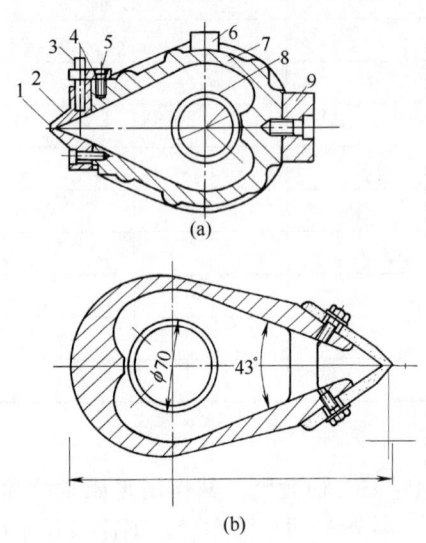

图9-46 气刀结构

(a) 气刀结构 (b) 改进的气刀剖面
1—下唇板 2—上唇板 3—调整螺钉
4—紧固板 5—固定螺钉 6—水平仪
凸台 7—气刀体 8—进风管 9—平衡块

纸面平整,影响到涂料固含量的提高,若还要求流动良好,这时纸面上粉量控制适应性也差,这些与产品质量有直接影响。

一种改进的气刀如图9-46(b)所示,它与普通气刀参数对比见表9-2。

表9-2　　改进的气刀与普通气刀参数对比

| 改进型 | 普通 | 改进型 | 普通 |
| --- | --- | --- | --- |
| 气刀喷口缝隙:0.6mm±0.03mm | 9~1.6mm | 气刀二风速:210m/s | |
| 气刀唇口长:3.05mm | 10mm | 气刀口离背辊间隙:3~5mm | |
| 气刀腔夹角:43° | 48° | 气刀口与背辊中心夹角:30° | 41° |
| 气刀收缩过渡长度:~200mm | 165mm | | |

(2) 气刀的类型

常见的气刀形式有三种,固定式气刀、旋转式双气刀和调节式气刀,如图 9-47 所示。气刀喷缝的间隙一般可在 0.5~1.6mm 范围内调节,上唇板比下唇板略长 0.1~0.2mm,以保证气流平稳而略下倾方向喷出。双气刀可在不停机的情况下对另一气刀进行清洗,快速方便地去除气刀口的堵塞,从而可防止涂布系统的不正常。

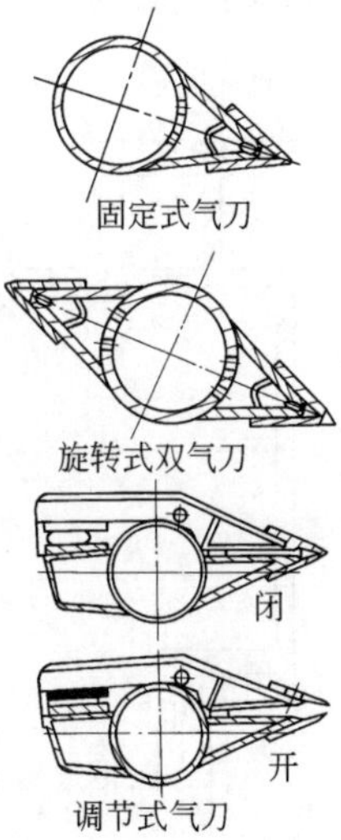

(3) 气刀的调整

为便于逐段局部调节喷缝间隙,有的气刀上、下唇板均固定于气刀体两侧翼板端部,而靠唇板附近的气刀体两翼板沿轴向装设的一排长螺栓来调节,螺栓间距约为 75mm。螺栓中的一半用于使气刀体两翼板微量张开,从而使其附近喷缝间隙加大;而另一半用于使两翼板微量合拢,从而使其附近喷缝间隙缩小。两者相间排列,以便逐段调整喷缝开口宽度。

气刀喷缝同背辊间的距离、相对位置及对纸幅的角度均应能进行调节(图 9-48)。为此,气刀两端支撑座的底座可用水平螺杆调整其水平位置,而底座支撑又可以借直立螺杆调整其铅垂位置。喷缝对纸幅的倾斜角则由装于气刀支撑座侧面的螺杆顶住气刀端盖上的凸台来调节。为使气刀能在一定角度范围内转动,进风管两端须用挠性管与送风管连接。

图 9-47 常见的气刀形式

气刀安装的几何位置如图 9-49 所示。

图中符号的表示意义如下:

$R$——背辊半径

$D$——喷射点与背辊水平中心之间距离

$\alpha$——喷射点的背辊径线与水平中心线之间的夹角

$\beta$——气刀喷射中心线与背辊水平中心线之间夹角(这不是计量角)

$\theta$——喷射点的背辊径线与刀口喷嘴中心线的夹角(这是计量角)

$L_R$——背辊与气刀唇嘴之间的水平距离

$L_T$——沿气刀中心线唇尖与背辊喷射点的距离

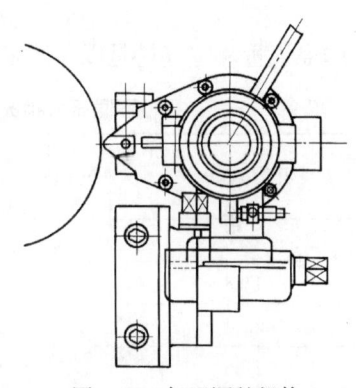

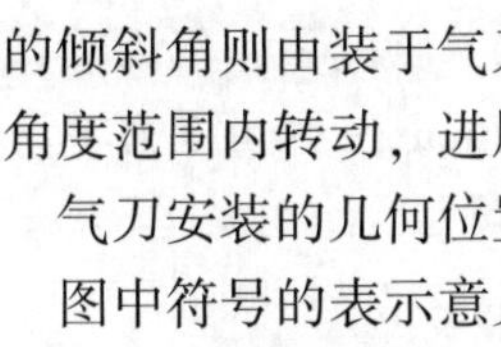

图 9-48 气刀调整机构

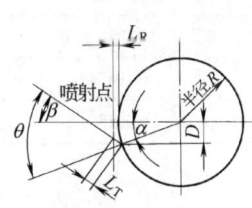

图 9-49 气刀安装的几何位置

气刀位置的具体调整步骤如下:a. 测量背辊半径。b. 从涂布机两侧检测距离 $D$,核对两侧的高度与涂料收集盘制造厂商推荐的是否相同。c. 将气刀通入气体,确定背辊上的喷射点。d. 计算角 $\alpha$:$\alpha = \arcsin D/R$。e. 测量角 $\beta$:在气刀喷嘴上放置一条线带,通入空气后,线带位于气刀的中心线上,然后测量气刀中心线与背辊水平中心线之间的夹角,即 $\beta$。f. 大部分气刀喷嘴与背辊的距离调节是沿着水平轴方向进行的。按照这种调节方法将气刀移进移出的结果会导致计量角度 $\theta$ 和喷射点同时发生改变,因此当你改变一个参数时(计量角或者距离时),你必须要校正另一个参数以避免干扰效应。因此最新设计的气刀涂布机,气刀头的移进移出是沿着喷射中心线进行的,这样既可改变计量角,又可改变距离而又不相互干扰。大部分气刀操作时的计量角 $\theta$ 处于 52°±3° 范围。这样,角 $\beta$ = 角 $\theta$ - 角

$\alpha_{\circ}$ g. 将气刀喷嘴与背辊距离 $L_R$ 调整在 3mm 至 4.5mm 之间,将侧隙规垂直放入喷嘴与背辊之间进行测量,但要记住在测量同时要放入所涂布的纸样。h. 在喷射角和距离这两种调节中,距离调节的范围较大,通常的操作是使喷射尽可能靠后,在最高涂布机速度时,使用约 90%的空气压力,这会保证气刀尽可能长时间的保持清洁,并可以在工艺条件改变时,仍具有能力进行调节。i. 计量角的调节对涂布表面质量影响很大。一般来讲,在较大计量角度操作时,会在纸面纵向产生条痕;而在较小计量角度操作时,会在纸面横向产生 12~25mm 的条痕。因此只有在最佳计量角度时,上述两种情况才会避免。

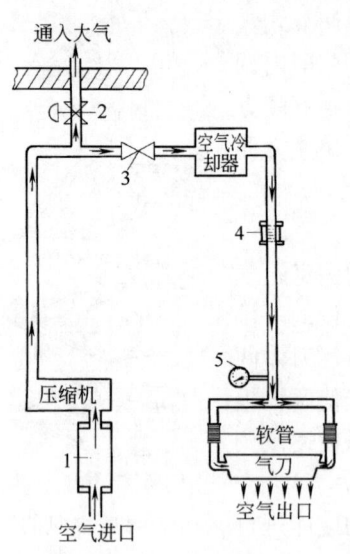

图 9-50 供气系统流程图
1—过滤器 2—压力调节阀 3—蝶阀开关 4—过滤器 5—压力表

3. 气刀的供气系统

气刀涂布机的供气系统由四个基本部分组成:风机、空气冷却器、管路及气压和气流调节器,其典型的供气系统流程如图 9-50 所示。空气需求量的大小取决于气刀喷口的间隙和所需的气体压力以及管路压降损失,表 9-3 列出的是在一个标准大气压、温度为 20℃状况下,气刀喷口间隙分别为 1.0mm、0.89mm 和 0.77mm 在不同压力下所需要的空气量。空气量是以每厘米长度为基准时的每分钟所需空气的体积。

表 9-3  不同压力状况下,气刀喷间隙大小与标准空气流量的对照表

| 压力 $p$/kPa | 空气流量 $q_{空气}/[m^3/(min \cdot cm)]$ | | |
| --- | --- | --- | --- |
| | 1.0mm 间隙 | 0.89mm 间隙 | 0.77mm 间隙 |
| 6.9 | 0.066 | 0.057 | 0.049 |
| 13.8 | 0.093 | 0.081 | 0.069 |
| 20.4 | 0.113 | 0.099 | 0.085 |
| 27.6 | 0.129 | 0.114 | 0.098 |
| 34.5 | 0.144 | 0.128 | 0.109 |
| 41.3 | 0.158 | 0.141 | 0.118 |
| 48.2 | 0.170 | 0.152 | 0.129 |
| 55.1 | 0.185 | 0.161 | 0.138 |
| 62.0 | 0.193 | 0.172 | 0.147 |
| 68.9 | 0.207 | 0.180 | 0.155 |

4. 气刀涂布机的涂料槽

涂料槽的关键是要有一个可使涂料作循环流动的结构,因为绝大多数的涂布方式都要求有一个稳定的涂料供应,以便能适宜地控制涂布量。如果涂料槽为非循环流动结构,那么就要考虑到蒸发效应的问题,因为从纸幅上吹落下来的涂料已被原纸作了部分的脱水,这些多余的固含量偏高的涂料,又会返回到涂料槽。另一重要的方面是要防止涂料槽中的涂料发生死角,但也要注意不允许出现湍流,否则就会产生泡沫,给涂布面带来严重的斑痕。图 9-51 (a)~(d) 为几种常见的涂料槽结构图。

### 5. 气刀涂布机排气和回收系统

气刀涂布机由于操作上的自然因素，在涂料中混有大量的空气，因此必须设置具有挡板的料气分离槽，它能将大量的空气从回流的涂料中分逸出来。又由于空气会重新循环的缘故，因此还必须把混入到空气中的干燥的涂料粉末也分离出来。图9-52至图9-56是五种无正压排气装置的料气分离槽的结构图。这种分离槽必须在后面的流程中布置筛选装置，不然的话，回流出来的带有脏物的50%涂料与新鲜涂料混合后，将会给涂布质量带来危害。

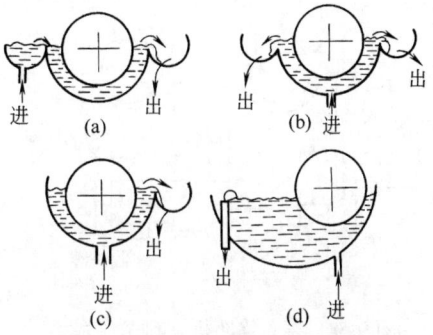

图 9-51　气刀涂布机的涂料槽结构

图9-57是一个带有正压排气装置的气刀系统，适用于高速涂布或高涂料吹落量的情况。

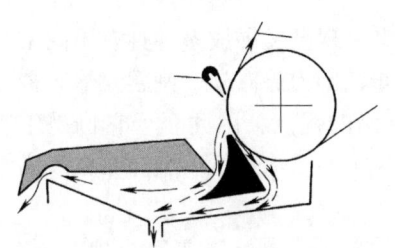

图 9-52　气刀涂布机料气分离槽结构 A

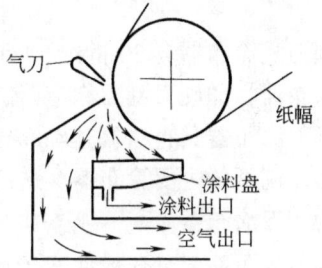

图 9-53　气刀涂布机料气分离槽结构 B

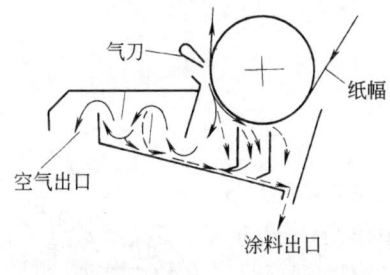

图 9-54　气刀涂布机料气分离槽结构 C

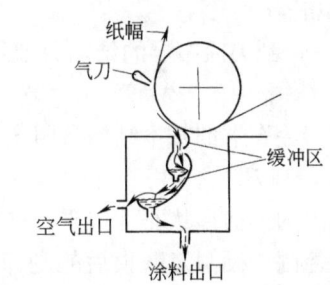

图 9-55　气刀涂布机料气分离槽结构 D

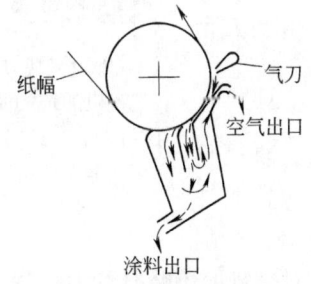

图 9-56　气刀涂布机料气分离槽结构 E

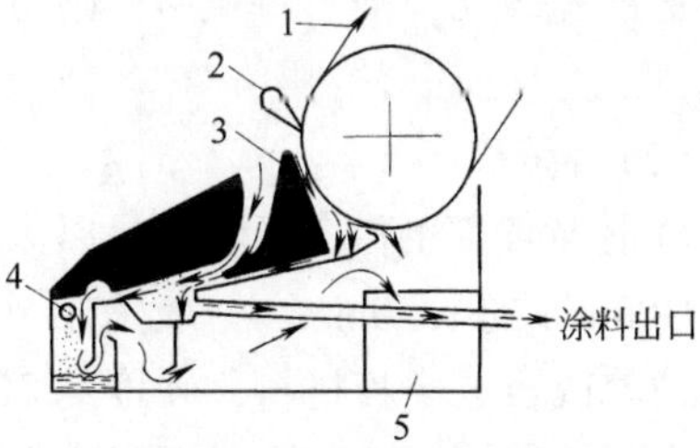

图 9-57　气刀涂布机料气分离槽结构 F
1—纸幅　2—气刀　3—缓冲
4—喷淋　5—排风扇将空气排出

### 6. 气刀涂布机的涂料循环系统

从气刀涂布回流的涂料，其固含量要比送入供料槽的新鲜涂料的固含量高，因此在供料

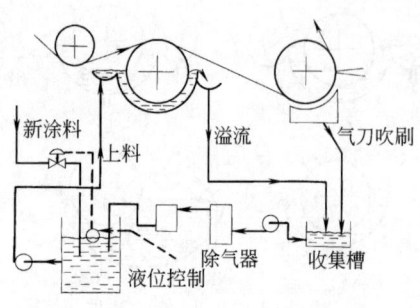

图 9-58 气刀涂布机涂料循环系统

系统中必须有一个可以调节固含量的装置。否则在涂布作业过程中，涂料的固含量将逐渐增高。图9-58为典型的气刀涂布机涂料循环系统。

7. 气刀涂布机的涂布量控制

如欲降低纸面的涂布量，可以由下列方法达到：a. 增加空气压力；b. 降低车速；c. 降低涂料固含量；d. 降低涂料黏度；e. 减小气刀的喷嘴缝隙；f. 缩短气刀的喷嘴口与背辊上纸幅间距离。反之，如果要增加涂布量时，则将上述方法进行相反操作，即可达到增加涂布量的目的。

## 三、刮刀涂布器

刮刀式涂布器自 20 世纪 50 年代第一个专利发表以来，现已发展成多种具有不同结构的刮刀涂布器，如硬刃刮刀涂布器、软刃刮刀涂布器、金属丝刮刀涂布器、刮辊式涂布器等。

刮刀涂布器具有"高速涂布性"和"高质量"两方面的优点，因此至今它仍是生产各种涂布印刷纸的主要涂布器。这部分内容将介绍适于高速生产重涂布纸、微涂布纸及高级涂布纸的刮刀涂布器。

刮刀涂布器只有在最佳的涂布条件下（包括原纸及涂料两方面）才能有力地发挥特长，为了满足使资源有效利用和降低生产成本的要求，需要进一步开发刮刀涂布器和改进现有的刮刀涂布器。

### （一）刮刀涂布器的结构原理及特点

1. 结构

刮刀涂布器的基本结构参照图 9-59。

（1）刮刀

刮刀的几何形状非常重要，这是因为刮刀磨损程度直接影响涂布质量的控制。硬刮刀磨损后的刮刀角度应与新刮刀的倾角是一样的。软刮刀磨损后会在原来无角度的矩形侧面产生出角度。这就需要测量更换下来的每一把刮刀的角度，使用一台移动式显微镜，准确测量出倒角边的宽度 $L$，刮刀厚度 $\delta$，则可根据公式 $\tan\alpha = \delta/L$ 算出刮刀角度 $\alpha$。

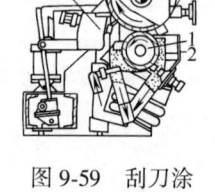

图 9-59 刮刀涂布机的结构图
1—上料辊 2—涂料盘 3—背辊 4—刮刀架

（2）背辊

背辊辊筒直径和表面硬度是以涂布工艺的要求而设计的，辊筒直径从 300mm 到 1250mm，一般采用 800~1000mm。通常辊面包覆改性氯丁橡胶或合成橡胶材料，硬度约 70P&J。辊面必须精密研磨，在刮刀压力下应保持恒定，同时还要求在刮刀的压力下背辊与刮刀接触部位略有变形，刮刀压力经常在 300N/cm，这使得背辊趋向于粗大。

（3）上料装置

由上料辊和涂料盘组成。上料辊直径一般设计为 300~500mm，辊面包覆橡胶，硬度约 30P&J。涂料盘由不锈钢材料制成，其结构由内外壁构成，中间设有夹层需通入 $(0.3~0.4)\times10^5$Pa 的冷却水。

（4）刮刀架

刮刀架的组成见图9-60。刮刀架的作用是将刮刀固定在夹紧横梁上，并可通过刮刀横梁或夹紧横梁的调节，对刮刀涂布过程进行加压和角度调整。

2. 工作原理

刮刀涂布是通过上料辊将过量的涂料涂覆在纸幅上，再用刮刀将多余的涂料刮去，它具有将原纸表面的低凹处填平的平面涂布的特点，因此涂层表面相当平滑，具有良好的印刷效果，并且它适应于高浓涂料和高速纸机的涂布。

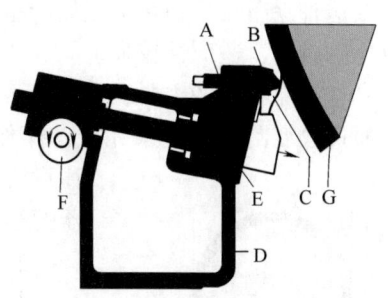

图9-60 刮刀架示意图
A—微调螺杆 B—刮刀加压托架 C—刮刀 D—刮刀支撑横梁 E—夹紧横梁
F—夹紧横梁调节器 G—背辊

3. 刮刀涂布器的特点

刮刀涂布器的优点有：a. 能填平原纸表面凹凸不平的表面，涂层平滑度高；b. 能实现高速涂布，最高车速可达到2000m/mm，甚至更高；c. 适应高浓涂料的涂布，其涂料的固含量可达50%~65%；d. 适用于从低黏度到高黏度涂料的涂布，所用涂料的黏度一般为1000mPa·s，涂布量为5~20g/m²。

涂布量的大小是由下列因素决定的：a. 原纸可压缩性、吸水性和表面平滑度；b. 涂料固含量、保水性和黏度；c. 刮刀形状的影响：当涂布量为15g/m²以下，刮刀刃为非斜形，刀片厚为0.3mm以上；d. 涂布速度、刮刀与原纸表面形成的角度、刮刀厚度、刮刀凸出的长度和线压等工艺条件。

刮刀涂布的缺点是：刮刀耗损大、更换频繁、涂布面容易产生涂布条纹，这些条纹生产中较难解决。

（二）常见的刮刀涂布器

1. 拖刀式刮刀涂布器

拖刀式刮刀涂布器最早在1945年，是A. R. Trist的专利，由美国Rice Barton公司研制而成，这种涂布器的结构如图9-61所示。

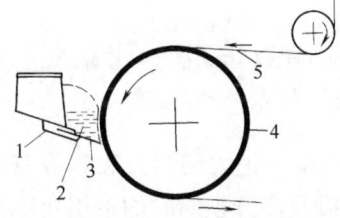

图9-61 拖曳刮刀涂布器
1—刮刀架 2—涂料槽 3—刮刀 4—包胶背辊 5—纸幅

原纸贴附于包胶背辊表面随背辊穿过侧面涂料槽，涂料槽是由不锈钢制的，槽底上装有弹簧钢片制成的刮刀，刮刀刀刃与背辊上的纸幅紧密接触。由于背辊表面包覆橡胶，包胶层厚度约40mm，橡胶硬度为70 P&J，因此刮刀与纸幅面相接触点具有可压缩的弹性，故两者能够很紧密地吻合。背辊的旋转，使纸幅向下移动，此时槽内涂料即随纸幅向下移动而涂覆于纸幅表面，涂料则由拖曳刮刀予以计量和刮平。

拖曳刮刀厚度约0.3mm，刀片凸出刮刀架19mm。在背辊停止回转时，刮刀与背辊的切线点成30°夹角；但是当背辊回转时，由于刮刀为弹性体，故其夹角大于30°。涂料槽内涂料液位控制在10~25cm高度。由于刮刀刀刃经常在纸面上拖磨，因此回流的涂料可能会有纸屑，所以回流涂料必须经过筛选处理后再循环使用。

技术参数：车速300~610m/min；涂布量8~16g/m²；涂料黏度1000mPa·s；涂料固含量50%~70%；刮刀厚度0.3~0.64mm；刮刀线压2.7~2.9N/cm；原纸定量40~200g/m²；刮刀寿命6~20h；适用于凹版、凸版、胶版印刷纸以及纸板的机内或机外涂布。

这种涂布器最初在美国用于主食面包的包装纸板上，其后普及到一般的刊物用纸，其适应范围较广，适应性较强。

这种涂布器的主要缺点是：a. 操作性能不好，如断头需要立即停车；b. 涂布量的调整是通过改变刮刀角度来完成，操作者感到很麻烦；c. 难以观察涂布面，在涂布器操作中，注意观察涂布面的条纹是最重要的，难以观察涂布面是这种涂布器的很大缺点。

**2. 挠性刮刀涂布器**

其构造如图 9-62 所示。在有纸幅包覆的背辊下方涂料槽内的涂料不是通过上料辊转移至纸幅的表面，而是由涂料槽内液位的提高与纸幅表面相接触，这里的刮刀由一压缩空气软管予以加压和控制角度，并能分段粗调各部分刀刃与背辊的间隙。刀片安装角度约 45°。这种装置在断纸时可以迅速撤离与背辊隔开，涂料不会流失，使操作人员对断纸的处理比较容易。技术参数：车速 250~700mm/min，涂料固含量 55%~62%，涂料黏度 1500mPa·s，涂布量 5~13g/m²，刮刀厚度 0.3~0.5mm（涂料固含量高时，选用厚度大的刮刀。）主要适用于印刷书写纸的涂布。

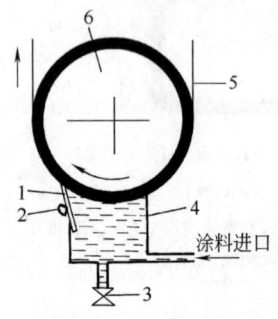

图 9-62 挠性刮刀涂布器
1—刮刀 2—加压软管
3—涂料排放阀 4—涂料
5—纸幅 6—背辊

**3. 倒置刮刀涂布器**

其构造如图 9-63 所示，纸幅由上料装置中的两个上料辊在涂料槽内将涂料先涂覆在纸页上，然后进入背辊和刮刀之间进行计量和刮平。这种涂布方法的缺点：a. 刮刀与上料段之间的滞留时间过长，其结果是产生纸页垂直延伸，从而形成连绵不断的条痕；b. 由于涂料的迁移而影响涂布质量，使得涂料黏度范围受到限制。这种涂布机最初用于机内涂布面包包装纸。但值得指出是这种刮刀涂布器就是目前广泛采用的溢流接触式刮刀涂布器的前身。

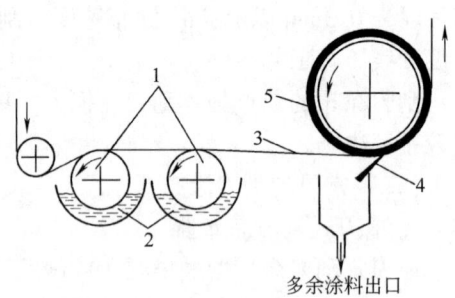

图 9-63 倒置刮刀涂布器
1—涂布辊 2—涂料槽 3—纸幅
4—刮刀 5—包胶背辊

**4. 比尔刮刀涂布器**

比尔刮刀涂布器的原理如图 9-64 所示，纸幅向下运行通过由一把柔韧刮刀和软橡胶背辊形成的涂料槽。背辊运行速度比纸页快 3%~5%。这个速差以及离开辊筒时的牵引角能提供均匀上料并消除刮痕。

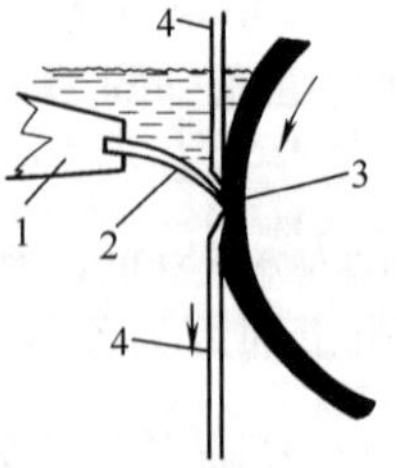

比尔刮刀涂布器依据软刮刀原理，通过增加刮刀压力来增加涂布量，涂布量高时也能确保好的涂层全幅均匀性。涂料固含量 20%~65%，涂料黏度 1000mPa·s，原纸定量 35~350g/m²，涂布量 3~11g/m²，车速 200~1200m/min。刮刀使用寿命在 200m/min 车速时约 24h，换刀时间不超过 2min。比尔刮刀适宜于静电复印纸、无碳复写纸、防黏纸、涂料印刷纸、防潮、防气体渗透等的涂布加工。比尔刮刀可进行单面涂布，如图 9-65 所示，以及双面涂布如图 9-66 所示。

图 9-64 比尔刮刀涂布器
1—刮刀架 2—刮刀
3—包胶背辊 4—纸幅

**5. 双刮刀涂布器**

其构造如图 9-67 所示，纸幅同时在两面被两把挠性刮刀进行涂布,涂布从两侧的缝形涂料槽喷向垂直的纸页表面,随即就被相对的两把刮刀计量和刮平,多余的涂料返回涂料收集盘,过滤后循环再用。涂层可分别使用两种不同的涂料进行涂布。涂布刮刀的厚度约0.1~0.2mm,小倾角硬刮刀。双刮刀涂布器对原纸的质量要求较高,原纸必须具有足够的强度承受两刮刀接触时往上移动的线压力。该涂布纸对干燥设备有一定的要求,因为从垂直状态涂布后的纸幅表面处于湿润状态不能直接转变方向进入烘缸,而需进入无接触式的热风干燥器。

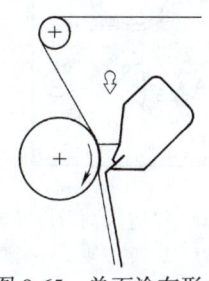 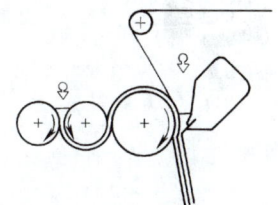 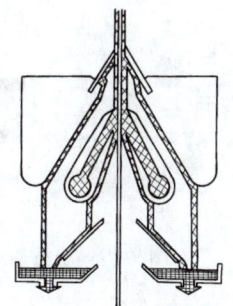

图9-65 单面涂布形式的比尔刮刀涂布器　　图9-66 双面涂布形式的比尔刀涂布器　　图9-67 双刮刀涂布器

6. 双流涂布器

其构造如图9-68所示,主要组成部分是喷嘴式上料装置,刮刀计量装置,背辊和涂料收集盘。涂料由纸幅两侧的喷嘴式上料器涂覆于纸面,上料量主要由流送泵、喷嘴式上料器与纸幅的夹角和距离大小来控制,这是一种短驻留形式的涂布,过量的涂料溢流返回涂料收集盘。涂后的纸幅由刮刀或计量棒进行计量和整饰,但必须注意的是在相同涂料情况下,靠近背辊一侧的纸面涂布量会稍高于刮刀一侧的纸面涂布量,因此要达到两面涂布量一致的话,需使用两种不同浓度的涂料,靠背辊一侧的涂料固含量低一些,所以涂料循环系统也需单独分开。该涂布器适用于杂志纸、书写纸、印刷纸、无碳复写纸、发票纸、包装纸和纸板的涂布,车速70~1200m/min,定量30~400g/m²,最高涂布量可达每面10~14g/m²。

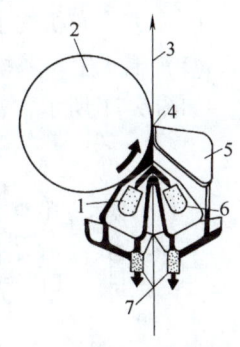

图9-68 双流涂布器
1—上料器　2—背辊
3—纸幅　4—刮刀
5—刮刀架　6—上料器
7—回流盘

7. 溢流接触式刮刀涂布器

其构造如图9-69(a)所示,这是目前世界造纸业使用最为广泛的涂布装置之一。在充满和溢流的涂料盘内,包覆有橡胶的上料辊将涂料覆盖在表面,在与纸幅和背辊运行的相同方向旋转,同时将涂料转移至纸面上。上料辊与背辊之间的间隙一般为0.44mm+纸页厚度。纸幅位于上料辊与背辊接触点的中间,该点充满涂料。由楔状的线压力及剪切逐渐增加的曲线结构可消除涂料中的气泡以及防止脉动涂布的效果。然后纸幅上的涂料可经过软刮刀或硬刮刀以及计量棒的计量和整饰,刮下的涂料与涂料盘内溢流的涂料一起返回涂料循环系统。

溢流式刮刀涂布器适宜于低定量涂布纸、美术印刷纸、折叠箱板纸以及特种纸的涂布。涂布量0.3~30g/m²,刮刀厚度0.25~0.5mm,硬刮刀倾角范围20°~55°。背辊硬度75P&J,上料辊硬度25P&J,车速200~1300m/min,上料辊速度为70%~90%的纸页速度。该涂布器可根据不同原纸品种及质量要求交换使用硬刮刀涂布[图9-69(b)]或软刮刀涂布[图9-69(c)]。

## 8. 喷射式刮刀涂布器（Jetcoater）

其构造如图 9-70 所示，这种涂布器属于短驻留涂布器，即纸幅上的涂料上料与计量之间的距离相当短，有效地限制了湿涂料对纸页的渗透程度。上料系统为一喷射式的结构，紧靠刮刀架与背辊位置。该涂布器尤其适宜于 LWC 纸的涂布，有时也可作为纸板的预涂布。

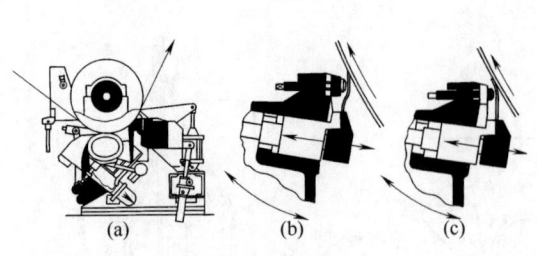

图 9-69　溢流接触式刮刀涂布器

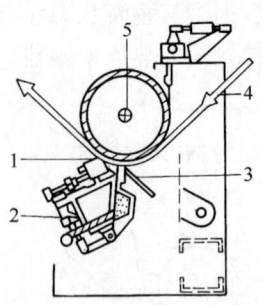

图 9-70　喷射式刮刀涂布器
1—刮刀　2—刮刀架　3—涂料喷射室　4—纸幅　5—背辊

### （三）刮刀涂布器的主要部件

#### 1. 刮刀涂布机的上料系统

（1）辊式上料系统

如图 9-71 所示，常见的辊式上料系统有三种形式。图 9-71（a）为低液位上料辊结构，通常涂料盘内的液位低于上料辊的中心轴线，主要问题是高速涂布时会产生涂料飞溅问题。图 9-71（b）为溢流式上料辊结构，图 9-71（c）为门辊式上料结构。

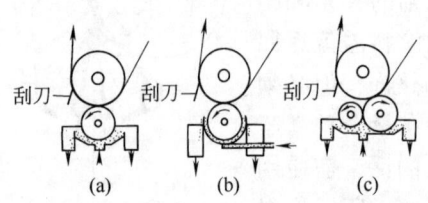

图 9-71　辊式上料系统的三种形式

（2）涌泉式上料系统

其构造如图 9-72 所示，涂料从一条长缝的喷嘴如泉水喷涌似的喷到纸页上，可以比较精确地控制涂料的宽度，涌料器可以抬向纸页或升高至预先设定的间隙。

（3）喷嘴式上料系统

其构造如图 9-73 所示，涂料通过缝式喷嘴直接喷向平整辊与背辊间隙之间的纸幅上，这种设计概念比较新颖，有时可用于比较特殊的涂布纸生产。

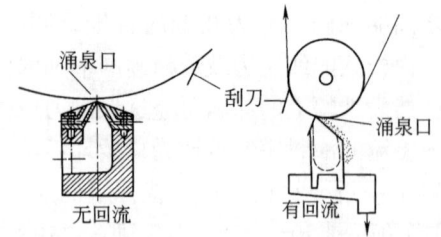

图 9-72　涌泉式上料系统

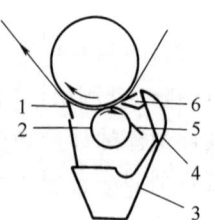

图 9-73　喷嘴式上料系统
1—刮刀　2—整饰辊　3—回流盘
4—挡板　5—清洁刮板　6—涂料喷嘴

## 2. 涂布刮刀

涂布刮刀分为两类，软刮刀（又称无倾角刮刀）和硬刮刀（又称倾角刮刀）。这两类刮刀的厚度范围为 0.25~0.63mm，宽度范围为 70~105mm，长度随各类涂布机的宽度而定。刮刀的结构和外形如图 9-74 所示。图（a）是软刮刀，倾角为 90°，涂布过程中，刮刀与背辊基本上成切线或形成很小的角度。图（b）是硬刮刀，这是经常使用的一种刮刀，需注意的是刀片顶端的宽度 $b$，其值通常为 0.05~0.10mm，该宽度有助于降低磨损周期。图（c）为硬刮刀，刀身厚度为 0.40~0.60mm 时使用，其优点为磨损过程中接触表面不发生变化，不足之处是接触表面积较小、易磨损。图（d）也是硬刮刀，优点是两端均可使用，能降低成本。图（e）为硬刮刀，当工作角度较小，在 5°~15°左右时可以降低磨损。

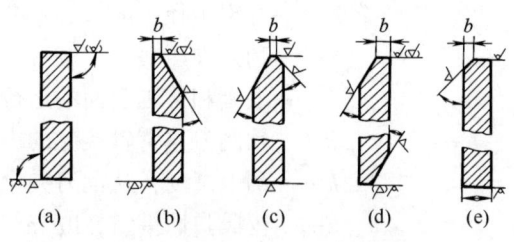

图 9-74 涂布刮刀的结构和形状

涂布刮刀的材料是高碳钢，按美国钢铁标准 AISI1095，其基本成分为含碳量 0.90%~1.03%；含镁量 0.30%~0.50%；含磷量≤0.04%；含硫量≤0.05%。刮刀的质量指标为：硬度 48~52 洛氏硬度；尺寸偏差范围：垂直度 390μm，厚度 13μm，宽度 25μm，平行度 50μm。陶瓷刮刀也越来越多地用来做涂布刮刀，并且，可获得很好的应用效果。

### （四）影响刮刀涂布器涂布量的因素

图 9-75 显示了影响刮刀涂布机涂布量大小的的各种因素曲线。其中图（a）为刮刀长度对涂布量的影响曲线。图（b）为涂料黏度对涂布量的影响曲线。图（c）为刮刀厚度对涂布量的影响曲线。图（d）为涂布机车速对涂布量的影响曲线。图（e）为刮刀压力对涂布量的影响曲线。图（f）为硬刮刀倾角对硬刮刀涂布量的影响曲线。图（g）为背辊半径大小对软刮刀涂布量的影响。图（h）为刮刀工作角度对软刮刀涂布量的影响曲线。图（i）为软刮刀的宽度对软刮刀涂布量的影响曲线。

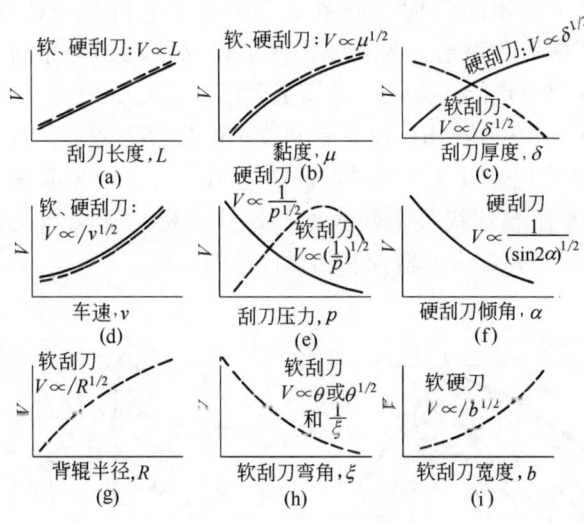

图 9-75 影响刮刀涂布机涂布量大小的的各种因素曲线
注：图中实线表示硬刮刀涂布，虚线表示软刮刀涂布。

刮刀涂布机的涂布量计算公式如下：

$$q_{V,硬} = \frac{2}{3}L\sqrt{\frac{\mu\delta v^3}{p\sin 2\alpha}} \tag{9-2}$$

$$q_{V,软} = \frac{2}{3}L\sqrt{\frac{\mu v^3 R\theta}{p}} \text{ 或 } q_{V,软} = \frac{2\sqrt{2}}{3}LR\theta\sqrt{\frac{\mu h^3 v^3}{E\delta^3 l}} \tag{9-3}$$

式中 $q_{V,软}$，$q_{V,硬}$ ——单位时间内使用软、硬刮刀的涂料体积，$in^3/min$

$L$——刮刀长度，in

$\delta$——刮刀厚度，in

$\alpha$——硬刮刀倾角，(°)

$\mu$——涂料黏度，mPa·s

$R$——背辊半径，in

$p$——刮刀加压负荷，lbf/in

$v$——纸幅和背辊表面的运行速度，ft/min

$\theta$——软刮刀与背辊接触的表面弧度，(°)

$h$——刮刀高度，从刮刀夹紧器底座至顶端的距离，in

$E$——杨氏弹性模量，lb/in$^2$

$l$——软刮刀顶端的偏斜距离，in

(注：1in=25.4mm，1lbf=4.4N，1ft=0.3048m)

### (五) 刮刀涂布器的最新发展

**1. Opti Blade 涂布器和 Opticoat Jet 涂布器**

20世纪90年代末，高速涂布技术跃入了一个崭新的阶段，芬兰 Valmet 公司开发研制的 Opti Coat Jet 涂布机（如图9-76所示）和 Opti Blade 涂布机（如图9-77所示），代表了现代涂布工艺和技术上的革新创意。这类涂布机的运行比其他同类机型更加高速和清洁，在常规条件下运行速度高达 2000m/min，并可获得优异的涂布质量。

Opti Coat Jet 涂布机具有独特喷嘴设计，如图9-78所示，由于精密的喷嘴微调系统，保证了上料的一致性，避免了漏涂和溅射，为纸幅的表面带来了均匀的涂料效果，并完全消除了条纹，涂布量范围 4~20g/m$^2$。

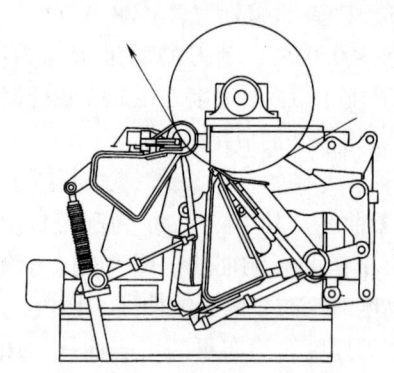

图 9-76　Opti Coat Jet 涂布机

Opti Blade 涂布机以其专利技术密封刀为特点，有效地控制了上料部分的涂料涡流，避免了由常规短驻留涂布机的开放式回流设计所导致的缺陷，并使车速提高、断头次数减少。密封刀结构见图9-79。密封刀在运行中起到了上料密封作用，并带有上料控制和预计量的功能。

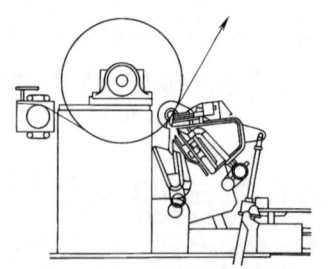

图 9-77　Opti Blade 涂布机

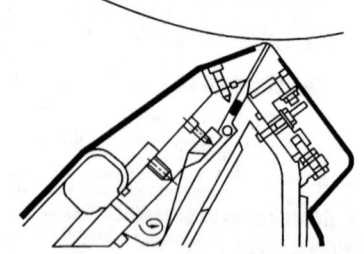

图 9-78　Opti Coat Jet 涂布机喷嘴结构

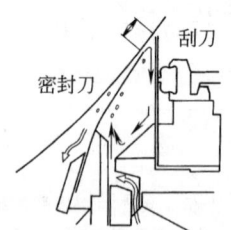

图 9-79　Opti Blade 涂布机密封刀结构

涂料腔内的一部分涂料通过密封刀的刀孔进入涂料循环系统，而另一部分涂料则经密封刀的刀尖回到涂料腔。密封刀防止了涂料的涡流，使涂料和纸幅的交界变得挺直，并将上料腔和纸幅的接触距离限制在15mm左右，这一点是开放式短驻留涂布器所无法做到的。

## 2. 组合刮刀涂布器

近几年来，涂布质量要求越来越高，车速越来越快，还必须满足不同的纸种，使刮刀涂布器在造纸工业中得到广泛应用。德国的 Voith 公司根据这些要求研制出组合刮刀涂布器，目前已用于幅宽 8m，车速 1500m/min 的各类涂布机上。

（1）组合刮刀涂布器的基本组成

在该涂布器中，纸幅绕过背辊，各种上料及涂布装置布置在背辊周围，如图9-80所示。

上料系统由喷注式上料和辊式上料，涂布系统由硬刮刀、软刮刀、挠性刮棒、预计量二次刮刀、背涂装置等组成。能同时进行双面涂布。

背涂装置设在涂布器背辊的上方，能将涂料或胶料直接涂在背辊上，然后转移到纸的背面。

组合刮刀涂布器的这些特点，使得它能根据需要任意组合，因此可以适应市场的不断变化，满足多种涂布纸的需要。

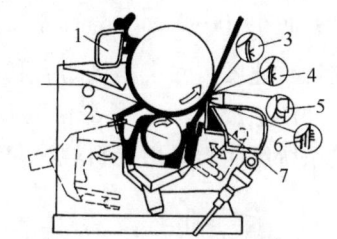

图 9-80  组合刮刀涂布器
1—背涂装置 2—辊式上料装置 3—硬刮刀 4—软刮刀 5—挠性刮棒 6—预计量二次刮刀 7—喷注式上料装置

（2）主要部件

1）上料系统

上料系统有二种形式，即喷注式上料和辊式上料。喷注式上料的组合刮刀涂布器，涂料借助一个喷嘴，直接在刮刀之前将涂料上涂到纸页上，上料处距计量点之间的距离极短，也被称为短滞留上料涂布器。辊式上料的组合刮刀涂布器，涂料在料槽中被上料辊涂向纸页，随后计量系统刮去多余的涂料，由于上料处距计量点之间的距离较远，涂料计量前停留在纸页上的时间较长，故也被称为长滞留上料涂布器。

长滞留刮刀有二个压区，即一个是由上料辊压区的流体压力所产生，压力数值为 0.1~0.3MPa，另一个则由刀刃下的流体所产生，压力数值为 1.0~2.0MPa，在工作速度为 1200m/min 的状态下，长滞留刮刀的上料时间为 $1.5 \times 10^{-3}$s，上料后到刮刀刃之间的运行时间即滞留时间为 $3 \times 10^{-3}$s。短滞留刮刀喷嘴上料区形成的压力很小，压力数值约为 5~10kPa，实际上，仅存在一个压区，即刀刃下的流体所产生，数值同上，而喷注式上料后到刀刃之间纸页的运行时间极短，仅为 $1.5 \times 10^{-3}$s，同长滞留刮刀相比减少了 $3 \times 10^{-3}$s，要短得多。

在刮刀作用下的涂料聚积状态，长滞留刮刀系统由于涂料计量前在纸幅表面停留时间长，涂料中水分在纸页纤维毛细管作用下，会较多地向纸幅纤维中渗透，这样在涂层中会出现一个固含量较湿涂层高的坚硬涂层；而短滞留刮刀系统由于涂料计量前在纸幅表面停留时间短，涂料中水分向纸幅纤维中渗透量较小，形成的坚固涂层不如长滞留刮刀厚。这样，在长滞留刮刀情况下，实际上存在双层涂层，即湿涂层和毛细管作用下形成的坚固涂层。刮刀刮平表面形成的湿涂层，在湿涂层下又形成了一个具有预涂布功能的坚固涂层，因此，长滞留刮刀能在粗糙的纸页表面产生良好的涂层，而短滞留刮刀仅有湿涂层，这就是长滞留刮刀主要用于涂布量较高的情况，而短滞留刮刀仅用于涂布量较低的情况的根本原因所在。同长滞留刮刀相比，短滞留刮刀对原纸定量低的薄纸涂布更有意义，因为水分向纸幅纤维渗透少，这样，纸页强度较高，断头机会减少。

图9-81显示的是短滞留刮刀上料装置。短滞留刮刀包括一个喷注式上料器，该上料器和刮刀梁组成一个整体，一个特殊的涂料供给系统将涂料送到上料室，再从上料室被送到开

缝喷嘴，然后通过喷嘴涂向处于挡板和刮刀之间的纸幅，溢液涂料被回料槽收集并回用。

在操作过程中，通过一个机构，可以调节溢流间隙，并能通过仪表显示出来，在检查和清洗上料室时，可通过气动系统方便地打开前板。

短滞留刮刀系统的涂料流动情况一直是研究的难点，现在新型的短滞留刮刀装置可通过有机玻璃观察到上料室里涂料的流动情况，其流动形式如图 9-82 所示。

由于涂料在纸幅表面絮聚，上料室内产生一种具有较多形式的涂料涡流，从断面观察，这种涡流又由许多单个涡流组成，涡流使得刮刀刮下来的涂料可以和新鲜涂料进行混合处理，并收集其中心的气泡。在涂料边界层厚 2~3mm 的区域，无气泡产生，且涂料速度接近纸幅运行速度，对上料极为有利。

如图 9-83 所示，长滞留刮刀为辊式上料形式，涂料通过与短滞留刮刀相同的特殊涂料供给系统经涂料槽由上料辊涂向纸幅。

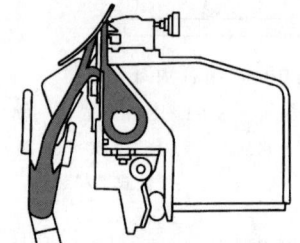
图 9-81 短滞留刮刀上料装置

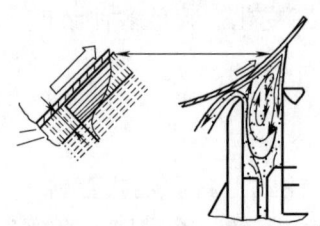
图 9-82 短滞留刮刀上料室里涂料的流动情况

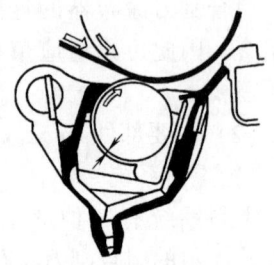
图 9-83 长滞留刮刀上料装置

在长滞留刮刀系统中，决定涂料液面高低的溢流板是可调的，这样可以获得需要的涂布量和涂布效果，此外，上料辊和料槽底壁的距离 $S$ 也是很重要的，将间距调至合适的位置，可以避免涂料槽里涂料的紊流扰动，同时防止纸幅的涂布不均匀。涂料黏度越低，纸幅速度越快，则间距应越小，这些都可通过调节机构予以调整。

2) 预计量二次刮刀装置

随着涂布机速度的不断提高，在一定的条件下，长滞留刮刀的问题不断出现，特别是当速度为 600m/min 以上时，辊压区出口起初还很均匀的涂层，因受离心力的影响，使涂层破裂和涂层脱落导致涂层不均匀，且速度越快情况越加剧。针对这些问题，研制出了预计量元件即所谓的预计量二次刮刀装置，如图 9-84 所示。从上料辊处出来的不均匀涂层，在刮刀前由一块类似刮刀的挡板挡住，通过调整其空隙来调整预计量涂料的量，并在仪表上显示间隙大小。

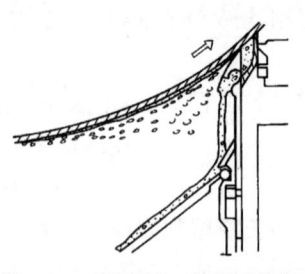
图 9-84 预计量二次刮刀装置

在预计量挡板与刮刀片之间形成的腔体，能使涂料在内形成涡流，这种涡流同样可以将不均匀的涂料搅匀，这样可以避免涂布过程中产生条纹。由于预计量挡板与纸幅是非接触性的，它与纸幅之间的距离最少是 2mm，仅仅作为一个阻挡元件，这样纸幅通过这个系统时没增加任何额外负荷，也不会因此产生任何条纹，而且此装置安装在刮刀梁上，不需要增加新的机构。

目前这种预计量装置已做成可移动机构，需要时平行移至上面，纸幅通过预计量，不需要则可移下，长滞留刮刀系统恢复原功能，从而扩大了使用范围。

3) 刮平系统

刮平系统包括硬刮刀、软刮刀、挠性刮棒。硬刮刀和软刮刀的主要区别在于刮刀刀刃与背辊切线的夹角 $\alpha$，$20°<\alpha<45°$ 时为硬刮刀，$0°<\alpha<20°$ 时为软刮刀。它们均为钢制，厚度和斜角各有不同，如果使用硬刮刀时，研磨过的斜角应平行于纸幅表面，而使用软刮刀时，则对斜角没有大的要求，因为刮刀是以其背面来接触纸幅的，挠性刮棒与纸幅运行方向有一个相反的旋转棒，安装在有较高耐磨性的聚氨脂棒座内，用旋转的棒进行计量。

刮平系统具有下述工艺特性：在硬刮刀状况下，流体压力区相对要小些，因为刮刀的斜角小，湿涂区的流体支撑能力不大，以致这个狭窄的区域不可能产生一个刮刀荷载力的反作用力，结果导致在高固含量涂布区，刀刃呈部分滑动现象。与此相对照，软刮刀的流体压力区相对宽一些，流体支撑能力也要充分一些，这样，即可产生一个密封的较厚的湿涂层，在这种情况下，涂布质量要好得多，并且根除了条痕现象。

(3) 应用

总的来说，硬刮刀用于轻定量涂布，涂布量每面为 $4\sim10g/m^2$，个别情况下，能达到 $15g/m^2$。软刮刀适用于高定量涂布，在一定的条件下，最高达 $20g/m^2$，同硬刮刀相比，软刮刀产生条痕极少，因为刮刀角度小，颗粒和纤维极难在刮刀前沉积。挠性刮棒适合于涂布量适中的纸张，涂布量为 $6\sim13g/m^2$，其特点是操作简单，特别是根本不会产生条纹，常用于纸板涂布和无碳复写纸涂布。

## 四、帘式涂布器和喷雾涂布器

### (一) 帘式涂布器

帘式涂布技术（curtain coating technology）是 20 世纪 90 年代发展起来的一种新型涂布技术。

帘式涂布器就是用一狭缝喷嘴喷出涂料形成液体薄膜，将此液膜涂在纸幅上。

帘式涂布是液体涂层在接触到移动的预涂纸页之前呈自由下落运动。如图 9-85 所示。

高的涂料冲击速度允许在相当高的速度下进行涂布。自由下落的液体膜（幕帘）对将要涂布的原纸产生冲击。在高速条件下对表面不规则的纸页施涂一层液体薄膜。与纸幅垂直移动时的速度相比，幕帘的冲击速度相当高。高的冲击速度可使纸页在高速运行条件下进行涂布。

这种非接触式涂布法对原纸没有施加任何机械应力，因此减少了纸幅的断裂并提供好的涂料覆盖性，为提高生产效率和减少涂布量提供了机会。

帘式涂布是采用普通的预计量法来进行精确涂布的一种方法。

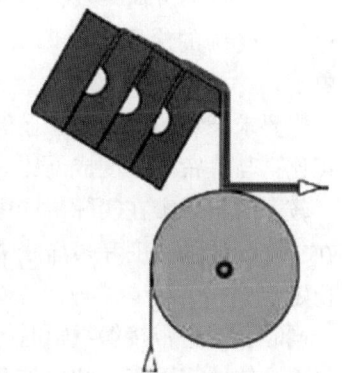

图 9-85 帘式涂布器原理示意图

安德里兹公司生产的帘式涂布机已经在生产中发挥作用，在推广应用，见图 9-86。

1. 帘式涂布器的工作原理及特点

(1) 帘式涂布器的工作原理

涂料从涂料分配器喷嘴中流出连续性的薄膜，以幕帘状坠下通过一段 $51\sim457mm$ 的距离沉积在喷嘴下面的纸幅上，包括三个过程区域：幕帘形成区、幕帘流动区和冲击区。

图 9-86　安德里茨公司的 PrimeCoat Curtain 帘式涂布机

1) 幕帘的形成区域

从缝隙口处开始，自由下落的幕帘在较短的距离里（大约 100~300mm）获得了扩展性的流动。当幕帘朝向原纸流动时，重力作用、惯性、黏着力和毛细管力控制着幕帘的伸展行为。静止接触线处的作用力导致缝隙口附近应力的不均匀分布，造成幕帘有时偏向口的下端。结果，接触线从缝隙处移开，造成"茶壶效应"的发生。

"茶壶效应"是不希望的，因为它能导致涂布缺陷。包括涂料在唇缘下受阻和幕帘在垂直的位置处发生急剧偏移。前者在流动停止处能够导致干燥沉积，使缝隙口变形。后一问题的产生与横向条纹的形成有关。

2) 幕帘的流动区域

在幕帘的流动区，主要的流动变量是幕帘的最终速度！流体以这种速度冲击纸幅。幕帘速度方向与重力方向一致，在一定条件下，冲击区的毛细管作用力能够拉着幕帘在纸幅方向上运动。受拉的涂膜发生断裂。当流速相对较低或幕帘的高度较小时，可以观察到这一现象。

当要求稳定的幕帘时，显然流速必须要比自由下落的幕帘的速度更大。后者与表面张力成正比，与幕帘的厚度成反比。

较薄的长幕帘在实际生产中难以形成且保持其均一性。Greiller 表示要保持幕帘的稳定存在一个最佳的黏度和表面张力范围。通过阻止流体动力学干扰以提高液体涂料的黏度使幕帘稳定。

同时，当幕帘接触纸幅时，它加速了边缘层的增长。随后将导致幕帘破裂。表面活性剂可降低液体的表面张力和增加其表面黏弹性，使幕帘的传播速度降低。

添加表面活性剂提高幕帘稳定性的作用效率的影响因素包括：

化学组成；链的长度；表面活性剂分子的浓度；幕帘液体的黏度；幕帘流动领域的局部速率；幕帘液的使用期限；新幕帘表面的生成速率。

自由幕帘也会因压差而造成一些干扰。这类干扰是周期性的，它会导致幕帘像钟摆一样地摆动，结果可导致涂层形成不均匀的横纹。另外，周围空气的流动也偶尔干扰幕帘。

(2) 帘式涂布的特点

1) 优点

涂布量计算很简单，质量守恒；节约涂料；涂层分布的偏差很小，即：纵向<±0.5%；横向<±1%；涂料薄膜厚度、涂料物理性能与几何特性无关；横向涂层厚度的精确度主要由冲模的设计、尺寸和制造公差决定；更换产品种类所需时间可以缩短；属于非接触式涂布方式；一次涂布操作就可得到多层涂布机构；能够用于双组分涂布，例如：涂布颜料和交联剂。

2）缺点

当然，有些因素也限制了其用于纸张的涂布，如如何控制边缘空气层和涂料中的气泡；在设备的设计方面，能否设计出精确的、宽口的冲模且满足高车速的需要及能够排除气泡的设备，将直接影响到市场所需涂布纸和纸板的生产效率。

### 2. 帘式涂布器的结构

帘式涂布机的结构布置根据具体使用情况有不同的布置方案，典型的包括：退纸引纸装置、除气装置、涂料分配器、背辊、导辊等。

关键部件是涂料分配器，其狭缝喷嘴的唇板要有最优化的几何形状、精密的加工精度及选用稳定的材质。

### 3. 帘式涂布器的应用

帘式涂布在造纸工业应用之前，已在其他工业应用多年，如巧克力厂用于巧克力涂布，收音机和录音机磁带中用于磁料涂布，等等。

帘式涂布后来被用作胶黏剂涂布；造纸方面主要用于纸板和一些特种纸的生产上。如高质量喷墨打印纸、热敏纸等。

（1）黏结剂方面

来自胶黏剂工业领域的应用事例显示了帘式涂布技术可以运用到造纸工业的可能性。当把黏结剂附着在标签上时，一个非常厚的黏结剂可以分成：a. 具有高黏合力的薄涂层，该层位于产品顶部并且功能性很强；b. 位于原材料和顶层之间的辅助层，其目的是为了达到一定的涂层厚度。

（2）高质量喷墨打印纸

在高质量喷墨打印纸生产方面的应用是多层帘式涂布方式应用领域的一个方面，其应用效果已经得到了充分证实。涂层包括：

第一层：也就是底层，即位于纸张表面的薄涂层，用于改善涂料和纸张的黏合情况。

第二层：一个用于油墨吸收的厚涂层。

第三层：也就是顶层，用于获得所需要的涂层表面特性，比如：光泽度和保护性能。

采用多层滑动式帘式冲模，底层和顶层这两个涂层能够和厚的吸收层一起以落帘的形式进行施涂（该厚度层可能分成两个或三个狭槽进行施涂），因为这可以满足低流速界限的需要。

（3）热敏纸

第二个应用事例是热敏纸方面的应用，其多层结构包括一个位于纸张表面的隔离层和一个位于顶部的热敏层。

（二）**喷雾涂布器**

喷雾涂布技术也是一种非接触涂布方式，采用可控高压喷雾技术可对纸或纸板进行单面或双面涂布（施胶）。

20世纪90年代，Metso公司是接受非接触式涂布思路的基础上开展这方面的研究。10

年后，这种构思变成了工业产品——OptiSpray 涂布装置。2000 年喷涂系统的试验机问世。60mm 间距的喷嘴装在两条横梁上，喷涂过程通过改变涂料的压力和喷嘴的直径进行控制，使纸幅表面的每一个部分都受到两次喷涂，如图 9-87 所示。

1. 喷雾涂布器的工作原理

涂料用高压泵加压（压力高达 15MPa）进行雾化。在雾化过程中，液体从喷嘴高速喷出后，薄雾状的涂料和大气相撞，然后突然失去速度形成小液滴，液滴的直径约为 20~40（60）μm。小液滴飞落到纸张表面，撞击纸张表面并形成连续的液体薄膜，如图 9-88 所示。

2. 喷雾涂布器的结构及特点

以 Metso 公司的 OptiSpray 为例介绍其技术特点。喷雾涂布器本身没有转动辊；不存在由振动造成的噪声；不需更换辊子，也没

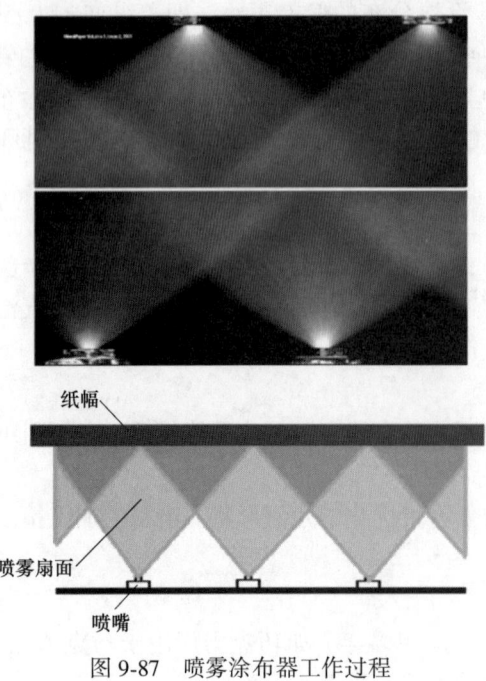

图 9-87 喷雾涂布器工作过程

有与之相关的换辊时间；没有辊子包覆；不需磨辊设备；不需换刮刀或刮棒的时间；安装在干燥部的某个位置上。

双喷雾梁设计使 OptiSpray 能在运转时进行检修，如更换喷嘴。涂布机在纸机定期清洗期间，正常状态下能连续运转 1~2 个星期。与刮刀涂布机相比，生产效率高出 5%~6%。与膜转移涂布机相比，生产效率能提高 2%。

非接触过程对解决高速问题也是有利的。

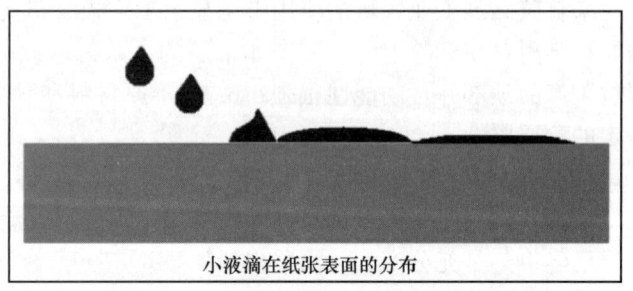

图 9-88 喷雾涂布器工作原理示意图

装有自动清洗装置，操作容易，对人力的需求低于常规的涂布机，最终形成一个全自动的 OptiSpray 过程。

在高速涂布中，现在的涂布机涂料窗口显得狭窄，这将部分减小将来涂料配方的可调性。

对喷涂来说，刮刀或刮棒条纹已不再是问题了。它能适用更粗、更便宜的颜料。喷雾本身的设计标准是涂料出自于直径为 200μm 的喷嘴孔中。

OptiSpray 最重要的一方面是产品经济性显著提高。产品价格、原料成本和效率成本是利润的决定因素。而 OptiSpray、刮刀涂布、膜转移涂布的干燥、维修和人工费用基本相同。

除在低速情况下涂布量最低外，喷雾涂布机不限制涂布量变化。纸张变湿和在垂直纸表面方向的涂料向下流动是限制最大涂布量的因素。

涂布之前纸幅的最大水分与涂布量和固含量有关，一般控制在 13%~20%。原纸湿度不

能超过25%，以避免过度伸长和降低抗张强度。

3. 喷雾涂布器的应用

（1）纸厂应用

德国西南部靠近瑞士边境的 MD Lang Albbruck 纸厂是一个拥有120年历史的造纸厂。在该厂的5#机上投资安装了喷雾涂布机。现在5#机有2台在线涂布机可同时在纸页的两面涂布。见图9-89。

工艺条件：

原纸：定量为 $40\sim54g/m^2$；

浆料配比：磨木浆/脱墨浆/硫酸盐浆＝65/15/20；

薄膜涂布机首先在原纸的两面各涂上 $8\sim10g/m^2$ 涂料；

新的喷雾涂布机再涂上 $6\sim8g/m^2$ 涂料；

总的涂布量为 $14\sim18g/m^2$。

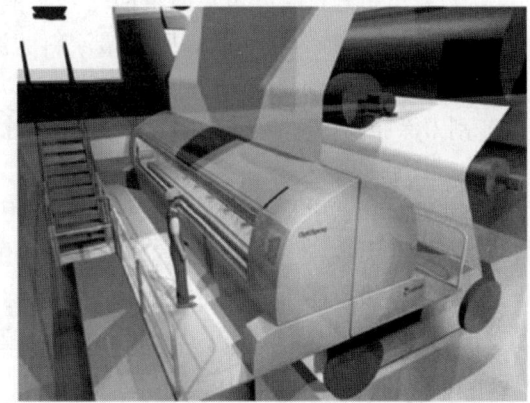

图9-89  MD Lang Albbruck 纸厂喷雾涂布机

（2）应用结果

表面效果和印刷性能都很好；虽然表面粗糙度略高于其他涂布工艺，但是这种较高的表面粗糙度并没有对印刷性能造成负面影响；所生产的纸页光泽度良好（Hunter63～70），达到65并不困难；纸页运行稳定——非接触涂布的优点之一；喷雾涂布保持了比薄膜涂布更好的松厚度。

（3）喷雾涂布机的优势

目前喷雾涂布机已获得应用，许多优点和较大的潜能已经有所体现。其优点主要体现在：不存在与喷雾相关的断头；高效；涂布开始后迅速达到优良质量；停机时间短；发生断纸后涂布操作5min内准备就绪；每8d更换的喷嘴仅需在现场进行常规机械维护；运行过程中可更换喷嘴；30s内可改变喷嘴束流并达到正常产品质量。

（4）面对的挑战

该技术面临的主要挑战有以下几点：当涂布量为 $5.5\sim8.2g/m^2$ 时，涂料的固含量为50%～55%；所需压光程度稍高以使纸张表面产生可以与施胶相媲美的平滑度；喷涂涂层表面有大小约 $20\sim50mm$ 的较轻的云彩花，与短驻留涂布条痕相比，不会影响印刷的效果长期运行时需采取一些措施减少喷嘴阻塞和清除损纸。

## 五、涂布器的选用

涂布机的形式很多，在选用上要依据产品质量要求、不同原纸的性质、涂料性质、涂布量大小、涂布速度等因素进行综合考虑。

① 门辊涂布器结构简单，相对造价低，操作方便，运行可靠，涂布量一般在 $3\sim8g/m^2$，适合用于低定量涂布纸的涂布，也可用于铜版原纸的预涂布。

② 膜转移辊式涂布器适用于高、中档纸的施胶、涂布，适用于新闻纸、商标纸涂布，适用于涂布纸的预涂以及纸板的涂布，可代替门辊涂布机，比较适合我国国情。

③ 气刀涂布器是一种通用性、适应性较广的涂布器，应用较为普遍。涂布时不易产生刮痕、料斑，涂层较富有弹性。但气刀涂布器是一种随形涂布，涂层只附着于原纸的表面，

不能改善纸的平整度。气刀涂布器可与刮刀涂布结合使用，可先用刮刀或计量棒涂布将纸面的凹坑填平后再用气刀进行表面涂布。气刀涂布运行速度一般在 120~320m/min，最高可达 600m/min，涂布量最高可达 25g/m$^2$，多数用于小的机外涂布和纸板机内涂布及无碳复写纸涂布。

④ 刮刀涂布器具有能填平原纸凹凸不平的表面，使涂层表面平滑度高，具有良好的印刷性能；能适应 50%~65% 的高固含量涂料的涂布，涂布量一般为 5~20g/m$^2$；能适应高速运行，最高可达 2000m/min。主要的缺点是刮刀耗损大，更换频繁以及涂布面容易产生涂布条纹。刮刀涂布器因其具有高质量性和高速涂布性，是各种高质量涂布纸的主要涂布器。其中：

  A. 刮刀涂布器中挠性棒刮刀涂布器主要用于印刷书写纸；比尔刮刀涂布适用于静电复印纸、无碳复写纸、防潮纸、防气体渗透纸等纸种的涂布，可单面涂和双面涂。

  B. 双刮刀涂布器可分别使用两种不同的涂料进行涂布，适用于杂志纸、书写纸、印刷纸、无碳复写纸、发票纸、包装纸和纸板。车速范围为 70~1200m/min，适应原纸定量 30~400g/m$^2$，涂布量最高每面 10~14g/m$^2$。

  C. 溢流接触式刮刀涂布器是目前最为广泛使用的涂布器之一，适用于低定量涂布纸、美术印刷纸、箱纸板以及特种纸的涂布。车速一般在 200~1300m/min。

  D. 喷射式刮刀涂布器属于短滞留涂布器，可有效地限制湿涂料对纸面的渗透程度。适宜于低定量涂布和纸板的预涂。

## 第四节 干 燥 器

  涂布纸的干燥与纸机纸页的干燥一样，是一个传热和传质过程，涂布纸的干燥目的是：除去涂层中的水分，形成涂层强度，形成涂层与原纸之间的牢固结合强度，使涂层发生一定的化学和物理变化，使涂层具有较好的适印性和光学效果。

  在涂布纸干燥时，涂层和原纸同时发生能量和质量的转移，原纸从涂层中吸收水分、胶黏剂和某些助剂，而使涂层的结构和物理化学性质发生变化，这些变化对涂布纸的适印性都将产生影响，因此必须进行认真的研究。

  在干燥开始时，蒸发作用发生在涂层的表面上，由于蒸汽分压差的出现，蒸发作用就向涂层内部转移，当它穿过涂料的边界层时，因涂层表面上的毛细管压差和蒸汽压差的作用，介质就从涂层和纸幅的内部向涂层表面迁移，最后被蒸发掉，这一过程称为"表面干燥过程"。

  随着干燥过程的进行，蒸发区就逐渐向涂层和原纸内部扩展；与此同时，介质连续不断地向蒸发区移动，并且在涂层和原纸中向外扩散，最后脱离了边界层；同时，热量通过边界层向涂层和原纸内部传递。整个过程一直进行到没有更多的游离蒸汽从涂层和原纸内上升到表面，并蒸发到空气中为止。当原纸和涂层中的水分降低到某一限度时，水分的蒸发就变成了不连续的状态，而蒸发作用只发生在某些部位，在这个过程中，因水分的扩散是发生在内部，因此这一干燥过程又被称为"内部干燥过程"。

  表面干燥与内部干燥结合就是涂布干燥的全过程，这与抄纸的干燥过程类似，在这整个干燥过程进行的速度称为涂布纸的干燥速率。影响涂布干燥速率的因素有很多，如原纸的性质、涂料的性质、涂料中各种组分的水化程度、涂层厚度和干燥温度等，根据不同条件，合理确定干燥速率，对干燥部分的设计和管理都是很重要的。

涂布纸的干燥速率可分成三个阶段，如图 9-90 所示。预热阶段，为加速干燥速率曲线部分，输入的能量主要是为了加热原纸、涂料和附带的水分到明显蒸发的温度点。通常发生明显蒸发时的表面湿球温度是 72℃。恒定蒸发阶段，为恒定干燥速率曲线部分，它是干燥的主要阶段。输入的热能主要是使加热的原纸、涂料和附带的水分蒸发。由于水分的蒸发和冷却作用，纸页的温度保持恒定。这温度大小，取决于不同的纸种。通常进入干燥系统的涂布纸水分越低，由于水分蒸发时吸收的汽化潜热相应减小而使干燥时纸页的温度越高，一般范围是 80~150℃。降速阶段，是降速干燥速率曲线部分，这时的涂布纸已达到一定的干度，进一步除去水分的阻力增大，输入的能量除进一步提高纸的干度外，同时也使纸页的温度继续升高，这时必须控制合适的能量输入，因为纸页温度的过分升高会危及纸的产品质量。

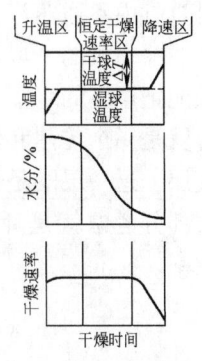

图 9-90 干燥速率的三个阶段

在干燥过程中，有一个现象必须注意，即涂料的迁移的问题，过去人们在印刷涂布纸时，会在涂布面上发现一些像"铁路轨迹"的印刷现象，产生这种现象的原因是涂料的某些组分在干燥过程中，由于较高的干燥温度和一部分液体被原纸所吸收而破坏了原来稳定的涂料，如高的干燥温度，它使涂料的黏度发生急剧下降，加速了液体向原纸内部渗透的速度，一些不溶于水的组分就会游离出来，某些乳液会发生破乳，使之与水不相容的成分游离出来，从而发生迁移，此外还有一些目前不清楚的化学和物理现象发生都引起涂料的迁移，所以涂料迁移现象是很复杂的。一般说来，在涂布和干燥过程中，涂料中各组分在涂层中会存在 Z 向和水平方面的迁移的。如合成胶乳趋向于涂层的表面移动，而水溶性流体向原纸方向移动，这就形成了 Z 向迁移；由于涂层的同一平面各点的密度和组分不一致，如颜料之间有间距，因此其阻力就不一样，另外，涂层表面也是不平整的，因而一些组分在水平流动时就会形成"铁路轨迹"这种纸病。

在干燥过程中存在这种涂料组分迁移的迁移现象，是一个十分复杂的现象，由于涂料的组分十分复杂研究起来是十分困难的，并且在干燥区的时间也很短，涂层也非常薄。因为涂料迁移对涂布纸的质量，尤其是适印性和印刷质量的影响很大，因此在这方面的研究工作仍作为当今涂布纸的一个主攻方向。若弄不清涂料在干燥过程中的机理，想在涂料配方进行调整和开发出更新、更有效的化学药品是十分困难的，因为这种开发研究是盲目的，无理论根据的，即使在某 配方中加入某种化学品的确可以解决 一些质量问题，但由于机理不清楚，因此它不会具备普遍性，难以适用于所有配方。

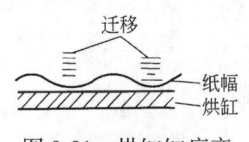

图 9-91 烘缸缸痕产生的原因示意图

还有一种由于涂料迁移产生而产生的现象"烘缸痕"，它是高速热风干燥器的特有的现象，是由于涂料在高速热风干燥时产生的不规则迁移，在高速热风干燥过程中，为了保持纸与烘缸紧密接触，如 9-91 图所示，而出现不规则的贴缸现象。

从图 9-91 中可以看出，由于涂料中的水分渗透到纸页内，使纸的横向伸长，而且在运行方向上（纵向）受到张力，而使纸形成波纹状，波谷与烘缸面接触，而波峰不与烘缸接触，当干燥时，显然，与烘缸接触的波谷温度高易干燥，因此 此处的迁移情况比波峰要严重，从而形成了不规则的迁移，这在干燥过程是难以发现的，但在使用深色油墨印刷时，由迁移引起的吸墨不匀，就比较清楚了，它引起印刷光泽度不同,在波谷光泽度高,波峰光泽弱,这种形成的"筋"间隔约 20~50mm 排列,是比较容易判断的,为了避免产生这种现象,可降低烘缸的表面温度,如高速热风干燥时烘缸内不通蒸汽,或仅通入压力极低的蒸汽。

涂布机的干燥器不仅仅是一个加热装置,虽然加热是它的主要功能,除此之外,它还必须能把产生的水蒸气排出干燥器。实现第二个功能与第一个功能是同等重要的,因为干燥本身就是一个传热和传质的过程。涂布纸干燥时,湿涂层的表面是一层空气、其他气体、水蒸气层,这一层既是热能传递进入纸内的障碍,也是产生的水蒸气逸散的障碍。干燥器设计很大部分考虑就是针对这个问题,即穿透这层障碍,并把产生的水蒸气带出,以提高干燥效率。

## 一、桥式热风干燥器

桥式干燥器如图 9-92 所示,在一个密闭的干燥室内,设有许多辊子形成的"拱桥",涂布纸的涂层背面与各辊接触成弧形线前进,热风以110~160℃的温度经喷嘴直接吹向纸面,对纸页加温后,一部分带有水汽的气体从排风道排出。大部分从循环口进去和新鼓进的热风一起循环使用,这样能充分利用热量避免过多的损失。一般地热风循环使用量约为 60%,新鲜空气与排气各为 20%,这样可以节省热量。

图 9-92 桥式干燥器示意图
1—热风箱 2—导辊
3—塑料网 4—冷却辊

桥式干燥器传送装置可以是托辊(导辊)式;也可是平带式传送装置,但平带式传送装置应用最多,这是因为,这种传送装置对纸幅容易控制,可以用高速热风干燥,干燥效率较高,操作速度可高达 915m/min。平带传送装置的有效干燥长度在 9.2~61m 之间,干燥速率可达 24.4 $[kg/(m^2 \cdot h)]$。另外,平带的种类也较多,如:造纸机的干毯、粗目合成网、硬的挂胶帆布平带和金属网等。但现用塑料网的效果较好,用的也比较多。

桥式干燥器多是用在纸板涂布机上,如,用于涂布白纸板的涂布纸板机,对于涂布印刷纸现在一般已不采用这类干燥器,而是采用气浮式干燥器。

## 二、烘缸干燥器和气罩干燥器

烘缸干燥是以蒸汽传导方式传热,空气对流方式传质的过程。烘缸又称接触式干燥器或传导式干燥器。图 9-93 所示为普通烘缸干燥器,图 9-94 为热风气罩式扬克烘缸干燥器。

烘缸干燥器的特点是:a. 干燥过程中,支撑纸幅,减少松弛性拉力,并降低张力;b. 纸页在平整的烘缸表面干燥,降低了纸幅的应力折皱和卷曲现象;c. 接触式干燥是一种非常有效的热传导干燥方式;d. 由蒸汽的潜热提供干燥能量是一条经济有效的途径;e. 容易引纸和对断纸进行处理。

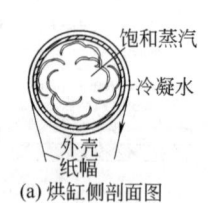

(a) 烘缸侧剖面图

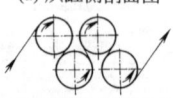

(b) 烘缸组的排列

图 9-93 普通烘缸干燥器

标准型普通烘缸的直径一般为 1500mm 或 1800mm,限定承受压力 200~800kPa。烘缸的蒸发速率在 2.5~20kg 水/$(m^2 \cdot h)$ 范围。在涂布纸干燥中,当涂层表面干度已达到不粘缸时,可以使用烘缸进行干燥,常用的蒸发速率为 6~8.5kg 水/$(m^2 \cdot h)$,其总蒸发能力按烘缸的周长来计算。一直径为 1500mm 的烘缸,蒸汽压力为 135~240kPa 时,其蒸发能力可达 28~40kg 水/(m 幅宽·h)。

扬克烘缸的直径一般为 3500~6000mm，它除了具有普通烘缸传导加热的功能外，还具有利用高速热风气罩对流传热的特点。一般来讲，气流速度的划分为：低速 0~25m/s；中速 25~50m/s，高速 50~76m/s，温度为 150~315℃，干燥速率为 35~95kg 水/(m²·h)。热风气罩的剖面结构见图 9-95。热风气罩的喷嘴之间距离为 19~25mm。喷嘴与纸页之间的间隙为 3~12mm，喷嘴开度 0.64mm。

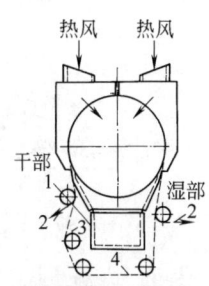

图 9-94 热风气罩式扬克烘缸干燥器
1—排风室 2—纸幅
3—导辊 4—干燥毛毯

图 9-96 为烘缸干燥器的排列示意图。为了防止涂布后表面的湿涂料粘缸，一般要求 1、2 烘缸表面具有防黏涂层或者采用非接触型干燥器如红外干燥或热风气垫式干燥。作为常规来讲，含有磨木浆的涂布纸干燥，采用 20%~25% 的非接触型干燥就可以了，对于不含磨木浆的涂布纸干燥，需要采用 40%~45% 的非接触型干燥。

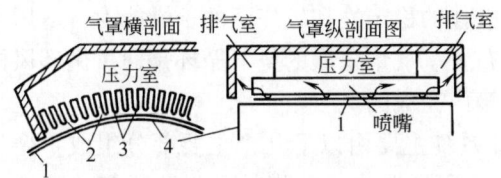

图 9-95 热风气罩的剖面结构示意图
1—纸幅 2—排气 3—高速喷嘴 4—烘缸

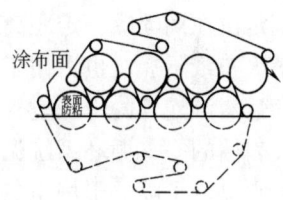

图 9-96 烘缸干燥器排列示意图

烘缸干燥蒸发水量的计算见式（9-4）：

$$q_{水} = q_{m,涂} \times v \times 60 \times (R_1 - R_2) \tag{9-4}$$

式中　$q_{水}$——单位时间内每米纸幅宽度所蒸发的水量，Kg 水/(h·m)

　　　$q_{m,涂}$——涂布量，kg/m²

　　　$v$——车速，m/min

　　　$R_1$——进干燥器时涂料中的水与固体的比例

　　　$R_2$——出干燥器时涂料中的水与固体的比例

干燥烘缸数量的计算可按式（9-5）：

$$N = \frac{q_{水}}{E_v \times D \times \pi} \tag{9-5}$$

式中　$N$——干燥烘缸数，个

　　　$E_v$——蒸发速率，kg 水/(m²·h)

　　　$D$——烘缸直径，m

### 三、气垫干燥器

气垫式热风干燥器，如图 9-97 所示。

气垫式干燥器是一种不接触型干燥设备，它可以单侧布置，也可以双侧布置。从各种干燥性能的测定和归纳来看，采用双侧布置比单侧布置的气垫式干燥器对涂布纸干燥的质量要好，同时还可增加产量。双侧布置的气垫干燥器有两种形式：对应排列和交错排列，如图 9-98 所示。

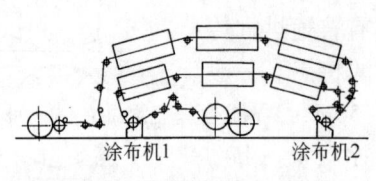

图 9-97 气垫式热风干燥器

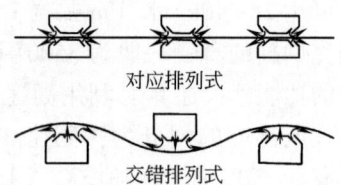

图 9-98 气垫式干燥的布置形式

气垫干燥喷嘴的形式有气浮式和气翼式两种。

气浮式如图 9-99 所示。喷嘴是对称交错布置的，由干燥喷嘴的两侧喷出，由于"附壁效应"，横向气流给纸页摩擦作用，以达到最佳的热和质的传递，同时支撑纸幅在某一位置。这种特殊设计的喷嘴几何形状，使纸幅在最佳的运行性能下达到最大的热交换，纸幅以正弦波形式穿过气垫箱，这样就能防止皱褶和卷曲，获得最佳的运行稳定性。

气翼式如图 9-100 所示。干燥空气从喷嘴一侧喷出后随纸一起运行，由于"附壁效应"，使纸幅定位在离喷嘴一定距离，这种喷嘴给纸幅极佳的稳定性和较广泛的干燥能力，适用于低定量涂布纸干燥，也可用于一侧无承托的干燥布置。气垫干燥的空气循环是通过循环风机抽吸穿过蒸汽蛇管的干燥空气，再把它吹到气热箱内完成的。

代表性的空气循环系统见图 9-101，空气循环系统主要由以下几个主要部分组成：循环风机，它决定了喷送干燥空气的体积量，而这个体积量取决于喷嘴的开口和所需的喷送速度；换热器，供气系统可以利用许多种热源来加热循环空气，最常见的是用高压蒸汽蛇管，它可将干燥空气加热至最高达 200℃ 的温度；排风机，它可以排放一定数量的湿热空气，通常比例不超过 25%~30%。

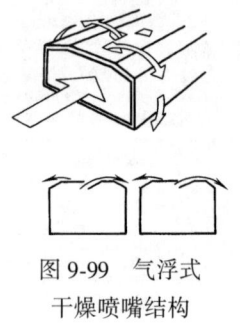

图 9-99 气浮式
干燥喷嘴结构

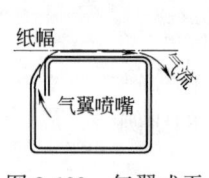

图 9-100 气翼式干
燥喷嘴结构

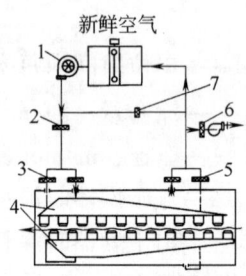

图 9-101 气垫干燥器的
空气循环系统

1—循环风机　2,3—供气阀门　4—干燥器
5—排气阀门　6—排风机　7—旁通阀门

当今连续干燥纸幅的显著趋势之一，是采用正弦曲线气浮干燥器。这种干燥器在纸的抄造和加工方面均具有不少优点，为其他干燥方法所不及。

正弦曲线气浮干燥器的日益广泛采用是因为热风干燥时，纸幅自由收缩，具有良好的特性，而且干燥效率也大大高于其他干燥装置。

为提高我国造纸工业的装备水平，降低初始设备投资费用，提高效率，提高涂布纸产品质量，轻工业部杭州轻工业机械设计研究所同湖北沙市第一轻工机械厂共同设计研制了正弦曲线气浮干燥器。通过实践证明：采用这种干燥技术能达到效率高、操作方便、成纸中的水分均匀、产品质量好等要求，为超压整饰加工也带来了益处。

众所周知，在已涂布纸幅表面上存在一个气体滞层，被称为界面层。它对纸幅热传递干燥是最大的阻抗。

干燥的根本问题在于：设计出高速喷嘴以便尽快地消除界面层，供给蒸发所需的汽化热，并自纸面带走含有大量水汽的空气。于是干燥就可分为向纸幅传热和水汽离开纸幅这两种传递形式。

设计正弦曲线气浮干燥器，采用高速热风（约40m/s）来破坏这个界面层（气体滞层）从而加速蒸发速度。

1. 正弦曲线气浮干燥器

结构如图9-102所示，正弦曲线气浮干燥器系一个单元装置，由上箱、下箱、上喷嘴箱、下喷嘴箱及导纸辊等组成。

上、下箱为覆有保温层的矩形箱体，保温层厚为80mm，上、下喷箱分别固定在其规定部位，下箱内还装有两个导纸辊承托纸幅的非涂布面。上箱可借气缸升起约600mm，以便引纸，维护和检查喷嘴箱。干燥器配有热风系统。

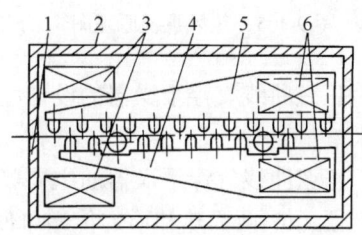

图9-102 正弦曲线气浮干燥器
1—下箱 2—下箱 3—热风出口 4—下喷嘴箱 5—上喷嘴箱 6—热风进口

图9-103所示为上、下喷嘴箱剖面详图。如图所示，热风从喷嘴的底部中间进入，通过喷嘴顶部两侧喷缝高速吹出，在干燥器内运行的纸幅，被来自喷嘴缝中喷出的热风支撑。喷嘴箱风压（在140~160℃时）为1.3~1.6kPa，通过喷嘴的热风风速为30~52m/s，喷嘴与纸幅间距为6~30mm，推荐使用纸幅与下喷嘴距离为15mm。

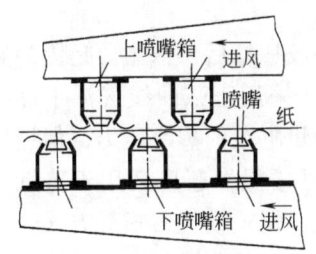

图9-103 喷嘴箱剖面图

2. 热风喷嘴形式

图9-106所示的是正弦曲线气浮干燥器的三种喷嘴形式。这三种高速热风的喷嘴，可使纸幅表面的界面层受到破坏，从而获得高的干燥速率。图9-104中（a）（c）形式的喷嘴常用于热风循环管道装置布置在干燥器内的情况，而图9-104中（b）形式的喷嘴常用于热风循环管道装置布置在干燥器外的情况。

3. 热风系统

用好正弦曲线气浮干燥器要有一个好的热风循环系统，达到高效率干燥之目的。有关资料介绍，循环风量应占80%~90%最为合理。目前，正弦曲线气浮干燥器的热风管道装置有两种形式：一种是将热风循环管道系统全部布置在干燥器之内；另一种布置在干燥器之外。这两种布置形式各有利弊，前者占地面积小，可提高热效率；而后者有利于调节、操作和维修，也使烘箱本体简化，体积减小，不会受循环风机振动等影响。从国内使用情况看，热风循环管道装置布置在干燥器之外较好

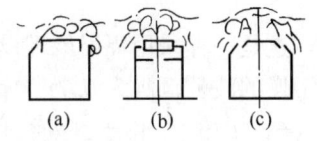

图9-104 气浮式喷嘴型式
（a）气浮式喷嘴之一 （b）气浮式喷嘴之二 （c）气浮式喷嘴之三

图9-105所示的是热风循环管道布置在干燥器之外形式的热风系统原理图。

热风系统由热交换器、空气过滤器、风机、风门，进排风管道等组成。

由蒸汽管路送来的蒸汽通过截止阀、滤水阀，进入热交换器加热空气，再通过风机分别

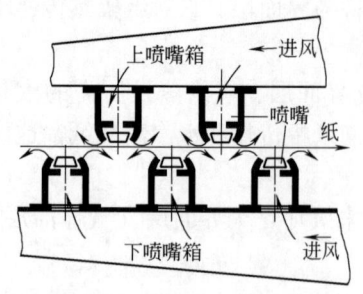

图9-105 热风系统原理图

将热风送入上、下喷嘴箱，再通过喷嘴体顶部两侧的喷缝吹至纸幅表面。干燥器内的回风分别通过上、下箱的热风出口，80%~90%送入热交换器进行循环使用，其余排出循环系统外。

热风系统中设有控制风量的阀门，用以控制各干燥器的热风风速借以获得最佳干燥曲线的要求。

使用热风连续干燥纸幅的主要问题，在于任何使用足够高的热风速度来达到所要求的干燥效果，而保持设备的大小合理。

正弦曲线气浮干燥器的设计是：将达到干燥能力要求的足够数量的干燥器单元装置结合起来。

正弦曲线气浮干燥器的主要特点是：a. 纸幅中的水分均匀，产品质量好，效率高，操作方便；b. 两面热和质的传递可使干燥器较短；c. 能调节横向水分分布；d. 适于再循环热系统或溶剂的回收；e. 热量及热风损失可减至最少，没有冷边缘效应以及向生产人员渗漏的蒸汽，气味减至最少；f. 喷嘴可拆卸，清洗容易；g. 热风系统没有着火的危险，对于干燥速率的控制有灵活性，可以用其分段作为冷却单元；h. 正弦曲线的摆动，即使在纸幅张力变化时，产生皱褶以及卷曲也不致扩散；i. 适用于各种热源，但水蒸气作为热源的应用最广泛；j. 风量及动力通常较大（指热风系统）；k. 湿而强度低的纸及纸板不能运用；l. 必须考虑纸幅校正装置。

正弦曲线气浮干燥器除用于涂布机外还能应用在造纸机的施胶压榨后，这主要是因为施胶后的纸幅在开始的几个烘缸上易"黏缸"而限制了纸机车速。采用正弦曲线气浮干燥器安装于施胶压榨和它后面的第一个烘缸之间，对提高施胶压榨原烘缸组的蒸汽压力，保持较高纸机车速以及消除"黏缸"现象等方面都有利。正弦曲线气浮干燥器还广泛用于造纸机内涂布装置之后。在涂布过程中，无论是使用比尔刮刀式、棒式、辊式或气刀式等方式，也不论是烘干纸、纸板及无纺布，都可以使用正弦曲线气浮干燥器。正弦曲线气浮干燥器正在被越来越多的造纸厂采用。

## 四、其他干燥器（红外干燥器等）

这是一种采用辐射原理设计的干燥设备。红外光谱的范围为 $0.7~1000\mu m$，但能有效用于干燥的波长范围为 $0.7~11\mu m$，一般又分近红外（$0.7~3\mu m$）、中红外（$3~6\mu m$）、远红外（$6~11\mu m$）。由于红外线是一种发射电磁波的不可见光线，其周波数因为与构造质的分子固有振动频率在同一范围，当用红外线对物质进行照射时，引起电磁的共振，其热能可被有效地吸收。作为红外线发生源，在工业上一般有燃气或电能两种装置，如图9-106所示。

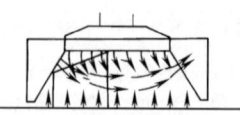 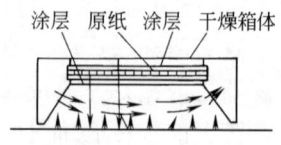

图9-106 红外干燥器

通常红外辐射设备发出的辐射波长最小为 $0.7~1.0\mu m$，并扩展至波长为 $8\mu m$ 的热能，水不能被红外辐射所穿透，可将它吸收后达到本身被加热的目的。液态水易于吸收波长为 $2.5~3.3\mu m$ 的红外线，发射温度约为 $870~600℃$ 范围。无论以燃气加热或以电力加热的红外干燥器，其温度均按加热强度来控制。为获得有效的干燥操作,对发射波长在中波频带的红外辐射器,其所需功率负荷为 40~50kW/($m^2 \cdot h$),发射温度为 800~950℃。在涂布纸干燥中采用的燃气加热红外干燥器的发射温度为 340~1100℃,电力加热红外干燥器的发射温度为 340~2200℃。红外干燥器必须配备一套强制对流通风系统,以除去由一层热汽形成的附面层,并将纸页表面的蒸发水汽排出,以提高干燥能力。用红外干燥系统所能获得的蒸发速率约在 45~90kg 水/($m^2 \cdot h$) 之间。最大蒸发速率可达到 150kg 水/($m^2 \cdot h$)。表 9-4 为电力加热与燃气加热红外干燥器的性能比较。

表 9-4　电力加热与燃气加热红外干燥器的性能比较

| 性能 | 电加热红外干燥器 | 燃气红外干燥器 | 性能 | 电加热红外干燥器 | 燃气红外干燥器 |
| --- | --- | --- | --- | --- | --- |
| 热能控制 | 0~100%连续式 | 间隙式 | 穿透力 | 好 | 一般 |
| 加热启动 | 立即(IS/75%功率) | 慢(5min/75%功率) | 蒸发效率 | 好 | 一般 |
| 冷却 | 立即 | 慢 | 投资费用 | 高 | 中等 |
| 火警危险程度 | 低 | 高 | 能源消耗 | 中等 | 高 |
| 防止胶粘剂迁移 | 好 | 一般 | 辐射因子 | 高 | 低 |

## 五、干燥器选型

图 9-107 为涂布纸干燥过程中典型的三种干燥装置的布置安排。

这三种干燥器的安排理由如下:

① 红外干燥器具有设计紧凑和高能量输出的特点,紧靠在涂布器之后,其效果较佳。当表面水膜还未遭干燥气流的过大干扰时,涂料中的大量水分能有效吸收红外线的辐射能量,这会使水与纸幅的温度一起升高,而不致使涂层表面失水引起局部表面过干燥所引起的结皮弊病。

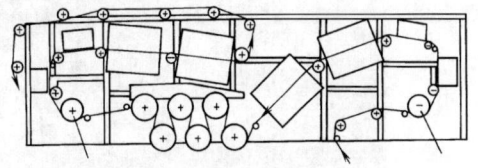

图 9-107　涂布纸干燥过程中典型的三种干燥器的布置
注:两条实线指的是"涂布器",左侧及下边箭头指的是"纸页走向"。

② 气浮式干燥具有非接触性干燥的特点,使得涂布纸页在进入下阶段接触性干燥的烘缸之前能被有效地控制其蒸发速率。

③ 烘缸干燥器具有接触性干燥的优点,使得纸页的外观改善和张力得到控制。

## 参 考 文 献

[1]　陈克复,主编. 制浆造纸机械与设备(下)[M]. 3 版. 北京:中国轻工业出版社,2011.
[2]　曹邦威,译. 纸张颜料涂布与表面施胶[M]. 北京:中国轻工业出版社,2005.
[3]　张美云,等. 加工纸与特种纸[M]. 北京:中国轻工业出版社,2019.
[4]　曹邦威,译. 制浆造纸工程大全[M]. 北京:中国轻工业出版社,2001.
[5]　曹邦威,编译. 新纸张涂布与特种纸[M]. 北京:中国轻工业出版社,2003.
[6]　张运展主编. 加工纸与特种纸[M]. 2 版. 北京:中国轻工业出版社,2005.
[7]　曹邦威,译. 纸张涂布与特种纸[M]. 北京:中国轻工业出版社,2003.
[8]　李群,主编. 加工纸[M]. 北京:化学工业出版社,2007.
[9]　曹邦威. 涂布设备的发展与展望[J]. 中华纸业,2005(10):44-46.
[10]　牛志伟,等. 喷泉式刮刀涂布机的结构和性能[J]. 中华纸业,2001,22(4):42-43.
[11]　张毅嘉,等. 一机多用的特种纸涂布机[J]. 轻工机械,2009(1):12-15.
[12]　严杰,等. 国产高速组合刮刀涂布器[J]. 轻工机械,2008(1):12-14.

# 第十章 常用纸种造纸机配置

## 第一节 新 闻 纸 机

### 一、广州造纸公司新闻纸机（9号机）

广纸 PM9 生产线于 2007 年 12 月建成投产，由芬兰美卓（METSO）公司提供（现在是维美德），设计产能 40 万 t/a，产品主要为胶印新闻纸（42~48g/m²）。见图 10-1。

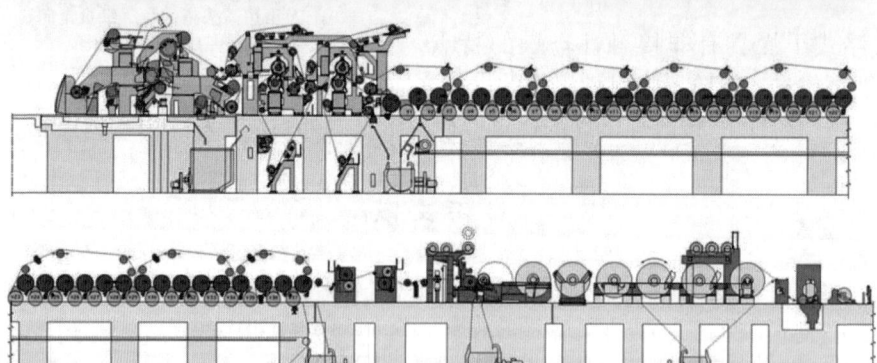

图 10-1 广州造纸公司新闻纸机（9号机）

1. 主要设计参数

定量：40~52g/m²，干度：92%；产量：1349t/24h；卷取纸页宽度：9600mm；网宽：10200mm；纸机设计车速：2000m/min；卷取干度：92%。

2. 主要配置

① 稀释水流浆箱（OptiFlo）：唇板宽度 10020mm，166 个稀释水分区，分区宽度 60mm。

② 夹网成形器（OptiFormer）：真空成形辊、弧形真空箱、可加压装置、高真空吸水箱。

③ 直通式压榨（OptiPress）：两道靴式压榨，$1^{st}$nip 1200kN/m，$2^{st}$nip 1200kN/m，沟纹辊为 SymZL 辊。

④ 单挂网烘缸组：38 个烘缸，37 个真空缸，配置稳定箱和防翘曲喷水装置。

⑤ 两道软压光（OptiSoft SlimLine）：软辊为分区可控辊（SymCDS/HP），共 66 个分区。

## 二、岳纸 8 号纸机

8 号机是一台多功能高速纸机，即可生产高档新闻纸，又可生产轻涂纸。新闻纸生产所用的浆料主要是脱墨浆，其他浆料包括化机浆，配少量硫酸盐浆，轻涂原纸的浆料是脱墨浆、硫酸盐浆和化机浆。在生产新闻纸时，定量为 $45g/m^2$，工作车速为 1300～1350m/min；轻涂原纸的生产以 1200m/min 的车速运行，涂布后的定量为 58、64 和 $70g/m^2$，网宽为 6950mm。该纸机采用 OptiFeed 流送系统，流浆箱为 OptiFlo 稀释水控制流浆箱，并配有一套 OptiFormer 优化概念的成形，压榨部采用 OptiPress 压榨，配一套硬压区压榨和一道 SymBelt 靴式压榨，硬压榨的线压力为 170kN/m，靴压的线压力为 750kN/m，压榨毛毯的寿命大约为 1 个月，生产新闻纸时，纸幅出 OptiPress 压榨部的干度在 45% 左右；而压光是通过一台 OptiLoad 优化概念 8 辊多区压光机完成，只需改变工艺参数，该压光机即可生产轻涂纸，又可生产新闻纸，如图 10-2 所示。

图 10-2　岳纸 8 号纸机示意图

## 三、Lang Paier 的 5 号纸机

1998 年 5 月，向 Voith Paper 定购纸机；1998 年 12 月新厂房竣工；1999 年 1 月，开始安装纸机；1999 年 7 月，试车；1999 年 8 月 22 日，首次产纸。

在该纸机中最创新的部分是采用了靴式压榨部和倾斜压光机用于生产新闻纸和超级压光纸，该机的最大工作车速是 1800m/min，操作速度 1600m/min，网宽 8.9m。由于横幅的自动控制，容许偏差在±3°之内。

该夹网成形器包括以下标准部件：成形辊、顶网真空脱水箱与对面底网的 4 根成形脱水板、平面吸水箱、吸水辊和高真空度吸水箱。由于安排了固定的和转动的吸水元件，使进入压榨部的纸页干度易于超过 18%。

有 4 毯的靴式压榨部及两个靴式压榨组成，可达到 54%～57% 的干度。

为了进一步提高干度和更好地控制全幅水分，在两压榨部之间安装了一台全幅蒸汽箱。除了运行因素外，在顶部和底部均匀的压榨脱水保证了两面的良好一致性，从而有非常好的纸页结构，这些都是为获得良好的适印性所必需的。

干燥部由 38 个烘缸组成，安装纸幅润湿装置来对进入压光机的非常高的初始水分含量进行横幅校正。该压光机有 8 个辊子，倾斜 45°角。这不仅易于引纸，除此之外还可保证压光机本身在最高速度下获得机械稳定性。由于有 45°的倾斜度，从而使 30% 的辊子重量被抵消掉。如果有必要，也可用液压补偿的办法来保证所有压区的线压恒定。该压光机的一个独特的优点是：不用的压光辊易于更换。

卷取系统能很好地控制压区压力、纸幅张力，设置了一台初级和一台二级中心卷曲助动器，如图10-3所示。

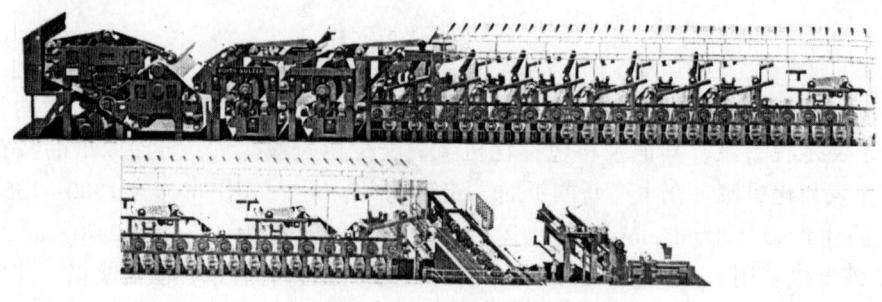

图10-3　5号纸机的配置

## 四、欧洲Haindl纸厂的Schongau9号纸机

该厂9号纸机的抄宽为6100mm，设计车速为2200m/min，由以下部分组成：
① 带自动控制系统的流浆箱，具有浆料浓度检测传感器，能在瞬间对定量进行调节；
② 夹网成形器；
③ 封闭式牵引的串级靴式压榨部；
④ 单排烘缸部，在第一个烘缸后采用开放式牵引；
⑤ 新的水分横向控制系统；
⑥ 压光机，倾斜45°，有10个辊子，被分成独立的两组；
⑦ 带有卷取振荡器的卷取系统，如图10-4。

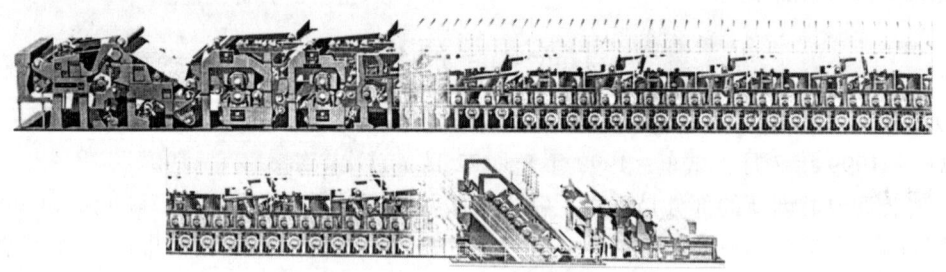

图10-4　9号纸机的概念

## 五、Holmen造纸公司的Braviken造纸厂的53号纸机

Holmen造纸公司的Braviken造纸厂引进福伊特苏尔寿公司产品，53号纸机的技术参数：
网宽：9650mm；净宽：8950mm；额定车速：1800m/min；定量：40~48.8g/m$^2$；生产能力：986t/d。

带ModuleJet的GapJet流浆箱；带JetCleaner的DuoFormerCFD成形器；带NipcoFlex靴式压榨的Duo-Centri2压榨部，QualiFlex盲孔式压榨靴套和DuoSreanm横幅控制蒸汽箱；带DuoStabilizers的单排烘缸和DuoCleaner干网清洁装置的干燥部；软压光（2×1压区）带有Nipcorect辊；带中心传动和辊库的卷纸机；2台DuoRoller复卷机。

本机以 45g/m² 标准新闻纸（欧洲标准）开始生产，现在已经成功的生产了 40g/m² 和 42g/m² 的新闻纸，目前正在考虑进一步将定量降低到 34g/m²。

53 号纸机装备有软压光机，线压可达到 380kN，温度达 220⁰C，因此也可以生产凹版印刷纸，如图 10-5 所示。

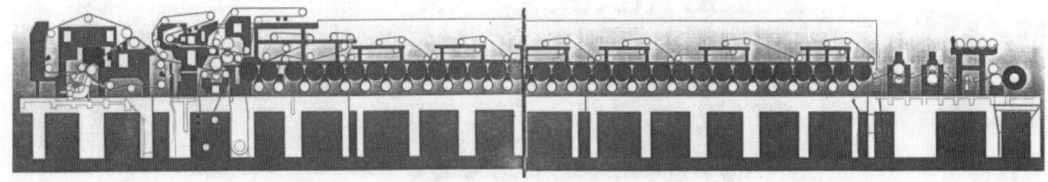

图 10-5　53 号纸机示意图

## 六、韩国 Bowater Halla 纸业有限公司的新闻纸机

福伊特苏尔寿公司为韩国 Bowater Halla 纸业有限公司设计的，1996 年投产。

纸机的技术设计数据为：抄宽为 7940mm；纸种为新闻纸，定量 40～48.8g/m²；定量为 48.8g/m² 时产量为 837t/24h；结构车速为 1700m/min；操作车速为 1500～1600m/min；原料为 100% 的废纸脱墨浆。

整台纸机采用 Profilmatic 的 GapJet 网前箱、DuoFormerCFD 成形部、带第四压区的 DuoCentri Ⅱ 压榨部、CombiDuoRun 干燥部（60% 单排烘缸、40% 双排烘缸）、带 GAW 淀粉制备的 Speedsizer 施胶机、带 Nipco 辊的软压光机（2×1 个压区）和带自动更换大纸卷的卷取部，如图 10-6a 和图 10-6b 所示。

## 七、Gebruder Lang 股份有限公司的新闻纸机

德国巴伐利亚省 Gebruder Lang 股份有限公司在 1999 年投产的新闻纸生产线，Compact5 号纸机的主要数据：

网宽：8900mm；切纸后的工作宽度：8150mm；最大复卷直径：3700mm；最大额定车

图 10-6a　韩国 Bowater Halla 纸业有限公司纸机外形图

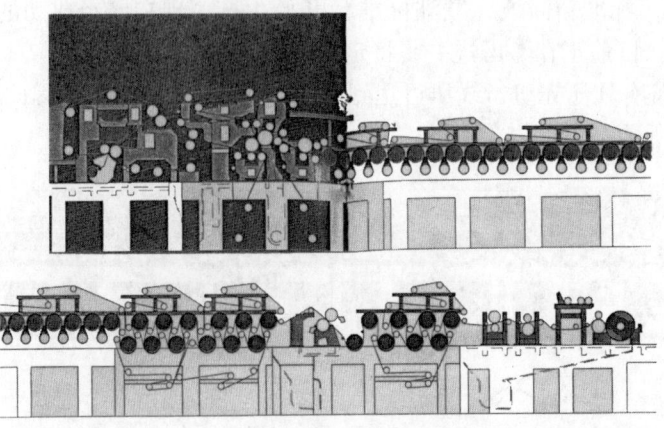

图 10-6b 韩国 Bowater Halla 纸业有限公司纸机结构图

速：2290m/min；最大操作车速：2000m/min；年生产能力：28 万 t；产品：40~48.8g/m² 新闻纸，45~60g/m² 超级压光纸；调试日期：1999 年第 3 季度，如图 10-7 所示。

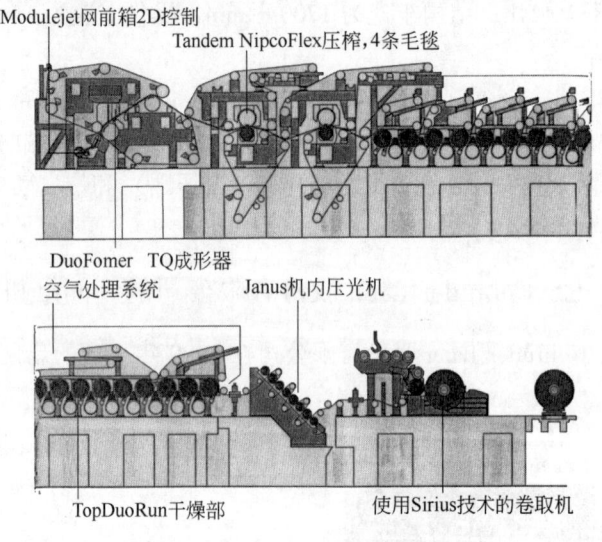

图 10-7 Compact5 号纸机示意图

## 第二节 文化纸机

### 一、维美德西安的高级文化纸机

该机主要用于生产高级文化纸和胶版印刷纸，生产的高级文化纸的定量范围为 50~120g/m²，生产的胶印新闻纸的定量为 40、45、48g/m²，通常定量为 48g/m²，产量为 362t/24h，网宽 5300mm，卷纸机上纸宽 4800mm，成纸宽度为 4722mm，最高工作车速为 1100m/min，设计车速为 1300m/min；流浆箱为 Sym Flo D 水力式流浆箱，带闭环稀释水调节，对浆流横向定量进行动态的精确控制；成形部为长网成形部+SymFormer MB 成形器；压榨部位 Sym Ⅱ 型压榨，真空吸移引纸和 Sym Ⅱ 型压榨的第一压区之间为封闭引纸，减少断纸，提高运行效率；烘干部采用了 Sym RUN 烘干部，采用无绳引纸，高效、安全、维护量小。另外采用了密封汽罩，防冷空气和有害气体进入烘干部，阻止烘干部的湿空气扩散到厂房的其他区域，维持一个平滑的湿气剖面，配有 Uno 运行通风箱，提高干燥能力；卷纸机上方有卷纸辊水平储存架，可存放三个卷纸辊，配有自动换卷纸辊装置；该机润滑系统主要有稀油润滑系统和油脂润滑系统，主要润滑烘缸、Vac 辊轴承、传动齿轮和轴承、真空辊、中心辊、导辊和纸辊轴承等；为了运行速度稳定，电气传动采用交流变频或直流分部传动；自动控制主要有（DNA）过程控制中心、电机（MCC）控制中心、气动控制设备和液压控制设备，如图 10-8 所示。

图 10-8　维美德西安的高级文化纸机示意图

## 二、2362 长网多缸（施胶）造纸机

适用于以硫酸盐针叶木浆为原料，生产 60~80g/m² 优质文化用纸等。

该纸机的净纸宽度：2362mm；定量：60~80g/m²；工作车速：250~270m/min；公称产量：240~600t/d；传动方式：可控硅调速直流电动机分部传动；轨距：23400mm；外形尺寸（长×宽×高）：77300mm×11075mm×60508mm。

流浆箱：用气垫流浆箱，可适应工作速度 250~316m/min 的要求，唇口宽为 2650mm；长网部：网案长 13000mm，高 2180mm，采用 C 形梁悬臂式机械换网，成形网自动校正，恒张力张网，采用水针式自清洗喷头高压水冲洗成形网，网案配有超高分子聚乙烯面板，脱水板为三叶式超高分子聚乙烯镶陶瓷条，以及湿吸箱、吸水箱、直径 φ800mm 双室真空伏辊等；压榨部：采用真空吸移，三辊两压区复合压榨，一道正压和一道光泽压榨组成，线压力分别为 490N/cm、588N/cm、784N/cm、490N/cm，毛毯自动校正，毛毯气动马达张紧，高压移动喷水管和毛毯吸水箱洗涤，真空压榨辊直径 φ750mm，真空吸移辊直径 φ550mm，压榨胶辊直径 φ650mm，压榨石辊直径 φ750mm，活动弧形辊直径 φ150mm；烘干部：采用直径 φ1500mm 烘缸，烘纸缸 32 个，2 个镀铬缸，2 个镀铬冷缸，4 个烘毯缸，分 6 个传动组，6-6-6-6-表面施胶机-6（前 2 个为镀铬缸)+6（最后为 2 个镀铬冷缸），全部使用干网，采用热风清洁干网，自动校正及张紧，机架为箱形结构，烘缸均为封闭齿轮条传动，配全套引纸绳装置；汽罩部：采用普通开式汽罩，型钢骨架，铝板罩，顶部有保温夹层；传动部：采用可控硅调速直流电机分部传动，共 14 个传动组；其他：配润滑油系统，空气压缩系统，电气传动部，2362mm 平气动圆筒卷纸机，如图 10-9 所示。

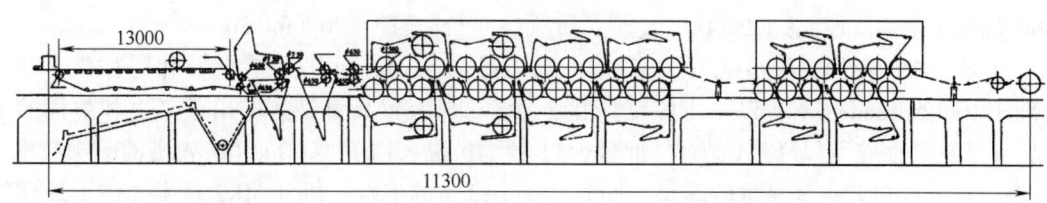

图 10-9　2362 长网多缸（施胶）造纸机

## 三、中国大港的高级文化纸机

中国江苏镇江市大港的高级文化纸机,抄造不含机浆的印刷纸和涂布原纸。

网宽:10500mm;设计车速:1700m/min;定量:38~87g/$m^2$;产量:450000t/a;开车时间:1999年;横向分区稀释型水力流浆箱;CFD型夹网成形器;复合带中高靴式压榨;带热风装置的单排干燥;两个高速施胶机;施胶后混合干燥;2×2软压光机;实际车速:1458m/min。该纸机示意见图10-10。

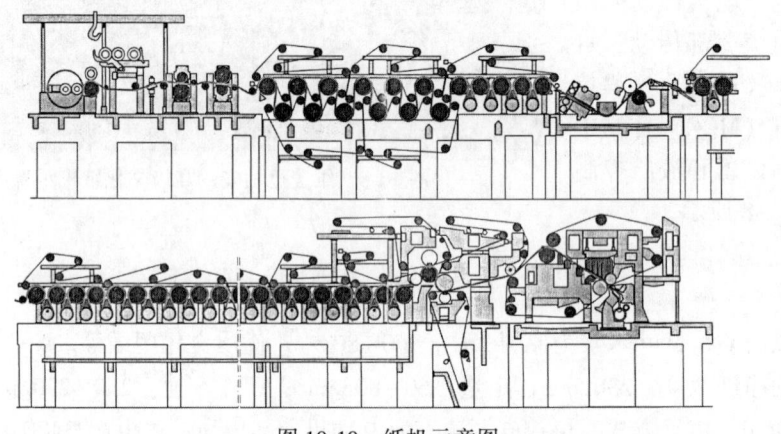

图10-10 纸机示意图

该纸机的特点是带有Modulejet的Gapjet网前箱,能达到迄今为止最好的定量分布曲线。网前箱把浆流喷射到成熟的DuoFomer CFD夹网成形器的两张成形网之间,悬浮的浆料沿上、下网均匀脱水,脱水灵活、可调的成形脱水板可以保证取得很好的纸幅匀度。纸幅可通过高速伏辊进一步脱水,伏辊带有内藏式的射流清洗装置,可以保证辊子长期清洁,在操作中的效果如同标准的高压喷水管。接着,纸幅通过高速的真空引纸辊从下网上剥离开来,通过引纸毛毯把纸幅引到4辊DuoCentri NipcoFlex压榨的第一压区。因为纸幅的干度高、松厚度高,压榨部的运行性很好。接着,纸幅通过真空递纸辊的支撑,被引到第一组烘缸。因为网状干毯能保持清洁,不含树脂和填料,一个DuoCleaner干毯洗涤装置可保持网状干毯的透气度与新干毯一致。这也可以使蒸汽的消耗量极低。接着,纸幅进入Combi Duo-Run烘缸部。最后,纸幅通过带有两个中心卷纸站的DuoReel卷取,进行完美无瑕的纸卷卷取。如果纸张按卷筒纸方式销售,大的纸卷通过著名的DuoRoller2复卷机并纵切成小的纸卷。

## 四、奥地利的Laakirchen公司的11号纸机

幅宽:9650mm;生产定量:52~56g/$m^2$;产品:A级纸超级压光纸生产杂志纸;产量:240000t/a(第一阶段),400000t/a(第二阶段);设计车速:2000m/min。

11号纸机的成形系统由配有ModuleJet流浆箱、DuoFormer TQv成形器和配有2个双毛毯靴式压榨的Tandem NipoFlex压榨装置组成,该压榨装置具有最大的出纸干度和最优的纸产品(纸页两面差可以降到最小)。此外,11号纸机也采用了TopDuoRun先进的干燥技术。

Sirius复卷机能保证纸辊的质量,同时减少了纸张的浪费。机外MK2技术提供了最优的压光效果,如图10-11所示。

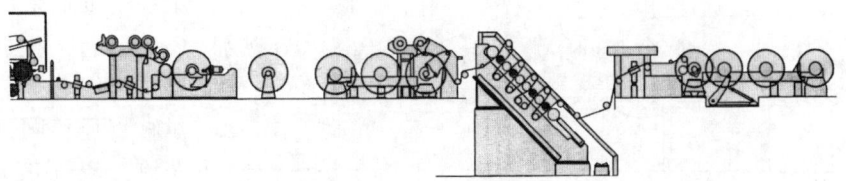

图 10-11 纸机示意图

## 五、武汉晨鸣的高级文化纸机

定量：40~120g/m²；卷纸机上纸宽：4760mm；网宽：5300mm；最大工作车速：1100m/min；设计车速：1300m/min；卷纸辊平衡车速：2500m/min；产量：362t/d，如图10-12 所示。

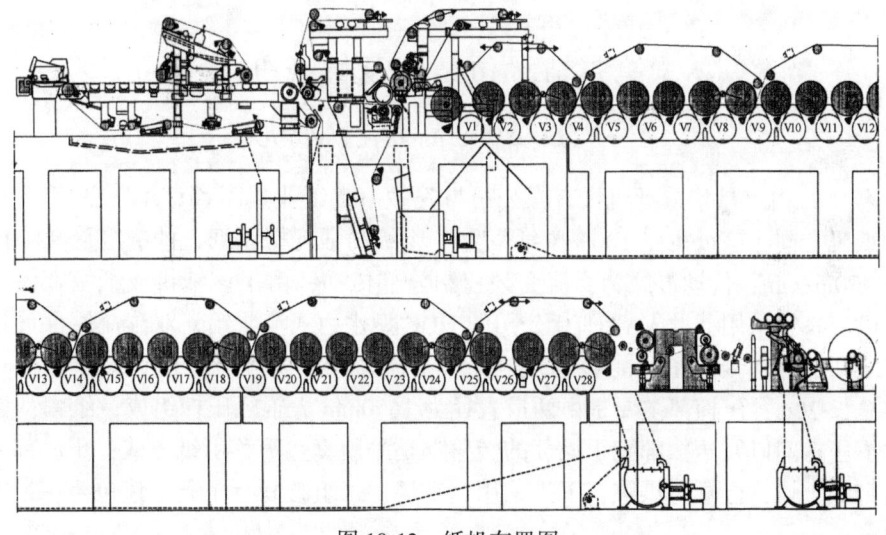

图 10-12 纸机布置图

## 六、无碳复写原纸机（维美德西安）

该纸机由西安维美德生产，用于生产无碳复写原纸机，定量为 30~60g/m²，通常为 40g/m²，产量为 66.6t/24h，网宽 2400mm，卷纸机上纸宽 1930mm，最高车速为 600m/min，设计车速和传动车速均为 650m/min；流浆箱为 Sym Flo RST 双匀浆辊气垫式流浆箱，结构紧凑，全部用不锈钢制造，从而热补偿性能一致，变形内应力小。上唇板整幅调节和微调是分离式的，唇口开度范围大，清洗方便，横幅定量控制更容易。横向流量和纤维分布均匀，纤维分散良好；长网部配备多条脱水版、真空脱水板箱和平吸水箱等脱水元件。脱水真空度沿纸幅运行方向逐渐提高，脱水比较缓和而脱水量逐渐增大，细小纤维保留率高。无轴饰面辊，改善纸幅的匀度，减少两面差。由于无轴，辊内装有清洗喷水管，可随时清洗；压榨部为Sym Ⅰ型压榨+一道正压榨，真空吸移引纸和Sym Ⅰ型压榨之间为封闭引纸，减少断纸，提高运行效率；烘干部各组烘缸均采用干网，第一组烘缸干网内，靠近压榨后纸辊处设置压榨运行吸风箱，吸风箱的作用是使纸辊和第一烘缸纸幅吸附在干网上，大大缩短了开放引纸的长度，减少断纸。另外第一组烘缸采用单干网为Uno运行，上排为烘缸，下排为Uno辊，Uno辊与烘缸直径相同，但不通入蒸汽，辊面有环形沟槽，利于排除纸幅运行时带入的空气，使纸幅附着于干网外，没有自由段，纸幅不会产生抖动，防止纸幅断头，使纸机在高车速运行时效率提高，如图10-13所示。

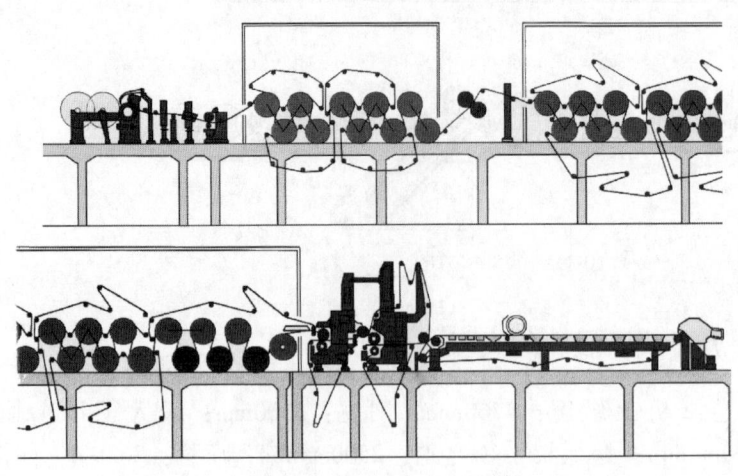

图10-13 无碳复写原纸机（维美德西安）示意图

## 第三节 包装纸及板纸机

### 一、5600/900高强瓦楞纸机

2007年1月山东昌华造纸机械有限公司与安徽山鹰纸业集团签订了一条年产20万t瓦楞原纸的纸机合同，该纸机以100%废纸浆生产A级高强瓦楞原纸，抄造定量80～130g/m²，传动车速900m/min，传动方式为交流变频控制分部传动；由于该纸机成纸幅宽大、运行车速高，所以流浆箱采用芬兰VAAHTO公司的HQC型水力式流浆箱，双湍流原件设计和介于两组元件之间的脉冲衰减室，能够整齐地分布浆流并产生微湍流，得到最佳匀度和横幅定量；网案总长20m；压榨部主要是由两道直径为1650mm大辊径压榨组成，纸幅从网部到压榨部、二道压榨间以及压榨部到干燥部的转移都是采用真空吸移引纸方式；干燥部采用单排烘缸单毯带纸干燥，上排为烘缸，下排采用真空辊，每组缸只有1条干毯包绕；最大卷纸直径为3200mm。

### 二、Cadidavid公司2号高强瓦楞纸机

该机为两层长网纸板机，含两道普通大辊径压榨，网宽300mm，卷纸机幅宽2560mm。1999年，Cadidavid决定对其生产线进行改造。改造后纸板的生产从2层增加到3层，车速从650m/min增加到1050m/min，产量提高到500t/d。其成形部由一套传统的长网部和一套OptiFomer组成，这种组合可生产出定量范围极宽（90～190g/m²）的高强瓦楞纸，并以有效的车速生产低定量的纸种。纸板的面层在底成形器上生成，这主要是为了保证纸板面层在SymPress B压榨部贴着光压中心辊，并在单层布置烘干部贴着烘面。底层流浆箱为lQDilution稀释水系统，可保证纸幅横向定量的自动控制。两台流浆箱均配有唇板开启系统和微调系统。所生产的产品借助一台WinDrum S复卷机进行复卷，WinDrum复卷机的传动车速为2300m/min，采用连续复卷技术，复卷过程只需一人监控。换纸卷过程借助飞接方式自动进

行。WinDrum 复卷机还具有纸芯自动进给和粘接、纵切刀自动定位、换纸卷和最终粘接等功能。用户界面是一台 PC 机和 WinControl 系统，该系统可显示所有复卷参数，如图 10-14 所示。

## 三、西班牙最大的瓦楞新纸厂 SAICA 三厂 9 号纸机

2000 年 10 月 12 日投产的 9 号纸机，定量在 $105g/m^2$ 时的车速为 935m/min。

该机生产瓦楞芯纸，设计定量为 $75\sim110g/m^2$，网宽 8100mm，设计最

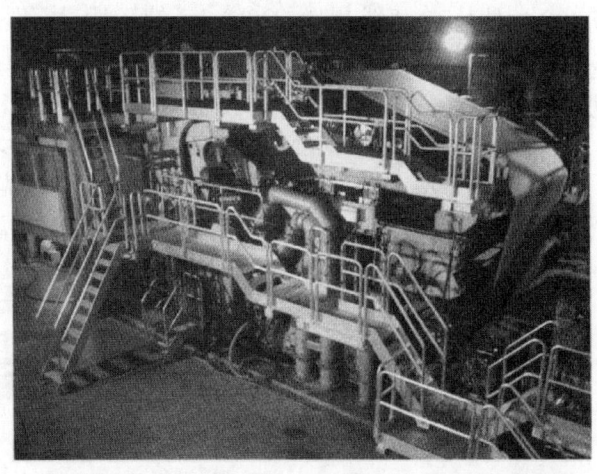

图 10-14　Cadidavid 公司 2 号高强瓦楞纸机示意图

大操作车速为 1450m/min。整台纸机由福伊特公司提供，设备组成主要有如下几部分：配有 ModuleJet™ 稀释水控制器的 MasterJet™ G 流浆箱可确保最优的横幅定量；利用稀释水技术可用横向控制调整最佳的纤维排列角度；为生产纸板和包装纸而设计的 DudormerThA Base 成形器首次用于这样高速纸机的生产，此成形器在保证可控的高滤水性和良好的成形性方面充分发挥了纤维的潜力；压榨部采用成熟的靴形压榨技术，在 DuoCentri NipcoFlex™ 压榨部的纸幅处于完全封闭运行状态，这样可保证纸达到最高的干度，最好的强度指标，及良好的纸机运行性；紧凑的夹网成形器设计和靴式压榨布置减少了占地的要求，因而也降低了纸机厂房的成本；纸页的质量和纸机运行性能是干燥部首要考虑的因素，整个干燥部采用了单排布置概念，并配有 DuoStabuizer™ 稳定器，它由预干燥和后干燥两个部分组成，而且安装了无绳引纸装置和低维修的喷射水式尾纸割刀，这样确保在两个干燥部纸幅可安全、快速地引纸，为了除去干燥部合成网上的杂质还在预干燥部前四组烘缸安装了 DuoCleaners™ 干网清洗装置，为了提高纸的强度，利用 SpeedFlOW™ 装置进行表面施胶，然后纸幅通过无接触的气垫转向装置被送至后干燥部；Sirius™ 卷纸机保证在整个卷曲直径过程精确地控制线压力，最高的卷曲效率（纸卷直径为 3900mm），而且损纸量最低；在 SpeedFloW™ 施胶装置和 Sirius™ 复卷前，安装有 Fibron 引纸系统，以利于纸幅的快速传递，如图 10-15 所示。

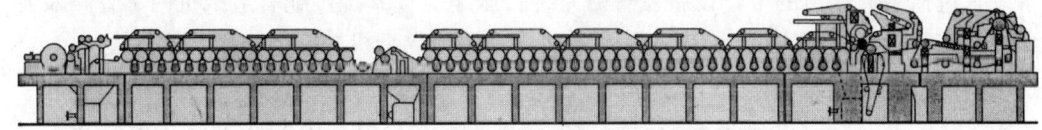

图 10-15　9 号纸机布置图

## 四、澳大利亚布里斯班（Brisbane）的 Visy Paper 纸板厂的 VP8 纸板机

用于生产高耐破纸板和瓦楞纸板芯层的纸板机。

该纸板机是 1996 年由福伊特苏尔寿制造；生产定量 $113\sim275g/m^2$；卷取机的最大幅宽：2950mm；实际车速：约 1000m/min；纸板机最大生产能力：537t/24h；复卷机生产能力：511t/24h；最大生产率：23t/h（定量为 150g 的纸板）。

纸机使用 DuoFormer CFD 成形器，定量可增加到 $275g/m^2$。压榨部包括线压为 80kN/m

的一个小型压榨和线压为 220kN/m 的一个大直径压榨，第三压区为一个线压可加到 1100kN/m 的 NipcoFlex 压榨，这种设计便于在项目的第二阶段将压榨部改造为二道 NipcoFlex 压榨。

烘缸部有 52 只烘缸，前面为单排烘缸，后面为双排烘缸。烘缸部用一施胶压榨平分隔开，施胶压榨将淀粉施加到纸页表面以提高强度性能。

完成部包括复卷机和自动卷纸输送机贴标签系统，也包括将纸卷输送到成品库的设备，如图 10-16 所示。

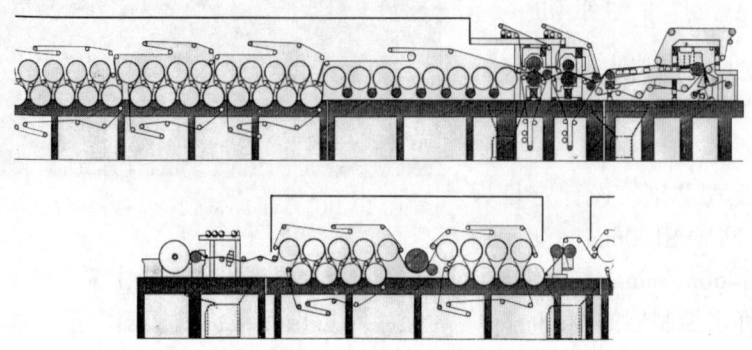

图 10-16　Visy Paper8 纸厂的 VP8 纸板机示意图

## 五、2040 长网多缸纸袋纸机

用于生产 $80g/m^2$ 水泥袋纸。

净纸宽度：2040mm；工作车速：100~150m/min；公称产量：30t/d；传动方式：总轴传动；轨距：3100mm；外形尺寸（长×宽×高）：512000mm×10180mm×5750mm。

长网部：网案长度为 10950mm，悬臂式机械换网，真空伏辊直径为 $\phi$650mm；压榨部：三道正压，天然石辊直径 $\phi$600mm，压榨胶辊直径 $\phi$550mm，开式引纸，各道压榨均采用膜片缸气去加压和提升上辊；烘干部：烘缸直径 $\phi$1500mm，19 个只烘缸，1 冷缸，6 只烘毯缸，分三组 6-6-7+1 冷，机架为箱形机架，传动侧机架内装烘缸传动齿轮系，齿轮采用倒 Y 形排列；汽罩部：开式汽罩；传动部：可控硅——直流电动机变速，尼龙带锥形轮调速总轴传动，主电机型号 $ZD_2$-122-1B，功率 125kW，440V，提供主传动及辅助传动电控设备；润滑系统：包括中心润滑的全套设备及管路系统；压缩空气系统：配有造纸机内部管路及各用气点控制装置；三辊压光机、2040mm 水平式气动圆筒卷纸机，如图 10-17 所示。

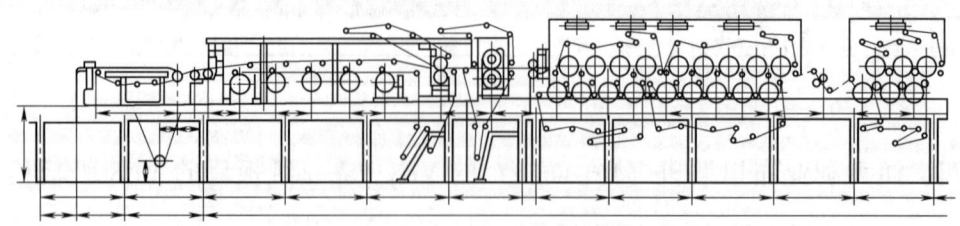

图 10-17　2040 长网多缸纸袋纸机布置图

### （一）土耳其的 Modern karton 纸厂的挂面板/瓦楞纸机

1999 年开车的 3 号纸机重要参数：

净产量：200,000t/a；网宽：5730mm；设计车速：1300m/min；产品：瓦楞纸、强韧

箱纸板和白色挂面纸；定量：90～175g/m²；配料：100%废纸；操作纸机车速：1000m/min；设计纸机车速：1300m/min；分区稀释型阶梯扩散流浆箱；DK型成形器；单双排混合干燥；Speedflow施胶机。

网部：网部由二长网组成长网抄造纸板底层，上长网抄造纸板外层挂面。上长网的布置背对纸机运行方向，其抄造的面层经复合辊复合到底层上。这两层浆料由StepDiffusor™网前箱供给，其配有脉冲衰减器，而且纸板底层的网前箱还装有稀释水控制器，这主要是由于此层纸页的定量较高，安装稀释水控制器可使纸页的横幅定量保持均匀。因为在纸机横向范围内，可单独调整稀释水的用量，以减少纸的横幅定量差。抄造纸板面层的长网纸机配有Dudormer™D/K成形器，利用这种混合成形器，纸页中30%左右的水分可通过顶网部滤掉，而且通过单独调整脱水板的压力来改善纸页成形。

压榨部：压榨部采用DuoCeI11ri Nipconex™压榨，这种压榨装置完全符合包装纸机生产的产品及纸机速度的需要，且也完全体现了福伊特公司简单、紧凑的理念。纸幅经过真空引纸辊后，再通过有两个压区的真空压榨辊（压力大约为100kN/m和120kN/m）。第三压区采用NipcoFlex™靴式压榨，线压力可达到1200kN/m，这种设计可以取得最大的纸幅干度，而且能优化纸幅质量，无须开放式引纸，这样保持纸幅具有良好的运转性能。在引纸过程中，把整个纸幅从网面上吸移后，引入压榨部，利用安装在NipcoFlex™压榨区平滑辊上的气控剥离刮刀使损纸直接进入压榨部的损纸碎浆机内。为安全起见，该刮刀系统还备有另一套气动可调刮刀，以保持辊面清洁，同时防止第一刮刀出现问题时，靴式压榨装置、压榨套筒或毛毯等被损坏。

干燥部：干燥部的前14个烘缸是单层排列的，配有孔衬辊的DuoRun™装置与提供真空的DuoStabilizer™稳定器结合使用，可使纸幅在最大纸机车速条件下平稳运行。预干燥部的其余烘缸被分成两组，而且是双层排列的，两层烘缸的导毯辊的排列是不对称的，这样可为稳定箱提供足够的空间。这些稳定箱可使离开烘缸的纸幅处于平稳状态。烘缸间的袋区利用装在刮刀架上的吹风管，全幅宽内把干风吹进袋区，这样确保水分的排出得到控制。后烘缸部由三组烘缸组成，第一组有五个单层烘缸，第一缸表面镀铬，第二组缸为双层布置烘缸。同时还配有与预干燥部相似的部件，因此可保证纸机具有良好的运转性能。整个干燥部（除了薄膜压榨）配有无引纸绳的引纸系统，其利用安装在刮刀上面的空气喷嘴在烘缸间进行引纸操作，这个系统引纸方便，因此可大大提高纸机的运转性能，并降低操作费用（不需引纸绳）。

薄膜压榨：福伊特公司Speedsizer™装置用于淀粉施胶（辊径1300mm），使施胶得到控制，其施胶浓度最大可得到13%，这样可节约后部烘缸组的能耗。

压光机：在卷纸机之前，布置有一个2辊硬压光机，进行纸页表面处理。

卷纸：福伊特公司TR125卷纸机带有装四个空卷纸轴的纸轴架，该卷纸机为完全自动更换纸卷，其最大纸辊径可达3500mm，如图10-18所示。

（二）Klabin7号液体包装纸机

Klabin公司对7号纸机几经改造，已发展成为最先进的高质量涂布液体包装纸板（LPB）机，网部原来为三长网和一道光压，经过改造后，又配置了第二OptiCoat Duo Jet涂布站，以满足用户采用新型印刷方法——光电苯胺凸版印刷法——而引起的更高质量的要求，比如对于遮蔽性能要求较高、运行性能不受影响的涂布纸种而言，OptiCoat Duo Jet是最佳的选择。上料通过一自由喷嘴进行，首先施涂到第一背辊，然后借助第二只辊进行计量。

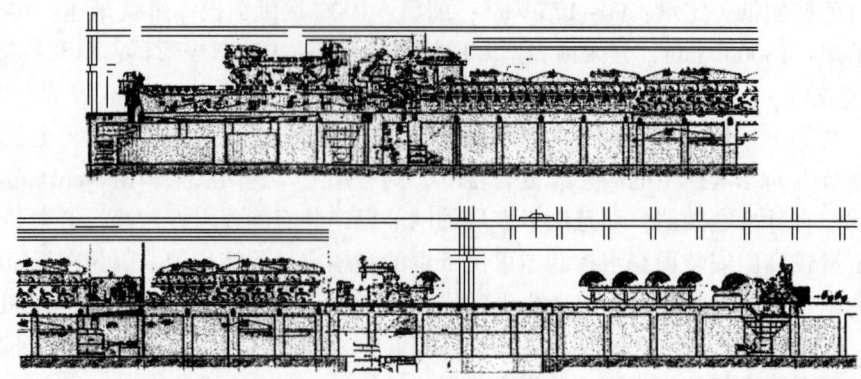

图 10-18 纸机布置图

由于上料与计量之间的驻留时间长，所以固定涂料过滤层就有足够的时间成形。这可防止最后计量阶段中的强力脱水，保证良好的遮蔽性能。该机采用一台 SymSizer 进行预涂和背面施胶，然后采用一台配有上料喷嘴和具备长驻留时间特点的 OptiCoat Duo 刮刀涂布头进行面涂，整个涂布部只布置了一个烘缸，该烘缸将纸幅从两个涂布站牵出，如图 10-19 所示。

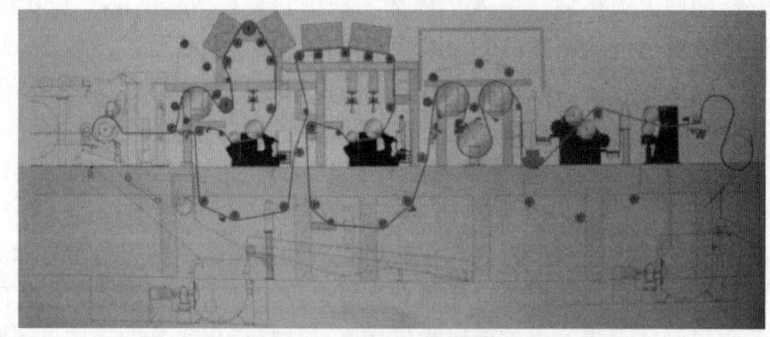

图 10-19 Klabin7 号液体包装纸机示意图

## 第四节 卫生纸机及生活用纸设备
### 一、高速卫生纸机

**（一）SUT2800/600M 高速卫生纸机**

它适用于生产定量在 $13\sim30g/m^2$ 的高级卫生纸、面巾纸及其他薄页纸类，净纸幅宽为 2800mm，设计车速为 800m/min，但实际工作车速只有 600m/min，传动方式为分部变频自动控制，产量为 $28\sim35t/d$；采用方锥总管进浆，负压网笼成形技术，采用了高压合金扬克式烘缸，真空托辊压榨及盲孔压榨，呼吸式高速热风器罩及通风系统，同时采用了高端的自动控制系统和先进的刮刀起皱技术、高速水平式圆筒卷纸机和各回转体的动平衡控制技术，如图 10-20 所示。

**（二）美国 Cellynne 公司的卫生纸机（美卓供货）**

2009 年 1 月 12 日，在美国佛罗里达州 Haines 市的 Cellynne Paper Converter 公司，一条由美卓公司提供的 Advantage PCT100Hs 卫生纸生产线成功投入运行。2 月 6 日，开机后仅 24d，纸机的工作车速即达到 2000m/min。该生产线将使该公司高档面巾纸、浴室用纸、毛巾纸的日产量提高 130t。这台 Advantage DCT100Hs 卫生纸机网宽 2.7m，工作车速 2000m/min，主要设备包括 OptiFlo 分层流浆箱、5.5m（18ft）扬克烘缸、Advantage AirCap 汽罩、纸幅控制与引纸系统、SoftReel 卷纸机、纸卷处理以及备浆设备，还包括 QCS 和 DCS 组成的自动化系统。Cellynne 公司是北美最大的纸加工企业，总部位于佛罗里达州奥兰多市南部，公司主要业务是将大纸卷加工成小纸卷或卫生纸、毛巾纸等最终产品。

图 10-20　SUT2800/600M 高速卫生纸机示意图

### （三）DTC60 新月型生活用纸纸机

DTC60 新月型生活用纸纸机，由日本川之江和维美德合资的高速纸机，如图 10-21a 所示，其具有纸页匀度好，纵横向强度高且能耗很低等优点，设计车速 1300m/min，实际车速 1300m/min，生产高档面巾纸、卫生纸和厨房用纸，定量 $12\sim23g/m^2$，日产 $52\sim55t$。净幅宽 2850mm，传动方式为分部变频传动自动控制；采用方锥管，单层和分层的流浆箱进浆技术；采用合金的钢制烘缸（直径 3660mm），真空托辊压榨，呼吸式汽罩及热泵系统，同时采用高端的自动控制系统和先进的 CBC 刮刀起皱技术。整机布置图如图 10-21b 所示。

图 10-21a　DTC60 新月型生活用纸纸机图片

### （四）BF-10EX 圆网卫生纸机

BF-10EX 圆网纸机，由日本川之江制造，如图 10-22 所示，设计车速 770m/min，实际车速可达到 850m/min，生产高档面巾纸、卫生纸、厨房用纸，生产定量 $13\sim20g/m^2$，日产 $30\sim35t$。净幅宽 2760mm，其具有纸页匀度好，手感柔软且能耗低等优点；传动方式为分部变频传动自动控制；采用合金的扬克烘缸（直径 $\phi3660mm$），真空托辊压榨，呼吸式汽罩及热风系统，同时采用高端的自动控制系统和先进的 CBC 刮刀起皱技术。

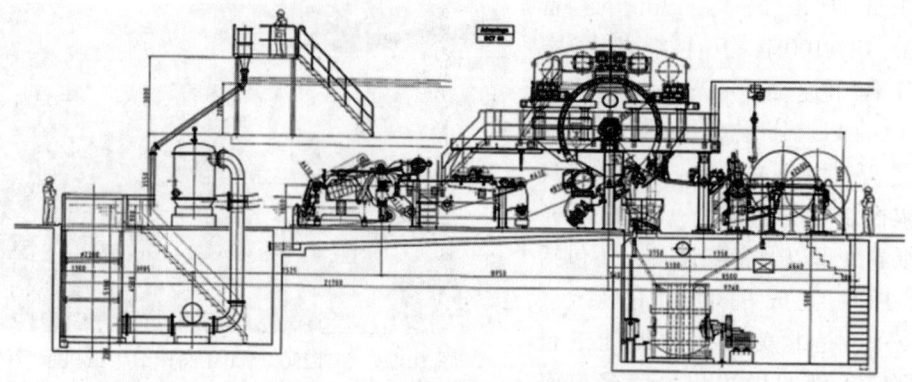

图 10-21b　DTC60 新月型生活用纸纸机布置图

图 10-22　BF-10EX 圆网纸机图片

## 二、擦手纸和湿纸巾设备

擦手纸三折叠机设备特征及结构：

设备型号：MTF-3 型；产品尺寸：纵向 240mm×横向 237mm；折叠尺寸：（79~81）mm×（237±2）mm；加工速度：0~80m/min。

加工用原纸（盘状卷纸）：定量：35~60g/m²；宽度：（474±1）mm；最大直径：1100mm；动力：主电机 7.5kW（可调速）1 台；风泵：1 台，配套电动机 15kW；压花装置：1 套，如图 10-23 所示。

该设备是生产擦手纸的专用加工机械。对原纸可完成压花、三折叠、挂钩、计数等操作。加工好的产品，经人工装盒入箱。消费者使用时，将一盒产品从盒内取出，装入一铁盒（或纸盒）。铁盒下段中间有一个长 250mm、宽 5mm 到 8mm 的窄缝，窄缝外露纸头。每次使用时，将纸头向外扯，这张纸便会扯出来。同时，下一张的纸头会自动露在铁盒的窄缝外待用。

## 三、湿纸巾设备特征结构

型号：SPM-2693；产品的纸张尺寸：230mm×178mm；折叠尺寸：115mm×50mm；包装

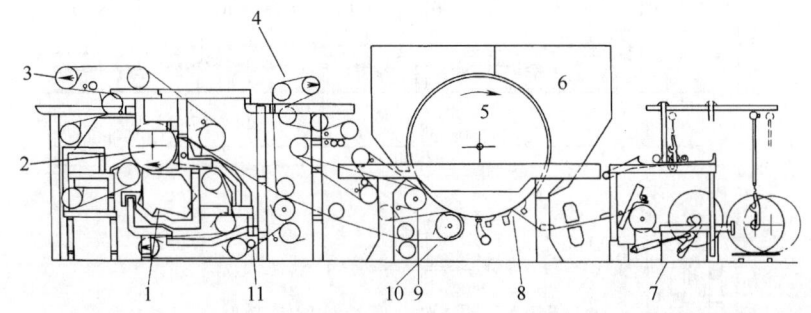

图10-23 擦手纸设备示意图

1—卸料皮带 2—停止顶板 3—卸料台限制器 4—导轨盘轮 5—支撑装置 6—喂料传动辊 7—1/3上折叠部 8—抽气室 9—切纸机 10—切刀 11—计数标志

后成品尺寸：165mm×60mm；生产能力：70~100包/min（每包内装1片）。

加工用原纸：定量：（26±2）g/m²，各项指标应符合湿纸巾原纸的标准；设备尺寸：5950mm×1865mm。

动力：主电动机1.5kW（直流调速电动机）；加热器11kW，如图10-24所示。

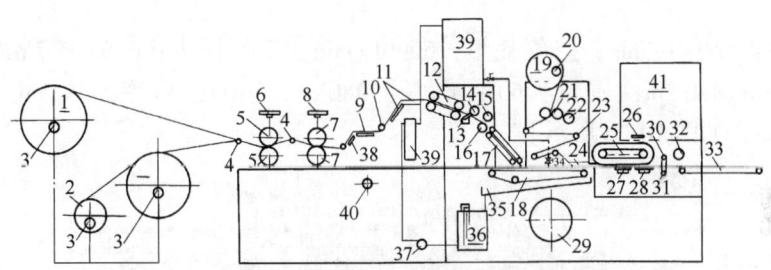

图10-24 湿纸巾设备结构示意图

1—原纸 2—PE薄膜 3—横向平衡调节钮 4—松紧辊 5—层压辊 6—调节轮 7—花辊 8—调节轮 9—第一纵向折叠机 10—松紧辊 11—第二纵向折叠机 12—折叠纸幅喂料机 13—底刀 14—飞刀辊 15—横向折叠辊 16—横向压紧辊 17—橡胶环压紧传送机 18—链式传送机 19—PP膜 20—横向平衡型调节钮 21—PP膜喂料辊 22—PP膜松紧调节 23—松紧辊 24—包装袋成型装置 25—刷式传递皮带 26—调节钮 27—下密封器密封盘 28—下密封器 29—手轮 30—上刮刀密封 31—下刮刀密封 32—传递辊式毛刷 33—卸料传送机 34—香水调节阀 35—香水收集盘 36—香水收集槽 37—香水泵 38—香水过滤器 39—香水供给槽 40—纸幅张力控制 41—配电盘

## 四、纸尿裤设备

### （一）意大利FAMECCANICA公司的COLUMBUS型多功能尿裤生产线

产品为一次性卫生尿裤。

工作速度：600片/min（300m/min）；空气耗量：5800L/min；工作压力：0.6MPa；生产线外形：34120mm×4400mm×3100mm；质量：5t；电源：DC220V 50Hz；功率：380kW；尿裤尺寸：370mm×250mm，如图10-25所示。

### （二）中国安徽安庆恒昌纸尿裤生产线

产品为一次性卫生纸尿裤。

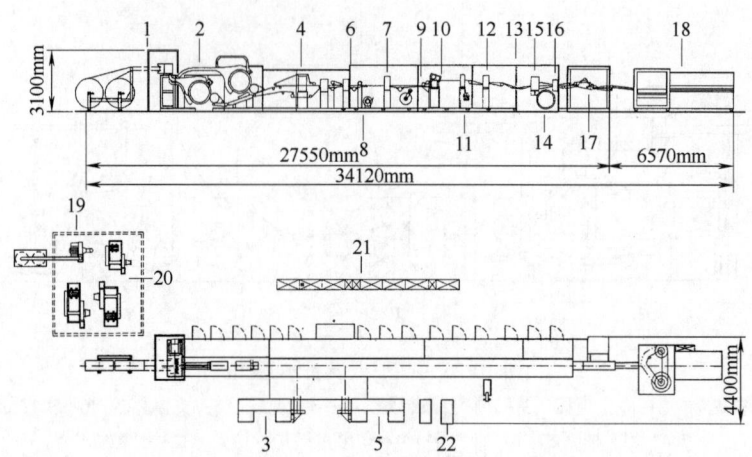

图 10-25 COLUMBUS 型多功能尿裤生产线示意图

1—纸浆纤维成形器 2—绒毛垫成形器 3—卫生纸卷展开装置 4—衬垫填充装置 5—五纺布卷展开装置 6—衬垫切片机 7—棉网装配压花机 8—侧翼松紧带安装装置 9—棉网拉伸填充装置 10—松紧带安装装置 11—棉网导向器 12—网边成形器 13—棉网经向折叠机 14—塑料卷展开装置 15—棉网拉伸压榨装置 16—棉网切片机 17—成品折叠机 18—计数包装器 19—消音盒 20—真空集尘风扇 21—主电力控制箱 22—黏胶系统

工作速度：550 片/min；空气耗量：6000L/min；工作压力：0.5~0.7MPa；生产线外形：30m×8.4m×4.5m；质量：60t；电源：380V 50Hz；功率：395kW；尿裤尺寸：450mm×230mm，如图 10-26 所示。

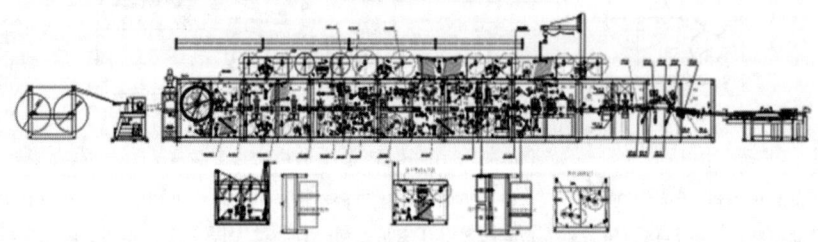

图 10-26 纸尿裤生产设备结构示意图

本机器是集光、机、电一体化的全伺服婴儿尿裤生产设备。

系统配置：先进的配置是机器性能好坏的重要标志。本机器由运动控制器、PLC 及伺服系统（MITSUBISHI）等组成；交流伺服系统（MITSUBISHI），用于各个运动单元的同步及材料的开卷；PLC 控制系统（MITSUBISHI），用于开关量及模拟量的控制等；热熔胶系统（NORDSON），用于材料与材料之间的粘合；温度控制系统（OMRON），用于各加热转体温度的自动控制；电子纠偏系统（BST），用于各材料的偏向纠正；光电系统，各种类型的光电开关（OMRON/KEYENCE）用于不同部位、不同功能的检测；它（如：辅助电机等），也是本系统的重要组成部分；视觉系统，用于表面污点及异物的检测；（日本 KEYENCE）。

系统功能及特点：

基本功能：采用运动控制器，使各个独立运动单元实现位置及速度同步，各个运动单元可以独立调整，调整极为方便。原材料自动开卷，恒张力中心开卷控制；换料自动拼接，接头自动剔除；三色警灯，多音自动报警停机；友善的人机界面，图形化设计，操作更加方便、故障查询、数据修改等更加直观、方便；与熔胶机配合能实现自动涂胶，停机时自动停止，还可实现手动控制；充分体现了完全自动化功能。

基本特点：本系统先进的电气配置及优良电器元器件的选购，保证了本机器电气系统的稳定性、经久耐用性以及更可靠的安全性，同时也保证了机械传动的平稳性。

## 五、卫生巾设备

### （一）TSN-300 型卫生巾生产线

日本东亚机工株式会社制造的 TSN-300 型卫生巾生产线中的成型机结构示意图，如图 10-27 所示。

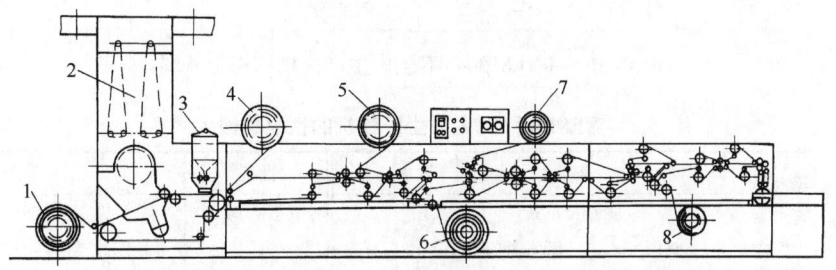

图 10-27　TSN-300 型卫生巾生产线的成型机结构示意图
1—衬纸　2—绒毛浆料仓　3—吸水树脂计量槽　4—吸水纸　5—防水纸
6—无纺布　7—双面黏胶带　8—小包装用的塑膜

### （二）SC/88 型卫生巾包装机

江苏太沧县制造的 SC/88 型卫生巾包装机结构示意图，如图 10-28 所示。

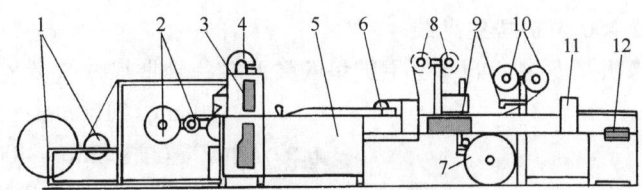

图 10-28　SC/88 型卫生巾包装机结构示意图
1—卷筒绒毛浆　2—卷筒衬纸　3—贮料仓　4—吸尘风管　5—传送台　6—第一回转切刀
7—无纺布　8—塑料薄膜　9—施胶机　10—离型纸　11—整理　12—出口

### （三）PX-HY-180 型卫生巾生产流水线

产品：卫生巾；生产能力：妇女卫生巾 250 片/min；功率：28kW；外形尺寸：10300mm×2100mm×2000mm，如图 10-29 所示。

### （四）中国广东广州兴世机械（XE8130）卫生巾生产线机

图 10-30 是（XE8130）卫生巾生产线机结构示意图，整机采用伺服马达驱动，恒张力控制变

图 10-29　PX-HY-180 型卫生巾生产流水线设备示意图

频主动卷芯驱动放卷，气动膨胀上料轴，生产过程自动控制，不停机、不降速换卷，配备自动检测装置、自动剔除不良品，所有零配件由数控机床精密加工而成，配备材料自动纠偏装置，人机界面操作台提供人机对话界面图形化控制。整机的性能参数如表10-1所示。

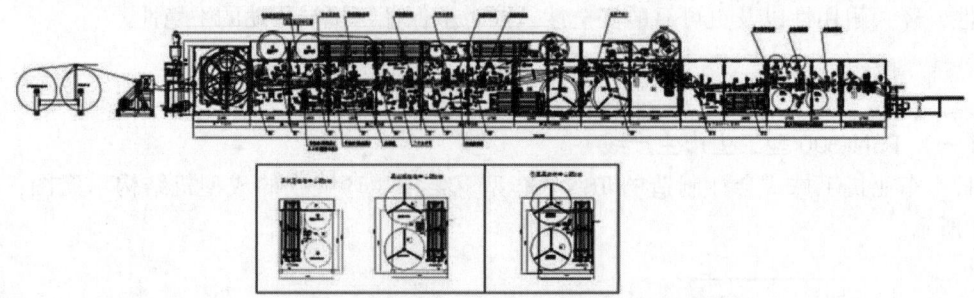

图10-30 （XE8130）卫生巾生产线机结构示意图

表10-1　　　　　　　　　（XE8130）卫生巾生产线机的性能参数

| 性能 | 参数 | 性能 | 参数 |
| --- | --- | --- | --- |
| 设计速度 | 350m/min | 总质量 | 58t |
| 工作速度 | 1200片/min（七度空间245） | 电源 | 三相四线380V±5%，50Hz（地线） |
| 合格率 | ≥98%（按7.5h计算，合格产品与总产量的比值） | 噪声 | <85dB（A） |
| 效率 | >88%（按7.5h计算，实际产量与理论产量的比值） | 设备颜色 | 苹果绿 |
| 装机容量 | 400kW | 材料张力 | 可调 |
| 供气压力 | 约0.6MPa | 设备安全 | 按欧洲标准第三类安全等级制 |

## 六、卫生护垫设备

### （一）PX-WHD-450型护垫生产线

生产线用途：该机是专生产妇女卫生护垫的生产线；外形尺寸（长×宽×高）：3800mm×2300mm×2100mm；调速电机：12kW；生产速度：200~400片/min；产品规格：外形尺寸及花样可以用户自行选择；主机重：2.3t，如图10-31所示。

图10-31 PX-WHD-450型护垫生产线设备示意图

### （二）中国广东省广州兴世机械（XE9028）卫生护垫生产线机

整机采用伺服马达驱动，恒张力控制变频主动卷芯驱动放卷，气动膨胀上料轴，生产过程自动控制，不停机、不降速换卷，配备自动检测装置、自动剔除不良品，所有零配件由数控机床精密加工而成，配备材料自动纠偏装置，人机界面操作台提供人机对话界面图形化控制。整机性能和参数如表10-2所示。

其配置如下：

① 吸附风机：1台15kW主负压风机、1台15kW理片机负压风机、1台4kW漩涡泵风机；

## 第十章 常用纸种造纸机配置

表 10-2　　　　　（XE9028）卫生护垫生产线机的性能和参数

| 性能 | 参数 | 性能 | 参数 |
|---|---|---|---|
| 设计速度 | 200m/min | 总质量 | 26t |
| 工作速度 | 1800片/min | 电源 | 三相四线 380V±5%,50Hz(地线) |
| 产品规格 | 153mm | 噪声 | <85dB(A) |
| 效率 | >90% | 设备颜色 | 苹果绿 |
| 装机容量 | 160kW | 设备安全 | 按欧洲标准第三类安全等级制 |
| 供气压力 | 0.6~0.8MPa | | |

② 边废料处理：1 台 7.5kW 无尘纸浮尘吸附风机，1 台 5.5kW 成形边废料风机；

③ 接驳装置：每卷材料配置材料尾端切刀，材料接驳可手动或自动完成；

④ 开卷装置：

A. 无尘纸开卷：采用卷芯驱动，带张力自动控制/自动接料/24V 电源自动纠偏系统；

B. 导流层开卷：采用卷芯驱动，带张力自动控制/自动接料/24V 电源自动纠偏系统；

C. 底膜开卷：采用卷芯驱动，带张力自动控制/自动接料/24V 电源 BST 自动纠偏系统；

D. 面料无纺布开卷：采用卷芯驱动，带张力自动控制/自动接料/24V 电源 BST 自动纠偏系统；

E. 离型膜开卷：采用卷芯驱动，带张力自动控制/自动接料/24V 电源自动纠偏系统；

从第 1 排出口排出的应是完整的直条产品，第一排出口排片时，小包膜不走。

⑤ 料卷芯轴尺寸：76mm（3in）。

⑥ 料材最大卷径：$d=1200mm$。

⑦ 生产线方向：面向生产线，产品走向从左到右。

⑧ 开卷方向：可根据需要随时更改。

⑨ 热熔胶机系统：跨海-玳纳特。

⑩ PLC：Mitsubishi（Japan）三菱 Q06UDEHCPU 及运动控制 Q173DCPU。

⑪ 人机界面：Mitsubishi（Japan）三菱 GT1685M-STBA。

⑫ 安全门开关：Schmersal。

⑬ 传感器：SICK。

⑭ 气动元件：FESTO/SMC（Japan）/CKD/AirTAC。

⑮ 输送皮带：Habasit。

⑯ 同步带：BANDO（Japan）/Goodyear（USA）。

⑰ 轴承：NSK/FAG/SKF。

⑱ 安全继电器：(Pilz)。

⑲ 不良品自动剔除装置：材料接头及小包不良品从第 2 排料口排出，第 1 排料口手动控制。

⑳ 异常报警：根据不同的故障，采用不同声音报警。

㉑ 相位调整：伺服马达。

㉒ 刀具总成：a. 点压花辊；b. 周封压纹辊；c. 成型周切刀；d. 小包封压辊；e. 小包切断刀（左手机）。

# 第五节 涂布加工纸及特殊纸机

## 一、太阳纸业 18 号涂布纸板机

太阳纸业 18 号机生产线由美卓造纸机械公司供货,可生产成纸定量在 150~350g/m² 的优质铜板卡和象牙纸板,卷纸机处纸幅宽为 3300mm,网宽 3.7m,四长网,开机几小时候后即生产出可销售的涂布纸机。该纸版机设计车速 600m/min,年产量 20 万 t。该机配有稀释水模块的 SymFlo AD 水力式流浆箱(确保了对横幅定量以及纤维取向的单独控制),芯层的 SymFormer MB 成形器(用于增强纸幅向上方向的脱水能力)、OptiHard 单压区硬压光机、OptiSoft 双压区软压光机,五台 ValCoat 涂布站,损纸处理系统以及美卓 DNA 质量控制系统(QCS)。压榨部为传统的直通式压榨,由两道双毛毯宽压区压榨和一道光压组成,前者有利于双面的对称脱水。湿纸幅经压榨、紧实和光滑处理后,出压榨干度约为 44%,如图 10-32 所示。

图 10-32 太阳纸业 18 号涂布纸板机示意图

## 二、瑞典 SCA 集团 Ortviken 厂的 4 号低定量涂布纸机

网宽 8600mm,设计车速 1400m/min,生产低定量涂布纸,定量为 50~70g/m²,产量为 250000t/a,开车时间为 1996 年;配有分区稀释型水力流浆箱,CFD 夹网成形器,四辊复合压榨,混合带热风装置的干燥部,如图 10-33 所示。

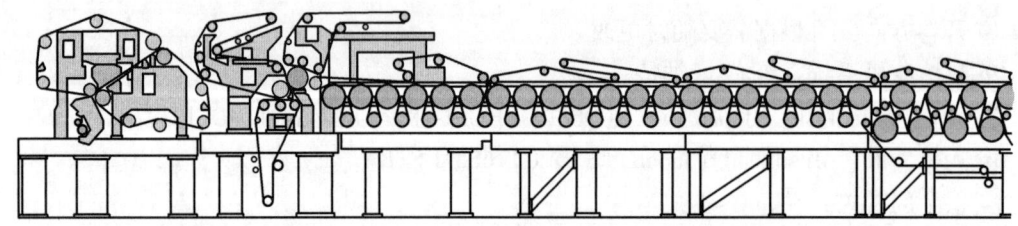

图 10-33 瑞典 SCA 集团 Ortviken 厂的 4 号机(低定量涂布纸机)示意图

## 三、涂布纸板机(维美德西安)

纸种:涂布白纸板;定量范围:230~350g/m²;通常定量:230g/m²;产量:400t/24h;网宽:3700mm;卷纸机上纸宽:3300mm;最高工作车速:350m/min;设计车速:400m/min。

该纸机采用匀浆辊气垫式流浆箱、多长网成形技术、典型的纸板机压榨系统、密闭气罩、袋通风等,如图 10-34 所示。

图 10-34 纸机外形图

## 四、钢纸的生产设备

钢纸是一种变性加工纸，用氯化锌溶液对原纸进行浸泽（胶化）处理制成，其基本生产流程如图10-35所示。平板刚纸可用间歇的或连续的生产设备，间歇生产中采用单台的间歇式胶化机、脱盐槽、洗刷机干燥烘房等设备。这些设备的幅宽一般在1000mm左右，车速仅为10~20m/min。间歇式胶化机如图所示，如图10-35所示。

连续式生产设备是各种间歇生产中使用的设备的衔接与改进。平板缸纸连续式生产设备如图10-36所示。

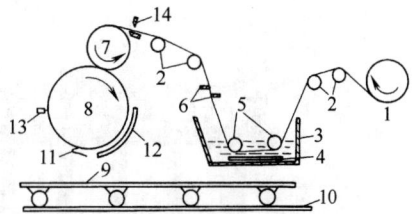

图10-35 间歇式胶化机示意图
1—钢纸原纸 2—导纸辊 3—胶化槽
4—盘管式热交换槽 5—浸渍导辊
6—不锈钢刮纸刀 7—碾压烘缸
8—成形烘缸 9—平板接纸车
10—轨道 11—刮刀 12—脱纸板
13—割纸刀 14—锯齿断纸刀

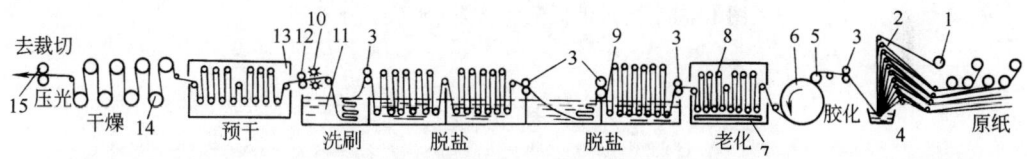

图10-36 平板钢纸造连续生产设备示意图
1—钢纸原纸 2—引纸辊 3—牵引辊 4—胶化槽 5—辗压烘缸 6—成形烘缸 7—蒸汽管 8—老化
9—脱盐槽 10—鬃毛刷辊 11—洗刷槽 12—牵引压榨 13—热风预干燥室 14—干燥烘缸 15—双辊压光机

## 五、毡纸的生产设备

油毡纸也称纸机油毡，是以原纸为基材经过沥青浸泽加工，软化点温度高的沥青的浸泽涂布和滑石粉浆的浸泽涂布制成的加工纸。基本生产流程可由图10-37所示的油毡纸机示意图来表示。沥青浆、液及滑石粉浆的制备都采用常见的夹层保温搅拌贮槽等设备。油毡纸机的幅宽一般为生产1000mm宽的油毡纸，如图10-37所示。

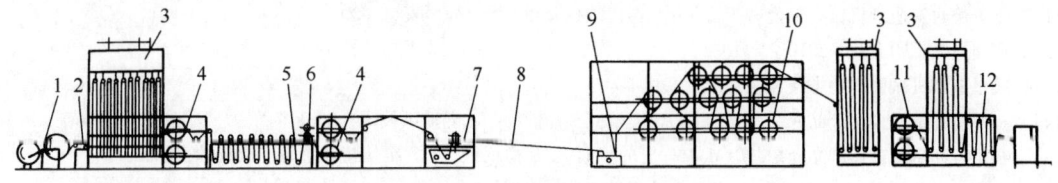

图10-37 油毡纸造纸机示意图
1—退纸架 2—电热续纸器 3,12—补偿贮纸器 4—加热烘钢 5—沥青浸渍槽及升降引纸辊 6—牵引压榨辊
7—沥青浸渍涂布器 8—冷却空间 9—滑石分浆浸渍涂布器 10—冷却缸组 11—牵引缸

## 六、特种纸板机（维美德西安）

纸种：NCR原纸，CF纸，预热布热敏传真纸，水印证券纸；产量：153t/24h（47g/$m^2$NCR原纸）；定量：30~115g/$m^2$；网宽：3850mm；卷纸机上纸宽：3320mm；净纸宽：3240mm；工作车速：800m/min。

该纸机采用水力式流浆箱、长网成形，如图10-38所示。

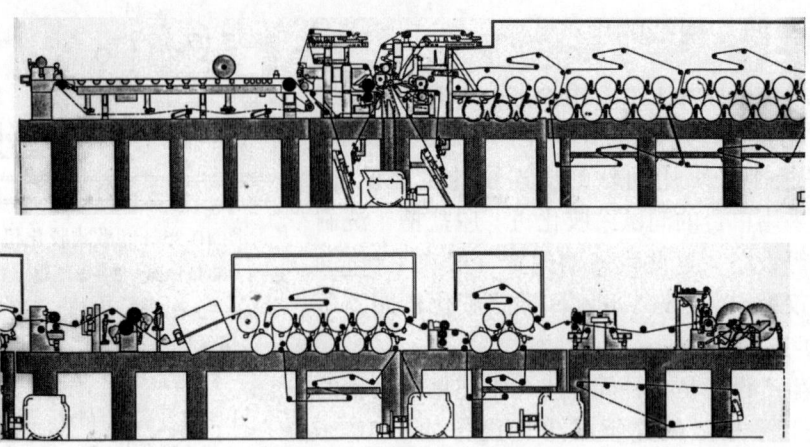

图 10-38 特种纸板机（维美德西安）示意图

# 参 考 文 献

[1] 陈克复，主编. 制浆造纸机械与设备（下）[M]. 3 版. 北京：中国轻工业出版社，2011.
[2] 李策. 纸张生产实用技术 [M]. 北京：中国轻工业出版社，2004.09.
[3] G. A. 斯穆克，著. 制浆造纸工程大全 [M]. 2 版. 曹邦威，倪永浩，胡琦寅，译. 北京：中国轻工业出版社，2001.05.
[4] 朱丽. 应用 Tissue Flex 技术改造普通扬克卫生纸机 [J]. 中华纸业，2001（10）：39~40.
[5] 意大利 fameccanica 公司产品介绍，1998.
[6] Ingolf Cedra. Lang Papier 5 号纸机-生产 SC 纸的新的在线概念 [J]. 造纸技术杂志，2000（11）.
[7] 厦门建发股份有限公司 SUT2800/600M 高速卫生纸机图册，2008.
[8] 维美德西安造纸机械有限公司产品介绍. 武汉晨鸣纸机介绍. 维美德西安造纸技术，2001.
[9] 维美德西安造纸机械有限公司产品介绍. 涂布纸板机. 维美德西安造纸技术，2001.
[10] 维美德西安高级印刷纸机图册，2005.
[11] 维美德西安造纸机械有限公司产品介绍. 现代纸机介绍. 维美德西安，2000.
[12] 广州造纸集团介绍，2010.
[13] 美卓造纸机械客户杂志《制浆造纸》，2004（1）.
[14] 福伊特苏尔寿公司产品介绍. Ortviken PM4. [J]. 福伊特苏尔寿造纸技术，2001.
[15] 福伊特苏尔寿公司产品介绍. 在 Modern 厂的挂面板/瓦楞纸机 [J]. 福伊特苏尔寿造纸技术，2001.
[16] Herbert Ortner. Bowater Halla——世界上效率最高的新闻纸厂之一 [J]. 造纸技术杂志，2000（7）.
[17] 福伊特苏尔寿造纸技术《On-Line LWC PM-Ortviken Ortviken 厂低定量涂布纸机》图册.
[18] 福伊特苏尔寿公司产品介绍. 用在中国大港的高级文化纸机. 福伊特苏尔寿造纸技术，2014.

# 第十一章 造纸机的传动系统与控制系统

## 第一节 概 述

### 一、造纸机传动系统分类

#### (一) 多分部直流传动控制系统 (Drives)

早期的纸机传动控制多为直流电机传动，另外一部分完成设备如复卷机、切纸机等也有采用直流传动控制。因纸种的变化，纸机的速比（最低车速和最高车速之比）变化较大；浆料配比、性质、纸机运转等情况的改变，使得纸机车速有较大的调整范围；电源的电压、频率以及负荷等因素的变化也会引起纸机车速的变化；纸在纸机上各分部受到不同牵引力作用，在烘缸部各段加热温度不同，都会使纸幅产生纵横向的伸长或收缩。所以要求纸机传动控制系统是一个稳定、精确的变速的分部传动控制系统。

#### (二) 多分部公共交流母线交流传动系统

公共直流母线技术是在多电机交流调速系统中，采用单独的整流/回馈装置为系统提供一定的直流电压，调速用的逆变器直接挂在直流母线上。当系统工作在电动状态时，逆变器从母线上获取电能；当系统工作在发电状态时，能量通过母线及回馈装置直接回馈到电网，达到节能、提高运行可靠性、减少运行维护量和设备占地面积的目的。

#### (三) 多分部公共直流母线交流传动系统

公共直流母线采用单独的整流/回馈装置，为系统提供一定功率的直流电源，调速用逆变器直接挂接在直流母线上。当系统工作在电动状态时，逆变器从母线上获取电能；当系统工作在发电状态时，能量通过母线及回馈装置直接回馈给电网，以达到节能、提高设备运行可靠性、减少设备维护量和设备占地面积等目的。公共直流母线主要应用于多电机传动系统中，用于控制调速系统的高精度，同时将系统在制动过程中产生的再生能源加以合理利用和回收。

### 二、控制系统分类

#### (一) 纸机本体电机控制系统 (Motor Control System，简称 MCS)

流浆箱匀浆辊、成形部移动喷水管、压榨部压辊抬起装置、干燥部毛毯张紧器、压光机加压装置、完成部换卷装置、油润滑和液压泵启停控制等装置均属纸机电机控制系统设备。这些设备有的带操作系统，有的带专用控制装置，有的带现场仪表。

#### (二) 纸页质量控制系统 (Quality Control System，简称 QCS)

主要是纸页的定量和水分的测量与控制。还可包括纸张灰分、厚度、白度、匀度、色度、光泽度、不透明度、平滑度、涂布量等的测量或控制。对于普通纸机，可采用纵向 (Machine Direction) 质量检测与控制，对于较大纸机或有特别要求的纸机，可增加横向 (Cross Direction) 质量检测与控制。质量控制系统能帮助用户改善质量，提高产量和降低成本。

### （三）纸机过程控制系统（Process Control System，简称 PCS）

包括上浆系统，纸机蒸汽冷凝水系统，真空、喷水系统，损纸系统和涂料制备等，其主要过程测控参数是温度、压力、液位、流量、纸浆浓度等，也包括生产线电动机的起停与联锁。

### （四）纸机断纸监测系统（Web Monitoring System，简称 WMS）

在纸机容易断纸的部位安装若干台摄像机，当纸机发生断纸时，该系统将追溯断纸前一定时间贮存摄像机捕捉到的断纸信号和相关纸病信号，图像会全自动地与生产过程同步，使技术或操作人员可以快速判定造成断纸的区域和产生断纸的真正原因。

### （五）纸病检测系统（Web Inspection System，简称 WIS）

用于检验斑点、孔洞、皱纹、裂口、条痕、鱼鳞斑等纸病，该系统储存检测数据用于产品质量管理，确定纸病的起因。如与切纸机连接，可实现计算机控制，剔除废品。该检测技术使用的传感器，已经从最初的简单的纸幅接触式刷子以及非接触式光电晶体管传感器，发展到扫描数码相机阶段。

### （六）纸机监视系统（Maintenance Monitoring System，简称 MMS）

监视纸机动态的运行状况，监测干扰纸机运行，降低纸机运行性能，影响纸张质量的部件，并提示对故障部位采用适当的方法进行维护的监视系统。该系统包括旋转部件触发启动后的爬行过程和运行状态监视，如电机、辊子、压光机、轴承等，其传感器主要是速度传感器、加速度传感器、负荷传感器等。

以上这些控制系统可以统称为 DCS。

## 三、造纸机传动与控制系统的基本结构与工作简述

一般纸机可分为上述两类控制系统，但并不是每台纸机都必须选用这些控制系统，只有 Drives、MCS、QCS 和 PCS 是必需的（小型纸机也有不配装 QCS 的）。

PCS、MCS 的选型，其实就是集散（分散）控制系统（DCS）、可编程序逻辑控制器（PLC）的选型。

有的纸机生产商将其 DCS 代替 PLC，有些用户选用同一厂家的 PCS、MCS，如将 QCS 或者 Drives 纳入同一生产厂家，就可实现纸机集成自动化控制系统。

DCS 采用分布式系统结构，即整体逻辑结构是一种分支树的形式，既可"拆"又可以"并"，可进行垂直分解、水平分解和横向分散，它具有很大的自主性，因为每一个环节都是独立运行的子系统，功能分散——负荷分散——危险分散，从而提高了系统的可靠性。

通过各种类型的传感器在现场采集信号、转换为电量再送入控制系统，它可以将整个工厂企业组成一个金字塔式的管理机构，这样就大量节省了现场仪表。

DCS 网络结构如图 11-1 所示。

因而，造纸厂构建一个局域网（Local Area Network）是非常重要的。在定购控制设备时，要对控制系统的开放性给予必要的关注，即不仅要考虑该控制系统与工厂原有控制系统的互联，还要考虑可能与扩建生产线控制系统的联网，以达到数据通信和资源共享的目的。

决定局域网特征的技术有：连接各种设备的拓扑结构、数据传输形式和介质访问控制方法。拓扑结构是描述一个网络布局的实际逻辑表示。局域网典型的拓扑结构主要有总线形、环形、星形、树形、网形。不同的拓扑结构适用不同的协议或标准。

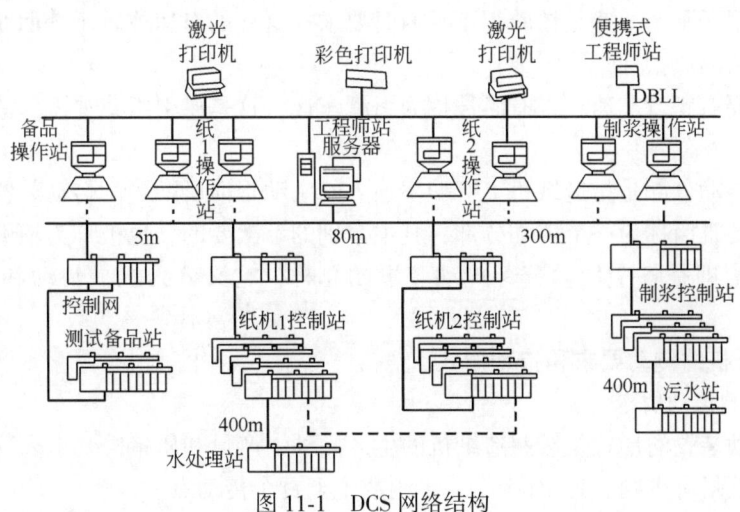

图 11-1　DCS 网络结构

## 第二节　造纸机传动系统

### 一、概　　述

造纸机电气传动的定义：以造纸用的电动机转速为对象，按生产机械的工艺要求，对电动机的转速进行控制的自动化系统。传动控制主要是速度链控制和张力控制。此外，若同一个分部中含有多个电机时，还需要考虑进行负荷分配控制。

典型纸机传动控制系统采用 3 级控制结构，如图 11-2 所示，由上位机、PLC 和变频传动机组成。

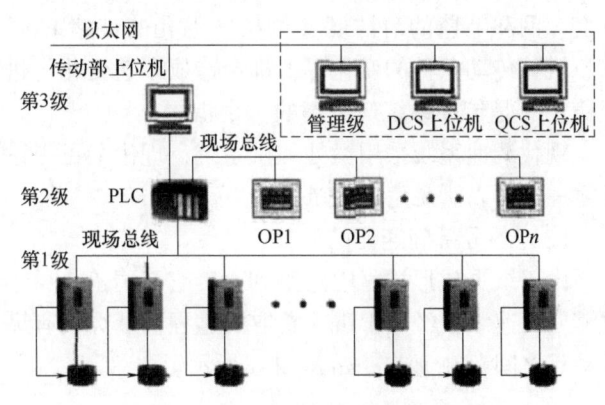

图 11-2　典型纸机传动控制系统

**（一）造纸机的车速和传动分部**

造纸机上各部分中纸幅运行的线速度称为造纸机车速，造纸机的车速在其各部分或各个传动点上是不尽相同的。在造纸机或纸板机上把纸幅卷成纸卷或切成纸张处的车速称为造纸机或纸板机的车速。通常造纸机的工作车速是一个数值范围，其上限是最大工作车速，下限为最低工作车速，上限对下限之比称为车速调节范围。

目前，造纸机的车速可以这样划分：<400m/min 称为低速纸机，400～800m/min 称为中速纸机，800～1200m/min 称为准高速纸机，1200～1800m/min 称为高速纸机，>1800m/min 称为超高速纸机。

造纸机的设计车速是设计造纸机时的基本参数，一般都等于或大于最大工作车速。造纸机各部分甚至各部件的设计车速可以不全相同。造纸机的结构车速是指造纸机的某些部件在设计计算、质量检验等方面能确保其运行可靠性与安全性的极限车速，通常它都高于设计车速，而对不同的部件也不尽相同。

造纸机的辊子平衡车速是校验辊子平衡时要求在这样的车速或辊子表面线速度下辊子能符合规定的平衡品质指标。

造纸机还要有爬行车速，也有时被称为引纸车速，这是供引纸或冲洗、清扫等作业时用的低运行车速。

造纸机的传动分部是指造纸机上有功率输入的主动辊筒所配置的传动装置，每一个传动点即每一根主动辊筒称为一个传动分部，其中个别的、次要的，也被称为辅助传动分部。造纸机的传动系统即是各个传动分部传动装置的总称，它又分为机械传动和电气驱动两个部分。

（二）造纸机的传动要求和传动形式

1. 造纸机的传动要求

造纸机传动装置的形式是按照造纸机的生产品种、产量和质量等要求来选择的，并非越先进越好。造纸机有少则9到10余个，多则数十上百个传动点。

造纸机作为一种恒转矩负载，它是负载基本恒定，转速恒定的稳速系统。

（1）工作速度的调节范围

现代调速系统的调速范围可以做到1∶30甚至更高，同一纸种要求造纸机调速范围在1∶10以内。

（2）维持车速稳定

影响车速稳定的因素很多：如电源电压的波动、供电电源周波的变动、纸机工艺条件的改变、网和毛毯的清洁度（网格、毛孔的被堵塞）、真空度的变化、烘缸排水不畅大量积水、机械传动条件的变化等，都会造成车速变化，进而造成定量波动和纸幅断头。"维持车速稳定"是传动系统最关键的一个指标。

现代调速系统采用微处理机系统，理论上可以达到数十万之一的精度。在线实测精度千分之一都可以满足生产要求了。

（3）各分部间速比的调整

由于纸页成形过程中由湿到干，它自身有一个伸长（拉长）的过程即纵向伸长、横向收缩。高速纸机经烘干进入卷取的过程，纸页又有纵、横向均收缩的过程。因此要求各分部传动点之间存在速差，如表11-1所示。

表11-1　　　　　　　　造纸机各分部的速比表

| 分部名称 | 速比/% | |
|---|---|---|
| | 黏状浆制的纸（电容器纸、羊皮纸等） | 书写纸、印刷纸、涂布原纸 |
| 伏辊:开式引纸 | 89~91 | 94~95.5 |
| 封闭引纸 | 94~95 | 96~97 |
| 吸移辊:第一压榨 | 94~95 | 96~97 |
| 第二压榨 | 97~98 | 97.5~98 |
| 第三压榨 | 98.5~99 | 98.5~99 |
| 烘干部 | 100 | 100 |
| 压光机 | 100.05~100.15 | 100.05~100.15 |
| 卷纸机 | 100.1~100.5 | 100.1~100.5 |

2. 造纸机的传动方式

（1）总轴传动

现代造纸机基本不采用了，内容略。

采用交流异步电动机、直流电动机或交流电动机单独驱动总轴，各分部速比调节纯粹是机械方法，采用锥形皮带轮，无级变速的三角皮带轮或差动机构来实现。

（2）分部传动

分部传动是指多电机传动，它是采用电气的方法代替机械的方法来调节全机速度和分部之间的速差，直流传动经历了电力扩大机、磁放大器、电子管放大器、可控硅单、双闭环系统等发展，交流传动经历了电磁滑差，变频调速等过程，可参看表11-2所示。

表11-2  造纸机传动方式和分类

| 传动方式 | | 电动机类别 | 分部调速方式 | 传动部件形式 | | | 说　明 |
|---|---|---|---|---|---|---|---|
| | | | | 减速箱 | 离合器 | 联轴器 | |
| 单电动机总轴传动 | 横轴 | 交流整流子变速电动机或晶闸管交流直流电动机，或交流发电机、直流电动机组 | 普通平带或尼龙强力平带锥形轮 | 圆锥或圆锥-圆柱齿轮减速箱 | 单片或多片电磁离合器 | 尼龙柱销联轴器 | 适用于低速圆网造纸机，结构简单，造价低，但占地面积大 |
| | 纵轴 | | 尼龙强力平带锥形轮 | | | 尼龙柱销联轴器、齿式联轴器 | 适用于中、低速造纸机 |
| | | | V带无级调速轮 | | | | |
| | | | 带变速器的差动齿轮减速器电磁离合器 | | | | 适用于中速纸机 |
| 多电动机分部传动 | | 直流电动机 | 晶闸管调速稳速系统 | 圆锥或圆锥-圆柱齿轮减速器 | — | 齿式联轴器、万向节联轴器 | 适用于中速造纸机 |
| 单电动机纵轴多电动机辅助传动 | | | | | 单片或多片电磁离合器 | | |
| 多电动机交流变频分部传动 | | 交流电动机 | 变频器 | — | — | 齿式联轴器、万向节联轴器 | 适用于各种车速造纸机 |

## 二、造纸机的传动系统

### （一）传统的多电动机分部传动

指配带减速箱的分部电动机传动形式，如图11-3所示。在电动机与造纸们主动辊之间，装设圆柱齿轮减速器，不装设离合器。电动机与减速器，减速器与造纸机主动辊筒之间，装设可不要求轴段有严格同轴度而能吸收冲击载荷的联轴器，如尼龙柱销弹性联轴器、齿式联轴器或万向联轴器等。

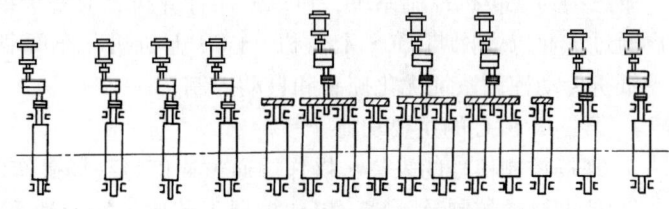

图11-3　传统多电动机分部传动

在减速器及造纸机辊筒之间有装设中间轴，这使传动的尺寸有所增加，但使电动机远离造纸机的烘干部及湿部，而改善了电动机的工作环境。

减速器的齿轮计算寿命应不少于5~8年，通常选用ZLY、ZDY型硬齿面圆柱减速器。

传统形式多电机传动的优点如下：

① 保持各分部规定速比的精确度很高。

② 由于没有传动轴，需用功率约减少10%~15%。

③ 由于没有传动带，则操作安全、方便。

④ 传动部所占地面积减少。

⑤ 各个分部可单独启动，故操作简便。

⑥ 具有测量并指示各分部需用功率及速度的仪表，便于及时发现造纸机个别部分中的问题。

采用多电动机分部传动时，各分部需用功率的变化会导致电动机转速发生变化，并引起各分部的速比发生变化。传动中配有减速器，不可避免地会有惯性力，所以不是总能立即恢复规定的各分部速比而造成断纸，此外线路中电压及频率的波动也会导致分部速比的变化。故现今比较完善的调节系统保持各分部间规定的纸幅张力，而不保持各分部间的速比不变。

### （二）新式多电动机分部传动

控制系统采用交流变频传动控制，系统可以为三级控制方式，如图11-4所示。

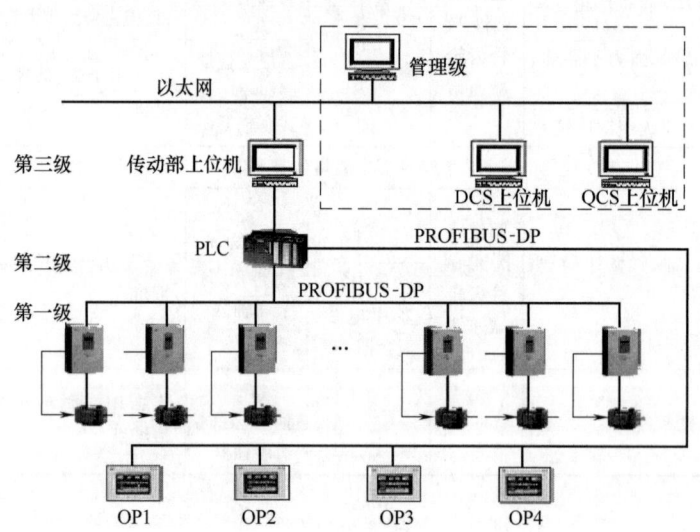

图11-4 交流变频传动控制的三级控制方式示意图

传动系统第一级为变频器控制级，变频器采用直接转矩控制（DTC）变频器，公共直流母线供电系统，配有闭环控制编码器反馈板，组成闭环控制系统。变频器上还配有PROFIBUS-DP通讯板，与上位PLC组成PROFIBUS-DP现场总线控制网络。

第二级为PLC控制系统，操作台控制选用液晶彩色操作屏，PLC与变频器、操作屏组成PROFIBUS-DP现场总线控制网络，完成整个纸机操作控制。

第三级为上位机控制系统，可以采用计算机，对整个纸机传动系统状态进行监控。上位机再通过工业以太网与QCS上位机、DCS上位机、车间管理级、厂级管理级等联网控制，实现纸机传动控制系统优化控制和自动控制。

1. 第二级PLC的主要功能

① 现场控制信号的采集，操作屏通过通信将现场操作信号送入PLC。

② 速度链的控制及计算，PLC根据工艺要求完成速度链的控制处理。调节前一级速度时后一级紧随前一级的速度变化。调节后一级的速度时前一级速度不变。

③ 速度控制的执行。PLC接受上位机控制指令，通过上位机操作，PLC可以根据纸张生产品种自动调节车速、分部变比以适应生产需求，并通过现场总线控制各分部变频器的运行速度。

④ 自动负荷分配控制功能，对于负荷分配点，PLC要完成负荷分配运算及控制。

⑤ PLC与操作屏实行高速通信，将传动各分部点工作状态实时在操作屏显示出来；并

接受操作屏上的操作指令，控制各传动点执行相应的动作。

⑥ 与其他工艺过程的连锁控制。

2. 速度链控制

(1) 速度链结构设计

速度链结构采用二叉树数据结构算法，用于完成传递功能。首先对各传动点进行数字抽象，确定速度链中各传动点编号，此编号应与变频器内部地址一致。然后根据二叉树数据结构，确定各结点的上、下、左、右编号。即任一传动点由3个数据（"父子兄"或"父子弟"）确定其在速度链中的位置，填位置寄存器数值。

该传动点速度给变频器后，访问位置寄存器，确定子寄存器结点号，若不为0，则对该经点进行相应处理，直到该链完全处理完；再查兄弟寄存器结点号，处理另一支链。故只需对位置寄存器初始化，即可构成任意分支速度链。

(2) 算法设计

例如，把纸机第一分部点作为速度链中的主节点，即它的给定速度就决定整个纸机的工作车速，调节其给定速度就调节了整个纸机车速。在PLC内，检测到车速调节信号则改变车速单元值，该点处的速度就为第一台变频器的运行速度设定值，将其送第一台变频器执行，并送给第二台计算。第一分部的速度值乘以第二分部的变比 $b_1/a$ 则为第二台变频器的给定值。若第二分部速度不满足运行要求，说明第二分部变比不合适，可通过操作第二分部的加速、减速按钮实现，PLC检测到按钮信号后调节 $b_1$ 即调整了变比，使其适应生产要求。相当于在PLC内部有一个高精度的齿轮变速箱，可以任意无级调速。若正常生产中变比合适，某种原因需要用紧纸、松纸时，按下该分部紧纸、松纸按钮，PLC将对应在速度链上附加一正或负的偏移量则实现紧纸、松纸功能。第2点就包含了调速和紧纸、松纸等操作指令的速度值，将它送给第二台变频器执行，同时送下一级计算。依此类推，构成速度链控制系统。速度链的分支设计采用父子算法，可以构成任意分支的速度链结构。

速度链的设计不仅只是为实现纸机传动控制要求，而且为后续的计算机优化控制提供了可能。在PLC内部有非常精确的传动变比，我们设计精度为0.001%，通过设定参数可以做到更高。这样，上位计算机可以精确地记忆纸机传动过程参数，当需要更换品种或车速时，上位计算机可以准确地将纸机运行参数传入到PLC并执行，将纸机调整到当前工作状态。速度链与负荷关系示意图见图11-5。

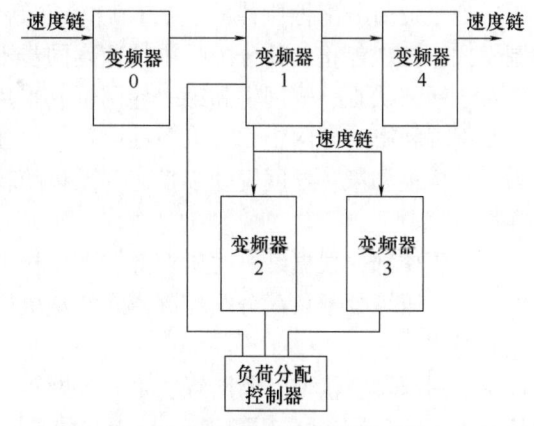

图11-5 速度链与负荷关系示意图

3. 负荷分配控制

造纸机各部有负荷分配，它们之间要求速度同步的同时，也要求负载率均衡，否则，有可能撕坏毛毯或造成断纸。

负荷分配原理是，在纸机或其他传动系统中，只是电动机速度同步并不能满足实际系统的工作要求，实际系统还要求各传动点电机负载率相同，即 $\delta=P_i/P_{ie}$ 相同（$P_i$ 为 $i$ 电机所承担负载功率，$P_{ie}$ 为电机额定功率）。现在以三点负荷分配为例，$P_{1e}$、$P_{2e}$、$P_{3e}$ 为三台电机额定功率，$P_e$ 为额定总负载功率，$P_e=P_{1e}+P_{2e}+P_{3e}$。$P$ 为实际总负载功率，$P_1$、$P_2$、$P_3$ 为电机实际负载功率，则 $P = P_1+P_2+P_3$。系统工作要求 $P_1 = P \times P_{1e}/P_e$，$P_2 = P \times P_{2e}/P_e$，$P_3 = P \times P_{3e}/P_e$。负荷分配的目的就是使 $P_1$、$P_2$、$P_3$ 满足上述要求。

在实际控制当中，电机功率是一间接量。实际控制近似以电机定子电流或转矩代替电机功率。

负荷分配采样各分部电机的转矩，这样计算出系统总负荷转矩，根据系统总负荷转矩可以计算出负载平衡时的期望值转矩。计算平均负荷转矩方法如公式（11-1）所示。

$$M = \frac{\sum_{i=1}^{N} P_{ei} \cdot M_{Li}}{\sum_{i=1}^{N} P_{ei}} \tag{11-1}$$

式中　　$M_{Li}$——第 $i$ 台电机实际输出转矩

　　　　$P_{ei}$——第 $i$ 台电机额定功率

　　　　$M$——为负荷平衡期望转矩

负荷分配控制器根据平均期望转矩 $M$ 和自己实际转矩 $M_{Li}$ 比较进行调节。纸机负载随时波动，所以计算出的平均期望转矩 $M$ 也根据实际负载变化，所以这种控制算法可以准确计算出总负荷和每台电机应该输出转矩，为准确控制提供了方便。

纸机对传动系统要求快、准、稳，所以负荷分配控制也要求快速稳定无振荡。负荷分配控制器根据平均期望转矩 $M$ 和自己实际转矩 $M_{Li}$ 比较，得到偏差，应该根据偏差信号的大小进行 PID 控制算法调节。

通过 PLC 来完成的负荷分配方法是 PLC 通过 PROFIBUS-DP 得到电机转矩，利用上述原理再配以先进的 PID 调节算法调节变频器的输出使电机转矩百分比一样，即各电机转矩电流和额定电流比值应相等，这样完成负荷分配的自动控制。

对于网部，由于驱网辊和伏辊可能出现打滑现象，所以对于驱网辊和伏辊设有最大速差保护，若超过最大速差还不能达到负荷平衡，则自动负荷分配停止，处于速度控制模式。对于压榨部根据纸机的压榨部上下压榨辊的加压信号进行控制，当上下辊加压后，吸移辊与上下压辊处于负荷分配控制模式，PLC 启动负荷分配调节控制，上下辊分开时从机处于速度控制模式，PLC 停止负荷分配，维持速度同步不变。

对于网部伏辊、驱网辊和第一导网辊、采用单动/联动控制，单动是在调试或换网时伏辊、驱网辊和第一导网辊都可以单独启动、单独停止，处于速度控制模式，在联动时以驱网辊为主，伏辊和第一导网辊处于带速度限幅的转矩控制模式，以防止网出现打滑现象引起网的磨损。

对于压榨部，根据纸机的压榨部上下压榨辊的加压信号进行控制，当上下辊加压后，吸移辊与上下压辊处于负荷分配控制模式，从机处于转矩控制模式，上下辊分开时从机处于速度控制模式。

由于网部真空伏辊、驱网辊、第一导网辊；真空吸移辊 1、一压下辊和一压上辊；真空吸移辊 1、二压上辊和二压下辊；属于共同带同一负载，所以要求同时启动，同时停止。但在调试检修过程中要能单独启停，因此对负荷分配各传动点采用单动/联动控制。

此外，在负荷分配控制调节过程中，要求速度恒定，不能影响后边的传动点，所以速度链控制采用主链与子链相结合的方法。

### （三）带有永磁电动机技术的直接驱动

用来替代当今造纸机的驱动，这是非常有意义的。由于电动机能够产生在辊子转速下所需要的扭矩,因此永磁电动机技术不需要变速箱。

传统的驱动解决方案包括电力驱动和机械驱动。机械驱动是借助于不同的齿轮解决方案来实现的,取决于辊子或缸的结构。齿轮变速箱降低电动机的旋转速度以适于辊子和缸的转动。这些变速箱要么放在纸机外面独立的基础上面,要么放在纸机框架结构或辊子结构上。

直接驱动是一种无变速箱的驱动解决方案,具有较低的能耗利用永磁电动机技术实施的直接驱动可用来替代传统的单独的齿轮变速箱传动解决方案。这种情况下,只有永磁电动机放在纸机的外面专用的基础上。由电动机产生的机械能通过一个传动轴传递到辊子上。高效、节省空间的直接驱动也节省了能源,使得投资回报时间缩短。永磁电动机直接安装在辊轴上或干燥烘缸轴上。由于电动机是液体冷却而轴承用循环油润滑,所以它也可以安装在汽罩里,用作干燥部的驱动解决方案。图 11-6 为 DrivePro 纸机集成驱动示意图,图 11-7 为永磁电机驱动示意图。

图 11-6　DrivePro 纸机集成驱动示意图

**(四) 造纸机上的传动点**

造纸机的传动点是指造纸机上有功率输入的主动辊筒所配置的传动装置。每一个传动点即每一个主动辊筒称为一个传动分部,其中个别的、次要的也被称为辅助传动分部。造纸机的传动部分或系统即是各个传动分部传动装置的总称,它分为机械传动和电气传动两个部分。

造纸机上的主要传动点分别为:真空伏辊、驱网辊、真空吸移辊、各个压榨的下辊、各组烘缸、普通压光机底辊和卷纸辊等。

图 11-7　永磁电机驱动示意图

## 三、造纸机传动功率的计算

确定造纸机功率有两种方法:单位指标法和分部计算法(牵引力法)。

**(一) 单位指标法**

这是一种经验公式,通过对一系列造纸机实际测定的功率归纳出 $K$——耗用功率的单位指标 kW/(m·m/min),再根据每米造纸机幅宽 (m) 和车速 (m/min) 来表示需用功率 $P$ (kW)。

表 11-3 给出一组参考数据。

$$P = Kbv \tag{11-2}$$

式中　$K$——耗用功率单位指标，kW/(m·m/min)
　　　$v$——车速，m/min
　　　$b$——幅宽，m

表 11-3　　　　　　　　　　　公式 11-2 的参考数据

| 纸机的分部 | 耗用功率的单位指标 $K$ | 适用纸机 |
|---|---|---|
| 长网部 | 0.075 | 书写纸、印刷纸、新闻纸 |
| 普通压榨辊 | 0.021 | |
| 真空压榨辊 | 0.029 | |
| 平滑压榨辊 | 0.007 | |
| 烘干部 | 0.0019 | 每米烘缸和烘毯直径来计算辊数为 8 |
| 压光机 | 0.042 | |
| 圆筒卷纸机 | 0.012 | 新闻纸、印刷纸、牛皮卡纸则为 0.01 |

这样算出来的数字只是选择电气设备的原始资料，作为生产厂家是根本不需要你去计算或复核的，因造纸机械厂商都有成套的成熟资料，我们所需要的只是两个功率系数，一是正常运转负荷容量数（NRL），一个是推荐选用的容量数（RDC）。

（二）分部计算法

它是针对纸机各分部实际耗用功率情况，根据受力的具体情况和要求加以分析来进行计算的。

1. 克服轴承内的摩擦所需用的功率 $P_1$

$$P_1 = F_1 v_2 / (60 \times 102) \text{ (kW)} \tag{11-3}$$

式中　$F_1$——轴承内的摩擦力，N
　　　$v_2$——轴颈的圆周速度，m/min

$$F_1 = F_总 f \text{ (N)}$$

　　　$F_总$——轴承上的总负荷，N
　　　$f$——轴承中的摩擦因数

2. 克服两辊之间的滚动摩擦所需的牵引力 $F_2$

$$F_2 = K F_辊 \text{ (N)} \tag{11-4}$$

式中　$F_辊$——两辊之间的压力，N
　　　$K$——滚动摩擦因数

附加于下辊的动力矩

$$M_d = F_x \frac{D_x}{2} \text{ (N·m)} \tag{11-5}$$

式中　$D_x$——下辊直径，m
　　　$F_x$——下辊牵引力，N

则

$$F_x = \frac{2KF_辊}{D_x} \text{ (N)} \tag{11-6}$$

同理对上辊受到牵引力 $F_s$

$$F_s = \frac{2KF_{辊}}{D_s} \text{ (N)} \tag{11-7}$$

式中 $D_s$——上辊直径，cm。用于上、下辊上总牵引力 $F_T$

$$F_T = F_x + F_s = 2KF_{辊}\left(\frac{1}{D_x} + \frac{1}{D_s}\right) \text{ (N)} \tag{11-8}$$

3. 用来克服刮刀对辊筒或对烘缸的摩擦所需的牵引力 $F_3$

$$F_3 = f_d \gamma_d b \text{ (N)} \tag{11-9}$$

式中 $f_d$——刮刀对辊的摩擦因数

$\gamma_d$——刮刀对辊的线压力，kgf/cm

$b$——刮刀对辊接触的长度，cm

4. 用来克服铜网与吸水箱表面摩擦的牵引为 $F_4$

$$F_4 = f_e A_e p \text{ (N)} \tag{11-10}$$

式中 $f_e$——铜网与吸水箱之间的摩擦因数

$A_e$——吸水箱的有效面积（抽气面积），$cm^2$

$p$——真空度的平均值，$N/cm^2$

5. 用来克服密封物与真空辊外壳之间的摩擦和烘缸蒸汽头密封填料的摩擦所需的牵引力 $F_5$

$$F_5 = p_m A_m f_m d_o / D \text{ (N)} \tag{11-11}$$

式中 $p_m$——密封物的单位压力，$N/cm^2$

$A_m$——密封物与辊筒的回转面的接触面积，$cm^2$

$f_m$——密封物与真空辊内表面之间的摩擦因数

$d_o$——产生摩擦的回转面的直径，cm

$D$——辊筒或烘缸的外径，cm

选择纸机各分部电动机时，其功率采用最大牵引力进行计算，还要考虑纸机启动时的启动力矩 $M_n$

$$M_n = M_g + M_t \tag{11-12}$$

式中 $M_g$——克服惯性力的启动力矩

$M_t$——克服启动时的摩擦力的力矩

实际上在工矿企业没有任何一位电气工程师会愚蠢到试图用上述这些公式去进行设计或复核现有纸机传动电动机的容量是否适应生产要求，他们只是根据现场生产实际情况去考虑各分部传动系统电动机的容量是否合适。一般来说对直流传动系统总负荷率约为装机容量的50%~60%；交流传动总负荷率为装机容量的70%~80%；因为工艺条件是千变万化的，特别是烘缸排水，当排水不畅，烘缸内虹吸管内冷凝水的水膜受破坏，形成一种紊流状态，就是任何先进的调节系统也难以适应的。

（三）电动机功率的选择

作为工矿企业的电气技术人员，要掌握的是在改变纸种、提高车速的情况下，如何选择电动机的功率。

1. 经验公式

$$P = v/v_o \cdot P_o \tag{11-13}$$

式中 $P$——提速后的电动机功率，kW

$P_o$——原车速下的电动机功率，kW

$v$——提速后的车速，m/min

$v_o$——原车速，m/min

该经验公式，细分时根据不同分部都要采用不同的系数 $K$，同时某些分部采用 $(v/v_o)$ 的一次方，某些分部采用 $(v/v_o)$ 的二次方，这都是以 NRL——正常运转负荷容量作为计算基础的。

2. 提高压榨部的线压力

提高压榨部的线压力，当然也是为了提高车速，也是依据一种经验公式计算出 NRL。

计算线压的公因数 $\gamma = 57.75 \text{kN/m}$。

各种不同线压下的系数如表 11-4 所示。

表 11-4　　　　　　　　　　各种不同线压下的系数

| 线压/(kN/m) | 系　　数 | 线压/(kN/m) | 系　　数 |
| --- | --- | --- | --- |
| 100 | 3.02 | 220 | 6.60 |
| 130 | 3.88 | 250 | 7.63 |
| 140 | 4.17 | 280 | 8.67 |
| 160 | 4.77 | 300 | 9.33 |
| 170 | 5.27 | 320 | 10.12 |
| 180 | 5.37 | 330 | 10.4 |
| 190 | 5.68 | 350 | 11.22 |

例如：在160kN/m下所需功率：4.77×57.75/2=137.7（kW）

综合以上，再按电动机型号规格向上取整。以上的介绍都只是一种工程的估算方法，详细的工程设计必须参考一些专用的书籍。

## 四、投资运行效益比较

交流传动和直流传动相比在技术上的不同特点在前面已做了比较，如开环运行特性S和抗干扰等，但是作为一项技术和控制系统，技术和经济以及投资和运行效益的比较也是十分重要的，如果技术很先进但投资回收期很长，也很难让人接受，如果对于同样一套系统，一次性投资相比差别不大，那么自然会优先选择技术上先进和维护量少的系统，下面从一次投资对直流和交流系统做比较。

（一）初期投资比较

表 11-5 给出了变频调速装置和系统的参考价格，是国内市场处于中等水平的近似平均值，基本代表了当今电机和调速系统的价格水准，以电机和系统的合计价格来比较，在30kW 以下，直流系统价格高于交流系统，另外，在直流系统中电机的价格在大功率范围超过了调速装置的价格，而交流系统与之相反，从市场经济规律看以铁铜等资源性材料为主的电机价格，不会有很多降价空间，而以电子材料和技术为主要价格组成的调速系统来说，未来还会有下降的可能。因此，对大功率而言，交流系统价格偏高，比直流约高出30%左右，随着时间的推移，二者将逐步接近。根据经验估计，对一次投资来说，传动点数目在10至20 个左右，平均每点功率在20kW 至30kW 时，包含电机在内的交流系统是技术和经济都占优势的最佳方案。在每点平均功率超过 30kW 传动点数超过 20 个时直流系统在价格上有优

势,从可维护性和维护费用上直流优势也大一些。所以,当单机过 75kW,传动点数大于 10 个时,直流系统在近期内价格优势更大一些。

表 11-5　　　　　　　　　　装置和系统市场参考价格　　　　　　　　　　单位:元

| 功率/kW | 直流电机 | 交流电机 | 直流不可逆系统 | 变频器(速度反馈) | 直流系统 | 交流系统 |
|---|---|---|---|---|---|---|
| 7.5 | 6780 | 1700 | 11000 | 9100 | 17780 | 10800 |
| 22 | 13000 | 3600 | 11000 | 19000 | 24000 | 22600 |
| 30 | 15600 | 4100 | 12000 | 23000 | 27600 | 27100 |
| 55 | 21500 | 7100 | 14000 | 41000 | 35500 | 48100 |
| 75 | 26100 | 81000 | 16500 | 55000 | 42600 | 63100 |

## (二) 运行效益

从运行效益来看,直流系统虽然在电压补偿设定适当的情况下,也可以工作在开环状态,但是和交流系统开环相比要差得多,所以通常直流都设计成闭环,而交流则设计成开环或闭环,直流系统即使在开环下由于有碳刷的磨损等,定期的维护是不可避免的,这增加了工作量和运行的不可靠因素。交流系统,由于电机几乎是免维护的,所以运行维护量和费用要少得多,以一台 16 传动点 1760/250m 纸机来比较,每年用于更换碳刷和清扫的材料人工费大约在 5000~10000 元之间,而变频系统这部分不是不需要或很少的,大约可节省一半费用。

在能耗方面,一般的直流系统进线则需加整流变压器或电抗器,以抑制 $di/dt$(瞬时电流)的上升率,同时由于触发导通造成的电源缺口生成的谐波也会导致一部分损耗,加上励磁电源一般在几百瓦到几千瓦之间,每台直流系统的损耗功率约占系统功率的 5%~10%,左右对交流系统而言,进线采用全波整流对电网的波形干扰较少,但由于脉冲电流的原因,使进线电流谐波分量增加会产生一定谐波损耗,但总的损耗比直流要少,大约比直流减少 5%以上的损耗。

有些企业由于原配置不合理,从直流改交流后能耗减少达 20%,其主要原因有:a. 整流变压器效率低。b. 工作车速和设计车速相差太远,如果工作在额定转速的一半左右。c. 辅助电器回路复杂,损耗大,理论分析和实践证明交流系统比直流系统要节能,这一点是毫无疑问的。但比例大小则要视具体情况而定,一般来讲,假如是一台新纸机,在初期进行投资和运行效益比较时,其基本估算办法可以按以下方法进行。

1. 一次性投资

直流系统:电机 30kW 以下按 800~1000 元/kW 计算,30kW 以上按 300~500 元/kW 计算。直流传动装置:30kW 以下按 400~600 元/kW,30kW 以上按 200~kW。交流系统:电机 10kW 以下按 2300~400 元/kW,10kW 以上按 150~250 元/kW。变频器:10kW 以下100~1500 元/kW,10kW 以上按 700~1200 元 kW。

除以上基本配置外,系统 PLC 及其配置水平是否采用触摸屏等对价格的影响也是较大的,有时可能达到基本配置的 30%~40%或更高,应根据实际情况计算。

2. 运行费用

运行费用中电能是主要的费用之一,从能量转换的角度讲,交流和直流系统对同样的负载来说能耗应当是相同的。但是,由于系统效率或量转换过程的损失不同,因此能耗也有所不同,主要有以下几点:

(1) 功率因数损耗

直流系统的功率因数和导通角成正比，即当设计车速为 100%，则运行在 50% 车速时，功率因数近似为 0.5。而交流系统功率因数比直流计算要复杂，主要原因是输入方式的不同，变频器通常由不控二极管三相桥组成输入电路，直流侧接电容滤波，当输入电流为正弦波时，功率应当是超前的，但由于变频器工作在高频开关状态，所以在直流母线上的电流波形是高频脉冲列。而又因为进线电压是工频 50Hz 正弦波。所以输入电流波形相位是一个具有很大随机性的脉冲波，而且只有当输入电压高于电容上直流电压时，二极管导通才会有电流。

变频器的输入功率因数不能简单地用电容负载就有功率因数超前的结论，主要应从谐波有效值和基波有效值的比值来考察。资料显示，在进线不加交流电抗器情况下 35kW 变频器电源侧出入功率因数一般为 0.6~0.7 左右，当配用直流电抗器则功率因数可以进一步提高，可达到 0.95 左右。

引入电抗器以后，功率因数得到改善，交流电抗器由于串联在电路中不可能电感量很大，（一般压降限制在 2%~3% 以内）它可以降低脉冲电流的尖峰值，从而使波形变得平缓。从谐波分析中可知，对于同样的平均值电流，峰值越大波形越尖锐，有效值越大，而转矩或有功功率一般和基波幅值或平均值成正比，所以当电流波形尖锐时，有效值必然增大而功率因数下降。同样的道理入直流电抗器以后，波形可以更加平缓连续，因而可以更有效地改善功率因数，而且直电抗器一般电感量比较大，其效果就更明显。和直流可控硅系统相比功率因数的特点是不随速度变化而变化，负载越接近额定值，电流越趋于平衡（三相），越对功率因数改善。因此，总体上来说，交流系统功率因数的损耗比直流要小，由此引起的有功损耗也要小些，一般经验值，交流系统比直流系统在功率因数引起的损耗方面可节能约 3%~5%。

(2) 电机本身的效率

由于工作原理的不同，交流电机比直流电机效率普遍高出 35%，如西安电机厂 Z4-182-11。37kW-1500/3000r/min 直流电机效率为 88.36，同样交流电机 37kWY225-4，1480r/min 效率为 91.8。

(3) 辅助电器线路的损耗

直流系统一般都有接触器、直流电抗器或整流变压器等外围设备，而交流系统一般来说所需外围设备要比直流少，因而，相应的损耗也要小些，然而现代全数字直流调速系统，很多也和变频系统一样也以使外围设备简化，如直流电器，以往设计都是必须的，而目前大部分也可以省掉，交流电抗器容量也比以前设计要小些。但一般来说直流比交流还是外围电路设备多一些。这部分损耗约占 1% 左右。从以几方面看，交流系统比直流系统一般可以使运行费用节省 5%~10%（电能）。

(三) 维护和可靠性分析

现代电力电子设备一般都是经过严格的工艺质量控制体系生产制造出来的，其可靠性通常是较高的，但是，故障发生的可能性仍然存在，根据笔者所使用过的变频器和控制系统的经验，进口变频器出现故障的频率（指出现故障的机器和使用总数之比）约在 12%，出现故障的时间概率，在安装运行后 6 个月最大，大部分故障都在这个时期出现，而最稳定的时间为 12 年内，2 年后故障的概率又开始上升，其平均寿命可达到 5~10 年以上。

那么从维护性上看，变频器自身的可维护性已很低，一般采取更换线路板或元器件来完成，如果仍然无法修复则整台报废，由此看来对现代传动系统，从台数上保留 10 以上的备件是比较合理的，以防止在发生故障时造成长时间停机，影响生产。系统的可靠性是个复杂而充满随机性的多变量多因素问题，有专门的理论和研究方法对其进行分析和设计。目前国内已开始注重这方面的研究，但是理论和实际的结合或者说具有可操作性的设计实例还不多。但是如果提高系统的可靠性，从设计到设备选用配置和安装等都是有待研究和开发的课题，其经济技术价值也不容忽视。有关运行的问题也是值得研究和进行深入调查计算的。

## 五、造纸机的直流及交流传动系统

### （一）直流传动系统

1. 直流传动的一般原理

（1）电力拖动系统

从电力拖动的角度来讲，造纸机也只是一种负载，因此直流电动机的电力拖动运动方程式是普遍适应的。其电力拖动系统如图 11-8 所示。

$$M_D - M_L = J \frac{d\Omega}{dt} \tag{11-14}$$

式中　$M_D$——电动机电磁转矩，$N \cdot m$

　　　$M_L$——负载转矩，$N \cdot m$

　　$d\Omega/dt$——角加速度，$rad/s$，

$$\Omega = \frac{2\pi n}{60}$$

　　　$J$——转动惯量，$N \cdot m \cdot s^2$

　　飞轮惯量（飞轮矩），$GD^2 = 4gJ$

　　　$n$——系统转速，$r/min$

　　　$G$——系统转动部分的重量，$N$

　　　$D$——系统转动部分的直径，$m$

　　　$g$——重力加速度，$9.8 m/s^2$

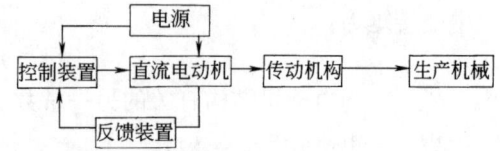

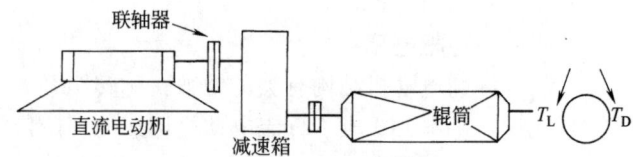

图 11-8　电力拖动系统示意图

则

$$M_D - M_L = \frac{GD^2}{375} \cdot \frac{dn}{dt} \tag{11-15}$$

式中　375——具有加速度的量纲系数，$m/(min \cdot s)$

（2）生产机械的负载转矩特性

① 恒转矩负载特性：$M_L$ 与 $n$ 无关。即 $M_L = C$（常数）。

造纸机则属于一种恒转矩的负载：反抗性恒转矩负载——指摩擦转矩负载（方向相反）；位能性恒转矩负载——大小、方向恒定不变（与方向无关）。

② 泵及风机类负载转矩特性：负载转矩的大小与转速平方成正比，见式（11-16）：

$$M_L = Kn^2 \quad (K \text{ 为比例系数}) \tag{11-16}$$

式中，$M_L \propto n^2$

③ 恒功率负载转矩特性 $M_L$：当 $n$ 变化时，负载从电动机轴上吸收的功率基本不变。

$$M_L = \frac{P_2}{\Omega} = P_2 \cdot \frac{60}{2\pi n} \tag{11-17}$$

式中　$P_2$——电动机轴上输出功率

即　$M_L \propto \dfrac{1}{n}$（双曲线）

(3) 他励直流电动机的机械特性

直流电动机转速特性方程式（11-8）：

$$n = \frac{U - IR}{C_e \Phi} \tag{11-18}$$

式中　　$U$——电枢电压，V

　　　　$I$——励磁电流，A

$R = R_a + R_\Omega$——电枢电阻+外串电阻，$\Omega$

　　　　$\Phi$——磁通，Wb

　　　　$C_e$——电机的结构常数，由绕组结构决定

而电枢感应电势为式（11-19）：

$$E_a = C_e \Phi n \text{ (V)} \tag{11-19}$$

电磁转矩为：

$$M = C_T \Phi I_a (\text{N} \cdot \text{m}) \tag{11-20}$$

式中　　$C_e$——与电动机结构有关的另一常数，称电动势系数

　　　　$M$——电磁转矩，N·m

　　　　$\Phi$——磁通，Wb

　　　　$I_a$——电枢电流，A

　　　　$C_T$——与电动机结构有关的常数，称转矩系数

就是这一基本公式成了直流电动机调速的理论依据，让我们记住式（11-21）：

$$n = \frac{U - IR}{C_e \Phi} \tag{11-21}$$

在额定转速 $n_e$ 以下调压调速，$I$、$\Phi$ 不变为恒转矩调速。

在额定转速 $n_e$ 以上调磁调速，$\Phi$ 减少，保持 $U$、$I$ 不变是恒动率调速。

2. 实例

某厂一台纸机，抄宽 4m，设计车速 450m/min，是 20 世纪 50 年代安装投产的一台进口纸机。运行了近 40 年，中间经一些修复性改造，尚能继续维持生产，但由于印刷机械装备的改进，对纸张要求越来越高，因此对该台纸机于 1996 年作了一次全面的改造，抄速由 450m/min 提高到 750m/min（设计）。

该纸机传动系统是 Siemens 公司配套的电动—发电机组、直流传动、9 个分部、机械差动调速系统、使用自整角机。主原动机 1120kW/3kV，主发电机 900kW/460V。应该说该厂对这台纸机的运行维护工作是不错的，并常伴以小修小改，1992 年在差动台上又增加了一个传动点，自配差动电阻器，车速也逐步提升到 500m/min，后来进行改造时旧系统全部淘汰了，采用了 Siemens 分部传动系统，整流变压器 6/0.4、△/Y-11、2000kVA、13 个传动点采用直流（国产 Z4 系列）电机和 7 条导纸辊普通 Y 系列 7.5kW 交流电动机、变频器供电、无速度反馈、也不参与速度链控制，总装机容量 730kW。监控系统采用 Coros，操作面板采用 OP25。当时尚未使用 WIN-CC 系统。见图 11-9。

（二）交流传动系统

1. 交流传动的一般原理

我们已在前面介绍了电力拖动的传动方程式、生产机械的负载转矩特性，因此我们可以

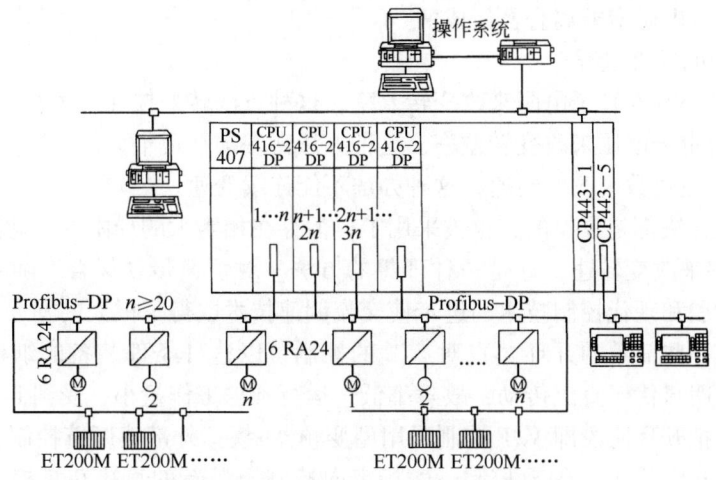

图 11-9 6RA24 系列（Siemens 公司）

直接进入交流传动调速的基本原理。

$$n = (1-S)n_1 = \frac{60f}{p}(1-S) \tag{11-22}$$

式中 $S$——转差率

$$S = \frac{n_1 - 1}{n_1} = 1 - \frac{n}{n_1} \tag{11-23}$$

式中 $n_1$——同步转速，r/min

$$n_1 = \frac{60f}{p} \tag{11-24}$$

式中 $f$——频率，Hz

　　　$p$——极对数

同样，在额定转速 $n_e$ 以下，调压调速是恒转矩调速。

在额定转速 $n_e$ 以上，调压调速是恒功率调速。

从上述异步电动机转速的方程式，我们就可以获得异步电动机调速的多种方法，让我们记住式（11-22）：

$$n = \frac{60f}{p}(1-S)$$

交流电动机调速方式如下：

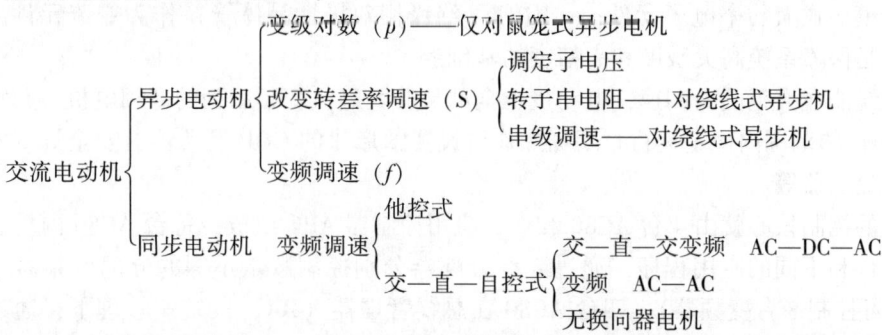

在以上众多的调速方式中，采用电磁离合器，属于变转差率调速；而串级调速则是改变转差电压。改变转差率进行调速时，由于低速时转差率大，转差损耗也大，所以效率低，我们常见的一些小型、低速纸机采用"电磁滑差"调速就是这里所指的改变 $S$，它是由普通的

异步电机加上一个电磁滑差离合器组成的。

2. 交流传动的发展过程

① 通过集电环改变转子电阻来改变转差率,这种方法转差损耗很大。

② 通过改变定子电压来改变转差率,这种方法转差损耗也很大。

③ 通过改变极对数来改变转速,这种办法不能连续变速。

虽然这三种方法都是成熟的,也被采用了,但存在相当大的局限性,调速性能也差。

④ 改变频率来改变转速,这是一种理想的方法。对恒速传动场合,随着电力技术,微处理器技术的发展和现代控制技术的进步使交流调速技术取得了极大的发展。

最开始还是一些简单的开环"点对点"的控制,以这种条件装备的纸机也曾经流行了一段时间,并且明显优于直流传动,故障率低,运行维护工作量小,受到低速、小型纸厂的欢迎。这称为模拟开环阶段即 V/F 控制通用型变频器+模拟外部速度链控制。随着变频技术的进步和开发,相继推出了矢量控制、磁场定向控制至最新的直接转矩控制系统(DTC),它以变频器数字输入端为控制信号,PLC 为运算控制中心的全数字化系统,随后又实现了从变频器到操作台的全数字化操作,它使用触摸屏或远程 I/O 单元作操作站,也就是 DCS 传动系统。

3. 实例

某厂从国外购买了一台二手纸机,抄宽 8m、车速 900m/min,可控硅直流分部传动系统,开机前连续运行了 27 年,经历次改造。但直流传动系统基本没改。据说是 Siemens 公司 20 世纪 60 年代中、后期在欧洲的第一台大型可控硅供电的分部传动系统,它致命的弱点是一个桥臂最多达 12 个螺旋型 350A/450V 可控硅管串、并联,以分立元件为主的模拟系统。

根据这一情况彻底对传动系统作了改造,采用 ABB 公司全新的交流变频调速系统,电动机容量按最高 1100m/min 准备,共 23 个传动点,供电电压采用 690V~系统,两台最大电动机容量均为 800kW/690V,控制系统器 AC80 系国内首次引进。

总装机容量 5560kW,配置了三台整流变压器 $2 \times 2000kVA + 1 \times 2500kVA$,6/0.73kV,为消除系统对电网三次谐波的影响,2000kVA 变压器采用 $Dy_n 11$ 组别;2500kVA 变压器采用 $Yy_n 0$ 接法、相位角相差 30°。分三段直流母线、整流后的直流电压 930V 再通过各个分部的 ACS600 变频器(逆变部分),还原为 690V~,是典型的 AC—DC—AC 系统(即交—直—交),考虑到纸机干燥部惯性大且经常需要制动的负荷特点,为其提供电源的整流器为再生式双向全桥(TSU);其他两段则分别采用单向全桥二极管整流(DSU),所有 ACS600 系列变频器均采用模块式大功率电子元件——IGBT(绝缘栅双极性晶体管)作为变流元件,其高频关断能力是保障系统高灵敏度和高精度的基础。

为保证系统能在大范围内调速,电动机也全部从芬兰进口变频系列的专用电机,其特点是能在 0~300Hz 的范围内稳定运行。现场操作台设置图形化的 GOP 及急停、安全灯、安全开关、大屏幕显示器等。

这个系统的控制核心就由 4 台 AC80 和一台应用控制器 APC 组成,每台 AC80 内均装有相同的系统软件和不同的应用程序,通过光纤分配器分别控制数量不等的分部变频器(一台 AC80 最多可控制 8 台变频器);四台 AC80 在总线管理器(BA)的统一管理下,通过双绞线连接组成 AF100 通信总线,将整台纸机联成一体,操作面板上图形化的 GOP 直接与 AC80 通信,在 GOP 面板上进行的所有操作均进入相应的 AC80 应用程序运行后,再发指令给相应的 ACS600,实现操作功能。这就是造纸机传动中常指的速度链。APC 也装有系统软件和应用程序，它是通过调制解调器（MODEM）与四台 AC80 进行数据交换，然后再与纸机的 QCS 系统通信；传动的监控系统也是通过它去监视重要参数如数差、负荷分配等又可上装或下载，以重新设置（如辊径）、故障诊断和复位等工作。

系统控制参数可分为两类，一为系统参数，包括总车速、各分部速度限幅、辊径、速差限幅等，且在正常情况下这一类参数是不变的，均存放在 AC80 应用程序中；另一类参数为分部参数，包括变频器参数、电机参数、编码盘参数等，放置在该分部变频器所对应的马达控制器 AMC 中，只能在本分部内调用，同时很多参数是随负载变化的，并且开发 Drive Windows 系统，对这些参数进行在线监测。

另外为保障上浆系统的稳定性和精度，混合泵及上浆泵均纳入传动系统，新系统采用基数有条件可调法（即分段控制）对两台泵进行速度调节，具体做法是将仪表送来的 4～20mA 信号分段处理，各段对应不同的速度调节斜率，既保证了系统的快速响应，又保证了系统的稳定性，满足生产工艺要求。

按惯例，纸机爬行、点动车速为 15m/min，网部运行车速为 300～900m/min，必须要更换减速箱速比后，车速才能提升到 1100m/min。通用性原理配置见图 11-10。

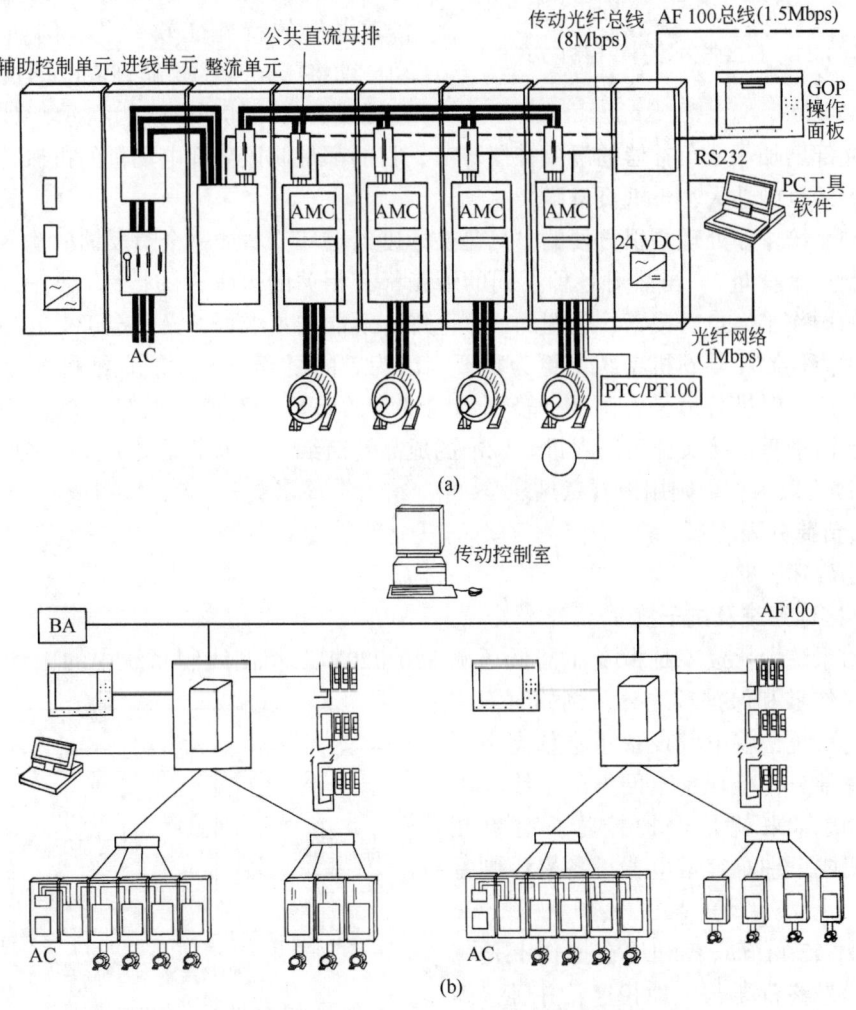

图 11-10　ABB 公司的系统控制的配置示意图
(a) 传动系统的配置　(b) 控制系统典型配置

## 六、造纸机电气传动中的特殊问题

### （一）张力控制

在抄纸过程中，通过烘缸进入压光以前，基本上已经达到成纸的干度要求，即纸页伸缩率已经很小，特别对大型、高速纸机纸幅断一次头损失是很大的。对于有机内涂布（施胶）的造纸机更加明显，它有前（预）烘缸和后烘缸的配置，又要经历"加水"—"脱水"的过程，这就必须引入张力控制。

一般有两种方式：一为直接张力检测和控制、一为间接张力控制。前者是在出缸后的导纸辊上安装张力传感器，抄宽 4m 以内的造纸机一旁单侧安装，4m 以上抄宽的造纸机则两侧安装，多数为模拟量控制，采用模拟放大器，也可以通过 PLC 的 PI 功能实现。直接张力检测和控制方式如图 11-11 所示。另一种就是间接张力控制即人为地将压光部传动电机的特性变软一些。例如对直流传动，就将压光及卷取部直流电动机改为积复励接线方式，其他分部为它励，对交流传动

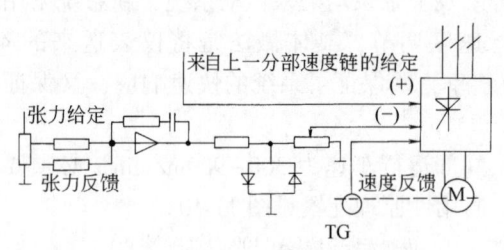

图 11-11 直接张力检测和控制方式

就是在压光部增加一个负补偿的滑差补偿环节，目的都是使该分部电动机的机械特性变软一些，因为湿纸页弹性大，干纸页发脆。

在控制系统中作处理是很方便的，只是在速度给定环节增加一个负反馈的输入量，问题是如何控制这个"量"？虽然对各种不同的纸张都有相关的恒张力的指标（N/m），但关键还是熟练的操作工人自己摸索、掌握的一个范围，既能拉紧纸页，又不至于引起断头。

直接张力控制在复卷机系统中更为重要，因为它的复卷速度一般是纸机抄速的 2~2.5 倍左右，不能适时进行恒张力调节，轻则影响纸卷的质量，重则"啪"一声、拉断纸页满天飞，又要清理重新接头，重新卷进。标准的成品卷筒纸，要求是无接头，最多也只能控制在 2~3 个接头以内，否则用户有意见。

### （二）负荷分配

前面已叙述，略。

### （三）接地系统及抗干扰

在电力系统中：接零是指变压器低压侧 380/220V 三相四线制系统中的中性线直接接地，它有工作零和保护零之分，例如对三相 380V~供电系统，将电气设备正常状态下不带电的导体部分与低压配电网络的零线（中性线）连接起来就是保护接零；对单相 220V~照明或个别小容量电器设备来讲则是工作零。

从图 11-12 可知：零和地在操作上是一致的，因为最终都要与大地相连，并且接地电阻 $R$ 也有一定的要求；但在概念上和功能上确是有所区分的。甚至我们可以泛指：零即是地、地即是零。

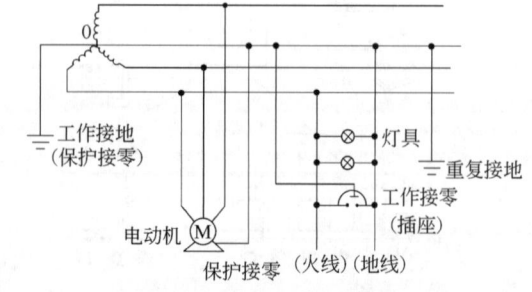

图 11-12 三相四线制系统

在控制系统中，特别是电子控制设备，为防止电磁环境干扰、噪声干扰等就有比较严格的区分了。就接地而言它也有工作接地和保护接地功能上的区别，还同时有屏蔽接地和环路地的概念，前者是指导线屏蔽层的接地，后者是指电路间信号联系时构成的地环路。这时电力系统多采用三相五线制供电即所谓的 TN—C—S 系统。见图 11-13。

即主体是三相四线制，对有特殊要求的是三相五线制，即将保护地（PE）和工作地（N）区分开来，但最后还是"万川归大海"，统统流入大地。如图 11-13 所示。某些公司要求 PEN 统一（三相四线），某些公司要求 PE 与 N 分离（三相五线），这都是符合国际电工协会规定，被允许的。但对接地电阻就不是一般的小于 4Ω，而是小于 1Ω。

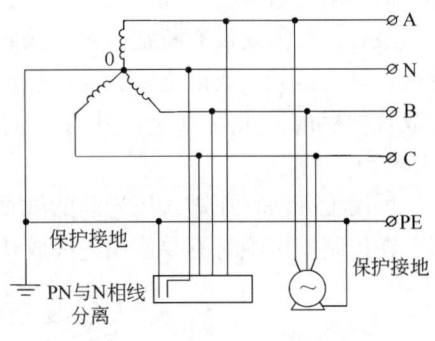

图 11-13　三相五线制系统

某些系统是不允许中性线直接接地的，对地是悬浮的。在工作实践中曾测得这种悬浮电压高达数 10～100V，最后导致稳压元件被击穿。这里指的是电子装置本身所要求的参考零电位作为基准电位，就把这一点称为工作接地点。

抗干扰越来越成为控制技术中的热门话题，在正常生产过程中控制设备莫明奇妙地突然失灵、断头、停机，查找不出任何故障点，也发现不了任何电子元部件的损坏表征，经停机检测、复位、再启动又恢复正常，类似于大家所熟习的电脑"死机"现象，这就是干扰所造成的。有来自电力线路的干扰、也有来自空间电磁波的干扰，如雷电、开启日光灯管等，更有甚者来自电子设备自身的静电集聚。

一方面电子元部件厂家，在生产中不断采用新的抗干扰技术，单个电子元部件的抗干扰能力均有极大的提高，但对于生产操作过程的控制，则要充分考虑成套控制设备和自动化系统的电磁兼容性（EMC）。另一方面在工作中强电设备发出很强的干扰，同时弱电控制装置和传感器处于这些干扰的包围之中，环境就相当复杂了。

因此在工程实践中，首先是要考虑抑制电源干扰，这主要是采用各种滤波器和隔离变压器、配线和布局合理等手段。对通过桥架布线一般是"上高下低"，上层排列中压电缆、中层排列低压电缆、底层排列控制电缆和屏蔽电缆，为便于散热和屏蔽，底层采用托盘式带护罩桥架，中、上层采用梯级式桥架，层间、段间均应有良好的接地联结。底层还可以分隔为普通控制电缆、带屏蔽的屏蔽电缆和带扩套的专用通信电缆——层层、段段把关。在有条件的时候设置专用的电子控制电源变压器、变压器一、二次之间应有屏蔽绕组良好接地。不能分离的配电箱（动力箱）则采用"左高右低"的原则，最好的屏蔽线，对交流而言还是扭绞线——即双绞线，采用"交流分离"措施以后可大大提高控制装置电源传导的敏感度值。

第二就是采取措施抑制负载回路的干扰，这主要是指谐波干扰、电压降、周波瞬变、无线电干扰、电磁阀、继电器这些装置开、合时造成的干扰，等等，主要措施则是设置稳压电源、消谐线路——阻容吸收及谐振滤波器，电路的三大组成为 R.L.C.，消谐、消振也是从线路电阻、电感、电容这三要素的合理耦合来吸收或进行动态补偿，当然一定要因时、因地制宜，根据设备档次和要求来装备。

第三是对信号回路干扰的抑制，这主要是降低 I/O（输入/输出）接口、I/D（模数转换装置）接口的敏感度，它是可以测定的。一种是不对称的干扰，另一种是对称的干扰，采用隔离元件作电位隔离；从装置的硬件上设置滤波器。利用软件技术来抗干扰更是现代工业用微处理机的重要和独特的手段，例如高速采样删除最大值和最小值再取平均值、数据传输方面、采用数据检验和多次传输方法。

最后，目前还没有特别有效方法解决的是高压静电。特别对 500m/min 以上的中、高速纸机、进入压光、卷取之前，高压静电测试仪测得的静电有可能数万至数十万伏特。人站在卷取缸护栏前，头发都竖起来了。对设备的伤害就是"放电"使压光辊表面麻麻点点（起坑）。

可用土办法：在进入压光前的纸页表面挂一长串编织细铜线或铜环再直接同机架与地相联；在控制室则绝对不要使用绝缘胶垫，只能使用防静电的地板胶。

## 七、复卷机机械电气特性和要求

### （一）复卷机形式及工作特性简介

由卷纸机卷得的纸卷比较松软，内部可能会有破损或断头，两侧边缘不整齐，纸幅宽度等多不能直接使用于纸加工或印刷等机器，大部分纸种（如新闻纸、凸版印刷纸、包装纸等）必须经过复卷机切边、分切、接头，在纸卷芯上重卷形成一定规格、一定紧度要求的成品纸卷才能出厂。

通常复卷机安装在紧接着造纸机的后面，它是造纸机械中运行车速最快的机器，其车速达 1500~1800m/min，最高达 2500m/min 以上。

复卷机的形式较多，根据需要在复卷机中还可以配备其他装置，成为联合机台复卷机基本上可以分为下列五种：a. 上引纸复卷机；b. 下引纸复卷机；c. 单辊复卷机；d. 专用复卷机；e. 薄纸复卷机。

下面将简单介绍这几种复卷机的结构特点及其性能。

1. 上引纸复卷机

在上引纸复卷机中，纸幅通过纵切机构，绕过压纸辊，而后卷在卷纸轴上。纸卷由两个支撑辊支撑，纸卷的中心随着纸卷直径增大而升高，压纸辊和纵切机构也同时向上移动。这种形式的优点是易于引纸，结构简单，操作方便，维修容易。但也有不足之处。由于压纸辊和纵切机构压到纸卷上，结果造成纸卷与支撑辊压区的压力增大，如无压纸辊纵切机构的悬秤装置时，则易于产生硬的纸卷（压区负载越大，纸卷越硬）；其次，纸幅在压纸后就直接卷到纸卷上，而调节两个支撑辊的传动转矩来控制硬度的可能性很小，甚至不可能，因而控制纸卷硬度的能力有限，特别是在卷取软纸卷的情况下更是如此；再次，因纵切机构随时向上移动，当机件磨损和变形以及安装质量欠佳时，容易造成纵切机构轴向窜动，引起切开的纸边互相搭接而造成分卷困难。此外，由于车速和幅宽增大，在高速复卷大直径纸卷时可能变得很庞大，以至结构上不易处理。

2. 下引纸复卷机

下引纸复卷机是从机台下面送入纸幅使其绕过某一个支撑辊再卷上纸卷的，纸从退纸卷上引过下方的几个引纸组，通过固定位置的纵切机构，绕过前支撑辊（按纸行方向数第二辊）或后支撑辊，然后卷在卷纸轴上。

在复卷过程中，纸幅张力力图把纸卷拉向支撑辊，使逐渐增大的纸卷得以稳定，并在高速卷取时能保证纸卷质量。该类型复卷机还可运用变化两个支撑辊的传动转矩差，结合压纸辊与纸卷间压区的压力调节，对纸卷质量作很好的控制。

这类复卷机的纵切机构安装在固定位置上，避免了轴向窜动，易于分卷；并且大部分部件靠近地面，重心底，在高速运行中仍然保持稳定，因此它使用得较广泛。且车速可达 2500m/min，幅宽达 10m，能处理从低定量纸直到纸板等品种。它的缺点是不易接近机台，不便于引纸和调整舒展杆，为此常常在机台下方设一地坑，使得操作工人易于接近，有时还装设自动引纸机构和远离控制的舒展杆，以克服其缺点。本节的设计将主要针对双支撑辊下引纸复卷机。下引纸复卷机还有一些其他形式，因其易于接近纵切机构和舒展器以及容易分卷，故较多用于窄幅纸卷。本节主要介绍的复卷机电控系统就是基于这种结构的。

3. 单辊复卷机

单辊复卷机是一种专用机台。该机主要用于超级压光纸和涂布机之前的纸幅整饰切齐纸卷两侧端面，粘接断头，去除不合格纸张。它有一个支撑辊，纸卷支撑于水平的导轨上，结构形式与圆筒卷纸机相似，纸卷硬度靠气缸操纵的杆臂朝支撑辊方向对纸卷加负载来控制。

4. 专用复卷机

复卷特殊纸种如低定量印刷纸、压感纸、聚乙烯涂布纸、硅酮涂布纸、双面超压的美术纸和玻璃纸等时，要求较高。在双辊复卷机上，纸卷与支承辊间的压力随纸卷直径的增大而增加，造成过大的纸卷硬度和其他纸卷疵病。虽然这些问题可能借助压力悬秤机构将纸卷减重而在一定程度上有所克服，但还不能令人满意。因此，其中一些纸种只能在双辊复卷机上复卷较小的纸卷，而另一些纸种甚至不能在双辊复卷机上复卷，为了适应这些对硬度控制非常敏感的纸种，发展了各种类型的专用复卷机，如单辊双面复卷机、双辊双面复卷机，其共同点是纸卷的质量不支撑在支撑辊上。

5. 薄纸复卷机

薄纸复卷机用于复卷薄皱纹纸，最多可同时卷取四层薄纸，近年来，实现了在复卷部进行纸幅压光，所以复卷机演变成为包括退卷、压光和复卷的联合机组，这种复卷机靠速差来复卷具有既定的起皱比率的皱纹纸，并且在复卷周期中保持恒定。因此，它比普通的复卷机所需的传动精度要求更高。

薄纸复卷机按所用纵切机构的形式有两种不同的纸幅线路。直到最近，薄纸复卷机都配用压切式纵切机构。它便于调节分切宽度，其压溃作用对几层薄纸产生切边封口的效应。随着车速和幅宽的增大，这种机构易发生下辊发颤的情况，因此，高速时压切式纵切机构被剪切式纵切机构所取代，后者是不受车速影响的薄纸复卷机最好是采用大直径的卷纸轴以实现纸卷减重。为了控制纸卷的紧密度并获得大直径纸卷，可以采用气缸控制的悬秤机构，以保证压区线压力恒定。

**（二）纸卷的质量指标及控制要求描述**

1. 质量指标

不同类型的纸应选用相应类型的复卷机来进行复卷，复卷出的成品纸卷的质量指标不同，它们对复卷机自动控制系统的要求也是不同的，这一章将主要介绍的双支撑下引纸复卷机的自动控制系统主要应用于复卷书写纸、静电复印纸、纸板等的复卷，对于这类纸种的成品纸卷的质量指标如下：

具有足够的硬度，而且内紧外松、径向硬度分布均匀，以保证纸卷在运输、储存过程中不变形、不崩裂，在印刷设备或其他加工设备上能平稳运行。

2. 控制要求

复卷出的成品纸卷形态的优劣在很大程度上取决于复卷机性能，一台完善的复卷机必须具备下列几种机能：
① 压纸辊压力的自动程序控制；
② 支撑转矩自动程序控制；
③ 自动张力控制；
④ 电力驱动的"挠性"启动和适当的速度程序控制

下面将分别从运行机理上分析这几种程序控制机构。

(1) 压纸辊压力的调整机构

卷取过程中成品纸卷的直径在逐渐增大，成品纸卷的质量在逐渐增加，成品纸卷与两底辊的接触点也在改变，这就是说如果压纸辊施加的压力恒定的话，成品纸卷与两底辊的接触点之间的压力也在变化。为此如果期望最佳的纸卷形态的话，就必须借释放压纸辊施加的压力负荷来补偿上述两项因素的影响，才能获得成品纸卷与两底辊的接触点之间的压力恒定的要求。

压纸辊的作用力对纸卷紧度有较大的影响。压力调整机构的作用是保持纸卷与支撑压区的压力稳定，$1\sim1.2$kN/m（约为 $1\sim1.2$kgf/cm），这就防止在初卷时因纸卷轴太轻而打滑以及在复卷后期因压力太大而卷得太紧。对某些纸卷来说，压纸辊应是有自动控制的，以便对纸幅施加附加作用力。

从上面的分析可知，压纸辊压力一是保证纸卷与底辊间产生足够的摩擦力，而不至于打滑；二是压纸辊压力将直接影响着纸辊硬度。工艺要求必须保持压区压力恒定，但从后面对复卷机压区压力的分析将可以看出，为保证压区压力恒定，压纸辊液压系统释放的压力与成品纸卷直径之间的关系是非线性特性。

在没有调整压纸辊压力的悬秤机构时，纸卷和支撑辊之间的线压力的增加速度稍慢于纸卷质量的增加速度，但它总是随着纸卷直径的增大而增加的，在旧式复卷机上，压力悬秤机构是采用机械的悬秤装置，为了增加悬垂力，而将重物固定于横轴上的凸轮或偏心轮上，在该轴上装有链轮，用链条与压纸辊或纸卷轴连接，纸卷直径增大时，横轴就转动，使重物固定端的凸轮臂增长，这就能使悬秤力增加在新式的复卷机上，调整压力是自动程序控制的，它们采用气压式或液压式悬秤机构。它包括有电气程序控制单元、电磁减压阀和悬称油缸等，改变悬称油缸内油压就可得到不同的悬秤力。

业已了解到，对许多种纸来说，仅仅有压纸辊压区压力的程序控制，还不能生产出质量良好的纸卷。同样，适当的支撑辊转矩的程序控制，也不能单独地完全达到目标。只有压纸辊压区压力程序控制和支撑辊转矩程序控制的适当配合，才能卷成从纸卷芯到外层硬度甚为均匀的纸卷。

(2) 支撑辊转矩程序控制

为了获得优质纸卷，支撑辊转矩或速度控制必须满足适当的条件。如使用速度控制支撑辊间速差幅度应小于0.2%，且当纸卷直径增大时，两支撑辊的速度必须接近1:1，很多速差系统并未按此方案设计，故收效有限。

对许多纸种来说，在启动时要用正速差，使得卷芯处卷得紧，而在直径卷大以后又希望有负速差，使纸卷外层卷得松些。如无精度高而配制适当的速差程序控制，是不能达到这种要求的。在这里先要说明一句，这里说的速差控制是指的速度给定差控制，前后两支撑辊的实际的速度其实是一样的，只不过因速度给定差的存在使得它们所承担的负荷不一样，因此，这里所说的速差控制实质上也是转矩差控制。

转矩的程序控制通常是控制前支撑辊的转矩,其大小随着纸的品种而异,并需要在现场做实验来选定。大概趋势是在启动时差不多全部转矩施加于前支撑辊上,使纸卷绷紧随着纸卷直径增大,前支撑辊的转矩逐渐变小,后支撑辊的转矩大于前支撑辊,直到两支撑辊的转矩相匹配为止。然而,应当强调,转矩的程序控制最重要的还是启动时的转矩。

(3) 张力调整机构

纸幅张力控制是保证纸卷形态的至关重要的因素之一,纸幅张力最重要的作用是展平纸幅,同时稳定的纸幅张力还将避免纸幅横向偏移。纸幅张力的大小对纸卷硬度的影响并不是关键因素,因为压纸辊的压力以及前后底辊之间的转矩差对纸卷硬度有着更大程度的影响。所以复卷机运行中通常是将纸幅张力调节到能保证使纸幅展平,至于期望纸卷具有较大硬度的话,可以采取增大压纸辊压力和增大前后底辊之间的转矩差来实现。

纸幅在复卷过程中,纸的张力大小主要由纸种来决定,通常为 0.3~2kN/m(0.3~2kgf/cm)。正确地选用纸的张力能在一定程度上改善纸卷的质量,减小断头,保持复卷机工作稳定。因此,复卷机的传动应自动地保持张力稳定,并能根据生产需要进行调节。调节范围通常为 14,张力最大的波动值不应超过±10%,最小张力为 0.3kN/m(0.3kgf/cm)左右。

纸幅纸力控制分为直接张力控制和间接张力控制两种,一般来说,直接张力控制精度高,需要安装张力传感器,投资较高;间接张力控制方式不如直接张力控制精度高,投资较低。两种不同的控制方式根据不同使用场合选用。不管采用直接张力控制方式还是采用间接张力控制方式,为了防止升、降速时的瞬间纸幅突然发生倾斜,造成纸幅横向窜动或断头,必须能够预设静止张力。对于要求高精度张力控制及高生产率的复卷机系统还应该考虑动态补偿环节,用以减小升降速过程中纸幅张力的变化。

张力调整机构有多种形式。原始的张力机构是用手操纵制动器来获得张力的,因其操作复杂且张力大小不一致,仅适用于老式的低速复卷机上。较完善的张力调整机构,在整个工作速度范围内,能自动检测并控制张力使之保持恒定,也就是前面所说的直接张力控制。它基本上也可以分为两种:一种是在退纸卷后面配置检查张力用的浮动辊,把纸的张力大小引起的辊筒的移动变为气压信号或电信号,由制动器进行控制;另一种是在退纸辊的后面安装张力计,把张力大小转变成反馈信号与给定信号相比较,经过适当的调节器进行调节后,直接控制制动发电机的制动力矩进行自动张力控制。

本节将要介绍的复卷机电控系统,就是采用带有制动发电机的电气控制来控制退卷张力的。在退纸辊运行时,退纸辊电动机实际上处于发电回馈制动状态。为适应高速和大的卷径变化范围,也是为了克服张力大滞后给复卷机直接张力控制系统带来的不便,在采用直接张力控制时可增设采用前馈控制,这种方法可使复卷机获得良好的性能。

(4) 电力驱动的"挠性"启动及适当的速度程序控制

为了使纸幅不承受冲击张力,减少不必要的断头,复卷机的起动总是希望越平稳越好,给调速系统的转速电流双闭环前加入给定积分器,有利于复卷机的平稳起动,给定积分器的时间常数越大,系统启动越平稳。所以给定积分器在复卷机传动系统中有着十分重要的作用,其积分时间常数可在较大范围内调整,以适应不同加工工艺的要求.

同样,复卷机在升速、降速时也总是希望速度变化越平稳越好,S形曲线升降速控制具有加速度的加速度为常数的特性,这正好符合复卷机在升速、降速时希望速度变化平稳的要求。

以上四点是为了满足复卷工艺、电控系统所必须具备的调节机能。除此之外,复卷机对电控系统还有其他的要求，包括纠偏，自动检测到断纸后能紧急刹车，对液压站、气站的连锁控制，对圆刀的控制，计长等，这些方面在具体设计系统时都要考虑到。

前面的讨论都是围绕着要获得良好的纸卷形态而应有的控制要求及一般的控制方法，实际上厂家在选购复卷机时，复卷机的生产能力也是一个关键因素。

分析复卷机的生产能力时，要考虑到复卷机生产中的两个特点：

① 复卷机的生产能力应与造纸机的生产能力相适应，否则将影响造纸车间生产的连续性。

② 复卷机是一种间歇性生产机器，影响复卷机生产能力的主要因素是复卷机的纸宽、车速、辅助工序所需的时间和卷取纸卷的直径。

复卷机的幅宽是和造纸机相适应的，没有选择的余地。

复卷机的车速和辅助工序所需的时间（决定于复卷机的机械化程度）对其生产能力的影响，在不同的条件下是不同的。对低速的复卷机提高车速能明显的增加其生产能力但对于高速复卷机，仅仅进一步提高其车速时，对其生产能力的提高没有明显的影响。

卷取纸卷的大小能够影响到复卷机中辅助工序所需时间的比例，因而也能影响到复的生产能力。

现代化的复卷机车速已经很高，达 2500m/min 以上，但真正在最高车速下运转的时间是很短的。相反，用在辅助工序上的时间所占的比重越来越大，所以使辅助工序机械化，减小辅助工序所需的时间，对提高复卷机的生产能力是很有意义的。由于电子技术的飞跃发展，高度自动化、智能化的复卷机已在国外问世，如芬兰美卓公司可提供车速 2500m/min，除接头需要人工处理外，整个卷取过程能自动完成的复卷机，甚至改变分切规格都可自动完成，用在辅助工序上的时间非常短而且操作工人非常轻松。显示出复卷机电气传动今后的发展方向。

### （三）系统配置与控制方案

从以上对复卷机控制要求的分析可知，复卷机对主传动的控制精度要求很高，以前的复卷机电控系统由于当时水平的限制，大部分采用单台直流电动机带动前、后底辊，而退纸辊采用磁粉制动来产生退卷张力，压纸辊的压力要靠手动来调节，这样就不能实现对前后底辊自动转矩控制。对退纸辊制动力矩的控制。对压纸提的压力控制都是不平滑的，当前复卷机电控系统的配制各式各样，可灵活的实现各种特殊要求，为了能实现精确灵活的控制，双支撑辊下引纸复卷机的前底辊、后底辊、退纸辊一般均采用有传动控制。本节将主要介绍在各纸厂广泛应用的双支撑辊下引纸复卷机电控系统的配置及相应的控制方案。

从前面的分析已知，复卷时把原纸卷吊放在退纸架上，纸芯放在前后两底辊上，顶紧，系统在低速爬行状态下把纸从退纸辊上引过来经导辊引至纸芯上，粘贴好以后再让系统工作在车速较高的运行状态，所以系统有引纸和运行两种工作状态。对应于复卷机的引纸与运行两种工作状态；引纸时，两底辊和退纸辊都应工作在引纸低速电动状态，三个单的线速度应基本一致，以保持一定的引纸张力；运行时，要复卷出符合要求的纸卷，电控统必须满足一定的要求：

① 作为主传动单元的后底辊的转速决定着复卷机的总车速，前底辊的车速跟随后底辊，它们之间的控制还需考虑成品纸卷内紧外松的要求对前、后底辊的负荷分配控制。

② 退纸辊的控制，在退卷过程中，退纸卷直径越来越小，要保持退卷张力恒定，退纸辊的制动力矩应随卷径的变化面变化，其外在表现是退纸辊车速随卷径的变化而变化。

③ 压纸辊压力的自动程序控制。

④ 为了使纸幅在加减速及启动过程中不受冲击张力，复卷机应有 S 形升降速控制。

从以上分析可知，复卷机自动控制系统的核心是对主传动的自动调速系统，所以从调速方式方面，一般可将复卷机自动控制系统分为两种配置：一种是主传动为直流电机的直流调速电控系统；一种是主传动为交流电机的交流调速电控系统。无论采用哪种配置，对于主传动来说最终都要达到同样目的，即：

① 前、后底辊的传动中，底辊的转速决定着复卷机车速，需有以下几个功能：a. 最低引纸速度。b. S 形升降速特性。c. 前、后底辊之间的力矩差控制。d. 成品纸卷长度显示。

② 退纸辊的传动主要是在复卷机运行中产生制动力用于保持纸幅张力，引纸过程产生电动力获得引纸速度、且需有：a. 正向点动，反向点动。b. 静止张力给定。c. 间接或直接张力控制。

如选用的调速装置能实现智能控制，则可以利用这些调速装置直接组成较简单的复卷机电控系统。如纸种对电控系统的控制性能及精度要求较高，或用户对复卷机的自动化程度要求较高，则系统还需配置可编程控制器和触摸屏。由于直流调速装置与交流调速装置的控制方法不同，调速性能也不同，因此在实现以上特定要求的时候，电控系统的控制方案也大相径庭。接下来的几节中，将分别对它们进行详细介绍。

## 第三节 造纸机控制系统

### 一、产品质量控制系统（QCS）

产品质量控制系统（简称 QCS）是指对纸页水分、定量的控制，包括横向和纵向。此外，根据纸机和纸种的不同，还包括纸张灰分、厚度、白度、匀度、色度、光泽度、不透明度、平滑度、涂布量等的测量或控制。一般是在纸页出压光、进入卷取区域间设置扫描架，QCS 主要由四部分组成：扫描架；传感器；控制器（或服务器）；执行元件，如图 11-14 所示。

造纸生产过程中的定量水分智能控制是提高产品质量、节约原材料、降低成本和提高企业经济效益的重要手段和措施。它由计算机控制工作站、智能扫描架、传感器、执行机构和控制算法软件等部分组成。计算机控制工作站根据采集的现场信息，组合成各种形式的显示图表显示在 DCS 上，实时、动态、直观，以供工艺人员分析。显示界面主要包括：工艺流程图、纵横幅定量水分分布图、控制画面、历史趋势等。同时形成各种报表，如日报表、班报表、卷报表。日报表有一天之中各班的总产量、生产时间、抄造总长度、停机时间等。扫描架的传动部分包括控制器、变频器、传感器、传动轴、皮带和外围保护开关等。QCS 系统定量检测使用的是同位素放射源，一般有 Kr85、Sr90、Pm147；灰分检测则使用 Fe55；水分用的是红外线放射源测量的原理。见图 11-15 和图 11-16。

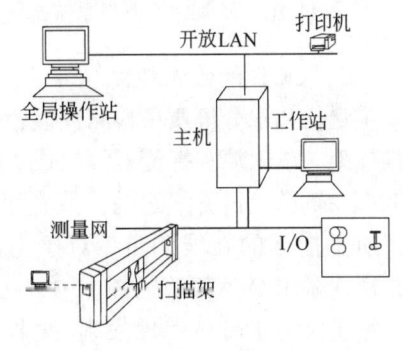

图 11-14 QCS 结构图

国内外一般采用同位素放射线测量纸张定量。通常选用 β-射线作为射线源，是因为 β-

图 11-15 美卓 QCS 测量系统图

射线比 γ-射线和 x-射线的穿透性小,测量灵敏度高。而且对纸张的组分(纤维种类,纸张水分和灰分)变化不灵敏。

### (一) QCS 的测量原理

定量传感器按其工作的结构形式可以分为反射式和穿透式,目前国内外定量传感器多采用穿透式。如图 11-17 所示,其工作原理是利用放射源发出的射线穿透纸张,射线强度随物质质量而衰减,穿透纸后的射线能量通过电离室来进行测量,经过电路处理后,与无纸时电路输出信号对比即可计算出纸张定量。

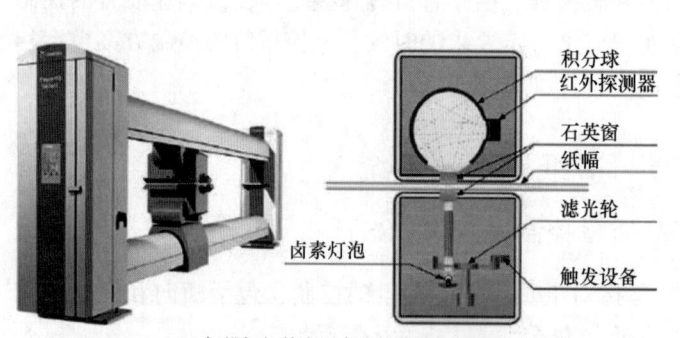

图 11-16 美卓 QCS 测量系统水分传感器结构图

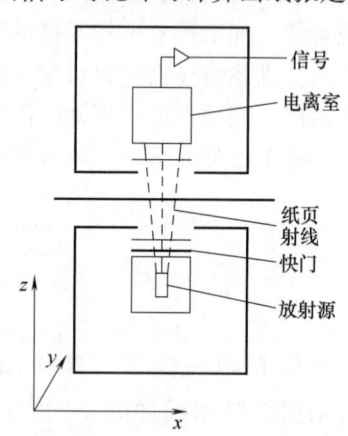

图 11-17 穿透式传感器工作示意图

### (二) QCS 的检测装置

定量仪和水分等质量检测仪表,一般都安装在扫描架的框架上,如图 11-18,检测装置由扫描架、放射源和探测器等组成。常用的有 C 形架和 O 形架。C 形架由于整个扫描架的上部都在轨道上做直线运动,故常用于窄幅纸机纸张质量指标的在线测量。对于中高速宽幅纸机,往往采用 O 形架(见图 11-19)。

定量仪和水分仪等的发射/接收等探头及放大电路都分别安装在上下头箱内,定量和水分等信号从传动侧接线端子板中取出。O 形架是不开口的,架子不动。上、下头箱由变频马达驱动,经传送带沿上下导轨同步移动,对纸幅进行横向扫描测量。

放射源是指能放出 β-射线的放射性同位素,国外广泛采用氪-85 作为测量纸张定量的放射源。在国内由于目前氪-85 来源较少,多采用钷-147 做放射源。

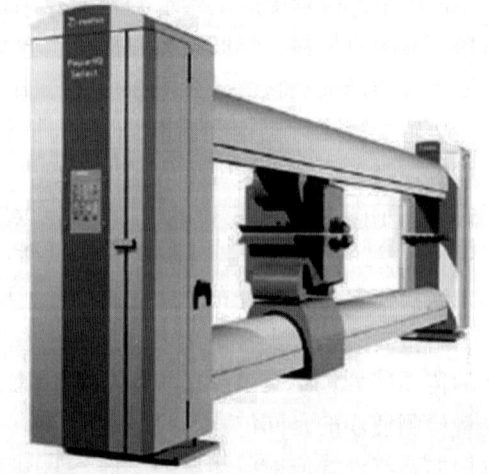

图 11-18 QCS 扫描架

放射源置于放射源盒的准直器底部（图 11-20）准直器的作用是减少 β-射线的散射，从而有效地减少纸张运行中的波动对测量造成的影响。准直器里充满空气，用双面镀铅薄膜密封 β-射线的出口端。设有冷却套，用通水或吹气的方法冷却。这样可以消除静电和温度对 β-射线强度的影响。射源盒中装有电机带动的工作状态转盘，转动转盘的不同位置，可以使仪表在三种不同的状态下工作：放射源敞开状态（测量状态）、标样校正状态（标定状态）和放射源覆盖状态。

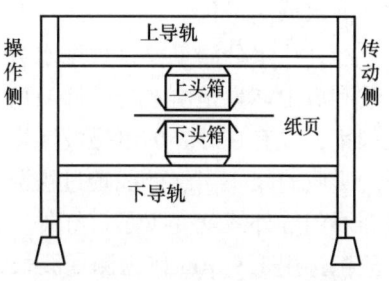

图 11-19　O 形扫描架示意图

透过纸张 β-射线强度用探测器测量，常用的探测器是电离箱，它由外壳、阴极、阳极（收集极）充气孔和窗膜组成。外壳是钢管，窗膜是由双面镀铅聚酯薄膜制造。整个外壳保持良好的接地，以减少纸张静电干扰。阴极为圆筒形，阳极安装在圆筒中心，阴阳极之间相互绝缘，密封的电离箱内充有压力稍高于大气压的氩气和氮气。在阴阳极之间加一直流高压（约 300~400V）。当无射线进入电离箱时，由于电极之间是绝缘的，故阳极基本上处于无电流状态，当 β-射线穿过窗口进入电离箱时，β-射线粒子（高速运动的电子流）将会引起电离箱

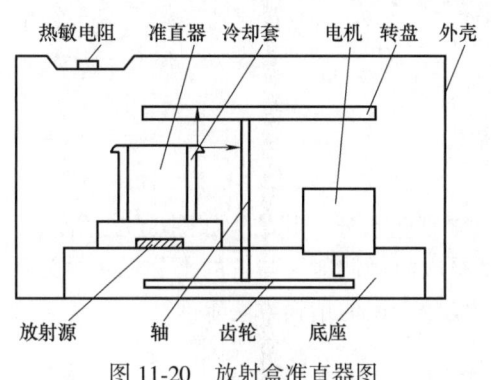

图 11-20　放射盒准直器图

内气体分子的电离，产生带正电和负电的离子，正负离子在阴阳极电场的作用下，分别向阳极和阴极移动，在收集极上产生电流信号 $I$。β-射线的强度越大气体电离越多，电流信号 $I$ 也越大。该电流通过高阻值电阻 $R$ 产生直流电压信号 $E$。电压信号 $E$ 正比于入射的 β-射线强度，因此电压讯号 $E$ 随着纸张的定量变化而变化。

由于纸张定量的变化范围通常较小，所以现有的 β-射线仪的电路都是采用补偿原理（偏差测量）设计的。它不是测量纸张定量的绝对值，而是实际值与给定值的差值。电离箱产生的随定量而变化的电压讯号 $E$ 不是直接送去转换器放大，而是与一个标准给定电压比较后再送去放大器放大。给定电压系统能提供一个高度稳定的电压 $E'$，$E'$ 代表标准定量时的电压值，称为给定电压。转换器将 $\Delta E = E' - E$ 信号放大，经过转换输出为 0~10mA 的信号。

另外，β-射线仪还有自动校正和气隙温度补偿机制。由于仪表在运行过程中会由于纸毛和尘埃的积累，放射源 β-射线强度衰弱而引起漂移，带来测量误差，所以设置补偿装置。当检测器离开检测位置，准直器内的标准纸样旋出，电路自调节功能使用，使给定电压输出为零。自动系统每小时自动校正一次，解决了仪表测量的零漂问题。在长期连续使用中，不需人工校正，保证测量准确。

（三）QCS 中纸张水分的测量

最早的水分测量采用"导缸法"即将最后一个烘缸的供气系统及气压测量全部独立，根据气压和温度的变化（蒸发量的变化）来判断水分变化的幅度。此法虽然投资较小，但精度差对水分的测量也只是定性的判断，远不能满足现代高速宽幅纸机的要求。现代生产过程中，连续检测纸张水分的测量仪表种类繁多，下面就介绍一下广泛采用的红外水分测量仪

和微波水分测量仪。

红外线水分测量仪是根据水分子对红外线有选择地吸收的原理制成的。物质之所以能够吸收和放出能量是由本身的性质所决定的。不同的物质有自己特有的能级，它们有自己的特征频率，只有在外界的电磁波频率与本身的频率一样时，才会被该物质吸收。因而形成了不同的吸收曲线。当红外线透过被测介质时，介质吸收了相应的频率的红外线能量。因此，通过介质的红外线就变少了。红外线水分仪是根据水分子对红外线有特性吸收的原理制成的。一般都选用 $1.94\mu m$ 作为测量波长，因为这个波段中可用普通玻璃作为仪表的光学元件。检测用的硫化铅光敏元件的探测峰值较接近这个波段范围，探测灵敏度较高，同时水分子对 $1.94\mu m$ 波段的吸收峰值较大，而被检测纸张中纤维对 $1.8\sim 2.0\mu m$ 波段无吸收，可减少纤维对测量的影响，纸张水分对红外线的吸收可用式（11-25）计算：

$$E_{1.94} = E_0 e^{-kw} \tag{11-25}$$

式中　$E_0$——$1.94\mu m$ 红外线入射的能量

　　　$k$——纸张吸收的系数

　　　$w$——纸张水分含量

　　　$E_{1.94}$——测得的透过纸张后的红外线能量

测出透过纸张 $1.94\mu m$ 红外线的能量 $E_{1.94}$ 便可知纸张水分，其结构如图 11-21 所示。

微波水分仪的测量原理是在自由空间，根据纸页吸收微波射线与它的水分之间的关系来确定纸页水分的。一般有微波穿透或反射的方法，及较少用的拍频方法等。

穿透式微波水分仪原理如图 11-22 所示。

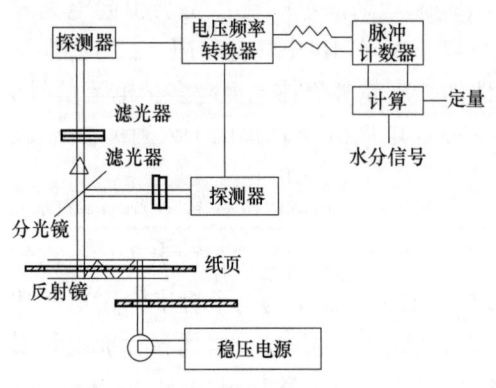

图 11-21　双光路系统红外水分仪

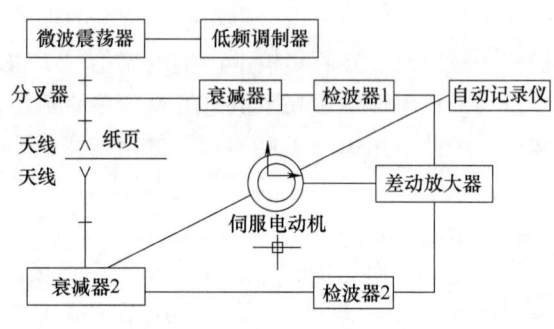

图 11-22　穿透式微波水分探测仪

它使微波震荡器放出的微波一部分穿过纸页，一部分不变。然后经过检波测得两者之间的差值并放大。对于纸页来说电磁波渗入深度可以和波长来比较，水分增加，纸页的介电损耗也增加，而且在厘米波长范围内其变化特别大。因此，在此利用的穿透电磁波的微波水分仪表中也利用了厘米波长范围内震荡器来测量纸页水分。

反射法就是利用测量含水纸页表面的发射系数（在保持其温度、紧密度、和其他因素不变的条件下）时得到的有关水分的信息，来测量水分的。所谓的拍频法就是将纸页放入一个电容器当中，当纸页水分变化时电容内介质的介电系数变化，电容的值也发生变化，然后通过检测电容的变化来确定水分的变化。

**（四）纸张定量和水分的纵横向分布测量**

实际上纸张中每一点的定量和水分是不均匀的，具有随机性。因此纸张的定量和水分指标是统计值，即在一定的范围内的平均值。在纸机生产过程中，由于种种原因，会引起纸张的纵向和横向的定量和水分分布的波动。只有分别测出纵向和横向的定量水分波动情况，才能采取相应的措施去解决；横向绝干定量的变化则通过改变稀释水流量和唇板开度去解决。因此通过纸张定量和水分的在线测量应该得出纸张横向和纵向的平均定量、水分和绝干定量。所以纸张定量和水分得测量必须同步进行。而且需要横向扫描测量。单方向得测量不能正确反映纸张水分和定量变化得真实情况。在测量仪表进行横向扫描的同时，纸张做纵向移动，轨迹如图 11-23 所示。不同的纸机车速和扫描速度其轨迹斜率也不同。

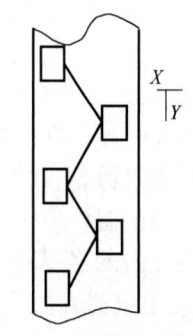

图 11-23 轨迹示意图
（$X$ 测量装置的扫描方向；$Y$ 纸张运动方向）

## 二、造纸机本体控制系统（MCS）

### （一）MCS 的介绍

纸机本体的自动化控制称为 MAS 或 MCS。它包括纸机的机械动作、液压润滑（包括脂润滑）、辊子的动作、施胶机压区的闭合、卷取初级臂和次级臂的动作等。

流浆箱、成形部、压榨部、干燥部、压光机、卷取、油润滑和液压等装置均属纸机本体设备。这些设备有的带操作台、箱，有的带专用控制装置，有的带现场仪表，如电磁阀、二位开关、气动元件喷水阀、压力传感器、接近开关、伺服阀和液压元件等。

① 流浆箱的流速与压力的控制；
② 润滑油循环的控制；
③ 压榨部线压的控制；
④ 网部的摇振和移动喷水的控制；
⑤ 网和毛毯的纠偏的控制；
⑥ 压光机液压系统的控制；
⑦ 卷取部气动系统的控制；
⑧ 自动闭网与压辊。对叠网、夹网成形形式的纸机，网间传动采用多重复合式速度链控制方式；网内传动采用多点负荷均衡分配控制方式，控制系统应自动限制网间的速差，进行速差保护。在设定的速差范围内，实现自动闭网。
⑨ 自动引纸。根据设备设计要求，控制系统应采用光电器件检测、伺服或液压系统组成控制机构，实现自动引纸。
⑩ 网、毯的自动控制。高速纸机网、毯的控制，应包括张力控制和位移控制。根据纸机设备高速运行的需要，考虑采用张力传感器以张力实测的方式进行网、毯的自动张力控制，目的是实现高速下的恒张力。对运行中的网和毯的横向位移进行多点监测和控制，以控制跑偏现象的出现，提供纠偏和超限报警功能。
⑪ 压辊的自动加压控制。高速纸机采用液压系统，保证压榨部和压光机的压辊自动平稳加压，实现线压自动控制。
⑫ 烘缸温度的控制。烘缸温度实现真正意义上的闭环自动控制，采用红外传感器进行烘缸表面温度的多点检测，进行烘缸蒸汽压力循环量的连续控制。实现冷凝水的自动排放。
⑬ 密闭气罩的控制。对烘干部密闭气罩的控制分以下内容：热交换系统及汽水分离器的控制；循环热风进风温度的检测，以控制热风进风量；气罩内进行多点湿度检测，通过调

节排风风量,将饱和热风排出气罩,实现纸页环境湿度的基本稳定;气罩内压差控制;提升门的自动控制,断纸自动提升;消防应急处理,自动喷淋系统。

⑭ 轴承温升的控制。根据纸机设备高速运行的要求,润滑油的循环流量必须保证各润滑点的温升控制在一定范围内,因此,润滑管道的流量需要自动控制,根据油压管道的压力、流量等数据,进行油压循环恒压恒流自动控制。根据稀油管道的温度检测数据,自动控制润滑油的温度恒定。过温提示、超限报警指示。系统应自动进行轴承的温度检测与异常报警。在设备的必要部位实行强制循环液体冷却或风送冷却。

⑮ 电机温升的监测。传动电机的温升由变频器监测报警,控制系统根据监测数据进行过温提示、故障报警指示,对冷却风道进行监测。

⑯ 设备的振动监测与报警。高速纸机运行的稳定是纸机运行正常的保证,对关键设备进行振动监测与报警,有利于及时排除振动现象,以保证纸机的正常运行。

⑰ 计量控制。对纸卷直径和纸的长度进行计数实时检测,以实现自动换卷和纸卷计量。

(二) MCS 应用实例

1. 自动张紧器

(1) 概述

底网、芯网、衬网、面网的张紧和松弛原理都一样,现以底网为例,都是通过电磁换向阀的得电和失电(采用单电控制)来控制气胎的充放气,从而控制张紧辊的抬升和下降,来控制成形网的张紧和松弛。

(2) 过程

来自压缩空气站的压缩空气首先经过过滤器和油雾气净化后,再依次通过一个二位五通的电磁换向阀、减压阀(其上装有一个量程为 1MPA 的张力表,用以设定网的张力)和梭阀对张紧气胎充放气。在正常运转的情况下,电磁换向阀不得电,压缩空气经过减压阀减压后对气胎充气,因而张紧辊抬升,当网子的张力达到设定值时,张紧器自动停止并保持在此位置。当在没有底网的网速信号下,按一下 S1-CD26301 按钮时,电磁换向阀得电,产生换向作用,气胎中的压缩空气从梭阀的一旁的快速排气阀中排出,从而松弛成形网。

(3) 控制

底网自动张紧器松弛,其张紧逻辑图见图 11-24。

(4) 优缺点

该设备结构简单、操作方便、价格便宜。但是,由于空气的可压缩性,所以此装置的精度没有液压系统精确。

(5) 方法

基于以上的描述,可以改为液压系统,从而提高系统精确性,但是此时价格将比原来昂贵一些。

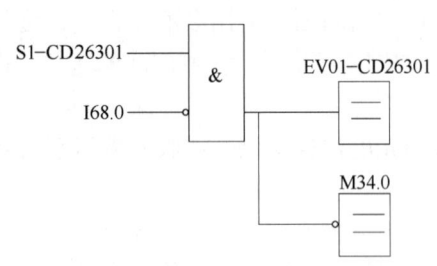

图 11-24 底网自动张紧器张紧逻辑图
S1-CD26301—底网自动张紧器松弛按钮
I68.0—底网速度>0
EV01-CD2630—底网自动张紧器松弛电磁阀
M34.0—张紧器状态指示 (1=张紧 0=松弛)

2. 底网立式张紧器

由于底网的长度长达 27m,所以配备了 3 个立式张紧器。

(1) 原理概述

立式张紧器是通过双电控制的电磁换向阀来控制气动马达的正转和反转,以此来控制底网的张紧和松弛的，张紧或者松弛的程度是通过两个接近开关来控制的。

（2）工作过程

同样，像自动张紧器一样，来自压缩空气站的压缩空气经过净化后，依次通过一个二位五通的电磁换向阀和一个调速阀进入叶片式的气动马达，推动气动马达正转或者反转，从而张紧或者松弛成形网。在没有外部信号情况下，电磁换向阀处于中位，当转换开关 S1-CB26301 打到张紧的位置时，电磁换向阀 B 带电时，压缩空气通过电磁换向阀和调速阀（用以调节张紧的速度）推动气动马达正转，从而带动张紧辊下降来张紧成形网。张紧的程度是通过接近开关来控制的，当成形网张紧到一定程度时，接近开关（下限位开关）的长开触点自动闭合，送给控制系统一个信号，使张紧器停止并保持在此位置；当转换开关 S1-CB26301 打到松弛位置时，电磁换向阀 A 带电时，产生换向作用，气动马达改变转向，从而推动张紧辊松弛成形网。同样，当网子松到一定位置时，接近开关（上限位开关）的长开触点闭合，从而停止网子的松弛。

（3）程序控制

底网立式张紧器张紧，其张紧逻辑图见图 11-25。

（4）装置的优缺点

该设备结构简单、操作方便、价格便宜。但是，由于空气的可压缩性，所以此装置的精度没有液压系统精确。

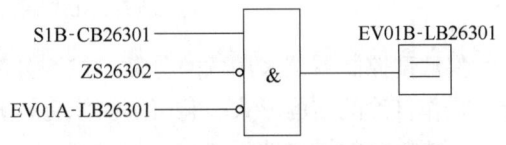

图 11-25　底网立式张紧器张紧逻辑图
S1B-CB26301—底网立式张紧器张紧按钮
ZS26302—张紧限位
EV01A-LB26301—底网立式张紧器松弛电磁阀
EV01B-LB26301—底网立式张紧器张紧电磁阀

（5）改进方法

基于以上的描述，可以改为液压系统，从而提高系统精确性。但是此时价格将比原来一些。同样，在压榨部，对复合或靴式压榨形式，自动限制辊间速差，进行速差保护。在速差设定的范围内，实现压辊自动闭合加压。

3. 网部高压喷淋水的摆动

网部的高压喷淋水包括底、芯、衬、面以及吸移辊和真空伏辊的高压喷淋水，共 15 个。其摆动速度为 3～127cm/min。

（1）高压喷淋水的作用

由于成形网和吸移辊以及真空伏辊运转时要保持清洁，因而采用高压喷淋水摆动装置，用来冲洗成形网、吸移辊和真空伏辊，以保持它们的清洁。

（2）原理概述

高压喷淋水的摆动是通过控制电机的正反转来实现的。而其速度的控制两种方式：一种是人工设定；另一种是根据网速、网长、网孔宽度自动计算（即网速/网长×孔宽）而出的。

（3）程序控制

网部高压喷淋水摆动控制，其摆动逻辑图见图 11-26。

（4）装置的评述

该装置操作简单、可靠，是一种值得发扬的产品。其中核心的摆动器是从 MESTO 公司引进的，因此具有很高的先进性和实用性，同时也具有很高灵敏性和精确度。

（5）装置的优缺点

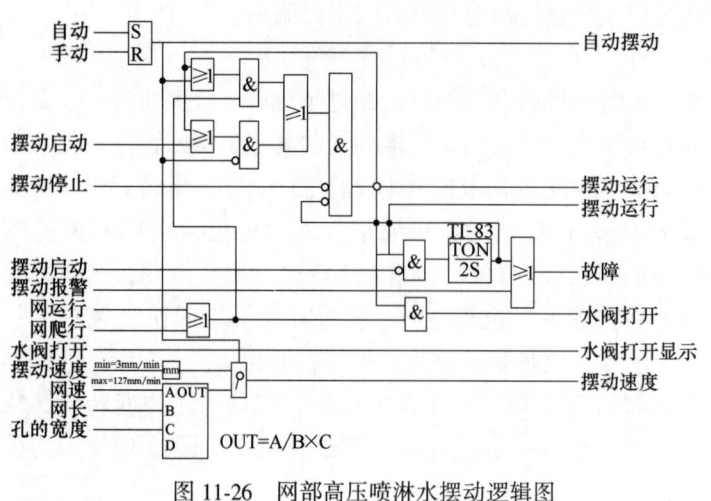

图 11-26　网部高压喷淋水摆动逻辑图

该设备结构简单、操作方便、价格便宜。但是，由于空气的可压缩性，所以此装置的精度没有液压系统精确。

(6) 改进方法

基于以上的描述，可以改为液压系统，从而提高系统精确性。但是此时价格将比原来贵一些。

同样，在压榨部，对复合或靴式压榨形式，自动限制辊间速差，进行速差保护。在速差设定的范围内，实现压辊自动闭合加压。

## 三、造纸机的集散控制系统（DCS）

集散型控制系统采用危险分散、控制分散，而操作和管理集中的基本设计思想，多层分级、合作自治的结构形式。它可解决原有计算机的集中控制导致的危险集中和常规模拟仪表控制功能单一的局限性问题。

集散控制系统又称多级计算机分布控制系统和分布式控制系统，它是以微处理器为基础的集中分散型控制系统，根据分级设计的基本思想，实现功能上分离，位置上分散，以达到"分散控制为主，集中管理为辅"的控制目的。DCS 集散型控制系统，从结构上讲就是将采集和控制分散在多个现场控制站中，而将操作和监视功能集中在一个或多个操作站中。对于 DCS 来说，不仅需要保证自身监控的设备稳定可靠地运行，它更作为一个平台，整合了各个控制系统，在信息交换、开放性、兼容性、系统优化等方面提出了更高的要求。见图 11-27。

### （一）集散控制系统的基本组成

集散控制系统从系统的结构来说，都是由过程控制站、操作站和通信系统三部分组成的。三部分之间的关系如图 11-28 所示。

1. 过程控制站

过程控制站由分散过程控制装置组成，

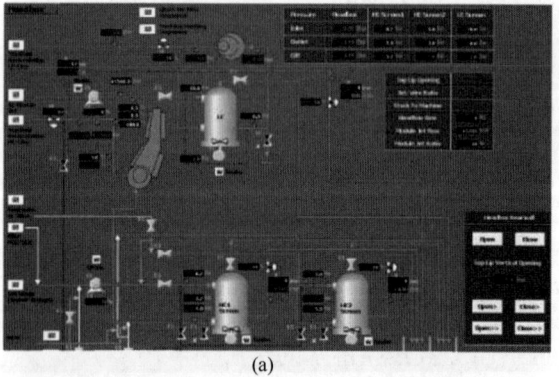

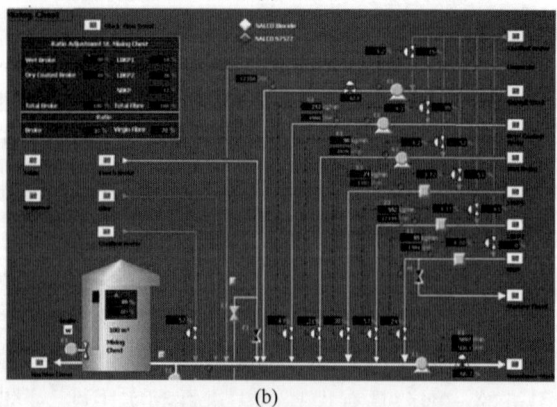

图 11-27　集散控制系统（DCS）(a) 和 (b)

是集散控制系统与生产过程之间的界面，它的主要功能是分散的过程控制，生产过程的各种过程变量通过分散过程控制装置转化为操作监视的数据，而操作的各种信息也通过分散过程控制装置送到执行机构。在分散过程控制装置内，进行模拟量与数字量的相互转换，完成控制算法的各种运算，对输入与输出量进行有关的软件滤波及其他的一些运算。其结构具有如下特征：

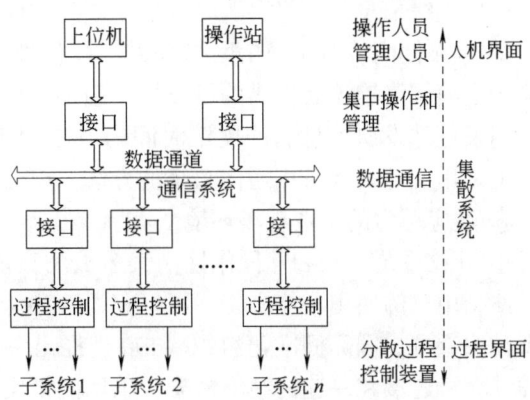

图 11-28　集散控制系统的基本组成

① 需要适应恶劣的生产过程环境。
② 分散控制。分散控制装置体现了控制分散的系统构成。它把地域分散的过程控制装置用分散的控制实现，它的控制功能也分为常规控制、顺序控制和批量控制等。它把监视和控制分离，把危险分散。使得系统的可靠性提高。
③ 实时性。
④ 独立性。目前的分散过程控制有多个分散过程装置，由多回路控制器、多功能控制器、可编程逻辑控制器及数据采集装置组成。它相当于现场控制级和过程控制装置级，实现与过程的连接。

2. 操作站

操作站由操作管理装置，即操作台、管理机和外部设备（如打印机，拷贝机）等组成，是操作人员与集散控制系统之间的界面，相当于车间操作管理级和全厂优化和调度管理级，实现人机接口。它的主要功能是集中各分散控制装置送来的信息，通过监视和操作，把操作和命令下送各分散控制装置。信息用于分析、研究、打印、存储并作为确定生产计划，调度的依据。其基本特征如下：a. 信息量大；b. 易操作性；c. 容错性好。

由于集中操作和管理部分是人和机器的联系界面，为防止操作人员的误操作，该部分装置应有良好的容错性。即只有相当权威的人员才能对它操作。为此，要设备硬件密匙，软件加密，对误操作不予响应等安全措施。

3. 通信系统

集散控制系统要达到分散控制和集中操作管理的目的，就需要使下一层信息向上一层集中，上一层指令向下一层指令传送，级与级或层与层进行数据交换，这都靠计算机通信网络（即通信系统）来完成。通信系统是过程控制站与操作站之间完成数据传递和交换的桥梁，是集散控制系统的中枢。通信系统采用总线型、环型等计算机网络结构，不同的装置有不同的要求。有些集散控制系统在过程控制站内又增加了现场装置级的控制装置和现场总线的通信系统，有些集散控制系统产品则在操作站内增加了综合管理级的控制装置和相应的通信系统。与一般的办公或商用通信网不同，计算机通信系统完成的是工业控制与管理，具有如下特点：

① 实时性好，动态响应快。集散控制系统的应用对象是实际的工业生产过程。它的主要数据通信的信息是实时的过程信息和操作管理信息。所以网络要有良好的实时性和快速的响应性，一般响应时间在 0.01~0.5s。快速响应要求的开关、阀门或电机的运转都在毫秒

级，高优先级信息对网络存取时间也不超过 10ms。

② 可靠性高。对于通信网络来说，任何暂时中断和故障都会造成巨大的损失，为此，相应的通信网络应该有极高的可靠性。通常，集散控制系统是采用冗余技术，如双网备份方式，当发送站发出信息后的规定时间内没收到接收站的响应时，除了采用重发等差错控制外，也采用立即切入备用通信系统的方法，以提高可靠性。

③ 适应恶劣的工业现场环境。

④ 开放系统互联和互操作性。大多数的集散控制系统的通信网络是有各自专利的，但为了便于用户的使用，能实现不同厂家的 DCS 互相通信（开放），对网络通信协议的标准化受到普遍重视，国际标准化组织（ISO）提出一个开放系统互连（OSI）体系结构，它定义异种计算机连接在一起的结果框架，采用网桥实现互联。

开放系统的互连，使其他网络的优级软件能够很方便地在系统所提供的平台上运行，能够在数据互通基础上协同工作，共享资源，使系统的互协作性、信息资源管理的灵活性和更大的可选择性得到增强。

### （二）集散控制系统的技术要点

集散控制系统主要技术特征表现在分级递阶结构，分散控制、局域通信网络和高可靠性四个方面。

#### 1. 分级递阶结构

采用这种结构是从系统工程出发，考虑系统的功能分散、危险分散，提高可靠性，强化系统应用灵活性，降低投资成本，便于维修和技术更新及系统最优化选择而得出的。

分级递阶结构方案如图 11-29 所示。他在垂直方向和水平方向都是分级的。最简单的集散控制系统至少在垂直方向上分为二级；操作管理级和过程控制级。在水平方向上各过程控制级之间是相互协调的分级，它们把现场数据向上送达操作管理级，同时接受操作管理级的下发指令，个个水平级之间也进行数据交换。

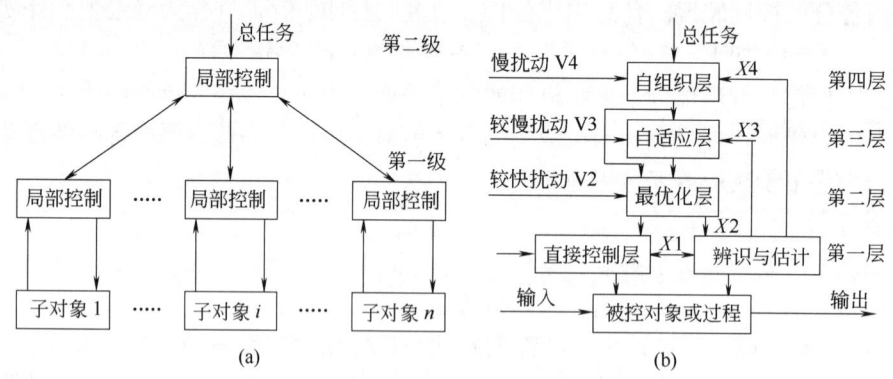

图 11-29 集散控制系统的分级递阶结构示意图
(a) 横向协调分工示意图 (b) 纵向分层的垂直分解图

集散控制系统的规模越大，系统的垂直和水平级的范围也越广。常见的 CIMS（现代集成制造系统）是集散控制系统的一种垂直方向和水平方向的扩展，从广义的角度讲，CIMS 是在管理级扩展的集散系统，它把操作的优化、自学性和自适应的各垂直级与集散控制系统集成起来，把计划、销售、管理和控制等各水平级综合在一起，因而有了新的内容和含义。目前，大多集散控制系统的管理级仅限于操作管理。但从系统构成来看，分级递阶是其基本特征。

包括集散控制系统的优点是：个个分级具有各自的分工范围，相互之间有协调。通常，这种协调是通过上一级来完成的，如图11-29（a）所示。上下各分级的关系通常是：下面的分级把该级及其下层的分级数据送到上一级，由上一级根据生产的要求进行协调，并给出相应的指令（即数据），通过数据通信系统把数据送到下层的有关分级。

包括集散控制系统在内的CIMS或CIPS（计算机集成生产系统）在垂直方向上可分为四层，见图11-29（b）。第一层为过程控制级，根据上层决策直接控制过程或对象的状态，即DDC（直接数字控制）控制。从高级控制出发的参数辨识与状态估计也属于第一层任务。第二层为优化控制级，根据上层给定的目标函数与约束条件进行设定或整定控制器（如PID）参数。第三层为自适应控制级，根据运行经验补偿工况变化对控制规律的影响，以及元器件老化等因素的影响，始终维持系统处于最佳或最优运行状态。第四层为自组织级或工厂管理级。其任务是决策、计划管理、调度与协调，根据系统的总任务或总目标，规定各级任务并决策协调各级的任务。

2. 分散控制

分散的含义不单是分散控制，还包含了其他意义，如人员分散、地点分散、功能分散、危险分散和操作分散等。分散的目的是克服计算机集中控制危险集中的可靠性低的缺点。

分散的基础是被分散的系统各自独立的自治系统。分散递阶结构就是各自完成各自功能，相互协调，各种条件相互制约。在集散系统中，分散内涵是十分广泛的，包括分散数据库、分散控制功能、分散通信、分散供电、分散负荷等。但系统的分散是相互协调的分散，也称为分布。因此，在分散中游集中的数据管理、集中的控制目标、集中的通信管理等为分散做协调的管理。各个分散的自治系统是在统一管理和协调下各自分散工作的。

集散控制系统的分散控制具有非常丰富的功能软件包，它能提供控制运算模块、控制程序软件包、过程监视软件包、显示程序包、信息检索和打印程序包等。

3. 局域通信网络

集散控制系统数据通信网络是典型的局域通信网络。当今的集散控制系统都采用工业局域网络技术进行通信，传输实时控制信息，进行全系统信息综合管理，对分散的过程控制单元，人机接口单元进行控制、操作管理。信息传输速率可达5~10Mb/s，响应时间仅为数百微秒，误码率低于$10^{-10} \sim 10^{-8}$。大多数集散控制系统的通信网络采用光纤传输媒质，通信的可靠性和安全性大大提高。通信协议向国际标准化方向前进，达到ISO开发系统互联模型标准。采用先进局域网络技术是集散控制系统优于常规仪表控制系统和计算机几种空中系统的最大优点之一。

4. 高可靠性

可靠性一般是指系统的一部分（单机）发生故障时，能否继续维持系统全部或部分功能，即部分发生故障时，利用未发生故障部分可使系统运行继续下去，并且还能迅速的发现故障，立即或很快的修复。它通常用平均无故障间隔时间MTBF（Mean Time Between Failure）和平均故障修复时间MTTR（Mean Time to Repair）来表征。高可靠性是集散控制系统发展的关键，没有可靠性就没有集散控制系统。目前，大多数集散控制系统的MTBF达50000h，而MTTR一般只有5min。

保证可靠性首先采用分散结构设计及硬件优化设计。把系统整体设计分解为若干子系统模块，如控制器模块、历史数据模块、打印模块、报警模块等，软件设计各自独立，又资源共享。电路优化设计采用大规模和超大规模的集成电路芯片，尽可能减少焊接点，还可以使系统发生局部故障时能降级控制，直到手动操作。

保证高可靠性，另一个不可缺少的技术就是冗余技术。冗余技术也是表征集散控制系统的特点之一。系统中各级人机接口、控制单元、过程接口、电源、I/O 接口等都采用冗余化配置，冗余度为双重冗余和多重化（$n:1$）冗余。信息处理器、通信接口、内部通信总线、系统通信网络都采用冗余和措施，保证高可靠性。另外，系统内还设有故障诊断、自检专家系统。一个简单的故障诊断专家系统流程图如图 11-30 所示。

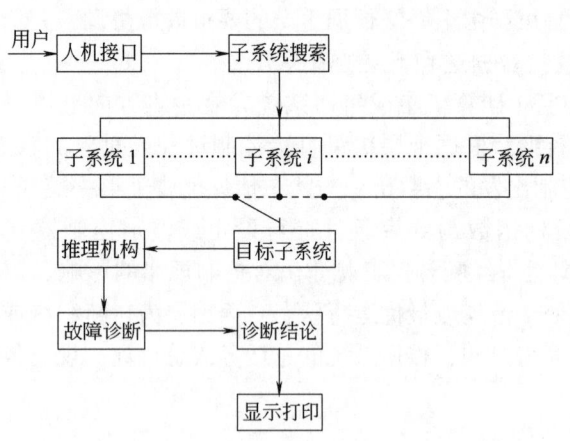

图 11-30　故障自诊断专家流程图

故障自检、自诊断技术包括符号检测、动作间隔和响应时间的监视，微处理器及接口和通道的诊断。故障信息的积累和故障判断技术将人工智能知识引入到系统故障识别，利用专家知识、经验和思维方式合理地做出各种判断和决策。

（三）DCS 控制系统与普通型 PLC 的比较

① DCS 是一种"分散式控制系统"，而 PLC 只是一种（可编程控制器）控制"装置"，两者是"系统"与"装置"的区别。系统可以实现任何装置的功能与协调，PLC 装置只实现本单元所具备的功能。

② 在网络方面，DCS 网络是整个系统的中枢神经，和利时公司的 MACS 系统中的系统网采用的是双冗余的 100Mbps 的工业以太网，采用的国际标准协议 TCP/IP。它是安全可靠双冗余的高速通讯网络，系统的拓展性与开放性更好。而 PLC 因为基本上都为个体工作，其在与别的 PLC 或上位机进行通讯时，所采用的网络形式基本都是单网结构，网络协议也经常与国际标准不符。在网络安全上，PLC 没有很好的保护措施。DCS 采用电源、CPU、网络双冗余。

③ DCS 整体考虑方案，操作员站都具备工程师站功能，站与站之间在运行方案程序下装后是一种紧密联合的关系，任何站、任何功能、任何被控装置间都是相互连锁控制，协调控制；而单用 PLC 互相连接构成的系统，其站与站（PLC 与 PLC）之间的联系则是一种松散连接方式，是做不出协调控制功能的。

④ DCS 在整个设计上就留有大量的可扩展性接口，外接系统或扩展系统都十分方便，PLC 所搭接的整个系统完成后，想随意地增加或减少操作员站都是很难实现的。

⑤ DCS 安全性，为保证 DCS 控制的设备的安全可靠，DCS 采用了双冗余的控制单元，当重要控制单元出现故障时，都会有相关的冗余单元实时无扰的切换为工作单元，保证整个系统的安全可靠。PLC 所搭接的系统基本没有冗余的概念，就更谈不上冗余控制策略。特别是当其某个 PLC 单元发生故障时，不得不将整个系统停下来，才能进行更换维护并需重新编程。所以 DCS 系统要比其安全可靠性上高一个等级。

⑥ 系统软件，对各种工艺控制方案更新是 DCS 的一项最基本的功能，当某个方案发生变化后，工程师只需要在工程师站上将更改过的方案编译后，执行下装命令就可以了，下装

过程是由系统自动完成的，不影响原控制方案运行。系统各种控制软件与算法可以将工艺要求控制对象控制精度提高。而对于 PLC 构成的系统来说，工作量极其庞大，首先需要确定所要编辑更新的是哪个 PLC，然后要用与之对应的编译器进行程序编译，最后再用专用的机器（读写器）专门一对一地将程序传送给这个 PLC，在系统调试期间，大量增加调试时间和调试成本，而且极其不利于日后的维护。在控制精度上相差甚远。这就决定了为什么在大中型控制项目中（500 点以上），基本不采用全部由 PLC 所连接而成的系统的原因。

⑦ 模块 DCS 系统所有 I/O 模块都带有 CPU，可以实现对采集及输出信号品质判断与标量变换，故障带电插拔，随机更换。而 PLC 模块只是简单电气转换单元，没有智能芯片，故障后相应单元全部瘫痪。表 11-6 是 DCS 与普通 PLC 功能比较，相对来说 DCS 功能较强大。

表 11-6　　　　　　　　　　DCS 与普通型 PLC 功能比较

| 系统功能 | DCS | PLC | 系统功能 | DCS | PLC |
| --- | --- | --- | --- | --- | --- |
| 过程控制 | 强 | 强 | 系统管理能力 | 强 | 弱 |
| 顺序控制 | 较弱 | 强 | 诊断和报警能力 | 强 | 弱 |
| 硬件稳定性 | 比较可靠 | 可靠 | 系统融合能力 | 强 | 弱 |
| 通信能力 | 强 | 较弱 | | | |

## 四、纸机的过程控制系统（PCS）

### （一）概述

纸机的过程控制系统（PCS）指包括上浆系统，纸机蒸汽冷凝水系统，真空、喷水系统，损纸系统和涂料制备等的温度、压力、液位、流量、纸浆浓度、生产线电动机的启停与联锁等的控制。

PCS 也向集散形式发展，发展的 PCS、PLC 和 DCS 的差别正在不断消失。我们通过 SIEMENS 的过程控制软件 SIMATIC PCS 7（简称 PCS 7 或 S7）来说明。PCS 7 拓扑结构图见图 11-31。

该系统采用上位机软件 WinCC 作为操作和监控的人机界面，利用开放的现场总线和工业以太网实现现场信息采集和系统通信，自备自动化系统作为现场控制单元实现过程控制，以灵活多样的分布式 I/O 接收现场传感检测信号。

基于全集成自动化思想的系统，其集成的核心是统一的过程数据库和唯一的数据库管理软件，所有的系统信息都存储于一个数据库中而且只需输入一次，这样就大大增强了系统的整体性和信息的准确性。

系统软件设备库可以提供大量的常用的现场设备信息及功能块，可大大简化组态工作，缩短工程周期。

具有 ODBC、OLE 等标准接口，并且应用以太网、PROFIBUS 现场总线等开放网络，从而具有很强的开放性，可以很容易地连接上位机管理系统和其他厂商的控制系统。

### （二）PCS 的技术特点

PCS 的技术特点：a. 统一协调的完整体系；b. 横向集成；c. 纵向集成；d. 现场系统集成；e. 灵活性和开放性。

公司环境的纵向系统集成包括两个方面：与全公司范围的信息网络集成，现场仪表与系

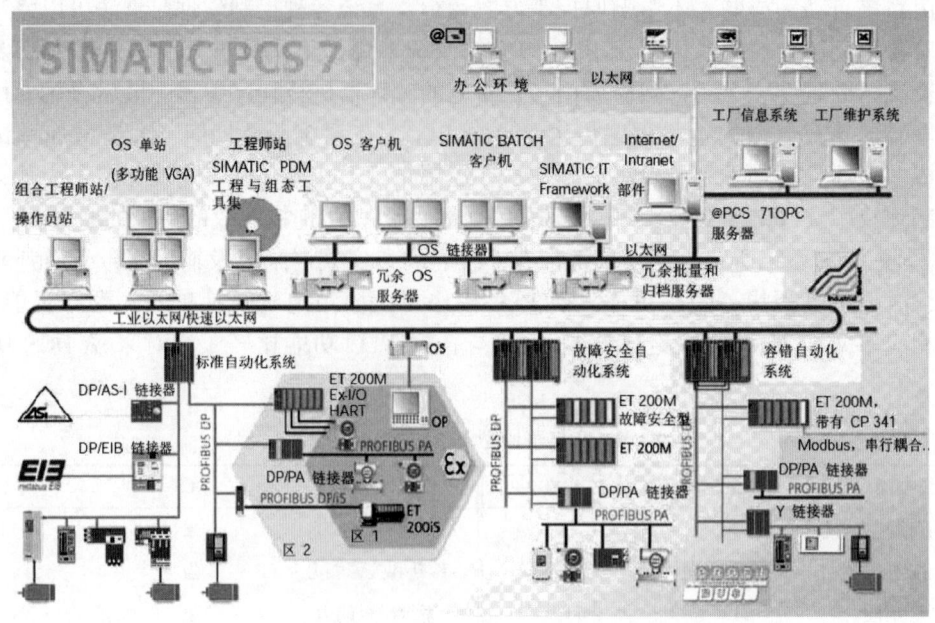

图 11-31　拓扑结构界面

统集成。

PCS7 兼容诸如以太网、TCP/IP、OPC、COM、DCOM、@aGlance、SAP、R3/PP-PI 等与运行管理和数据交换相关的国际标准，保证了它与公司级信息网络的集成。

该系统可以保证各种应用随时随地访问过程数据，它们包括：管理信息系统（MIS）、管理执行系统（MES）、企业资源规划（ERP）、先进过程系统、过程优化软件包、资产管理和信息管理。它为连接 SAP/R3 的 PP-PI 模块提供了 SAP 认证接口，该接口将 SAP/R3 与 PCS7 的软件包 Batch Flexible 相连，用于间歇过程的配方控制自动化。

该系统服务器和相应的 Web@aGlance/IT-客户机相结合，支持用户在任何地方通过 Intranet 和 Internet 在线监控生产过程。

关于现场系统集成，无论工厂配备的是传统设备还是智能设备（如 Hart 协议），或者是更高级的基于总线的现场设备，PCS7 都能将它们集成到过程控制系统中去。通过 Profibus-DP/PA（符合 IEC61158 国际标准）连接，可以使基于总线的现场设备实现冗余。

两步设计的 DP/PA 使得工厂在使用大量现场设备时没有任何限制或不会损失任何性能。在 Profibus-PA 网段中，可以挂接 EX 区域现场设备、具有 EX 模块的传统现场设备和 Hart 设备。SIMATIC PDM（过程设备管理器）也可以集成在 PCS7 工程系统中，它能够在工厂总线上通过控制器直接对现场设备（Profibus 或 Hart）进行参数设计或诊断。

（三）PCS 的硬件体系

该系统具有 DCS 的典型特征，其硬件体系也主要由分散过程控制装置、集中管理操作系统和通信网络三大块组成，PCS（7）结构如图 11-32 所示。

1. 过程控制装置

该系统主要由自动化系统和分布式 I/O 组成。它还可以作为一个系统部件通过网络与操作员站（OS）和工程师站（ES）相连接。可以利用 Profibus 总线和工业以太网系统总线进行联网。

每个自动化系统的分布式 I/O 模块最多可以连接 5 个 Profibus-DP 线路。自动化系统中央单元为解决 I&C 任务提供所需的全部功能，最多可用多达 6 种不同的中央单元。

2. 操作管理站

PCS（7）过程控制系统的操作管理站包括操作员站（OS）和工程师站（ES）。

（1）操作员站（OS）

以安装有相应控制软件的 PC 机为基础，可以作为一个完整的单元进行预组态、预安装和测试。作为"过程窗口"，操作员站可供操作人员从事操作、维护和监视。操作人员能够在标准的、面向应用的显示器上跟踪过程活动，修改批顺序，编辑实际值或者与过程通信。在操作员站内也可以得到报警和操作员提示。

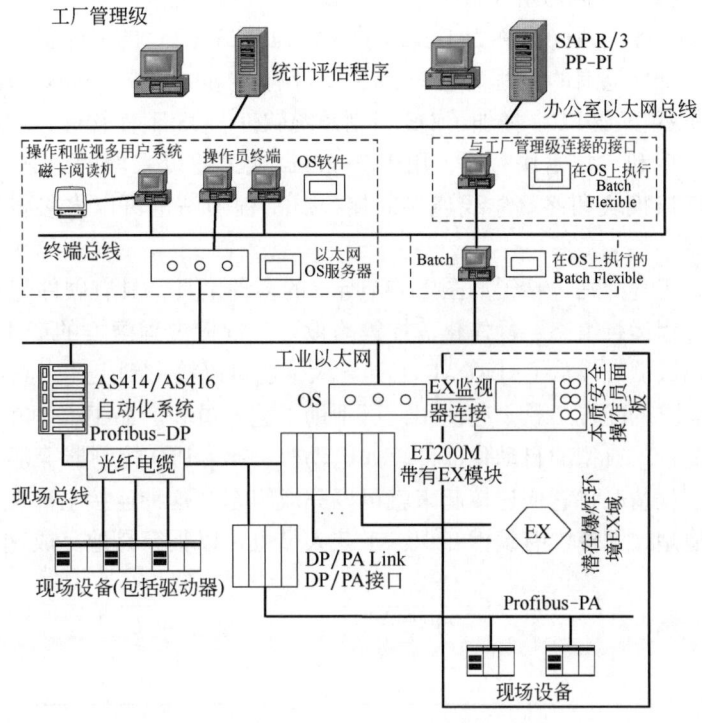

图 11-32  PCS（7）结构图

由于采用了 PC 机技术，操作员站可以提供支持 Windows NT 系统的硬件平台。同时，为适应工业或办公室环境提供了优良的性能和灵活的设计（如架装和立式的机箱设计）。从单用户系统（单工作站）到分布式客户机/服务器配置，从标准服务器到拥有双奔腾处理器的高性能服务器，为操作员站提供了多种不同的选择，以适应各种可能的应用。操作员站建立在 Windows NT 环境下的 SIMATIC WinCC 基础上，除了有单用户系统和多用户系统外，还有可用于 UNIX 环境的操作员站。Windows NT 操作员站有多个版本和执行级别。

操作员站通过通信处理器与工厂级的工业以太网相连。如果需要多个操作通道，可以同时并运行多个单用户系统。OS 服务器通过 LAN（局域网）向客户机提供数据（LAN 通常独立于工厂级总线，如以太网、TCP/IP）。在防爆等级为 1 级或 2 级的区域，可以另外实用本质安全型操作员面板，与操作员站连接的距离最远可达 200m。

多用户系统由多个操作员终端（客户机）组成。多客户机/服务器体系结构允许多个客户机同时访问几个 OS 服务器的数据，可访问的数据包括项目数据、工程变量、归档数据、报警和消息。这种结构允许数据分布在多个服务器上，多个客户机都通过一个通用的操作进行访问。这样，一个工厂就可以分解成几个技术单元，每个单元都拥有自己的 OS 服务器，提供了系统的可用性。PCS7 所支持的多客户机访问最多达 6 个服务器或 6 对冗余服务器。一般情况下，每台或每对服务器最多可与 16 台工程监视器通信，即最多与 16 台客户机通信。

(2) 工程师站（ES）

工程师站（也称为工程师系统）为 PCS（7）的操作员站、自动化系统以及分布式 I/O 提供全厂范围的编程。它包括一个带有 Windows NT Workstation 操作系统的 SIMATIC RI45 Desktop 工业 PC，增加了 OS 控制系统软件、OS 工程软件、S7/PMC、工程师工具集、"基本块"库和"技术块"库，用于 Profibus 或工业以太网的组态软件，以及带有驱动软件的匹配接口模块和终端总线连接的接口。工程师站也可以直接将数据从工程师站传送到 OS 服务器。

工程师站包括了如图 11-33 所示的多种工具，具有硬件配置、通信网络组态、连续和顺序过程运行组态、操作化监控策略设计、批量过程配方的产生等用途。工程师站是开放的，项目数据可以从 CAD/CAE 工具导入，也可以输出到上述工具中。预定义块协同满足工艺人员需求的配置工具一起使用，可帮助工艺人员和产品工程师在他们最熟悉的环境中进行规划和配置。典型的自动化部件，如电动机、阀、PID 控制器等都被封装成软件对象，只需要按照过程情况将它们连接起来就可以完成组态。这种连接全部在图形模式下完成，简单、迅速且清楚。即使没有编程知识，工艺人员也可以很容易地完成这些操作。

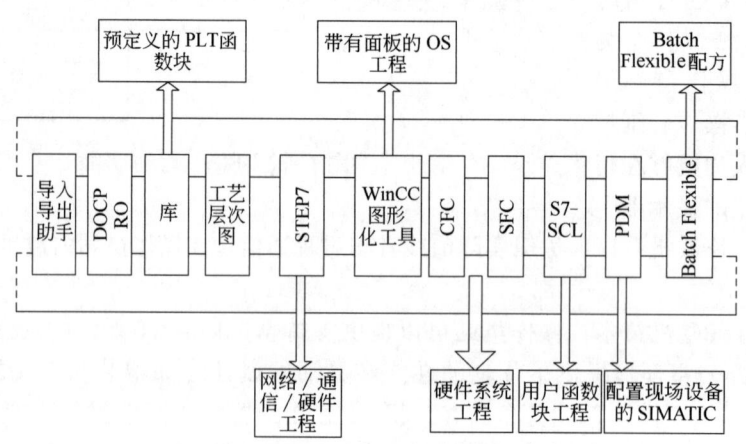

图 11-33　PCS 工程师系统工具集

工程系统的统一数据库保证的数据一旦被导入，就可提供给系统中所有的工具使用。独立于部件的全厂范围的组态节省了大量的工程时间和成本，具体特点为：通用的数据库和相互兼容的工具在很大程度上防止了多重导入和可能的错误；使用工艺分级配置，工厂可以按照功能的不同进行组态；用户只需处理所选择的与工程任务一致的对象；使用来自 CAE 工具的工艺数据，使预先配置好的数据可以自动重复使用。

(3) 通讯系统

通讯系统包括系统总线和现场总线。

系统总线是系统的主干，用来连接过程控制系统（自动化系统 AS、工程师站 ES、操作员站 OS）的所有部件，使它们之间能彼此通信。系统总线以工业以太网、Profibus 或 MPI 型工厂，在互连的 MPI 系统中，最多可运行 31 个站点。Profibus 用于中、大型工厂的系统总线，满足高性能的要求，最多可连接 127 个站点，最大的传输速率为 9.6kbps～10Mbps。工业以太网作为工厂总线，主要用于大型工厂，是高性能的 PCS（7）系统总线，最多可接 1000 个站点，最大传输速率为 10Mbps（最新的快速以太网可达 100Mbps），基本通信以以太网作为小型系统的一种标准配置，在不需要通信处理的条件下就可以支持工业以太网。为满足中、大型工厂的需要，在 PCS（7）中采用了最新的快速以太网技术，100Mbps 的高通信速率（兼容 10Mbps 以太网）、交换网络、可靠的冗余光纤等技术都用于其中。

现场总线用于连接自动化系统和分布式 I/O 以及智能现场设备，使它们之间的数据以最小的安装工作进行传输。在 PCS（7）中，采用标准化的 Profibus-DP/PA 现场总线连接 I/O 和现场设备。该总线遵循 IEC 61158 国际标准，PA 版还支持基于总线的现场设备在潜在易爆环境中的连接。ET200M 分布式 I/O 站以及符合 Profibus 标准的所有现场设备都可以经过 Profibus-DP 连接，几乎不需要额外的安装工作就可使数据在自动化系统、分布式外设和智能现场装置之间交换。

（四）**PCS 在造纸企业的应用**

1. 系统总结构

系统简图以某造纸企业 1 号涂布灰底白纸板机为例，如图 11-34 所示。

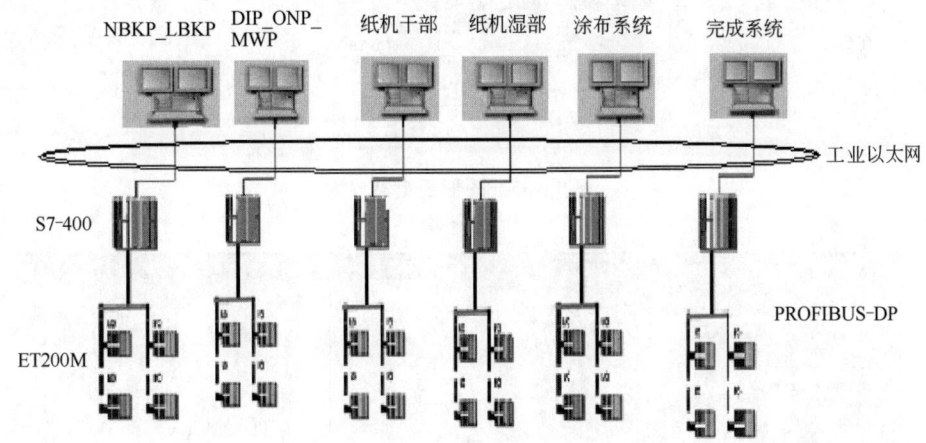

图 11-34　系统简图

2. 打浆系统控制结构的人机界面编辑

在图形编辑器栏新建两个图形文件，并改名为 DCS_LBKP_1 和 DCS_LBKP_2，打开图形编辑器，依照工艺检测 WinCC 项目管理器和控制流程图进行图形编辑，一些基本的图形可以从图库直接调用，流程图的人机界面如图 11-35 和图 11-36 所示。

流程控制画面的设置：

① 监控画面根据 DCS 系统画面的要求制作。

② 画面通过缩略方式突出工艺流程全过程。

③ 电机运行在线动态显示，红色为静止，绿色为运行（转动），单击可显示窗口，进行状态切换。

④ 碎浆机、浆塔、白水池、浆池液位的参数棒图、数值显示及超限报警。

⑤ 重要的电磁阀动态显示，红色为关闭，绿色为开启。

⑥ 气动调节阀门指示开度，可显示开度百分比。

⑦ 温度与压力检测点全部在线数字显示及超限报警。控制点显示设定值、实际值，并可修改设定。

建立电机（浆泵）顺序联锁控制按钮及磨浆机磨盘电机调整控制面板。

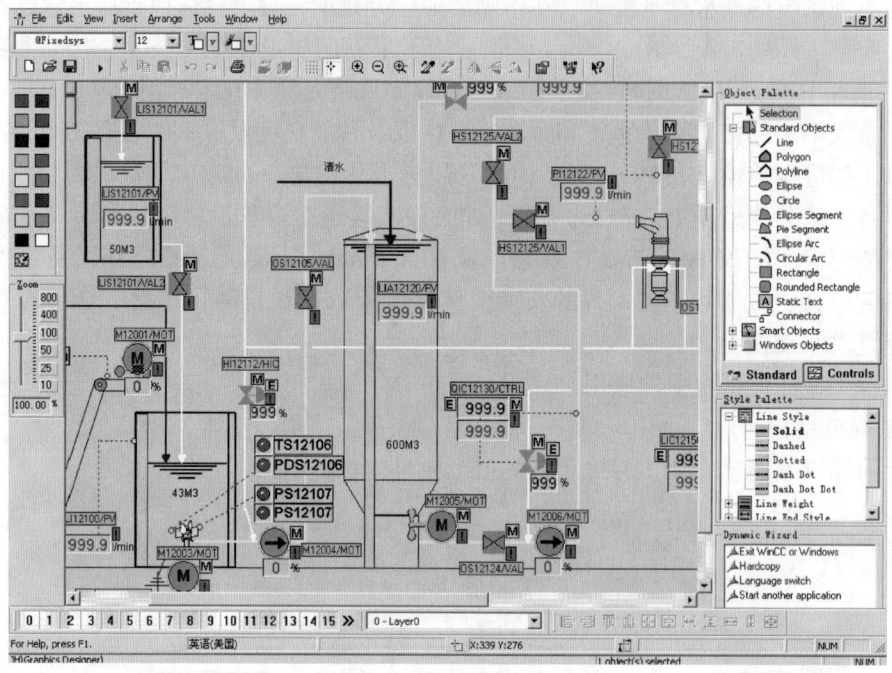

图 11-35　图形编辑器界面

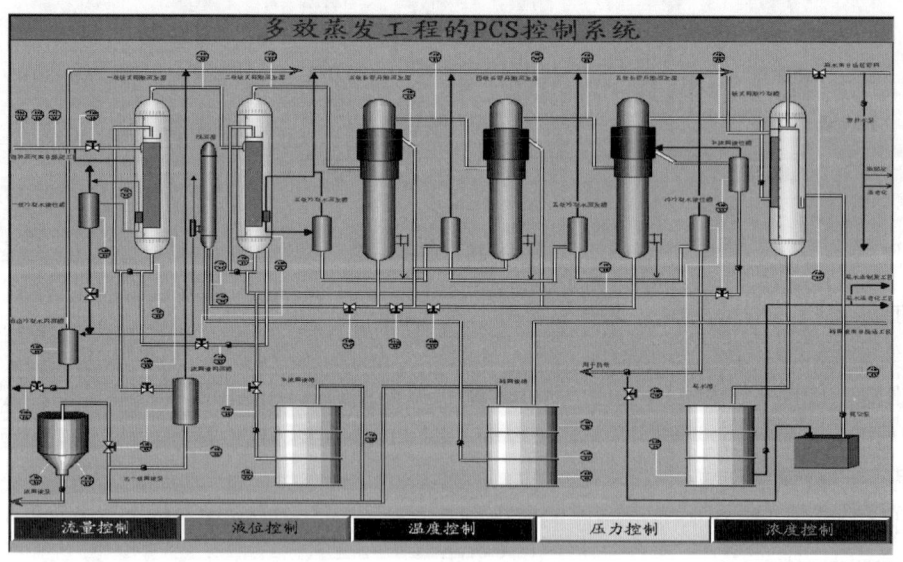

图 11-36　PCS 人机界面示意图

## 五、造纸机其他控制系统的简述

### （一）造纸机断纸监测系统（WMS）

在纸机控制系统中，断纸信号通常用来表示纸机出纸或断纸的状态，判别纸机是否正常生产，或用来进行相关的连锁。

为了得到准确的断纸信号，现在大多采用红外光电检测原理。红外光电检测器的重要功能是能够处理光的强度变化。对于纸页和辊面来说，当红外光以某个角度射入时，反射率是不同的，因此造成接受器接收到的信号强度也会不同，以此可判断是否断纸。

除此之外，为帮助生产技术人员分析断纸原因，在纸机各个重要部位都安装有高速摄像机对纸幅进行实时拍摄。当纸机发生断纸时，系统会自动追溯到发生断纸的前一段时间内摄像机记录下的实际过程情况，使技术人员可以判断造成断纸的真正原因。

（二）纸页纸病检验系统（WIS）

用于检验斑点、孔洞、皱纹、裂口、条痕、鱼鳞斑等纸病，该系统储存检测数据用于产品质量管理，确定纸病的起因。

典型的纸病检测系统包括传感、检测、特征化和分类。它的基本原理是：在纸张的整个幅面上，用若干个CCD（电荷耦合元件）摄像机在线检测专用光源反射或透射光的强度，转化成电信号，经计算机处理，判断出纸张上各种外观纸病的类型、尺寸及位置。将这些数据存于数据库中，然后模拟实时幅面，用不同的符号代表不同种类的纸病同时显示在计算机屏幕上。对纸病出现的周期性、连续性、密度和根源进行分析，生成各种报表。同时，用色标器在幅面的边缘打上标记，以便在后续的整理工序中针对不同纸病进行相应的处理，提高成品的合格率。纸病检测就是把带有缺陷的纸从正常纸张中分离出来的过程。

（三）纸机监视系统（MMS）

监视纸机动态状况，检测干扰纸机运行、降低纸机运行性能并影响纸张质量的部件，并提示对故障采用适当的方法进行修理的监视系统。

该系统至少包括下列功能：

① 旋转部件触发启动后的过渡过程（爬行过程）和运行状态监视，如电机、泵、筛、辊子、压光机、轴承等，其传感器主要是速度传感器、振动传感器、负荷传感器等。如振动监测系统VIS。

② 质量监视。监视纸机长期和短期的产品质量变化及其扰动来源；

③ 趋势监视。监视纸机长期和短期的生产状态变化，如网部、压榨部、脱水速率、真空度、润滑油量等。

## 参 考 文 献

[1] 陈克复，主编. 制浆造纸机械与设备（下）[M]. 3版. 北京：中国轻工业出版社，2011.06.
[2] 陈立定，等编著. 电气控制与可编程控制器 [M]. 广州：华南理工大学出版社，2001.02.
[3] 许建国. 拖动与调速系统 [M]. 武汉，测绘科技大学出版，1999.12.
[4] 刘焕彬. 制浆造纸过程测量与控制 [M]. 北京：中国轻工业出版社，2009.06.
[5] 俞云奎，罗耀华. 可编程序调节器、控制器原理与应用 [M]. 哈尔滨：哈尔滨工程大学出版社，1998.09.
[6] 王孟效. 制浆造纸过程测控系统及工程 [M]. 北京：化学工业出版社，2003.09.
[7] 张宏，刘艳，李鸿魁. 工业系统设备管理与监测 [M]. 北京：化学工业出版社，2014.03.
[8] 廖常初. PLC编程及应用 [M]. 北京：机械工业出版社，2013.11.
[9] 顾树生. 自动控制原理（第四版）[M]. 北京：清华大学出版社，2014.04.
[10] 方辉，张小康. 4500双面涂布白纸板机网部MCS的设计 [J]. 西南造纸，2004.04.
[11] 贾振元，王福吉，董海. 机械制造技术基础 [M]. 北京：科学出版社，2019.07.
[12] 刘祖其. 电气控制与可编程序控制器应用技术 [M]. 北京：机械工业出版社，2015.01.

# 第十二章 造纸机械状态监测与故障诊断基础

## 第一节 概 述

### 一、机械状态监测与故障诊断技术起源

航天、军工、核电等高端重大领域的事故常造成严重后果；定期预防维修很难预防许多随机因素引起的故障，并且造成许多过剩维修；突发设备故障停工造成较大的损失，维修费用也大幅增加，有时直接危及人身安全和造成环境污染。因此，为避免机器设备灾难性的后果，迫切需要提高系统的稳定性、安全性、可靠性和故障预知性，要求采用先进科学技术和仪器手段对现代设备进行不解体监测和诊断。在20世纪60年代，美国开始发展了机器状态监测与故障诊断技术，并在20世纪70~80年代间获得了迅速发展。

在20世纪80~90年代，随着计算机技术的发展和普及，各类动态信号采集、传输、存储及分析处理技术方法的进步和硬件、软件的不断完善，迅速推进了机械设备监诊技术的研究和应用。该技术是一项年轻的、新兴的、既有基础理论又有广泛实际应用价值的、正在不断完善和发展的交叉型工程应用性科学技术。

目前大致可分三个发展阶段：依靠人工为主的直接监测和故障分析阶段；利用传感器测试技术、处理分析技术形成的依靠传统信号分析手段监测与诊断的发展阶段；以现代信号处理理论、软计算、智能化信息处理以及计算机网络为核心的现代化机械与设备故障诊断技术阶段。

### 二、造纸机械监诊技术与应用现状

现代化造纸工业大生产的装备系统具有连续、高速、大型、自动化程度高等特点。一台现代化纸机具有大小转动支承点一千个以上；由于高速宽幅运行，传递纸页薄而宽特别是湿纸页强度低，要求纸机各运行部件间动态平衡匹配性好、实时控制调整精度高。一台9.7m幅宽、1500m/min车速现代化纸机设备本身长度120m以上，高度占据13m以上，宽度达18m，可谓是"造纸舰"。由于现代化大型纸机发生故障而停机1h造纸损失达10万元以上；维修费用也大幅度地增加，如压榨部、压光部等各类辊子，工作负荷大，运行精度要求高，维修更换费时、费事、费钱，而且运行中检查已不能采用传统上的人工或简易仪器所能解决。因此，造纸工业的装备特别是造纸机的特征决定了状态监测与故障诊断技术系统具有重大价值。应用该技术的主要实用价值为：

（1）预防事故，保障人身、设备等财产的安全

通过有效的预知状态、避免突发设备故障而造成的设备损坏、废品生成、人员伤亡等重大损失，可有效减少停机时间；维修准备计划的针对性减少了维修费用、提高了维修质量；同时，可避免那些降低造纸机装备寿命的状态，使设备部件的寿命最长。采用故障诊断，可优化装备的运行性能状况，从而提高生产效率，效能增值见图12-1。图12-1

中，增加效能的部分＝减少停机时间＋减少维护费用＋预知针对性的改进设备＋质量稳定＋延长寿命。

(2) 显著提高产品质量的稳定性

减少因设备部件动态瞬间快速波动引起的产品质量变化，见图12-2。图12-2中，实线为实际值；虚线为工艺等系统因素造成的强度指数变化；左上小图为产品强度指数变化值概率分布；右上小图为每25cm长度测定的强度指数值，为纵向（MD）抗张指数。

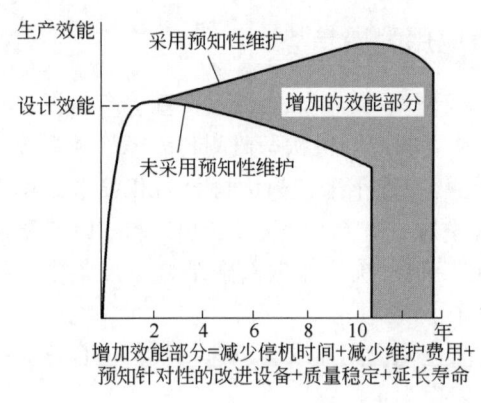

图12-1 采取故障诊断后纸机效能增值图

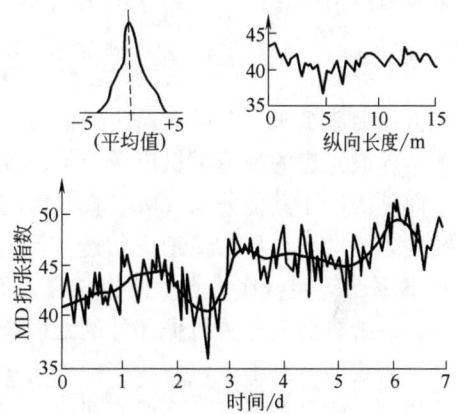

图12-2 纸机部件动态瞬间快速波动与产品强度指数波动图

(3) 建立装备在线长期连续运行参数档案，为制造设计和改造设计提供有力依据

机械设备监诊技术在造纸工业的研究始于国外20世纪80年代末、整机应用于90年代。以设备振动、噪声、温度、油样、腐蚀、电机电流等为主要特征的诊断基础理论、方法和实用技术在现代化造纸工业大生产的装备系统得到了推广和应用。目前，国外发达国家的绝大多数造纸生产线都配套使用了在线（on-line）和离线（off-line）相结合的监测与故障智能监测系统。

国内大型现代化造纸企业也配套了国外技术，开始实际应用。

国内一些外资企业配套了较完整的监测诊断系统。如镇江金东纸业在1997年上马两条年产35万t高级文化纸机生产线，配套了美国ABB在线（on-line）智能诊断系统SDS（Smart Diagnostic System）和CSI公司的离线（off-line）MA。SDS是MTC（Monitoring Technology Cooperation）设计开发的一套智能诊断系统。通过安装在现场的各类传感器（整机有1000多个侦测点传感器），如通用工业过载传感器（General Purpose Industrial Accelerometer）、振动变送器（Vibration transducer）、测速器（Tachometer）、速度变送器（Velocity transducer），触发器（Trigger）、控制触发器（Control trigger）等拾取现场设备运行的工况参数（如振动状况、速度指示、程序触发条件等），经处理接口单元（PU、SIU、TIU）对各类数据进行变换处理，最终通过串行口RS—485总线送入计算机分析程序。这套在线系统相当于上述的分布式在线监测与诊断系统，当时总投资80万美元；离线MA部分当时投资10余万美元。金东纸业为此专门在机械处维护科下成立零故障组，由7人专司这套在线系统运行情况分析。零故障组的工作目标是在预知和有计划的维修以外，确保24h无故障连续运行，效果十分明显。

湖南泰格林纸业集团 2008 年在已投产的二台高速纸机上重新配套了 Metso 监视纸机设备的运行性能和状态变化系统。

造纸机械状态监测与故障诊断技术系统有以下几种方式和发展阶段：

a. 人工离线监测与诊断方式；b. 单机集中式在线监测与诊断系统；c. 分布式在线监测与诊断系统；d. 远程分布式在线监测与诊断系统。

随着我国造纸工业装备的迅速发展，国内许多造纸企业对这方面的技术研究和应用开发已十分迫切。

## 三、造纸机械监诊技术应用发展趋势

世界上造纸机生产两大巨头福伊特（Voith）和美卓（Metso）公司，一直生产销售并垄断了世界最先进的高速纸机市场。但以前没有自身独立的造纸机状态监测与故障诊断系统推出，而是依赖于其他公司（如美国 ABB 公司）的配套。近年来，福伊特公司和美卓公司都已经独立地推出自身的造纸机状态监测与故障诊断系统，并与原有造纸机自身的 DCS 系统和 QCS 系统等组合在一起，使得与自身原有的检测控制系统，数据共融结合更加紧密；另外，在造纸机部套相关机械部件的元件装配设计时作了改进。

今后我国造纸工业机械状态检测与故障诊断的商业化应用需求会迅速增长，适合行业的相关技术也将迅速发展。今后商业化应用需求主要表现为：

① 预报造纸装备运行过程故障，实现预知维护管理；

② 建立运行档案，对造纸装备运行状态进行历史评估，总结出优化改进造纸装备的设计、制造和安装等依据；

③ 在预报造纸机械故障方面具更大的精度、更大准确度的需求；

④ 降低造纸机械状态监测与故障诊断的成本；

⑤ 改善造纸装备及其零部件运行的可靠性；

⑥ 优化造纸装备运行行为，提高造纸装备运行效率。

未来 10~15 年内该技术发展和应用趋势：

① 在研究高速宽门幅纸机快速故障诊断和性能预测理论与方法基础上，进一步研究故障诊断和预测、性能退化和系统可靠性分析、评估、维护方面的技术，投入产出效果更明显的连续监测的智能传感器和低成本造纸机械在线监测系统的开发、应用；

② 在较大造纸机械关键装备部件设计、制造与销售中不断增加作为标准特性的监测传感器的组配供应，且安装位置、安装方式、保护装置、监测动态参数类型在造纸机械供应商设计时已综合考虑，并设计时预设位置、夹套、固定点等；

③ 结合云计算、大数据和区块链技术，越来越完美的具专家诊断能力的造纸机械状态监测软件推出；

④ 在造纸机械操作与维修中接受装备的状态监测参照手段和依据将成为生产操作工们日常工作职责的一部分；

⑤ 把造纸机械状态监测软件与过程控制等软件连接拼合在一起作为普通标准软件将逐渐实现，并得到人们的接受；

⑥ 导致状态监测技术应用是为了达到改善造纸装备的可靠性和运行行为之目的，而不仅仅是为了预知部件的故障；

⑦ 单位监诊成本的不断降低，不断普及的推广应用。

## 第二节　造纸机结构运行特征

### 一、造纸机整体结构组成

造纸机本体部分主要由流浆箱、网部、压榨部、烘干部或施胶部、压光部、卷取部等6个或7个部套组成。现代造纸机结构复杂，传动点、连接点数量众多；且辊体和轴头材质不一，辊体结构一般不是通轴式结构，而是两端嵌入轴头式结构。这与汽轮机、压缩机等典型旋转机械转子结构存在明显区别。另外，纸机幅宽不断增加，使辊体结构受到自重与支承影响变得越来越突出。

### 二、造纸机整体运行特征

造纸机运行过程具有联动性、同步性、牵引性运行特征；且工作环境处于高温、高湿、连续条件下，运行过程维护的难度大。

从整条生产线来看，各旋转线速度存在一定差异，这其中有因生产工艺需要而产生的，也有因主动和被动之间驱动力传输途径不同而引起的。

从各旋转件的转速来看，由于各部分旋转件的直径大小不一，所以旋转件的转速一般相差较大。通常，小直径辊体（如导毯辊、导纸辊）转速较高，通常网毯或纸幅传动属于被动件，更容易导致动态失衡问题。而对于压榨部、烘干部等旋转件，由于工况条件恶劣，再加上部件之间的直接作用或通过传动机构的间接作用，使运行过程中纸机部套振动相互传递和叠加，特征变得异常复杂。

## 第三节　造纸机械运行过程监诊原理与方法

### 一、造纸机械故障劣化的主要原因与表征

1. 造纸机械设备劣化损坏失效的主要原因

造纸机械设备通常总是由若干个各种各样的零部件组合装配而成的。当其工作运行时，一方面，零部件之间总是要发生相对运动；而相邻接触、相对运动的零部件之间产生摩擦，导致零部件的不断磨损。另一方面，零部件在工作过程中会不断受到各种正常的和异常的负荷，使得零部件产生局部的或整体的、短暂的或长时间的、可恢复的或永久的变形，或产生裂纹，或产生剥落等损坏，进一步增加了磨损的发生。

从零部件的劣化损坏失效原因角度，摩擦导致磨损和温度的升高或动不平衡；磨损导致零部件间的间隙增加或变形，同时产生磨屑；磨屑进一步增加了摩擦和磨损；温度的升高也易导致变形。变形、温升、间隙增加、动不平衡等导致零部件运行的振动加剧，反过来促进了劣化损坏失效。因此，造纸设备工作运行时零部件之间摩擦磨损是导致劣化损坏失效的主要的也是根本的原因，也是不可避免发生的，因而任何零部件总是最终失效。

2. 造纸机械设备劣化损坏失效的表征

从零部件的劣化损坏失效进程中表现的症状角度，各种变形、间隙增加、动不平衡、裂纹、剥落等都会使零部件运行过程产生振动，这种振动与零部件上述的劣化度成正比。所以，目前以造纸机械设备运行时的振动量作为监测其状态的重要参数；根据振动量的变化规律来跟踪、判断零部件的劣化损坏程度已成为造纸机械状态监测与故障诊断直接的重要监诊

方法。

另外，摩擦导致磨损，磨损导致磨屑以及温度的升高，将跟踪产生的磨屑状态和温度变化参数，作为机械状态监测与故障诊断间接的辅助方法。

因此，将各部套零部件的磨损、松动、受力变形等故障劣化与振动、油样、温度、综合性能等建立相应的关系，然后再通过特征信号监测跟踪来表征劣迹化状态和进程。

## 二、造纸机械关键机台及常见故障类型

1. 旋转轴件类

造纸机的本体部分主要由网部、压榨部、烘干部、施胶部、压光部、卷取部等组成。现代造纸机可以说主要是由辊子组成的，小到送纸导辊、张紧辊等，大到大辊径压榨辊、烘缸等。旋转机械是造纸部分机械设备中应用面最广、数量最多，而且最具有代表性的机械设备部件。

主要故障有弯曲、轴头裂纹、不圆、偏重等，按振动原因分类：

① 转子不平衡所引起的振动；

② 轴系不对中所引起的振动；

③ 滑动轴承与轴颈偏心所引起的振动；

④ 机械零部件松动所引起的振动；

⑤ 摩擦（如密封件摩擦、转子与定子摩擦等）所引起的振动。

2. 辊件配用轴承类

对于造纸机来说，轴承数量多、轴承引起相关机械故障占30%以上；而在轴承中滚动轴承的数量比例占绝大部分。

由于滚动轴承破坏形式复杂，且还夹有如安装等方面的因素影响，使工作中的轴承的运转状态信息甚为复杂，且反映运转状态信息的能量也往往很微弱，常常被其他信号所淹没。给故障的诊断也带来了一定的困难。

滚动轴承有很多种损坏形式，主要形式有磨损失效、疲劳失效、腐蚀失效、断裂失效、压痕失效和胶合失效。

3. 齿轮传动类

齿轮传动是制浆造纸机械设备中最常见的传动方式之一，特别是在一台现代化造纸机中有大量传动点，往往通过各类齿轮机构来实现。制浆造纸机械齿轮故障约占旋转机械故障的10%以上。

传动齿轮在运转时，由于本身制造不良、操作维护不善等，均可能导致齿轮产生故障，并且齿轮故障的类型随齿轮材料、热处理工艺、运转状态等因素的不同而变化。从总体上讲齿轮故障主要有以下几类。

① 由制造和装配等原因造成的，如齿轮误差、齿轮与内孔不同心、各部分轴线不对中、不平衡等。

② 由齿轮长期运行而形成的，通常轮齿表面承受的载荷很大，两啮合齿轮之间既有相对滚动，又有相对滑动，而且相对滑动的摩擦力在齿轮节点两侧的方向相反，从而出现了力的脉动。于是，在长期运行中将导致齿轮表面发生点蚀、疲劳剥落、磨损、塑性流动、胶合以及齿根裂纹，甚至断齿等故障。

4. 其他部件类

其他还有传动电机、风机等。

传动电机主要是转轴、轴承故障为主。另外，线圈绝缘、受湿、超负荷、摩擦等均会引起电机发热，进一步导致烧坏故障。电动机主要故障症状表现为：振动增加，起动时间延长，定子电流摆动，电机滑差增加，转速、转矩波动，温升增高等故障征兆，而且它们往往都是相互关联的。

风机类主要是叶片磨损或沾污或者变形等引起的不平衡振动。

## 三、造纸机械运行过程监诊主要内容

造纸机械状态监测与故障诊断学就是研究识别造纸机械系统（机器或机组）运行状态与及动态变化规律的科学。它包括造纸机械运行状态的监测、状态性质的判断和运行状态变化发展的趋势的预测（即状态监测、识别判断和未来预测）三个方面。

1. 状态监测

状态监测是通过一定手段和方法获取机器运行状态特征信息参数的过程。

2. 识别判断

所谓现状的识别是指对正在运行的机器设备的当前状态的判断，判别它是正常运行还是异常运行。一旦运行失常，那就是机械设备发生了故障，发现机械设备有了故障，就需要进一步判断故障的性质和原因。这相当于医学中的疾病确诊，故可采用与医疗诊断相似的方法。

由局部推测整体和由现象判断本质。譬如可以对造纸机减速箱的润滑油进行抽样分析来判别减速机是否正常，也可以从造纸机传动点的振动和噪声信息来推测变速箱有没有故障。抽象到思维逻辑上来看，造纸机械设备系统的诊断就是系统辨识，也就是辨识理论在工程技术中的应用。

3. 预测未来

造纸机械监诊的另一个重要方面，就是由现在状态预测未来。这一点在造纸机械维护管理中意义重大。譬如一台压光机正在运转，用辨识技术识别出它正在正常运行，那么人们感兴趣的是它的正常运行能进行多久？或者判别出它的运行已稍有异常，那么要问还允许它运行多久？具体讲，如果机器的轴出现了裂缝，就需要诊断：

① 是否还可运行？

② 还能运行多久？可见"识别"和"预测"是技术诊断的两个不可缺少的方面。

制浆造纸机状态监测与故障诊断包括了对制浆造纸设备的运行性能和所处状态两部分的监测与诊断。主要监诊内容：对造纸机械关键零部件、主要部套、单台设备的运行状态监诊，各种参数的监测，各部套的共振现象、动不平衡等监诊。具体来说为：

（1）制浆造纸机械零部件的技术诊断

包括对制浆造纸机械结构的损伤诊断。例如齿轮、各类泵及转子叶轮，各类轴、轴承、辊子，各类梁、柱、板、壳，蒸煮与烘缸等压力容器等的损伤诊断。

（2）制浆造纸机械设备的技术诊断

包括对它们的性能和强度的诊断和评价。在性能评价方面要诊断单机设备功能的正常和异常，故障和劣化，要分析其产生的原因；在强度的评价方面要分析其主要零部件的可靠性，预测其寿命；在机械设备的性能和强度的检测评价的基础上确定出修复和改善的方法。

（3）制浆造纸机械系统的技术诊断

主要包括由若干台设备组成的系统（机组或生产系统）整体功能的状况监测与评价。

## 四、造纸机械运行过程监诊原理与工作步骤

1. 造纸机械故障监诊基本原理

造纸机械设备在正常运行过程中，零部件的摩擦、磨损是导致零部件正常劣化和失效的主要与根本原因；机械设备零部件正常劣化和失效过程所表现出来的主要劣化、故障特征可通过振动、温度、油样特征和间隙四个参数加以跟踪，相互间关系可用图12-3表达。

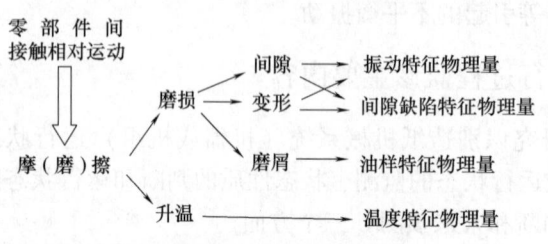

图12-3 机械零部件劣化故障与其表现的状态特征物理之间的关系

在振动、温度、油样特征和间隙四个状态跟踪参数中，振动物理量分析在机械故障诊断的整个体系中居主导地位，为首选。因为，振动分析具有经典的物理力学理论基础，有成熟的测量传感器和配套的仪器设备，有系统的分析、计算工程和表达方法，再加上振动信号与机械运行过程零部件状态实时同步以便实时诊断等优点。其他油样分析技术、温度监测技术和无损检测技术为辅助方法。

造纸设备监诊是利用被监诊的对象（设备）提供的一切有用信息，经过分析处理以获得最能识别设备状态的特征参数，以便做出正确的诊断结论。造纸机械设备运行时产生多种信息，当其功能逐渐劣化时，就出现相应的异常信息，如机器的状态变化而产生的异常振动、噪声、温度等机械信号；机械劣化过程产生的磨损微粒、油液及其他成分变化的化学信号等。利用检测仪器对最敏感的故障特征信号进行状态监测，做出正确的分析和诊断，可以及时预测机器设备可能发生的故障。

传感器安装在诊断对象（设备）上，以传递温度、压力、振动、变形等信号，这些信号进一步转化为电信号，输入到信号处理装置，在信号处理装置中将输入的诊断信号与预先储存在系统内的标准信号进行比较。标准信号是根据事先积累的大量数据资料和实际经验分析归纳而制定出来的判定标准，是设备各种参数的允许值。通过比较做出判断，确定故障的部位和原因，预测可能发生的故障。

2. 造纸机械故障诊断基本过程

一台造纸机系统或一台机器在运行过程中必然有能量、介质、力、热及摩擦等各种物理和化学参数的传递和变化，必然会由此而产生各种各样的信息，这些信息的变化直接和间接地反映出系统的运行状态，也就是说正常运行和异常运行时的信息变化规律是不一样的，造纸机械技术诊断就是根据机器运行时产生的不同的信息变化规律——信息特征来识别机器是处在正常运行状态还是异常运行状态的。

图12-4中的流程说明造纸机械技术诊断的过程必定要包括"信息的采集、处理系统"和"状态识别、故障诊断和决策系统"两大部分。信息采集和处理系统包括把信息转换成电信号输出的传感器和对电信号进行数据处理的信号处理系统；状态识别和诊断决策系统包括状态识别——系统运行特性辨识、标准图和标准谱数据库及诊断决策程序。

（1）状态监测

主要是测取与设备运行有关的状态信号。状态信号是故障信息的唯一载体，也是诊断的

唯一依据。因此在状态监测中及时、准确地获取状态信号是十分重要的。

状态信号的获取主要是依靠传感器或其他监测手段进行故障信号的检测。检测中主要有以下几个过程：

① 信号测取。主要是通过电量的或传感器组成的探测头直接感知被测对象参数的变化。

② 中间变换。主要完成由探测头取得的信号的变换和传输。

③ 数据采集。就是把中间变换的连续信号进行离散化过程。数据是诊断的基础，能否采集到足够多的客观反映设备运行状态的信息，是诊断成败的关键。

（2）特征提取

就是从状态信号中提取与设备故障有关的特征信息。

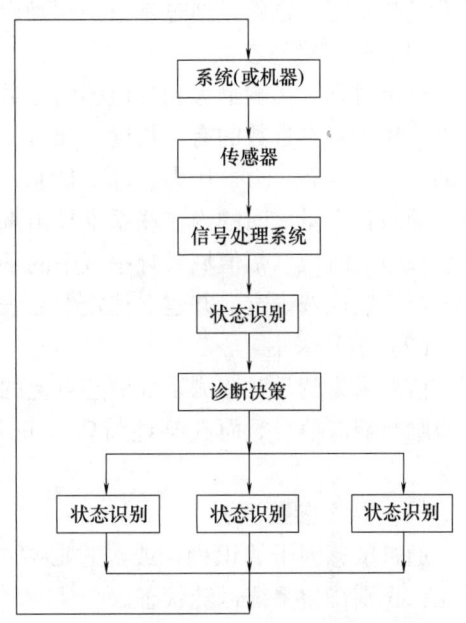

图 12-4　状态监测与故障诊断基本流程

（3）故障诊断

故障诊断就是根据所提取的特征判别状态有无异常，并根据此信息和其他补充测试的辅助信息寻找故障源。

（4）决策

根据设备故障特征状态，预测故障发展趋势，并根据故障性质和趋势，做出决策，干预其工作过程（包括控制、调整、维修等）。故障诊断基本过程如图 12-5 所示。

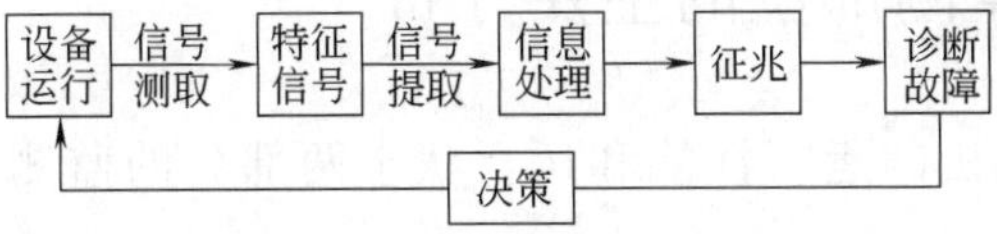

3. 造纸机械状态监测与故障诊断系统的工作步骤

图 12-6 为造纸机械状态监测与故障诊断系统的工作步骤。

图 12-5　故障诊断基本过程

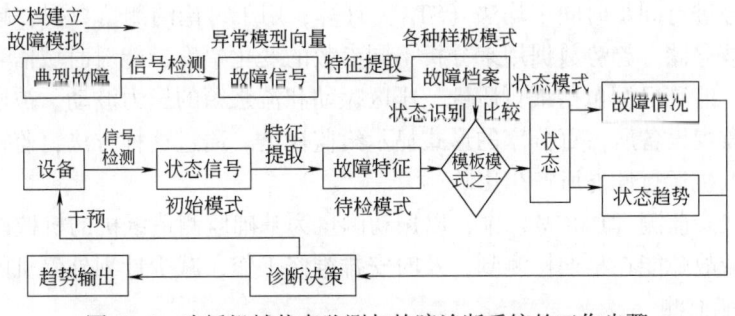

图 12-6　造纸机械状态监测与故障诊断系统的工作步骤

造纸机械设备状态监测及故障诊断技术是通过传感器监测设备的状态信号经过信号（数据）处理采用适当的判决方法和辨识理论对设备现有状态做出估计，并推断出设备未来的状态变化结果。对被监测系统运行状态的判别，是对于一个未知系统的识别过程。在多数情况下，已知某些系统特性的参数，通过试验方法，确定参数值，确定系统模型，从而确定了系统的状态。也就是通过参数识别确定系统状态，其步骤如下：

(1) 选定敏感参数

选定对系统影响最大和最敏感的参数作为系统识别的敏感因子，建立系统的数学模型。这里可作为基本参数的有：长度、质量、时间、电流、温度及光强度等。由这些参数推导出来的主要参数有：力、压力、功、能量、功率、电阻、电容、电感及导热等。另外一些参数，即由各个量之间的内在联系推导出来的次要参数有力矩、流率、单位物料耗率等。上述诸参数包括时域、幅值域或频率域中的某些参数，以及时序法中的某些参变量，这些参变量可进行比较优选确定，并建立选定参数表征的故障档案库。

(2) 信号采集

信号采集就是对监测系统敏感点上的敏感参数的采集。在正常情况下记录输入与输出，即激励与响应信号。而在某些特定（正常运转）条件下，确定系统的状态可以只测取响应值。

(3) 状态参数识别

通过敏感因子的识别，或经过必要的推导计算，将待检模式与样板模式（故障档案）对比，识别待检系统运转状态。

(4) 诊断决策及其输出

监测与诊断系统对设备当前状态根据判别结果采取相应对策。若出现异常及时报警并对设备进行干预，或者根据叠积差值预估系统的变化趋势，并将设备状态发展趋势的具体描述，如趋势数据表、曲线、图谱或者寿命估计，维修建议等，以显示、存贮、笔绘的方式输出。

## 第四节　造纸机状态监测部位的主要分布

造纸机状态监测与故障诊断包括了对造纸机的运行性能和运行状态两部分的监测与诊断。

造纸机运行性能监视（PMRM）监测不同转动设备部件对造纸过程中重要参数的影响效果，是通过测量压力脉冲、振动、纸页质量和转速来完成的。测量点被连接到一个计算机监测站对测量信号进行同步时间平均法（STA）计算，用于讨论的测量数据、趋势数据和应用计算的结果将被存储。趋势数据用来分析不同参数的变化幅度，能对时域信号和频谱进行计算并详细分析。监测目标包括纸页质量、压区振动和流浆箱的压力波动。被监测参数的总体变化，以每个监视设备所占百分率的形式显示给监视员。通过这种方法，监视员可以看到每台设备部件对纸机运行性能所产生影响。

在造纸机状态监测（PMCM）中，以振动测量为基础监测造纸机的机械设备状态。通过状态监视，机械故障能在早期检测到，及时安排维修工作，减少计划外停机的隐患。

1. 运行性能监测

(1) 浆料流送监视

短循环中的脉冲和纸质量的波动与短循环中转动的泵和压力筛有关。在短循环监视中，脉冲与上浆泵和压力筛联系起来分析，监视员可以看到流箱中脉冲的总体水平和每台设备所占的比例，可以观察到流箱中的脉冲是否超过推荐程度，其目标是使没有一台泵和压力筛产生的脉冲超过平均水平。

主要监测点分布与名称：泵脉冲发生器、筛脉冲发生器、筛后压力测量、上浆泵压力测量、管束压力测量（两侧）。

（2）网部监视

纸页质量的波动与成形部的主要辊子联系起来分析，利用振动传感器对辊子进行分析。

主要监测点分布与名称：辊子脉冲发生器、真空辊振动、成形辊振动、胸辊振动。

（3）压榨部监视

压榨部监视分析压区和毛毯振动，监视员可以看到压区振动的总体水平，以及每根辊子和毛毯产生的振动所占的比例，压区振动加剧可以确定到某个辊子变形或毛毯障碍，例如毛毯起皱、辊子变化或速度改变产生的影响以百分率形式显示，便于监视员进行分析。压榨部的运行性能监视可以对纸机压榨部进行连续分析。

主要监测点分布与名称：毛毯脉冲发生器、压区辊子振动、压区辊子脉冲发生器、Symroll 的压力测量、刮刀加载压力振动。

（4）硬压光机监视

纸页质量的波动与转动辊子联系起来分析，利用装在压光辊两侧的振动传感器对辊子的状态和性能进行分析。

主要监测点分布与名称：辊子脉冲发生器、辊子振动。

（5）施胶压榨部监视

监视施胶压榨时，可进行压区振动、计量棒加压气囊压力的波动分析。监视员可以看到压区振动的总体水平和每根辊子所占的比例。施胶计量棒加压气囊压力随辊子的转动而波动，监视员可以通过两个气囊的压力波动监视辊面状况。

主要监测点分布与名称：辊子脉冲发生器、辊子振动、计量棒加压气囊。

（6）纸张性能监视

高速纸机纵向纸页质量的波动与纸机的主要部件联系起来分析，这些部件包括浆泵、筛、网部主要辊子、压榨辊、毛毯和压光辊。监视员可以看到每个质量参数（例如定量、水分或厚度）在纸机方向上的总的变化量和每个转动部件引起变化所占的比例。

纸页质量信号分析是在现有的测量系统信号基础上进行的。

主要监测点分布与名称：纸页质量信号（1#扫描架）包括探头脉冲发生器以及取自 QCS 的定量、厚度和水分；纸页质量信号（2#扫描架）包括探头脉冲发生器以及取自 QCS 的灰分、定量、厚度和水分。

（7）信号和频谱工具

利用这些工具可以实现：对存贮在系统中的频谱和信号进行放大和过滤、用标点和点间距标记信号和频谱、用轴承不同的故障频率标记信号和频谱、在一幅画面里显示频谱、在数据库中显示和标注信号和频谱以及为以后的比较（分析）长期保存信号和频谱。

2. 运行状态监测

运行状态监视是通过传感器和分析站完成的。系统测量振动信号，并且用于计算时域信号、频谱、包络线和特性。

在振动监视中每一个分析传感器都要进行下列特性曲线计算：低频段的 RMS 和速度、中频段 RMS 和加速度、宽频段 RMS 和峰值及加速度。

状态监视计算出来的时域信号和频谱显示为两个不同的波段。另外，包络线也被计算出来。

轴承监视以监测典型的轴承缺陷故障为基础，在造纸机状态监测与故障诊断系统中有在用的来自不同厂家的各种各样的轴承数据库，从中可以得到每个轴承的机械参数。利用这些参数和被测量设备的转速，系统计算外圈、内圈、滚子和轴承保持架的故障频率，当这些频率与数据库中描述的情况类似时给操作员发出警告。

当辊子装有触发传感器和振动传感器时，辊子的振动监视以同步振动测量（STA）计算为基础，该系统同时对辊子的两端情况都进行分析，在极坐标图中可以看到相位差。计算出辊子的振动特性用两个频段即低频和中频的形式计算。另外，系统计算辊子不平衡、偏心率和轴承盖松动的特性参数。从中计算得到的同步时域信号和频谱显示为两个频段。同步时域信号以相邻的极坐标形式显示。

齿轮箱振动监测通过基本监视分析和轴承分析来监测齿轮箱状态。

通过基本监测分析和轴承监测分析来监视电机状态。

（1）带固定连接振动传感器的状态监视系统

造纸机监视系统的功能是产生快速和精确的故障检测信号。6S系统使用振动监测技术，得益于系统的灵敏度，一方面能对早期的故障进行探测；另一方面，使用先进的6S分析技术能对转动部件的不同故障模式进行鉴别。

网部主要监测点分布与名称：导网辊、驱网辊和网部传动；来自运行性能监视系统的信号包括网部辊子和速度脉冲发生器。

压榨部主要监测点分布与名称：吸移辊、毛毯导辊、引纸真空辊和压榨部传动；来自运行性能监视系统的信号包括压榨辊和速度脉冲发生器。

干燥部主要监测点分布与名称：各烘缸传动侧与操作侧轴承、干燥部传动、干网导辊、风机及相应电机等；来自运行性能监视系统的信号包括干燥部各类辊和速度脉冲发生器。

硬压光机、涂布机和卷取机主要监测点分布与名称：卷取缸、软压光辊传动、涂布机传动、卷取机传动和卷取机速度脉冲发生器；来自运行性能监视系统的信号包括压光辊、速度触发器、施胶压榨辊、速度脉冲发生器。

（2）润滑监视

包括与分站的连接和必需的监视功能软件和测量点（约500个润滑点）的组态，带有椭圆齿轮流量计的分站包括在纸机循环油润滑系统中。

## 第五节 造纸机监诊系统简介与典型应用

### 一、造纸机监诊系统简介

在造纸机械状态监测与故障诊断过程中，频繁地采集数据，并借助已有的诊断方法来进行分析、比较和判断的工作将是十分繁重的，必须依靠一定的监测与诊断工具和手段，即需要有相应计算机化的自动监测与诊断装置或系统。

在建立一个监测与诊断系统之前，必须首先考虑以下几个方面的问题：经济性、可靠性、实用性、有效性、可扩展性。通常情况下，对于一个工厂企业，用于设备监测与故障诊断的投资应占固定资产投资的1%~5%。并且，随着设备复杂性和技术先进性的增加，此项投资额也应有相应的增加。

## （一）监诊系统现状、分类和组成

1. 监诊系统现状

随着电子技术和计算机技术的迅速发展，先后出现了多种多样的监测与诊断系统，包括便携式数据采集器系统、计算机化的在线监测与诊断系统和智能化的专家诊断系统等。

其中最具代表的便携式数据采集器系统有：美国 CSI 公司的 2115 和 2400；美国 SKF-CM 公司的 CMVA40/20/10 和专用于轴承监测的 CMPS90；美国 Bently 公司的 Snapshot；美国 Entek-IRD 公司的 dataPAC1500、EDL、EBL 和稍早期的 890、818；英国 DI 公司的 PL22、PL202 和 PL302；丹麦 B&K 公司的 BK2515，美国 HP 公司的 3560A 等；北京新大地公司的 DD931S 和 DD31D；北京振通检测技术研究所的 921 等。

比较著名的计算机化在线机械设备状态监测与故障诊断系统有：美国 Bently 公司的 TDM、DDM、PDM、ADRES、Trendmaster2000 和 System64；SP 公司的 M4000；美国 SKF-CM 公司的 M6000、M800A 和 9000；B&K 公司的 2540COMPASS 系统；美国 CSI 公司的 3100；美国 Entek-IRD 公司的 MPULSE；瑞士 Vibro-Meter 公司的 System501 和 MACS；德国 Schenck 公司的 VIBROCAM5000；日本三菱公司的 HMH；日本川铁公司 ADVANTECH 的 CMS-6000 等；哈尔滨工业大学的 MMMD-III；西北工业大学与四川计算机应用研究所联合研制的 MD3907 等。

智能化专家诊断系统是在一般监测与诊断系统的基础上结合、融入人工智能和专家系统的最新研究成果而发展起来的。其中已经投入实际运用的系统有：美国 GE 公司用于内燃电力机车故障分析的专家系统 DELTA，Stuart 等人研制的透平机械故障诊断专家系统 TUBMAC，美国 SKFCM 公司的 Prism4Pro，美国 Entek-IRD 公司的 Explore-EX，美国西屋电气公司（WHEC）的 AID 系统等。用于造纸工业的美国 ABB、CSI 公司较著名。

2. 监诊系统分类

（1）按监测范围划分

用于整个工厂或整个车间的监测与诊断系统；用于关键设备的监测与诊断系统；用于重要零部件的监测与诊断系统。

（2）按所采用的诊断方法和技术划分

① 简易诊断系统。通常采用某些简单的特征参数，如信号的峰–峰值，RMS 值（均方根值）以及峭度系数等，并与标准参考状态的对应值进行比较。这种系统一般只能判断有无故障，但不能确定是何种故障。由于所采用的监测技术和设备简单，操作简便容易掌握，且价格便宜，因而得到广泛的应用。

② 精密诊断系统。精密诊断系统需要综合采用多种诊断方法及技术，对在简易诊断中（初诊）认为有异常可能的设备作进一步的诊断分析，以确定故障的类型和部位，并预测故障的发展。在诊断分析的过程中，往往要求有专门的技术人员进行操作。同时，在做出诊断结论并给出解释，以及在采取对策方面，一般都必须要具有丰富经验的人员的参与。

③ 专家诊断系统。机械故障诊断专家系统与一般的精密诊断系统不同，它是一种基于人工智能的（基于知识的）计算机软件诊断系统。它能够模拟故障专家的思维方式，运用已有的故障诊断方法和专家的经验知识，对收集到的有关设备信息进行综合推理、判断，并能够不断地修改、补充新的知识，以完善专家系统自身的性能。这对于复杂系统的诊断是十分有效的，是当前机械设备故障诊断发展的主攻方向。

（3）按工作方式划分

① 连续监测与诊断系统（在线 On line）。这类系统中又包括单机系统和分布式系统两种形式，具有数据采集连续、快速，数据处理实时性好，分析诊断功能丰富、全面等特点，运用于具有固定测点的现代化造纸机及大型连续运转的关键制浆机械设备。

② 定期监测与诊断系统（离线 Off line）。这类系统也称为机械故障巡检系统，采用定期巡回检测和离线分析的方式，容易实现一套系统同时管理多台机械设备。由于这种系统轻便灵活，操作简单、方便，适合于对量大面广的中、小型机器设备，尤其是那些尚无固定监测点的机器进行定期的监测与诊断。

3. 基本构成

造纸机械设备状态监测与故障诊断系统，由于其应用场合和服务对象的不同，以及所采用技术的复杂程度等关系，各种监测与诊断系统的结构可能相差很大，但一般都会包含下列几个部分。

(1) 数据采集

数据采集部分包括各种传感器、适调放大器、A/D 转换器以及存储器等。如果是多通道输入通常也需要有多路选择器。

主要任务是信号采集、预处理和数据检验。其中信号预处理包括电平变换、放大、滤波、疵点剔除和零均值化处理等；而数据检验一般包括平稳性检验、周期性检验以及正态性检验等工作。

(2) 监测、分析与诊断

这部分由基于计算机或微处理器的硬件和功能丰富的软件所组成。其中硬件构成了监测与诊断系统的基本框架，而软件则是整个系统的管理、控制中心，起着中枢的作用。

造纸机械状态监测与故障诊断主要是借助各种信号处理方法对采集数据进行加工处理，并对运行状态进行判别和分类，在超限分析、统计分析、时序分析、趋势分析、谱分析、轴心轨迹分析以及启停机工况分析等信号分析的基础上，给出诊断结论；更进一步还要求指出故障发生的原因、部位，并给出故障处理对策或措施。

(3) 结果输出及报警

需要这部分的目的是对监测、分析和诊断所得到的结果和图形，通过屏幕显示、打印输出等方式进行结果输出。当监测特征值超过报警值后，可通过特定的色彩、灯光或声音等进行报警，有时还可进行停机联锁控制。结果输出也包括机组日常报表输出和状态报告输出等。

(4) 数据传输与通信

对于简单的监测与诊断系统一般是利用内部总线或通用接口（如 RS232C 接口，GPIB 接口）来实现部件之间或设备之间的数据传递和信息交换，而对于复杂的多机系统或分布式集散系统往往需要采用数据网络来实现数据传递和交换。当传送距离较远时，还需借助于调制解调器（MODEM）及光纤通信方式来实现远程数据传输。

(二) 定期监诊系统

定期监测与诊断系统也称为机械故障巡检系统。当需要监护的机械设备数量较多，但又不属于关键设备时（如纸厂中的中小型电动机、泵、风机等），采用连续（在线）监测与诊断系统就显得成本高了，此时应该考虑使用定期监测与诊断系统。

定期监测与诊断系统的基本构成如图 12-7 所示，该系统极为简单，仅由（手持式）传感器、便携式数据采集器和计算机（包括监测、分析和诊断软件）所组成（因此也称 T-C-

PC机械故障巡检系统)。其中便携式数据采集器与计算机通过 RS232C 接口连接，形成可分离的联机系统。

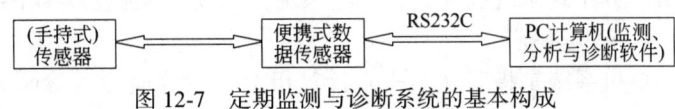

图 12-7　定期监测与诊断系统的基本构成

1. 数据采集器

数据采集器是一种带有抗混叠滤波器、A/D 转换器、存储器（RAM）、显示单元、简单控制单元以及具有一定分析、报警功能的数字式数据记录装置。近年来新推出来的数据采集器一般都增加了 FFT 分析仪的功能。除了可用于进行现场数据采集之外，也可完成现场分析、诊断以及现场动平衡等功能。不过真正功能全面、精细的分析仍然离不开与 PC 机联机，依靠计算机软件实现的"离线分析"。

① 模拟信号输入。通常为单通道或双通道电压输入，可以接收加速度、速度、位移以及温度等不同类型的信号。

② 前置放大后抗混滤波。对模拟信号进行适调放大和电平匹配，然后进行采样离散化前的抗混叠滤波。

③ A/D 转换。将连续的模拟信号转化为数字信号。A/D 转换器的精度一般有 8 位和 16 位等，随着位数的增加，信噪比不断提高。

④ 存储单元。用于暂时存放现场所采集到的数据。存储器的容量一般在 64kB～640kB 之间，有的已达到 16MB 甚至更大。

⑤ 控制及处理单元。用于控制数据采集器的工作流程及内部管理，包括数据处理、FFT 谱估计及简单的分析、诊断等。

⑥ 显示单元。目前多为图形点阵液晶显示器，点阵尺寸有 256×64，256×128，320×240，和 640×480 等。

⑦ 键盘。用于操作和控制数据采集器的功能，例如选择参数、设置状态、执行功能和查看结果等。

⑧ 通信接口。绝大多数据采集器均采用 RS232C 串行接口作为通信接口，用于传送和接收 PC 机的操作控制命令，回收数据采集器中的数据，下装巡检路径及监测参数。

2. 软件功能及工作方式

定期监测与诊断系统的工作方式通常是采用现场巡回检测、离线分析诊断。即首先在实验室或计算机房通过计算机对数据采集器进行巡检路径组态，然后单独将数据采集器带到现场进行数据采集，待数据采集完毕之后，再将数据采集器与计算机联机，并上载采集数据存入数据库中进行集中管理和分析、处理。

由数据采集器和计算机监测与分析软件所构成的定期监测与诊断系统，根据监测要求及发展水平的不同，其系统功能相差较大，但一般都具有如下一些基本功能：组态及巡检准备（工作方式——联机）、巡检及数据采集（工作方式——脱机）、数据上载及分析（工作方式——联机/脱机）、趋势分析（工作方式——脱机）、故障诊断（工作方式——脱机）和分析结果报告（工作方式——脱机）。

（三）连续监诊系统

信号自动、连续、定时采集和分析，并能对出现的设备故障征兆及时做出诊断并报警，这是对在线状态监测系统提出的基本要求。连续（在线）监测与诊断系统目前主要包括单机系统和分布式集散系统两大类型。随着计算机网络技术的发展和应用的普及，基于计算机网络的分布式系统以及远程诊断系统正在逐步发展成为监测与诊断系统的主流。

1. 单机系统

单机系统是指以（微机）计算机为主体的监测与诊断系统，这种系统具有较强的多通道在线监测、分析和诊断功能。在硬件方面，除了性能优良、稳定可靠的前端数据采集和监测装置外，所配备的计算机性能都比较高，具有较大的存储容量和较快的计算处理速度；有些系统中还专门配置一台 FFT 频谱分析仪，以进一步加强信号分析功能和提高信息处理速度；在软件方面，一般具有常规信号处理、信号特征提取、状态分类、趋势分析以及分析报告生成、数据库管理等多方面的功能。

2. 分布式集散系统

针对整个工厂或整个车间的多台关键机器设备的连续（在线）监测与诊断系统，为了充分发挥分散数据采集和集中管理，统一调度的优势，一般可以采用多台计算机分级管理的形式，并通过计算机网络将主计算机与辅助计算机以及各个监测点（数据监测器）联系起来，形成分布式的监测与诊断系统。其中功能较强的主计算机负责整个系统的管理和控制工作，并担任诊断分析任务，而辅助计算机则担负所有测点的数据采集、信号处理和超限报警等工作，有时也承担一些简易分析和诊断。

在工厂中常将具有拓扑结构的监测与诊断分布式集散系统与控制系统结合在一起使用。

3. 造纸机在线监诊系统介绍

以某造纸企业高速纸机采用的在线状态监测与故障诊断系统为例，简单介绍在线状态监测与故障诊断系统的主要构成、工作原理以及系统软（硬）件配置。

造纸机在线状态监测与故障诊断系统主要是由振动传感器、速度采集器、信号微处理器、数据存贮器、服务器、工作站以及用于信号传输和通讯的线缆组成。在线监诊系统结构及工作原理如图 12-8 所示。

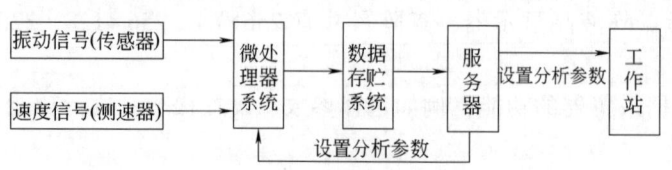

图 12-8　造纸机在线监诊系统结构及工作原理图

① 传感器。一般造纸机旋转设备对振动信号的量测使用较多地是速度传感器和加速度传感器。造纸机状态监测与故障诊断系统常用的传感器类型有振动传感器、磁触发传感器、光触发传感器、动态压力传感器、测量探头触发传感器、压榨部水流量测量传感器、温度传感器等。

② 速度采集器。它是由一个穿过电磁铁的线圈和安装在联轴器上的螺栓（靶）组成。当靶通过磁铁表面，从而引起磁通量的数量发生变化：当靶的凸出部分运动接近到传感器，此时磁通量最大。当靶的凸出部分离去，磁通量跌落。靶的运动结果引起磁通量随时间变化，这在线圈中感应出成比例的电压，以后的电路（信号处理电路）将输入信号变成数字波形（脉冲），它能更容易计数，从而得出设备的转速。

③ 信号微处理器。信号微处理器被设计成能自动地对机器进行振动分析，以提醒操作人员注意设备正发生的故障。

④ 数据存贮器。简单的说，就是一个存储数据的仓库。几个串行的信号微处理器，通过 RS485 通讯线缆，将经过微处理器处理后的数字信号送给一台大容量的计算机存储起来，以备服务器调用，这台大容量计算机就是数据存贮器。

⑤ 服务器。是一台稳定性极高的计算机。良好的稳定性是系统持续工作的保证，它是

整个系统的管理者。装有微软公司的 SQL 数据库管理程序，负责整个系统的数据管理和所有用户配置的设定。

⑥ 工作站。是一个典型的奔腾级计算机，通过 RS-485 通信电缆与处理器相连。从工作站上用户定义处理器的系统设置和分析参数。用户可以调阅大量存储在存贮器里的历史数据和当前的实时数据，以分析机械设备健康状况。

⑦ 传输和通信的线缆。用于信号传输和通信的线缆的基本要求是保证信号在传输过程中不能受到外界信号的干扰，这就要求其具备良好的屏蔽功能，同时信号不能在传输过程中衰减。通常使用的是 RS485 通信线缆。

通过安装在设备上的振动传感器和速度采集器，拾取现场设备的振动信号和速度信号，送给微处理器系统，微处理系统将振动模拟信号转换成数字信号送数据存贮系统存储起来，系统服务器负责数据的管理。分析人员在各个工作站点，通过系统服务器调用存储在存贮器系统里的设备振动数据进行频谱分析，就可以清楚的知道设备的运行状况。

以上 7 个部分组成了一套用于纸机和生产过程自动健康咨询系统。可以根据需要，将用户设置成不同权限等级的用户：系统超级用户、系统一般用户以及一般来宾客户。一般来宾客户限制更多，只能查看而不能对系统作任何的改变。

系统提供了非常友好的人机对话界面，采用了通俗易懂的树形结构，用户能够清楚而便捷的查看所想要知道设备的运行状况。系统概貌显示屏是用来讨论整个系统的导向的。主要由以下几个部分构成：系统导向栏、系统导向组、分部告警指示、告警指示灯。

分部告警指示：当一个告警被检测到，分部告警指示灯将会改变颜色，用户就可以立即看出告警出自纸机的哪个部位。用户可以进入当前有效告警屏，从该部位的辊体分布结构示意图上看出是具体的哪个辊体发出的告警。系统具有三个报警级别（警戒 Warning、警告 Alarm、警急 Danger），用户可以依次划分三种不同的颜色（黄色、橙色、红色）。

告警指示灯：当一个告警被系统智能顾问检测到，一个动态的旋转的报警器将出现在所有屏幕的右上方。这个报警器一直显示到告警被清除时为止。用户可在报警器上点击一下，并在当前有效告警对话框内的报警处点击一下，就可以看到当前有效告警屏幕，见图 12-9。

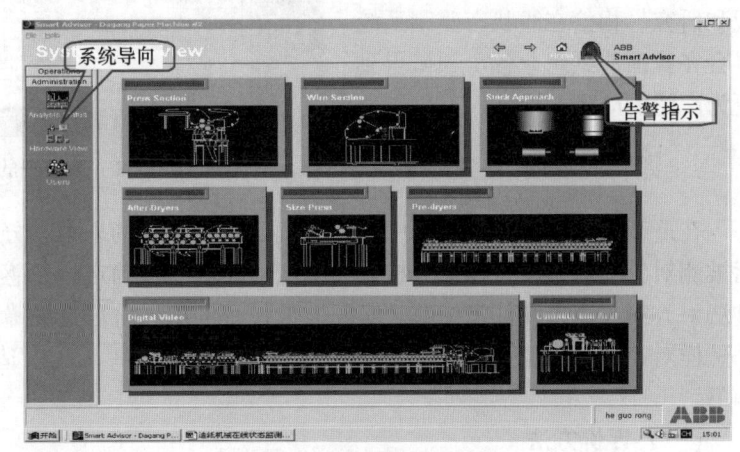

图 12-9 系统概貌显示界面

系统可以清楚显示是哪个特定的设备在告警、是哪类故障、现在的告警等级等。同时，专家智能顾问系统自动提供了出现此类造纸机故障的可能的原因（轴承润滑、轴承温度、轴承密封、轴承的其他部件是否损坏），以及预防和解决此类问题的专家意见（降低轴承的温度、增加轴承的润滑、降低车速和载荷、联系设备的管理人员、加强对设备的监控等），见图 12-10。这种专家意见是基于造纸工业方面的经验，并能方便地在现场作修改，以符合常规厂家最好的实践经验。同时系统还向用户提供

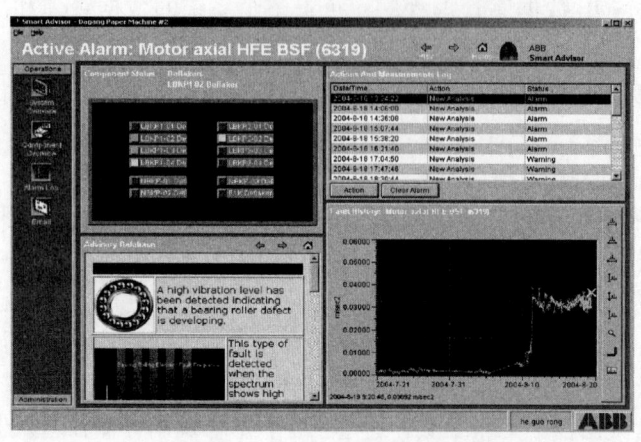

故障的历史记录。趋势图显示在一段时间内故障的能量变化,以及设备当前的故障告警等级。

系统目标提供了被监控部件全貌,能看到所有被监视的设备列表、设备的运行状态、最后一次系统监测设备的时间以及设备的一些工艺参数,见图 12-11。

系统状态过滤器将运行设备状态分成四类:全部设备(All)、警戒级及以上设备(Warning and above)、警告级及以上设备(Alarm and above)、警急级及以上设备

图 12-10 造纸机故障专家智能顾问系统

(Danger and above)通过系统自动过滤后,系统可以直接向用户提供不同报警级别的设备,以便用户对设备进行有所重点的监控。

在线状态监测系统可以随时查知设备运行振动状况,保留了每天 24h 的状态记录,节省了不少的人力,并为公司节省了可观的成本,提高了生产效率。随着国内对造纸机械在线状态监测系统的进一步认识和研究,相信在线状态监测系统将会在我国造纸企业各个领域得到更为广泛的应用。

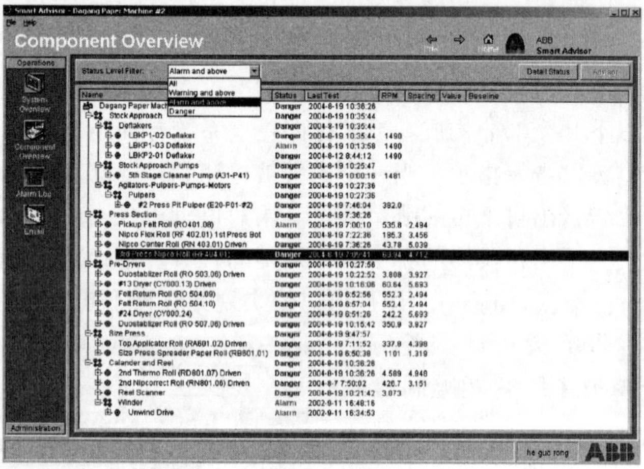

图 12-11 被监视的设备状态列表图

## 二、评价与诊断方法示例

在造纸机械实际监诊过程中,如何确定特征信号的采集、分析处理方案十分重要。它包括被测对象的动态运行特征分析,监测点、监测参数确定,传感器的选用以及信号分析处理方法、方案与软件硬件设施等。实际监诊过程的第二阶段是故障诊断,它涉及一个重要方面是怎样对第一阶段获得的数据进行专业性评价与诊断。现以造纸机压榨部为例简单介绍如下。

### (一)评价方法

① 评价标准的确定。为有效地分析评判状态,根据压榨部动态运行特征,选择轴承座上测定振动加速度标准、振动变化的相对标准及根据频谱制定的标准为评定标准。在低频段采用速度标准,在高频段采用加速度标准。

建立企业的相对标准,这样既可参照绝对标准,把握整体有数,又不至于相对保守;同时能保证设备的高效、安全和经济运行。

② 评价方法。以正常工作状况下等间隔(这里为一周)测量 5~8 次以上形成相应次数的数据块。每次测量要非连续提取 20~25 个代表性数据并计算出均值 $M_n$ 及标准偏差 $\sigma$。这

样重视点值 $M_a$ 和危险点值 $M_d$ 分别为：$M_a = M_n + 2\sigma$；$M_d = M_n + 3\sigma$。

③ 报警值及停机极限值的设置。每一个在线监测系统的设计必定会遇到设定报警和联锁停机的问题。由于轻工造纸行业目前没有标准的界限值。因此，采用基线值选择设定，即采用稳态运行的平均值加上 $B/C$ 值的 0.25 倍。初始停机值设定为 $C/D$ 限值的 1.25 倍（$B$、$C$、$D$ 分别为可长期、短期、不允许运行界限值），还应考虑振动值的变化。

由于各压榨辊实际运行振动水平相差很大，因而往往不设置联锁停机，而主要靠操作人员决定。

### （二）压榨故障诊断方法

#### 1. 压榨监诊设计与应用

压榨监测和诊断操作过程的设计与使用可用图 12-12 表示。基本方法为：设计顺序（图中左支）为 1-2-3-4-5，使用顺序（图中右支）为 a-b-c-d-e-f。从构思设计与应用两个方面，顺序阶段相互照应与相互促进、不断完善。其中 1-f 相互照应（为监诊最高阶与最高目标），2-e、3-d、4-c、5-b 分别相互照应，6-a "测量" 环节为最低阶，但却是左、右支的联系环节——传感器。

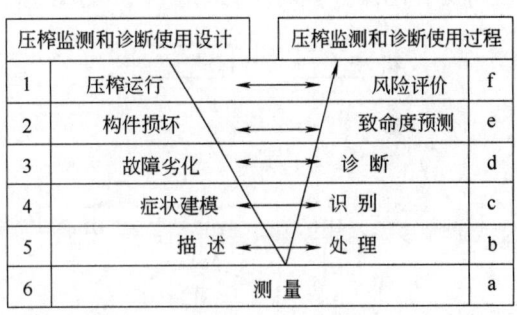

图 12-12 压榨监诊设计与使用的顺序及对应图

#### 2. 诊断条件报告

诊断条件报告按照图 12-12 将两支全部列入并叙述具体、详细。实际监诊会产生并非所有致命故障都被监测所覆盖。所以，必须明确哪些是非被覆盖。

#### 3. 诊断方法

正常运行压榨部的诊断总是从 "测量" 获得的异常现象——监测开始的。较适宜的可用以下两种方法结合诊断。

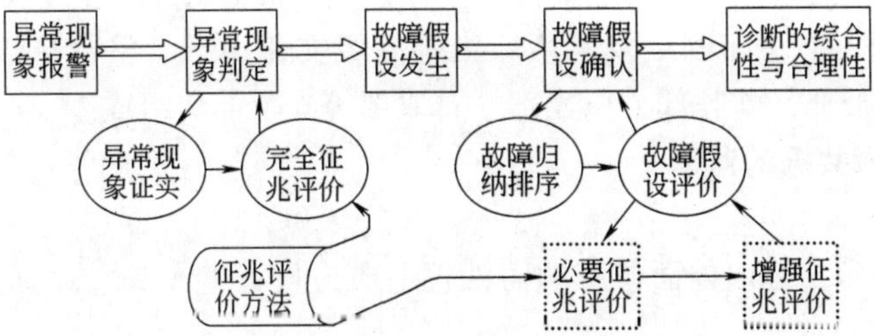

（1）故障⟷征兆法

本质核心是以开发故障⟷征兆关系为基础，见图 12-13。

① 采取诊断措施的诊断起始点。存在真正压榨异常状态或报警；为安全性评价，发现有异常的怀疑。

② 异常状态的判定。a. 异常（现象）的证实——通过振动波谱动态特性描述确定，或通过人对压榨部变化的感觉确定，或通过专辅助器材确认。对于已证实了压榨的异常但未达报警等级的事件，充分研究后用于完善、调整报警值数据。b. 完全征兆评价——通过压榨故障类别与其表现的征兆关系判定。

图 12-13 压榨部故障⟷征兆诊断法过程示意图

③ 故障假设发生。根据宏观征兆⟷故障关系制定出压榨部故障假设表，如表 12-1 所示。

④ 故障假设确认。对故障假设表归纳、排序（可利用研究的压榨故障树）、评价和筛选（可利用研究的压榨智能专家系统）。评价时首先利用对必要征兆进行检测评价，如果必要征兆未被证实，故障假设就被排除。对证实故障进行完全征兆增强评价。

表 12-1　　　　　　　　　　压榨部故障/征兆对应表

| 故障类型 | | 轴弯曲 | 动不平衡 | 断轴头 | 脱胶 | 轴承磨损 | 保持架损坏 | … |
|---|---|---|---|---|---|---|---|---|
| 征兆或参数变化 | 振动 | · | · | · | · | · | · | |
| | 功率 | | | | · | | | |
| | 温度 | | | | | · | · | |
| | … | … | … | … | … | … | … | |

注:"·"是指表中故障类型与所发生的征兆或参数变化有关联。

⑤ 诊断的综合与合理。目标就是概括所完成的诊断。形成诊断报告,包括评价与证实的要素——启动诊断的异常对象;已被证实的完全征兆;具有未证实征兆的被排除故障假设;具有各自概率的被证实故障。综合阶段同时考虑其他要素用于加强故障假设(如压榨部运行历史记载、遇到的类似情况、故障的概率和严重程度)。

(2) 因果诊断法

为了深化压榨故障诊断,可在故障←→征兆法诊断同时采用图 12-14 所示的"根本原因→引发→初始故障→引起→相应故障→具有→对应征兆"因果树,使诊断更确切。

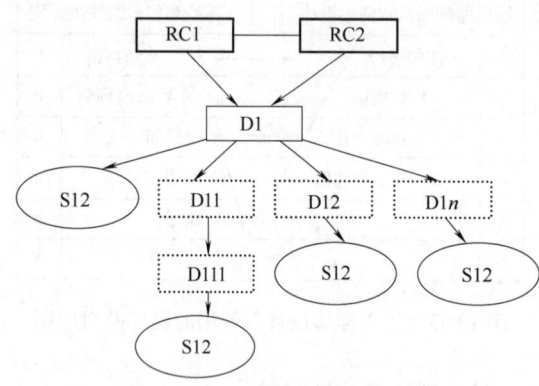

图 12-14　压榨故障因果诊断法图解示意
▢—根本原因　　□—初始故障
▭—相应故障　　○—征兆

## 三、造纸机监诊系统的典型应用

造纸机主要特征:国内某厂 PM2(二号造纸机)为德国 Voith 公司生产的文化用高速纸机,其设计车速 1700m/min,操作车速 1500m/min,网宽 10500mm,抄宽 9770mm,生产能力 1000t/d,可生产定量 40~90g/m² 的静电复印纸、胶版纸、书写印刷纸及铜版原纸等高级文化用纸。整台造纸机本体部分主要由网部、压榨部、烘干部、施胶部、压光部、卷取部等 6 个部套组成。

### (一) 高速纸机压榨部结构动力共振的监诊

1. 压榨部结构特点

压榨辊采用了 Nipcoflex 压榨技术,是由外面包胶的铸铁辊组成,且有 1 或 2 个由真空、气压或液压控制的小室。整个压榨部有 3 个压区,即 4 辊 3 压区结构。第一、第三压榨是靴形压榨,第二压榨是真空压榨。压榨部纠偏辊辊面材料为硬橡胶,两侧轴承为 23240,辊体质量 7760kg,结构尺寸见图 12-15。

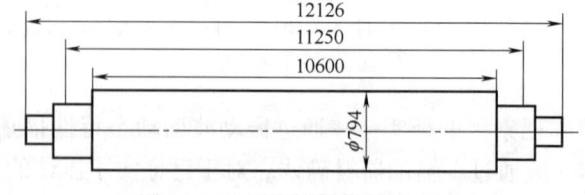

图 12-15　压榨部纠偏辊尺寸图

2. 监测手段与原理

本监测过程采用 ABB 公司 SmartAdvisor 造纸机在线设备状态监测系统,现场采用的是压电式加速度传感器(型号 IMI 601A01)。根据压榨部结构特点主要跟踪该部套运行过程中的实时振动幅值、振动频率与构成特点及其变化趋势。利用监测系统的实时波形、时域分析、经 FFT 转换后的振动频谱及变化趋势图进行研究,在线实时监测过程每小时记录相应数据群一次。

3. 压榨部系统结构动力共振的存在与辨析

（1）系统动力共振辨识

2004年7月7日更换较高定量的纸品，考虑干燥能力，运行车速必须下降，PM2压榨部纠偏辊RO402.04出现异常振动，辊体传动侧轴向振动达到6.163mm/s（正常振动峰值在2.6mm/s左右），达到设备报警值。振动频谱和振动趋势分别如图12-16、图12-17所示。

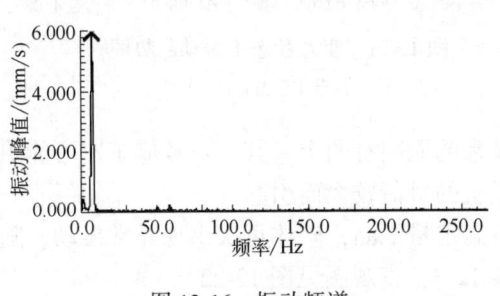

图12-16 振动频谱

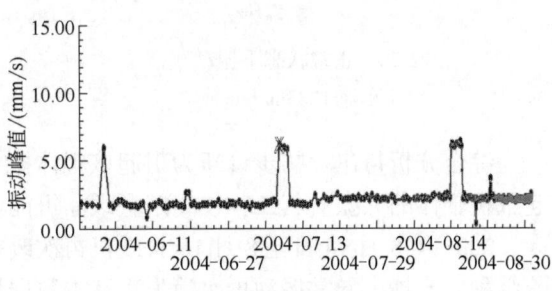

图12-17 振动趋势

参照JIS标准，对于旋转速度小于600r/min的辊体其振动管制标准见表12-2。

表12-2　　旋转速度小于600r/min的辊体JIS振动管制标准

| 振动类别 | A | B | C | D |
| --- | --- | --- | --- | --- |
| 振动峰值/(mm/s) | <1.8 | 2.8 | 4.5 | >4.5 |
| 设备运行状况 | 良好 | 可接受 | 需监控 | 异常（需改善） |

根据表12-2，辊体属于D类振动，运行状况异常。在线状态监测系统提供的设备运行基本参数：纸机线速1051m/min，即辊体转速421.4r/min（7.026Hz）；振动频谱图12-16中的大幅振动频率正好为旋转基频$1x$，振动频谱中没有轴承损坏频率。此时没有能激发产生1倍频的机械故障原因。

对比改产前较低定量车速时，辊体线速度1227m/min（8.202Hz），振动峰值1.817mm/s，设备振动正常。此时振动频谱和振动趋势分别如图12-18、图12-19所示。改抄时间和振动异常时间相符。

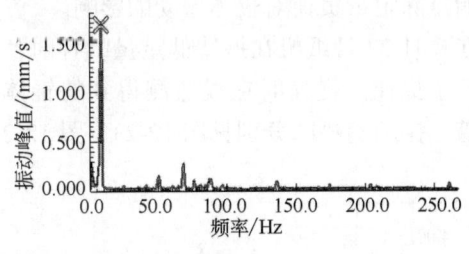

图12-18 正常状态下振动频谱
（车速1227m/min）

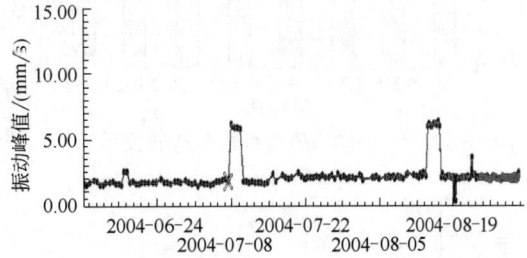

图12-19 正常状态下振动趋势图
（车速1227m/min）

2004年7月10日再次改抄较低定量时车速增加，辊体线速度1233m/min（8.242Hz），振动峰值1.821mm/s，设备振动正常，分别如图12-20、图12-21所示。

改抄时间和振动异常消失时间相符，即应该为车速改变产生了辊体异常振动。

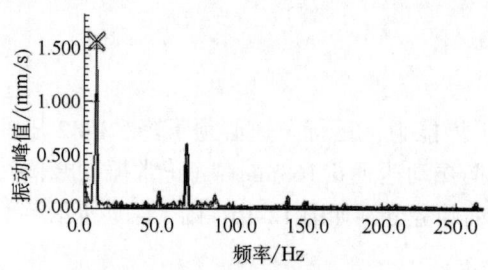

图 12-20 正常状态下振动频谱
（车速 1233m/min）

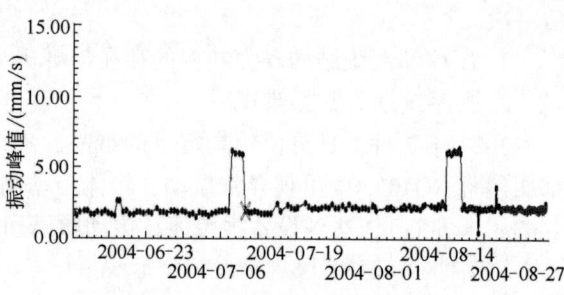

图 12-21 正常状态下振动趋势图
（车速 1233m/min）

综合分析得出：初步诊断为引起该辊体振动异常的原因有两个：其一：较低车速可能引起纸机辊体的共振。其二：较高定量纸品可能使纸机的负荷较大而引起。

2004 年 8 月 14 日至 8 月 16 日纸机再次改抄较高定量纸品，辊体再次出现异常振动，随着纸种的改抄，异常振动再次消失，基本数据见表 12-3，直观图见图 12-22。

表 12-3　　　　　　所抄纸种、车速与辊体振动峰值对应关系

| 日　期 | 主要纸种 | 车速/(m/min)/Hz | 辊体振动峰值/(mm/s) |
| --- | --- | --- | --- |
| 2004-05-31 | C | 1052/7.032 | 5.948 |
| 2004-06-30 | A | 1379/9.218 | 1.615 |
| 2004-07-07 | C | 1051/7.026 | 6.163 |
| 2004-07-09 | C | 1051/7.026 | 5.865 |
| 2004-07-10 | B | 1233/8.242 | 1.821 |
| 2004-08-14 | C | 1066/7.126 | 6.047 |
| 2004-08-16 | C | 1061/7.092 | 5.592 |
| 2004-08-17 | A | 1336/8.931 | 2.018 |

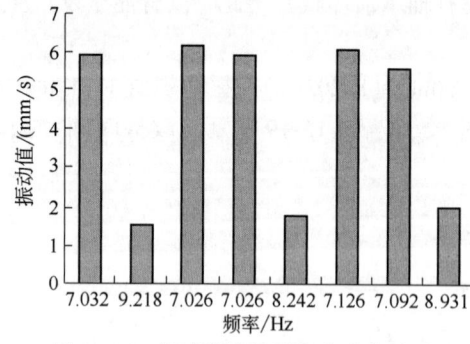

图 12-22 振动峰值与纸机车速的关系

对 2004 年 5 月 31 日到 8 月 17 日的车速、纸种及振动相关数据进行分析，可以清楚地看到：振动峰值在 7.03Hz～7.13Hz 车速相当敏感，车速一旦进入这个区域，振动马上增加，一旦偏离这个车速，振动又很快恢复。但这时还不能排除定量负荷对辊体振动的影响。

在 8 月 22 日纸机在抄造低定量纸种时，逐渐进行了提速。提速时在线监测得到的辊体振动频谱、振动趋势图分别见图 12-23、图 12-24。

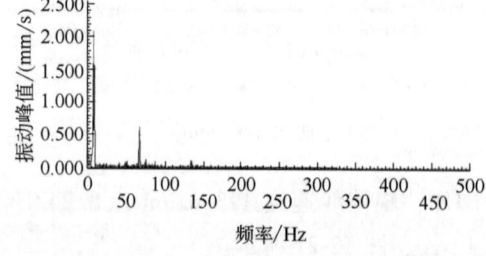

图 12-23 纸机提速时振动频谱图

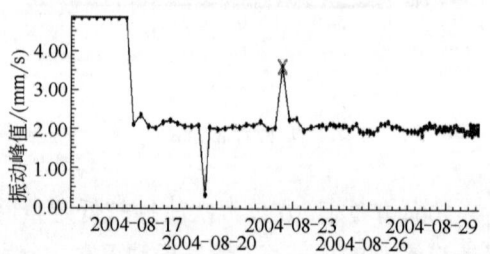

图 12-24 纸机提速时振动趋势图

由于在线系统的数据采集速度为一小时一次，而纸机提速是逐渐进行的，所以没有采集到频率为7.0Hz时的振动，只采集到相近的7.5Hz时的振动。但是从图上也可以看到，频率在7.5Hz时，振动峰值也比较大，但频率达到8.125Hz时，振动马上就降下来了。这就说明纸种不是影响振动的主要因素。

(2) 系统动力共振存在的讨论

压榨部运行过程振动主要由组成其各零部件的结构特征和运行工况两方面决定的。包括支承轴承滚珠振动、保持架振动，传动振动，机架振动，毛毯张紧与负荷振动，辊体弹性、胶面开裂、变形弯曲、不平衡、不对中振动，摩擦、碰撞振动等。正常情况下传感器采集所得时域振动信号为它们的合成叠加，但可通过信号分析处理进行时域信号频域傅里叶转换分离出各零部件的结构动态特征频率。这些特征频率幅值以及合成叠加的振动在各零部件无故障时幅值较小；而发生机械故障时无论什么工况（负荷及车速）振幅明显增大，且随着负荷及车速的增加，幅值变得更大。

从研究过程的多种工况看，发现异常振幅仅与纸机特定车速有关，而与负荷无关，可确定非零部件损坏，应为压榨部共振，且发生在$1x$工频。

从美国著名学者J. Sohr的旋转机械常见振动征兆分析理论，引起旋转件共振的类型有a. 支承共振、b. 基础共振、c. 干燥涡动共振、d. 油膜涡动共振、e. 摩擦引起涡动共振、f. 相振共振、g. 不相等轴承刚度共振、h. 谐波共振、i. 亚谐波共振、j. 转件基本共振等。由于c. d. e. g. h. i. 共振表现征兆主要是高阶工频$nx$、油膜涡动频率、$2x$、$\frac{1}{2}x$和$\frac{1}{4}x$工频，与基频振动$1x$无关；f. 除与油膜涡动频率、$2x$、$nx$有关，与$1x$相关不大；a. b. j. 共振表现主要征兆为$1x$工频，而b. 在现场测定已排除。因此，本造纸机压榨部共振可判定为a. j. 结合的称为结构动力共振。

综上所述可以判定，此高速纸机压榨部存在固有结构动力共振频率，其值为7.0~8.0Hz之间。因此，建议生产部门尽量让开此车速，避免辊体产生结构动力共振，以延长辊体的使用寿命。

(3) 造纸机部套结构动力共振存在的启示

在高速造纸机中，压榨部在纸机设计、运行车速范围内，都存在各自局部系统结构动力共振车速，产生较高幅值振动。产生的原因为转件基本共振和支撑共振的结合，也通过毛毯传递的受相邻部套的作用；系统结构动力共振反映各零部件的动态综合关系，在特定的车速下是不可避免地产生的并非零部件状态恶化行为，但对设备安全、稳定运行十分不利；不同纸机部套结构动力共振频率是不同的。通过在线监测系统在纸机不同车速下运行监测比较，并结合提速过程状态变化综合确定。

**(二) 高速纸机烘缸轴承状态监诊技术及故障特征**

1. 烘干部烘缸及轴承结构特点与工作条件

烘缸结构主要由缸体（壁壳+端盖）、两头轴颈和缸内虹吸管排凝水系统组成。结构尺寸（mm）见图12-25。无轴承时单只烘缸体质量18700kg，试验承压1.0MPa，工作车速1700m/min以上，烘缸表面硬度170HB，在实际工作中，主要承受较大径向载荷和一定的轴向载荷，长期工作在85℃以上高温下汽罩环境中，如摩擦等因素轴承体局部温度可达120℃以上，要求烘缸轴承能耐200℃下运行2500h。针对高速纸机烘缸轴承工作负荷和环境要求，传动侧采用了SKF 23164CCK C4 HA3 W33 球面滚子轴承；在操作侧采用了SKF C3156K C4

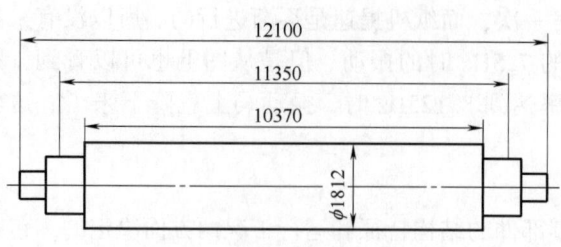

图 12-25　高速纸机烘缸尺寸图

HA3 CARB 圆环滚子轴承。

2. 监测手段与原理

烘缸轴承处在封闭、高温汽罩内，采用常规的人工靠近式监测状态是不可能的；另外轴承结构动态元件多，产生振动综合，故障掌握相对复杂。本监测过程采用美国 ABB 公司 Smart Advisor 在线设备振动状态监测系统，美国爱默生公司的 CSI2120 机械振动分析仪和 CSI8117 镭射对心仪，振动监测离线仪 CSI2120，现场采用压电式加速度传感器（型号 IMI 601A01）。根据烘缸轴承结构特点主要跟踪该部套运行过程中的实时振动幅值、振动频率与构成特点及其变化趋势。利用监测系统的实时波形、时域分析、经 FFT 转换后的振动频谱及变化趋势图、包络分析等进行研究，在线实时监测过程每小时记录相应数据群一次；同时采用润滑油样分析系统检测油品质。然后与实际拆卸轴承故障为准进行对照分析。

（1）正常情况下烘缸轴承振动频谱

某烘缸操作侧轴承新换轴承后三天测得的振动频谱如图 12-26 所示。由图可见振动很小，运行声音平稳，振动频谱简单干净。

（2）异常情况下烘缸轴承振动及谱图变化

① 烘缸操作侧轴承早期故障的振动与包络谱图。烘缸操作侧轴承运行一段时间后，振动趋势有所上升，包络谱图 HFE（图 12-27）中出现明显的轴承外圈损坏频率的谐频，但幅值较小。诊断意见为轴承早期

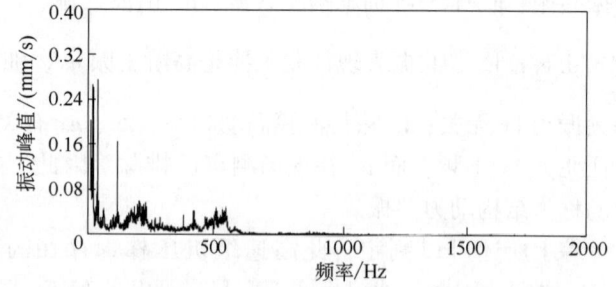

图 12-26　正常烘缸轴承振动频谱

故障，在随后计划停机期间更换了轴承，没有发现任何剥落等异常。更换后在线振动趋势降了下来，包络谱图 HFE 中轴承外圈损坏频率的谐频也都消失了（图 12-28）。说明包络频谱极其敏感，它拾取的冲击能有时是早期的故障，甚至能在故障传递到轴承表面之前就监测到这些故障。

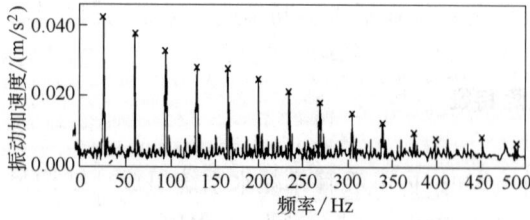

图 12-27　烘缸操作侧轴承更换前包络谱图

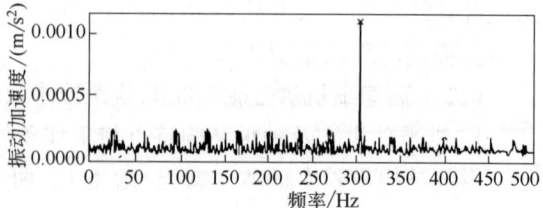

图 12-28　烘缸操作侧轴承更换后包络谱图

② 轴承外圈磨痕损坏时振动及频谱图。用离线仪器检测到某烘缸操作侧轴承振动频谱中高频区出现轴承外圈损坏频率，振动幅值不大（图 12-29 中上图），现场运行声音平稳。在随后计划停机期间，将轴承打开检查，未见任何剥落异常，外圈承载区有光亮磨痕，将外

圈旋转 90°后安装后进行振动复测，频谱中损坏频率消失（图 12-29 中下图）。

③ 轴承内圈较浅剥落损坏时振动及谱图。用离线仪器检测到某烘缸操作侧轴承振动频谱（见图 12-30 中上图）中高频区出现轴承内圈损坏频率，振动幅值不大，但损坏频率两边有少量的转速边频，时域波形中未见明显周期性冲击（图 12-30 中下图）。在随后计划停机期间更换了轴承，拆检换下的烘缸轴承，内圈上确认有一个较浅剥落坑（图 12-31）。

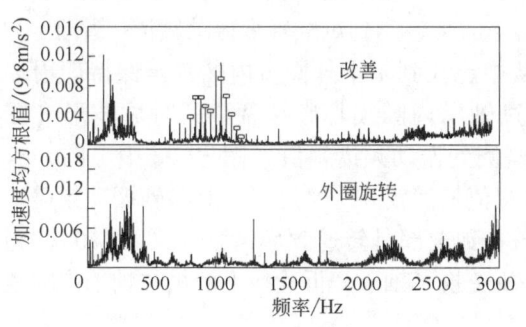

图 12-29 烘缸操作侧轴承外圈磨痕损坏时振动频谱图比较

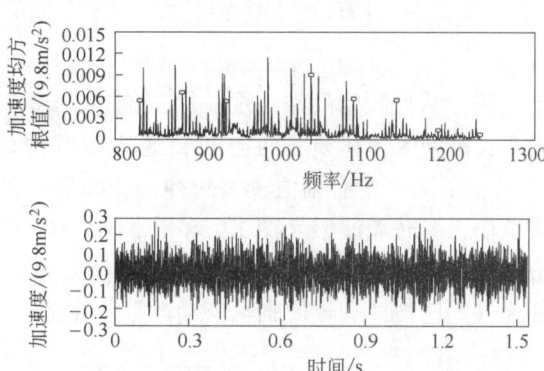

图 12-30 烘缸轴承内圈较浅剥落损坏时振动谱图（上—频谱图，下—时域波形图）

④ 轴承内圈较深剥落损坏时振动及谱图。用离线仪器检测到某烘缸操作侧轴承振动频谱（图 12-32 中上图）中高频区出现轴承内圈损坏频率，振动幅值略微有些大，损坏频率两边出现数量少但幅值较高的转速边频，时域波形（图 12-32 中下图）中有较大幅值冲击。在随后计划停机期间更换了轴承，拆检换下的烘缸轴承内圈有一处较深剥落（图 12-33）。

图 12-31 烘缸操作侧轴承内圈较浅剥落拆检照片

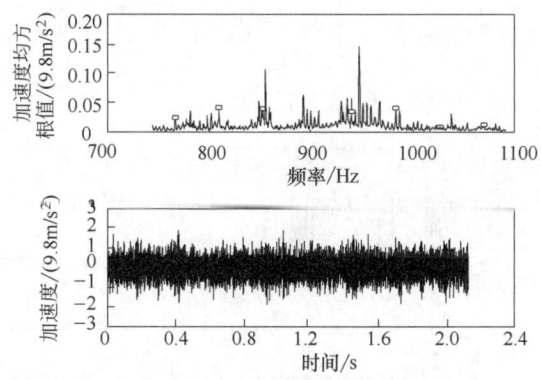

图 12-32 烘缸轴承内圈较深剥落损坏时振动谱图（上—频谱图，下—时域波形图）

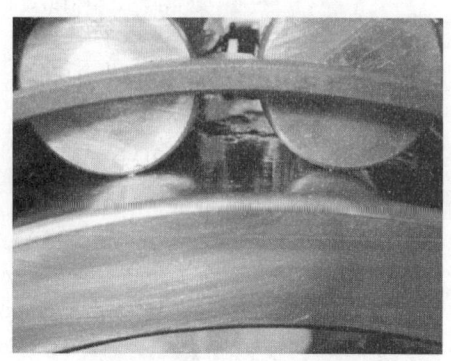

图 12-33 烘缸操作侧轴承内圈较深剥落拆检照片

⑤ 轴承内圈较严重剥落损坏时振动及谱图。在线监测到某烘缸操作侧轴承振动趋势逐渐上升，频谱中出现轴承内圈损坏频率（图 12-34）。后用离线仪器检测，离线频谱（图 12-35 中上图）中高频区也有内圈损坏频率并向低频区转移了，损坏频率两边有较多数量的转速边频且转速边带幅值超过轴承内圈损坏频率幅值，时域波形（图 12-35 中下图）中有明

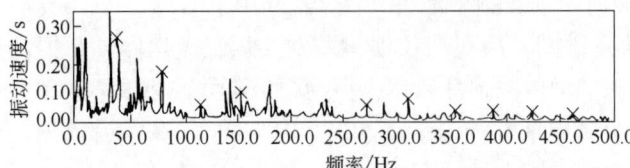

显转速频率的周期性冲击。在随后计划停机期间更换了轴承，换下轴承内圈有较严重的剥落（图12-36）。

图 12-34 烘缸操作侧轴承较严重剥落损坏时在线频谱

⑥ 轴承内、外圈滚道严重剥落时振动及谱图。用离线仪器检测到烘缸轴承振动频谱（图12-37中上图）从低频到高频出现一簇簇能量突起，从中能找到轴承外圈、内圈甚至保持架损坏频率，高频区损坏频率两边的转速边频幅值超过轴承内圈损坏频率幅值，时域波形（图12-37中下图）中有幅值较大的冲击。随后一天监测到振动频谱幅值（图12-38中上图）有所减小，但时域波形（图12-38中下图）中冲击幅值依然较高。又过二天监测到振动频谱幅值又升高到三天前水平（图12-39），但细化频谱看到全部是转速频率谐频（图12-40），判断为外圈已被冲裂致使轴承松动严重。在随后停机更换了轴承，拆检换下的烘缸轴承内圈整

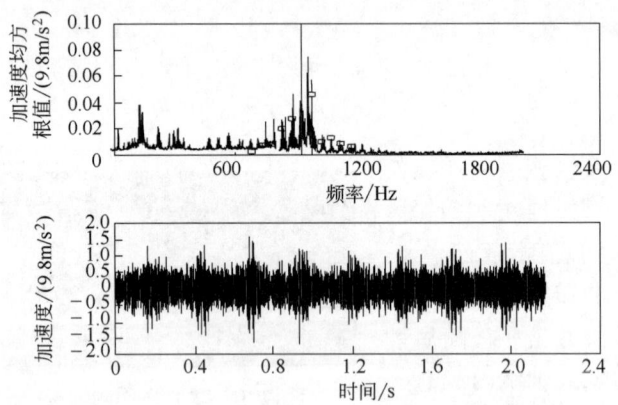

图 12-35 烘缸操作侧轴承较严重剥落损坏时振动离线谱图
（上—频谱图，下—时域波形图）

图 12-36 烘缸操作侧轴承较严重剥落损坏时拆检照片

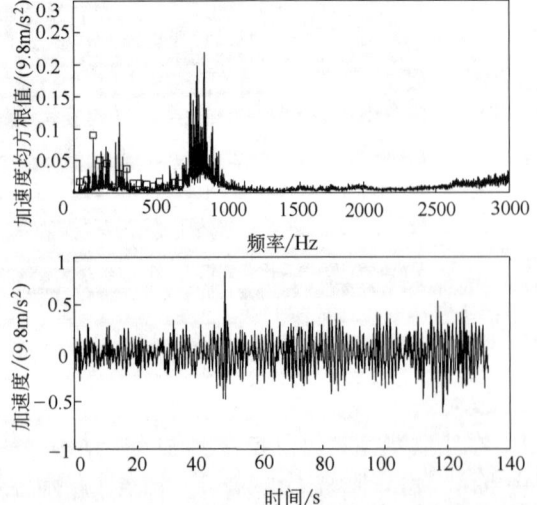

图 12-37 轴承内、外圈滚道严重剥落损坏时振动谱图
（上—频谱图，下—时域波形图）

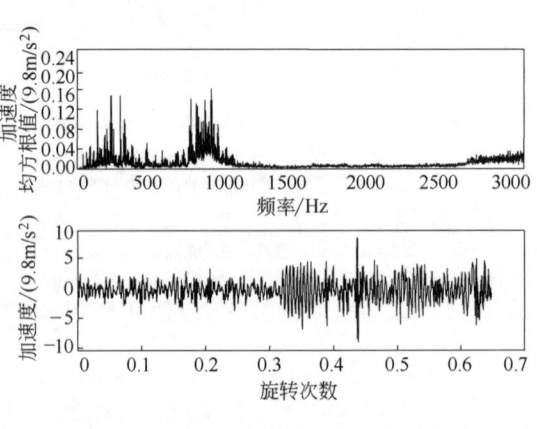

图 12-38 烘缸操作侧轴承振动有所减小频谱

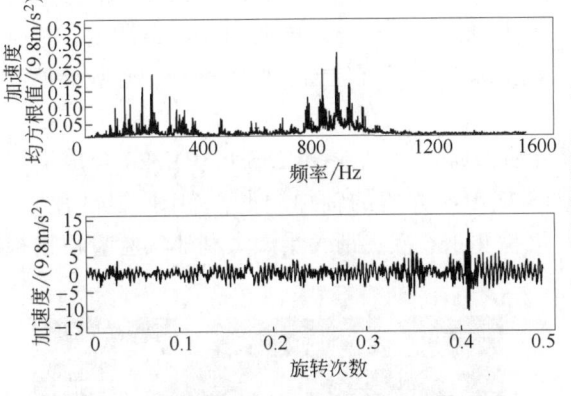

图12-39 烘缸操作侧轴承振动再次升高频谱

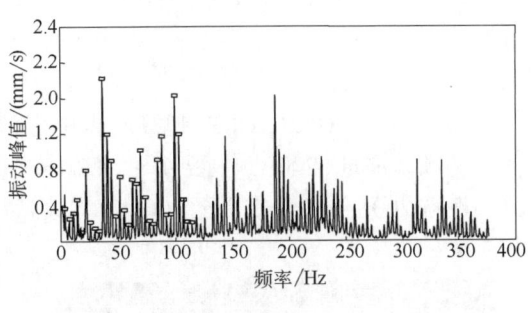

图12-40 烘缸操作侧轴承振动再次升高细化频谱

圈严重剥落、外圈断裂（图12-41）。

(3) 监测结果分析启示

① 根据以上在线跟踪监测结果综合分析可知，高速纸机烘缸轴承处于高温、高湿、较高负荷下工作，其工作劣化过程是渐进的。主要经历正常磨损运行，磨损的早期轻微故障，外圈具有无剥落磨痕性损坏故障，内

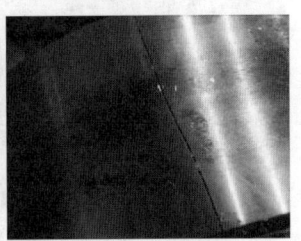

图12-41 烘缸操作侧轴承内圈严重剥落、外圈断裂照片

圈较浅、较深和严重剥落性坑痕损坏故障，内外圈滚道严重剥落性损坏故障等发展阶段。

② 对于正常磨损运行时，轴承各动零件的表面磨损和尺寸变化不大，在滚转动过程表现为运行平稳，故振动和声音不大，反应在振动频谱图上峰低且简单。

③ 随着运行磨损不断，在外圈与滚珠上出现细小磨痕而产生较小的滚动冲击，表现为早期轻微故障，而这种冲击在包络图上灵敏地显示；运行磨损进一步加强后，外圈出现明显磨痕损坏，但因为无剥落坑痕，这种磨痕冲击过程会产生二次或多次性反射冲击，故在中高频区损坏频率出；但是，虽有中高频区损坏频率而振幅不会大。

④ 在明显磨痕基础上进一步运行磨损，劣化将明显加快，很快转化为各种剥落性坑痕损坏故障，因而冲击振动强度、振幅和声音加大；同时，剥落性坑越深，滚动振动时滚坑反射回复反弹性变小，故反映为剥落性坑痕越深越大时，损坏故障频率向中低频区转移。

总的来看，高速纸机烘缸轴承劣化过程烘缸轴承的损坏最主要形式是内圈滚道的剥落。随着剥落的加剧，烘缸轴承振动值会变大，振动频谱中轴承损坏频率会从高频区往低频区转移，损坏频率两边的转速边带会逐渐增多增高。一旦烘缸轴承外圈断裂，振动频谱将呈现全是转速谐频的松动特征。

(三) **高速纸机烘缸轴承故障状态润滑油品品质变化**

绝大多数的设备问题会反应在润滑油中，定期实施油品分析，可有效延长设备寿命，减少非计划性异常停机所造成的生产损失。

PM2烘缸轴承不断损坏时在干部润滑油槽的油品分析中得到验证。2008年1—3月份，PM2更换烘缸轴承18只。对润滑油槽的油品检测发现油品中水分含量高达9228mg/kg，远超过 500mg/kg 的最高标准；油品寿命指数和污染物指数分别高达 1361 和 1348；油品清洁度结果为 ISO21/19，远大于干部润滑油槽可接受标准 ISO 16/13，说明油品污染严重；检查分配阀，也发现有黑色沉积物；检查干部中心润滑系统，发现油槽表面不清洁，呼吸器滤芯表面脏。

图 12-42 是 OL21&OL22 超级压光中心润滑油槽所用油品 MOBIL SHC PM320 合成润滑油，一次添加量 5200L，主要用于两台压光机 8 根硬压光辊的轴承润滑，如图 12-43 所示。此油槽自 2001.6 换油使用至 2009 年零故障自己检测 186 次；请美孚澳大利亚实验室协助检测 7 次。

图 12-42　超压中心润滑油槽

图 12-43　超级压光机

表 12-4 统计了定期对油品进行分析，并给出相应的保养意见。MOBIL SHC PM320 合成润滑油美孚公司建议使用周期为 5 年，经过大家的共同努力，此油品已使用 8 年，延长了使用周期。为公司节降了成本 40.5 万元，这还不包括换油时所需的冲洗油成本，和换油所需时间带来的生产损失。

表 12-4　油品检测、分析及保养

| | 2006.12.17 | 2007.4.3 | 2007.8.11 | 2008.01.12 |
|---|---|---|---|---|
| 油品状况 | 水分含量为 1173mg/kg | 油品清洁度指数大于标准值 | 油品中铁磁为 7.8，超出标准值 | 水分含量为 980mg/kg |
| 油品清洁度 | ISO 18/15 | ISO 19/16 | ISO 19/17 | ISO 18/16 |
| 处理结果 | 真空脱水 5d，油品状况良好 | 加强过滤 3d，再测，油品良好 | 强化过滤 7d，一切指数达标 | 及时有效的真空脱水 5d，油品良好 |
| 原因分析 | 1. 油站顶部空气呼吸器未及时更换　2. 此油站周围有大量蒸气弥漫在空气中　3. 钢辊更换频繁，在更换安装过程中，润滑油被污染 | | | |

## 参考文献

[1] 陈克复，主编. 制浆造纸机械与设备（下）[M]. 3 版. 北京：中国轻工业出版社，2011.

[2] 张辉. 现代造纸机械状态监测与故障诊断 [M]. 北京：中国轻工业出版社, 2016. 05.
[3] 张宏宇, 陶洛文. 用振动频率分析方法诊断造纸机机械故障 [J]. 中国造纸, 1997, 16 (1)：31-33.
[4] 邱荣华. 油液分析技术在纸机干燥部故障诊断中的应用 [D]. 南京：南京林业大学, 2009.
[5] 张辉. 造纸机械状态监测与故障诊断技术的应用与发展 [J]. 中国造纸, 2003, 22 (11)：51-54.
[6] 张辉, 张笑如. 高速纸机烘缸轴承劣化振动变化规律及谱特征 [J]. 振动、测试与诊断, 2010, 30 (5)：585-588.
[7] 杨超, 张辉. 倒频谱在造纸机压榨轴承故障诊断中的应用 [J]. 中国造纸, 2005, 24 (1)：38-40.
[8] 申甲斌, 贺培芹. 纸机导辊轴承振动诊断分析 [J]. 设备管理与诊断, 2007 (8)：36~39.
[9] 李征磊. 基频谐波在造纸机械振动频谱分析中的应用 [D]. 南京：南京林业大学, 2014.
[10] 张笑如. 高速纸机烘缸轴承振动法故障诊断研究 [D]. 南京：南京林业大学, 2009.
[11] 屈云海, 张辉. 振动监测与现代造纸机械故障诊断技术的进展 [J]. 中国造纸学报, 2013, 28 (1)：53-61.
[12] 高致富, 张锋, 刘瑞鹏. 浅谈造纸机润滑油金属磨粒状态监测技术 [J]. 纸和造纸, 2014, (6)：11-15.
[13] 刘瑞鹏, 董青苗, 张锋. 高致富造纸机润滑油状态在线监测技术的实现 [J]. 纸和造纸, 2014, (11)：21-25.
[14] 佘金龙. 基于云平台的造纸机远程健康管理系统设计 [D]. 西安：陕西科技大学, 2018.
[15] 税宇阳. 中高速卫生纸机烘缸轴承故障诊断系统的开发及应用研究 [D]. 西安：陕西科技大学, 2019.
[16] 王智冲, 张学英. 试析大型机械振动监测与故障诊断知识体系的研究与实现 [J]. 科学技术创新, 2019, (33)：17-18.

# 第十三章 白水回收设备

## 第一节 概 述

不管生产什么纸品，只要采用湿法造纸工艺技术，在纸机上必然产生白水。造纸厂白水的处理与回用，不仅在节约纤维、填料等方面具有经济价值，而且对于废水的利用、防止污染及节约热能等方面亦有重大意义。

1. 白水的主要来源与循环利用

白水包括浓白水和稀白水。浓白水主要指纸浆在网部脱水成形时直接在网下脱出的水，主要含水、通过网孔的细小纤维和填料以及化学品等。稀白水主要指冲网水、真空脱水等。

根据白水浓度的高低一般划分为三级循环回收利用。

① 一级循环系统。从网部成形板至脱水区前（案辊、案板部分）排出的白水浓度较大，回收路线短，污染程度小，可不通过回收设备，可直接用于稀释纸浆用。

② 二级循环系统。包括脱水区的剩余白水、高压差脱水区（真空吸水箱与真空伏辊）排出的白水、洗网水、水针水及网部其他清洗用水。这个系统的白水浓度小，细小固体物质含量较少。可用于稀释纸浆用，但大量的剩余白水需经回收设备处理后可送往打浆工段用于稀释纸浆、供伏辊坑喷水或清洗用水，也可供碎浆机等用水。由于含有一定的填料、细小纤维等固形物，故根据抄造的纸种不同及抄造设备与形式的不同，每台纸机的回收方式也有所不同。

③ 三级循环系统。从二级循环系统出来的白水和造纸机压榨部等处来的废水合流后，用处理设备进行处理，然后把其中的一部分作为生产用水，代替部分清水再利用。

图 13-1 示意了白水回收设备在三级循环回收中的作用和地位。一般地讲，造纸机最合理的白水循环方式，必须具备以下条件：a. 白水循环系统应互相协调；b. 操作上有合理的管线装置；c. 不发生脉冲现象；d. 纸机断头时，循环系统的白水浓度变化较小。

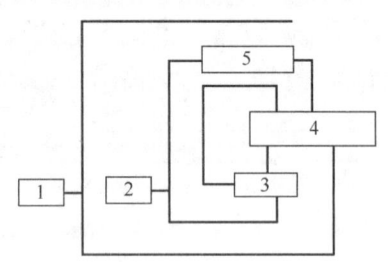

图 13-1 白水回收设备在三级循环回收中的地位

1—过滤器 2—浓缩机 3—浓白水/稀白水 4—纸机 5—白水回收机

随着白水循环回用技术的进一步发展，以及处理纸机白水工艺的进一步完善，经处理后的纸机白水，不仅可以用于稀释浆料、处理损纸，而且可以用作打浆用水、贮浆池用水、辅料制备用水，还可以进一步用来代替清水用作喷水管水、密封水等，这样可以大为减少清水用量。造纸机在未采用白水循环以前，每产 1t 纸，用水量一般在 1000m³ 以上；采用循环以后，目前国内外较先进的水平为吨纸用水量 10m³ 以下，吨纸纤维流失量约为 5~25kg。

2. 白水的主要特征及对白水回收设备的要求

（1）白水的主要特征

① 杂质成分复杂。主要含有相对密度不大的悬浮物（如细小纤维、填料颗粒等）、胶体

类物质(来自于造纸过程添加的化学品)、少量比重轻的油污(来自于机器部件和冲刷)、少量比重较大的砂粒等(来自于生产环境)。

②白水量较大,浓度较低。一般浓白水浓度0.2%~0.4%左右,稀白水<0.2%。

(2) 对白水回收设备的要求

① 具有微过滤功能并且过滤处理能力要大。为了处理掉白水中较多的细小纤维、填料颗粒等,过滤设备是白水回收的基本设备,而且网目数相对较大,单位体积设备的过滤面积要大。常用的过滤式设备有:微过滤机、浓缩机、脱水机以及多圆盘过滤机等。

② 具有去除细、轻、浮杂功能。白水中含有较多微过滤所去除不掉的细小纤维、颗粒、油污以及胶体状化学品等,可通过絮凝和气浮的结合设备实现处理回收。常用的气浮式设备有:常规气浮白水回收机和高效浅层气浮等。

③ 具有澄清功能。白水中(特别是来自冲洗网等水)会含有细小、比重与水相当或重的杂质,这些可通过直接沉淀或澄清(絮凝加沉淀)来净化、回收白水。常用的澄清功能设备有:澄清池、沉淀池、沉淀塔、沉降器等。

## 第二节 气浮式白水回收设备

### 一、气浮法白水回收系统的基本原理

气浮法处理纸机白水是根据亨利定律和凝聚机理来实现的。也就是在一定压力、温度和水净度等条件下,将空气溶解在水中,作为工作介质,然后将这些溶解于水中的气体经减压释放,成为无数微细气泡(通常 $\phi 50 \sim 100 \mu m$)。造纸白水中的悬浮物大多数是由网下过滤下来的细小纤维、填料、胶料,相对密度与水相近。当微细气泡与经过混凝作用后的白水作用后,纤维、填料、胶料等与微细气泡附在一起,形成相对密度小于水的气-固-液三相小团,随着气泡的浮力而上升到水面,形成悬浮浆渣层,再通过气浮设备的刮渣装置与水位的溢流系统配合将浮浆渣层刮至浮浆渣池,从而达到净化水质、回收浆料、填料的目的。

气浮法分离装置的基本原理、主要类型以及传统式气浮装置见本教材上册第十章第二节中"三、气浮分离装置"。

气浮法白水回收系统通常包括溶气罐、射流器、气浮池、清水池等。气浮法的工艺流程见图13-2。

气浮法白水回收系统中射流器是非常重要的部件,射流器是产生溶气水的一种空气供给装置。其结构与一般水力喷射器相类似,即由喷口、吸气室(真空室)、混合管及扩散管组成。

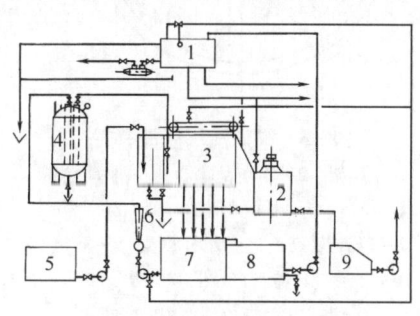

图13-2 气浮法白水循环流程图
1—白水塔 2—搅拌池 3—气浮池 4—溶气罐 5—纸机网下白水池 6—水喷射器 7—集水池 8—澄清水池 9—贮浆池

当压力水以高速从喷口喷射出来,形成一股高速射流束穿过真空室经过一定的射流距离后,进入混合管,吸气室呈真空状态,由于工作介质的黏滞作用与这股高速紊乱射流束相接触,空气与工作介质一起挟带至混合管内,当这股气液混合物由于剧烈的湍动搅拌、水力剪切、液体和气体间的充分混合,气体被"切割"成无数极细小的空气泡,经过混合管的高速湍动、混合,呈乳化状态的气液混合物中的气体,就在一定压力

下溶入水中。

溶气罐的作用，一是保证溶气水在罐内有一定的贮存和停留时间，以便空气在罐内充分溶解达到饱和程度，二是为了保证溶气水的压力稳定，使溶气水的质量一致，使气浮效果稳定。

采用射流器进气对溶气罐无特殊要求，可按一般受压容器规范设计。一般长径比 $D/L=1/4\sim1/2$。溶气水在罐内停留时间，一般设计为 $3\sim5\min$。溶气罐压力在 0.3MPa 左右。

气浮池的大小需根据处理水量的大小和水质、所含固形物的多少以及浮上速度来进行设计，一般矩形池可参考下列参数设计。a. 气浮池要求处理水在池内停留时间一般为 $15\sim20\min$。b. 气浮池的深度 $1.5\sim2.5m$。c. 固形物的浮上速度在 $4\sim10cm/\min$。d. 气浮池的表面负荷率一般在 $2\sim10m^3/(m^2\cdot h)$。e. 池长 $L$、池宽 $B$ 与池深 $H$ 的关系：$B/H>1$，$L/B>2$，一般 $B\leqslant6m$。

为避免纸机封闭循环出现不平衡，以及纸机临时停机影响白水回收处理，白水池容积应考虑适当的贮存量。清水池也不宜太小，至少考虑 $15\sim20\min$ 周转时间，以保持封闭循环的连续性。

## 二、高效浅层气浮白水回收装置

### 1. 基本原理

传统的气浮法白水回收系统存在着溶气水溶气效率低，溶气水质量差，处理效果差，占地多等问题。国内外在其基础上研制出了高效浅层气浮白水回收系统，俯视图如图 13-3 所示。

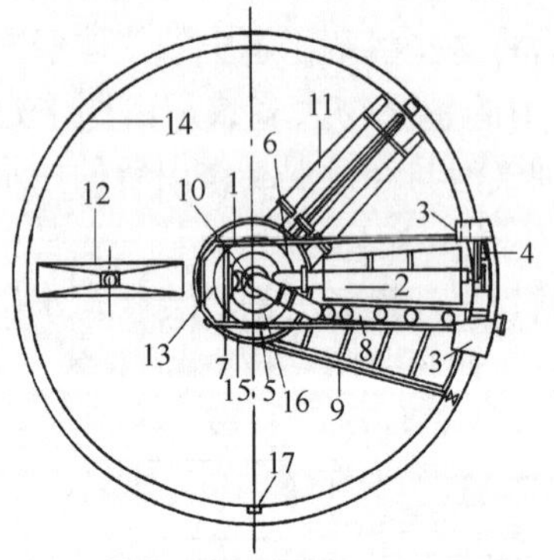

高效浅层气浮是所有溶解空气气浮设备中的一项突破，是一种水质净化处理的高效设备。该设备动态进水、静态出水，应用了浅池理论和"零速度"原理，使浮选体在相对静止的环境中垂直浮至水面，上浮路程减至最小，汇集了凝集、气浮、刮渣、沉淀、刮泥等多项功能于一体。所谓"零速度"原理，就是气浮槽体上的台车逆时针方向转动运行，废水顺时针方向流入，两力因反方向而相互抵消。

原水经絮凝混合由池底中心管流入，水表面的浮渣用撇渣器收集起来，然后排入中央污泥槽，排入相匹配的污泥装置，沉于池底的污泥由刮板收集至排泥槽排出，清水由中央集水机构收集排出。凝絮好的原水是指在原水中加入絮凝药剂 PAC 或 PAM（PAC 为 $400\sim1000mg/L$，PAM 为 PAC 的 1/5 左右），经 $10\sim15\min$ 的有效地絮凝反应，形成的原水。具体药量及絮凝时间，絮凝效果须由实验测定。

图 13-3 高效浅层气浮装置
1—主框架 2—浮渣刮除器 3—驱动设备
4—链盖 5—中心浮渣桶 6—液位调整
7—挡渣桶 8—进流分配水槽 9—篦笆
10—中心旋转器 11—出水管槽 12—进流弯头 13—液位调整用升降机组
14—外槽 15—挡渣桶用套夹
16—旋转集电器 17—视窗

### 2. 主要机构及工作过程

浅层气浮装置的工作机构如图 13-4 所示。

浅层气浮装置整体成圆柱形，结构紧凑，池子较浅。装置主体由五大部分组成：池体、旋转布水机构、溶气释放机构、框架机构、集水机构等。进水口、出水口与浮渣排出口全部集中在池体中央区域内，布水机构、集水机构、溶气释放机构与框架紧密连接在一起，围绕池体转动。

气浮设备水深只有400mm，水停留时间在3min左右，溶气压力比传统气浮高，一般为0.45~0.55MPa，因而达到较高的处理效率与效果。该设备在水质处理、白水回收和纤维回收中能发挥更大的效能。

工作过程为：原水通过泵1进入气浮装置2的中心管3，通过可旋转的水力接头4和可旋转的分配管5均匀地配入气浮池底部，溶气水经过中心管7进入可旋转的分配管8，与原水同步进入气浮池底部，9亦为一个可旋转的水力接头。饱含微气泡的溶气水与原水在气

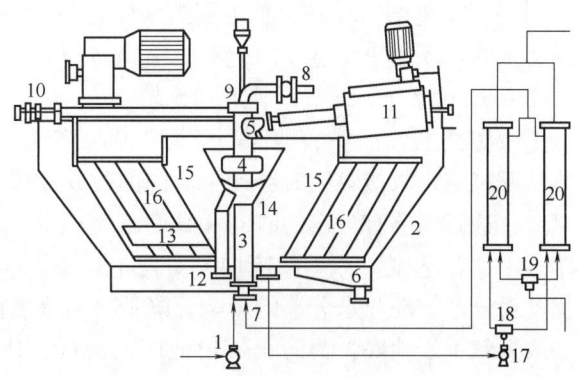

图13-4 浅层气浮装置的工作机构
1—水泵 2—气浮装置 3,7—中心管 4,9—水力接头
5—分配管 6—泥斗 8—可旋转分配管 10—旋转装置
11—螺旋撇渣装置 12—排渣管 13—旋转集水管 14—中
央旋转部分 15—锥形板装置 16—倾斜气浮区
17—进水泵 18,19—三通阀 20—溶气管

浮装置的底部充分碰撞、粘附，使原水中的微粒形成相对密度<1的浮渣上升到水面而被除去。原水的分配管5和溶气水的分配管8被固定在同一旋转装置10上，其旋转方向与原水进入气浮池底部的水流方向相反，但速度相等。表面形成的浮渣层由螺旋撇渣装置11收集，然后经过排渣管12将其排到池外。澄清后的水由旋转集水管13收集后排到池外，集水管13与中央旋转部分14连在一起，这样原水在气浮池中的停留时间就是中央旋转部分的回转周期。连在旋转行走装置上的刮板将池底和池壁上的沉泥刮到泥斗6中，定期排放。

另外一项重要的改进就是固定在旋转行走架10上相互之间有一定间距的一组同心锥形板装置15，与配水部分一起沿气浮池同步旋转。每相邻两块锥形板组成一个倾斜的环形气浮区域16，该区域内水时刻处于层流状态，加速了颗粒杂质随微气泡的上升速度。

浅层气浮装置还包括一对并联运行的溶气管20（简称ADT'S），进水泵17的压力较低，只需202.6kPa。进水首先通过与两个ADT'S连接的三通阀18，ADT'S的另一端布置溶气出水口。压缩空气也经过一个三通阀19与压力水在同一端进入ADT'S，压缩空气的压力一般为707.8kPa。所有的三通阀靠一只调节器联动，正常运行时，一只ADT的进、出水口均被打开释放溶气水，而进气口被关闭；同时另一只ADT的进水口和出水口被关闭，压缩空气通过20~40μm的微孔不锈钢板进入ADT，靠压缩空气的压力将空气溶于水中，而不是靠水的压力。水沿着切线方向高速进入ADT中，流速可达10m/s，压力水在ADT中呈螺旋状前进，达995r/min，进水口可以调节，以便控制流量和流速。

3. 主要特点

高效浅层气浮有以下特点：a. 有效水深浅，约400mm，气浮槽总深650mm。b. 槽内水力停留时间短，在3min左右。c. 每平方米、每小时表面负荷约10m$^3$，处理能力大。d. 占地面积小，单位负荷轻，设备可架高安装，亦可多层组合。e. 安装、拆卸方便，易于清扫和维修。f. 处理效果好，一般情况下SS去除率为90%左右，处理水SS为100mg/L以下。g. 操作压力为0.45~0.55MPa，回流比在305左右。h. 槽内液位可随浮渣厚度变化而调整，能有效地去除浮渣。

利用"零速度"原理,且不受出水流速影响,加之气泡分布均匀,无气浮死区,刮泥装置对水体扰动小等特点,净化率大幅提高。

4. 浅层气浮与传统气浮装置的比较

① 传统气浮装置中,池深一般为 2.0~2.5m,这是因为设备是静止的,水体是运动的。水体从反应室进入接触区时会产生流向的改变和流速的重新分布,即把水流转变成均匀向上的流动,这就需要有一定时间和高度来完成这一变化,其高度一般不低于 1.5m。而浅层气浮由于"零速度"原理的应用,实现了设备是运动的,水体是静止的,消除了由于水体的扰动对悬浮颗粒与水分离的影响,降低了对高度的要求;另外在传统气浮装置中,难免有泥砂或絮粒沉于池底,为防止带出池底的泥砂,出水管一般悬高 300mm,而在浅层气浮装置中,由于池底设置了刮泥装置,因此不需设置悬高段。通过以上分析,浅层气浮装置的有效水深一般为 400~500mm。

② 传统气浮装置中,水体的停留时间一般控制在 10~20min;而浅层气浮装置中,停留时间只需 2~3min。

③ 传统气浮装置中,溶气系统配备的是溶气罐,若按溶气罐的实际容积来计算,其水力停留时间为 2~4min;而浅层气浮装置中,溶气系统采用的是溶气管,取消了填料,使溶气管的容积利用率达到 100%,其水力停留时间只有 10~15s。

④ 在传统气浮装置中,刮渣器定期对浮渣层进行清除,无法根据浮渣的浮起时间进行有选择性的清理,因此不但对水体有较大的扰动,而且浮渣的含水率也较大;在浅层气浮装置中,螺旋撇渣器安装在配水系统的前部,清除的浮渣总是气浮池内浮起时间最长(2~3min)的浮渣,即固液分离最彻底、含水率最小的浮渣。

## 第三节 重力沉降式白水回收设备

沉淀法是处理纸机白水常用的方法。过去用平流沉淀、快速沉淀池、白水塔等设备,后来又采用更高效率的逆向流(沉淀物与水流方向相反)的斜管(板)沉淀法。近些年,国外还研制了超高速凝聚沉淀装置,较好地改善了处理水的效率。

常用的有锥形沉降式白水回收器(也称为沉降塔,见图 13-5)和斜板沉淀器等。

### 一、斜板(管)沉淀法白水回收设备

**(一)流程**

将待处理的白水加入絮凝和助凝剂后在反应罐中进行反应,使药液与白水中纤维和填料颗粒相碰撞,凝聚成较大的颗粒,通过斜板沉淀的悬浮物留在斜板上,向下滑动,出水基本澄清。进一步提高水质还可以加过滤设备,见图 13-6。

**(二)工作原理**

斜板(管)沉淀工作原理,主要根据絮凝和装有斜板具有浅池作用效应,从而增加了沉降面积,是一种高速沉清设备。

1. 絮凝

悬浮分散在白水中的细小纤维和滑石粉等都是很小的颗粒,沉降困难,根据 Stokes 定律

$$v_0 = 2g(\rho_1 - \rho_2) kr^2 / 9\eta \tag{13-1}$$

式中 $v_0$——沉淀速度,m/s

$\rho_1$、$\rho_2$——粒子和液体的密度，$kg/m^3$

$g$——重力加速度，$9.8m/s^2$

$\eta$——液体黏度，$Pa \cdot s$

$k$——常数

$r$——粒子半径，m

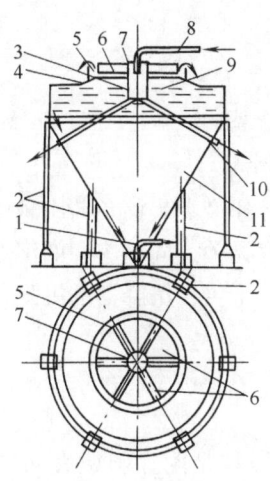

图 13-5　锥形沉降器

1—浓稠物排出管　2—支柱　3—澄清水入口孔　4—分布锥体　5—环形室　6—辐射状分布管　7—封闭室　8—白水入口管　9—澄清水室　10—澄清水出口　11—贮存器

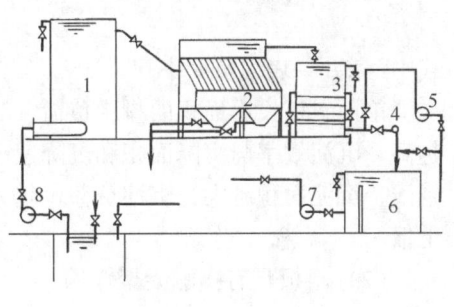

图 13-6　斜板沉淀器循环用水系统

1—反应罐　2—斜板沉淀器　3—过滤器　4—水表　5—反冲洗泵　6—清水池　7—清水泵　8—白水泵

从式（13-1）可知，当 $\rho_1$、$\rho_2$ 与 $\eta$ 为一定时，$v_0$ 与 $kr^2$ 成正比，即粒子半径越大沉淀速度越快。为使细小粒子结成较大的体积，必须加絮凝剂。

2. 高速沉淀

斜板沉淀是一种高速澄清设备，其原理如下：

（1）具有浅层作用效应

斜板浅层作用效应见图 13-7。

因装有斜板大大增加了沉降面积，提高了沉降负荷；且倾斜比垂直的沉降距离（时间）长。沉淀时间：

$$t = H/u_下 \tag{13-2}$$

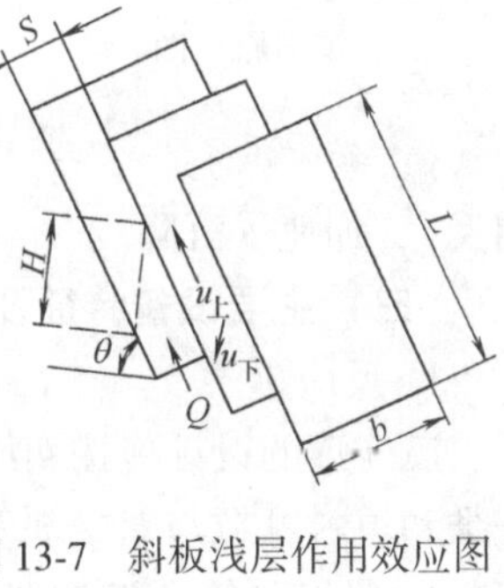

图 13-7　斜板浅层作用效应图

式中　$t$——沉降时间，s

$H$——沉淀距离，m

$u_下$——悬浮物沉淀速度，m/s

从图 13-7 中可以得出：$t = H/u_下 = L/u_上$

式中　$H = S/\cos\theta$

$L$——斜板长，m

$u_上$——平均上流速度，m/s

流经斜板间的流量：

$$q_V = bSu_上 = bLu_下 \cos\theta \tag{13-3}$$

式中　$q_V$——斜板间的流量，$m^3/s$
　　　　$S$——斜板间距，m
　　　　$b$——斜板宽度，m

斜板投影面积：

$$A = bL\cos\theta \tag{13-4}$$

式中　$A$——斜板投影面积，$m^2$
　　　　$\theta$——斜板水平夹角，(°)

表面负荷率：

$$K = q_V/A = u_下 \tag{13-5}$$

式中　$K$——表面负荷率

单面斜板投影面积的投影负荷，等于悬浮微粒的沉降速度。表面负荷率越大，沉淀效率越高。沉淀效率与沉降面积和沉降速度有关，与容积深度无关。同样容积的沉淀器沉降深度越浅，沉淀面积越大，沉淀负荷也越大。沉降面积增加若干倍，沉降器的沉降负荷也提高若干倍。

（2）斜板具有接触凝聚作用

接触凝聚作用原理如图 13-8 所示。

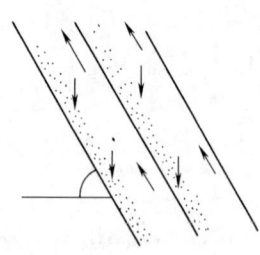

图 13-8　接触凝聚作用原理图

由于斜板间距小，悬浮微粒粘附在斜板表面的机会和数量就很多，当运动着的悬浮物粘附在斜板表面上，由于不断吸附，堆积在斜板表面的纤维和填料微粒逐渐增大，克服斜板表面上的摩擦阻力和水流的阻力后便沿斜板表面慢慢滑下，清水沿斜板表面不断上升，沉淀物沿斜板表面不断下滑，加速了沉降速度。

（3）斜板装置加大

由于斜板装置加大过水断面的湿润周边，减少了水力半径，大大降低雷诺数，保证水流处于稳定的层流状态，使悬浮物的自由运动减小，科学地解决排渣与上水相互干扰的矛盾（流向相反），加速了沉降。

（三）主要设备特征及工艺参数

1. 反应罐

反应罐的设计应按切线方向进水，控制适当流速（国内某纸厂设计为 1.4m/s），使水中纤维和填料颗粒与絮凝剂发生碰撞吸附，使之速度逐步减小，平稳地流入沉淀器。

2. 斜板（管）沉淀器

斜板（管）材料常用的为聚乙烯塑料板或聚丙烯塑料蜂窝管。

由于在斜板上的沉淀物流动方向与水流方向相反，在不影响沉淀物下滑的情况下，尽量减少倾角，以增大斜板水平投影面积，提高沉淀效率。根据国内某纸厂试验结果，$\theta$ 角为 50°左右较适中。因悬浮物的下滑必须在克服摩擦阻力之后，而由于纤维相对密度小，堆积厚度较大，有时厚度达 15~20mm，取板间距为 50mm，基本上能满足需要。根据该纸厂在同一水流上升速度情况下的试验结果，斜板长在 1m 左右悬浮物已基本沉清，没有再长的必要。

3. 过滤罐

国内某纸厂以泡沫塑料塔式过滤机，对砂滤及混合料滤塔分别试验，以混合料滤塔效果较好。

卵石 $\phi 10\sim 20mm$，厚 300mm；无烟煤 $\phi 5mm$，厚 200mm；龙口砂 $\phi 1\sim 2mm$，厚 150mm。这种滤层能使细小纤维填充在滤层中，不使表面结层，可延长过滤周期。

4. 生产应用

斜板沉淀用于处理黄纸板、箱纸板、油毡原纸、瓦楞原纸、卷烟纸、书写纸等不同纸种同样可取得较好效果。

## 二、脉冲澄清池

### (一) 工艺流程

脉冲澄清工艺流程如图 13-9 所示。

### (二) 结构组成及工作原理

脉冲澄清池的结构如图 13-10 所示。主要由磁化器、脉冲注水器、澄清器、集水槽、布水管、刮浆装置、清洗装置和传动装置等组成。

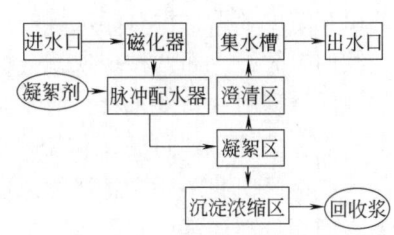

图 13-9 脉冲澄清工艺流程

工作原理是：澄清池是利用接触絮凝原理除去水里悬浮物的沉淀设备，上面与出水槽相邻的是澄清区，下面是接触絮凝区，即悬浮层。在浑水中加入药剂后，即可看到在悬浮层中产生颗粒状的絮状物（矾花）。开始矾花较小，随着时间的推移，矾花逐渐增大，与矾花接触的杂质，逐渐以矾花为中心越结越大，沉淀速度也随之加快，沉入池底。

接触絮凝区的划分很鲜明，其中矾花的悬浮、混合等作用都是靠向上的水流移动来完成的。由于悬浮层中矾花在吸附了水中的悬浮颗粒后会不断增加，多余的矾花便自动进入浓缩室，由排渣口排走。

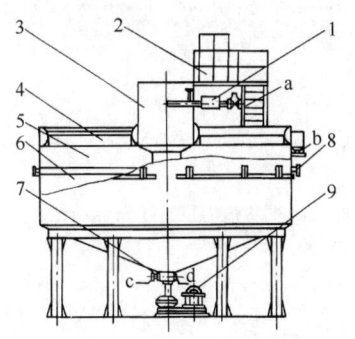

图 13-10 脉冲澄清池的结构
1—磁化器 2—助凝剂贮槽 3—脉冲注水器 4—集水槽 5—澄清器本体 6—分散布水管 7—刮浆装置 8—清洗装置 9—传动装置 a—进水口 b、c—清水出口 d—出浆口

### (三) 脉冲注水器

最简单、最常见的脉冲阀是大型卫生间水箱里的膜式脉冲阀，水箱的水快满时，通过一细小管道导通了膜阀，水就迅速地直冲下去。脉冲阀的其他形式还有浮筒切门式、脉冲阀切门式、钟罩式等。其中以钟罩式构造最简单。

原水自进水口管流入脉冲室，使室内水位逐步上升，并压缩钟罩内的空气，当钟罩内水位超过中心管后，则溢流入落水井内。由于溢流作用，将压缩在钟罩顶部的空气带走，由排气管排除，这就使钟罩内形成真空，产生虹吸作用。脉冲室内的水迅速通过钟罩、中心管进入下面的落水井内，再流进支管布水系统。当脉冲室水位下降到虹吸在破坏的管口时（即脉冲阀的低水位），由于空气进入了钟罩，使虹吸破坏，水流停止，脉冲室水位又不断上升，如此循环不已，产生脉冲。

脉冲室水位上涨到开始虹吸作用所需的时间是充水时间，由虹吸作用开始到虹吸破坏所需的时间是放水时间。总的时间即为脉冲周期。脉冲周期的长短，有的经验数据建议，采用充水时间 23～32s，放水时间 7～8s，周期为 30～40s。

不难算出，脉冲室截面与高低水位之差所形成的容积，也就是每一脉冲的进水量。进水量与脉冲周期之比就是进水的流量,也就是澄清池的生产能力。脉冲周期的调整可以移动虹吸破坏管吸气口的高度来达到。

（四）脉冲澄清池与一般澄清池的比较

① 一般澄清池容易引起"翻花",俗称"翻池",原因是池子底部的配水系统不可能做到完全均匀配水,所以悬浮层区和澄清区的断面水流速度总是不太均匀,水流的不均匀性产生了两种后果,一个是高速度的部分把矾花带出悬浮层区,使水质变坏。另一个是高速度区域的矾花浓度较低,没有起足够的接触絮凝作用,通过这个区域的水质也较差。当池子的水流连续向上时,上面两种现象就会加剧,而且成为一种恶性循环,这就是一般澄清池工作恶化的原因。从另一角度来看,清水是经过接触絮凝区从下而上"过滤"出来的,容易将矾花冲出去,但这种"过滤"作用又能防止细小矾花进入清水区。澄清池的关键部分是接触絮凝区,该区矾花中所含悬浮物浓度约在 3~10g/L 范围内。这些矾花处在一种悬浮的紊动状态,即为悬浮层区。

② 脉冲澄清池的最大优点是不易引起"翻池"

脉冲澄清池悬浮层区的工作稳定性主要是靠脉冲的作用。池内不进水时,悬浮层中矾花就会逐渐下沉压缩；池内进水时,矾花就会上升,水位上升到一定位置时又重复前面的过程。因此悬浮层一直周期性地处于膨胀和压缩状态,进行一上一下的运动。脉冲澄清池在充水的周期内,由于上升水流停止,在矾花下沉及扩散的过程中,会使断面上的浓度分布均匀。

③ 进水量发生变化时,对于脉冲式进水不会有影响,这是因为进水量的多少只会影响脉冲的周期,不会使悬浮层工作不稳定。

④ 脉冲进水器的进水是从切线方向进入,原水在进水器内产生旋涡,从而可以防止空气泡进入絮凝区,因为有空气泡上升就会扰乱澄清工作区。

⑤ 流体磁化对澄清的影响

在进水时,加上一个磁化装置,就使水体磁化,对澄清有促进作用。

磁化水有两大作用,一是水体在进入脉冲澄清池之前,通过捆绑在管道上磁力电极即发生磁化。磁化后能使水质均化,降低水的表面张力,并使 pH 稳定。对于澄清池在配水管的布水区,如不用磁化装置则极易在管道内形成水垢；二是在沉淀区磁化水中的悬浮颗粒极易达到饱和状态后下沉。磁化后的水体在静止状态下经过几个小时即会自行消磁。

在正常情况下,对造纸白水 SS 去除率在 90%左右,处理效果较为理想。

## 三、超高速凝聚沉淀装置

传统的沉淀装置内往往存在着湍流流态,致使处理水质难以达到较高要求；同时,虽然在处理过程中使用了高分子絮凝剂,但因设备结构不能真正实现理论上有效利用的条件要求,所以处理水的效率和表面负荷率都偏低。图 13-11 显示的超高速凝聚沉淀装置有效的解决了这方面的问题,处理纸机白水和纸厂废水实现了表面负荷 5~30m³/(m²·h) 超高速沉淀的结果。

该装置具有小絮状物均等上升流效果。

原水从流入管 6 导入混合筒 4 内,在此与从聚合物注入管 3 导入的高分子絮凝剂反应；混合筒内设有搅拌器 7,并且在混合筒的下部设置了数个回转分散管 9,该分散管的下部钻有多个小孔,和高分子絮凝剂反应的原水,由分散管小孔全面而均匀地分散于槽体内并上升至槽体上部的呈放射状设置的溢流溜槽内。设置回转分散管是其最大特征，该装置的这种结构能确保其内的水体即便受到少量外界干扰，仍能形成均一的上升流；在分散管的上部形成了残渣流动层，而且在流动层内小的絮状物被捕捉成较大的絮聚物，得到了澄清处理水；均一的上升流形成了均一的流动层，而且残渣流动层的界面高度可自动控制，始终保持在一定范围。

超高速絮凝沉淀装置现主要用于纸机白水处理、苛化的绿液澄清装置、工业用水的上水处理、废水处理活性污泥后的三次处理。

根据用途的不同和废水性质的不同，超高速沉淀装置的表面积负荷率可为以往絮凝沉淀装置的5~50倍，分离出的残渣浓度为其1.5~2.0倍。

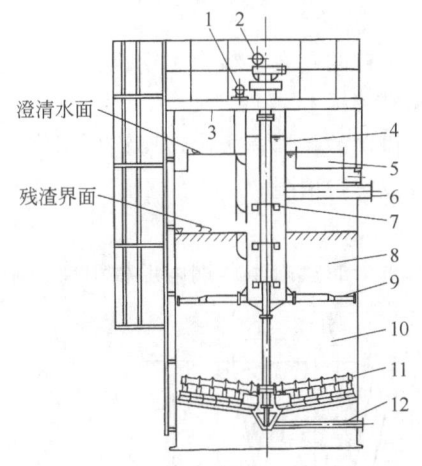

图13-11 超高速凝聚沉淀装置剖面图
1—搅拌器传动 2—耙齿传动 3—聚合物注入管
4—混合筒 5—溢流溜槽 6—原水流入管
7—搅拌器 8—残渣流动层区 9—分散管
10—残渣压密区 11—耙齿臂 12—残渣引出管

## 第四节 多圆盘白水回收机

多圆盘白水回收机是一种过滤浓缩设备，相比圆网浓缩机、侧压浓缩机和鼓式真空洗浆机来说，单位设备体积内过滤面积要大得多，所以，多圆盘浓缩是大面积过滤机，可供回收白水纤维和浓缩（洗涤）浆料之用。造纸业发达的国家，在20世纪80年代初，普遍采用多圆盘白水回收机。国内一些大型纸厂采用了瑞典Celleco、芬兰Ahlstrom、Metso、Sunds Defibrator等公司的多圆盘白水回收机，并在该设备使用方面已取得了不少经验，白水通过量、纤维回收率、滤液澄清度、出浆浓度等各项主要性能指标有了大幅度的提高，逐步成为造纸工业白水回收主要设备。

该设备与其他白水回收设备相比具有以下优点：a. 结构紧凑，占地面积小；b. 生产能力大；c. 自动化程度高，操作维护方便；d. 能耗低；e. 滤液澄清度高；f. 纤维回收率高；g. 简单的扇片结构，可根据不同产量要求变更过滤面积。

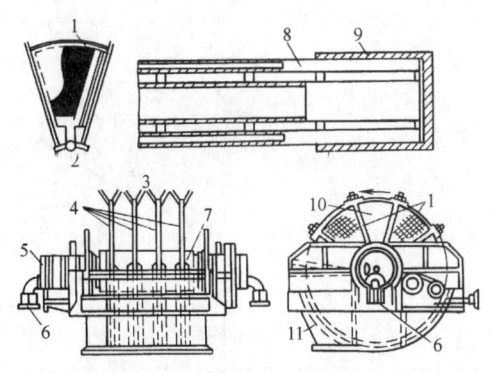

图13-12 多盘式白水回收机
1—滤网 2—过滤片 3—喷水 4—过滤圆盘
5—分配头 6—真空连接管或水腿 7,9—空心轴 8—滤液管 10—过滤圆盘 11—过滤槽

### 一、中心轴式多盘式白水回收机

#### （一）主要结构组成

中心轴式多盘式纤维回收机也称传统式多盘式纤维回收机，主要由滤盘、空心主轴、分配阀和水腿管、剥浆喷水装置、洗网喷水装置、槽体和上罩、传动装置等部分组成。如图13-12所示。

1. 槽体

槽体是由不锈钢板焊接而成，槽体由左右墙板、槽体板、接料斗、主轴密封装置组成。槽体上设有进浆槽、溢流口、排污口及液位控制器接口等，并在溢流口设有溢流箱可调节。

### 2. 机罩

机罩的左右墙板由不锈钢材料制做，剥浆装置、冲水装置及洗网喷水装置是支撑在机罩的左右墙板上。

机罩的弧形盖板由玻璃钢材制作，上有观察窗口，打开上面的活动盖板，即可观察滤盘上浆及运行情况。

### 3. 滤盘

每个滤盘由不锈钢扇形板组成，扇形板外覆有滤网袋（为聚酯材料），由拉杆固定在主轴上，空心的主轴内分为若干个腔道，分别与每盘上的一个扇形板相连通。在主轴与扇形板根部有O形密封圈密封。过滤后的滤液沿着扇形板与滤网所形成的腔道汇入集液漏斗后进入空心主轴，经分配阀的滤液出口流向滤液槽。外覆滤网扇形板有双面孔板式和波纹板式（见图13-13）；现在新型扇形板有不带滤网的不锈钢双面缝板。

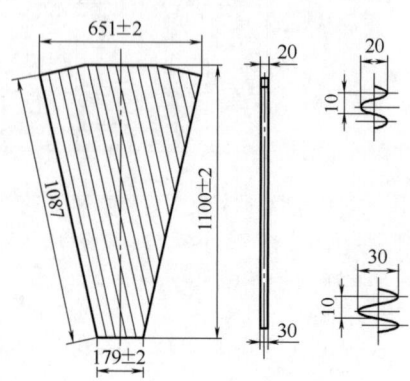

图13-13 波纹扇形板简图

### 4. 主传动装置

主传动装置由变频电机通过减速器驱动主轴转动，主轴两端分别由滑动轴承（分配阀侧）和滚动轴承（传动侧）支撑在槽体两端的支架上。

### 5. 分配阀

分配阀的外壳由铸钢结构构成。通过分配阀与空心轴相接，从而实现滤盘不同区间不同的工艺构成。分配阀间的压紧力通过弹簧来调节。分配阀有清滤液和浊滤液两个出口，它们与水腿通过橡胶管挠性连接后接至用户自备的水封池，其工作过程及原理如图13-14所示。

### 6. 剥浆喷水装置

具有0.7~0.9MPa压力水，由喷嘴喷射扇形水流来剥落滤盘上的浆层，最佳的剥离是使浆层形成自卷，落入浆槽。喷嘴管与喷水总管采用法兰连接，可方便地调节喷嘴方位，如图13-15所示。

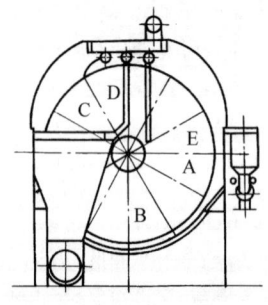

图13-14 分配阀工作原理示意图

注：A区，浆层开始在过滤盘上形成，真空度产生，浑浊液聚积；B区，清洁滤液滤出；C区，真空消失；D区，浆层剥离；E区，清洗过滤盘。

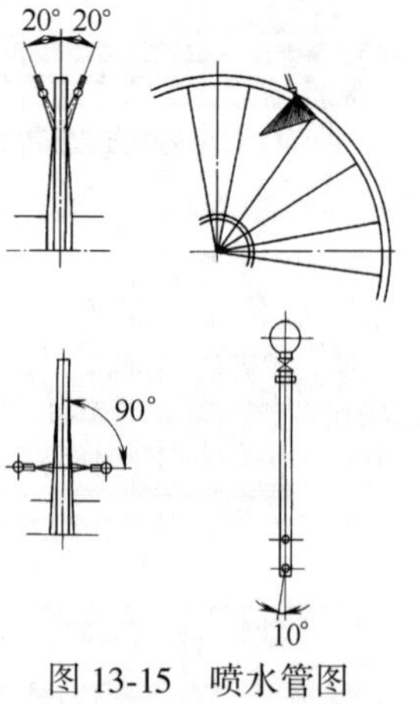

图13-15 喷水管图

### 7. 冲水管

用0.2~0.3MPa压力水向接料斗中冲水，以便冲刷和稀释接料斗中的浆料。

8. 洗网喷水装置

由装在可摆动的喷水管上的喷嘴喷出 0.7~0.9MPa 水柱来对滤网进行冲洗,使滤网面黏附的浆料冲洗掉,恢复过滤能力。

喷嘴的摆动是由摆线针轮减速机通过连杆机构实现的,摆动次数为 21 次/min。

喷水总管与清水管是由一橡胶管挠性连接的,其喷水压力及流量可通过阀门来调节。

9. 出浆装置

出料方式可由用户选择直接出料或螺旋出料的任一种形式。螺旋输送机由摆线针轮减速机带动。无螺旋出料器则设有一个出料口,由钢板焊接成斗状,下面接至浆料槽。

多圆盘过滤机滤盘直径、滤盘个数、盘片数、转速、网目、上网浓度、垫层浆比例等可根据设计要求随意组合选择。

(二) 工作原理

该机分配阀采用平面接触式。通过分配阀上的分区使滤盘各部分处在不同的工作状态:

① 主轴带动滤盘转动,当一个扇形板浸入液面下时,进入自然过滤区,配浆箱中的水和填料吸附到滤网上,形成一个纤维垫层,在这一区域,一小部分纤维和填料与滤液一起穿过滤网,形成一种浑浊的滤液,称为浊滤液,通过排液管排到浊滤液池,然后由泵输送到冲水管冲刷接料斗和稀释输出浆料,其余部分并入配浆箱重新过滤。

② 主轴继续转动进入真空过滤区,这时滤盘上的纤维垫层已达到一定的厚度,起过滤介质的作用,在真空抽吸作用下,滤液中的纤维和填料被吸附到垫层上,由于垫层的作用,穿过滤网的固形物大大降低,形成一种澄清的滤液,称为清滤液,通过水腿进入清滤液池,这部分滤液可用于洗网剥浆,剩余部分进系统回用。

③ 扇形板转出液面前后,真空作用并未消失,滤网上的浆层继续脱水,滤饼干度增高,此时滤液澄清度进一步升高,这部分滤液称为超清滤液。

④ 滤盘继续转动,真空作用逐渐消失,进入剥浆区,这时滤盘两侧的剥浆喷嘴喷出的扇形水柱剥落浆层落入接料斗中,由冲水管水流冲到出料口并稀释。

⑤ 滤盘转动到洗网区,由摆动洗网装置的喷嘴喷出的水柱,洗网、再生,恢复过滤能力后进入下一个过滤周期。就这样,滤盘不断的转动,扇形板处在不同的区间,产生连续的过滤作用,从白水中回收纤维和填料,并使清滤液回用。

(三) 主要技术特征

国产多圆盘白水回收机主要技术特征见表 13-1。

表 13-1　　　　　　　国产某企业多圆盘白水回收机主要技术特征

| 序号 | 项目 | 单位 | 指标 | | | |
|---|---|---|---|---|---|---|
| 1 | 过滤面积 | $m^2$ | 75 | 100 | 150 | 200 |
| 2 | 白水通过量 | $m^3/(m^2 \cdot h)$ | 2.5~3 | | | |
| 3 | 纤维回收率 | % | 90~95 | | | |
| 4 | 清滤液澄清度 | mg/L | <60 | | | |
| 5 | 浊滤液澄清度 | mg/L | <400 | | | |
| 6 | 进口白水浓度 | % | 0.35~0.45(加垫层浆后) | | | |
| 7 | 出浆浓度 | % | 3.5~4.5 | | | |
| 8 | 浆层厚度 | mm | 3~5 | | | |

续表

| 序号 | 项目 | 单位 | 指标 | | | |
|---|---|---|---|---|---|---|
| 9 | 滤盘直径/数量 | mm/个 | 3660/6 | 3660/8 | 3660/12 | 3660/16 |
| 10 | 滤盘转速 | r/min | 0.2~2 | | | |
| 11 | 扇形板数量 | 片 | 24×6 | 24×8 | 24×12 | 24×16 |
| 12 | 水腿真空度 | MPa | 0.01~0.025 | | | |
| 13 | 传动主电机 | | YTSP 132M$^2$-6 5.5kW | YTSP 160-6 7.5kW | YTSP 160L-6 11kW | YTSP 180L-6 15kW |
| 14 | 质量 | t | 12.5 | 16 | 20 | 25 |

### （四）工艺技术的调整与开停机

1. 工艺调整

（1）增加通过量

增加速度，但要注意，速度增加可能导致大气水腿真空减少；减少预挂浆层；增加凝聚剂（仅对含填料产品而言）。

（2）减少浑浊液和清滤液里固体含量

降低速度；减少大气水腿的真空（不低于2m）；增加预挂浆层（浆槽浓度不能大于1%）；增加凝聚剂。

（3）过滤槽液位

过滤槽液位尽可能提高，要求高于圆盘过滤机中心线200mm；不允许水准低于圆盘过滤机轴的中心线，这可能破坏大气水腿里的真空；如果水准过高，多余的悬浮液可能通过应急排放口，或通过排液口流入浆池；如果浆位达不到要求，可移动1个或几个过滤扇形面来调整。

（4）调整真空度

浊滤液：尽可能选择高的真空度；

清滤液：根据滤液里的纤维含量调整，低真空，低含量，高真空，高含量。

2. 开停机程序

（1）开机

a. 开清水，把澄清水池注满；b. 启动两台澄清水泵，以保证纸机喷水管和多盘剥离喷水管用水；c. 启动多余白水泵和浆泵；d. 启动浑水液泵；e. 待多盘槽内浆液达到要求时，启动多盘过滤机；f. 启动浆池搅拌器，浓度调节器，浆泵。

（2）停机

a. 停止送浆和白水；b. 关闭剥浆喷水管和稀释纸浆喷水管；c. 通过排放管排空过滤机槽；d. 停止过滤机运转。

## 二、框架型多盘式白水回收机

新的节能型多盘白水回收机采用框架型，不同于传统的中心轴式多盘过滤机，更加优越，主要表现在节能、高效。主要用于白水回收和损纸浓缩。相应的原理比较见图13-16。其中节能型见图13-16（a）(c)，传统型见图13-16中（b）(d)。

节能型框架式多盘过滤机又分内框架和外框架两种形式，见图13-17。

框架式多盘白水回收机节能原理：对于中心轴式和框架式多盘白水回收机，两种形式扇形片有效过滤面积差不多；但每一扇形片过滤水液出口截面积却相差很大。前者扇形片内滤液需经径向流到轴上长方孔内再转为轴向流出，而后者扇形片内滤液出口无须流到轴上，直接悬空流出，滤液流出口截面积大得多，故流动阻力小得多，可允许较高的流量过滤，效率高而节能。另外，后者进料浓度高，高游离度，高流量，较少量的浊滤液循环。

框架式转子臂同时搅拌，可防止浆料在槽体中凝聚；再则便于安装，结构坚固。

内外框架式扇形片的安装：较宽的滤液通道，流动阻力小，可允许较高的流量；便于安装，结构坚固。

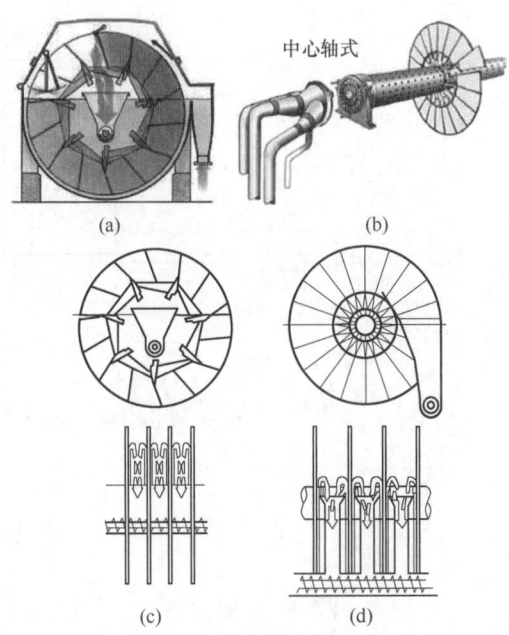

图13-16 节能型和传统型多盘白水回收机原理比较图

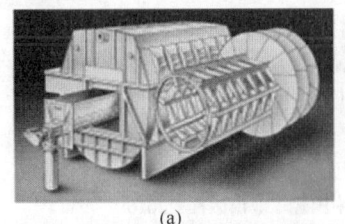
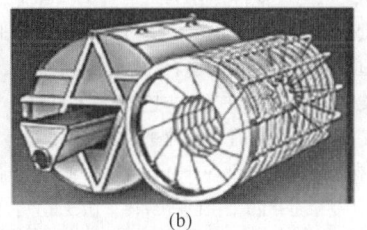

图13-17 内框架和外框架多盘过滤机结构图
(a) 内框架式 (b) 外框架式

## 第五节 其他白水回收设备

筛分式白水回收机其突出特点是占地少，节省动力，也具有推广应用价值。

这种回收机是利用筛分的机理来分离白水中固体物的。如图13-18所示，未处理白水以0.03MPa的压力上中心管的下方进入，并由上方的分布器进入筛鼓。筛鼓是转动的，其转动可产生4~10倍于重力的离心力。在离心力作用下，白水大量流出筛鼓，而白水中的较大固体物被筛板阻留在筛鼓内，向下运动，由浓缩水排出口排出。

由于采用高目数（如325目，筛孔宽仅为40μm）网，白水中粒度大于40μm的固体物被除掉90%以上。虽然固体物除去率为40%~60%，处理后水中仍有近200mg/kg的固体物，但因造成喷水管堵塞的主要原因在于白水中固体物的大小，而不是固体物的量，所以可以作为喷水管用水。而浓缩水排出口排出的较浓白水，可以用作稀释水。

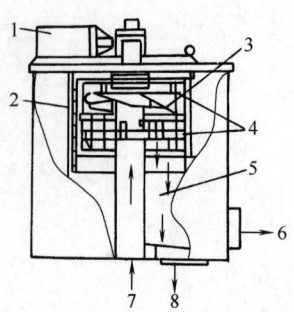

图 13-18 筛分式白水回收机
1—电机 2—反喷水 3—转动筛鼓 4—分布装置 5—浓缩白水
6—处理水出口 7—浓缩水排出口 8—未处理水入口

## 参 考 文 献

[1] 陈克复，主编. 制浆造纸机械与设备（下）[M]. 3 版. 北京：中国轻工业出版社，2011.
[2] 卢谦和，主编. 造纸原理与工程 [M]. 3 版. 北京：中国轻工业出版社，2008.
[3] 高廷耀，编. 水污染控制工程 [M]. 北京：高等教育出版社，2007.
[4] 杨懋暹. 国际节水技术的新发展 [J]. 中华纸业，2005，26（3）：52-56.
[5] 丁春生. 高效气浮设备及其在造纸废水处理中的应用 [J]. 浙江工业大学学报，2001，29（4）：398-401.
[6] 余行宝. 凝聚沉淀法的设备和实用效果 [J]. 中华纸业，1999（1）：52-53.
[7] 耿晓宁，刘秉钺. 浅谈纸机白水的封闭循环 [J]. 中国造纸，2005，24（8）：52-56.
[8] 王红. 多圆盘过滤机的特征及其运行 [J]. 中国造纸，2004，23（10）：32-35.
[9] 张辉. 造纸业能耗与当今可推广的先进节能技术与装备 [J]. 中华纸业，2012，33（22）：6-15.
[10] 陈克复，主编. 中国造纸工业绿色化进展及其工程技术 [M]. 北京：中国轻工业出版社，2015.
[11] 张辉. 造纸环保装备原理与设备 [M]. 南京：南京林业大学讲义，2014.2.
[12] 韩颖，等编著. 制浆造纸污染控制 [M]. 2 版. 北京：中国轻工业出版社，2016.